JN170463

近代日本陸軍動員計画策定史研究

近代日本の戦争計画の成立

遠藤芳信 著

桜井書店

近代日本の戦争計画の成立

近代日本陸軍動員計画策定史研究

目　次

凡　例

1　原文引用と注記等

本書における原文引用はできるだけ当用漢字に改めて引用・記載した。しかし，字体ニュアンスを保つために原文のままにしたものや，原文の送り仮名遣いの不適切なものもそのまま引用した。なお，原文引用や引用資料の中には差別用語や不快用語と考えられる用語表記もないわけではなく，本書著者はそれらを容認するものではないが，当時の原文と資料の社会的・歴史的条件の雰囲気をこわすことなく学術研究対象に据えるために，そのまま引用・表記した。官衙部局等で漢数字を含む固有名称も同漢数字で表記した。その際，鎮台名称は軍管区法令規定と1868年の「大坂鎮台」「大坂」を除き，鎮台条例上の「大阪鎮台」の名称に統一した。ただし，1872年11月までの日付は太陰暦による。また，本文の注記は章毎にまとめ，当該の章末に記述した。原文引用等の「　」内等の［ ］は本書著者による補足の説明・表記である。

2　主要頻出文書史料の所蔵機関等

本書で使用した主要頻出文書史料の所蔵機関は下記の通りである。

(1) **国立公文書館**（東京都千代田区）

①『太政類典』，『太政類典草稿』，『公文録』，『行在所公文録』，『諸官進退』，『公文類聚』，『公文雑纂』，『枢密院会議筆記』。

②公文別録，諸雑公文書，叙位裁可書，記録材料，単行書，諸帳簿，各省決算報告書，内務省，1971年度の総理府移管の官員録・職員録と官員録・職員録（外編），の文書群区分の公文書は〈公文別録〉，〈諸雑公文書〉，〈叙位裁可書〉，〈記録材料〉，〈単行書〉，〈諸帳簿〉，〈各省決算報告書〉，〈内務省〉，〈1971年度総理府移管　官員録・職員録〉，〈1971年度総理府移管　官員録・職員録（外編）〉と表記した。ただし，〈公文別録〉に文書群区分された陸軍省衆規渕鑑抜粋はそのまま『陸軍省衆規渕鑑抜粋』と表記した。

(2) **国立国会図書館憲政資料室**（東京都千代田区）

『大山巌関係文書』，『大隈文書』，『桂太郎文書』，『樺山資紀文書』，『樺山資紀関係文書〈第二次受入分〉』，『憲政史編纂会収集文書』，『児玉恕忠関係文書』，『三条家文書』，『寺内正毅文書』。

(3) **防衛研究所図書館**（東京都目黒区）

①陸軍省大日記の文書群区分の公文書は〈陸軍省大日記〉と表記し，公文備考類の文書群区分の公文書は〈海軍省公文備考類〉と表記した。〈陸軍省大日記〉は拙著『近代日本軍隊教育史研究』（1994年，青木書店）の「凡例」参照。

②参謀本部作成の参謀本部歴史草案は『参謀本部歴史草案』と表記した。

③同館の図書・文書等の収集・整理・保管方針にもとづき固有に区分された史資料は〈中央　軍事行政　法令〉，〈中央　軍事行政　編制〉，〈中央　軍隊教育　典範各令各種〉，〈中央　軍隊教育　典範その他〉，〈中央　軍隊教育　兵術〉，〈中央　軍隊教育　教程　各種学校〉，〈戦役　日清戦役〉，〈文庫　千代田史料〉，〈文庫　宮崎〉と表記した。

(4) **外交史料館**（東京都港区）

同館の図書・文書等の収集・整理・保管方針にもとづき固有に区分された史資料は〈外務省記録〉と表記した。

(5) **東京都公文書館**（東京都世田谷区）

同館所蔵の旧東京府所蔵行政関係公文書は〈東京府公文〉と表記した。

(6) **その他**

①国立公文書館の①の一部と②，防衛研究所の〈陸軍省大日記〉と〈海軍省公文備考類〉，外交史料館の〈外務省記録〉は電子情報化され，アジア歴史資料センターのWebページから検索でき，同Webページを使用した。なお，文書史料の簿冊名・収録文書件名等は必ずしも統一的な表記になっているわけではないが，なるべくそのまま表記した。また，文書史料の所蔵機関を省略した。

②国立国会図書館所蔵の近代関係図書でデジタル化されたものは同図書館のWebページ（近代デジタルライブラリー）から検索でき，同Webページを使用した。

3　主要頻出図書等

本書で使用した主要頻出図書等は下記の通りである。ただし，引用注記では，編・著者，刊行年，発行所等の記載を省略し，『法令全書』所収の法令引用に際して，『法令全書』の記載を省略した。

①**法令関係**　内閣官報局編『法令全書』（原本は1887年～），原書房復刻（1974年～）も使用。内閣記録局編『法規分類大全』政体門，官職門，文書門，警察門，外交門，租税門，兵制門，宮廷門，儀制門，族爵門，運輸門，原本は1889～94年，原書房復刻（1977～81年）も使用。司法省版『類聚法規』第8編

下巻，第9編，第10編下，第11編下，第12編下，1886～91年。太政官文書局，内閣官報局編『官報』。大野尭運編『官令新誌』。

②**議会議事録等関係**　明治法制経済史研究所編『元老院会議筆記』前期第2，5，7，13巻，後期第16，26，35巻，1963～1990年，元老院会議筆記刊行会。なお，国立公文書館所蔵『元老院会議筆記』も使用した。帝国議会議事録（速記録，委員会録）は復刻版を含め国立国会図書館等所蔵を使用。

③**統計・年報等・外交文書**　陸軍省編『陸軍沿革要覧』1890年度～1894年度。陸軍省編『日清戦争統計集――明治二十七・八年戦役統計――』2005年，海路書院復刻，原本は1902年。陸軍省編『陸軍省第一年報』（1875年7月～1876年6月）～『陸軍省第十二年報』（1896年）。外務省編『日本外交文書』第2，7，9，15，18，19，27巻，1950～55年。

④**日誌・戦史・年次記録史料・年史**　太政官編纂『復古記』第6，9，10，12，13冊，1929年～30年，帝国大学蔵版。太政官編『太政官日誌』。陸軍省編『陸軍省日誌』は〈陸軍省大日記〉所収を使用したが，朝倉治彦編『近代史資料　陸軍省日誌』（1988年，東京堂出版復刻）も参照。参謀本部編『征西戦記稿』1987年，青潮社復刻，原本は1887年。日本史籍協会編『熊本鎮台戦闘日記　一』1977年，原本は1882年，東京大学出版会。楢崎隆存編輯『明治十年鎮西征討記』1877年。参謀本部編纂『明治二十七八年日清戦史』1998年，ゆまに書房復刻，原本は1904年。大島健一校閲・竹内栄喜編纂『軍事関係明治天皇御伝記史料』1927年5月に陸軍省から宮内省に提出，1966年原書房から復刻，本書では陸軍省編『明治軍事史』上巻・下巻と表記。海軍大臣官房編『海軍制度沿革』巻2，1941年。朝鮮史編修会編纂『朝鮮史』第6編第4巻，1976年，東京大学出版会復刻，原本は1938年。大隈重信撰『開国五十年史』上巻，下巻，1970年，原書房復刻，原本は1907，1908年。大隈侯八十五年史編纂会編『大隈侯八十五年史』第1巻，1970年，原書房復刻，原本は1926年。会計検査院事務総長官房総務課編『会計検査院八十年史』1960年。

⑤**個人文書等の集成復刻書**　日本史籍協会編『岩倉具視関係文書 第二』～『岩倉具視関係文書 第八』，1969年，原本は1929～35年。同『大久保利通文書 二』～『大久保利通文書 九』，1968～69年，原本は1928年。同『大隈重信関係文書 二』1970年，原本は1933年。同『熾仁親王日記 一』～『熾仁親王日記 六』，1976年，原本は1936年。同『谷干城遺稿 一』，同『谷干城遺稿 三』，1975～76年，原本は1912年。同『広沢真臣日記』1968年，原本は1931年。以上，東京大学出版会。伊藤博文関係文書研究会編『伊藤博文関係文書』第3巻，同4巻，1975～76年，塙書房。早稲田大学社会科学研究所編『大隈文

書』第1巻，1958年。井上毅伝記編纂委員会編『井上毅伝 史料篇 第四』1971年，同『井上毅伝 史料篇 第六』1977年。

⑥**伝記・自伝書等**　宮内省臨時帝室編修局編修『明治天皇紀 第二』～『明治天皇紀 第八』，1969～73年，吉川弘文館。多田好問編『岩倉公実記』下巻，1968年，原書房復刻，原本は1903年。春畝公追頌会編『伊藤博文伝』中巻，1970年，原書房復刻，原本は1943年。井上馨侯伝記編纂委員会編『世外井上公伝』第3巻，1933年。勝田孫弥著『大久保利通伝』下巻，1911年。大山元帥伝編纂委員編『元帥公爵大山巌』1935年。徳富蘇峰編著『公爵 桂太郎伝』乾巻，1967年，原書房復刻，原本は1917年。宇野俊一校注『桂太郎自伝』1993年，平凡社東洋文庫。原敬全集刊行会編『原敬全集 上』1969年，原書房復刻，原本は1929年。徳富蘇峰編述『公爵 山県有朋伝』中巻，1969年，原書房復刻，原本は1933年。長岡外史『新日本の鹿島立』1920年。

⑦**史料集成復刻書**　大山梓編『山県有朋意見書』1969年，原書房。稲葉正夫他編『現代史資料第11巻 続・満州事変』1965年，みすず書房。稲葉正夫編『現代史資料第37巻 大本営』1967年，みすず書房。伊藤博文編『秘書類纂 兵政関係資料』1970年，原本は1935年，同『秘書類纂 財政資料 中』1970年，原本は1935年，同『秘書類纂 雑纂IV』1970年，原本は1936年，原書房復刻。伊藤博文文書研究会監修『伊藤博文文書』第1巻，2007年，ゆまに書房影印復刻，原本は宮内庁書陵部所蔵「秘書類纂」。吉野作造編『明治文化全集』第6，22，23巻，1928～30年，日本評論社。大内兵衛・土屋喬雄編『明治前期財政経済史料集成』第1～17巻，1962～64年，明治文献資料刊行会。色川大吉・我部政男監修『明治建白書集成』第1～9巻，1986～2000年，筑摩書房。日本史籍協会編『明治政覧』1976年，原本は1885年。伊藤博文『憲法義解』1940年，宮沢俊義校註，原本は1889年，岩波文庫。

⑧**新聞雑誌**　偕行社編『偕行社記事』。内外兵事新聞局編『内外兵事新聞』。中山泰昌編『新聞集成 明治編年史』第1～5巻，1958年再版，初版は1934年。明治ニュース事典編纂委員会編『明治ニュース事典 I』～同『明治ニュース事典 V』，1983～85年，毎日コミュニケーションズ。

⑨**その他**　黒龍会編『西南紀伝 上-1』，同『西南紀伝 下-1』，1969年，原書房復刻，原本は1908年，1911年。黒龍会編『東亜先覚志士伝』上巻，1966年，原書房復刻，原本は1933年。仁川府庁編纂『仁川府史』上巻，1995年，影仁文化社復刻，原本は1933年。福岡県立図書館所蔵『福岡県史稿』(国立公文書館・内閣文庫所蔵稿本を複写製本)。メッケル著『戦時師兵術』巻1・巻2，第3篇・第4篇，陸軍大学校訳，1889年，原著は1881年，兵林舘。遠藤芳信

「近代日本の要塞築造と防衛体制構築の研究」，文部科学省平成13～15年度科学研究費補助金基盤研究（C）(2) 研究成果報告書，2004年3月（科研費報告書『近代日本の要塞築造と防衛体制構築の研究』と表記)。遠藤芳信「日本陸軍の戦時動員計画と補給・兵站体制構築の研究」，文部科学省平成19～21年度科学研究費補助金基盤研究（C）研究成果報告書，2010年3月（科研費報告書『日本陸軍の戦時動員計画と補給・兵站体制構築の研究』と表記)。

4　本書の構成と既発表論文

本書は，一橋大学から1913年1月に博士（社会学）学位を授与された「近代日本陸軍動員計画策定史研究――近代日本の戦争計画の成立――」の題目の論文に加筆削除・字句修正等を施し，かつ，副題を本書名にし，全体的に書き下ろして刊行したものである。同論文は下記の既発表論文をベースにしているが，書き下ろしの節等を加えるとともに，帝国全軍構想化路線の成立・展開・変容・終焉の主題と出師準備管理体制の成立基準の解明をめざして，序論から結論までさらに新たに書き下ろした。なお，本書刊行に際して，付録の「近代日本陸軍動員計画策定史関係年表」を新たに加えた。

序論　本書の目的と研究主題（書き下ろし）

第1部　平時編制と兵役制度の成立

第1章　鎮台設置下の平時編制の第一次的成立　1 鎮台体制の成立端緒（北海道教育大学函館人文学会編『人文論究』第80号掲載の「鎮台体制の成立」，2011年，を加筆削除）／2 全国武装解除と鎮台体制の成立　(1) 旧幕藩体制に対する武装解除過程（北海道教育大学紀要（人文科学・社会科学編）第62巻第2号掲載の「1872年銃砲取締規則の制定過程」，2012年2月，を一部削除・修正）(2) 旧幕藩城郭等の武装解除過程と全国六鎮台配置方針（書き下ろし）／3 地方反乱と銃砲管理統制政策（書き下ろし）

第2章　1873年徴兵令の成立（書き下ろし）

第3章　西南戦争前後の壮兵の召集・募集と解隊（北海道教育大学紀要（人文科学・社会科学編）第57巻第1号掲載の「日露戦争前における戦時編制と陸軍動員計画思想（5）」，2006年，を大幅に加筆）

第4章　1880年代の徴兵制と地方兵事事務体制　1 西南戦争前後の徴兵統計と鎮台兵員充足（北海道教育大学紀要（人文科学・社会科学編）第57巻第2号掲載の「日露戦争前における戦時編制と陸軍動員計画思想（6）」，2007年，を加筆・削除）／2 地方行政機関の兵事事務体制の整備／3 1889年徴兵令の成立と徴兵事務体制の中央集権化（以上，歴史学研究会編『歴史学研究』第437号掲載の「1880～1890年代における徴兵制と地方行政機関の兵事事務管掌」，1976年，を大幅に加筆・修正）

第2部　対外戦争開始と戦時業務計画の成立

第1章　台湾出兵事件前後における戦時業務と出師概念の成熟　1 六管鎮台制下の戦時業務管掌と戦時会計経理制度の発足（北海道教育大学紀要（人文科学・社会科学編）第55巻第2号掲載の「日露戦争前における戦時編制と陸軍動員計画思想（2）」，2005年，を加筆・削除）／2 1874年台湾出兵事件と出師概念の成熟（書き下ろし）／3 西南戦争までの防禦政策調査と戦時会計経理制度　（1）1875年海防局設置と江華島事件への軍事的対応（書き下ろし）　（2）西南戦争までの戦時会計経理制度の整備　（3）1877年出征会計事務概則の制定と西南戦争（以上，北海道教育大学紀要（人文科学・社会科学編）第56巻第1号掲載の「日露戦争前における戦時編と陸軍動員計画思想（3）」，2005年，を加筆）

第2章　1878年参謀本部体制の成立

1 参謀局拡張の陸軍省上申とプロイセン軍制／2 1878年参謀本部条例の制定（以上，北海道教育大学紀要（人文科学・社会科学編）第56巻第2号掲載の「日露戦争前における戦時編と陸軍動員計画思想（4）」，2006年，を加筆・削除）／3 参謀本部体制下の1881年戦時編制概則の成立　（1）1881年戦時編制概則の成立前史　（2）1881年戦時編制概則の成立（以上，北海道教育大学函館人文学会編『人文論究』第76号掲載の「1881年戦時編制概則の成立に関する考察」，2007年，を加筆・削除）　（3）1882年野外演習軌典の制定（書き下ろし）

第3章　西南戦争後の陸軍会計経理の攻防と軍備増強策（北海道教育大学紀要（人文科学・社会科学編）第58巻第1号掲載の「日露戦争前における戦時編制と陸軍動員計画思想（7）」，2007年，を一部加筆・削除）

第4章　1882年朝鮮国壬午事件と日本陸軍の動員計画（北海道教育大学紀要（人文科学・社会科学編）第58巻第2号掲載の「日露戦争前における戦時編制と陸軍動員計画思想（8）」，2008年，を一部加筆・削除）

第5章　軍備拡張と出師準備管理体制の成立萌芽（北海道教育大学函館人文

学会編『人文論究』第77号掲載の「軍備拡張下の陸軍動員計画思想」，2008年，を一部加筆・削除）

補論　**1889年内閣官制の成立と参謀本部**（北海道教育大学函館人文学会編『人文論究』第72号掲載の「内閣官制第7条の成立に関する考察」，2003年，を一部加筆・削除）

第3部　**戦時編制と出師準備管理体制の成立**

第1章　**1885年の鎮台体制の完成**（北海道教育大学紀要（人文科学・社会科学編）第59巻第1号掲載の「日露戦争前における戦時編制と陸軍動員計画思想（9）」，2008年，を一部加筆）

第2章　**戦時編制概念の転換と1888年師団体制の成立**　1 1886年監軍部廃止と1887年新監軍部設置／2 1888年の師団体制の成立過程（以上，北海道教育大学紀要（人文科学・社会科学編）第59巻第2号掲載の「日露戦争前における戦時編制と陸軍動員計画思想（10）」，2009年，を一部加筆）／3 出師準備管理体制の第三次的成立（北海道教育大学紀要（人文科学・社会科学編）第60巻第1号掲載の「日露戦争前における戦時編制と陸軍動員計画思想（11）」，2009年，を一部加筆／4 1889年会計法と出師準備品管理体制（書き下ろし）

第3章　**1893年戦時編制と1894年戦時大本営編制の成立**　1 1893年戦時編制の成立過程（北海道教育大学紀要（人文科学・社会科学編）第60巻第2号掲載の「日露戦争前における戦時編制と陸軍動員計画思想（12）」，2010年，を一部加筆）／2 1894年日清開戦前における戦時大本営編制の制定（北海道教育大学紀要（人文科学・社会科学編）第61巻第1号掲載の「日露戦争前における戦時編制と陸軍動員計画思想（13）」，2010年，を一部加筆）

第4章　**動員実施と1894年兵站体制構築**（科研費報告書『日本陸軍の戦時動員計画と補給・兵站体制構築の研究』2010年，を加筆・削除）

第4部　**軍事負担体制の成立**

第1章　**徴発制度の成立**（北海道教育大学函館人文学会編『人文論究』第78号掲載の「近代日本おける徴発制度の成立」，2009年，を一部加筆・削除）

第2章　**軍機保護法の成立と軍事情報統制**（北海道教育大学紀要（人文科学・社会科学編）第53巻第1号掲載の「軍機保護法の成立と軍事情報統制（I）」，2002年，及び北海道教育大学紀要（人文科学・社会科学編）第53巻第2号掲載の「軍機保護法の成立と軍事情報統制

(II)」，2003年，を一部加筆）

第3章　要塞地帯法の成立と治安体制強化　1 近代日本における要塞建設事業体制の成立（書き下ろし）／2 日清戦争後の軍備拡張と要塞建設（書き下ろし）／3 1899年要塞地帯法の成立と治安体制強化／4 要塞地帯法の施行（以上，北海道教育大学紀要（人文科学・社会科学編）第51巻第1号掲載の「要塞地帯法の成立と治安体制（I）」，2000年，及び北海道教育大学紀要（人文科学・社会科学編）第51巻第2号掲載の「要塞地帯法の成立と治安体制（II）」，2001年を一部加筆削除，ただし，3の(1)(3)は書き下ろし）

補　論　近代日本の要塞防禦戦闘計画の策定（科研費報告書『近代日本の要塞築造と防衛体制構築の研究』を加筆・修正）

結　論　まとめと課題（書き下ろし）

付　録　近代日本陸軍動員計画策定史関係年表（1868～1912年）（書き下ろし）

近代日本の戦争計画の成立

―近代日本陸軍動員計画策定史研究―

序論　本書の目的と研究主題

1　本書の目的と考察対象

本書の目的は，近代日本軍制史研究の一環として，およそ，建軍期の1873年徴兵令制定前後から日清戦争（1894〜95年）前後までの日本陸軍の動員計画策定の管理業務を基本にして近代日本の戦争計画の成立に関する歴史的考察を行うことである。動員計画策定は主として戦争の軍制技術的方面の基本的な計画策定であり，厳密には戦時編制の実現のための一連の諸制度を調査・起草・起案・制定（法令化）・令達し，施行を目ざすことである。また，本書の戦争計画は正確には戦闘現場を基準にした戦争実施計画を意味する。換言すれば，本書は主に戦闘現場レベルでの軍制技術上の戦争実施計画の歴史的成立を探ることが目的である。

ところで，戦争の軍制技術的方面の計画策定で最重要なのは戦時の兵力編成の方針・政策である。通常，戦時の兵力編成の方針・政策は外交政策・国家財政等と仮想敵国・仮想戦場及び平時の兵力編成を視点・骨格にして策定される。これに対して，本書は特に官僚機構の一変種としての常備軍の結集・成立のもとに軍制上の編制概念が成熟・成立し，職制・官制と並び，さらに戦時の兵力編成を規定した戦時編制の概念が歴史的に成立・転換してきたことに注目する。つまり，本書は編制概念の成熟・成立と戦時編制概念の成立・転換を基本視点にして，軍制技術上の戦争実施計画の歴史的成立を解明することになる。

ここで，近代日本の常備軍の結集・成立と維持管理の基本的理解にかかわって，特に本書の戦時編制概念の成立・転換の明確化準備のために，日本軍隊の軍制と編制及び動員計画の制度的枠組みの定義に関する基本的かつ体系的な理解が必要である。それで，陸軍を基準にして軍制と編制及び動員計画を定義しておく。

(1) 日本軍隊の軍制と編制――狭義の編制への注目

①広義の軍制と狭義の軍制

軍制は軍事諸制度を意味し，戦闘力の体系的行使のための軍隊の成立・維持と管理・運用に関する制度である。これらはおよそ広義の軍制と称してよい。他方，軍政・軍行政と称されるものがある。軍政・軍行政は主として国務上の一般行政に位置づけられ，かつ，他省庁との協議や連帯所管関係も含み，兵役制度や軍事負担制度等の法律を基本にして統治権作用が営まれる。この場合，広義の軍制から軍政・軍行政を除いたものがほぼ狭義の軍制になる。狭義の軍制はおよそ軍制技術的方面にかかわるものである。

狭義の軍制は軍隊内部の固有かつ体系的・持続的な兵力の組立て及びその維持管理の制度であり，さらに，兵力の運用・行使と指揮命令に関する特別な権力としての統帥権の作用により主に営まれる。明治憲法下では，およそ，前者の固有かつ体系的・持続的な兵力の組立て及び維持・管理に関する制度は第12条の天皇の編制権作用により営まれ，後者の兵力の運用・行使と指揮命令に関する特別な権力としての統帥権は第11条の天皇の統帥権作用により営まれた。特に1882年軍人勅諭は天皇の軍隊統率を神秘的な古代説話にもとづき国法を超えたものとして説明し，天皇命令への全人格的隷属を強要した。ただし，統帥権は天皇の統治権の枠内のものであり（明治憲法第4条「天皇ハ国ノ元首ニシテ統治権ヲ総攬シ此憲法ノ条規ニ依リ之ヲ行フ」），特に統帥にかかわる諸機関（帷幕と帷幄）のあり方は丁寧かつ厳密に定義されなければならない。

②広義の編制と狭義の編制――編制表による表示化

狭義の軍制の中で，特に，固有かつ体系的・持続的な兵力の組立てと運用・行使及び維持・管理にかかわる最重要の制度が編制である。編制はおよそ軍隊の兵力の組立てを固有に意味する法令用語である。編制の概念と用語は国家統治上の官制の概念の一変種として成熟し成立したとみてよい[1)]。建軍期は官制と編制の概念は未分化であった。ちなみに官制は天皇制国家統治上の一般行政機関（内閣，省院庁他）の官職・職務権限等の制度的組立てを意味し，法令格式上では勅令として制定された。陸軍の場合，陸軍省官制は陸軍の最高行政機関としての同省の官職・定員・職務権限・事務分掌等の制度的組立てを規定した。

さて，編制には広狭の意味がある。広義の編制は伊藤博文『憲法義解』の解説のように，狭義の編制としての軍隊・艦隊の編制の他に，管区方面，兵器の備用，給与，軍人の教育，検閲，礼式，服制，衛戍，城塞，海防，守港，出師準備等を意味する。つまり，軍隊の組織と兵力に関する一般的な維持管理概念である。狭義の編制は，陸軍では，兵力行使組織として軍・団（師団，旅団）と隊（連隊，大隊，中隊，小隊）及び部等の編成単位毎に配備・配置し，あるいは派遣する場合，又，兵力行使に直接的にかかわる機関や官衙を設置する場合，軍・団・隊・部及び機関・官衙に設けられる官職と定員等の制度的組立てを意味する。

本書の考察対象は主に狭義の編制であり，特に編成単位上の軍・団・隊の編制である。編制の策定・制定・令達は，第一に，兵力行使の目的・手段・司令指揮体制及び戦闘活動規模等の計画・確定・執行の基礎的・基本的データを提供する。第二に，軍隊の維持管理上の給与・会計経理の計画・執行に関する基礎的・基本的データを提供する。特に1876年3月13日陸軍省達第38号の陸軍給与概則の「凡例」は「陸軍給与ノ法ハ官等及ヒ編制ニ基ツカサルモノナシ」と記述し，その「第十六章　編制表」は「凡編制ト給与トハ固ヨリ其部分アリト雖トモ給与ノ事又官等及ヒ編制ニ基カサルモノナキヲ以テ」と規定し，給与のベースとして1874年11月の陸軍武官表と1875年7月の歩兵一連隊編成表等を掲載した。

狭義の編制は当初は陸軍部内の諸規則として規定・制定・令達された。その後，天皇への直接上奏と裁可を経て，さらに軍令の公示（又は非公示）により令達された。また，狭義の編制の「編制表」は，特に軍・団・隊・部及び機関・官衙の官職・定員・馬匹の員数等の全体概要を一見して明瞭化できるように表示化したものである。なお，軍制上は「編成」も組立てを意味し，名詞形・動詞形としても記述され，動詞形としては「組立てる」という作用的意味になる。たとえば，「軍・団・隊を編成する（組立てる）」となる。他方，編制は当初は名詞形・動詞形として記述されたが，しだいに法令表記上は名詞形の記述が多くなった。たとえば，「軍・団・隊の編制を制定する」の用語法である。

(2) 平時編制と戦時編制――体系的な戦時編制への注目

狭義の編制は平時編制と戦時編制に区分・区別される。平時編制と戦時編制はそれぞれ広狭の意味がある。

①広義の平時編制と狭義の平時編制――兵役制度

広義の平時編制は「平時の編制」と称することができ，通常，常備軍の設置と編成自体は即「平時の編制」の組立てを意味する。換言すれば，平時の軍隊の業務は「平時の編制」により維持される。すなわち，広義の平時編制は平時の軍隊の編成（配備・常備）の態様に関する制度である。この視点に立つとき，近代日本陸軍の広義の平時編制の成立起点は1873年の「六管鎮台表」の制定にある。また，師団体制の成立時の1888年5月の勅令第31号の「陸軍団隊配備ノ件」の陸軍常備団隊配備表は広義の平時編制である。そして，広義の平時編制上の兵員定員を充足するシステムが兵役制度であり，近代日本は徴兵制を導入した。

これに対して，狭義の平時編制は歩兵・騎兵・砲兵・工兵・輜重兵隊等の各編制表により表示化した官職・定員・馬匹の員数等の緊密な組立ての制度である。この視点に立つとき，狭義の平時編制の淵源は1872年6月歩兵内務書第一版にあり，1874年の歩兵・騎兵・砲兵・工兵・輜重兵隊の各編成表の改正・整備を成立起点にして，その後の諸整備を経て，1890年陸軍定員令における各編制表の集成により成立し完成した（平時編制の第一次的完成）[2]。なお，平時編制下の軍隊の業務の大部分は教育であると称してよい[3]。

②広義の戦時編制と狭義の戦時編制――体系的な戦時編制と召集体制

戦時編制はおよそ平時編制を骨幹とし，平時編制は戦時編制を準備するが，平時編制は戦時編制を決定し基礎づけるのではない。逆に，本質的には平時編制は戦時編制の態様により決定され基礎づけられる。その上で，戦時編制にも広狭の意味がある。広義の戦時編制は「戦時の編制」と称することができ，通常は軍隊がおよそ戦時の態勢にある時や戦時の軍隊の編成（特に軍隊の軍・団・隊にかかわる平時の定員基準との増加比較）の概括的表現にとどまる。また，従来の近代日本軍制史研究における戦時編制への言及もほぼ広義の戦時編制としての「戦時の編制」（いわゆる「戦時の編成」）の記述にとどまった[4]。

これに対して，狭義の戦時編制は戦時業務の範囲・規模・運用や戦闘地域等を想定し，軍隊の兵力行使の体系的・持続的な編成とありようを支えるために制定され（運輸・交通・補給・衛生等関係の軍隊や諸官衙・機関等の臨時的・

特設的編成及びそれらの編成の方針・計画を含む），歩兵・騎兵・砲兵・工兵・輜重兵隊等の各編制表等表示による官職・定員・馬匹及び器具材料・弾薬兵器等の員数等を緊密に組立てた制度である。この視点に立つとき，近代日本陸軍の戦時編制成立の起点と中心は，戦時編制概念の転換を随伴した1887年の平時戦時の本格的な両歩兵連隊編制表の制定にある。また，翌1888年の師団体制成立のもとに制定され，戦時の態勢の概略を規定した一連の諸規則と諸編制表である。狭義の厳密な戦時編制は「戦時の編制」にとどまらずに，戦時の団・隊・部等の編制表等の緊密な集成の体系的な戦時編制と称することができる。

体系的な戦時編制の特に兵員定員と充足方法は主に予備役兵員等の供給システム（召集体制）を基盤にしている。召集体制を支え準備するものは兵役制度の徴兵制である。徴兵制により平時編制下の軍隊・兵営における現役兵役期間の教育満了の兵員が，毎年，予備役兵に編入される。さらに戦時には臨時的・特設的な軍隊・官衙・機関等を設置・編成し，戦争・戦闘の目的・規模・戦地・戦場等を想定した体系的・持続的な兵力行使体制がほぼ秘密裏に膨大に組立てられる[5]。また，戦時編制の組立てに対応して，一般行政・民政等の戦時編制への取込み策も組立てられる。戦時編制は一般的には戦時の兵員・国民に対する国家の究極的な管理・支配・統制の基本部分を規定する。ちなみに，体系的な戦時編制の制定と令達は，日露戦争前には1893年12月23日陸軍省送乙第1909号戦時編制の制定，1897年10月1日陸軍省送乙第3499号戦時編制改正，1899年10月28日陸軍省送丙第56号陸軍戦時編制改正がある[6]。

(3) 動員と動員計画――動員の定義と動員計画令及び動員計画訓令

動員は一国の諸兵力を平時の態勢から戦時の態勢に移すことである。これは，兵員・馬匹・弾薬兵器・器具材料等の補充のみでなく諸軍需品等の総合的な供給・整備が含まれる。つまり，動員の基準・基本は体系的な戦時編制を実現することにある。動員の方法・手続き・権限関係・権力行使等を平時に予め計画し策定したものが動員計画である。動員計画は動員計画令として制定・令達された。日露戦争前の動員計画令は，1897年10月1日陸軍省送乙第3521号陸軍動員計画令，1899年11月2日陸軍省送丙第64号陸軍動員計画令改正，1901年

10月26日陸軍省送丙第296号陸軍動員計画令改正がある[7]。

さらに，以上の戦時編制と動員計画令を基礎にして，1897年戦時編制改正後からは戦時の補助的な諸勤務令や年度毎の重要特定課題を設定しつつ細部の動員計画に関する訓令等を制定・令達した。つまり，戦時の軍隊の戦地・戦場の戦闘活動と平時の軍隊・官衙の運営・管理を密接に関係づけた上で，戦時編制の実現のために，年次毎の重点的な兵力の構成・配置・行使と統制を目的にして，戦時の軍隊の特別な権力行使と権限関係を直接的に計画し制定したものが動員計画訓令である。他方，特に第一次世界大戦後，1918年軍需工業動員法の制定，さらに，国民精神総動員（1937年）の用語が生まれ，1938年国家総動員法の制定，学徒勤労動員等の「動員」の用語が頻出し使用された。これらの「動員」は，天皇による軍隊の統帥権と編制権の作用にもとづき諸兵力を戦時の態勢に移すことではなく，一般国家としての統治権作用にもとづき，人的・物的な国力を全面的に戦争準備に編入させることを意味した。

なお，動員及び動員計画の用語は日清戦争直前の陸軍において正式採用された[8]。日清戦争前後までの陸軍は動員及び動員計画の関係用語として出師と出師準備の用語を使用した。本書は，当時の陸軍の文書・法令等の記述・政策意図を忠実に引き出すために，また，当時の戦時業務・動員計画策定業務の雰囲気をこわさないために，日清戦争までは出師と出師準備（伊藤博文『憲法義解』）の用語をそのまま使用・表記する。

(4) 近代日本軍制史研究の総括と研究主題

①動員計画策定の研究意義

本書が陸軍の動員計画策定に関して日清戦争前後までを基本にして歴史的考察を行う目的は，極秘密裏に営まれた近代日本の天皇制軍隊の兵力行使に貫かれる支配と権力作用の意味や，天皇制国家及び軍隊当局者側の戦争・戦闘の遂行・実施と戦時・戦地・戦場等にかかわる認識や思想を検証し考察することにある。そのことによって，近代日本の常備軍の結集・成立と維持管理の特質とともに，天皇制軍隊の性格・本質を歴史的な成立と画期を含めて解明することを課題にしている。なお，近代日本では，戦時編制と動員計画との密接な関係のもとに交通・通信・運輸等の発達・整備も進められてきた。近代日本の資本主義の発達自体が，戦前等の経済学・経済史研究等で緻密に分析されたように，「軍事機構＝鍵鑰産業」の創出（特に軍事工廠の結集・創出，軍事的警察的輸送通信機構の強行的創出）を基盤にして営まれてきた[9]。本書はこれらの研究に直接には言及しないが，国土の調査・利用・改作等を含めて，戦時編制と動員計画を基準にした軍部官衙外の他省庁と地方自治体及び民間諸経営体に対する権力行使や統制・強制作用の基本を考察する。

②動員計画策定の研究史総括

戦時編制と動員計画令及び戦時の諸勤務令・訓令等は膨大な数量になる。しかし，近代日本軍制史研究では，戦時編制と動員計画令の系統的な研究や言及は皆無に等しい。皆無どころか，その時々の当該の戦時編制や動員計画令の制定・改正に関する令達年月日自体を指摘する著作物も極めて少ない[10]。僅かに陸軍部内の当該起草等主管者が自己の職務遂行等の枠内での限定的言及にとどまっていた。

これは，近代日本においては，一般に戦争・軍隊の学術的研究や図書刊行が「軍機保護」のもとに極めて制限・統制されていた事情や理由に加えて，戦時編制や動員計画令等の制定・令達関係文書群が最重要の軍事機密として位置づけられ，同文書群が一般国民の前に公表されなかったことに起因する。戦後において，旧陸軍省等の保存保管の〈陸軍省大日記〉等の公文書簿冊の整理と公開が進んだが，戦時編制や動員計画令等の制定・令達関係文書群はまとまった公文書簿冊に編綴されているのではなく，多数の〈陸軍省大日記〉等にまたがって編綴されたために，それらの調査・検索には多大な困難を伴ったからである。

他方，近代日本軍制史研究の対象・動向が，海外での戦時の戦地・戦場の戦闘（現場）活動や体験・記憶，戦闘経過，平時の軍隊兵営・官衙（現場）の運営・管理のあり方に向けられていたことがある。もちろん，これらの研究対象・動向の重要性を否定することはできない。ただし，これらの研究は，軍隊が戦時編制をとるとき，軍人・兵員・国民個々人の意思や感情を超えて貫徹された国家権力と軍隊の特別な権力的支配の構造と重さに注目することは少なかった。それは，近代日本の戦争・戦時は，西南戦争後は太平洋戦争での国内空襲や沖縄戦を除き，他国領土内等での侵略戦争に終始し，召集・出役者を除く日本の国民・住民にとってはおよそ「遠い外国」での出来事としてうけとめられ，戦時・戦地・戦場・戦闘活動に貫かれる国家権力と軍隊の特別な権力的支配の重さの根源的規定の戦時編制と動員計画令までに立ち入って究明・説明することは困難であったからである。すなわち，戦時編制と動員計画令が伏せられたことにより，戦時の軍隊の本質的な特別の支配と権力作用の法令的淵源と責任所在が隠され，戦争と戦時の責任所在はいわば自然的に形成された軍隊一般の状況的問題点として処理拡散解消される傾向と雰囲気が生まれてきたと称しても過言ではない。さらに特に伏せられ隠されたものに陸軍の会計経理体制がある。動員により軍隊が戦時編制に移る時，膨大な財政支出は必至であったが，軍工廠等の財政経理を除き，平時を含む軍隊の会計経理体制への注目・言及はほぼ皆無であった。特に，巨大な公共事業的性格を帯びた要塞建設等を含めて，軍隊の建築工事管理や軍需物品等購入関係の会計経理体制の研究は皆無であった。軍隊の現場では軍備費はどのような会計経理体制のもとに支出・消費されたかは，当該職務関係者の著作記述等を除き言及されなかった。

③本書の研究主題――近代日本の戦争計画の歴史的成立の特質

これに対して，本書は副題の近代日本陸軍動員計画策定史研究の題目による戦時編制概念の形成と転換を基本視点にして，近代日本の戦争計画の歴史的成立の特質にかかわって，三つの研究主題を明確化する。

第一に，陸軍の動員計画策定の歴史的成立は，戦時と戦争遂行における陸海軍全体の統帥を陸軍主導のもとに帝国全軍として一つに組立てようとする帝国全軍構想化路線を伴ったことの研究主題である。ここで，帝国全軍構想化路線の成立の画期は，およそ，「帝国全軍」用語の法令条文規定等を含めて，台湾出兵期の大本営特設構想の開始（帝国全軍構想化路線の端緒化開始）から日露戦争開戦前の戦時大本営条例改正（帝国全軍構想化路線の終焉）に至るまでの，特に戦時大本営編制構想を基軸にした諸官衙・機関等の設置と諸政策・戦時業務計画の調査・策定・制定等の進展・変容等に対応して確定されると考える。

第二に，動員計画策定の管理業務は，官僚機構の一変種としての常備軍の結集・成立の特質として，鎮台体制から師団体制への転換・移行を経て，官制概念からしだいにその変種としての編制概念が成熟・成立し，さらに体系的な戦時編制の策定・制定を核にした出師準備関係文書の調製・管理と召集・徴発等の地方自治体等連携業務整備を含む出師準備管理体制として成立・進展したことの考察である。出師準備管理体制の成立・進展は師団体制強化を支える人事・官職的基盤としての武官カテゴリーの本格的成立を伴い，陸軍会計経理体制の整備・強化を促し，さらに日清戦争後の会計経理体制改編により軍隊現場に「自主財源」を蓄積し，陸軍が政治勢力としての軍部に成長する財政的基盤背景が成立したことも研究主題として重視されなければならない。

第三に，動員計画と兵力行使を支え連携する軍事負担体制の考察である。特に徴発令と軍機保護法及び要塞保護法の成立過程を解明し，さらに要塞の設置と管理及び要塞防禦戦闘計画策定が，要塞某地域を交戦地域として想定し前提にした国土防禦体制構築構想を内包しつつ成立したことの研究主題である。

2　本書の構成と研究課題

本書は，動員計画策定の管理業務を基本にして近代日本の戦争計画の歴史的成立の特質解明の考察枠組みとして，①戦時編制の準備になるべき平時編制と兵役制度の成立（第1部），②戦時業務計画策定と出師・帷幕・帷幄・軍令の概念の形成（第2部），③戦時編制概念の転換を伴う体系的な戦時編制と出師準備管理体制の成立（第3部），④動員計画と兵力行使を支える軍事負担体制の成立（第4部），の計4部から構成した。

(1)　平時編制と兵役制度の成立

第1部は，広義の平時編制の成立について，国家論的には簡潔に常備軍を官僚機構の一変種と見立てる視点のもとに，平時の兵力編成を統轄する鎮台の設置と兵員供給のための兵役制度の成立を基本にして考察する。

近代日本の常備軍結集は鎮台設置下の兵力の強力的・統一的な組織化と編成を重要な特質としてきた。平時編制は，国家統治上は鎮台という機関・官衙の官制により編成・統轄される平時兵力の編成を規則化して成熟し成立した。すなわち，広義の平時編制は鎮台を基盤にして成立したことに特質があり，鎮台体制下の兵員収容営造物等をいわば「受け皿」にして各種兵員・馬匹等を収容・飼養して教育・訓練することを日々の業務として営まれた。したがって，鎮台の成立は兵員供給政策を同時に成立させ，兵員定員の組立てを解決しなければならなかった。具体的には，兵員供給政策としての徴兵制による採用兵員を鎮台とその分営（営所）において集中的に管理し，戦闘現場での諸作業等を視点にして，規律・秩序の維持と統制を強化・貫徹し教育・訓練するために適合する兵員員数（定員化）の算定の論理と基準の明確化を求めた。すなわち，鎮台の成立は，同時に，広義の平時編制の兵員の基礎的な諸隊編成単位（連隊・大隊・中隊等）を計画・策定し，その隊編成毎の兵員集団収容にみあう営造物施設（兵営と称され，建物等の面積と諸設備を規格化）の確保・建築とを一体化した。つまり，近代日本の常備軍結集は，対外戦争を見通しつつ，当初は，鎮台設置下の兵員収容営造物施設をいかに確保し構築するかという課題と政府への兵備・兵力の集権化が最重要点になっていた。

なお，廃藩置県前の政府への兵備・兵力の集権化で呼称された「陸軍」「海軍」の用語は現場軍隊（の兵力行使とその編成・統轄等）を基準にしたものであり，基本的には藩の兵力とその改編等を想定していた。

従来の近代日本軍制史研究等における常備軍結集の考察は，1889年徴兵令改正前までの過度期的な初期徴兵制下の兵員徴集システム等の解明に重点が置かれてきた。しかし，1873年徴兵令自体の起案と成立過程及び徴兵制上の兵員定員の算出根拠等は今日まで解明されず，かつ誤解されたものが多い。

これに対して，本書は，①鎮台と同司令長官等官職の基本的な性格を考察し，都市及び府県の防禦体制と兵備・兵力の編成，全国武装解除と銃砲管理統制政策を含めて，新政府による兵備・兵力の強力的な集権化過程の歴史的画期を解明し（以上，第1章），②1873年徴兵令の成立・施行過程，徴兵入費政策をめぐる陸軍省・大蔵省・内務省の攻防，自治体責任論による配賦徴員送り届けの業務構造の成立と徴集候補人員寡少構造の招来化を中心に考察し（以上，第2章），③初期徴兵制下の兵員供給政策の特質として，近衛諸隊の兵員と四鎮台召集・編成兵員（壮兵）及び徴兵制による六鎮台徴集兵員（徴集兵，賦兵）の編成替え，西南戦争期の召集又は壮兵新規募集による兵力編成の政治的支配関係と壮兵慰労金下付政策，新発足の現役志願制度・再役制度を中心にして考察し（以上，第3章），④必任義務徴兵制の原型になった1889年徴兵令改正の特質解明のために，内務省の徴兵入費政策の転換（民費賦課・地方税化分の徴兵入費の不要と国庫支出化），府県等自治体の任意の徴兵援護・兵事奨励事業の成立・促進，生活困窮者の徴集兵員の法令的対処方針，徴兵制度と地方自治制度を連結させる桂太郎陸軍次官の軍部自治論（軍部成立の兵役制度的基盤形成，軍隊に対する地域社会の馴致・順応化政策）を中心にして考察する（以上，第4章）。なお，第4章は本来的には第3部第2章で考察の軍部成立の基盤形成に位置づけられるが，兵役制度を研究課題にしている点で第1部に含めた。

(2) 対外戦争開始と戦時業務計画の成立――出師・帷幄・軍令概念の形成と統帥権の集中化開始

第2部は，対外戦争を支える戦時業務計画の成立過程を解明しつつ，出師・帷幄・軍令概念の形成と統帥権の集中化開始を考察し，戦時編制概念の成熟を含め動員計画策定の歴史的萌芽期の特質を明らかにする。

ここで，まず，戦時業務計画は出師準備と動員の業務計画に相当するが，そもそも，常備軍結集の建軍期において戦時の法的かつ軍制的な認識と自覚は明確ではなかった[11]。すなわち，戦時と平時との区別と関連に関する陸軍部内の統一的な認識・自覚が法令上でどのよう成立したかは必ずしも明確ではなく，戦時の諸兵力の編成と行使にかかわって貫徹される特別な権力支配関係，職務権限行使，業務作用等も法令上ではほとんど明確ではない。本来，戦時と平時の区別と関連は近代立法体系を基礎とし，かつ，その関係や整合性において認識されなければならないが，1873年徴兵令制定前後は，近代立法体系は未成立・未整備であった。そのため，戦時業務計画を近代立法体系との関連において考察することは非常に困難である。それ故，建軍期においては，戦時業務計画と執行を独自に策定・決定する陸軍省等の機関が戦時業務の内容・性格・意味をどのように区分・認識していたかの考察にとどまらざるをえない。

次に，近代日本軍制史研究では軍隊の統帥権に関して，通常，1878年参謀本部設置を基本にして「統帥権の独立」云々が言及・流布されてきた。たしかに，「統帥権の独立」云々の言及は太政官政府とその行政権との対置上は「兵政分離」の用語とともに平時には有益又は有効かもしれないが，特に戦時（戦時の準備・計画を含む）における日本軍隊の統帥自体や統帥権の究極的な内実・効力を説明しきれていない[12]。

本書は，①1874年台湾出兵事件からの対外戦争開始とともに統帥権の天皇への復古的集中化又は集中化構想を基本にして，戦時の陸海軍の統帥を帝国全軍として統一し統轄する大本営の特設構想を核にした帝国全軍構想化路線の成立起源の明確化を研究課題に設定した。そして，対清国開戦準備により出師の概念が形成され，国内での内乱・内戦への対応とは異なり，天皇からの統帥権委任という手続きレベルでは処理できず，天皇自らに帷幕臨席を求める構想とともに（「天皇帷幕」と大本営特設構想開始），1875年江華島事件対応下の「朝鮮征討軍」の編成構想における武官文官混成による帷幕構築構想の出現を考察する。また，近代国家予算会計制度の開始と陸軍省定額金比率，台湾出兵事件前後における戦時会計経理制度の発足，西南戦争までの戦時会計経理制度の整備等の財政支出政策と会計経理体制を含めて，対外戦争想定の戦時業務計画を考察する（以上，第1章）。②1878年成立の参謀本部体制について，戦時対応と動員計画策定の基本視点にもとづき，帝国全軍構想化路線の端緒化踏襲として位置づけ，プロイセン軍制との比較検討，平時戦時混然化の参謀職務体制と横断的参謀官職統轄体制の成立，1881年戦時編制概則起草制定過程における軍令・帷幕概念の多用化的成立と戦時編制概念の転換準備促進，1882年野外演習軌典制定も含めつつ考察する（以上，第2章）。③清国軍備対抗等との関係で，1881年会計法下の東京湾防禦砲台建築工事の会計経理を含めて，陸軍動員計画策定の考察に欠かせない西南戦争後の軍備増強策と陸軍会計経理の攻防を考察する（以上，第3章）。④1882年7月の朝鮮国京城における大規模な変乱騒擾事件（壬午事件）に対する外務省主管下の日本陸軍の出動態勢に関して，太政官と一体化した準戦時大本営的体制の立ち上げ，戦時諸概則の配布，第六軍管下の旅団編成と行軍演習，新聞報道統制と「軍機」概念，「戦死者」造出の粉飾固執と靖国神社合祀を基本にして考察する（以上，第4章）。⑤1882年の軍備拡張方針化のもとに，1884年の「七軍管兵備表」と「諸兵配備表」及び「歩兵連隊改正着手順序」等の制定・規定による広義の平時編制の端緒的規定化，鎮台体制下の戦時の旅団と師団の兵力配備の取込み開始による平時戦時混然化の鎮台体制の完成，1884年陸軍会計部条例改正による出師準備を含む陸軍会計理体制の成立，同年の鎮台出師準備書制定による出師準備管理体制の成立萌芽を考察する（以上，第5章）。⑥参謀本部体制と太政官制度とその後の内閣制度との関係は特に補論を設け，1889年12月の勅令第135号の内閣官制の制定に関して，その第7条の成立過程，政府中枢メンバー構成構想と参謀本部長・参謀総長の補職・任官人事のあり方を基本にして考察する（以上，補論）。

(3) 戦時編制と出師準備管理体制の成立

第3部は，戦時の団・隊・部の編制表を簡潔・緊密に集成した体系的な戦時編制が1893年に「令達文書・冊子体の戦時編制」として制定され，1894年の戦時大本営編制と兵站構築体制の基本が形成・構築されたことを考察する。陸軍動員計画策定史上における出師準備管理体制は，帝国全軍構想化路線をベースにした体系的な戦時編制の実現のための動員計画策定に関する諸管理を緊密・強力かつ画一的に推進する中核的体制である。本書は，1893年の戦時編制と1894年の戦時大本営編制の制定を出師準備管理体制の歴史的な完成として位置づける（動員の公式用語採用後は動員計画管理体制の第一次的成立として位置づけられる）。

その際，陸軍動員計画策定史上における出師準備管理体制の成立画期は，およそ，①戦時編制・出師準備・動員等の定義・概念（転換）自体の整備や諸編制表の簡潔・緊密な集成と統一的な表式表記制定等による陸軍兵力の体系的な編成・行使の計画に関する管理分野の進展，②戦闘活動を想定した鎮台・師団の出師準備書等文書や戦時諸規則・要務令・勤務令等の調製・策定・制定に関する管理分野の進展，③平時編制と常備団隊配置や官衙設置の策定・制定に関する管理分野の進展，④出役・兵力行使を支え維持継続するための召集・人事・特設機関・会計経理・糧秣弾薬被服等補給・兵站・馬匹徴発等及び地方自治体等業務に関する管理分野の進展，の4分野進展の明確化を基準（4基準）にして確定される。もちろん，陸軍の主兵と称された歩兵の戦闘活動のマニュアル規定書の歩兵操典の制定・頒布の画期も重要である（歩兵操典の制定等は凡例の拙著『近代日本軍隊教育史研究』第1部参照）。また，出師準備を支える陸軍会計経理体制の整備は特に重要であるが，その画期は陸軍省と師団以下末端現場の部隊や特設機関等における戦時対応の会計経理の展開とともに，会計法下の陸軍特例化・従軍軍人優遇の財政政策・軍需品管理の指針化を基準にしてほぼ確定される。そして，これらの出師準備管理体制こそが戦時兵力行使の体系的・構造的な計画・構築の基盤であり，陸軍動員計画策定史研究の本来的な解明対象であり，考察対象を予めやや詳しく述べておく。

第一に，1885年の監軍本部条例改正と鎮台条例改正及び参謀本部条例改正により，平時戦時混然一体化の鎮台体制の完成・明確化とともに，同年の戦時諸規則等の制定と1886年度鎮台出師準備書の仮制定のもとに出師準備管理体制の第一次的成立を迎えたことを含めて，さらに，1886年近衛鎮台監督部条例等制定による陸軍会計経理体制の第一次的整備を考察する（以上，第1章）。

第二に，平時における師団の配置（師団常備化）は，1882年軍備拡張方針化にもとづき，さらに対外的・軍事的緊張と「危機意識」の世論操作を伴いつつ軍備強化のもとに実現した。特に東アジアにおいて，清仏戦争勃発（1884年6月～1885年6月）と1884年12月の京城における「親日派」のクーデター失敗（甲申事変）による日本勢力の後退，さらに1885年4月のイギリス海軍の朝鮮国巨文島占領を契機にして（1887年1月までの占領），日本では，①1885年7月2日に広島鎮台管轄下の歩兵1個中隊の対馬分遣の「御沙汰」を下し，丸亀営所から歩兵1個中隊を派遣し，②同年10月の鎮台条例中改正は1884年「七軍管疆域表」中に，沿海諸島嶼防禦の分営地に小笠原島，佐渡，隠岐，大島，沖縄，五島，対馬を追加規定し，③1886年11月の警備隊条例制定は同分営地の五島を除く島嶼への警備隊設置を計画し，同時に対馬に警備隊を置き（歩兵1個中隊，砲兵1個小隊），④1886年11月設置の臨時砲台建築部のもとに，1887年に対馬の海岸防禦砲台建築を着工して翌年に竣工し，⑤1887年3月の天皇の「沿海防禦」の勅諭と30万円下賜に対応した「防海費醵金事業」に着手し，軍備強化策を進めた。

従来の近代日本軍制史研究は，1888年の師団体制等への言及は独立的作戦遂行体制の成立にとどまっていた。本書は，戦時編制概念の転換（戦時を「正格」にして，平時を「変格」にする）を基本にして考察し，特に，武官カテゴリーの本格的成立と将校団成立の官製化推進，師団体制下の兵力行使を支える体系的な戦時編制の成立萌芽とともに出師準備管理体制の第二次的成立，1890年度師団出師準備書仮制定から1891年野外要務令制定に至る出師準備管理体制の第三次的成立，1889年会計法との対応・調整と1890年近衛師団監督部条例等制定を基盤とする陸軍会計経理体制の第二次的整備を考察する（以上，第2章）。

第三に，1891年野外要務令制定は同時に戦時編制の改正に着手していた。

ただし，その戦時編制は，「平時の編制」から「戦時の編制」への軍隊編成（人員等増加）に関する編制表の移動上の意味のみならず，戦時編制全体の統一方針・基本計画に関する最重要秘密扱い下の令達文書・冊子体の意味を含みつつあった。つまり，戦時編制は体系的な戦時編制としての「令達文書・冊子体の戦時編制」により成立し，戦時編制概念の第二次的転換を進めた。従来の近代日本軍制史研究等は「令達文書・冊子体の戦時編制」の成立過程と内容には言及しなかった。本章は，「令達文書・冊子体の戦時編制」の成立過程を基本にして，1891年戦時編制草案の戦時大本営編制構想に象徴的に起草された帝国全軍構想化路線の典型的展開，1893年戦時大本営条例制定及び1894年の戦時大本営編制制定と大本営設置過程を考察する（以上，第3章）。

第四に，兵站は，戦闘活動推進に密着一体化した運輸通信・補充・給養・衛生・民政等の構築・維持のための兵力行使を含む戦闘連携設備運営等である。近代軍隊では特に陸軍において重視された。日本陸軍では1880年代までに兵站の活動・勤務の考え方が部分的に芽生えるが，体系的な活動・勤務として本格的に成立するのは1890年代からである。つまり，兵力行使の効率的・効果的遂行ために，編制の策定原則を1880年代後半以降に狭義の戦時編制の重点的組立てに転換したからである。この結果，戦時編制の実現・遂行を支えるための各種固有の活動・勤務の詳細なマニュアルがさらに策定・制定されねばならなかった。そして，兵站勤務令は戦時編制の実現・遂行にあたり，兵站の活動・勤務の規則・権限・指揮・司令関係等のマニュアルを体系的に編集・規定した冊子体・命令書として頒布・令達された。本章は1894年兵站勤務令の制定過程における海運業務の扱い方，1894年6月の朝鮮事件における第五師団の一部動員と混成旅団の編成過程，日清戦争期の諸予算編成と会計経理，朝鮮国内における兵站体制構築開始を考察する（以上，第4章）。

(4) 軍事負担体制の成立

第4部は，軍事負担体制を考察する。軍事負担は国家主権による公法上の義務とみなされ，「一般ノ公用負担ト其ノ性質ヲ同ジクス」とされ[13]，陸海軍の軍備上の特殊な経済的負担とされた。軍事負担には人的労役・物品負担や公用制限・公用使用・公用徴収がある。日露戦争前の代表的な軍事負担として，

1882年制定の徴発令と戒厳令，1899年制定の軍機保護法と要塞地帯法がある。従来の近代日本軍制史研究では軍事負担体制は戒厳令を除き考察されなかった。本書は戒厳令の考察は他著等に譲り[14]，徴発令と軍機保護法及び要塞地帯法を考察するが，考察対象を予めやや詳しく述べておく。

第一に，日本の徴発制度は1882年の太政官布告第43号の徴発令により成立した。1882年徴発令は明治憲法前に制定されたが，法律たる効力をもち，改正されずに1945年まで施行された。明治憲法前の法令が1945年まで続いたことは戒厳令とともに近代法制史上でも稀有なことであるが，本質的には前近代的な徴発賦課を含んでいた。また，徴発令は軍事負担体制の中で最初の体系的な法令であり，軍事負担の原初的構造を示しているとみてよい。徴発（Requisition）は戦時・事変の軍隊動員時の軍需を満たすべく補充的・応急的に地域住民等に賦課する軍事負担であるが，平時の演習・行軍においても制限的に適用された。本章は，特に建軍期の地域調査を基本とする地理図誌編輯と軍需用物件等の調査・統計化への着手，フランスの徴発制度への注目，太政官・参事院における徴発令草案の審査と徴発令起案，徴発実施をめぐる徴発事務や地方自治体側の対応等を含めて考察する（以上，第1章）。

第二に，1893年戦時編制の制定は厳格な秘密文書管理体制を成立させ，日清戦争後の平時編制や常備団隊配備表も一時は秘密扱いされた。すなわち，軍事情報の公表・公開等に対する厳しい権力的統制を加え，戦争や軍隊に関する自由な学術研究は他の研究分野以上に制約され，国民大衆は政府から偏狭な情報を一方的に与えられた。戦前日本における軍事情報統制は，およそ，三つに区分される。一つは，内務行政や司法当局管轄の軍事情報統制である。たとえば，1893年出版法などの軍事機密に関する文書図画の出版規制であり，1880年刑法の外患罪の設定である。外患罪は戦時に成立し，本国や同盟国の軍事機密の敵国への漏泄行為などは無期流刑に処するとした。二つは，軍行政（軍政）の軍事負担としての軍事機密保護である。三つは，軍内部の軍事機密図書の管理である。また，軍人による軍機・軍情の漏泄等を反乱罪・利敵罪として設定した特別刑法としての陸軍刑法がある[15]。もちろん，軍当局は内務行政や司法当局管轄の軍事情報統制にも関与したが，本章が主として考察対象にするのは図書・文書管理体制の構え，日清戦争と軍事情報統制，軍機保護法の制定過程，日露戦争下の軍事情報統制体制である（以上，第2章）。

第三に，要塞は平時においても戦時と戦場化を積極的に想定・認識する陸軍管轄の防禦営造物であり，隣接・周囲の地域社会と住民生活は厳格な重圧的な管理統制と治安体制の中で営まれた16)。要塞を抱えた都市・地域は他の軍隊衛戍の都市・地域とは本質的に異なる管理統制が貫かれた。要塞の建設と存在にかかわって，地域社会に対する管理統制と治安体制の強化のために成立したのが，1899年7月の要塞地帯法であった。本章は，要塞建設の特質（国土防禦体制の転換，海岸要塞建設の重点化，土地収用法と国防上用地の秘密化要求，砲台建築工事・物件買収・職工人夫雇傭契約における随意契約推進），要塞砲兵隊の編成，要塞司令部体制の成立，要塞管理維持事業関係を解明した上で（砲台出入管理，要塞・堡塁・砲台図籍管理，兵器弾薬管理），軍事負担としての要塞地帯法の成立背景・性格等を明らかにする。特に，要塞地帯法の成立前史を含めて，制定過程と施行諸規則による取締り強化と要塞地帯法違反事件を検討し，要塞建設と要塞地帯法の意味を考察する（以上，第3章）。

第四に，アジア・太平洋戦争期を除く近代日本において戦時・戦地・戦場・戦闘活動がおよそ「遠い外国」での出来事として終始したのに対して，要塞防禦は異なる存在であった。要塞を抱えた都市・地域に対する重圧的な管理統制はさらに戦場化・戦闘活動の想定・策定を基本にして補足的に考察する必要がある。すなわち，第3章を補うために，要塞防禦戦闘計画と要塞防禦勤務体制の策定を1910年6月8日軍令陸乙第8号要塞防禦教令の成立過程を中心にして考察する。要塞防禦教令は戦時の要塞防禦に関する諸勤務の原則を示し，特に「戦備」という戦闘準備の執行期間において，戦闘活動と諸勤務・業務等の基本的要領と方針をマニュアル化して規定した。その上で，要塞防禦教令規定の防禦戦闘計画と要塞防禦勤務体制及び地域社会対策方針は（地域社会には公表されず），平時における管理統制の厳格性をさらに高めた。要塞の建設と設置の地域は国内等の限定局所であるが，要塞防禦戦闘計画は国土防禦計画における民政及び地域社会対策方針等を凝縮したものとみなしてよい。つまり，要塞防禦教令における要塞防禦戦闘計画策定を考察することにより，地域社会対策を含む近代日本の国土防禦計画の基本方針が解明される（以上，補論）。

注

1） 編制の概念と用語は官制概念の一変種として成熟し成立したことにより，軍隊・軍制を除けば，諸規則規定の法令用語としてほぼ限定的に採用され，地方行政上の1878年7月太政官布告第17号の郡区町村編制法，学制・文部行政上の1891年11月文部省令12号「学級編制等ニ関スル規則」に記載された。なお，「建制」の用語は常備軍の成立・維持の基本的制度を意味するとともに，軍・団・隊（特に連隊・大隊・中隊・小隊）の制度的編制を強調する時に記述された。

2） 平時編制の第二次的完成は広狭義の平時編制の同時的完成を意味し，日清戦争後の6個師団等増設に対応した1896年2月24日陸軍省送乙第651号の陸軍平時編制と3月16日陸軍省送乙第963号の陸軍常備団隊配備表の制定を画期とする。この後，陸軍部内での平時編制は狭義の平時編制のみを意味した。

3） 永田鉄山「陸軍の教育」『岩波講座 教育科学』第18冊，5頁，1933年，は「陸軍に於ける平時業務の大部分は教育であると謂つても差支へない」と記述した。

4） 生田惇『日本陸軍史』55-57頁，1989年，新装第5刷，教育社歴史新書。大浜徹也・小沢郁郎編『帝国陸海軍事典』82-85頁，1984年，同成社，等。

5） 陸軍大臣は1896年12月8日に各師団長・憲兵司令官・警視総監・地方長官宛に召集事務の秘密取扱いの内訓を発した（〈陸軍省大日記〉中『弐大日記』乾，1896年12月，軍第26号）。また，注2）の1896年3月陸軍常備団隊配備表も秘密扱いされたことがあった。したがって，たとえば，動員に関する費用（戦時費）の説明においても，斉藤文賢編著『陸軍会計経理学』（146-149頁，1902年）では伏字が組込まれ，教育総監部編『軍制学教程』（48頁，1928年）では「本邦陸軍戦時編制ハ必要ノ部分ヲ口授ス」「本邦陸軍ノ動員ニ関シテハ必要ノ部分ヲ口授ス」のように口頭説明に止めていた。

6） 狭義の平時編制と狭義の戦時編制との対応関係は1896年6月8日勅令第245号の「陸軍定員令廃止ノ件」による1890年陸軍定員令廃止の上奏案の「理由書」に記述された。すなわち，1895年11月（日付欠）の陸軍省軍務局長他4局長連帯起案による陸軍大臣宛の同陸軍定員令廃止の上奏案と「理由書」は，①平時編制表は陸軍定員令の附表として勅令により公布されてきたが，「軍事ノ秘密ヲ保ツコト能ハス」の理由により，「陸軍平時編制」として戦時編制とほぼ同一に取扱い，「秘密ノ目的」を達すると強調し，②陸軍定員令は陸軍の平時編制を規定したが，1890年当時は「未タ戦時編制ナルモノ無カリシヲ以テ定員令ナル名称モ毫モ恠［あやし］ム所無カリシ」が，現在では既に戦時編制が制定されているので，本来的目的の編制を示すために「陸軍平時編制」に改めると述べた（〈陸軍省大日記〉中『弐大日記』乾，1896年6月，軍第12号）。本上奏案記述の戦時編制は体系的な戦時編制を意味し，1893年戦時編制制定と1897年戦時編制改正を指している。

7）　本書の考察範囲外にあるが，1897年戦時編制改正と1897年陸軍動員計画令制定を動員計画管理体制の第二次的成立として位置づける。なお，作戦計画の考察は将来の課題にしたい。

8）　海軍は動員に相当する用語として，その後も出師準備の用語を使用した（海軍省編『海軍制度沿革』巻16-2の「第四章　出師準備」など，1972年，原書房復刻，原本は1942年）。

9）　山田盛太郎『日本資本主義分析』98-99頁，1977年，岩波文庫，原著は1934年。小山弘健『日本軍事工業の史的分析』1972年，御茶の水書房，など。

10）　戦前では，わずかに，『明治二十七八年 日清戦史』第1巻，61頁，大隈重信撰『開国五十年史』上巻，280頁所収の山県有朋「陸軍史」等が1893年12月令達の戦時編制に言及し，参謀本部編『明治三十七・八年秘密日露戦史』第一，127頁，1977年，巌南堂復刻，等が1899年10月令達の戦時編制に言及している。

11）　1880年代後半以降の本格的な出師準備や動員計画の管理業務とは異なるので，本書では出師準備管理の前史的なものとして位置づけ，「戦時業務計画」と表記した。

12）　統帥権の代表的研究は，戦前では，①憲法学における天皇大権・軍令機関・軍令権を中心にして言及した美濃部達吉『憲法撮要』（初版，1923年），②外国の学説考察を含めて言及した中野登美雄『統帥権の独立』（1934年），②軍事法制上から緻密な高水準の論理で言及した佐々木重蔵『日本軍事法制要綱』（1939年），③明治新政府の軍制改革を基本にして言及した小早川欣吾『明治法制史論 公法之部』下巻（1940年），④内閣制度との関係で言及した山崎丹照『内閣制度の研究』（1942年），等がある。特に③の小早川著は統帥権の「復古」を視点にした言及は注目される。戦後では，①明治憲法との関係で言及した藤田嗣雄『明治憲法論』（1948年），②日露戦争前後までの軍部大臣制と統帥権独立制及び徴兵制度を基本にして言及した松下芳男『明治軍制史論』（上・下巻，1956年，有斐閣），③軍人勅諭・参謀本部独立等に精緻な考察を加えた梅溪昇『明治前期政治史の研究』（1963年，1978年増補版，未来社），④軍制全体との関係で言及した藤田嗣雄『明治軍制』（1992年，信山社，原本は1967年），⑤統帥権独立を基本とする戦争史に言及した大江志乃夫『統帥権』（1983年，日本評論社），同『日本の参謀本部』（1985年，中公新書），等がある。他方，⑥由井正臣「日本帝国主義成立期の軍部」（中村政則編『体系 日本国家史 5』近代II，1976年，東京大学出版会，由井正臣『軍部と国民統合』2009年，岩波書店，に収録）が，明治憲法制定前後の国家機構上での統帥事項の扱われ方を検討して「事実上における統帥権の独立は，絶対的なものではなく，その時々の政治的力関係によって伸縮する相対的なものにすぎなかった。」（101頁）の記述は重要であろう。ただし，梅溪著を除き，戦後は由井著等を含めて統帥権の運用面の指摘に止まり，その歴史的原理的考察はなく，美濃部説のほぼ継承に尽きる。そもそも，1878年参謀本部設置と明治憲法制定等の当時は，軍内外において「兵政分離」や「統帥権の独立」は云々されなかった。しかるに，およそ，日露戦争後1907年9月の軍令第1号「軍令ニ関スル件」制定等による軍部の確立後に，美濃部の『憲法撮要』が天皇の皇室大権・祭祀大権等と並ぶ大権の一つしての「陸海軍統帥ノ大権」を明治憲法上の「兵政分離ノ原則」と称して個別的・要点的に解説するに至り（『憲法撮要』225頁，1927年訂正4版），「兵政分離」「統帥権の独立」の用語はいわば1870年代にまで遡及・言及される素地が生まれ，今日まで流布されてきた。また，中野登美雄『統帥権の独立』により，さらに，松下芳男『明治軍制史論』（上巻の「自序」は「本書に於いて闡明しようとしたのは，明治軍制の軍部大臣制，統帥権独立制及び徴兵制度であつて」云々と記述）により，「統帥権の独立」の用語のいわば一人歩きに至った。つまり，「兵政分離」や「統帥権の独立」の組立てをゆるぎなき不朽の原則ととらえる発想・前提のもとに近代日本軍制史研究が進められた。いずれも，流布された「兵政分離」や「統帥権の独立」を前提にして，今日まで，特に，政治史研究・政軍関係（史）論等において言及された。これらの言及傾向は後藤新八郎『統帥権独立の中の法制研究 日本海軍の軍令』（2009年，自家製本）の言及も同様である。これに対して，本書は，近代日本陸軍の戦時と戦時編制を基本にした動員計画策定を解明し，小早川欣吾著の統帥権の「復古」の記述に注目し，統帥権の天皇への復古的集中化の性格を考察する。ちなみに，統帥権の復古的集中化は，究極的には天皇祭祀大権との一体化であり，古代特有の兵馬・軍事と祭祀の一体化を含む。近年，武田秀章『維新期天皇祭祀の研究』（74頁，1996年，大明堂）が孝明天皇による「祭祀大権と軍事大権」の一身的体現化を指摘したことは注目すべきである。なお，美濃部らの「統帥権の独立」論は下記の［補注］のように批判されるべきだろう。

［**補注**］明治憲法第11条解説の美濃部達吉の「統帥権論」「統帥権の独立」は，「天皇ハ陸海軍大元帥トシテ陸海軍ヲ統帥ス」（『憲法撮要』209-226頁）とか「大元帥としての至尊の大権を統帥権又は軍令権と謂ふ」（末広厳太郎他編『法律学辞典』第3巻，2021-2023頁，美濃部執筆の「統帥権」参照，1936年）の記述のように，特に「大元帥」として統帥権を行使するという学説として流布された。憲法発布直後の一部の新聞紙は第11条解説で「［天皇は陸海軍の］元帥」云々と記述し，日清戦争以後，有賀長雄等が「大元帥」と記述した。「大元帥」は1882年の軍人勅諭で天皇の尊称として記述された天皇別称（国法から離れ，国法になじまない）であった。なお，同前年12月末に反乱や抗命（命令に反抗）等の罪を規定した陸軍刑法・海軍刑法が制定されたが，同勅諭はさらに天皇による陸海軍の親率と陸海軍軍人に対して統帥

命令への全人格的な絶対服従の心構えを諭した国法外の天皇個人著作であった。しかるに，美濃部説は憲法解説上で国法になじまない天皇個人著作上の「大元帥」を強引に引き寄せ，「大元帥」尊称具現化の固有の職分や実体的な統帥職務体系が存在するかのような観念・期待等を誘発し潜入させた。さらに，美濃部説は『憲法義解』の第11条に関する「帷幄の大令」を「帷幄の機関」と読み替え（かつ，「帷幕の本部」と「帷幄の大令」を同一視し），同統帥職務体系に連ねるべくして，参謀総長等の帷幄機関が唯一的・例外的に国務大臣の輔弼・副署を要せず内閣から独立して上奏し裁可施行する手続き（「帷幄上奏」）を，憲法制定前の同手続き慣習なるものを根拠にして正当化した（下線は遠藤）。そもそも『憲法義解』は第16条解説で「第四条以下第十六条に至るまでの元首の大権を列挙す。」と記述した。しかるに，美濃部説は『憲法義解』が元首の大権規定に第11条を例外なく含めたことを無視し又は脱落させて「陸海軍大元帥」として統帥するという解説であり，元首の大権条項規定に大元帥の職分・資格等を修飾誇張して誘引付加するに等しいものであった。換言すれば，美濃部説は，天皇は「陸海軍大元帥」の職分・資格の保持・具備がなければ第11条を行使できないという通俗的な逆発想を誘うことになる。しかし，天皇は即位と同時に元首として憲法規定の大権を無条件に行使するのであり，第11条行使に天皇・元首規定以外の条件付加はありえない。1907年の軍令第1号「軍令ニ関スル件」後の「帷幄上奏」による軍令の裁可・公示・施行時の「御名御璽」の「御璽」は天皇の印璽であり，「大元帥」の印璽ではない。ちなみに中華民国では「大元帥府」を置き，張作霖が1927年6月に「陸海軍大元帥」に就任し，「大元帥令」による法令の制定公布文に「陸海軍大元帥之印」を押印し，陸海軍大元帥は同国大総統の職権を一時的に行使する職分や統治機関とされた。他方，日本では1871年7月の兵部省職員令の相当表は「大元帥」と「元帥」を官職として置き，1872年9月の陸軍元帥服制制定は「大元帥」の服制も規定した。しかし，大元帥と元帥は（一等級違いの）同系列官職として通俗的に想起されることが危惧され，1872年2月の兵部省廃止と陸軍省海軍省分置により，兵部省職員令の相当表も廃止され，官職規定・想定上の大元帥も自動的に消滅した（ただし，大元帥の服制は続く）。また，少なくとも1890年以降の陸軍部内では規則条例等での天皇尊称を「天皇陛下」と称することに内定していた。なお，1898年元帥府条例により陸海軍大将中の「老功卓抜」者に元帥の称号を与えて天皇の軍事最高顧問の元帥府に列させることにしたが（必置ではない），元帥適任者がいなければ終息する機関とされた。これにつき，元帥府設置により「大元帥」の天皇尊称が「制度化」し，「天皇は元帥である大将よりもさらに上位の最高位の軍人である」云々の記述は（山田朗『昭和天皇の軍事思想と戦略』35-36頁，2002年，校倉書房），天皇を軍人・軍隊の官職・官等位階系列のトップに相当させた通俗的誤解であり,「大元帥」は制度化されなかった。そもそも,「大元帥」とは,佐々木重蔵著(244,238頁等)の「陸海軍統帥なる特殊の行為に出でらるる場合,陸海軍を全一体と見て,其内部に於ける服従者より申上ぐる,天皇の別名に過ぎざるべし」云々のように天皇の尊称的別称に尽きる。その上で,統帥権とは,一般統治権力の行使とは異なり,陸海軍を置き,同兵力に編入・構成される軍人に対しては天皇が命令し服従させるという「服務法上」(佐々木重蔵著)の絶対的な特別権力関係を内容とする大権であり,憲法第11条は天皇の命令により陸海軍を動かし兵力として発動させることを規定した。それ故,統帥に関する絶対的な命令と服従の関係は,一般権利義務を超越した軍隊内部の特別権力関係の維持強化の限りにおいて,国務大臣の責任・輔弼を直接的には要せずという意味限定のもとにその独立性が担保されることになり,これが統帥の独立性の本義である。そして,『憲法義解』は,統帥発動・統帥権行使としての天皇命令は軍人の生死を左右し国家統治の存亡にも及ぶ至尊の大権であるが故に,当然に最高度の思慮・判断を要するために高度な相談機関としての帷幄の大令(大命令)に属するとした。なお,帷幄のメンバーをどのように組立てるかは別個の問題である。以下,本書記述の「統帥権の独立」等は今日まで流布された美濃部説等の「統帥権の独立」等を指す。

13) 美濃部達吉『行政法撮要』下巻,702-703頁,1933年,第3版。

14) 大江志乃夫『戒厳令』,1978年,岩波新書。

15) 軍刑法は拙稿「1881年陸軍刑法の成立に関する軍制史的考察」北海道教育大学紀要(人文科学・社会科学編),第54巻第1号,2003年,参照。

16) 近代日本の海岸要塞管轄は陸軍に自明的に所属すると理解されてきたが,欧州では海軍主体(イタリア,スペイン,ノルウェー)と陸軍から海軍所属に移った事例があった(ドイツ,フランス,イギリス,ただしイギリス海軍は拒絶)。その際,第一に,臨時砲台建築部も同事例を把握していた。ドイツでは海軍創設年月が浅いために従来は2軍港(キールとウィルヘルムスハーブン)の局地防禦と海底の固定及び動防禦(水雷艇等)や沿岸の記号通信守兵の配備が海軍の主任務であった。他方,陸軍は海岸堡塁砲台の戍兵と海岸警備を予備兵により防禦していた。その後,ドイツは海軍拡張を図り「殖民政略ヲ全フスルノ方針」をとるに至り,海軍は海岸全体の防禦も担任し,海軍大臣は1884年3月の議会への報告書において「将来ニ於ケル海岸戦ノ諸要求ヲ研究スルニ最良ノ処置ハ陸海両軍ヲ論セス海岸要塞ノ防禦ハ厳正ニ海軍ニ任スルニ在リ」と記述したとされている(臨時砲台建築部「日耳曼国海岸防禦式」『偕行社記事』第36号,27-28頁,1890年5月)。ドイツの海岸防禦の担任転換は陸軍大臣の意見にもとづくが,当時のドイツ皇帝詔勅は陸軍による海岸防禦の難点・難題(水雷敷設,商船・軍需品の管理等)を強調した(〈海軍省公文備考類〉中『公文備考』1898年，巻16，学事3，所収の小田喜代蔵海軍少佐の1898年5月の伊東祐亨海軍軍令部長宛提出の意見書参照)。小田海軍少佐（海軍軍令部第一局員兼参謀本部第一部員）の意見書は海岸要塞・水雷隊の管轄を陸軍専属にする言説及び同言説反論の言説を紹介し，6月3日付で伊東海軍軍令部長は西郷従道海軍大臣宛に参考として提出した。第二に，イギリスの海岸要塞の陸軍から海軍への所属移行に関する日本海軍の構えがある。1898年5月26日の日本の海軍省の省議は，海岸要塞管轄の議論は「既ニ過去ニ属シ」し，欧州諸国では海軍所属化に一定化しつつあるとして，さらに，①最近のイギリスは海岸要塞管轄を陸軍から海軍に移すことを決定したが，海軍側は準備が整わないとして拒絶した，②海岸要塞管轄の海軍所属の理由は，海軍と海岸要塞の共敵である敵海軍に対する命令を一つにする，海岸要塞の陸軍所属の場合には要塞兵は敵味方の艦船を判別できない，海岸要塞の防禦目的は敵艦船への砲撃にあるが，軍艦の構造・運動等に精通したものではないので砲撃効力は完全ではない，③したがって，日本の海岸要塞も「必ス他日海軍ノ手ニ収メサルヘカラサルモノ」であるので，同準備として有為な海軍将校を選抜して海岸要塞の必要学術を研究させ，「徐々ニ之ヲ海軍ノ手ニ収ムヘキ方法ヲ講セサルヘカラス」の意見をまとめ，海軍軍令部に照会した（〈海軍省公文備考類〉中『公文備考』1898年，巻16，学事3）。海軍軍令部第一局は6月3日付で同照会に同意し，さらに，各国の陸海軍と海岸防禦との関係等も視察調査することが得策という意見を提出した。イギリス海軍を手本にしてきた日本海軍は当然に海岸要塞の海軍管轄化に注目し海岸要塞の海軍管轄化を期待したが，なしえなかった。なお，上記5月26日の海軍省の海岸要塞管轄の議論の「既ニ過去ニ属シ」ている云々の総括的認識は，1873年5月の海軍省職制起草時に「海口防禦之タメ砲台ヲ建築スル事」の起草があるが（〈海軍省公文備考類〉中『公文類纂』1873年，巻1，本省公文制度部職官部，所収)，1870年代半ばの海岸防禦等に対する陸海軍両省の調査着手方針合意から海軍が結果的に退いたことを含めて，過去の海岸防禦等の国土防禦計画に対する主体的構えをとらなかったことの自己表明のようなものである。しかるに，同年11月に海軍大臣就任の山本権兵衛は，翌1899年1月19日付で陸軍大臣宛に防務条例中改正の協議を始めた。海軍大臣の協議は東京湾口及び横須賀方面の「海岸要塞ハ之ヲ鎮守府司令長官ノ指揮下ニ属セシムルコトニ相定度意見ニ候」と述べ，さらに，対馬の防禦の軍事司令権を海軍の担任に帰し，澎湖島防禦は要港部司令官をして防禦上一般の指揮計画を立てさせることの希望を加えた（陸軍省編『明治軍事史』下巻，1053頁)。山本海軍大臣下の海軍はイギリスの海岸要塞の海軍所属化問題を契機にして，俄かに海岸要塞の海軍所属化を企図したが，国土防禦計画に対する主体的な一貫した構えをとらなかった。

第１部　平時編制と兵役制度の成立

第1章　鎮台設置下の平時編制の第一次的成立

1　鎮台体制の成立端緒

鎮台体制は，鎮台の設置・配置にもとづく兵力の組織化と編成・教育及び統率・司令の体制である。つまり，鎮台体制は鎮台による兵力統轄体制である。鎮台体制は建軍期の平時編制の概括的基盤を固めつつ，地方兵備体制をになうために成立してきた。この場合，特に鎮台体制の用語によりおよそ1880年代後半までの平時編制を考察する理由は，常備軍の結集（兵力行使の統一化，兵権・兵備の集中化）をめざす平時編制下の兵員収容の兵営施設の建築・整備や，当時の「全国防禦線」云々等の文言に象徴される全国防禦政策画定化方針を基盤にした陸軍軍制の特質を，一般行政との関係を含めて検討できることにある。ちなみに，鎮台体制と一般行政との関係は，たとえば，旧城郭等管理（存城・廃城等方針による土地・営造物施設の再利用・使用・売却・貸借等処分，旧藩等所有の武器・兵器の接収等の管理），道路（国道）管理，海岸砲台新設地所取得，等の国土（利用）の兵要地理（地誌）学的調査と軍事的再編計画に示されている。ただし，国土（利用）の兵要地理（地誌）学的調査等は本書の第4部（徴発制度の成立等）で考察する。

さて，鎮台とは何か。鎮台自体は軍行政機関と防禦営造物施設の二つの基本的性格を有した。これらの性格の解明は，地方兵備体制にかかわり，鎮台体制の特質を考察する上で欠かせない。本章が考察するのは，1871年4月設置の東山道と西海道の二鎮台，特に1871年7月14日の廃藩置県下で設置された四鎮台（8月24日に兵部省は東京鎮台・大阪鎮台・鎮西鎮台・東北鎮台の配置を布達）配置以降の鎮台の性格である。

(1) 機関としての鎮台の成立――鎮台体制による全国兵権統一とフランス軍制の導入

まず，鎮台の呼称・用語を中心にして機関としての鎮台の性格を検討する。鎮台は軍行政機関としての性格を含みつつ成立し，同官衙の人員・設備を整備し，防禦営造物の性格を強化した。

ところで，陸軍省編『陸軍省沿革史』(1905年)は，1868年(慶応4年・明治元年)の内国事務局管轄下の鎮台及び征東大総督府管轄下の江戸鎮台は「後世ノ鎮台」(1871年の四鎮台以降の鎮台)とは同一でなく，性格を異にしていると記述した。これは当然の記述であるが，同『陸軍省沿革史』等は，双方の性格の相違を指摘しつつも，「維新後尚ホ兵馬倥偬ノ際ナルヲ以テ，政務ヲ管スル者ト雖モ又諸藩ノ兵ヲ用ヒテ其地ヲ鎮セサルヘカラス」として，明治元年の鎮台を「姑[しばら]ク鎮台ノ濫觴ト為ス」と記述した[1]。それでは，なぜ，同『陸軍省沿革史』等は明治元年の鎮台を「鎮台ノ濫觴」とみなしたのか。あるいは，1871年の四鎮台配置において明治元年の鎮台の名称・用語を復活・継承したのか。

①明治新政府の戦争計画体制構築と江戸鎮台の設置――鎮台の成立と大本営構築構想及び皇軍称揚(皇軍称揚Ⅰ)の源流

1867(慶応3)年12月9日の王政復古のクーデターにより成立した京都の新政府の最高機関としての総裁・議定・参与の三職の総裁に就任したのは二品熾仁(たるひと)親王(有栖川宮)であった。三職の職掌は翌1868年1月17日の三職分課に規定され，熾仁親王は2月3日の三職八局職制下でも総裁職(万機を総裁し一切の事務を裁決する)に就き，2月9日には新政府軍隊の最高司令官の東征大総督を委任された。つまり，新政府のトップが軍隊司令権行使のトップを兼ねた中央軍事官職体制がつくられた[2]。

ところで，三職分課の内国事務総督と三職八局の内国事務局の事務管掌事項にはともに「京畿庶務及諸国水陸運輸駅路関市都城港口鎮台市尹[いん]ノ事ヲ督ス」の文言がある。この鎮台は，当初，新政府拠点の京畿地域を中心にした地方政務担当者の兵力使用による警備・治安維持としての警衛を基盤とする政務官職とその管轄地点を意味した。すなわち，①兵力行使を基盤にした政府直轄の地方行政機関(司法を含む)とその政務・業務を意味し，「大政奉還」にもとづき，幕府重要直轄地の政務の返還・接収又は継承の手続きに対応して設置され，②

同鎮台呼称は，新政府が，江戸幕府末期の幕府直轄地長官職の奉行が「鎮台」と別称されていた慣行をほぼ踏襲し，旧幕府官職別称遺制継承としての鎮台の呼称であった。たとえば，1月21日設置の大和鎮台，1月22日設置の大坂鎮台と兵庫鎮台である。これらはその後に大和鎮撫総督（後に奈良県）と大坂裁判所（後に大阪府）及び兵庫裁判所（後に兵庫県）と改称された。つまり，1868年2月までは，江戸以西等の旧幕府の直轄領地や地方直轄政務の官職・官衙は，およそ，旧幕府の奉行＝鎮台→裁判所の設置を経過した。ただし，大坂と兵庫の裁判所も純粋な司法機関ではなく，司法・行政の混合事務管掌の官庁であった。なお，三職分課に海陸軍務総督を，三職八局に軍防事務局を置いたが，各事務管掌（兵部省の源流になる）は「海軍陸軍練兵守衛緩急軍務ノ事ヲ督ス」とされ，鎮台管轄の規定はない。

さて，4月11日の江戸開城後に熾仁親王東征大総督は15日に江戸に入府した。東征軍は21日にその最高司令部としての東征大総督府を江戸城内に置いた。しかし，当時，江戸開城前後の関東地域の治安情勢は不安定で，江戸市中（旧幕府の町奉行等による取締り）と特に下総・上総・安房地域は無秩序・無政府的状況であり，同地域の統治は困難であった。徳川慶喜の「大政奉還」は政権・政務の返還であり，土地・領地・領国と兵権の返還をただちに意味していなかった。特に，徳川氏処分は重要課題であった（相続，領地・石高決定等)。その際，新政府軍隊の江戸・関東地域への進軍・屯在は，法的にはいわば他国・敵国の統治領域占領に近似した武力制圧と占領を意味し，かつ，さらなる抵抗・反乱等の武力衝突発生を想定しなければならず，特に市中銃砲放発の禁止・統制も課題になった。その中で，新政府の戦争計画体制構築の認識と判断の画期的源流になったのが，東征大総督府が4月16日に東海・東山・北陸三道の各先鋒総督と海軍先鋒総督及び各参謀等を招集して開催された会議（「大軍議」と称された）と，同会議決議に対処した閏4月10日の新政府参与の大久保一蔵（利通）の建白書であった。

第一に，4月16日の「大軍議」の決議により，大総督府参謀の正親町公董（おおぎまちきんただ）と西四辻公業（にしよつつじきみなり）が翌17日付で新政府の副総裁と軍防事務局宛に発した上申書は[3)]，江戸市中と関東地域の鎮撫が容易でない情勢と「江戸地旗下以下士民安堵」の処置急務等を強調し，徳川氏の相続と石高領地の事案や横浜でのアメリカからの鋼鉄艦購入の事案等評議を要請した。その上で，事の運びのスムーズな処置のために新政府から大久保利通と木戸孝允他の撰挙派出等を要請し，①「当国鎮定之道今少シ相立候ハハ速ニ鎮台ニテモ不被置候テハ片時モ不治候間兼テ御人撰モ可有之候得共尚御評議専要ニ奉存候」，②「房総常野抔ニモ是非裁判所ニテモ不被差置候テハ迚モ鎮定仕間敷」云々と述べた。ここで，①の鎮台の性格は，旧幕府官職別称遺制継承としての鎮台の呼称を採用し，征討・鎮定随伴のいわば他国（領国・領地）に対する直轄的・占領地行政的な統治・支配を認識した行政上の官職を意味する[4]。その際，新たな鎮台の設置方針として，一時的な暫定的な官職・官衙を想定し，土地・領国の統治・支配に対する認識・判断を加えたことが重要である。なお，②の裁判所の意味は大坂裁判所・兵庫裁判所とほぼ同一である。

第二に，岩倉具視副総裁は正親町らの上申書趣旨をほぼ了承し，同25日付で早々の政府評定を返答した。そして，閏4月8日に岩倉具視宅参集の大久保利通と三条実美・西郷隆盛・広沢真臣・吉井幸輔・後藤象二郎他の会同が催された。その際，大久保が提出し，かつ了解された徳川氏処分（徳川氏移封発表時期のタイミングを含む）にかかわる建白書の特に下記の東征下の政府と出師現場軍隊との関係言及は戦争遂行体制構築において極めて注目される[5]。

> 「[上略] 和漢古今遠境ニ師ヲ出シ敵情ニ通セスシテ眼前ノ無事ニ因循シ流言ヲ信シ疑惑ヲ生シ朝堂ハ其実ナクシテ不決ノ決ヲ以閫外ノ将帥ニ任シ禍乱ヲ招キ大敗ヲ取リ社稷ヲ亡シ候類不少候間厚ク現地ノ情実ヲ御詳知有之決テ将帥ノ任ト度外ニ不被為置今日ヨリ　朝廷ト一弾丸矢石ノ内ヲ被為踏候思食相立　鳳輦ハ何時ニテモ被為促軍兵ハ只今御繰出シ進テ不顧後退ヲ不恐前四方ノ御兵備正整厳粛御充実肝要至急ト奉存候 [下略]」

大久保建白書は太政官成立期の中央軍事官職体制を鮮明化し（注２）参照），司令権を委任された出師軍隊現場の「閫外ノ将帥」に任せきりにする体制を批判し，政府主導の兵力行使等の必要性を意味した。これは政府と出師軍隊現場の一体化の東征計画を策定し，時宜即応の天皇出陣も想定し，その後の帝国全軍構想化路線につながる大本営構築構想の源流に位置づけられる。ただし，大久保建白書は軍隊のシビリアンコントロールを意味せず，軍隊を強力な専制権力のもとに統轄し，専制政府の権力行使自体を強化した。大久保建白書により閏4月10日の新政府会議は徳川氏処分等の用意周到な実施のために関東監察使を置いた。

第三に，閏4月21日に新政府は三職八局職制を廃止し，新たな七官の職制を設け（議政官，行政官，神祇官，会計官，軍務官，外国官，刑法官），幕府直轄地の返還・接収地域としての府・県には知府事・知県事を置いた。また，三職八局職制下の鎮台の官職・政務も公式には廃止した。その後，江戸市中と関東地域の不安定情勢を一変させたものとして，東征大総督府司令下軍隊による5月15日の上野戦争（対彰義隊駆逐掃討戦争）の決行と勝利の影響が非常に大きい。上野戦争勝利は大久保建白書を基調にした戦争遂行体制構築の最初の成果であった。その際，特に新政府の議定の6月16日付の大総督府参謀宛の書簡は「[上略] 上野山内屯集之賊徒去月十五日両道合兵追討之処不出一日成功　皇軍之武威八州ニ赫然就而[ついては]者捷奏之趣速ニ及奏　聞候処大ニ被安　宸襟御満足ニ被　思食候此旨披露可有之候也」と記述し，睦仁親王（8月に天皇即位）の満足心を伝え，東征大総督府下軍隊を「皇軍」（天皇の軍隊，皇国・皇威の軍隊）と称揚した[6)]。これは近代日本軍制史上では皇軍称揚と統帥権の復古的集中化の源流に位置づけられ，本書では「皇軍称揚I」（皇軍称揚の源流）と表記する。皇軍称揚は1945年の日本軍隊解体まで貫徹された。また，上野戦争勝利により，新政府は5月24日に徳川氏処分（府中藩70万石，駿河に移封）を発表した。

第四に，上野戦争勝利により新政府は熾仁親王東征大総督を5月19日に江戸鎮台の官職に任じた。そして，同日の大総督府布告により，江戸鎮台は，特に従前の寺社町勘定の三奉行を廃止して設置された社寺裁判所・市政裁判所・民政裁判所を管轄する占領下都市の行政機関になった。また，江戸鎮台を頂点とする官職（江戸鎮台，輔，判事，輔助，権判事）により統轄される行政機関全体が「江戸鎮台府」と称された。江戸鎮台府の判事は5月20日に旧幕府の町奉行所の諸記録類を引きあげ，旧町奉行所職員に対して今後の勤務の手続き等を口達した。旧町奉行所職員（与力，同心）は鎮台府付職員になった。

江戸鎮台府実施の主な占領地的行政には，①旧幕府に提出した江戸商人の用金を引き受け，公債とし，漸次償還を指令し（6月4日），②県等の設置と知県事の任命（6月4日真岡県，6月17日岩鼻県，等），③旧幕府所轄施設の受領（学問所と小石川薬園――6月11日，浜御殿と浅草・本所の蔵所――6月19日），

④書籍の「私刊」の禁止（草稿の提出制，6月），⑤3月の武蔵・上野・下野の農民蜂起時に東山道総督府が近傍諸藩に指令して鎮撫させ，今後は岩鼻県設置により，知県事の指揮・支配を明確にし，非常・変動時には知県事から各藩への出兵命令があることを指令し（6月22日），⑥医学校の設置（旧幕部の医学所を母体，6月26日），⑦昌平学校の復興（6月29日），⑧藩主の配置換え等（7月13日），等がある。ここで特に⑤の知県事という地方行政長官に出兵請求権を認めたことが注目される。なお，6月28日に江戸鎮台府の管轄を駿河以東の13箇国とし，江戸市中を含む東国全体を対象にした。その後，7月17日に熾仁親王は江戸鎮台の官職を免ぜられ，同日に江戸を含む東国13箇国の政務統轄の「鎮将」を置き，同官職に三条実美右大臣が任じられた（兼任）。他方，熾仁親王は「関東軍事一途」を委任され，政務から軍務職がやや分離された。鎮将官職による統轄の行政機関全体は「鎮将府」と称され，鎮将府は江戸鎮台府の名称廃止を指令した。また，7月に江戸は「東京」と改称され，8月に烏丸光徳が東京府知事についた。

かくして，明治元年当時の鎮台には旧幕府官職別称遺制継承としての鎮台呼称が採用され，新政府指揮下の諸藩兵力使用を基盤にした占領地行政的な都市警備・治安維持の出張行政機関名や官職名（民政・司法の混合，政務・軍務の混合）と一時的な領国支配が含まれた。つまり，鎮台呼称は特に新政府が征東大総督府の兵力行使による江戸地域等の占領的支配のもとに，戒厳令的警備下の新たな地方行政活動展開のために使用された臨時的・過度期的な行政機関及び官職名称・用語である。

②東京府地域警衛と警備用兵力の供給・配賦政策――地方行政機関の兵備化抑制

新政府は8月23日に府県宛に布告を発し（「府県兵之規則区々相成候テハ終ニ天下一般之御兵制モ難相立ニ付於軍務官規則御一定相成追テ可被仰出候条其節速ニ改正可有御沙汰候事　但府県ニ於テ以来各々ニ規則相立兵員取立ノ儀被差止候事」（本書では「1868年府県宛布告」と表記）），府県毎の新規則設定による兵員編成を禁止した[7]。本布告は府県の兵隊新設の暫時的禁止を指令し，軍務官の将来における「府県兵」の統一的規則制定方針を内包し，兵備・軍制上での極めて注目される布告であった。ただし，本時点での府県は新政府直轄地に置いた府県庁を指し（府・藩・県の三治体制），ほぼ新政府の出先機関を意味した。

他方，江戸鎮台廃止後も東京府の警備・守衛は続けられた。ところで，1869年7月に軍務官を廃止して兵部省を置き，嘉彰親王が兵部卿に任じられた。兵部省は軍務官使用の京都の旧所司代邸宅に置かれたが，同年12月20日に東京出張所を同省の本省にした。この結果，京都の兵部省は大阪出張所に合併され，京都には同省出張所を置いた。これにより，新政府の太政官と兵備管理の中心地は東京に移り，兵部省が兵備・兵力の管理事務を担当した。ただし，新政府指揮下の諸藩兵力使用は，特に都市警備用の兵力供給は，諸藩配賦の兵員に依拠した。つまり，軍務官とその後の兵部省は別手組（旧幕府の外国人警衛）や十津川郷士（直轄地奈良府の支配）と一橋・田安両家等の兵の管轄を継承したが，基本的には自らの直接採用・補充による兵力・兵員を有せず，諸藩に兵力・兵員を警衛用として送り出させる出張・派遣の政策をとった[8]。ただし，東京府・京都府の両地域の都市警備用兵力の供給政策に対する兵部省のスタンスはやや異なる。

京都府地域は，兵部省が1869年12月末までに置かれていたために，軍務官とその後の兵部省が重要諸門と「京地七口」（粟田口，伏水口，鳥羽口，丹羽口，長坂口，鞍馬口，大原口）の警衛諸藩兵の勤務規則・体制等を指示していた[9]。その後，同省の東京移転により，警衛諸藩兵の勤務規則・体制等の管轄は京都府担当になり，警衛諸藩兵は翌年2月に兵部省京都出張所の管轄下に入った。そして，1871年1月の兵部省京都出張所の廃止により，警衛諸藩兵の衛戍兵は中止され帰休し，伏水（伏見）屯所の兵による守衛が存置され，同兵は大阪出張所の管轄になった（大阪出張所は10月9日に廃止）。

これに対して，東京府地域では占領的統治状態の余韻の中で，かつ，軍務官とその後の兵部省の出張所設置時点の警衛体制には二つの特質があった。第一に，東京府は軍務官と兵部省宛に警衛用兵士の必要見込みを申し入れ，軍務官と兵部省はただちに諸藩に兵士を人選させて同府に送付させる政策をとった。第二に，太政官は東京府地域警衛諸藩兵の勤務規則・体制等の管理を東京府に委任する政策をとった（1869年11月15日付の兵部省と東京府宛の布達）。当時，新政府は1869年1月8日に軍務官宛に「東京市中取締之諸藩進退之儀以来其官へ御委任被仰付候事　但持場勤向等之儀ハ是迄之通東京府へ御委任之事」と指令して東京市中警衛を委任させ，かつ，同委任を東京府と諸藩に通知し，東京府は同年5月に警衛業務の指針・手続きの「市中取締規則」を規定した[10]。

しかし，これらの東京市中警衛体制では支障が生じた。そのため，東京府は同年11月9日付で太政官に，①東京百万有余の人民保護には相応の兵備を必要とする，②これまで，兵部省が諸藩に出兵させ，同府取締りに従事させたが，交代等の進退は兵部省が処置し，当該藩兵の隊長他交換は藩命により処置した結果，「一途両端」にわたることが多く，統一的勤務体制による十分な警衛体制が困難である，③今後は，「主宰ノ総括」がなければ警衛業務に支障が生じるので，「持久府兵ノ体裁」「藩兵ヲ以テ今般改テ府兵ノ姿ニ興立度奉存候」と伺い出た[11]。ここで，東京府伺いの③の「府兵ノ体裁」「府兵ノ姿」とは府兵に擬したものであり，藩側からみれば，藩兵を同府に一時的に「預ける」「貸す」という雰囲気に近い。東京府伺いは11月15日に許可され，1868年府県宛布告に抵触しない形で，諸藩兵力による当面の警衛体制をひいたことになる。この結果，東京府は本11月の太政官布達と同時に「府兵掛」を置き，12月に警衛業務の詳細な指針・手続きの「府兵規則」を規定した[12]。本規則に「府兵」の文言が付されたが，厳密には東京府雇用の直属の兵力ではない。ただし，以上の警衛体制をめぐる兵部省と東京府との合意によって，地方行政機関自身の主体的な兵備化が抑制された。

つまり，兵部省は諸藩から東京府への兵力供給の仲介的な立場や役割をになった。東京府側からみれば，諸藩兵による警衛用の兵力供給自体（俸給の給与はない）は外部委託的なものとして位置づけられる。したがって，兵部省は地方官（東京府）が兵食を給与すべきとする方針を立てたのは当然であった。同省は1870年9月に太政官弁官宛に，府下すべての取締りは地方官の職掌であり平常の兵隊による警衛の理由はなく，「地方警戒ノ法」がない中でやむをえず藩兵を送り，「地方ノ守リニ兵隊ヲ相雇候訳」であるので，兵食だけは地方官が給与すべきであると上申した[13]。ただし，往復の費用は各藩に負担させるとした。つまり，兵部省は，東京府地域は本来的には東京府側の職務責任により警衛されるべきとした。同省の警衛管轄方針は，東京府地域が占領的統治状態からしだいに一般行政的統治状態に移る時点において，同府の行政的主体性を尊重し，また，警察力による警備体制と兵力による警衛体制との分離志向に関する認識を含む。その後，1870年12月に東京府は西洋ポリス設置による恒久的な警衛を目ざし，太政官は翌1871年10月に東京府下の取締りとして「邏卒三千人」の設置を指令した（注12）参照）。

以上のように，京都府と東京府は警察機構の未整備状況もあり，さらに警衛体制と兵備体制との未分化の中で，既存諸藩の兵力による警衛に頼らざるをえず，諸藩負担による兵力供給政策がとられた。また，東京府地域等の警衛体制の事情と必要性が，地方行政機関の兵備化を抑制した。

③直轄県下の警衛体制と1871年4月の二鎮台設置――兵備・兵権と行政権との分離化開始

他方，新政府直轄地の県の警衛体制はやや事情が異なった。兵部省は1870年2月（日付欠）に各藩宛に常備編隊規則（歩兵隊は1万石につき1小隊〈60名〉を編成し，2小隊を1中隊，5中隊を1大隊とする，幹部は同定員外）を布達し，諸県で兵員がいる場合は本規則に準じて改正すべきであるが，新規の兵員取り立てを禁止するとした。本布達による諸藩県の常備編隊規則が1868年府県宛布告内包の「府県兵」の統一的規則制定方針による常備編隊の統一的規則になる。しかし，新規の兵員取り立て禁止は県の警衛を困難にし，1870年末から翌1871年初頭にかけて，警衛の切実さを訴えて兵隊新設（県兵）を太政官に願い出た県があった。これらの兵隊新設の願い出は，原理的には地方行政機関の兵備と兵力行使の管轄権問題を含んでいた。

まず，県兵設置を願い出た県は，①浦和県（1870年12月（日付欠），「不逞ノ徒」や「奸民」の警衛や「不慮ノ予備」のため），②宮谷県（1871年1月（日付欠），東京府隣接の房総地域にあり，「浮浪脱藩ノ徒」が管内で屯集隠顕出没して舟で簡単に東京へ往復するなどの容易でない状況が醸成されているため），③福島県（1871年2月30日），④日田県（1871年3月（日付欠），山口藩脱走兵の事件があり，管内の「脱籍浮浪ノ徒」「盗賊博徒」の探索捕亡のため），である[14]。

これに対して，太政官は，捕亡吏（府県の警察官吏）を置き，又は捕亡吏の増員を指令した（浦和県・宮谷県・福島県宛）。他方，日田県に関しては（新設警戒兵150名の俸給を試算），太政官は民部省に意見を求めたが，同省は4月7日に「今度東西ノ要地ニ於テ両鎮台ヲ被置則日田ヘモ分営ヲ被設候」と述べ，鎮台設置により日田県の警戒兵設置には及ばないと回答した。また，同省は福島県に関しても，5月28日に太政官宛に鎮台設置により兵隊設置は及ばないと回答した。つまり，警衛用の兵隊設置や兵備の上申・計画は二鎮台の設置計画に吸収された。

これは，1870年2月の兵部省布達の諸藩県の常備編隊規則の趣旨を大きく修正した。県による兵隊の編成の原理は，実際の編成を別として，その全国統一制度化と非統一制度化を問わず，地方行政機関が兵備の主体的管轄者になることが想定された。つまり，兵備・兵権が地方行政（権）に包摂され，地方行政機関は行政組織と兵力組織との合体組織になる可能性があった。その場合には，新政府直轄の府県は旧藩の特質としての行政組織と兵力組織との合体組織の継承や再編成を意味した。特に，府県のトップが従来の藩上層部で固められ，仮に府県の兵力組織が士族兵で編成される場合には，いわば藩兵力の再版的招来になりえた。そのため，同可能性の明確な排除として構想されたのが，1871年4月の二鎮台設置（東山道，西海道）である。二鎮台設置はたんなる紙上の計画ではなく，その重要な論理と性格は兵備・兵権と地方行政（権）との分離化開始にある。ただし，「府県兵」という地方行政機関関与の軍隊設置趣旨等は種々変形され，その後に特に国土防禦の究極的場面の兵力編成の諸議論の中でも構想されるに至った。

さて，1871年4月23日に太政官は東山道（本営は石巻，分営は福島と盛岡）と西海道（本営は小倉，分営は博多と日田）に鎮台設置を布告した。二鎮台設置は戊辰戦争後の東北・九州地域の臨時的な警戒・警備（反政府的な暴動・擾乱の鎮圧・防禦対策）を基本にして，一地域の兵力による警備・守衛のみならず，全国の「兵務」の総轄と「万民」保護を名目にし，漸次他道への鎮台設置を明らかにし，兵備の中央集権化を意図した。つまり，鎮台の全国的配置の方針化を企図し，同企図による鎮台には維新直後の江戸鎮台等とは異なる性格が付与された。それは，全国全地域を兵備管轄上から分割区域化する方針を立て，その分割区域化されたものが（後に）「軍管（区）」と称され，同「軍管（区）」が鎮台と改称されたとみてよい。また，二鎮台設置は銃砲弾薬類等の武器兵器の全国的管理の政策化開始による兵備統制化の第一歩になった。

西海道鎮台本営は6月6日付で兵部省に「兵隊掟」（全21条，屯内掲示）の仮規定を届け，同規定は「今般被置候鎮台ハ第一皇威ヲ宣揚シ万民保護ノ為メニ被建置候儀ニ付キ篤ト御趣意ヲ体認シ台下ノ人民ヲシテ公憲ヲ固クシ各自産業ヲ安ンセシムルヲ要ス」云々と記述し[15]，藩を越えた兵備の意義を強調した。ただし，兵力の組織主体は諸藩の兵力であり，諸藩依拠の兵力・兵員の供給と配賦政策は続けられた。たとえば，太政官は4月の西海道鎮台設置に際して，熊本佐賀両藩の兵1大隊の差し出しを兵部省に命じた。また，同省は4月30日に豊津藩に「其藩兵一中隊日田県へ出張申付候事」と指令したように[16]，特定近隣藩兵員出張による西海道鎮台日田分営への兵力の供給・配賦と編成の政策をとった。その際，兵員出張費用は藩費負担とされた。従前の諸藩兵力による東京府の警衛体制のほぼ延長に近い。しかし，その後，西海道鎮台は6月17日付で兵部省宛に藩名による兵隊名を改称し，「一番大隊」(博多分営，元佐賀藩出張)，「二番大隊」(日田分営，元豊津藩出張)，「三番大隊」(小倉本営，元熊本藩出張) と改め，兵員の上衣の藩章を脱除し，統一的な徽章 (袖章) の規定を申進した。藩を越えた兵力の統一的編成に一歩近づいた。

④1871年7月の廃藩置県と四鎮台配置——常備軍結集開始と武官任用職範囲拡大

1871年7月14日の廃藩置県は常備軍の結集にとって最大の画期になった。その場合，兵部省は7月18日に藩兵と全国地方警備の処分は改めて通達するまでは従前通りとし，兵員と大砲小銃弾薬類の員数及び砲墩施設場所等の調査報告書 (軍事用入費の明細書を含む) の9月末までの提出を布達し[17]，従前の地方警備継続と旧藩の兵備調査と武装解除を継続した。なお，諸藩兵力による東京府等の警衛は終了した。

ところで，旧藩の統治構造は行政組織と兵力組織とを合体・混合させていた。それ故，新たな地方行政統轄組織 (地方区画と地方行政官庁を合体) の府県の設置に対応して，ただちに新たな地方兵力統轄組織としての四鎮台が配置された。四鎮台は新政府の臨時的対応の地方軍政部的機関の性格をもった。また，廃藩置県と四鎮台配置により，本質的には近代国家統治構造における一般行政組織の職制と兵力組織の職制との分離の第一歩になった。ただし，四鎮台は，新政府の権力・権威が未だ全国的に及ばない時点で (占領的統治状態から一般行政的統治状態への過度期)，特に兵部卿に「征討発遣」の権限を付与した同7月の兵部省職員令と兵部省陸軍部内条例の制定を基盤にして，従前 (明治元年)

の行政的機関としての鎮台の性格を残し，常備軍の全国統一的な結集と編成を目ざした。その特質は下記にある。

第一に，①東征終了後の兵庫県知事伊藤博文の「北地凱陣兵ノ処分」(1868年10月17日）における「五州各国ト竝立」のための「朝廷ノ常備隊」編成の論略や，1870年5～7月の兵部省の「海軍創立陸軍整備」の諸建議・省議等における「皇威ヲ四海ニ宣布」や「万国並立」の軍備拡張政策認識をふまえ[18]，②中央軍事官職体制下の武官職の統一設置により（1869年7月の陸海軍への大将～少将の設置，1870年9月の陸海軍大佐以下官位相当表等の制定)，1870年8月の山口藩常備兵中一大隊の兵部省管轄と1871年2月の鹿児島・山口・高知三藩の兵による宮闕守備の「御親兵」の編成を基盤にして，兵部省職員令は従前の卿以下大丞等の文官職を武官任用職として指定し（「卿一人本官少将以上」等)，省内局・部の職員に武官職を組込んだ（注2）参照)。かくして，兵部省高級文官職の武官任用指定職化等により（文武官兼任制)，武官任用職範囲が拡大し，常備軍幹部結集を担保し，軍隊現場を含めて旧藩幹部出身者をプールとする武官任用体制が成立した。

第二に，8月20日の兵部省布達は廃藩により「従前所管ノ常備兵総テ解隊ノ上全国一途ノ兵制」を改革するとして，当面の内外の警備としての四鎮台の配置と所管地域を指令した[19]。これは，特に鎮台の分営所在地からみれば，4月の二鎮台設置の性格継承兵力の臨時的な配置・編成計画の装いがあるが，中央集権的な常備軍結集開始契機になったことは明確である。ただし，太政官布告による二鎮台設置に対して，兵部省布達の四鎮台配置は太政官内で軽く扱われた印象を否めない。他方，四鎮台の本営・分営の常備兵は元藩の常備兵（「藩兵」）を召集して組立てた。その場合，9月29日の兵部省規定の鎮台本分営権義概則は，元藩兵を招集して「彼是無ク徐々混合結隊」すべきことを指示した。また，元大中藩の常備兵は当該県下に1個小隊を置き，元小藩は地方の形勢により多少の兵隊設置もありえるとした。その際，1万石以下の諸県の兵をすべて解隊し，大砲小銃等兵器を当分の間は当該県庁に保管した。新置県の警備用として旧藩兵力を否定しきれない雰囲気があった。なお，旧藩の「藩兵」と士族は階層カテゴリーを異にした。旧藩の「藩兵」はほぼ欧州式により訓練された常備兵であり，士族はほぼ旧藩の「元藩士」である。

他方，太政官は1871年10月5日に，①府県宛の布告を発し，廃藩により地方では「奸民共結党暴挙」に及ぶことがあれば，「管内厳粛ニ取締即決処置懲戒ヲ可加候」云々と述べ，さらに，「万一手余リ候節」には所在鎮台に申し立てて臨機の措置に及ぶことを指令し，②兵部省宛に，①の府県宛布告により，地方官の申出がありしだい，機に応じた鎮静化の心得を指令した。ただし，①の「管内厳粛ニ取締即決処置」云々の文言は厳密に府県兵備の可能性を明確に否定しない雰囲気を残した。なお，その後，各県下の1個小隊は同年12月の兵部省達により当該県庁の管轄に入り，「兵隊之称号可相廃候」と指令された。そして，翌1872年1月の大蔵省達によりすべて解隊され，捕亡吏を置いた。かくして，大筋には，地方警備の継続は二鎮台設置から新たな地方兵力統轄組織としての四鎮台配置計画に進み，当面の旧藩等の兵備解隊と武装解除を含みつつ兵力の統一的編成の実施に至った。

第三に，四鎮台配置時の鎮台の名称・用語には，配備された軍団の統轄と軍団配備地域（都市・市街地）の警備・治安勤務機関の性格が含まれるに至り，当初は都市の防禦・警備を主体にした兵力の配備・行使の思想を強くした。これらの鎮台の兵権統括と兵力の編成・配備・行使の方針をさらに明確化したのが，兵部省が1872年1月10日に東京鎮台宛に制定を指令した東京鎮台条例である。

東京鎮台条例は近衛条例（御親兵を近衛兵と改称）とともに山県有朋兵部大輔の1872年1月4日の「鎮台兵ヲ整治シ以テ内国ヲ綏撫シ人心ヲ鎮圧シ教化ト幷ヒ行ヒ天下ヲシテ朝意ノ向フ所ト　皇威ノ盛ナル所以トヲ知ラシメハ則府県一治ノ実効日ヲ刻シテ待ツヘキモノナリ」云々の奏議により制定された[20]。同条例は「五管ノ鎮台ハ日本全国ノ兵権ヲ統括スル所ニシテ各自ニ其管内ノ兵備ヲ堅固ニシテ内ハ草賊姦宄ヲ生セサルニ鎮圧シ外ハ外寇窺窬〔きゆ〕ヲ兆〔きさ〕サヽルニ防禦スルヲ其本務トス」云々と記述し，皇居守衛における御親兵区域（内郭）と鎮台区域（外郭以外管内）の区分，東京府中の諸門警衛と諸関門の警守，府内火災への対処，外国人通行や祭典儀会等の警備と儀列用兵隊派遣，府内管内の強盗悍賊への対処，俘囚護送や多量貨幣等輸送の兵員使用手続きを規定した。特に，鎮台の「全国兵権統括」の規定は陸海軍の両兵権統括の意気込みと意味を含み，その後も潜行し，帝国全軍構想化路線形成の端緒になった（帝国全軍構想化路線の端緒的萌芽）。兵部省廃止後の陸軍省は同年3月13日に改めて東京鎮台管下府県宛に同条例を指令し，諸省にも回送した。それは，東京鎮台が管下府県の統治・行政と密接な関係のもとに設置されたからであり，兵力による諸門・関門等の警衛・警守地は，東京府は知藩事（他県は県令）が当該事由を要請し，陸軍卿許可を得て鎮台の帥に命令して実施することを常例とした。警衛・警守に関する鎮台と管下府県の関係は，3月13日の陸軍省布達の大阪と鎮西及び東北の各鎮台条例でも同様に規定した（全45条，各鎮台管下府県宛）。

第四に，四鎮台の職員の職務・権限等はフランス軍制の調査を経て制定された。既に1870年10月2日の太政官布達により陸軍の兵制はフランス式により統一的な編制を採用した。ただし，フランス式の編制は常備軍の統一的な兵力結集に向けた現場諸隊の編制・統制・教育訓練（将校養成を含む）等を基本にしたが，当然に，フランス軍制全体が調査されていた。その場合，特に軍団の地方配備の場合の管轄官衙職員の職務・権限等が調査され，1871年7月の兵部職員令は鎮台の官員（帥，大弐，少弐，管州副官，地方司令官）の職務・権限等を規定し，さらに同職務・権限等を詳細に規定したのが1872年1月10日兵部省達の鎮台官員条令である。同条令はほぼフランス軍制を下敷きにして起案・制定された。すなわち，鎮台帥等は軍団の軍制・軍令事項の統轄機関であり，管州副官は軍政機関であり，地方司令官は軍団が屯在する地域（都市・市街地）を，兵力を基盤にして警備し，治安維持の平時の軍隊の統轄機関とみなされる。この場合，軍団配備の地域（都市・市街地）は，都市・市街地内部に堅固な永久的な堡塁・砲台等を築造したもの，都市・市街地全体が城郭・城塞形式のもの，あるいは堅固な永久的な堡塁・砲台等がなく，城郭・城塞形式によらないものなどを含めて，軍隊管轄区域と「民」管轄（居住・生活・営業）区域との共存を前提にしている。つまり，鎮台の職務・業務は都市・市街地全体の防禦機能の充実・管理・統制に及んだ。

かくして，機関としての鎮台の性格が軍政機関・行政機関の意味をもち，さらに同機関が兵員収容施設や建造物施設を整備する時に，全国兵権統括を目ざす兵力・兵備の結集・集中化の視点から注目されたのが，防禦営造物施設としての鎮台の性格であり，しだいに軍制上の編制の概念が成熟する契機になった。

(2) 防禦営造物施設としての鎮台の成立

鎮台体制は軍団の配備・管轄にかかって旧城郭等の防禦営造物施設に依拠して成立した特質がある。鎮台と同分営の官衙・機関の所在地は旧城郭等と重ね合せて認識されていた。幕藩体制下では，天守閣や防禦設備等の建造物を備えた城郭は領国・領地支配の行政機関としての営造物であり（藩の政庁），領国・領地の防禦・警備用の兵力の編成・配備・行使の象徴的営造物であった。また，藩主の邸宅所在地であった。なお，廃藩により城郭は基本的には行政機関としての営造物の性格を失ったが，一般的には旧城郭の防禦営造物の性格とその管理は依然として注目・重視されていた[21]。したがって，兵部省は，まず，四鎮台配置と同時に，1871年8月20日付で太政官正院宛に，旧城郭の同省管轄化を伺い出て（県に対して旧城郭の明細図面の調製提出を命ずる），裁可・布達された。その場合，問題は旧城郭が東京城（皇居）のみの東京府下地域の警備・守衛関係の防禦営造物施設の具体的な配備計画化にあった。

①東京府地域警備線画定化

兵部省は同8月29日付で太政官正院宛に，御親兵と東京鎮台の両兵警備警戒の区域区分等を基本にして，兵備施設・兵営用の地所・家屋の引渡しを上申した[22]。同省上申は兵備必要地所を「御親兵陣営」と「東京鎮台陣営」に区分した。御親兵陣営は，外桜田の外務省と福岡徳永三田邸，神祇省と岩倉中山の3邸及び御用地厩等のすべて，とされた。他方，東京鎮台陣営は下記のように計画された。

すなわち，①皇城東（郭内の岡山邸，深町緑町の本所津軽邸より花町・長崎町までの一円），②皇城西（赤坂の青山佐倉淀の3邸，同和歌山邸，市谷の田安小浜邸），③皇城南（麻布の福岡水野人吉その他計5邸，芝の増上寺一円と北手愛宕下の仙台足森柳生大綱平野邸，目黒の岡山熊本森邸他小屋敷を含む），④皇城北（染井の津邸，護国寺，上野一円），⑤練兵所，⑦軍医寮と軍事病院，⑧武庫造兵入用地，⑨築造入用地，⑩海軍兵学寮，とされた[23]。同省上申は費用支出抑制のために旧邸・地所を再利用し，御親兵陣営は皇居護衛の視点から，東京鎮台陣営は地理等を考慮し，特に南北の要衝地（品川，上野方面）の警備便利の屯集を考慮し，陣営必要地所の広地域分散を計画した。特に東京鎮台陣営配備計画は現存邸宅・家屋等の再利用に固執し，およそ四鎮台配置以前の東京府地域警衛想定のみの警備線画定案であった。

これについて，太政官左院は9月（日付欠）に，常備兵の兵力は当該地域の警備・防禦のみに使用されないとして，常備兵の兵営設置計画に関して注目される意見を出した。第一に，東京鎮台管轄下の常備兵は東京府地域警衛想定のみの警備線画定化から脱却し，常備兵の兵営は西洋各国にならい恒久的な2～3箇所にまとめたほうがよいとした。第二に，東京の諸邸地等はすべて維新後に新政府御用地になり，また道路・河川の拡幅風説もあり人心に将来の疑惑が生じているが，居住所への人心の安堵がなければ「百ノ善政アルモ水泡ニ属スルカ如シ」であるとした。そのため，将来的な「久遠ノ謀」により，「不朽ノ目的」を立て，工部省の実地測量による「分間図」を都下に公示し，将来の「官亭道路運河遊苑」等にあてる土地を確定し，士民が「永世安堵シテ随意ニ住居相整」える土地との区別判然化の必要を強調した。

太政官左院は，東京鎮台管轄下の常備兵は従前の諸藩の警衛用の兵力・兵備の役割をたんに踏襲せず，新段階の常備兵の役割を果たさなければならないと認識するに至った。つまり，四鎮台配置下の鎮台を要（かなめ）とする常備軍の結集と兵力行使は兵営・陣営の配備・整備も含めて，ここで初めて明瞭に国家全体の防禦政策から位置づけられた。これが，鎮台体制下の常備軍結集開始の特質である。その場合，特に東京府下の兵営・陣営の配備・整備は東京市中の長期的・永世的な都市計画方針に相応させて計画化されるべきと認識されたことも特質である。

②全国防禦線画定化への転換

太政官左院の認識をさらに進めたものが，兵部大輔山県有朋・兵部少輔川村純義・兵部少輔西郷従道の12月24日付の「軍備意見書」の建議であり，特に海岸防禦のための戦艦の造船・配備と海岸砲台を築設し，「要衝ノ地ハ戦フ毎ニ必ス兵ヲ蒙ルカ故ニ防禦ノ線ヲ定メ治平ノ日ニ当ツテ早ク之カ境界ヲ画シ守備ヲ設ケ」云々と，国家全体の防禦政策による要衝地相互連絡維持の系統的な防禦線の画定化を求めた[24)]。ここに，端緒的であるが，四鎮台配置は警備線画定化から全国防禦線画定化への転換のもとに位置づけられた。ただし，同転換は，たんに全国防禦線画定化にとどまらない意味と課題をもった。本建議は当時の陸軍と海軍のトップの合意による建議であり，当然に陸軍と海軍の一体化による海岸防禦等の統一的政策を策定すべき課題を含んでいた。それは特に陸軍側からみれば，端緒的であるが，帝国全軍構想化路線に収束されつつ策定されうるものであった。さらに，本建議は，予備役兵の計画的な確保・編成を目ざし，常備軍結集の基盤となるべき徴兵制導入志向を示していた。つまり，四鎮台はその後の徴兵制による平時編制の計画的な兵員供給政策を支える兵員収容の兵営施設の早急な建築・整備等を進めるべく配置された。ここに，四鎮台を核にする鎮台体制は全国防禦線画定化と徴兵制導入の課題を背負うべくして成立したことになる。

しかるに，翌1872年2月27日の兵部省廃止と陸軍省と海軍省の分置は，陸軍と海軍の一体化による海岸防禦等の統一的政策と協力・連携の策定化を弱めたことは否めない。陸海軍両省の分置に対しては，工部省は，陸海軍に対する政府の指導性重視と適切な人事政策遂行重視の視点にもとづき，さらに（やむを得ず分置の場合には），重要案件に関する両省の協議等の体制組立ての必要性にもとづき，批判的疑問と危惧の意見を提出していた[25]。しかし，太政官ではそれらの意見はいわば無視された。そして，その後は，薩摩系幹部出身者が多数を占める海軍はしだいに同策定化から基本的には退いた。

2　全国武装解除と鎮台体制の成立
──廃藩置県前後の第一次武装解除──

1871年4月の二鎮台設置による兵備の中央集権化は，幕藩体制下の武力行使手段と武装・防禦営造物の代表的物件としての銃砲等武器弾薬類の統制管理及び城郭等軍事関渉施設の政府移管を基本にした全国武装解除を実施した。全国武装解除は反政府的暴動・擾乱等のよりどころを絶ち，四鎮台配置から六鎮台配置に進み，兵役制度の統一化の防禦営造物条件を組立てた。本書はこれらの銃砲等武器弾薬類の統制管理と城郭等軍事関渉施設の政府移管による全国武装解除を第一次武装解除と称しておく。ここで，新政府・兵部省・陸軍省の全国武装解除の構えは武力行使手段のみでなく，人民・市民が兵事の利害得失等を語り，研究・出版することへの規制等を含む。ただし，陸軍省による兵事研究や軍事情報の一元的管理は，本書第4部において軍機保護法の成立前史との関係で考察する。

(1) 旧幕藩体制に対する武装解除過程――兵部省先導の1872年銃砲取締規則の成立

①武器弾薬類の全国的管理と統制化――兵部省の「武器取締規則」の起案

1878年2月に山県有朋陸軍卿が述べたように，廃藩置県時の藩主は藩士に銃砲類を下賜していたが（後述），全国的にはこの種の銃砲類が士族を中心にして所有・所持されていた。他方，新政府成立直後から京都・東京・大阪の3府市中での銃砲発砲規制が開始された[26]。これらの銃砲類の所有・所持と発砲規制を含めて，兵部省は廃藩置県前後から武力行使手段基盤の武器弾薬類の全国的管理と統制に着手した。

まず，兵部省は1871年の二鎮台設置直後の4月27日付で太政官宛に「武器取締規則」等の原則と「布告案」を起案・上申した。同省の起案・上申は，「武器取締規則」案（全9項目），「添布告」（全2項目（本章では「布告案」と表記）），「洋人武器売買規則」案（全5項目），から構成されていた[27]。「武器取締規則」案と「布告案」等は翌1872年1月の銃砲取締規則の原案になった。ただし，武器弾薬類の全国的管理と統制は銃砲火薬類の商業経営や民業関係を含み，本来的には軍政所管でなく民政所管の性格をもった。つまり，本起案は大蔵省・外務省や司法省もそれぞれ認識・関与すべき論点を含んでいた。しかし，当時は藩体制に対する全国武装解除の一大方針先行のもとに兵部省が銃砲弾薬類管理の法制化を全面的に先導した。特に銃砲弾薬類の管理を「武器取締」と称したことは，銃砲弾薬類を軍事用・兵備用の視点からの管理に主眼を置き，軍事・兵備の管轄は同省の主管業務であるという強力な主張が貫かれた。

第一に，兵部省の上申本文は武器弾薬類の全国的管理と統制のみでなく，政府・軍隊外の武装解除の方針化を示した。これは当時における（今日まで続く）銃規制の端緒になるべく画期的なものとして位置づけられる。すなわち，同省は日本全国の兵備統轄のためには，さらに武器が「無頼ノ悪少年輩ノ玩弄」にならないように，兵器の調査・管理を武庫司（ぶこし）に掌握させ，「天下ノ武器ヲシテ一モ私蔵スル所」をなくすことが海陸軍拡張の大基礎であると強調した。ここでの「私蔵」とは秘匿的な所有・所持である。なお，武庫司は軍務官設置の兵器司を廃止して，1869年11月に兵部省に置いた兵器・武器の管理機関であった。

その上で，第二に，兵部省は全国の武器兵器弾薬類の私蔵等の管理のために，「武器取締規則」の原則として，①大砲小銃弾薬類の売買営業には武庫司交付の免許状が必要であり（免許状交付申請者は府藩県の地方管轄者に出願する），②大砲小銃弾薬類の売買（外国人を含む）は売主と買主が商議し，買主は某店から購入の品目・員数を管轄庁に出願し，管轄庁の「印書」（許可証明書）を受け取り売主に渡して同品目数を受領し，売主は月末に同印書を当該管轄庁に提出し，本手続きによらずに「私ニ売買」した者には過料として双方から代金の半額を管轄庁に納入させる，③府藩県庁は士族卒他の毎年の大小銃弾薬類等購入品を詳細に調製・記録し，売買商人も1箇年間の売出し品（外国人からの購入も含む）の明細を調製・記録し，提出期限までに同記録書を当該管轄庁に提出し，管轄庁は毎年9月中に武庫司に提出する，④府藩県所持の在来の大小銃と今後購入の大小銃には，当該管轄庁の「改印」（刻印）を備え置き，同刻印紙を至急武庫司に提出する，⑤府藩県が大小銃弾薬類等を製造する場合は武庫司の免許状を受け，さらに1箇年間の製造高明細書を毎年9月中に提出する（製造場所等は地利水利の便利を図り，どこでもよい），⑥大小銃弾薬類等の商人（外国人を含む）は弾薬保管場所を当該管轄庁に出願し，指定場所に許可証明の「封印」を付着させる，⑦大小銃弾薬類等の郷村・宿駅における商売を禁止し，府藩県下（管轄庁所在地）のみで売買しなければなない（海岸・繁華地等で売買しなければ支障が出る場合は出願の上に処置される），⑧府藩県は古流の不用器械類の多数を従来みだりに払い下げてきたが，今後は武器の形状を毀して払い下げる，⑨武器製造は今後重要であるので，新発明従事者は当該管轄庁より武庫司に提出して検査を申請し，同品の良否・当否の判定により製造手続規則にもとづき指令される，と起案した。以上の原則は現存藩の存続前提のもとに起案され，特に，府藩県の大小銃弾薬類等の購入・製造又は不用器械類の払い下げを基本的に許容したことが特質である。他方，「布告案」は府藩県庁と華族士族卒農商のすべての在来の大砲小銃弾薬類（和銃で4匁玉以下の猟銃を除く）の調査と9月までの武庫司宛提出を布告すると起案した。

第三に，「洋人武器売買規則」は，①開港場における大小銃弾薬類の商業者は武庫司の免許を受けなければならず，商売希望者は当該管轄庁に出願して免許状交付を受ける，②開港場来着の大小銃弾薬類の売り物を同所で売買する時は，売主と買主は商議し，買主は某店から購入の品目・員数を管轄庁に出願し，管轄庁の印書を受け取り売主に渡して同品目数を受領し，売主は月末に同印書を当該管轄庁に提出し，印書なしのひそかな売買者には過料として双方から代金の半額を管轄庁に納入させる，③船来の大小銃弾薬類は来着毎に当該県庁に届出なければならず，無届品のひそかな売買は過料として器械代金の半額を当該管轄庁に納入させる，④弾薬類の保管場所を当該県に出願し，指定場所に当該管轄庁の許可証明の封印を付着させる，⑤大小銃弾薬類の取締りは，東京・京都・大阪の3府と5港は武庫司が担当するとした（当分は3府と横浜・兵庫を除き，地方官憲が取締る）。他方，「布告案」は，①外国人商人はこれまで所持の大小銃弾薬類の巨細を調製・記録して当該管轄庁に提出する，②「武器取締規則」は11月からすべて規則通りに遵守しなければならないと起案した。

兵部省の「武器取締規則」等の起案は一般人の大砲小銃弾薬類の売買を規制したが，藩体制下の兵備・武装を前提にして藩の大小銃弾薬類製造既得権等を容認したのは当然であった。しかし，全国の大砲小銃弾薬類の管理政策上では，特に，ほぼ武庫司による集中管理方策の起案にはその権限管轄上の適切性問題や膨大な事務量が予想され，小銃の管理（製造・販売・使用等）においても軍用銃と銃猟用との区分が明確でなく，さらに，開港場の外国人の規制と扱い方が難題になった。

特に，開港場等の外国人関係の規制に関して，太政官弁官から5～7月上旬にかけて再三にわたって意見を求められた外務省は，①開港場では従来の規則により地方官が取締り，運上所（税関）等による売買管理を据置くべきであり，武庫司は地方官依頼業務を時々監督することでよい，②「洋人武器売買規則」の第一項目は各国と談判しなければならないこともあり，削除を求める，③「洋人武器売買規則」の大旨は「畢竟[ひつきよう]ハ外国人ニ不開港ヘ参ルナト申事ト同一例ニシテ買主ヨリ我政府ノ命アリト申確証ヲ示ササレハ彼ヨリ売ル事ハナラサルノ趣意ニ相見ヘ候」云々と回答した。以上の外務省意見により，兵部省は武器管理における外国人包含を断念した。

②廃藩置県後の兵部省の銃砲取締規則の起案と上申——外務省意見に対する兵部省反論

その後，兵部省の山県有朋兵部大輔は廃藩置県後の同年11月14日付で太政官正院宛に，「武器取締規則」案を「時勢ノ変遷」によりさらに調査・修正し，「銃砲取締規則」として布告したいと上申した。山県兵部大輔の上申は，「武器取締規則」案を一般民政上の視点から調査・修正し，かつ，その「布告案」を合体し，銃砲取締規則案（全7則（本書は①～⑦と表記））と修正した。また，外国人対象の「洋人武器売買規則」案を引っ込めた。しかし，鎮台・武庫司の武器管轄と府県庁の管理を核にして大小銃弾薬類の売買営業（免許定員制）と銃猟を含む銃砲管理の規制化を進めた。

すなわち，山県兵部大輔の銃砲取締規則案は，①大小銃弾薬類の商売は当該府県の免許商人のみが取扱い（免許定員〈府5名・大県3名・中県2名・小県1名・鎮台本分営1名［鎮台本分営所在地が府県庁開港場等の場合には定員はなし］・開港場5名〉にもとづき地方官庁が免許商人を精選する，ただし東京・大阪は武庫司が管轄），免許商人の姓名住所等を武庫司に届ける，②免許商人であっても軍用銃砲弾薬類をひそかに売買してはならず，売渡す場合は買主より地方官庁交付の「免手形」（許可書）を受ける（東京・大阪は武庫司に交付を出願），③免許商人は売買銃砲弾薬類の品目数等の明細書（軍用のものは免手形を添付）を毎月当該管轄鎮台に提出し，鎮台は毎年1月と7月に半年間の明細帳を武庫司に送付する，④免許商人の弾薬格納場所は地方官庁に出願し（東京・大阪は武庫司），その指示に従う，⑤華族士庶人のすべては免許銃類を除く軍用銃砲弾薬類を私蔵してはならず，従来所持の軍用銃砲はそれぞれ管轄庁（東京・大阪は武庫司）に持参して改刻印式により番号・官印を受け，管轄庁は同人名・番号等を管轄鎮台に届け出て，鎮台より武庫司に提出する（免許銃類は和銃4匁8分玉以下と各国諸猟銃），⑥免許猟人の他はみだりに銃猟してはならず，銃猟希望者は管轄庁に出願して精査されて免許猟札が交付される（管轄庁は免許猟人の姓名を武庫司に届け出る），⑦銃砲弾薬類をみだりに製造してはならず，新発明の試作希望者は管轄庁に出願し，管轄鎮台へ届け出を経て免許を受ける（ただし，製作が適宜・便利であるものは鎮台から武庫司に送付し，検査を経て採用されうるものは西洋免許法にならって指令する），と起案し，さらに従来の銃砲弾薬類売買者は現在所持の物品目数等をすべて記録して管轄庁に提出し，管轄庁は武庫司に提出すべきである（東京・大阪は武庫司に直接提出），と加えた。

山県兵部大輔の銃砲取締規則案で注目すべきことは，軍用銃砲弾薬類の私蔵禁止の⑤の第5則である。すなわち，廃藩置県の結果，「武器取締規則」案の府藩県の大小銃弾薬類等の購入と製造又は不用器械類の払い下げの許容規定自体は不要になったが，廃藩時の旧藩は軍用銃を旧家臣に下付することがあった。本規則案の起案時点は，廃藩直後であり，山県は同軍用銃下付を具体的に言及しなかったと考えられるが，旧家臣の軍用銃（各家は1挺を所持）が大量に市中に私蔵されていることへの管理統制として，⑤の第5則を起案したとみてよい。太政官史官は銃砲取締規則案に対して，11月22日に兵部省宛に大蔵省及び司法省と協議した上で指令すると通知し，外務省に意見を提出させた。司法省は異存なしを回答したが，外務省は12月7日付で原則や理念にかかわる意見を申し立てた。そのため太政官は12月22日に兵部省に外務省意見へのさらなる意見提出を指示した。この結果，兵部省は外務省意見に反論を加えた再応意見を翌1872年1月18日に太政官正院に上申した。

まず，外務省意見は，①第1則で大小銃弾薬類の売買営業上の免許定員設定は「其者独占ノ利潤ヲ得国民ヲ公平ニ処分シ売買ヲ遂ケサシムルノ法ニアラス」云々と述べ，土地の盛衰に応じて願い出る者には許可し，また，多少の免許税と年々の売上高に応じた税を徴収すべきであり，これらの管理は地方官吏の主務とする，②第5則の軍用銃砲弾薬類の「私ニ貯蓄不相成」の文意は曖昧であって，「竊[ひそか]ニ貯蓄」の文意を明確にすべきであり，免許者は自宅室内に保管し，軍用・非常時を除き門外携帯を禁止し，また盗賊防禦等のやむをえない場合の他は門内でのみだりな抱弄を禁止し，同禁止措置の違反者には当該銃器の没収と過料納入を加設する，③第6則の免許猟人の取締りは，外国人関係の規則化は容易でないが，免許猟札（鑑札）により課税し（外務省は3府と開港場等の外国人向け遊猟規則を通知しているが，同規則のように市街地や社寺近傍での遊猟禁止を立てなければ困難になる），また，本規則では免許者は外国人から直接に「何万挺モ買入」れることができるので，買入れの「源ノ取締」を厳格に実施すべきである（武庫司と開港場県庁の免許官員立会いのもとに買入れ数・転売数と仕入れ元数とを合算精査)，と述べた。外務省意見は当初の「洋人武器売買規則」への意見とは異なり，外国人の将来の来日増加（遊猟者も増加）は避けられないと想定し，売買営業の免許定員制に反対し，売買営業の活性化・課税化ともに，外国人を含む銃砲所持免許者の銃砲の保管・使用・発砲等を罰則・過料化により厳格に制限・管理し，大小銃弾薬類を武器・兵器として管理するよりも遊猟・銃猟を基準にして管理するという認識が強い[28]。

外務省意見に対して，兵部省は主に，①第1則の銃砲弾薬類の国家管理（製造は造兵司〈1870年2月設置〉，貯蔵・分配は武庫司，外国との売買は政府が管掌，銃の所持・発砲の制限）のもとでは，無数の商人がいたとしても，銃砲弾薬類を買い求めるのは「僅ニ税ヲ出スノ猟師而已」であるので，本案の免許定員には「尚余リアルヘ」く，免許と売上高の課税問題は大蔵省の僉(せんぎ)議範囲であって兵部省が関知するところでない，②第5則の主意は銃砲弾薬類を公法のもとに管理し（登録制），今後は「私ニ銃砲弾薬ヲ貯蔵スルノ道ナシ是迄所持スル物不残官府へ還納ス可シ然ルニ此事今日俄ニ施シ難キ実アリ依テ先其銃砲ヘハ一々官府ノ刻印ヲ居[す]ヘ其員数ヲ取調ラヘ置追テ公法ノ処置ニ至ル可シ」「盗賊防禦等止ヲ得サルノ時之ヲ抱弄スルヲ許ス時ハ是其弊天下ノ大制ニ戻リ人ヲ殺ス者モ死セサルニ至ラン何トナレハ私意アツテ人ヲ撃殺シ訴ヘテ曰ク此者我家ニ入テ賊ヲナス故ニ銃ヲ抱弄スト既ニ之ヲ許ストキハ復之ヲ尤[とが]ムル能ハス其末聴訟断獄ノ繁劇ヲ生シ数多冤罪ノ者ヲ生シ復讐横行ニ至ラン」等と述べ，③第6則は畋猟の免許と猟銃員数を調査するのみであり（社寺・人家地域内での放銃禁止は天下制禁で国中の人が知っている），総じて「凡ソ制度号令ヲ施ス緩急先後ノ時機アリ今廃藩為県ノ御制度既ニ相立天下ノ兵器ヲ収メ天下ノ方向ヲ一新スルノ時銃砲取締抔ノ事ハ実ニ急務ト謂フ可シ」と述べ，早急実施を強調した。

兵部省の再応意見は特に廃藩置県の実質化のための全国武装解除の第一歩として銃砲弾薬類の統一管理を強化し，公法外・非合法の銃砲弾薬類の「還納」の方針化を意図した。特に②の銃抱弄禁止文言は銃規制の先駆的な意見として位置づけられる。しかし，①の大小銃弾薬類商売の免許定員は十分であるという見解は楽観的であり，また，第7則の銃砲弾薬類の製造制限は在来製造者にとって大きな打撃になった[29]。

兵部省上申の銃砲取締規則案は裁可・制定され，1872年1月29日に太政官布告第28号として公布された。また，同年9月23日太政官布告第282号は銃砲取締規則にもとづかない銃砲弾薬類のひそかな所持による取扱い者から同品を没収し，かつ，50銭の過料徴収を布告した。さらに，1874年太政官布告第132号は非免許の銃砲弾薬製造者の同品没収と3円以内の過料徴収を布告した。かくして，銃砲取締規則の制定は新政府政権の維持・防衛のための全国武装解除の地歩を固めることになった。

③軍用銃装備の統一化端緒と銃砲弾薬類管理

他方，武庫司は銃砲管理にかかわって軍用銃装備の統一化を推進し，1872年11月（日付欠）に本省宛に，諸鎮台諸県等在来の小銃器の武庫司への引き渡しを伺い出た。武庫司伺いは，①鎮台所蔵の元込（後装式）小銃を速やかに東京に引き渡す（ミニエー銃は10分の1を予備として残し残余はすべて諸所製作所に集めてアルビニー銃に仕立て直し，四鎮台に送付して兵卒使用のエンヒールド銃と引き換え，全国兵備の軍用銃装備をアルビニー銃で統一），②アルビニー銃を鎮台に備付させる期限を来年の8月までとする（アルビニー銃製作地を萩・佐賀及び東京・大阪等とする），という内容であった。アルビニー銃は1872年3月の近衛歩兵一番大隊・二番大隊・三番大隊の携帯銃であった。鎮西鎮台の元込銃は既に引渡し運送が開始されていた。武庫司伺いは11月18日に承認された[30]。他方，来日軍事顧問のフランス教師の建白もあり，エンヒールド銃自体の後装銃改造工事に着手し，また，イギリス製スナイドル銃（エンヒールド銃構造を後装銃構造として製造）を歩兵用として輸入し，スナイドル銃とエンヒールド・スナイドル銃による銃装備制式の統一化を図るべく，1873年6月に全国の歩兵・工兵の携帯銃として支給することにした。かくして，1876年には全国鎮台のほとんどは一定の外国製後装銃による装備統一化に至った[31]。軍用銃装備統一化は軍用銃の制式・規格と管理・登録の精密化に至らしめ，猟銃との区別化を促進した。

なお，銃砲弾薬類の管理は銃猟関係の範囲（職猟・遊猟）が課税・過料と禁猟地域・鳥獣保護等を対象にして独立し，翌1873年1月に太政官布告第25号鳥獣猟規則が制定された。これは，民業基本の銃砲弾薬類の管理であった[32]。また，同年6月の改定律例は故なしの「弓箭銃砲」の放発を「弓銃殺傷人律」に位置づけ，杖60の懲役30日刑を課した。さらに，陸軍省上申により，四民所持銃器を国法上は内務省管轄下に置くことを適切とし，1875年6月に銃砲取締規則の基本的管理は内務省管轄になり（太政官布達第111号），同規則の犯罪関係の処分・管理を司法省に管轄させた。

ところで，銃砲取締規則上の銃砲がどのように届け出され，同所持・貯蔵の許可を受けたかという問題がある。これについて，大久保利通内務卿は1875年11月19日付で太政官宛に銃砲所持者には海外旅行や他県下への寄留等による届出漏れがあり，その結果，その後に届出れば犯則とされ，没収・過料等処分を怖れてそのまま現在に至っていることは不都合であるので，届出漏れ事情の詳細記述により1876年2月末までに当該管轄庁までに願い出ることを布告したいと上申した。また，同届出期限後の届出者や所持・貯蔵者を1872年9月太政官布告第282号により処分するとした[33]。内務省伺いは閣議決定され12月19日に布告された（太政官布告第189号）。しかし，銃砲所持届出督促は必ずしも推進されなかった。東京府下でも届け出が遅れていた。そのため，太政官は1876年3月に，内務省上申により届出期限を4月末までに延期し（太政官布告第39号），さらに，6月には8月までに再度延期した（太政官布告第84号）。銃砲取締規則による銃砲所持届出は容易ではなかった。特に鹿児島県は銃砲所持届出漏れ者を放置していた疑いがある[34]。なお，内務省は1877年1月4日に外国人の銃猟免許に関する約定書式と免状取扱条例を制定し，国内滞在外国人に対する銃猟規則を整備した（内務省達丙第1号，同年10月2日に改正）。また，同年2月19日に東京府を除く府県に対して，人民所有銃砲員数の統計的な管理のために，「銃砲総計表編成例」（1872年から1876年までの各年次，西洋製・和製，検印数・新製数，外国品買入数，外国人への売渡し数，廃銃・献納・官没収数，等の区分）にもとづき，軍用銃類総計表と免許銃類総計表の調製・提出を指令した（内務省達乙第19号）。なお，鳥獣猟規則の管轄は1881年に大蔵省から農商務省に移った。

銃砲弾薬類の管理は，本質的には注32）の近代フランス等での兵器携帯権の議論と法制化にも及ぶものであった。しかるに，新政府は旧幕藩体制解体と抵抗・反乱勢力の鎮圧化のための全国武装解除の徹底化により自己の権力基盤を確立させようとした。兵器携帯権等は当然にかえりみられることはなく，兵部省・陸軍省先導の1872年銃砲取締規則制定による上からの権力的な銃規制が開始された。

(2) 旧幕藩城郭等の武装解除過程と全国六鎮台配置方針——平時編制の第一次的成立

①鉄砲及び旧城郭等実地調査と兵器還納政策開始

全国武装解除の一大方針化のもとに銃砲弾薬類の管理業務を担当したのは陸軍省の武庫司であった。同省は1872年3月2日に鎮台出張武庫章程を規定し，武庫司からの鎮台派出職員をして，鎮台長官の指揮のもとに，①鎮台管轄下の兵器の所轄・格納・支給，②銃砲取締規則の適正施行の管理，③管内の兵器表の調製と武庫司への提出等に従事させた[35]。本章ではさらに旧城郭等の管理を含めて検討する。

戊辰戦争後，諸藩の城郭とその附属建物・設備等は災害等により破損・大破等が発生し，当該藩は修理・修繕や存置を太政官に伺い出た。また，城郭を時勢にそぐわない旧制の「無（不）用の長物」として認識し，多額の修理・修繕費用を費やすよりも，廃撤処分を伺い出た藩（知事）もあった。太政官は同伺いの廃撤処分や修理・修繕の不要伺いをほぼ容認した（静岡城他2城，水口城の城門等，膳所城の楼櫓，郡上城の城門・櫓等，宇和島城の櫓・堡砦（ほうさい），笠間城の柵塁，小浜城の楼櫓，高松城の楼櫓，鳥羽城の櫓塀門，川越城の櫓塀，甲府城，岸和田城，山形城，大多喜城，小諸城，若松城，上山城，飫肥城，等）。

廃藩置県後は府県管内の旧城郭の維持・管理がさらに困難を増した。その中で，兵部省が1871年8月に各県宛に旧城郭の明細図調製と提出を命じた布達は，旧幕藩所有の旧城郭等を基本にした武装解除と調査（存城・廃城の区分）を経て，鎮台再配置計画の出発点になった。当時，諸県から城郭の廃毀等の伺いも出ていたが，同省は同年11月に各鎮台に対して，当分の間は従前の通りにし，所管鎮台が地方官と協議し，番人2名ほどを雇って監守させた[36]。ただし，旧城郭内には旧士族の住居地所があった。同居住地所からの旧士族の移転・立ち退き等処分も難題であった（特に，広島・岡山・姫路・丸亀・彦根・福井・豊橋・静岡・佐倉・山形・秋田等の旧城郭）。また，旧城郭附属の諸建造物等の払下げ，跡地の利用・使用・貸借，旧城郭の地所管理（税制）等の課題が山積していた。さらに，東北地方の藩県では戊辰戦争以後の管下各所で預かり置いた大小砲の兵器類や弾薬類の処分手続きも課題になっていた。兵部省は旧城郭の管轄・管理や兵器類の処分・管理に際して，大蔵省と連絡しつつ，武装解除を含めて軍事関渉施設調査に入った。

まず，1872年2月24日に諸県宛に旧藩の城郭砲堡練兵場等の軍事関渉施設調査（明細絵図面添付——城郭調査）と至急提出を指令した。さらに，陸軍省は同省官員等の各府県派遣による一般人民の兵器弾薬等を含む詳細な実地調査を開始した。本実地調査は一般人民を含む武装解除の第一歩になり，陸軍省は3月18日に府県宛に，城郭兵器等調査のために同省官員を各府県に出張・巡廻させるとして（府県巡廻人），下記事項の調査・報告を指令した。この場合，府県による同省官員への調査・報告事項は，①城郭堡砦練兵場等の軍事関係建築物は土地・厦屋・樹木等を含む（城郭調査の届け出の明細報告），②兵器弾薬と火工所用薬品の産出地で陸軍関係分，③従前の「藩庁」で陸軍所轄分（居城から藩庁を移設したものは同経過委細の報告），④従来の「学校」で弓剣等の演習・武事関係場所の面積・建物・立木等，である。

次に，1872年3月の鎮台出張武庫章程により，鎮台への武庫司派出官員と府県巡廻人をして，鎮台司令長官の指揮のもとに，陸軍省参謀局官員とともに鎮台管轄下の兵器等の調査・還納と城郭等の調査等に従事させた。同省官員の地方出張は，城郭等調査（出張中は参謀局御用筋兼勤）と銃砲等調査（武庫司派出）の二つの職務グループに分けられた。双方の官員には出張中の相互連絡の職務遂行を指示した[37]。

他方，太政官は陸軍省からの要請もあり同18日に府県宛に，地方巡廻のために大蔵省官員が出張し，官庫・社寺・士民の従来貯蔵の「宝物銘書」を調査するので，同旨の管内指令を指示した（太政官布第88号）。ここで，大蔵省官員は「宝物銘書」の調査とされたが，陸軍省官員の出張に大蔵省官員も同行・連携し，①宝物・不要武器の売却価格見積りと兵器・武器等の用・不用区分や再利用・処分（東京へ輸送）にかかわる経費発生等の調査，②城郭等の軍事関渉営造物（地所・附属建物等を含む）の用・不用区分と同管轄管理区分の調査に従事した。その中で，兵器・武器の不用分は大蔵省の処分にゆだね，陸軍省必要分は最寄りの鎮台に輸送した。両省の地方巡廻と調査は，1873年1月の全国城郭と軍事関渉施設・地所の管轄に関する協議・条約締結等の基礎データになった。

②全国武装解除の徹底化――地方行政機関等の非常時自主的兵備化禁止方針（軍事奨励志向の第一次消失化）

旧藩・県所有銃砲の調査と還納は特に徹底化された。その場合，陸軍省は銃砲等兵器の還納強化に際して，国家非常時の地方行政機関等兵備化禁止方針の認識と判断を固めたことが最大の特質になる。

第一に，陸軍省は国家非常時の地域（住民集団，在来自治体）における銃器の所有権否定の認識と判断を固めた。たとえば，熊本鎮台は1873年2月に陸軍省宛に旧熊本藩による民費購入の銃砲火薬類の処分を伺い出たことがある。旧熊本藩には非常時予備用の郷勇募兵による兵隊編成時に同藩人民の「民費」（人民拠出）により購入した銃砲火薬類があった。同鎮台は同銃砲火薬類の調査書を武庫司に送付して処分を協議したが，白川県は同銃砲火薬類が民費購入品であるが故に払い下げた上で「代金各郷へ差シ返シ」ていくことを要請してきたとして，同省の見解・処置を照会した[38]。熊本鎮台は同管轄下の他県にも同様の購入事例が多いとした。これについて，陸軍省は2月28日に「書面銃器類ハ元来国家保護非常予備ノ為メ人民ヨリ為致出金[金を出し致させ]官ヨリ相当ノ兵器買入之ヲ募兵へ渡候上ハ金ハ人民ヨリ出候共兵器ハ官物ニ相違無之候」として，速やかに同銃砲火薬類を武庫司に納付させることにした。同鎮台照会の旧熊本藩の銃砲火薬類の民費購入の意味は，藩が藩下人民に購入費用を「賦課」させたということができる。そして，同銃砲火薬類の所有権は旧熊本藩にあるが故に，同省は「官物」として上納すべきことを回答したとみてよい。しかし，陸軍省は同鎮台照会に関してさらに重要な認識と見解を示した。すなわち，その後，熊本鎮台の田中春風中佐は人民の民費による非常時予備用兵器購入自体の性格を陸軍省に照会したが，同省第三局（大築尚志中佐，関迪教少佐，砲兵担当）は5月10日付で陸軍卿宛に下記の回答案を提出した。

「国家保護ノ為メ非常予備之義ハ民私ニ之ヲ為スモノニアラス民費ト申候ハ心得違ニシテ非常予備ノ為メ兵器買入ノ用途ニ民ヨリ金ヲ出サセ官ニテ相当ノ兵器ヲ買入之ヲ募リシ兵ニ渡シ置タルモノト同様ナリ故ニ是ハ官物ニシテ私物ニアラス武庫是迄曖昧模糊物ト為シ至レハ取計ノ宜シカラサル

者ト云フヘシ因テ武庫司ヘ悉皆還納候様御達シ可然候」[39)]

同省第三局の認識と見解は，兵器還納の実務的な手続きとして，民費購入の兵器は「官」の指令・主宰にもとづけば「官物」であるという2月28日の回答を再確認したものである。しかし，最も注目すべきことは，非常時の国家保護のために地域（住民集団）が自主的に（「官」から離れて）予め準備した兵備（兵器所有等による兵力行使化）は，（「官」からみれば）「私」事であるという理由にもとづき，禁止対象にしたことである。同省は国家非常時の地域住民集団や在来自治体の兵器・銃器の所有権の明確な否定に向ったことを意味する。ただし，民費購入の兵器自体は，「官」の指令・主宰によるものは「官物」であったとしても，同省は当該の民費（の拠出）自体の性格に対しては明確な認識・判断を示していない。政府又は地方行政機関指令の民費による兵器購入（と兵備化）は，有事対応下では，一般的には，およそ，①人民による軍事の奨励又は支援の体制構築，②軍事負担としての財政賦課業務の構築，に区分できる。廃藩当初は①と②が未分化であり，②が主要であったが，臨時的な新たな兵器購入（と兵備化＝兵役化）の軍事負担はありえないと判断したのであろう。逆にみれば，①の軍事の奨励・支援もありえないという論理も含まれたとみてよい。

第二に，陸軍省は有事における地方行政機関の兵備化（兵力編成）を禁止した。たとえば，山口県は武庫司へ納付すべき旧藩所蔵武器を預かっていたが，1873年2月23日付で陸軍省宛に，「頑民蟻集蜂屯之勢有之節」には，県庁内の「百余之吏員」をもって「兵備ニ充」て，「士族所持之小銃」を集めて「威懐之術ヲ尽シ鎮撫仕候胸算」であるとして，預かり武器（施装銃弾薬百箱（1箱350発入））をそのまま県庁で引き続き保管したいことを出願したが，却下された[40)]。しかし，同県のような県庁兵備化（の出願）は他県でも企てられ，実際に一時的に兵備化し新政府から許容され，府県兵備化禁止方針は一貫しなかった。

福岡県は1873年6月中頃から米価騰貴等に起因した同県下の嘉麻・穂波両郡等の住民蜂起に対して（大蔵省官員等殺害と博多市中の電信局破壊や県庁襲撃に及ぶ），6月20日に同県貫属士族を募り，「鎮撫兵隊」（隊長3名，副長4名）を編成し，さらに6月21日に隊長と参謀の増員を追加任命した。これによって，小隊が編成され（兵員への支給給与額合計は1,539円余），かつ，県庁預かりの武庫司へ納付すべき銃砲弾薬類を一時借用し，6月26日に兵備用費用として民間（小野組の出店先取扱人）から金1万円を献納させた。さらに，同県貫属士族の1名他は「私ニ県庁ニ出仕致シ擅ニ県務ヲ執行」したとされた[41]。なお，佐賀県・三瀦県・長崎県・大分県も警備の小隊を編成した。これに対して，太政官は6月20日に「此度ニ限リ鎮圧中ノ処分ハ臨機即決被差許候事」の指令を福岡県に送達し[42]，「鎮撫兵隊」編成による兵備化を容認した。また，太政官は同日に陸軍省に福岡県宛同指令送達を添付して「同県打合次第出兵鎮圧可致様急速鎮台へ可相達事」と指令した[43]。その後，博多市中はやや平静になったが周辺村部の蜂起が残り，太政官は24日に陸軍省宛に急速に最寄りの鎮台より出兵鎮圧すべきことを指令した（熊本鎮台出張の3個小隊は6月25日に到着，8月13日に帰営）。太政官はさらに27日に大蔵大丞林友幸を福岡県に出張させ，熊本鎮台と協議しつつ臨機処分すべきことを陸軍省に指令し，同省も翌28日に同鎮台司令長官谷干城に伝えた。また，太政官は同27日に司法省宛に邏卒50人を同県に出張させ，林大蔵大丞の指揮をうけるべきことを指令した。この結果，福岡県下の住民蜂起は6月中には鎮定された。

他方，大蔵省は福岡県の8月25日の稟議にもとづき，「鎮撫兵隊」編入者と鎮圧の「尽力功労」者（「官員並士族功労之者」）に「賞金」を支給した。これによって，「鎮撫兵隊」編入者は「兵」として公認・賞揚された。ただし，大蔵省は小野組の兵備用費用献金に関しては同県に7月17日付で「不都合」として取消しを命じた（1872年1月22日太政官布告第17号は「御国恩冥加ノ為メ米金献納」を禁止）。なお，私的な県務執行者の貫属士族と党与者は審判・処分された。同県の県庁兵備化は兵備の私物化を意味した。

ところで，地方行政機関の非常時自主的兵備化は旧藩兵備の延命的措置を意味し，陸軍省の兵備統轄権限を侵すとされ，同省は福岡県の「鎮撫兵隊」の編成措置は非常に不愉快であった。そのため，同省は同年8月8日に布第35号により「各地方ニ於テ頑民暴動之節鎮圧之為各管轄ニテ貫属士族等相募リ隊伍組立兵士之名目ヲ下シ為致防禦候向モ往々有之右ハ陸軍ノ権限ヲ犯シ甚不都合ニ付以来決テ不相成候」「一昨辛未八月諸県解兵発令後ハ鎮台ヲ除ク之外兵隊之名義無之筈ニ付心得違無之様可致」と布達した。本布達は県庁による兵備化・兵隊編成を禁止し，大蔵省の福岡県編成の「鎮撫兵隊」等の功労者への「賞金」支給措置とは明確に齟齬した。ただし，陸軍省布第35号は一つの行政省庁の布達であり，太政官の布告・布達でなかった。それ故，当時の国家・政府全体の国法・政策上の根底において，また，究極的事態での対府県庁の武装化禁圧は容易ではなく，その後も佐賀事件時の県行政機関による兵の編成・組織化（又は特定政治勢力が行政機関等に「兵」の編成・組織化の認知をせまる）はさらに続いた[44]。その場合，府県行政機関管轄の新たな警察力行使と同省管轄の兵力行使との関係が必ずしも明確化されず，警察力の兵力への転化も構想された[45]。

かくして，鎮台体制は，地方兵備体制上は，地方行政機関の兵備化抑制（東京府地域の1867年警衛体制），兵備・兵権と行政権との分離化開始（1871年鎮台設置），地方行政機関と在来自治体の非常時自主的兵備化禁止を伴い，全国武装解除の中核を占める銃砲弾薬類の管理統制政策を強化しつつ成立した。特に，第一次武装解除における地方行政機関と在来自治体の自主的兵備化禁止により，兵備（農兵化を含む特定身分者の兵役負担化を基本）にかかわる幕末以降の在来的な軍事負担（＝未分化的な軍事の奨励・支援）の側面は国法上で否定され，兵役制度自体が中央集権的下の「四民皆兵」体制のもとに築かれる陰画的条件が生み出され，軍事負担自体は新次元の徴発・兵站体制等として構築される転換的素地が生まれた。新政府は在来自治体の軍事奨励志向を消失させ，軍事奨励志向の第一次消失化が開始された。しかし，新政府は，地方行政機関と在来自治体の自主的兵備化の禁止や否定を説明する責任を果たすことはなかった。したがって，約1年後の1874年の台湾出兵事件時には各地の士族等の従軍出願が出てくるが（その後の対外戦争時にも），政府は出願者の「厚意」をいわば損なわないように賞辞を与え，又は謝絶するという扱いに終始した[46]。

③1872年鎮台配置計画案（六管鎮台制）と全国城郭地所管理

1872年春から開始の銃砲及び旧城郭等実地調査と兵器還納にもとづき，鎮台再配置計画案が起案された。まず，山県有朋陸軍卿は8月24日付で，全国を5個の軍管区域に区分して要衝地に鎮台と営所（分営の改称）を設置する全国鎮台配置計画を起案し（「1872年鎮台配置計画案」と表記），省内各局の意見を求めた。1872年全国鎮台配置計画案は既存城郭と管轄区域（旧国区域を第一軍管から第五軍管の区域に区分）を基本にした鎮台（営所）の配置計画案であった。すなわち，全国の鎮台と分営配置箇所は合計56箇所とされた（内，城郭への配置は42箇所）。同56箇所を1個歩兵連隊配置の営所として仮定した場合には，単純計算では全国56個連隊（28個旅団・14個師団）の配置計画になる。この全国56個連隊数は日清戦争後の軍備拡張による平時の歩兵連隊の合計48個（12個師団，近衛師団を除く）にほぼ匹敵した。これに対して，軍務局・砲兵局・会計局は熟議してやがて意見を提出する予定であるとか，築造局は同年春以降の諸県出張の旧城郭等実地調査官員の意見等を比較して決定すべきことを述べた。さらに，参謀局は当該管轄区域の人口人員の多少も明確にされなければ了解できないと述べた[47]。

1872年鎮台配置計画案は新府県体制により計画されねばならなかったが，管轄区域は旧国域区域を基盤にして起案された。その理由は，第一に，管轄区域（旧国区域）を基盤にして徴兵（賦兵，村負担化）兵員を配賦することにあろう。つまり，旧国区域毎に毎年の必要徴兵員数を割り当てるという前近代的な村賦役の延長的な徴兵配賦を進めることにあった。そのため，陸軍省は同時期に「一国」毎の人口を執拗に大蔵省に照会するが，大蔵省は新制府県体制のもとでは「一国」毎の人口調査に至らず，その困難を回答した[48]。その結果，陸軍省は管轄区域（旧国区域）の「一国」毎の人口比例により徴兵員数を当該旧国に配賦する構えであったが，その意図がやや崩された。第二に，管轄区域と鎮台の本営・営所の所在地候補になるべき城郭を基本にして起案したことは，城郭管理の環境等が変化し，注21）のように陸軍省は一定数の城郭確保の必要を判断したからである[49]。そのためには旧城郭等軍事関渉地所・建物の用・不用を判断しなければならず，同年10月に同省は不用分の調査・判定により大蔵省に引き渡す協議を進め，大蔵省も同意した[50]。両省協議による全国城郭等軍事関渉地所・建物の調査・管理が1872年鎮台配置計画案をさらに具体化し，鎮台地所確保の第一歩になった。

かくして，陸軍省と大蔵省との間で「全国城郭地所ノ儀ニ付大蔵省ト陸軍省ト取替ス条約書」の締結協議が成立し（以下「条約書」と記載），山県有朋陸軍卿は11月24日付で太政官に上申した[51]。それによれば，全国旧藩の城郭陣屋等を「第一別冊」（「諸国存城調書」，陸軍省の現在必要地所分）と「第二別冊」（「諸国廃城調書」，陸軍省の現在不用地所分）に区分して調製し，地方官に同別冊を渡し，両省宛に「条約書」の了承を指令してほしいとした。「第一別冊」

で注目されるのは全国を第一軍管から第六軍管までの計6個の軍管に区分し，合計56箇所の地所を規定した（城郭がない地所は13箇所）。これによって，全国六軍管区画化方針がほぼ成立した（以下，「六管鎮台制」と表記）。

これは，同時に，鎮台（営所）＝旧城郭（旧藩兵備防禦施設の再利用）として再配置し，鎮台という官衙・機関自体を防禦施設としても構想したことになる。また，「第二別冊」は全国の廃城箇所を調製したが（城郭・火薬庫・火薬製造所・練兵場・演武場・武学校・射撃地・陣屋・武庫・砲台・城跡地・要害地等），薩摩国・鹿児島県では1箇所も記述されていない。同県への調査等は困難とされたのであろう。他方，「条約書」は「第二別冊」により，今後，陸軍の防禦施設として有効・必要分を除き，その他附属の家屋・木石等すべてを大蔵省に引き渡すとした。つまり，「条約書」は旧城郭の防禦施設としての有効・必要性を判断した。特に，今後，①城郭等が屯営地所・練兵場等として有用時は，陸軍省は当該地所を選定して大蔵省から無代で受取る，②「全国防禦線」の決定に至り，砲墩塁壁等の建築地所の必要時は，陸軍省が選定し大蔵省から無代で受取る，③旧城郭がない木更津・新潟・水沢・青森・岐阜等の13箇所は，陸軍省が必要区域を決定し，大蔵省との協議を経て受取る，とした。ここで，「全国防禦線」の意味は，陸軍省の「条約書」の起草過程で「全国防禦ノ策」の文言を修正した「全国防禦政策」とほぼ同一である。大蔵省も廃城分に関する諸県からの開墾等の需用申請もあるとして早々の指令を太政官に伺い出た。その結果，改暦の約2週間後の翌1873年1月14日に，太政官は「条約書」にもとづき大蔵省・陸軍省宛に指令を発した（「第一別冊」「第二別冊」は「別冊第一号」「別冊第二号」と修正）。

ところで，1873年2月23日の大蔵省達第20号は，陸軍省所轄分を除く各地方旧城郭等はすべて大蔵省所轄になったとして，同地所の詳細調査を府県に指令した。その場合，「条約書」の「別冊第一号」の木更津等の13箇所は「現今城郭ナシト雖トモ新規取建相成ヘキ箇所」と記述した。これは，同13箇所での新城郭の建設を意味しないが，鎮台（営所）自体が防禦営造物としても象徴化され，暫くの間は鎮台（営所）＝旧城郭が「近代要塞」として擬されたことを意味する。なお，全国の城郭は同年11月15日に陸軍省直轄から各鎮台の管轄になった。さらに1875年1月14日に工兵方面の設置を規定した工兵方面条例の制定により（陸軍所属の要塞城堡海岸砲台その他屯営管廨館舎倉庫等の建築修繕と保存・監守を管轄，全国6箇所に置く），全国諸城郭は工兵方面の管轄下に入った。

④1873年「六管鎮台表」の制定——歩兵内務書準拠定員による平時編制の第一次的成立

陸軍省は大蔵省との「条約書」の協議成立に至り，鎮台（営所）の配置改定方針を策定した。すなわち，徴兵制の受け皿としての鎮台下営所に収容して編成すべき常備兵員の新たな配備計画を策定した。これは，1872年11月28日に山県陸軍卿が「六管鎮台表」を起案して太政官に持参・上申し，その約1旬後の改暦の翌1873年1月9日に太政官布告第4号により改定を指令した。

第一に，「六管鎮台表」は**表1**（86-87頁）の通りである。「六管鎮台表」は六鎮台の兵備を縦欄・横欄にわたって簡潔に表示化し，鎮台の配置と兵備・兵力の管轄に関する最初の「表式」化であり，鎮台の平時編制表と称することもできる（常備諸兵の完成計画定員を表示化）[52]。つまり，広義の平時編制の第一次的成立である。「六管鎮台表」は，前年8月の1872年鎮台再配置計画案の全国五軍管に対して一軍管を増加して全国六軍管にした。さらに，「六管鎮台表」の鎮台配置の仙台城・名古屋城・大阪城・広島城・熊本城の規定により，鎮台の概念に旧城郭象徴の防禦営造物概念を明確に含めた。そして，六管鎮台制の確定により，1973年徴兵令附録の「六管鎮台徴員幷式」（徴集兵員の配賦方針）と「近衛兵編成並兵額」（「近衛兵額表」「六管鎮台兵額表」「国民兵額幷式配分表」）の基本的枠組みが成立した。なお，管府県は1872年末の県統廃合結果を必ずしも正確に記述していないが（廃止の額田県を記載），ほぼ，「条約書」の鎮台（営所）の配置候補地所への常備諸兵配備を方針化した。また，11日に陸軍省は各鎮台等と諸府県宛に「六管鎮台表」記載の営所や諸兵備の漸次整備を指令した。営所の配置候補地所は木更津・七尾等を除けば，日清戦争後の軍備拡張期に歩兵連隊が設置された地域が多いが，琉球・対馬には歩兵連隊は設置されなかった[53]。

第二に，「六管鎮台表」で最重要なのは常備諸兵の人員31,680人の算定根拠である。これは，徴兵制の導入準備とともに「六管鎮台表」を調製し，翌10日の徴兵令布告に先行して前日9日に布告されたという政策策定過程の論理関係をふまえ，常備諸兵人員内訳の歩兵人員は歩兵内務書規定の編制と定員等を基準にして算定された[54]。当時，陸軍はドイツ・フランス等の軍隊内務書を調査し，日本陸軍の諸官の兵営生活上の職掌・職務と諸勤務等の営為・管理や規律・秩序維持の規定書として歩兵内務書を編集・刊行し法令化した。歩兵内務書は官衙の官制法令として規定されたのでなく，兵営という軍隊末端現場の内部管理規定書として規定され，狭義の平時編制の規定も合体させていた。当時は兵営の内部管理統制概念と編制概念が未分化であったことが意味される。

1872年6月刊行の歩兵内務書第一版の第1編第2章（「歩兵隊編制ノ定則」，「歩兵一連隊ハ三大隊若シクハ二大隊ヲ以テ之ヲ編制ス連隊中ノ各大隊ハ四中隊ヲ以テ編制ス」）は，3個大隊編制の1個連隊総人員数（2,391名），2個大隊編制の1個連隊総人員数（1,597名）を記述し，さらに，「歩兵一連隊編制官員」を規定した（連隊・大隊・中隊に附属する官員の定員・職務，1個大隊の総人員794名，「中隊ハ兵卒百六十名ヲ以テ編制スル者ニシテ」）。ここで，歩兵1個中隊の兵卒定員160名を基準にして4個中隊＝1個大隊では計640名になり，3個大隊を基準にした1個連隊では兵卒定員合計1,920名になる。

「六管鎮台表」は，歩兵14個連隊・42個大隊の完成計画定員26,880人（計168個中隊×平時1個中隊兵卒定員160），騎兵3大隊の完成計画定員360人（計3個大隊×平時1個大隊兵卒定員120），砲兵18小隊の完成計画定員2,160人（計18個小隊×平時1個小隊兵卒定員120），工兵10小隊完成計画定員2,160人（計10個小隊×平時1個小隊兵卒定員120），輜重兵6隊完成計画定員360人（計6隊×平時1隊兵卒定員60），海岸砲兵9隊完成計画定員720人（計9隊×平時1隊兵卒定員80），の鎮台配置完成平時兵卒定員総計31,680人の計画を組立てた。この31,680人が兵員の平時編制定員の総計であり，予算措置を含む法律上の定員である。ここに，鎮台体制を基盤にする平時編制の第一次的成立を迎えた。1873年制定の徴兵令は平時兵卒定員総計31,680人の充足の供給・採用システムである。そして，常備軍3年服役体制により（欧州主要国の3～8年の服役体制の組立てに準拠し），同徴兵令附録の「六管鎮台徴員并式」は歩兵隊以下の完成計画人員の総計31,680人員を3で除し，同3分の1の数値が各種常備兵1箇年徴集兵員の10,560人であり，同10,560人が各年徴集すべき徴兵人員数になった[55]。ただし，同10,560人も鎮台配置完成時を基準にした徴集計画数値であり，

表1　1873年「六管鎮台表」

	第四軍管			第五軍管		第六軍管		総計
城	大坂城			広島城		熊本城		鎮台　六 営所　十四
営所	大坂	大津	姫路	広島	丸亀	熊本	小倉	
地名	兵庫 和歌山 西京	敦賀 津	鳥取 岡山 豊岡	松江 浜田 山口	徳島 高知県内 須崎浦 宇和島	千歳 飫肥 鹿児島 琉球	福岡 長崎 対馬	
歩兵	歩第八連隊	歩第九連隊	歩第十連隊	歩第十一連隊	歩第十二連隊	歩第十三連隊	歩第十四連隊	常備兵合計 歩兵　四十二大隊即十四連隊 騎兵　三大隊 砲兵　十八小隊 工兵　十小隊 輜重　六隊 海岸砲　九隊
砲・工・輜重	砲第七第八小隊 工第四小隊 輜重一隊 予備 砲二小隊 工一小隊			砲第九第十小隊 工第五小隊 輜重一隊		砲第十一第十二小隊 工第六小隊 輜重一隊 予備 砲二小隊 工一小隊		
海岸砲	川口一隊 兵庫一隊			下ノ関一隊		鹿児島一隊 長崎一隊		
人員	歩三連隊 砲四小隊 工二小隊 輜重一隊 海岸砲二隊 平時六千七百人 戦時九千八百二十人			歩二連隊 砲二小隊 工一小隊 輜重一隊 海岸砲一隊 平時四千三百四十人 戦時六千三百九十人		歩二連隊 砲四小隊 工二小隊 輜重一隊 海岸砲二隊 平時四千七百八十人 戦時六千九百四十人		人員 平時　三万千六百八十人 戦時　四万六千三百五十人
府県	大坂 堺 和歌山 兵庫 奈良 京都　府二 県四	滋賀 敦賀 三重 度会　県四	飾磨 豊岡 鳥取 北條 岡山　県五	広島 小田 島根 浜田 山口　県五	香川 名東 高知 神山 石鉄　県五	白川 八代 鹿児島 都城 美々津 大分　県六	小倉 福岡 三潴 佐賀 長崎　県五	府　三 県　七十 合七十三
高口	二百十五万石	百九十五万石	二百十九万石	二百三十五万石	百六十九万石	二百十六万石	二百三十二万石	石高人口　三千百二十二万石
合計	府二県十三　高口 六百二十九万石			県十　高口 四百〇四万石		県十一　高口 四百四十八万石		

備考
- ○諸兵ノ配合之ヲ各国ニ比スレハ工兵多キニ過キ騎兵少キニ過ルカ如キモノハ我国ノ地勢平坦稀ニ山嶮多キヲ以テナリ
- ○営所ノ下ニ掲ル地名ハ他日兵備盛大ニ及ヒ漸次ヲ以テ営所トスヘキ地位ヲ示ス
- ○海岸砲ノ備付ハ追漸盛大ノ見込ニシテ目今ハ山野砲テ以テ之ニ充ツ
- ○北海道ノ兵備ハ追テ確定スヘシ

出典：『法規分類大全』第47巻，兵制門（3），から作成。

六管鎮台表

	第一軍管			第二軍管		第三軍管	
鎮台	東京			仙台		名古屋	
営所	東京	佐倉	新潟	仙台	青森	名古屋	金沢
	小田原 静岡 甲府	木更津 水戸 宇都宮	高田 高崎	福島 水沢 若松	盛岡 秋田 山形	豊橋 岐阜 松本	七尾 福井
常備諸兵	歩第一連隊	歩第二連隊	歩第三連隊	歩第四連隊	歩第五連隊	歩第六連隊	歩第七連隊
	騎第一第二大隊 砲第一第二小隊 工第一小隊 輜重一隊 予備 砲二小隊 工二小隊			騎第三大隊 砲第三第四小隊 工第二小隊 輜重一隊		砲第五第六小隊 工第三小隊 輜重一隊	
海岸砲	品川一隊 横浜一隊 新潟一隊			函館一隊 当分分遣			
常備合計	歩三連隊 騎二大隊 砲四小隊 工三小隊 輜重一隊 海岸砲三隊 人員 平時七千百四十人 戦時一万〇三百七十人			歩二連隊 騎一大隊 砲二小隊 工一小隊 輜重一隊 海岸砲一隊 人員 平時四千四百六十人 戦時六千五百四十人		歩二連隊 砲二小隊 工一小隊 輜重一隊 人員 平時四千二百六十人 戦時六千二百九十人	
管府県	東京　神奈川 埼玉　入間 足柄　静岡 山梨 一府　六県	印旛　木更津 新治　茨城 宇都宮 五県	新潟　柏崎 群馬　栃木 長野　相川 六県	宮城　磐前 福島　水沢 若松 五県	青森　岩手 秋田　酒田 山形　置賜 六県	岐阜　額田 浜松　筑摩 愛知 五県	石川　新川 足羽 三県
石高 人口	高　二百八十万石 口	高　二百五十一万石 口	高　二百六十八万石 口	高　二百二十一万石 口	高　二百〇一万石 口	高　二百七十万石 口	高　二百十二万石 口
同上合計	高　府一県十七 口　七百三十七万石			高　県十一 口　四百二十二万石		高　県八 口　四百八十二万石	

兵営収容兵員現員と同定員との差異による欠員分補充が毎年の実際の徴兵事務の眼目になる。

常備諸兵人員すなわち平時編制定員算定の考え方は，1873年6月24日の陸軍省達第228号の「今般歩兵隊編制改正致シ凡歩兵内務書ニ基キ連隊大隊中隊編制ニ可致内決ニ有之不日発令ニ可及候」の歩兵隊編制（連隊・大隊・中隊）の歩兵内務書準拠を指令した各鎮台長官への申達にも示された。「編制」の用語使用と概念もほぼ歩兵内務書の規定から始まる（編制の先行的規定）。つまり，常備軍結集期の編制及び編制概念と兵員等定員基準の法令起源は歩兵内務書が先行し，各隊の具体的な編制と定員を歩兵内務書に準拠させた。すなわち，狭義の平時編制成立の淵源を兵営生活の営為・管理に置き，兵営生活への適合化・一体化を含みつつ平時編制定員を算定した。換言すれば，戦場・戦闘の職務や業務分掌の想定・遂行から直接的に平時編制が成立したのでなかった。狭義の平時編制は兵営における兵員の常時収容と支配・束縛・勤務管理を含めて成立し運用された。つまり，主として旧城郭を基本にした防禦営造物施設に兵員を収容し，国家論的には官制の一変種としての編制が成熟したことになる。歩兵内務書準拠の平時編制成立と定員算定は鎮台体制下の平時編制の第一次的成立の重要な特質であり，常備軍結集過程の最重要特質である。他兵種の編制・定員の考え方の基本も歩兵内務書の考え方とほぼ同様である。ただし，騎兵・砲兵・輜重兵は特に乗馬・曳馬（輓馬）・駄馬の編成を考慮して，1873年当初は「人馬表」と表記した。従前の実際の兵営現場に即した人馬員数をとりあえず継承して人馬表を調製したからである。

⑤1873年鎮台条例改正と鎮台体制の成立――官制と編制の混載法令

鎮台体制は徴兵制導入を迎え，鎮台職員の統率・司令の体制・職務等の官制を中心にして整備された。まず，陸軍卿は1873年5月5日に鎮台条例改正案（全56条）を起案して太政官に上申した[56]。

第一に，陸軍省起案の鎮台条例改正案は鎮台の概念を法令上で整備したことに最大の特質がある。すなわち，「凡ソ皇国域内ニ駐箚スル各種ノ兵隊ハ別テ七軍管トナシ各鎮台ノ司令将官ヲシテ之ヲ統率セシムル」（第1条，下線は遠藤）と起案した。ここで，下線部の文言は（第七軍管は未定），全国全地域の兵備管轄上の分割区域化方針にもとづき，注18）で述べた「ミリタイレ　アフデーリンク」の本来的語義としての「軍管（区）」毎の駐劄（ちゅうさつ）を明確化した。そして，同「軍管（区）」の統轄の官衙・機関が鎮台であることを法令上で整備した。第二に，兵力編成の考え方は「六管鎮台表」の各軍管をさらに「師管」に区分し（計14師管），各師管の管理本部を「営所」と称し，各師管には2～3個の営所を置くとした（兵員増加による設置予定地を含む計40営所，営所自体は合計54箇所）。ここで，軍管はその管下の兵員が戦時に際してほぼ「一軍」を興し，師管は戦時にほぼ「一師」を興すとされた。「一軍」「一師」の兵力数は正確には不明であるが，師管の営所には歩兵1個連隊を置き「管内ヲ鎮圧シ方面ノ草賊ニ備ヘシム」としたので，およその兵力数を窺うことができる。また，第7条の起案文言は1872年東京鎮台条例の兵備による管内鎮圧という鎮台の目的規定を踏襲した。第三に，鎮台の長官の司令将官の本務を起案し，1872年3月の東京他3鎮台条例の鎮台長官（帥）の位置を継承し，司令将官は「管内ノ軍務ヲ董督シ上ミ　天皇大纛［たいとう］ノ下ニ属シ直チニ陸軍卿ニ隷ス」と規定し，鎮台兵力の使用，出兵，警護，警備，弾薬・糧食や外国人旅行の護送等に関する職務権限関係を起案した。特に，「凡ソ管内兵革ノ警アリト雖モ事他邦ト相関渉スル者ハ　天皇興戦ノ権ニ係ルヲ以テ譲リニ一卒ヲ動カスヲ許サス」とか，「管内草賊ノ警アリ」「事緩ニシテ時間アレハ府県ヨリ両牒ヲ移シ同時ニ省並ニ台ニ報シ台又速ニ省ニ報シテ卿ノ区処ヲ受クルヲ正例トス鎮台ノ将官擅ニ兵ヲ出スヲ許サス」とし，兵力行使の判断決定権限者の所在（天皇興戦の権）を明記した。天皇興戦の権の規定は1868年2月以降の東征軍編成の兵権執行という事実認識にもとづく。第四に，鎮台の諸官として，「要塞部」（未整備），「憲兵部」（未設置），「府県官」（管内府県の政令や諸改革・創設等の事件の報知，「世上ノ静謐」に関渉する事項の詳細開設），「市井裁判所」（司法関係の改革・創設事件や警察事務で「世上ノ静謐」の関渉事項の詳細開設），「近衛」（軍管内の近衛の兵隊との関係），「検閲使」，「司令将官」を掲げ，その職務規定を起案した。つまり，鎮台条例改正案は鎮台の本営・営所の司令部等の官制を基本にして広義の平時編制も緊密に合体させ（全国兵員の軍管分割配置による兵備・兵力の配備・統轄），官制と編制の混載法令として起案したことが特質である。

ここで，特に注目されるのは検閲使の起案である。検閲使は，1871年の兵部省職員令と兵部省陸軍部内条例第21条において，「省内別局」として「歩兵検閲使」「騎兵検閲使」「砲兵検閲使」を規定し，同三兵の検閲使実施の検閲内容は「省内別局条例」第7条において「閲兵ノ法教導ノ法兵隊給養ノ法懲罰ノ法内部ノ規則軍装戎器等」と規定した。すなわち，検閲は軍隊の業務管理のみを対象にした。これに対して，1873年鎮台条例の検閲使の職務は「現今未行」の但し書きが付されたが，「凡ソ諸隊将校下士兵卒進級ノ事ノ為ニ検閲使各軍管内ヲ巡回スル時ハ検閲ノ後其作ル所ノ各隊ノ評草ヲ以テ之ヲ其所管ノ鎮台ノ司令将官ニ進納ス」と起案し，軍隊の業務管理の検閲にもとづき，さらに特に将校進級の評価・判定の基本資料（「評草」）作成を示した。すなわち，①司令将官は評草に自己所見による商評を加え，管内諸隊のものと合わせて「一本」を作成し，陸軍卿に進呈する，②司令将官は各兵検閲使の招集会議を開き首座になり，「進級表稿本」を作成し，検閲使作成の評草とともに陸軍卿に提出する，③毎年末に陸軍卿は近衛司令長官と軍管の司令将官を陸軍省に招集して会議を開き，「将校進級総表」を撰定し，次年の「抜擢進級ノ序」を定めると起案した。つまり，1873年鎮台条例は検閲使職務体制と将校進級決定手続きの合体化方針を示した。この合体化方針は，特に，太政官職制体制下の勅任官薦挙免黜（めんちゅつ）と奏任官進退に対する内閣議官（参議）の審議関与から，武官の進退黜陟（ちゅつちょく）手続きを将来に独立させる意図に対応していた[57]。

さて，太政官左院は5月13日に陸軍省案を審査し，特に，条文文意明瞭化のために修正意見を出した。また，太政官法制課は5月24日に第51条の鎮台の司令将官が最初に赴任した際の「礼款」の事項（全8項）の中で，第6項（地方の戸長と附属者は将官の館で接遇する），第7項（府県知事令は属僚とともに存問する），8項（地方裁判所の官員の代行）は鄭重すぎるとして削除の審査意見を出した。閣議では左院と法制課の意見を採用して上奏し，5月27日に裁可された。しかるに，山県陸軍卿は6月29日付で太政大臣宛に，天皇拝謁時に第51条中の地方官存問項目削除は不都合と申し上げたとして，同第51条の第6項として，司令将官到着後3日以内に府県知事令と互いに存問し，地方裁判所長官は属僚を代候させ，戸長と附属者は当日に接迎する，を再起案して申進した[58]。これに対して，法制課は7月7日の閣議に，同省申進の「礼款」設定の場合は知事県令等や他の重職の最初の赴任時にも相当の礼式を設けねばならず（また，上下接待の礼制は一般に規定されうるが，現在一定の規則がない），同省のみの規則化は不権衡であり，第51条の計3項目の削除は何ら不都合を生じないとして，裁可通りという判断を示し，あえて指令を発しないという意見を提出した。しかし，閣議決定を得ることはできなかった。

山県陸軍卿が鎮台の司令将官と地方官関係者との「礼款」事項存置を重視したのは，同年6月の福岡県下農民蜂起に対して，同県令等と鎮台との適切な連絡・連携がなかったことに起因している。また，閣議も山県らの陸軍省案に同調したのであろう。この結果，法制課は7月10日の閣議に第51条の計3項目を修正し，第6項（鎮台所在地の府県の知事令と参事は司令将官到着後3日以内に互いに存問する），第7項（鎮台管轄下の府県の知事令と参事は30日以内に互いに通牒文を発する），第8項の復活案を提出した[59]。法制課の第51条中増設案は閣議決定され，鎮台条例は7月19日太政官布告第255号として改正された。かくして，全国武装解除を強力に進め，全国六鎮台配置方針のもとに，後に「平時地方鎮圧」[60]と総括される1873年鎮台条例が成立し，国家論的にも鎮台体制成立の重要法令になった[61]。

総じて，廃藩置県前後から常備軍の結集・編成において，改めて鎮台の名称・用語が採用・使用されたが，その意味・内容が変化した。鎮台の名称・用語自体は明治元年の鎮台が復活・継承されたが，兵力行使基盤の陣営・城郭防禦施設等の意味を含みつつも，フランス軍制の当該地域（軍管区域）に配備された軍団統轄の官衙を導入した時に，それらの配備軍団の統轄官衙を含めて鎮台を意味した。また，注18）のように，鎮台の正確な用語表記は「軍管鎮台」が正しい。つまり，兵部省・陸軍省が旧幕藩体制に対する武装解除を進めつつ，常備軍の全国的な結集・成立を目ざして兵力を各重要都市・地域に分割配備する時に，フランス軍制の当該地域への軍団配備制度等を調査し，当該軍管区域への配備軍団の統轄官衙が当該地域の都市・市街地構造及び民政と深く関係しつつ設置されていることに注目し，明治元年の兵力行使を基盤にした占領的統治状態下の都市警備・治安維持や行政機関を混在させた鎮台の名称・用語を復活させて使用した。それ故，鎮台の名称・用語自体は厳密には軍隊・兵力の編成単位を意味しない[62]。鎮台の名称・用語は平時基本の軍行政上の軍管の統轄機関・官衙を意味し，軍行政の優位性を基幹とした。すなわち，鎮台という機関・官衙の管轄下の兵力編成単位としての連隊・大隊等（兵員の教育訓練の業務担当と収容単位）の編制と統率・司令の体制を含めたものが鎮台体制であり，1873年鎮台条例は官制と編制の混載法令として成立した。

⑥鎮台体制下の平時編制整備――1874年の歩騎砲工輜重兵編成表改正

鎮台体制成立のもとに平時編制はどのように整備されたか。

まず，歩兵内務書準拠の歩兵隊編制改正の指令に合わせて，その前後に騎兵・工兵・砲兵・輜重兵の編成に関する人馬表・人員表を規定した。すなわち，同年6月14日に騎兵隊人馬表，6月18日に工兵一連隊人員表，6月20日に砲兵一大隊野砲山砲人馬表，8月31日に輜重兵一小隊人馬表を規定した[63]。その後，1874年に至り，鎮台の歩兵と近衛歩兵諸隊の連隊編制化を進めた（第3章参照）。

次に，鎮台体制関係では，第一に，1875年1月15日陸軍省布第15号は徴兵令附録の「六管鎮台徴員并式」を改訂した。さらに，1875年6月9日陸軍省布第169号は「六管鎮台表」（4月7日改正），「六管鎮台兵額表」（1月15日改訂），「国軍兵額並配分表」（6月5日改訂）を一括し，同改訂を指令した。本改訂は1873年鎮台条例改正と1875年徴兵令附録「六管鎮台徴員并式」改訂などをうけて行われた。これによれば，「六管鎮台表」は「師管」（計14個）を明記し，第三師管（高崎営所）にはさらに新発田に営所を新設し，第四軍管下の敦賀営所は第三軍管の第七師管（金沢営所）に管轄替えされ，常備諸兵と管府県に一部変更があるが，ほぼ1873年と同じである。その後，1875年10月9日陸軍省達第70号は「六管鎮台職官表」を改正し，鎮台の職員・人員（定員）の整備計画を改めた。各鎮台の諸隊人員総計は37,812人であり（内訳は，上長官79，士官1,264，下士5,749，兵卒30,720），兵卒30,720人は1874年2月2日制定（陸軍省布第46号）の「鎮台職官表」の各鎮台の兵数総計と同数である。

第二に，1874年12月25日陸軍省布第459号は歩騎砲工輜重兵編成表を布達した（1875年7月18日陸軍省達第17号により引き換え）[64]。従前の「人馬表」「人員表」を「編成表」と統一表記し，各兵の平時編制の組立ての基本を整備・統一した。まず，歩兵一連隊編成表では（3大隊と12中隊の編成），上長官4名（内，連隊長1，大隊長3）以下総計2,346名とした。本表は平時の編制表であるが，「備考」は，戦時には第一後備兵によって中隊毎に一等卒80名を増加し，1連隊の戦時兵卒は2,880名（1,920名＋〈80名×12＝960名〉）の増員を規定した。ここで，戦時1中隊の兵卒は平時1中隊兵卒の50％増に対応して，戦時の景況により，連隊に少佐1，中隊毎に少尉1，大隊毎に軍医副補各1を増加する，と規定した。しかし，現場監督の下士の増員等はなく，戦時の下士の補充・服役をめぐる体制構築には至っていない。次に，平時山砲兵一大隊編成表（2小隊の編成）と戦時山砲兵一大隊編成表（2小隊の編成），平時野砲兵一大隊編成表（2小隊の編成）と戦時野砲兵一大隊編成表（2小隊の編成）を規定し，山砲兵1大隊の駄馬（匹）は平時52，戦時184とし，野砲兵1大隊の駄馬は平時120，戦時192とした。つまり，戦時の大隊編成には輸送手段増加の認識が加わった。

⑦西南戦争直前の1877年平時編制表改正――「編成表」から「編制表」へ

その後，1877年1月17日陸軍省達乙第22号と同1月31日陸軍省達乙第30号は歩兵と騎兵及び工兵の「編成表」を「編制表」と改め，歩兵一連隊編制表と騎兵一大隊表編制表及び工兵一大隊編制表になった。建軍期の陸軍の「編制」は主要には連隊・大隊などの単位各隊を構成する官職や定員の組立て制度を意味したが，各兵種諸隊の「編成表」は内務書の法令用語対応により「編制表」に表記された。その後，編制の独自な改正等に対応して内務書が改正され，陸軍省は1877年1月の歩兵一連隊編制表と騎兵一連隊編制表に関して，陸軍一般に「但各兵内務書追テ改正之上可相達事」と指令し，各兵種の内務書の改正を予告した。ここで，1877年1月の歩兵一連隊編制表の特質は下記の通りである。

第一に，1個連隊の兵卒総定員1,920名を維持したが，1876年12月陸軍武官官等表改訂で設定した上等卒による現役下士職務代替体制の成立・推進により，下士定員を削減し（1個中隊で27名→19名），1個連隊では349名→256名になり計93名を減員した。上等卒設定の意義は，注54）の拙著で述べた通りである（上等兵養成主導の軍隊教育の成立と推進）。第二は，兵営現場等の職務内容の明示化である。すなわち，①連隊附では鍬兵（後述）設置により鍬兵司令1（中尉）を新設し，会計附属1を削除して武器掛1（軍曹）を新設し，空白の銃工長の欄には下士1を新設し，②大隊附では給養掛1を削除して鍬兵長1（軍曹）を新設し，武器掛1（伍長）を新設し，空白の職工の欄には銃工2・縫工1・靴工1の計4名を新設し，③1個中隊では，中隊長（大尉1），小隊長（中尉2，少尉2），小隊副長（曹長1），半小隊長（軍曹8），分隊長（伍長8）を明記し，さらに，兵卒160名の内訳を上等卒（9），一等卒（銃卒32，鍬卒2，喇叭卒2），二等卒（銃卒104，鍬卒5，喇叭卒6）に区分した。小隊と分隊は1875年の平時野砲兵一大隊編成表や平時山砲兵一大隊編成表に記述されたが，歩兵中隊の小隊・半小隊・分隊の編成はフランス軍制の歩兵連隊編制に準拠した。なお，職工の設置は，既に1872年歩兵内務書が規定し，1875年7月1日現在で，近衛2名，東京鎮台4名，大阪鎮台3名，熊本鎮台2名の現員が統計的には明らかである[65]。第三に，鍬兵の設置がある。鍬兵は，簡易な土工作業に従事し，当初，1874年9月陸軍省達布第332号により近衛歩兵中隊に置いた。そこでは工兵科士官（中小尉，近衛局附）1名と工兵下士（軍曹伍長）2名が連隊の隊外事務を担当し，各中隊に4名の鍬兵を置き，1877年2月3日に陸軍省達乙第32号の歩兵隊鍬兵概則を制定した[66]。本概則は建軍期の工兵隊の性格・増設の議論にもかかわる。鍬兵の勤務・作業自体は戦時の歩兵戦闘にともなう臨時的な対応・支援が中心である。本来は，簡易な土工作業従事の鍬兵は臨時の特設部隊として編成されるが，鍬兵を平時編制に位置づけたのは，戦時編制が明確化されない時点において，平時編制をもって戦時編制を兼ねさせる発想に立った措置であろう。

3　地方反乱と銃砲管理統制政策
――常備軍結集期の第二次武装解除――

1874年2月の佐賀士族反乱の佐賀事件以降，銃砲類接収を中心にした武装解除を進めた。もちろん，ここで「武装解除」と称しても，廃藩置県後の第一次武装解除とは異なる。それは，徴兵制による軍隊編成外の軍隊・武装化は存在しないという前提の故に，厳密には「武装（化）」の「解除」もありえないからである。それ故，ここでの武装解除は軍隊外の一般人民の「武装（化）」の志向・準備自体を予め封殺し銃砲類自体を接収する武装化防止的措置等を意味する（第二次武装解除）。すなわち，常備軍結集期の第二次武装解除は主として士族等所有所持の銃砲類接収を対象にした武装化防止的措置等を特質とする。

さて，人民所有の銃砲弾薬類の管理は1873年1月の鳥獣猟規則のように，軍隊の武器・兵器の管理視点との区別に立ち，民業を基本にした管理視点に移行しつつあった。ただし，非常時の銃砲弾薬類の全体管理に対しては陸軍省等が権力を行使し，統制を強化した。

(1) 佐賀事件における銃砲類の管理統制——懲罰的銃砲類接収の強行

佐賀事件は陸軍の戦時平時の区分画定上の最初の戦役になった。ただし，戦時平時の区分画定は遡及的措置をった。すなわち，陸軍省第二局は翌1875年5月24日付で陸軍卿宛に1874年の2月19日の同県下「賊徒征討」の布告日から3月27日の「賊徒平定」の布達日までを戦時にすることを伺い出た。これについて，大山巌陸軍卿代理は同年5月28日付で「七年二月十五日賊徒佐賀県庁ヲ襲撃シ出張鎮台兵ト闘争ニ及候日ヨリ同三月一日賊徒平定迄」の戦時区分を指令した[67]。つまり，同省は征討令等の宣言により戦端発起と開戦に進むという儀礼的な古典的戦争開始論による戦時始期区分を退け，実際の戦闘開始時期を基準にして戦時始期を区分した。

さて，佐賀事件においては，第一に，陸軍省は銃砲類の管理統制を強化した。まず，同省は佐賀地域等情勢を不穏なものととらえ，2月13日に第二～五軍管下の府県宛に武庫司よりの預かり兵器の所管鎮台への引き渡しを指令した（3月30日まで，大砲小銃台架を含む，ただし火薬を除く3月30日まで）[68]。これは，府県庁預かり銃砲が地方反乱呼応勢力の使用やその支配下に入ることの防止措置であり，鎮台の保管場所は2箇所を越えないように指示した。この場合，佐賀県も含む第六軍管下の九州各県には指令されなかったが，熊本鎮台の業務と九州各県の県庁業務としては銃砲の引渡しは実際的に容易でないと判断したからである。さらに，陸軍省は2月15日に太政官宛に，広島・熊本両鎮台管下の九州・四国・中国地方の諸県に対して（島根県他16県），陸海軍省と鎮台用向けを除き，銃砲弾薬類の免許商人であっても当分の間は銃砲弾薬類の売買運送を4月30日まで厳禁する旨を伺い出た。同伺いは了承されて同17日に布達された[69]。

第二に，内務省はいわば占領地行政の一環としての銃砲類接収を強行した。すなわち，まず，大久保利通内務卿は3月1日付で佐賀県宛に，①「管内賊徒」所持の銃砲・槍刀類のすべてを3月5日までに取り上げる（隠し置いたものが他日発見されれば，厳罰に処する），②「賊徒ニ不与平民」（以下，「賊徒不与者」）所持の銃砲類も一旦県庁に差し出させる，と指令した[70]。さらに，大久保は銃砲類接収等を強化し，同7日付で佐賀県宛に毎戸検査のための兵隊と巡査の出張を指令した。銃砲類接収には小倉県貫属隊と長崎県貫属隊中の大村貫属士族

(大村警備隊) を巡回させて実施した。その際，陸軍少将山田顕義は3月5日に「出張ニ付心得書」(全5条) を規定し，検査済の家屋には隊長の調印をもって「改済」の文字を門戸に貼り置き，銃砲・刀剣等の佐賀宛運送を指令した[71]。また，大久保は長崎県にも指令して佐賀反乱士族党与者捜索を徹底させ，同県下の深堀・諫早・神代地域等の銃砲を巡査に毎戸検査させて接収した[72]。深堀・諫早・神代には旧佐賀藩上層家臣の領地があり (深堀は江藤新平夫人の出身地)，鎮定後も警戒を強化した。大久保の3月11日付の三条実美宛書簡は約3,000挺 (他に多数の弾薬刀槍類) が集まったと報告した[73]。

その後，内務省は反乱平定後の4月17日に佐賀県・長崎県宛に，当該県の士民の中で「賊徒」党与者の接収銃砲をすべて「引揚切リ」として返還せず，「賊徒不与者」の接収銃砲の所持者返還を指令した (内務省達無号)。同指令に対して，佐賀県は5月7日にさらに「賊徒不与者」にかかわって，①戸主は「賊徒」に与したが，同子弟は「賊徒不与者」の場合には，子弟分の銃砲を返戻すべきか，あるいはすべてを戸主所有物とみなして引きあげるべきか，②「賊徒」の加入誘導に応じて一旦は随同したが，政府軍との抗敵に際しては脱出して免罪された者の銃砲をどのように処分するか，③武雄・多久の地域には「賊徒」の脅迫による結団・出兵者がいるが，政府軍と抗敵せずに脱出した者は「賊軍」に党与した情実もなく (非常の特典により) 免罪されたが，彼らの銃砲をどのように処分するか，④銃砲所持者で政府軍への非敵対者でも「賊徒」の企て同意者で，かつ，非出兵者で (非常の特典により) 免罪された者の銃砲をどのように処分するか，と質疑した[74]。同県質疑には，「賊徒」から離れて免罪された者の当該個別事情を考慮してほしいという，県側等の銃砲返還期待の側面が含まれていたとみてよい。

しかし，佐賀県質疑に対して，大久保内務卿は5月28日付で「書面伺之趣悉皆可引揚候事」と回答し，「賊徒」に一度でも呼応・同調した者の銃砲を徹底的・懲罰的に接収するという強圧策に出た。当時の法的状況では，私人所有の銃刀等兵器武器類で所有者本人の意思にもとづかない所有権変更や銃砲現物の没収・接収等は，逐次，司法判断を必要とした。しかし，佐賀事件では，占領地的行政の延長的状況下において，司法判断を介在させず，内務省主導のもとに反乱事件関与者への懲罰的な銃砲類接収を含めた武装解除を強行したことが常備軍結集期の第二次武装解除の重要な特質である。

(2) 西南戦争における銃器類の管理統制政策――武装化防止的銃器類接収の強行

西南戦争時にも銃砲弾薬類の管理統制と接収を強行した。1877年2月13日に陸軍省は鹿児島県下の不穏な情勢を探知し，免許者であっても当分は陸海軍省と鎮台用向けを除く銃砲弾薬類の売買運輸の一切厳禁の至急布達を太政官に伺い出た。同伺いはただちに同日に太政官布達第26号により使府県に布達された[75]。西南戦争では士族等の武装化防止のための銃砲弾薬類の買い上げ処分等が各地で強行された。

①山形県鶴岡士族の武装化防止のための弾薬類買い上げ処分

最初に警戒されたのは山形県の旧庄内藩居城地域の鶴岡（「鶴ヶ岡」）の士族であった。庄内藩は戊申戦争で新政府軍に強力に武力抵抗したが降服し，降服・帰順の処分において西郷隆盛のはからいのもとに寛大な措置を受けた。その結果，旧庄内藩下の鶴岡士族は西郷隆盛の徳を敬慕し，旧藩主も（旧藩士70余名ともに）1870年には鹿児島で兵学修学するなどして，鹿児島士族との親密な交誼関係を築いてきた。そのため，政府は鶴岡士族の薩摩連携動向を最大限注視し（隣接旧藩士族に影響・波及する可能性），2月13日に内務大書記官船越衛等を山形県に出張させ探索させた。仙台鎮台も20日以降に警備用として2個中隊を派遣し予備弾薬2個大隊分を整え，出兵要請しだいさらに増兵派遣の構えを示し，陸軍省に報告した。その後，山形県は27日午後に船越と薄井龍之同県大書記官等の判断により同鎮台宛に「［鶴岡士族の］暴挙顕然」の電報を発して出兵要請し，同県出張の警視局警部佐藤志郎発川路利良大警視宛の電報は船越等が東京の巡査300人の棒・銃器携帯による派遣を依頼してきたことを報告した[76]。これに対して，仙台鎮台は翌28日にさらに2個中隊の派遣と大沼渉陸軍少佐の出張を陸軍省に報告し，同省は阿武素行陸軍中佐を新潟警戒のために新発田に派遣した[77]。鶴岡情勢は三条実美や岩倉具視らを非常に警戒させた。しかるに，仙台鎮台は山形県報告とは大いに異なるという大沼少佐の報告にもとづき3月2日午後に陸軍省宛に「未タ暴挙ノ形跡顕レス」「［山形］県官大ニ不都合ナリ」という電報を発した[78]。他方，病気療養上京中の山形県令三島通庸は急遽8日に帰県し，鶴岡士族の領袖と目されていた松平親懐等を13日に召喚して説諭し，松平に異図なきことの請書提出等を促した。

船越等の2月27日発電報は誤報であり，改めて鶴岡地方の平穏が確認され，さらに募集巡査400名余の警備により，仙台鎮台兵の屯在理由はなくなった。しかるに，船越は3月16日発前島密内務少輔宛電報で「ガウヤク［合薬］ハ　ドウロカイサク［道路開鑿］ニモ　ニウヨウ［入用］」云々と述べ，同県庁による鶴岡の銃砲弾薬類免許商人（当時，同県田川郡地域唯一の免許商人で，およそ合薬5千貫目，後装銃弾丸1万7千発等の在庫あり）からの火薬類等の買い上げ方針決定を報告した[79]。その上で，同県は同免許商人からの火薬類買い上げ完了時までの2個中隊の屯在を仙台鎮台に17日付で要請した[80]。同鎮台は派遣兵中の2個中隊を19日に帰台させ，残2個中隊を引き続き屯在させ24日に帰台を命じた。買い上げ火薬類（代金合計12,013円余，内訳は舶来火薬1,872貫目・3,556円余，舶来雷管2,318,380発・3,593円余，鉛6,379貫目・4,146円余，他）は山形に運送され，さらに宮城県下鷺ヶ森まで送られ5月25日に仙台鎮台に受領された[81]。鶴岡での火薬類買い上げ総費用は13,967円余に達し大蔵省より下付されたが（荷作り費271円余，鶴岡—鷺ヶ森間50里余の運送費1,683円を含む），5月3日付の内務省の同費用下付伺いに対する5月8日の太政官調査局審査報告の「鶴岡辺人心不穏折柄該地商人貯蔵ノ火薬類多数有之警察予防ノ為メ買上候」云々の文言のように[82]，武装化未然防止のための明確な弾薬類買い上げ処分であった。

その後，5月27日の行在所達第13号は各府県宛に鉛弾薬売買の厳重取締りを指令し，5月30日の行在所達第14号は使府県宛に弾薬密売の取締りに支障が生じないように，内務省・陸軍省・海軍省宛に官用の銃砲弾薬買入れにはその都度予め関係地方庁に照会の上措置すべきことを指令した，と布達した。

②征討総督本営による銃器類借り上げ政策

次に最も注目すべきは，征討総督本営が福岡・長崎の両県下で強行した「借上（かりあげ）」という名目の接収措置である。すなわち，4月14日付で征討総督本営は両県の県令宛に「征討軍団ニ於テ為予備小銃入用之儀有之候間其県下ニ於テ人民所有ノ軍用銃悉皆借上度候条早々取調申出可有之候」と指令した[83]。ただし，人民本人が願うならば「買上ケ」ることもあると加えた。なお，ここで，銃器類とは，銃砲類という用語に対して，特に武器・兵器としての使用目的が明確化され，あるいは武器・兵器転用が予定化された銃砲類（軍用銃）を意味する。

さて，征討総督本営の銃器類借り上げ政策には，1879年の西郷従道陸軍卿の太政官宛の同銃器買上げ伺い書のように（「人民所有之軍用銃借リ上ケト称シ一時引上ケシモノ」「借リ上ケトハ申モノノ真実ハ引上ケ同様之儀」），接収に近い管理統制強化意図が含まれていた[84]。つまり，西南戦争中の3月28日の福岡県士族400名余の福岡城襲撃後に，同県下が「物情騒然軍機ニ関スベキ景状有之」際に，両県士民所有の軍用銃が仮に「暴挙」士族や薩摩軍等に渡った場合には，敵対勢力等への兵器提供になるとされ，予め，「借リ上ケ」の名目で接収し，両県官吏が箱詰めして征討軍団砲廠部に受領させ，政府軍が同地で使用せず，大阪砲兵支廠まで運送し，あるいはその一部を小倉営所に保管した。すなわち，征討軍団側が両県の警備・警戒態勢の厳重化策の一環としての銃器接収であった。たとえば，小沢武雄陸軍卿代理は1880年8月7日付で太政大臣宛に同借り上げ銃器の返付を願う者への返付処分の伺い書において「両県士人暴意鎮圧ノ為メ該県人民所有之銃器借上取計」云々と述べ，今回の買い上げ方針は「半ハ後患ヲ芟除［さんじょ］スルー端ニ可有之見込」であると強調した[85]。両県下の借り上げ銃器類は一時両県庁で集約された（久留米・佐賀の両支庁も含む）。ただし，特に佐賀支庁所轄分は「聊気遣之事モ有之候」として警戒され，久留米所在の征討総督砲兵部に直輸送し，格納・保管した[86]。以下，さらに福岡・長崎両県の銃器接収，高知県下の銃砲類買い上げ，熊本県下戦場地域の遺棄銃器類拾得対策，山口県独自判断の銃器引き上げと新潟県下の銃器買い上げ等を中心にして，銃器類管理統制の基本政策を考察する。

③福岡県の銃器接収と買い上げ処分

福岡県は4月14日付の征討総督本営の指令にやや戸惑い，借り上げられた予備用小銃の使用目的を推測して県下に説明した。すわち，同県令渡辺清は4月16日付で「今般壮兵募集等ニテ御入用有之儀ト被存候条人民国家ニ対スルノ義務深ク注意シ差出シ可申」云々の解釈を加えて県下に布達した[87]。同県は予備用小銃の使用目的を新規壮兵募集と結びつけたが，銃器所有者人民の国家忠誠心を組織したかったのであろう。その点では後述の長崎県のうけとめ（非常時の人民保護として使用の説明）とはやや異なる。

第一に，福岡県は接収銃器類の集約担当者として同県官員岩永一路を任命した。岩永は借り上げ銃器類受領等の記録化報告と処分方針の伺い立てを起案し，渡辺県令は5月5日付で同伺いを征討総督本営に提出し，指令を仰いだ[88]。同県令の伺い書は，5月5日までに銃器約3千600挺を集約し，残部は同10日までに集約見込みとされ，主に，県庁内に銃器保管場所がない場合の引渡し方法，銃器買い上げの場合の種類毎代価の提示（約2千挺，属具・胴乱や弾薬を含む），各大区から県庁までの銃器運搬諸費用下付や献納銃器の取扱い等を伺い出た。これについて，軍団砲廠部は5月12日付で征討総督本営宛に，県庁内に保管場所がなければ屯在兵に引き渡し，買い上げ銃器代価の別記規定と銃器運搬諸費用の相当分支払い見込みを上申し，福岡県令に伝えてほしいとを述べた[89]。征討総督本営側の銃器類接収の処分方針に対して，岩永はさらに黒田家所有の野戦砲3門献納等に対する取扱いと他8種類銃器等の代価提示を伺い出た。同県庁の再度の伺いに対して，征討総督本営は5月17日付でこれらの他種類銃器の代価を決定し（改造銃等を含む），献納銃器は県庁で預かり挺数調査を申し出ること，大砲3門の献納は了承されたのでとりあえず県庁で預かることを指令した。なお，同県下では約6千挺の銃器が集約され（献納分を含む），大阪の砲兵支廠に送付されたとみてよい（一部は小倉営所で預かる）。

第二に，薩摩軍敗北の明確化の中で福岡県下の住民から銃器買い上げ願いが出てきた。すなわち，同県は8月30日付で征討軍団参謀部宛に，銃器買い上げ願い者に対しては同代金を県庁で繰替え払いしたとして，同代金を請求した。これについて，征討軍団参謀部は9月20日付で戦争平定後に現品調査して指令すると回答した[90]。その後，翌年に至り，福岡県は5月22日付で旧征討軍団事務所宛に，借り上げ銃器中で買い上げを願い出者には同代金を再度県庁で繰替え払いしたとして，同代金下付を上申した。旧征討軍団事務所は同県の買い上げ代金下付上申に対する支出を指令した[91]。これによって，同県の接収銃器類買い上げ処置はほぼ解決した。しかし，借り上げ銃器返還の事案と処置は長引き，同県は6月24日付で旧征討軍団事務所宛に借り上げ銃器返還を請求したが，同事務所は太政官宛伺い中として明確に回答しなかった[92]。同事務所は，そもそも4月14日の征討総督本営の銃器借り上げ指令は戦時の局地的な指令であるが故に，平定化時点では銃器借り上げへの政府としての政策判断と指令が必要であると認識したからであろう。つまり，人民所有銃砲類に対する政府としての管理政策が明確化されず，返還等措置は引き延ばされた。

④長崎県の銃器接収と買い上げ処分

長崎県は4月18日に各区の区長戸長宛に，征討総督本営は「予備小銃」の入用のために借り上げを指令したので（「非常ノ際全ク人民保護ノ為メ尚十分之ヲ予備ニ要セラレ候」），往復日数を除く3日間内に正副戸長1名付添により県庁に差し出すべきことの号外を布達した93)。同借り上げは法的な手続き上では非常時の一種の徴発に相当した。しかし，その時点では無償でもあり，事実上は接収であった。その後，同県は翌19日に管下警察所宛に，区長戸長宛号外布達により銃器運搬時に故障のないように各出張巡査屯所への予告を指令した。長崎には4月28日から征討軍団砲兵部の兵器弾薬出納取扱所を設置した。

第一に，長崎県は佐賀支庁を含む県下全域の銃器等を接収した。接収銃器の護送には巡査同行等による接収処分を強行したが，抵抗者が出た。すなわち，同県第八大区の島原村の士族10数名は副区長を経て長崎県令宛に「銃砲御借上ノ儀ニ付願」を4月末に提出した94)。同願書は，島原地域は僅かに海水を隔てるのみで戦地に隣接しているが故に「脱賊乱入人民多少ノ妨害ヲ蒙ルナキ亦了知スヘカラス」として，警察官吏の防禦力があったとしても「一二ノ銃砲ヲ有セス何ヲ以テ敵軍ニ当ルヲ得ンヤ」と述べ，人民所持銃砲の借り上げを暫くの間猶予してほしいと申し立てた。これに対して，長崎県は却下したが，同士族達は5月1日付で再度の願書を提出し，銃砲類の暫くの間の第八大区の区務所への「留置」を願い出た。そのため，同県は5月3日に島原一部士族の申し立てに対する征討軍団本営の決裁を仰ぐ伺い書を起案した。その際，島原一部士族に対する長崎県側の認識は，元来同地は「教化未タ洽［あまねし］カラス」の地域であり，（他方では銃器の献納出願者も出ていることもあるが）「士族中旧習ニ固着」している中で同申し立てが採用されれば，「頑愚ノ風俗ヲ養成シ開進ノ目途ヲ失ヒ且ハ他ノ士族一般ヘ差響キノ后来当県施政上之妨碍ヲ生候」と起案し，断然たる処分指令を仰ぐ構えであった。同県伺い書は同3日に発され，島原一部士族の申立ては却下された。そして，島原においても5月8日と同20日に副戸長付添いのもとに県庁に運送された（5月11日と同23日に長崎着，後に接収漏れの銃器も運送された）95)。島原一部士族に対する銃器強制接収を含めて，同県の借り上げ銃器は3,077挺に達した（ただし，久留米所在の征討総督砲兵部に直輸送された佐賀支庁の集約分を除く）。これらの銃器類（附属品を含む）は長崎港出張砲廠部に引き渡された[96]。そして，佐賀支庁の集約分を含めて大阪砲兵支廠に送付された。

第二に，長崎県は11月5日付で旧征討軍団事務所宛に，借り上げ銃器の中で買い上げを願う者がいるとして，福岡県と同価格の買い上げ代価を伺い出たが，13日付で同価格の買い上げ回答があった[97]。長崎県は同回答にもとづき，翌1878年2月に同県官員朝長東九郎を大阪砲兵支廠に出張させて合計1,569挺を調査し代価明細も確定させ（買い上げ分は1,524挺），旧征討軍団砲兵部の買い上げ価格に照準させ，5月24日付で代金合計2,080円余の下付を旧征討軍団事務所宛に伺い出た[98]。同県調査で困難だったのは佐賀支庁の集約分であったが，朝長東九郎は6月5日付で合計962挺他の調製明細書を大阪砲兵支廠に提出した。朝長の調製明細書によれば，①買い上げ分698挺（エンヒールド銃302挺，ゲヴェール銃275挺他），福岡県「暴挙」士族関係の没収分32挺，銃砲密売反則による没収分26挺，献納分13挺，②借り上げ分193挺，とされた。ただし，旧征討軍団砲兵部は借り上げ分の措置は追って指令するとした[99]。福岡県伺いへの回答と同様に長崎県への返還等措置は引き延ばされた。

征討総督本営による福岡・長崎両県下の借り上げ名目の銃器接収は反政府勢力への呼応・同調者の武装化の未然防止を意図したことはいうまでもない。

⑤陸軍省による高知県下銃砲弾薬類売買免許商人からの銃砲類買い上げ断行

陸軍省は高知県下の立志社一部勢力の挙兵計画や銃砲類購入の未然防止のために，高知県権令の指揮のもとに，銃砲弾薬類売買免許商人から直接に銃砲類をまとめ買いした。

大阪所在の陸軍参謀部は4月当初に高知県下の旧近衛兵召集を検討していた。しかし，北村頼重陸軍中佐（高知藩出身で1873年10月の板垣退助参議辞職・下野とともに陸軍少佐を辞職したが，後に復職）の見解・情報等にもとづき，かつ，薩摩軍の熊本城攻囲も解け，同県下旧近衛兵召集を見送った。その後，政府・陸軍省は，4月末に立志社一部勢力の「護郷兵設置之趣意」の県庁届出があり，かつ，5月中旬の薩摩軍桐野利秋と立志社一部勢力との連携密約，片岡健吉らの国会開設の「建白書」の起草・提出運動と同県下動静を警戒し，5

月下旬に北村陸軍中佐と石本権七陸軍少尉を同県に派遣した。北村陸軍中佐は着県と同時に谷重喜（当時，立志社社長代理）や板垣退助と面会したが，特に板垣との面会では民権論をめぐり相当の激論に及んだとされた[100]。この結果，民権結社勢力の運動企図を抑制し削ぎ落とすために立志社員の免許商人から銃砲類のまとめ買いを断行した。

すなわち，高知県権令小池国武（後に渡辺国武）と北村陸軍中佐との協議により，6月5日に銃砲弾薬類売買免許商人中岡正十郎（立志社会計担当）に対して，「軍用ノ為メ」として小銃1,106挺，雷管20万発，他火薬類と刀剣の買い上げを断行した[101]。北村陸軍中佐は買い上げ断行において，中岡に対して，①船舶運送中の損害発生はすべて陸軍省が弁償する，②買い上げ代金は大阪の同省出張所において価格規定して下付し，内金（仮払い）として5,000円を渡す，等を指令した。また，小池権令は6月4日に中岡に対して，①同月中に三菱会社所有平安丸に買い上げ銃砲火薬類をすべて引き渡し，同買い上げ員数を県庁までに届け出ること，②中岡本人又は本人代理人1人は同船に乗り込み神戸出張陸軍省までに申し出ること，③船舶運送費用等は陸軍省より下付されるので北村陸軍中佐に伺い出ること，を指令した。買い上げ代価合計は，7,500円余に達した[102]。陸軍省の高知県下からの銃砲類まとめ買いは買い上げ処分であるが，立志社勢力の弱体化を明確に意図し，事実上は権力的な処分断行であった。

⑥熊本県下戦場地域の遺棄銃器類拾得等対策

熊本県下は特に薩摩軍と政府軍との激戦展開地域であった。しかし，同戦場地域では必ずしも戦場清掃が実施されず，ただちに原状回復されなかった。そのため，両軍の銃砲・弾薬・兵器属具類が遺棄され，あるいは散在していた。戦場地域内の遺棄・散在の銃砲類は通常の遺失物として扱えず，陸軍省の主管業務として扱われなければならなかった。また，熊本県下住民は遺棄銃器類等を拾得して征討軍団に届け出ていたが（買い上げられる），大砲破裂弾等の拾得物を「手慰物」にして破裂させ，数名の死傷者発生もあった。そのため，熊本県権令は1877年4月23日付で，大小銃弾丸拾得の場合は破裂させることなく軍団砲廠部への早々の持参・送付を布達した[103]。また，熊本県権令は同年5月22日付で，同県第五大区轟村他戦場地域では「多人数群集銃丸又ハ埋没ノ兵器等ヲ掘取候為埋没ノ死屍ヲ掘出シ或ハ畑地等ヲ踏荒候モノ有之趣」があるが，

「以之外之事」として「心得違無之様」に厳重な取締りを布達した[104]。

他方，征討総督本営は対薩摩軍戦闘に際して住民の「協力・連携」を求めた。たとえば，同年5月11日の各旅団宛指令の「賊徒探偵捕縛等」に関して届出た者への手当金下付の規定がある（全7条）。そこでは，「賊」の隠蔽兵器の押収・持参者への1人につき1円25銭以上の下付を規定した[105]。また，5月25日の熊本県宛指令の遺棄銃器類拾得物の軍団砲廠部への持参奨励がある。拾得銃器類は陸軍に要用とされ，スナイドル銃1挺20銭，胴乱1組8銭，大砲弾薬箱1個10銭，等の代価により買い上げるとして，県内に布達した。征討総督本営と熊本県の遺棄銃器類拾得等対策は，遺棄銃器類の軍隊外再使（利）用化防止も含め，同銃器類が現地住民間に所持・秘匿されない条件を組立てた。つまり，遺棄銃器類が武装化基盤になりうることを防止し，銃砲類所持の管理統制の徹底化を図ったとみてよい。

⑦内務省主導による新潟県の銃器買い上げ処分と山口県の銃器接収処分

西南戦争では内務省主導により新潟県が銃器買い上げを実施し，山口県も陸軍省と連携して人民私有軍用銃の接収を実施した。

第一に，新潟県下では内務省主導の銃器買い上げ処分が進められた。当初，新潟県令は3月4日付で歩兵第三連隊第2大隊の新発田営所宛に，山形県鶴岡士族の動静を危惧し，県官の村上地方出張と県境警備手配を通報し，兵力派遣を要請した。また，翌5日と6日付で西郷従道陸軍卿代理宛に同要請を上申し，村上地方に1個中隊の分遣を照会していると申達した[106]。この結果，陸軍省は警備のために新発田営所から村上地方に1個中隊を，新潟地方に1個小隊を各々分遣させた。その後，鶴岡士族の動静は平穏化し，3月25日までに両地方出張の分遣兵は帰営した。

しかるに，その後，6月に，内務省は新潟県に内達して士民所持の大小銃砲等を買い上げた上で銃器現物を陸軍省（陸軍砲兵本廠）に送付する措置に出た[107]。同買い上げ代金と運送諸費用は同省警視庁の征討費から支出した。つまり，当初からすべて予算措置され，徴発の装いがあるが、開港市中警戒のための内務省の積極的な買い上げであった。同買い上げは主に新発田町在住士族所持の銃砲弾薬類（7連発銃90挺・単価15円，ミニエー銃888挺・単価3円他，計1,093挺，ミニエー弾薬222,370発他属具，合計金額6,267円余）と村松町在住個人私有銃砲50挺・単価3円他，計330円，であった[108]。

銃器買い上げに際しては，陸軍省から下元実俊陸軍少尉が出張した。また，銃器類集約には士族献納の銃砲類も同時に運搬した。ただし，新潟県庁に銃器類（撤兵銃600挺，ミニエー銃100挺，弾薬・雷管共278箱（弾薬1箱は350発，雷管1箱は460発），他附属品を含む）を残置した。残置兵器は，「同県為警備」と位置づけられた[109]。新潟から東京までの運輸経費（800円）は同県が繰替え払いした。東京への運搬経路は，7月7日に新潟を出発し，長岡・六日町を経由して，7月16日に倉賀野に入り，同地から川船で下り，7月18日に東京に入ることにした[110]。ところが，新発田士族の一部は遅延して銃器類を差出した。これらの差出し遅延の銃器類の買い上げは認められず，その処分は容易に決着しなかった。

第二に，山口県庁は，西南戦争時に同県内が頗る「不穏之景況」を示したので，「事ヲ未発ニ予防制止スル」ために県下人民所有の各種軍用銃をすべて「引揚ケ」，県庁に預かり置くことにした[111]。同県では，5月末に町田梅之進らの萩地方での挙兵計画が発覚し，また，警察署への襲撃等が生じていた。同景況に対して，同県出張の井街清顕陸軍少佐は6月2日に西郷従道陸軍卿代理宛に，「萩ノ賊」の勢力は測り知れるが「当県ニ軍用銃総計一万五千挺アル由此機ニ乗シ預ル方然ルベシト県令ト協議シタリ」と述べ，支障なければ県令宛に指令してほしいと上申した[112]。つまり，同県は陸軍省了解のもとに県下人民所有軍用銃の接収に至ったとみてよい。しかし，西南戦争終結後も，これらの県内形勢のもとでは接収銃器保管場所の懸念が生じ，10月2日に内務省に照会した結果，陸軍省への預け置きが指令され，さらに陸軍省宛に同内務省指令を照会した結果，10月8日に砲兵支廠への引き渡しが指令された[113]。この結果，山口県は翌1878年4月に軍用銃総計6,700余挺を大阪砲兵支廠へ輸送したとされる。ただし，同県は3月4日付で内務省宛に，ピストル銃は「盗難其他各自護身上必要ノ為ニテ別ニ国安ヲ害候程ノモノニモ無之」と判断し，所有主に返還する見込みであると伺い出た[114]。同省は了承し，陸軍省と返還を協議したが，接収銃器の返還等に関する基本政策が成立しない中では，ピストル銃のみの返還は合意に至らなかった。

(3) 太政官の接収銃器の返還と買い上げ政策――軍事奨励志向の第二次消失化開始

西南戦争後に，銃器類の接収・借り上げ等に対する返還要求等も当然に出てくるのは明確であり，統一的な基本政策が策定されなければならなかった。その場合，一般人民の私有・所持銃器類（軍用銃）の管理に対する政府の統一的な認識と判断が加えられる契機が現れた。それが山県有朋陸軍卿の1878年2月20日の建議である。

①山県有朋陸軍卿の銃器買い求め建議と福岡・長崎県下接収銃器の買い上げ処分決定

山県陸軍卿は従前から銃砲弾薬献納者への賞誉を推奨していたが，1878年2月20日付で太政大臣宛に「人民所有ノ軍用銃ヲ購上［あがないあげ］スルノ議」を立てた。

「封建ノ制タル士ニ常識アリテ総テ武士ト称ス随テ人々相当ノ武技ヲ学ヒ又相当ノ武器ヲ蓄フルハ旧藩々皆然リトス其軍用銃ノ如キ旧幕ノ季世ニ至テハ武士ノ称アル者大抵家ニ一挺ヲ蔵セサルハナシ又兼テ其藩庁ヨリ給与シタル者ハ廃藩ノ砌多クハ下賜ノ姿ヲナセリ是方今軍用銃ノ尚多ク常人間ニ散布スル所以ナリ夫封建ノ世ハ勢固ヨリ然ラサルヲ得スト雖トモ封建已ニ廃シ士ハ其常職ヲ解キ鎮台ヲ六管ニ置キ以テ藩屏トナシ巡査ヲ全国ニ設ケ而シテ暴民ヲ防ク亦何ソ常人ノ軍用銃ヲシテ昔日ノ権ヲ有セシムルヲ用インヤ然ラハ則常人軍用銃ヲ私有スルハ実ニ無用ノ長物タリ況ヤ一朝地方紛糾ノ事アルニ際セハ無用ノ長物反テ言フ可ラサルノ患害ヲ生スル者アルヲヤ願クハ此際断然ノ命ヲ発シ全国常人ノ私有スル軍用銃ハ其何種ヲ問ハス相当ノ価値ヲ以テ一切政府ニ購上セラレンコトヲ果シテ然ラハ封建ノ余弊ヲ掃除シ郡県ノ政治ヲ完全スルノ一端タルヲ得ベシ詮議シテ以テ允裁ヲ仰ク」115)

山県建議は政府による一般人民私有の軍用銃の積極的な買い求め推進を強調し，当時においては一面では開明的政策であるが，西南戦争での銃器接収の後処理を含めて上申した面が強い。山県は7月24日付の再上申において，士民借り上げ軍用銃の返却手続きに関して再び「購上」（買い求め）を述べ，大阪砲兵支廠は借り上げ軍用銃を保管しているが，地方官を通した所有者の返却出願に対して，返却手続きが容易でないことも理由にあげ，買い求め指令を発したほうがよいと上申した[116]。既に福岡県では銃器返還希望者で買い上げを願う者には各種銃器類代価を決めて買い上げ措置をとり，長崎県に対しても同買い上げ指針を通知したが，注120) のように，実際には両県下への銃器返還完遂は容易でなかったとみてよい[117]。

しかし，太政官は山県建議に対しては判断や認識を加えず，指令しなかった。その理由はどこにあるだろうか。

第一の理由は，太政官における徴発の基本政策の未確定にあろう。日本では，徴発の基本政策が確定されていない時点では，従前通りに人民私有の軍用銃等は非常時の借り上げ・買い上げ等の対象になりうる法的状態として続いていた。その場合，たとえば，人民私有の軍用銃等が徴発物件対象として基本政策化される場合には，現状の法的状態がさらに法制的に有効化されると同時に，逆に人民の軍用銃等の所有・所持は1872年銃砲取締規則を超えてさらに明確かつ積極的な許容や奨励になりうる可能性もあった。それは戦時・有事下の人民側の軍事負担という重苦しい究極的な徴発賦課遂行受忍の中で果たされうる僅かな（いわば陰画的な）軍事奨励的要素の数少ない可能性であった。なお，当時，重苦しい徴発賦課でなく，逆に西南戦争においては，山口県貫属士族からの銃砲計170挺余の献納があった（すべて届出の番号登録済み）[118]。銃砲類献納は山口県下のみでなく，兵庫県下や長崎県下等からもあった。近代フランスでは徴発物件に武器類も含まれることもあった。フランスでは住民の武器所有・所持権を前提にして徴発制度を組立ててきた。しかるに，山県建議は，非常時の場合，人民私有の軍用銃等は徴発（有事の究極的時点での軍隊予備用として使用するなど）の対策になりうるかという問題への明確な方針を示さず，逆にその可能性を閉ざした。したがって，徴発の基本政策の未確定時点では，太政官は人民私有の軍用銃等に対する全国一斉買い求めの建議に対して特に判断・認識を加えることを不能としたのであろう。この結果，1878年の時点では山県建議はボツになったとみてよい。また，同建議主旨は本質的には徴発の基本政策において，人民私有の軍用銃等を徴発物件対象に含めないことの策定・確認を待たなければならなかったが，太政官はその条件・環境には至っていないと認識したのであろう。

第二の理由として，山県陸軍卿は買い求めの費用概算を示さなかったが，全国的買い求めになれば価格等を含めて相当の議論沸騰が予想されたことがある。つまり，各種軍用銃に即して種類・品等・精粗等を調査し，銃装備制式への合致・適合と非合致・非適合との選別は容易ではなく，山県建議は消えたとみてよい。

次に，西郷従道陸軍卿は1879年8月26日付で太政大臣宛にさらに「人民所有ノ銃器買上之儀伺」を上申した。それによれば，福岡・長崎両県人民所有軍用銃合計は6,781挺とされ，福岡県下人心が静謐に帰した後は献納や買い上げの出願者に対しては規則に沿って処置した結果，現在は3,396挺が残っているとした（代価概算で8,580円内外）。しかるに人民の返還申し出と県令の催促があり，これ以上引留めることはできないが，返還には手入れ・運送等の諸費が必要とされた（買い上げ代価概算とほぼ同費用）。また，両県人民所有の軍用銃のみの買い上げは公平ではないが（さりとて全国人民所有の軍用銃全部の買い上げは公平であるが容易ではないので），やむをえず，当面，両県人民の借り上げ分のみを買い上げたいと伺い出た。大蔵省は西郷上申を了承し（予備金支出），閣議決定を経て10月10日に指令した[119)]。ただし，両県下ともに返還を願う者もあり，太政官は陸軍省上申にもとづき，返還出願者に対しては翌1880年10月22日に買い上げ費用を運送費等に繰替え支出して返還することにした[120)]。その際，両県人民所有軍用銃買上げ費用（返還のための修理・運送費と現品調査のための県官出張旅費等を含む）は，計10,375円余になり（兵器費は9,658円余，運搬費は288円余，県官出張旅費は428円余），陸軍省は1881年11月24日付で太政官に同入費の別途下付を伺い出た結果，1882年1月23日に伺い通りの指令が発された[121)]。

かくして，福岡・長崎両県下の人民私有銃器の買い上げ処分が実施されたが，西南戦争を契機にして，戦時の究極的時点や場面に向き合う人民側の銃砲類の所有・所持を中心にした僅かな軍事奨励的要素はしだいに消失化しつつあった。軍事奨励志向の第二次消失化が開始された。

②山口県と新潟県の銃器買い上げ要請

他方，山口県は接収された軍用銃の積極的な買い上げを要請し，また，新潟県は差出し遅延の銃器類の買い上げをさらに要請した。

第一に，西南戦争の約1年後に，山口県令関口隆吉は1878年11月20日付で接収された同県下人民私有の軍用銃の買い上げを内務省に伺い出た。それによれば，各地方が静穏に帰したために同銃器所有者で買い上げ又は下戻しを願う者も少なくないが，同県は過去に「再度ノ暴挙モ有之候風俗」もあり，この機会に将来の利害と既往の形状を考慮し，特別措置として接収銃器を買い上げてほしいと伺い出たとされている[122]。山口県伺いは政府による人民私有銃器の積極的な買い上げの要請であった。これについて，伊藤博文内務卿は翌1879年7月1日付で同県宛に，火縄銃を除く軍用銃の種類・員数・代価等を調査してさらに伺い出ることを指令した。この結果，同県は12月24日付で内務卿宛に，エンヒールド銃系の銃合計2,386挺（評価額合計4,772円，内エンヒールド銃1,697挺），スナイドル銃合計16挺（評価額合計64円）を含む総計5,658挺を上申し（各種ピストル銃141挺を含む，評価額合計8,338円），さらに，内務省・大蔵省に同調査費（大阪砲兵支廠までの出張旅費等）として286円余の臨時費下付を伺い出た。そして，松方正義内務卿は翌1880年3月11日付で太政官に同県下の銃器買い上げ費用の下付を伺い出て（銃器評価額合計8,338円と調査費286円余），3月27日に同費用下付が決定された。

第二に，新潟県の場合は，当時，県令等が「百方懇諭ヲ尽シ」て銃器買い上げを実施したが，新発田在住一部士族は同買い上げ時期に遅延して差出したとされている[123]。そのため，同県は内務省宛に新発田在住一部士族の差出し遅延の銃器買い上げを伺い出たが，同省は1878年8月15日付で「平定後不要ニ属シ候条最前ノ振合ニ属シ買上候儀ハ難聞届」旨を指令した。しかし，新潟県は同年10月28日付で，銃器差出しの「遅速」を基準にして買い上げされないならば，今後の県政執行（県民への示諭等）への影響もあるので，情状諒察の上，昨年の買い上げ価格に準じて買上げてほしいと改めて伺い出た。同県の銃器買い上げ出願はもちろん積極的な要請であった。また，新発田在住一部士族からは買い上げされなかった場合の銃器「返還」要求は出ていなかった。この結果，内務省は同県伺いを12月18日付で太政官に上申し，特に買い上げ代金1,278円余と運送諸費用概算221円余の征討費からの支出と下付を伺い出た（同費決済ならば臨時費から別途支出）。しかし，翌1879年1月17日に太政官は新発田在住士族所有の銃砲は既に「不用品」でありいまさら情実により買い上げることはできないという大蔵省意見や調査局審査にもとづき，同伺いを却下した。

これに対して，新潟県は同年3月に内務省宛の伺い書を再度提出し，新発田在住一部士族の差出し遅延は彼らが旅行中であって，県庁側の調査不足により同省への処分伺い手続きが遷延したことによると述べ，1877年中の銃器買い上げと同一物として扱ってほしいと願い出た。その結果，内務省も4月22日付で同県の願い出を再び太政官に上申し，太政官は大蔵省意見や調査局審査の同意を得て，内務省臨時費として同年度予備金からの1,500円支出を6月10日付で同省に指令した。同県下の銃器買い上げに対しては県令等が懇諭を尽したとされるが，人民側の不信・躊躇・当惑等があったことは窺われる。しかし，西南戦争後はその種の不信・躊躇・当惑が消え，銃砲類の所有・所持よりも銃砲買い上げを願う雰囲気が現れたとみてよい。

地方反乱を抱えた1870年代の常備軍結集期における第二次武装解除は一般人民を対象にして，佐賀事件期の懲罰的銃砲類接収から西南戦争期の武装化防止的銃器類接収に進んだ。ただし，西南戦争後に軍用銃等銃器類買い上げを積極的に願い出た山口県や新潟県の動向をみれば，銃砲類所有者側がその所有・所持又は用途の有用・有益性を問い直し，換金化に傾斜したと考えられる。総じて，常備軍結集期の武装解除過程は，特に西南戦争前後の人民私有銃器類の買い上げ過程からみれば，人民側の固有の兵器類携帯権のいわば喪失又は暗黙的返上過程を潜在化させつつ強行された。つまり，西南戦争期の武装化防止的銃器類接収は事実上はほぼ全国的武装解除に等しい。かくして，近代日本では憲法制定期を含めて兵器携帯権が本格的に公然と議論されることは少なく，戦争・戦時における人民・住民側の防禦体制構築も政府・軍隊まかせ的状態が醸成されたとみてよい。

注

1）　大山梓編『山県有朋意見書』収録の陸軍省編『陸軍省沿革史』29頁。太政官は1884年9月の『太政類典』編纂の際に江戸鎮台について「[元年5月20日] 江戸鎮台ヲ置ク元年七月二十日廃ス　○鎮台，同輔，鎮台判事，同加勢等ノ官名アリ是日征東大総督熾仁親王ヲ以テ鎮台ト為ス六月二十八日駿河以東十三州ヲ鎮台ニ管轄ス是ヨリ先大阪[ママ]鎮台大和鎮台兵庫鎮台 [三職分課体制下の内国事務総督と三職八局体制下の内国事務局の管轄] アリ後並ヒニ裁判所ト為シ地方ノ事務ヲ処理ス江戸鎮台ノ建ツヤ亦主トシテ市政民政ヲ処弁スル所トス故ニ其名相類スト雖トモ組織権限倶ニ今ノ鎮台ト同キモノニ非ス然レトモ陸軍省製スル所ノ諸官廨沿革系譜之ヲ鎮台起源トス蓋シ鎮台ノ名称アル実ニ此ニ始ルヲ以テナリ［下略］」（『太政類典草稿』第1編第117巻，兵制武官職制，鎮台及諸庁，第55件）と註釈したが，陸軍省編『陸軍省沿革史』とほぼ同一の見解である。また，『法規分類大全』の編纂者は大坂鎮台・大和鎮台・兵庫鎮台の性格も同『陸軍省沿革史』の江戸鎮台と同様に解説している（『法規分類大全』第47巻，兵制門（3），252頁）。鎮台の言及は，高橋茂夫「鎮台」『日本歴史』第205号，1965年，同「明治四年鎮台の創設（上）（下）」軍事史学会編『軍事史学』第13巻第4号，第14巻第1号，1978年，松下芳男「明治初期の対内的軍制」軍事史学会編『軍事史学』第7巻第3号，1971年，等にほぼ限られている。特に高橋茂夫は有栖川熾仁親王等の江戸鎮台職任命の辞令文により鎮台官職説を述べ，松下芳男の鎮台官衙説に異論を提出したが，官職は官衙・機関と矛盾・相反せず，本書は鎮台＝官衙・機関とするのが適切という立場である。

［**補注1**］「鎮台」の用語は前近代中国の文献に見え「総兵」を意味した。日本では江戸幕府末期の外国交際の文書往復上の表記上で神奈川奉行を「神奈川鎮台」（外国人居留者への地券交付，警衛，遊猟の業務管理）と別称し，駐日外国外交官等の翻訳者は，同外交官発神奈川奉行宛書簡の宛名を「神奈川鎮台」「横浜鎮台」等と記述したこともあった（〈外務省記録〉第3門第14類第2項中『横浜独逸国領事館家税並同国人民地租納付延滞一件』の1866年5月7日付の「在日本孛漏生コンシュルフヲンフラント氏与神奈川県［ママ］鎮台早川能登守与左之通約定セリ」の締約書他参照，横浜市編集・発行『横浜市史　資料編4』322-328頁，1967年，同『横浜市史　資料編6』371-386頁，1969年）。また，外交関係文書等では外国の地方行政機関を「鎮台」と記述することもあった。

［**補注2**］新政府接収の横浜地の長官・官衙（奉行）は当初は「横浜鎮台」として置かれる予定であった。新政府政務総裁有栖川宮熾仁親王（征東大総督）は3月7日付で英国公使宛に「米倉丹後守　右此度横浜鎮台相備候迄同処裁判警衛取計申付候自余之官吏是迄之通差置候此旨貴国ヨリ各国公使へ宜伝告致依頼候　日本政務総裁兼海陸軍大総督［以下略］」と述べ，米倉丹後守（六浦藩主米倉昌言）への横浜地の警衛・裁判の管理業務任命を報知した（〈外務省記録〉第1門第1類第1項中『大政奉還ニ関スル外交関係一件』）。その後，横浜には3月19日に横浜裁判所が置かれ，同閏4月22日に神奈川裁判所になった（6月に神奈川府になる）。横浜の長官・行政官衙のように，奉行→鎮台→裁判所の転称事例に近いものに同年閏4月24日に置かれた佐渡裁判所がある（新潟県佐渡郡編『佐渡国史』213-214頁，1922年）。

2）　太政官成立期の中央軍事官職は下記の通りである（〈1971年度総理府移管 官員録・職員録（外編）〉中『官職通鑑』第1巻～第5巻，〈1971年度総理府移管 官員録・

職員録〉中『明治元年十一月改 官員録』，同『明治二年三月改 官員録』，『公文録』1872年8月～11月，海軍省第5件，等から作成)。*は10月解任，**は11月解任，#は1869年，&は1870年。下線者は三等陸軍将との対応。

《1》1867年（慶応3）12月9日　三職（総裁・議定・参与）　総裁　二品熾仁親王（嘉永2年3月15日大宰帥任　有栖川宮）

《2》1868年（慶応4）1月1日　軍事総裁　●二品嘉彰親王（1.1議定）軍事総裁1.3兼任・征討大将軍1.4（1.9外国事務総裁，1.28凱旋），参謀　伊達宗城（前宇和島城主，12.28議定）1.3兼任1.8依願免，東久世通禧（前少将，12.27参与）1.4兼任1.22免，烏丸光徳（旧侍従，12.20参与）1.4兼任2.20転任，大山綱良1.6任1.20解任，副参謀　山田顕義・交野十郎1.6任1.20解任　●山陰道鎮撫総督　西園寺公望（旧中将，12.20参与）1.4任　●東海道鎮撫総督　橋本実梁（旧少将，12.9参与）1.5任，副総督1，参謀2　●東山道鎮撫総督　岩倉具定（旧太夫，2.7参与）1.9任，副総督1，参謀1　●北陸道鎮撫総督　高倉永祐（旧三位，2.7参与）1.9任，副総督1　●中国四国追討総督　四条隆謌（前侍従，1.3参与）1.13任，副総督1

《3》1月17日　三職分課職制　軍防事務科　●嘉彰親王・岩倉具視（入道前中将，12.9参与，12.27議定，1.9副総裁）・島津忠義（薩摩国主，12.9議定）1.17海陸軍務総督兼任，軍防事務科掛　西郷隆盛（12.12参与），廣澤真臣（1.3参与）1.17兼任　◎大和鎮台総督（1.21置，2.1廃台）　久我通久（権大納言，1.3参与）1.21兼任　◎大坂鎮台総督（1.22置，1.27置裁判所）　醍醐忠順（旧大納言，1.22参与）1.22兼任　◎兵庫鎮台総督（1.22置，2.1置裁判所）　東久世通禧［1.22任］　◎九州鎮撫総督（2.1置裁判所）　沢宣嘉（旧主水正，1.25参与）1.25兼任

《4》2月3日　三職八局職制　軍防事務局　●嘉彰親王2.20軍防事務局督兼任，軍防事務局督輔　鍋島斉正（前肥前国主，3.1議定），長岡護美（3.1参与）3.2兼任，権輔　烏丸光徳2.20兼任（3.25御親征中兼軍監），判事　津田信弘（1.14参与）他3名2.20兼任，大村永敏［益次郎］4.27兼任，御親兵掛　壬生基修（前修理大夫，2.20参与）他5名補　■東征大総督　熾仁親王2.8任，参謀　西四辻公業（旧太夫，1.13参与）2.8兼任（7.8免，7.8弁事任），正親町公董（旧侍従，1.20参与）2.9兼任8.2免，西郷隆盛2.14兼任5.6任**，廣澤真臣2.9兼任，林通顕（1.25参与）2.14兼任閏4.29免5.6再任，渡辺清閏4.4任*，穂波経度5.20任*，河田景与5.20任10.28転任，柳原前光5.22任**，鷺尾隆聚6.10任*，板垣正形6.11任6.21解任，万里小路通房8.9兼任*　◎江戸鎮台　輔　池田章政（備前国主，閏4.5議定）閏4.5兼任閏4.21罷

《5》閏4月21日　七官職制　軍務官（1869年7月8日廃）●知事　嘉彰親王閏4.21任，副知事　長岡護美閏4.21任（5.12議定心得），有馬頼咸9.15任，大村永敏10.23任，久我通久11.10任，判事　吉井友実閏4.21任，大木喬任閏4.28任7.12免，大村永敏5.7任10.23転任，十時維恵5.12任11月免，桜井慎平6.3任，海江田武治6.23任，中根貞和8.10任，▲海軍局　一等海軍将［欠］　二等海軍将［欠］　三等海軍将［欠］　▲陸軍局　一等陸軍将［欠］　二等陸軍将［欠］　三等陸軍将　四条隆謌閏4.24任，壬生基修5.10任#2.8転任，烏丸光徳（閏4.21任弁事，5.12依願免）5.12任，坊城俊章（旧侍従，閏4.21任弁事）6.2任，西園寺公望6.14任#3.15免，鷲尾隆聚#2.3任，正親町公董#2.19任，四辻公賀・五条為栄・久我通久任（月日不明）■東征大総督熾仁親王10.29免　■越後口会津征討総督　二品嘉彰親王6.24任**，大参謀　西園寺公望（6.14参謀）6.20任10.28転任，参謀　黒田清隆4月任，山県有朋5月任7.4免7.29再任，壬生基修6.14任**，楠田英世6.14任8.24免，前原一誠7.4任7.29転任　■奥羽鎮撫総督　九条道孝（旧左大臣，2.26任）11.18罷　［地方官　○江戸府（5.11置府・6.17廃）烏丸光徳5.14任知事6.17転任　◎江戸鎮台大総督（5.19置鎮台，7.17廃台）二品熾仁親王5.19江戸鎮台事務摂知6.5任　○鎮将（7.17廃）　三条実美（従三位中納言，12.27議定，1.9任副総裁，4.22叙従一位，）5.24兼任鎮将7.17転任　◎鎮将府（10.19廃）　三条実美7.17更兼鎮将　○東京府（7.17置府）］

《6》1869年6月8日　陸軍局と海軍局の廃止　陸軍将は軍務官出仕

《7》1869年7月8日　二官六省職員令（官位相当表制定，百官受領廃止，官位相当は1871年8月10日廃止）　陸海軍に大将・中将・少将の官位相当を置く

兵部省　卿（正三位）　嘉彰親王7.8任，熾仁親王（7.12太宰帥辞退）& 4.3任，大輔（従三位）　大村永敏7.8任・前原一誠12.2任 & 9.2罷，少輔（正四位）　久我通久11.3任 & 12.5依願免，山県有朋 & 8.28任　大丞（従四位）　山田顕義7.8任，河田景与8.14任 & 1.8転任，川村純義11.23任，勝安房11.23任 & 6.12依願免，黒田清隆11.23任 & 9.8転任，鷲尾隆聚 & 4.12兼任，船越衛 & 6.7任 & 6.17依願免　▲海軍局　船将　谷村小吉・中島四郎［2月任，四等官］　▲陸軍局　三等陸軍将　四条隆謌・坊城俊章・五条為栄・久我通久・正親町公董7.22転任，鷲尾隆聚8.15転任

陸軍　大将（従二位）　中将（従三位）　少将（従四位）　少将　久我通久・正親町公董・五条為栄・四条隆謌7.22任11.3転任，坊城俊章7.22任 & 9.24転任，鷲尾隆聚8.15任 & 2.17転任

海軍　大将（従二位）　中将（従三位）　少将（従四位）　［欠］

《8》1870年8月　山口藩常備兵中一大隊を兵部省管轄にする

《9》 1870年9月18日　太政官　陸海軍大佐以下官位相当表等布告　大佐（正五位），中佐（従五位），少佐（正六位），大尉（正七位），中尉（従七位），少尉（正八位），曹長（従八位），権曹長（正九位）

《10》 1870年12月22日太政官　各藩常備兵大隊編制と兵隊官員上等士官等改称布告　大隊長→少佐（少佐は藩庁の伺い出により奏聞を経て任命），中隊長→大尉，副官・小隊長→中尉，半隊長→少尉

《11》 1871年7月14日　廃藩置県，　8月20日　四鎮台配置

《12》 1871年7月［日付欠］　兵部省職員令の相当表［8月10日太政官官制等級改正，少将等級は1872年1月，武官上位の文武官兼任制］　兵部省　大元帥　卿（少将以上，一等・元帥）　熾仁親王6.25免，大輔（大佐以上，二等）　山県有朋7.14任，少輔（中佐以上，三等）　山県有朋6.25免6.29再任・7.14転任，川村純義7.15任，西郷従道12.4任，大丞（四等）　鷲尾隆聚8.4転任，山田顕義7.28兼任，川村純義7.15転任，井田譲4.30任，船越衛7.28任，西周8.15任　［陸軍大将　中将　少将］　少将（四等）　四条隆謌，正親町公董・五条為栄3.24免，山田顕義・西郷従道・鳥尾小弥太・桐野利秋7.28任，大山巌8.15任・10.13免，細川護久（旧肥後国主）8.23任，井田譲9.2任，三浦梧楼12.14任　［海軍　大将　中将　少将］　少将（四等）　細川護久8.15任8.23免，中牟田武臣11.3任

《13》 1872年2月28日　陸軍省と海軍省の分置　陸軍省　卿［欠］，大輔　山県有朋3.9兼任（3.9中将任・兼近衛都督），少輔　西郷従道3.9任　元帥　西郷隆盛（1871年6月25日参議）7.29任（7.19近衛都督兼任）1873年5月10日陸軍大将兼参議（陸軍元帥の廃止）　海軍省　卿　［欠］，大輔　勝安房5.10任，少輔　川村純義2.27任

［補注1］兵部省設置の前半までの中央軍事官職者はほぼ平安時代以降の官職名任官者と文官により構成された。もちろん，二品熾仁親王が1869年7月12日に（同8日の百官受領廃止布告に接しなかった事情のもとに）大宰府長官職の「太宰帥［だざいのそち］」を「有名無実」「其職掌無之自然俗称之如」「於令条不当之儀」云々として返上したように（宮内省編『熾仁親王行実』巻11・12，8-9丁，1898年），宮中官職名は有名無実であった。

［補注2］新政府の武官職制は本来的には海軍・陸軍の軍隊現場の司令・統轄を担い，武官任用は1868年2月以降の臨時的本格的な東征・征討に対応し，同閏4月の軍務官下の海軍局・陸軍局設置期の宮中官職者の「三等陸軍将」への任官を端緒とし，1869年の二官六省職員令中の陸軍の少将に彼らを改めて任用した。兵部省職員の卿・大輔・少輔以下は他省同様にすべて文官に属したが（文官専任の兵部省職制），二官六省職員令の官位相当表の陸海軍の大将・中将・少将の官位相当は兵部

省の枠外に規定され，武官固有の任官体制の認識が内包された。なお，1873年6月の陸軍省職制は従前の武官上位による文武官兼任制をふまえた上で文官は陸軍卿官房中の大輔・少輔・大丞・少丞の職員として存置し，1881年2月の陸軍職制表改訂は大輔・少輔のみを残し，1885年4月に大輔・少輔も廃止し，陸軍省本体の職制をほぼ武官職により組立てた。

［**補注3**］初期の海軍省の職制は，①1872年10月の海軍省職制（海軍省官等表）と海軍省条例（海軍条例）において，現業部門の四寮（兵学寮等）三司（造兵司等）他を含めて規定し，②1873年6月の海軍省官等表改正と同8月の海軍武官官等表改正において特に文官の「秘書科」と「秘書官」（五等）〜「秘書副」（十等）を新設したことが特質である。その際，①の海軍省の3月12日付の太政官宛の海軍省条例案を審査した左院は3月22日に「元来海陸軍中ハ戦闘軍略ヲ主トスル将校其権ヲ専ラニシ会計庶務ヲ主トスル将校ハ之ニ次候儀各国ノ通法ニ有之然ルニ書中所掲海軍一切ノ事務独リ大少輔丞ノ特権ニ期シテ遂ニ一事ノ大少将ニ及フモノ無之ハ畢竟将輔ノ権限相当ニ無之［中略］陸軍省中将ヨリ大輔ヲ兼少将ヨリ少輔ヲ兼候儀ニ候ヘハ将輔ノ位次及其事務ノ章程判然相立候条理貫通可仕奉存候」と述べ，1871年兵部省職員令の武官上位の文武官兼任制の継承がないことを批判した（『公文録』1872年8月-11月海軍省，第20件）。②の「秘書官」〜「秘書副」は海軍省の「本省」（秘史局，軍務局，会計局）の秘史局（事務課，記録課，文書課）と軍務局（軍事課，規定課，人別課）に置かれ，いわば横断的な秘書科専任体制がつくられ，陸軍省のような武官上位の文武官兼任体制の導入は遅れた。

3）　宮内省蔵版『三条実美公年譜』巻21，51-20丁，1901年。

4）　既に軍防事務局判事加勢の大村益次郎の1868年4月6日付の岩倉具視宛の書簡は，安房下総上総3箇国の譜代大名（佐倉・大多喜・久留里・佐貫）がすべて「空城同様」になったので「急速に坂西之大名江鎮台職を御命し被成房両総三ヶ国を預け」と述べ，西国大名への鎮台職委任を上申していた（『岩倉具視関係文書　第八』461頁）。その後，新政府七官職制下では従前の鎮台関係の文言を規定せず，官職・官制上の鎮台の規定はボツになった。江戸城開城後の江戸市中の警備・警察状況等は東京百年史編集委員会編『東京百年史』（第2巻，38-44，209-233頁，1979年）参照。なお，征討大総督は5月5日に「府内警衛之御規則大略」を制定し，尾・紀・薩・長州等計11藩の警衛担当隊長に通知した（『太政類典草稿』第1編第117巻，第70件下）。本規則は占領的統治をふまえ，大総督府下の諸道諸兵併合による江戸市中の警衛兵力を「前哨」（諸見付・橋に配備し巡邏斥候）・「援兵」（前哨分隊として前哨背後を巡邏斥候）・「本営」（大総督府本営陣前地・前哨分隊背後地を巡邏斥候）に区分し，敵兵襲来想定の防戦・進撃・出陣準備等を規定した。

5）宮内省蔵版『三条実美公年譜』巻22，1-2丁，『復古記』第3冊，282-283頁。大久保は七官職制下では議政官の参与に任命され，5月23日に江戸在勤を命ぜられ，6月5日に「今般当官ヲ以テ東下被　仰付候御旨趣最重任之儀ニ候得者一層奮発イタシ関八州及奥羽之残賊ニ至ル迄速ニ可奏鎮定之功様大総督宮三条等ヲ輔翼可有之旨　御沙汰候事」と指令され，6月21日に江戸に入ったが，政務担当者が同時に軍隊最高司令官の輔翼者に任命されたことに注目すべきである（『太政官日誌』第33，1868年夏6月）。

6）〈陸軍省大日記〉中『[軍務官雑] 明治元年五月六月諸往復留　波二十七』。皇軍の呼称は王政復古の新政府内に「海ゆかば」のフレーズとともに流布したとみてよい。まず，即位前の明治天皇が1868年3月21日の難波行幸前日実施の紫宸殿での出陣必勝祈願祭的な「軍神祭」で読み上げた祭文には「山行波草生屍海行者水附屍君乃御為国乃御為」云々が記述された。「軍神祭」の施行と祭文読み上げは，軍隊統帥者と祭祀主宰者との一体化をめざす天皇による統帥権の復古的集中化の象徴的宣言として位置づけられる。なお，軍隊の統帥（権）は，換言すれば，戦争・戦闘により士卒を死に至らしめることを随伴した権力作用や権限行使であり，「海ゆかば」の祭文フレーズは戦争・戦闘による死没の説明・祭祀の統轄者としての天皇を称揚せしめることを意味する。ここで，「軍神祭」の「軍神」は，後に「此時に明治天皇は天照大御神を第一に，大国主大神・武甕槌之男神[たけみかづちのおのかみ]・経津主大神[ふつぬしのおおかみ]の四柱を軍神として奉祭あらせられたのである。」（内務省神社局指導課編『明治天皇の御敬神』48頁，1940年，明治神宮祭奉祝会明治神宮社務所発行）と説明された。しかし，同フレーズは天皇の臣下から言立てされるものであり（丸山隆司『海ゆかば――万葉と近代――』103頁，2011年，491アヴァン札幌），天皇本人の引用は適切ではなかった。したがって，その後，天皇本人の詩歌等の著作物では同種のフレーズは引用されなかった。他方，明治天皇の同祭文と「軍神祭」の式次第を収録した『復古記』の編纂者は「案スルニ，本条ハ祭事奉行等ノ便覧ニ供セシモノ，今併録シテ参考ニ備フ」（『復古記』第3冊，19-21頁）と記述し，同フレーズは祭事等の臣下による皇軍称揚のテキストとして引用されるに至った。たとえば，征東大総督熾仁親王が同年6月2日に戊辰戦争期の諸道での戦死者招魂祭を江戸城中で実施した際の「祝詞」や，征東大総督府が同年10月13日に新発田城で実施した招魂祭の祭主（畠山上総介）の祭文に記述され，かつ，「皇御軍[すめらみくさ]」「皇軍」の用語も表記された（『復古記』第6冊，110頁，同第10冊，346-350頁）。

7）『法規分類大全』第45巻，兵制門（1），9頁。本布告は，『法規分類大全』編集者が「小見出し」で「府県兵ノ規則一定マテ区々ノ規則ヲ設クルヲ禁ス」（9，16頁）と記述したように，将来には「府県兵」の統一的規則化がありうるという前提のもとでの暫定的な禁止措置であった。新政府は既に同8月17日に長崎府宛に「其府諸砲台之儀更ニ規則相立要衝ノ場所へ府ヲ置キ厳重ニ守衛シ」「砲台之規則府兵ノ規律等ハ追テ於軍務官決議之上天下一般之御定則可被仰出候間其砌速ニ改正致候様可心得置候旨御沙汰候事」と，府兵の規律等の全国統一規定化方針を指令していた（『法規分類大全』第47巻，兵制門（3），658頁）。岩倉具視の8月25日付の議定宛の評議意見書は「一昨日［8月23日の1868年府県宛布告］も府県兵制之義ニ付被　仰出之趣も有之候通此兵制も速ニ被建度存候間御心付之儀共福岡［孝弟］大木［喬任］へ御相談御示教願候」と示し，「府県兵」制の速やかな制定方針を述べていた（『岩倉具視関係文書　第二』141-147頁）。ちなみに，府県（特に県）は新政府所在の東京からみれば「飛び地」的な地域に所在し兵備が脆弱であった。そのため，反政府勢力の攻撃標的等には耐えられない側面があり，新政府の出張機関的な（府）県が「府県兵」設置を求めるのは当然であった。その後，新政府は翌1869年4月8日に「府県兵」の新設禁止の再度確認の布告を発し，旧幕府継承の兵員数の調査・届出を指令したが，「府県兵」の統一的規則の制定化方針は崩されていない。たとえば，陸軍省編『陸軍省沿革史』（39頁）も「府県兵規則一定スルニ至ルマテ兵員ノ新設ヲ禁ス」と記述した。当時の県兵の編成は多様であった。神奈川県は1868年11月29日に「府兵」（編制等は不明）を廃止して県兵1大隊を編成した（神奈川県立図書館編集・発行『神奈川県史料』第5巻県治之部，531-543頁）。神奈川県兵は1871年8月に廃止され，その一部は警察機構としての「取締」（ポリス，後に邏卒）に改編された。松山藩は廃藩置県により松山県になったが，同県は1871年12月の兵部省の県兵解隊指令に対して，同年8月の浮穴郡久万山地方の騒擾発生を具状し，同県兵はそのまま差し置かれた（三宅千代二編著『愛媛県各藩沿革史略』中の「松山藩紀」，11頁，1975年，愛媛出版会）。

8）　1869年11月24日現在で，東京警衛の出張諸藩の兵員総数は約5,376人（「東京諸門諸見付守衛諸藩兵隊」）とされ，京都警衛の出張諸藩の兵員総数は4,960人（「西京諸門諸口守衛諸藩兵隊」）とされた（〈公文別録〉中『海軍公文類纂幷拾遺抄録　全』第2巻，1869年）。なお，1873年徴兵令以前の兵部省・陸軍省の布達文言中に「徴兵」「徴集」等の文言記載があるが，諸藩・県が新政府指令の配賦兵員を自己の責任により差し出すことを意味し，「徴兵」の用語は「賦兵」と同義であった。

9）『法規分類大全』第47巻，兵制門（3），570-571頁。

10）11）12）『法規分類大全』第27巻，警察門，24-40，40-42，44-49頁。大霞会編『内務省史』第1巻，72-76頁，1980年，原書房復刻，原本は1971年。なお，東京百年史編集委員会編『東京百年史』（第2巻，406頁）の「［兵部省は］諸藩兵を選抜して府兵制度を設けた」の記述は正しくない。東京府は「府兵掛」「府兵規則」等を設置・規定したが，1868年8月の太政官布告に抵触しない形で諸藩兵力による警衛体制をとった。

13）『公文録』1870年9月兵部省，第23件。

14）『法規分類大全』第27巻，警察門，262-263，266，271-274頁。太政官は県の銃砲弾薬買収も警戒して許可しなかった。登米県は1870年11月に戊辰戦争後の「当地民心未タ全穏ナラス」として銃砲弾薬の買収を太政官に申報したが許可されなかった（『太政類典』第1編第114巻，第33件）。翌1871年4月に登米県内の石巻に東山道鎮台の本営が設置されるが，県兵に代わる二鎮台設置方向が調査されていたことが窺われる。二鎮台設置は兵部少輔山県有朋が大久保利通と連携して調査・起草し，4月6日に太政官に提出し，大久保利通は太政官審査の同設置布告案について，4月21日付書簡で山県に「簡略之方可然歟」と伝え，設置場所等の柔軟性を考えていた（『大久保利通文書　四』246頁，『大久保利通文書　九』218頁）。その後，相川県権参事磯部最信（相川県参事代理）は1874年9月14日付で陸軍卿宛に「置県兵備不虞儀ニ付上申書」を提出した。しかし，陸軍省は「県兵」設置を認めず，非違に対する警察は邏卒の職務であるので内務省に邏卒配置を上申すべきことを回答した（〈陸軍省大日記〉『明治七年九月　諸県』）。

15）『陸軍省衆規渕鑑抜粋』第26・27巻，第54件。

16）『法規分類大全』第47巻，兵制門（3），253-254頁。この場合，派遣の費用は「総て各藩の自給に依らしむ」（『明治天皇紀　第二』451頁）と藩費負担とされた。

17）　新政府は諸藩県に兵備・兵器の調査報告提出を指令した。すなわち，①兵部省の1870年2月29日の版籍調書にかかわって，現石高・人口（士族・卒族，男女別）・現在常備兵員（歩兵・砲兵・騎兵・大砲・小銃）の調査報告提出，②兵部省の1870年4月23日付の東北地方諸県藩宛の戊申戦争期に預かり置いた大小砲の全兵器類の詳細調査報告提出（〈記録材料〉中『府藩県達書』所収の福島県他7県，磐城岩代三陸の諸藩，弘前藩，両羽の諸藩，久保田藩宛の指令），③民部省の1870年6月の現在常備兵員（歩兵・砲兵・騎馬・大砲・小銃）の調査報告提出，の指令である。これらの調査結果（特に①の一部概要は，『太政類典』第1編第108巻，第60件所収）は1870年届けの大聖寺藩と吉田藩他参照。兵部省の1871年7月18日布達に対して，高知県は同年9月に種崎浦台場・浦戸台場・須崎浦台場等の銃砲弾薬類や兵学校諸入費（1万石）等を調製し，銃砲弾薬類（小銃15,548挺，砲弾30,562発，追手新御蔵・輜重蔵・多門御蔵・大筒御蔵・角の御蔵・御能櫓・鉛蔵等に所蔵）の引渡し目録を提出した。さらに，同年10月に大阪鎮台は「兵器明細表」（城郭図面を含む）の提出を求め，11月に小銃（舶来二帯平剣6,077挺，イギリス中型舶来七連51挺）・大砲（山戦野戦台場戦，133門）・小銃弾薬（舶来・和製，343,400発）・大砲弾薬

(舶来・和製，6,225発）他附属品を調製・提出した（山内家史料刊行委員会編『山内家史料 幕末維新 第十四編』129-198頁，1989年)。他方，廃藩置県直後の1871年8月（日付欠）に大久保利通大蔵卿と井上馨大蔵大輔は連署で太政官宛に置県の標準の「綱領」10項目を上申し，「兵器ハ速ニ之ヲ取集ナケレハ後害多カラン」と述べ，さらに各県の「実況検案調査」の官員派出手続の兵部省への協議等にも注意し，旧藩の武装解除等を重視した（〈記録材料〉中『雑書 府県制置』)。

18）伊藤博文の「北地凱陣兵ノ処分」の論略は注1）の大山梓編『山県有朋意見書』収録の陸軍省編『陸軍省沿革史』34-35頁。1870年5～7月の兵部省の「海軍創立陸軍整備」の諸建議・省議等の文書は〈海軍省公文備考類〉中『海軍御創立ニ付諸取調幷建白』に収録され（〈記録材料〉中『省議建白七ケ国軍備表』等も一部を収録)，特に，①ロシアは幕末の日露仮条約で日露雑居地とされたサハリンの実効支配力を強化していたが，「魯国ハ駸々[しんしん]我北境ニ侵入シ」云々という東北アジア情勢のもとで「皇国ヲ擁護シ内地ハ尽ク外兵［1862～1875年の英仏軍の横浜駐留］ヲ逐ヒ北海ハ拓テ尽頭ニ至リ更ニ朝鮮ヲ復シテ属国ト為シ西支那ニ連ネテ魯虜ノ強悍ヲ圧制スルノ外他事ナカルヘシ」(「大ニ海軍ヲ創立スヘキノ議」，5月）と対外政策を述べ，②「御維新ノ今日万国並立セント欲セハ国家ヲ保護スルノ権ナカル可カラス国家ヲ保護スルハ兵力ヲ張ルニ在リ」(「御下問条」，7月）とか「強兵ノ本ハ冨国ニ在ルカ如シト雖モ冨国ノ源ハ却テ強兵ニ在リ」(「海軍御更張ニ付皇居江之建白写」，5月）として，万国並立の軍備強化を基本にした覇権国家を目ざし，③英仏他7箇国の国力・軍備の比較表を調製添付し，各国の平時軍備費平均は歳入の約3分の1で国債〈ほぼ軍事費消〉は歳入の約4分の1に上がり，平時の軍備費と国債返済合計は歳入の約3分の2になり，「全国歳入ノ四分ノ一ヲ以テ軍備ノ定額ト目的スベシ」(最初7箇年は5分の1，8年目から4分の1）として，海軍の兵力を軍艦大小200艘・常備人員2万5千名・10艦隊にするために最初7箇年は金1千万両・米20万石（1年に計約150万石）を投入すれば，数年にして各国と「対立ノ勢」をなすことができると述べた(「至急大ニ海軍ヲ創立シ善ク陸軍ヲ整備シテ護国ノ体勢ヲ立ツヘキノ議」他，5月)。兵部省の建議等［陸軍は現藩制下の兵力整備］はそもそも全国歳入の実数を確知せず，採用されなかったが，東北アジアの情勢認識の基本は1900年代までの戦争計画の基層として潜行した。

19）『公文録』1871年8月9月兵部省，第6件。四鎮台の配置計画の内訳は下記の通りである。

東京鎮台（常備歩兵10個大隊　直営　武蔵他10国，①第一分営*　新潟　常備歩兵1個大隊　越後他3国，②第二分営　上田　常備歩兵2個小隊　信濃国，③第三分営　名古屋　常備歩兵1個大隊　尾張他7国)，**大阪鎮台**（常備歩兵5個大隊　直

営　山城他9国，①第一分営　小浜　常備歩兵1個大隊　若狭他8国，②第二分営　高松　常備歩兵1個大隊　讃岐他4国)，**鎮西鎮台**(小倉当分熊本　常備歩兵2個大隊　直営　豊前他7国，①第一分営　広島　常備歩兵1個大隊　安芸他8国，②第二分営　常備歩兵4個小隊　薩摩他2国)　**東北鎮台**(石巻当分仙台　常備歩兵1個大隊　直営　磐城他3国，①第一分営　青森　常備歩兵4個小隊　陸奥他1国)。*第一分営は新潟港に置かれる計画であったが，屯在の城郭がないという理由により11月15日に分営を当分は新発田に移転し，翌1872年11月の新潟市中の兵営新築落成により新発田城屯在兵を新潟に移した。なお，兵営新築に際して佐藤友衛門と松木久作から300円献納の願い出があったが，陸軍省は8月22日に兵営新築入費は予算化されているので同出張兵隊の病院費用に充当するとした。

［**補注1**］当初，兵部省はオランダ語反訳のフランス軍制を調査し，鎮台の全国8箇所設置計画草案(「諸道鎮台」)も調査していた(〈記録材料〉中『雑書』㊺326の「鎮台」)。すなわち，まず，「諸道鎮台　ミリタイレ　アフデーリンク」の職員の職務として「**帥**　陸軍将兼任之　掌鎮撫一道総督管内之兵員　**大少弐**　陸軍佐兼任之　掌為管内之団長参判台務　**大少監**　陸軍尉兼任之　掌為管内之小団長参判台務」を記述し，「全国ノ兵素ヨリ全国ニ散布ス之ヲ統括スル其地方ニ就キ鎮台ヲ設ケ総理スルニ非レハ万緒整斉ニ到ル可カラス故今全国ノ地形ニ従ヒ八箇トス毎箇一鎮台ヲ設ク台下亦地形ニ従ヒ数団ヲ置ク」と起草した。鎮台設置主旨(全国地域を兵備管轄区域に分割する意図)は大蔵省の認識に近い。大蔵省は鎮台配置を地方分轄と地方政治体制からも認識し，9月2日付で太政官宛に新たな全国73県設置の布告にかかわる「道州」区分を伺い出て，「全国ヲ分テ道トナス道分テ州トナス州分テ郡トナス郡分テ邑トナス　道ニハ鎮台ト道審司トヲ置キ道政司ヲ置カス州ニハ州審司ト州政司トヲ置キ又地形ニ由リ鎮台ノ支営ヲ置ク」云々と述べ(『公文録』1871年9月大蔵省，第1件)，鎮台を民政(司法・行政)と並ぶ軍政機関として位置づける思想であった。次に，「ミリタイレ　アフデーリンク」はオランダ語のmilitaire afdelingであり，直訳的には軍事的分割を意味し，「軍管(区)」の邦訳が適切である。さらに，鎮台の語義は注1)の高橋茂夫の鎮台＝官職説(江戸鎮台)による官職の語義ではなく，官衙・機関の語義が明確化された。この場合，府県藩の統治地域を超えた「軍管(区)」画定は画期的であったが，同画定区域をただちに「軍管(区)」と称することは理解困難とされ，在来地域区分の「諸道」をあて，さらに在来の「奉行所」の官衙も意味する鎮台呼称を採用したとみてよい。すなわち，「諸道鎮台」は諸道分割の軍管(区)に設けられた官衙・機関としての鎮台を意味し，二鎮台設置以降の鎮台の用語は「軍管鎮台」の表記が正しい。また，帥・大少弐・大少監の官職用語採用は古代の『大宝令』の職員令や大宰府の官制規定にもとづくが(幕末では安政勤

王八十八廷臣の一人の町尻量輔が1845年に「太宰大弐」[次官]に就任するが，同官職名は有名無実)，統帥権の復古的集中化の意図があろう。なお，「諸道鎮台」は琉球国も含め，摂州大阪(摂津　大和　山城　河内　和泉　紀伊　伊勢　伊賀　志摩　近江　越前　若狭　丹波　丹後　但馬　播磨　淡路)，甲州府中(甲斐　駿河　遠江　参河　尾張　美濃　飛騨　信濃)，武州東京府(武蔵　相模　伊豆　上野　下野　上総　下総　安房　常陸)，陸前石巻(陸前　陸中　磐城　陸奥)，越後新潟(越後　越中　加賀　能登　岩代　羽前　羽後　佐渡)，備後三原(備後　備中　備前　美作　因幡　伯耆　出雲　安芸　岩見　周防　長門　隠岐)，讃岐多度津(讃岐　伊予　土佐　阿波)，肥前長崎(肥前　筑前　筑後　豊後　豊前　肥後　日向　大隅　薩摩　対馬　壱岐　琉球)，に区分された。

[**補注2**] 1871年7月の兵部省職員令は全国を五管に区画して管内軍団を統轄する鎮台を規定したが(北海道の鎮台設置は軍管区域の規定のみで設置されず)，鎮台官員の規定には四つの特質がある。第一に，兵部省職員令の鎮台官員配置と給与規定を整えたのは鎮西と東北の両鎮台であった(『陸軍省衆規渕鑑抜粋』第13巻，第32件所収の「東北鎮西両鎮台管国並帥以下官員配置及額金」)。両鎮台は同8月に(日付欠，8月20日の四鎮台設置の兵部省布達の直前と推定され，鎮西鎮台は西海道鎮台時の本営・分営を基準)，①鎮台の長官は「帥」(少将1人，俸給1800両，ただし玄米420石の代りで，当時相場で1両は1斗5升替)と称され，「本官上ミ大纛ノ下ニ領シ直ニ兵部卿ニ隷ス以テ管内七国鎮守ノ事務ヲ総摂シ管内三兵諸隊ノ将校ヲ管轄シ地方守備防禦屯集布置動静ノ宜キヲ計リ州県ノ静謐ヲ護スル為ニ武威ヲ要スル時ハ地方憲官ト相議シテ之ヲ助成シ又管内賦兵壮兵後備兵ノ事務ハ管州副官ニ命シテ之ヲ総理セシム」という職務を有し，②「大弐」(参謀局の大尉等1人の兼任)と「少弐」(参謀局の中尉等1人の兼任)は参謀職であり，「機謀密策」を参謀局に通知して指揮をうけ，有事には帥とともに兵部卿・参謀局長と協議し，近隣鎮台と連携・応援しあい，「謀略」(機謀密策)を露泄しないことが求められ，③「管州副官」(少佐1人)は管内の兵員補充と徴発及び軍人・軍属の司法・刑罰事務を担当し，④「地方司令官」(大佐・中佐又は少佐1人)と「司令副官」(大尉・中尉・少尉から1人)は，本営管轄下の歩兵・騎兵・砲兵の三兵諸隊の動静指揮を司り，⑤隊属では，歩兵科人員は大尉・中尉・少尉各20，権曹長20，軍曹・伍長各若干，銃卒は1大隊につき約800，喇叭手若干を配置するとした。その他，鎮西鎮台管轄下の分営(支営)の配置官員名もほぼ本営に準じ，東北鎮台(分営〈支営〉として三春を加設)の官員配置数も鎮西鎮台の例によるとした。ここで，鎮台の兵力行使は，①の地方の反乱・暴動に対する守備・警備・警戒や，②の軍隊駐屯地の衛戍勤務(軍隊としての警備・治安勤務)の性格があるとみてよい。なお，参謀局は1871年7月制定の兵

部省陸軍部内条例の「省内別局条例」に規定された別局の一つで（陸軍のみ），参謀本部の前身に相当し（「機務密謀ニ参画シ地図政誌ヲ編輯シ并ニ間諜通報等ノ事ヲ掌ル」──兵部省職員令），平時は参謀局の将校を鎮台の大弐・少弐に任命し，職員を各鎮台に出張させた。同条例は参謀局将校の欠員は「参謀学校［卒業の］ノ少尉ヨリ補セラル」と規定したが，参謀学校は未設置であった。参謀局は1873年3月までは，およそ「旧藩ノ壮兵ヲ撰ヒ四管鎮台ニ召集シ及ヒ其編制若クハ編制ヲ改メ各旧藩ノ常備兵解隊軍資金徴収兵器還納内地不逞ノ徒景況探偵各府県諸城地取調鎮台兵分遣地図地誌製造東京宮城諸門存廃ノ事」に関する意見を創議したと総括された（参謀本部編『参謀沿革史』第1号，35-36頁，1882年）。第二に，山県有朋兵部大輔は1871年12月24日付で，東京鎮台の三浦梧楼陸軍少将，大阪鎮台の四条隆謌陸軍少将，東北鎮台の三好重臣陸軍大佐，鎮西鎮台の井田譲陸軍少将に対して，各鎮台の長官の「心得」（下級者が上級者の職務につく）としての勤務を命じたことを太政官正院に届け出た（『公文録』1871年12月兵部省，第18件）。第三に，鎮台の官員中の大弐・少弐・地方司令官等の官員は，1872年2月の陸軍省の分置後に鎮西鎮台・大阪鎮台・東北鎮台の遠距離鎮台から配置された。すなわち，①1872年3月2日付で，鎮西鎮台の大弐心得に陸軍中佐田中春風，同地方司令官心得に陸軍少佐長屋重吉，②1872年3月9日付で，大阪鎮台第二分営大弐心得に陸軍中佐林清康，同第二分営少弐心得に陸軍中佐楫斐章，鎮西鎮台第一分営地方司令官心得に陸軍少佐高嶋信茂，同第一分営大弐心得に陸軍中佐品川氏章，同第二分営大弐心得に陸軍少佐樺山資紀，③1872年3月12日付で，東北鎮台司令長官に陸軍大佐三好重臣，同大弐心得に陸軍少佐八木家茂，同地方司令官心得に陸軍少佐柳篤信，同第一分営大弐心得に陸軍少佐遠藤守一，同第二分営地方司令官心得に七等出仕木村建，大阪鎮台地方司令官心得に陸軍少佐中村重遠，④1872年4月9日付で，東北鎮台大弐心得に陸軍少佐堀尾晴義，が任命された。特に参謀職の大弐・少弐の官員配置は，参謀局直結（分駐の考え方）を重視したのであろう。第四に，兵部省職員令規定の鎮台の官員名と「東北鎮西両鎮台管国並帥以下官員配置及額金」規定の官員職務，さらに1872年1月10日兵部省達の鎮台官員条令は，［補注1］と同様にオランダ語反訳のフランス軍制を参照・調査して作成された。たとえば，〈陸軍省大日記〉中『明治四年　鎮台諸件』には兵部省作成の「鎮台諸官職務略解」（兵部省罫紙墨筆）が収録されている。それによれば，「鎮台帥（ベヘルヘツペル，イン，デ，ミリタイレ，アフデーリング）」は参謀局中の官員（少将（ゼネラール，マヨール））から任じられ，兵部卿の支配をうけ，軍団中の諸兵士の演習，衣服，兵器，内務，日々の勤務，一般の取締り，軍律を監督し，兵威の補助要請時はこれを許容し，諸官の所業・職務の規則・条目への合致を注目し，その誤りがあれば改めさせ，某事件が軍団中の特別の勤務・所業に関係があればその兵種所属の軍団の監督官に報知すべきとされた。ここで，「鎮台帥（ベヘルヘツベル，イン，デ，ミリタイレ，アフデーリング）」は，「諸道鎮台　ミリタイレ　アフデーリンク」の邦訳に対応し，Bevelhebber in de militaire afdelingというオランダ語であるが，Bevelhebberは「支配する人」「司令官」を意味し，まさに「鎮台司令官」が適訳であるが，古代官職を参照して「鎮台帥」と邦訳したのであろう。鎮台帥は兵部卿の委任により諸城塞や砲台築造の陣営所・屯所を時々視察し，兵員配備の連堡・土地・家屋等を監督するとされた。また，鎮台帥は，上等士官1名又は参謀局の大尉1名を鎮台参謀官の「頭目（セフ）」（大貳（セフ，ハン，デン，スタフ））とし，参謀局の大尉又は中尉を鎮台参謀官の「補助頭目」（少貳（アヂエンクトセフ，ハン，デンスタフ））として，ともに「帥副官」として諸職務に勤務させるとした。その他，鎮台帥下の諸官の「管州副官（プロヒンシアレ，アヂユダント）」，「地方司令官（ブラーチエレイキ，コムマンダント）」，「司令副官（ブラーチエレイキ，アジエダント）」の職務等は，拙稿「日露戦争前における戦時編制と陸軍動員計画思想（1）」北海道教育大学紀要（人文科学・社会科学編）第54巻第2号，79頁，参照。

20）『公文録』1872年2月-4月陸軍省，第10件。

21）当時，鎮台と分営の配置計画先（司令部・兵営等の所在地）は，主に兵部省管轄の旧藩の城郭を（とりあえず）あてる考えであった。山県有朋参謀本部長は1885年5月21日付で陸軍卿宛に「存城［廃止されなかった］城郭ハ有事之際之ニ拠テ其方面ヲ防守スル為メ存置セルモノ」云々と述べ，旧城郭の防禦上の役割をその後も重視した（〈陸軍省大日記〉中『明治十八年　大日記　廻議意見』参火第76号）。第五軍管下の丸亀営所は旧丸亀城郭があてられた（丸亀城大手先の旧侍屋敷，存城士族は立退き）の敷地約19万7千坪（地所・建物の買収額は45,243円，丸亀市史編さん委員会編『新編　丸亀市史　3』近代・現代編，165頁，1996年，丸亀市）。当時，兵営建築を請け負ったのが横浜の実業家の高嶋嘉右衛門であり，その「讃州丸亀歩兵営二大隊建築実費表」（「高嶋罫紙」墨筆計4枚，1873年，丸亀市立図書館所蔵）によれば，兵舎8棟（1棟建坪は178坪，1棟実費9,693円余），集会所2棟（1棟建坪は45坪），賄所2棟（1棟建坪は97坪余），洗顔所4棟，洗濯所2棟，士官圕2棟，厠4棟，病室2棟，銃工場2棟，物干場2箇所，井泉12箇所，馬繋2箇所，等とされ（合計11万7,209円余），他に連隊週番所（108坪）・連隊番兵所（108坪）等設置や練兵場造成（2万5,610坪の地平準費1,421円余，他人が請け負う），とされた。なお，師団設置以後の第二師団等の兵営施設設置状況等概略は加藤宏『旧第二師団軍事施設配置に関する歴史的研究』（2011年，加藤宏の博士学位［東北大学］申請論文の自家製本）参照。

［**補注**］維新期の城郭の破壊・損壊・保存等の概略は森山英一『日本城郭史話』1999年，新人物往来社，参照。ただし，旧城郭の結構・老朽度は様々であった。東京鎮台第三分営の六番大隊は名古屋城の本丸天守閣にあった（四鎮台配置後から

屯在の旧殿屋が狭隘と破壊の恐れのために移転)。1872年9月17日付の乃木希典陸軍少佐の東京鎮台本営宛上申書は，天守閣の場所は「本来ノ兵営ノ場処ニ無之候得ハ内務ニオイテ不都合ノ廉ハ素ヨリ寒暑湿燥ニ依テ自然健康ヲ妨ケ候儀モ不少且病院病室ニ当テ候場モ無之次第ニ有之候」と指摘し，さらに天守閣・殿屋等は巨大な結構であり今後の破損修理等に「無益ノ雑費」も要するので，分営費残金と「現在不要ノ櫓多門殿屋等売却」により兵営又は病院・病室他を新築したいと述べた(〈陸軍省大日記〉中『壬申九月　大日記　省中之部』第2896号)。その後，名古屋鎮台設置のもとに，1873年2月に名古屋城二の丸が兵営建築地として交付され，兵営8棟(2個大隊分，1棟につき1万313円余の見積り)・賄所2棟(1棟につき3,413円余の見積り)・番兵所・病室・厠・洗濯所・雑庫室・洗顔場・銃工室等の建築請負契約に至ったが，当時の鎮台兵営新築工事の口達を含む指令と請負代価支払等は「名古屋鎮台兵営建築増費請求一件」(原告は請負人，被告は陸軍省)をめぐる大審院民事判決(1878年6月，原告敗訴確定)によりおよその雰囲気が看取される(司法省蔵版『大審院民事判決録』1879年，所収)。なお，廃藩置県後の名古屋城郭内は，愛知県庁の官舎が置かれ，畑作開拓地に変更されていたが，永久保存の意見書も提出されていた。たとえば，①1872年6月に大蔵省派遣の巡廻官員は大隈重信参議宛に名古屋城は保存すれば「国之宝」になりうる名城であると報告し，②1878年12月に陸軍省第四局長代理中村重遠は陸軍卿宛に，名古屋城と姫路城の永年保存修理により「我国往昔築城ノ模範ヲ実見スルコトヲ得セシメントス」という太政官宛上申書案を提出し，同上申書は翌年1月に参謀本部の同意回答を経て太政官に提出された(修理費1,300円の下付上申，〈単行書〉中『官符原案　第三　壬申自正月至六月』，〈陸軍省大日記〉中『明治十二年自一月至十二月　大日記　廻議意見　参謀本部』1月6日第3号)。しかし，東京城郭(皇居)の兵員収容施設としての使用・再利用や名城としての保存に対しては，田口卯吉は商業発達重視の視点から反対し，①西洋の城郭は「其の住民を防禦するにあり，故に其の市街は即ち城郭の内にある」のに対して，日本の戦国時代の城郭築造所以は「人民を保護するにあらすして，武族を防禦するにありしなり，故に戦争の発するや，市街は直に闘争の巷となりて，商売の家屋什器は兵燹[へいせん]に罹り，然らされは掠奪に委して商売は僅かに生命を全うして山谷に遁走するを幸とせり」と述べ，②しかるに現在の城郭湟渠は内乱・外患に対する市街防禦上は「些毫の益なきもの」として撤去填塞すべきと述べ，③特に東京府下中央地に「[江戸城・東京城郭のような]空地を設く豈に亦た徒費にあらすや」云々と述べ，太田道灌の江戸城建築は「此城を以て天下の名城ならしめんと欲したるにあらざる」ので保存せずに(名城保存は他箇所のものでよい)，東京城郭を撤去し，同地に官省・議院・巨大旅館演劇所・公園等を集合設置すれば，官吏・僧侶・職人・商人等が群集し，交通短縮し，警察消防費用も減る，云々と東京市街の形成発展像を描いた（『続経済策』533-546頁，1890年，初出は1884年8月，9月）。

22）『公文録』1871年8月9月兵部省，第14件。

23）兵部省上申の本文一部は，『法規分類大全』第47巻，兵制門（3），592-595頁。「皇城御守衛」の「御親兵掛ヨリ秘史局へ通牒」（1871年12月20日）の「備考」記述を参照して訂正引用した。

24）大山梓編『山県有朋意見書』43-46頁。当時の兵部卿は欠員であった。1870年2月に熾仁親王を兵部卿に任じたが，1871年6月25日の福岡県知事就任により辞任し欠員になり，同省トップは兵部大輔山県有朋・兵部少輔川村純義・兵部少輔西郷従道によって占められていた。

25）兵部省が陸軍省と海軍省の二省分置を太政官に申進したのは1872年1月13日であった。その際の分置は，申進書の「海軍諸局一場ニ集リ簡ニ事務ヲ掌リ冗費ヲ省キ」云々のように海軍拡張を目的にして，また，西洋諸国の二省分置をもとにして，海軍が経費節減を名目にして兵部省から離脱した。海軍の離脱は自己の組織防衛であった。太政官は工部省に同分置の意見を提出させた。二省分置理由が経費節減であれば，大蔵省意見を提出させるべきだが，工部省意見を求めたのは陸軍と海軍の諸官衙所在地や配置施設との関係で見解を得たかったのであろう。その際，工部少輔山尾庸三の2月23日付の意見は当時の出色の見解であった（『公文録』1872年1月2月兵部省，第41件）。第一に，二省分置の成果が挙がるか否かは政府の適切な指導性と人事政策によるものであり，二省分置がよいか悪いかのたんなる得失の問題ではないと強調した。すなわち，仮に二省分置が太政官下の各省の分立関係同様の場合には，特に緩急時の事務連携上で弊害が生ずるので，兵部省内に陸海両局を置いた上で兵部卿が統一・合体するほうがよいとした。また，西洋諸国の兵制にならって二省分置したとしても，形は等しいが実は同じでないので，それらの利害の熟議を尽くすことを重要とした。第二に，仮にやむをえず分省した場合には両省の協議・連署による上奏・施行の制式を必要とした。その際，同協議等は太政官下の通常行政活動の各省の協議・連署上奏の手続き次元とは異なり，「護国兵備」の統一に関する両省協議体制組立ての必要性を意味した。しかし，その後，「護国兵備」の統一の重要案件に対する陸軍・海軍（両省等）の協議機関等が積極的に組立てられることはなかった。

26）新政府の当初の銃砲管理政策は京都・東京・大阪の3府市中等の銃砲発砲規制から開始された（『太政類典』第1編第1巻，第51，55，58-59，70-71件，『太政類典草稿』第1編第117巻，第70下，77件）。第一に，①1868年4月21日の新政府布告は，砲術練習は重視されるべきだが，銃砲を弄び京都市中でみだりな発砲又は鳥銃猟の逸れ弾丸は実に「不相済[あいすまず]」ことを厚く心得なければならないと指令し（山野での振舞いも含む，ただし，市中外の仮調練場や諸藩邸内で許可された場所での発砲演習は除外），②京都府は1869年6月17日付で新政府宛に府内諸所邸内屯所等でのみだりな発砲と実弾使用や夜間発砲は厳密に調査されうることを諸藩等に指令してほしいと上申し，新政府は6月23日に射的場外での発砲禁止を申令した。これは皇族・華族を含む厳重な発砲禁止の申令であった。第二に，大坂裁判所は①の新政府布告を大坂にも準用し4月23日に管下三郷（北組・南組・天満組）の町々に通知した。その後，大阪府は管下三郷と近隣在村の人家稠密地での発砲・遊猟等による市民への銃弾害発生は測りしれないとして1869年の3月と5月に同地域での発砲禁止を布達したが効果はなく，さらに1870年閏10月28日と1872年1月に違反発砲者逮捕の布達を発した（古屋宗作編『類聚大阪府布達全書』第1編第10巻，430-432頁，1886年）。第三に，江戸・東京府では警衛業務の一環として，①大総督府は1868年5月1日に各藩の射的場を指定し（小銃標的射撃は本丸跡地，大砲の放発演習は越中島），他場所でのすべての発砲を禁止し，同年9月（日付欠）に河岸・郊外でのみだりな鳥銃猟による農事妨げを禁止し，②東京府は天皇臨幸期の同年10月17日に府内での故なし発砲と近郊での鳥銃猟者を発見しだい逮捕して厳科に処すことを布達し，さらに1869年4月24日付で新政府宛に高輪地域等での鳥銃猟が多発し，巡邏兵は制止しているが諸藩士間のもめ事になっては宜しくないので諸藩への厳重な発砲禁止の布達を要請し，新政府は東京府下での発砲禁止と本人の銃器没収及び藩主への氏名通知を4月28日に申令した。第四に，銃砲発砲規制の画期になったのが，1870年4月の東京府の諸藩邸内の夜間発砲練習の太政官宛の禁止布告案上申であった。東京府上申は警衛の巡邏兵隊総長の申し立てにもとづくが（巡邏に支障が生ずる），太政官は兵部省宛に，①銃砲発砲規則と標的射撃許可の藩邸調査及び今後の見込み，②桜田門他10門外や市外での標的射撃と兵隊連発の規則を照会した。同省は5月2日付で藩邸調査を早急に実施するとともに夜間のみだりな発砲は「甚以不埒ノ至」としてさらに厳重に布令すべきであり，桜田門他10門での発砲をすべて許可せず，諸藩邸での発砲は藩邸の模様と広狭により許可しているが，兵隊連発は越中島の他は藩邸内・市外でも許可していないと回答した。この結果，太政官は5月7日に東京市中内外と諸藩邸内でのすべての発砲禁止を布達した。その後，東京府は諸藩士の射的演習を重視し，同年9月3日付で太政官宛に水道橋外（高松藩元邸地3,700坪余），相生橋内（金沢藩元邸地7,600坪余），麹町1～3丁目裏の空き地（1万坪），他を射的場として設けたいと上申した。太政官は東京府上申を外務省に照会し，同省は了承した。ただし，太政官の9月25日付の兵部省宛の照会文は「[同射的場案において] 諸藩士其外勝手ニ角打発砲差許度候」と記述した。これについて，同省は9月29日付で射的場での諸藩士の勝手な射的発砲の支障はないが，射的場近傍家屋等が稠密ならば逸れ弾丸の不安があるので，それぞれの射的場を「余程手厚」に設けてほしいと回答した。東京府上申はいわば自由使用の府立射的場の設置案であり，結局は（太政官指令は欠く）東京府上申はボツになったとみてよいが，兵部省による自治体の銃砲発砲規制と射的場設備への関知が開始された。

27）『公文録』1872年1月2月兵部省，第18件。1871年12月7日の外務省意見と翌年1月18日の兵部省反論は〈単行書〉中『官符原案 第三 壬申自正月至六月』所収文書を参照。兵部省上申本文は「王政御一新以後諸官省ヲ被建置夫々寮司ヲ被附置　御大政御一途ノ御政体ト相成文運武教日ニ闢ケ月ニ盛ナルノ秋ニ至リ内武備ヲ完充シ外　皇威ヲ百蛮ニ輝サンモ実ニ海陸二軍ノ力ト奉存候意フニ其力ノ起ル所ハ専ラ兵器ニ有之候抑々日本全国ノ兵ヲ扱ハント欲セハ先ツ全国ノ兵器ヲ取調ラヘサル可ラス就テハ府藩共商人ニ至ル迄武器ヲ取扱候者ハ巨細武庫司ニ於テ取締不致候半テハ全体ノ目的モ不相立況ンヤ武器弾薬等御備附ノ所モ不相知候様ニテハ武庫司遂ニ其任ヲ失ヒ天下ノ武器紛乱錯雑シテ統一スル所ナク其流弊竟ニ無頼ノ悪少年輩ノ玩弄ニ充ツルニ至ラン実ニ不堪慨歎ノ至奉存候伏テ願クハ今ヨリ天下ノ武器ヲシテ一モ私蔵スル所無ク悉ク武庫司ノ掌握ニ帰セシメン然ル時ハ万一不羈不逞ノ徒隠ニ非望ヲ企ツル者アリト雖モ其力ノ強弱人員ノ多少等容易ニ相分リ速ニ防禦ノ手立モ相立且ツ後来海陸二軍御興張ノ大基礎トモ可相成奉存候［下略］」と記述した。兵部省上申の「武器取締規則」案（全9項目）と「布告案」及び「洋人武器売買規則」案（全5項目）はおよそ前年1870年から調査・起草された。すなわち，〈陸軍省大日記〉中『明治三年　諸建言』には，「御布告　府藩県」，「武器取締規則」（全9条），「御布告　外務省」，「外国人武器売買規則」（全4条），の4文書が編綴・収録されている（兵部省罫紙・墨筆，本章では4文書を一括して「1870年武器取締規則建言」と表記）。1870年武器取締規則建言はほぼ1871年の兵部省上申の「武器取締規則」案（全9項目）等の下敷きになり，本来，当時の府藩県の存続を前提にして調査・起草された。その場合，「御布告　府藩県」は府藩県宛の布告として「今般武器取締ノ儀武庫司所轄被　仰付別紙ノ通規則被相定候ニ就テハ各管内地方不泄様此旨可相達」云々と起草し，武庫司が陸軍内のみならず，陸軍部外の武器管理に至ったことを強調した。なお，1870年当時の全国諸藩（計258藩）の小銃総計は約37万挺と推定されているが（南坊平造「明治維新全国諸藩の銃砲戦力」軍事史学会編『軍事史学』第13巻第1号，1977年6月），山県有朋陸軍卿の1878年2月の銃器買い上げの建議や注55）の［補注2］の山県有朋の各藩士族総数約40万人の指摘からみれば過少であり，実際はさらに多いだろう。

28）外務省は1869年10月12日に太政官弁官に「内外人民鳥獣遊猟之規則案」（全7則）

を起案し，決裁を経て各国公使に11月から協議しようとした。しかし，各国公使との協議が整わず立ち消えた（『公文録』1870年1月2月外務省，第24件）。その後，同省は1870年12月18日に日本駐在各国公使宛に，外国人向け遊猟規則について，当分の間，①府藩県の市中はもちろん，人家から600尺以内での発砲遊猟禁止，②外国人遊歩地域内でも，門塀の場所や政府が国民に貸与した猟業用場所と従来から遊猟禁止の社寺境内での禽獣猟禁止（「制禁」の旨の日本語・外国語の表記標札を立てる），③遊猟が作物に被害を与えた場合は作主に相当代価を払わせる，④以上の3項目違背者は，日本の管理者により本国公使館執政者までに連行され，本国法相当の罰が加えられるべきである，と通知した。なお，銃猟への課税は旧幕藩体制下では「鉄砲役」「鉄砲運上」と称され，1870年10月14日の大蔵省達は「猟師役」と改称し，さらに，1872年2月20日の大蔵省達第23号は「猟銃免許税」と改称した。

29）　各県は銃砲取締規則の特に商売営業者の免許定員指定に当惑・不便を抱いていた（〈陸軍省大日記〉中『明治五年壬申八月　大日記　諸県』，同『明治五年壬申十一月　大日記　諸県』）。その詳細は拙稿「1872年銃砲取締規則の制定過程」北海道教育大学紀要（人文科学・社会科学編）第62巻第2号，8-9頁，参照。なお，陸軍省は8月15日に免許商人の遠方による火薬類購入難渋者で払下げ出願者に対しては，鎮台が旧製不要品を撰んで相当価格により売り渡すことにした。

30）　『陸軍省衆規渕鑑抜粋』第14巻，第58件。ミニエー銃は1846年にフランスで考案され，1851年にイギリスが改良した前装施綫銃。アルピニー銃はベルギー国採用で，1867年にオーストリアで改造された後装銃。エンヒールド銃は1853年にイギリス制定の前装銃で，幕府・諸藩が多数輸入した。

31）　社団法人工学会編『明治工業史』（火兵編・鉄鋼編，56頁，1969年翻刻，財団法人学術文献普及会，原本は1929年），佐山二郎『日露戦争の兵器』（2005年，光人社NF文庫）掲載の陸軍兵器本廠編『兵器廠保管参考兵器沿革書』）。イギリスは1866年にエンヒールド銃自体を経済的に後装銃に改造し（エンヒールド・スナイドル銃又はたんにエンヒールド銃と称することもある），維新後の日本に約5千挺が輸入された。銃装備制式の統一化方針により，陸軍省は1873年6月に兵器支給規則（武庫司現存の大小兵器の管理と造兵司の新兵器製作手続，造兵司・武庫司の現在兵器総表の毎月2枚作成と陸軍卿への進呈［内1枚を第三局長に提出］，近衛・鎮台等への兵器支給手続等の規則）を規定し，1874年1月15日に「各種兵携帯銃器等当分別表」（陸軍省達布第16号）を制定し，同3月15日に射的演習定則（シャスポー銃とエンヒールド銃による射的方法を立てる）を規定した（〈陸軍省大日記〉中『明治六年五月六月　第三局』，同『明治七年三月　大日記　官省使及本省布令』）。ただし，各種兵携帯銃器等当分別表の「別表」（第1～8表）中の第3表「六管鎮台携帯火器支給明細表」は，歩兵への支給銃員数は（戦時人員により算定，1個連隊は3個大隊），東京鎮台歩兵3個連隊・シャスポー銃6,540，仙台鎮台歩兵2個連隊・エンヒールド銃・4,360，名古屋鎮台歩兵2個連隊・エンヒールド銃4,630，大阪鎮台歩兵3個連隊・ツンナール銃6,540，広島鎮台エンヒールド銃4,360，熊本鎮台歩兵2個連隊・スナイドル銃4,360，と4種支給の計画を規定した。シャスポー銃（1866年フランス制定の後装銃）はナポレオン3世の1866年12月の幕府への2個連隊分寄贈以降に輸入された。ツンナール銃（1841年プロイセン制定の後装銃）は1871年和歌山藩による7,600挺の輸入後，各藩も輸入した。なお，各種兵携帯銃器等当分別表は「兵器表」（平時・戦時の各種団隊への兵器備付の定数表）の始源に相当し，歩兵の弾薬は1人あたり300発，他兵は100発とした。兵器の装備統一化と弾薬類を含む備付員数（戦時）の定数化は，運輸従事の輸送人夫人員や車馬（駄馬・輓馬，4頭立運送車）の運搬重量・規格等を規定し，動員計画策定上の兵力行使規模算出と兵站勤務・補充業務の遂行の重要要件になった。

32）1873年1月の太政官布告第25号鳥獣猟規則の詳細とフランスの猟業規則及び「兵器携帯権」の概要は，拙稿「1872年銃砲取締規則の制定過程」北海道教育大学紀要（人文科学・社会科学編）第62巻第2号，9-11頁，参照。なお，北海道は，1876年11月11日開拓使布達乙第11号の北海道鹿猟規則を制定し，同第4条は猟者の免許定員を規定し（600名），第5条は免許鑑札交付者であっても「毒矢ヲ以猟殺ヲ得ス」と規定した。これらの猟規制はアイヌ民族等の在来的猟業を苦境に陥らせた。鳥獣猟規則は本章の直接的な考察対象ではないが，近代北海道のアイヌ民族に対する狩猟規制等の精力的な研究として，百瀬響「開拓使期における狩猟行政：北海道鹿猟規則制定の過程と狩猟制限の論理」（井上紘一編『社会人類学から見た北方ユーラシア』所収，2003年，北海道大学スラブ研究センター），山田伸一『近代北海道とアイヌ民族』（2011年，北海道大学出版会）がある。他方，女性の銃猟は鳥獣猟規則上では何らの条項もなかったが，女性が鳥獣猟を出願することもあった。これに対して，松方正義農商務卿は1885年3月10日付で太政官宛に「婦人発砲之儀ニ付伺」を提出し，「婦人ニシテ銃猟職猟遊猟及除害猟出願之者之有右銃砲発射之義ハ危険ニシテ婦人ノ為スヘキ所業ニ無之許可不相成義ト存候得共規則中明文無之ニ付相伺候条」云々と指令を仰いだ（『公文録』1885年4月農商務省，第2件）。参事院は3月21日に同省の伺い通りとする審査報告（男子も16歳未満者は許可されないので，女性の場合に許可されないのは「無論」である）を提出し，4月4日に閣議決定され，同8日に指令した。

33）『公文録』1875年12月内務省1，第19件。

34）西南戦争後に鹿児島県令岩村通俊は1878年1月22日付で太政官宛に銃砲所持者

の届出期限延期に関して，「当県下之儀ハ右御布告等儀モ是迄施行無之ト相見エ普ク人民ニ於テモ熟知仕居不申殊ニ先般県庁兵燹ニ罹リ書類ノ可拠モノ無之旁今日ヲ以テ明治五年ニ同視スヘキ形勢ニ有之迅速取調難行届候」と述べ，銃砲取締施行の8月末までの延期を伺い出た（〈単行書〉中『決裁録十一　明治十一年自九月至十月』第128号）。それによれば，そもそも，同県では銃砲所持届出漏れ者を放置し，1876年太政官布告第84号が施行されなかった疑いがある。極端にいえば，同県下では1872年銃砲取締規則はほとんど施行されなかったとみてよい。たとえば，太政官法制局は2月7日に一度は同県伺いを「難聞届」とする指令案を起案したが，さらに審査し，「鹿児島ノ如キハ昨年迄ハ制外国ノ如キ有様ニテ今日創業ノ時期ナリ故ニ他府県ノ如ク中央政府ヨリ之ヲ指揮スル□然ルヘカラス」云々と述べた（〈単行書〉中『行政考按簿　上』第26号，□は一字不明）。この結果，太政官は2月28日にやむをえないと決裁し，銃砲取締の速やかな施行を指令した。その後，岩村鹿児島県令はさらに8月12日付で太政官宛に，銃砲取締を調査しているが，昨年の戦争で士民所持銃砲は所々に散乱し精密な調査を進めがたいとして，さらに9月末までの再延期を伺い出た結果，太政官も9月5日にやむをえないと決裁した。

［**補注**］銃砲取締規則違犯者の没収銃器弾薬類の払下げ代金納付等は司法省管轄になっていた。しかるに，銃砲取締規則主管の内務省は同規則違犯者の司法的処分に至るまで権限を行使しようとした（『公文録』1876年1月内務省1，第11件，〈単行書〉中『刑法　決裁録六　明治九年自一月至十二月』第1号）。大警視川路利良は1875年11月10日付で大久保利通内務卿宛に警視庁による銃砲取締規則違犯者の処分旨を上申し，大久保内務卿は12月20日付で太政官宛に「［警視庁は］目今司法警察ヲモ相兼」ているので司法的処分も託されたいと伺い出た（ただし，没収品売却や罰金は司法省に納付）。しかし，太政官法制局の審査報告は「警視庁ニハ警察ノ権アルノミニシテ裁判ノ権ナキハ固ヨリノ義ニ有之且諸罰則中此件ニ限リ同庁ニ託セラルヘキ筋無之候」と反対し，翌1876年1月20日の閣議では法制局の審査報告通りに決裁された。

35）『法規分類大全』第48巻，兵制門（4），757-758頁。

36）『陸軍省衆規渕鑑抜粋』第32-35巻，第94件。

37）『陸軍省日誌』1872年第4，5号。城郭等調査の地域割りと出張官員は，①福岡・大分・長崎・熊本・鹿児島・伊万里等の各県（2名），②京都・大阪・奈良・和歌山・名古屋・渡会・岐阜・兵庫・滋賀等の各府県（2名），③宮城・福島・岩手・青森・山形・秋田等の諸県（2名，後に1名増員），④新潟・新川・石川・長野・敦賀・静岡・山梨等の各県（2名），⑤鳥取・島根・広島・山口・香川・高知等の各県（4名），である。当初，陸軍省秘史局は特に③④⑤の出張官員の辞令書案として築造局御用兼務も起案したが，辞令書正文では除かれた。築造局は防禦営造物関係の廃棄・新築の直接的な管理部署であるので，当該地域への刺激を避け，出張・巡廻官員に対して調査中心の参謀局御用筋兼勤の職務を課し，同3月15日に「巡検参謀将校職務大略」を規定したのであろう（〈陸軍省大日記〉中『明治五年三月　秘史局』）。「巡検参謀将校職務大略」は，①各地城塞の方向・地勢の険易，攻守の便・不便を絵図に記録，②城中の用水の多少，家屋の有無，広場面積，壕地の模様・汚泥・乾湿等の明細，③城塞四方の地理水運の有無，山丘森林の向背，④城下の市街・人烟の多寡（貧陋繁富の別），馬匹の多寡，物品運輸製造等，主要産業，⑤城市から国（在来の）境までの道路の大小や間道，およその里程，⑥県庁職員との引き合せでは，城郭に属する地所を詳細に記載し図面に記録，⑦すべて「後来万一一揆ナト起ル時味方ニ城ヲ取ルトモ敵ニ城ヲ取ラレタリトモ其攻守ノ方法等予メ存意丈ニテモ記シ置キ可申事」，の記録を規定した。特に各地の城郭・城塞等のたんなる数量的調査でなく，①と⑦のように，その戦略・戦術的位置づけも含む調査・報告を指示したことが特質である。他方，銃砲等調査の地域割りはほぼ城郭等調査の地域割りにも対応し，④の地域に神奈川・埼玉・印旛・茨城・群馬・栃木等の諸県を加えた。その後，①の鹿児島・熊本両県には「諸器械弾薬」の処分会計として1名（陸軍少丞種田政明）を派出させたが，特に，鹿児島県内の銃砲自体の調査は困難とされた（当時の旧藩所蔵武器の接収に対する鹿児島県等の雰囲気は，沢田章編『世外侯時歴　維新財政談』284-288頁，1978年，原書房復刻，原本は1921年，参照）。

［**補注**］武庫司が府県巡回人に申し聞かせた同年4月の陸軍省秘史局宛報告の「府県巡廻人心得書」がある。同心得書は，第一に，今日有用の武器類で，東京への輸送費が同物品の新規製作費と比較して利益あるもの，稀有の名品（古昔伝来の武器で宝物類）又は「古今武器庫」（古今の武器の変遷を見る）に収納すべきもの，「金属塩類ニテ天造ニ出テ官府ノ用」にのみ供すべきもの，後来莫大の費用が必要な品物等はすべて東京に輸送する，第二に，後来所要の物・金属等で重要な武器類として容易に転用できないものや点検済みで帰京後にさらに処置決定すべきもの等は，当該県庁の立会いの上，同地に預け置く，第三に，今日所用のものとして決定されない武器類で廃棄・非廃棄の間にあって容易に転用できるものは，鎮台の本営分営に集約する，第四に，不要武器類（大小銃）はその形状を毀して入札により売却し，入札後は県庁に預け置き，帰京後に決定する，第五に，その他，①諸府県中の硝石火薬・諸兵器製造所を逐一点検し，諸機械や製造の手続・経費等の明細を調査し，見本として製造物一品を提出させる，②天造硝石の自然発生地所があるので丁寧に捜索する，③今日所用の兵器で職工製作の器械で善良なものは見本として提出させ

る（姓名等を調査），④銃砲取締規則の適正実施を探索する，と指示した（〈陸軍省大日記〉中『明治五年壬申四月 大日記 省中之部』第978号）。その後，第四の旧藩所有・貯蔵の武器類で不要分の管理はすべて大蔵省が引き受け，陸軍省必要分は最寄りの鎮台に運輸した（〈陸軍省大日記〉中『明治五年 八月 諸省』所収の1872年8月13日付大蔵省発陸軍省宛の照会）。他方，陸軍省築造局は「府県巡廻人心得書」の他に，府県巡廻現地の県庁担当職員に対する詳細な「諸城巡視尋問ヶ条」（1872年3月）を作成した。それによれば，たとえば，①当該城郭の経始と住居者数，城郭内の本丸等や旧練兵所の坪数と広狭，火薬庫・兵器貯蔵庫等，旧知事住居跡・土蔵・橋・社・寺院・学校，立木（松・杉・樫等，5尺廻り以上は入札対象）・雑木，城郭内等の開拓，郊外の旧練兵場（入札対象），城郭内の飲用水設備，②現地の大工人数（近郊居住の大工人数と営繕等請負可能，棟梁・土方・左官・建具師・経師・木挽人足数と各1日の賃金費用，③金1円の現地価値，地所1坪の上中品価格，田畠の上中下の1坪あたりの売買価格，生石・砂利・砂・竹（5寸廻り）の生産有無と生石（1石）と砂利・砂（1合）あたりの価格，④士卒族戸数・町家戸数，近郊で調練場として使用できる200～300間の空地の所在，大小河川，⑤白米・酒・味噌・醤油・薪の上中品価格，海魚・河魚・鳥類の有無，角材（4～5寸，長さ1丈2尺，松・杉等）の価格と入手先，板材（4分板，1寸板，松・杉等）の価格と入手先，織物器や畠物の有無，等である。これらの「尋問」は巡廻先府県に示されたが（長崎県歴史文化博物館所蔵『明治三年至同九年 兵事課事務簿 官省来往翰』），現地の城郭再利用等を想定したインフラ整備状況が注目されている。なお，1872年8月の武庫司の府県巡廻官員の検査・対問に対する府県の回答等と銃砲等調査における兵器弾薬調査目録提出の事例は，当時の浜松県（旧堀江県ミニェー銃51挺他を含む）の対応を参照（静岡県資料刊行会編『明治前期静岡県史料』第5巻所収「県治紀事本末巻十八 遠江国之部」199-209頁，1971年）。その他の納付目録は，長野県出張松代庁調製の東京鎮台第二分営武庫司宛の1872年1月23日付「海津城武器類引渡目録」（旧松代藩の29寸天砲から300匁地砲の大砲50数門と長施条手銃564挺他，大平喜間太編纂『松代町史』上巻，537-543頁，1986年臨川書店復刻，原本は1929年），柏崎県の陸軍省宛の3月27日の目録（元長岡藩のミニェー銃150挺他）と印旛県の陸軍省宛の3月28日の目録（同県印旛郡下人民の納付，アメリカボート1挺［榴弾砲］，同付属具，散弾20発等，〈陸軍省大日記〉中『明治五年壬申三月 大日記 諸省府県之部』第382，392，393号），鎮西鎮台の1872年3月4日付の福岡県宛照会等（旧久留米県貯蔵兵器類目録提出遅延の督促と同回答，『福岡県史稿』巻26，1872年3月4日と4月24日の条），多数ある。また，武器の受領目録は鎮西鎮台第一分営の元山口県宛の4月21日付の受領目録（スナイドル銃373挺，レカルツ銃725挺他，山口県立文書館所蔵〈政府布達類〉中『陸軍省達録 明治四・五年』）等がある。

38）『陸軍省衆規渕鑑抜粋』第14巻，第62件。

39）〈陸軍省大日記〉中『明治六年五月六月 第三局』。

40） 山口県編『山口県史』史料編近代I，608-609頁，2000年。〈記録材料〉中『大蔵省考課状 六』第8号。ただし，陸軍省は4月22日付で，山口県下の警備自体は高松営所から歩兵2個小隊を分屯させると回答した。

41）42）43）〈陸軍省大日記〉『明治六年五月六月 太政官』所収の大蔵大丞林友幸への「御委任状」（1873年6月27日）他。6月18日と19日の福岡県の大蔵省宛届書は，18日から貫属士族約100名の一時雇い上げを実施し，さらに多数を雇い上げる方針を立て，19日には約2,000名余を雇い上げて「福岡博多両市ヲ固メ所々ヘモ出張此上ノ挙動ニ寄候テハ不得止大砲小銃ニテ打払候儀モ可有之一同昼夜尽力罷在候」云々という貫属士族隊の「活躍振り」を記述した（『太政官日誌』第98号，1873年）。同県庁官員と「鎮撫兵隊」の幹部による鎮撫方針はおよそ「方今騒擾候際一時ノ権法ヲ以テ旧藩士族人望有之者両三名鎮撫方参謀トシテ本丸仮県庁ノ側一室ニ出頭官員ト謀リ鎮撫方手配リ相成候由昨今貫属中鎮撫尽力ヲ願出ル者多人数有之凡二十二小隊ニ及ヘリト云庁中ハ陳営［ママ］同様実ニ混雑ノ至也」という，いわば貫属士族の県務主導・兵備私物化の雰囲気のもとで固められたとみてよい（〈記録材料〉中『雑書』(記)411所収の1873年6月27日付の小倉県権参事堀尾重典他発太政大臣宛の「福岡県下暴動御届」添付の小倉県出張官員の「暴動見聞書」，土屋喬雄・小野道雄編著『明治初年農民騒擾録』507-549頁，1953年）。さらに，福岡県隣接の三潴県は「福岡県兇民暴動」を県境界で警備する等として「一時不得已越権ノ次第」に至ったという認識のもとに，旧久留米藩・柳川藩地域の貫属士族を募集し各2小隊に編成し，権大属他2名の県官に指揮させ，銃器弾薬類（小銃107挺——内無番号は98挺，他）を借り上げるなどの武装化を準備した（『公文録』1873年6月，諸県1，第46件所収の1873年6月29日付の三潴県権参事町田景慶発太政官宛の届書）。他方，福岡県庁等の「私兵化」により，鎮台の任務・職掌等が無視され侵された熊本鎮台司令長官谷干城は同年に太政官宛の「地方官が勝手に士族を召集して軍兵を編製［ママ］するの不都合を論じ政府に訴ふ」の建議文を残し，地方官による兵隊編成と兵備化の費用は大蔵省支出になるのか，県庁官員の支出になるのか，などと抗議調で述べた（『谷干城遺稿 三』47-50頁）。

44） 太政官は政策的には府県庁による士族武装化を警戒・禁止していたが，地域的・実態的には一定しなかった。第一に，佐賀事件鎮定では軍隊の編成・統轄権の一部分散化的雰囲気が出現した。まず，太政大臣は2月4日の閣議決定により陸軍省宛に，同県貫属士族が「動揺」しているので急速に最寄りの鎮台から出兵して同県と協議して鎮圧すべきことを指令した（内務省と佐賀県に対しては同陸軍省宛指令を心得ておくことを指示）。その後，太政大臣は2月5日付で，同県貫属士族の動揺に際して，佐賀県権令岩村高俊の「臨機処分之節本県士族ヲ召集鎮定致度」の申請に対する太政官認可を心得ておくことを陸軍省に通知し，同県庁の士族召集・編成による事実上の兵力行使の申請を認可した。ただし，本認可に対して，山県有朋陸軍卿は2月7日付で，同県の士族召集は「兵隊ノ名義」又は「捕亡等ノ名目」により鎮定することなのか，と伺い出たが，太政官は翌8日に「兵隊捕亡等ノ名義」ではなく臨機処分時に召集するのみと回答した（〈記録材料〉中『佐賀征討始末 乾』）。太政官回答は曖昧であり，事実上は士族の兵隊編成容認であった。その中で，陸軍省は2月12日に同省管轄の奏任官の職課任命諸達結文の「被申付候事」を「被　仰付候事」と改定し（陸軍省達布第78号），結文格を勅任官同様に格上げし，天皇による職課任命の明確化による天皇直結下の軍隊勤務を自覚させた。次に，佐賀県士族はおよそ「征韓党」「憂国党」「中立党」の3派に分かれ，反乱党与士族は1万人を超え，県庁官員の大多数は征韓論者と目されており，同県権令申請の士族による反乱士族鎮定の困難は明確であった。その上で，2月10日に参議兼内務卿大久保利通は佐賀事件の鎮静出張を命じられたが，「時機ニ応シ陸軍出張官員へ協議シ鎮台兵ヲ招キ又ハ最寄県ヨリ人数ヲ召募候事」とされ，事実上の兵の召募・編成の権限等が天皇から委任された。かくして，一般行政機関による軍編成等の特別な権力行使が認められ，大久保は2月19日に福岡県と小倉県に命じて「管下士民ヲ精撰シ，各自ニ編隊セシム」云々と両県貫属士族を兵（貫属隊）として出動させた（陸軍参謀局編『佐賀征討戦記』17-18丁，28-29丁，陸軍文庫，1875年）。福岡県は既に貫属士族を募集し3個大隊用の銃器弾薬類を準備していたが，貫属隊として計2,840名余を編成し（大隊長心得2名・副官心得1名・小隊長14名・医師48名を含む戦地出張者は計1,380名余，内銃士1,000名余中の戦闘2回従事者は676名，3月3日解隊），山口県少属吉田唯一に監督させて22日に出張を命じた。小倉県は531名の貫属隊を編成したが銃器等不備により戦地に出動せず，鎮定後の3月4日から佐賀県警備に従事させた（巡回と銃器類の接収，4月9日に解隊）（『公文録』1874年2月，諸県1，第35件，『公文録』1874年，佐賀征討始末3，第84，90件所収の「捕獲賊名並口供書牘其他日記等内務卿上申」中の1874年3月18日付大久保利通発太政大臣宛の「日記」，『公文録』1875年2月，内務省4，第62件下所収の内務省編「佐賀平賊始末」，『公文録』1876年，佐賀台湾両役賞典録1，第4件，〈記録材料〉中『大蔵省考課状十三　本省』第9，18号，他）。また，特に大久保の権限下で，①長崎県は山口尚芳外務少輔と渡辺清大蔵大丞及び阿部隆明開拓少主典と協議し長崎貫属隊の編成を具体化し（大村，諫早，島原，平戸等の士族計1,190名余），河内直方長崎県七等出仕がその警備配置等を指揮し（長崎の外国人居留地等の警衛，諫早・武雄口・鹿島口等と佐賀往復の警備等），②大久保随行の山口県貫族士族の寺田良輔と三刀屋七郎次及び三浦芳太郎等は下関で河野通信内務省六等出仕とともに山口県士族の隊伍編成に着手した。①の長崎県は11日に県官を熊本鎮台に派遣して県内警備兵出張を申請したが，同県での募集と相当処置が指令され，独自に貫属隊を編成し（小野組出店からの借受け金5万円を含む計6万7千5百円を県下の商会社から借受ける），3月6日に解隊したが，大村の士族200名余はその後に警備隊として佐賀県を警備し4月9日に解隊した。②の寺田等は鎮定後の「賊徒追捕」の派出に尽力したとして賞金を下付された（寺田は15円，三刀屋と三浦は各30円，〈単行書〉中『佐賀県暴動事件書類　三』所収の「二月十四日出張挙賊処断済迄諸県及海外派出事ヲ執ル部　第弐号」）。その他，三潴県は管内防禦のために独自に貫属隊600名余を編成し，武庫司預かり兵器類と献納兵器及び柳川での無番号41挺を含む小銃計70挺等の銃器弾薬類買い入れにより武装した。以上の貫属隊の編成に対して，内務省は3月2日に福岡県貫属隊等に給与（県の一時立替，非出張者には日給20銭〈食料・手当金を含む〉，出張者には日給25銭〈食料・手当金を含む〉，他旅費）を与え，4月9日に「貫属隊役員兵卒給金表」を規定して福岡・山口・小倉・大分・三潴・長崎の6県宛に，大隊長心得（出張者の役料は1日1円60銭，食料日当25銭）以下の給金と人夫賃人夫食料・足袋草鞋・食料運送具・兵器運輸具・提灯蠟燭類・綱縄類・毛布・雨衣等及び大砲小銃弾薬買い入れ等の出費を給与すると指令した。さらに，1876年4月の政府賞与で大隊長心得以下戦地出張者全員に賜金等を下付した（小隊長で出張10日・屯集7日・2回戦闘者は賜金84円，1回戦闘者は賜金73円，銃士で2回戦闘者は賜金12円75銭，1回戦闘者は賜金12円5銭，戦死9名は祭粢料計840円余，戦傷3名は扶助料計43円余——終身1年分）。他方，前山清一郎をトップとする「中立党」が征討軍指揮下での隊編成と戦闘参加が許可されたことがある。前山は2月18日に6小隊を編成し（「前山隊」と称され，県庁官員9名を含む計240名余で1小隊は30名前後，他に軍務，器械，輜重，斥候，病院等の諸掛を置く），鎮定後は岩村権令や内務省の指令により降服人謝罪調査と銃砲類の点検・接収（白石・神崎・佐賀・小城・唐津・武雄・伊万里・有田等に部下21名を派遣）及び蓮池から唐津地域の「賊徒探索」や逮捕等に協力した（〈単行書〉中『佐賀県暴動事件書類　二』所収の「前山隊履歴書」）。2月28日付の大久保内務卿発各大臣参議宛の報告書は「[前山隊は] 岩村権令之難を救助し続テ官軍ニ帰順致先鋒実功を挙当分無二念力戦致」云々と特記し（〈公文別録〉中『太政官』1868-1877年，第3巻，第49件），その戦闘参加と協力が特段に評価され，3月17日に総督本営より「酒肴料」が下付され（前山に15円，軍務掛他22人に各5円，隊員計202人に各1円），前山本人には5月31日に

「平定ノ功ヲ奏ス」という勅語が与えられた。内務省は7月28日に佐賀県宛に前山隊購入の小銃代金76円余の国費支出を指令し，陸軍省は1875年1月21日熊本鎮台宛に三潴県上申の前山隊使役人夫賃銭計16円余を下付すべきことを指令した（佐賀県立図書館所蔵〈佐賀県明治行政資料〉中『官省進達　明治七年七月ヨリ九月ニ到ル』第158号，〈陸軍省大日記〉中『明治七年十一月 諸県』伍第406号）。また，1874年7月に大久保内務卿は太政官に前山隊の履歴を上申し，1875年4月に太政官は内務省に前山隊の戦死傷痍者を調査させて祭粢料と家族扶助料の給与を指示し，前山本人は1876年4月の政府賞与で賜金800円を受けた。佐賀事件鎮定では半官半民の私兵化的軍隊編成を公認したことになる。第二に，茨城県は1876年12月の那珂郡の農民運動（租税減額等要求）の「鎮撫」のために士族を傭雇し兵器を携帯させて射撃等の武力行使をしたが，山県有朋陸軍卿は12月14日付で太政大臣宛に「政体ハ勿論鎮台営所配置之旨趣ニモ相悖リ随テ鎮台司令長官之権限ニモ関係不尠候条」云々と批判し，士族の兵隊化禁止の各県への諭達を請う上申書を提出した。山県の上申趣旨は翌1877年2月22日に内務省から府県に諭達された（〈陸軍省大日記〉『明治九年十二月 大日記 官省使庁府県送達』第1926号）。

45）警察力の兵力への転化は，西南戦争時の「別働第三旅団」「新撰旅団」（巡査隊の「軍隊化」──［補注］参照）の編成・出張があるが，警察官吏の武装化・兵器携帯の構想には前史がある。第一に，司法省警保川路利良（警察制度調査のために1872年9月に欧州出張，翌年9月帰国）が1873年10月（日付欠）に警保頭島本仲道宛に提出した警察制度改革の「建議」（全11項目，司法省罫紙墨筆9枚，別添資料・司法省罫紙墨筆5枚［フランス・ベルギー・オランダ・プロイセン・オーストリア・ロシア・イギリスの警察制度概要］）の第6項目は「邏卒ノ職平常ニハ司法地方ノ警察ヲ勤ムト雖トモ止ヲ得サレハ銃器ヲ取リテ兵ト為ル者ナリ依テ各国警保察［ママ］ニハ必ス銃器ヲ予備セリ是レ全ク府下事アルニ臨テ警察ノ権力ヲ以テ鎮静スルヲ要シ漫ニ兵ヲ動スヲ恥レハナリ故ニ地方ノ一揆暴動ニハ警保寮ニ於テ人数ヲ繰立ノ権利アル可シ」と非常時用銃器の準備を述べた（〈記録材料〉中『旧内記課ヨリ引継書類』の㊙450所収，由井正臣・大日向純夫編『日本近代思想体系3 官僚制 警察』［229頁，1990年，岩波書店，他に大日向純夫『日本近代国家の成立と警察』72頁，1992年，校倉書房，参照］は川路利良の「提出正本」は「現存せず」と記述したが，本「建議」が建議正文であり，本章では「川路建議」と表記）。司法省は「川路建議」を了承し，福岡孝弟司法大輔は同10月23日付で右大臣宛に警察規則の裁定を求めて同建議を上申した。「川路建議」は，①首府の内務卿直結の「警察令」（現行の警保頭職に相当）の官職設置と同権限の拡大・強化（第1，4，9項目），②「司法行政ノ両権ノ分明」による内務卿の行政警察権保有と内務省新設（第2項目），③軍人の邏卒への採用（第5項目），④「我邦各国トノ交際ハ自主独立ト称スト雖トモ其実ハ所謂半主ナル者ニシテ間々属国ノ体裁ヲ免レサル者アリ如何トナレハ横浜ニ各国ノ国旗ヲ掲ケ其兵卒ヲ置キ府下ニ外国人跋扈不法アリトモ之ヲ国法ニ処スル権ナク甚キハ外国人府下ノ番人ヲ捕縛スルニ至ル」ことは「国恥」であり，警察制度・裁判制度の厳正化は急務である（第10項目），等を述べた。太政官法制課は「川路建議」を審査し（特に，第4，5項目に意見を付す），10月30日に，同建議の陳述は「一時見聞」の記事であり「未タ警察規則改正方法ノ根拠ト為スニ足ラス」として，さらに各国警察規則の条款と司法行政権限分界・出費施行方法等を明細調査して上申すべきことを指令した。したがって，「川路建議」はそのまま太政官で採用されたのでなく，特に第6項目の邏卒の武装化等は採用されなかった。当時の司法省（警保寮）は特に陸軍兵の市中等での対邏卒「暴状」の制止対策を困難としていた。そのため，事情切迫した福岡司法大輔は1873年5月20日付で太政官に「六尺許之棒ヲ為持置何時軍人乱之節ハ直ニ狂暴人ト視做シ之ヲ以防撃為致申度然ル上ハ万一之カ為ニ死傷等ニ及ヒ候儀有之モ難計候得共其儀前以御聞置ニ相成候様致度」と伺い出た（〈単行書〉中『参照書類・法制課』1873年）。これに対して，法制課は6尺長棒携帯は「暴状」をおさめるものでなく「徒ニ暴闘ノ資トナスノミニテ大患ヲ生ス」るという審査意見を述べ，陸軍省に軍人取締方法の対策を立ててもらうので，司法省伺いには特に指令には及ばないという指令案を報告し，閣議も5月24日に了承した。第二に，佐賀事件時に（東京警視庁・内務省の申し出により），太政大臣は2月20日付で陸軍省宛に，非常時の巡査は太政官正院と内務卿の指令により「兵器ヲ以制防可致旨」を内務省に指令したので，内務省の兵器請求等の協議に不都合がないことを通知した（〈陸軍省大日記〉中『明治七年一月二月　太政官』）。これについて，西郷従道陸軍大輔は同23日付で太政官に，巡査の小銃携帯は隊伍を編成しなければならず，隊伍編成の場合はもちろん陸軍兵隊と異ならないので，陸軍省の指揮を内務省に通知してほしいと伺い出た。しかし，太政官は3月4日付で，警察官吏の非常時兵器使用は「全ク人民ノ権利」の「安康」と「警保」の使用にすぎず，陸軍省の指揮には及ばないと回答した。佐賀事件勃発時の警察機関への兵器貸与は，神奈川県の邏卒（小銃400挺，弾薬付属品共，神奈川砲隊から受領）と佐賀県出張の警部以下100余名（小銃350挺，弾薬付属品共，長崎県備付［長崎砲隊からの預かりもの］から受領）であった。佐賀県の警察官吏の兵器所持は，内務省は9月に引き続き警備のために（借用分を長崎県に返却し），「賊徒」からの没収銃器中でエンヒールド銃110挺と弾薬1万発（附属品共）を同県に引き渡してほしいと陸軍省に照会したが（〈陸軍省大日記〉中『明治七年十一月　各省』），同省は同没収兵器を熊本鎮台で調査済み後はいつでも引き渡すことを回答した。佐賀事件の全体的管轄は内務省にあり，内務省が没収兵器の管理権を行使し，同省管轄下の警察官吏に兵器を携帯させることにしたのであろう。第三に，1874年の台湾出兵事件中において，警視長川路利良は8月13日付で伊藤博文内務卿宛に，同年2月20日の非常時の巡査の兵器携帯認可の太政官指令にもとづき，「定務ノ余暇」に当庁内で兵器使用の技術演習をしたい旨を上申した（〈陸軍省大日記〉中『明治七年八月九月　太政官』）。伊藤内務卿は8月25日付で太政大臣に同上申を伺い出た結果（点火演習はなし），認可された。そして，太政官は8月28日付で陸軍省宛に内務省・警視庁の兵器使用演習用の相当兵器を同省に引き渡すことを指令した。太政官は同認可指令を今回限りと考えていたが，さらに，9月15日付で陸軍省宛に，陸軍士官の警視庁派遣と兵器使用技術の「教授」を指令した。しかし，山県陸軍卿は批判と異議を提出した（〈陸軍省大日記〉中『明治七年八月九月　太政官』所収の12月22日付発太政大臣宛の上申書）。川路警視長上申は陸軍敬礼式（1873年7月制定）による携帯銃の敬礼実施を含むが，山県は，同敬礼式は陸軍軍人と軍属に限り施行され，外部者には与らないとした。また，元来，巡査は一市井・一村落の人民保護の任務にすぎないことは東京警視庁職制章程並諸規則（1874年2月）に照らして明確であり，外国の「ポリス」も手銃携帯せず，本年2月20日の太政官指令により，即今非常時に至って巡査の手銃携帯は不都合とした。そして，日本国では憲兵制度を調査して全国一般に設置すべきところ，差し向き東京府下に憲兵の職制章程並諸規則の施行発令の上に，さらに巡査の手銃携帯を認可すれば，「憲法兵〔ママ〕巡査混淆区別無シ甚不体裁」であると上申した。この結果，太政官は翌1875年1月19日付で陸軍省宛に，憲兵編成の場合には巡査の小銃携帯を改正しなければならないが，巡査の小銃携帯に敬礼式がなければ礼節を失って体裁を誤ることは測りがたいので，山県陸軍卿の異議申し立ての上申は一時聞き届けられたと指令した。太政官の見解はほぼ憲兵設置の方向性を示した。他方，司法省側から憲兵設置案が建議され，さらに，内務省側が警察力の兵力転化を構想するに至った。すなわち，第四に，佐賀事件後に，岸良兼養大検事と司法省出仕井上毅は連署により同年6月30日付で左院に「乞設備警兵議」を建議したことがある。「備警兵」（ジャンダルム，gendarme，「警備兵」の訳・呼称もある）はおよそ憲兵を意味するが，同建議は軍事警察と一般治安警察との混用として設置を提案し，かつ，備警兵を「士族ニ采リ」と主張した（『明治建白書集成』第3巻，534-537頁，本建議内容等は中原英典『明治警察史論集』45-84頁，1980年，良書普及会，に収録）。これに対して，左院内務課は建議主旨を理解しつつも，士族限定採用等には難色を示し，9月15日の閣議はさらに同建議への内務省意見を提出させることに決定し，10月10日付で同省に下問した。その後，翌1875年3月7日の太政官達第29号の行政警察規則制定直後の大久保利通内務卿の3月13日付の太政大臣宛回答は警察力の兵力への転化に関する注目される論点を含んでいた。すなわち，大久保回答は，①国力（国家資力）が足らないので，まず地方警察官吏の配置を厳格に実施し，警備兵設置は時節をまって施行すればよい，②1871年以来，各地に騒擾を醸し盗賊が横行しているのは警察方法の不備があり，「夫レ彼ノ時［頑民暴動］警察ノ設置厳密ナルアラハ未タ容易ニ台兵［鎮台兵］ヲ用ユルニ及ハサル可シ此ニ由テ之ヲ観レハ内治ノ義ハ兵力ノ足ラサルヲ憂フルヨリハ警察ノ至ラサルヲ憂フ故ニ早ク警察官吏ヲ増置スルニ如クハナシ且万一内外交戦ノ日ニ当ラハ陸軍士官ヲ地方ニ派出シ邏卒ヲシテ銃器携帯練兵ノ法ヲ講スヘシ数月ヲ経過セスシテ万余ノ精兵ヲ得テ地方ノ防護ヲ為サシムヘシ之警察官吏ノ中泰西護国軍ノ意ヲ寓シ一挙両得ト云ヘシ」と，警察官吏・邏卒の増加と陸軍連携の教育訓練による防禦力強化を強調し，③警備兵は陸軍兵の老練者により編成すべきだが，現在日本の海陸兵の訓練歴史は浅いので老練者を編成できず，そのため，「［建議のように］今警備兵ヲ募ルニ士族ノミヲ以テスルハ目下ノ簡便法ニハ可有之候ヘ共士族ノ旧習ヲ復シ前ニ士ノ常職ヲ解キ全国ノ丁壮タル者一般兵役ノ義務ヲ帯有スルノ成規ニ矛盾シ他日一種ノ弊害ヲ生スヘシ」と主張した（〈諸雑公文書〉中『備警兵設置』1875年4月）。当時，内務省は「頑民暴動」等対策の警察費不足を申請する地方官が多いとして当面の警察力増強を課題にしていた（『公文録』1875年12月内務省6，第93）。その上で，特に②の警察力増強は内外交戦時に邏卒を兵に転化させ，ヨーロッパの「護国軍」相当の防禦力を構築できるとした。大久保内務卿指摘の「護国軍」は，フランス革命期の住民武装を基本とする自発的な軍隊の結集・編成としての「護国兵」（Gard Nationale（ガルド ナシヨナル），第2章注1）の④の拙稿参照）を必ずしも意味せず，およそ，編制上は後備軍を意味する（日本徴兵制上は国民軍）。大久保回答は特に対外交戦時の究極的な防禦力総結集としての警察力動員を構想・展望していた。ただし，士族の警備兵採用の反対理由には士族武装化への警戒・不信があり，憲兵制度を時期尚早とした。しかるに，左院は4月19日に岸良らの建議の元老院議定への下付を起案したが，7月に至り，即時に全国的に実施できないとして見合わせた。

［**補注**］西南戦争時の別働第三旅団や新撰旅団等の編成・出張を巡査隊の「軍隊化」と記述するものもある（松下芳男『明治軍制史論』上巻，484頁）。これらの巡査隊は内務省が士族を基本にして採用して編成されたが（同省が人事・給与を管理），その性格は厳密に検討されなければならない。第一に，臨時徴募の巡査で別働第三旅団や新撰旅団等への編入者は兵役として服したとみなされるか否かである。大久保利通内務卿は10月2日付で太政大臣宛に，別働第三旅団や新撰旅団等編入の臨時徴募の巡査は追々帰京するが，警視庁巡査が減少しているが故に同巡査を警視庁巡査として勤続させる見込みであると伺い出た（〈単行書〉中『行政決裁録　六』第

258号)。その際，彼らには徴兵相当者が含まれているので，同徴兵相当者に限って「兵役ニ服シ」たとみなして，徴兵令第3章の常備兵免役に準じて徴兵免除にした上で巡査に採用したいと述べた。太政官は内務省伺いへの意見書を陸軍省に提出させたが，陸軍卿代理西郷従道は同年11月21日付で，臨時徴募の巡査は同年に臨時召集した兵(壮兵)とは「別種ノ者ニテ敢テ年期ヲ定メ兵役ニ服シタル者トハ自カラ差別有之」として反対意見を提出した。「旅団」の用語は兵員・兵力の団隊編成を印象づけるが，巡査隊の新撰旅団等への編成・編入は兵員・兵力のものではない。また，その編成・出張の人事経歴は，内務省の管理という判断が示された。その意味では，陸軍省意見の警察力・巡査の出張は兵の服役ではないという見解は正しい。その結果，太政官法制局は陸軍省意見を基本にして「御聴許不相成」「伺之趣難聞届候事」の指令案を起案し，閣議を経て上奏し，12月13日に天皇は了解(「聞」)した。しかし，第二に，逆にみれば，警察力が新たな究極的な攻撃力・防禦力として転化・結集したという法的な前例や効力は残存した。巡査隊の新撰旅団等への編成は即戦力を目ざし，士族の武装化・隊伍編成に反対の山県有朋参軍が苦肉策として5月18日付で大久保内務卿等への建言と意思統一を図った上で措置された(『征西戦記稿』第31，4-9頁)。大久保内務卿は備警兵設置意見のように内外交戦時の究極的な防禦力総結集としての警察力の兵力転化を構想していたが故に(士族限定の場合は異議をはさむが)，山県建言に対しては特別の違和感はなかった。総じて，警察力の兵力転化は志願兵・義勇兵とみなすこともでき，かつ，その後も義勇兵(制)の議論と構想もあった(最終的には1945年6月の義勇兵役法制定)。その上で，西南戦争までの警察力の究極的な兵力転化は政府側権力維持の危機的事態において，士族対策の策略をはさみつつも，武官と文官のトップがその危機的事態の情報・認識等を率直に共有しつつ措置されたことが重要な特質である。

46)　台湾出兵事件時の士族等の従軍志願者は本書の第2部第1章参照。その他，拙稿「『自衛』の軍隊をめぐる『民営化』構想」『平和教育』第76号，2009年7月，日本平和教育研究協議会発行，参照。

47)　〈陸軍省大日記〉中『明治五年八月　諸省』。1873年徴兵令制定の調査・起案が開始されるに至り，1872年段階で注目すべきことは，①太政官左院雇いのフランス人ジュ・ブスケ(Albert Charles Du Bousquet：1837年ベルギー生まれのフランス人で，1867年2月にフランス軍事教官団の一員として来日し，同教官団解散後はフランス公使館附通弁官として在留し，兵部省顧問や左院雇外国人を経て，司法省雇として出仕)が「日本軍勢再立」にかかわって1872年3月28日に提出した建白書は，常備軍の結集・成立のための検討順序として，全「兵力」を確定した上で，兵隊の「編成」「教方」「武器備へ」等の再構築や「入兵ノ方法」等を述べ，②同時期のフランス教師団来日前の陸軍省の調査・起案のフランス教師招請目的において，「軍ノ聚成規律等尽ク仏国ノ制ニ従フ可シ」「歩騎砲工輜重兵等ノ配合編成ハ我国陸軍省適当ノ法ヲ定ム可シ」「我国政体仏国ノ政体ト異ナリ故ニ兵ヲ取ルノ法其別アリ然トモ兵士トナリテ軍隊ニ編入スル上ハ成丈仏国ノ規律ニ随ワシム可シ」云々と記述し，兵力（常備軍兵数）の確定と兵員供給・編成・教育・武器の統一化の調査を重視したことである（『公文録』1872年4月左院，第17件上，〈陸軍省大日記〉中『明治五年三月　秘史局』）。

48)　廃藩置県により全国城郭は兵部省管轄になった。その場合，同省は将来の兵力配備計画を立てた上で，旧城郭中の不用地所はやがて地方官に引き渡す考え方であった。しかるに，1872年に至り旧城郭管理の環境が変化した。第一に，旧城郭自体は周囲の堀・塀等を含めて「無用の長物」になり，補修でなく再利用（新たな開墾，埋め立て等）したいという県もでてきた。1872年1月から3月にかけては，置賜県，丸岡・大野・勝山県，広島県（三原城），群馬県（沼田城），栃木県（元壬生県の廃城），若松県，筑摩県（飯田城），などである。これに対して，陸軍省は兵備配置計画決定まで，当該県の預かりを指令した。その後，太政官は6月14日に同省に，府県の城塁の取り壊しは伺いを経て処置することを指令した。第二に，同年5月24日の諸省府県宛の太政官布達第167号は城郭と廃県庁又は官宅の支庁等使用中を除き，空家等の不用分は入札により払い下げ（「官舎払下規則」），土地柄により払い下げが支障を生じさせる場合には「宿代」を徴収して貸し渡すことを規定した（「官舎貸渡規則」）。これにより，同年7月から柏崎県，神山県，鳥取県等は管内廃城郭内の建物・立木や陣屋の入札払下げ又は建物借用を同省に伺い出て許可された。ただし，城郭内の旧藩建物を払い下げて同地借用の上に県庁を新築し，旧城郭借用による県庁の移転・建築に対しては（8月22日付の福島県の伺，11月25日付の福岡県の伺等），陸軍省は「全国配兵之目途未決定」の理由により許可しなかった（〈陸軍省大日記〉中『明治五年八月　諸県』，同『明治五年十月十一月　諸県』）。第三に，太政官は同年5月27日に各省使宛に，諸省の官舎・学校・兵隊屯営・工場等の建設用の入用地所は「御用地」（政府所有地）であるので，当該の政府所有者から相対価格で買入れるので，所有者と示談等により調整した上で伺い出ることを布達した。これについて，陸軍省は7月28日付で太政官正院宛に，①同省の予算定額範囲内では相対価格で買い上げできないこともありえる，②城郭等の不用地所を無代で地方官に引渡した上は，その後に同省入用の地所はすべて無代で引き渡してもらわなければ不都合である，③上記②が困難ならば，不用の城郭地所等は今後「相当ノ代価」で売り払う運びになる，と上申した（『公文録』1872年6月7月陸軍省，第40件）。本上申への太政官の指令は特にないが，陸軍省は兵力配置計画と城郭等の用・不用の判断が迫られていた。

49) 〈陸軍省大日記〉中『壬申十月 大日記 諸省府県之部』第1048号。

50) 『公文録』1873年1月2月陸軍省，第6件。

51) 〈陸軍省大日記〉中『明治五年十月 秘史局』。

52) 「表式」は「書式」「様式」「制式」「格式」等に並び，行政的規則としての表作成（表示化）を規定した。1871年7月18日太政官布達の鉱山年表（統計化）の作成上の表式の規則化が行政的規則の表式としては早いものに属する。陸軍では1880年6月19日陸達第37号の新訂陸軍報告規則が（「凡例」第7〜8条），各官廨からの報告諸表の体裁は当該事務の異同のために一定しがたいが，その「大要」と「各官廨相類似スル表式数種」を掲載し，参照・準拠すべきことを示した。その後，1892年2月16日陸達第6号の陸軍報告例と同陸達第7号の陸軍統計材料表式により表式が規則化された。

53) 琉球と対馬の兵備は1879年「琉球処分」問題の日清間交渉案件未決着等をふまえ別稿が用意されなければならない。

54) 本章記述の「1個中隊兵卒定員160名」は歩兵内務書への準拠を示し，厳密には大隊附兵卒と小隊附兵卒との合算・換算である。内務書の系譜等は拙著『近代日本軍隊教育史研究』第1部参照。戦時の人員総数の算定根拠は不明であるが，平時編制定員の単純倍化による増員策をとった（歩兵は1.5倍化，騎兵・砲兵・工兵は1.25倍化）。なお，千田稔『維新政権の直属軍隊』（29-41頁，1978年，開明書院）は，1868年閏4月20日の新政府布告の「石高ニ応シ兵員ヲ募集シ以テ陸軍ヲ編制ス」（『太政類典』第1編第108巻，兵制，第2件）により「陸軍編制が布告された」云々と記述したが，同布告は厳密には藩兵に依拠した陸軍兵員の徴集と兵力の編成の基準を示し，同「編制」の用語には軍制上の編制の概念はない。

55) 近年の徴兵制研究において，「各種常備兵一ヶ年ノ徴員」の10,560人の数値は「石高割」の発想から計算されたという記述（加藤陽子『徴兵制と近代日本』52-53頁，1996年，吉川弘文館）は誤解である。「六管鎮台表」等が全国石高や各軍管下府県の石高を記述したのは，常備兵員徴集の際の各軍管下府県への徴員配賦上の目安としての位置づけにすぎない。同数値は歩兵内務書他規定の兵卒人員を基準にした鎮台配置完成平時兵卒定員総計31,680人を3で除して自動的に算出されたものである。

［**補注1**］「六管鎮台表」制定当時の各営所の歩兵諸隊は従来の大隊編制を踏襲し，給養算定基準は大隊編制表にもとづいた。1873年3月27日の陸軍省達の「陸軍給養同備考」中の「歩兵給養第一表」は「歩兵一大隊人員表　但八小隊」を掲載し，歩兵一大隊人員表は1872年1月規定の「歩兵一大隊人員表但八小隊」（〈陸軍省大日記〉中『明治五年中 参謀局 三兵本部』）を基盤にした。これによれば，1個小隊の兵卒

人員は計76（喇叭卒4，銃卒72）である。この場合，大隊には「列外」（大隊附人員）として縫工16と靴工16を含み，同縫工・靴工の人員を各小隊に配当する考え方をとれば，1個小隊には縫工と靴工の各2の計4名が配当される。したがって，1個小隊の兵卒合計は80（76プラス4）になる。この結果，1個中隊の定員は160名（80×2個小隊）として換算され，歩兵内務書第一版の1個中隊兵卒定員160名と合致する。

［**補注2**］山県有朋は，旧各藩の「士族」の総数を約40万人とすれば，常備軍団の合計兵数等では40有余万の兵力が必要としつつも，当時の財政・国力との関係で維持不可能のために，「平時ニ於テ四万ノ兵員ヲ養成シ，戦時ニ於テハ増シテ七万ノ兵力ヲ得ルノ準備ヲ為シタリ」と述べた（山県有朋「徴兵制度及自治制度確立ノ沿革」国家学会編『明治憲政経済史論』394-395頁，1919年）。山県の「士族」総数の算出根拠は不明であるが，1872年の大蔵省調査の全国有禄士族総数は42万579人とされた（『明治政覧』収録の細川広世編『明治政覧』下巻，299頁）。ただし，旧幕藩体制下の「幕臣」「藩士」等の範囲確定は困難であり，各藩の士分階級と士分以下の階級の制度・名称も，各々の藩で当該身分階層・職制・待遇・禄高の相違により複雑特殊的につくられていた。1869年2月の版籍奉還時に新政府は「士族」という社会的・身分的階級をつくり，旧武家的意識を残存させようとした。士族への編入対象者は武士及び武士に準ずる家系に属した（主に幕臣，藩士，朝廷直属の公家地下人，神官や寺院の家士等）。この中で，武士の家系に属する者の場合は，士分以上は士族に編入され，士分以下は「卒族」に編入された。また，幕臣の中で御家人の大部分や足軽等は卒族に編入された。しかし，各藩の士族・卒族への編入は，各藩の藩士等の複雑特殊な構成と裁量にゆだねられたために，全国統一されず，不均衡を生じた。そのため，1872年1月に禄高世襲の卒を士族に編入し，新規一代限抱えの卒を平民に編入するとされた。この結果，卒族階級は廃止され，華族，士族，平民の3階級になった。新政府の士族階級の編入のあり方は，細川広世編『明治政覧』下巻の指摘のように，大蔵省調査の全国有禄士族総数をもって「全国昔日ノ士」とできないことは当然である。なお，卒族の士族又は平民への編入は1875年までに完了したとされている（福地重孝『士族と士族意識』15頁，1956年）。

56）『公文録』1873年5月陸軍省，第13件。

57）58）59）『公文録』1873年7月陸軍省，第7件。1873年鎮台条例に検閲使職務体制と将校進級決定手続きが合体された理由は将校人事政策上の検討を必要とする。同年5月2日制定の太政官職制章程中の「太政官正院事務章程」は文武の勅任官・奏任官の進退全体は内閣議官の審議を経ると規定した。しかるに，山県有朋陸軍中将と西郷従道陸軍少輔の5月5日付の太政大臣宛上申書は，勅奏任武官の進退黜陟手続きは「生命賭ケ奉事」の職務に報いるために内閣の審議関与から独立した軍隊内部の独自規則制定を要請した（『公文録』1873年7月陸軍省，第7件）。太政官庶務課は山県らの上申趣旨を了解しなかったが，5月18日の閣議は特に指令には及ばないとした。

60）『公文類聚』第12編巻12，兵制門2陸海軍官制1，第11件。1888年5月の大山巖陸軍大臣の鎮台条例廃止と師団司令部条例制定の理由書は，1873年鎮台条例は「主トシテ平時地方鎮圧ニ係ル制度ニシテ建制上戦時団隊ノ編制ト相関スル所少ナク」と説明した。なお，山県有朋兵部大輔の1872年1月4日の「近衛鎮台条例奏上」は，鎮台が「朝意」「皇威」を基本にした内国綏撫人心鎮圧と府県統治の制度であったことを強調した（『公文録』1872年2-4月，陸軍省，第10件）。

61）ただし，大弐少弐地方司令官等はさらなる指令があるまで従前の通りに置かれた。当時の鎮台の司令将官（司令長官）等は下記名簿の通りである（1873年12月28日現在，〈陸軍省大日記〉中『卿官房 明治六年十二月』）。［東京鎮台　司令長官・中将山田顕義　大弐心得・少佐堀直好　地方司令官心得・少佐阿武素行　出仕・少佐中村尚武　新潟営所　地方司令官心得・少佐田付景賢　高崎営所　大弐心得・少佐徳久恒範　宇都宮営所　地方司令官心得・少佐新井重豊］，［仙台鎮台　司令長官・大佐三好重臣　在勤（従前大弐心得）・少佐遠藤守一　地方司令官心得・少佐柳篤信　青森営所　在勤（従前大弐心得）・少佐堀尾晴義］，［名古屋鎮台　司令長官御用取計・中佐野崎貞純　大弐心得・少佐乃木希典］，［大阪鎮台　司令長官・中将四条隆謌　大弐心得・大佐谷重喜　地方司令官心得・中佐揖斐章　大弐心得・少佐竹下縮往　少弐心得・少佐渡辺央］，［広島鎮台　司令長官御用取計・中佐品川氏章　地方司令官心得・少佐高島信茂　同坂井重季　高松営所　大弐心得・少佐八木儞作］，［熊本鎮台　司令長官・少将谷干城　少弐心得・少佐白杉政愛　同佐久間左右太　鹿児島営所　大弐心得・少佐樺山資紀　当分大弐心得・少佐貴島邦彦］。なお，1874年2月22日の参謀局設置後に上記名簿中で下線部氏名者は参謀勤務になり，二重下線部氏名者は参謀長勤務（名古屋鎮台，大佐昇任，4月17日）になったとみてよい（〈記録材料〉中『明治七年自四月至十二月 職員表 陸軍』所収の1874年4月20日改正の「陸軍職員表」参照）。

62）拙稿「鎮台 ちんだい」（『日本歴史大事典』第2巻，1099頁，2000年，小学館）は鎮台を「建軍期の陸軍編制の最大単位」と記述したが，「建軍期における平時を基本にした軍行政上の軍管統轄機関」と訂正する。

63）〈陸軍省大日記〉中『明治六年六月 卿官房』，同『明治六年八月九月 第一局』。

64）『太政類典』第2編第242巻，兵制41止，雑，第8件所収。

65）『陸軍省第一年報』中「近衛鎮台諸隊総員」49-55頁。

66）鍬兵は銃卒（一般の歩兵）と同一視できない超過労力になっていた。鍬兵の俸給改善は1885年陸軍省達乙第53号陸軍給与規則改正の「陸軍武官俸給表」の備考に歩兵上等卒で中隊鍬兵長の職務者には日給の他に「金三厘」の増加を規定したのみであった。

67）〈陸軍省大日記〉中『明治八年従四月至七月　第二局』。

68）〈陸軍省大日記〉中『明治七年　陸軍省達全書』21-22頁。なお，佐賀事件に対しては，山口県権令は2月10日付で武庫司宛に「不容易形勢」により管内人民の動揺も測りがたいので「人民保護」のために小銃弾薬借用を照会した（〈陸軍省大日記〉中『明治七年二月　諸県』，同『明治七年二月　大日記　諸寮司伺届幷諸達県』第404号）。これについて，池田貞賢武庫正は2月19日付で西郷従道陸軍大輔宛に同借用は「無余儀情実」として許可してほしいと伺い出た。西郷は翌20日に伺い通りという判断を下したが，陸軍省は「当分見合候事」と指令し，県庁兵備化を警戒抑制した。

69）佐賀事件鎮定後も銃砲弾薬類の売買運送厳禁が第五軍管下で続いていることに対して，島根県は3月23日付で太政官宛に職猟営業者の支障が生じて不都合であるとして解禁を伺い出た。太政官は同県の伺いを含めて，陸軍省了解を経て，4月13日に2月17日付指令の解禁を布達した（『法規分類大全』第45巻，兵制門（1），102-103頁）。他方，陸軍省は11月24日に武庫司宛に諸県に預け置いた兵器弾薬と各鎮台（営所）での不用兵器弾薬類の全集約を指令した。

70）〈記録材料〉中『佐賀征討始末　乾』，佐賀県立図書館所蔵〈佐賀県明治行政資料〉中『出張内務省進達　明治七年』。当時の佐賀の「征韓党」の軍費調達は潤沢で旧藩時代の銃砲製造が豊富であり，長崎からの外国製兵器の買入れと運搬が容易であったとされている（江藤冬雄『南白江藤新平実伝』385-386頁，1990年，佐賀新聞社）。そのため，大久保内務卿等は，特に士族を中心にして相当数の銃砲類が所有・所持されていると認識し，銃砲類接収の徹底化を図ったのであろう。

71）『公文録』1874年，佐賀征討始末4，第102件。

72）〈記録材料〉中『佐賀征討始末　乾』，『公文録』1875年2月，内務省4，第62件下所収の内務省編『佐賀平賊始末』参照。既に長崎県は2月21日以降に深堀他の貫属士族等で「賊徒ニ左袒」者を捕縛し入牢させていた（早稲田大学社会科学研究所編『大隈文書』第1巻，1958年，94-101頁所収の「佐賀ノ乱賊徒討伐状況竝捕縛人名報告書」中の1874年2月28日付の長崎県令宮川房行発内務卿［代理］木戸孝允・大蔵卿大隈重信宛の報告書等参照）。

73）『大久保利通伝』下巻，234-235頁，1911年。接収銃砲類の総計（反乱側銃砲類の押収と遺失物無印銃の官没を含む）は洋銃5,851挺・和銃4,283挺，その中で返還されたものは洋銃1,995挺・和銃3,181挺，官没は洋銃2,754挺・和銃771挺とされている（『公文録』1874年，佐賀征討始末付録，第16件上所収の佐賀県1874年8月調製「騒擾所関一覧概表」参照)。

74)　佐賀県立図書館所蔵〈佐賀県明治行政資料〉中『官省進達 明治七年』。

75)　『太政類典』雑部，鹿児島県征討始末一，第20件。2月24日に内務省は，警視官は非常警備時の兵器携帯があり，各地派出での需用も多く，目下の必要分を補充しなければ支障も生ずるので，太政官布達第26号中に「警視官」を追加し，鎮台用向けに準じた臨機買入れ許可を伺い出た。同省伺いは了承され同24日に太政官布達第29号として布達された。

76)　『公文録』1877年，官符原案抄録，山形県下鶴岡情勢上申書中の3月12日付薄井龍之発岩倉具視宛開申書及び3月3日付船越衛発大沼渉陸軍少佐宛の回答書。〈単行書〉中『山形県電報 本局』参照。

77)　〈陸軍省大日記〉中『来翰日記 附伺届 陸軍参謀本部』第117，118号。

78)　〈単行書〉中『山形県電報 本局』。既に黒田清隆は2月14日付の松平親懐(1874年酒田県令，1875年酒田県参事等を歴任)と菅実秀(庄内藩家老，1874年酒田県権参事を歴任)宛の書簡で，西郷隆盛は鹿児島の私学校生徒の暴挙には「不同意之旨」を述べたことの伝聞を報知し，松平・菅も同24日付の黒田宛の連名書簡で「[山形県下は新聞紙上で色々報道されているが] 決而動揺致し[ママ]候事抔ハ無之，必御安心可レ被ニ成下一候」と復信した(鶴岡市『鶴岡巾史』中巻，401-402頁，1975年，鶴岡市史編纂会編纂『明治維新期史料 鶴岡市史資料編庄内史料集16-2』193頁，1988年)。

79)　『公文録』1877年5月，内務省4，第73件。

80)　山形県史編さん委員会編『山県県史 資料編第2(明治初期下 三島文書)』82-118頁，参照，1962年。

81)　『公文録』1877年8月，内務省4，第81件。

82)　注79)に同じ。鹿児島県維新史料編さん所編『鹿児島県史 西南戦争第3巻』所収の「緊要書」参照，1979年，鹿児島県。

83)　〈陸軍省大日記〉中『[明治] 十年四月 大日記 甲 発 軍団本営』第512号。

84)　『公文録』1879年10月陸軍省，第9件。『征西戦記稿』(「附録」所収の「軍中雑録」4月20日の条，5頁)には，征討総督本営の福岡県令と長崎県令宛の人民軍用銃借上げ指令は大阪所在陸軍参謀部の鳥尾小弥太中将の発論とされ，「蓋シ言ヲ借上ニ托シテ之ヲ収メ以テ士民ノ暴動ヲ防クナリ」と記述された。

85)　〈単行書〉中『明治十三年 参事院文書 決裁録 陸軍』第32件。

86)　〈陸軍省大日記〉中『明治十年四月 大日記 発博多陸軍参謀部』号外。曾我祐準陸軍少将の4月24日付の征討総督本営宛の小銃の県庁集約に関する届書参照。

87)　楢崎隆存編輯『明治十年 鎮西征討記』巻五，20-21丁，1877年11月。ただし，福岡県下の銃器類接収はやや複雑で同県庁の独自判断も加えられ当初から明確・強硬な「引揚」があった。すなわち，西南戦争時の特に旧秋月藩士族の暴挙に対しては「暴挙ニ関セサル者ト雖トモ武器ハ一切引揚タ」ことがあった（〈記録材料〉中『会計部処務記録』1881年4月「内務省ノ部」受第108号）。同県は1880年12月に「暴挙」無関係者の銃器をすべて返付し，破損紛失分は鑑定人評価額による買上げの示談が所有者と成立した。しかるに，旧秋月藩士族の1名は「暴挙」無関係者であったが，同本人の長男は「兇徒ノ隊伍ニ加ハリ官兵ニ抗敵セシヲ以テ」，長男居宅（同父親の居宅でもあり，同居）の銃器全部が接収され，同引揚げには父親所有の銃器も含まれていた。その場合，接収銃器類は騒擾のために焼毀又は紛失したこともあった。これに対して，「暴挙」無関係者の同父親は買上げ示談時に，鑑定人評価額（44円35銭）に承服せず，1,010円余の代償を請求した。旧秋月藩士族の代償請求に困惑した福岡県は，「正邪同居ノ家」からの接収銃器の損失なるものは「本人等ニ於テ強テ請フ所ノ理由ナキノミナラス若之ヲ許サハ他ニ影響シ且不公平ナラン」として，同鑑定人評価額で買上げるべきことを内務省に上申した。内務省も1881年3月に太政官宛に同旧秋月藩士族の代償請求を不当として同鑑定人評価額により買上げることを伺い出た。太政官は4月7日に同省伺いを閣議決定した。

88）89）〈陸軍省大日記〉中『［明治］十年五月　大日記　来　軍団本営』第391，467号。福岡県宛指令の買い上げ銃器の代価は，エンヒールド銃1挺1円50銭，スナイドル銃1挺2円50銭，アルピニー銃1挺2円50銭，短スペンサー銃1挺2円，舶来革製胴乱（30～50発用）1組20銭，等とされた。なお，和革製胴乱等は買い上げされなかった。

90）〈陸軍省大日記〉中『［明治］十年九月　大日記　軍団本営』第1252号。その後，福岡県は12月に小倉営所預かり銃器の引渡しを旧征討軍団事務所（陸軍省内）に求めたが，小倉営所預かり分は一旦引渡した上でさらに預かり置かれた。

91）〈陸軍省大日記〉中『明治十一年六月ヨリ八月十日ニ至ル　大日記　来　旧征討軍団事務所』来第633号。

92）〈陸軍省大日記〉中『明治十一年　大日記　百七十二号ヨリ二百八十四号発　旧軍団事務所』。

93）長崎県歴史文化博物館所蔵『非常兵器』。長崎県は銃砲弾薬類売買の免許商人の在庫銃砲類を実地検査した。長崎県第一大区には4名の免許商人がいたが，同県の調査係官員が出張して警察官吏の立会いのもとに5月30日から同商人の納屋・倉庫を開き銃砲類の現物検査を実施した。

94）長崎県歴史文化博物館所蔵『明治十年二月～十月　非常中各地武官往来書』。

95）長崎県歴史文化博物館所蔵『明治十年　臨時費』。

96)　〈陸軍省大日記〉中『明治十一年六月ヨリ八月十日ニ至ル　大日記　来　旧征討軍団事務所』来第638号。

97)　〈陸軍省大日記〉中『明治十年十月　日記　来　旧軍団残務調書』。

98)　注96）に同じ。

99)　〈陸軍省大日記〉中『明治十一年四月五月　大日記　旧軍団事務所』。

100)　〈陸軍省大日記〉中『明治十年　密事日記　征討陸軍事務所』送達之部，5月28日，第31，33，37号所収の西郷従道陸軍卿代理発の山県有朋参軍，黒田陸軍中将・井田譲陸軍少将宛の書簡参照。

101)　『公文録』1877年行在所公文録2，第35件所収の小池高知県権令の6月4日付で内務省宛上申書。小池上申書によれば，6月2日に県庁土蔵の銃砲類の隠匿風説もあり自ら不信家屋等を点検した結果，隠匿銃砲は一切なかったが，免許商人中岡所有の銃砲弾薬類（小銃1,500挺等）は「其儘措置候テハ人心ニモ指響［ママ］候懸念有之」として北村陸軍中佐と協議したとされる。その時，北村は陸軍省に買い上げを照会したが指令はなかった。しかし，至急を要するとして，後日北村から西郷従道中将に申し出るということで，買い上げを断行したとされている。他に〈陸軍省大日記〉中『明治十一年　西南事件』参照。

102)　後年，小池国武は中岡正十郎からの銃砲類買い上げ処分断行を，「民間からの火薬を取りあげ」るために，当初はやや躊躇していた北村陸軍中佐を「今や躊躇すべき時でない。断行，断行，唯一の断行あるのみ」と説得し，中岡を呼び出させた結果，「中岡は晴天の霹靂と言はぬ許り，百方遁辞を構へたが，終に往生して不承不承ながら承諾した」と語った。また，小池らは中岡店舗の火薬庫からの搬送に際して，巡査を出動させ，人夫に火薬庫の錠を「捻ぢ切れと厳達し」て開扉させるなどして，夜半から翌朝にかけて「丸で戦争のような騒だった」状況の中で断行したと述べた（『西南紀伝　下-1』336-338頁）。なお，中岡は大阪府下江戸堀の某宅預け置きの銃砲類も買い上げられた。その後，中岡は大阪の陸軍省出張所に出向き，買い上げ銃砲類代価を上申し，翌1878年1月に同省宛に5,807円余（1877年6月5日上納の銃砲類代価，同日に内金5千円受領）と1,692円余（1877年6月14日上納の銃砲類代価）の合計7,500円余から内金差し引きの2,500円を請求した（〈陸軍省大日記〉中『明治十一年　西南事件』）。同省が中岡の請求を了承し，支払い手続きを決定したのは1880年6月であり，征討費から支出した（〈陸軍省大日記〉中『明治十三年　陸号送号審按　十一』1880年3月17日，6月2日）。

103) 104)　〈陸軍省大日記〉中『明治十年　熊本県諸達　軍団裁判所』番外甲第15号，番外甲第48号。

105)　〈陸軍省大日記〉中『明治十年五月一日起　発翰　軍団参謀部』。

106）〈陸軍省大日記〉中『明治十年三月　大日記　使府県』弐第348，349号。

107）『太政類典』第3編第54巻，兵制門，第18件所収，1878年10月28日付新潟県発内務省宛伺参照。

108）〈陸軍省大日記〉中『明治十年九月　諸省』壱第1637号。村松町在住の当該個人は同年3月当初に新潟県令宛に銃砲買い上げを願い出ていた。新潟県令は3月13日付で陸軍省に同買い上げ願いを上申したが，同省は3月19日に「当省入用無之」として許可しなかった（〈陸軍省大日記〉中『明治十年三月　大日記　使府県』弐第363号）。

109）〈陸軍省大日記〉中『明治十年八月　諸省』壱第1442号所収の8月9日付大久保利通内務卿発陸軍卿代理井田譲陸軍少将宛回答書及び〈陸軍省大日記〉中『明治十年九月　諸省』壱第1734号参照。その後，陸軍省は新潟県庁の銃器類残置を不要と判断し，同省の7月23日の内務省宛照会と内務省の8月9日の同県宛指令を経て，すべて陸軍砲兵本廠に返納された（〈陸軍省大日記〉中『明治十年七月　大日記　諸向送達』土第1263号）。

110）〈陸軍省大日記〉中『明治十年七月　大日記　使府県』弐第1183号。その場合，途中の沿道や宿泊地の警衛として各府県の巡査を同行させた。なお，新潟県からは大砲5門と同附属品は新潟港から和船で函館港に輸送され，函館港からは三菱会社汽船で東京に輸送された。

111）『公文録』1880年3月内務省，第10件。

112）〈陸軍省大日記〉中『明治十年　密事日記　陸軍事務所』6月2日第46号。

113）〈陸軍省大日記〉中『明治十年十月　大日記　使府県』弐第1686号，同『明治十年十月　大日記　諸向送達』土1787号。

114）〈陸軍省大日記〉中『明治十一年三月四月　諸省』壱第509号。

115）116）〈陸軍省大日記〉中『明治十一年　密事日記　房長』第2，31号。2月20日付の山県建議に対して，太政官は内務省と大蔵省の意見を提出させたようであるが，同意見は不明である。当時，内務省調査では，全国の軍用銃概数（西洋銃・火縄銃）は合計176,302挺とされ，ピストルを除く160,507挺（大分・熊本・鹿児島の3県の未調査分を除く）の買い上げ代価は約21万9千円余とされた（中山泰昌編『新聞集成　明治編年史』第3巻，385頁所収の1878年5月7日付『朝野新聞』参照）。

117）〈陸軍省大日記〉中『明治十年八月三十日〜十年十一月十六日　日記　来　軍団本営』11月13日。

118）〈陸軍省大日記〉中『[明治十年] 四月　大日記　来　軍団本営』第219号。1877年4月24日付山口県令発征討総督府宛の銃器献納上申は同29日に許可され，銃器現品は下関の陸軍運輸局への納付が指示された。なお，1877年3月19日内務省達乙第34号により人民所蔵の軍用銃砲弾薬類の献納願い出の扱い方（地方庁が1875年太政官達第121号により賞与し，当該品処分は陸軍省に申稟する）が規定された。

119）『公文録』1879年10月陸軍省，第9件。

120）〈単行書〉中『明治十三年　参事院文書　決裁録　陸軍』第32件。福岡・長崎両県の借り上げ銃器類の買い上げや返還の手続きは容易ではなかった。まず，長崎県令内海忠勝は陸軍卿宛に，①1880年3月30日付で，借り上げ軍用銃が買い上げられる場合，同銃砲附属の弾薬・雷管は1878年中の旧征討軍団砲兵部の買い上げ価格により買い上げられるのか，と伺い立て，②1880年6月16日付で，太政官の前年10月10日の福岡・長崎両県の借り上げ銃器類の買い上げ処分決定後，長崎県管内計16郡1区では，11郡はすべて買い上げを承諾したが，他の6郡区内では1～3名が種々の理由によって銃器類現品返還を願い出ており，県庁側は反復説諭を加えたが到底承服するに至らず，今後，同返還願いに対しては「採用不致断然可買揚」にするか，あるいはやむをえない分に限り返還するか，を速やかに指令してほしい，と伺い出た。陸軍省は，①は5月1日付で，1878年中の価格で銃砲附属品も買い上げる，②は7月1日付で，買い上げ諾否の品名・員数の区分の調査・報告を指令した（〈陸軍省大日記〉中『明治十三年五月　大日記　府県』，同『明治十三年七月　大日記　使府県』）。他方，福岡県令渡辺清は1880年5月15日付で陸軍卿宛に，①県庁は銃砲附属品（銃剣の平剣・三角剣の区分等）を所有主毎に台帳に詳記しなかったことにより，本人のものか否かを照合する確証はないので，本人申し出通りの代価を下付してほしい，②返還願い出の銃器には倉庫保管・運搬等による毀損・錆付きや属具紛失もありえるので，点検の上，修理・修復の指令をしかるべき機関に発し，また，大阪砲兵支廠での返還銃器調査実施を同支廠に指令し，同調査費や所有主までの運搬費を下付してほしい，③借り上げ銃には旧藩主からの戦功賞与としての子孫までの継承や亡父の遺品継承があり，購入時価格と買い上げ代価との差額が大きいという理由で返還を願い出ていることの事情等を考慮してほしい，と伺い出たが，陸軍省は，①は7月6日付で各人申し出の価格を下付する，②③は10月28日付で伺い通りにする，と回答した（〈陸軍省大日記〉中『明治十三年七月　大日記　使府県』，同『明治十三年十月　大日記　府県』総火第11139，1140号，同『明治十三年従十月至十二月　第一号審按』中1880年10月16日）。

121）〈陸軍省大日記〉中『明治十四年従七月至十二月　稟議』。

122）『公文録』1880年3月内務省，第10件。

123）『太政類典』第3編第54巻，兵制門，第18件所収の1878年10月28日付新潟県発内務省宛伺参照。

第2章　1873年徴兵令の成立
――徴兵制の過度期的施行 (1)――

1　徴兵制を迎える四鎮台配置下の兵力編成

近代日本の徴兵制導入は旧藩等から召集した壮兵等を解隊一掃し，兵力・兵員を再編成することであった[1]。ただし，「全部徴兵に拠ること能はす，徴兵，壮兵，相混交するものを免れさりき。八年，諸隊を編改し，全国の壮兵は漸を以て免役せしめ，明治初年以来，七年に至る過度期より進みて，面目を一新したるものありと雖も，当時国内の事情は，内乱を慮らさる可からさるを以て，兵備の方針も亦之に準拠せさるを得さりき。」[2]の記述もあり，内乱等の反政府運動や事件等への対応重視を含めて，「六管鎮台表」の兵員定員充足の徴兵制施行も過度期とみなされなければならない。壮兵等の解隊は次章で考察し（近衛の編成替えを含む），本章は徴兵制導入直前の鎮台兵力編成の概要から検討する。

第一に，1872年末現在の四鎮台諸兵（鎮台召集兵人員）の概要は，①歩兵隊は東京鎮台の9個大隊，東北鎮台の2個大隊，大阪鎮台の3個大隊，鎮西鎮台の4個大隊で，下士人員計1,681，卒人員計7,698，②騎兵隊は2個小隊で，下士人員計9，卒人員計123，③砲兵隊は3隊で，下士人員計53，卒人員計497，④兵学寮附では，歩兵隊の1個大隊（下士人員計71，卒人員計646，大阪鎮台から東京鎮台へ所管換えになり，兵学寮附になる），砲兵隊の1個大隊（下士人員計12，生徒人員96），工兵隊の4個小隊（下士人員計68，卒人員計57，前身は造築隊で工兵第一大隊になり，同年8月に教導団附属工兵隊になる），である[3]。特に東京鎮台の兵力（歩兵計9個大隊）は全鎮台の約半数を占めた。東京鎮台諸隊兵員の出身県はほぼ関東以西が多い。陸軍は1873年1月8日に日比谷陸軍操練場で「陸軍始」の行事として「飾隊式」（観兵式）を実施した。同出場の東京鎮台諸隊は半数弱の4個大隊であり，合計人員は2,090人とされた[4]。

当時，1872年末の四鎮台合計の隊附人員は10,551人であった（内，下士1,745，兵卒8,322)。他方，近衛諸隊合計の隊附人員は5,532人であった（内，下士878，兵卒4,331)[5]。つまり，東京鎮台の人員数のみでも近衛諸隊の人員数とほぼ均衡したことが想定される。

第二に，鎮台の本営分営への兵員召集に関して，特にその補欠召集を鎮台管轄下の県に召集手続きをとらせた。たとえば，①石川県（1872年3月20日，元金沢県解隊歩兵中から2小隊，東京鎮台第三分営兵〈名古屋〉)，②岩手県（1872年7月5日，元盛岡藩解隊歩兵中から1小隊，東北鎮台本営兵)，③佐賀県・小倉県・長崎県・三潴県（1872年8月2日，四民の歩兵志願者を精選，鎮西鎮台〈計55人〉)，④小田県・島根県・浜田県・山口県・広島県（1872年8月27日，四民の歩兵志願者を精選，鎮西鎮台第一分営〈計112名〉)，⑤岐阜県・浜松県・筑摩県・愛知県・石川県・新川県（1873年2月27日，四民の歩兵志願者の検査合格者，名古屋鎮台〈同様に宮城県・盤前県・福島県・水沢県・若松県・青森県・岩手県・秋田県・酒田県・山形県・置賜県に対しては仙台鎮台に召集させる，小田県・島根県・浜田県・山口県・広島県・名東県・高知県・愛媛県に対しては広島鎮台に召集させる〉)，⑥石川県（1873年5月14日，四民の歩兵志願者の検査合格者，名古屋鎮台)，に指令した。同指令で特に④～⑥は，鎮台歩兵補欠召集等の手続きは志願者の召集であったが，事実上は県に対する割当て仕事（賦役化）の組織化を示している。

第三に，鎮台召集兵の服役期限と除隊取扱いの問題がある。陸軍省は1872年4月25日に東京鎮台召集兵の服役期限を満3年（入隊年から）と規定し（再役は詮議の上若干年服役させる)，故障による除隊出願を許可せず，現在やむをえない情実がある者は詮議するので至急の申し出を指令した。さらに，同年10月7日に大阪・鎮西・東北の三鎮台召集兵の服役期限を「未定」とし，今後の除隊出願の扱い方として，嗣子で父母を失って兄弟がなく営産の支障者，独子独孫で父母祖父母が病気・「極老」であり本人がいなければ父母・祖父母の余生を支えられない者，兄弟がいても病気や障害者・幼児であり父母の病気を看護できない者に関しては，本人親族から父母兄弟姉妹の有無年齢等の明細を各府県庁に出願させ，各府県庁は当該事実の調査の上相違なき者を鎮台に提出する，という手続きを規定した（「除隊取扱規則」)。しかし，除隊取扱規則の実施結果，出願者が多くなり，際限なく兵員減少したとされる。そのため，1873年7月27日に陸軍省は五鎮台と府県に対して，今後の除隊出願に際しては，府県庁は検査合格者から「代人」を選んで差し出し，鎮台で検査し補欠入営させることを指令した。つまり，鎮台召集兵は志願兵・壮兵であったが，恣意的な除隊を許可せず，除隊許可条件として出身家族の自営・自活への考慮の視点を示した。その意味では除隊取扱規則は，府藩県に徴兵兵員の検査・撰挙を指示した1870年11月13日の「徴兵規則」第2条の「一家ノ主人又ハ一子ニシテ老父母アル者或ハ不具ノ父母アル者等撰挙ス可カラサル事」の規定を部分的に継承した。なお，除隊取扱規則の規定に際して，東京鎮台を除く三鎮台召集兵の服役期限を未定としたのは，同時点で兵員補充の見通しが立たなかったからであろう。いずれにせよ，志願兵・壮兵による鎮台召集兵は安定的な兵員供給に欠けるとされた。

四鎮台下の兵力編成は現役兵中心の平時兵力編成が基本であり，その平時編制は即戦時編制を意図し，平時と戦時の各兵員の安定的確保を見通したのではなかった。かくして，平時と戦時の各兵員の権力的・計画的供給をささえる政策として徴兵制導入を進め，常備軍の本格的結集をめざした。

2　1873年徴兵令の成立と施行

(1) 徴兵令の調査・起案・裁可と布告――兵役制度の復古化的導入

1873年徴兵令制定の契機や欧州徴兵制導入の重要着目としては，1871年12月の兵部大輔山県有朋他の「軍備意見書」における予備兵の確保・編成をめざす兵役制度への注目をあげなければならない[6)]。同「軍備意見書」の予備役兵の確保・編成の着眼は，平時と戦時の兵力の計画的な確保・編成の見通しを立てた。その後，徴兵令の調査・起草の骨格を固めたのは，ほぼ，1872年鎮台配置計画案の前後，すなわち同年8月とみてよい。陸軍省秘史局は同年10月にはおよその調査をまとめて徴兵令本文の「徴兵編成并概則」の目次・章立てを起草した[7)]。同目次・章立ては徴兵令公布正文とほぼ同一である。

そして，同10月に陸軍省秘史局は「徴兵令等六冊」を太政官正院に提出した。この徴兵令等6冊とは，徴兵令本文，「四民論」，「勅書案」，「太政官布告案」，

「徴兵大意」，「癸酉徴兵略式」の6文書であった[8]。その際，「癸酉徴兵略式」を除く5文書が正院での審査・審議の対象になった。特に，四民の実情にもとづく免役規則適宜運用と士族卒の徴集重視等を主張した「四民論」に対しては，左院が11月26日付で反対意見を提出した。閣議では（11月26日から28日までに開催されたとみてよい），①「武門」批判（「勅書案」の「兵権武門~~ノ手ニ墜チ~~[ニ帰シ]」の文言修正の了承等）と士族武装化への警戒を基調方針にして[9]，左院の「陸軍省ヨリ伺出候徴兵制度ノ答議」を了承し（「四民論」を退ける），②「太政官布告案」にさらに修正・増補等を施して徴兵令裁可公布文とし，「詔書写」（「勅書案」は「詔書」と修正）」の前文に置いた。ここで，②の「太政官布告案」の但し書きは「但徴兵令及徴募期限ハ追テ可相達候事」と増補修正され，徴兵令本文等は後日改めて指令するという扱い方が裁可された。この結果，「詔書写」及び「徴兵大意」の表題のみを（本文内容はそのまま）法令布告の格式風に修正した「徴兵告諭」は同年11月28日に布告された（太政官第379号）[10]。その際，「詔書」（全国徴兵の詔）は「[上略] 今本邦古昔ノ制ニ基キ海外各国ノ式ヲ斟酌シ全国募兵ノ法ヲ設ケ国家保護ノ基ヲ立ント欲ス」と記述し，「徴兵告諭」は「我朝上古ノ制海内挙テ兵トナラサルハナシ有事ノ日　天子之カ元帥トナリ丁壮兵役ニ堪ユル者ヲ募リ以テ不服ヲ征ス」云々と記述し，兵役制度の復古化的導入と天皇統帥権の確認という軍制の古典的な中央集権化を前提としたことが最大の特質である（統帥権の復古的集中化Ｉ）。

ただし，徴兵の施行手続き等を規定した徴兵令本文は（徴兵令附録の「六管鎮台徴員幷式」を含む），改暦による約1旬後の1873年1月10日に布告された[11]。その理由は，旧城郭地所等の確保に関する対大蔵省との「条約書」の協議成立をふまえた1873年「六管鎮台表」による鎮台（営所）の配置改定方針策定（1873年1月9日）をまたなければならなかったからである。この場合，「六管鎮台徴員幷式」は「六管鎮台表」にもとづく平時編制定員（常備兵員総計31,680人（本書第1部第2章の表1参照））の配賦式（徴集兵員［徴員］の軍管毎割り当て計算式）を規定した。その徴員配賦式は，常備軍服役年数は3年であるので，毎年31,680人の3分の1すなわち10,560人を採用すれば，3年目には平時編制定員が充足完成する。ここで，「徴員」は主に徴兵事務段階での使用用語であり，兵員として徴集される人員を意味する（徴集予定人員を含む）。なお，1873年徴兵令以降の「徴兵」は兵になるべき者の徴集を意味するとともに，兵になる予定者で未だ兵にならざる段階にある者の呼称になった。

(2) 第一軍管東京鎮台管下の徴兵令施行と採用常備徴員数

「六管鎮台徴員并式」は六軍管毎の常備兵員を規定し，徴兵令の第一年目施行地域は第一軍管東京鎮台管下の1府17県とされた（常備人員合計7,140人，1箇年徴員は2,380人）。第一軍管東京鎮台管下を徴兵令第一年目施行地域にした理由は，注16）の山県有朋陸軍卿の右大臣宛伺い書のように，地方人心の動向を見据え，施行地域の順次拡大方針をとり，新政府権力の本拠地から遠隔地域に拡大する意図にあった。

さて，同管下の石高は737万石であり，3,096石余で1箇年に1人の徴員を供給するが，全国の石高基準からみればやや余裕があり，およそ3,000石で1人の徴員配賦の目安とした。そして，陸軍省が同管下府県宛に徴兵令施行日程・徴兵使巡行・徴兵下調・府県毎の予定徴員数等を指令したのが，「癸酉徴兵略式」を修正した1月10日の陸軍省布達である[12)]。「六管鎮台徴員并式」の第一軍管東京鎮台常備人員合計は7,140人で，常備1箇年徴員を2,380人と規定したが，「癸酉徴兵略式」は常備1箇年徴員を2,140人（補充徴員は908人）と起案し，1月10日の陸軍省布達は同起案徴員数を修正して常備1箇年徴員を2,300人（補充徴員は972人）と規定した。これらの徴兵兵種別の入営地内訳は，東京（歩兵1大隊，砲・工・騎・輜重兵），新潟（歩兵半大隊），高崎（歩兵半大隊），佐倉（歩兵半大隊），宇都宮（歩兵半大隊）とされた。

この場合，1月10日の陸軍省布達は東京鎮台管下府県に対して「高一千五百石ニ付一人ノ見込ヲ以テ故障無之者ヲ致精撰徴兵使巡行ノ節各庁下ニ召集致置可申」と指令した。徴兵令は府県と区町村の徴兵事務（戸長への徴兵相当者氏名届け出から開始される徴兵諸名簿調製）の開始時期を前年11月上旬に規定したが，1873年の区町村側の徴兵事務は徴兵令布告から徴兵使巡行開始日2月15日までの約1箇月間に急遽完了しなければならなかった。ここで，「故障無之者ヲ致精撰」とは，徴兵令第3章の「常備兵免役概則」の免役相当者を除いて調製した「徴兵連名簿」（第6章第13条）を提出させることであり，各府県の「徴兵連名簿」の登載人員数は1,500石につき1人であることを意味する。つまり，陸軍省は同管下府県に対して，府県段階で予め「徴兵連名簿」の登載者数（徴員候補者・常備軍兵役候補者，具体的には徴兵使による検査対象者数）の調製と提出において，「六管鎮台徴員幷式」の目安からみれば約2倍の人員を検査対象者として呼集させることを命じたことになる。徴兵使による検査は最初の試みであり，検査対象者数の目安を設定して府県毎の検査対象者総数・概数を明確化しなければ，検査時間・巡行日程の計画が困難になることを危惧したからであろう。なお，陸軍省の「高一千五百石ニ付一人ノ見込」云々の指令に対しては，各府県はさらに石高比例の「徴兵連名簿」登載者数以上の人員数を上乗せして登載・呼集し，検査に臨ませた。同時に同指令により，各府県はさらに管内大区小区等自治体に石高比例配分による「徴兵連名簿」登載者数を配賦させることもあった。この結果，「故障無之者ヲ致精撰」（下線は遠藤）の「徴兵連名簿」調製事務は，「徴兵連名簿」登載者をして当該行政区域からいわば「推薦」「撰出」された常備軍兵役候補者として位置づけ，採用徴兵はおよそ村請負の雰囲気下の村賦役・村代表としての性格を強くした。

1月10日の陸軍省布達を典型的・積極的に実施したのが山梨県であった。山梨県は，同県権参事富岡敬男が2月2日付で県下山梨八代巨摩計3郡の正副区長に対して，免役相当者を除き，同3郡の小区毎の石高比例により（3郡で合計76小区，計238人），「強壮兵役ニ堪ユル者毎区抜擢」を指令した[13]。本指令は徴兵を村賦役としてうけとめ，配賦徴員数をさらに小区・村の末端在来自治体に配賦して毎区抜擢の発想のもとに，徴員候補者の「推薦」を意図した。同県が末端在来自治体からの毎区抜擢を意図したのは村賦役であるが故に，在来自治体側で徴員候補者の「撰出裁量権」が行使できるという思い込みがあったとみてよい。この結果，特に同県は6月4日に徴兵入営者に対して「夫レ人ニ任アル其事一端ニアラスト雖モ国家保護ノ任ヨリ重キハナシ［中略］汝等今其撰ミニ挙リ万民ニ代リ重任ヲ受ルノ辱［かたじけな］キヲ知リ入営ノ上ハ能ク其法令ヲ守リ身力ノ至ル処ヲ尽シ勉強怠ルナカルヘシ」云々と告諭を発した[14]。つまり，徴兵入営者は府県や在来自治体住民のいわば代表者として撰出・採用されたという観念を成立させた。

さて，宮木信順少佐を徴兵使とする第一軍管東京鎮台管下の1府17県の徴兵使巡行は2月15日（東京府）から4月10日（入間県）まで行われた。その結果，常備徴員2,071人，補充徴員688人を徴集した[15)]。常備徴員2,071人等の府県別内訳は注15）の**表3** 1873年の第一軍管東京鎮台管下の1府17県の徴兵内訳，参照），およそ1万石につき3.1人を徴集する府県が大多数ではあるが，宇都宮・群馬・栃木の3県は約半数以下の1.3人から1.6人であり，かつ，同3県の補充徴員は0人であった。栃木県の石高は木更津県に等しいが，栃木県の常備徴員69人は木更津県の常備徴員162人よりも93人も少ない。これは徴兵令第1章規定の徴兵官員構成の当該府県側官員（議長［府県の知事令参事の内1名，徴兵の「審断判決」］・議官［府県の典事属］・議員［戸長又は副戸長，「民情」の上申］・傭医［府県撰出，地域特有の疾病を上申］）の発言力・熱意等により左右された結果とみなさざるをえない[16)]。つまり，府県側官員の議長の「審断判決」の職掌規定は徴兵使の「徴兵ノ諸務ヲ総管ス」の職掌規定よりも実際的には重かったとみてよい。本規定は1879年徴兵令改正で消えるが，府県側が徴兵採用の具体的な審断判決権限を持たされていたことを背景にしている。その場合，府県側に審断判決を負わせた兵員採用の徴兵事務を規定したことの理由は，徴兵裁決事務を前近代的な賦役・村請負の延長的事務としてとらえ，兵役者（＝賦役従事者）送付責任とその認識・判断の権限は府県や在来自治体側にあるとみなし，さらに徴兵事務経費負担構造にあった（徴兵入費の地方民費負担）。

(3)　徴兵令施行と徴兵諸名簿調製の管理方針

徴兵事務開始において重要なのは徴兵諸名簿調製の管理であった。府県側作成の徴兵諸名簿は徴兵令第4章第2条の「人別表」，第6章第12条の「国民軍成丁簿」，第6章第13条の「徴兵連名簿」であり，明瞭・精密な調製が必要であった[17)]。

ところで，徴兵名簿調製に対しては府県から年齢計算の質疑等が出された。それらの質疑や回答・指令等と太政官の指令等をふまえて総括的に示したのが，地方官向け徴兵事務説明用の1875年1月23日陸軍省布達第23号徴兵令参考（全34条）の規定であった。すなわち，徴兵令参考第18条の「第二式　年齢計算表」であった（**表2**の徴兵年齢計算表，1875年11月7日陸軍省達第111号徴兵令参考改訂第17条の「第二式 年齢計算表」）。これらの年齢計算表は徴兵対

表2　徴兵年齢計算表

出生年月日 a b	1852.2.16 (嘉永5)子 ~1853.2.15 (嘉永6)丑	1853.2.16 (嘉永6)丑 ~1854.2.15 (安政1)寅	1854.2.16 (安政1)寅 ~1855.2.15 (安政2)卯	1855.2.16 (安政2)卯 ~1856.2.15 (安政3)辰	1856.3 (安政3)辰 ~1857.2 (安政4)巳
①1873年 a 2月15日 b	[20年11箇月余日 ~20年余日]	[19年11箇月余日 ~19年余日]	**[18年11箇月余日 ~18年余日]東**		
②1874年 a 2月15日 b	[21年11箇月余日 ~21年余日]	**[20年11箇月余日 ~20年余日]東名大熊仙***	19年11箇月余日 ~19年余日		
③1875年 a 2月15日 b	**[22年11箇月余日 ~22年余日]東**		**20年11箇月余日 ~20年余日　名大熊仙**	[19年11箇月余日 ~19年余日]	
④1876年 a 1月 b				**[20年11箇月 ~20年]全鎮台**	19年11箇月 ~19年
⑤1877年 a 1月 b					**20年11箇月 ~20年　全鎮台**

注：1875年1月徴兵令参考，同年11月7日徴兵令参考改訂，1876年8月22日徴兵令参考中改正，同年11月21日徴兵令参考中改正，1873年5月20日陸軍省達(東京鎮台管下府県宛)，1874年7月29日陸軍省達布第286号(第一軍管府県宛)，を参照して作成。①~⑤欄の太字は徴兵令による当該年徴集対象者年齢の通算年月範囲で（非太字は当該前年に徴兵連名簿への登載者年齢の通算年月範囲），東は東京鎮台，名は名古屋鎮台，大は大阪鎮台，熊は熊本鎮台，仙は仙台鎮台の各略字で当該年に管下で徴集実施。ただし，1874年の仙台鎮台の徴兵は1874年5月8日陸軍省布第202号による。①②③の[ ]内は，1873年1月10日陸軍省達(東京鎮台管下府県宛)と1875年1月徴兵令参考の年齢計算表を参照して年月を参考記載。④の[ ]内は1876年8月22日徴兵令参考中改正の年齢計算表を参照して年月を参考記載。

象者の出生年月日と「徴兵連名簿」登載起算月日等に関して20余年前に遡及して年齢年月を月別に通算記載したが，同省の徴兵対象者の出生年月日に対する認識・判断や徴兵令施行の構えを考察する上で極めて重要である。

陸軍省が徴兵諸名簿作成上の年齢計算表を示したのは，一般社会通念の年齢起算観念とは異なる独自の年齢起算観念を有していたからである。

第一に，徴兵令第6章第13条は「男児二十歳ニ至レハ兵役ニ就クヘキヲ以テ毎年十二月二十五日迄ニ府県庁ニ於テ十九歳ノ者ヲ調ヘ徴兵連名簿ニ載スルコトトス是故ニ十九歳ノ者ハ其年ノ十一月十日迄ニ前条十七歳ノ届式［前年16歳者は11月10日までに戸長に明年17歳になることを届け出て，国民軍成丁簿を作成］ノ如ク戸長ヘ届出テ戸長ハ十一月二十日迄ニ成丁簿ヲ照シ現人ニ引合セ其内免役ニ適スル者ハ篤ト取調ヘ夫々箇条書相添ヘ区長ヘ差出シ区長ハ十一月三十日迄ニ区括リニシテ証印シ府県庁ヘ差出スヘシ府県庁之ヲ点検シ徴兵連名簿ニ載セ十二月二十五日迄ニ陸軍省ヘ差出スヘシ」云々と規定した。

ここで，「男児二十歳」は，陸軍省独自の年齢起算観念のもとに規定された。「男児二十歳」は本人が自己の出生日を基準にして20回目の出生日までに通算された一般社会通念の満年齢20歳とはやや異なり，当該徴集年の特定期日（徴兵検査期日）を基準にして起算された本人の通算20年間（余）の満年齢期間を意味する。この場合，当該徴集年の特定期日は1月10日陸軍省達の徴兵使巡行開始日の2月15日を基準にした18)。したがって，ここでの「二十歳」は「出生日起算上の満年齢20歳」ではなく，正確には「徴兵検査期日起算上の満年齢20歳」である。それは，また，当該年出生者が出生と同時に1歳になった上でさらに毎年の正月1日を迎える毎に年齢が1歳加算される「数え年20歳」を意味しない。すなわち，1873年の東京鎮台管下府県の徴兵は，本来は，嘉永5年2月16日から同6年2月15日までの出生者（子年出生者と丑年出生者一部）が相当した。

しかし，1月10日の陸軍省布達は，府県庁において「当年二十歳ノ者ヲ相調」云々と記述して「徴兵連名簿」作成を指令したように，「当年二十歳」の正確な意味・趣旨は徹底されず，「数え年20歳」と理解されたとみてよい。すなわち，1873年1月1日に自己の出生年を含めて数えて20年目に入った安政元年・寅年出生者が徴兵対象者になったとみてよい19)。その結果，徴兵令により1873年に最初に東京鎮台に入営したのは寅年出生者であった。つまり，徴兵令第6章第13条の文言は年齢計算上の複雑さを含んでいたが，第13条の文言自体は1875年11月徴兵令改訂でもほぼ踏襲され，1879年徴兵令改正でも「男子二十歳」云々を規定した（第61条）。

陸軍省は徴兵の年齢計算起算期間としての前年2月16日と本年2月15日の月日を当分は維持しようとした。すなわち，1875年1月23日陸軍省布達第23号の徴兵令参考の第18条規定の「徴兵連名簿」の作成に際しては，同条「第二式」に年齢計算表を掲載した。この年齢計算表は同年11月7日陸軍省達第111号の徴兵令参考改訂でも踏襲された。

他方，徴兵令布告直後の2月5日の太政官布告第36号は，一般社会の年齢計算としては満年齢で月通算までの表記を指令した（注19)）。その場合，徴兵令本文の「男児二十歳」の文言に通算20年間の年齢期間（満年齢）が含意されたとしても，府県の徴兵事務担当者や一般社会が理解しにくいとされたのは2月15日をその年齢計算の起算日にすることによって，満年齢計算を日通算しなければならないことであった。これらの日通算化の問題点は1874年に置賜県からも意見が出されていた。内務省も1876年に至り，徴兵令参考の徴兵年齢計算表による年齢計算趣意が一般社会の年齢計算との齟齬をもたらしていると太政官に伺い出た。太政官から意見を求められた陸軍省は5月11日付で，徴兵令参考の年齢計算表は徴兵令第2章第1条の徴兵使の規定にもとづき（2月15日から巡行開始），「例年二月十五日徴兵使派出之期日ニ付此日ヲ本トシ各自徴募ニ就クヘキ者ノ区域ヲ相立調査之方法ヲ示シ候モノニシテ徴兵調ニノミ相用候儀ニ付一般年齢計算ト相違致シ候共敢テ差支ハ無之儀ト存候」と回答した[20]。

陸軍省が年齢計算で徴兵使派出の2月15日に固執したのは，同日に徴兵使派出による「徴兵連名簿」の調査・確認の手続きがなされ，特に「徴兵連名簿」登載者に対して同日から対国家との権力支配下関係に入ったことの強調があったからである。しかし，太政官は太政官布告第36号による年齢計算を同省に求めた。その結果，同省は同年8月22日陸軍省達第130号により徴兵令参考の年齢計算表を改正し，1877年からは，「徴兵連名簿」への記載は1876年1月を基準にして起算し（安政3年辰年3月出生者の満19年11箇月から，安政4年巳年2月出生者の満19年まで），1877年の徴集対象者は1877年1月を基準にして起算することにした（安政3年辰年3月出生者の満20年11箇月から，安政4年巳年2月出生者の満20年まで）[21]。つまり，出生の「年月日」が出生の「年月」になり，当該年の1月から起算した。この結果，1877年は安政3年丙辰年の3月から12月までの出生者と翌安政4年巳年1月・2月までの出生者が徴兵相当者になった。ただし，安政3年丙辰年の2月16日より同月末日までの出生者は（年齢超過して）宙に浮くが，同出生者を1877年の徴兵に応じさせた。

第二に，陸軍省は東京鎮台管下府県に対しては，1873年の徴兵で寅年出生者を徴兵に応じさせたために，翌1874年は同年出生者は徴兵対象外になり，1874年の徴兵には丑年（嘉永6年）出生者調査による「徴兵連名簿」の調製・提出を布達した（1873年5月20日の東京鎮台管下府県宛の陸軍省布達）。これによれば，

1874年2月15日を基準にすれば，嘉永6年2月16日から安政1年2月15日までの出生者は二十歳を満たす（他鎮台管下府県も丑年出生者を徴兵相当者にし，1875年は寅年出生者を徴兵相当者にする）。しかし，翌1875年の徴兵では東京鎮台は寅年出生者を徴兵相当者にできず，他鎮台の徴兵相当者との間に差を生ずる。当時，東京鎮台管下府県もこれらに気付いていた。たとえば，新潟県は1874年4月17日付で陸軍大輔津田出宛に，1873年は安政1年の寅年出生者，1874年は嘉永6年丑年出生者を徴集したので，1875年は「徴募之人員無之」として，至急指令を伺い出た[22]。陸軍省は5月26日に「嘉永五子年」の出生者中から徴集すべきことを指令した。その際，同省は東京鎮台管下の1875年の徴兵令施行の太政官の判断を仰ぎ，1874年7月5日付で太政官宛に，1875年の東京鎮台管下の徴兵は同管下府県に限り，嘉永5年子年中出生者（22歳者）を繰戻して徴集したいと伺い出た[23]。これに対して，太政官左院は，繰戻し徴集は1876年以降に六管鎮台ともに徴兵相当者を一様にする趣旨であるが，人民の容易ならない気配が出ることもあるとした。しかし，本年も丑年出生者を遡及徴集しているので，また，各鎮台の徴兵相当者が二様になるのは不都合であるので，やむをえず許可すべきという審査意見を提出し，7月23日の閣議も了承した。この結果，陸軍省は7月29日に東京鎮台管下府県宛に，1875年の徴兵は嘉永5年子年中出生者による「徴兵連名簿」と免役連名簿の調製を布令した（陸軍省達布第286号）。

かくして，1873年の徴兵令施行から生じた徴兵相当者年齢計算の全鎮台統一は，**表2**の徴兵年齢計算表のように1876年の徴兵に至って解決された。結局，1873〜75年までの東京鎮台管下府県への3年間の徴兵制施行は，特に丑・子年まで遡及し，常備軍現役として徴集された者側からみれば，結果的にはいわば「翌年廻し」「翌々年廻し」（あるいは1〜2年間の猶予）に近い措置を受けたようなものであった。陸軍省側からみれば，法律上の徴兵相当者をとにかく前後3年間を費やして徴集したことになる。

第三に，府県の徴兵事務においては徴兵相当者年齢計算に錯誤を生ずることがあった。ここでは，第四軍管大阪鎮台管下北条県の1874年の徴兵相当者年齢錯誤に対する処置を検討しておく。

北条県参事小野立誠は1874年2月20日付で陸軍卿宛に「徴兵之儀ニ付御届」

を届け出た[24]。それによれば，同県の2月3日付の陸軍省宛進達の「徴兵連名簿」の年齢計算は誤解にもとづき，翌年1875年の徴兵相当者を記載し調製したとされた。北条県は徴兵使の同県出張により同錯誤に関して改めて調査すべきことを大阪鎮台から照会されていたが，徴兵使巡行期日が迫り，再調査による徴兵連名簿の再調製等はもはや不可能とうけとめていた。第四軍管の徴兵使巡行は2月3日付で発されていた（宮木信順徴兵使及び同副使9名と医官13名他書記の人事発令，同15日から同管下府県に派出）。同県は同17日着県の徴兵使一行（徴兵副使の尾越可俊陸軍大尉他）に対して同錯誤の処置を打ち合わせたとされている。その際，同県側は再調査には「幾月日ノ手数」を要し，かつ，検査期限にも遅れて不都合であるので，尾越可俊陸軍大尉に談判して，変則徴集になることを依頼した。その結果，同大尉から同県官宛の陸軍省の「内達」の趣が下されることを聞き，同18日から20日の間に検査終了したとされている。北条県の届書によれば，同県の徴兵年齢錯誤が含まれた「徴兵連名簿」により1874年の徴兵が裁決され，徴兵使の「専断」行使は明確であった。

しかるに，北条県の錯誤を含む徴兵処分に対する陸軍省の判断・指令は翌1875年1月に至った。すなわち，1875年の徴兵を迎えて，第四軍管徴兵副使高田善一は同年1月25日付で陸軍卿宛に，北条県下においては昨年の徴兵相当者を本年徴集することを伺い出た[25]。大山巌陸軍省第一局長も同伺いを1月29日に了承し，一応，太政官への伺い立てが必要であるとして同伺い書を起案・修正し，2月2日付で山県有朋陸軍卿は太政官に提出した。山県陸軍卿の伺い書は，昨年の徴兵年齢錯誤と1875年徴兵相当者を徴集・入営させた経緯を指摘した上で，同徴兵相当者・入営者は「処分可致様無之次第」であるので，彼らを1874年徴兵相当者とみなして服役させ，昨年の徴兵相当者を本年徴兵相当者とみなして徴集するならば不都合は生じないと述べた[26]。太政官左院は，北条県県官の錯誤と徴兵使の専断はいずれも不都合であるが，徴兵期限も迫っているのでやむをえない「無余儀ノ次第」という意見と指令案を提出し，2月7日の閣議で了承され，2月14日に陸軍省に指令した。1874～75年の北条県下の徴兵は，結局，1873～75年の東京鎮台管下の徴兵と同様な扱いをうけ，法律上の徴兵相当者をとにかく前後2年間を費やして徴集したことになる。

3　徴兵令施行と徴兵入費政策の成立
――配賦徴員送り届け業務の自治体責任論の潜在化――

徴兵令施行において政府内で方針を確定できなかったのは徴兵入費（歳出上は徴兵費）の政策であった。また，太政官も徴兵令施行の理解が浅く揺れ動いていた。徴兵入費政策は，入費支出主管省庁確定のみならず，府県地方行政機関や在来自治体側の徴兵事務・徴兵事業の責任と負担に関する本質的問いかけを含んだ。

(1) 1873年徴兵令制定前の兵員採用入費

まず，1873年徴兵令制定前の兵員採用入費の問題がある。大蔵省は四鎮台配置後から徴兵令制定前までの兵員採用関係の府県の諸入費を負担していた。ただし，その場合，大蔵省等は同兵員採用関係の諸入費を「徴兵入費」（あるいは「鎮台徴兵入費」，1873年1月20日の3府66県宛の大蔵省第4号）としてとらえていた。すなわち，徴兵令施行直前に，井上馨大蔵大輔は1873年2月2日付で太政官宛に，①大蔵省は，四鎮台配置後の兵員採用の諸入費（大蔵省上申書では「徴兵入費」）は陸軍省からの支出が至当であると認識し，同省宛に種々照会したが明確な回答がなく，現在に至っている，②府県の予算決算決裁（勘定帳仕上げ）に支障が生ずることは迷惑であり，これ以上は遅緩できず，同省から支出するしかないが，陸軍省引き受けの旧藩所有大砲をすべて大蔵省に引き渡し，同売却金を兵員採用入費にあてたいと上申した[27]。太政官は2月8日に大蔵省上申を了承し，同引渡しを陸軍省に指令した。

これに対して，山県有朋陸軍大輔は同9日付で太政官に，大蔵省上申中の「徴兵入費」の「徴兵」とは四鎮台配置後の兵員採用の諸入費を意味し，同入費支出は大蔵省との協議を経た上で大蔵省が引き受け，廃棄大砲分のみを同省に渡すように取り決めているので，すべての大砲の引渡し云々の指令趣旨は判然としないと照会した。太政官は陸軍省照会を了解し，2月12日付で指令文書を引き替え，改めて，「徴兵入費」はすべて大蔵省に引き受けさせて支給させるので，陸軍省引き受けの旧藩所有大砲の廃棄分の大蔵省への引き渡しを陸軍省に指令した。また，太政官は同陸軍省宛指令を大蔵省に発し，大蔵省も2月17日に了承した。ただし，その後，太政官と大蔵省との掛け合いで，同陸軍省宛指令中の「徴兵入費」の文言を「辛未召集兵入費」と修正し，太政官は2月28日に改めて陸軍省に指令した。これによって，四鎮台配置後の兵員採用にかかわる諸入費主管省庁（大蔵省）は確定した。

(2) 徴兵令施行と1873年の徴兵入費支出方針──徴兵入費をめぐる陸軍省・大蔵省の第一次攻防

次に，山県陸軍大輔は2月22日付で太政官宛に，同12日付の太政官の指令中の「徴兵入費」は「辛未廃藩後召集兵ノ事」と述べ，さらに徴兵令施行にかかわる「徴兵ノ入費ハ地方官入費ニ相立候儀ハ各国普通ノ法ニ有之候ヘハ一時同省へ引受候訳ニハ無之候」として，太政官指令の趣旨を照会した。陸軍省照会は，徴兵令上の徴兵入費は，大蔵省引き受けの従前の「徴兵入費」とは異なる仕組みのもとに組立てられた「地方官入費」の意味を明確化したかったのである[28]。これにより，徴兵入費は徴兵令上の地方（官）入費をめぐる陸軍省と大蔵省との攻防に入った（本章では「第一次攻防」と表記）。徴兵入費支出方針をめぐる第一次攻防は，徴兵入費の府県弁済規定に関して，官費による同入費支出にするか，府県固有財源化（民費化）による同入費支出にするか，という府県段階での経費負担をめぐるおよそ大蔵省と陸軍省との攻防であった。

さて，徴兵令の第6章第1条は，「常備籤ヲ抽キタル徴兵ハ四月二十日ヨリ五月一日迄ニ入営スヘシ其営所迄ハ府県毎ニ区括リニシテ戸長副戸長ノ内召連レ出ヘシ最営所ニテハ籤ノ番号ヲ目的ニ入営ナサシムヘキニ付齟齬ナキ者ハ銘々勝手ニ入営スヘシ夫迄ノ入費ハ総テ府県ニテ弁スヘシ」云々と規定していた。これによれば，府県の徴兵事務で発生する徴兵入営までの諸入費はすべて府県側の負担とされるが，府県側がどのように支給するかは明確ではなかった。

近代日本の国家予算会計制度は1873年6月9日の太政官番外達の「歳入出見込会計表」に始まるが，徴兵令の制定・布告時には予算制度との関係で徴兵入費を組立てる発想はなかった。この場合，徴兵入営に際して，同第6章第1条規定の戸長又は副戸長は徴兵を営所までに「召連レ出ヘシ」云々は，府県の徴兵の事務・事業の基本として，在来自治体側の責任のもとに配賦徴員（徴兵）

の身柄を営所・兵営までに送り届ける業務を意味した。ちなみに1875年1月の徴兵令参考の緒文は「[徴兵は租税と異なることなく] 兵トナルヘキ者ヲ貢スルノ謂ナリ」と記述した。つまり，徴兵令には自治体が租税財源を作るのと同様に，配賦徴員送り届け業務のための徴兵入費負担も府県自己財源化により負うべき自治体責任論が潜在化していたとみてよい。そこでの「徴集」の処分も，国家による文字通りの直接的な強制的・権力的業務の中に在来自治体の介在又は請け負わせという間接的業務を重ね合わせた村賦役としての処分になった。したがって，厳密には徴集処分は行政処分の対象になりえなかった。その後，在来自治体の配賦徴員送り届け業務は入営時の「付添い人」という町村の戸長又は副戸長の業務として継承され，また，監視的業務も付加されるが，配賦徴員の兵営入営までの引率業務として展開された。しかし，徴兵入費は本質的には府県に対する国政委任経費とみるべきであり，1873年の徴兵入費を府県負担にした場合には，当時の地方財政状況に照らせば容易でないことは明確であった。また，府県負担にすれば，府県負担の範囲・区分の明確化（会計処理上も含む）の指針を示さなければならなかった。

その結果，第一に，徴兵入費を府県自己財源化によって負担できない場合に浮上したのが，1873年の陸軍省定額金から支出すべきとする大蔵省案であり，さらに，新たな「民費賦課」（府県区町村の公同義務等費として賦課）とすべきとする陸軍省案であった。

これは，当初の攻防は大蔵省案に結論が傾きかけた。太政官は2月22日付で陸軍省照会を大蔵省に示し，同省の意見・回答を求めた。これについて，渋沢栄一大蔵少輔事務取扱は2月24日付で太政官宛に，陸軍省照会の徴兵入費は「素ヨリ当省へ引受候筋ニハ無之候」と述べ，徴兵入費の地方官入費の主張に対しては，「即今御国ノ体裁ニテハ地方官入費ハ即大蔵省ノ費用モ同様ニ相成今日ノ会計上ニ於テ決テ御聞届可相成筋ニ無之」と拒否し，陸軍省定額金からの支出を回答した[29]。しかし，大蔵省回答に対して，山県は3月2日付で，徴兵入費を陸軍省定額金から支出するならば，徴兵令に齟齬して不都合なことは勿論であるが，「兵ハ人民保護ノ為被設置候間府県ヨリ入費難相弁候ハハ詰リ民費ニ課セ歟[よ]如何様トモ御処分有之度」云々と述べ，府県固有の新たな民費賦課の意見を提出した[30]。山県の民費賦課は当時のほぼ府県区町村費としての賦課を意味した。従来,「民費」は「官費」に相対する経費であり，町村等自治体の公同義務事項や利害範囲にかかわって，自治体住民の協議等により財源化され支弁された。しかし，廃藩置県後の民費は当該自治体の利害関係費たる範囲を急速に逸脱し，区費と府県一般に関する経費や官費・国費をもって賄われるべき経費にまで拡大しつつあった[31]。その場合の賦課方法はおよそ府県管内割・区割・町村割であった。

山県の徴兵入費の民費賦課主張の民費範囲は明確ではないが，およそ，府県の徴兵事務経費の住民負担化を意味した。なお，当時，長野県は徴兵入費の「民費賦課」による財源確保を想定していた[32]。しかし，特に山県の徴兵入費の新たな民費負担意見には同費用の多寡や支出管轄省庁決定にとどまらず，当時の陸軍省側の徴兵制に関する重要な基本的認識が含まれていた。すなわち，兵力編成・兵備維持の一部必要経費の「人民保護」の名目による自治体等への民費負担化は，地方行政機関と在来自治体等の非常時自主的兵備化の禁止により幕末以降の在来的な軍事負担（＝未分化的な軍事の奨励・支援）の側面は国法上で否定・消失されつつあった中で，いわば，在来自治休等の在来的な軍事負担の側面のみをあたかも再生又は混入・踏襲するようなものであった。つまり，山県らの民費賦課の主張は後ろ向きの徴兵入費政策論であった。

その後，太政官は陸軍省意見に関する大蔵省の意見を求めた。これについて，渋沢大蔵少輔事務取扱は，3月10日付で，①徴兵入費は欧州各国では地方費用に属しているが，我が国内景情では民事法制も未整備で，地方費用の区分も明確でなく，地方官入費にした場合は大蔵省支出に属するが，現在の会計上では大蔵省支出の目途は立ちがたい，②新たな民費負担は，現在の「民費相高」の中では「喧々ノ苦情」も出てくるし，かつ，華士族の禄制未決定の中では農工商民のみの負担が増加して不公平になり，政府に対する人民の怨嗟も測りがたいという，反対意見を提出した[33]。さらに，渋沢は3月24日付で，徴兵入費の地方官入費は多少の差支えがあるが故に，徴兵入費支出省庁決定に至るまでは，すべて,「陸軍省へ可伺出旨」をとりあえず指令しておくべきであると伺い出た[34]。太政官正院は3月28日付で大蔵省宛に正院調製の「六管鎮台徴集兵旅費概計表」を送付した（「六管鎮台徴員幷式」による徴員10,060人の旅費合計15,593円余を算出，第一軍管の旅費通計は徴員2,379人で4,283円余）[35]。ただし，六管鎮台徴集兵旅費概計表は徴集兵員の旅費のみであり，注33) の筑摩県指摘の徴兵署の営繕関係等諸費用も含む徴兵入営前までの諸入費を算出しなかった。基本的には，徴兵令の制定と施行に際して（あるいは徴兵令上の諸入費の支出省庁決定前に），同入費の官費支出は当然なので，政府は入費対象の内訳明細を明らかにすべきだった。かくして，1873年徴兵令は徴兵事務上の諸入費支出方針を欠落させて施行された。そこには，兵員をとにかく採用・徴集すればよいとする，人民・府県等の負担を考慮しない政府の権力的構えが強く反映された[36)]。

太政官による徴集兵員旅費の概算調製の結果，井上大蔵大輔は3月31日付で太政官宛に，毎年の徴集兵員の旅費は僅かに1万5千円余であるならば，陸軍省定額金内で支給するほうがよいと回答した。同回答により，太政官は4月5日に陸軍省宛に「徴兵費ノ儀追テ制度可被立候ヘトモ当分ハ其省定額金ヨリ支給可致事」と指令した（本章では「太政官4月指令」と表記）[37)]。これにより，当分は，徴兵入費は陸軍省定額金からの支出方針になり，また，民費負担は回避されたが，徴兵入費の基本政策決定は先送りされた。

第二に，しかし，太政官4月指令に対して，山県陸軍大輔は4月9日付で太政官宛に，陸軍省事務は年始より歳計を見込んで遂行しているので現時点で徴兵入費用への余金は融通しがたく，特命により当省支出にすべきならば，徴兵方法改正や兵額と兵員用建物・物品等を減少させて融通しなければならないので，別途支給してほしいと上申した[38)]。さらに，山県は5月3日と28日付で，4月9日付上申を再述し別途支給を上申した。ところが，太政官は6月9日と22日の閣議を経て，同22日に同省宛に，同年1月から12月までの陸軍省定額金の現在までの支出執行状況と今後の事業と同費用の目途，今年の徴兵費計算を詳細に調査して提出すべきことを指令した（本章では「太政官6月指令」と表記）[39)]。太政官6月指令は太政官4月指令を踏襲し，徴兵入費の陸軍省定額金支出を前提にして，陸軍省の同費用の積み立て着手を期待した。その後，徴兵入費は政府内では特に問題にされなかったが，山県陸軍卿は11月15日付で右大臣宛に徴兵入費支出方針決定を改めて催促し，また，西郷従道陸軍大輔は12月22日付で右大臣宛に，太政官6月指令は陸軍省から支出すべきでなく，徴兵入費の可否決裁を経なければ同費用の積み立て着手にも至ることもできないので，どのように心得るべきかを詮議してほしいと上申した。ここで，陸軍省は当時点までに府県徴兵入費を計算するに至らず，また，同省が府県に同調査を指令したとしても，同省支出の性格ではないので無用になるとした。結局，太政官は12月17日の閣議で，徴兵令上の規定（府県の入費）にもとづき，1873年の徴兵入費は陸軍省定額の外枠での別途支給を決定した。そして，太政官は同22日に大蔵省宛に徴兵入費支出執行を調査し府県への同費用下付を指令した。

かくして，最初の徴兵令施行時の府県徴兵入費支出方針は決着した。ただし，これによって，当初の1873年3月2日の山県陸軍大輔の徴兵入費の「民費賦課」の発想が消えたわけではない。

(3) 1873年の徴兵入費支出執行と1874年の陸軍省の徴兵入費規則化（官費支給範囲の限定化）――配賦徴員送り届け業務構造の成立

大蔵省は1873年の府県徴兵入費支出執行を調査した。その場合，大蔵省は陸軍省と協議して支出執行に関する指針・原則等を立てた。すなわち，大隈重信大蔵卿は翌1874年2月4日付で山県陸軍卿宛に，同調査の一応の経緯を述べ，特に，①府県上申の費途には各々異同があり不都合が少なくない，②徴兵令には徴兵の費目が明瞭に規定されず，調査に支障が生じているので，費途明細を報告してほしい，③昨年の徴集兵員総数とその内訳（府県毎），徴兵の各住所から県庁や検査所又は入営までの旅費（1日6里詰めで，30銭まで支給でよいか）と滞在日当等を承知したい，と照会した[40]。これについて，西郷従道陸軍大輔は2月27日付で大蔵卿宛に，①1874年の徴兵入費の費目内訳方針（全8項目と「徴兵署費用物品概表」），②1873年の第一軍管東京鎮台管下府県の徴兵入費内訳資料を送付した（①と②を合わせて「陸軍省取調書」と表記）[41]。

1874年の徴兵入費の費目内訳方針は，同年2月開始の第一，第三，第四軍管下の徴兵使巡回時に当該府県の担当官員に示された。また，陸軍省は5月9日に第二軍管管下諸県宛に「徴兵入費概則」として布達した（布第203号）。これらは仮規則として示した。本仮規則で注目すべきことは，徴兵に付添って各営所までに至る区戸長の旅費支給を規定したが，区戸長の「付添」はほぼ徴兵令規定の「召連レ出ヘシ」と大差なく，在来自治体側が配賦徴員の身柄を営所・兵営までに送り届けるという業務構造（配賦徴員送り届けの業務構造）を成立させたことである。

配賦徴員送り届けの業務構造は基本的には1889年徴兵令前まで続いた。なお，同5月27日の陸軍省布第215号により徴兵入費概則に戸長副戸長の徴兵検査付添いの旅費・滞留日当を増加した。そして，大蔵省は上記の陸軍省取調書等を調査し，大隈大蔵卿は3月23日付で太政官宛に1873年徴兵入費に関する報告と意見を上申した[42]。そこでは，「陸軍省取調書モ未タ確乎一定ニモ至兼候様被存況ヤ府県ニ於テハ毫モ承知不致儀ニ有之」の状況であり，実費払い（各県の費途に異同はあるが，当該県の申立て金額をそのまま支給する）の他に仕方ないと述べた。そのため，各県の申し立て金額と条款が「陸軍省取調書」に照らして格外の費額増加ならば，県官に推問し，陸軍省にも照会して支給するように考えていると上申した。しかし，太政官左院は3月29日に大蔵省上申を見合わせたいと判断し，陸軍省取調書の回付を大蔵省に申し入れた。大蔵省は陸軍省取調書（写し）を太政官に回付し，太政官左院財務課も審査した結果，4月9日と同13日の閣議は，大蔵省上申の徴兵入費仕払方は「実際無余儀」として聞き置いたとする判断を了承した。

かくして，1873年の府県に対する「官費」としての徴兵入費支出は執行された。また，陸軍省取調書（特に1874年の徴兵入費の費目内訳方針，太政官への回付）すなわち1874年の徴兵入費概則の規定化もほぼ了解されたとみてよい。この結果，1874年徴兵入費概則により支給の入費範囲が歳出上の「徴兵費」になった。しかし，1874年徴兵入費概則は徴兵使巡行による徴兵検査を基本にした府県庁段階の徴兵事務用の入費規定であり，府県では徴兵入費概則に規定されない諸入費があった。たとえば，区町村が府県庁に申達・提出する徴兵関係の諸届書・願書（徴兵相当者の届書，免役願書等）にかかわる戸長・区長の事務経費であり，また，府県庁が区町村提出の書届書等により作成する「徴兵連名簿」や「免役連名簿」等の事務経費である。以上の事務経費は「徴兵下調費」等と称されていた。これらの事務経費の支給方針に関して岩手県・飾磨県・新潟県は陸軍省に伺い出たが，陸軍省は府県庁の「徴兵連名簿」や「免役連名簿」の調製用紙は同省の官費支給にするが，府県下区町村の同名簿調製用紙は官費支給にしないと指令した（1874年11月22日，1875年1月18日及び同31日）[43]。陸軍省指令の理由は，「徴兵連名簿」や「免役連名簿」は同省に提出させることにあろう。この結果，徴兵下調において，府県庁の「徴兵連名簿」や「免役連名簿」の作成経費のみが官費支給になり，府県下区町村の徴兵下調費は民費として府県下住民に課せられた[44]。

仮規則としての1874年徴兵入費概則はその後整備され，1875年1月13日陸軍省布第12号の陸軍徴兵入費概則として布達された[45]。1875年陸軍徴兵入費概則は1874年徴兵入費概則を下敷きにしつつも，①「抽籤又ハ検査場ニ於テ自己ノ情実ヲ申立テ免除ニ属スル者」や徴兵官員の調査誤りによる「徴兵連名簿」からの除名者の旅費・滞在日当の不支給を新設し，②徴兵署の用使を2人に増員し，③検査場・抽籤場等への徴兵相当者全員の往復旅費・日当支給の明細一覧表書式を新設し，④徴兵署入用固有物品，徴兵署入用消耗物品，検査場入用固有物品，検査場入用消耗物品の詳細規定による物品・消耗品の統一的設備化を進め，特に固有物品の保存年数を示し，徴兵署閉鎖後の当該府県預かりを規定し，⑤徴兵の旅行中死亡者には病症に応じた埋葬料支給を増設した。ここで，①の徴兵裁決処分等に対する「情実」申立ては（同旅費等は不支給になったが），秘匿化・隠蔽されるものではなく，徴兵入費規則上は合法的行動であったことを示している。

その後，1875年2月4日太政官布告第17号の徴兵令中改正増加は徴兵入営前までの全入費を陸軍徴兵入費概則に照準して下付すると規定した（第6章第1条，同年11月5日太政官布告第162号の徴兵令改正も同規定）。なお，1875年陸軍徴兵入費概則中の徴兵官員の調査誤り云々による除名者への旅費等不支給は1876年6月10日に削除された。1875年陸軍徴兵入費概則は1876年2月5日に陸軍省達第18号により徴兵入費概則と改正された。1876年2月徴兵入費概則は特に徴兵が当該府県管外の営所入営の場合の旅費支給を増設し，さらに，「府県管下徴兵入費総括表」「徴兵旅費明細表」「徴兵検査諸傭給明細表」「徴兵検査雑費明細表」「徴兵検査需用費明細表」「徴兵検査運送費明細表」の書式を規定し，徴兵費の支給内訳明細表の統一的調製を進めた。

(4) 徴兵入費支出業務と府県の徴兵入費区分――大蔵省による1876年徴兵入費概則改正

徴兵入費規則は整備されたが，徴兵使巡行の支出業務は繁雑を極めた。当時，陸軍省の徴兵入費支出業務は，同省が直接に雇医等や徴兵議員・徴兵相当者等に旅費等を手渡すのでなく，府県が一時繰替えて手渡していた。そして，陸軍省は府県提出の「徴兵入費明細帳」により同省定額金から該当金額を府県に送付していた。しかし，「徴兵入費明細帳」の調製・提出が遅延すれば該当金額送付も遷延し，地方においても支障が生じた。

他方，府県側の徴兵事務の画期になったのが，1875年5月29日の太政官達第91号の県治条例中の県治事務章程への追加であり（「徴兵令ニ準シ賦兵ヲ調査スル事」の増設），徴兵事務を府県の行政常務に位置づけた。この結果，各府県の毎年の「徴兵連名簿」と「免役連名簿」等作成の徴兵下調は府県常務に位置づけられ，1875年7月以降の府県庁の同名簿等の作成入費（従前の官費支出分）は府県の定額常費から支出された（1875年9月22日太政官布達第169号）。これにより，陸軍省定額中の徴兵費は大蔵省の引落しを経て府県が支払う手続きがとられた。すなわち，陸軍省は内務省との協議を経て，1875年12月5日付で太政官に，徴兵入営前の徴兵諸費用は太政官布達第169号による府県の徴兵下調費の地方庁支払いと同様に，すべて各地方庁が支払う手続きにしたいと伺い出た[46]。これについて，太政官から意見を求められた大蔵省は翌1876年1月29日付で，徴兵下調費は地方庁の常務と経費に属するが，徴兵検査や徴兵入営前までの事務・経費は陸軍省の庶務に属し，徴兵現場状況により自然に当該予算外の増費もありうるので，同増費分が陸軍省経費から補塡されれば，徴兵費額分の引落とし（7月以降から）の取扱いには異存はないと回答した。太政官は同2月3日の閣議で陸軍省伺いを了承し，大蔵省意見の予算額超過分の陸軍省経費支出を含めて陸軍省に指令した。大蔵省の徴兵費額引落し分は各府県の経費上は額外常費として下付されることになった。ただし，同年は既に徴兵検査に着手しているので，陸軍省からの支払いは1877年から施行された。

これに対応して，大蔵省は1876年12月27日に徴兵入費概則を改正し，府県に指令した（大蔵省達乙第109号）。これは1876年2月の徴兵入費概則をほぼ踏襲し，新たに，①徴兵議員と徴兵に付添う区戸長の検査場・抽籤場への往復旅費を官給にしないと規定し，②勘定帳に徴兵費の大科目を設定し，③附表は「徴兵署及検査場物品表」のみを掲載し，徴兵費の支給内訳明細表を削除した。つまり，陸軍省と大蔵省との徴兵費支出手続の協議が進み，陸軍省は徴兵入営前の徴兵諸費用の府県支出業務から退く形になった。

かくして，西南戦争前の府県徴兵入費の内容は，歳出会計上は，①府県定額常費として支出する徴兵下調費（1875年9月太政官達第169号），②府県額外常費として大蔵省に概算を請求して下付される徴兵費に区分された（府県は大科目として徴兵費を設定し，小科目としては諸傭給，管内旅費，管外旅費，需用費，雑費を費目化（1876年3月大蔵省達乙第33号，1876年8月大蔵省達乙第69号，1876年10月大蔵省達乙第90号））。しかし，官費区分の支出範囲は必ずしも徹底せず，区戸長段階での徴兵下調査経費を含めて理解する府県もあった。そのため，大蔵省は府県による「徴兵連名簿」と「免役連名簿」作成の起点・基礎になるべき区長・戸長段階の徴兵下調査の事務作業（徴兵相当者の届出を整理し，免役適当者を調査して府県に申達するなどの業務）で発生する諸費用は「官費可相立筋ニ無之候」と確認する布達を発した（1875年11月9日大蔵省達乙第145号）。

本来，区町村段階で発生する徴兵入費は国政委任経費として処理・支出されるべきだったが[47]，依然として官費でなく府県の民費として位置づけられた。その後，区町村段階の徴兵下調査を含む府県の徴兵下調費に対しては，東京府が1877年5月15日に内務省宛に，同年1月4日の地租減額対応の太政官布告第2号の民費賦課制限措置（正租の5分の1を超過してはならない）に照らせば既に民費は超過するとして，民費10科目の官費支給を伺い出た。しかし，徴兵下調費他2科目の官費支給化は「難聞届事」として認められなかった[48]。この結果，政府の民費抑制化方針に背戻する形になり，府県下の徴兵下調事務は民費による実施を強いられた。

(5) 民費負担下の徴兵下調と徴集候補人員寡少化構造の招来

徴兵下調の民費負担は区町村の大きな財政負担であった。しかし，この結果，逆に町村側（又は府県）の徴兵下調事務は民費負担を基盤にした自主運営的要素を含みつつ実施することに切り替えたとみてよい。

徴兵下調は，陸軍省からみれば，府県庁が区町村提出の届書にもとづき，「徴兵連名簿」と「免役連名簿」及び「国民軍人員表」（1875年徴兵令中改正により国民軍成丁簿を改称）を調製し，同省宛提出までの全徴兵事務を意味した。しかし，府県庁段階での上記3表の作成費用は府県定額常費として官費化されるに至り，徴兵下調は区町村調製・提出の届書作成にかかわる諸事務を意味するようになった。したがって，府県下の徴兵事務はその基礎データになる区町村段階での届書調製が重要事務を占め，特に免役届書の調製手続きに関する統一的基準を設けた県が出てきた。山梨県は1876年9月25日乙第86号の「徴兵下調心得」において（全9条，各区正副区戸長宛），徴兵の身幹尺度検査を含む徴兵下調手続きが各区・各町村で相違しないように全区一斉開催の検査日を設けるなどの統一的規定を設けた[49]。

山梨県の「徴兵下調心得」で注目されるのは，特に徴兵令第3章第2条（「羸弱ニシテ宿痾及ヒ不具等ニテ兵役ニ堪ヘサル者」）と第10条（「父兄存在スレ共病気若クハ事故アリテ父兄ニ代ハリ家ヲ治ムル者」）規定の免役相当者に対する区町村の判断・判定の手続きである。すなわち，

> 「第四条［中略］兼テ其戸主並親属隣保等ヨリ詳細申出可有之ハ勿論ニ候ヘ共猶平生ノ実際ニ就テ其事情取糾置無相違者ト見認ルトキハ前条［一区内の徴兵相当者を区長事務取扱所に喚集し，全村の戸長の列席と区長立会いのもとに身幹尺度を検査する］全区々戸長参列ノ席ニ於テ猶衆議ヲ請ヒ免役ニ属スヘキ者ト議決スル上ハ下調帳本人ノ頭書ニ其旨ヲ記シテ免役ノ部ニ属シ且別紙ニ其事由詳記シテ区長以下證明ノ上他日進達ノ免役簿ニ添テ差出スヘシ」

と規定した。この場合，身幹尺度検査当日には，県庁の掛官員又は当該区在勤の警部・巡査等が徴兵下調景況や関係諸帳簿等を検視することがあるとした。そして，第4条の手続きにより，特に戸長らの自主管理的な「衆議」と「議決」を経て，当該区のいわば共通基準による免役相当者が判断・判定される。これらの共通基準の規定には区毎の徴兵下調の隔たり防止発想が含まれているが，県庁官員環視下での戸長らの「衆議」と「議決」をふまえた免役相当者の判断・判定は相当の効力・効果をもったとみてよい。そして，戸長は「下調帳」を作成し，区長の検印を得て，「各村ニ持帰リ本簿ノ編製ニ取懸ルヘシ」とされ（「徴兵下調心得」第5条），確信をもって免役相当者の諸届書の調製（清書）にとりかかった。山梨県の「徴兵下調心得」は，自主運営的要素を含む徴兵検査の事前調査・事前検査の手続き規定を意味した。この結果，「徴兵連名簿」の登載者は，徴兵令施行第一年目における山梨県権参事の1873年2月2日の指令等

に表れた配賦徴員の毎区抜擢や村代表の性格を強くしたことはいうまでもない。

かくして，民費負担下の徴兵下調は，徴集候補人員（「徴兵連名簿」登載者）の寡少化構造を招来させることは当然であった。特に西南戦争後の第一軍管等における「徴兵連名簿」登載者の寡少化構造対策については陸軍省が最も苦慮していた[50]。

4　西南戦争後の徴兵入費政策をめぐる第二次攻防
――徴集候補人員寡少化構造の成立――

太政官は西南戦争の巨額の戦費支出により，1878年から国家財政緊縮政策をとつた（諸省定額金の５％削減方針（本書第2部第3章参照））。

陸軍省は定額金削減化に直面し，定額金内の徴兵入費支出の目途が立たなくなったとして，1878年6月24日付で太政官宛に「抑徴兵之義タル徴兵告諭ノ如ク国民ノ税タル猶田地ノ米穀ニ於ケルカ如シ然則米穀ヲ倉廩ニ運ヒ徴兵ヲ軍営ニ送ルモ共ニ納税ニ属スル民費ニシテ地方ヨリ弁償スルヲ至当ト被相考候」云々と述べ，徴兵入費の全面的な民費賦課（地方税化）による支出を求めた[51]。陸軍省の徴兵入費民費賦課の主張は，配賦徴員の入営までの手続きは米穀現物納税と同様に府県庁自治体側責任による徴兵身柄の送り届けに等しいとした。つまり，徴兵を現物納税の一種と見立てた。さらに入営当日までの徴兵は犯罪面でも軍律により審判されず，軍服給与もない徴兵の諸費用は地方負担にすべきであり，陸軍としてはあずかりしらんと主張し，徴兵入費支出方針をめぐる第一次攻防を再燃させようした。

これに対して，太政官法制局は7月17日に「夫レ徴兵入費ハ猶ホ地方庁ヨリ大蔵省へ送ル所ノ貢米運輸費ノ如シ一タビ官庁若クハ官吏ニ於テ之ヲ受取リタル以上ハ縦令復タ之ヲ他官庁へ送ルモ其入費ハ官費ナラサルへカラス」云々の審査意見を提出し，陸軍省上申は認められないという指令案を起案した。法制局の審査意見には徴兵（の身柄）自身を地方庁から送り届けるという徴兵事業認識が潜伏している点では陸軍省の従来の認識と大差はない。しかし，そうした徴兵事業の全国統一的実施の場合には徴兵入費は官費にならざるをえないとした。法制局指令案は7月26日に閣議決定された。これによって，府県庁段階の徴兵入費の官費支出はほぼ維持された。

(1) 1879年徴兵令改正と郡区での徴兵下検査

1879年10月27日に徴兵令が改正された。1879年徴兵令改正は当時の徴兵人員不足の解消を目ざすとした。また，輜重輸卒・看病卒と職工の徴集を新設した。ここでは，同年11月17日陸軍省布達第2号徴兵事務条例（全147条，翌1880年12月2日陸軍省布達第3号の徴兵事務条例中追加改正により第148～186条を追加）の特に徴兵検査の事前実施（「徴兵下検査」）の規定による，郡区段階での同徴兵下検査用入費の官費化をめぐる陸軍省と内務省等との攻防を考察しておく（本章では「第二次攻防」と表記）。

まず，1879年徴兵令の第7章（「徴兵雑則」）の第55条は，徴兵の入営までの費用は「総テ定則ニ照準シ大蔵省ヨリ支給スヘシ」と規定した。この定則は大蔵省布達予定の徴兵入費定則をさすが，徴兵検査を含む徴兵入営前までの府県・鎮台等の徴兵事務は，およそ，①当該年の徴兵適齢者の戸長への届出を約2箇月早め（前年の9月1日～9月15日），②戸長は終身除役者（懲役1年以上及び国事犯禁獄1年以上の実刑者）・免役者を区分し，国民軍入籍者の届出書（17歳の者が届け出する）とともに，9月25日までに郡区長に提出する，③使府県徴兵支署は徴兵事務官（陸軍下士）・使府県徴兵事務官（使府県属官）・地方徴兵医員等により構成され，「壮丁名簿」を調査し，除役・免役及び徴集猶予の処分適当者（同処分者の徴兵下検査はなし）を審査し，徴兵下検査受検人員を確定し，④徴兵下検査を10月15日から11月30日までに実施し，身長・骨格や疾病・欠損等の身体下検査を行い，使府県徴兵支署は「除役名簿」「免役名簿」「第二予備徴兵名簿」「翌年回名簿」「入営延期翌年回名簿」「先入兵名簿」と「徴集名簿」（徴兵検査を受けるべき者と疾病及びやむをえない事故による身体下検査不出頭者の名簿）を作成して使府県庁に提出し，使府県庁は同諸名簿を12月25日までに所管鎮台に提出し，⑤鎮台は各隊が12月1日現在の現員中で，翌年4月の予備軍編入人員・在営人員・再役志願者を調査・報告したものをまとめて12月25日までに陸軍省に開申し，同省は当該年の「徴集人員表」を布達する（およそ翌年1月（以下略）），とされた。ここで，特に③と④の「徴兵下検査」の新設は徴兵検査の手続き自体の精緻化を図るとされ，自治体による徴兵下調を核にした徴兵事務体制の強化・転換になり[52]，郡区自治体に財政負担等をさらに負わせた[53]。

徴兵下検査は郡区段階で実施された。そして，郡区徴兵事務官（郡区長）の職掌を「徴兵ノ事ニ付キ公文ヲ布達シ民情ヲ上申シ又其郡区内徴兵取調ノ事ヲ掌ル」（徴兵令第20条）と規定したが，徴兵下検査の職務内容は必ずしも明確ではなかった。そのため，翌1880年10月22日太政官布告第46号の徴兵令中改正の第20条は郡区長の徴兵下検査の職掌を明記した。これらを含めて，徴兵令第20条の郡区徴兵事務官の民情上申の規定は重みがあったとみてよい。ただし，1879年徴兵令制定当時は，郡区徴兵事務官の上申手続きは必ずしも徴兵署への出頭（口述等）を要するとはされず，文書等での上申も含まれていたとみてよい[54]。

(2) 大蔵省による1879年徴兵入費定則の制定――陸軍省の徴兵下検査費の官費化拒否

さて，陸軍省は1879年徴兵令改正後，徴兵入営前までの徴兵入費の調査と起案を進めた。そして，同年11月27日付で陸軍省会計局長代理川崎祐名は陸軍卿宛に徴兵入費概則改正案を起草して大蔵省との協議を経たとして，大蔵省による布達を同省に照会してほしいと伺い出た[55]。これにより，陸軍卿照会に同意した大隈重信大蔵卿は徴兵入費定則案を起案し（全16条，附表の「徴兵署及検査所物品表」），12月16日付で太政官に伺い出た[56]。大蔵省の徴兵入費定則案は1876年12月の徴兵入費概則をほぼ踏襲したが，大蔵省と陸軍省及び内務省との協議で最大争点になった条項が，第2条但し書きの徴兵相当者の徴兵下検査所への往復旅費は官費支給にしないという起案と，第11条但し書きの徴兵下検査所の物品は官費支給しないという起案であった。両起案に対して，内務省は，徴兵令第16，19，20条の徴兵下検査は徴兵事務官（後備軍使府県駐在官1名が郡区を巡行）と使府県徴兵事務官（徴兵事務官とともに郡区を巡行）及び郡区徴兵事務官（郡区長）が従事するところの「官府ノ事務」に属するので，徴兵下検査所の費用を「人民ニ負担セシムルノ理由無之」等の意見を提出した。しかし，徴兵検査事務全体は陸軍省が管理しているので，大蔵省としては費途区分の見込みを立てがたい場合もあった。それで，大蔵省はさらに陸軍省と協議した結果，陸軍省は，「[徴兵] 下検査ノ儀ハ固ヨリ郡区ノ負担スヘキ事務ニ候処従来該下検査ノ疎漏ヨリシテ本検査ノ節ニ至リ彼此混雑ヲ来シ無用ノ手数ヲ煩シ若干ノ冗費等ヲ要スルノミナラス種々ノ弊害モ有之候ニ付其弊害等ヲ省キ該下検査ヲシテ一層覈実ナラシム迄ノ精神」云々と主張したとされている[57]。

陸軍省の徴兵下検査の説明には従来の徴兵下調（同費用は官費としない）がやや混入されているが，いずれにせよ，郡区段階での徴兵相当者の調査に疎漏・弊害が含まれていたことを強調している。すなわち，陸軍省は徴兵採用と定員充実に苦慮していたが，従来の徴兵下調は配賦徴員数を確保できない体制であり，その打開策は徴兵下検査による監督強化に焦点化された。それ故，郡区段階での徴兵下検査の疎漏・弊害の是正・一掃は，徴兵相当者本人身柄の直接的検査（身体下検査）等を含めて，陸軍省は内務省主張とは逆に，官費でなく郡区自身の経費負担により実施しなければならず，徴兵令第16条等の徴兵事務官・使府県徴兵事務官・郡区徴兵事務官の巡行事務は同徴兵下検査を実際に「監督」することであり，「官府ノ事務」とすることはできない，等と主張したのであろう。陸軍省主張には郡区側が負うべき配賦徴員送り届け業務に関する自治体責任論が継続して潜在したことはいうまでもない。ただし，同省主張の自治体責任論にはジレンマがあり，郡区側の徴兵事務の自主運営的な判定留保（権）を抑制・掣肘することは困難であった。

この結果，大蔵省は陸軍省主張に同意して太政官に伺い出たが，太政官の調査局と法制局は12月24日の閣議に，内務省意見に理解を示しつつも，陸軍省主張に同意の大蔵省意見が採用されてしかるべきという合同の審査意見を提出した。閣議も大蔵省起案の徴兵入費定則を含めて決定し，1879年12月28日に大蔵省達乙第48号の徴兵入費定則が制定された。

(3) 徴兵下検査における戸籍簿の悉皆点検・調査をめぐる問題

1879年徴兵事務条例は郡区段階での徴兵下検査実施により徴兵検査の疎漏・弊害の是正・一掃を目ざしたが，徴兵規避等は容易に解決されなかった。そのため，徴兵下検査施行事務の具体的な実施の基本としては戸籍簿点検を重視するに至った。当初，1879年徴兵事務条例は，使府県徴兵支署は郡区長調製提出の「壮丁名簿」等にもとづき除役・免役・徴集猶予を審査し，また，翌年徴兵相当者にあたるかを「国民軍名簿ニ照較スヘシ」（第26条）と規定し，両名簿照較において，「国民軍名簿」中に当該姓名がなく，あるいは当該姓名があっても「壮丁名簿」に記載されていない場合には「戸籍ニ依リ或ハ本人又ハ親族等ニ其事由ヲ糾スヘシ」（第27条）と規定していた。使府県徴兵支署の戸籍簿点検等は「壮丁名簿」に何らかの疑義事案が生じた時に実施される一つの手続きとして位置づけられていた。これにより，府県は町村戸長に対して徴兵下検査所への戸籍簿持参を指令していた[58]。

これに対して，1880年12月陸軍省布達布第3号の徴兵事務条例中追加改正は，第26条を「国民軍名簿ニ照較シ又下検査巡行ノ節各町村ノ戸籍帳ヲ照較スヘシ」と規定した。戸籍簿照較必須化については，東京鎮台の照会に対して，陸軍省徴兵課長は1882年9月21日に「戸籍帳中当年適齢之者ヲ悉皆調査シ其徴否ヲ分チ之ヲ壮丁名簿ニ戸籍簿ニ照較シ若戸籍帳ニ姓名在テ壮丁名簿ニ無之時ハ其事由ヲ取糾スル等畢竟脱漏ノ者ナカラシムル為メ相設タル主意ニ候」と回答した[59]。しかし，町村戸長の戸籍簿持参と使府県徴兵支署の戸籍簿照較を義務づけても，戸籍簿本体の改竄等の場合には，照較は形式的な点検手続きに終始するのは明確であった。たとえば，町村戸籍簿に対する郡区段階の照較手続きは，神奈川県を巡察した巡察使元老院議官関口隆吉の太政大臣宛の復命書中の「徴兵ノ状況」において具体的に報告されている。同復命書は同県の「徴兵下検査手続」を添付報告したが，町村自治体側による戸籍簿本体の改竄等の疑いは尽きなかったとみてよい[60]。住民の届け出を基本にして作成する戸籍簿は，戸長は「訂正」等届け出の場合には受理せざるをえず，また，陸軍省・府県側が戸籍簿記載内容に疑義等を生じたとしても，対処不能であった。

(4) 1880年の徴兵下検査費地方税化方針と自治体責任論——1880年内務省達乙第42号の制定と徴集候補人員寡少化構造の成立

他方，1879年徴兵入費定則により徴兵下検査経費問題が解決したわけではない。府県側は内務省宛に，徴兵下検査費が官費支出でないとすれば，同入費をどのような財源によって支出すべきか，同入費は地方税・協議費・自費によってまかなわれるべきか，等の質疑を提出し，同省は回答・指令に苦慮していた。

そのため，伊藤博文内務卿は1880年1月に太政官宛に「徴兵ノ事タル国民ノ義務ニシテ之ニ服従スルハ固ヨリ当然ノ儀ニハ候得共其検査費用ノ如キハ官費ヨリ支出スル穏当ニシテ支費ノ有無ニ不拘之ヲ規避スルハ一般ノ義ニ候処加フルニ下検査ヲ受ル為メ幾分ノ費用ヲ自弁セシムルトキハ一層規避心ヲ招クモ難測又条理上ヨリ之ヲ論スルモ人民ノ自弁ニ帰セシムル果シテ至当トハ難見定且ツ従前ノ下調ハ区戸長限取計候義ニテ大小区費ノ支出ニ属シ候得共本年ヨリハ徴兵事務官管掌シテ検査候上ハ全ク従前ノ下調ニ異リ官ノ干渉ヲ不免費用モ亦官費ヨリ支給スルノ允当ト被存候［中略］下検査ハ総テ従前ノ通戸長ニ於テ取計専ラ各町村ノ便宜ニ任セ官吏ノ干与セサルモノトスルカ又ハ今般改正ノ如ク官吏ノ干渉スルモノトスルトキハ其入費モ官費支給セラルル方可然何分地方税協議費等ノ支出ニ可属儀ニ無之候条」と上申した[61]。

内務省上申で，特に徴兵下検査費を官費支出にしなければ「徴兵規避」(口実をもうけて徴兵から逃げること) を招来するという主張は，その後も続く自治体側の「徴兵規避」に対する寛容的構えの土壌を財政的視点から述べた現実直視の指摘であった。内務省上申を審査した太政官の軍事部は，前年12月の徴兵入費定則の調査起案過程での陸軍省主張をほぼ繰り返し，徴兵下検査は「郡区ノ負担」であり，同検査を「専ラ郡区吏員ノミニ任放スル」場合は検査の疎漏による錯雑・煩冗を醸成して弊害が百出するとした。その場合，さらに軍事部は1880年10月22日太政官布告第46号徴兵令中改正が，同第20条中の郡区徴兵事務官 (郡区長) の職掌規定を形式的に根拠化し，郡区長・郡区側の徴兵下検査の責任・財政負担を求めた。すなわち，郡区長は明確に徴兵下検査事務をいわば主宰・実施する立場になったとして，軍事部は10月27日の閣議に当該費用は地方税による支出にすべきという意見と指令案を提出し，閣議も軍事部指令案を了承し，11月5日に内務省宛に指令した。

太政官の徴兵下検査費地方税化方針の判断・決定は，配賦徴員送り届け業務の自治体責任論のいわば極致的な発露であった。この結果，11月16日の内務省達乙第42号は府県宛に徴兵下検査諸経費の地方税による支出を指令し，その支出細目として，①郡区徴兵事務官と「検丁」(徴兵検査受検の壮丁) に付き添って検査所・抽籤所に往復する戸長の旅費は戸長職務取扱費より支出する，②徴兵下検査所に往復する検丁の旅費と下検査所用物品は当該地方の便宜により郡区庁費 (庁費中に検丁の費目を掲げる) 又は戸長職務費から支出する，と指令した。さらに，1882年3月20日陸軍省達甲第6号の徴兵入費定則改正は1875年の陸軍徴兵入費概則以降に規定してきた「情実」の文言を削除した。しかし，「免役料上納ノ者或ハ除役免役又ハ徴集猶予相当ノ者ニシテ徴兵令第六十一条ノ届出ヲ為スニ当リ其手続ヲ為サス検査所又ハ抽籤所ヘ申立テ除役免役又ハ徴集猶予ニ属スル者ノ旅費並ニ滞在日当ハ給セス」（第5条）の規定は，徴兵令第61条の届出（毎年20歳になる者は当該年9月1日から同15日までに，その戸主が戸長までに届ける）の省略化と，免役・除役者又は徴集猶予相当の該当者は直接に徴兵検査所や抽籤所に赴いて申し立てできることをあたかも法令化したようなものである。これにより，「徴兵連名簿」登載者数減少は当然であった。

1880年の徴兵下検査費地方税化は，郡区に対しては徴兵事業を自前で負担・管理させる構えの潜在化的基盤を決定的に併存・維持させることになった。そのことは内務省上申の「一層規避心ヲ招クモ難測」いう事態発生だけでなく，徴兵裁決処分の前段階において「規避」を規避とみなさない郡区側の部分的な判定留保（権）の併存・維持につながったとみてよい。これによって，配賦徴員送り届け業務の自治体責任論のもとに，「徴兵連名簿」登載者数の寡少化構造（徴集候補人員寡少化構造）が成立した。

総じて，第一に，1873年徴兵令制定から1879年徴兵令改正までの徴兵制施行の過度期には，配賦徴員送り届け業務に対する自治体責任論の潜在化のもとに，前近代的な在来的自治体を基盤とする村賦役的兵員供給に近い徴兵事業要素が併存していた。村賦役的兵員供給の徴兵事業を支えていたのは徴兵入費の民費賦課であり，決定的には1880年の徴兵下検査入費の地方税化という，郡区町村の新たな住民負担増加を課した徴兵制政策自体にあった。第二に，しかし，郡区町村に財政的負担を増加させる徴兵制は徴兵規避を招来させ，徴兵採用候補者プールとしての「徴兵連名簿」登載者数の寡少化構造をもたらし，陸軍省はその対策に苦慮した。また，「徴兵連名簿」登載者数の寡少化構造は採用予定兵員数の確保と鎮台兵員の定員充足見通しを立てにくくさせることも必至になった。

注

1）　徴兵制については，①拙稿「1880～1890年代における徴兵制と地方行政機関の兵事事務管掌」歴史学研究会編『歴史学研究』第437号，1976年，青木書店，は地方行政機関の兵事事務管掌体制を検討し，半官・半民の徴兵援護の事業・団体の成立背景と論理を考察し，さらに，②拙稿「十九世紀ドイツ徴兵制の一考察」軍事史学会編『軍事史学』第12巻第3号，1976年，は「地域的軍隊編制」の成立過程を解明し，③拙稿「在郷軍人会成立の軍制史的考察」現代史の会編『季刊 現代史』第9号，1978年，は日本徴兵制の世界史的特質としての「本籍地徴集主義」を考察し，在郷軍人会成立に向かわせた兵役制度の基盤構造を解明し，④拙稿「フランス徴兵制研究ノート」北海道教育大学紀要（第一部Ｂ・社会科学編）第36巻第1号，1985年，は19世紀フランス徴兵制に関して，護国兵の管理・統制，徴集方法，パリ・コミューンと護国兵共和主義連合，1872年以降の徴兵制の再構築等を考察した。日本徴兵制の重圧の基本的本質については外国との比較研究が重要である。

2）『公爵 桂太郎伝』乾巻，438頁。「壮兵」は主に士族・旧藩兵等の志願兵を意味するが，1873年徴兵令以降は四民の一般的な志願兵役者を意味する。

3）『陸軍沿革要覧』（1890年度）45-47頁，1890年。他に1872年1月12日の兵部省の鎮西鎮台他召集県兵の隊号規定（〈陸軍省大日記〉中『明治五年壬申正月 大日記 省中之部』），陸軍省が1872年7月18日付で陸軍兵学寮宛に管轄諸学科生徒人員調査を命じた文書付記の兵種別の「近衛鎮台兵学寮隊号」（〈陸軍省大日記〉中『明治五年七月八月 秘史局』），参照。

4）　陸軍省編『明治軍事史』上巻，104-105頁。

5）『陸軍沿革要覧』（1890年度）46-48頁。

6）　第1章の注24）参照。同注55）の［補注2］の山県有朋の戦時の「七万」の兵員の確保・編成の指摘は，予備兵の確保・編成との関係で担保・調節された。1873年徴兵令の調査・起草に従事したのは宮木信順であった。宮木は1872年の山県有朋の徴兵令案基調意見「論主一賦兵」に対して，曾我祐準・大島貞薫ともに意見を提出した（大山梓編『山県有朋意見書』収録の陸軍省編『陸軍省沿革史』87-94頁）。宮木は山口県士族で1871年12月の兵部省七等出仕，1872年2月の陸軍省七等出仕を経て，同年3月12日に同七等出仕高畠道憲及び兵学少教授大島貞薫ともに「徴兵懸［掛］」の職務を命じられた（高畠道憲は4月24日に七等出仕を免ぜられる）。翌1873年2月2日に陸軍少佐に任じられ，同日付で最初の徴兵使（東京鎮台管下）を申し付けられ，同年3月31日付で陸軍省第一局第二課長に就任した。徴兵令調査はおよそ宮木らの「徴兵懸［掛］」の職務従事時期から開始されたとみてよい（〈陸軍省大日記〉中『明治八年十二月 総務局』）。なお，1870年11月13日の太政官の府藩県宛布達の「徴兵規則」(服役期間は4年，再役の許可あり) を1873年徴兵令の前身と位置づける議論もある。しかし，1870年徴兵規則は「徴兵」の文言を付しているが，四民個々人の義務としての徴兵制ではなく，1873年徴兵令の前身的政策として位置づけることはできない。1870年徴兵規則は法的な兵員定員もない時点において，新政府の石高に応じた陸軍編制を踏襲し，府藩県に対する割当て兵員 (石高比率では1万石につき5人) を賦役義務として大阪出張兵部省に撰挙して送り出させる規則であり，在来自治体側からみれば，村請負による村賦役的兵員供給システムに位置づけられる ([補注] 参照)。すなわち，大山梓編『山県有朋意見書』収録の陸軍省編『陸軍省沿革史』は1870年徴兵規則を「[翌年2月29日に] 府藩県徴兵差出方ヲ改メ東海北陸二道ノ府藩県ハ，辛未七月二十日ヨリ月末マテ [中略] ニ差出サシム」と云々と記述した (57頁)。それ故，兵員徴集に対する「不応者」の認識と「不応者本人」の「罰則」は想定されず，採用兵員故障等による「欠員」と「補充」処分も当然に規定していない。また，個人義務の徴兵制でないが故に兵役の「免役」「免除」の規定もなかった。それ故，1873年徴兵令前の兵員供給方法は熊沢徹「幕末維新期の軍事と徴兵」歴史学研究会編『歴史学研究』第651号，127-128頁，1993年，の記述の「兵賦徴発」や「徴発」の用語記載が適切である。

[**補注**] 柏崎県は1870年徴兵規則による村賦役的な兵員送り出しに忠実に対応した。同県管轄石高は約12万8千石であり，割当ての徴兵は64人であった。兵員徴集を賦課された在来自治体は当惑した。たとえば，新田畑村・軽井川村・山室村等では評議を尽くしたが，翌1871年1月に徴兵条件適当者の皆無を柏崎県に上申した。同村の動向に対して，柏崎県は6月に至り，改めて兵員徴集の手続きと諸経費内訳等を詳細に決め，7月5日までに内10名を長岡貫属御雇人から選び，各郡から残54名の選出を布達し，同8月には大阪行きの計64名の旅費等を1月30日の太政官の旅費定則布告により大蔵省に請求した (柏崎市史編さん委員会編『柏崎市史資料集 近現代2』608-610頁，1982年)。その際，魚沼郡下の堀之内・市之江村両周囲村総代と田川村庄屋・田戸村庄屋・原村庄屋は同年6月に連署で小千谷役所宛に，同村地域では「人撰仕候」として当年32歳の「屈竟[ママ]之者」1名 (堀之内村百姓の二男) を選んだので，「御用被　仰付被成下置」と上申した (新潟県堀之内町編集・発行『堀之内町史 資料編 下巻』120-122頁，1995年)。本上申は，さらに本人の親と親類 (田川村庄屋) 等による堀之内・市之江村両周囲村総代と田戸村庄屋・原村庄屋宛の「請書」を添付した。それによれば，「人役差出候もの無之」の結果，人撰された当人は「右御用旨両最寄ヨリ被仰聞承知仕候」として，「当人勤中喧嘩𠵅・口論・金銭・衣類引負ハ勿論，悪事不仕様急度申付置候，都而兵部省義，御指図実直ニ為相勤可申候」云々を保証すると述べた。なお，1870年徴兵規則による村賦役的な兵員

送り出しに対して，浦和県は翌1871年1月18日に県管轄地域を22個の「徴兵人撰組合」に編成して徴集兵員計36名を割り振り（川口組合には1名，浦和組合には2名，羽生組合には4名，等々），同1月末までに人撰して届け出ることを布達した（埼玉県立文書館所蔵『埼玉県行政文書』中の「（明35の1）兵事部　徴兵」第2件）。柏崎・浦和の両県は1870年徴兵規則を村賦役としてうけとめ，在来自治体側に兵員徴集を請け負わせた。これは，県のみでなく廃藩前の藩庁も同様であった。金沢藩庁は1870年6月5日に士族廻達方宛に「徴兵之儀に付［中略］御規則書に応じ候者，其郷々に於て至急調理，名前帳冊に認，父兄等名前肩書・歳付・居宅相記，当二十日までに戸籍方へ可相達候也」と指令し，南上郷士族廻達方はさらに管内に「［徴兵の規則書にもとづき応ずる者を］郷々において選挙」すべきことを通知した（財団法人前田育徳会編『加賀藩史料 藩末篇』下巻，1362-263頁，初版・1968年，1980年復刻，清文堂）。ここで，「調理」「選挙」は各郷責任による割当て人員の選び出し（村賦役）を意味する。他方，小菅県は1870年12月23日付で太政官宛に同徴兵規則による徴兵の支度料と営所までの旅費支給を質問した。太政官は同質問を大蔵省に照会し，同省は府県一様の支出基準を要するとして，兵部省と協議し，1871年1月23日付で太政官に回答した。大蔵省回答は支度料金10両，旅籠料（1泊永200文，1昼永100文），御手当1日金2朱，荷物人足（兵員5人につき1人の割合），の基準算出を示した。太政官は同省の旅費基準算出を了承し，1月30日に旅費定則として布告した（『太政類典』第1編第113巻，兵制門，会計，第13件）。その後，2月29日に1870年徴兵規則による兵員差出し期限は変更・延長された。しかし，4月23日の二鎮台設置と漸次他道への鎮台設置方針が明らかになり，太政官は5月23日に東海道府藩県宛に兵員差出し見合わせを指令した。なお，1870年徴兵規則による西日本地域の徴兵実施状況は淺川道夫「辛未徴兵に関する一考察」軍事史学会編『軍事史学』第32巻第1号，1996年，参照。

7）8）9）〈陸軍省大日記〉中『明治五年十月 秘史局』。本簿冊には「徴兵編成幷概則」が編綴され，その章立ては「第一章 徴兵官員幷職掌　第二章 徴兵使巡行幷検査前ノ事務　第三章 常備兵~~ヲ徴セラレサル者~~（役ヲ免セラルヘキ者）　第四章 徴兵検査　第五章 抽籤幷算筆試験　第六章 徴兵雑則幷扱方」とされている（第三章の8字見せ消ち修正は秘史局）。陸軍省提出の「徴兵令等六冊」の内訳は，①『公文録』1872年11月陸軍省，第21件所収文書は「別冊徴兵令其他四冊伺済」云々と記述し，さらに「四民論」（暫くの間は四民の実情にもとづき，免役規則を適宜に運用する）と「癸酉徴兵略式」（1873年1月10日に陸軍省が東京府と神奈川県他16県宛に徴兵使巡行・府県徴集予定人員数等を通知した指令の原案）及び「陸軍省ヨリ伺出候徴兵制度ノ答議」（1月26日付の左院による「四民論」批判等の意見書）を収録し，②〈単行書〉中『官符原

案 第四 自壬申七月至同十一月』は「勅書案」「太政官布告案」（表題紙に「徴兵大意」を表記，本簿冊には編綴されず）を収録し，③〈陸軍省大日記〉中『明治五年壬申十一月 大日記 太政官之部』第676号所収の11月28日付太政官正院発陸軍省宛の通知書（「徴兵令其外四冊伺済」により「勅書」「徴兵告諭」の上梓・印刷に入る）を収録しているので，徴兵令本文，「四民論」，「勅書案」，「太政官布告案」，「徴兵大意」，「癸酉徴兵略式」の6文書であった。この中で，③の「勅書案」は1872年11月28日の太政官布達第379号の徴兵の「詔書写」の原文になった。他方，「四民論」は徴兵制導入を前提にして，府県地方官が「癸酉徴兵略式」で示された徴集予定人員の採用決定の際に「差障リ無之者ヲ精シク詮議」する場合の徴兵実務上の留意点（四民各層の兵役の適否等）を述べたが，梅溪昇『増補版　明治前期政治史の研究』（438頁）が「論自体けっして熟したものでなく」と指摘するように，稚拙な傍流的議論であった。「四民論」は②の「勅書案」と「太政官布告案」等の「四民皆兵」の主旨へのいわばノイズであった。「四民論」の四民各層の兵役適否等の議論は，当時は誰でも世俗的・状況的に語ることができ，突出した独創的なものではない。四民の実情にもとづく免役規則の適宜運用等は，府県地方官等が「四民論」の適用有無に関係なく考慮すべきことも当然であり，また，考慮することもできた。つまり，「四民論」の効果・効力は無に等しく，同議論に固有な政治的背景や事情はない。さらに，徴兵令の第一年目施行地域は第一軍管下府県であり，「癸酉徴兵略式」が示す徴集予定人員も少数であり，その調整・調節も不可能ではなかった。なお，「四民論」を紹介した藤村道生「徴兵令の成立」歴史学研究会編『歴史学研究』第428号，6，15頁，1976年，は，「[徴兵令原案作成者は] 士族と卒を中心とする士族軍隊の建設を意図していた」とするが，誤解であり，「士族軍隊」なるものの定義を欠落させている。士族軍隊自体の建設意図があるならば，四民対象の徴兵制による横並び的編成の軍隊を破壊するわけであり，徴兵制を立てる以上は士族軍隊なるものの建設は意図されなかった。士族が自己を「士族」として自認するのは，過去の特定主君への奉公観念を基盤にして，他庶民階級とは横に並ぶことや混ざることのない異質の階層という自己深層意識への執着があるが故である。なお，注7）のように，陸軍省内部では10月段階で徴兵使巡行による徴兵検査等実施を起草していた。他方，大島明子「一八七三（明六）年のシビリアンコントロール」史学会編『史学雑誌』第117編第7号，15頁，2008年，は，太政官左院は陸軍省提出の「徴兵大意」に「手を加えて四民平等の趣旨を盛り込み，『血税』の語や『抗顔坐食』などの士族批判で有名な『徴兵告諭』に改造してしまった」云々と，左院が「四民論」に抗して「四民平等の趣旨」を推進したかのように記述するが，誤解である。左院は「徴兵大意」の文言中に「血税」等を文字増補した事実はなく，注10）のように陸軍省宛に

「血税」文字の出典詳細を照会しているが故に「血税」文字の創案者でないことはいうまでもない。

10) 1873年徴兵令の概要は多数言及されたが，他省との関係調整も含む審議の言及は皆無に近い。陸軍省は他省の意見提出を見越していたはずだが，他省の反応は(現時点では)文書史料的には少ない。しかし，太政官等は徴兵令の基幹部分等への質問と改正要請を陸軍省宛に照会した。第一に，徴兵令布告に先立ち，太政官は陸軍海軍両省宛に同実施手続きの打ち合わせを指示した。これは，海軍兵員の徴集手続き管轄に関する海軍省意見が出ていた事情も背景にしている。1873年徴兵令の緒言は「沿海ノ住民舟楫波濤ニ慣レシ者ヲ以テ海軍ノ兵員ニ充ツ」と規定した。この場合，山県陸軍卿は徴兵令布告前日の1月9日付で太政官宛に，①徴兵は海軍にも兵員を振るが，府県の徴兵検査手続段階で管内壮丁を海陸両軍の定員に応じて分賦した「徴兵連名簿」を調製して陸海軍両省に提出することになれば，海陸両兵を前後両度にわたって徴集することになり，もはや落籤壮丁は再度の検査に経ることによって「一身二役」になり，②管轄庁も両度の徴兵事務による入費が増加し，③海外各国の徴兵事務はすべて陸軍に属し，海軍兵は定則により毎年の定員を立てて政府に申告し，政府から陸軍に通知して陸軍と同時に徴集することになっているので，海軍兵も陸軍省より同時に徴兵を「仰付」けられたく，徴兵令布告中の「海軍」の2字取消しはあってはならないとを申進した(〈記録材料〉中『雑書・滋賀県，聴訴，警固方，其他ノ件』)。陸軍省申進に対して，勝安芳海軍大輔は同1月19日付で太政官に，①海軍は昨年から志願者により兵員を採用してきたが[1872年9月14日海軍省乙第117号の海軍兵員徴募規則]，将来の海軍拡張時には志願者のみでは兵員増加に対応できないので，管轄庁は壮丁の海陸両軍従事希望を聴取して区分調製した各名簿を両省に提出し，検査時に最寄りの提督府や鎮台本営分営から各官員を出張させて検査させれば，海軍服役希望者の落籤者中から検査合格者を陸軍で採用することができ，逆に陸軍の検査不合格者を海軍での再検査によって海軍に採用できるので不都合はなく，②西洋各国では，オランダは海軍兵員の徴兵を陸軍に依頼してきたが，1861年にはイギリス・フランスのように海陸別々の徴集方法をとり，同検査官員も別々に派出させている，と申進した。以上に対して，太政官左院は1月27日付で，現在では海軍省申進の将来見込みを支障なしとした上で「徴兵ノ例ハ海陸軍通用シテ可然」という意見を提出し，結局は布告の通りに徴兵令を実施することになった。なお，勝海軍大輔申進の提督府(鎮守府の前身)は，本申進当時は横須賀に設置が計画されたが，翌年3月には海軍省内に仮設された。第二に，北条県下住民の蜂起が「徴兵告諭」中の「血税」文字の「誤解」等により発生したとする5月27日付の北条県権参事小野立誠他発太政官正院宛の届書が提出され，太政官左院は6月9日付で「血税」の文字の出典詳細を陸軍省宛に照会した（〈陸軍省大日記〉中『明治六年五月六月　太政官』）。北条県権参事の届書は，6月6日付郵便報知新聞に掲載された（『新聞集成　明治編年史』第2巻，48頁）。これについて，陸軍省は6月18日付で左院に，1864年刊行のマウリス・ブロック著述『政学一般字書』に記述されていると述べ，同省お雇い教師のマルクリー（教師首長，仏国中佐）に質問した結果，欧州各国には徴兵を意味する同様の用語があり，欧州一般の「方言」（共通字義）として理解されていると回答した。ちなみに，メッケル著『戦時帥兵術』（巻1，27頁）は「雇兵ノ法ヲ用レハ人民ヲシテ其至大至重ナル国家ノ義務タル血税ヲ免シ且貨幣ヲ以テ之ヲ償ハシムルヲ得ヘシ」云々と紹介している。第三に，内務省は1875年に徴兵令第3章第3条は常備役免役対象者の「官省府県ニ奉職ノ者但等外モ此例ニ准ス」の規定に郵便取扱者の加設を太政官に伺い出て，太政官は陸軍省に下問した。しかし，陸軍省は，「[1873年の徴兵令] ハ概ネ其法ヲ孛仏ニ倣ヒ目今ノ政体ニ擬注シ徴兵令中免役規則ニ適スル者ノ外ハ一切免セサル事ニ有之候」と述べ，免役対象者に加えなかった（〈陸軍省大日記〉中『明治八年三月　第一局』）。ここで，1873年徴兵令はプロイセン・ドイツとフランスを参考にしたと述べたことに注目すべきである。第四に，太政官は1873年5月25日付で陸軍省に，徴兵令第3章第9条の常備役免役対象者の「罪科アル者　但徒以上ノ刑ヲ蒙リタル者」の但書きは改定律例（「笞杖徒流」の刑名を懲役に改める，1873年5月太政官布告第206号）に照らして乖戻しているので「懲役一年以上」云々に改正すべきことを照会した。陸軍省は同第9条の主旨として「仏蘭西徴兵令ニ基キ候ニテ西洋各国ニテモ撰挙ノ時抔ニハ刑余之人ヲハ大率撰挙ニ関カラサルノ例ニ有之」と同様に刑余者（前科者）を兵役不適任者とみなしたと述べ，太政官照会に同意し，「但懲役一年以上ノ刑ヲ蒙リタル者並ニ士族破廉恥甚ニ処セラレタル者」と起案した（〈陸軍省大日記〉中『明治六年五月六月　太政官』甲第604号，『公爵　山県有朋伝』中巻，221-222頁）。陸軍省起案は士族の行為にきびしい見方をとったが，12月5日太政官布告第403号は「但徐族並懲役実決一年以上ノ刑ヲ蒙リタル者」と改正した。第五に，徴兵令第2章第2条及び第6章第15，16条は「代人料」の上納による兵役（常備・後備両軍服役）免除の出願と納付手続等を規定していた。陸軍省の「代人料」の認識は，①やむをえない陸軍財政上から設けられ，「永久ノ法ニハ無之」とし，②金額算出根拠は兵卒3箇年間給与の「衣食物器」の諸費を計算し，これらを軍隊内で積み立て，「兵卒ノ褒賞或ハ公務ニ付不慮ノ災害ヲ受クル者ヲ賑恤スル等ノ用ニ供スヘキモノ」とした（〈陸軍省大日記〉中『明治七年十月　第一局』所収の陸軍省第一局長代理陸軍大佐高島鞆之助の1874年10月14日付の「第五局ヨリ代人料大蔵省ヘ納付之義伺出ニ付見込」）。「代人料」は雑収入の使用目的限定収入に位置づけられ，褒賞・

賑恤費が同省定額金により支給されれば，大蔵省に納付する方針であった。

11）徴兵令は布告後に急速に施行されたが若干補足しておく。第一に，徴兵令は1872年11月下旬段階で各鎮台に同概要が予告されていた。たとえば，福岡県は「徴兵告諭」布告前日の11月27日に「鎮台ヨリ追々兵員徴募ノ儀御達可有之ニ付自今各区順序ヲ以テ人撰申付候条兼テ其心得可罷在候」云々として，同県下の第二～六大区に対して各大区50人を選ぶことを布達した（『福岡県史稿』巻26，1872年11月27日の条）。同県布達は，県単位に徴員数が指定されるという前提のもとで予め同徴員数を県下の計5大区に割当て，各区（戸長）の責任による徴員候補者確保を指令した点で注目される。同県の徴兵令の理解は，注6）の1870年徴兵規則の村請負にもとづく村賦役的兵員供給システムの認識を混入させ，各区での徴員候補者人撰の取組みを準備したのである。また，当時の福岡県の大区合計は16であり，その約3分の1の計5大区に配賦したのは，常備役（現役）期間を3年間としてとらえ，16大区への割当のローテーション化を図ったのであろう。第二に，徴兵令施行を誤解した県もあった。宮城県は徴兵使巡行が同県対象に2月15日から開始されると誤解し，徴兵署（徴兵使巡行時に使府県庁所在地や管内便宜地に開設）事務のために史生5名をただちに雇用して徴兵調査等に勤務させた（『公文録』1873年3月大蔵省5，第4件）。しかし，同県は誤解に気付き，大蔵省の許可を得て3月に同雇用者を罷免し勤務給料を県費から支出することにした。他方，大蔵省は宮城県同様の誤解が他県から出るのは不都合として，太政官宛に徴兵令施行に関して改めて府県に通知すべきことを上申し（徴兵使巡行の期限・人員等），太政官は3月29日に徴兵使巡行と徴兵署事務等は陸軍省から布達されることを府県に通知した。福岡県も徴兵令が1873年から全国的に実施されるとうけとめて準備に着手し，2月に満20歳者がいる父兄・親族者に対して届書の提出を管轄下に布令したが（本人の身元・身分・産国・住所・誕生・実父・実母や氏神・宗門等の21項目の記載書式，代人料納付手続，免役相当事由等），同5月に取消した（『福岡県史稿』巻26，1873年2月及び5月の条）。他方，佐賀県は「六管鎮台表」と「六管鎮台徴員幷式」及び第一軍管東京鎮台管下配賦の徴員数を照合して，第六軍管下計9県の常備徴員数を試算して「第六軍管熊本鎮台徴兵表」を調製した（『福岡県史稿』巻26，1873年2月18日の条）。そして，石高準拠の徴兵人員割賦は当を得ないが，各県が足並みを揃えて「石高ト人員［人口］トニ割賦徴集」の施策を立てるべく協議したいとして，2月18日付で同軍管下各県宛に照会した。佐賀県は石高基準の徴員配賦により県下各大区にさらに徴員配賦をすれば，1人にも満たない大区が出てくるとした。これについて，福岡県は佐賀県照会と施策案を至当とし，徴兵使巡行時に石高・人口を折半した徴員配賦方法をとるべく評議したいと回答した。その後，1873年の第六軍管の徴兵令施行はなく，佐賀県の施策案はボツになった。ただし，1873年の徴兵令施行後の新潟県は，都会等の地域は「人戸稠密」で石高が少なく，山間等の村落は「石高多クシテ」人戸稀少であることは当然にもかかわらず，「単ニ石高ニ課シ候テハ甚以テ不得公平」云々と述べ，石高は合理的基準になりえないと上申した（『陸軍省日誌』1874年，第9号，3-4丁）。陸軍省は翌1874年1月28日に，石高基準による徴員配賦は1873年限りであり定例でもないと回答し，毎年12月の府県庁提出の「徴兵連名簿」の人口基準による徴集を新潟県に指令した。石高制（石高呼称）は1873年6月の太政官布達により廃止されたが，陸軍省は所定兵員定員が充足されれば，石高基準には特に固執しなかったとみてよい。

［**補注1**］石高制は「あらゆる貢納・負担をすべて現物形態の封建地代により統一させるものであったと同時に，貢納の村連帯負担制を支えた課徴方法であった」（遠藤湘吉「財政制度」鵜飼信成他責任編集『日本近代法発達史』第4巻，58頁，1958年，勁草書房）とされている。石高制を基盤にする徴員配賦方針は，府県と在来自治体の連帯負担の延長のもとに発想された。

［**補注2**］佐賀県のように当該県への配賦徴員をさらに県下大小区に配賦することは，種々の配賦基準が用いられたとしても，徴兵採用決定の効力はなかった。新潟県の第六大区の区会は，徴兵令施行開始の1873年に限り，同県から同大区（全戸数6,858軒）に配賦された徴員35.72人（補充徴員を含む）を戸数190軒につき20歳男児1人の割合により各小区（全11小区）にさらに配賦し，該当人名を調査し提出することにしたが（新潟県編『新潟県史』資料編14 近代二，508-509頁，1983年），各小区提出該当者（徴員候補者）が徴兵検査に合格して採用されることではなかった。同県の徴員配賦雰囲気について，さらに新潟市史編さん近代史部会編『新潟市史』（通史編3，近代（上），85頁，1996年）は，第二大区小七区（現在の新潟市の大形・石山地区の一部）では2月17日に戸長宅に徴兵相当者44人を集め検討し4人の徴兵者と4人の控え者を決めて報告したが，県は徴兵検査を実施するとして同4人の徴兵を無効とし，改めて20歳者全員を3月7日に検査会場（亀田）に引率するように指令したと記述している。この結果19人が残り，さらに新潟町（善導寺）での検査で8人に絞られ，新潟営所での最終検査で3人（当初の区決定の1人を含む）が現役兵として決定された。同3名は同年12月末に入営した。新潟県の各大区小区では注6）［補注］のように，徴兵（裁決事務）を従前の前近代的な村賦役の延長（的事務）ととらえ，徴兵（＝賦役従事者）は配賦徴員送り届けの業務請負であるという前近代的観念が残存していたことを意味する。なお，埼玉県埼玉郡大曽根村は同県第一区宛に20歳該当者10名につき「何レモ免役御規則ニ当リ候」として全員免役該当者（身長不足，長男等の一家相続人）であると届け出たように，各村でも該当者全員

が免役該当者になりえた（八潮市役所編『八潮市史』史料編 近代I，201-202頁，1981年）。

12）　1873年1月10日陸軍省布達は「~~府県々々~~［各庁］ニ於テ~~ハ~~当年~~十九~~二十歳ノ者ヲ相調ヘ徴兵~~免役~~規則ニ~~当リ尚四民論ニ照シ差障リ無之者ヲ精シク詮議致シ~~［照準シ］高一千五百石ニ付一人ノ見込ヲ以テ~~府県石高ニ応シ来春~~［故障無之者ヲ致精選］徴兵使巡行ノ節各庁下［ニ］召集致候~~ハハ~~［置可申］」云々と規定した（注8）の「癸酉徴兵略式」の削除文言は——，加設文言は［ ］）。同布達は第一軍管下府県の相当徴員合計をおよそ4,907人と規定し，1,500石で1人の見込みで検査対象者を呼集すべきことを規定した。ただし，同4,907人は東京鎮台の欠員（予定）兵員を補充すべき総人員であり，その常備1箇年徴員は2,300人とされたので，実際はおよそ3,000石で1人の徴集見込みになる。1873年1月陸軍省布達は東京鎮台管轄下地域では村請負としてうけとめられたことは明確であった。神奈川県は県官吏を県下に派出し，徴兵令について「諭告懇到頗ル勤タリ」とされているが（神奈川県立図書館編集・発行『神奈川県史料』第1巻 制度部，281頁，1965年），同県第7区（秋谷村，芦名村，長坂村，荻野村，大和田村，武村，長井村）の全戸長等計33名は連署で同年2月（日付欠）に同県令宛に「今般御国内一般千五百石壱人の割合ヲ以年齢二十歳ニ相成候もの国家為保護徴兵御取立ニ相成候，厚御趣意の趣御説諭被為在区内町村々小前一同承知奉畏候，就てハ徴兵令の通り御検査の上抽籤ニ相当リ候ものハ聊無差支罷出御用相勤可申候［下略］」という徴兵に関する一種の請負誓約書を提出した（横須賀市編『新横須賀市史』資料編 近現代I，720-721頁，2006年）。なお，宮川秀一「徴兵令による最初の徴兵と臨時徴兵」（田村貞雄編『幕末維新論集8 形成期の明治国家』95-98頁，2001年，吉川弘文館，初出は1987年）と新熊本市史編纂委員会編『新熊本市史』（通史編，第5巻 近代I，302頁，2001年，熊本市発行）等は，本布達中の「徴兵規則」は1870年の「徴兵規則」（注6）参照）であり，1873年徴兵令は1870年徴兵規則にもとづき施行されたと記述したが，誤解である。本布達中の「徴兵規則」の起案原文は，「癸酉徴兵略式」では「徴兵免役規則」や「免役規則」と記述された。ここでの「徴兵免役規則」や「免役規則」は徴兵令第3章の「常備兵免役概則」（本概則は「免役規則」と記述）である。「癸酉徴兵略式」は徴兵令第3章の「常備兵免役概則」と「四民論」とセットにした免役処分の実施を意図したが，「四民論」が退けられたことにより，免役（のみ重視）の文言が浮上しないように「徴兵規則」と記述した。当時は，1873年徴兵令は「［明治］五年十一月ノ公布ヲ以テ徴兵規則ノ制定アル」とか「徴兵令規則［書］」「徴兵御規則」等の文言が記述された（『明治前期財政経済史料集成』第4巻収録の大蔵省『歳入出決算報告書』88頁）。つまり，1873年徴兵令布告後の「徴兵規則」は同徴兵令とその諸規則を意味し，布達文等上の同用語法は珍しくない。なお，『法令全書』編集者は，1870年の「徴兵規則」は「五年太政官第三百七十九号ニ依リ消滅」と記述し，法的効力を失ったことはいうまでもない。

13) 14)　福島正夫編『「家」制度の研究 資料篇一』252-256，250頁，1959年，東京大学出版会。

15)　『陸軍省日誌』1873年，第14号，3丁，4月19日徴兵使宮木信順少佐の届書。1873年の第一軍管東京鎮台管下の1府17県の徴兵内訳は表3の通りである。

表3　1873年の第一軍管東京鎮台管下の1府17県の徴兵内訳

府県	(a) 石高	(b) 相当徴員	(c) 検査人員	(d) 常備徴員 (d/a)	補充徴員
東京府	15万石余	100人	—	49人 (3.2)	21人
神奈川県	33万石余	220人	284人	101人 (3.0)	43人
埼玉県	48万石余	320人	407人	150人 (3.1)	26人
入間県	40万石余	266人余	585人	125人 (3.1)	49人
足柄県	26万石余	173人余	332人	81人 (3.1)	34人
静岡県	25万石余	166人余	—	78人 (3.1)	33人
山梨県	31万石余	206人余	—	97人 (3.1)	41人
印旛県	46万石余	306人余	—	144人 (3.1)	61人
新治県	61万石余	406人余	—	191人 (3.1)	84人
茨城県	51万石余	340人	—	159人 (3.1)	67人
宇都宮県	41万石余	273人余	—	57人 (1.39)	0人
木更津県	52万石余	346人余	—	162人 (3.1)	69人
新潟県	60万石余	400人	—	187人 (3.1)	57人
群馬県	44万石余	293人余	—	71人 (1.6)	0人
栃木県	52万石余	346人余	—	69人 (1.3)	0人
柏崎県	54万石余	360人	—	169人 (3.1)	71人
長野県	45万石余	300人	849人	140人 (3.1)	55人
相川県	13万石余	86人余	—	41人 (3.1)	0人
合計	737万石余	4,907人　＊(e) 2,300人		2,071人 (2.8)	711人

注1：1873年1月10日陸軍省布達及び1873年徴兵入費に関する陸軍省調査（『公文録』1874年4月大蔵省，第25件）から作成。(c) の検査人員は神奈川県立図書館編集・発行『神奈川県史料』（第1巻 制度部，281-282頁，1965年），同『神奈川県史料』（第9巻 附録部二，48-49頁，1973年），埼玉県教育委員会編『埼玉県史料叢書 4』（埼玉県史料四，56頁，1998年），富士見市教育委員会編『富士見市史 資料編5 近代』（175-177頁，1988年），長野県編『長野県史 近代史料編』（第4巻，3-4頁，1988年），から作成。＊(e) は常備1箇年徴員である。

注2：(d) の (d/a) は，1万石当りの常備徴員の人員数である。補充徴員合計は宮木信順の届書の688人よりも多いが，4月以降に追加されたのであろう。

16)　第一軍管徴兵使の宮木信順は東京府・足柄県・静岡県・長野県・柏崎県・山梨県及び神奈川県・新潟県・群馬県の一部の徴兵検査の終了後の3月12日付で山県陸軍卿宛に中間的な報告書を提出した（〈陸軍省大日記〉中『明治六年三月 秘史局』）。

同報告書は「[上略] 徴兵令之差閊[さしつかえ]候廉ハ未タ相見ヘ不申事務モ至テ手軽ニ相運ヒ地方官モ諸事安外ニ行届キ民間ノ苦情モ初ハ随分有之徴兵ヲ朝鮮行ノ兵ト風聞仕地方官弁解最モ相勤メ候様子実ハ地方官モ鎮台表諸兵配合ノ儀ハ未タ聢[しかと]ハ会得仕候不申様ニ在候間図ニ照シ此旨管轄内ノ丁壮ヲ徴シ其兵ヲ以テ同管轄内ヲ守リ追漸営所結構ノ上ハ則此営所ニ入置ナト説示候処初テ表面明了ノ由ニテ更ニ徴兵ニ申聞大キニ感服安堵致シ俄ニ望出ナト仕リ至テ都合宜シク又中ニハ最初ヨリ歎願ノ者モ相応ニ有之 [中略] 只丁壮健康ノ少ナルト医官検査ノ精密ハ実ニ意外ニ出テ種仰[たぐいおおせ]ハ無論腋臭虫歯壱本有之候トモ健ノ字ヲ下サス是故ニ相当徴員ニテハ常備半分モ採レ難ク依テ議長ニ議シ候処孰レモ管内丁壮一般ニ調ヘ尺杖当置其内近郷ノ者ヨリ徴員丈ケ召集致シ置候ト相見ヘ一両日ノ内ニ百人五拾人ト召集致遂ニ健全ノ者ヲシテ補充迄定員ヲ充シ」云々と安堵感と自画自賛的な徴兵事務着手景況を報告した。特に徴兵使等側が徴兵趣旨を説明したことが注目され，「朝鮮行ノ兵」云々は柏崎県内等で流布し，柏崎県権参事は「徴兵浮説」を戒める教諭文書を同年3月に配布した注11）の『新潟県史』資料編14　近代二，512頁）。ただし，1874年9月15日に「徴兵告諭」の趣旨説明として「往昔ノ三韓征伐或ハ朝鮮征伐ナト」云々記述の県布達を布達した筑摩県もあり，住民側が浮説を流布させたとも限らない（長野県編『長野県史　近代史料編』第4巻，14-16頁）。なお，医官側の検査で「腋臭虫歯」も容赦しないという精密な健康診断は，最初の徴兵検査でもあり，慎重を期したことの結果とみられるが，前年11月13日軍医寮事務章程第10条規定の「兵ヲ検査シ身体ノ良悪ヲ鑒スルト病ニ因リ兵役ニ堪サルヲ定ムルトハ軍医之ヲ断スル権アリ」による軍医の判断権限にもとづく。また，宮木は今後の「教導ノ如何」によってはいわゆるナポレオンの「親衛兵」のような「精兵」も図りうると自画自賛し，山県陸軍卿を安心させようとした。他方，山県陸軍卿は1873年7月8日付で太政官宛に（1873年7月の鎮台条例改正の見通しがついた時点で），「賦兵之方法」や鎮台条例等の諸規則実施状況の実地調査のために，東京・仙台両鎮台を除く四鎮台への巡廻検査を上申し，7月20日に許可された。山県は巡廻検査後の11月13日付で右大臣宛に，徴兵令施行は「地方人心之服否ヲ察シ自邇及遠[次より遠きにおよぼす]之義ヲ以テ今年ハ先東京鎮台管下而巳致召集略賦兵之端緒ヲ開置候」云々と述べ，来年の徴兵はさらに大坂（工兵・輜重兵を除く）及び名古屋（砲兵・工兵・輜重兵を除く）の三鎮台管下で施行したいと伺い出た結果，太政官は11月30日に了承した（『公文録』1873年11月陸軍省，第22件，『公文録』1873年7月陸軍省，第15件）。

17）　徴兵諸名簿には本人識別として姓名の確実な記載が重要であったが，当時は必ずしも「苗氏」（苗字）使用が普及していなかった。1870年9月19日の太政官布告は四民一般の苗字使用禁制を解禁し，「自今平民苗氏被差許候事」としたのみで，苗氏使用は各自の自由に任せていた。この結果，徴兵事務上の迅速な本人確認調査に支障や不便等が生じ，山県有朋陸軍卿は1875年1月14日付で太政官宛に「僻遠之小民ニ至リ候テハ現今尚苗字無之者有之兵籍上取調方ニ於テ甚差支候条右等ノ者無之様更ニ御達相成度」と伺い出た（『公文録』1875年2月陸軍省1，第14件）。この結果，1月29日の閣議は「自今必苗字相唱可申尤祖先以来苗字不分明ノ向ハ新ニ苗字ヲ設ケ候可致」の布告案を決定し，2月13日に太政官布告第22号を布告した。つまり，徴兵名簿の調製等が四民の苗字使用・苗字新設の義務化の契機になった。

18）陸軍省が「徴兵連名簿」調製において年齢起算の基準期日を2月15日に指定したのは，1873年5月17日の陸軍省送第491号である（〈陸軍省大日記〉中『明治七年二月　各県』）。陸軍省送第491号において，陸軍中将山県有朋は「前年第二月十六日始テ十九歳ニ相成候者ヨリ本年二月十五日マテニ十九歳ニ相成候迄取調可有之候事」と指令した。

19）当時の記年法と年齢の起算表記や計算観念は干支の記年法で足りていた。1873年徴兵令の徴兵相当適齢者届書や諸名簿調製の雛形には生年月日の文言明記はなかった。徴兵令はこれらの慣習（干支の寅年の年齢計算，安政元年［1854年］生まれで，1873年1月時点では数え年20歳であり，翌1874年1月以降に全員が満20歳以上に到達）と「徴兵連名簿」により施行することになった。しかし，2月5日の太政官布告第36号は年齢計算を生年月数の「幾年幾月」の満年齢にした（ただし，旧暦中では一干支を1年とし，生年月数は当該本年の月数と通算して12箇月を1年とする）。これに対して，陸軍省は翌1874年の徴兵年齢計算と諸名簿調製に際して，既に東京鎮台管下では数え年が使用されているので，ただちにすべてを満年齢で通算せず，国民軍成丁簿の名簿作成の年齢通算には満年齢を用い，「徴兵連名簿」作成の年齢通算には干支の年齢通算を用いることにした。すなわち，1873年5月20日の陸軍省布達は東京鎮台管下府県宛に，1873年は「旧暦二十歳」（寅年で数え年20歳の者）の徴集結果，明年の「新暦二十歳」（寅年で数え年21歳の者，満20歳到達者）は採用済の対象外になるので，明年は「旧暦二十一歳」（丑年で数え年22歳の者，満21歳に到達者）を調査した「徴兵連名簿」の調製・提出を指令した。

20）〈陸軍省大日記〉中『明治九年五月　大日記　官省使庁府県送達　土　第一局』土812号。徴兵［Conscription，コンスクリプション］の元来の意味には「名簿登載」の意味があった（婆督備氏『仏国政法論』第1帙上巻，232-233頁，岩野新平訳，1882年，司法省蔵版，参照）。

21）『公文録』1876年7月8月陸軍省，第37件。

22）〈陸軍省大日記〉中『明治七年四月　諸県』。

23）『公文録』1874年7月陸軍省，第11件。

24) 〈陸軍省大日記〉中『明治七年七月 諸県』。

25) 〈陸軍省大日記〉中『明治八年一月 第一局』。

26) 『公文録』1875年2月陸軍省，第15件。同処置に対して，県下民間には物議は生じなかったようである。

［**補注**］徴兵相当者の年齢錯誤は第二軍管仙台鎮台管下の秋田県でも生じた。陸軍省の1873年6月の送第854号は来年度の「徴兵連名簿」提出のための徴兵相当者調査に関して，嘉永6年丑年2月16日以降安政元年寅年2月15日以前出生者を指令した。その後，1874年5月8日陸軍省布第202号により仙台鎮台管下では歩兵1大隊分の兵員を徴集することになり，徴兵検査のために「徴兵連名簿」登載壮丁を県庁下に召集させた。これは，1873年2月27日の仙台鎮台管下の宮城県他10県宛指令の補欠召集には「志願之者無之現今一日モ難差置場合ニ立到」り，臨時の徴兵として施行するとされた（『公文録』1874年5月陸軍省，第4件）。しかるに，秋田県は陸軍省送第854号に注意せず，1874年12月中に満20歳に至る者（1875年の徴兵相当者）を調査して，「徴兵連名簿」を調製・提出していた。これについて，徴兵使（井石公穀陸軍大尉他2名）は，秋田県側の徴兵正年者再調査は5～6箇月も要するので難しいという談判に一旦は応じて同違齢者を6月に徴兵検査するに至った。これにより，同県権令国司仙吉は6月28日付で陸軍大輔津田出宛に，1875年の徴兵相当者を検査して期限通りに入営させ，来年の徴兵は今年徴兵相当者を用いたいと上申した。しかし，陸軍省は7月8日付で「正年之者徴募可致事」と指令した（〈陸軍省大日記〉中『明治七年八月 諸県』）。ただし，秋田県の「徴兵連名簿」の再調査により県庁下に違齢者呼集時の1875年の徴兵相当者（約1千人）に要する入費の負担問題が事案になった。そのため，同県は8月29日付で陸軍省宛に同年5月徴兵入費概則にもとづき2,863円余（諸費，旅費，滞在日当）の下付を申し出たが，同省は12月に違齢者本人への旅費支給はありえないが，徴兵使承諾のもとに実施した検査場・抽籤関係と検丁等の滞在日当の入費は支給すると指令した。この結果，同県は同支給金額計1,780円余を申請し，陸軍省は翌1875年3月に内務省より受領することを指令した（〈陸軍省大日記〉中『明治七年十二月 諸県』，秋田県立公文書館所蔵『官省上申伺指令原書留四号』1874年7～9月（2））。

27) 28) 29) 30) 『公文録』1873年4月大蔵省1，第9件。

31) 吉岡健次『日本地方財政史』2-6頁所収の安藤春夫『封建財政の崩壊過程』及び藤田武夫『日本地方財政制度の成立』の紹介参照，1981年，東京大学出版会。

32) なお，長野県は1874年1月12日付で大蔵卿宛に1873年の徴兵入費に関して，徴兵相当者呼集時の本人と付添いの戸長副戸長の途中食料・滞在中宿料等は「管内郡中割ニ取立可申哉 但民費ハ可取立義ニ候ハハ村高ニ割賦可然欤亦ハ戸数ニ割賦シ可然哉」と伺い出た。これによれば，長野県側も徴兵入費の一部民費負担化も想定していたことになるが（〈単行書〉中『大蔵省記録抜粋　十二』），同省は「一切官費ト可相心得右入費ノ儀ハ別途可渡候条」と指令した。

33) 34) 35)　注27）の『公文録』。筑摩県は2月7日付で陸軍省宛に，徴兵事務執行にかかわる地方官撰定の職員（徴兵議員，傭医，史生等）の給料や徴兵署の営繕関係費用等は陸軍省から下付されるのか，または当該県の官費で支出すべきとして大蔵省に請求すべきか，と伺い出た（〈単行書〉中『大蔵省記録抜粋　五』）。陸軍省は2月18付で「其県ノ官費タル事」と回答した結果，同県は2月28日付で大蔵省宛に，徴兵入費は大蔵省から下付されるのか，または県の第二常備金から支出すべきかを至急指令してほしいと伺い出た。同県伺いの「第二常備金」は1872年5月の県治条例により臨時の緊急避難的な支出範囲として規定されていたので，同伺いは適切ではなかった。ただし，筑摩県と同様な伺いは宇都宮県他からも出ていた。それで，渋沢大蔵少輔事務取扱は3月10日付で大隈重信参議宛に，徴兵入費の人民への賦課は穏当ではなく，また，当省としても費用多端であるので，陸軍省定額金内から支出する指令を出してほしいと上申した。

36)　ちなみに，1873年の徴兵費歳出決算は288,007円余とされ，陸軍費歳出決算8,128,140円余との比較では3.5%を占めた。徴兵費（1874～79年）は陸軍省定額金から支出したが，各年の徴兵費歳出決算によれば，1874年は7,785円余，1875年は31,853円余，1876年は43,842円余，1877年は58,580円余，1878年は40,836円余，1879年は54,787円余，であった。徴兵費は全国六鎮台下すべてに徴兵令を施行した1875年後も5万円台であるので，東京鎮台管下のみの1873年の徴兵費28万円余は，徴兵令施行初年度とはいえ，あまりにも高額である。すなわち，注15）の**表3**の常備徴員2,071人と補充徴員711人の計2,782人の採用徴員に照らしてみても，採用徴員1人当たりに103円余が注ぎ込まれたことになる。さらに，注47）の1873年の府県民費として支出された徴兵下調費（62,872円余）が加われば，採用徴員1人当たりに126円余が注ぎ込まれたことになる。これらは，大隈重信大蔵卿の1874年3月23日付の太政官宛上申書のように，県の申し立て金額をほぼそのまま支給した結果に他ならないだろう（『明治前期財政経済史料集成』第4巻収録の大蔵省『歳入出決算報告書』83，91，99，233，303，443，561頁）。なお，徴兵令施行初年度で石高第一位の新治県の徴兵費概略（1873年12月調製）は，①徴兵入営旅費437円余（宇都宮営所入営155人〈内2人は病者と脱走人で入営延期〉，東京鎮台入営36人〈内1人病者で入営延期〉，計188人），他に入営付添人25人旅費（1日10里詰で1人62銭5厘），②県の雇者6人雇給計48円・傭医4人傭給計32円（旧等外二等級で1人1箇月8円），徴兵議員51人給与計153円・史生8人雇給計24円・給仕3人雇給計9

円（旧等外四等級で1人1箇月6円の15日間），水夫2人雇給計2円50銭（1人1箇月2円50銭の15日間），徴兵議官3人・傭医3人・史生3人の下検査時の管内巡回旅費計112円余，下検査・本検査会場使用家屋の宿料計7円（16日間の宿料，諸道具借入れ破損手当て4円），諸物品計143円余（差紙飛脚賃，壮丁定尺検査器，寝台，大火鉢，墨，莚，蠟燭，茶，炭，他），小区検査諸費計1,413円余，他未定分62円（徴兵議官〈旧権大属，権少属，15等出仕各1人，3月11日～4月11日〉），とされた（〈諸帳簿〉中『照会録』1873年・1874年左院，第17件）。諸物品中の壮丁定尺検査器は1873年1月10日陸軍省布達の徴兵検査時の身長計測器であり，1台の製作費は約2円40銭前後であった。

37）　注27）の『公文録』。1873年3月制定の陸軍武官俸給表によれば，鎮台の司令長官（少将）の俸給歳費は3,000円された。

38）39）『公文録』1873年12月陸軍省，第20件。山県の5月28日の太政官宛上申書冒頭（陸軍省省議は「徴兵ノ令ハ政府商議ノ上大蔵省ヘモ下問ニ及ハレ至当ノ目的相立然ル後其令ヲ発ス実ニ千古以来ノ大款典ヲ継ケ我邦兵制ノ面目ヲ一新シ殆ント欧米各国ト駢立セントスルノ端緒ヲ開クニ至レリ」と起案，上申書正文では下線部は削除）は，徴兵令の大蔵省への下問云々を述べているが，徴兵令制定時に徴兵入費の府県支出規定化に関する大蔵省の理解・関知があったことを強調したかったとみてよい（〈陸軍省大日記〉中『明治六年従五月至七月　本省布告』，下線は遠藤）。

40）〈陸軍省大日記〉中『明治七年二月　諸省』。

41）　1874年の徴兵入費の費目内訳方針は，徴兵議員が徴兵副使に随行して他管内に出る時の旅費，傭医・史生の雇給・旅費，徴兵署・検査所毎に雇う用使の雇料，検査所を社寺等に設けるときの家屋料，徴兵署・検査所の費用・物品は徴兵使到着後に通知する，徴兵の検査・抽籤・入営にかかわる旅費と滞留・滞在時の日当，徴兵入営時に付き添う区・戸の長の旅費と滞在費，すべての徴兵入費は当該県で取替え置き陸軍省に申し立てるが徴兵署費用や諸雇給・旅費は該当仕払帳に徴兵使の検印を取る，徴兵旅行中の発病による歩行困難時の宿駕料は当該地医師の診断書提出により支給する，等の8項目を規定し，「徴兵署費用物品概表」は徴兵諸名簿調製等用紙や炭・筆・墨・硯を記載した。徴兵検査時旅費や入営時旅費の事例は，長野県佐久地方の1874年9月の「徴兵検査経費」（佐久市誌編纂委員会編『佐久市誌』歴史編（四）近代編，172-173頁，1996年），神奈川県第五大区地方の1875年の徴兵検査旅費と入営旅費受取証（川崎市編『川崎市史』資料編3，97-98頁，1990年），参照。

42）『公文録』1874年4月大蔵省2，第25件。

43）〈陸軍省大日記〉中『明治七年十月　各県』，同『明治七年十二月　各県』。

44）　1874年4月18日太政官達第53号は1873年中の民費の全国経費調査のために府県

宛に「府県民費取調書」の調製・提出を指令したが，「徴兵下調費」の調査も含めた。その後，「賦金」と称されて府県に限り取り立てられた税（1874年1月太政官布告第7号）は1875年9月の太政官布告第140号により「府県税」と規定された（租税は「国税」と規定）。これにより，国税（国費に供する）と府県税（賦金と地方収税類であり，地方の費用に供する）の区分がおよそ明確化された。そして，1875年10月30日内務省達乙第142号は府県税の費途概目の一つとして「諸下調」を仮定し，1877年8月16日内務省達乙第77号は府県税収入により支払った「民費課出表」の課目に徴兵下調費を規定した。なお，1878年7月22日太政官布告第19号は従来の府県税や民費として徴収した府県費と区費を「地方税」と称した。同時に同年7月25日太政官達第32号の府県官職制制定は戸長の職務概目の一つとして「徴兵下調ノ事」を規定し，郡区長の知事令報告事項の一つに「徴兵取調ノ事」を規定した。本来は戸籍調査のために置いた戸長の職務が拡大し，徴兵事務が地方行政の末端部分にも位置づけられるに至った。

45)　〈陸軍省大日記〉中『大日記 明治七年十二月 諸局伺届弁諸達書』第4228号，1874年12月大山巌陸軍省第一局長発陸軍卿宛伺書参照。1874年9月8日の「徴兵入費明細帳」（陸軍省送第3685号）の徴兵入費の明細雛形には府県毎の牴牾があるとされた。

46)　『公文録』1876年2月陸軍省2，第4件。

47)　大久保利通内務卿は1878年3月11日付の太政大臣宛の「地方之体制等改正ノ儀上申」中の「地方公費賦課法ヲ設クルノ主義」において，当時の地方公費を甲・乙・丙・丁の4種に区分し，徴兵下調費を「甲」（「中央政府ノ政務上ヨリ生スル費用ニシテ全国人民之カ支出ノ義務ヲ得サルモノヲ云フ」）に位置づけ，「国費」として支出すべきことを述べた（〈単行書〉中『参照書 明治十一年 完 法制局』）。ちなみに大久保上申に添付された「府県民費総計表」によれば，徴兵下調費の総計は，1873年は62,872円余，1874年は73,694円余とされている。

48)　『法規分類大全』第31巻，租税門（1），20-21頁。

49)　注13）の福島正夫編『「家」制度の研究 資料篇一』256-257頁。

50)　西南戦争後の陸軍省は徴兵採用候補者のプールとしての「徴兵連名簿」登載者数減少の対策に苦慮していた。まず，1878年の徴兵においては，陸軍省は同年4月30日付で太政官宛に，①各府県の徴兵相当者人員が年々減少し，今年度の徴兵使巡廻段階で既に徴員不足を生じている（第一軍管で常備歩兵68名，第四軍管で歩砲工輜重兵296名，他），②徴員充実には徴兵令を改正せざるをえず，その改正を調査しているが，地方官の検査提出の免役者（「定尺未満ノ者幷ニ宿痾不具等ノ者」）を一時呼集して検査した結果は定尺以上であり，「宿痾」者住居を訪問して本人検査の結果は本人容体と医師の診断書とは大いに齟齬して合格者であったことが多くみられるので，太政官から府県宛に徴兵下調精密化の注意喚起布達文を発してほしいと上申した。同省上申は了承され6月15日に府県に布達文を発した（『太政類典』第3編第49巻，兵制，徴兵，第13件）。次に，1879年の徴兵においては「徴兵連名簿」登載者数寡少が見込まれ，陸軍卿は1月28日に鎮台と府県宛に常備と補充の定員外余剰者にすべて補充兵を申し付けるべきことを指令した（陸軍省達甲第2号）。徴兵令上は徴兵合格者で常備補充定員の他の剰余者を落籤者として免役者と同様に取扱うことになっていたが，全徴兵合格者を補充兵にした。しかし，1879年の徴兵検査以前段階で徴員定員確保の見通しが立たなかったのが特に第一軍管と第四軍管であった。第一軍管の「徴兵連名簿」の登載者寡少は翌年廻し人員の増加（第一軍管の新潟県では病気，他行，出稼ぎ等の口実による詐偽者は1千名とされる）によるものが多かった（〈陸軍省大日記〉中『明治十二年二月　大日記　参謀監軍諸局近衛軍馬病院教師之部』）。そのため，第一に，第一軍管徴兵副使は1月24日に陸軍省宛に同事故による徴兵検査不参者の身元真偽糾明のために府県駐在官を派出させ，詐偽者を地方警察官吏に引き渡して実況申告させたい，と伺い出た。しかし，陸軍省は2月4日に，府県駐在官派出を許可せず，一時的病気者を翌年廻しにして，固定的病気者は免役規則の「宿痾」者と同様に扱い，詐偽者は徴兵議長と協議して相当の処分をすべきことを指令した。第二に，第一軍管徴兵副使は1月21日付で陸軍卿宛に，歩兵（5尺未満者は免役）は4尺9寸以上から採用せざるをえない，また砲工騎輜重兵は過半数以上の適尺者不足が推定されるので，本年に限り同4兵の適尺者不足の場合には定尺1寸減寸の徴集を詮議してほしい，と伺い出た。これについて，同省は2月1日に砲工騎輜重兵の定尺1寸以内減寸による徴員採用は認められるが，歩兵の5尺未満4尺9寸以上者の採用は検査終了後に改めて伺い出ることを指令した。同様に，第四軍管徴兵使は2月3日付で陸軍省宛に，1879年の徴兵は補充兵のみならず常備定員も充足できないこともあるので，①砲工輜重兵に限り各1寸までの減寸者を採用したい，②管下府県内の「徴兵免役簿」中の短寸者数が他府県よりも多いので，短寸疑義者を最寄りの検査場に呼び出して検査を受けさせたい，と伺い出た。これについて，同省は2月15日に①と②の了承指令を発した（『陸軍省日誌』1979年，第5号，12-13丁）。この結果，「徴兵連名簿」登載者数寡少に対しては陸軍省内でも対策を検討し，各軍管の徴兵採用に欠員が生ずる場合には，1877年1月29日陸軍省達甲第7号徴兵令参考追加の第41条（当該鎮台の常備欠員補充のための補充兵徴集の場合に，当該軍管内の補充では不足する際は，隣接軍管から補充する）の規定に準じて隣接軍管が交互に補欠しあうことを2月13日に各軍管徴兵使に指令した（〈陸軍省大日記〉中『明治十二年二月　大日記　参謀監軍諸局近衛軍馬病院教師之部』)。

51) 『公文録』1878年6月7月陸軍省，第29件。

52) 1879年徴兵事務条例は注50) のように病気等の事故不参者に対する「真偽」糾明方法として，本人住居での検査手続きを規定した。1879年1月28日の陸軍省達甲第2号は補充兵欠員を落籤者により充足する手続きを規定した。1877年1月29日陸軍省達甲第7号徴兵令参考追加第41条の徴兵人員不足の場合には隣接軍管から補欠する手続きを規定した。

53) 1879年徴兵令で新設の徴兵下検査を含む徴兵検査（府県の本検査）の実施は郡区（離島・島嶼の地域を含む）の財政等に大きな負担を負わせた。①徴兵下検査所を検丁（受検壮丁）の1日往復可能な地に設けることに対して，岩手県は県内に人家散在の広域村落（3～7里）を抱えているので，3里以上の地より呼集の検丁の旅費は府県の本検査呼集と同様の支給（官費）にしてほしいと陸軍省に伺い出たが，同省は官費支給を認めず，②「不具廃疾者」を徴兵下検査所に呼集した際の往復旅費は官費でなく地方税をもって支出し，「白痴風癲等ノ人事不省ノ者」の府県検査所出頭に付添い看護人として父兄等も出頭した場合の旅費を支給せず，本人車駕使用の車駕賃実費と滞在日当は支給する（岐阜県の伺いに対する陸軍省指令），③徴兵入費定則は徴兵相当者本人居住町村から検査所・抽籤所等までの往復旅費（10里詰）として日当金24銭を支給し，同地滞在の時は日当金22銭以下の適宜支給に対して，石川県・福井県・滋賀県は現在の物価騰貴の各地の旅籠料は一般に一泊（朝夕食付き）で25銭内外でありさらに昼飯を含めて30銭余に至るので，同不足分の支給方法を伺い出たが，陸軍省は往復旅費日当金30銭と滞在日当費28銭の支給等を指令した（『官令新誌』1880年第6号，1880年6月，12-13頁，同1881年第9号，1881年9月，14-15頁，同1881年第11号，1881年11月，19-21頁，同1881年第12号，1881年12月，11-12頁）。なお，東京府は以上の陸軍省指令等をふまえて1882年3月31日に徴兵入費定則を規定し（乙第28号，全18条），郡区役所と戸長役場に通知した（『官令新誌』1882年第4号，1882年4月，50-53頁）。

54) 〈陸軍省大日記〉中『起明治十四年一月尽同年三月 総務局』壱第320号)。陸軍省徴兵課長は1881年1月27日付で，岩手県の郡区徴兵事務官の民情上申の手続き伺いに対して，徴兵署に出頭しなければ「事実ヲ悉〔つく〕ス能ハス」として，徴兵署出頭を要する指令を発した。なお，注49) 所収の山梨県の1876年の「徴兵下調手続」は免役上申は文書進達を前提にしていた。

55) 〈陸軍省大日記〉中『明治十二年十二月 大日記 省内外各局参謀監軍等』局第869号。

56) 57) 〈単行書〉中『行政決裁録 十七』。なお，大蔵省の徴兵入費定則案は1875年1

月の一部改正の陸軍徴兵入費概則における「情実」申立て者の旅費等支給有無の規定を継承し起案していた（第5条）。

58）1880年10月11日の郡区役所，戸長役場宛の和歌山県達丙第296号「徴兵下検査取扱規則心得」（和歌山県史編さん委員会編『和歌山県史 近現代史料一』638頁，1976年）。ただし，戸籍簿照較必須化によって戸籍簿自体の「訂正」が事前に「公認」「督励」されるに至った。たとえば，1881年6月24日の和歌山県達丙第144号（郡区役所，戸長役場宛）は，徴兵適齢時又は入営後に「戸籍簿ノ誤謬ヲ申立」て「免役等願出候者」がいることは不都合であるので，戸長に対して，戸主は子弟・附籍者等の国民軍編入届け時に厳密に精査して「其戸籍誤謬等アル者ハ速ニ其事由ヲ詳記シ戸籍訂正ヲ可申出能々部内へ諭シ」云々と指令した（上掲『和歌山県史 近現代史料二』642-643頁，1978年）。戸籍簿の「訂正」にかかわる和歌山県達は徴兵規避嫌疑への注意を含めて，さらに1882年3月13日の達丙第60号，1883年4月13日の達第317号により郡区役所，戸長役場宛に布達された（上掲『和歌山県史 近現代史料二』426，434頁）。

59）〈陸軍省大日記〉中『明治十五年従七月至九月 総務局』。戸籍簿照較必須化により，1882年1月23日の和歌山県達丙第17号「徴兵検査ノ節取扱心得」（郡区役所，戸長役場宛）は戸長に対して「該町村検丁ニ関スル戸籍簿ハ必ス附添ノ戸長携帯スヘシ」と指令し，さらに同年9月13日和歌山県達第415号の「徴兵下検査取扱心得」は「徴兵諸名簿並常備年期内ノ者等調査ノ為メ戸籍上照較ヲ要スヘキヲ以テ該年徴兵相当者ノ有無ヲ関セス各町村戸長ハ担当部内ノ戸籍帳簿悉皆携帯シ検査当日最寄下検査所へ参集スヘシ」と指令した（上掲『和歌山県史 近現代史料二』424，428頁）。

60）〈公文別録〉中『甲部地方巡察使復命書』1883年第8号「神奈川県ノ部」。関口隆吉は，神奈川県の巡察を1883年8月13日の南多摩郡八王子から開始して同16日に神奈川県庁までが終了し，同県の要略を同16日に太政大臣に上申し，その後，『明治十六年甲部巡察使復命摘要』1冊と『明治十六年甲部巡察使復命書』9冊を調製し12月25日付で太政大臣に提出した（〈公文別録〉中『地方巡察使』1882-83年，第3巻）。本復命書は後者の9冊中の1冊であり（第8巻），本冊収録の関口隆吉復命書中の「徴兵ノ状況」は神奈川県の兵事課担当者が記述・作成し，当時の町村自治体側の戸籍簿自体の「訂正」「改竄」等を含めて，戸籍簿点検状況を具体的に示した貴重な資料である。巡察使の復命書では軍務の行政事務事情を詳細に報告・上申したものは少ないが，関口隆吉復命書中の「徴兵ノ状況」中の「徴兵下検査手続」によれば，①戸籍簿点検では「徴兵ニ関シ嫌疑アルモノハ悉ク戸籍ニ凡ソ堅二寸巾五分ノ片紙ヲ貼付スル」が，その嫌疑発見方法は「一 本人若クハ父母等ノ誕生年月ヲ塗抹或ハ剝取之ヲ改竄スル者　一 送籍年月分家絶家再興年月退隠若クハ廃嫡年月ヲ第一項

ノ如ク改竄スル者　一 戸籍用紙ノ新キ者　一 検査時限内下検査巡行后ニ係ル異動者　一 付箋等ヲ以テ送入籍其他異動ヲ記スル者　一 戸籍上姓名アリテ其身分誕生登記ナキ者」に着目するとされ，「第一項誕生ヲ改竄スル者仮令十六年適齢者（文久二年二月生）ヲ元治元年トシ下検査巡間后之ヲ割キ取リ翌年調査ニ際シ又十六年適齢ナラシメ或ハ適齢ノ期ヲ前后ニシテ免役名称ヲ得ントシ就中父母誕生ノ如キハ五十歳未満ヲ五十歳以上ナラシムル等ノ弊害ナキ能ハス　第二［項］送入籍年月等徴兵令改正后ニ係ル者ヲ其以前ノ年月ニ改竄スルノ類アリ　第三［項］ノ如キハ第一第二［項］ノ奸策ニ較レハ大ニ調査ヲナスニ難カラス何トナレハ本県戸籍ハ大抵明治十年一月改正ニ係ルヲ以テ之ニ新紙ヲ挿入スルモ其新ヲ掩フ能ハサレハナリ　第四［項］ノ異動者ハ下検査巡行前ノモノヲ巡行后ノ異動トナサンカ為事務官巡行終ルヲ待テ戸籍ニ登記スル情状ナキヲ保セス故ニ是等疑訝ノ輩ヲ調査スルニ多クハ届洩ナリ而シテ其届漏応徴者ノ情態ヲ探クルニ徴兵適齢若クハ免役名称ヲ罷メタル当時届漏トナルモ発露ノ際先入兵トナルニ過キサルヲ以テ万一ヲ僥倖セントスルノ弊ナシトセサルナリ　第五［項］附箋ニ送入籍等記スルモノハ前年調査ニ莅［のぞ］ミ之ヲ削キ取リ調査ヲ免レントスルモノアリ或ハ否ラサルモ応徴身分ニシテ前年調査セシ付箋ノ貼痕ナキハ適齢当時之ヲ抜キ后亦編入シ或ハ其年皈籍セシモノヲ前年ニ遡リ其年月皈籍ト記スル等ノモノ尠カラス　第七［ママ］［項］誕生年月等記入ヲナサスシテ適齢或ハ常備年期罷名称等ノモノ往々アリ故ニ之等ハ最モ緻密調査ヲ加フルモノトス」の事例があったとされ，②戸籍照較の方法は「抑モ戸籍照較タルヤ甲戸籍ヲ点検シ照較ヲ要スルトキハ之カ免否ヲ決シ若シ決シ難キモノハ衆議ニ決ス而シテ某長男国民軍ノ外免役ト甲呼ハ丁其声ニ応シテ其届書ヲ朗読シ以テ戸籍及戊ノ国民軍名簿ニ照較ス朗読竣ルヤ否ヤ戊其父兄年齢ヲ計算何年何月ト呼ヒ免役ノ印ヲ国民軍名簿備考欄内ニ捺押ス而シテ甲ハ同時戸籍ニ貼紙アル付箋ニ圏点ヲ書ス若シ乙丙ノ名簿ニ符合シ丁戊ノ名簿ニ齟齬スルトキハ甲ハ其要領ヲ戸籍ノ附箋ニ記シ以テ質問ノ材料トス」とされ，③戸籍照較による不明点の質問は「戸籍照較上ヨリ起ル不明ノ件中届洩ト認ムルモノ或ハ年齢改竄等ノ者ハ前年名簿或ハ質問録ニ拠リ精細調査ヲ遂ケ尚不明ナルトキハ質問録ヲ製シ精覈ヲ得ルヲ要ス但質問書ハ郡区長ニ付シ其答弁ヲ得ルモノナリ従前ノ実査ニ拠ルニ由是徴集者ヲ発見スルモノ幾ト其年ノ十二分ノ一二ニ届レリ」とされた。

［**補注**］徴兵検査における戸籍簿照較は，1884年徴兵事務条例第35条においても府県庁の徴兵検査準備の一環としてその手続きが規定された（「府県庁ニ於テハ各自届署人別表其他諸書類ノ成規ニ適スルヤ否ヲ審査シ戸籍帳ト照較シ遺漏又ハ差違ナキヤ否ヲ調査シ然ル後徴兵署ニ送致ス可シ」）。同規定により，たとえば，1884年11月1日愛媛県達乙第179号は同年度の徴兵検査の「取扱手続」を定め，「戸長ハ

戸籍帳へ徴集又ハ猶予或ハ異動徴集等ノ付箋ヲ為シ，該名簿其他従来徴兵ニ関スル書類ヲ携帯スヘシ」と指令した（愛媛県史編さん委員会編『愛媛県史 資料編近代I』304-305頁，1984年)。愛媛県の戸籍簿への付箋貼紙は（兵役関係の「徴集」・「猶予」等の略符号記載），神奈川県下町村でなされた戸籍点検用の「戸籍ニ凡ソ竪二寸巾五分ノ片紙ヲ貼付スルノ法」よりも，戸籍簿に対する改作をさらに濃くしたとみてよい。ただし，当時の戸籍簿は純然たる司法公証上の帳簿とはみなされず，主として行政上の帳簿とみなされていた。つまり，戸数人員（当該区において番号を付された住居屋敷の居住者数）を詳しく掌握するために住所地と一体化された行政帳簿として調製された。1871年4月4日の太政官布告の「戸籍ノ法」（第27則）は戸籍調製の記載方法を「戸籍ノ用紙ハ美濃紙ノ寸法ヲ準トシ公用ノ罫紙ヲ用ユヘシ戸長ト其庁へ収ムル分ハ其土地求メ易キ適宜ノ品ヲ用ユヘシ故ニ毎区戸長へ本書分ノ公用罫紙ヲ其庁ヨリ下ケ渡スヘシ」と規定したが，無罫紙にも書き込みされ，また，戸籍用紙の雛形も統一されていなかった（福島正夫編『「家」制度の研究 資料篇一』収録の「口絵」写真参照)。そこでは，職業，戸主，家族構成者の出生・婚姻・離縁・送籍・失踪・隠居・死亡等の年月日，壬申年を基準にした年齢，氏神・寺等が無罫紙用紙に記載され，異動発生時に同用紙の余白部分に当該異動事由が次々と書き込まれた（〈単行書〉中『甲部巡察使上申書第三号附属戸籍簿写六冊之内第壱』所収の「千葉県海上郡横根村萩岡村連合戸長役場戸籍簿写」参照)。そのため，町村自治体は兵役を基本にした兵事行政事務上の基本台帳としても便宜的に利用した（上記の千葉県の戸籍簿にも「徴兵拝命東京府鎮台エ入営」云々と記載された嘉永5年7月2日生まれの住民がいる)。しかし，その後，戸籍簿は住所地観念を離れ，1898年6月法律第12号の戸籍法と1914年3月法律第26号の戸籍法改正を経て，身分登記を含む純然たる独自の司法的公証簿のみの性格を有し，行政帳簿とは性格をまったく異にするに至ったが，戸籍簿は兵事行政上に多大の便宜を与えてきた。

61）『公文録』1880年11月内務省3，第33件。

第3章　西南戦争前後の壮兵の召集・募集と解隊

——徴兵制の過度期的施行（2）——

1　近衛諸隊の編成替えと壮兵解隊過程

徴兵制を迎えるに際して，東京鎮台の兵員数と近衛諸隊の兵員数とのほぼ均衡的関係のもとで，近衛諸隊の編成替えが遂行されたことになる。

(1) 1872年近衛条例と近衛諸隊の編成替え方針——解隊免役者の管理・統制と特典政策

近衛の前身は1871年2月設置の「御親兵」であり兵部省に属していた。御親兵は皇居の守備・警備（儀式演出等を含む）の現場業務担当兵であった。ただし，御親兵の統轄は，御親兵掛が諸事務を担当し，同省が同年12月3日に「御親兵庶務」を規定したが，統轄権限と指令系統等は必ずしも明確ではなかった[1]。

これに対して，山県有朋兵部大輔の1872年1月4日の奏議・起草により3月9日に近衛条例を制定し近衛諸隊が編成替えされた。近衛条例は近衛兵の皇居守備・警備等の現場業務と編制の諸規則を規定した。また，同日に御親兵掛を廃止し近衛兵全体の直接的な管轄官衙としての近衛局を置いた。近衛局は近衛兵の人事や会計経理等の事務上の機関であった。

近衛条例は，第一に，御親兵を近衛兵と改称し，将来，歩兵3個連隊，騎兵1個大隊，大礟4座を編成し，近衛の兵卒は「全国諸隊ノ精選ナルヲ法トスルヲ以テ毎歳本省ニ於テ其欠員多寡ヲ量リ国内諸営団ニ就テ壮兵ノ行状謹恪ニシテ技芸ニ精通スル者ヲ簡[えら]ヒ」とされ，各鎮台から壮兵（的部分）を「選抜」して供給・補充する体制をとった[2]。第二に，現場業務の司令官として近衛都督（中将又は少将）を置き，「近衛ノ都督ハ直ニ聖旨ヲ奉シ職務ニ従事スト雖モ常例外ノ事務ハ必ス陸軍卿ノ決ヲ取テ始テ服行スルヲ許ス」云々と規定し，御親兵時代で明確でなかった同兵統轄者の職務権限や司令系統を明記した。その際，会計監督1人を置き，会計経理事務を統轄させたが，近衛局と近衛都督との職務権限関係は必ずしも明確でなかった[3]。第三に，他方，東京戒厳時には陸軍卿が近衛都督と商議して「守備ノ方略方面ノ部署ヲ告示スルヲ以テ各自ノ長官令ヲ待タスシテ謾[ママ]リニ兵隊ヲ動カス可ラサル事」と規定し，かつ，「守衛巡邏等ノ方法」の改正は近衛都督の任務であるが，必ず陸軍卿の許可を得なければならないと規定し，近衛兵業務の根幹に対する陸軍卿の統轄関与を明確化した。第四に，「近衛内外務調操規則竝ニ病兵罪犯ノ処置等ハ東京鎮台条例内ニ規定スル如ク一切異ナルコトナキ事」と規定し，鎮台と共通な諸規則適用を強調した。鎮台兵卒による近衛兵の補充体制をとるならば，勤務条件や待遇面（俸給を除く）での鎮台との統一的な諸規則適用は当然であった。

そして，近衛条例制定と同時に山県有朋陸軍大輔が近衛都督に，西郷従道陸軍少輔が近衛副都督にそれぞれ任命された（山県と西郷の各兼任体制）。他方，近衛局長には陸軍少将篠原国幹が同年7月に任じられた。また，この時，従来の近衛諸隊の隊号を改め，歩兵を一番大隊から六番大隊までの6個大隊（下士792，兵卒3,958），騎兵を2小隊（下士22，兵卒88），砲兵を一番大隊と二番大隊（下士64，兵卒483）に編成し，将校を含む隊附人員合計は5,532人であった（1872年末現在）。近衛諸隊の編成替えは旧御親兵の役割終了をふまえ（武力行使の脅威による廃藩置県の断行等），天皇直轄を鮮明にした中核的軍隊の成立を目ざした[4]。

ところで，近衛局内に「紛議」を生じて，同年6月29日に山県有朋が近衛都督の重任に堪えないとして辞表を提出し，7月20日に辞任した。これは，山県に対する「其［旧御親兵］の将士甚だ精鋭なりと雖も又頗る制御し難く，平素有朋に心服せざる将卒往々其の命令に反抗し，ついに紛糾解くべからざるに至れるものの如し」のような状況発生が記録されている[5]。たしかに，近衛諸隊の編成替えへの批判や後述の御親兵の解隊・免役者に対する賞典米下付の陸軍省減量修正等もあり，山県有朋個人への反抗もあったことは十分に窺われる。しかし，近衛局内の「紛議」なるものは，山県個人レベルへの反抗とみることはできない[6]。当時の近衛局は独立的な会計経理体制をひき，組織の権益を守るために独断的に近衛兵を運営しようとしていた。そうした近衛局に対して近衛条例等により統制すれば，「紛糾」が生ずることは当然であった。これらの「紛糾」に対して，当時，明治天皇は中国西国巡幸供奉の参議西郷隆盛と西郷従道に帰京を命じて事態収拾にあたらせ，7月19日に西郷隆盛に陸軍元帥と近衛都督兼任を命じた。

これより先，近衛局は4月9日に陸軍省秘史局宛に解隊・免役の伍長以下兵卒に対する解隊・免役期限と賞典下付をとりまとめてほしいことを上申した。上申内容は，①近衛隊伍長以下兵卒の服役を来年3月までとし，②伍長以下(最初の「御親兵」編入者) に対して免役時に賑恤金と帰県旅費を渡し，その他に「勲功賞典」として，「帰県後従前取来リ候俸禄之外五ケ年間壱ケ年米五石宛下賜リ候事」とし，③最初の「御親兵」編入から遅れて編入した者には，②と同様に「五石」の賞典米を2年間下付する，④免役後の再服役出願者は近衛兵に編入させるが，同編入者には旅費を渡さない，⑤帰県後に「猶国家有事之際徴召乃命アレハ速ニ出張有之候様兼而御申渡置有之度」とした[7]。秘史局は特に②と③の「五石」を「三石六斗」と減量修正した。その後，陸軍省内ではさらに賞典米量を検討し，陸軍大輔山県有朋は7月 (日付欠) に太政官正院に賞典米下付等を伺い出た。それによれば，①賞典米「一ケ年二人口」の下付期間を5年間 (最初の編入者) 又は2年間 (その後の編入者) にわたって与える，②免役後の再服役出願者は諸隊に編入させるとし (ただし，旅費はなし)，他は近衛局上申内容とほぼ同じである[8]。太政官は同伺いを8月4日に許可し，翌1873年2月15日に下付取扱いを大蔵省に指令した。

近衛諸隊解隊・免役時の特に賞典米下付措置は後年「実ニ特殊ノ恩典」と記述された[9]。近衛諸隊は翌1873年2月8日に解隊日程を指令され，解隊式を挙行し，一番大隊から六番大隊までの6個大隊は2月15日から同21日にかけて解隊された。賞典米は，1873年8月7日の陸軍省達によれば，本人が年限未満で死没した場合にはその相続人に下付された (相続人なしの時は身寄親族者)。その際，陸軍省は2月19日に帰郷者取扱い方を指令した (兵事関係事項に関する所管鎮台と管轄県庁の処分区分等，帰郷者の管外旅行や管外寄留の許可等)。また，近衛局・軍務局・砲兵局・裁判所と熊本広島の両鎮台に対して，帰郷中の国法犯罪者を1872年頒布の海陸軍刑律第14条により地方裁判所の処置にゆだね，有事時の召集命令不応等の諸規則・布令違反者や「軍部ニ属スル罪犯」

を軍律により処分する，と指令した。さらに，同省は5月9日に「管外旅行」の原則禁止を指令した（やむをえない事故時は同事実と旅行先・往復日数を細記して管轄庁に提出し，所管鎮台・営所の許可を得る，本人帰着時には県庁から所管鎮台に届出る）。つまり，旧近衛諸隊免役帰郷者の管理・統制をあらためて明確化した。

なお，1872年10月15日の陸軍省達は近衛諸隊解隊による非職の士官・下士官の処遇について，①非職士官で都下滞在者の所轄はその時々に指示する，帰郷者はその地方の鎮台本分営長官の所轄になる，②非職下士官で今回限り都下滞在下命者は月給の3分の2と食料全部が，帰郷者は月給の3分の1のみが与えられ，所轄関係は士官の例に準ずると指示した。この場合，非職の士官・下士官で都下滞在下命者の条件・基準は明確ではないが，都下滞在の非職下士官は相当の待遇を得，あるいは軍曹以上の下士で再役出願者を鎮台諸隊に編入した。その後，非職と帰郷の下士官の曹長と軍曹は1875年2月にすべて解官を申し付けられ，9月29日に賞典米を与えられた（各二人口分を5年間又は2年間）。陸軍省調査によれば，賞典米下付対象者は合計351人であった（出身県別は，鹿児島県148人，高知県120人，山口県83人）[10)]。また，同年11月に鹿児島県出身者61人を追加し，翌1876年2月には山口県出身者33人と鹿児島県出身者11人を追加した。ただし，賞典米下付以前に重罪を犯した者（死刑）を同対象者名簿から削除した。

(2) 新近衛兵編成の成立計画

新近衛兵編成の基本計画は1873年徴兵令布告と同時規定の「近衛兵編成並兵額」にもとづいた。近衛兵の兵員は全国諸兵の「模範」者で諸兵の上位にあり（給俸を増加する），「全国共戴ノ　至尊」を護衛するが故に，「各鎮管内常備熟練兵ノ中強壮ニシテ行状正シキ者ヲ一小隊毎ニ兵種ニ応シ若干人ヲ撰挙シタル者ヨリ編成シ奉命其日ヨリ更ニ五ケ年ノ役ヲ帯ハシメ満期ノ上ハ後備軍ノ籍ヲ免スル者ナリ」と位置づけた。近衛兵の兵員供給原則は徴兵制により各鎮台に徴集された兵員のいわば「再服役化」により実現した。

しかし，鎮台体制下の兵員供給と新近衛編成下の兵員供給との連動体制はただちに完成しなかった。「近衛兵編成並兵額」の近衛兵額（定員合計3,880）によれば，近衛兵編成の兵力は，歩兵は2個連隊で総員3,200人であり（他に騎兵1大隊，砲兵2小隊，工兵1小隊，輜重兵1隊），鎮台の毎年撰挙の兵員数（合計776）の内で歩兵は640人とされた。また，近衛兵は平常は定員を満たし，欠員発生毎に各鎮台から兵員を補充し，戦時には特に定員を増加させないとされた。そのため，新近衛兵は，当面，四鎮台召集の兵員（壮兵）により撰挙された。

それでは，新近衛兵はどのようにして兵員を供給し，除隊させるに至ったか。

第一に，東京鎮台の歩兵から「精選之上」編入させ（2月8日に東京鎮台に布達），さらに旧近衛諸隊解隊免役兵中の再服役（希望）者を「取交編束」して編成するとした（2月12日に近衛局に布達）。これにより，歩兵は逐次4個大隊（2個連隊）を編成した。陸軍省は1873年4月9日に旧近衛諸隊解隊免役の伍長以下再服役者720人の編束を太政官に届けたが[11]，同720人がすべて新近衛兵に編入されたかは不明である。なお，同再服役者の服役年数は解隊日から2年間とした。この結果，1873年末の近衛兵の隊附兵員は2,190人（内，歩兵は1,906）になり，下士は380人（内，歩兵は319）になった[12]。1874年1月22日に近衛歩兵は近衛歩兵第一連隊と同第二連隊に編成された。近衛歩兵の連隊編制化は鎮台体制整備連動を含めて近衛の特に天皇直結のイデオロギー強化を目的にして進められた。特に，軍旗授与式を制定し，1月23日に日比谷陸軍操練所に皇族・太政大臣・参議以下勅任官等参列の式場と玉座が設営され（北背南面），近衛歩兵第一連隊と同第二連隊に対して，天皇から最初の軍旗（連隊旗）が授与された。当日は一般民衆の参観が許可された。なお，1月20日に宮廷費定額の1割相当の3万6千円が毎年陸海軍費にあてられた。

かくして，1874年末の近衛兵の隊附兵員は2,642人（内，歩兵は2,345）になり，下士は506人（内，歩兵は432）になった。ただし，東京鎮台の歩兵（壮兵）からの編入者数は不明である。壮兵からの編入者数が明らかになるのは，1874年12月末に壮兵の漸次解隊・免役方針を示し，同時に壮兵免役者（四鎮台設置時の旧藩兵から召集の下士以下）に対して賞典米各一人口2年分を下付し，近衛局と各鎮台で同壮兵を調査した1875年3月以降である。本調査によれば[13]，近衛歩兵第一連隊と同第二連隊の賞典米下付対象者は合計1,979人とされ，圧倒的に西日本出身者が多いが，東北地方の酒田県・置賜県の出身者が目立つことも注目される。

第二に，1875年6月9日の近衛兵額改正により近衛兵全体の定員を削減し，歩兵定員は1個大隊670人になり，2個連隊の総定員は2,688人になった。そして，毎年各鎮台の入営兵から撰挙する兵員数は665.6人とされた（内，歩兵は537.6人）。以上の近衛兵額の新旧交代による充足を目ざし，1875年12月29日陸軍省達158号は，鎮台の入営兵からの撰挙・召募により近衛に毎年入営する歩兵兵員数と毎年除隊される歩兵兵員数の関係を示す「近衛歩兵召募並免除年紀表」を規定した。本表は常に近衛歩兵定員を充足するために，毎年2月に537.6人（繰上げて538人，ただし在役総員2,688人を計算上確保するための切り捨ての537人の年紀がある）を各鎮台から入営させ，同時に同数の538人を除隊させる新旧交代システムの完成時点を計画した。それによれば，法律的には1880年に徴兵制施行を基盤にした鎮台兵力編成に初めて連動する新近衛歩兵編成が完成する計画であった[14]。ただし，近衛歩兵召募並免除年紀表は壮兵が過去1873年（1,013人）と1874年（393人）の合計1,406人が2年間にわたって召募・入営したことを前提にした計画であるが，近衛歩兵隊附兵卒は少なくとも1873年末は1,906人（1874年は2,345人）であるという統計（『陸軍沿革要覧』）もあり，1873年のその差893人と1874年のその差939人の「在営」の根拠・意味は説明しにくい。この893人と939人はおそらく旧近衛諸隊解隊免役兵中の再服役者と想定される。1875年以降の『陸軍沿革要覧』記述の近衛歩兵隊附兵卒人員の統計は近衛歩兵召募並免除年紀表の在役総員2,688人に近い。

(3) 東京鎮台等における壮兵の召集と免役

東京鎮台管轄下兵員の近衛兵編入により同鎮台は同編入兵員数相当の兵員数が当然欠ける。これについて，陸軍省は，6月1日から10日までの徴兵令による徴集兵員入営の直前の5月14日に，兵学寮附の歩兵第五大隊（2月19日に諸兵の大隊の隊番号を「○番大隊」から「第○大隊」と改称）を同鎮台直轄に戻し，第一連隊第一大隊と改称した。かくして，新近衛兵編成の補充兵員は（旧近衛諸隊免役者の再服役を除けば）旧鎮台召集の兵員（壮兵）より供給し，同鎮台等で欠けた歩兵兵員数の何割かを同様に従前の壮兵より補充し，又は補欠召集するという，壮兵の「玉突き」的な順送りの供給と採用の構造を伴った。

その上で，東京鎮台は連隊編制化のために歩兵諸大隊の編成替えを進めた。すなわち，陸軍省は1874年2月10日の東京鎮台伺いをほぼ受け入れ，同2月19日に，①第一連隊（営所は東京）は在来の壮兵による新たな第1大隊を編成し（壮兵の現第一大隊と同第十三大隊を合併），昨年徴兵により1個大隊を編成し，本年徴兵により新たに1個大隊を編成し，合計3個大隊を完備する，②第二連隊（営所は宇都宮）は本年徴兵により完備するので，宇都宮屯在の現第七大隊を第二連隊第1大隊と改称し，高崎屯在の現第九大隊を第二連隊第2大隊と改称し，佐倉は昨年第一連隊入営の徴兵を引き移し，これに本年徴兵を加えて1個大隊を編成し，第二連隊第3大隊と称する，③第三連隊（営所は新潟）は本年徴兵により，新潟屯在の現第八大隊を第三連隊第1大隊と改称し，新発田に本年徴兵に現第八大隊中の壮兵を加えた第三連隊第2大隊を屯在させる，と指令した[15]。すなわち，徴兵制の年次進行により同鎮台の常備諸兵が充実・整備し，歩兵第一，第二，第三連隊が成立した。その後，同年3月に名古屋鎮台（歩兵第六連隊），同年5月に大阪鎮台（歩兵第八，第九，第十連隊），翌1875年3月に熊本鎮台（歩兵第十三，十四連隊），同年4月に名古屋鎮台（歩兵第七連隊），同年5月に仙台鎮台（歩兵第四連隊）と広島鎮台（歩兵第十一，十二連隊），さらに1876年4月に仙台鎮台（歩兵第五連隊）の歩兵諸大隊の連隊編制への編成替えが進行し，同年中に歩兵連隊は計14個に達した（仙台鎮台の歩兵連隊は未完成）。

ただし，佐賀事件と台湾出兵事件に際して壮兵の臨時募集や鎮台歩兵補欠募集を指令し，壮兵採用の雰囲気は続いた。すなわち，①2月20日に大阪鎮台・熊本鎮台・広島鎮台の管下府県宛に，非常出兵時に常備兵員不足の場合に所管鎮台兵役志願者を臨時召集することがあり，特に大阪鎮台と広島鎮台は「臨時募兵約法」による召集を指令し（服役期限を定めず，任務終了後に解隊・免役，才幹者を士官・下士に任ずることがある，等），②3月18日に「歩兵召募規則」を規定して茨城・若松・鳥取・栃木・白川・長野県宛に，東京鎮台歩兵補欠のために士族や元卒中からの志願者召集を指令し（服役期限は約3箇年，士官・下士志望者は検査の上士官学校や教導団に入学させる，技芸熟達の才幹者は同隊の伍長に抜擢する，等）[16]，③8月7日に各鎮台宛に歩兵1大隊人員増加（768人）のために管下府県から壮兵志願者を召集すると指令し，同日に各府県宛に検査手続きを指令した（年齢20歳以上30歳以下，「自家ノ産業」に故障ない者，「朝廷ノ為身命ヲ棄テ奉仕致シ可申事」等の「誓文」を行う）。この場合，10月3日に，召集不足があれば定尺（身長5尺）未満者も採用し，さらに不足の場合には本年に限り年齢35歳以下の採用を許可するとした。なお，同省は8月8日に陸軍全部宛に，服役満期の下士と兵卒は当分の内免役差止めを布達したように，台湾出兵事件に対応した下士・兵卒の確保に苦慮していた。

(4) 壮兵解隊と現役志願手続の規則化

1874年12月20日に山県有朋陸軍卿は徴兵令による徴募手続等が「略相整候」として，明年1月からの全国の壮兵諸隊の漸次解隊を太政官に伺い出て[17]，12月28日に許可された。ただし，1875年の壮兵諸隊の漸次解隊に際して，陸軍省がとった重要な二つの措置がある。

第一は，徴兵制の枠内での兵役（常備役，現役）志願手続の規則化である。1875年1月の徴兵令参考の第5条は，「本年ノ徴兵抽籤ノ列ニ入リ常備役志願ニテ補充或ヒハ落籤等ヲ患フル者ハ其親或ヒハ兄叔伯惣テ家主タル者会得ニテ戸長証印ノ上ハ抽籤以前ニ常備番号以内ノ籤ヲ抽カシム」と規定し，常備役志願者の抽籤便宜を与え，現役志願者奨励の嚆矢になった。同徴兵令参考は，山県有朋陸軍卿が太政官への壮兵解隊の伺いに先立って起案され，同年10月30日に太政官に伺い出て12月28日に許可されたが故に[18]，同省は壮兵の解隊方針と徴兵制の枠内での現役志願の許容・奨励方針をセットにして組立てたことが窺われる。

第二に，陸軍省は1875年1月18日に，①今回，旧近衛諸隊所属の非職下士の解官者と再服役者の満期解官者にも近衛諸隊の解隊・免役と同様に賞典米下付を措置したい，②四鎮台配置時の旧藩兵召集の鎮台常備兵で解隊免役される者にも賞典米下付として1箇年一人口2年分を措置したい，と太政官に上申した。太政官は1月28日に同措置を許可し，さらに下付対象人員等の詳細調査を陸軍省に指示した[19]。また，陸軍省は1月31日に山口・高知・宮崎・鹿児島の4県宛に近衛諸隊解隊を通知した[20]。

全国の壮兵諸隊の漸次解隊の方針をうけて，1875年2月9日に陸軍省は近衛局と各鎮台宛に全国の壮兵を「漸ヲ以テ悉皆免役申付候」とし，免役該当者調査を布達した。また同日に，陸軍全部に対して四鎮台配置時の旧藩兵召集の鎮台常備兵には6月1日からの賞典米下付と下付期間中に時宜による召集があることを布達した。さらに，3月19日に同省は府県宛に同2月9日の布達内容を示した上で，該当者の帰郷時には本人の本貫族籍等を調査して所管鎮台に届け，本人の死没・逃亡・他家相続・勤仕・貫属替・改姓名等の時にも所管鎮台に届けることを布達した。ただし，全国の壮兵諸隊の漸次解隊の賞典米下付措置の理解にはやや混乱があり，同省は同年3月13日に近衛局と各鎮台に，賞典米下付は四鎮台配置時の旧藩兵召集兵に限定されることを改めて布達した（旧藩からの補欠召集兵と1871年以前の徴兵・徴募兵等を除く）。

その後，陸軍省は5月19日に3月13日の布達を確認した上で「賞典米賜方規則」を規定し，特に，該当本人の死没時は同相続人や親族に与えられ，賞典米は本人勤務中の「功労ヲ賞」するために下付されるが故に下付後の犯罪処刑（軽重にかかわらず）があっても2年間は本人や親族に与えられ，2月9日現在で罪科未決・当罰・脱走中の者でも兵籍を脱しない者にはすべて与えられ，賞典米の渡し方は本人管轄府県庁で取り扱い，渡し方の期日・方法等はすべて大蔵省の措置に属する，と布達した。この結果，賞典米下付対象者の限定と調査により作成された1875年6月現在の「諸兵隊人員調査簿」によれば，賞典米下付対象者は4,031人とされた（内訳は東京鎮台574人，名古屋鎮台372人，大阪鎮台647人，広島鎮台765人，熊本鎮台1,335人，仙台鎮台338人）[21]。

全国壮兵諸隊の漸次解隊・免役時の賞典米下付は旧近衛諸隊解隊・免役時の賞典米下付と同様に相当の特典措置であった。賞典米下付措置は旧近衛諸隊と廃藩後の鎮台諸隊に召集・採用された士族を中心とする壮兵に対して，旧藩体制下の勤務意識（藩主に忠誠）を払拭させ，政府・国家に対する忠誠意識の形成において少なからず効果があった。

2　西南戦争における壮兵新規募集政策

次に，西南戦争における旅団編成にかかわって壮兵の新規募集を考察する。この場合，区別しなければならないのは，有事・戦時において一般的に現れた有志者による従軍志願者への政策と，4月4日の行在所達による壮兵新規募集に有志者として応募・志願した壮兵に対する政策である。本章は政府・陸軍省が管理した後者の政策を基本にして考察する。

(1) 西南戦争における旅団編成

まず，西南戦争では，当初，現有の近衛・鎮台の現役兵諸隊を抽出して臨時的に旅団を編成した。すなわち，第一旅団（2月19日），第二旅団（2月19日），第三旅団（2月25日），第四旅団（3月14日）の編成である。同時に後備軍兵員等召集の必要が認識され，陸軍省は2月9日時点で京都出張中の山県有朋陸軍卿宛に，「近日ノ形勢」を判断し，名古屋と大阪の両鎮台管轄下の後備軍召集を伺い出た[22]。既に東京鎮台は定例復習として3月4日から後備軍召集を予定していたので，山県陸軍卿は同日に両鎮台の後備軍復習としての召集を許可し（都合しだいでは東京鎮台の召集を早めてもよい），さらに，各鎮台司令長官宛に不測事態への対応を平時から準備し，有事時の逡巡沮撓がないように日夜勉励従事すること等を諭した。その上で，陸軍省は翌10日に名古屋・大阪の両鎮台宛に後備軍定例復習のための召集着手を指令した。

そして，2月19日に征討令が布告され，2月21日に山県陸軍卿は陸軍省宛に，各鎮台は第二後備軍編入下士を各営所に召集し，その他の後備軍兵は報知後ただちに指定地に集合することを予め指令しておくべき措置を指令し，同省は同日に各鎮台宛に第二後備軍編入下士の召集等を指令した。第二後備軍の召集により，東京鎮台（後備歩兵第1，第2大隊），名古屋鎮台（後備歩兵第3，第4大隊），大阪鎮台（後備歩兵第5，第6大隊）に歩兵第二後備軍が編成された（2月26日陸軍省達乙第66号，10月1日に解隊の指令）。臨時召集の後備軍は合計6,400人余に達した（歩兵は6,200人余）。

その後，さらに後備軍召集にかかわって，従前の解隊壮兵の召集・編成を進めた（旧近衛兵は二人口，旧東京鎮台等兵は一人口の賞典米下付者，「臨時召集」等と称される）[23]。

(2) 壮兵新規募集の指定対象府県

他方，同年3月初めに岩倉具視などの文官系官僚は兵員不足を危惧し，旧藩士族の兵員募集等が議論された[24]。ただし，内閣顧問木戸孝允は同募集に強固に反対していた。この場合，壮兵が新規募集されれば，応募者はほぼ士族に限られ，その武装化統制や待遇措置等の困難は容易に推測された。また，従軍志願者への対応も迫られた。これに対して，京都所在の行在所は4月4日に壮兵の限定的な新規募集を指令した[25]。また，内務省管轄の警視庁巡査と新規募集の巡査を編成した旅団の編成に着手した（3月25日に別働第三旅団，7月中旬に新撰旅団）。本章では対象府県選定・指定の壮兵新規募集と隊伍編成未了に至った特定地方の兵力・兵備の結集の構えに対する政府の政策を考察する。

政府と陸軍省は4月4日の壮兵新規募集等通達の対象府県の選定等に慎重を期した。行在所は4月4日に壮兵新規募集の天皇裁可を得て，太政大臣は同日に陸軍省宛に「壮兵募集被　仰付候間従前ノ制規ニ因リ徴集可致此旨相達候事　但一万人ヲ目途トシ費額ノ儀ハ征討費ノ内ヨリ可仕払事」と指令した（下線は遠藤）[26]。また，太政大臣は同日に壮兵新規募集の陸軍省宛指令を各府県に通達し（下線部の但し書きを除く），募集の詳細は同省から布達することを通知した（行在所達第9号）。行在所達第9号が下線部の但し書きを除いて各府県に布達したのは，同但し書きは募集人員規模を含む陸軍省部内措置であると判断したからである。さらに，同日に天皇裁可を得て山口県下の旧近衛兵召集をただちに山口県令関口隆吉宛に指令し，広島鎮台参謀長（中村重遠，当時は下関出張中）と申し合せて早急の召集着手を指令した[27]。なお，旧近衛兵召集は賞典米下付の有無にかかわらず天皇命令により義務的に召集され，旧近衛兵二人口下付者の応召義務の法的限界をクリアするとみられた。

4月4日の壮兵新規募集の基本は大阪所在の陸軍参謀部が管轄した。そして，翌5日に陸軍参謀部の鳥尾小弥太陸軍中将は山口県と和歌山県宛に「其県下士族平民ヲ不論従前旧藩ニ於テ軍役ニ服セシ者年齢四十歳已下十七歳已上ニシテ志望之者有之候ハハ至急取調人名並履歴書相添大阪陸軍参謀部へ可申出此旨相達候事　但募集候付テハ手当トシテ金参拾円迄下賜候事」と通知した[28]。壮兵新規募集において山口県と和歌山県を指定した理由は，山口県は旧近衛兵召集と同時に壮兵新規募集の手続きが進められるという便宜性を考慮し，和歌山県は大阪近傍であるとともに「旧藩中ツンナール銃ニ慣レ居ルヨリ銃器弾薬之便利ヲ主トシ」とされ[29]，軍編制・装備上の判断にもとづくが，鳥尾小弥太陸軍中将と旧和歌山藩兵幹部との人的関係を重視すべきであろう。たしかに，旧和歌山藩はツンナール銃を輸入していた。ただし，壮兵新規募集の手続きと実施は，特にゼロからの出発の和歌山県のように，指定県が主体になって体制を組立てつつ着手しなければ，不可能であった。つまり，陸軍側も府県等自治体を主体にして，あるいは介在させつつ募集（編成）するという論理・手続きをふまなければならなかった。特に，行在所達第9号には壮兵新規募集の目的・理由等（兵力不足の補充）が公示されていないために，非政府側からみれば，国内戦闘地域拡大等の究極な場面・時点での壮兵立ち上げや自発的な軍事奨励に向う目的・理由を多様に設定・解釈する余地は残されていた。ここにおいて，政府・陸軍省側からみれば危ういが，士族基盤の特定政治勢力が府県による壮兵の編成・組織化を望み，あるいは特定政治勢力が府県等地方行政機関に壮兵の編成・組織化の認知を迫ることは当然に想定された。そのため，政府側は壮兵新規募集の実務的取りまとめを含めて確実に信頼できる人物に和歌山県下の壮兵の編成・組織化を托すことになった。

かくして，以上の危うさを含みつつ，まず，山口県と和歌山県の旧近衛兵召集と壮兵新規募集にかかわって，陸軍参謀部は4月7日に「壮兵召募之件決議書」を決議した[30)]。本決議書は正規官等の武官職が少ないことによって，同本官の少佐・大尉等に準じた武官職として新たに「准少佐」「准大尉」等を規定した。すなわち，壮兵200名を1個中隊とし，4個中隊を合わせて1個大隊を編成した（人員は大隊長准少佐1，副官准大尉1，中隊長准大尉計4，半隊長准少尉計8，中隊付下士の准曹長・准軍曹計28，上等卒68〈兵卒総員800名より選ぶ〉，兵卒732，1個大隊人員合計842名）。この場合，給与は，准少佐と准大尉の日給は正規の本官少佐・大尉本給の5分の3，准少尉は少尉試補と同給，准下士は正規の本官下士の二等給とされ，低額に設定した。また，旧近衛兵により編成される場合は時宜により1個大隊につき本官の将校2～3名を附属させるとした。その他，兵卒給与（旧近衛兵は常備兵の一等給，上等卒中の旧近衛兵は常備兵上等卒と同給とし，他は常備兵一等給と同じ）と被服と銃器携帯（エンヒールド銃とするが，和歌山県募集壮兵にはツンナール銃とする）や壮兵集合所までの旅費日当等を規定した（徴兵旅費日当に準じて支給）。

しかし，壮兵新規募集着手に至り，特に士官・下士の採用・撰挙の場合に困難・不都合が生じているとされ，5月上旬には「壮兵　歩兵一大隊編成表」が作成された[31]。「壮兵　歩兵一大隊編成表」は，旧藩の士官・下士職務従事者を上記決議書の士官・下士への採用・撰挙の場合において，応募者が少ない場合は特に不都合はないが，多数の応募者の場合には兵卒として採用しなければならず，大隊編成に大いに困難が生ずることを想定し，対処方策として作成された。

ところで，壮兵新規募集応募者の志願・採用の手続き問題がある。陸軍参謀部は年齢超過者や兵役無経験者を採用しない方針であった。その上で，志願者は履歴書を添え，1877年1月29日陸軍省達甲第7号徴兵令参考改正の第9条規定の親族と区長・戸長の保証書を提出し，寄留者には身元引受人と寄留地の区長・戸長の保証書を提出させることを指令した[32]。これは，既に徴兵制の枠内における常備軍服役（現役服役）の志願・採用体制があるが故に，4月の壮兵新規募集は応募者資格を限定しつつも，徴兵制の現役服役の志願・採用手続きの大幅な省略・簡略化の志願者採用の一面をもっているようにみえる。つまり，徴兵制の一部変形ともいえる。問題は，政策としての壮兵募集には，国家・政府が志願者応募を積極的に奨励・促進し，同募集に対応した国家・政府の責任や手当にかかわる契約関係の発生が伴うことである。

かくして，西南戦争の壮兵新規募集は危うさを含み，対象県の指定・選定による部分的・限定的な募集に終始した。これは，非政府的な特定政治勢力との連携を絶つことを含めて，陸軍側からみた場合の最大の課題は将校・下士・兵卒の統制・秩序・規律の基本を固めることにあった。また，士族や民間からの「従軍」という形態の「兵力」の編成発想に対する明確な否定の構えに進んだ。

(3) 山口県の旧近衛兵召集と壮兵新規募集

まず，山口県はどのように旧近衛兵召集と壮兵新規募集に着手したか。

当初，山口県は壮兵新規募集に相当に当惑した。同県令関口隆吉は4月7日の行在所宛の電報で，既に山県有朋参軍と山田顕義陸軍少将の命令により「精選人夫」を募集して当地出発の予定であり，さらに旧藩兵役服役者を壮兵として募ることは容易でなく，県官においては甚だ困却せざるをえないので指令を発してほしいと伺い出た[33]。これについて，太政大臣は大久保利通参議と伊藤博文参議及び陸軍参謀部宛に照会したが，両参議は4月8日に太政大臣宛に，

①山口県に対しては，鳥尾中将が戦地に出張するので，その時に同人へ伺い出て指揮をうけることの指令案を起案し，②鳥尾中将に対しては，山口県伺いが出ているので同県に指令したことを通知する，と上申した。同上申はただちに了承され，太政大臣は同8日に関口県令宛に電報で指令した。この結果，関口県令はやや安堵し，趣意貫徹のために尽力するとして，旧近衛兵召集と壮兵新規募集のために1人30円の手当金と旅費の繰替え払いの支障があっては困るので，およそ5万円程度を至急廻してほしいと太政官に上申した。これについて，伊藤参議は同費用を征討費から支給すべく大久保参議と連絡し，陸軍参謀部や大阪出納局への照会と同意を経て，行在所は4月9日に山口県宛に下関出張の陸軍会計部には手当があるので同地出張の長屋重名陸軍中佐と打ち合わせて受領することを指令した。かくして，経費が確保され，同県は「山口県下壮兵補充召募手続概略」を規定した[34]。その主な内容は，①応募者を遊撃第3大隊に編入させる，②募集集合所を下関とし，集合所までの旅費日当は徴兵旅費に準じ，県庁が立替える，③被服給与等はすべて遊撃隊と同様とし，日給は歩兵二等給を支給する，④応募者に手当金30円を支給する，⑤軍律で放逐以上と常律で懲役1年以上の刑を受けた者の応募を許可しない，と規定した。

次に，壮兵新規募集にどれだけの志願者が出てきたか。山口県派出の内務省少書記官木梨精一郎は，既に5月15日に壮兵547名を陸軍事務所に渡し，5月31日現在で412名をまとめて陸軍事務所に渡し，さらに370名の集合予定を報告した[35]。他方，同県下からは時宜により壮兵新規募集の大隊をさらに2個編成する予定もあった[36]。つまり，遊撃歩兵第4大隊，同第7大隊の他にさらに1個大隊を編成し，通計3個大隊になることも予定された。これは，4月当初の遊撃歩兵第3大隊に編入の壮兵新規募集分の2個中隊の編成もあるので，同県は愛知県以西で和歌山県についで最多の壮兵を新規募集し編成することになる。つまり，木梨少書記官報告の5月31日からの採用人員合計数（782名）を起算しても，残1個大隊相当数の壮兵を募集しなければならない。同報告状況をうけて，西郷従道中将は6月19日に，元兵役経歴者の応募不足による大隊編成の遅れを危惧し，「旧藩ニテ調練銃ドリ等心得タル者採用致シテモ苦シカラスニ付至急大隊編制スヘシ」と木梨少書記官等に指示し，兵役経験の基準を緩和し大隊編成のための募集強化を督促した[37]。しかし，その直後，同県の1個大隊の編成が充足され，また，6月初旬に広島県に対する壮兵1個大隊募集指示もあり（遊撃歩兵第8大隊の編成），山口県下のさらなる三つ目の大隊の募集指示をとりやめた。

(4) 和歌山県の壮兵新規募集着手

和歌山県は当初はおよそ3個大隊編成を目途にして精力的な壮兵新規募集活動を進めた。

和歌山県は，まず，同県派出の山崎成高陸軍大尉と畠山義質陸軍大尉宛に照会し，今回の壮兵新規募集は和歌山・田辺・新宮等の旧藩における戊辰戦争以降の軍役服役者を対象にすることを確認した。そして，「各区長ヘノ内達」（4月9日付の同県令神山郡廉の内達）を発し，下記の「募兵事務取扱順序」にもとづく壮兵新規募集を4月10日に両陸軍大尉宛に照会した[38]。ここで，「各区長ヘノ内達」は，鹿児島県下の「賊徒」は他日平定されることは勿論であるが政府軍も負傷者が多く，陸軍省から和歌山県に「兵員予備トシテ壮兵募集ノ義」が発せられことは，「非常ノ特議ヲ以テ各旧藩服役ノ兵員召募相成候義ハ廟議ノ亦不得已ニ出ルト雖モ是又臣民ノ栄誉本分ノ義務ヲ奉スルノ秋ニ有之且ヤ旧時数百列藩ノ各地ニ率先シテ此召募ニ遭遇シ至渥ノ国恩ニ報答スル最モ是一己ノ幸栄無上ノ義蹟ニ付一般奮テ応召可相成」云々と，あたかも全国の中で「頗ル整頓熟練」の和歌山・田辺・新宮等の旧藩兵隊が選定されたかのように強調した。

和歌山県の募兵事務取扱順序は，およそ，①旧藩兵隊名簿は各大小区に区分して調製し，各区派出時に必ず持参する，②各区派出時は当該区会議所において区戸長と協議して募集趣意を説明し応募させ，医師1名を同列させて病気者の現状を審査させ（本人の病気，父母の大患，医師の診断書にもとづき，疾病の軽重をさらに陸軍省雇医に診察させる），また，事故・苦情者には当該事実を審査し免役願い出を提出させる（本人が応募すれば，その老父母あるいは幼児婦女子を撫育・養育する家族・親族がいなくなり，一家退転にも及ぶ者），③応募者を1小区又は2小区毎にまとめてただちに和歌山城内に参集させ，徴兵入費概則にもとづき途中の旅費の一時各区の立て替え支給の旨を区戸長に説明する，④応募兵員が和歌山城に参着した日時をただちに県庁に報告する，⑤

他管下への寄留・出稼ぎ者の所在を届けさせ，出稼ぎ者をただちに帰省させる，⑥応募者への支給金円は和歌山城への参集の上それぞれ本人又は家族に渡す旨を了知させる，と起案された。和歌山県の「各区長ヘノ内達」と募兵事務取扱順序はひとまずは両陸軍大尉に了解され，11日に大阪所在陸軍参謀部の滋野清彦陸軍中佐に送付された。また，両陸軍大尉は和歌山城内（二の丸）への応募者集合所開設に際して，徴兵使派出用事務用度品の一時借用を同県に要請し，また，その他の用度関係の買い上げ等にかかわる商人用達や賄い支払い等のために会計官派出を陸軍参謀部に要請した[39]。

ところで，和歌山県起案の募兵事務取扱順序は旧藩軍役服役者の応募をいわば義務的なものとしてうけとめた。つまり，壮兵と称しつつも，厳密には自由意志的な応募・志願ではなく，徴兵令による現役兵徴集等の補充としての義務的な応募・志願の手続きをとったことは明確である。その理由は，当初，和歌山県側と同県陸軍派出将校側（同県出張大阪参謀部）において，大隊編成にみあう兵員採用への確実な保証・見通しがなく，応募者寡少の場合には同県の責任問題にも発展するとされたのであろう[40]。その場合，義務的な応募・志願の説諭・鼓舞の役割を果たすべく，かつ，大隊の幹部構成の具体的な手続きに関与したのが，自らも応募した同県所在の旧隊長等であった（旧和歌山藩兵連隊長・大隊長，元陸軍将校）。また，旧藩の知事であった。彼らによる元藩兵応募者の説諭・鼓舞と組織化は，陸軍参謀部と和歌山県側にとっては同応募者の身元・履歴等が明確に保証されることもあり，好都合とされた。

当時，和歌山県下では，9日の壮兵新規募集の着手と同時に早くも注29）の長屋喜弥太等が，三重県を含めて県内説諭・鼓舞への従事等を申し出ていた。彼ら（約50人）は11日に集合所に集まり，県官・陸軍派出将校側と協議した。そして，16日には募兵事務取扱順序にもとづき，およそ，①下士官兵卒は旧位置による採用とし，入営時決定の手当金は地方庁から支給し，出兵後の俸給はすべて征討諸隊に準ずる，②練兵はドイツ式にもとづき実施し，軍隊の内外務はすべて陸軍一般の規則にもとづく，集合所集合の兵員は1個中隊200名にまとまりしだい漸次大阪に出発する，③平定後の解隊時に志願者は常備兵に編入できるか否かはさらに何らかの通知がある，④集合所までの旅費は徴兵入費概則により支給し，三重県庁にも壮兵新規募集を打ち合わせる，⑤応募確定者は願い出の提出によって（区戸長よりの保証を得たとして）確証とする，⑥オランダ式・イギリス式による服役者も応募でき，元砲騎工兵で小銃心得者も応募でき，また，募集兵員による軍隊は特別の詮議がない限りは他隊と編合することはない，⑦仮に応募兵中で「癈疾不具ト雖モ戦地ノ用ニ適スル見込有之車駕ヲ要セス精心ヲ以テ従軍願出候者」をすべて採用することは「不苦事」とする，と取り決められ，長屋喜弥太に指令された[41]。そして，同16日に，白江景由陸軍少佐は滋野中佐宛に和歌山・三重県下への壮兵新規募集に従事させる旧士官・士族の入営前の一時雇用（十七等出仕に準ずる）を報告し，また，同一時雇用を和歌山県にも伝え，旧藩兵応募者への説諭・鼓舞と組織化に着手した。

この結果，4月25日には長屋喜弥太他は旧和歌山藩兵士官の応命者名簿を作成し，和歌山県令への申出を経て白江景由陸軍少佐に提出し，士官への任用候補者として鳥尾中将宛に上申した[42]。そして，遊撃歩兵第5大隊と同第6大隊の幹部（将校本官に準ずる）が構成された。また，同第5大隊の下士・兵卒は計810名（下副官1，曹長4，軍曹24，一等卒68，兵卒713――第一次壮兵），同第6大隊の下士・兵卒は計774名（大隊付下士4，曹長4，軍曹32，上等卒・兵卒770――第二次壮兵）から編成された[43]。これによれば，両大隊の幹部の大半は自ら和歌山・三重の両県下に赴き，旧藩時代の地縁・人脈関係に依拠して元藩兵を組織化したことは明確である。同第5大隊と同第6大隊は大阪鎮台管轄下に入った。

(5) 和歌山県新規募集壮兵の入営と出発

壮兵新規募集採用兵員は地元の戸長が付き添い4月26日から和歌山城内の集合所に漸次参集した。三重県などの遠隔地からの採用者は集合が遅延し，第二次壮兵として第6大隊に編成された。彼らは大阪に出発する前に和歌山城の本丸と西の丸に入営し起居した。ただし，採用兵員は銃器の取扱いが未熟とされ，1週間ほど同地で執銃等の仕込み訓練を受けた。

さて，入営先の和歌山城内は従前から破損しており，本丸と西の丸の兵舎取付けには修繕が必要とされ（本丸は入費支出合計238円余，西の丸は合計355円余）[44]，2畳に兵員3名の収容スペースがあてられた。本丸の兵舎規模は琉球表新畳計232枚余（入費支出計69円余）によれば，348名の収容が可能であり，西の丸の兵舎規模は新畳計317枚（入費支出計98円余）によれば，475名の収容が可能である。本丸と西の丸の合計では823名が収容可能であり，第5大隊の下士・兵卒計810名が収容された。ところが，第5大隊の兵員は5月下旬の大阪行軍出発前に和歌山市中外出時に住民に対して粗暴犯事件を起こし，同市中の諸戯場は日曜日には閉店に至り，和歌山県令は白江景由陸軍少佐に兵員取締り要請を協議した。この結果，大阪鎮台司令長官兼勤陸軍少将四条隆謌代理陸軍少佐白江景由の名により5月17日付で第5大隊に対して，1872年9月制定の読法第1条（「国家万民保護」）に違反の旨を厳重教示し，下士と上等卒の他はたとえ用達があっても一切の外出を禁止し，夜間営内巡邏と週番士官による不時人員検査実施を指令した[45]。しかし，和歌山県新規募集壮兵は出役先等でもその規律維持等は容易でなく，犯行・暴行事件を起こした[46]。急造軍隊の自己規律と内部統制のもろさが露呈された。西郷陸軍卿代理の5月23日付の井田譲陸軍少将宛通報は「当地和歌山壮兵等頗ル困難多々苦情不少不都合モ有之候」云々と述べたが[47]，新規募集壮兵への軍隊外からの苦情等が政府軍全体への不信・離反等に発展しないように苦慮していた。

(6) 西南戦争における遊撃歩兵大隊等の編成と解隊

かくして，4月4日の壮兵新規募集と旧近衛兵召集により編成された遊撃歩兵大隊等は下記の通りである。すなわち，①遊撃歩兵第3大隊（4月7日に山口県下の新規募集壮兵を編入，3月31日召集の一人口下付者と合併，4月10日に編成替えの方針が出され[48]，5月25日に第四旅団に編入，10月11日に小倉で解隊），②遊撃歩兵第4大隊（4月29日に①の新規募集壮兵の第3大隊第3中隊・第4中隊を第4大隊第1中隊・第2中隊と改称，さらに，残部壮兵により第3中隊を編成，6月17日と7月13日に熊本鎮台に編入，10月14日に小倉で解隊），③遊撃歩兵第5大隊（和歌山県下の新規募集壮兵で5月14日に大阪鎮台管轄，7月7日に熊本鎮台に編入，12月22日に大阪で解隊），④遊撃歩兵第6大隊（和歌山県下の新規募集壮兵で6月19日と8月3日に第一旅団附属，6月26日に大阪鎮台管轄，12月22日に大阪で解隊），⑤遊撃歩兵第7大隊（山口県下の新規募集壮兵で7月2日に広島鎮台管轄，7月24日に一部が第二旅団に，8月2日に一部が別働第二旅団に編入，10月12日に小倉で解隊），⑥遊撃歩兵第8大隊

(広島県下の新規募集壮兵で6月19日に第一旅団附属，7月2日に広島鎮台管轄，10月12日に小倉で解隊)，⑧別働遊撃歩兵第1中隊と同第2中隊（山口県下召集の旧近衛兵二人口下付者で，4月17日に隊名が付き，5月15日に熊本鎮台に編入，7月2日に解除，10月14日に小倉で解隊)，⑨遊撃別手組（大阪府下等から撃剣従事者を募集，4月12日に編成され大阪鎮台管轄，5月10日に別働第一旅団に編入，10月20日に大阪で解隊)，⑩遊撃砲兵第2小隊（和歌山県下の新規募集壮兵で7月7日に編成され大阪に在留，10月14日に大阪で解隊)，である[49]。以上は特定の府県重視の壮兵新規募集による大隊編成等であるが，同一県の壮兵募集に際しても，たとえば，西郷中将は4月13日に広島県下派出の斉藤正言陸軍少佐宛に，広島県では「士族兵ト農兵ト二派アル」ので注意し[50]，物議が発生しないようにとりはからうことを指示したように，相当の慎重性を求めた。

西南戦争は9月24日の最後の戦闘により鹿児島・城山が陥落し終結した。これより先，壮兵の解隊時の幹部（戦役期間に士官心得・下士心得に命じられた者）の扱い方が各隊で問題にされた。8月3日に鹿児島所在の小沢武雄大佐は征討陸軍事務所の滋野清彦中佐・渡辺央中佐宛に，各旅団から遊撃各大隊附の士官心得・下士心得の職務名義にある者で才能適任者はその「本官」に任用してよいか否かの伺いが出ているが，どのように取扱うべきかを照会した[51]。これについて，滋野中佐等は翌4日に，終結後の解隊時に各人の志望によりさらに終身陸軍従事を願う者と願わない者とを調査して通知する「内定」を作成しているので，現在では本官に任用すべきでないことを回答した[52]。さらに滋野中佐は翌5日に小沢大佐に対して，後備軍と遊撃隊の兵卒から下士への任用の可否の照会については，個人の見込みとして，「何分難事」であり，やむをえず一時任用したとしても（本隊解隊日には解任の約束があるので）一般の下士任用の成規に照らして不都合があるとした。そして，やむをえず任用した場合には，終結後にさらに各自の志望を調査し，陸軍従事希望者には再役下士の例により任用日から満3年の服役も考えられる，などと回答した[53]。ただし，以上の照会・回答は，遊撃各大隊と称しても，臨時召集者編成あるいは新規募集者編成の大隊かは明瞭でなく，壮兵解隊の全体方針も明確でない。陸軍省の壮兵解隊時の幹部職務従事者の扱いの基本方針は士官心得・下士心得の職務を免じた上で，さらに，本人の志望にもとづき任用手続きに入った。

その結果，第一に，10月1日陸軍省達乙第162号は各鎮台宛に，後備軍と臨時召集の壮兵（一人口下付）は各隊帰営の上当該の鎮台・営所での即解隊・帰郷を指令した。ただし，下士以上任用者には追って何らかの措置があるので，当該鎮台・営所所在地滞在と該当者名簿の調製・提出を指令した。第二に，上記指令と同時に，征討陸軍事務所は「壮兵解散手続書」[54]を鹿児島所在の渡辺央中佐にただちに伝えた。これは，山口県・広島県・和歌山県から募集した壮兵の解散手続きを規定し，①士官心得・下士心得も全隊解散時はすべてその「心得」を免じられたと認識すべきことを申し渡す，②士官心得・下士心得でさらに陸軍従事志望者に対しては同願いを許可し，数箇月間戸山学校などに入校・修行させ，卒業後はその「材幹」に応じて士官又は下士に任用し，下士任用者はさらに3箇年服役させるので，解散時に志願書を提出させて帰郷させる（士官心得は年齢35年以下，下士心得は年齢30年以下，すべて身体強壮者に限定），③旧近衛兵解散も以上に準ずる，とした。第三に，新撰旅団の解散時の士官心得・下士心得に対する10月20日の陸軍省達号外がある。これは，上記の「壮兵解散手続書」の①②③に近く，巡査でさらに陸軍従事志望者は検査合格の上教導団に入学させる（年齢25年以下）とした。第四に，10月1日の指令をさらに具体化し，下士任用者のみの措置として，10月27日の陸軍省達号外により近衛局・各鎮台・教導団に指令した。つまり，常備兵と第一第二後備軍兵及び臨時召集の元壮兵で一人口下付の下士任用者をすべて免官し，壮兵を除き各自の元役に復させるとした。その場合，下士服役志望者を許可してそのまま勤続させるとした。ただし，常備兵からの任用者は任官当日より7箇年間の服役，後備軍と元壮兵からの任用者は任官当日より3箇年間の服役とし，下士免官により元役に復した者はなるべく上等卒に採用するようにとりはからうと指示した。その他，壮兵の士官心得・下士心得と兵卒に対しては解散時に本俸平均1箇月分を支給することにした。

他方，西南戦争における多数の戦病死者発生により各鎮台の兵員欠員発生は明確であった。これに対しては，①1876年の徴兵分は「臨時補欠」の措置をとり[55]，②1874年徴兵の満期者で再役志願者には「人員ヲ不限許可可致」として（1877年10月30日陸軍省達号外），対処したと考えられる。ここで注目されるのは後者の再役志願を限りなく許可したことである。一般兵員の再役制度開始の詳細は不明であるが，1875年6月13日太政官達第100号検閲使職務条例第1条は検閲の目的を「褒賞情願ノ事実ヲ査確シ」と規定し，同第15条が「下士ノ中再役ヲ望願スル者」の書類点検を規定したことにもとづき，おそらく一般兵員が兵卒としての再役を願い出るようになったと考えられる。そして，陸軍省は，1873年徴兵の常備役満期前に，1876年1月18日陸軍省達第4号において「歩騎砲工輜重兵再役人員表」を示し，各鎮台宛に，各種兵卒の常備服役満期者で「再役」の志願者はさらに3箇年間の再役を申し付けるので，志願者名簿を毎年の検閲使巡廻時に提出すべきことを指令した。ただし，同年満期の志願者の早々の調査・提出を指示した。本陸軍省達の再役人員表は，兵種毎に許可人員を示し（歩兵280，騎兵8，砲兵72，工兵36，輜重兵14），同再役3年満期後は後備軍編入を免ずるとした。この場合，各年の徴集兵員は当初予定の常備兵1箇年徴集兵員数から当該兵種の再役人員数を除く人員とした。再役制度は志願者側からみれば徴兵制の枠内の志願制度であり，採用者側からみれば，在営兵員減少に対して，その減少をカヴァーする調整弁・安全弁の性格をもったとみてよい。その後も，1877年12月に陸軍省は1875年徴兵で来春満期者に対しても再役志願者を調査し，同志願者の多寡をふまえて次年度の徴兵数を算出する構えであった[56]。また，一般兵員の再役志願は検閲時の点検対象名簿として調製され（1879年9月太政官達第34号陸軍検閲条例第16条中の「下士兵卒再役志願者ノ人名録」），陸軍卿から許可されることになった[57]。

以上のように，1873年徴兵令から西南戦争前後までは，徴兵制下の過度期的兵員供給構造の特質として，第一に，壮兵の臨時召集と徴兵制の一部変形としての壮兵新規募集と解隊・免役とともに（特に戦役従事の元壮兵が下士等の下級幹部に志願し編入），徴兵制の枠内での現役志願制度と再役制度の発足は重要な意味をもった。しかし，西南戦争時の壮兵新規募集による軍隊編成は士族への功労評価につながるものとして後述のように重い課題を残した。第二に，西南戦争時の特に壮兵新規募集は行在所達としての公達により着手されたが，注28）のように政府はほぼ特定個人の地縁・人脈と政治路線等を駆使して秘密的に募集手続きを進めた。この場合，高知県下の立志社の一部の挙兵論者の「護郷兵」構想に対して，「一種の私兵」という視点からの評価もあるが（松下芳男)，政府の壮兵新規募集の手続きも特定個人の地縁・人脈と政治路線等を駆使した内密的な兵力結集という点では一種の私兵化的編成の要素を含んでいたとみなすべきである。他方，立志社の一部の挙兵論者による「護郷兵」構想の県庁への届け出自体は，内乱・内戦時であったが，注28)の［補注2］のように，郷土の自己防衛対策に関する住民間の公開的な協議集会を開く意図であった。同届け出は許可されなかったが，戦時や国内戦場化及び住民自己防衛対策等々に関する公開的な討論・協議の意義を提起した点では，住民間の軍事的教養の形成と共有からも歴史的に注目されなければならない。

3　政府における西南戦争壮兵の慰労評価

政府の壮兵新規募集による軍隊編成は，徴兵制との関係，政治的統制や軍事的統制との関係で本質的に危うさを含んでいた。しかし，戦争終結後は，政府と陸軍省等はそうした危うさに対して根底的・冷静的に向き合って課題解明するのではなく，壮兵軍隊の「功労」等に対する消失措置化に至った。

(1) 政府における壮兵新規募集の経費等負担と「賞誉」

壮兵新規募集指定の山口県（後に広島県）と和歌山県の他に，大久保利通参議等からの指示・内命をうけた鳥取因幡と徳島阿波地方等の士族は，壮兵新規募集の取りまとめと管理に従事した（注24）の［補注1］［補注2］)。政府は，まず，鳥取・徳島地方等士族の壮兵新規募集の取りまとめに対して，個人毎に「賞誉」を与え，手当金下付や経費等を負担し，政府全体として認知した。

第一に，1877年10月18日に西郷従道陸軍卿代理は太政大臣宛に，従軍志願者に対して「国家有事之際ニ当リ各愛国心ニ仗［よ］リ身命ヲ抛テ奮手報効」云々の「特旨」を指令し，また，行在所達第9号による応募志願者に対してはもはや採用しないという指令を発したい，と上申した[58]。太政官書記官は陸軍卿上申の「愛国心ニ仗リ」の文言を削除して10月20日の閣議に提出し，上奏が決定されたが，裁可は翌年5月28日になった（「聞」の扱い）。これは，西南戦争は内乱・内戦であるが故に，そもそも「愛国心」云々は不適切とされ，また，天皇も戦争終結後にただちに「特旨」の指令を発するものではないと考えたのであろう。

第二に，西郷陸軍卿代理は1877年10月18日に太政大臣宛に壮兵新規募集の勉励・尽力者に対して（壮兵新規募集の準備・待機も含めて），特別の「賞誉」があるべきことを上申した。同上申書は，和歌山県の三浦安他2名，広島県の石津蔵六・篠村賛治・西本正道，島根県鳥取地方の河田景與・今井鉄太郎，岡山県の杉山岩三郎を記述した。さらに同10月31日に高知県徳島地方の蜂須賀隆芳と池田静心斉及び岩本晴之・藤本文策・高井幸雄他2名（内，静岡県士族1名）を上申した[59]。これにより，壮兵新規募集の尽力者は5県16名になり，賞勲局は，募集の尽力には兵員数の多寡や募集仕事の難易等の区別は概略のみを承知し，翌1878年4月1日に陸軍省宛に賞与金額を照会した。そこでは，鳥取地方の河田・今井の2名と岡山県の杉山には各120円，和歌山県の三浦他2名と広島県の石津・篠村・西本には各80円，徳島地方の蜂須賀・池田・岩本・藤本・高井他2名には各40円と起案された[60]。これに対して，同省は同日に賞勲局宛に，既に開拓士族の稲田邦植に50円が賞与されたので（注24）の［補注2］参照），徳島地方の7名への各50円下付を回答した。この結果，太政官は5月9日に改めて「御達按」を起案し，河田・今井・三浦・杉山の4名への各花瓶1対と緞子2巻（計130円相当分），徳島地方の蜂須賀・池田への各緞子1巻（計50円相当）他，和歌山県士族2名への各縮緬代80円，広島県の西本への縮緬代60円，広島県の石津・篠村への各縮緬代100円，徳島地方の岩本・藤本・高井他2名への各縮緬代50円の賞与を決定し，1881年7月20日に同賞与を指令した。

第三に，政府は鳥取因幡と徳島阿波の両地方の壮兵新規募集対応者への手当金を下付した。鳥取因幡と徳島阿波の両地方は実際には壮兵の隊伍編成には至らなかった。しかし，両地方は応募者確定名簿を作成し，いつでも即時に編成・出発できる体勢・覚悟を固め，家事から離れて旅具・軍装整備等の準備・待機により相当の失費が発生した（岡山県では名簿は作成されず，即時出発の用意までには至らなかった）。戦争終結後，高知県権令小池国武は11月9日付で，島根県権令境二郎は同10日付で，内務卿宛にそれぞれ壮兵新規募集対応者名簿を調製して提出した[61]。これは，同対応者への何らかの手当措置を願うものであったが，内務卿は12月に太政大臣宛に名簿登載者1人につき手当金3円下付措置を上申し，翌1878年1月17日に裁可され，高知（980人分）・島根

(2,529人分) 両県宛に非常臨時費として大蔵省からの受領を指令した[62]。その後，鳥取因幡地方の河田・今井取りまとめ分の遺漏分計482人[63]と，徳島阿波地方の調査疎漏分計29人[64]にも同額の手当金を下付した。

しかるに，その後，壮兵新規募集対応者への手当金下付にかかわり，注24)の［補注2］の徳島県下で護郷隊として編成された士族坂本又太郎は1880年12月に徳島県を経て同下付願いを内務省宛に上申した。それによれば，護郷隊の編成と出兵準備に際しては各自の常業を廃止して団結・屯集したために多少の費用を要したので，鳥取因幡士族への手当金下付と同様に，1人3円の下付と募集費用の1,460円余の別途下付を出願したとされる。しかし，渡辺央陸軍中佐 (当時) の意見によれば，鳥取因幡士族は「歩兵ニ編制スヘキ見込」みであって，護郷隊編成とは編制上の性格を異にし，護郷隊は「兵制ニ適シタルモノニ非ス」とされた。それでもなお，内務省は翌1881年に陸軍省宛に照会したが，詮議しがたいと却下され，内務省は同旨を徳島県宛に指令したとされる[65]。

ここで，渡辺央の「歩兵ニ編制スヘキ見込」み云々の意見は，壮兵編成の基準は注31) の「壮兵　歩兵一大隊編成表」に準拠しなければならないと考えていたことによる。また，そうでなければ，編成条件に欠けて急速な出兵に責任を持つことができないことは明確であり，護郷隊は当該地域の警備に終始したとうけとめられたのであろう。その点では，鳥取因幡士族の河田・今井らとは開きがあったとみなされる。ところが，坂本は徳島県を経て手当金下付願いを再上申し，山田顕義内務卿は1881年12月28日に陸軍省に再詮議を要請した[66]。陸軍省は，護郷隊は「陸軍兵ノ組織」でないので同省とは「関係無之」と述べ，もし，賞与処分の場合は鳥取県・徳島県の士族への手当金額よりも超過しないようにしてほしい，と回答した[67]。この結果，山田内務卿は1882年2月6日に太政官宛に，護郷隊は「全ク政府ノ命」により元老院議官伊集院兼寛等が士族を「召集」し，その召集の「篤志」にはあえて彼是の区別はなく，鳥取県・徳島県の士族への手当金額の例により1人3円の下付が穏当であると伺い出て[68]，4月14日に了承された。そして，同年11月18日に計1,704名に計5,112円の下付を決定した。

ただし，当時の徳島阿波の護郷隊の性格は陸軍省や渡辺央の見解通りであり，その編成経緯等は西郷従道・黒田清隆らも承知していたが，山田顕義の伺いのように「全ク政府ノ命」によって護郷隊が召集・編成されたとすることはできない。山田顕義の伺いは兵役・兵力・兵備の厳密な法制的性格にもとづく認識・判断よりも，「篤志」という気分・雰囲気重視の認識・判断に傾斜していた。また，太政官もそれを認めたことは，政府として究極的には兵役・兵力・兵備に関する曖昧な構えに浸り続けたことを意味する。他方，政府の徳島阿波の護郷隊への認識は，注28）の［補注2］の高知県立志社一部の「護郷兵」への向き合い方と対比されるべきであり，後者がほぼ政治的・権力的に封殺されて兵役・兵力・兵備の旺盛な全国的検討の機会が絶たれたことは，国家全体の軍備政策確立にとってはマイナスであった。

第四に，広島県の石津蔵六・篠村賛治は1878年8月に，壮兵募集時の経費の自弁負担があったとして（2人合計322円余），広島県令を通して内務省に請求した。閣議は請求された同経費は同2名の個人負担に負わせるものではないと判断し，翌1879年3月に同経費下付を決定した。また，同様に，島根県の河田景興・今井鉄太郎は1878年12月に，壮兵募集時の経費の自弁負担があったとして（2人合計1,469円余），島根県令を通して内務省に請求した。閣議は同年4月に石津らへの経費下付と同様に同経費下付を決定した[69]。

以上のように，壮兵取りまとめに対する政府の手当金・経費負担措置は内務省の主管業務になったことが重要である。西南戦争の壮兵新規募集とその編成は府県等自治体を主体にして，あるいは介在させて着手したことからいえば当然であるが，壮兵等に対する公認・判断と政策化は陸軍省のみによって行われるものではないことを潜在化させるに至ったとみてよい。

(2) 壮兵軍隊従軍者への慰労金下付政策——軍事奨励策の第三次消失化開始

西南戦争終結後に戦闘の功績調査がなされ，優等の功績者への賞与は「甲部」が金10円で，「乙部」が金7円とされた。その際，戦闘現場勤務の軍隊は1877年7月以降の場合には戦闘上の抜群優等の功績がなければ賞与はないとされた。したがって，7月編成の山口県下壮兵の遊撃歩兵第7大隊と広島県下壮兵の遊撃歩兵第8大隊等の兵員はそうした戦闘現場勤務に直面することはなく，優等功績の賞与を受ける者はほとんどなかった。これに対して，藤井勉三広島県令は1879年6月24日付で伊藤博文内務卿宛に遊撃歩兵第8大隊の兵員への

「功労賞誉」があってしかるべきとして上申書を提出した。そこでは，今回の壮兵は「旧藩中兵籍ニ加ハリシ者ノ内有志ノ義民殉国ノ義務ヲ重ンシ自ラ奮テ国難ニ当ルモノニシテ［中略］実ニ嘉賞スヘキヲ以テ更ニ一層恩恤ノ典ニ与カリ候様致度」とされ，7月基準の戦闘回数により功労の賞・不賞が区別されて壮兵の僅少者が賞与されるならば，「義民義兵タル者報国ノ志モ無功ニ属シ候理ニテ恐ラクハ後来万一有事ノ日国家ノ大義ヲ顧ミス偸安躊躇召募ヲ避クル者可有之哉モ難計」いので，政府は特別の判断をもって「戦不戦ヲ問ハス」「全隊漏ルル事無之」賞与されるように詮議されたいと記述した[70]。また，関口隆吉山口県令も同年8月13日付で伊藤内務卿宛に広島県令とほぼ同様の上申書を提出した。

これについて，松方正義内務卿は1880年12月11日付で太政大臣宛に「西南之役召募壮兵慰労手当之儀ニ付上陳」を提出し，壮兵編成軍隊の範囲を明確化し，詳細な人員表等を添付し，広島・山口両県令の上申書趣意をふまえて，壮兵1人につき金10円の下付を上申した[71]。松方内務卿上申は，同上申の資格と権限にかかわるが，政府の一角として，壮兵の将来的奨励を政策的なものとして判断・認知すべきことを提言したことが最も重要である。つまり，壮兵を含む軍隊の戦闘功績評価は当然に陸軍省・海軍省の管轄権（軍事・兵事・軍制上の主管官庁）のもとに実施しなければならず，壮兵新規募集は陸軍省管轄の兵役制度・徴兵制からみれば危ういが，壮兵自体の将来的奨励は民事・民政上の措置・政策として判断・認知すべきことの論理や構図を含んだ。その上で，松方内務卿は壮兵の慰労と奨励は壮兵新規募集対応者への政府の手当金・経費負担措置と同様に，内務省管轄下のもとに措置しようとした。なお，同省調査による同慰労金下付対象人員は当時までの現存者4,345人とされた[72]。

松方内務卿上申は太政官の軍事部と会計部及び内務部で審査され，同会計部は陸軍省の意見を照会した。大山巌陸軍卿は翌1881年3月17日付で，戦闘功績評価の規則とは別に，内務省上申により「何分之処置不致候テハ兵役ハ人民ノ義務トハ乍申固ヨリ好テ軍隊編入ヲ志願スルモノニ非ス従軍人民ノ厭苦致ス所ニシテ右ノ如キ不幸ヲ生シ候テハ此上人民ノ兵役ヲ厭避スル為一層ヲ加フルニ至ラハ又幾分ノ影響ヲ来シ可申軍制上甚タ不都合ト存候」云々と[73]，壮兵の「赤心嘉賞」への慰労手当処置の必要を述べ，戦闘功績評価との権衡を斟酌して「金七円以下」を下付してよいと回答した。陸軍省は西南戦争後の徴兵成績（兵役厭避）に苦慮していたので，同慰労手当措置により幾分の兵役厭避減少につながることを期待した。この結果，太政官は3月31日の閣議に内務省への指令案を提出した（「平均壱人ニ付金七円宛下賜候条該金額三万四百十五円大蔵省ヨリ可受取事」）[74]。同指令案は同年6月7日に下付対象府県（山口県他3府19県）への下付手続きの内務省宛指令の太政官の「御達案」とともに裁可された。

ただし，太政官の「御達案」は「明治十年西南ノ役壮兵招募ノ時ニ当リ速ニ応募候致神妙ノ儀ニ付為酒肴料別紙人員ヘ金七円宛下賜候条」云々と記述された[75]。戦闘功績評価や「慰労」等の文言ではなく「酒肴料」としたのは，太政官としては壮兵新規募集を一時的な措置と位置づけて過大に評価せず，壮兵応募・編入者の不平不満等がおさまればよいという構えが含まれたとみてよい。これは高度な政治的判断であった。既に和歌山県の遊撃歩兵第5大隊と同第6大隊の編成時点で，ジャーナリズムの一部は壮兵への過大な「功労」の評価と措置が生まれないように抑制的に構えていた。たとえば，『東京曙新聞』（6月26日）の社説は，士族を基盤にした壮兵に対する過大評価は武権復権につながりかねないとして警戒していた（「士族輩ノ招募ニ応セシハ，全ク国家ニ尽スノ義務ト認ムルヨリ出テ，戡定ノ後チ，政府ニ対シテ薄恩ヲ怨ムカ如キコトナカラシメハ，実ニ意外ノ大幸ナリト雖モ，此ノ如キハ我輩ノ未タ信認シ能ハサル所ナリ」等）[76]。

太政官は，新規募集壮兵への特段の慰労や奨励の視点ではなく，慰労金下付は壮兵側の兵役従事に対する不平不満収拾策として措置した。これによって，西南戦争の福岡・長崎両県下の人民私有銃器の接収・買い上げ処分における軍事奨励策の第二次消失化開始に続き，有志者・志願者を中心とした兵役従事者に向き合う政府の根幹的な軍事奨励策が成立しえない兵役と兵力・兵備の維持構造が明瞭化された。対士族武装化警戒や抑制等の対策とはいえ，政府による兵役政策上の軍事奨励策の第三次消失化が開始された。同時に究極的には兵役・兵力・兵備の基本に関する政府の曖昧な構えを潜在化させたことによって，その後も，絶えず，民間から郷土自衛軍の構想や義勇兵志願が現れ，あるいは文官系官僚や民間から学校等における兵役・戦時への予備的な軍隊教練の導入実施要求が提出された[77]。ただし，軍隊側がこれらの民間側等の軍事奨励志向に消極的であったことはいうまでもない。

注

1）　御親兵は宮闕の守備を任務としたが，宮闕全域を守備したのではない。宮内省は1871年2月19日に太政官弁官に，従来，吹上御庭の土橋御門と植木御門・半蔵御庭口御門・西御門に守衛兵を置いたが，植木御門等を塀にするなどの修復処置により守衛の必要がなく，土橋御門のみに守衛兵を置くことを上申した（『太政類典』第1編第88巻，保民警察4，第47件）。弁官は3月4日に許可し，大蔵省宛に土橋門外に番所1箇所を新設して守衛兵を置くことを通知した。つまり，皇居の守衛方法等は宮内省の建造物管理方針等により変更されていた。これは，皇居の守備方法等（本質的には兵力の指揮・司令系統にも及ぶ）は兵部省・御親兵のみの単独的な認識・判断により遂行されえないことを意味した。また，当時，皇居と赤坂離宮の警衛兵給養料（兵食3食分の賄い）は宮内省から支出されていた。同給養料は1873年5月の皇居火災後は陸軍省が同年3月制定の陸軍給養表により6月1日から支出した（『陸軍省衆規渕鑑抜粋』第9巻，第57件）。すなわち，皇居の守備・警衛の方針は陸軍省・近衛局と宮内省の認識・判断により組立てられていた。

2）　この結果，各鎮台に当然に欠員が生じた。また，1872年4月の近衛兵の八番大隊と九番大隊による新たな1個大隊（六番大隊）の編成の兵員充実として，「鎮台召集兵ヲ致精選其闕ヲ補ヒ可申且又鎮台兵ノ闕ハ徴兵ヲ以テ之ニ充可申規則取調中ニ而俄ニ還付兼候ハハ元藩之ニテ兵ヲ致召集」する心得を届けるという起草文書が残っている（〈陸軍省大日記〉中『明治五年　秘史局』）。近衛兵兵員充実に連動する鎮台兵員欠員の供給・補充方法として徴兵制導入が明確に政策化された。

3）　近衛局は3月14日付で近衛都督と近衛副都督宛に計11条の伺いを申出た（本章では「3月14日伺い」と表記）。すなわち，およそ，①歩兵3個連隊の編成方法，②騎兵1個大隊の編成方法，③砲兵4座の編成方法，④近衛局勤務の将校を参謀部将校の心得として命じ，歩騎砲兵の参謀勤務を分課させ，近衛都督の命を奉じて勤務させる，⑤歩騎砲兵の席順の確定，⑥会計監督1人を置き会計経理事務を統括させ，連隊区分による会計方法をとっているが，「近衛隊給与之儀ハ陸軍省ヨリ定額ヲ定メ御引抜相成度皇城内守衛向給与等混雑候間御改メ」てほしい，⑦近衛局を皇城内に移設し，定例は当局より業務施行する，⑧現在の2個小隊による守衛法を本条例にもとづき半大隊に改めたい，⑨〜⑩儀仗における兵隊差配の等差は予め画定されてしかるべきである，⑪内外務や調練の規則等は未確定とみえるので，定規を示して改革すべきである，という内容であった。これについて，近衛都督と近衛副都督側は（陸軍省見解とみてよい），⑥を除き近衛局の伺いと意見をほぼ認める方向で処置すると回答した（〈陸軍省大日記〉中『壬申三月 大日記 省中之部 辛』第738号）。この場合，⑥への回答は「即今一大隊ヲ以テ給与シ会計監督一人ヲ以テ統括セシムベシ」と指令した。つまり，近衛局への給与「定額」一括配分の会計経理方法を認めなかった。近衛局側は一種の独立した会計経理体制をひきたかったが，陸軍省により拒否されたことを意味する。なお，⑦の近衛局の皇城内移設は急遽8月5日に行われた。

4）1872年近衛条例の第4条の近衛都督の職務にかかわって，松下芳男『明治軍制史論』上巻（182-183頁）は，天皇は「陸軍卿に関与せしむることなく直に軍令権を行使されるのである」「近衛条例は陸軍卿の権限を縮小した最初の軍事法令であって，所謂統帥権の独立は，ここにその萌芽を見出すのである」と記述するが，重大な誤解が含まれている。第一に，第4条の「常例」は平時の通常の職務・事務を意味し，「常例外」事務は非常時や同条例に規定されていない戦時・有事の兵力行使の職務・事務が想定されたことはいうまでもない。その場合，「常例外」事務こそが重要であり，陸軍卿の判断・決定の手続きを規定したが故に，近衛条例は松下著記述とは逆に近衛の兵力行使に対する陸軍卿権限を明確化したのである。また，近衛都督の就任人事は陸軍省トップによる兼任体制が想定されていた。第二に，仮に「所謂統帥権の独立」があったとしても，それは近衛条例自体に起因するのでなく，逆に注3）の「3月14日伺い」の⑥のように，一種の独立的な会計経理体制により軍隊をほしいままにして特定政治勢力の権益拡大や政治的支配下に固めることに起因するとみるべきであろう。

5）『明治天皇紀 第二』727頁。

6）近衛局は陸軍省内の機関・部局として，注3）の「3月14日伺い」を含めて，本省に何を求め，どのような近衛の管理運営を目ざしていたかを解明すべきだろう。近衛局は山県有朋が近衛都督を辞任し，西郷隆盛が近衛都督に就任後の8月4日に陸軍省宛に近衛条例に対して書面で伺い立てた（『陸軍省衆規渕鑑抜粋』第9巻，第24件，『法規分類大全』第47巻，兵制門（3），528-529頁，本章では「8月4日伺い」と表記）。これについて，同省の同4日付の回答で注目されるのは，第一に，第3条に関して，近衛局の「会計方法ハ方今未タ全カラス故ニ一二監督アリト雖トモ全ク之ヲ統括スルコト難カルヘシ故ニ局中ノ長官総テ会計之事ヲ参与シテ可ナランカ」という伺いには，同省は（統括が困難であるならば）「会計監督ヨリ近衛都督ヘ及商議候儀モ可有之候事」と述べ，近衛局長官の会計経理への参与要求を拒否し，近衛都督との協議・連携を示唆した。ただし，この場合の同省回答の会計監督と近衛都督への協議・連携云々は近衛都督の立場を重視したが，同協議・連携の手続き組立てはほぼ不能とみられていた雰囲気がある。第二に，第5条に関して，近衛局の

「至急ノ変アルトキハ近衛当直長官ハ都督及ヒ陸軍卿ノ令ヲ待スシテ多少兵隊ヲ指揮スルコトヲ許シテ可ナラン乎」という伺いには，同省は「書面之趣難聞届候事但皇城四方之警備及ヒ非常御近火之節合図等之儀ハ兼テ被定置候通ニ有之其他万一非常之節ニ当リ可差支条件心得之廉モ有之候ハハ可伺其箇条ニ対シ詮議ニ可及候事」と拒否した。ここで，皇居の非常時や近火時の合図等は，同省は既に太政官式部寮・宮内省と協議しつつ大砲号砲をとりきめ，太政官は同年3月14日に布達していた（太政官第83号）。第三に，第6条に関して，車駕行幸の警備や皇居諸門の警衛方法は陸軍省を経ずして「直チニ政府ノ達シヲ受テ可然乎」という伺いには，同省は太政官や宮内省からの通常警備の通達に対してはそのまま受けてよいが，即時本省に届け出ることが必要であり，また，臨時供奉や臨時の場所への守衛は陸軍卿の裁決を経なければならないと回答した。第四に，第13条に関して，守衛巡邏等の方法は「当今都督而已決シテ可ナラン乎」という伺いと，第20条に関して（「近衛内外務調操規則竝ニ病兵罪犯ノ処置等」），「此条ハ総テ近衛局中ニテ決議致シ候事」という伺いには，同省は「難聞届候事」と拒否した。総じて近衛局の陸軍省への伺いには，陸軍卿の決裁・指令を無視・軽視する現場諸隊の「独走」を容認し，自己の権益を拡大して独断的に軍隊を運営・支配する構えがあった。西郷従道が8月9日に近衛副都督を辞任したのも，近衛業務に関する近衛局と陸軍省との応酬の中で，収拾がつかなかったことによる。なお，8月5日の近衛局の宮中移転は，陸軍省が前日の同4日に決めたが，近衛局側が3月本省回答の宮中移転実施の「遅延」にいわば「抗議」し，本省側が急遽移転を決定したのであろう。近衛局側が本省に執拗に求めたのは，「3月14日伺い」と「8月4日伺い」のように，独立的な会計経理体制をひくことであった。その後，同年8月22日の近衛局の本省への伺いは武器兵器類の管理や編制に対しても独立化志向を示した（『陸軍省衆規渕鑑抜粋』第9巻，第26件，本章では「8月22日伺い」と表記）。「8月22日伺い」は下記の通りであるが，第1，5条は武器兵器類の管理や編制にかかわり，「瑣末之事項」とはいえるものではなかった。陸軍省が拒否したのも当然であった。

「　近衛局ヨリ本省へ伺

是迄本省へ決ヲ請来候瑣末之事項ニテ局中ニ於テ致処置度個条取調候処別紙之通御座候間此旨相達候也

別紙

第一条　銃砲隊発火練兵願出ル時ハ当局ニテ聞届入用之装薬ハ直ニ武庫司へ送達シ同司ニテ相渡候事　但発火ニ付正院宮内省陸軍省へ届出候儀当局ニテ取計可然乎

第二条　兵隊中病気並ニ県元親病気且故障等ニテ除隊帰県之者旅費駕籠料

等願出候節ハ当局ニテ聞届直ニ会計局ニ送達スル事
第三条　隊中病死埋葬料並ニ賑恤金下渡等之手順前之如シ
第四条　尉官初任之者正服料並砲兵又ハ乗馬尉官馬代願等前ノ如シ
第五条　砲騎隊中病癖馬ニテ廃馬トナリ引替願等前ノ如シ
第六条　隊中手帖散失セシ後替手帖願出ハ前ノ如シ
第七条　歩騎砲隊新ニ編入セシ者ヘ一切之附属品下ケ渡之類総テ検印帳ヲ以テ請取可然乎

指令

書面第一条第五条難聞届其他伺之通」

7）〈陸軍省大日記〉中『明治五年 従正月至四月 御親兵掛』。

8）『公文録』1872年8月9月陸軍省，第4件。

9）近衛師団司令部編『近衛師団沿革史』3丁，1910年。

10）『太政類典』第2編第227巻，兵制26，軍功賞及恤典2止，第3件。

11）『太政類典』第2編第205巻，兵制4，武官職制4，第6件。

12）『陸軍沿革要覧』(1890年度) 49-51頁。

13）『公文録』1875年6月陸軍省伺附録上諸兵隊人員調査簿，第1件。近衛歩兵第一連隊の賞典米下付対象者は892人（出身県別では，和歌山県158，石川県137，名東県130，愛知県89，敦賀県79，岡山県54，広島県49，茨城県30，酒田県29，佐賀県23，飾磨県21，鳥取県20，他），近衛歩兵第二連隊の賞典米下付対象者は1,087人（鳥取県225，和歌山県181，愛知県95，石川県89，広島県79，酒田県59，白川県52，岐阜県51，置賜県45，茨城県41，佐賀県34，新川県24，渡会県22，岡山県20，他）とされている。

14）従来，近衛兵等の徴兵・壮兵の編成替え関係は解明されなかった。1875年までは壮兵（鎮台から召集・入営）と賦兵（徴兵令による徴集兵）が混合し，かつ同兵員数も一定せず，1876年に至り徴兵令上の定員を含めて完全充足の2,688人が在役することになった。その後，1874年召募壮兵が除隊し皆無になるのは1879年とされた。しかし，西南戦争後の11月時点では，定員2,688名に対して，在営の壮兵は380名，同賦兵868名，同年定規編入賦兵538名，戦死と負傷者1,219名，補欠兵（臨時）1,282名となり，各鎮台からの補欠兵入営しだい，ただちに壮兵380名を免役させることにした（〈陸軍省大日記〉中『明治十年十二月 大日記 陸軍省第一局』近衛223号，1877年11月15日付近衛都督代理野津道貫発陸軍卿代理西郷従道宛の「近衛壮兵免役ノ件伺」)。これにより，1879年を待たずにして近衛の壮兵は皆無になるとされた。

15）『陸軍省衆規渕鑑抜粋』第11巻，第99，100件。

16)　東京鎮台の歩兵補欠は，陸軍省は旧藩兵員数を指定して志願させる手続きをとったことが窺われる。たとえば，長野県参事は4月19日付で津田出陸軍大輔宛に，同県では旧松代藩兵隊の中から「百十二名之志願者募集可相成」のところ「精々撰択得ル所纔ニ九十名」であったと述べ，①志願の有無を問わず徴集すれば人員を満たすことは可能であり，②他旧藩籍者から撰挙すれば容易に補欠が可能であるが，どのようにすべきかを伺っている。これについて津田は同県内の士族や元卒等から志願させて撰挙することを指令した（〈陸軍省大日記〉中『明治七年　諸県』）。

17) 18)　『公文録』1874年12月陸軍省1，第23，24件。1875年1月徴兵令参考第5条（同年11月改訂）のもとに，1876年2月4日の陸軍省達無号は徴兵使に対して，各府県巡回時の目撃景況報告書に「兵役志願ノ者」の詳細を記載させ，さらに，年齢18歳以上20歳までの者で身長5尺以上の場合は体格を検査し，合格者検査表を作成し，願書を添付して上申すべきことを指令した。これによれば，陸軍省の兵役志願奨励は明確である。他方，1877年1月徴兵令参考改正の第9条は常備兵免役対象者としての，戸主，嗣子並びに承祖の孫，独子・独孫，常備兵在役者の兄弟相当者であったとしても「兵役志願ノ者ハ服役中一切苦情申立テサル後證ヲ以テ其親或ハ兄叔伯凡テ戸主タル者（本人戸主ナレハ其親族）ノ願書ニ区長戸長奥書證印ノ上管庁ヲ経テ申立ツルニ於テハ之ヲ採用スヘシ但年齢二十一歳以上二十四歳以下ニシテ兵役ヲ志願スル者モ亦本文ノ例ニ準ス」と，特に地方行政機関の保証と関知を経た兵役志願者の採用を積極的に規定した。なお，同年1月26日陸軍省達甲第6号徴兵事務手続書追加は，徴兵令参考改正第9条による兵役志願者の徴兵使への志願申立てに対しては「篤ト願意ヲ取糾シ不都合ナキ上ハ之ヲ検査シ合格ノ者ハ聞届ケ常備番号以内ノ籤ヲ抽カシムヘシ」と規定し，かつ，兵役志願者数の詳細な上申を指令した。徴兵令参考による兵役志願者数は統計的には1876年度は六百数十名，1877年度は二百数十名に達した（『陸軍省第一年報』中「第八　徴兵事務」，『陸軍省第二年報』中「第三　徴兵」）。徴兵制の枠内での兵役志願は，①採用者側からみれば，抽籤施行上の便宜を与えたが，特に徴兵規避者発生状況下では，同志願者増加は定員充足における貴重な意味をもち，②志願者側からみれば，自己責任による兵役従事の「積極性」には多様な動機が含まれ，③末端の自治体側（戸長，区長）からみれば，徴兵事務が兵役志願者の「納得」「了解」のもとに遂行されるが，当該志願者の保証と関知を経由させるために共同責任を負うべき立場に置かれることになる。

19)　注10）に同じ。なお，賞典米下付は同調査書の名簿記入漏れなどがあり，1877年頃まで続いた。

20)　ただし，陸軍省は2月9日に熊本鎮台宛に，1876年までは壮兵の歩兵1個大隊と同砲兵1個小隊を残す他は解隊するように指令した（『陸軍省衆規渕鑑抜粋』第13巻，第82件）。

21）『公文録』1875年6月陸軍省伺附録上諸兵隊人員調査簿，第1，2件。なお，陸軍省は1875年2月9日に各鎮台解隊の壮兵は再役を許さないと指令した（『陸軍省衆規渕鑑抜粋』第12巻，第105件）。

22）〈陸軍省大日記〉中『明治十年　鹿児島事件　徴募編制三　後備軍』第1号。後備軍召集のために1875年11月8日陸軍省達第112号の後備軍召集条例を制定し，平時・戦時に速やかに召集し，隊伍への編成を容易にし，支障ないようにした。ただし，本条例は，おおむね，平時の復習に向けての召集手続きを規定した。また，同年11月17日陸軍省達第122号の後備軍官員服務概則を制定し，鎮台管轄管内の後備軍服役中の下士兵卒の事務・事件等を管理する官員（司令，副官，書記，府県駐在曹長）の服務を規定した。すなわち，後備軍召集条例対応の措置である。後備軍召集条例制定は，戦時の兵力（戦時定員）の充足・編成・動員の手続きの端緒的な規定化に至ったことを意味する。

23）当時は壮兵の召集・編成に関する陸軍省の一貫した方針はなく，それらの調査・情報も錯綜していた。まず，壮兵召集の方針は，後備軍召集に関する2月23日の仙台鎮台からの伺い（「此後ノ変動難計ニ付元下士ニ非サル後備兵並二ヶ年間賞典米賜リタル元壮兵ヲ即今召集致シ置ク可然哉御指令ヲ乞フ」）に対する同省指令のように，「二ヶ年間賞典米ヲ賜ハリ居ル壮兵召集ハ伺之通リ」と示された（〈陸軍省大日記〉中『明治十年　鹿児島事件　徴募編制三　後備軍』第1号）。ここでの壮兵は旧東京鎮台等兵の一人口下付者であり，3月16日に陸軍卿代理西郷従道は鳥尾小弥太中将（当時，参謀局長，行在所陸軍事務取扱の職務につく）宛に仙台鎮台の伺いは「兵員寡少ニ付同台ニ限リ聞届タリ」と通報した（〈陸軍省大日記〉中『明治十年　大日記　壮兵之部』，以下同じ）。その後，陸軍省は一人口下付者召集対象鎮台を拡大し，3月20日に陸軍省達甲第10号を指令し（第六軍管を除く鎮台及び同管下府県宛），1875年2月の東京鎮台等の1871年召集壮兵の解隊・免役者で一人口下付者を召集することにした。そして，第一・二軍管管下府県の者を東京鎮台に，第三・四・五軍管管下府県の者を大阪鎮台に召集した。同召集兵による兵力編成は3月22日に大阪所在の陸軍参謀部により「遊撃隊」と称された（4月4日の新規募集による壮兵の大隊編成も同隊号呼称）。遊撃隊は，当初，歩兵は第1大隊から第5大隊，砲兵は第1小隊と第2小隊に編成する方針であったが，仙台鎮台管下の召集状況をみて（3月23日までに415名中183名が応召），まず，歩兵2個大隊を編成した。かくして，①3月25日に遊撃歩兵第1大隊（下士103名，兵卒492名，大阪鎮台管轄，3月下旬編成の別働第四旅団に編入，10月1日に解隊の指令），②3月25日に遊撃歩兵第2大隊（下士89名，兵卒772名，名古屋鎮台管轄，3月14日編成の第四旅団に編入，10月1日に解隊の指令)，③3月27日に遊撃砲兵第1小隊（大阪鎮台管轄，3月20日編成の別働第二旅団に編入，人員不明，10月1日に解隊の指令)，④3月31日に遊撃歩兵第3大隊（当初，山口県下から一人口下付者を召集したが，1個大隊として成立しがたく，4月の新規募集の壮兵を編入)，が編成された。ただし，鳥尾中将らの壮兵召集方針には近衛兵の二人口下付者の召集も含まれ，やや，錯綜していた。たとえば，鳥尾中将は3月18日付で広島鎮台宛に，二人口下付者の山口県及び高知県在の「元近衛兵之下士」と一人口下付者の旧鎮台兵中の「元下士丈」の召集を指令した。これによれば，広島鎮台が壮兵の召集・編成地として計画され，かつ，壮兵の隊編成に先行して，特に旧近衛兵等下士の召集による隊編成現場の準備と監督が重視された。この場合，当初，鳥尾中将は二人口下付者の旧近衛兵は山口県と高知県だけで2, 3千名がいるはずと予想し，旧近衛兵二人口下付者による隊編成も想定したことが考えられる。しかし，旧近衛兵二人口下付者等に関する調査不足・誤謬等もあった。広島鎮台は鳥尾中将宛に，①3月22日に，旧近衛兵下士二人口下付者は山口県に45名，高知県に77名がいるが，その他は不明であり，旧壮兵一人口下付者は山口県の160名を含めて総計267名になると報告し，②3月23日に，鎮台としての今後の二人口及び一人口下付者のさらなる調査には無理があり，各県に照会する方法しかありえない，と上申した。賞典米下付手続きは大蔵省と各府県が担当していたために，広島鎮台の上申は当然であった。また，陸軍省には旧近衛兵二人口下付者（2年間）の応召義務は法的には既に1875年3月時点で終了したという認識があり，西郷陸軍卿代理は3月23日に鳥尾中将宛に同召集を「特別」なものにする場合の行在所における「特別ノ御詮議アルヤ一通リ心得度」として，それらの審議・決定等の手続き明細を通知してほしいことを伝えた。これに対する鳥尾中将の回答は不明であるが，鳥尾中将は3月23日付で旧近衛兵二人口下付者召集を取消して，旧鎮台兵中の一人口下付者のみを召集（集合地は下関）することを広島鎮台に指令した。この時点での旧近衛兵二人口下付者召集取消しは，旧近衛兵二人口下付者（2箇年間）の応召義務の法的限界もあり，また，特別措置として実際に召集しても，薩摩軍の旧近衛兵との戦闘が想定されることもあり，慎重を期したのであろう。なお，臨時召集の一人口下付者で遊撃隊等に編成された者には5月31日に服役年限満期を迎える者もいた。下関出張の長屋重名陸軍中佐は4月13日付で山県参軍と鳥尾中将宛に，①萩地方の旧近衛兵は「兎角病気ヲ唱ヘ応スル者極少シ」とし，徳山地方の旧近衛兵は「二百円下賜無之候而ハ応セス」と述べたとされ，②豊浦地方の壮兵一人口下付者（士族）は壮兵新規募集同様の手当金給与（30円――注25)）がなければ応ぜずと述べたことを報告した（〈陸軍省大日記〉中『明治十年四月　来輸　軍団本営』)。ここで，特に豊浦地方の一人口下付者の服役満期の苦情申立てに対して，長屋は「説諭モ不受剛情張リ詰ノ者ハ不取敢於県庁拘留シ」て説得する予定であると述べている。その上で，長屋は同13日付で山口県令宛に，①県庁に拘留の豊浦地方の壮兵一人口下付者を説得してほしい，②萩地方の旧近衛兵の病気検査に派遣すべき軍医はいないので，県庁側で確実に病状を糾明してほしい，と要請した（〈陸軍省大日記〉中『明治十年六月 電報送達 馬関出張［陸軍事務所］』第89，90号）。なお，壮兵一人口下付の満期者に対しては，西郷従道陸軍卿代理は5月28日に徴兵令中の「徴兵編成並ヒニ概則」の「其二」末項（「総テ徴兵ノ服役期限ニ満ツル者ト雖戦時ハ勿論非常ノ事故アル時ハ其期ヲ延ハササルヲ得ス」に準じて，「平定迄ノ間服役延期」と心得るべきことを名古屋以西の各鎮台と管下府県に布達した（第一軍管，第二軍管下には6月13日に布達）。その後，7月13日陸軍省達甲第20号は臨時召集による戦役服役中の一人口下付者で下付期限満了者に対しては，本戦役服役中は従前通りに一人口を下付することを府県に指令し，服役意欲が阻喪しないようにした。また，10月5日陸軍省達甲第31号は陸軍省達甲第20号を改め，一人口下付者で本戦役の臨時召集に応じた者は，同年6月1日以降2年間にわたって一人口を下付することを鎮台と府県に指令した。

24）『岩倉具視関係文書 第七』17頁所収の「岩倉具視意見書」（3月1日付，三条実美・木戸孝允宛）。当初，山県有朋陸軍卿が2月12日の上奏文で「南隅一タヒ動カハ之ニ応スル者」として「阿波」や「因幡」等を指摘したように，島根県下の鳥取因幡地方と高知県下の徳島阿波地方の旧藩士族が警戒された（『岩倉公実記』下巻，363頁）。なお，鳥取県は1876年8月に廃止されて島根県に編入され，1881年9月に島根県から因幡・伯耆地方が分離して鳥取県が置かれた。徳島県は1871年11月に名東県と改称され，1876年8月に同県阿波地方が高知県に編入されたが（同県の淡路は兵庫県に編入），1880年3月に阿波地方に徳島県が置かれた。

［**補注1**］因幡地方に関しては，島根県令佐藤信寛が前年12月20日付で山県陸軍卿宛に，熊本・山口の士族反乱事件（1876年10月の敬神党の乱，前原一誠の乱），茨城県・三重県下の1876年12月の農民反乱事件等が発生した中で，①現在の島根県下は静寧であるが，「無頼ノ徒身家窮迫ノ余或ハ事ヲ好ミ乱ヲ思フノ心ナキヲ保ス可ラス」として，「或ハ愚民ヲ煽動スルモノアリ或ハ凶器ヲ提ケ県官ノ邸宅ニ乱入スルモノアリ是レ禍源既ニ発シ変兆既ニ露ルト云フ蓋亦不誣ナリ」云々の形勢である，②本県は広島鎮台や姫路営所からも遠隔地にあるので「一旦事変ニ際シ飛便報急以テ兵備ヲ要スルモ往復許多ノ時日ヲ費シ県官既ニ鋒刃ノ下ニ斃レ良民既ニ兵燹ノ灰ニ罹リ鮮血塗地到処荒涼ノ後ニ非レハ固ヨリ台兵ノ来援ヲ期スヘカラス」であり，③同県下300人の巡査では五国（出雲，石見，隠岐，因幡，伯耆）の百万人の護衛は容易でないことは明確であるとして，松江・鳥取の両所に「軍鎮分営」の

設置（当面は鳥取の1箇所に設置）を上申していた（〈陸軍省大日記〉中『明治十年一月　大日記　使府県来書』）。これについて，陸軍省は1月15日に姫路営所内からの分遣隊を鳥取に至急配置することにした（『太政類典』自1871年8月至1877年12月，外編，兵制，第31，32件）。しかるに，西南戦争の勃発結果，第一に，佐藤島根県令は3月3日に行在所宛に鳥取地方士族の景況を報告した（『太政類典』雑部，鹿児島征討始末13，第57件）。同報告によれば，西南戦争勃発に際して鳥取地方士族の間に「万一雷同動揺モ難計」として，諸般の取締りのために県官の星野輝賢一等属を鳥取支庁に臨時出張させた。第七大区長等は星野に対して，因幡地方の前鳥取県権令河田景興（「河田党」と称される）と今井鉄太郎（征韓派士族指導者で「共立党」と称した）の両グループは2月27日に所論が一致し，「賊兵」が下関・岡山・神戸に襲来するに至れば，「有志ノ士」は「王室ヲ可奉保護ノ時機到来」として至急県庁に出頭し従軍を願い，そのために定期的に集会して非常時の打ち合わせをするという定約を合議した，と伝えた。星野によれば，現在は両グループが以上のように合議したとしても「賊焔蔓延ノ秋ニ至リテハ今日ノ所論果シテ一変スルヤ否今ヨリ保証難相成見込ニ有之」とうけとめ，相当に警戒しなければならないという認識に立っていた。これに対して，佐藤島根県令は3月3日に今井鉄太郎と「河田党」の代表者に対して「沈重ヲ主トシ毫モ軽易ノ挙措無之様互ニ示合」とした上で，従軍願いは「賢以殊勝ノ事」としてただちに行在所に上申すると指令したとされる。第二に，河田景興自身は4月5日に京都府宛に「同志一同ノ者共戦地相当ノ御用被仰付候ハハ感泣ニ堪エス」云々と述べて従軍を願い出た。なお，河田の願い出に関しては，旧鳥取藩知事池田慶徳は宮内省宛に是非許可してほしいと願い出た。さらに，島根県も4月14日と同17日に河田グループの従軍願いへの指令がほしいと行在所に伺い出たが，行在所は4月24日に河田の従軍願いの趣旨は「神妙ノ至」であるが，既に壮兵新規募集の指令もあるので，指令には及びがたいことを京都府と宮内省に通知することにした。また，同24日に河田の従軍願いは「御採用無之」と島根県宛に通知することにした。第三に，因幡地方の旧藩士族の従軍願いが許可されない中で，佐藤島根県令は4月24日に行在所宛に同県下の現職巡査の従軍願いが出たとして（現職中なので許可されない旨を指令しておいたが），「奇特ノ儀」として届け出た。ただし，島根県下の現職巡査の従軍願いに先立ち，鳥取因幡地方の士族に関しては，政府内に「因州人出兵」の情報が流れ，木戸孝允は4月4日付で大久保利通・伊藤博文宛に「因州人巡査論」を述べ，因幡地方士族の巡査への採用と戦地出張を唱えた（たとえば，河田景興を警視局御用掛に採用）。しかし，大久保は仮に河田景興を警視局御用掛にして戦地に出張させた場合には，同地方士族も巡査を志願し採用されることになり，全国的にみて不採用の他地方士族に対して「一層之不平」を生じさせてしまうと危惧していた(『伊藤博文関係文書』第3巻，266-267頁，同4巻，306-307頁)。第四に，総じて，鳥取因幡地方に対しては，大久保内務卿は「因州人巡査論」と同様に慎重に対応し，西郷従道をして今井鉄太郎と面談・内諭させて意思疎通を図らしめつつ，6月13日に島根県及び岡山県に対してその旨(時宜により壮兵募集がある)を内達した(『大久保利通文書　八』257-267頁，〈陸軍省大日記〉中『明治十年　大日記　壮兵之部』)。大久保の両県宛の内達は，壮兵新規募集のための協議集会開催もあるので予め心得ること，編成着手時には改めて文書で指令するとしたが，士族等の従軍形態の兵力編成に対する重要な政策認識を示した。この結果，因幡地方の河田・今井の壮兵新規募集とりまとめに対して，島根県も募集体制構築支援に着手した。すなわち，鳥取因幡地方士族2,529人(河田景興とりまとめ分1,282人，今井鉄太郎とりまとめ分1,247人)が確実に組織され，名簿も作成された。河田景興とりまとめ分は応募者を三等に区分し，「強壮ニシテ年齢至当ナル者」を第一にした(上記1,282人)。その他を第二・第三に区分して後備用の現地緩急に対応させた(計407人)。また，今井鉄太郎とりまとめ分の1,247人の補欠用として75人が応募していた。河田・今井のとりまとめ分合計3,011人は，いずれにせ，「奮発従軍」の志(こころざし)においてはすべて同然とされた(〈陸軍省大日記〉中『明治十一年十一月　大日記　諸省来書』月769号，『公文録』1878年5月内務省4，第84件，『公文録』1878年7月内務省1，第7件)。

[**補注2**]阿波地方の士族の動きは二つある。第一は，西郷従道陸軍卿代理は6月下旬に高知県権令小池国武に壮兵新規募集を内達し，渡辺央陸軍中佐に同地方士族蜂須賀隆芳や池田静心斉などと連絡させて同募集をとりまとめたものである。阿波地方では，蜂須賀隆芳と池田静心斉は当初，「国内警備ノ実」や「自衛ノ実」を述べて「益国家ニ尽スノ精神ヲ攪起」するとか，「流賊暴徒ノ闖入」も測りがたいので「国内保安ノ為メ予防ノ一団ヲ結ヒ官命ヲ奉シ緩急事ニ応セン」という趣旨で，いわば「郷土保安団」(千数百名)を結成しようとして，同地方出張中の渡辺中佐に届け出たが，渡辺中佐は壮兵新規募集応募の手続きをふむ必要があると指示した(『公文録』1878年5月陸軍省2，第24件所収の蜂須賀隆芳と池田静心斉の7月3日付渡辺陸軍中佐宛の「連名簿添書」等)。この結果，阿波地方では，改めて986名(他に喇叭手9名)と他504名の「阿波国　壮兵連名簿」を作成し，渡辺中佐に送付した。第二は，開拓士族稲田邦植(旧徳島藩の老臣で，淡路の洲本を根拠にした旧稲田家3万石の当主)等をトップとする「護郷隊」の編成がある。稲田等は黒田清隆参議宛に徳島士族中の旧稲田家臣を団結して壮兵を編成し，征討軍加入を懇願していた。稲田等の懇願は黒田から西郷従道に伝えられ，かつ，岩倉具視からの伝言もあり，西郷は6月22日に元老院議官伊集院兼寛と稲田邦植他2名と面会し情実を了承した

(〈陸軍省大日記〉中『明治十年 密事日記 陸軍省西南戦役陸軍事務所』6月22日，第84号)。その上で，西郷は同日に渡辺央陸軍中佐宛に，上記4名に対して，徳島出張中の渡辺中佐に壮兵編成を委任しているので，時宜によりいつでも集合不都合がないように編成を整備し「決シテ方向ヲ誤リ候義無之」ように着手し，詳細は渡辺中佐と示談すべきことを述べた，と通知した。ただし，西郷は旧稲田家臣と徳島士族との間の従来の「互ニ不相協哉」も聞いているので，よろしくとりはかることを加えた。旧稲田家臣と徳島士族との不和とは，たとえば，1870年5月の徳島藩兵による洲本への襲撃・焚掠等である。西郷の渡辺中佐宛通知により，また，渡辺中佐の了解を経て旧稲田家臣が編成した護郷隊は土佐国と阿波国との国境近傍に屯集し，非常の変と戦地への出兵に備えることになったとみてよい。護郷隊の編成人員は1,700余名に達した。なお，稲田邦植は護郷隊の編成に尽力したとされ，西南戦争後に50円の賞与が下付された(『太政類典』雑部，鹿児島征討始末23，第25件)。

25)　西南戦争の陸軍機関として鳥尾小弥太中将が任命された行在所陸軍事務取扱の他に，2月24日に大阪に陸軍参謀部が置かれた。陸軍参謀部は征討軍事百般の事務と行在所陸軍事務を担当し，5月1日に陸軍事務所と改称され，さらに7月26日に征討陸軍事務所と改称された。行在所は，「西京　御駐輦ニ付テハ征討ニ関スル事務ハ総テ行在所ヨリ被　仰出候条」(2月19日行在所達第1号)とされ，征討令以降は供奉文官・武官混成のいわばゆるやかな戦時大本営的な征討事務最高統轄機関になり，トップは太政大臣であった。『明治天皇紀 第四』(80頁)は，行在所設置により「尋常の政務と非常の政務とを別たせらる」云々と記述したが，東京所在の太政官と諸省が尋常政務を管轄し，京都所在の行在所は非常政務を管轄した。参議・卿は両政務機関のメンバーであった。なお，鳥尾中将は同4日に太政大臣宛に，壮兵新規募集の応募者は「自産之関係」により応募できないことがありうるので，手当金30円の給与予定を通知しておいたと上申し，同7日に許可された(〈陸軍省大日記〉中『明治十年自二月至八月 行在所 太政官布達并指令 大阪征討陸軍事務所』)。鳥尾中将の太政大臣宛上申は，鳥尾の行在所陸軍事務取扱の資格において，いわば戦時大本営的機関の陸軍側トップの立場において行われた。

［**補注**］松下芳男は西南戦争の壮兵新規募集に対しては，徴兵制度の「破壊」「蹂躙」「否定」等の視点から言及した上で，新撰旅団の編成(6月6日新撰旅団編入約法の規定)に言及し，山口県の旧近衛兵召集は「壮兵募集」の「ただ一つの例外」として行われたと紹介し，同召集に関与したとされる伊藤博文を「越権的行為」と記述した(松下芳男『徴兵令制定史 増補版』447頁，1981年，五月書房，原著は1942年，松下芳男『明治軍制史論』上巻，481-489頁)。しかし，壮兵新規募集は山口県のみでなく和歌山県も指定した。また，松下著指摘の伊藤の旧近衛兵召集への関与

等は参議職として，戦時大本営的な征討事務最高統轄機関としての行在所のメンバーの立場にもとづいていた。さらに，伊藤博文は工部卿の電信管理の立場から，2月27日に京都以西の各電信分局宛に「陸海軍ノ電信ハ軍機ニ関シ最モ神速ナルヲ要ス他ノ官報輻輳スル共其順序ニ係ラス早信スベシ」と指令し，戦時の陸海軍電信優先措置をとり，かつ，同措置を山県有朋・川村純義両参軍に通知した（〈陸軍省大日記〉中『[明治] 十年二月二十一日　来翰録　征討総督本営』第180号）。工部卿は戦時・非常時に重要な電報送受信体制の統轄者であり，戦時大本営的な行在所の重要メンバーであった。西南戦争は維新後最大の内乱・内戦であり，当時は究極の国内戦場化を招来させたが，政府側は文官武官混成のゆるやかな戦時大本営的機関のもとでの戦時対応体制をとった。

26）『行在所公文録』本局之部1，第46件。鳥尾小弥太陸軍中将は4月5日に西郷従道陸軍中将宛に壮兵新規募集は「タイテイ当地ニテ相募候積リ」と通知したように，当初から基本的には大阪周辺で採用する構えであった（〈単行書〉中『電報録　其四』4月2日以降）。なお，行在所達第9号の文中の但し書き部分は『法令全書』には記載されていない。

27）『行在所公文録』本局之部1，第47件。

28）29）30）〈陸軍省大日記〉中『明治十年　鹿児島事件五　徴募編制　壮兵士民乞従軍巡査』壮兵第15，16，17号。本書第1部第1章の注31）参照。和歌山藩は維新後の藩制改革・兵制改革のもとに四民対象の兵員採用を進めた（平井駒次郎編『岡本柳之助述　風雲回顧録』206-234頁，大空社復刻，1988年，伝記叢書39，原本は1912年）。和歌山藩の兵制改革期に鳥尾小弥太は兵部省出仕（1870年12月）前までに同藩の戍兵副都督次席に就任していた。同藩兵制の職制のトップは戍兵都督（大参事兼），戍兵副都督（権大参事兼）とされ，監軍（定員2，正七位）は都督附属の位置にあった。その中で，鳥尾は同藩兵幹部の長屋喜弥太（歩兵連隊長，砲兵総括兵器司巧所取締，監軍等の経歴をもち，1871年8月に兵部省七等出仕，1874年2月に陸軍少佐に任じられる）などとの人脈関係を強めたことはいうまでもない。廃藩置県後の和歌山県兵は四鎮台配置のもとで四番大隊，十番大隊にあてられ，和歌山県砲兵は同年12月に東京に召集され三番砲隊と称された。ところで，長屋喜弥太は廃藩置県前の同藩兵制の職制上では監軍であったが，監軍はいわば軍司令部附の参謀格という武官職制であり，同藩の連隊長（従七位）よりも武官位階は高かった（和歌山県編纂『和歌山県誌』上巻，636-641頁，1924年）。長屋は1874年2月に大阪鎮台に出張して佐賀事件対応の和歌山県内の壮兵募集に従事した。この時に編成された和歌山壮兵1個大隊は3月30日に歩兵第22大隊と称された。また，台湾出兵対応のために4月に奈良県・和歌山県出張を命じられ，壮兵募集に従事した。そして，同年10

月には依願により陸軍少佐を免じられた。西南戦争時に壮兵募集が政府内で議論されるに至り，鳥尾は3月21日付で和歌山県令宛に長屋喜弥太（当時は和歌山県勧業授産御用係）の至急大阪への出張を依頼し，同県は同23日付で長屋宛に在阪中の鳥尾のもとに至急赴かせる指令を発した（〈陸軍省大日記〉中『発翰日記 完 大阪三橋楼一 陸軍参謀部』第2号，〈叙位裁可書〉中『明治三十年 叙位 巻七』第15件所収の長屋喜弥太の「履歴書」）。長屋の大阪出張は鳥尾と旧和歌山藩との人脈関係をふまえた和歌山県の壮兵新規募集の実務的見通し等の打ち合わせを意味し，長屋は翌4月（日付欠）に陸軍省から「和歌山県壮兵召募申付候」と指令された。他方，和歌山藩の藩制改革・兵制改革には陸奥宗光らが果たした役割は大きいとみられていたが，西南戦争勃発時には陸奥（当時は元老院幹事）はいち早く征討論を主張し「紀州募兵」を期した。そして，陸奥に連なる北畠道龍（旧和歌山藩士，監軍・連隊長）と島寛（旧和歌山藩士，元老院御用掛）は1877年4月7日付で陸奥と津田出（元老院議官）宛に紀州士族による壮兵募集を懇願した。しかし，既に政府と鳥尾中将は4月4日に壮兵新規募集を決定した。その時，鳥尾は「陸奥は一世に傑出する手腕を有する人物なり。若し彼をして紀州の兵力を擁して起たしめば，是れ所謂虎に翼を附けたるが如きもの，恐くは他日廟堂臍を噬むの悔あらん。若し政府より兵を募らんと欲せば，余敢て其任に当るを辞せざるべし」と語ったとされ，陸奥の反対派とみなされていた旧和歌山藩士三浦安と謀り旧和歌山藩主徳川茂承を説き，壮兵新規募集の和歌山県指定に踏み切った（『西南紀伝 下-1』358-359頁）。その際，大久保・伊藤両参議は4月11日に三条実美太政大臣宛に電報を発し，陸奥が和歌山県に入って壮兵新規募集に「関係シテハ頗ル不都合ナリ」として，陸奥本人を京都に呼び出し「募兵関係ヲヤメサセ度存ス」と述べ，壮兵新規募集へのかかわりを断念させる方針を立てた。三条もただちに同11日夕刻に大久保・伊藤両参議宛に返信し了承した（〈単行書〉中『行在所太政官電報訳文二』，同『［鹿児島事件］電報録四 自四月一日至同十九日午後』）。そして，陸奥に面会した伊藤参議は，陸軍と和歌山県は既に壮兵新規募集に着手したことを伝え，陸奥らの和歌山県募兵画策は阻止された形になり完全に挫折した。政府の主導的管轄を薄くしようとする陸奥らの壮兵募兵画策は特定政治勢力下の私兵・軍閥的軍隊編成に近いものがあるとみられて警戒された。他方，三浦安は6月3日に壮兵新規募集用として差し向き4千円の借用を行在所に願い出た。三浦の願い出は同日に認められた（『太政類典』雑部，鹿児島征討始末3，第33件）。なお，陸奥らの和歌山県募兵画策は和歌山県警察史編さん委員会編『和歌山県警察史』第1巻，1983年，萩原延壽『萩原延壽集第3巻 陸奥宗光』下巻，2008年，朝日新聞社，参照。

［**補注1**］4月4日の壮兵新規募集の各府県への通知は，実際には募集方針等は愛

知県以西の府県を対象に発された。これは募集実務の地理的便宜性の理由もさることながら，士族等に対する政治的かつ個人的な人脈関係等を考慮・重視し，あるいは西郷軍への呼応想定士族に対する警戒を含めて壮兵新規募集の対象府県を選定するという，士族武装化警戒対策を背景にしていた。すなわち，鳥尾中将は4月5日に，岐阜，愛知，石川，兵庫，堺，三重，滋賀，愛媛，岡山，島根，広島，高知，大分，長崎，福岡の15県と京都・大阪の2府に対しては，山口県と和歌山県宛の通知文から「但募集ニ付而者手当金トシテ金三拾円宛下賜候事」の但し書きを省いて通知した（〈陸軍省大日記〉中『明治十年 大日記 壮兵之部』）。これらの府県からは壮兵新規募集の応募者が出ても採用には至らなかった。他方，千葉県は，行在所達第9号を受けて壮兵新規募集に着手するので，担当県官を出張させて募集手続きの規則等詳細を承知したいと陸軍省宛に上申した。しかし，同省は4月11日に同県宛に同規則等は確定されていないために回答しがたいと回答し，やんわりと断った（〈陸軍省大日記〉中『明治十年 鹿児島事件五 徴募編制 壮兵士民乞従軍巡査』壮兵第11号）。また，兵庫県は4月18日に陸軍参謀部宛に壮兵新規募集通知による募集手続きを進めたいと照会したが，陸軍参謀部は4月20日に，壮兵志願者の履歴書が到達してもただちに採用手続きに入るのではなく，かつ，他府県からの寄留者の志願者は履歴書の他に身元引受人と寄留地区戸長の保証書添付が必要であると回答し，採用許可のハードルが高いことを伝えた（〈陸軍省大日記〉中『明治十年 大日記 壮兵之部』）。その後，和歌山県の遊撃歩兵第5大隊の2個中隊の編成と入営（5月21日に着阪，天満堀川の旧備前陣屋に入営）が『大阪日報』（第373号，第375号，1877年5月20日，5月23日）の新聞紙に報道されるに至り，兵庫県権令森岡昌純は5月27日付で陸軍事務所宛に「該県士族ノミ特ニ募ラルルハ奈何ノ御趣意ヲ以テ然ルヤ彼我其志ノ異ナルニ非ス」云々と不満を述べ，和歌山県士族の編成・入営の報道が真実ならば兵庫県士族の壮兵志願者も至急採用してほしいと要請したが許可されなかった（〈陸軍省大日記〉中『[明治] 十年五月分 大日記 受領之部 大阪征討陸軍事務所』第864号）。なお，陸軍参謀部・陸軍事務所の所在地の大阪府下では，同府貫属士族や寄留者で撃剣を営む者が従軍を志願し，4月上旬に同府知事渡辺昇が鳥尾中将に願い出て壮兵新規募集に準じて戦地に出張させることになった（186名）。同従軍者は「遊撃別手組」と命じられた。その際，「宝剣各一刀」を帯びたいと願い出たが，許可されず，戦地到着までは全員の刀剣をひとまとめにして搬送した（〈陸軍省大日記〉中『明治十年 大日記 壮兵之部』）。前年の廃刀令により帯刀は警戒された。その後，大阪府は従軍志願者の採用は特例であり簡単に許可されないとして，5月2日に府内の市郡区戸長宛に「[前略] 府下ヨリ二百名従軍ノ願出候ニ付参謀部打合聞届相成候処右ハ特別詮議ノ次第ニテ爾後猥リニ許可相成ヘキ筋ニ無之処同様ノ儀相企猶壮年ノ族ヲ鼓動致シ候者有之趣相聞候得共右ハ既ニ壮兵募集之方法相立候上ハ決テ許可可相成儀ニ無之候条猥リニ其勧誘ニ乗シ無用之時日ヲ費シ職業ヲ怠リ候様ノ儀無之厚ク相弁可申此旨各区内へ無洩懇諭可致候事」と布達し（大阪府地第64号，楢崎隆存編輯『明治十年 鎮西征討記』巻7，2丁，1877年11月），壮兵志願と壮兵志願者勧誘を抑制した。

［**補注2**］壮兵新規募集に関しては，岩倉具視の「覚書」（1877年4月8日）は「招募ノ命ニ従ヒ表裏之情態深可注意事」（『大久保利通文書 八』103頁）と記述し，4月10日付の岩倉発三条実美・木戸孝允宛の書簡は「壮兵召募之一令ニテモ已ニ人心動揺種々疑惑ヲ生シ」（『岩倉公実記』下巻，436頁）の記述のように，応募者や旧藩・士族の動静等を考慮して，慎重かつ内密に着手したことは明確であった。岩倉は5月31日に旧弘前藩主津軽承昭らを自宅に招き「予備兵募集」（新撰旅団編成の巡査募集）を内示し，その理由として「其募集ノ事タル，元ヨリ地方官ノ任務ナリト雖モ，表面ノ処置ノミニテハ行届カザル所アルヲ以テ，裏面ヨリ旧領人士へ応募ノ奨励アランコトヲ希望ス」と依頼したとされる（津軽承昭伝刊行会編集・発行『津軽承昭伝』373-378頁，1917年）。これをうけた津軽承昭は旧家臣宛に応募奨励の諭告書を発し，7月10日現在で応募・出京者は約1,300名に至った。他方，政府から最も警戒されたのは高知県であった。第一に，高知県下の旧近衛兵召募の決着問題がある。同県下の立志社はその内部に同年2月上旬から銃器購入を計画していた林有造らの挙兵論者（大阪鎮台襲撃等の目的）を抱えていた。かつ，四国・高知は九州戦場の「飛び火」が想定されうる地域であった。当時，熊本鎮台司令長官の谷干城陸軍少将は旧高知藩陸軍職の片岡健吉などに対して「此際高知ニ於テ義兵ヲ募リ以テ朝廷ニ献セシメンコトヲ照会セリ」と要請していたとされる（〈単行書〉中『鹿児島征討始末 別録一』所収の愛媛県警部力石八千綱の1877年6月1日付報告書）。4月当初の政府と大阪所在の陸軍参謀部は兵力不足対応のために同県旧近衛兵召集の可能性を検討した。すなわち，滋野清彦陸軍中佐は4月9日付で九州出張中の鳥尾陸軍中将宛に，北村頼重陸軍中佐による高知県下旧近衛兵召集の見解を報告し，鳥尾の指揮を待った。北村陸軍中佐の見解は，①同県下の旧近衛兵召集を希望するが，谷重喜らの従前の陸軍士官を復職させて同旧近衛兵による軍隊編成の士官にする，②旧近衛兵のみの召集には相当数が集まるが，多少の物議が出てくることもあるので，上記の士官以下を付けて取締らせ，「畢竟高知藩兵ト云フ姿ニ為シ度キカ如シ」であるが，これらは「甚タ難事」であると述べたとされる（〈陸軍省大日記〉中『明治十年 密事日記 征討陸軍事務所』送達之部4月9日第3号）。滋野は同見解を伊藤博文参議に具陳したが，伊藤は一応鳥尾にも伺い出ることを指図した。滋野伺いに対して，鳥尾（高瀬所在）は北村陸軍中佐見解をほぼ了解し，同10日に自分の帰阪

まで対策を待つべきことを指令した（〈陸軍省大日記〉中『来翰日記 完 明治十年大阪三橋楼一』4月10日第8号）。しかし，4月15日に薩摩軍の熊本城攻囲が解かれ，高知県下の旧近衛兵召集は見送られた。なお，中島信行（元老院議官）による同県下の壮兵募集の企ては木戸孝允らの賛意を得たが，熊本城攻囲が解かれたことによって不要になり，立ち消えた（東京大学史料編纂所著『保古飛呂比 佐々木高行日記 七』361-363頁，1975年，東京大学出版会，川田瑞穂『片岡健吉先生伝』354-355頁，1940年，宇田友猪著・公文豪校訂『板垣退助伝』第2巻，630-632頁，2009年，原書房）。そもそも，高知県下では政府による壮兵の立ち上げ自体の受け入れは難題視されていた。林有造は4月3日に，鹿児島県令の実兄岩村通俊との対談で，岩村の「土佐は果たして壮兵を募集し得べきや如何」の問いに対して，「土佐は彼の民選議院の建白以来立志社員頻りに民権を唱へ，人民をして頗る自尊自重の精神を興起せしめたり，抑々今日政府募兵の挙あるも戦地に出張するは畢竟政府の為に斃るるのみ，故に之を土佐人に勧誘するは難題なり，且つ壮兵は諸国の士族を混同し士官必ずしも同国の人物ならず，此の如き組立にては募兵の議も先づ土佐に行はるる見込なし，其箇条は土佐には現に先年近衛隊より退職の士官兵卒多人数あり，此の士官を兵卒とし他国人を士官とするが如き是れ行はれざる筈の箇条なり，若し愚弟の腹案を吐露すれば，則ち土佐より募集せし壮兵は別に一団となし其士官も亦他国人を用ひず，唯陸軍の指揮を受くることに致し且つ政府より板垣［退助］氏に向ひて西郷平定の上は必ず民選議院を興すとか，或は幾分かの自由権利を新に国民に付与すべしとか予約せば，土佐は板垣氏を始め必ず政府の為めに必死の尽力を為さしむるを得べきなりと。」と答えたとされている（『明治文化全集』第22巻所収の坂崎斌編『林有造氏旧夢談』67-68頁，下線は遠藤）。林の特に下線部の言及は壮兵編成における士卒間の指揮・統制関係のうけとめかたを表していた。壮兵編成に限れば，和歌山県下の壮兵編成は林の言及に相当し，旧藩基盤により士卒間の指揮・統制関係を維持するものであった。第二に，立志社中の挙兵論者作成・提出の護郷兵設置問題がある。当時，立志社は片岡健吉を総代とする国会開設の「建白書」の起草・提出と頒布に入念にとりかかっていた。片岡健吉は「建白書」を6月9日に行在所に提出したが，立志社の動静は陸軍上層部からも非常に警戒された。大阪在の陸軍卿代理西郷従道中将は片岡健吉らの行動・雰囲気を警戒し，6月13日付で山県有朋と川村純義の両征討参軍宛に「建白ノ旨趣ハ喋ニ既往之事ヲ論シ不条理ノ廉不少シテ結局民撰議院創立ノ一点ヲ論スルノミ」云々と自己の無視的態度を伝えていた（〈陸軍省大日記〉中『密事送達日記 明治十年五月』第71号）。他方，立社社の挙兵論者の一部が作成した「護郷兵設置之趣意」が4月26日に高知県庁に届けられた（〈陸軍省大日記〉中『明治十年五月中 雑書 第二旅団』）。同趣意書の届け出に対して，高知県権令小池国武はただちに拒否指令を発し，同経緯を28日付で大久保利通内務卿宛に報告し，対策を上申した（以下，〈陸軍省大日記〉中『明治十年五月中　雑書　第二旅団』）。まず，同趣意書は，「［上略］国ノ将ニ兵難アラントス我郷土ヲ護リ我カ安全ヲ謀レハ則人民タルモノノ己レノ権利ヲ保捗シ以テ国ニ報スルハ当然ノ努ニシテ復多言ヲ要セサル也西陲乱アリ肥後地方ノ如キハ人民山野ニ彷徨シ其愁状実ニ忍ヒサル者アラン偶官ノ保護ニヨリ目下ノ飢餓ヲ免ルヘシト雖官ノ之ヲ救護スルハ則正税ノ若干ヲ消費スルモノナレハ人民ノ其官ノ救護ヲ享ルモ誠ニ中心ニ屑トセサルモノアルヘシ若シ夫其救護ヲ受ケ中心ニ満足スル者アラハ之ヲ卑屈無気ト称スルモ亦誣ヒサルヘキ也吾輩焉ソ此轍ヲ踏ムモノアランヤ故ニ爰ニ我郷土ノ人民ト相謀リ護郷ノ兵ヲ団結シ以テ九州擾乱ノ勢方サニ此ニ波及スル者アラハ協心合力以テ此郷土ヲ守リ我安全ヲ計ラント欲ス亦不得止ニ出ルモノ也［下略］」と述べ，国内戦場化の究極的事態における郷土自衛軍構想を謳った。「護郷兵設置之趣意」を届け出たのは元陸軍少佐の池田応助・岩崎長明と山田平左衛門・島地正存の4名であった。池田らは小池同県権令宛に「護郷兵団結ノ出願致度候得共郷土一団之人民公議ノ上ナラデハ順序等モ難相立ニ付協議致度候得共当時流言等モ多キ折柄」なので「愛国ノ至情」を洞察されて許可してほしいと届け出たのである。これについて，小池同県権令は27日に「難聞届候事」と指令を発したが，翌28日に池田ら4人は小池に面会して同指令の不承服を申立てた。しかし，小池は「陸軍卿之外民間及ヒ其他ニ於テ兵隊ヲ団結シ及ヒ団結セシトスルハ方今日本国法之許サザル所ニシテ国武権令ノ職ニ在リト云トモ其権無之ニ付主務省ノ許可無之内ハ断然難聞届致再三申開候」と拒否した。ここで，もともと，池田らの県庁への届け出は，板垣退助が同年5月26日に愛媛県庁の警部力石八千綱（高知市中の板垣宅にて面会）に「暴徒ノ襲来スルトキ己レヲ守ルノ談ヲ成サントス然レトモ目今内乱ノ際ナレハ四五ノ人分合シ其事ヲ談スル或ハ嫌疑ヲ蒙ランコトヲ思ヒ念ノタメニ県庁ヘ護郷兵団結云々ノ届ヲナセリ」と語ったように，熊本県下の一般民衆の戦場化生活を教訓化し，高知県下が戦場化した場合の住民自己防衛対策に関する公開的な討論・協議の開催を届け出たのである（〈単行書〉中『鹿児島征討始末　別録一』収録の愛媛県警部力石八千綱の1887年6月1日付報告書）。熊本県下の戦場化は他県にも波及し，愛媛県は6月6日付で内務省宛に「大分県下豊後国各地方ヘ賊乱入到ル処豪戸ヲ剝キ区戸長士族ヲ殺害スル尤モ惨酷ヲ極ム依テ同国佐伯臼杵ノ士民陸続当管内ニ落来固ヨリ乱ヲ避クルノ流氓ニシテ目下ノ糊口ニ困却スル者モ有之」云々と述べ，避難民救助のとりはからいをしているが，同地景況を視察して徐々に帰県させることを上申していた（『太政類典』雑部，鹿児島征討始末1，第29件，大分県内の戦場化は［補注3］参照）。すなわち，植木枝盛著『立志社始末記要』（史学会編『史学雑誌』第65編第3号，69頁，1956年

3月，所収）も記述するように，護郷兵の団結自体の届け出ではなく，護郷兵の設置構想に対する協議集会開催（「団結スル事ヲ協議センカ為メニ届ケ置ク者ニ過キサル耳」）を意図した。つまり，有事・戦時における郷土自衛軍の構想や立ち上げ等に関する公開的議論を浮上させようとした。しかるに，小池は協議集会開催の届け出を頑なに拒否し，上記の28日付の大久保利通内務卿宛の報告・上申書において，池田らが権令指令によらずして護郷兵団結着手に至る場合は，機先して首唱者を捕縛鎮圧しなければ「終ニ六師ヲ労シ管下百万人民之困厄ハ勿論或ハ他県ノ人心ニ迄差響キ候」ことになるとして，同対策を上申した。同対策の基本としては，高知県の警部は前権令が同県士族中より採用した者であり，護郷兵団結着手の際には「軽信使用致シ兼候懸念モ有之」として，また，各地での「護国」の名による兵の募集には何らかの変動もありえるので，「九州残賊追捕ノ警備トシテ此節若干ノ鎮台兵及ヒ警視庁ノ巡査御差向被下度」と述べた。すなわち，これらの兵力と警察力によって，非常時の警備を強化して「事ヲ萌芽ニ防キ」，「護郷兵等ノ口実ヲ絶チ」，「陸軍充足ノ強ヲ示シ」とした。その後，池田らは5月7日付で小池権令宛に「護郷兵出額［ママ］協議ノ儀ニ付御届ノ事」を再度届け出た。池田らは，同届け出の趣旨は「右願出ノ可否ヲ同郷ノ公議ニ諮リ度儀ニ有之」だけであって，本来は県庁に届け出るべきものでもないが，「当時態旁浮説モ難測」ので配慮してほしいと強調した（植木枝盛著『立志社始末記要』）。つまり，護郷兵団結に関する公開的協議集会への県庁側の「認知」「公認」を要請したことになる。しかし，池田らの再度の要請は拒否され，その後，7月初旬に高知市中や須崎において護郷兵を議論する者もいたが，8月に池田らが捕縛され，護郷兵団結の公開的議論等の機会設定は浮上しなかった。当時，ジャーナリズムでは，『大阪日報』が立志社の護郷兵団結趣旨に賛意を示し，「板垣［退助］氏ハ民撰議院サヘ出来レバ決シテ世政ニ不平ヲ抱クコトナキヲ知ル故ニ高知ノ護郷兵ハ決シテ叛逆アルニアラズ是レ所謂板垣氏ノ持論タル民権ヲ振張スルヲ主トスルヲ以テ地方分権ノ主旨ニ基キ民人ノ権此ノ如クナラザルベカラザル所以ヲ天下ニ先覚セシメシモノナラン」と述べ，「西郷隆盛桐野利秋篠原国幹ガ尋問ヲ名トシ兵ヲ携ヘテ肥後ニ出ヅルト其趣キヲ同フスルアランヤ」と指摘し，「護郷兵団結ハ人民ノ権ヲ重ンズル点ヨリ見ルモ政府ノ煩ヲ助クル点ヨリ見ルモ決シテ妨ゲナキトコロ」であると強調した（『大阪日報』第373号，第374号，1877年5月20日，5月21日）。立志社の一部の挙兵論者の「護郷兵設置之趣意」による一種の郷土自衛軍の設置構想と高知県庁側の拒否の経緯は注47）の「頗ル困難多々苦情不少不都合モ有之候」とされた和歌山県下の壮兵の編成経緯を含めて），国内戦場化のもとで兵力不足対応としての壮兵の募集・編成に対する政治的統制（兵力使用に関する政治的目標の合意・承認・貫徹）の危うさと軍事的統制（軍内部の教育と規律・

秩序の維持・強化）の困難を抱えていた。しかるに，その後，主に壮兵の政治的統制の側面から鳥取因幡地方等の壮兵募集に着手したのが大久保利通等であり，山県有朋は政治的統制・軍事的統制の両面から「天下不平ノ徒」になりかねない士族を巡査として採用した上での軍隊編入構想（新撰旅団の編成化）を提出したとみてよい（『征西戦記稿』第31，8-9頁）。なお，松下芳男は，立志社の一部の挙兵論者の「護郷兵設置之趣意」による護郷兵団は「一種の私兵であって，国家として許し得べきものではないので，県庁はこの願を却下して，事はそのままで終わったのは当然である」と記述した（松下芳男『明治軍制史論』上巻，490頁）。ここで，「一種の私兵」であることは仮に当然としても，立志社の一部のみならず，当時の（その後も）人民・民間から「一種の私兵」又は壮兵志願の願いが絶えず出てくる理由・背景を究明しなければならない。その理由・背景は，陸軍省レベルでの「一種の私兵」の否定化が必ずしも太政官レベルでの完全な否定化に至っておらず，国内戦場化の究極的事態における有志者の壮兵志願や軍事奨励等に対する政府としての政策化断念や判断停止にあったとみてよい。

［**補注3**］西南戦争で県民保護の警備不十分のために苦難・苦境を極めたのは大分県であった。薩摩軍1,800名余が5月13日以降に竹田町を占領・拠点にして周囲地域での激しい戦闘を展開したが（約1,500戸焼失），香川真一大分県権令は5月29日付で行在所宛に「今日多難ノ時ニ当リ更ニ寸兵ナク以テ斯［県］庁ヲ守リ斯［県］民ヲ保護セント欲ス小官無以之ヲ能スルヲ得ス而シテ管民頻ニ小官ニ迫ルニ保護周カラサルヲ以テ怨言百出小官ノ愚之ニ答ルノ辞ナシ小官素ヨリ保護ノ為ニ注意セサルニ非サルモ廟議ノ終ニ戸爰ニ及ハサルヲ如何セン然リト雖トモ空シク暴賊ヲシテ横行セシメ看ス々々庶民ヲシテ無量ノ患害ヲ被ラシムルヲ致スモ畢竟小官処置ノ宜ヲ得サルカ故ナレハ復タ誰ヲカ憾ミ誰ヲカ咎メン唯自ラ反省己ヲ責ムルアルノミ」云々と述べ，鎮台兵等派遣による兵備・警備を懇願した（『太政類典』雑部，鹿児島征討始末10，第8件）。

31）〈陸軍省大日記〉中『明治十年　大日記　壮兵之部』。斉藤正言陸軍少佐（広島県派出）発渡辺央陸軍中佐・滋野清彦陸軍中佐宛（6月15日着）の電報によれば，斉藤正言は同地で壮兵募集担当官持参の「壮兵　歩兵一大隊編成表」を初めて見て，4月7日の決議書と人員等が大いに異なっているので，陸軍事務所に照会した（〈陸軍省大日記〉中『明治十年　大日記　壮兵之部』）。これについて，渡辺・滋野両中佐は6月19日付で斉藤少佐宛に，士官・下士増員の「壮兵　歩兵一大隊編成表」を作成したのは「各地募集之為メ出張之者へ附託シ一大隊ヲ編成スルニ大略準拠トスルニ足ルノミニシテ全ク確定之者ニモ無之」云々と述べ，同編成表中の備考区画等を参考にして時宜に応じた壮兵募集を進めてほしいと回答した（〈陸軍省大日記〉中『明治十年自六月至七月　大日記　送達之部　丁号　大阪征討陸軍事務所』)。「壮兵　歩兵一大隊編成表」は，士官・下士を増員し（約2.5倍），兵卒を160名減らした。「壮兵歩兵一大隊編成表」における1個大隊人員合計751名（大隊長1，士官21，下士83，兵卒640［上等卒36，卒604］，軍吏1，軍医1，職工4）は，1877年1月陸軍省達乙第22号の歩兵一連隊編制表の1個大隊人員合計752名の内訳とほぼ同一であり（下士のみが1名少ない），1個中隊の合計人員184名の内訳もほぼ同一である。さらに，同編成表の備考は，①従前の軍役の士官・下士相当者を「士官心得」又は「下士心得」に命ずる，②大隊長以下の職務はすべて勤務上の名義を用いる（大隊長心得，中隊長心得など），③大隊長の判定により小隊長の職務を命ずる（下士の職務も同様），④時宜により下士の伍長を置かず，すべて上等卒を同職務にあてることがある，⑤同編成表中の諸官は時宜により増減があり，職工を置かないことがある，⑥士官に選ばれた者は軍装料として50円，下士兵卒は手当金として30円を支給する，⑦士官心得以下の日給を支給する（大隊長心得は本官俸給の5分の3，士官相当者は少尉試補の本給，下士心得は本官二等給，上等卒は近衛一等卒の本給，兵卒は鎮台二等卒の本給），⑧出征を命ぜられた時は手当として日給1箇月分を支給する，⑨戦地出張中の士官は増俸として各日給の5分の3を，下士以下は各日給の4分の2を支給する，⑩被服は士官以上は自弁（ただし，洋服とし，色は紺又は黒等の無地品とし，帽子は陸軍成規の略帽にする），下士以下は官給とする，⑪士官心得が欠乏し，やむをえず下士心得が士官心得に命じられた時には被服料として20円を支給する，と規定した。給与・待遇が一般徴兵出身の兵員等に比べて特別に厚く配慮されたことはない。

32)　〈陸軍省大日記〉中『明治十年　大日記　壮兵之部』。4月18日の大阪府及び4月20日の兵庫県の質問に対する陸軍参謀部の回答。

33)　『太政類典』雑部，鹿児島征討始末3，第30件。関口県令が述べた「精選人夫」は，同年5月31日付の内務省少書記官木梨精一郎発大久保利通・伊藤博文宛の書簡記述の「精選軍夫　一，六百人　右戦地ニアリ臨機攻撃ナス」とされ，臨機武力行使も許可された人夫であった（立教大学日本史研究室編『大久保利通関係文書　二』413-414頁，1966年，吉川弘文館）。

34)　〈陸軍省大日記〉中『明治十年　雑書類　参謀部』。山口県は同時に旧近衛兵を召集対象にした「別働遊撃歩兵隊召集手続概略」を規定した。その主な内容は，①人員計算が予定しがたいために，応召者が集合所（下関）への集合しだい，独立の中隊（100～200名）に編成する，②県下一大区毎に県官を派出し，病気の他は免役を許可しないが（病気者は医師の診断書を必要とする），万一，やむをえない事故の場合は時宜により詮議することがある，③軍律で放逐以上と常律で懲役1年以上の刑を受けた者は応召を許可しない，④従前の兵役中の病気により免官・除隊になった者でも今回の兵役に支障ない者は入隊させる，⑤召集者の入隊前のすべての入費は県庁から立替え支給する，等を規定した。

35)　注33) の5月31日付の木梨精一郎発大久保利通・伊藤博文宛の書簡。

36) 37)　〈陸軍省大日記〉中『明治十年　大日記　壮兵之部』。

38) 39) 40)　〈陸軍省大日記〉中『明治十年自四月九日至十年六月四日　往復書翰　第一次壮兵召集　四』，同『明治十年　大日記　庶務之部二　発翰之部』乾第51号。この結果，第一に，兵員の確保・採用に危惧した和歌山県側は4月11日付で山崎・畠山両陸軍大尉宛に，旧藩中の軍隊に服役しなかった者でも志願して採用されれば手当金は支給されるか，上記の志願者で銃砲技術の心得がない者又は心得者でも満41歳以上者等は採用されるか，と照会した。これについて，畠山陸軍大尉は同日付で，旧藩の軍役に服役しなかった者も採用され，かつ手当金も支給される等と回答した。同県側と畠山陸軍大尉の照会・回答は応募者寡少を想定した上でのものであった。しかし，それらは仮に双方の内実的な「相約」であったとしても，「公然」の照会等としてなされたことは不都合とされ，畠山陸軍大尉回答は大阪の陸軍参謀部に回付されて13日に取消された（陸軍参謀部重野清彦陸軍中佐の4月13日付発の同県出張大阪参謀部白江景由陸軍少佐宛回答書）。なお，陸軍参謀部は4月16日付で大阪府宛に旧藩の軍役に服役しなかった者は「此般之壮兵ニ採用不致条」と通知した（〈陸軍省大日記〉中『発翰日記　完　大阪三橋楼陸軍参謀部』）。当時，同県下の旧藩兵は1万有余とみられていたが，その6～7割は農兵とされ，「耕作期節之折柄」をふまえた応募者状況をみた場合，3個大隊編成にとどまると推測されていた。また，白江景由陸軍少佐は応募者寡少の場合も想定し，多数の応募者確保のために，旧和歌山藩兵で三重県管内居住者に対する壮兵新規募集手続きを進め，和歌山県派出の林義篤陸軍中尉を14日から三重県に出張させ，さらに16日に旧士官・士族を一時雇用して両県下に派出して壮兵応募を鼓舞させることにした。ただし，その後，薩摩軍の熊本城攻囲が解かれるに及び，多数の壮兵募集が不要とされ，4月22日には両県下への壮兵応募の鼓舞を見合わせ，彼らを呼び戻した。第二に，和歌山県令は4月9日付で山崎・畠山両陸軍大尉宛に，旧藩兵による壮兵新規募集対象者中には「当県等内外官員及ヒ巡査監獄署守卒且区戸長等」も一斉に含まれるが，彼らの解職は諸般の職務や庁中事務を始めとして「地民ノ保護忽チ一大支梧ヲ生シ官民ノ不便是亦不容易ヲ以テ今般ノ召募免除相成致様御取計有之度候」云々と，同職務代人者選任が整うまでは彼らの応募猶予を了承してほしいと照会した。同県令照会は，応募を義務的なものとした上での県官の猶予要請であった。その後，4月16日付の和歌山県令の諸官員宛の「口達覚」は，4月9日付の山崎・畠山両陸軍大尉宛照会文記述の県官に学区取締や小学教員も加え，「自然当務鞅掌ノ廉ヲ以荏苒緘黙ニ付シ候向等」もありえるが，「即今ノ実況ヲ思察シ其従軍ヲ欲望致候向ハ決シテ無憚申出候様致度候」と呼びかけたように，県官の率先応募が期待されていた。

41)〈陸軍省大日記〉中『明治十年自四月九日至十年六月四日　往復書翰　第一次壮兵召集　四』所収の「壮兵募集ニ付左ノ条ヲ相伺置度事」(和歌山県出張大阪陸軍参謀部による4月16日の長屋喜弥太への指令) 参照。

42) 和歌山県出張大阪参謀部が県下への説諭・鼓舞のために一時雇用した旧士官・士族 (前田時太郎は平民) は長屋喜弥太らの申し出にもとづいているとみてよい。また，長屋らは大隊の幹部構成 (任用候補者) も申し出ていたとみてよい。白江景由陸軍少佐は長屋らの申し出にもとづき，4月26日と5月7日に鳥尾中将宛に大隊幹部の任用候補者を上申し，陸軍省は5月16日と19日に辞令を交付した。これらにもとづき，遊撃歩兵第5大隊と遊撃歩兵第6大隊の幹部の構成は下記の**表4**と**表5**のようになる。大隊編成で考慮したのは旧士官・下士の組合せと人選であった。

表4　遊撃歩兵第5大隊幹部表 (1877年5月現在)

氏名	勤務職名	俸　給	履　　歴	〈任用上申〉	〈説諭先〉
村井　　清	大隊長	少佐本給の3/5	元和歌山藩兵連隊長	準少佐	——
山東　苔吉	大隊副官	少尉試補	元和歌山藩兵大隊長	準大尉	——
大崎督太郎	第1中隊長	大尉二等給の3/5	元和歌山藩兵隊長・学区取締	準大尉	——
守田　三郎	第1中隊付	少尉試補	元和歌山藩兵大隊長	準大尉	——
田淵儀八郎	第1中隊付	少尉試補	元和歌山藩兵小隊長	準中尉	三重県
市川　啓助	第1中隊付	少尉試補	元和歌山藩兵半隊長	準少尉	——
野田　照郷	第1中隊付	少尉試補	元和歌山藩兵二等分隊長	準少尉	三重県
浅井　種六	第2中隊長	大尉二等給の3/5	元和歌山藩兵大隊長	準大尉　第1中隊長	伊都郡
松尾三代太郎	第2中隊付	少尉試補	元陸軍大尉	準大尉	海部郡
三橋幾五郎	第2中隊付	少尉試補	和歌山藩兵小隊長	準少尉　第1中隊付	伊都郡
植松　久隆	第2中隊付	少尉試補	元和歌山藩兵小隊長	準少尉　第1中隊付	——
前田時太郎	第2中隊付	少尉試補	元和歌山藩兵二等分隊長	準少尉	名草郡
駒木根又市	第3中隊長	大尉二等給の3/5	元和歌山藩兵大隊長	準大尉　第2中隊長	有田郡
井口　孝敬	第3中隊付	少尉試補	元陸軍中尉	準中尉	日高郡
竹本　久敬	第3中隊付	少尉試補	元陸軍中尉	準中尉　第2中隊付	有田郡
原　彰一郎	第3中隊付	少尉試補	元和歌山藩兵半隊長	準少尉　第2中隊付	海士郡
西川　十郎	第3中隊付	少尉試補	?	?	——
井上映一郎	第4中隊長	大尉二等給の3/5	元和歌山藩兵大隊長	準大尉	那賀郡
高浦　安貞	第4中隊付	少尉試補	元陸軍中尉	準中尉	那賀郡
浅井甚之進	第4中隊付	少尉試補	元和歌山藩兵半隊長	準少尉	——
小川　隼太	第4中隊付	少尉試補	元和歌山藩兵半隊長	準少尉	——

表5　遊撃歩兵第6大隊幹部表（1877年6月現在）

氏名	勤務職名			〈説諭先〉
栗原一郎右衛門	陸軍少佐・大隊長	［元和歌山藩兵連隊長］	［準少佐］	――
小泉杢兵衛	大隊副官			三重県
落合金太郎	第1中隊長			――
根来　武蔵	第2中隊長			三重県
佐野蒼太郎	第3中隊長			――
北島　英尊	第4中隊長			三重県

注1：白江景由陸軍少佐の4月16日付和歌山県令宛の和歌山県・三重県への説諭派出者名簿照会，同4月16日付三重県宛の説諭派出者名簿照会，同4月26日付鳥尾中将宛の大隊士官任用候補者名簿上申「壮兵隊付士官ノ儀ニ付伺」及び「隊付之任ニ付義伺」，和歌山県出張大阪参謀部の5月2日付軍吏補松本正直宛の和歌山県・三重県への説諭派出者帰県届，畠山義質陸軍大尉の5月7日付鳥尾中将宛の「壮兵士官之義ニ付伺」，和歌山県令の5月2日付白江景由陸軍少佐宛の大崎督太郎の応募願いの照会（〈陸軍省大日記〉中『明治十年自四月九日至十年六月四日　往復書翰　第一次壮兵召集　四』，同『明治十年五月　遊撃第五大隊辞令留　和歌山出張参謀部』，同『明治十年自五月至十月　伺書綴　既済未決之部　大阪征討陸軍事務所』所収「遊撃歩兵第六大隊人員表」，同『明治十年　密事日記　征討陸軍事務所』送達之部36号，他参照，一部氏名の誤字を訂正）によって作成。**表5**の各中隊の士官名は略した。

注2：白江景由陸軍少佐の4月26日付鳥尾中将宛の大隊士官任用候補者名簿上申によれば，長屋喜弥太は栗原一郎右衛門・村井清・中川審六郎（元和歌山藩兵連隊長）とともに準少佐の任用が上申され，さらに5月30日に西郷陸軍卿代理は太政大臣宛に同4人の陸軍少佐の任用を申請した。そして，中川審六郎は陸軍少佐・和歌山県出張大阪参謀部勤務の辞令が交付され，栗原一郎右衛門は陸軍少佐・和歌山県出張大阪参謀部勤務・遊撃歩兵第6大隊長の辞令交付を受けた（村井の辞令は不明）。長屋は6月1日に陸軍少佐の辞令交付を受け，遊撃砲兵第2小隊の取締の内達があり，長屋は遊撃歩兵第6大隊が大分県に向かった時に「豊後口参謀心得陸軍少佐」の辞令が交付され，さらに遊撃歩兵第5大隊と同第6大隊が鹿児島に屯在した時の9月27日には鹿児島屯在兵参謀部の参謀を任命された（和歌山県立図書館所蔵『和歌山県史料』第38～39冊所収の「本県出身軍人中戦功ヲ以テ勲章ヲ授与セラレシ者人名表」，〈叙位裁可書〉中『明治三十年　叙位　巻七』第15件所収の「履歴書」参照）。その後，長屋は1878年6月22日に栗原一郎右衛門・村井清とともに五等叙勲を受けた。

43）〈陸軍省大日記〉中『明治十年自四月九日至十年六月四日　往復書翰　第一次壮兵召集　四』所収の和歌山県令の5月12日付白江景由陸軍少佐宛の届書，同『明治十年自五月至七月　届書綴　大阪征討陸軍事務所』所収の和歌山県出張大阪参謀部勤務栗原一郎右衛門の6月29日付陸軍卿代理宛の「第二次壮兵入営之ニ付御届」，参照。ただし，遊撃歩兵第6大隊の下士・兵卒の編成人員は6月29日現在で，不足30名は三重県下等の遠隔地からの入営遅延者とされた。

［**補注**］西南戦争時の和歌山県の壮兵新規募集に関する研究は少なく，まとまっ

たものとしては大橋洋「西南戦争時の和歌山県における壮兵徴募」安藤精一先生退官記念会編『和歌山地方史の研究』1987年，宇治書院，所収，がある。大橋論文は，壮兵新規募集において和歌山藩出身壮兵が約4分の1を占め，山口県藩出身壮兵とともに西南戦争で「大きな役割を果たした事実を看過することができない」(471頁) と記述するが，飛躍した過大評価であろう。行在所・陸軍参謀部の和歌山県に対する壮兵新規募集の指定は，注29) のように陸奥宗光らの和歌山県募兵画策を阻止する大久保利通らの政治戦略路線に位置づけられ，かつ，実際に編成された軍隊としての戦闘現場直面の勤務はほとんどなかった。また，注75) のように太政官側からみても壮兵新規募集は一時的な措置として認識され，士族の不平不満に対するガス抜き的性格を有していた。

44)　〈陸軍省大日記〉中『自明治十年五月四日至十年六月三日　伺書綴　指令済之一』。1882年徴発事務条例第29条の臨時宿舎の規定では，兵卒1名あたりの畳数は1～1.5枚であった。和歌山城内に取付けられた兵舎の2畳に兵員3名のスペースは狭隘であった。こうした起居環境も応募兵員の「粗暴」を助長させた一因になったとみてよい。そのため，和歌山城内の取付け兵舎等は第5大隊の兵員の「粗暴」により破損され (畳は兵舎外の草中に投捨てられるなど)，その後の第二次壮兵の参集時には相当の修繕を加えなければならなかった。この結果，城内 (二の丸，西の丸，射的場等の修繕，琉球表新畳87枚・26円余) の修繕費合計106円余が支出された (〈陸軍省大日記〉中『自明治十年七月一日至十年八月三十一日　伺書綴　指令済之二』所収の1877年6月30日付陸軍中尉市川常孝発工兵第四方面提理代理谷村猪介宛の上申書)。

45)　〈陸軍省大日記〉中『明治十年自四月九日至十年六月四日　往復書翰　第一次壮兵召集　四』所収の白江景由陸軍少佐の5月17日付遊撃歩兵第5大隊宛の達書。

46)　第一に，遊撃歩兵第5大隊は5月19日と翌20日に行軍により大阪に向って出発した。同第5大隊の兵卒は堺県を通過した5月21日に同県の巡査に暴言・粗暴を加え，負傷させるなどの争闘事件を起こし，翌22日に堺県は大阪鎮台に抗議した (〈陸軍省大日記〉中『明治十年自五月　受領書綴一　大阪征討陸軍事務所』受丙第699，715号)。第二に，遊撃歩兵第6大隊は7月7日に和歌山を出発し，大阪を経て同9日に神戸に到着した。同第6大隊の兵卒は翌10日の神戸からの乗船出発日の午前8時頃に雑踏中で兵庫県巡査に乱暴し，その頭部を負傷させた。これについて，兵庫県権令はただちに午前11時過ぎに電報を西郷陸軍卿代理宛に発し，同加害兵卒捜索のために同隊の乗船・出帆差止めの指令を発してほしいと要請した。しかるに，神戸所在の陸軍会計官の井出正章副監督と栗原第6大隊大隊長は同加害兵卒を探し出すのは困難であるので全員を乗船させて大分県佐伯着後に取調べることにしてただちに出帆したい，と西郷陸軍卿代理宛に電報を発した。その後，同日午後1時45分に西郷から早々に出帆すべきという電報が井出副監督と栗原大隊長宛に発され，ただちに遊撃歩兵第6大隊は佐伯に向けて出帆した（〈陸軍省大日記〉中『明治十年七月分ノ上　電報綴　五　大阪征討陸軍事務所』甲第431，436，437，499号，同『明治十年　電報編冊　軍団本営』第79，93号）。この結果，本事件は糾明されずに終わった。第三に，同第6大隊は佐伯から熊本県に向けた通行時に国東村（当時）に止宿したが，同地で雇入れた人夫（病者運搬の駕籠人夫4名分）の賃銭を長く不払いのままにしておいた。これについて，大分県は征討総督本営宛に賃銭請求の催促・上申を出し，栗原第6大隊長は9月5日付で不法の所業であり軍律上の処分がありえる事案として顚末等の調査実施着手を第一旅団司令長官野津鎮雄陸軍少将宛に報告した。この結果，人夫雇用賃銭支出管理者（大隊軍吏試補）の10月13日の顚末書が作成・提出され，支払いが完了したが，栗原第6大隊長は12月8日付で第一旅団参謀長の岡本兵四郎陸軍中佐宛に「召募以来日浅シテ出発多人数不慣行軍ヨリ自然規律相立兼且会計官モ従前奉職ノ者ニ付随テ其辺相弁候事ト諸事会計筋委任致置候処不計此不都合ニ相成候」と報告し，規律の弛緩を述べた（〈陸軍省大日記〉中『明治十年従五月至六月　諸来翰　出征第一旅団』，同『明治十年　諸来翰綴　出征第一旅団』）。第四に，遊撃歩兵第5大隊と同第6大隊は出役・屯在先の戦争終結後の鹿児島県下でも住民・巡査等に対する粗暴・争闘等事件を頻発させた。当時，鹿児島市中には鹿児島屯在兵参謀部のもとに「巡按兵」が置かれていた。遊撃歩兵第5大隊の兵卒は12月17日の夜に同県下住民と口論の末に他の兵卒数名ともに抜剣・殴打して負傷させ，駆けつけた巡査が双方を拘引した。しかるに，同拘引途中で巡按兵は拘引を拒否して同兵卒らを連れ去った。これに対して鹿児島警視出張所は同兵卒連れ去りを不当として鹿児島屯在兵参謀部に糾明を照会したが，同参謀部は特に対処しなかった（〈陸軍省大日記〉中『明治十年　来発翰留　鹿児島屯在兵参謀部』）。確かに，長屋喜弥太鹿児島屯在参謀が10月6日付で鳥尾中将宛に，鹿児島に長く屯在すれば同大隊中の家業・家族のある士官・兵卒には彼是苦情が少なくないので（万一不都合を生ずれば心痛ましいので），同大隊をなるべく早く解隊帰県させてほしいと上申したように，遊撃歩兵第5大隊と同第6大隊の鹿児島での屯在長期化には士卒の不平・不満が充満していたことはいうまでもない（〈陸軍省大日記〉中『明治十年　鹿児島事件五　徴募編制　壮兵士民乞従軍巡査』壮兵第44号）。しかし，その不平・不満の矛先が鹿児島県下住民に向けられたとするならば，言語道断だろう。その後，遊撃歩兵第5大隊と同第6大隊は11月22日に熊本鎮台兵との交代が指令されたが，鹿児島からの実際の引揚げはおよそ12月下旬にずれ込み，解隊は12月22日であり，新規壮兵募集による臨時編成の遊撃歩兵大隊としては最後の解隊になった。

47）〈陸軍省大日記〉中『明治十年 密事日記 征討陸軍事務所』送達之部5月23日第22号。
48）49）50）51）52）53）54）〈陸軍省大日記〉中『明治十年 大日記 壮兵之部』。なお，『陸軍省第三年報』を参照して，注49）の壮兵新規募集と旧近衛兵召集等により編成された遊撃歩兵大隊等の編成月日を一部補ったが，編成と解散・解隊の月日にはずれがみられる大隊等もある。ちなみに，名古屋以西の壮兵新規募集志願者は合計407名（士族212，平民191，不明5）であった。その内訳は，岐阜県12名（平民のみ），愛知県13名（士族4，平民8，不明1），石川県2名（平民のみ），兵庫県89名（士族73，平民16），大阪府45名（士族4，平民41），堺県22名（士族11，平民11），京都府22名（士族16，平民5，不明1），三重県2名（平民のみ），滋賀県29名（士族22，平民7），岡山県47名（士族30，平民17），島根県15名（士族8，平民5，不明2），愛媛県63名（士族25，平民38），高知県13名（士族2，平民11），大分県6名（士族4，平民2），長崎県12名（士族5，平民7），福岡県15名（士族7，平民7，不明1），であった（〈陸軍省大日記〉中『明治十年 大日記 壮兵之部』）。
55）56）〈陸軍省大日記〉中『明治十年十二月 大日記 陸軍省第一局』局1003号，局1018号。12月6日付陸軍省第一局長大山巌発陸軍卿山県有朋宛の「各鎮台常備兵臨時補欠之儀ニ付伺」は，1876年徴兵分の補欠の場合は，1880年には若干の過員を生ずるが，服役2年後には技芸熟練者を帰休させるとした。また，12月13日付陸軍省第一局長大山巌発陸軍卿山県有朋宛の「再度望願之者取調之義御達相成度申進」参照。
57）〈陸軍省大日記〉中『明治十一年五月 大日記 陸軍第一局』局之部401号所収の5月（日付欠）の陸軍省第一局長大山巌発山県有朋陸軍卿宛の「兵卒再役志願ノ者御聞届相成度義伺」。
58）『公文録』1878年5月陸軍省2，第24件。
59）〈陸軍省大日記〉中『明治十年 鹿児島事件五 徴募編制 壮兵士民乞従軍巡査』壮兵第42号，同『明治十年十月大日記 諸向送達』土1959号。
60）『太政類典』雑部，鹿児島征討始末23，第25件。
61）62）〈陸軍省大日記〉中『明治十一年十一月 大日記 諸省来書』月769号。
63）『公文録』1878年5月内務省4，第84件，『公文録』1878年7月内務省1，第7件。
64）『公文録』1878年9月内務省2，第27件。
65）66）〈陸軍省大日記〉中『明治十四年載十月尽十二月 諸省院使』。
67）68）『太政類典』雑部，鹿児島征討始末23，第29件。
69）『公文録』1879年3月内務省2，第39件，『公文録』1879年4月内務省4，第22件。
70）71）72）73）74）75）『公文録』1881年6月内務省4，第73件。本慰労金の内務省からの下付は同年8月に大蔵省からの下付に改められた。ただし，本慰労金下付対象者の確定は容易ではなかった。なお，壮兵新規募集による遊撃歩兵大隊等編成人員と慰労金下付人員数は**表6**の通りである（1880年12月11日付松方正義内務卿発太政大臣宛上申書に添付された「明治十年西南之役一時募集壮兵府県名及人員」と「明治十年西南ノ役一時募集壮兵人員表」及び「西南ノ役一時集募壮兵戦死并病死人員表」等にもとづき作成，隊号表記等を修正）。

表6　壮兵新規募集にもとづく遊撃歩兵大隊等編成人員と慰労金下付人員（人）

隊　別	府県	准士官	准下士	兵卒	属務	計 (a)	戦死 (b)	病死 (c)	現存者 (d)*
遊撃歩兵第1大隊	—	13	83	513	—	609	25	8	576 (e)
遊撃歩兵第3大隊									
第3，4中隊	山口県	—	—	351	—	351	37	3	311
遊撃歩兵第5大隊	和歌山県	22	40	761	—	823	16	35	772
遊撃歩兵第6大隊	和歌山県	20	45	800	—	865	12	25	828
遊撃歩兵第7大隊									
第1，2，3中隊	山口県	17	64	577	—	658	14	27	617
第4，5中隊	山口県	13	42	381	—	436	—	12	424
遊撃歩兵第8大隊	広島県	22	53	921	4	1,000	20	6	974
警備隊	福岡県	6	35	227	7	275	23	—	252
遊撃別手組	大阪府	—	—	—	—	77	2	5	70
	他22府県**	—	—	—	—	108	3	8	97
合　計	3府20県	113	362	4,716	11	5,202	152	129	4,921 (f)
慰労金下付対象者	4,921 (f) − 576 (e) = 4,345 (人)　◎下付金合計　4,345×7 = 30,415円								

注1：現存者 (d) はすなわち (d) = (a) − [(b) + (c)] である。遊撃歩兵第1大隊は慰労金下付の対象外である。広島県下の壮兵新規募集は当初，応募者が3個大隊にも達することも見込まれたが，1個大隊に編成された。応募者は三原城に集合し訓練を受けた。なお，福岡県の警備隊は7月上旬に後備軍満期者を召集して編成したものである。

注2：他22府県計108人の内訳は，岡山県13，兵庫県12，京都府・和歌山県・山口県・石川県各9，広島県8，堺県・愛媛県・岐阜県各5，滋賀県4，高知県・大分県各3，東京府・島根県・愛知県・福岡県・長野県各2，三重県・静岡県・福島県・鹿児島県各1，である。なお，遊撃歩兵第5大隊と同第6大隊の准士官等の人員数はそのまま表記した。また，和歌山県立図書館所蔵『和歌山県史料』第38〜39冊所収の「明治十年応募ノ壮兵ヘ凱旋後酒肴料下賜アリシニ付人員調査表」によれば，同県の遊撃砲兵第2小隊も下付されたが（総人員126人中の121人），追加の申請・調査によるものだろう。

76)　鹿児島県維新史料編さん所編『鹿児島県史料　西南戦争　第一巻』846-848頁所収の「東京曙新聞社説」，1978年。なお，『東京曙新聞』は西南戦争終結の8月末から壮兵にかかわる軍制・兵役制度に対して注目される長文の社説を掲載し（8月31日，9月1日，9月3日，同『鹿児島県史料　西南戦争　第一巻』866-871頁）。すなわち，①臨時の巡査・壮兵の募集による軍隊編成は外国の「護国兵と憲兵」（住民有志による護国兵は常備軍に対比され，憲兵は本書第1部第1章で述べたように，佐賀事件後に司法省・内務省で調査された「備警兵」「警備兵」に近い）との比較で論じされやすいが，護国兵は「[前略] 護国兵ヲ我邦ニ取リ立ルヤ，其外国ニ対スルノ効用暫ラク扨置キ，内国ニ取リテハ，独リ反側不逞ノ徒ヲ鎮圧スルノ用具ナラサルノミナラス，却テ反側不逞ヲ培養スルニ至ランコトヲ恐レサルヲ得ス」として，この結果，士族勢力等の不平・怨望による変乱・兵乱等の「反側不逞ノ徒」の鎮圧対策のために，逆に「常備兵ノ多数ヲ要スルニ至ルモ知ルヘカラス，然ラハ則チ護国兵ハ，未タ我カ今日ニ適当スル者ニ非スシテ，其ノ之ヲ設置スルヲ可トスル者ノ如キハ，徒ニ英米等ノ義勇兵ニ眩惑シ，又タ西南ノ戦争ニ兵員ノ不足ヲ生セシヲ見テ，一途ニ兵制ノ完全タラサルヲ覚ユルニ偏依セシ者ト言フヘキ也」と記述し，②今日の日本が護国兵を軍制の基本として位置づける場合は士族の志願兵を常備軍とし（旧薩摩藩士族が主張），一般人民の義務としての徴集兵をもって護国兵にならざるをえないのは当然であり，この結果，「文武ノ常職」はいつまでも士族負担として永続されるが故に，徴兵制の主旨を明確化しなければならず，③徴兵制による常備軍軍制を前提にした上で，今後の常備軍の兵力拡大を不要とし，また，今回の西南戦争は「治外ニ独立セシカ如キノ鹿児島ノ叛乱」であるので，今後は「政体ヲ完全ニシ治道ヲ誤ラサルヲ以テセスシテ，徒ニ常備兵員ヲ益シ未然ノ憂虞ニ備ヘンコトヲ求メ，更ニ国家ノ費用ヲ重ヌルヲ顧ミサルカ如キハ，我輩争テカ之ヲ可トシ肯ンスルヲ得ンヤ」云々と，政治の完全さこそが重視されるべきであると主張した。

77）　文官系官僚や民間による学校等における兵役・戦時への予備的な軍隊教練の導入実施要求は，拙著『近代日本軍隊教育史研究』の第3部第1章等参照。

第4章　1880年代の徴兵制と地方兵事事務体制
──1889年徴兵令改正と中央集権化──

1　西南戦争前後の徴兵統計と鎮台兵員充足
──徴集候補者人員数の寡少化傾向──

(1) 1875年「六管鎮台兵額表」と徴集人員計画

1875年6月9日陸軍省達布第169号で改訂された「六管鎮台表」「六管鎮台兵額表」「国軍兵額並配分表」は，西南戦争後から1882年12月の軍備拡張決定までの鎮台兵力編成計画（常備諸兵の鎮台配備，平時・戦時の兵員数配分）の基準になった。本章は，以上の鎮台兵力編成計画に対して，鎮台兵員が徴兵制によってどのように充足されたかを，**表7**と**表8**を中心にして考察する。

第一に，**表7**は「六管鎮台表」による「六管鎮台兵額表」（全鎮台の各兵種の隊数合計と1隊毎の兵員数を表示）に示された平時の完成形態時の隊数合計と兵員合計（正確には総定員と称してよい），1875年の「六管鎮台徴員幷式」規定の各種常備兵1箇年の徴員数（当該年に鎮台・府県に指令する常備兵徴集予定〈配賦〉人員数）と補充兵1箇年の徴員数（当該年に鎮台・府県に指令する補充兵徴集予定〈配賦〉人員数）である。**表8**は20歳壮丁の徴兵内訳と予定及び実

表7　1875年「六管鎮台兵額表」及び徴集人員数の計画等（人）

兵種	隊数合計	1隊毎の兵員	兵員合計	常備兵1箇年の徴集人員計画（〈 〉は補充兵）
歩　兵	42大隊	640	26,880	8,960〈3,584〉
騎　兵	2大隊	120	240	80〈　80〉
砲　兵	9大隊（18小隊）	120	2,160	720〈 288〉
工　兵	9小隊	120	1,080	360〈 144〉
輜重兵	6小隊	60	360	120〈　72〉
海岸砲	9隊	80	720	240〈　96〉
合　計			31,440	10,480〈4,264〉

表8　20歳壮丁等の徴兵内訳と予定及び実際の徴集人員数（人）

年度	20歳壮丁等の徴兵内訳					徴集予定人員		徴集人員		
	(a)	(b)	(c)	(d)	(e)	(f)	(g)	(h)	(i)	(j)
1875年	298,531	45,498	35,183	10,315	253,033	—	—	① 9,082	—	—
						—	—	② 2,081	—	—
1876年	296,086	53,226	33,731	19,495	242,860	—	—	① 9,405	8,535	—
						—	—	② 1,090		—
1877年	301,259	51,486	33,417	18,069	249,773	①10,697	9,648	①10,688	9,649	—
						② 3,840		② 7,381		—
1878年	327,289	36,504	23,866	12,638	290,785	①10,158	9,024	① 9,819	8,734	—
						② 3,888		② 2,819		—
1879年	321,594	34,365	23,570	10,795	287,229	①10,299	9,157	① 8,605	7,463	—
						② 3,888		② 2,190		—
1880年	273,278	①23,977	12,129	—	237,172	①25,374	9,074	①19,885	9,221	9,372
		② —				②24,293		② 4,092		
1881年	306,717	①24,068	19,325	—	260,219	①24,767	8,730	①18,391	8,723	8,633
		② 3,083				② 8,754		② 5,677		
1882年	280,813	①25,813	25,087	—	228,121	①24,817	8,660	①19,780	8,498	10,133
		② 1,791				② 8,746		② 6,033		
1883年	308,723	①32,038	31,850	—	236,927	①26,208	9,394	①23,609	9,439	12,325
		② 7,908				② 9,952		② 8,429		

注：「20歳壮丁等の内訳」は，1875～1879年までは，(a) は当該年の20歳壮丁総員と前年送り人員（前年に翌年徴兵に繰り越された人員）の合計，(b) は当該年の徴兵連名簿人員と前年に翌年廻しになった名簿人員の合計，(c) は5尺未満者・事故免除人員・翌年廻し検査人員・検査落人員・死没人員の合計〈(b) の内数〉であり，(d) は (b)－(c) であり，(e) は免役人員，である。1880～1883年までは，(a) は当該年の20歳壮丁総員と前年の翌年廻し名簿人員・入営延期名簿人員・先入兵名簿人員の合計，(b) の①は当該年の徴集名簿人員（常備兵，補充兵）と前年の翌年廻し名簿人員（常備兵，補充兵）・入営延期名簿人員（常備兵）・先入兵名簿人員（常備兵）からの徴集人員との合計，(b) の②は当該年の徴集名簿人員（第一予備徴兵，平時免役者）と前年の翌年廻し名簿人員からの徴集名簿人員（第一予備徴兵，平時免役者）との合計，(c) は当該年の翌年廻し名簿人員・先入兵名簿人員の合計，(e) は第二予備徴兵名簿人員・免役名簿人員・除役名簿人員等の合計，である。1876～1883年までの「徴集予定人員」において，(f) は1877年からは陸軍省達で，1882年からは陸軍省告示で規定された当該軍管の各年の徴集予定人員であり，(f) の①は徴集予定常備兵全兵種人員合計（1880～1883年度は輜重輸卒各15,000人を含む），(f) の②は徴集予定補充兵全兵種人員合計（1880年度は輜重輸卒15,000人を含む），(g) は徴集予定常備兵人員中の歩兵人員である。「徴集人員」において，(h) の①は徴集常備兵の全兵種人員合計，(h) の②は徴集補充兵の全兵種人員合計，(i) は徴集常備兵人員中の歩兵人員，(j) は徴集常備兵人員中の輜重輸卒人員である。なお，(f) の常備兵と補充兵の徴集予定人員は各府県提出の徴兵連名簿にもとづき当該府県の徴集人員数として算定され，さらに府県下各徴兵署が徴集すべき人員として配賦される（兵役適格者＝籤丁の抽籤開始前に，常備兵と補充兵の徴集人員が予め公示される）。なお，1875年徴兵令参考改正の徴兵身長は5尺以上が定則とされ，歩兵に限り4尺9寸以上者の採用は「時宜ニ因ルヘシ」と規定され，同該当者は，1877年は2,440人，1878年は659人，1879年は1,853人とされたが，絶対的な徴集措置ではないので同該当者を5尺未満者として (c) に含めた。また，1878年の (c) は記載数を訂正した。1881年の (a) は記載数合計には22名の差があるが，本表は多い数字を記述し，1882年の (b) では第三軍管の記載数を訂正した。陸軍省編『陸軍軍政年報』（1877年）中「徴兵事務」，陸軍省編『陸軍省第一年報』～『陸軍省第八年報』の「徴兵」「近衛鎮台諸隊総員」等により作成。

際の徴集常備兵人員数，実際の徴集補充兵人員（全兵種合計）を示したものである。

第二に，**表7**の「六管鎮台兵額表」は，鎮台配備の常備諸兵各隊（完成形態）の兵員総数31,440人の組立て方の内訳であり，兵種毎に1隊（単位部隊）の人員基準（定員）を規定したものである。これにより各隊の編制の明示と同様に，軍隊の維持管理上の給与・財政の計画・執行を含めて，特に，徴兵令上の兵員の採用・供給・補充の計画・執行にかかわる基礎的・基本的データが提供される。次に，「六管鎮台徴員幷式」は，「六管鎮台表」に規定された6個の鎮台に配備する常備諸兵各隊（完成形態）の兵員総数（総定員）31,440人を，第一軍管から第六軍管までの各管下府県に配賦したものである。**表7**は同総数31,440人を兵種・隊別に区分し，常備軍3年服役により形式的には毎年3分の1を徴集する方式にもとづき算出された1箇年徴集計画人員（徴員）としての10,480人を示した。ちなみに，「六管鎮台表」と「六管鎮台兵額表」による歩兵の連隊・大隊の編成隊数の年次進行は，1875年は13個連隊（31個大隊，計19, 8340人，1箇年徴員は6,613.3人），1876年は14個連隊（39個大隊，計24,960人，1箇年徴員は8,320人），1883年は14個連隊（42個大隊，計26,880人，1箇年徴員は8,960人）に至る。歩兵連隊等の完成・完備は，徴兵令施行から約10年後の1883年とされた。

(2) 西南戦争前後の徴兵統計における徴集候補者人員数の寡少化傾向

さて，**表8**の20歳壮丁等の徴兵内訳と予定及び実際徴集人員数の統計的特質は次の通りである。

第一に，1876〜79年度の(b)(c)(e)の人員数の統計関係における「徴兵連名簿」の意味に注目すべきである。1876〜79年度において，(b)は徴兵署で扱った当該年の「徴兵連名簿」と前年における翌年廻し者の名簿の人員合計である。政府・陸軍省はこれらの合計人員を徴兵統計処理において「徴兵連名簿人員」と称した。(c)は(b)の人員中で徴兵署の徴兵検査等の結果，兵役不適者（検査落）・死没者と定尺未満者及び病気・家事等の諸種の事故・事情等により当該年度の徴集対象外（翌年廻し等）として処分された者の合計である〈(b)の(内数)〉。さらに，「徴兵連名簿」中の人員からは同名簿調製後に無届の徴兵署不参者（逃亡者）を発生させることもある。つまり，「徴兵連名簿」は徴集に応ずべき（徴兵検査出頭予定者の）人員名簿であり，徴兵検査完了者の名簿ではない。徴兵令は当該年徴兵適齢者の戸長への届出締め切り日を11月10日とし，その後，府県庁において「徴兵連名簿」（族職業，誕生年月日，氏名，年齢計算を記載）を12月25日までに点検・調製し，翌年2月15日からの徴兵使巡行開始を規定したが，当然，同開始前までの約3箇月間に死没者や病気・家事等の諸種の事故・事情等の発生を想定し，当該年度は徴集人員として処分しない者（徴集不能者）の取扱いを規定した（1875年5月徴兵事務手続書第5，14条，1875年11月徴兵令中改正第2章第1条，第4章第5，6条，第6章第13条，1877年1月徴兵令参考追加第46条，等）。また，学校の在学者・卒業者で免役措置が判然しない者もすべて「徴兵連名簿」に登載し，当該本人は徴兵署開設時に履歴書・証明書を持参し申告することになっていた。すなわち，「徴兵連名簿」は府県庁作成の徴兵事務用の基礎名簿であり，陸軍省はこれによって当該府県の兵員（兵種）配賦を算定するが，そもそも，免役者・徴集不能者等の未判然者も含むほぼ「机上」の名簿に等しく，兵員（兵種）配賦の算定自体も脆いものであった。また，「徴兵連名簿」が含む当該年度の兵役不適格者・当該年徴集不能者は徴兵使巡行開始後の徴兵検査会場で初めて明らかになり，徴兵検査においても徴集処分の計画・対策を立てにくいものであった。特に，1879年の徴兵では第2章注50）のように，「徴兵連名簿」の登載人員寡少の判明により，陸軍省は抽籤法によらず全徴兵合格者を補充兵として徴集することを鎮台と府県に指令した（1879年1月陸軍省達甲第2号）[1]。

第二に，『陸軍省第一年報』以降の「徴兵」の統計における1876～1879年度の（c）の人員数は，当該年度は，実際は（e）の免役人員数と同様に法令的にも控除され，徴集人員候補者として「あてにできない」人員数である。蛇足であるが，1877年などにおける（c）の事故免除人員は統計院編『日本帝国統計年鑑』（第1回，1882年）の徴兵統計処理上は「免役人員」中に算入され，常備兵免役人員に含められた（587頁）。陸軍省は兵役不適格者・当該年徴集不能者の発生と発生率すなわち（c）/（b）（1875年度は77.3%，1876～1879年度は63.3～68.5%）を予め想定しなければならないが，同想定自体が成立しがたくなった。総じて，1873年徴兵令は免役者（常備兵免役概則の該当者で徴兵検査に出頭を要せず）

を除いて調製された「徴兵連名簿」には逐年約70%弱の兵役不適格者・当該年徴集不能者を発生させる構造になっていた。したがって，(b) を基本にした (f) (g) の徴集予定人員数の計画も「砂上の楼閣」のような脆い計画にならざるをえない。

第三に，この結果，徴集予定人員数（徴集予定の常備兵と補充兵，(f) の①と②の合計人員数）は，(d) すなわち (b)－(c) の人員数から確保することになったが，まず，その (d) は特に1878年度と1879年度は徴集予定人員数を大きく下回っていることに注目しなければならない（1878年度は1,408人の不足，1879年度は3,392人の不足）。これは，統計処理上は，当該年度の徴集予定人員数自体の計画・配賦が本質的に不可能であることを意味した。さらに，(h) の①を (d) で除した常備兵人員徴集率は，1875年度は88.0%，1876年度は48.2%，1877年度は59.1%，1878年度は77.7%，1879年度は79.7%である。すなわち，「あてにできる」徴集候補者中の約5割弱（1876年度）から8割弱（1879年度）の常備兵徴集人員を確保することを意味し，それは，いわば，余裕のないギリギリの「綱渡り」的な危うい状況であり，常備兵徴集人員候補者のプールの不安定性を意味した。この結果，1877～1879年までの (d) の人員と (h) の①＋②の合計人員とが一致対応するように，死没者・兵役不適格者・当該年徴集不能者・5尺未満者を除く全員をただちに根こそぎ常備兵・補充兵の徴集人員として処分した。つまり，戦後の一部の徴兵制研究が誤解した徴集人員の「余裕」を想起させる「選抜」の用語による説明は正しくないことは明白である。さらに，この常備兵徴集人員の (h) の①等がただちに入営したのではなく，入営時までには諸種の事故・事件発生等により翌年廻しとして措置された[2)]。

第四に，1880～1883年の (b)～(j) は，1879年11月陸軍省布達第2号徴兵事務条例による徴集処分関係の統計数値である。1879年徴兵事務条例は使府県徴兵区内の「徴兵下検査」の事務執行のために使府県庁内等に「使府県徴兵支署」を設置し，身体検査対象壮丁の「身体下検査」の実施の「使府県徴兵下検査所」を設置した。これは，陸軍省が，「徴兵連名簿」はほぼ「机上」の名簿に等しく，徴集処分手続きで欠陥・支障を発生させているという判断による設置であった。そして，1879年徴兵令第4章（「除役免役及ヒ徴集猶予」）の新たな終身除役・免役（国民軍の他は免役，平時免役）・1箇年徴集猶予の区分規定による名簿を精査・調製し，当該年の兵員（兵卒種）配賦算定と徴兵検査を実施した[3)]。この場合，実際の統計数値の（b）の①は（f）の①には近いが，（h）の①と②との合計数値に一致していることは，（a）の人員から法令上は終身あるいは平時又は当該年度に徴集されない（b）②と（c）および（e）との合計人員を差し引いた人員総員（「あてにできる」人員）が，当該年の常備兵・補充兵の徴集人員として処分されたことを意味する。特に（h）①を（b）①で除した常備兵人員徴集率は，1880年度の82.9％から1883年度の73.6％と推移したが，従来のように余裕のないギリギリの「綱渡り」的な危うい状況であり，常備兵徴集人員候補者が寡少かつ不安定であったことは一貫した。つまり，1873年徴兵令と1879年徴兵令による徴兵制は1875年の「六管鎮台兵額表」にもとづく兵員供給システムとしては脆弱なものであり，不安定であった。

第五に，**表８**の（f）と（g）には，仙台鎮台の歩兵２個大隊と砲兵・工兵各１個中隊，名古屋鎮台の砲兵・工兵各１個中隊，広島鎮台の砲兵・工兵各１個中隊は未配備のために，同鎮台の未配備兵員定員は徴集予定兵員数として当然含まれていない。しかるに，配備に至れば，徴集候補人員寡少化構造の中で，徴集兵員を同鎮台に供給しなければならず，注１）のように徴集兵員確保の逼迫は明白であった。すなわち，徴兵令改正は必至になった。なお，1880年から輜重輸卒の新設と徴集が開始された（予定徴集常備兵員15,000人）。輜重輸卒の徴集処分者は約５割前後であり，その入営は徴集常備兵員の20分の１（750人）とされていたから定員確保に支障はなかったが，さらに徴兵令の見直しが求められた。

なお，**表９**は，東京鎮台の歩兵連隊の合計編制定員（a）と各年の兵卒（b）及び生兵（c）の現員，第一軍管の各年の徴集予定の常備兵人員（d）と補充兵人員（e）の員数計画，実際に徴集された常備兵人員（f）と補充兵人員（g）の兵種別員数を示したものである。これによれば，歩兵連隊の合計編制定員（5,760人）を充足している兵卒と生兵の合計在営員数は８年間中で，1878年，1879年，1883年の通計３年度である。他鎮台も同様であり，その歩兵連隊通計40年度（5×8年度）の中で，兵卒と生兵の合計在営人員が編制定員を充足しているのは通計14年度であり，約35％である。また，東京鎮台を含む全鎮台の歩兵連隊通計42年度において（6×7年度，1876年度を除く），対応する当該軍

表9　東京鎮台の歩兵の兵卒数・生兵数と対応軍管の予定及び実際の徴集兵人員数（人）

年度	隊数	編制定員計 (a)	兵卒計 (b)	生兵計 (c)	徴集予定常備兵 (d)	徴集予定補充兵 (e)	徴集常備兵 (f)	徴集補充兵 (g)
1876年	3個連隊	5,760	3,264	1,941	—	—	1,920	1,708
1877年	3個連隊	5,760	5,277	238	2,093	768	2,093	1,114　#777
1878年	3個連隊	5,760	3,781	2,082	2,035	768	2,008	—
1879年	3個連隊	5,760	3,814	2,095	2,074	768	1,383	—
1880年	3個連隊	5,760	3,742	1,806	2,008	1,816	2,005	278
1881年	3個連隊	5,760	3,711	1,955	1,975	1,795	1,416	752
1882年	3個連隊	5,760	2,967	2,010	1,982	1,785	1,982	1,405
1883年	3個連隊	5,760	3,955	2,055	1,919	1,745	1,909	1,745

注：1877年の#は西南戦争における戦死者数。『陸軍省第一年報』〜『陸軍省第八年報』の「徴兵」「近衛鎮台諸隊総員」等，『征西戦記稿』（1887年）「附録」の「戦死人員表」（1884年11月調）により作成。

管の徴集予定の常備兵人員数計画に対して，常備兵人員を充足しているのは通計20年度にとどまり，約47.6%である。なお，1877年度の生兵が少ないのは，西南戦争に直面し，各隊で，4月4日陸軍省達甲第11号にもとづき（同年常備兵入営期限の延期を鎮台と府県に発する），4月下旬以降から6月末までに徴集兵をほとんど入営させなかったからである。西南戦争前後の徴兵統計における徴集候補人員数の寡少化傾向は明確であった。

(3) 西南戦争後の徴集候補者人員数の不安定と1879年徴兵令改正

①1878年の未丁年者分家停止措置

西南戦争における政府軍の戦死人員数は，陸軍省所管では5,662名とされた（内壮兵・屯田兵を除く近衛局・鎮台の「卒」は4,082名）[4)]。西南戦争の執銃戦闘従事兵員数は約45,000名とされているので，兵員戦死率は約9.7%に及ぶ。これに，負傷者数等が加われば犠牲者率がさらに高まり，徴兵令施行5年経過後に，一般国民の不安・恐怖や規避・忌避が潜行することは当然であった。他方，1873年徴兵令は多くの免役措置を規定していた（第3章常備兵免役概則における「一家ノ主人タル者」「嗣子並ニ承祖ノ孫」「独子独孫」等）。しかし，当時の民法下では事実上の戸主だけでなく，戸籍名義上の戸主及び戸主相続候補者の操作により免役処分をうけた。陸軍省は，徴兵令が民法と関係をもち，事実上の「家（制度）」「戸主」の保護を考慮していることを認識していた。しかし，この結果，徴集予定人員確保の困難は当然であったが，同省は徴集予定人員確保に向けて民法対策等を含む徴兵制対策を強化した。

第一は，徴兵検査の精密さを求めた。山県有朋陸軍卿は1878年2月18日付で「本年徴兵人員不足之儀ニ付上申」を太政官に提出し，徴集人員不足（4,500人）を指摘した[5]。これは，2月9日の府県宛布達の同年徴集予定人員14,046人の徴集が徴兵連名簿調製段階で危ぶまれることを見通したからである。なお，山県は「徴兵令改正之儀追テ可相伺」と述べ，近く徴兵令改正の起案があることを伝えた。その後，山県は4月30日付で再び徴兵人員不足を上申した[6]。これは，1878年度の徴兵事務が終了し，既に常備兵当籤者の入営開始時点であるが，第一軍管の常備兵の歩兵68名，第四軍管の常備兵の歩兵・砲兵・工兵・輜重兵計296名，函館海岸砲兵16名の不足があるとした。この場合，3箇所ともに補充兵は1人もなく，第一軍管の歩兵欠員は同軍管内の他兵種により，函館海岸砲兵は第二軍管の補充兵より，第四軍管は第五軍管の補充兵により充足せざるをえないとした。しかし，他軍管からの充足は後年に至り「種々ノ弊害」があり，かつ莫大な経費を必要とするが，常備兵欠員を放置できないのでやむをえないとした。山県が述べる「弊害」とは迅速を要する召集手続き等上の支障発生を意味した。他方，山県は，徴兵不足防止のための徴兵令改正が必要であり調査中であるが，さらに徴兵下調が不十分であると強調し（医師が書類・診断書に記載した身長定尺未満・障害・病気等と，徴兵使巡廻による検査との間に齟齬があるなど），徴兵下調の精密実施の注意を地方官会議の機会を含めて諭達してほしいと述べた。太政官は同上申を受け入れ，6月15日に府県に指令した。

第二は，未丁年者の分家停止措置を求めた。まず，山県は同年3月13日付で「未丁年之者分家被差止度儀ニ付上申」を太政官に提出した[7]。山県は，各地方では戸主の中で尋常の戸主以外に毎年徴募以前に俄かに僅少の家産を分け，又は無家産者であっても本家の近くに僅かに分家の名を表し，「甚シキニ至テハ名ハ分家ト云フト雖トモ其実ハ両家合一財産ヲ分タサル等」のように戸主名義を作為して兵役を避ける者が少なくないと述べた。その際，本邦では「隠居」の公称があるが故に尋常の戸主の免役はやむをえないが，分家名義取得の膨張状況により今後推考の場合には，戸主名義の兵役免除者逐年増加による徴集候補人員減少と人員不足を益々生ずることは明確であると強調した。そして，分家や「隠居」等の戸主名義取得者年齢制限による徴集候補人員確保のために，未丁年者（20歳未満）の分家停止措置を上申した。山県上申は当時の戸主名義取得の雰囲気を伝えているが，太政官は同上申趣旨を内務省に照会した。

これについて大久保利通内務卿は4月19日付で，分家法は養子法と並ぶ本邦古来の「身産興起」の習慣であり，丁年者の分家停止措置は人民の不便をもたらし，法制上からも制限できにくいとした。また，家督相続者や養子相続人と絶家再興者には一般に年齢制限がないので，「分家之輩」に限る制限は「権衡相適ハス不都合」とした。しかし，軍制上でやむをえないならば，差し向き陸軍卿上申の通りに施行するしかないと回答した。この結果，太政官は常備服役満期前における分家停止措置布告案の元老院への下付と議定例文を起案し，6月20日の閣議に提出した。同布告案は同閣議で「徴兵令第三章免役概則第三第四第五条ニ掲クル者ノ外常備兵服役満期後ニ至ラサル前分家イタシ候儀不相成尤徴兵年齢ニ至リ同章第一条第二条ニ照シ免役シ又ハ第五章第十一条但書ニヨリ除役セラレタル者ハ分家不苦候此旨布告候事」と決定された。つまり，「一家ノ主人タル者」「嗣子並ニ承祖ノ孫」「独子独孫」に対する免役措置を残した上で，院省使庁府県奉職者，陸海軍生徒，文部省・工部省・開拓使その他の公塾で学ぶ専門生徒及び洋行修行者並びに医術馬医術を学ぶ者や教導職試補者，身長5尺未満者，身体障害者等，補充役者で当該常備兵入営期限初日以降90日までに常備兵入営を命じられなかった者を除く分家停止の布告案であった。

同布告案は元老院の議定に下付され，7月8日の第一読会では内閣委員の渡辺洪基（太政官大書記官）は布告案の分家停止理由として徴兵人員数の逐年減少を強調した[8]。これに対して，第一読会では，本邦の寛大な徴兵制（戸主免役等を含む）をそのままにした分家禁止には理由がないとか（細川潤次郎），第二読会では，分家禁止では解決策にならず将来は養子禁止に至るという（中島信行）等の批判・反対意見が出た[9]。しかし，元老院は佐野常民の修正発議等（現行徴兵令上の270円上納者の免役措置規定の紹介）を採用し，分家の一般的な停止は「大ニ人民ノ自由ヲ害セン」（7月13日元老院議長発太政大臣宛の元老院議定書の上奏文）として，内閣布告案に「代人料金」上納者に対する分家許可を増設した資産・財力者優遇の布告案を決議した。太政官は元老院増設の布告案を7月22日に決定し，8月3日に太政官布告第20号として公布した。

太政官布告第20号は徴兵適齢者本人の常備服役満期前の分家を停止した。しかるに，徴兵適齢者本人の分家ではなく，本人の親族が分家し，同分家に徴兵適齢者が随従するなどして，当該徴兵適齢者における「嗣子並ニ承祖ノ孫」「独子独孫」の名義取得操作が発生した。つまり，元老院指摘の分家禁止の無効果が実際に現れた。このあたりの雰囲気は，山県陸軍卿の同年12月6日付の右大臣宛の「本年第二十号公布常備兵役ヲ竟ヘサル前分家不相成云々之儀ニ付伺」という伺い書に典型的に示された。山県は，太政官布告第20号以後，各府県から，①隠居の父母祖父母や伯叔父等が家計の都合と称して分家し，常備兵役未終了の二三男を自己の嗣子や相続人にする，②親族間で過去の「絶滅退転セシ者ノ家名」を継がしめている，③遺財資産がないにもかかわらず祖先の生家や姻家の苗跡を再興させている，④「甚タシキニ至リテハ更ニ他家ニ謀テ其一女子ヲ分家セシメ」て，自己の常備兵役未終了子弟を配偶させるとともに，その見返りとして自己の女子を分家させて他家の常備兵役未終了子弟を入夫とするなどの類例に関する伺い書が出ていることを紹介した。そして，これらの分家操作を防止しなければ徴集定員不足の患いを除去できないとして，「常備兵役ヲ竟ヘサル二三男ヲ率ヒテ分家ヲナシ又ハ絶家再興ヲナサントスルノ類凡テ難聞届旨」を太政官から指令してほしいと要請した[10]。これについて，太政官は翌年10月まで特に対処せず，1879年10月に徴兵令改正が布告されたことを受け，特別な指令を発しないことにした。

②1879年徴兵令改正と常備兵人員徴集率

その後，徴兵令改正調査を急速に進めた山県陸軍卿は1878年12月18日付で徴兵令改正案を添付して右大臣に上申した[11]。山県の徴兵令改正上申書は，1878年の徴兵統計（20歳壮丁総員は327,289人，免役者は290,785人，徴兵検査に応じない者は12,000余人，徴集に応ずべき者は24,500余人〈内，検査落第は3分の2〉）で実際に採用できたのは8,100余人であり，特に第一，第四軍管の不足が最も多いと述べた。そして，太政官布告第20号の公布により「巧詐ノ人民」は奇術を施して徴兵規避を図る勢いがあるので，その詐欺・規避防止のために徴兵令を改正し，また，後備軍服役年限（第一後備軍2年と第二後備軍2

年の区別をなくし，後備軍4年の服役とする)，近衛兵服役年限（5年を3年にする)，補充兵服役（90日服役を1年服役にする）を改正し，予備軍（常備軍服役終了者をさらに3年服役させる）を新設するとした。陸軍省の徴兵令改正案は，免役措置を終身兵役免役と国民軍他の兵役免役及び平時の兵役免役に区分し，戸主や50歳未満の者[12]の嗣子と承祖の孫及び養子嗣子・相続人等を平時兵役免除とし，平時における1年間の徴集猶予措置を新設した（父・兄が存在せず本人服役により一家の生計を失う者，身幹定尺未満者・疾病中の者，等)。また，輜重輸卒・看病卒・職工を新たに徴集し，さらに身体検査等を含む「徴兵下検査」の精密実施のために戸主から戸長への徴兵適齢者届出期日を約2箇月早め，9月1日から同15日までにした。

陸軍省の徴兵令改正案は，翌1879年4月29日に法制局の審査（陸軍省との修正協議を含む）と閣議を経て内閣案になり元老院の議定に下付することになった。これに対して，西郷従道陸軍卿は5月3日付で，本改正案により1880年度の徴兵事務を実施しなければ「規避ノ弊害ヲ防止シ徴員充実ノ見込更ニ無之」として，徴兵下調の時限に合わせて8月末までに全国人民への熟知必要のために，同改正案の5月中公布を太政大臣に上申した[13]。陸軍省は徴兵令改正の早期実現に焦燥感を持ち，その成立を催促したが，元老院への下付は6月23日であり，元老院の第一読会の開始は7月10日であった（第146号議案)。

元老院での審議や議定経過等は『元老院会議筆記』で明らかにされているが，特に，改正案第4章第28条に対して，平時の免役対象者に「独子嗣子独孫承祖ノ孫」（第2項）を加え，さらに「嗣子或ハ承祖ノ孫」（内閣案第2項）を「年齢五十歳以上ノ者ノ嗣子或ハ承祖ノ孫」と修正し，年齢制限した。また，改正案第1章第2条第2項において，常備軍服役3年の法的原則を近衛兵服役にも貫くとして，第二読会で内閣案の鎮台兵から近衛兵編入後の服役期間3年を「[鎮台諸隊の] 在営一ヶ年ノ後」に撰挙・編入して「二ヶ年ノ役」に服させると修正した。さらに第三読会では同第2項を「[鎮台諸隊の] 在営六ヶ月」後に抜擢してさらに「三ヶ年ノ役」に服させるが「近衛在営二ヶ年六ヶ月ヲ経過シ帰郷ヲ請フ者ハ之ヲ許シテ予備軍ニ編入スヘシ」と修正し，鎮台諸隊と近衛兵の通算服役期間を3年に近づけようとした[14]。また，第1章第8条において，兵役区分としての「国民軍」の隊伍編制の目的として「国内ノ守衛ニ充ル者ナリ」と修正し，「国内」守衛の目的限定を明確化した。なお，元老院では特に「国民軍」の兵役にかかわる議論において，平時戦時区別の法的未確定状況が明らかになり，内閣委員は同区別の調査中を発言した[15]。元老院は徴兵令改正案を10月21日に決議し，同23日に上奏した。しかるに太政官は修正された第1章第2条第2項の「近衛在営二ヶ年六ヶ月ヲ経過シ帰郷ヲ請フ者ハ之ヲ許シテ予備軍ニ編入スヘシ」を削除し，また同第1章第8条の「国内」を削除するなどの徴兵令改正案を24日に上奏し裁可された。そして，徴兵令改正は10月27日に太政官布告第46号として布告された。

2　地方行政機関の兵事事務体制の整備

1879年徴兵令改正は免役措置と戸籍制度との関係を抜本的に改正したのではない。この結果，戸主・嗣子等の新たな想定外の多種多様な名義取得又は「情実」申立て等の「徴兵規避（忌避）行為」が発生したことは，従前の研究が明らかにしている通りである[16]。したがって，1879年徴兵令による常備兵人員徴集率は，1880年度の82.9％から1883年度の73.6％に推移したが，依然として少数の徴集候補者の人員プールから根こそぎ徴集予定数の常備兵人員を確保しなければならなかった。つまり，1879年徴兵令改正は徴集候補人員数の不安定是正に効果をもたらさなかった。

その理由は区町村等の末端地方自治体の徴兵事務に対する陸軍省の監督体制が未整備であったからである。特に，徴兵入費政策をめぐって，配賦徴員送り届け業務の自治体責任論の潜在化構造により，さらに徴兵下検査費の地方税化方針の成立により（陸軍省の徴兵下検査費の官費化拒否），地方自治体の水面下の責任と権限により営まれた地方徴兵事務体制に対して，陸軍省は監督体制を組込むことは容易でなかった。かくして，地方徴兵事務の監督体制整備が課題になった。

(1) 地方行政機関の徴兵事務体制の整備

まず，1873年徴兵令以降の地方行政機関の徴兵事務体制に対する陸軍省の監督体制をみておこう。

①地方徴兵事務に対する陸軍省の監督体制

1873年徴兵令から1883年徴兵令改正までの徴兵徴集判定の地方官（府県郡区町村）側と陸軍省側との権限関係は，既述のように法制上も極めて微妙であった。その結果，徴集処分の最終的判定はその時々の徴兵使側と地方官側の政治的力量や個人的判断により左右されるのは当然であった。同省は1876年2月4日に徴兵使に対して「各府県巡回中実際目撃ノ景況」の書類提出を指令したが（陸軍省達無号の「地方官徴兵事務ニ熟否ノ程度」等の調査），「抑徴兵ノ事タル各地方漸ク慣習セル者ノ如シト雖トモ官吏ニシテ或ハ徴兵ノ苦情ヲ助ケ或ハ之ヲ厳制セス唯甘言以テ一時ノ責ヲ逃ルルカ如キ姑息ヲ脱セス」[17]と述べ，地方官の徴兵規避擁護を指摘した。当時の陸軍卿山県有朋などは「徴兵ニ関シ各府県エ注意方御達有之度旨伺」や「政始ニ付上奏」などの建議[18]の中で，地方官が徴兵規避を援助しないように地方官の自覚を求めようとしたが，地方官の自覚向上は容易でなかった。

次に，陸軍省側固有の徴兵事務体制においては，1874年までは各鎮台師管・軍管の徴兵課に陸軍省第一局から尉官・下士官（計4～5人）を派出させて管内の徴兵事務に従事させていた（1873年11月陸軍省布第273号各鎮師管徴兵課官員並勤務の規定）。しかし，1874年11月陸軍省第432号軍管派出徴兵課心得書改訂の「徴兵ノ事タル概ネ地方官ニ関渉ス而シテ地方官ニ於テハ現今或ハ法則ト相矛盾スルヲ免カレス如斯トキハ一層注意シ必ス至当ニ帰スルヲ要ス」（「緒言」）のように，地方官の徴兵令違反発生は当然視された。そのため，管内住民の情実訴願等の私的許容の関係発生を防ぐために特に軍管徴兵課派出官員は当該管轄地内の戸籍でない者を任命することにした。その後，陸軍省は1874年12月25日に「徴兵使以下之官員撰挙方法」を制定し，本省官員派出の他に，特に鎮台管下の士官や非職士官を兼勤させることができるとし，鎮台管下地方の兵情・地理の理解を重視した。

さらに陸軍省は1875年1月陸軍省達布第17号後備軍管轄官員条例を制定し，各府県に曹長1名を駐在させ，後備軍下士兵卒に関する事務を取扱わせるとともに，特に鎮台徴兵課と連絡して徴兵名簿調査に従事させた。その際，同職務従事の曹長は「必ス他府県籍ノ者ヲ以テス」と規定し，府県駐在曹長の地縁血縁的関係を通しての情実等による徴兵猶予・兵役免除の発生・裁決の可能性を防止しようとした。その後，本条例を廃止して，同年12月17日陸軍省達第122号後備軍官員服務概則を制定し，常備兵・補充兵の入営手続きの他に，府県駐在の曹長（駐在官）による府県調製徴兵諸名簿の点検署名捺印と徴兵署への出頭を規定した（見聞してきた地方の実況を徴兵使に申告し，その指揮をうけて徴兵事務を補助）。また，1877年2月21日陸軍省達甲第9号後備軍府県駐在官服務概則は，その駐在官の服務として「徴兵」の項目を設け，徴兵免役願いが徴兵本人親族により提出された場合には「駐在官ニ於テ一応之ヲ取糺シ是非ヲ官庁ニ協議シ［中略］本人一家苦情ノ景況乃チ情実或ハ真偽等ハ司令ノ手ヲ経テ本台ニ報知シ以テ参考ニ供ス可シ」と規定したが，陸軍省側の徴兵事務体制は法制的にも極めて外部的な監督体制にとどまった。

②地方徴兵事務体制の整備に対する大山巌陸軍卿の二つの建議

その後，地方行政機関の徴兵徴集の判定権限は1875年・1879年・1880年の徴兵令（中）改正により漸々に陸軍省に吸収されたが，同省は徴兵徴集の判定権限を完全に掌握しきれなかった。その理由は，大山巌陸軍卿の太政官宛の1881年9月27日の「徴兵之儀ニ付建議」[19]と1882年12月1日の「府県徴兵比較表ヲ上ルノ表」[20]，さらに1883年徴兵令改正時の元老院会議における渡辺清の発言[21]のように，戸長の徴兵規避幇助や地方行政機関の徴兵事務体制不備と，同省の形式的な徴兵検査に所在するとされた。たとえば，1881年の大山巌陸軍卿建議は「府県庁中別段徴兵ノ事ヲ弁理スヘキ官署ヲ置カス」「且毎年徴兵使巡行ノ時ハ長官或ハ書記官ノ内必ス徴兵事務長トナリ管内徴兵ノ事務ヲ掌握スヘキ成規ナルニ徒ニ庁務ノ多忙ヲ名トシ属官ヲシテ代理セシムルノ府県最モ多シ是レ以テ地方長官ノ責任篤カラス又常ニ徴兵ノ事ヲ度外ニ置クコト察スヘキナリ」[22]と指摘した。さらに，1882年の大山巌陸軍卿建議は「本省ノ徴兵事務ニ於ケル毎年徴兵使ヲ派遣シ之カ検査ヲナサシムト雖モ是唯一時ノ時ニシテ地方官カ調査セル帳簿ニ拠リ其再検ヲ為スニ過キス再検ノ基本ヲ立ツハ一ニ地方官ノ手裏ニ在リ」と指摘した[23]。

ところで，大山陸軍卿の二つの建議は詳細な資料を添えて言及したことが特質である。

第一に，1881年の建議添付附表の「各府県徴兵事務担当官吏等級並人員表」によれば，各府県の徴兵事務分掌の不統一が明示された。まず，最も多いのが

「庶務課戸籍掛兼掌」(埼玉県他14県) であり，以下，「庶務課戸籍掛中分掌」(東京府他12府県)，「庶務課分掌」(千葉県他6県)，「庶務課兵籍掛」(京都府他8県) であった。次に，各府県の徴兵事務担当者の等級・人員も不統一であった。各府県の徴兵事務担当者総人員239人中で専任は126人とされ，兼任は113人であり，専任と兼任はほぼ同数に近い。福島県などは「庶務課分司庶務科長」(十五等官) がただ1人で徴兵事務を処理していた。徴兵事務担当者の等級も全体として低く，十七等官 (25府県で計37人)，准等外傭筆生 (17県で計34人)，等外一等～四等 (24府県で計45人) であった。十二等官以上者を徴兵事務に従事させているのは東京府，山梨県，大阪府であった。その他の府県は十二等官から八等官までを従事させているが，すべて庶務課長であり徴兵事務の常時専任ではなかった (京都府他12県で計15人)。この結果，各府県では，徴兵令に即した徴兵事務実施の正否は徴兵事務担当者の個人的自覚に負うところが多く，また，各府県の徴兵事務分掌の不統一と未整備により各府県間の徴兵応徴者と免役者の人員数の極端な不均衡さえ発生させた。

第二に，1882年の建議は，1880～1882年までの府県毎の詳細な徴兵比較表を添付した。それによれば，特に1882年の宮城県 (壮丁4,960人，徴集に応すべき者は1,871人) と高知県 (壮丁4,121人，徴集に応すべき者は281人) の事例が比較された[24)]。そして，宮城県の壮丁に対する応徴者比率37.7%と高知県の壮丁に対する応徴者比率6.8%を比較し (全国の応徴者は35,087人で応徴者平均比率は13.9%，フランスの応徴者は210,019人で応徴者比率は71.25%)，仮に現行徴兵令により宮城県並の応徴者比率を全国的に出させるならば，全国合計95,164人の応徴者 (「徴集ニ応スヘキ者」，徴集候補者) を確保できるとし，各府県に高等級の専任徴兵担当者を置くことを要請した。さらに同省の『明治十五年 陸軍行政事務報告』も1882年度の徴集名簿人員として「僅カニ二万七千六百五名ヲ徴集セリ」と述べ，各兵種の常備兵員は「悉ク完全健康ノ者ト謂フヘカラス徴兵体格ノ劣等ナルコト年一年ヨリ甚シ詢トニ患フ可キ事タリ」と強調した[25)]。そして，免役者が想定以上に多いのは「人民詐術ヲ以テ兵役ヲ規避スル」とされ，その詐術を絶たなければ「徹底徴員欠乏ノ患」をなくせず，「健全ノ壮丁ヲ精選スルコト能ハス遂ニ軍隊ノ勢力ヲ侵害スルニ至ラン」と危機感を露わにした[26)]。

かくして，1882年末からの軍備拡張方針にも対応し，1883年12月28日太政官布告第46号徴兵令改正により，兵役免除を「不具・廃疾者」に限定し，従来の「名義」による徴集免除を徴集猶予にして徴集兵員増加をねらった。なお，小学校を除く官立府県立学校の卒業証書所持者で現役服役中費用自弁者は「願ニ因リ一個年間陸軍現役」に服させるとした。

③1883年の府県兵事課設置と兵事会開設

大山巌陸軍卿の1881年の建議は地方庁に「徴兵課」の設置を要請していた。ただし，この「徴兵課」は徴兵事務のみを担当するのではなく，「恩給其他予備軍後備軍国民軍ノ身上ニ関スル事項ハ固ヨリ補充兵帰休兵予備徴兵等凡テ軍籍ヲ帯ヒ地方ニ在ル軍人ノ事務ヲ処弁ス」[27)]とされ，地方行政機関の兵事事務全般を担当するとした。陸軍省の「徴兵課」設置要請は認められ（「徴兵課」を「兵事課」と改称），1883年1月23日太政官達第2号により各府県に兵事課が設置された。同省は府県兵事課設置によりいわば恒常的な出先機関を獲得し，内部的な監督体制を強化し，徴兵・兵事事務の中央集権化に近づいたといえる。

さて，地方行政機関の兵事課の活動で重要なものとしては府県兵事課（長）の指導のもとに開催された兵事会の活動がある（兵事諮問会・兵事事務協議会等々の会称があり諮問・協議機関的性格を持つ）。府県の兵事会で比較的初期に開催されたものは1883年7月の愛媛県の兵事諮問会であった[28)]。これは，1882年8月太政官布告第43号徴発令や同12月太政官布達第26号徴発事務条例の実施の具体化のために「徴発事務取扱手続」を議決した。その後，1884年以降，府県兵事課（長）の指導のもとに兵事会が全国的に開催されたが，これらの兵事会開催は以下の意義がある。

第一に，1882年の徴発令と徴発事務条例は府知事県令と郡区長及び町村戸長に徴発に応ずる具体的な便宜の方法設定を求めており，そのため地方行政機関は徴発事務の統一的取扱いを兵事会開催により規定した。また，1886年10月陸軍省令第39号陸軍召集条例は地方庁に対して陸軍召集事務従事の諸官吏の細務規定化を求めており，そのため府県兵事課は兵事会開催により陸軍召集の県―郡区―町村の統一的事務執行を具体化した。かくして，兵事会は陸軍省・鎮台・連隊の召集事務等に連なる兵事事務遂行の統一的な諮問・協議機関になった。なお，地方行政機関に対する召集事務体制の整備要求は（本書第2部で詳述），1884年の出師準備管理体制の成立萌芽と1886年の同体制の第一次的成立に対応した。

第二に，兵事会は府県兵事課（長）の指導により開催された（会長は府県兵事課長，会員は郡長又は郡兵事担当書記）。さらに，1886年以降は郡行政機関のもとにも兵事会が開催されるに至った（会長は郡長，会員は郡兵事担当書記と町村戸長[29]）。かくして，府県兵事会と郡兵事会との指導連絡体制が成立し地方行政機関における兵事事務管掌の統一化を促進した。また1884年5月の区町村会法改正による官選戸長制と戸長役場区域拡大に対応して新規官選戸長を県―郡区―町村の統一的な兵事事務管掌に引き寄せた。

第三に，府県郡の兵事会の諮問・協議内容は徴発事務・陸軍召集事務の他に1884年徴兵事務条例を中心とする兵事法規の統一的施行と，徴兵援護や兵事奨励事業の統一的指導であった。兵事奨励事業はしだいに拡大し，①兵役志願者奨励，②陸軍教導団等の陸軍諸学校生徒志願者奨励，③徴兵現役帰郷者の慰労と待遇，④軍隊（演習・行軍）の待遇事業，⑤在郷兵の教育と会合・集会の指導，⑥在郷諸兵召集に対する援助（点呼召集の旅費・弁当費の補助），⑦兵事委員の設置，⑧学校教育への関渉（1882年の「軍人勅諭」の写しを小学校生徒に配布し，教師をして奉読させる），⑨日本赤十字社への加入，⑩徴兵適齢者や兵籍編入者の失踪逃亡の取締り，等々であった[30]。ただし，ここで，兵事奨励事業と称されるものは第1章で述べた政府・国家としての軍事奨励策（自治体及び住民自身の兵備化・武装化奨励策）とは本質的に異なり，軍隊に対する支援や徴兵・出役者の援護を意味した。

第四に，兵事会の全国的開催状況は，府県兵事会は，①1884年：愛媛・福岡・静岡・千葉，②1885年：山口・広島・群馬・愛知・山梨・神奈川・佐賀・岩手・福井・三重・滋賀・山形・高知・富山，③1886年：宮城・福島・埼玉・栃木・岐阜・京都・島根・岡山・徳島・長崎・熊本，④1887年：青森・秋田・茨城・新潟・石川・鳥取・大分・鹿児島，⑤1889年：長野・宮崎，⑥1892年：和歌山，⑦1893年：香川，等々で開催された[31]。つまり，当初は東京・大阪府を除きほぼ全国的に開催された。郡の兵事会開催は埼玉・神奈川・愛知・島根・広島・愛媛・大分を筆頭にして，青森・岩手・宮城・栃木・茨城・山梨・東京・静岡・新潟・福井・岐阜・滋賀・三重・奈良・兵庫・大阪・鳥取・岡山・徳島・高知・宮崎・佐賀・熊本・鹿児島，等々の各府県下に多かったが，概して郡部・農村部に多かった。都市部では広島区・福岡区・長崎区・熊本区などで開催された。東京府では1889年に東多摩・南豊島郡役所や北豊島郡役所において開催された[32]。

さらに，1881年3月陸軍省達甲第7号後備軍司令部条例による後備軍司令部（大隊区司令部や連隊区司令部の前身）の設置も重要である。後備軍司令部は各師管営所所在地に設置され，特に徴兵調査と予備軍後備軍関係事務に従事し府県に下士を駐在させた。そして，1883年6月陸軍省達甲第22号後備軍司令部条例中改正は後備軍司令部の管轄区域として，従来の「使府県」区画をさらに54個の「郡区」に細分化し，府県に士官（尉官1名）を，郡区に駐在官（曹長と軍曹1～3名）を駐在させ，府県と郡区内の徴兵調査や予備軍後備軍の事務体制を強化した。また，駐在官は府県郡区の兵事会にも臨席し，地方行政機関の兵事事務担当の官吏と密接な連絡関係をつくりあげようとした。

なお，地方名望家層をして地方行政機関と地方住民との間に立たせて兵事奨励事業を推進させる兵事委員・兵事世話係の設置も重要である。兵事委員の設置は，『内外兵事新聞』第463号（1883年9月23日）の社説「兵事委員」などが主張したが，1887年以降の兵事会などで論議された（島根・大分・青森，その他の県・郡の兵事会）[33]。兵事委員の任務は，①在郷諸兵陸海軍学校生徒の待遇，②軍人の入営出役帰郷の待遇，③招魂祭施行，④軍隊待遇事業，⑤点呼召集参加者や検丁の旅費補助，⑥徴兵適齢者奨励・軍人出役者家族救恤，⑦在郷兵談話会開催，等々の多岐にわたる兵事奨励事業の中核的推進者としての任務であった（高知県香美郡の軍人待遇規約における兵事委員の任務（1888年））[34]。

1883年の府県兵事課設置等は徴兵事務の監督体制を含む兵事事務体制全般の中央集権化の契機になり，さらに地方自治体側の徴兵援護・兵事奨励事業を推進・展開させた。その際，徴兵援護・兵事奨励事業は局地的には発生しても，もちろん財政的基盤（の余裕）がなければ，全国的には着手・推進・展開されなかった。本章では，地方行政機関の外郭的事業・団体としての徴兵援護団体・兵事奨励事業の結成・着手が推進された理由として，1884年からの徴兵入費政策転換による財政的基盤の余裕発生の背景を考察する。

(2) 1884年における内務省の徴兵入費政策転換——府県段階の徴兵援護・兵事奨励事業の成立

①内務省達乙第41号の制定と徴兵入費の官費化——軍隊への地域社会の馴致・順応化Ⅰ

1884年7月19日太政官布達第18号徴兵事務条例は徴兵下検査を廃止した。この結果，徴兵下検査費の地方税化による財源確保は不要になり，徴兵検査関係諸費の自治体負担のあり方が改めて問題になった。すなわち，山県有朋内務卿は1884年9月4日付で太政大臣宛に，徴兵下検査廃止により，徴兵検査所と抽籤場に往復する戸長の旅費は地方税により支出し，徴兵検査所往復の検丁旅費と検査所諸費はすべて「国庫支弁ニ属スル儀ト相心得可然哉」と伺い出た[35)]。同伺いに対して，参事院は大蔵省意見（国庫支弁に賛成）も参考にして，徴兵検査所往復の検丁旅費と検査所諸費は「国庫支弁ニ属スル儀」であると審査し，10月4日に左大臣に上申した。太政官第一局も参事院上申通りでよいと審査し，10月13日の閣議は内務省伺い通りの指令を決定した。これにより，内務省は府県宛の11月21日達乙第41号で，徴兵検査所往復の検丁旅費と検査所諸費は府県の本庁経費中の徴兵費から支出することになったことを指令した[36)]。

1884年内務省達乙第41号は民費賦課・地方税化による徴兵入費の財源確保を不要にした。同国庫支出は徴兵入費事務の中央集権化を意味し，民費賦課・地方税化を基盤にした配賦徴員送り届けの業務構造を転換し，無権利的な兵役制度に対する馴致・順応化の契機になった（軍隊への地域社会の馴致・順応化Ⅰ)。すなわち，府県下自治体の徴兵事務財政に余裕が生まれ，配賦徴員送り届けの業務構造に任意的な兵事奨励事業が導入され編成替えされた。かくして，1882年からの軍備拡張を背景にして，1880年代後半から地方行政機関の外郭的事業・団体としての徴兵援護団体・兵事奨励事業の結成・着手が推進された。

②府県等における徴兵援護・兵事奨励事業の成立

1884年の徴兵入費政策転換のもとに，兵事・軍事及び軍制の周縁的な支援・補完的側面を基本にして，府県行政機関の外郭的事業・団体としての徴兵援護事業（団体）が全国的に設立され，兵事奨励事業と連動して展開された。その設立と事業展開の特質は次の通りである[37)]。

第一に，府県の外郭的事業・団体として組織された徴兵援護事業（団体）の全国的分布は下記の通りである。すなわち，高知武揚協会（1884年）[38]，千葉県徴兵慰労義会（1886年），茨城県徴兵慰労義会・新潟県徴兵慰労義会・滋賀県尚武会（以上1887年），奈良県奨武義会・大阪府奨武会・島根県尚武協会（以上1888年），京都府尚武会，等々である。また徴兵援護事業の全県的な統一的準則を設定した県は山形・宮城・山梨・長野・和歌山・福岡・長崎等々である。さらに県下全郡がほぼ徴兵援護事業を組織した県は埼玉県であり，各郡の徴兵慰労義会の下部組織として町村に支会と数町村合同の連合支会が結成された。その他に，神奈川・福井・広島・徳島・秋田・栃木・群馬・静岡・愛知・岐阜・石川・三重・兵庫・島根・岡山・愛媛・大分・佐賀・熊本・鹿児島，等々の県下でも多数の郡が徴兵援護事業を組織した。また，町村段階での徴兵援護事業は，秋田・埼玉・静岡・島根・広島・佐賀・熊本・鹿児島，等々の県に多かった。地方都市の徴兵援護事業の組織は広島区・岡山区・福岡区・長崎区等々に設立された。また，東京府では1888年2月20日に府内郡区の徴兵援護事業の標準的規約としての「兵員慰労義会規約」（郡区役所宛内訓第6号，全10条）を示し，たとえば，北豊島郡は翌1889年12月2日に兵員慰労義会設立を評決し，翌年7月27日に徴兵慰労金贈与式を挙行した[39]。なお，東京府の区部の徴兵援護団体は日清戦争後に社団法人化された[40]。

第二に，徴兵援護事業の組織化に際しては，県郡の行政機関の兵事会などの指導のもとに郡長町村戸長や郡書記が先頭に立った。その際の設立手続きは，①陸海軍人優待と兵役服役者奨励を目的として郡区町村に「兵事組合」を設置させた宮城県の「兵事組合設置準則」（1887年9月10日宮城県訓令第70号）[41]，②県の徴兵慰労規約設定の諮問に対する答申の形で当該郡の徴兵援護事業規約を決定した「愛知県愛知郡徴兵慰労会規約」（1886年9月27日愛知県愛知郡乙第71号）[42]，③郡長の訓令により規約締結して県に届出た長崎県西彼杵郡伊木刀村の「軍人待遇規約」（1886年6月25日）[43]，などのように，上級地方行政機関の指導による届出と認可がなされた。そして，本来は私的・有志的な事業の徴兵援護事業は公的承認を得て地方行政機関の外郭的事業（団体）として位置づけられその権威を増大させた[44]。

第三に，徴兵援護事業の内容・方法は，徴兵慰労会（規約）の場合には徴兵服役者一般が慰労や待遇の対象になることは少なかった。たとえば，現役入営中に陸軍刑法・陸軍懲罰令により処刑処罰されないことが慰労や待遇の条件とされ，慰労金贈与は現役入営中の行状や成績の如何によって格差が付けられた[45]。その結果，徴兵服役者を現役在営生活と帰郷後生活を通して奨励・監視できた。以下，徴兵援護の内容は次の通りである。①現役満期帰郷者への慰労金等々の贈与（特に1883年5月陸軍省達乙第51号精勤証書付与規則による精勤証書付与者を優遇），②徴兵服役者の戦死又は入営中の病死には遺族に弔祭費を支給・補助する，③入営・帰郷者の送迎を町村戸長や町村会議員を先頭にして挙行し，送迎時に饗宴を実施する，④現役満期帰郷者を町村の公会席上では常に上席に置く，⑤現役満期帰郷者を学校の開校式等に招待する，⑥徴兵服役者家族の農作業を援助する，等々であった。その際，徴兵服役者慰労金贈与式などは郡長・町村（戸）長・議員や地方行政機関の書記等が先頭に立って実施し，小学校児童なども動員されて盛大に挙行された。つまり，軍隊教育及び在郷軍人対策重視と連動した徴兵援護事業として展開された[46]。

第四に，地方行政機関の指導による兵事奨励事業には，軍隊待遇事業，陸軍召集演習支援，在郷兵の集会・教育等があるが[47]，軍隊待遇事業を中心に考察しよう。

1887年前後から多くの兵事会において行軍・演習時の軍隊待遇事業方策が協議され（青森・秋田・山形・福井・島根・広島・佐賀・大分・熊本等々の県），同規約なども作成された。軍隊待遇の内容は，たとえば，①道路の修善・河川渡場の設置や架橋と船舶の設置，②宿舎・軍需品・糧食の周旋と調達，③行軍・演習の際の湯茶等の接待，④沿道での郡長町村戸長・議員・地方行政機関の官吏等を先頭とする軍隊の歓送迎や同歓送迎に学校生徒を参加させる，等々であった。府県行政機関は軍隊待遇事業を率先して準備した。たとえば，1886年11月に仙台鎮台下の歩兵第四，第十六，第十七連隊が宮城・福島県地方で秋季大演習を施行した際，両県はそれぞれ兵事会を開き演習支援対策を論議した。宮城県は軍需事務所を設置し，福島県は行軍事務所を設置して演習の便宜を供与した[48]。仙台市等は第二師団諸兵（仙台）の小機動演習に際して（1889年10月下旬～11月，於仙台市付近），同市民から1,200円を募り軍需事務所4箇所を設置して軍隊演習の待遇を実施した[49]。地方行政機関を先頭とする軍隊待遇事業は，1889年2月陸軍省達第18号陸海軍連合大演習条例による「天皇親臨統監」の陸海軍連合大演習に対する地方行政機関の受け入れ体制強化に継承された[50]。また，その後の陸軍特別大演習に対する各府県の壮大な取組みに発展した。

1883年府県兵事課設置は徴兵・兵事事務の中央集権化を促進し，1884年の徴兵入費政策転換は徴兵入費事務の中央集権化を強化し，これらの二つの中央集権化のもとに，府県行政機関の外郭的事業・団体としての徴兵援護事業（団体）を基盤にした新たな広範囲の村賦役的な配賦徴員送り届けの業務が成立した。1884年以降の軍備増強と出師準備管理体制の成立萌芽と第一次的成立のもとに，日本徴兵制における村賦役的な配賦徴員送り届けの業務構造が軍隊教育及び在郷軍人対策重視にも連動して再編強化された[51]。

3　1889年徴兵令の成立と徴兵事務体制の中央集権化
――軍部の第一次的形成の兵役制度的基盤の整備――

徴兵入費事務・兵事事務は1883年徴兵令改正を契機にして中央集権化を強めたが，生活困窮者の取扱い方針は確定しなかった。その後，生活困窮者の取扱い方針を含めて，徴兵事務体制全般の中央集権化を確立させたのが，1888年4月17日法律第1号の市制町村制の制定（及び1890年5月の府県制と郡制の制定）を基本にした新地方自治制度と合致・整合させつつ，また，国会開設を控え，1888年12月末に断行された1889年徴兵令改正であった。1889年徴兵令は，軍制上は1888年5月の鎮台体制から師団体制への移行化完成のもとに，平時編制定員充足を支えるために成立し，国民皆兵・必任義務徴兵制の原型になった。本節では1889年徴兵令の成立過程から生活困窮者の取扱い方針をめぐる中央集権化の意味を検討する。

(1)　1889年徴兵令の成立過程と生活困窮者の取扱い方針

①徴兵令改正の断行――生活困窮者の徴集延期をめぐる攻防

師団体制の成立を迎えた1888年4月に，同月の市制町村制の制定・公布を目前にして，陸軍省総務局は陸軍大臣宛に徴兵令改正のために海軍大臣との協議を進めてほしいと述べ，閣議請議書案と徴兵令改正法律案を添付した海軍大臣宛の協議書案を提出した[52]。同協議書案は，徴兵令改正が認められれば同年からの実施見込みであるので，至急を要する事案であることを追記した。つまり，陸軍省は徴兵令改正により師団編制成立に見合う新たな兵員供給システムの構築を考えていたとみてよい。

陸軍省省議の了承を経た閣議請議書案と徴兵令改正法律案は4月7日付で海軍大臣に発された。閣議請議書案は徴兵令改正の眼目として，①「徴兵令」の名称を「兵役令」に改める，②戸主嗣子等の名義による徴集猶予の「特典ノ濫与」をやめ，「事情止ムヲ得サル者」（「貧窮無力」者）に限り名義の如何にかかわらずに徴集猶予にする，③「冨者貴者及智者ヲシテ率先シテ国家防護ノ重任ニ身ヲ以テ当ルニ至ラシメ従テ戦時編成ヲ完全ニスル為メ」に，官立府県立学校及び文部大臣がこれらと同等と認可した学校の修学者を徴集猶予にするが，同事故期間満了後は無抽籤により1箇年の現役に徴集し，これらの「一個年壮兵」により予備将校下士の補充システムをつくる（戦時の将校下士要員は平時の倍増を必要），④「一個年壮兵」の有資格者範囲を拡張し，「身元裕福」でない者の服役中費用の全額又は若干額を官費とする，⑤海軍兵現役年期を伸長する（現行の3年を5年にする），の5点を示した。海軍大臣は同12日付で海軍兵卒の現役期間伸長の趣旨説明文を閣議請議書に加えてほしいことを回答し，陸軍大臣は了承した。

そして，陸軍大臣大山巌と海軍大臣西郷従道は連署で徴兵令改正の閣議請議書を4月16日付で内閣総理大臣伊藤博文に提出した[53]。閣議請議書添付の陸軍省の徴兵令改正原案（「兵役令」案）は，特に徴兵令改正の眼目②は第19条として「本人ヲ徴集スルニ於テハ其家族ノ養育ヲ市町村ニ於テ負担セサルヲ得サルノ確証アル者ハ市町村ノ願ニ由リ徴集ヲ延期ス其事故三箇年ヲ過クルモ仍ホ止マサル者ハ国民兵役ニ編入ス但分家又ハ絶家若クハ廃家再興ノ故ヲ以テ本条ニ当ル者ハ其願ヲ許可セス」と起案し，第21条は本人出願による徴集猶予（当該事故が25歳までの者）の該当者として「多数ノ職工ヲ使用スル工廠若クハ製造所ヲ有スル者或ハ之ト等シキ商業若クハ農業ニ従事スル者但本人ヲ要スルニアラサレハ其業ヲ維持スルコト能ハサル者ニ限ル」と起案した（他1項）[54]。

陸軍省の「兵役令」案はただちに法制局で審査されたが，特に②の第19条に対しては同省との協議が調わず，閣議に持ち越された。その際，法制局は当初の陸軍省の「兵役令」案を「乙按」と称した。他方，法制局は徴兵令改正原案を修正起案し（法制局は「甲按」と称す，全47条），特に新たに第20条として，徴集延期対象者として（当該事故が3箇年を越えても止まない者は国民兵役に服させる），兄弟同時応徴者の場合の内1名と現役兵の兄や弟，現役中の死没者・公務負傷者又は疾病による免役者の兄や弟1名，戸主満60歳以上者の嗣子や承祖の孫，「戸主癈疾又ハ不具等」であって一家の生計維持不能者の嗣子や承祖の孫，戸主，を起案し（「甲按」第20条），さらに第21条として，「甲按」第20条の徴集延期者に該当しない者として，附籍戸主及び附籍戸主の嗣子や承祖の孫，他8項目を起案した（「甲按」第21条）。

陸軍省と法制局との協議において最も厳しい賛否議論を惹起させたのは，「乙按」第19条の新設起案であり，生活困窮兵員家族養育の市町村負担を法律条項中に仮定的に明示したことである[55]。つまり，配賦徴員送り届け業務に関する自治体責任論を内包した上での起案であった。しかし，「其家族ノ養育ヲ市町村ニ於テ負担サセルヲ得サルノ確証」はいかなる内容を意味し，さらに「市町村ノ願ニ由リ」とはどのような手続きを経て実現されるのかは不明確であった。法制局が「乙按」第19条に強固に反対したのもそれらの不明確さから生ずる種々の難点であった。他方，法制局の「甲按」第20条の徴集延期対象者は生計維持不能者を加味しつつも従前の戸主嗣子等の名義による徴集猶予等をほぼ継承した。

その後，6月27日に閣議に提出された法制局修正案の「甲案」の説明書と審査報告書は，「乙按」第19条は「市町村ノ自治団結確立ノ後ニアラサレハ之カ実行ヲ見ル能ハサルヘシ」と述べ[56]，さらに，「欧州諸国ノ貧民ナル者ハ殆ト一箇ノ種属ナルカ如ク之ヲ判別スル甚タ容易ナリト雖モ本邦ハ全ク之ト其状況ヲ異ニシ単ニ貧者ナリト言ヘハ悉ク貧者ニシテ又貧者ニアラスト言ヘハ悉ク貧者ニアラサルヘキ国柄ナルヲ以テ今遽ニ一片ノ法律ヲ以テ貧者ヲ判別セントスルハ決シテ行ハルヘキコトニアラス矧［いわ］ンヤ中等以下ノ人民ニ在テハ其子孫ノ為メニ兵役規避ノ計ヲ為シ好テ貧民ノ部内ニ生息スルニ至リ或ハ官民互ニ相欺キ其極地方庁ト人民トノ間ニ言フヘカラサル怨恨ヲ醸成スルヤ必然ニシテ人民各自生計上ノ事情ニ立入リ其貧富ヲ識別セントスルハ法律ノ能クスヘキ所ニアラサルナリ」と述べた[57]。つまり，人民は好んで「貧窮者」に入り，又は「貧窮者」を名乗り出ることになり，市町村の調査手続きでも収拾がつかない煩雑さを招来させてしまうと反対した。これに対して，陸軍省は「乙按」第19条を固持し，ついに法制局と同省との間では統一的条項を生み出す協議に至らなかった。その結果，法制局は徴兵令改正案の審査報告提出の最終段階において，同省との協議なしで「乙按」第19条に該当する新しい第20条（法制局は「丙按」と称する）を起案して閣議に提出した。すなわち，「丙按」第20条を，「徴集ニ応スルトキハ其家族自活シ能ハサルノ確証アル者ハ本人ノ願ニ由リ徴集ヲ延期ス［以下「乙按」第19条と同文］」と起案し，生活困窮者の徴集延期に対する市町村の認識・判断や判定関与を削除した。これにより，1873年徴兵令制定以降，地方行政機関や地方自治体にも実質的に掌握・確保された徴兵徴集判定の権限や関与が完全に消失した。そして，9月24日の閣議は「丙案」を決定し，内閣の徴兵令改正案が成立した。しかし，法制局の「丙按」（第20条）の「其家族自活シ能ハサル確証」の内容は不明であった[58]。

内閣の徴兵令改正案は11月27日に元老院に下付された。元老院の議定では（12月10日の第一読会），楠本正隆が「自活シ能ハサルノ確証」の判定困難の理由から反対した。また，綿貫吉直が「自活シ能ハサルノ確証」の成立要件を質問したが，内閣委員曾禰荒助（法制局参事官）の代弁は最小限の確証要領を示すにとどめた[59]。この結果，元老院は「自活シ能ハサルノ確証」は明確でないとし，また，「一個年壮兵」による予備将校下士の補充システム等に対する陸軍少将井田譲らの強い批判・反対により，内閣の徴兵令改正案を12月28日に廃案として決定した。しかし，翌日の12月29日の閣議は徴兵令改正を断行した[60]。翌1889年1月9日付で伊藤博文枢密院議長は内閣書記官宛に「断行」はやむをえないと通報し，同1月21日に法律第1号により徴兵令改正の裁可・制定が公布された。

②1889年徴兵事務条例の成立――新地方自治制度下の徴兵事務体制の中央集権化

徴兵事務は内務省管轄の地方行政と密接にかかわりつつ施行されてきた。1889年徴兵令改正も新たな徴兵事務体制が新地方自治制度と合致・整合させつつ構築されなければならなかった。そのため，市制町村制（及び府県制と郡制の制定見込みを含む）をふまえ，かつ，徴兵令改正と同時発表を目ざし，

1887年11月に陸軍省総務局第二課は徴兵事務条例案を起案し（勅令案全74条，徴兵事務施行細則全39条の省令案起案も含む），陸軍大臣決裁を得て同11月22日付で内務大臣と海軍大臣宛に協議書を発した[61]。まず，陸軍省起案の徴兵事務条例案は下記の通りである。

第一に，徴兵区として，①1888年5月12日勅令第31号陸軍常備団隊配備表と同勅令第32号陸軍管区表の制定に対応して，「師管」（全国6個）と「旅管」（師管内を2個に分割）及び「大隊区」（同年5月に歩兵1個連隊の兵員徴集に対応すべく2個の大隊区〈連合大隊区〉を指定し，全国歩兵連隊計24個に対応して計48個を置き，大隊区司令部を設置）又は「警備隊区」（小笠原島・佐渡・隠岐・大島・沖縄・五島・対馬の島嶼に設置，当時は対馬のみに設置し警備隊区司令部を置き，他の当初は最寄りの大隊区に属する）の区域に従う，②大隊区及び警備隊区はさらに「徴募区」に分割し（1郡又は1市をもって1区になる），近衛の歩兵隊・騎兵隊の兵員は各師管より徴集し，その他の兵員は第一師管より徴集し，海軍兵員は各師管内沿海及び島嶼を包括する大隊区より徴集する，と起案した（第1～4条）。つまり，師団編制下の各師団・旅団・連隊・大隊の平時編制兵員定員の補充・充足の徴兵事務体制を起案した。そして，徴兵官を，①「総裁徴兵官」（陸軍大臣と内務大臣）のもとに，②「師管徴兵官」（師管内府県毎に師団長と当該府県知事により組織し，首座は師団長），③「旅官徴兵官」（旅管内府県毎に旅団長と当該府県書記官により組織し，首座は旅団長），④「大隊区徴兵官」（大隊区内郡市毎に大隊区司令官と当該郡市長により組織し，首座は大隊区司令官）と「警備隊区徴兵官」（警備隊区内郡市毎に警備隊区司令官と当該郡市長により組織し，首座は警備隊区司令官），の4機関・5種から構成した。さらに，毎年の徴集の実務的な徴募事務と徴募準備事務執行のために，①「旅管徴兵委員」（旅官徴兵官，旅団副官1名，陸軍軍医正1名，府県属若干名，各府県徴兵参事員4名により組織），②「大隊区徴兵委員」（大隊区徴兵官，大隊区書記1名，陸軍軍医1名，郡市書記若干名，郡市徴兵参事員2名，地方徴兵医員若干名により組織），③「警備隊区徴兵委員」（警備隊区徴兵官と警備隊区書記1名，他は同じ），を起案した。ここで，府県と郡市の徴兵参事員は徴集延期・猶予の事案を審議して意見を徴兵官に具申することを任務とするが，徴兵官判決の可否を議論する権限はないとした。府県徴兵参事員は市町村会が当該市町村在籍者から1名を選び（東京・京都・大阪市では各4名），さらに，郡長は各町村の被撰者から1名を選び，府県知事は当該郡市の同被撰者から任命する，郡市徴兵参事員は市町村会が当該市町村在籍者から，市は8名を，町村は各1名を選び，郡市長は当該市町村の同被撰者から任命する，と起案した（第5～18条）。つまり，府県以下の各行政理事者職員を含み，徴兵参事員を徴集延期等判定過程に僅かに関与させ，中央集権的な徴兵事務体制を起案した。

第二に，①判決は，「仮決」（徴集延期・猶予――大隊区徴兵官又は警備隊区徴兵官が裁定）と「終決」（新兵徴募・予備徴員・国民兵役編入・免役――旅管徴兵官が裁定）に区分し，徴兵官間で意見を異にする場合は上級徴兵官の裁定を請い，②壮丁の戸主又は親族は大隊区徴兵官又は警備隊区徴兵官の判決に対して旅管徴兵官に（さらに，旅管徴兵官の判決に対しては師管徴兵官に，師管徴兵官の判決に対しては総裁徴兵官に）訴願することができ（ただし，訴願を名として「行政処分ヲ拒ムヲ得ス」とされる），③徴兵官棄却の訴願事件を上級徴兵官に訴願する時は金10円を預けなければならず，訴願裁可の場合は還付されるが，不裁可の場合は没収され，また，判決にかかわる事件の行政裁判所への訴えは許されない，と起案した（第19～25条）。つまり，徴集判決は「行政処分」であることを明記したが，同判決への異議申立ては行政上の訴願に止められ，行政裁判を起こすことを認めず，必任義務徴兵制を支える中央集権的な徴集裁決体制を起案した。

第三に，新兵入営の業務は（入営期日は警備隊諸兵等を除き12月1日），①大隊区司令部又は便宜の地に新兵入営者を召集し，同人員に応じて大隊区副官又は書記が入営地に引率する（新兵10人未満は単行させる，近衛新兵・海軍新兵の集合地までの引率手続きもほぼ同様），②新兵入営前に徴兵令第20条相当事故発生者は本人の願いにより旅管徴兵官が徴集延期し，当該願書には同徴募区内新兵の戸主2名以上の保証書を添付して町村長経由のもとに大隊区徴兵官又は警備隊区徴兵官に提出する，と起案した（第47～55条）。特に①の自治体職員の新兵入営付添人廃止は，引率途中の取締りや入営手続き上で混雑発生が多いという理由によるが，徴集処分は文字通りの国家・陸軍官憲による直接的・権力的な新兵入営処分になった。これに伴い，陸軍省は府県徴兵費からの新兵入営付添人の経費減殺措置協議を内務省・大蔵省と進めた。なお，身体検査受検壮丁・抽籤総代人の旅費と新兵入営旅費は陸軍省支給にするが，片道5里未満者の壮丁旅費を無給とし，徴兵参事員手当金・地方徴兵医員給料を地方庁から支給すると起案した[62]。

第四に，①徴兵令第20条相当者は同徴募区内の当該年徴集壮丁の戸主2名以上の保証書を付けて町村長経由で大隊区徴兵官又は警備隊区徴兵官に願い出る（第62条），②現役中の徴兵令第20条に等しき事故発生者は親族の願い書（同徴募区内現役兵の戸主2名以上の保証書を添付）を町村長経由の上，大隊区徴兵官又は警備隊区徴兵官及び旅管徴兵官を経て近衛都督や師団長又は鎮守府司令長官宛に提出し，近衛都督や師団長又は鎮守府司令長官は現役免除と予備役編入を処置する，と起案した（第68条）。

これについて，海軍省は12月12日付で一部修正（現役志願者の願い出先として「鎮守府」を加える）他は異存なしを回答した。他方，内務省は12月28日付で，特に，①徴兵委員の構成は，旅官徴兵委員の「各府県徴兵参事員」を「府県名誉職参事会員」に，大隊区徴兵委員又は警備隊区徴兵委員の「郡市徴兵参事員」を「嶋徴兵参事員及郡市名誉職参事会員各二名」に修正し，府県属・旅団副官・地方徴兵医員・大隊区書記・郡市書記等を各徴兵署の徴兵事務員として位置づけ，②「府県名誉職参事会員」と「嶋徴兵参事員」及び「嶋徴兵参事員及郡市名誉職参事会員」の選出方法は，府県参事会と郡市参事会の実施及び嶋制実施までは陸軍大臣と内務大臣が規定する，③徴兵費関係の経費に関する新たな第66条を起こし，各徴兵署と徴兵検査所諸費，身体検査の受検壮丁及び抽籤総代人の旅費と新兵入営旅費，徴兵参事員の手当金と地方徴兵医員の給料・旅費は陸軍省支給にするという増設意見を回答した。内務省回答は島嶼部を除き，徴兵委員の構成・選出には特に徴兵参事員を含めず，市制と府県制・郡制による当該行政理事者をあて，また，徴集判決の審議職務と徴兵署事務とを区別する考え方であった。しかし，陸軍省は徴兵参事員の選出に固執し，特に，府県徴兵参事員は府県会常置委員の互選選出とし，郡市と島嶼の徴兵参事員は当該郡市島嶼内で選挙することにした（選挙方法等は府県会議員の選挙例による）。なお，陸軍省は新たな第66条の増設意見に同意した。

かくして，陸軍大臣は海軍大臣と内務大臣の連署により1889年1月7日付で徴兵事務条例改正案を閣議に提出し，1月28日にほぼ提案通りに決定され，2

月25日に勅令第13号として制定された[63]。

(2) 1890年代における徴兵事務体制の中央集権化の強化

①1889年徴兵令第20条の施行方針

徴兵事務体制は1890年代に入ってさらに中央集権化が強化された。その中で，徴兵令第20条等にもとづく徴集延期等がどのように施行されたか。

第一に，1888年5月12日勅令第29号大隊区司令部条例は大隊区司令部を「在地方軍人ノ管轄法ヲ整頓シ且徴兵ノ事ヲシテ完全ナラシメントスルノ目的」により設置し[64]，陸軍省の地方派出機関として，陸軍省—師団—旅団—連隊の管轄下の地方行政機関の兵事事務管掌に対する統制・監視体制を強化した。大隊区司令部をほぼ各府県主要都市に設置した。さらに大隊区を2～4個の監視区に分け，監視区長として曹長が駐在した。大隊区司令官（中佐又は少佐）は大隊区徴兵官になった。そして，入営前や現役中に徴集兵員の家族が1889年徴兵令第20条該当事案を生じた場合の徴集延期や現役免除の願い出に対しては，大隊区司令官は該当事案の事実調査と旅団長への上申等の職務に従事し，旅団長の認可を得て臨時に大隊区内を巡視し，副官又は監視区長や書記を管内郡市役所や町村役場に派遣した（1889年9月陸軍省達第133号大隊区司令部服務規則）。なお，郡市町村は大隊区司令部職員の大隊区内巡視機会を利用して陸軍召集演習等を積極的に実施し，兵事事務習熟の自覚的遂行に至った。

第二に，地方行政機関の徴兵事務体制も厳格な統制に至った。1892年4月勅令第33号徴兵事務条例中改正は徴兵委員の委員構成を廃止し，軍医と徴兵参事員は個々の任務遂行になった。また，旅管区と大隊区の徴兵署事務員から徴兵委員と地方徴兵医員を除いた。毎年の徴募事務は陸軍省直結の官吏（旅団副官，府県兵事担当課長，大隊区書記，郡市書記）が遂行し，1902年2月勅令第34号徴兵事務条例中改正はその第24条に「町村長ハ前項ノ検査〔兵役適否をみる身体検査〕ニ列席シ徴兵官ノ諮詢ニ応スヘシ」の項目を加え，町村長の徴兵事務は徴兵官から直接的に監視された。さらに，第40条は「裁決ノ前後ニ拘ラス下級徴兵官ノ処分正当ナラサルコトヲ認ムルトキハ上級徴兵官ハ之ヲ取消シ更ニ処分ヲナシ得ルノ途ヲ開カントスル」目的のために[65]，下級徴兵官の徴兵裁決の不当処分に対する師管徴兵官の処分権限を強化した。

第三に，陸軍省は1889年徴兵令第20条の適用者調査方針を示した。すなわち，陸軍省総務局第二課は同年7月8日に徴兵事務条例第68条施行に関して，まず，その近衛現役兵の現役免除の場合への適用について，「近衛現役兵中徴兵令第二十条ニ当ルヘキ事故ヲ生シ其家族ヨリ徴兵事務条例第六十八条ニ依リ現役免除出願ノ節ハ町村長ニ於テ左ノ調書ヲ願書ニ添付有之度近衛ヨリ照会越候条就テハ爾来其取計可有之此段御通牒ス　一　戸籍簿　一　職業ノ現状　一　諸般ノ収入金　一　財産調　一　国税地方税ノ納額（種類ヲ区分ス）　右ノ外自活シ能ハサル説明ノ材料トナルヘキモノ　一　官ノ救助ヲ受ケタル金額及書類ノ写」を通牒した（二通送第2279号）[66]。本通牒は近衛現役兵への適用であるが，近衛兵という「名誉」の服役者が生活困窮を有しつつ服役すれば，その「名誉」にいわば傷がつくと認識・判断し，同20条の適用者調査方針を作成したとみてよい。本通牒の調書は，第二師団によれば，師団各現役兵にも適用するとされた。その後，市町村長は徴兵事務条例第62条相当者も本通牒に類似の調書を添付する規定の県が出てきたので，ほぼ徴兵令第20条適用の判定資料調書に位置づけられたとみてよい[67]。

なお，1889年徴兵令第20条の適用状況は注68）の**表10**の通りである[68]。陸軍省は注58）の法制局の反対意見もあり，その後は徴兵令第20条の「自活シ能ハサルノ確証」による徴集延期者の定員等は何も想定しなかった。しかし，徴集延期者人員を最小限に抑えようとしたことは，徴兵令第20条該当者減少を「軍事上ニ大ナル進歩」であると評価した山口素臣歩兵第三旅団長の1894年演述のように明瞭である[69]。また，茨城県の1892年10月28日訓令第149号と第150号の「兵事事務取扱方」は郡市宛に，市町村長は徴兵令第20条の趣旨を入営前に深く了解させ，現役服役者が同手続きを了解せずに徴兵事務条例第68条により「漫リニ免役ヲ出願セシメサル様為サシムヘシ」と，抑制させるべき注意を与えた[70]。

第四に，徴兵参事員の役割は，当初は1889年4月4日付の佐賀県伺い（「参事員審議上不得止場合ニ於テ市町村役場又ハ本人家宅ニ蹴キ調査スルヲ得ルヤ但本文出張之際ハ旅費支給勿論ニ候哉」）に対する同4月25日の陸軍省の「伺之通」の回答のように，府県は相当に期待していた。しかし，その後，内務省の1893年5月13日付の陸軍省宛の府県知事意見集には，①旅管と大隊区の徴兵参事員各4名を2名に減員すれば，経費縮減になる（広島県），②府県と郡市島嶼の徴兵参事員を廃止し，同職務は市町村長に調査させることで充分である（宮崎県），③大隊区徴兵参事員は郡選出の県会議員に兼ねさせれば，選出手数も省かれる（群馬県），等の意見もあり，徴兵参事員の意義・役割が問い直された[71]。また，第18回帝国議会衆議院における田口卯吉他2名提出の「徴兵参事員ノ制度ヲ廃止スル建議案」（1903年5月30日提出）は[72]，徴兵参事員の役割としての「意見具申」の職務はほとんど形式的であり，郡市長や町村長が担当できると主張した。その結果，1904年2月勅令第47号徴兵事務条例中改正は徴兵参事員を廃止し，郡市長や町村長が徴兵参事員の職務を担当した。かくして，1873年徴兵令制定以降，地方自治体が住民生活に密着して実施させてきた情実による徴集免除等の処分は，1889年徴兵令改正により厳格に管理され，極めて中央集権的に施行された。

②生活困窮者の徴集兵員やその家族に対する見返り的保障問題

他方，生活困窮の徴集兵員と同家族に対する見返り的保障問題はどのように取扱われただろうか。

陸軍省の1889年徴兵令改正起案に対する法制局の審査過程において，法制局参事官真中直道は「兵役令ニ関スル意見書」（1888年5月8日）を提出した。真中直道は兵役を一種の税であると述べ，国民は好みに応じて現物税（徴集兵員として入営）又は金納税（徴集兵員として入営する代わりに金円納入）のいずれかを納め，同金納税により兵事の改良や「其家族自活シ能ハサル」のような徴集兵員の家族と貧民を救助すべきと主張した[73]。真中直道のような兵役税論は「免役税法」や「非役壮丁税法」等々の名称を付して1889年徴兵令改正前後にも現れていた（西周，神田孝平，福沢諭吉など）。1889年徴兵令改正案の閣議決定に際しても，文部大臣森有礼は「不合格者及不当籤ノ者ヨリ徴兵免役料ヲ徴集スルヲ可トス」として閣議を請議しようとした[74]。しかし，真中直道や森有礼の提起・発議は反対されたことはいうまでもない[75]。

兵役税法の類は当時のヨーロッパ諸国の一部でも施行されていた（1889年7月公布のフランスの兵役法や1889年4月公布のオーストリアの兵役法など）。兵役税法論の積極的な主張は，徴兵免役者から免役料を税として徴収し，それらの税収入を現役服役者の諸負担・犠牲等に対する見返り的保障や待遇改善に流用し，現役服役者と免役者との兵役義務遂行の均衡を保とうとされている[76]。すなわち，服役者と免役者の間の負担・犠牲の均等化を目ざすとされた。日本では，既に拙著（『近代日本軍隊教育史研究』第3部第1章）で考察したように，陸軍省は免役者から金円を徴集して服役者の待遇改善等への流用の国法化には当然に反対した。しかし，兵役税法の提起は1889年徴兵令改正以降も消えず，1927年兵役法前後までの約半世紀にわたって帝国議会（衆議院）を中心に賛否論争が展開されたが，兵役の根本的な重みへの言及はない。

1889年徴兵令改正により国民皆兵・必任義務制と称された徴兵制は国民にとっては無権利に等しく非常に重い義務と化した。しかし，陸軍省は地方行政機関の兵事事務体制に対しては，中上流階層を取込み，地方住民大衆の積極的な支持・支援を獲得しようとした。

(3) 徴兵制度と地方自治制度――天皇制軍隊の忠実な兵員採用システムの基盤形成

①桂太郎陸軍次官の1889年徴兵令改正断行論――「軍部」用語の成立

1889年徴兵令改正は注60）のように当時の桂太郎陸軍次官の強い判断により断行された。桂は1889年4月に地方自治制度の整備と1890年国会開設を前にして徴兵令が改正されたことの意義（「徴兵令改正ノ主意」）を「軍部自治」（地方自衛負担主義）との関係で次のように述べている[77]。

①「今ヤ我政府ニ於テハ地方ノ制ヲ一変シ所謂国民自治ノ主義ヲ以テ更ニ町村郡県ノ制度ヲ確定セントス然ラハ則チ従来我陸軍部ニ於テ欠典視シタル各軍管区内ノ軍事ニ関スル各般事務ノ管掌モ亦随テ漸次此自治体ノ行務ニ帰シ所謂文武自治ノ主義併セテ其緒ニ就ントスルヤ疑フヘキニアラサルナリ然レトモ国民挙テ其国ノ兵役ニ服スルコト果シテ其軍部ニ関スル自治ノ義務タリトセハ此機会ニ際シ一層其義務ヲ明確ニシ併セテ其権利ヲ確定スルコト頗ル必要ナルカ如シ〔中略〕宜シク建国根元ノ主旨ニ基キ国民挙テ兵役ニ服スルノ制ヲ以テ立法ノ主義ヲ改定ス」

②「但シ今ヤ何カ故ニ議院設立ノ前ニ於テ徴兵令ヲ改正スルノ必要ヲ見ルカ其理由蓋シ一ニシテ止マスト雖トモ意フニ二十三年ニ至リ議員ナル者ハ華族及資産豊富学識名望アル人士ヨリ撰挙セラルルヤ言ヲ俟タス然ルニ今

ヤ社会上［ママ］院ノ人ヲ点検スルニ将校及当該官ヲ除クノ外ハ重ニ兵備ノ細目ニ意ヲ注カサルノミナラス軍務ノ全体ヲ度外ニ置キ甚タシキニ至テハ軍人ヲ看ルコト殆ト賤劣ノ職業者ニ同シ故ニ啻ニ華族及ヒ財産ニ富饒ナル者ハ益々兵役ヲ避クルノ念ヲ生ス［中略］今ニシテ此弊害ヲ刈除セスンハ将タ何ノ日ニ於テ之ヲ矯正スヘケンヤ二十三年以後憲法ニ拠テ議員立法ニ参議スルノ日ニ当リ幼稚ノ立法体ニ対向シ建国根元ヲ為ス国民最大ノ名誉義務タル兵役均賦ノ法章ヲ可決セシメントスルモ其難キコト猶木ニ縁テ魚ヲ求ムルカ如クナラン其惨然タル結果ハ実ニ想設ニ堪ヘサルナリ故ニ議院開設ニ先タチ今日速ニ徴兵令ヲ改正シ国民ハ単ニ護国ヲ旨トスル本分ノ大義務ヲ有スルノミナラス併テ　天皇陛下ノ兵卒タリトノ名誉心ヲ発揮セシムルニ在リ」

③「就中資産学識アル者ハ我陸海軍ノ義務ニ就キ必スヤ一同将校トナラサレハ世間名誉ノ位置ニ立ツコト能ハサルトノ念ヲ生セシムルニ在ルナリ且此輩ノ兵役期ハ一方ニ於テハ概ネ一周年ト限ルコトヲ得ルニ由リ敢テ本分ノ修学年期ヲ害スルコトナク而カモ他ノ一方ニ於テハ此ノ輩軍伍ニ列スルトキハ直接ニ間接ニ我軍ノ教育ヲ奨励シ軍隊ノ規律ヲ整理シ併テ多数ノ予備士官ヲ得ルノ理由等アリテ其利益洵トニ尠少ナラス」

桂太郎の「軍部自治論」と徴兵制論はどのように生まれたのだろうか。従来(戦前・戦後を通して)，1889年徴兵令改正は天皇制国家体制との関係においては，1888年の市制町村制などを基礎とする新地方自治制度との関係が深いとする指摘があった。その場合，1889年徴兵令と新地方自治制度との関係は市制町村制の特定部分との関係としてみるべきではなく，新地方自治制度全体，すなわち，中上流階層を基軸にして市町村の政治的社会的秩序と団結が維持・調整・形成されることを中核にした上で，住民の地方自治の営為・負担全体が地方自衛の名目のもとに兵役・兵備を支えるという関係に注目すべきである。

これについて，新地方自治制度の調査・起草の機関として内閣に設置された地方制度編纂委員会(1887年1月，委員長は山県有朋内務大臣)の会議でのモッセ(内閣雇法律顧問)と青木周蔵(外務次官)などの問答は極めて注目される(「府県郡自治ニ関シ山県内務大臣野村青木諸氏トモッセー氏トノ問答」)[78]。まず，モッセーは「地方共同ノ事務トハ約言スレハ地方固有ノ者タルニ過キス其固有ノ事務トハ左ノ種類タルヘシ」として,「陸海軍徴発ニ関スル事」「後備軍人ノ妻子扶助ニ関スル事　郡ニ於テ」と「貧民救助ノ事」「小学校ノ事」等々を述べた。他方,青木周蔵は「本邦陸軍ノ制ハ専ラ自治ヲ以主義トス其結果観ルヘキモノアリ是レ内務大臣ノ曽テ陸軍卿タリシトキ其方寸ヨリ醸出スルモノナリ然ルニ陸軍ニ在ノミ自治制ヲ施シ之ヲ全国人民ニ及ハサルハ邦家ノ為メ実ニ長嘆息ニ堪ヘス故ニ陸軍ニ於ル自治論ヲ拡充シテ以三千五百万人ニ其沢ヲ蒙ラシムヘシ地方制度編纂ニ就キ最モ希望スル所ナリ若シ之ヲ採ラサルニ於テハ委員トナリ居リテモ奮発スルノ力蓋シ十分ニ出スコト能ハサルヘシ」と,新地方自治制度は陸軍の「自治」という独自の内部統治体制にみならうことを主張した。青木の主張に対して,山県内務大臣は「其主義ニ於テハ素ヨリ異論ナシ」と賛意を述べたが,彼らは,陸軍の内部統治と管理運営における支配・統制・秩序維持関係が地方自治でも形成・拡張されることを基本にしたかった。また,逆に新地方自治制度が陸軍の内部統治と管理運営にもはねかえり,双方の「自治」の連携・強化・確立を期待したのである。

これに対して,桂太郎は青木周蔵を通して1888年12月の徴兵令改正断行を「根回し」できる間柄にあり,青木らの新地方自治制度の基本趣旨の「自治論」を当然に理解していた。この結果,桂太郎は,第一に,上記①の趣旨として,新地方自治制度のもとでは,軍部に対する自治義務は行政部に対する自治義務よりも重視されなければならないと強調し,特に天皇に隷属する軍人・兵卒の兵役義務の徹底化を目ざすためには(貴賤・貧富を問わない兵役義務,国民皆兵化),現行徴兵令を改正しなければならないとした。ここで,陸軍高官が天皇隷属のための兵役義務趣旨強調の文言・文書公表は特記されねばならないが,桂は天皇制軍隊の忠実な兵卒採用の徴兵制を成立させたかったのである。第二に,しかるに,桂の②は,一旦,議会が開設されれば,市町村の政治的秩序・団結の維持・調整・形成のための中核的存在の中上流階層による議員選出は必然であり,その結果,必任義務の国民皆兵を徹底化すべき徴兵令改正の議論と決定は非常に困難になるとして,1890年議会開設前に改正したと説明した。この場合,桂の②の下線部はジャーナリズム(新聞・雑誌)への公表文章中から削除された理由は,桂の政治的信念をかけた「根回し」を含めて,1888年12月29日の閣議での徴兵令改正が断行されたからである。第三に,桂の③は,戦時編制概念転換を基底にしつつ（戦時編制を基準にして予備役士官の補充人員数を算出し，平時に同補充人員数を養成），戦時の大量の下級将校・予備役士官の補充プールになるべき中上流階層を1年間服役（一年志願兵体制）に従事させ，世間・地域社会における兵備重視・軍備拡大期待の軍国的雰囲気を醸成しようとした。すなわち，拙著『近代日本軍隊教育史研究』（第2部第3章）のように，予備役士官の養成・補充体制を整備し，軍隊の階級秩序と地域社会の政治的社会的秩序との緊密な整合のために徴兵令改正と合わせて1889年2月25日に勅令第14号の陸軍一年志願兵条例が制定された。なお，前年の1888年3月勅令第17号陸軍各兵科現役下士補充条例の制定も重要である。そこでは，現役下士の隊内上等兵からの補充を「本体」とし，陸軍教導団卒業生からの補充を「変体」とし，一般徴兵からの現役下士補充を第一義化することによって，当該地域軍隊の兵員を当該地域出身の下士によって指揮・支配させることを目ざした。

つまり，中上流階層を基軸にした新地方自治制度と軍制の特に兵役制度が緊密に整合し，兵役制度を基本にした軍隊の力により国家・社会が回転し，異端・反乱分子の出現等の抑止・抑制化につながった。そして，近代日本の「軍部」用語は「行政部」に対置すべきものとして，国会開設に対抗して新地方自治制度と整合すべき兵役制度の構築により，さらなる軍隊の維持と組織防衛の意味をもって初めて成立した。

②桂太郎の軍部自治論——軍隊への地域社会の馴致・順応化Ⅱ（郷土部隊論の原型像成立）

ところで，桂太郎は1891年6月に名古屋の第三師団長に就任した。桂が第三師団長職にあった1893年の愛知県下住民への下記の談話筆記内容（軍部自治論——地方自衛論）は，戦前におけるいわば郷土部隊論の原型になったものとして注目される。

①「今日我国ノ軍制ハ自治ヲ主トス乃チ其管内ノ者ハ管内ニ於テ兵役ニ就キ之ヲ卒ハレハ依然其管内ニ居住シアルヲ以テ一朝有事ノ日ニ際スレハ直チニ出テテ其管内ノ土地ヲ守リ即チ之ヲ大ニシテハ我日本帝国ヲ守リ之ヲ小ニシテハ一地ヲ守ルニ其地方ノ人民ヲ以テスルモノナリ故ニ若シ富岡［愛知県八名郡富岡村］ノ人ニシテ一年志願兵ニ出テ予備将校トナリ或ハ下

士トナリテ郷里ニ皈リアラハ有事ノ日富岡ニ於テ予備役兵ヲ召集スルニ際シ将校下士兵卒皆ナ同郷ノ人ナルヲ以テ更ニ一層ノ親情ヲ深カラシムルナラン」[79]

②「[1889年徴兵令は] 初メテ挙国皆兵ノ主義ヲ達スルニ至リ軍部ノ自治モ確実トハナレリ今其軍隊ト町村トノ関係如何ノ筋道ヲ述ヘンニ例ハ豊橋ノ歩兵第十八連隊ハ静岡，豊橋ノ二大隊区ヨリ補充シ居レリ [中略] 即チ甲大隊ハ甲大隊区ヨリ又乙中隊ハ乙中隊区ヨリ取ル事トナレハ其区画モ正確且ツ交渉モ自然親密ト為ル次第ナル [中略] 軍部ノ自治ノ実ヲ挙ケンニハ其町村ニ於テ数多ノ士官候補生一年志願兵又は三年志願兵或ハ教導団生徒等ノ下士志願者及現役兵ヲ出スコト必要ナリ然ルトキハ其人々ハ他日其町村ニ帰リ来リ其町村内ニ於ケル軍部自治ノ精神即チ尚武ノ気風ハ自ラ発達シテ其実ヲ挙ルヲ得ヘキナリ茲ニ注意スヘキコトアリ帝国ノ軍隊トハ単ニ現役三ケ年間服役在営スルモノ而已ヲ云ニアラス三ケ年間ノ在営ハ恰モ学生ノ入校中ノ如シ此学校ヲ卒業シテ帰郷シタル処ノ予備役後備役及国民兵在籍者全体ヲ合シテ始メテ帝国ノ軍ヲ編成スルコトヲ得ルモノナリ」[80]

③「町村ニ於ケル軍部ノ自治発達スレハ其町村尚武ノ気象ハ必ス大ニ発揚シテ後進者ヲ奨励スルニ至リ諸君カ今日特志ヲ以テ企テタル処ノ此慰労会 [徴兵慰労会] ノ精神ハ多額ノ金円ヲ消費セスシテ自然貫徹スルニ至ルヘキコトナラン否貫徹セシムルコトヲ期スヘキ也故ニ予カ将来ニ希望スル処ハ諸君カ目下ノ慰労会ヲ以テ足レリトセス此会ニ費ストコロノ精神ヲ以テ進テ前述ノ主義ヲ採用セラルルニアリ但目下ニ在テハ此慰労会ハ軍部自治ヲ発達セシムル為メノ階梯ナルヲ以テ予モ亦諸君カ此会ヲ構成スルノ精神ヲ喜ヒ爰ニ臨席セシ所以ナリ」[81]

桂太郎の「軍部ノ自治」は，当該地域軍隊の編成・管理・司令指揮並びに当該地域の兵事全般業務を当該地域住民の自主的な支配と統治（自治体武装化等）にゆだねることでない。桂の「軍部ノ自治」は1889年徴兵令を基礎にして，第一に当該地域の防衛は①のように当該地域住民の兵役により負担されなければならず，その際，特に，当該地域社会の住民と兵員がおりなす人的結合関係に依拠して，すなわち，本籍地徴集主義（拙著『近代日本軍隊教育史研究』第3部第1章）にもとづき，一年志願兵制度による予備役将校の輩出等を含み，将校—

下士—兵卒の緊密な支配・被支配関係を強化しようとした。また，軍隊への服役・入営は一種の学校就学とされ，現役満期後の予備役編入を重視し，②のような地域社会と軍隊との関係・交渉の親密化によって，後年に喋々されたいわゆる郷土部隊論の原型像を成立させた。すなわち，当該地域の軍隊があたかも当該地域の社会・住民の名誉的存在や所有物であるかのような仮象・仮構を作り出そうとした。また，そのような軍隊に徴集・召集されるべき兵員（とその家族）への奨励・後援を，③の徴兵慰労会の設立を階梯にして強化し，自治体と軍隊との「良好的関係」を樹立させようした。桂の軍部自治論は，鎮台制度廃止後の1888年衛戍条例等による衛戍地軍隊の新たな鎮圧・抑圧体制成立のもとで（本書第4部第3章参照），軍隊への地域社会の馴致・順応化II（郷土部隊論の原型像成立）と位置づけることができる。

1873年徴兵令による初期徴兵制下の地方自治体の配賦徴員送り届けの業務構造は1889年徴兵令改正により完全に変容・転換し，中央集権下の地方自治体による新たな緊密・広範囲な配賦徴員送り届けの業務構造が成立した。地方行政機関の徴兵事務を基本にする兵事事務体制は天皇制軍隊の中央集権的な整備と強化の最末端的機構として変容・転換したからである。かくして，1889年徴兵令改正に対応する地方行政機関の兵事事務体制は地域社会の支配体制と秩序維持に密着しつつ遂行され，郷土部隊論の原型像が成立した。これにより，行政部に対置し，地域社会に向き合う「軍部」用語の成立とともに軍部成立の第一次的基盤形成としての兵役制度的基盤が整備された。常備軍の結集・整備とともに成立した平時編制は1889年徴兵令改正を頂点とする新たな緊密・広範囲な配賦徴員送り届けの業務構造により支えられるに至った。1890年代以降，軍隊は地域社会との関係で種々の「地域活性化・地域発展貢献」と抑圧あるいは支配を生み出す諸状況がみられたが[82]，総括的にはいずれも近代日本の常備軍の平時編制を支える兵役制度（さらに動員計画と軍事負担体制）の特質を淵源とした。

注

1）　1879年の徴兵事務は特に定員超過分をすべて補充兵として徴集処分したが，本書第1部第2章の注50）のように，第一，第四軍管の徴兵不足は深刻であった。その後，第一軍管徴兵副使の「第一軍管下採取徴員之義上申」(1879年4月14日付陸軍卿宛）添付の「明治十二年第一軍管徴兵員比例改正表」によれば，①常備歩兵定員2,074人に対して採用人員は1,771人で，不足人員303人に至り，②補充歩兵定員768人に対して採用人員は0人で，不足人員768人に至った（〈陸軍省大日記〉中『明治十二年 東京鎮台』参第571号，他4兵種の補充兵も計35人の不足が出た)。これらに対して，第一に，小沢武雄第一局長は1879年4月15日付で陸軍卿に，①徴兵不足分を同年再役人員で補ったが，さらに第一軍管は273名，第四軍管は662名の欠員を生じ，同管内には既に補欠人員はなく，②そのため，徴兵令参考第41条の各軍管交互補欠法に準じて，第一軍管は第二軍管の補充兵から，第四軍管は第五軍管の補充兵と5尺未満者（4尺9寸以上）を管下諸県から平均させて抽籤番号順による充足を伺い出た。本伺いは翌日に了承された（〈陸軍省大日記〉中『明治十二年四月 大日記 省内各局本部』)。第二に，5月15日陸軍省陸達甲第8号は，第一，第四軍管の常備兵中に欠員発生の場合には補充すべき補充兵がいないので，他軍管から補充しなければならず，そのため1879年の補充兵服役期間（90日）の延長を府県に指令した。第三に，8月に至っても各軍管の常備新兵の欠員発生が続き，特に第一軍管は92人（内歩兵75人)，第四軍管は101人（歩兵）が欠員とされ，両軍管ともに歩兵の補充兵は皆無になった。そのため，小沢第一局長は8月6日付で陸軍卿に，①東京鎮台は剰余の補充兵中から兵種変換により歩兵欠員を充足し，さらに不足分を第二軍管の歩兵の補充兵から充足し，②大阪鎮台は剰余の補充兵中から兵種変換により歩兵欠員を充足し，さらに不足分の7人は僅少なので欠員のままにする，③第三軍管（歩兵欠員は47人）と第五軍管（歩兵欠員は65人）は，歩兵の補充兵中には定尺未満者が多いので砲兵の補充兵から兵種変換により充足し，さらに不足分はやむをえず定尺未満者による充足を伺い出た。同伺いは8月12日に了承された（〈陸軍省大日記〉中『明治十二年八月 大日記 内外各局参謀官監軍』)。なお，陸達甲第8号の措置は11月17日に解除された。その後，第四軍管の大阪鎮台管下では1882年の徴兵寡少のために，歩兵の補充兵の不足（157名）を，①砲工輜重兵の兵種繰替えにより充足し，②さらに不足の場合は第五軍管下諸県から充足したように，徴集候補人員寡少化傾向のもとに補充兵の定員確保も容易ではなかった（〈陸軍省大日記〉中『明治十五年九月～十月 第四号審按』1882年9月26日)。また，仙台鎮台の歩兵2個大隊と砲兵・工兵各1個中隊，名古屋鎮台の砲兵・工兵各1個中隊，広島鎮台の砲兵・工兵各1個中隊は未配備・欠員兵額であったが，大山巌陸軍卿は1882年2月17日付で太政官宛に，①特に仙台鎮台は「六管鎮台兵額表」の兵備をすれば「兵数多分之不足」になるが，同未配備は軍隊編制上の支障が多いので1883年から欠員兵額を充足すべく徴集し，計3年かけて完備したい，②同三鎮台欠員兵額充足向けの年度毎経費を算出し（兵営新築の地所買収と新築費，旅費・兵器弾薬雑具被服馬匹購入費等，1882年度は総計41万1181円，内，仙台鎮台は27万1137円），1882年度から別途下付してほしい，と上申した（『公文録』1882年5月6月陸軍省，第8件）。太政官は，1882年度予算は決定済みなので同省定額内での支出を指令したが，仙台鎮台他の当初の兵備配備計画が進めば，定員確保の支障発生は明確であった。

［**補注**］陸軍省は徴兵事務の統計（1875年7月～1879年6月）にもとづき，「徴員ノ欠乏」（『陸軍省第一年報』中「徴兵事務」83頁），「三十万余ノ丁壮中ヨリ僅カニ一万五千ニ足ラサル徴員ヲ採取セントスルモ猶百方勉力シテ漸ク其員ヲ充足セシムルカ如キノ情態アルヲ免カレス」（『陸軍省第二年報』中「徴兵」37頁），「数年ヲ出テスシテ大ニ徴員ノ欠乏ヲ訴ルニ至ランヤ」（『陸軍省第三年報』中「徴兵」9頁），「徴募上動モスレハ欠員ヲ生セントスルコトハ既ニ第一年報以来続々謄録スル所ノ如シ」（『陸軍省第四年報』中「徴兵」17頁）と明記してきた。他方，戦後の徴兵関係の統計数値の言及には，兵役制度・徴兵制の概念・性格等を誤解し，統計数値の歪曲・粉飾の記述が目立つ。加藤陽子『徴兵制と近代日本』は本章の**表8**で引用した『陸軍省第四年報』（1876年の徴兵統計）中「徴兵連名簿」登載人員の53,226人を「受検総員」と記述し，さらに，「この時の徴兵検査で，常備兵に選抜された人員は九四〇五人」と記述し，同9,405人をいかにも「多数」の「母集団」「分母」から「選抜」された「精鋭」者であるかのように描いた（64-67頁）。たとえば，加藤著は，「受検総員」なるものとされた「53,226人」の紹介において，その内数として，『陸軍省第一年報』以降で明記された毎年一定の比率（約70％弱，1876～79年）で発生する(c)の人員（すなわち，死没者や兵役不適格者・当該年徴集不能者）を算入している。そして，その「53,226人」を「分母」にして，分子の「9,405人」を素朴に除し，「17.7％」なるものを示し，「受検」者中で5人に1人の割合で「兵士」が誕生し，その比率は1925年頃の「選抜率」なるものに等しいと記述し，「母集団」「分母」を過大に記述した（菊池邦作『徴兵忌避の研究』21頁，1977年，立風書房，も加藤著と同様に統計数値を誤解）。すなわち，「選抜」の概念を誤解し，死没者等も「母集団」「分母」に算入し，当時の「選抜率」が「少数比率」であったかのように統計数値を記述し，軍隊側の自己自賛としての呪文的な「少数精鋭（軍隊）」を誇張した。加藤著の「大きな母集団から少ない人員を選抜する『自由』，少なくてもよいから国家の目からみて優秀だと思える人物を選抜できる『自由』，この『自由』を国家が満喫しつつ」という記述は，死没者も徴兵検査に出頭し，国家が同死没者等を含む粉飾された「大きな母集団」から「少数」者を「自由」に「選抜」するという錯乱論理になり，徴兵制の誤解を強めた。

2）藤村道生「徴兵令の成立」（歴史学研究会編『歴史学研究』第428号）9-11頁，は，『陸軍省第一年報』等への収録前の未確定の粗略な徴兵数値記載の『太政類典』所収の徴兵関係記録にもとづき「第3表　全国壮丁免役率・入隊率（想定）」（1874～78年，「入隊率」は3.33～3.86％台）を示したが，根拠のある数値ではない。たとえば，仙台鎮台司令長官代理歩兵中佐堀尾晴義は1878年1月9日付で陸軍卿宛に「十年常備兵翌年廻ノ者」の名簿を提出し，1877年の常備軍等当籤者に「番号割符」（1875年徴兵令第5章第10条，常備軍3年服役又は補充兵90日服役の申し付けを明記）を交付した者で，その後に「脱走」「事故」「病気」の事由により翌年廻しされた者の合計155名（宮城県17名，福島県37名，山形県69名，岩手県9名，秋田県18名，青森県5名）を示した（〈陸軍省大日記〉中『明治十一年一月　大日記　鎮台』）。これによれば，徴集処分及び書類調製（『陸軍省年報』の当該年の徴兵統計の数値になる）後においても，常備兵入営の指定期日を迎えて，入営・入隊せず，翌年廻しが措置されたことは明確である。したがって，「入隊率」は徴兵統計数値から算出すべきではなく，「新兵」又は「生兵」の概念・カテゴリーにかかわる統計数値と本章の**表8**の（h）の①②の数値との比率から算出されなければならない。

3）徴兵下検査を含む新たな徴兵検査体制は本書第1部第2章参照。

4）『征西戦記稿』中「附録 戦死人員表」（1874年11月調）。

5）『公文録』1878年1月2月陸軍省，第15件。

6）『公文録』1878年6月陸軍省，第8件。

7）『公文録』1878年8月9月陸軍省，第2件。なお，「丁年」は1876年4月1日太政官布告第41号「自今満二十歳ヲ以テ丁年ト相定候条」により満20歳と定められた。

8）9）『元老院会議筆記』前期第5巻，242，244，247頁。戦後，近代日本の徴兵制の免役措置を戸籍制度・身分法との関係で特に「名義」と「情実」の取扱いに注目しつつ先駆的に考察した重要な研究には利谷信義「明治前期の身分法と徴兵制度」福島正夫編『戸籍制度と「家」制度』（1959年，東京大学出版会）等がある。当時の「名義」と「情実」との文言等の関係は，たとえば，元老院での1883年徴兵令改正にかかわる渡辺洪基の発言がある（「名義ニ依ラス情実ニ依リテ以テ徴不徴ヲ定メントス欲ス蓋シ情実トハ即チ見ニ其人ノ其家族ニ在ラサレハ一戸ヲ保持スルヲ得サル者ノ如キ是レナリ」（国立公文書館所蔵『元老院会議筆記』第411号議案「徴兵令改正ノ儀」43-44頁，下線は遠藤）。なお，陸軍省編『陸軍軍政年報』（1877年）は1875年度までの徴兵事務を総括し，日本にほぼ等しい壮丁人口をもつフランスの徴兵制の1857年度の徴兵状況と免役人員を例示・比較した。すなわち，20歳壮丁294,761人，徴集義務者210,019人，徴兵検査合格者140,424人，同不合格者58,514人，免役者84,742人である。同人員は，拙稿（「日露戦争前における戦時編制と陸軍動員計画思想（1）」北海道教育大学紀要（人文科学・社会科学編），第54巻第2号）で紹介した兵部省訳の『明治四年訳 陸軍徴兵及仏国人口記』の統計数値にほぼ対応し，1857年の賦課兵員数は10万人とされた。当時のフランスでは基本的に壮丁全員が徴兵検査を受け，抽籤により，賦課兵員数内の抽籤番号の壮丁が家族関係（嗣子・独子・長子）等の理由により免役措置を受けたが，その嗣子・独子・長子は限定されていた。その上で，陸軍省は，フランス徴兵制よりも寛大な免役措置によっても，鎮台兵力編成にみあう徴集予定兵員を徴集できると想定していたが，「免役措置」の名義取得の想定外の「膨張」による「徴兵規避」等が発生し，その対策に苦慮していた。日本では徴集兵員が「少数」ではなく，徴集候補者のプール（「徴兵連名簿」登載者数）が少数であった。これは当時のジャーナリズムも断定し，その「弊害」を恐れていた。たとえば，『内外兵事新聞』第402号社説「陸海新兵ノ景況」は「年々徴集セラルル賦兵ノ数漸ク欠乏ヲ致シ少数ノ応徴者ニ就テ多数ノ兵員ヲ徴集セラルルカ故ニ自然ノ勢身体少シク羸弱ナル者モ亦已ムヲ得ス之ヲ徴集スルノ弊漸ク起ルノ傾キナキコト能ハス故ニ将来更ニ許多ノ兵員ヲ徴集セラルルニ至テハ能ク壮丁中ノ最モ強壮ナル者ノミヲ精選シテ軍隊ニ編制スルヲ得ルヤ否ヤノ恐レアリ」（2頁，1883年4月29日）と明記した。その後，1889年徴兵令の実施結果について，陸軍大臣は「明治二十二年帝国徴兵表」を調製して12月28日付で内閣総理大臣宛に送付し，上奏を願い出た。そこで陸軍大臣は過去17年間における30万人余の壮丁から2万人未満の現役兵の徴集は「徴員ノ不足ヲ告ケ殆ト矮小不具ニ等シキ者ヲ徴集シ稍其員ヲ充スニ過キス」と総括した上で，1889年徴兵令を「体格十全健康ノ者ヲ以テ現役徴員ヲ充実スルノミナラス出師準備上ノ所要ノ予備徴員ヲ得兵備ノ基礎愈鞏固ナルニ至レリ」と初めて自賛した（〈陸軍省大日記〉中『弐大日記』乾，1889年12月，総総第502号）。

10）11）12）13）『公文録』1879年11月12月陸軍省，第1件，『公文録』1879年10月陸軍省2，第1件。太政官布告第20号にかかわる山県有朋陸軍卿の12月6日付太政官宛伺い書の絶家再興等による分家等の事例は，神奈川県の太政官宛上申の事例等にもとづいていた（〈記録材料〉中『明治十一年 考案 法制局』所収の神奈川県令野村靖の1878年9月3日付の太政官宛「第二十号公布之儀ニ付上申書」）。他方，陸軍省の12月18日提出の徴兵令改正案は，平時兵役免除対象者（第3章第2条）で家族・戸籍にかかわり，「一家ノ主人タル者　但附籍主モ此例ニ準ス」（第1項）と，「嗣子並ニ承祖ノ孫」（第2項），「養子嗣子並ニ相続人」（第3項）を起案した。ただし，第2，3項ともに年齢五十歳未満者の嗣子と承祖の孫及び養子嗣子・相続人を除くとした。これに対して1879年4月29日の太政官法制局審査報告は，嗣子名義による免役者が1876年以降から逐年増加し，その大多数が「実嗣子」でなく「養嗣子」であり「兵役規避ノ術策ニ出ルコト判然タリ」と述べた。そして，その対策として，実嗣子のみを免役して養嗣子をすべて徴募に応ずるようにすれば，「徴員欠乏ノ患」はなくなるが，「本邦ノ養嗣子ナル者ハ実嗣子ト其権利異ナラサルヲ以テ」，養嗣子と実嗣子とは区別できないとした。しかし，嗣子名義者をすべて免役する場合は逐年徴集予定者が欠乏し，ついには徴募すべき壮丁がいなくなり，また嗣子名義者を「悉ク徴募スルトキハ其人員夥多ニ過キ且莫大ノ費用ヲ消耗スヘシ」として，第3項の養嗣子は年齢50歳をもって区別するとした。すなわち，第3項を「年齢五十歳以上ニシテ嗣子ナキ者ノ養子嗣子或ハ相続人　但隠居後別居シテ特ニ嗣子或ハ相続人ヲ置ク者ハ此限ニ非ス」と修正し，さらに，「年齢五十歳未満ト雖廃疾又ハ不具ニシテ産業ヲ営ム能ハサル者ノ養子或ハ相続人」（第4項）を平時免役対象者に加えた。なお，法制局は陸軍省案第1項を「戸主タル者」（ただし，徴兵年齢以前に分家し又は新分家の女戸主に入婿し又は絶家再興の戸主を除く）と修正して「附籍主」を削除し，同第2項の但し書きを，自己の長男・長孫を分家させ，又は他家の養子にして，又は絶家再興あるいは新分家の女戸主に入婿させた上で，自己の二男三男・二孫三孫を徴兵適齢以前に嗣子又は承祖の孫にした者は平時免役者から除かれると修正した。第1項の「附籍主」の免役は1877年1月29日陸軍省達甲第7号の徴兵令参考追加第33条で規定され，「附籍主ハ尋常戸主ト其権利同キヲ以テ」，一家の「主人」に準じて免役された。附籍主は僧侶を除き，幼弱単独疾病と貧困によりやむをえず他人（親戚縁故者）の本籍に付託してその家に寄居する者であった。内務省は1877年3月に陸軍省に附籍主の嗣子も免役対象者にすることを照会したが，陸軍省は受け入れなかった（〈陸軍省大日記〉中『明治十年九月　大日記　諸向送達』）。陸軍省・太政官の徴兵令改正の起案・修正は，「戸＝家」「家産」の保護の構えを崩さず，当時の常備兵額の枠内では50歳未満者で嗣子なき者の養嗣子・相続人等を含む徴集候補者に依拠して，徴集予定人員を充足できるという想定にもとづいていた。

14) 15)　『元老院会議筆記』前期第7巻，365,466頁。近衛兵を最初から各軍管から直接徴集して3年間服役させることは1883年徴兵令改正により実施された。

16)　注8）の利谷信義「明治前期の身分法と徴兵制度」等。

17)　『陸軍省第三年報』37頁。

18)　『公文録』1877年1月2月陸軍省，第1，15件。

19)　『公文録』1883年1月2月陸軍省，第1件。

20)　『公文録』1882年12月陸軍省，第1下件。

21)　国立公文書館所蔵『元老院会議筆記』第411号議案，583頁。

22)　注19）に同じ。

23) 24)　注20）に同じ。

25) 26) 〈陸軍省大日記〉中『明治十五年 陸軍行政事務報告』。

27) 注19) に同じ。なお，兵事課の兵事事務内容としては，東京府が1883年2月2日に「兵事課事務章程」(全12条) を規定したものがある (『官令新誌』1883年第2号，99-100頁，1883年2月)。

28) 『官報』第14号，1883年7月17日。

29) たとえば，1885年7月24日埼玉県乙第91号兵事会規則 (河村善長編『現行埼玉県類聚法規』230-231頁，1889年)。

30) 本章記述の「兵事奨励事業」は地方自治体レベルであり，兵事・軍事や軍制の周縁的な補助・補完的側面の支援にかかわる奨励カテゴリーである。それは，本書第1部第1章で言及した政府レベルの軍制・軍事の根幹的政策部分に真正面に向き合うべき軍事奨励策の消失化を前提にして (自治体兵備化や住民武装化の統制・禁止，壮兵・従軍出願の抑制)，かつ，同第2章言及の1873年徴兵令制定による兵役制度の復古化的導入と天皇の統帥権の確認という軍制の古典的な中央集権化を根幹にした以上は，自治体・住民主体の兵事・軍事に対する本質的な奨励になりえず，仮構的な奨励にならざるをえなかった。

[**補注**] 徴兵援護・兵事奨励事業はその本質が問われた。桂太郎陸軍大臣は1900年4月5日の内務省における地方官会議に臨席し，徴兵援護・兵事奨励事業に対して訓示した。それによれば，「新兵ノ入営若クハ満期兵ノ帰郷ニ当リテ一郷之ヲ壮トシ栄トシテ之ヲ賀シ其極旗幟ヲ植テ煙火ヲ揚テ之ヲ送迎スル習慣ハ殆ト世間一般ノ常態トナレリ然レトモ [中略] 今日此送迎ノ快挙モ安ンソ知ラン他日御付合的儀式ニ葬リ去ラレ遂ニ送迎者ハ此虚飾ニ迷惑シ被送迎者亦毫モ之ヲ有難カラサルノ結果ニ帰着スルナキヲ [中略] 軍隊ノ行軍演習ニ際シ或ル地方ニ於テハ規定以外ニ酒肴ヲ供シ食膳ヲ羔ニシテ以テ軍隊ノ歓心ヲ買フコトアルヲ目撃ス称シテ軍隊優遇ト云フ地方官民ノ厚意ハ素ヨリ感謝ニ堪ヘサル所ナリト雖トモ軍隊ノ為メニハ敢テ望ム所ニアラサルナリ何トナレハ是レ表面上官民ノ誠意ニ出テタルカ如シト雖トモ裏面ヨリ観察スレハ亦余儀ナク之ヲ為スノ実情ナキニ非サレハナリ此ノ如キ形式的ノ優遇ハ一回一回漸次冷淡トナルハ自然ノ勢ニシテ最初人民ノ厚意ニ感泣シタル軍隊カ後ニハ其薄待ノ怨ムニ至リ遂ニハ相互悪感情ヲ懐キ地方，軍部衝突ノ端緒ト為ランコトヲ恐ル」(『児玉恕忠関係文書』中「桂陸相訓示要領」) とされた。陸軍省は現役入営者等と同家族の負担や諸犠牲への見返り的な手当や保障を積極的に国法化しなかった。また，同省は徴集兵員への金円贈与等の慰労・待遇に対しては政府としては関知せず，地方自治体内の私的・有志的事業として施行するものとして認識・判断してきた (拙著『近代日本軍隊教育史研究』第3部第1章，参照)。しかるに，軍隊側が地方官民の軍隊支援を「表面」と「裏面」から観察しなければならないこと

は，双方が疎隔し，政府・軍隊側は人民の軍隊支援を吸収しきれない本質があることを意味した。また，桂は徴集兵員や軍隊の支援には「誠意誠心ニ基ケル真実ノ温情」「赤心否自然ヨリ出タル好意」(『児玉恕忠関係文書』中「桂陸相訓示要領」）が重要と述べたが，「余儀ナク」せざるをえないものを含めて，本質的には地方官民の主体的事業になりえず，兵事奨励・軍隊支援は仮構の上に成立していることを意味した。なお，桂陸軍大臣訓示と同様な言及としては，福島連隊区司令官小郷武「在郷軍人団員及兵役者の父兄に寄する書」『軍事新報』第151号，1900年4月28日，軍事教育会軍事新報部，や山田黙龍「大に尚武国民の反省を促す」(『軍事界』第6号，1902年10月5日，金港堂）がある。

31）『官報』1884～93年に記載されたものであり，当該県で各年度に重複のものは特にとりあげなかった。

32）『官報』第1715号付録「警視庁東京府広報」第30号，1889年3月22日，『官報』第1734号付録「警視庁東京府広報」第39号，1889年4月15日。

33）『官報』第1087号，1887年2月17日，同第1606号，1888年11月5日。

34）『官報』第1490号，1888年6月19日。

35）『公文録』1884年10月内務省3，第18件。

36）この結果，たとえば，東京府の徴兵費は1884年度の予算額が212円余に対して決算額は1,690円余になり（前年決算比1,434円余増），大阪府の徴兵費は1884年度の予算額が1,170円余に対して決算額は5,372円余になり（前年決算比4,301円余増），新潟県の徴兵費は1884年度の予算額が5,675円余に対して決算額は11,431円余になり（前年決算比5,820円余増），長崎県の徴兵費は1884年度の予算額が4,237円余に対して決算額は8,939円余になったように（前年決算比6,269円余増），予算額や前年決算比との関係ではほぼ国庫支出が倍増した。なお，東京府の場合，決算額の約7割が傭員俸給であった（『明治前期財政経済史料集成』第6巻収録の大蔵省『歳入出決算報告書』286-292頁，〈各省決算報告書〉中『明治十七年 歳出決算報告書 第九』所収の1888年5月18日付の東京府知事発大蔵大臣宛の「明治十七年度東京府経費決算報告書」)。

37）地方自治体で整備された規約による比較的初期の徴兵援護事業には福岡県下の遠賀郡吉木村の「徴兵帰郷者ニ協力補助方」(1879年12月17日吉木村村会議），糟屋郡北部34村有志懇親道得会（1881年1月結成）が結約した「徴兵救助会」(1882年から施行），糟屋郡南部箱崎村他47村連合会が1882年11月11日に決定した「徴兵出役之者救助法」(1883年から施行）などがある（海妻甘蔵編『徴兵後栄録』1884年)。なお，同県下の徴兵援護事業は『時事新報』第328号（1883年4月6日）社説にも紹介された（『福沢諭吉全集』第5巻収録の「全国徴兵論」，1959年，岩波書店)。

38)　徴兵援護事業（団体）は熱心な役員・世話人等が退けば，衰退・休止に至ることが多かった。その中で県段階の徴兵援護事業（団体）で最も注目される団体として，太平洋戦争時まで活動した高知武揚協会がある。高知武揚協会は1884年11月26日に有志者61名によって設立され，同12月1日に趣意書・規則の起草委員を選出し，翌2日に会長（波辺永綱）と副会長及び幹事各1名を選挙し，12月4日に高知県令に設立を届け出た（高知県立図書館所蔵『高知武揚協会史』所収，1938年3月に高知武揚協会関係者が執筆した手稿本で，資料掲載を含めて設立当初から1938年までの同協会活動の歴史を記述）。設立の規約要領によれば，「人民ノ兵役ヲ忌避スルハ職トシテ家計ノ都合ヲ慮ルニ源因ス然レハ之ヲ匡済スルノ一端ハ服務者ヲシテ終役帰郷ノ後其ノ産業ヲ立ルニ足ルノ資金ヲ得シムルニ在リ因リテ徴兵適齢者ト陸軍常備兵志願者トヲ以テ本会ヲ組織シ入会ノ時ニ金五円ツツヲ納メシメ其終役帰郷ノ日ニ及ヒニ之ニ相当ノ金額ヲ贈与ルノ方法ナリ」（『官報』第465号，1885年1月21日所収，『高知武揚協会史』は1938年に執筆され，設立趣意書には1938年当時の雰囲気が混入され，「皇威ヲ中外ニ宣揚シテ，天壌無窮ノ皇運ヲ扶翼シ」「愛国忠誠ノ赤心」等の文言を記述）とされた。同協会は1888年に宮内省から100円が下付され，1898年に公益法人に，翌年には財団法人になった。日露戦争では出役者で特務曹長以下の殊勲者（計1,113名）・戦死者（2,370名）・廃兵（447名）の戦歴等を掲載した『日露戦役　土佐武士鑑』（本文全1265頁，巻末附録全14頁，1916年）を編集・刊行した。1932年には「愛国飛行機土佐号」の献納運動を在郷軍人会等とともに推進し（高知武揚協会会長は献納代表者になる），軽爆撃機一機（7万7千円）を献納し，翌1933年に陸軍大臣から献納承認書が交付されるなど，軍事後援運動を展開した。さらに，1937年7月21日に高知公園三の丸で開催された日中戦争勃発に対する「暴支膺懲高知県民大会」（高知県町村長会・高知県教育会・高知商工会議所・帝国軍人後援会高知県支部・高知県農会・民政党高知支部・政友会高知支部・帝国在郷軍人会高知市連合分会・高知新聞社・土陽新聞社・高知日々新聞社・高知毎日新聞社・大日本国防婦人会高知本部・愛国婦人会高知県支部他各種団体の主催により「挙国一致政府当局を鞭撻支援し以て国策の遂行を期す」などの3項目を決議）の有力筆頭主催団体として運営に携わり，日中戦争推進の翼賛的活動をになった。

39)　『官報』第1931号付録「警視庁東京府広報」第197号，1889年12月4日，同2127号付録「警視庁東京府広報」第358号，1890年8月1日。

40)　下谷区兵事会（1893年設立）・本郷区兵事会（1894年設立）・浅草区兵員慰労会（1894年設立）等があり，これらの団体は日清戦争後に社団法人組織になった。

41)　佐武雄平編『現行宮城県布令全書』89-91頁，1891年。

42)　村木鶴次郎編『愛知県愛知郡徴兵慰労会報告』（第一回），4-6頁，1888年。

43)　長崎県歴史文化博物館所蔵『軍人待遇規約』(1888年長崎県兵事課綴)。

44)　注41) の92-94頁。宮城県の「兵事組合」は戸長役場毎に設置され，郡区に対しては「兵事組合」の活動の支出金額と費目を県に届出させた (1889年1月25日宮城県訓令第6号)。同県の同支出金額調製によれば，1888年度 (柴田郡他9郡) の合計金額は1,171円余で支給者合計は4,717人，1892年度 (柴田郡他12郡) の合計金額は1,833円余で支給者合計は6,174人とされた (宮城県『明治二十一年　地方事務幷管内景況』58頁，1889年，同『明治二十五年　地方事務幷管内景況』54頁，1893年)。同様なものには1886年10月8日広島県訓令第40号の「兵役者優待補翼明細表」の提出指令がある (下江忠次郎他編『現行広島県法規類纂』中編，3頁，1890年)。

45)　注42) の6頁。東京府の1888年2月20日内訓第6号の「兵員慰労義会規約」によれば，慰労金は第一等 (60円から80円まで)，第二等 (40円から50円まで)，第三等 (20円から40円まで)，第四等 (10円から30円までに区分され，第一等相当者は，①現役中に下士又は上等兵に抜擢された者，②「技芸熟達勤務勉励行状方正」にして満期前に帰休を命じられた者，③勲章や従軍章を授与された者，④従軍戦闘により負傷を負った者，とされた (〈東京府公文〉中『明治二十一年　普通第一種　本庁命令録　兵事課』第11件)。

46)　なお，戦役を契機にしてその戦役毎に地方行政機関の強力な指導のもとに組織された出役者援護事業があり，東京や地方都市を中心に組織された。東京府の場合には赤坂区報国会等があった。これらは日清・日露の両戦役毎に設立され，出役者遺家族扶助・廃兵救助・出役兵士家族の慰労と保護とともに凱旋軍人歓迎慰労会・戦役者追弔会などを精力的に実施した (赤坂区役所編『赤坂区史』1941年，仙台市役所編『仙台市史』1908年)。

47)　陸軍召集演習支援や在郷兵の集会・教育等は拙著『近代日本軍隊教育史研究』第3部第1章を参照。

48)　『官報』第1087号，1887年2月17日。

49)　注46) の仙台市役所編『仙台市史』611頁。もちろん，当時の各府県の軍隊待遇事業には厚薄の差はある。たとえば，熊本鎮台司令官代理の同鎮台参謀長山口素臣の1883年12月13日付の陸軍卿宛申進書は，同年11月実施の熊本鎮台下諸兵の長途行軍においては，①歩兵第十三連隊 (山砲兵1個中隊・輜重兵1個小隊が付く，営所は熊本で鹿児島地方へ行軍) に対しては，熊本県と鹿児島県の兵事課長や警部巡査等や郡村官吏と沿道住民は至れり尽くせりの送迎活動を実施したとされるが (宿舎での接待，新道開設と道路修理，船橋新架等，兵站幹旋等)，②歩兵第十四連隊 (営所は小倉で福岡・熊本・大分県下を通過する行軍) に対しては，「福岡県ハ是非スル処尠ナク大分県ハ殆ント関係セサル者ノ如ク」と報告した (〈陸軍省大日記〉中

『明治十七年一月 大日記 鎮台』)。その後，大分県は1886年12月の熊本鎮台の工兵第3大隊の長途行軍に対しては，県兵事課員や地方官吏が舎営設備等に尽力し，佐賀・福岡県下の官吏・警官・住民も軍隊待遇に尽くしたことを報告している(『官報』第1083号，1887年2月12日)。なお，当時，畿内・山陽・山陰等を巡察した元老院議官槇村正直は1883年11月に太政大臣宛に巡察報告書を提出したが，「鎮台分営共人民ト関係ノ事ニ付苦情アルヲ聞カス兵卒巡査闘争ノ事モ近来アルコトナシ演習等ノ節モ概シテ紀律正シク人民ノ気請宜シク大阪鎮台兵ノ伊賀地方ニ演習スルヤ人民ヨリ其需用ノ物品ヲ献センコトヲ出願セシコトモアリ又姫路分営兵ノ丹波丹後地方ニ行軍演習スルヤ山家舞鶴宮津等ノ人民能ク兵士ヲ待ツ」とか，軍備拡張は「近頃又陸海軍御拡張ノ備ヘハ人民モ亦希望スル所ニシテ重税モ敢テ苦情アルヲ聞クコト少ク人民兵士ヲ遇スル厚キハ尚義ノ風猶存スル所以国威ノ方サニ震張セントスルノ兆ナルヘシ」云々と記述し，住民間の軍隊待遇や軍備拡張容認等の雰囲気を報告している(〈公文別録〉中『巡察記』1883年第1巻)。

50)　『官報』第2044号，1890年4月26日，同第2066号，1890年5月22日。

51)　拙著『近代日本軍隊教育史研究』の第1部第5章参照。

52)　〈陸軍省大日記〉中『弐大日記』乾，1888年4月，総総第240号。なお，閣議請議書が内閣に提出されたのは4月27日であった(〈陸軍省大日記〉中『壱大日記』1888年4月，総官第162号所収の陸軍省送甲第696号)。

53) 54)　『公文類聚』第13編巻14，兵制門5徴兵1，第1件。陸軍大臣他の閣議提出の「兵役令」案は全32条であり，その後，陸軍大臣と海軍大臣は4月27日付で1883年徴兵令との交渉関係を起案した「兵役令附則」(全12条)を閣議に提出し，後に法制局との協議により合体された。なお，陸軍省の「兵役令」案第21条は「国運ノ進歩及人事上是等ノ特典」が必要であるという理由にもとづき，産業奨励に沿うようにしたのであろう。

55)　後に，徴集兵員の入営により発生する当該兵員家族の生活困窮に対する市町村自治体等々の施策を法制的に規定したものに，1927年11月陸軍省令第24号兵役法施行規則第230条があった。そこでは市町村長が調製する現役兵などの身上明細書の内容として，「家庭ノ状況」の記載個所に「入営ニ因ル影響一家計ニ困難ヲ来サズ(困難ヲ来スモノハ其状況ヲ記シ又村役場在郷軍人分会等其ノ他郷党ノ之ニ対スル処置及将来ノ意見ヲモ記スルコト)」という内容の記入を求めた。

56) 57)　注53)に同じ。

58)　井上毅法制局長官は，徴兵令改正原案の閣議決定後の10月10日付で松方正義大蔵大臣宛に陸軍省起案の「兵役令」に対する審査報告関係書類を送付したが，その中に陸軍省弁明の「兵役法第二十条ニ当ル者調査ノ準則」がある(『井上毅伝 史料

篇 第四』521-528頁)。同準則は，①直接国税地方税と区町村費の合計8円以上の納付者を「其家族自活シ能ハサル者」とみなさない，②壮丁の職業にもとづき直接国税地方税と区町村費の合計8円以上の納付者で，徴集により同所得を失い，その差引き納付金が8円未満の者を「其家族自活シ能ハサル者」とみなす，③直接国税地方税と区町村費の合計8円以上の納付者で，凶荒その他の災厄に遭遇し，子弟の労役従事により一時一家の生計が立てられている場合に，壮丁徴集による労役従事者不在者を「其家族自活シ能ハサル者」とみなす，④上記①の納付者でない商売人で20歳以上60歳未満の男子がいる者を「其家族自活シ能ハサル者」とみなさない，⑤上記①の納付者でない労役者(農，漁，猟，樵等)の家族構成で20歳以上50歳未満の男子に関して，同家族中で5人未満中に1人及び5人以上に2人の徴集の場合は「其家族自活シ能ハサル者」とみなさない，⑥上記①の納付者でない時計師・彫刻師・指物職・縫工・靴工等は④にもとづき，木工・石工・船工・建具職等は⑤にもとづく，⑦上記の④⑤⑥の男子で「廃疾不具，若クハ之ト等シキ疾病傷痍ノ為メ，家計ヲ埋ムルコト能ハサル者」は検査して相違なければ「其家族自活シ能ハサル」とみなす，と起案した。同省は以上の起案について，当時の統計にもとづき，日本国全戸数770万戸中の3分の1を占める国税地方税の計5円以上の納付者(区町村費を含む計8円以上の納付者，全国計250万戸余)は「中等以上」に位置し，20歳の壮丁に依拠して生活しているのではないとした。そして，残余の500万戸余は「労役若クハ雑業」により生計を立てるが，その場合の20歳前後の男子は父兄に頼って衣食するわけでなく，当該壮丁が欠けても当該一家が生計を失うことは通例上ありえないが，「子弟ノ耕耘漁樵ノ労苦ヲ助クルカ故ニ，辛ク一家ノ生計ヲ立ツルカ如キ者亦ナシトセス」として，同戸数を500万戸余の3分の1と見積り，すなわち，生活困窮戸数として166万戸を算出した。その上で，さらに，毎年の20歳壮丁人口数(約36万人)と徴兵検査不合格者数(約6万人)の差し引き数(約30万人)を毎戸に配賦した場合は25戸に1人の割合になり，166万戸では6万6千戸余の生活困窮発生戸数(兵役法第20条による徴集延期者)に留まると説明した。陸軍省起案の準則と説明に対して，法制局は，第一に，①と③との区別は実際には困難であり，②の職業にもとづき国税等納付額8円を基準する場合も，たとえば，年俸800円他の収入の職業により7円99銭以内の租税納付者で当該職業をやめて徴集に応じた場合には「其家族自活シ能ハサル者」とみなされ，また，商業等による営業税8円以上の納付者で徴集に応ずるために当該営業を廃止して営業税を納付しない場合には「其家族自活シ能ハサル者」とみなさざるをえなくなり，さらに，区町村費等は近年の不景気により減少しているので人民は同区町村費等を減じて8円以内に留めようとするに至る，として不都合があるとした。第二に，同省説明の日本国全戸数中から

「中等以上」の戸数を除く残余500万戸余の3分の1の生活困窮戸数166万戸の算出基準が明確でないと批判し，特に，そもそも「其家族自活シ能ハサル者」（「丙案」第20条）の文言は，同省原案（「乙案」第19条）の「本人ヲ徴集スルニ於テハ其家族ノ養育ヲ市町村ニ於テ負担セサルヲ得サルノ確証アル者」から転じた「欧米人ノ『貧窮人（ポーパー）』ノ義」であるので同判明により第20条のような法律設定は西洋では適当であるが，日本国の国柄では「ポーパー」の判別は適当しないと強調し，税制度等を基本にした準則設定に反対した。これによって，内閣と陸軍省レベルでは，徴兵令改正原案第20条に関する準則を設定しないことになった。しかし，注66）のように，徴兵令改正後に近衛現役兵徴集との関係から同第20条判定の「目安」が示された。

59）曾禰荒助は1888年大隊区司令部条例で置かれた監視区長をして下士兵卒の身上異動や徴兵適齢者の平生生活を監視・詳査させ，府県の貧困救助法をよりどころとして「自活シ能ハサルノ確証」を認定すると答弁した（国立公文書館所蔵『元老院会議筆記』第601号議案「徴兵令改正ノ件」25-26頁）。

60）注53）の1888年12月28日の徴兵令改正の閣議決定書参照。桂太郎陸軍次官は元老院の第二読会（12月25日から開始）の議論の様子を窺い，翌26日付で青木周蔵（外務次官）宛に「彼の一般兵役の主意たる者は何の点に有之候哉不解の輩集て是を議することなれば，或は代人料或は学識ある者等を兵役に服せしむるは不同意にて，到底議会に幾日間附し候とも充分の目的を達する事難得は明瞭なり。然らば断然内閣に取上げ元老院検視に附し棄却被成下度意見にて」云々の書簡を送り，外務大臣（井上馨）が陸軍大臣の意見をとりあげて賛成してくれるようにという，いわば「根回し」を依頼した（『伊藤博文関係文書』第3巻，354頁）。徴兵令改正の断行は桂太郎の判断によった。

61）〈陸軍省大日記〉中『弐大日記』乾，1889年3月，総総第103号。陸軍省総務局第二課起案の徴兵事務条例案の目次は，第1章　徴兵区，第2章　徴兵官，第3章　判決，第4章　配賦，第5章　徴募準備，第6章　徴募，第7章　新兵，第8章　予備徴員，第9章　雑則，第10章　附則，から構成された。

62）〈陸軍省大日記〉中『弐大日記』乾，1889年5月，総総第225号。

63）『公文類聚』第12編巻14，兵制門5徴兵1，第5件。

64）『公文類聚』第12編巻12，兵制門2陸海軍官制1，第13件。

65）『公文類聚』第20編巻14，軍事門陸軍，第1件所収の陸軍大臣児玉源太郎の1902年1月14日付の閣議請議書添付「徴兵事務条例中改正理由書」。

66）第二師団編『徴兵事務参考』42-43頁，1890年。

67）山口県の1891年9月8日訓甲第54号の「徴兵及一年志願兵事務取扱手続」の徴兵

令第20条該当者調査方針は特に財産調査等では田畑山林株券家屋等に区分し，「先代分家若クハ絶家廃家ヲ再興セシモノナルトキハ其年月日及家族財産分割ノ状況」の詳細書面を添付させるとした（馬場壽槌編『現行山口県達類纂』上編，14-15頁，1891年，他に佐武雄平編『現行宮城県布令全書』所収の1890年11月4日宮城県訓令第26号徴兵処務手続の第31条）。東京府の場合は，麻布大隊区司令官が1892年1月22日付で同府書記官宛に徴兵令第20条による徴集延期出願の調書調製を協議し，同府は3月9日に了承した（〈東京府公文〉中『明治二十五年 普通第一種 庶政要録第三課兵事掛』第9件）。麻布大隊区は，徴兵令第20条適用者に財産の他人譲与者があり，相応財産所有者が貧困者の養子になる者などがいたとして，厳密な調査の必要を求め，山口県よりもさらに詳しい調査項目を立てた。「財産」の項目では，不動産は田畑宅地等の種類を分け，各々の反別地価と収穫高を記載し，家屋は番地毎に建物の種類と坪数（自用，貸屋を区分）を詳記し，動産も種類毎に金額・商業資本等を記載するとした。また，「負債」の項目では，金利子返済期限・既償金額・利子の停滞等や債権者の証書写を添付し，債権者との関係を調査するとした。さらに，「親族ノ戸籍写及財産等調書」を添付することにした。

68）　1889年徴兵令第20条該当者数と徴集人員数の推移は**表10**参照。

［**補注1**］フランスの兵役法の「家族扶持」（soutien de famille）による徴集猶予・1年在営は，1887年の徴集猶予は1,567人であった（兵籍登録者：279,689人，ただし1872年7月の兵役法）。また1891年の1年在営は6,359人であった（徴集兵：188,567人，ただし1889年7月の兵役法第22条，定員は100分の5以内）。1891年の場合，徴募兵全体に対する百分比は3.37%となり，日本の1889年徴兵令第20条による徴集延期者数の割合よりも高かった。以上は『官報』第1531号，1888年8月6日，同

表10　1889年徴兵令第20条該当者数の推移（人）と千分比

	1889年	1890〜95年	1896年	1897〜1904年
(a) 徴兵総員	360,357	2,422,974	489,895	3,425,936
(b) 徴集人員	93,343	778,490	175,047	1,530,505
(c) 徴兵令第20条の「其家族自活シ能ハサル者」	1,798	13,658	1,195	9,044
(d) 徴兵令第20条該当者で3箇年を過ぎる者	—	#(1,991)	294	2,303
(e) 千分比　[(c)+(d)/(b)+(c)+(d)]×1000	(18.8)	(19.7)	8.4	7.3

注1：陸軍省編『陸軍省統計年報』（第3〜17回）から作成。1889〜98年は各年報収録の兵役の「壮丁総員」と「壮丁総員細別」から，1899〜1904年は各年報収録の兵役の「壮丁身長別」と「壮丁体格」から作成した。

注2：1889〜91年までの最下欄(e)の千分比の（　）内数字は[(c)/(b)+(c)]×1000から算出。(d)の#は1890年と1891年は該当しないものを除いて算出。

注3：1895年以降は，(c)(d)は1895年3月法律第15号徴兵令中改正追加により徴兵令第22条に該当。

第2488号，1891年10月13日の「外報」を参照。

［**補注2**］プロイセン・ドイツは，戦時の召集による生活困窮者扶助の自治体負担義務を法令化していた（1850年2月27日の布告）。すなわち，「戦時ノ特別ナル負担ハ徴発令発布後徴集セラレタル予備後備及補充予備兵ノ家族ニ郡ヨリ扶助ヲ行フトキニ要スルモノナリ」とされた自治体負担義務である（ドイツ警視総監ヒュー・デ・グレー著『独孛政典』201-202頁，1890年，法制局書記官中根重一訳述，圏点略は遠藤）。これは，①戦時の召集者の妻と14歳未満の小児が扶助を受ける，②戦時の召集者により14歳以上の小児，あるいは姉妹及び父母祖父母等が扶養されていたならば，これらの者も同様に扶助を受ける，とされた。扶助料は婦人が毎月5マルク～6マルク，小児は1.5マルクとされ，同金額の代わりに現物支給もありえた。扶助料の下付は，郡会選出の扶助事務委員（議長は郡長，県段階の軍行政官庁指定の士官1名を副属させる）により裁決された。普仏戦争時には国庫から各郡に扶助料が下付された（1871年12月4日の布告）。

69）国立国会図書館所蔵の新潟県内務部第三課編『山口第三旅団長演述筆記』（1894年8月）の山口素臣歩兵第三旅団長の演述。

70）茨城県知事官房編纂『茨城県令達類纂』中巻，419-421頁，1892年。徴兵令第20条を適用しないとする師管徴兵官裁決に対して，佐賀県の壮丁（所有地は田畑2町4畝と山野宅地2反8畝があり，農業外に煙草・紺屋・呉服を兼業し，地租・営業税合計26円余を納付しているが，本人が徴集されれば11歳の幼弟のみになって家計管理が不能になると主張）は1890年9月に総理徴兵官宛に不服を訴願したが，11月22日に本人徴集により幼弟が「生活ノ途ヲ失フヘキ者ニ非ス」と認定され，徴集を延期すべき者でないと裁決された（〈陸軍省大日記〉中『壱大日記』1890年11月，府第212号）。

71）〈陸軍省大日記〉中『壱大日記』1893年7月，省第211号。

72）田口卯吉他2名の建議案は「［上略］徴兵延期等ノ審議ニ関シ徴兵参事員ハ単ニ意見ヲ徴兵官ニ具申スルニ止マルモノナルカ故ニ此等ノ事務ハ都市長若ハ町村長ヲシテ審議セシムルヲ以テ適当ニシテ便利ナリト」とした（『官報』号外，1903年6月3日，「衆議院議事速記録」第10号，179頁）。

73）『秘書類纂 兵政関係資料』57-62頁。

74）注53）の『公文類聚』収録の徴兵令改正原案の閣議決定書の付箋（1888年9月24日）。

75）陸軍省総務局長桂太郎・参謀本部次長川上操六・会計監督長川崎祐名の連署による陸軍大臣大山巌宛の「意見書」によれば（1885年5月以降の提出と考えられる），桂太郎などは免役料徴収には強固に反対していたとされている（『公爵桂太郎伝』乾巻，411-414頁)。

76) 兵役税の詳細な比較研究には吉川良矩「兵役税論」(『京都法学会雑誌』第1巻第4号，第5号，1906年) があり，高野岩三郎『財政原論』(1906年)，小林丑三郎『比較財政学』上巻 (1906年) は兵役税の財政学的考察をしている。なお，陸軍省はその後も外国の兵役制度を継続的に調査しており，徴兵・出役者の援護・扶助・救助等に関しては日本徴兵制の重圧の世界史的特質の解明をふまえた考察が重要である。

77) 高橋駒太郎編『郡規類聚』(1889年) 所収の石川県能美郡の旧戸長役場宛の1889年4月16日訓令第64号の下付文書「徴兵令改正ノ主意」(「別冊徴兵令改正ノ主意書其筋ヨリ回送相成候条為心得下付ス」と記載) から引用した。本文書は，①「桂陸軍次官談話の大要」(『毎日新聞』第5987号，1890年11月14日)，②桂太郎「国民兵役ノ主義」(『兵事新報』第18号，1890年11月) とほぼ同一の文書であり，文書記述者は桂太郎である。ただし，引用文章中の下線部文言は①②にはない。

78) 内務省地方局編『府県制度資料』上巻，240-243頁，1973年，歴史図書社復刻。野村は野村靖逓信次官。

79) 名古屋偕行社「第三師団長桂太郎中将閣下談話筆記」『偕行社記事』第131号，73-74頁，1894年4月。桂太郎が1894年1月28日に愛知県八名郡富岡村高等小学校で八名郡長の要請により談話したものである。なお，『偕行社記事』第131号の桂の談話日付の「明治二十六年一月二十八日」は，本談話と同一談話が雑誌『兵事』(1894年4月発行) に収録された「国民の義務たる兵役の主旨」では「本年一月二十八日」と記述されているので (2-6頁)，1894年1月28日が正しい。

80) 81) 名古屋偕行社「第三師団長桂中将閣下ノ談話筆記」(『偕行社記事』第131号，65-69頁，1894年4月)。桂太郎が1893年12月23日に愛知県額田郡徴兵慰労会設立に際して，額田郡長 (同会総理) の要請により岡崎市万性寺で談話したものである。

82) 1980年代以降に編纂された府県市町村自治体史やその外延的な特論・補論的な研究として軍隊の当該自治体等関係への言及が増加した。しかし，自治体史は編纂方針上の記述等の限界があるので別存在であるが，特論・補論的な研究においては，①国家統治にかかわり，特に常備軍の結集・成立期の地方鎮圧の制度としての鎮台体制下の強力な武装解除・武装化防 (抑) 止政策等を経て成立した近代日本陸軍の平時編制と兵役制度の根幹的論理や前近代との関係解明は皆無に近く，②軍隊の配備・衛戍にかかわる兵備・兵力行使を基本とする支配権力の論理や政策への言及は少なく，地域 (社会) 世相のリフレイン的言及が多く，③栗原東洋著『四街道町史 (兵事編 上巻) ——ラ・マルセーズ合唱物語』(1976年，四街道町役場) 等を除いて欧州軍隊との比較や関係記述等もなく，近代日本の軍隊支配の世界史的特質を不問視する「一国主義史観」的な言及に傾斜してきた側面がある。

第２部　対外戦争開始と戦時業務計画の成立

——出師・帷幄・軍令概念の形成と統帥権の集中化開始——

第1章　台湾出兵事件前後における戦時業務と出師概念の成熟

1　六管鎮台制下の戦時業務管掌と戦時会計経理制度の発足

まず，六管鎮台制成立期から1874年台湾出兵事件前後にかけて，陸軍省等の戦時業務管掌の計画・構想と戦時会計経理制度が軍隊の天皇統率を含めてどのように発足してきたかを考察する。

(1) 陸軍省の成立と戦時業務管掌

①1870年4月の駒場野合併操練と天皇統率――大本営特設の演習的起源

常備軍結集開始には軍隊統率が不可欠であり，天皇の具現的な最初の「御馬上」の軍隊統率として1870年4月17日に駒場野での在京諸藩兵隊等の合併操練が実施され，後に「集成兵団親率」等と記述された[1]。合併操練は午前2時30分迄に大下馬（現大手門前）から外桜田門付近に集合し，同5時出発の行軍を経て（歩兵計9個連隊16個大隊と砲兵計5隊・騎兵若干及び大小荷駄・武庫・造兵・病院等の編成，総数1万8千人，外桜田門→赤坂→渋谷宮益坂→駒場野[幕府の旧鷹場・洋式調練場で，同年3月に品川県管轄から兵部省管轄]），8時から15時まで実施された。これは太政官・兵部省・宮内省一体化の大規模な野外演習であり，文武官混成による大本営特設の演習的起源になった。

第一に，「行幸御列」と称された行軍の兵列順序は天皇統率による軍隊現場統轄構えを明確化し，兵部省は同省職員と政府高官及び宮内省職員を戦闘序列に組入れた[2]。当日はさらに宮内省職員の列外・現地先着人員として侍従・鷹取・板輿守護・厩・注進・内膳司用等の人員計84名を配置した。第二に，「参謀局」を置いた。参謀職は戊申戦争・東征時では臨時職であったが，合併操練時の参謀局は演習現場密着の総合的な指揮・司令に関する臨時的な機関である。参謀局は午前3時に大下馬で各隊司令より総人員調書を受け取り，連隊旗（白地に赤色の旭光，陸軍国旗）と大隊旗を当該隊に渡し，演習後の帰営時に返納させた。連隊旗等の図案は兵部省上申により規定され，合併操練時には各隊の藩旗をすべて差し止め，太政官は5月15日に連隊旗等の付与を制度化した。兵部省は当日の参謀局の「信号規則」を規定し（昼間の連隊旗等と夜間の信灯の揚げ下げや狼煙火・号砲による合図・指示），また，3月22日付で太政官宛に合併操練時の「軍令」規定を上申し，4月に「六軍規律厳重ノ事」「軍中一和ノ事」「犯罪者可処軍律事」の計3条を制定した[3]。第三に，当日の兵部省官員の出張勤務所施設として設備された「幕」（五布等の仕様とギザギザ横状印章の規格）は太政官により5月15日に「兵部省幕」と布告されて府県一般等での類似印章作成を禁じたのみならず，後に「兵部省の帷幕」と記述された[4]。

元来の「帷幕」は天皇のみに特設された統率機関を想定したものではない。「帷幕」は「帷幄」の用語と同様に語源的には前近代の戦争・戦場の陣営施設としての「とばり」（垂れ幕）と「あげばり」（天幕）から組立てられた作戦の指揮・司令の本営施設（戦場陣営の陣幕）である。同陣幕内で主君を中心にして謀臣・幹部武将が参集し，重要な戦略・戦術等のはかりごとや命令を構想・決定していた。その結果，帷幕・帷幄はしだいに戦時の現場密着の重要はかりごとの特設機関や職務体制も意味する至った。ただし，当時の帷幕は当然に陸上・陸地に特設された施設・設備や機関であり，海上・船中での設置や施設・設備は想定されなかった。『明治天皇紀』編纂者が兵部省出張勤務所施設の幕を「帷幕」と称したことはあたかも新政府下陸軍の帷幕創始を意味するようなものであった。

②1873年陸軍省条例における戦時業務管掌――横断的参謀官職統轄体制の成立Ⅰ

1873年3月制定の陸軍省条例は戦時業務関係として，①第一局第一課（一般往復　軍務　庶務）の「兵隊途時ニ在リ若クハ衛戌ニ在リ若クハ野陣ニ在リ若クハ分陣ニ在ル時其軍紀布告ノ事」「戦闘ノ情実策略ニ就テノ諸事取扱ノ事」「進軍並ニ転軍ノ事務取扱ノ事」「兵隊ノ駐スヘキ地所ヲ定メ及ヒ其動静ヲ指揮スル事」「全軍ノ員数並ニ現役軍団ノ編制取扱ノ事」，②同第四課（軍法　葬祭）の「戦時俘虜ノ取締並ニ経理ノ事」，③第五局第三課（病院　病者　老兵）の「戦時軍中所属教官ノ事」「陣中ニテ養生所入人員ノ事」，④同第四課の「出陣犒銀ノ事」「陣中ニテ将校ノ遺失セル道具並ニ馬匹ノ手当金ノ事」，を規定した。これらは，後来の用語でいえば，軍令事務と軍政事務を混合させているが，鎮台・営所の戦時業務体制の未整備の中で戦時業務管掌を規定したことになる。なお，第一局第一課は「参謀学校」の管轄も規定した。

他方，陸軍省第六局は「陸軍文庫」の管轄局名のもとに「測量地図　絵画彫刻　兵史並兵家政誌蒐集」を管掌した。第六局は，局長の他に課長として参謀大佐1人，参謀中少佐，参謀尉官若干人と文庫主管少佐1人を置き，主として，測量等による地図製造や戦史等の蒐集・出版等の調査に従事し，「全国防禦線」の画定の調査機関的性格が強い。ここで，参謀大佐と参謀尉官の官職名は参謀学校養成の参謀科将校を兵科将校に並べ置く本格的な参謀科構築企図にもとづく。その際，重要なことは，陸軍省内の職制体制として，①卿官房の房長を参謀大佐1人とし，他に参謀中佐1人，伝令使参謀少佐1人，②第一局の副長を参謀大中佐1人，次長を参謀少佐1人とし，同第三課（将官，参謀，兵学校の管轄）の課長を参謀少佐1人，と指定したことである。つまり，文武官兼任体制の上にさらに戦時業務を基本にした横断的な参謀官職の統轄体制が成立した。

ただし，①②の職制体制等は参謀官職の兼務兼任制を含み，本書では「横断的参謀官職統轄体制の成立Ⅰ」と表記する（参謀官職の兼務兼任制の包含開始）。なお，陸軍卿の官房（卿官房）の職務の一つの「天皇並ニ三職ト擬議往復ニ係ル書類取纏メノ事」の規定は，1871年7月の兵部省陸軍部内条例の「省内別局条例」中の「［参謀局将校の］転任拝除ハ大輔ヨリ卿ヘ推挙ノ上奏聞拝任アルヘキ事」を踏襲した参謀科将校（正規の参謀科将校は皆無）の任免関係の文書往復を意図したとみてよい。

③1873年幕僚参謀服務綱領制定と戦時業務規定

1873年11月7日陸軍省達布第242号の幕僚参謀服務綱領の制定は参謀科構築企図を含んだ。ただし，参謀養成学校未設置のため，参謀科の人員は歩騎砲工の4兵科から特選され，特に定員を設定せず，兼務兼任制に近い。参謀科職員は陸軍省第六局の長官（将官）と各鎮台の将官に属し，横断的に統轄され，鎮台将官の「幕僚参謀部」になり，第六局の陸軍文庫に出仕し，下記の任務が規定された。

「参謀科ハ将官ノ輔任トシテ戦法戦略ヨリ兵隊編制ノ宜不宜ヲ審カニシ野

営舎営濠塹等ノ位置配布ヨリ攻守線ノ便不便ヲ明カニシ以テ機謀密計ヲ参画スルヲ宗トシ又地ノ広狭遠近高低ヲ測度シ地理ノ険易山勢水脉ヲ詳カニシ以テ内国諸地ノ防禦線ヲ区画シ城堡砲墩ノ位置ヲ定メ兼テ政体治理ニ通シ人習土俗ヲ察シ百事挙措宜シキヲ得ルヲ主トシ其他外邦ノ事情ニ通シ其強弱高説等ヲ熟知シ以テ開釁ノ日ニ方テ遺策無ランコトヲ要ス」

すなわち，開戦想定（「開釁ノ日」）の戦略・兵力編成等の諸準備・調査・計画のみでなく，平時戦時の兵力の維持・運営に関する全体的な方策・体制等を明らかにするとした。他方，戦時には，たとえば，師団編成時には少将又は参謀科の大佐を参謀長に任じ，その任命手続きは「天皇陸軍卿ニ勅シ更ニ任補スル所アルヲ以テ其令ヲ奉スヘシ」とされ，天皇による参謀科人事補任明記が注目される。

その上で，特に幕僚参謀部の職務は「外務」（将官の命を奉して差遣使命の役割を果たし，検閲探索督視等による戦闘業務現場等での指揮・指令の伝達）と「内務」（将官のもとで書記往復等事務に服し，調査書・報告書等の作成等の事務的職務），とされた。外務は，①敵地検出等のための前哨への申令や同位置・任務等の諭告，営地位置や諸種の戦法の諭告，軍中事務・将校事務・兵隊動静の特別な申令・諭告，②兵隊進行の申令，城堡諸衛戍からの戍兵引きあげ時の火薬庫等処置の諭告，夜間進軍時の縦隊毎の前後距離等の諭告，騎兵隊の動静に関する諭告，③地方攻撃囲城等の部署・順序・攻撃法略・傷者療養方法等の諭告，陥落後の衛戍設置，諸兵隊の編制・欠員補充，諸建築の廃棄，守備工作の廃棄・修復等，糧餉弾薬等の予備蓄積，敵投降時の兵器管理・衛兵交代・囚虜送還，火薬庫等の画図書接受，④乗船上陸の申令・諭告，等である。内務は，①兵隊編制等の調査，②陸軍省への定期の特別な報告（会計事務を中心にして詳細に規定），③戦時の敵軍の報知，④戦闘状況記述書の報呈，⑤将官の兵隊全動静に関する諭告の調査（軍法会議・憲兵・監察・懲罰と秘謀等の調査），⑥後備軍・予備軍の編成と養生隊の調査，⑦暗号の目録調査，⑧解軍・凱旋時の褒賞・選挙の調査，⑨砲兵・工兵の司令官との通報，等を規定した。

幕僚参謀部の外務・内務の職務で注目されるのは，第一に，地方官及び民間人との関係である。たとえば，①城堡陥落後の警備箇所や守衛監視等の規則を地方官に通報する，②請負人や銀行等との関係，陣中商売人への許可証を発給する，③地方車馬の調査，である。第二に，地理図誌兵家政誌兵史編集のために，1872年4月の陸軍省達の全国地理図誌編輯の調査内容（本書第4部第1章参照）もほぼ包括した記載事項を示し（各種産業，人口・物産，交通・運輸・電信・貿易等），戦時を基準にした「戦闘ノ用」として位置づけた。

総じて，1873年幕僚参謀服務綱領は戦時の天皇の参謀科人事統轄を明示し，戦時業務に関するマニュアル的文書の未編集段階で幕僚参謀部所属将校が戦闘現場で想定される戦時業務の執行を直接口頭（申令・諭告）で伝え，その徹底を図る目的のもとに制定されたとみてよい。

(2) 戦時会計経理制度の発足

戦時編制と陸軍動員計画を支えるものに戦時財政と会計経理がある。1875年の陸軍省編『軍制綱領』は，陸軍省の事務は諸兵編制配置と陸軍会計経理にあると記述し，軍備費（陸軍経費）の管理を最重要な省務の一つとして示した。軍備費は，およそ，常備軍自体を維持する軍備費（平時経費，経常費），戦時の費用（戦時費用，戦争費），その他（別途費・臨時費，非常費等）に区分される。本章は軍備費で特に戦時費用の管理区分や戦時会計経理制度が戦時業務との関係でどのように発足したかを考察する。

①陸軍会計制度の発足と陸軍省定額金の比率

陸軍省編『軍制綱領』は「定額金ハ毎年陸軍省ニ於テ調査シタル諸経費ノ予算ニ基キ決定セラルル所ノモノニシテ，各月之ヲ大蔵省ヨリ受領シ」云々と記述したが[5]，ここでの「定額金」が平時の常備軍を財政的に維持する軍備費に相当した。

定額（金）の考え方は1870年9月29日の太政官の「現米三十万石並諸藩上納之海軍資金年々其省へ御渡可相成候間海陸軍諸般之用度ニ可充候」の兵部省宛達文に記載された。当初の新政府の軍資金は各藩の石高に応じて上納させていた。ここで，30万石算出の根拠は必ずしも明確ではないが，前年12月の広沢真臣参議の記録が参考になる。すなわち，府県藩の管轄高を合算した全国歳入（800万石）中から華族・士族等の家禄・賞典終身下賜等を除く残高（600万石）等の貢米150万石を政府収納高と算出し，政府収納高の「五分の一を以て海陸軍一切兵事に関する費用の定額とす」るという広沢算出記録の30万石に合致する[6)]。この場合，国家予算上の軍備費の比率は，当時，「兵権を朝廷に収むる初めに，欧州の制に倣ひ，歳入の四分の一を以て軍備充実を謀らんことを期せり」[7)]とされた。欧州基準の「歳入の四分の一」の根拠は，本書第1部第1章の注18）の同年5～7月の兵部省の「海軍創立陸軍整備」の諸建議・省議等に係る調査によろう。谷干城も1870年6月の上京時に，フランス人将校のジュ・ブスケから，フランスでは「国入四分の一又は五分の一当時国の制なり」という話を聞いたと紹介した[8)]。日本の人口に近かったフランスの国家予算に占める軍備費比率を参考にしたことも考えられる。上記30万石は，10月2日の太政官布告による陸軍のフランス式の統一採用（海軍はイギリス式）にもとづき，「兵士ノ教育訓練其他兵器ノ製造等」の事業に充用された[9)]。定額金決定は常備軍の軍制統一を目ざして策定された。なお，1870年9月の太政官達は「戦争費用之外臨時諸費」を支給しないと指令した。

次に，翌1871年9月28日の太政官達は従前の陸軍定額金と海軍資金等を廃止し，当分は800万両を陸軍の「常額」とし，50万両を海軍資金と定め，さらに，同定額の他に，陸軍の臨時費用のために25万両が確保されていると兵部省に通知した。兵部省全体では875万両になるが，広沢算出の600万石を1石8両相場とした場合（600万石×8両＝4,800万両）の基準からみれば，約18％を占めた。

②近代国家予算会計制度の開始と陸軍省

近代日本の国家予算会計制度の最初とされる1873年6月太政官番外達の「明治六年歳入出見込会計表」の各省定額をめぐっては，前年から大蔵省と各省との間で種々の確執等があったが，陸海軍の要求額はその後ほぼ妥協成立したとされている[10)]。

ところで，山県有朋陸軍大輔は前年の1872年11月8日付で太政官正院宛に来年の定額金見積書にかかわる定額金支弁区分方針の評決を上申した[11)]。同上申書は，①「供奉」の時は平日支給すべき分のみの定額からの給与を申出ていたが，他入費もすべて繰合わせて定額内から支弁する，②「暴動非常」の場合の入費高は計りがたいので定額内の支弁決定は難しい，③「非常天災」による大破損は，定額内での修繕調節が難しい時には，臨時に適宜評議を伺い出る，④武庫（兵器の貯蔵・出納等の管理所）や陣営の建築時には地所をさらに大蔵省から受け取る，⑤地税はすべて差し出さない，⑥今後の定額減少があっても，陣営等を是非新築しなければ計画との「不協箇所」が出てくるので，その時には別に入費を申し出るが，定額外に渡されたい，と述べた。

これについて，正院は同日付で大蔵省宛に陸軍省上申の意見を求めた。大蔵省は同11月（日付欠）中に検討し，井上馨大蔵大輔は，①は陸軍省の見込みにまかせる，②の「暴動」で「行軍用兵ノ挙動」対象にならないものは定額内支弁方針であり，「一揆騒擾等ノ類」への出兵費は定額外が然るべきである，③の陣営等の破損修繕は定額内より処置し，「非常天災」による大破損が格別の場合の臨時評議は当然である，④の武庫と陣営等の建築地所や他陸軍省入用地は現在進行中の全国旧城郭等管理に関する陸軍省との条約締結趣旨にもとづき，場所交付の支障有無を調査した上で許可したい，⑤の地税は税制一般の方針ができるまでに聞き置かれてよい，⑥の陣営等新築は③に準じてまず定額内支弁の覚悟がなければ，「歳出入限内」での使途方針がなくなる，という意見を提出した。他方，正院は全国旧城郭等管理に関する陸軍省と大蔵省との「条約書」承認と税制確定をふまえ，さらに陸軍省上申への大蔵省意見を聴取し，井上大蔵大輔は1873年2月3日付で正院宛に回答した。井上回答書は，特に，②③は定額外として「納定取極置候」とし，⑥は前年11月の意見とほぼ同趣旨を述べ，その扱い方は②③と同様にその時に臨時評議にしたいと述べた。これについて，山県の3月4日付正院宛上申書はほぼ井上回答書に同意したが，②は臨時評議にするまでもなく定額外として決定してほしいと強調した。しかし，正院は3月9日に井上回答書に沿って，②③⑥は「臨時御評議可有之事」と指令し，陸軍省上申書の②の意見を退けた。

日本の近代国家予算制度成立期は軍制史上の鎮台配備計画期・徴兵制導入期と重なりあった。その場合，兵備配置方針としての「全国防禦線」を画定することなく，陸軍省予算費額の定額を決定し，かつ，国家予算上は海軍省予算を含む軍備定額比率の約5分の1の指標のみが先行した。「明治六年歳入出見込会計表」では，歳出総計4,659万5,600円（同年6月17日訂正）の中で，陸軍省歳出費額は800万円，海軍省歳出費額は180万円とされた。陸軍省歳出費額のみで歳出総計の約17%を占め，陸軍省と海軍省の歳出費額合計分の980万円は約21%を占めた。国家予算上の軍備費は約5分の1を占め，建軍期早々において，歳出比率では当時の欧州国家と同率になった。

なお，同年5月2日の太政官職制章程中の正院事務章程には正院専掌事務条欵として「第四欵　歳入ノ事」と「第五欵　歳出ノ事」が加わり，第五欵には「諸官省各局各地方官公費ノ額ヲ定ムル事」等を規定した。大隈重信によれば，正院は「財政策の枢軸を握り，各省の要求を調節鹽梅して，与ふべきは与へ，拒むべきは拒む事に」するとされた[12]。また，第五欵には臨時諸費の制限や「非常ノ軍費及国費」の裁定も規定し，非常時軍費の裁定等は内閣の職権になった。ただし，当時の会計年度は1872年11月の改暦により1月から12月が会計期限とされた（1875年からは7月1日から翌年6月30日まで，1886年度からは4月1日から翌年3月31日まで）。

その後，1874年5月13日太政官達第62号の「明治七年歳入出見込会計表」の「歳出之部」では前年と同様に陸軍省歳出費額は800万円とされた。他方，山県陸軍卿は同年7月10日付で「本年当省定額金之儀ニ付伺」を太政大臣に提出した。山県伺い書は，まず，①当初，1874年の陸軍経費調査により約920万円余を上申したが，800万円の定額に決定されたので「省略」すべきものを再調査した結果，別計算の870万円になり（「本年経費金再調帳」），70万円の不足になる，②今後種々差し繰りしてもすべて不可欠の用途であるので，さらなる「省略」は困難である，③各鎮台と諸寮司等の多少の残余により不足分を補充しても，870万円を補いない，④今春以降の大坂鎮台徴集の歩兵1大隊並びに砲兵1座及び仙台と熊本の鎮台徴集の歩兵の入費は別計算（870万円）に参入していないのでさらに若干の不足が生ずる，と述べた。そのため，歳末の決算時の不足分は，上申通りに定額外として支出願いたいと伺い出た[13]。

これについて，太政官正院は7月27日に，まず，各省庁の定額内での厳格な支出管理に関する原則的な考え方を示し，「事務ノ順序ニ因リ額金ノ支ヘ難キヲ見込候ハハ先其事務ノ弛張ヲ稟議スヘキハ至当之義ニ可有之ト被存候」と強調した。しかるに，①陸軍省には昨年は多少の「残贏［ざんえい］」があったが，今年は（削減せずに昨年同様に）据え置かれた，②同「残贏」残金は（本来国庫に）納付すべきだが，未だ執行されていない，と同省を批判した。さらに，昨年3月9日の陸軍省宛正院指令と1873年1月の全国旧城郭等管理に関する陸軍省と大蔵省との「条約書」を示し，「非常並別段建築等之入費」は別途申請すれば臨時評議もあり，以後半年間に何ほどかの差し繰りも可能であり，かつ，他に影響を与えることにもなるので，「聴許無之方可然」と判断した。そして，正院は8月29日に差し繰り支弁を指令し，同省伺いを退けた[14]。

近代国家予算会計制度は，「予算ノ法ハ量為ノ方ヲ定メ国用ヲ制スルノ基礎ニシテ理財上最モ緊要ノ務ト為ス」とされ[15]，財政支出の制御を基盤にして国家・社会の展望等を左右した。しかるに，山県伺いは軍事優先のもとに経費必要を強調すれば直ちに認められるべきとして，自省中心的な思想を示した。

なお，1879年12月27日の大蔵省の太政大臣宛提出の「自明治元年一月至同八年六月　決算報告書」には「第二号　明治元年ヨリ同八年六月ニ至ル八期間ノ歳出決算統計表」が記載されている（「八期間決算統計表」と略記）[16]。その中で，歳出区分全16款中の第1款から第9款までが通常歳出とされ（合計242,801,605円），第10款から第16款までが例外歳出である（合計116,645,077円）。陸軍省・海軍省管轄関係の軍備費支出は第2款に含まれ，八期間の合計は47,820,674円である（陸海軍費〈軍防事務局，軍務官，兵部省，陸軍省〉，陸軍兵器買入代，陣営建築費，徴兵費，神奈川港兵営費，海軍費〈海軍省〉，軍艦買入代〈軍艦諸費〉，海軍兵器買入代）。すなわち，通常歳出合計に占める陸軍省・海軍省管轄関係の軍事費支出合計比率は約19.7％であり，まさに，実際的にも国家予算の5分の1の比率を占有した。

③1873年在外会計部大綱条例における出師・師団概念の成立

戦時の陸軍会計経理制度は1873年8月8日陸軍省布第33号の在外会計部大綱条例制定により開始された。本条例は軍隊等が戦時の出役先や鎮台・営所から離れた出張地・分遣地派遣の場合の陸軍諸隊等の会計部の職務・職掌を規定した。すなわち，糧食課軍吏の職務（人員の食需，馬匹の飼料，厨房・暖炉のための薪炭を供給），被服課軍吏の職務（被服諸具麻布鞋韈（あいべつ）の諸品と馬具蹄鉄，戦時野営内の諸具と平時屯営内の諸具を支給），病院課軍吏の職掌（軍医を補佐し会計経理事務を管掌），司契課の職掌（陸軍諸隊諸役諸館廠人員の本給と規則上の諸入費支給のために契券を発行して支償），監督課の職掌（弁買支償停貯分配方法の厳格な執行・遵守を監視）を規定した。同会計部の糧食課等は，①実際の施行は1873年陸軍省条例規定の第五局の監督長官（局長）の指揮下で実施し，②1874年2月2日陸軍省布第46号鎮台職官表は各鎮台の派出監督課，司契課，糧食薪炭課，被服陣営課，病院課軍吏部の定員を規定しているので，鎮台等に平時常設の機関として設置したものである。本条例は糧食課軍吏・被服課軍吏・病院課軍吏の職務や司契課・監督課の職掌において，戦時の現場対応の職務・職掌も規定したことが注目される。

第一に，糧食課軍吏の戦時の職務は「関係甚タ広クシテ極メテ切要ナリ」とし，「戦時出師ノ際ニ当ツテ陸軍卿ヨリ糧食課軍吏提理ヲ命シ其師団ニ属セシメ若シ三軍出征ノ日ニ当ツテハ三軍ノ大将其部下一師ノ司令将官毎ニ各々糧食軍吏提理ヲ命シテ之ニ属セシム」と規定した。これによれば，①軍隊の諸兵力を平時態勢から戦時態勢に移す概念としての「出師（すいし）」（軍隊の動員の意味）の用語が糧食補給現場の管理者や職務との関係で登場したことは注目される。②陸軍卿は出師時に「糧食課軍吏提理」を命じて「其師団」に属させると規定したが，糧食課軍吏に戦時の特別職務を負わせるために命じたものである。③この場合，「其師団」に属させることの意味は，戦時対応の臨時特設の「師団」の編成・成立を前提にした規定である。

第二に，①各師団の司令将官は部下の糧食課軍吏提理に命じて出征地方の便宜地で「食料ノ諸請負人ヲ撰ハシメ」，当該師団の兵隊占領陣地への食料輸送供給方法を契約し，引き受けさせる，②請負方法の不要時，又は戦地進入が深くて請負方法が不可能時には諸兵隊は出陣当該地方で「市場」を開かせて買い上げる（前払い，即金払い），③食料購入の会計方法の実施困難時には現金を兵隊に給して各自の物品買い上げを許可することがあると規定した。以上の買い上げ方法は国内での戦地を想定し，「現地調達」の端緒的思想を含んだ。本条例はさらに運輸による供給を原則的に否定し，出陣先で請負方法と買い上げ方法も実施できない地域に限定してのみ輸送隊編成を考慮すべきとした。なお，現地調達の端緒的思想は国内だけでなく，「近隣諸国ニ於テハ江河ノ運輸ニ便ナラサルヲ以テ小荷駄ノ組立ト馬匹ノ多少ヲ定ムヘシ」とし，海外近隣諸国での戦闘地域設定も想定した。ただし，同想定における派遣・出張等の旅費等の組立てはない。その上で，「出師ノ前陸軍卿地宜ヲ案シ方法ヲ立テ教令スル所アルヲ以テ之ヲ遵守スヘシ」と細部のマニュアル規定化があることを示した。かくして，動員を意味する出師の概念・用語の登場に密着して成立したのは臨時特設を意味する師団概念であり，国内外の戦場・戦闘地域での糧食補給体制における現地調達の端緒的思想であったことは注目される。

第三に，被服課軍吏は，①戦時の被服課軍吏の職務は「甚タ閑ナリ」であるが，出征時には被服装具麻布鞋韈等を完備し，②被服諸具の交換は「皆内地ヨリ期ヲ以テ輸送シ至レハ便チ之ヲ諸隊ニ分配スル」ので詳細な規則規定を要せず，③氈被鞋韈等は師団毎に予備が必要なので，平時に予め準備する方法を立てることを規定した。また，病院課軍吏は，陣中病舎（移動病院で，兵隊の進行に従い，戦場での疵傷者に初発の治療をする，各鎮台に3部設置），陣中病院（出征時に当該地方の陸軍駐在地後方に臨時に設置し，陣中病舎から運ばれる患者を治療），養生隊（陣中病院と同様に陸軍駐在地後方に設置し，平癒患者を再び戦闘地域に送るまでの養生に供する，養生隊入隊者の給料食料等は戦時の規則と異ならない）の3施設からなる「戦時病院」を管理するとした。この場合，収容患者数をおよそ10％と想定し，出征兵数3,000人の総患者数は300人になる（内訳は陣中病舎に60人，養生隊に100人，陣中病院に140人を収容）。患者数の収容兵員比率10％の想定は独自考察が必要であるが，当時の欧州軍隊の戦時病院の傷痍兵収容比率に近い[17]。なお，戦時病院については，陸軍卿がさらに詳細な細則を規定するとした。

第四に，司契課職掌は，①戦闘地域の司契の方法はなるべく平時の国内施行の規則に従う，司契課事務方法も戦時と平時は異なることがない，②戦時諸役時の自然急速な需要に際しては，司契課官吏は不慮の請求に対してはその情実を明らかにして許可し，兵隊の必需事態には非常策を立てて対応するなどと規定した。他方，監督課職掌では，監督職の官吏は軍・師団に属せず，陸軍卿の任命により派出され，①戦時の監督職務方法は平時と異なり（平時は人員・馬匹実数を点検し，物品実数を計算し，書類と照合し，会計現金保管箱を実査する），監督検査方法も平時と「同一ノ厳密ヲ用ユ可カラス」とされ，諸隊・諸役の報告書中で実数を「開列シタル書類ニ依テ勘合ヲナシ是ニ依テ照会ヲナシテ足レリトス」のように簡略され，②監督課の総会計局は戦時には陸軍駐屯地後方で最近村落中に設置される，と規定した。

戦時業務はまず戦時会計業務を基本にして成立し，かつ，出師の用語が会計経理業務（糧食補給体制）との関係で成立した。戦時会計業務は戦時編制規定に先行して成立し，戦時の兵力編成や戦闘力行使が会計経理業務によって支えられなければならないことを意味する。

2　1874年台湾出兵事件と出師概念の成熟
――「天皇帷幕」と大本営の特設構想開始――

(1) 1874年佐賀事件下の参謀局設置と征討総督体制――大本営的機関の誇示的構築の端緒化

1873年11月の幕僚参謀服務綱領の制定以後の各鎮台の幕僚参謀として，新たに同年12月末から1874年2月上旬に熊本と東京及び広島の各鎮台の参謀長心得（各陸軍中佐）が，さらに，1月15日に陸軍大佐野津道貫が近衛参謀長心得を申し付けられた。そして，同年2月発生の佐賀事件時の2月22日に陸軍省第六局を急遽廃止して参謀局を置き，同日に山県有朋陸軍中将（2月8日に依願により陸軍卿兼官を免ぜられ，近衛都督に就任）が参謀局長に任命され，大本営的機関の誇示的構築の強力な端緒になった。参謀局設置は，本書第1部第1章の注44）のような軍隊の編成・統轄権の一部分散化的雰囲気出現の中で2月19日の征討令が発され，佐賀事件鎮定主管省が内務省から陸軍省・海軍省に重点移動し，陸軍省が急遽同日に太政官に職制規定等を欠落させて同局設置のみを上申して決定された。その上で，23日に東伏見宮嘉彰親王が征討総督に，山県有朋陸軍中将と伊東祐麿海軍少将が征討参軍に任命されたが，征討総督下の帷幕における参謀局長＝征討参軍陸軍中将山県有朋の軍隊統帥上の優位性担保構造が生まれた[18]。

参謀局設置は軍隊統帥上の陸軍優位のもとに，戦闘勝敗大勢決着後において幕僚参謀を基本にした征討総督体制による大本営的機関の権威・権勢の誇示的構築の端緒化を支えた[19]。すなわち，第一に，①福原和勝陸軍大佐他3名（他1名が征討総督幕僚参謀勤務，2月25日付）と浅井道博陸軍中佐他1名（2月27日付）が征討総督幕僚参謀に，②陸軍教導団附の陸軍大尉他11名（2月25日付）と陸軍会計一等副監督川崎祐名他32名・陸軍一等軍医正石黒忠悳他3名（2月26日付，さらに27日付と28日付及び3月1日付で陸軍大尉等計10名）が征討総督随行に，③陸軍会計一等書記陸軍省出仕者計16名（2月26日付と27日付及び28日付で陸軍軍医試補や陸軍裁判捕部等計12名）が征討総督附属に，

④征討総督本営附使役者として用使・小使計15名（2月26日付）が，各々「被仰付候事」（奏任以上）又は「被申付候事」（判任以下他）と命じられた。征討総督附は計100名余に達した。第二に，2月26日に征討総督本営を陸軍省内に置き（3月1日の征討総督の進発まで），2月27日に武庫司所管の工具を同本営に渡し（鶴嘴100，伐木斧15，木工鋸，木工鑿等），同司雇の人夫職工が同本営附属になり，同司等外二等職員にその取締りを命じ，27日に東京鎮台の歩兵1中隊の征討総督附属を申し付け（憲兵編成の見込み），28日には調馬厩の官馬18頭（馬具馬丁共）が同本営に引き渡された。第三に，2月28日に「征討総督進発順序」を規定し，3月1日の陸軍省出発以後の新橋（乗車）―横浜（乗艦）―神戸―博多（着艦）までの護衛・運搬・礼砲等の要領・日程等を明示した。第四に，征討総督と征討参軍は鎮定後の3月3日に帰京を命じられたが，3月5日付で野津鎮雄陸軍少将が征討総督参謀長を，福原和勝陸軍大佐他6名が征討総督随行を命じられ，征討総督解職の4月4日までの約1箇月間の兵力行使の人的陣容が誇示された。参謀職による大本営的機関の統帥系統の明確化が開始された。

その後，同年4月に台湾出兵の関連業務が発生する中で，陸軍卿代理津田出は5月22日付で太政大臣に参謀局条例案の制定を上申した[20)]。参謀局条例案は，第一に，参謀局は東京に「之ヲ置キ」陸軍省に隷属し，参謀局長（将官1名）は陸軍卿に属し，「日本総陸軍ノ定制節度ヲ審カニシ兵謀兵略ヲ明カニシ以テ機務密謀ヲ参画スルヲ掌ル平時ニ在リ地理ヲ詳カニシ政誌ヲ審カニシ戦時ニ至リ図ヲ按シ部署ヲ定メ路程ヲ限リ戦略ヲ区画スルハ参謀局長ノ専任タリ」とされた。参謀局を東京に置くとは，現在は東京に置くことを意味し，将来の事情（大本営的機関等との対応等で）は東京外に置かれることも想定されたとみてよい。また，「定制節度」は陸軍全体の基本制度と命令実施系統を，「兵謀兵略」は兵力行使の策略・方針を意味する。第二に，参謀局長統轄の参謀科の将校・文官を，①各鎮台の司令将官の幕僚参謀官として分属する者（幕僚参謀服務綱領にもとづく服務），②参謀局勤務の将校（省内諸局の事務従事や「鴻臚部（チプロマチツク）ノ国使ニ属シ他邦ニ駐在スル」ことがある）と文官に区分し，③さらに参謀局勤務の将校を「本官ノ参謀将校」と「準［准］官ノ参謀将校」に区分した。第三に，局内に第一課（総務課），第二課（アジア州各国の兵制研究），第三課

(欧米の兵制研究)，第四課 (兵史課)，第五課 (地図政誌課)，第六課 (測量課)，第七課 (文庫課) を置いた。第六課の測量課は後の陸地測量部の前身になり，将来の測量事業の大拡張と「別置」を構想した。参謀局条例案は左院で審査され，特に，②の「鴻臚部」は古代 (中国，日本) に訪問した「蕃人」の接待・居所を意味し，現在の正称ではないので，「外国派遣ノ公使」に改めた。かくして，外務省所管の在外公使館附の駐在武官も横断的参謀官職統轄体制に組込まれた。なお，既に5月14日付で清国在留陸軍中尉美代清元他14名は参謀局管轄に入り，台湾出兵対応の清国視察に従事した。参謀局条例案は6月15日に閣議決定され，6月18日に陸軍省は参謀局に通知した。

(2) 台湾出兵と植民地経営論

戦時の会計経理業務との対応関係で登場した出師の用語は，1874年台湾出兵においてはさらに軍隊の諸兵力を平時態勢から戦時態勢に移す場合の技術的な準備や手続きとともに外交措置等の総合政策的な意味・内容を含むに至った。特に，台湾出兵事件全体における出師概念には，対外侵略・植民地経営をコアにした「帷幕」「大本営」「皇軍」等の基幹的な思想・体制用語が含まれるに至り，近代日本の戦争計画と思想を謳歌させる上で重要な役割を果たした。

①台湾出兵の発端と柳原前光及び西郷隆盛

まず，台湾出兵政策は台湾における琉球国漂着民の殺害事件を発端にして琉球国の日本国編入をベースにして組立てられた。1871年11月に琉球国宮古島八重山島の島民69名が台湾南部に漂着したが (内3名は溺死)，同地で54名が「牡丹社[ぼたん]」「牡丹人」と称された現地住民に殺害された。殺害を免れた12名は翌1872年1月に清国官憲により福州府に護送され，福建省在の琉球館に収容され，6月7日に那覇港に帰還した。

日本国政府が本殺害事件を公式に認識したのは，1872年1月24日に少弁務使の発令により日清修好条約改定交渉のために清国天津に滞在 (3月29日天津着) していた柳原前光外務大丞が，4月13日付の副島種臣外務卿と寺嶋宗則外務大輔宛の条約問題交渉の経過報告中の末尾に「琉球人清国領地台湾ニ於テ殺害ニ遭ヒ候 [中略] 自然鹿児島県心得ニ相成候モ計難」云々と記述した文書においてである。すなわち，柳原は同文書とともに，福州将軍兼署閩浙総督文煜他

1名の清帝宛の上奏文（「琉球国夷人［中略］被台湾生蕃殺害現飭認真查弁［中略］牡丹社生蕃見人嗜殺殊形化外現飭台湾鎮道府認真查弁」云々と述べて今後の処置を仰ぐ）掲載の4月5日付の『京報』（日本の『太政官日誌』の類，以下，「閩浙総督上奏文」と表記）を一見したとして同封送付したことに始まる[21]。外務省は柳原送付の閩浙総督上奏文を5月17日に東京出張鹿児島県官員に渡し，同官員は6月5日に鹿児島県に申し送った。

他方，柳原は帰国直前の5月28日に懇識のアメリカ領事メットホルスのもとに挨拶に赴いた。その時にメットホルスは琉球国漂着民の殺害事件は「［西欧列国の事例では］直ニ軍艦ヲ以テ其暴ヲ責メ償金ヲ取ルヘキ事ナリ」と語った[22]。柳原は「［琉球国の］国君トハ使臣往来ノ素アレトモ未タ属国トハ為サルナリ若我カ附属ノ国ニシテ此事アラハ当サニ貴諭ノ如ク然ルヘシ」と述べ，メットホルスは「吾始メテ琉球ノ貴国ニ属セサル事ヲ知レリ」と語ったとされている。

日本と琉球国との外交関係は柳原の指摘通りであるが，柳原の対琉球国政策意識が積極的になったのは6月5日に天津を出港（上海経由）して同16日に長崎に着港し，同地での西郷隆盛参議との対談前であろう。西郷参議は閩浙総督上奏文を5月23日からの明治天皇の中国西国巡幸供奉前に東京出張鹿児島県官員から聞いていたことはありえる。西郷らは6月14日に長崎に着港した。特に6月15，16日の長崎は「巡幸奉祝」の一色に包まれていた（西郷らは翌17日午前に熊本に向けて出港）。柳原は7月9日付外務卿宛提出の「復命概略」に長崎着港後に「書類繕写ノ事ニ弁ス」と記述したが，16日中に同地で偶々西郷に急遽対談を申し出たとしても不自然ではない[23]。柳原はメットホルスの対話と自己の返答（「［琉球国は］封冊献貢清ニ致スニ任セ維新後更ニ着手セサレハ自断ニテ応接開キ難ント辞ス」）を西郷に話したところ，西郷は「隆盛ハ薩ニ生長シテ琉ノ情ニ通シタリ今後　聖謁ニ陪シ近日鹿島［ママ］ニ至ラハ其事ヲ同県官ニ告ケ飛船ヲ以テ琉ニ報スヘシ後来ハ我カ真属ト為サル可ラス」と語ったとされている[24]。柳原は長崎に約2週間滞在した後，7月8日に横浜に到着し，7月27日付で改めて西郷参議宛に閩浙総督上奏文とメットホルスの対話書を送付した。

西郷が急遽本事件対応として琉球国の日本国編入を示唆したことの意味は大きく，琉球藩新置方向が加速された。その後，6月26日に鹿児島地の行在所で琉球国の高見城親方と池城親方の拝謁が認められたが，琉球藩新置の先触れのようなものである。他方，本事件により鹿児島県士族は台湾征服の議論に沸いた。同県権参事大山綱良は問罪のための出兵要請建白書を提出し，同7月に熊本鎮台鹿児島営所の樺山資紀陸軍少佐は熊本鎮台司令長官桐野利秋に台湾征服意見を述べ，さらに上京して西郷隆盛や山県有朋陸軍大輔と西郷従道陸軍少輔等に報告した。かくして，政府は同年9月14日に琉球国王尚泰を琉球藩王に任命し，琉球の日本国への所属を明確化した。そして，政府の兵力派遣等を基盤にした強圧的な1879年の「琉球処分」（琉球藩を廃止し沖縄県を置く）は1880年代末までは「琉球回復」をめざす清国との関係で「琉球問題」として醸成され，両国交渉案件の未決着と同問題潜行は日清両国の軍備増強の口実にもなった。

②台湾武力処分政策と植民地経営論

他方，外務省は本事件対策のために前厦門（アモイ）駐在アメリカ領事のリゼンドル（Chrles Walde Legendre：1830年フランス生まれでアメリカに移住し，1861年南北戦争に従軍し1863年に准将に昇進）を顧問として雇用した（外務省准二等出仕，1872年11月から翌年8月までの給与は月給1箇月1千円）。さらに，清国政府の台湾島所属・統治確定問題の言質を得ることと台湾島・清国の視察・調査を進めた[25]。

台湾島所属・統治確定問題については，政府は翌1873年3月に日清修好条規の批准書交換のために清国に派遣される特命全権大使・外務卿副島種臣に清国政府の台湾島の所属・統治政策を質問させてその回答を導きだすことにした。4月30日の批准書交換による日清両国の国交樹立後，副島は6月21日に在清国日本公使柳原前光に清国総理衙門（吏部尚書毛昶熙他）と交渉させた結果，清国側は「此島民ニ生熟両種アリ熟蕃ハ漸々我王化ニ服シタケレドモ只生蕃ハ我朝実ニ之ヲ如何スルナク化外ノ野蕃ナレハ甚之ヲ理セザルナリ」「生蕃ノ暴悪ヲ制セザルハ我政府ノ逮及セサル所也」と言明したとされた[26]。この結果，柳原は同言明を得るや否や交渉を打ち切り引きあげた。

琉球国漂着民殺害事件は台湾の一部現地住民グループの所業であり，その「化外ノ野蕃」等の警察的・民法的対策は清国の内政問題として処理されるべきであった。その上で，台湾への警察力強化要求と被害者遺族等への扶助金・賠償金要求の筋道に沿って交渉されるべきだった[27]。しかし，副島・柳原と日本国政府は清国側の「化外ノ野蕃」の言明を巧みに利用し，「蕃地膺懲」を名目にした台湾武力処分政策をとった。その後，「征韓論」をめぐる政府の分裂と西郷隆盛参議らの下野と佐賀事件で一時遷延したが，台湾を「無主ノ地」と称して，西郷従道陸軍大輔らの台湾開発や植民地化を潜ませた台湾武力処分政策がまとめられた。

第一に，政府は1874年1月26日に大久保利通と大隈重信の両参議に「台湾蕃地処分取調」を命じた。大隈は柳原前光（1873年11月に外務大丞）と鄭永寧外務少丞に処分策略をまとめさせ，柳原と鄭は合議して1月29日付で「台蕃処分要略」（全16条）を大隈に提出した[28]。

「台蕃処分要略」は，主に，①台湾を清国政府の統治が及ばない「無主ノ地」とみなし，琉球国民殺害の「報復」のために「討蕃」「撫民」し，北京に公使を派遣し公使館を備えて交際を弁知させ，琉球国を「古来我帝国」の所属と位置づける（清国側が「両属」説を述べた場合には深入りしない），②清国側が台湾処分を論説した場合は「和好」の構えを論じ，論説対応が困難になれば，日本政府に指令を求めてもよい，③政府に「台蕃事務局」を設置する（総裁1名，僚員として外務内務大蔵海陸軍の官吏を置く），④台湾を「無主ノ地」と見做すと雖も「清国版図」と「犬牙接連」の地として隣疆関係や葛藤も生ずるので，福建省所管の台湾港に領事一員を置き淡水での事務を兼掌させ，「征蕃」時の船艦往来の諸用を管理させ，清国地方官との応接を担当させる（領事には福島九成陸軍少佐を任命し，福州の琉球館は暫く度外視する），⑤兵員はリゼンドルらの兵力使用案があるが，海陸軍専務の人でなければ細部を示せえない，⑥出兵時に「開拓殖民に屯せし者」を撰んで派遣し，最初は目前の必需器具を与えて実地検査方略を復命させた後に，「官府目的の定額金を卿［大隈大蔵卿］下商民を募［ママ］里術を遂げ」るように本処分を行う，等を起草した。

大久保と大隈は柳原らの「台蕃処分要略」中の特に③⑤⑥を削除し，新たに福島九成・児玉利国等計6名を台湾に派遣し「熟蕃ノ地」の土地形勢（特に兵の上陸と艦船停泊の便利）を探偵させ，「土人ヲ懐柔綏撫セシメ」て「他日生蕃ヲ処分スル時ノ諸事ニ便ナラシムヘシ」という周到な武力処分政策をまとめ，2月6日に「台湾蕃地処分要略」（全9条）として太政官に提出した[29]。特に⑥には「開拓殖民」云々があり，政府の文書としては不適切とされて削除されたが植民地化政策が消えたわけではない。大久保・大隈の「台湾蕃地処分要略」は同日に閣議決定された[30]。

第二に，太政官と大蔵省により台湾出兵関係経費等が算出された[31]。これは3月上旬までに調製されたが，①「生蕃征討費」（龍驤艦1隻の1年間出征費計153,856円〈少将以下兵卒・軍医の本給と増給，兵食，衣服・靴等諸品，石炭・油等諸費，雑費〉，運輸船1隻の1年間出征費計40,510円〈上下士官以下水夫の本給と増給，食料，衣服・靴等諸品，石炭・油等諸費，雑費〉，運輸船2隻の雇い入れ費16,000円，歩兵1大隊1年間出征費計93,607円余〈少佐以下兵卒楽隊・軍医の本給，下士官以下の兵服・背嚢・属具等，大小旗・喇叭・日用諸雑具・陣営消耗費等，兵食〉，砲兵1小隊1年間出征費計18,660円余〈費目は歩兵にほぼ同じ〉，工兵1小隊1年間出征費〈砲兵に準ずる〉，大小銃弾薬諸費〈未詳〉，仮造陣営費計8,262円余〈大工手間，瓦屋，松・杉等大小諸材・大小釘費，「蕃人」使役料〉，備金100,000円）は総計449,556円余になるが，給与・兵食・雑費等は平時の定額常費（計269,889円余）として既に組入れられるので，臨時の新出費分は179,666円余になり，②「蕃地ヲ処分スルニ付テノ諸費」（占領維持と開拓経営関係費で初年度は計118,666円余〈総管・随員の給与，測量師・医師・石工・仕立師・大工・瓦葺・左官・桶物師・鍛冶師等の雇用費，火輪商船1隻他運用費，「蕃人」賑恤費，「蕃人」への綿服筒袍・股引等1万人分の半額販売費，「蕃人」使役費延べ7,200人分，仮屋建築用松杉大小材500坪分・大小釘費，日用諸雑具〉）は，第2～4年度は各前年度比3割増，第5・6年度は各前年度比2割増，第10年度に至り総計4,099,655円余になり，③鎮台兵駐留費1箇年93,607円余（歩兵1大隊屯営費）で20箇年分総計1,872,158円余になり，④「蕃地年々出費幷ニ収利表」によれば，初年度の収益は同年度支出比1割分で11,866円余，第2年度は同年度支出比2割分，第10年度は支出と収益は均衡しその支出843,334円余を定額費に定め，第10年度までの収益費総計は2,903,672円余で不足金総計1,195,983円余に達するが，第11年度の収益は定額費の1割増，第12年度は同2割増の逐年増収になり，第20年度に総収益13,077,710円余に至り，第10年度までの不足金総計と第11年度以後の総定額8,433,349円余及び鎮台兵駐留費20箇年分総計を減ずれば1,576,219円余の剰余金が発生するという，少なくとも20年間を展望した植民地経営費等算出であることはいうまでもない。

従来，台湾出兵は，「対外派」（征韓論者）側は「国運膨張の端緒」と位置づけ，「内政派」（非征韓論者）側は「国内秩序の保持の方便」（「征韓論者亡者の怨霊慰め」[徳富蘇峰]）として拾いあげたと評価されてきた。しかし，琉球国は同国民殺害事件が外交・政治的に利用されたのみならず，清国断絶と日本国への編入を余儀なくされ，1879年3月の廃琉置県処分への第一歩になり，台湾出兵事件は日清戦争の遠因を醸成した。他方，「内政派」にも「国運膨張の端緒」の位置づけと認識は継承・共有され，特に注41）の谷干城と赤松則良両参軍の提言のように，「対外派」も「内政派」も合体していた。近年，台湾出兵は特にリゼンドルらの植民地経営論からも考察されている[32]。

(3) 台湾蕃地事務局の設置と西郷従道

リゼンドルらの台湾武力処分政策と台湾植民地経営論の構想は台湾出兵論者の志気を高揚させた。その中で，台湾出兵の兵力行使と司令体制を統轄したのは西郷従道陸軍少将兼陸軍大輔であった。西郷は3月2日に台湾蕃地事務取調の内命を受け，3月25日に台湾生蕃処置取調を命じられた。また，3月29日に岩橋轍輔大蔵少丞が台湾生蕃処置取調を命じられ陸軍省出仕が指令された。その後，4月4日に西郷は陸軍中将に昇進し同日に台湾蕃地事務都督に任じられた。そして，台湾蕃地事務都督と台湾蕃地事務局を基本にした台湾武力処分体制が下記のようにつくられた。

①台湾蕃地事務都督と台湾蕃地事務局による台湾武力処分体制

第一に，台湾出兵の官制上の管轄は台湾蕃地事務都督に任命された西郷従道と翌5日に太政官正院に設置された台湾蕃地事務局にあった（長官は大隈重信参議）。台湾蕃地事務都督と台湾蕃地事務局は法律的には臨時特設文官職の一般行政官庁である。しかし，実質的には松下芳男の指摘のように，台湾蕃地事務都督は「台湾征討総督」又は「台湾征討軍司令官」のような武官官職であり，台湾蕃地事務局は「台湾占領地総督」の名称が適合していた[33]。台湾蕃地事務都督下に台湾出兵軍として特設・編成されたのは熊本鎮台歩兵第19大隊，東京鎮台第3砲兵隊，西郷従道の鹿児島県下での臨時募集に応じた士族団（「徴集兵」「招募兵」「殖民兵」「徴集隊」等と称された），他であり，合計3,600余名であった[34]。また，海軍は日進，孟春，龍驤，東，筑波の5軍艦が出動した。その結果，一時的には陸軍卿管轄の軍隊と台湾蕃地事務都督管轄の特設軍隊が二重構造的に存在したことになる。なお，台湾蕃地事務局は岩橋轍輔大蔵少丞が大蔵省他官員を従いて局内事務担当のトップを占めた。大蔵省基盤の同事務局設置の理由は，当時は同省のみが出兵の兵站運営（軍需品等の調達・購入）の経費管理等を全国的に統括できる体制になっていたことにあろう。

第二に，4月2日に参議兼大蔵卿大隈重信と参議兼海軍卿勝安芳及び台湾蕃地事務都督陸軍大輔西郷従道の協議による台湾出兵経費に関する「生蕃事務経費支給条約」が太政官に提出され，4月4日に決定された。それによれば，①本事件は「費程五十万円ヲ以テ目途トナシ決シテ此数ヲ超ユ可ラス」と規定し，派遣人員は2,300人を定数とし，政府の指令なくして同員数を超えることは許さない（ただし自費便船者を除く），②派遣人員2,300人中に「招募兵八百名」を含めるが，「招募兵」は陸海軍定員員数ではなく，「一種特選」であり本事件のみに従事するので，同入費は別途支給する，③外国出兵の旅費加俸食料手当等の規定はないので，政府確定の基準により支給し他の増加を禁じ，職工・人夫の賃銭賄料は政府への伺いを経て支給するのでみだりに増加してはならない，④台湾現地では漸次に「互市通商」を開く，と規定した[35]。

ここで，②の「招募兵」は西郷従道が鹿児島県下で臨時募集した士族であり（後述），同県下の「征韓論者」の不満心情のガス抜きの側面があり，出兵時には「徴集隊」と称した。④は1873年在外会計部大綱条例にもとづく糧食賄い方法であった。ただし，その後，大隈台湾蕃地事務局長官は西郷従道と協議し，5月24日に計2条追加を太政官に上申し（英米の船舶借り上げ契約が解除され，新たな船舶買収入費が発生し，また台湾派遣人員がさらに増加するので，50万円目途を超えた増額を求めざるをえない），6月4日に了承された。その後，経費増加が拡大し，大隈台湾蕃地事務局長官は6月30日付で太政官宛に，台湾現地の会計経理が紛雑のために明細を出せず調査中であるが，糧食被服・雇船賃航海費他諸費としてとりあえず35万円を別途下付してほしいと申請し，同日に了承された[36]。

第三に，4月5日に大蔵卿と台湾蕃地事務都督は文武諸官の支度料（すべての文官と少尉相当以上の武官は本給1箇月の半額，職工は5円，小使いは4円，人夫は3円），増給（陸軍武官で少尉相当以上は本給の5分の3，曹長相当以下は本給の4分の3，諸省文官で十等以上は本給の5分の2，十一等以下は等外吏まで本給の4分の2），食費等（食費はすべて1人1日につき20銭，自用雑品諸費として1人1日につき8銭）を規定した「蕃行加俸規則」を起案して太政官に上申し，4月7日に制定された[37]。なお，糧食で重要な精米輸送は大倉組が受注した。当初，雇船輸送による当地積み置きを予定していたが，熱地での「更ケ痛等」による食用不能等を考慮し順次積み送ることにした[38]。糧米準備は69,487石余に達した。

第四に，大隈大蔵卿と西郷蕃地事務都督は蕃地事務局の本局（東京，人員は雇を含め78名，事務都督直属の官衙〈「都督府」と称される〉の人員は下士以上260余名と職工・夫卒を含めて960余名）・支局（長崎と大阪，人員は計20名）間の事務整理上の条約として「台湾生蕃事務本支両局条約」を結び，4月12日付で太政大臣に報告した。それによれば，①本支局間の文書往復・通達を緻密化し，厦門・香港・台湾の3領事館の文書通達担当は郵船・電信の機会を失せず速達する，②長崎・横浜の税関長官に郵船の逓送事務を担任させる，③支局は諸般費用節略に努め，本局は支局の需要に応じて貨幣糧食を速やかに運送する，④支局の用度欠乏は本局に報知し，本局は順次送達するが，非常急遽の金銀貨幣必需時には香港・厦門の領事に請い，同領事は2港出店のオリエンタルバンクに命じて一次につき5万ドル以下の金額を支局に輸送すると同時に同金額引き出しを速やかに本局に報告し，本局は同金額を同バンクに入金する，⑤枢密の事件の報告・通達は文書封緘に注意し，電報の場合は明言を用いず，必ず符字暗号を使用する，とした[39]。さらに，4月23日に「長崎支局事務取扱心得」を規定した。主に，①需用物件代価1千円以下で延滞すべきでないものは速やかに調弁し，後に本局に通知する，1千円以下の物件で緊急でないものは必ず本局に申請して指令をまって処置する，需用物件代価1千円以上は必ず本局の許可を得る（非常急迫時は電報で申請），②洋銀買収に注意し価格騰貴により損失させず，洋銀は税関収入分と高島炭鉱石炭売却分より流用支出する，③長崎港より清国諸港への出商者に命じて貿易景況・物価高低・貨幣価格軽重等を時々報告させ，本局に回達する，④支局の1箇月費用は電信料・郵便料等の概算で1百円と定め（当面予備金1千円を支局に渡す），本費用は税関収入分より為替交換して処置する，等と規定し[40]，通信・文書往復体制と財源確保及び会計経理体制を貿易・税関機構を含めて構築しようとした。

②西郷従道募集の徴集兵の性格

他方，西郷は4月5日に天皇から「台湾蕃地処分」に関するすべての陸海軍務や賞罰等の全権を委任され，三つの条款（牡丹社に対する問罪，非服従者への兵力行使，再発の防制方法組立て）を遵奉すべき委任勅語と，「特諭」が与えられた。その中で，「特諭」の第2款は「鎮定後ハ漸次に土人ヲ誘導開化セシメ竟ニ其土人ト日本政府トノ間ニ有益ノ事業ヲ興起セシムルヲ以テ目的トナスヘキ事」と記述されたが，この「有益ノ事業」とは植民地的開拓事業であることはいうまでもない。

第一に，3月28日付の岩倉具視発大久保利通宛の書簡によれば，西郷従道は台湾出兵に熱意をもち，三条実美太政大臣や岩倉に頻りに自己の台湾派遣を要請していた。西郷とその周辺では坂元純凞らの「薩壮士ノ徒」の台湾送り込みを望み，その後も継続的に台湾植民地化が構想された[41]。

第二に，西郷らにより陸軍省内で「植民兵」を含む出兵軍編成が構想された[42]。すなわち，3月末に，①「生蕃御進討ニ付逐次処分スヘキ条件」（出張官員の速やかな任命と海陸上下官の俸給増加，東京と長崎での諸事整備と諸件買入れ，熊本鎮台管下での「植民兵」の徴募，長崎では約15日間で全準備完了し台湾の社寮港に上陸し，社寮の地点から南北ラインに沿って「熟蕃ニ属スル」地点に「植民兵」1個小隊又は半小隊を分派して「生蕃人」の往来交易を絶つ，など），②「生蕃御進討ニ付仕組書」と「討蕃一挙ニ付至急可取計件々」（討伐の兵は歩兵2個大隊〈内1個大隊は臨時徴募の「植民兵」〉と砲兵1個小隊とする，中国語・英語・「蕃語」の理解者の雇い入れ，陸海軍ともに軍医を定例よりも10名増員する，人足200人を雇う〈道路の建設整備や橋梁設置・陣営建設等に従事し，平定後は「彼地ニ留置キ殖民ノ部」に所属，大工30名・陣中焚出し賄方65人の雇い入れ，蠟燭・被服・寝具・雑具等の手配，精米500石〈1人1日5合，約2千人の50日分〉と醤油・乾物の送付と現地での獣肉購入，築営用の材木・釘と日常必需営具造作用の杉板の送付，現地の「土人」の使役・撫恤のための新鋳銀銭等の準備，等），③「殖民兵臨時徴募ノ主意」が起案された。特に③は，「今臨時適宜ノ活法ヲ設け更ニ殖民兵一大隊ヲ徴募シ常備兵一大隊ト共ニ之ヲ出スヘシ然ル時ハ戦ニ後慮ナク兵ニ余休アリテ平定ノ後ニ各其占ル所ノ地ニ拠リ小分営ヲ築キ永居ノ計ヲナスヲ得ヘシ」と，平定後の永住化を目ざした。「殖民兵」の採用条件は，①上士官は非職者中から任命し，兵卒は熊本鎮台管下諸県の士族を対象とし，過去の戦役に従事し，解散後に「業ヲ失ヒシ者」で強健者を募集する，②年齢は20歳以下に限るが（ただし，老父母・妻子がいる一家の扶養主を除く），強壮抜群者は30歳以上でも特選する，③服役期限はなく，平定後は時宜により移住を命ずることがあるが，隊伍に編成されつつも，「本人ノ望ニ随ヒ尚其妻子親属ヲ携ルヲ許ス」とされた。

第三に，しかるに，西郷は「殖民兵臨時徴募」を大いにぼやかし，かつ，4月1日付で「ホルモサ［台湾島の別称・美称］事務都督」の肩書きで，太政官宛に「ホルモサ御処分ニ付士族召集之儀伺」を提出し，特定士族の「壮兵」的募集を上申した[43]。すなわち，「徴集兵」の募集であり，「陸海軍之外別ニ九州諸県ニ於テ士族之内凡八百人程新規召集引率仕度右ハ進入ノ節道路開通之為メ専ラ土工之事ニ従事為致若シ戦争ニ及ヒ候節ハ銃器相渡シ兵隊ニ使用可致且彼地服従之上ハ土人之撫育保護方等ニ相用申度尤前文之儀兵隊ニテハ一般之法則モ有之臨時使役難相成儀付右辺御洞察至急決定相成度候」と記述した。これは陸軍省・海軍省の徴兵制管轄外の兵力行使集団の編成であるが故に，台湾出兵事件後も戦死傷痍者手当等支給においても陸軍・海軍の兵員としての勤務・待遇が適用されず，曖昧さを残した[44]。

第四に，西郷上申は士族募集の主要目的を土工作業従事としたが，虚構の作業従事の上申であった。なぜなら，土工作業は独自に人足200名の雇い入れが計画され，かつ，給与費用も算出され，募集士族の土工作業従事はなかったからである[45]。また，西郷募集の鹿児島県士族が「招募兵」「殖民兵」「徴集兵」「徴集隊」などと称されたのも，募集目的不明の恣意的な募集と曖昧な編成であったことを意味している。しかし，翌4月2日の閣議はただちに西郷上申を決定し，陸海軍両省宛に随行官員任命の準備を指令した（同官員の姓名は都督からただちに両省に照会して措置する）。西郷従道の士族募集は根底的には一部高級軍人の無責任で恣意的かつ私戦・私闘的な海外兵力行使（私物化・私兵化）を許容し謳歌することになった[46]。

③西郷従道の出兵強行

他方，台湾出兵に対して，イギリスとアメリカは局外中立を宣言し，さらにアメリカは輸送船使用等を拒絶した。そのため，4月19日の閣議は出兵を停止し，太政大臣は大隈を早々に上京させ，西郷に対しては暫らく政府命令を待つことの指令書を金井之恭権少内史に託して長崎に派遣した。しかるに，金井之恭（同25日に長崎着）の「使崎日誌」によれば，同指令に対して西郷都督は25日には「海陸将士奮躍制ス可ラサルノ状ヲ誇説スルノミ」とされ，26日には「［全権委任勅語等を奉ずる身であるので太政大臣も自分を諭すことはできず］今陸軍ノ兵散シテ各所ニ在リト雖兵気脈実ニ相貫通ス駁兵ノ術一タヒ其機ヲ誤ラハ潰烈四出復タ収拾ス可カラス今従道督スル所ノ兵暫ラク慰シテ之ヲ鎮スル其事難キニ非ス而モ一時姑息事ニ於テ何ソ益セン一旦是輩其鬱屈スル所ヲ発セハ恐ラクハ其禍佐賀ノ乱［割注略］ノ比ニ非シ是我カ焦心苦慮スル所以ナリ［中略］強イテ我ヲ止メハ我直チニ詔書ヲ奉還シ躬カラ蕃虜ノ巣窟ヲ衝キ死シテ後已マンノミ事若シ清国ニ関シテ果シテ葛藤ヲ生セハ則チ政府脱艦賊徒ヲ以テ之ニ答ヘンノミ」と述べたとされている[47]。そして，独断で4月27日に長崎から運送船有効丸を出発させ（福島九成陸軍少佐他軍人軍属270名乗船），さらに，5月2日に参軍谷干城・同赤松則良ら海陸諸兵1千余名を日進丸等に分乗させて出発させた。

西郷は自ら外国等からは正当な軍隊とはみなされないことを政府から表明させ，海外兵力行使の私情・私憤の高まりを制御・管理せず，軍隊の内部分裂や内乱発生の憶測示唆による「危機的状況」を誇大演出し，確信犯的で自己満足的な独りよがりの私戦・私闘の出兵開始という戦争開始策を日本軍隊に遺伝子として胚胎させたに等しい。政府は西郷の出兵強行を追認・既成事実化し，軍隊統轄上は現場部隊等の無責任的・好戦的な雰囲気に引きずられ，あるいは容認したことが特質である。

(4) 対清国開戦準備と出師概念の成熟

日本の台湾出兵と占拠は，日清修好条規に反するとして清国政府から抗議を受けた。その後，日清間交渉はまとまることなく，政府は7月8日の台湾出兵の処理の閣議は清国との交渉決裂時の兵力行使・開戦準備を基本にした対清国方針を決定した。7月8日の閣議決定は異論続出の中で対清国先制攻撃準備に踏み切った[48]。かくして，一部軍人による私戦・私闘的な海外兵力行使容認の政府構造や先制攻撃優位思想を背景にして，出師という用語と概念が成熟した。

①「海外出師之議」の閣議決定と大隈重信の構想（「密議条件」）

政府は7月8日の閣議決定の具体化のために台湾蕃地事務局長官大隈重信起案の建議「海外出師之議」を7月28日に決定した。同建議はその後半で「万一今日不戦ニ帰ス彼ニ在テハ兵備益修メ他日大挙以テ我ニ迫ラハ勢戦ハサルヲ得ス是レ所謂今日不戦ニ決スルハ終ニ戦ニ帰スルモノナリ而シテ今日ノ戦ト他日ノ戦ト我利害得失ニ関渉スル多弁ヲ俟タスシテ昭々タリ〔中略〕是レ今日海外出師ノ事急ニセサル可カラサル所以ナリ謹議ス」と述べたが[49]，「〔海外〕出師」の用語表記に注目すべきである。これは，同建議の附属として決定された「宣戦発令順序条目」（後述）との関係で考察されるべきだが，その前提になったのは大隈重信の「密議条件」の起草であった[50]。大隈は7月27日付で太政官宛に「彼〔清国〕ノ兵備尚充実不相成内速ニ諸般御着手ノ順序御議定有之彼ノ方略忽挫折為致度存候」として，開戦と兵力行使方針の「密議条件」（条款全24条）を起草し，「至急御奏聞ノ上御英断奉仰望候也」という伺い書を提出した。大隈起草の「密議条件」の内容は以下のように分類される。

(1) 全権公使の北京での交渉決裂時に「交和難保ノ節」の処分方針を立てる。

(2) 出兵趣旨を明確化する（①天皇は詔を勅任官以上に下し，出兵趣旨を明らかにする，②国内の布告文で明確に述べる）。

(3) 出兵の予算・経費関係を決める（①陸軍・海軍に区別，②「出兵費程ノ目途」）。

(4) 陸軍・海軍の統帥と政府との関係を決める（①「陸海軍将」を選抜し委任の権限を与える，②陸軍と海軍との連絡手続き，③「閫外ノ事」でも奏聞を経るべき事柄は予め決定しておく，④「将略戦略」関係は陸軍・海軍の主任者の管轄事項であるが，「大着手ノ枢軸」は予め協議する，⑤「進軍大条例」は閣議決定の上「陸海軍将」に与え，その細目は大将が規定して全軍に公布することでよいかを決める，⑥「軍事参謀官」の人撰が必要である）。

(5) 具体的な出兵部隊の行動関係等を決める（①長崎を出兵根拠地にする，②上陸の海口・陸路と要衝攻撃地点を決める，②情報収集の間諜を設け，通信連絡や輜重・糧食補給等を研究する，③開戦に至った場合には台湾兵備のあり方の得失を議定する，④運送船の便利を研究する，⑤清国地理を詳しく研究し，山川の険易や陸路の捷迂などを知る)。

(6) 外国・外国人・清国人等への対応関係を決める(①各国への報告文調査，②局外中立を宣言しない時の同国船艦の兵器設備検査に遺漏があってはならない，③御雇外国人の処置を検討する，④居留清国人に期限を決めて帰国を申し付け，滞在希望者は許可するが，地方官に命じて監護させ，「内応陰通」の手段を厳戒することでよいか否かを決める，⑤各国が将来において日本国又は清国を支持・支援する意図があるか否かを調査する，⑥在清国領事館の処分と在清国居留民の処置を決める，⑦清国官民事情や国内の「地方人心ノ嚮背」をなるべく精密に探索する)。

大隈起草の「密議条件」は海外兵力行使にかかわって政府が認識・判断し，決定・処置しなければならない広範な細部の要件を含んでいた(宣戦の詔書・布告書の作成，経費，軍隊の統帥と出兵部隊の行動，外交関係等)[51]。これについて，三条実美は7月27日付で岩倉具視宛に，大隈の建議を「政府の処置と海陸之事務と区別」して速やかに実施し，大隈の「密議条件」は「権外の事に而不都合のみならす海陸不平を鳴し候根源と被存候何卒右は御互之気付に致し御評議相成候方都合宜歟」と述べ，大久保にも連絡し，その返事を明朝までに催促し，「兎に角速に軍事緒に就候様実に焼〔ママ〕眉之急務と存候也」と強調した[52]。

②「宣戦発令順序条目」の成立をめぐる岩倉具視と大久保利通の戦争遂行体制構築構想

他方，右大臣岩倉具視は7月8日の閣議決定後に，開戦に至る場合の政府方針として，およそ，①全国の貯蔵米調査，②海岸要所防禦，「一般士族へ武職を至急に与へる下命の事」，華士族平民を問わず小銃弾薬所持者の員数調査，各県の工業従事者を招集して弾薬を製造させる，軍艦購入時の運転人有無の検討，③全国に対清国開戦趣旨を布告し，「彼を悪む意我国を愛する情に仕向ける事」，④「冗費冗員」を省く機会にする，⑤土木営繕事業で半ばに至らないものの停止の諸省府県宛急達，⑥駐日各国公使への通達と懇議，各国の情況調査，⑦本年度に限り，華族禄千石以上は半減し，900石以下は3分の1にする，⑧清国の「地利」を考察する，などを考えていた[53]。岩倉は①と②の開戦対応をいわば国家総動員のようにとらえていたが，②の士族への「武職付与」は規律維持等の難題があったことはいうまでもない。なお，③の海外兵力行使の強行に際しての「愛国」の「情」の組織化強調も見すごすことはできない。

さらに，大久保利通は開戦に至る場合の強固な戦争遂行体制構築を構想した[54]。すなわち，①諸省院使長官を招集し，「内外危急国家国難」に際して「憤発勉励鞠躬[きつきゆう]尽力」を求める趣旨の勅語を与え，陸軍卿と海軍卿には別々に勅語を与え，天皇から開戦準備状況を問わせ（有事の日に際しての着手目的・方略，兵員数・大小銃器械・弾薬・船艦・水兵等の整備），終了後には陪食を行う，②大臣・参議は毎日皇居に参仕し，開戦に至れば，政府は「憤発勉励軍国ノ政」をつくり，参議の中から清国派遣者を出し，また，新たに参議を命じる，③軍事方略を陸軍卿・海軍卿に督促し，軍艦や銃弾薬の購入を外国に発注する，④大蔵省の「金穀有高」を調査し，諸省は切要事項を除き新たな入費事項をなくす，⑤プロイセンとアメリカに至急公使を派遣し，駐日各国公使に台湾出兵・清国関係の経過を詳しく報知する，である。大久保構想は，天皇の権威のもとに挙国一致というべき「軍国」中心の強力な専制政府体制構築が基本であり，①の陸軍卿・海軍卿に対しては天皇からみれば特別な独自の補佐的役割を負わせるが，③の政府が陸軍卿・海軍卿の軍事方略に関与することを目的にしていた。なお，①の兵力等の開戦準備状況はその後至急調査された。

7月28日の閣議は大隈の「密議条件」をほぼ基本にして「宣戦発令順序条目」を決定したが，新たに加えたものがある[55]。すなわち，①地方官に訓令を発し，士族を含めた取締りを厳重にさせる，②旧参議の西郷隆盛・木戸孝允・板垣退助を天皇から速やかに招集させる，③「天皇陛下大元帥ト為ラセラレ六師ヲ統率シ大坂へ本営ヲ設ケラルヘキ事」，④親王や大臣の中から「先鋒大総督」を任命してただちに長崎にまで進軍する，である。①は岩倉の士族への武職付与の発想に対して，逆に士族等を警戒・統制の対象とする議論の中で決定され，②は大久保のいわば挙国一致の政府体制構築の議論から決定され，③は天皇の権威による軍隊統率の具体的な姿を示し，大阪に本営を設けて戦時・戦地・戦場の臨場感を高揚させる発想であり，天皇親征・天皇親率を期待し，その後の陸軍省の大本営の特設構想につながり，④は戊辰戦争の兵力行使軍隊の総司令官のイメージを重ね合せたのであろう。

かくして，近代日本の最初の海外兵力行使方針としての「海外出師之議」と「密議条件」及び「宣戦発令順序条目」にかかわって登場した出師の概念は，大隈重信による軍隊の戦時編成と動員の技術的な手続きと管理のみでなく，国家総動員・挙国一致体制の構築，外交対策，戦争経費運営，天皇の軍隊統率の明確化，等を含みつつ成熟した。そして，これらの出師概念は，太政官のトップの岩倉具視の思想的・社会的対策や大久保利通の専制的な軍国政府体制確立の構想によってさらに包みこまれた。

(5) 台湾出兵事件における出師業務計画の転換――「天皇帷幕」と大本営の特設構想開始

7月8日の閣議決定の翌9日に太政大臣は陸海軍両卿に「内達演説書」を与えた。「内達演説書」は，清国との和親談判交渉が破れた場合には戦争に至ることも計りしれないが故に，緩急に応じて「不虞ヲ戒ムル」等の設備や方略の画策を指令した[56]。その後，清国との談判に大久保利通参議兼内務卿が全権弁理大臣に任命され，8月2日の内勅により，大久保は「不得止ニ出レハ和戦ヲ決スルノ権ヲ有スル事」「時宜ニ寄リ在清国ノ諸官以下一切指揮進退スルノ権ヲ有スル事」「事実不得止トキハ武官トイヘトモ指揮進退スルノ権ヲ有スル事」等が委任された[57]。大久保への内勅には開戦時の戦闘地域は清国内が想定され，軍隊の指揮・司令権は陸軍卿・海軍卿と台湾蕃地事務都督及び全権弁理大臣との間で三重構造的にも分散的に存在する可能性があった。その中で，陸軍は清国開戦に向けた統一的な司令体制構築の調査に至った。

①陸軍省等による戦争遂行体制の再構築

まず，台湾出兵をめぐる対清国開戦方針により，政府内の出師業務体制が転換を迎えた。

第一に，太政大臣は同8月2日に，陸軍卿と海軍卿に「台湾蕃地処分ノ末兼テ及内達候通リ今後万一啓戦端候節ハ軍事方略ノ儀総テ専任候条協議可経奏聞事」と内達を下した[58]。つまり，陸軍省と海軍省は対清国開戦を想定した上で戦時の軍事方略や出師業務が専任され，本格的な戦争遂行体制構築開始に至った。この結果，台湾蕃地事務局の役割・任務等が問われ，大隈台湾蕃地事務局長官は8月4日付で太政官宛に，①台湾蕃地事務局は4月に俄かに設置され，局中の章程や権限等は未確定で，目下の急務事項のみを弁理してきたので，権限等未確定のままで開局を続ければ事務上の錯乱が生じ不都合に至る，②閉局決定になれば全事務を当然に陸海軍両省に引き渡すが，このままの継続は清国開戦の兆しの顕然化時に「万般ノ体裁今一層整備不致候ハテハ臨機用弁相欠キ可申深苦慮仕候」と述べ，同局の開閉便否の指令を伺い出た[59]。これについて，太政官は海陸軍務を除く他に同事件の「取調幷ニ清蕃両地往復運送支給等ノ儀管理可致事」と指令した[60]。

かくして，開戦に至れば，台湾蕃地事務局は調査業務（文書整理等）や兵站運輸機関に転換することになった。ただし，陸軍省管轄の軍隊と台湾蕃地事務都督管轄の軍隊の二重構造的存在は必ずしも解消されなかった。すなわち，台湾蕃地事務局は8月5日の閣議に，①陸軍卿と海軍卿に対しては，対清国談判で交戦以外の方途がなくなった時には，ただちに出張する旨を兵隊に伝えて指揮することを予め秘密的に通知し，臨時に不都合ないように注意する，②西郷台湾蕃地事務都督に対しては，大久保全権弁理大臣の「指揮ヲ以テ致進退自然開戦ノ形勢ニ立至候節ハ十分尽力可有之候」の内達案を提出した。同内達案は各々決定され，8月7日に陸軍卿と海軍卿，西郷台湾蕃地事務都督に回付された[61]。

第二に，政府全体の戦時財政計画の策定がある。大隈大蔵卿は7月31日付で太政大臣宛に「国家非常ノ挙」に際して「非常ノ功」を期すためには「非常経費」を支給しなければならず，1874年の歳入と維新以降の貯蓄の準備金を概算し，「非常経費」の財源としての予備金の設定・確保の見通しを上申した[62]。すなわち，「非常経費」の支給段階を定め，予備金を，①第一予備（事の大挙の日に至り「費途百端必ス焦眉ノ間」に消尽するが故に，確実な予備にはならない），②第二予備（事の急不急を問わず各省の臨時費途と一般定額の減省により充当し，仮に巨万の経費になっても，これで支えなければ「皇国安危存亡ノ機此ニ決ス」が故に，諸省は拒むことや議論することもできない），③第三予備（紙幣交換準備によるが故に，少しでも欠損が出れば，内外人民の「疑惑ヲ生シテ奸商其間ニ攀援〔はんえん〕シ」，紙幣価格が必ず低下して「一大患」を醸成してしまうことも測りしれない），④第四予備（人民への賦課と国債新規募集によるもので，「国家危急」の際にやむをえない処置であるが，現在では予めその成否を期すことはできず，容易にはできない），と区分した。さらに，⑤今回の艱難に際しては「国家ノ全力ヲ振ツテ」対応しなければならず，「官ヲ先ンシ民ヲ後ニシ度支供給ノ叙次ヲ立テ目今不急ノ費途ハ可成致節略」し，既に官省使府県着手の建築・営繕を除き，今後は臨時費と定額内の官費による土木事業・官庁設立や勧業資本のための人民への新規貸付等を一切とりやめ，昨年の定額金残余を迅速に大蔵省に返付させる，と強調した。そして，以上の区分方針にもとづき，①第一予備金を6,945,717円（陸海軍資予備・陸軍省定額残金・紙幣支済見込み金の入出差引過剰金合計から佐賀事件と台湾出兵関係の本年1月から7月までの支出額を差し引く），②第二予備金は未定（各省使定額の減省見込み金であり，節略方法は他日調査して上申），③第三予備金を6,100,000円，④第四予備金は未定，にすると提案した。8月10日の閣議は陸海軍経費を第一予備金の目的により支給し，第二予備金の見込みをさらに調査して上申すべきであり，官省使府県宛に上記⑤の趣旨の節略等の布達を発するという指令を決定した。なお，⑤を太政官第106号により8月12日に院省使府県に布達した[63]。

第三に，以上の戦時財政計画にもとづき，台湾蕃地事務局は8月14日に太政官宛に第一予備金内で陸海軍に支給する指令案を提出した[64]。それによれば，陸海軍両省に陸海軍資として各160万円を下付するので，本金額を目途にして準備し（ただし，8月9日指令の陸軍省への50万円下付と，海軍省宛指令の25万円と洋銀25万ドルは各160万円に含まれる），受け取り方は台湾蕃地事務局と打ち合わせて大蔵省に申立てる，とされた。本指令案はただちに14日の閣議で決定された。しかるに，山県陸軍卿は8月20日付で太政官宛に，大小砲銃他被服雑品購入等として総計374万7231円を算出し，160万円との差し引き額214万7231円のさらなる増額を要求した[65]。8月24日の閣議は，第一予備金の500万円を超えてはならず，万一彼我接杖の日に至ってやむをえない時には公債募集等の方法により支給しなければならず，現在の着手を難しいとした。それで，閣議では必要物件はなるべく在庫品で賄い，新調でなければ出兵できないもののみを160万円内で支出すべきことを決定した。しかし，陸軍省は9月に至りさらに経費増額下付を要求し，台湾蕃地事務局と太政官を苦慮・当惑させた[66]。ただし，その後，実際の経費執行は少なかったとされた[67]。

②陸軍海漕運輸局概則の起案構想――「天皇帷幕」の特設構想開始

次に，陸軍省等の戦争遂行体制の再構築において重要なのは兵站運輸機関の整備であった。これは，当初，同機関の整備担当の台湾蕃地事務局が「水陸運輸糧食支給約束要件」（全8条，以下「約束要件」と略記）を起案して9月19日に山県陸軍卿宛に照会した[68]。それによれば，①兵隊銃砲弾薬人夫軍馬等の戦争全必需物件の運送船舶はすべて同局から支給する，②糧米の調達・保管地・運送・運送船中炊飯と菜品・軍馬飼料の買収等に関する同局と陸軍省の分担，③国内海岸から運送船への「瀬取リ船」の手配は同局が管理し，海外での運送船から海岸揚陸までの小船は陸軍省が手配するとし，至急回答がほしいと述べた。陸軍省は9月22日にさらに調査すべきことがあるので確答しにくいと述べ，同28日に小沢武雄陸軍大佐（陸軍卿官房の房長で，7月から台湾蕃地事務局御用掛兼勤）が同局を訪れ，同省は「陸軍海漕運輸局概則」（全29条，以下「運輸局概則」と略記）を調査・起案して太政官に提出するので一応同局長官と協議したいと差し出した。小沢はそのまま退出しが，同日に太政官に提出した「運輸局概則」は下記のように起案された[69]。

まず，清国は広大の地境と兵力多数のために，兵站運輸機関が「約束要件」による同局と同省との分担体制になれば，急速な運送が求められる際に「差配ノ指令自然二途ニ出テ夫カ為メ戦機ヲ失シ不測ノ変差起候モ難計」として，運輸体制の陸軍一手担当を至当とした。そのため，同局に運輸掛を置き（同省から若干の官員を派遣），出張先までの運輸はただちに陸軍省の指令を受けるようにしたいと太政官に伺い出た。

その上で，「運輸局概則」は，第一に，開戦に至れば台湾蕃地事務局内に陸軍海漕運輸局（以下，運輸局）を臨時に置き，同支局を大阪・長崎に置き（時宜によっては下関・福岡・博多等にも置く），支局には大蔵省と陸海軍両省から官員を派遣する，第二に，運輸局の主務は船隻の買入れと雇い上げ及びその管轄分配にあり，運輸は「内地運輸」（長崎を最端とし，兵員は各地より集合するので陸軍省は旅費を各鎮台管下の兵員に支給して指定集合地に到着させる）と「海外運輸」（長崎以西とする）に二つに区分し，運輸対象は，①兵隊，②銃砲弾薬他砲廠工廠の諸具陣営附属諸品，③食糧薪炭秣草他百般の日用軍需品とする，第三に，海外運輸に供する米穀を大蔵省に通知し（全軍6箇月間分の概計），同省は便宜にもとづき買い上げて長崎近傍の利便地に貯蓄する，塩味噌梅干醤油灯油蠟燭薪炭干魚牛豚肉類は運輸局で精密に計算し，諸物品の良否精粗は運輸局で合議して見本を定めて受領官員に渡し，銃砲弾薬その他の武器一切の運輸は陸軍省が各所司に命じて荷造りして定時に運輸局に送付し，監護人を付けて某地から指定地に至らせ，内地陸運の諸件（運送人夫の雇用等）はすべて陸軍会計部が主管し，入費金額は大蔵省が陸軍省に下付して支給する，第四に，海外運輸は「継行発運」と「新程艤発」の方策にもとづき，「継行発運」は，①海外いずれの地を拠点地（「足留ノ地」）に指定し，派遣軍と運輸支局との文書往復により航行日程を計画して運送するが，「瀬取リ船」は国内では運輸支局が手配し，海外では陸軍雇用夫・雇船を用いるが時宜と模様によっては運輸支局が手配する，②派遣軍の会計部長官と運輸支局長官との間で船隻発着と定例運送品の送付・受領を証書により交互に行い，別途請求の運送品は派遣軍の将官・参謀長・会計部長官の申請と運輸局の合議を経て送付する，第五に，「新程艤発」は上陸地未確定の運送で困難であるが，上陸時の「瀬取リ船」として多少の船隻を予め準備しなければならず，その概略は，①千人乗りの船隻9艘（歩兵3個連隊，1個大隊千人として，計9個大隊）を準備し，各船中には2～3週間分の糧食・飲水と上陸後の若干日間の弾薬を積載し，他に砲兵・工兵・参謀部・砲兵輜重・工兵輜重運送の各舟隻に糧食・弾薬・器械を歩兵に準じて積載し，さらに会計部糧食輜重用船隻（2～3箇月間の量を備える）と「雑人」（人夫等）乗組みの船隻を用意する，②船中の規則は陸軍卿下令により当該将官が命令し，船長以下は同命令に従い，運輸局は船隻の確保・進退の管理人員を付す，③派遣軍の上陸と船隻還送や便宜地湾港での碇泊等はすべて当該将官の命令に従う，第六に，海外運輸間に敵国艦船のクルーズの恐れがある場合は護送軍艦を付して先導させるが，その要否は派遣軍と運輸支局との協議により定め，護送軍艦を付する場合の約束事のとりきめと遵守のために海軍省官員を運輸局と運輸支局に出張させ，護送軍艦不要の場合には最端の運輸支局より監護人若干を配布して物品件数を確認し，派遣軍会計部長官や陸軍省指定の砲兵長・工兵長等に送付する，④開戦日に至れば，「天皇帷幕ノ籌策ト元帥ノ軍略トニ因リ」攻撃戦略を立てるが故に，予め攻撃地点等を予期すべきではなく，また，海軍の参用も「彼ニ出没シ此ニ起伏シ虚実以テ敵ヲ犄角スル等モ皆廟謨ノ枢機」によるが故に，「新程艤発」の運輸はその目的により変化するので予定できないとはいえ，上記の方策をほぼ出ることはない，と起案した。

「運輸局概則」は特に大蔵省の兵站運輸への関与と「天皇帷幕」という天皇直結の特設統帥機関を構想し，「廟謨ノ枢機」という内閣の政治方針と一体化された。ここで「帷幕」の用語が記述されたが，既に，台湾出兵時には台湾蕃地事務都督を輔翼すべき台湾蕃地事務参軍（谷干城と赤松則良）への4月6日の「勅」において「帷幕ノ機謀ニ参シ」と明記された。これらの帷幕はいずれも全軍総司令官対応の相談職務レベルであった。「運輸局概則」の「天皇帷幕」は，「宣戦発令順序条目」の第8項の天皇本人統率下の「大本営」（後述）を基本にして構想され，天皇直結と天皇臨席の臨時の特設統帥機関を意味する。つまり，天皇本人統率のもとに大本営と帷幕とを連結させ，一ランク上の最高の戦争遂行体制構築を初めて構想した。したがって，「天皇帷幕」において成熟した帷幕概念は現場対応の概念を有し，軍制技術上のレベルにおいて，天皇の直接的な軍隊統率現場を想定し，戦争・戦闘の策案策定のための特設統帥機関と定義できる。

③陸軍海漕運輸局概則の起案構想の軍制的意義――帝国全軍構想化路線の端緒化開始

「運輸局概則」に起案された「天皇帷幕」の特設統帥機関の構築構想の意味は非常に大きい。

第一に，「天皇帷幕」は陸軍が天皇を独占的に抱えこむところの陸軍主導の軍制技術上の基本用語及び軍制の基本体制・基本思想になったことを意味する。天皇は一人であり，従って，「天皇帷幕」は一つでなければならないことはいうまでもない。「天皇帷幕」は施設・設備上からは海上・船中に置かれることはなじまず，従って海軍の主導権行使がありえないことは当然とされた。

第二に，「天皇帷幕」は陸軍主導により陸軍海軍を一つにした全軍統帥体制上の帷幕であった。陸軍は帷幕構築構想を基本にして陸軍海軍を統帥上で全軍一体化しようとした。それは，1872年兵部省廃止による陸軍省と海軍省の分置化時の両省行政事務上の連携必要性の議論とは次元が異なる。「天皇帷幕」の構想は，陸軍省と海軍省の分置・分省を前提にした上での統帥系統での全軍一体化であった。当時，陸海両軍統轄の元帥として西郷隆盛陸軍大将を推奨するような戦争遂行体制構築構想もあったが，特定個人を対外戦争遂行体制のトップに置くことにより戦況等が有利に開かれるという認識をはるかに超えた。

第三に，「天皇帷幕」構想は戦時体制・戦時編制を独自に構想・策定しようとする陸軍の構築主義・集権主義の立場・政策に伴いつつ構想された特質がある。それは，対外戦争において，たとえば，①西郷従道台湾蕃地事務都督らの私戦・私闘的な兵備・兵力行使の立ち上げや，②注41）の谷干城と赤松則良の両参軍等の（あるいは出兵軍参謀の福島九成陸軍少佐），現地略奪を基本にした糧食確保や，兵食を3日間分まで用意すると構えるような，安易・無謀な戦時糧食補給策思想等に表れた現場部隊・現場指揮官のアナーキーかつ恣意的・独走的策動にやや距離を置く構えがあったとみてよい。つまり，戦時体制・戦時編制は平時や平時編制のたんなる数量的拡大や延長として策定・構築されるのでなく，兵站等を含めて独自に策定・構築すべきとする，陸軍の構築主義・集権主義の立場・政策を基盤にして構想された。「天皇帷幕」構想は平時編制と戦時編制との差が少ない海軍からは構想しにくいが（それ故，戦時編制の独自の構想・策定への固執は弱い），これにより帝国全軍構想化路線形成の端緒が開かれた。

しかし，「運輸局概則」全体は閣議決定済みの「海外出師之議」と「宣戦発令順序条目」の戦時体制構想としての挙国一致と「軍国」政府体制に収まりにくく（正確には政府との関係の説明が欠落），かつ，陸軍と海軍との調整を経ない構想であった。そのため，太政官内史課は10月3日に，海上運輸の海軍省主管業務を当然とし，将来の更張方法も考えなければならず，また，陸軍省伺いは陸海軍の扞格の憂も少なくないので，台湾蕃地事務局内に一課（海上運漕課）を設けて，陸海軍両省より官員を出仕させて「協同商酌」するのが適切という指令案を太政大臣から内達するのがよいと判断した。これにより，太政大臣は翌10月4日に山県陸軍卿宛に，台湾蕃地事務局に設置の海上運漕課のもとに陸軍省官員を出仕させて更張方法等を協議させることを指令した。そして，山県陸軍卿は翌5日に参謀局に同太政官指令を通知した。それ故，「運輸局概則」は消えたが，その一部は1876年海外出師会計事務概則の附録の陸軍運輸局概則に含まれた。そういう点では，「運輸局概則」は兵站勤務令のルーツの一つになったといえる。他方，「天皇帷幕」構想や帷幕の概念も太政官レベルではさらに深められなかった。ただし，陸軍省レベルの帷幕自体は特設統帥機関としての大本営の意味を含みさらに下記のように調査されたことは注目してよい。

④大本営の特設構想開始と「皇軍」の称揚（皇軍称揚Ⅱ）

台湾出兵は日本軍隊の戦争体制構築思想の原型や端緒も生み出した。

第一は，大本営の特設構想開始がある。すなわち，10月下旬に大久保利通全権弁理大臣の談判が決裂しそうになったとき，陸軍省は出兵見込みにより4個師団特設の兵力編成計画を立てた。その場合に下記のように大本営と1個師団の人員・馬数及び「諸物品個量噸数」を策定し，小沢武雄陸軍大佐は11月5日に台湾蕃地事務局に持参した（**表11**「台湾出兵事件時における大本営と師団

表11　台湾出兵事件時における大本営と師団の諸物品個量噸数

	人員	馬数
大本営	千九百二十二	七十一
一師団	一万二千〇九十二	五百〇二

諸物品個量噸数		個数	量目	噸数	総計
大本営	甲	七百五十四個	三万五千百八十二貫四十九匁	百二十噸二分〇八	三百十噸一分三八
	乙	三百十七輌	四万八千八百十八貫	百七十九噸二分八	
	丙	四十五個	四百五十貫	一噸六分五	
一師団	甲	六千六百九十一個	四十九万二千三百六十貫〇五百十匁五分	千八百八噸一分六四	千九百九十四噸九分四四
	乙	四十七輌	四千七百貫	十七噸二分六	
	丙	四十五個	四万六千百五十八貫八百三十一匁	百六十九噸五分二	

備考
噸目ハ二百七十二貫三百目ヲ以一噸トス
車一輌ヲ百貫目ト定ム最モ車輌ハ一輌ノ量目中ニ算入セシモノナリ

将校ノ携帯品ハ此表ニ算入セス

出典：〈単行書〉中『処蕃書類 甲戌十一月之六』第78冊，第3件所収。

の諸物品個量噸数」)[70]。同省の本表説明によれば，「甲」欄は糧食類，「乙」欄は大小砲銃弾薬類，「丙」類は「帷幕壘材一切輜重之惣高」とされ，帷幕は大本営と師団レベルでの特設統帥機関を意味した。大本営は，その人員・馬匹数と武器・兵器・輜重等の兵備・兵力行使を基盤にした全軍総司令部の防禦施設であり，統帥職務者の集合・勤務の事務機関というよりは戦闘現場密着の司令部本営というべきものであり，戦闘状況に対応して戦闘地域近隣の移動を想定した。総じて，陸軍固有の軍制基本体制としての帷幕と大本営の特設構想が初めて開始された。ハードウェアー上の施設・設備を基本にして構想された帷幕と大本営は古典的な戦争指導体制を含み，陸軍にふさわしい特設統帥機関としてうけとめられたとみてよい。

第二は，台湾蕃地事務支局などで出兵軍を「皇軍」と称して死者等を称揚した。たとえば，武庫司定雇二等人夫山崎喜右衛門は台湾出張中の6月6日以降に罹病し，同13日に猶龍丸に乗船して国内病院への移送中の同船内で同15日に死去した。死去・仮埋葬時に献じられた6月18日の台湾蕃地事務支局の「祭文」には「[上略] 今般異域奈留台湾乃島乎罰米給布皇軍尓従比奉里海行波水漬屍山行波草生屍止思比 [下略]」云々と，「海ゆかば」の一部を含めて記述された[71]。本書では「皇軍称揚II」(皇軍称揚の開始) と表記する。台湾出兵時の人夫の死去は皇軍の戦争・戦闘の付随者として説明されるに至った。他方，旧藩出身士族等の従軍志願者が出てきた[72]。その中で，茨城県旧下館藩士族約200名の総代は「臣等敬白，仄カニ聞ク今般御交際上止ム可カラザル事件差起リ清国御征討ノ盛挙アリト，是言ヤ果テ信ナラバ，実ニ一大重事ニシテ，皇国安危盛廃ノ係ル所ニシテ，扼腕切歯致命報国ノ秋ナリ，臣等苟モ斯秋ニ臨ンデ至渥ノ隆恩ヲ報ゼズンバ，又何ノ日ヲ期センヤ。由テ旧藩ノ同志会同協議シ，生命ヲ御国運ニ委ネ，以テ皇軍先鋒ノ列位ニ加ハランコトヲ冀望ス」云々と述べた[73]。いずれも，軍隊を皇軍と称することにより，他国領土征服・海外兵力行使目的を称揚し神秘化させる効果を意図し，統帥権の復古的集中化の兆しが現れた。

かくして，台湾出兵という最初の対外戦争や軍事的緊張を栄養にして，さらに私戦・私闘的な兵力行使を随伴させ，政府・政権の基盤は強められた。概略的には1872年の「徴兵告諭」の天皇の統帥権確認をふまえ，さらに天皇の統帥権の復古的集中化（神秘的モデル化）の兆しとしての皇軍称揚が開始された。

したがって，台湾出兵により成熟した出師概念には，「海外出師之議」「宣戦発令順序条目」を基盤にした大隈・岩倉・大久保らの政府内から提出された出師概念の他に，陸軍省から構想された軍制上の大本営と「天皇帷幕」に連結する帝国全軍構想化路線形成の端緒が開始され，皇軍称揚が組込まれたとみるべきだろう。

3　西南戦争までの防禦政策調査と戦時会計経理制度

(1) 1875年海防局設置と江華島事件への軍事的対応——帷幕特設構想

①1875年10月の海防局設置の太政官稟定

台湾出兵事件は大久保全権弁理大臣の起死回生的な対清国交渉により決着したが，日本政府と陸海軍は清国を依然として脅威としてうけとめていた。その後，1875年4月14日の官制改革で左院右院が廃され元老院と大審院が置かれ，正院の職制章程も改正され，同年7月に正院の法制課は法制局に昇格した。元老院は将来の議会開設方針に対応して設置され，各省も官制改革対応の職制・事務章程の改正・制定を進めた。陸軍省も防禦政策見直しの一環として海軍省との連絡調整に着手し，協同の調査機関設置に乗り出した。

まず，陸軍省は1875年7月（日付欠）に海軍省宛に「内国防禦線ノ区域及海岸防禦」の調査のために全国諸港の良否区分を明らかにすべく陸軍省職員を海軍省に出張させて打ち合わせたいと照会した。海軍大輔川村純義は同7月（日付欠）に山県有朋陸軍卿宛に，全国の諸港調査だけでなく「海防」全体の調査のために陸軍省と海軍省との「際[きわ]」に共同の「臨時一局」の設置を提案した。川村は「兵備ノ我邦ニ於ケルヤ海防ヨリ先キナルハ莫シ然シテ其事タル独リ海軍掌管中ノ一分掌ニ無之必須陸軍ヲ須[まち]テ然シテ後其功用ヲ相為シ候義ニ有之今試ニ之ヲ挙ケテ其一二ヲ云ニ海岸ニ砲台ヲ置クヤ則軍艦之備無クコトアルヘカラス水雷ヲ施設スルヤ則陸上之技術ト雖海軍亦之レニ関セサルヘカラス凡ソ事ノ両軍ニ渉ル都テ皆斯ノ如ク有之候ニ付必ス海陸相須テ始テ其方策ヲ立ルヲ得ベシ依テ海陸両省之際ニ於テ別ニ臨時一局ヲ設ケ之ヲ海防局トシ以テ砲台之位置艦船ノ配備ヨリ都テ海防ノ目的預メ相立海陸将来ノ事業ヲシテ漸次此目的ニ適合セシムヘキ方法取調度候」と海防局設置の必要性を積極的に主張し，異論なければ両省連署で正院に上申したいと照会した[74]。陸軍省は7月15日付で，「内地防禦線ノ方略」の調査中であるが，海防策の必要性は当然であるので速やかに海防局設置を太政官に上申すべく，また同局を「御省ノ中ニ設置シ当省委員ヲ派出セシメ商議ヲ遂ケンコトヲ要スルヲ以テ此旨併セテ上申タランコトヲ希望ス」と回答し，海軍省主導で海防局を海軍省内に設置すべきことを積極的に希望した。

しかし，海軍省はなぜかただちに太政官への上申手続きを進めなかった。川村が山県陸軍卿宛に「海防局設置之義ニ付上申」を起案し太政官へ上申したいと照会したのは約2箇月後の9月19日であった[75]。陸軍省はただちに了承し，川村と山県は連署により9月22日付で太政大臣宛に「海防局設置之義ニ付上申」を提出した[76]。川村らの上申書は「皇国ノ兵備」において「陸海相協」て遂行すべきものがあるとしたように，平時常設の陸海軍合同機関設置構想として位置づけられる。海陸軍両省上申は10月4日の閣議で「早晩御着手可相成事件」と位置づけられ，上奏を経て10月7日に同上申裁可が指令された（太政官稟定）。

ただし，太政官が本上申を扱ったのは，海軍の軍艦・雲揚（艦長は井上良馨海軍少佐）が9月20日～22日に朝鮮国江華島で私戦・私闘的な挑発事件を引き起こした時であった（江華島事件）。しかるに，井上艦長が長崎着港時に川村海軍大輔宛に同事件勃発を簡単に報告したのは9月28日であり，太政官は9月30日の閣議で「地方官へ御達按」を起案し，10月3日に使府県宛に同事件発生を報知し，その後の対応・処理策に追われた。それで，実際は「海防局」の設置はほぼ消えたとみてよい。さらに，翌々1877年に西南戦争が勃発した。そのため，海軍側の「海防局」設置の当初の積極的な取組みは先送りされ，客観的には海軍側が「降りた」形になった。近代日本軍制において，陸軍と海軍の一体化的な防禦政策策定を一貫して推進させようとしたのは陸軍であり，同一体化推進において陸軍の主導権や統制力の発揮・行使の政治路線がしだいに明確化されつつあったとみてよい。また，1875年10月太政官稟定の陸海軍合同機関の「海防局」設置構想は台湾出兵事件時の大本営・「天皇帷幕」の構想を継承し，帝国全軍構想化路線形成の端緒として位置づけられる。

その後，陸軍側は海岸防禦を含む全国防禦政策調査を継続し，1876年6月に参謀局は特に詳細な「東京近傍地理実験之報告」を陸軍卿に提出し，東京近地と日本海海岸の測量着手の計画・準備に入った[77]。それ故，1878年7月に海岸防禦取調委員を参謀局が受け入れたのも当然であり，参謀局が海防局設置趣旨実現業務の主導機関を公称したとしても当然であった。

②江華島事件と「朝鮮征討軍」編成構想（1）——陸軍省の武官文官混成の帷幕特設構想

さて，陸軍省は9月29日に太政官送付の長崎県令発太政大臣宛の電報写し（雲揚艦の長崎着港の報知等）により江華島事件を知った。本事件は雲揚艦井上艦長による挑発事件であり，日朝両国間の国交樹立の契機になったが，山県陸軍卿は10月23日に鎮台の各司令長官に，「征韓論」をめぐる1873年のような軍隊内外の情状が醸成しないように警戒・探偵を注意させた[78]。

他方，三条実美太政大臣は12月9日の特命全権弁理大臣陸軍中将参議黒田清隆の派遣決定前の同3日付で山県陸軍卿宛に，談判では朝鮮国の挙動により「万一開釁」に至ることも測りがたいので，出兵等の支障がないように秘密的準備を内々に申し入れた[79]。これに対して，陸軍省は主に二点にわたって対応した。第一は，山県陸軍卿と野津鎮雄陸軍少将が下関に出張し，大阪以西の鎮台，特に九州の兵力をもって有事対応準備をとらせたことである。第二は，「朝鮮征討軍」の戦闘序列配置を予定した総司令官等の人事構想と同司令官への命令・委任事項の起草及び戦時会計経理の基本になる戦時費用の組立てであった。ここでは，「朝鮮征討軍」の総司令官等の人事構想と命令・委任事項の起草詳細を検討しておく。

山県陸軍卿は，西周（陸軍省第一局第六課長で同年6月から参謀局第三課長を兼務）に「朝鮮征討軍」の総司令官等に与える天皇の命令・委任事項を起草させた。西は翌1876年1月に，およそ，①「朝鮮征討元帥何品親王某宮」への委任事項（全11款，本書では「元帥宛勅語草案」と表記），②「朝鮮征討軍 即チ混成旅団 首長少将某」への委任事項（7款と2款，計9款），③「朝鮮征討参軍 大中少 将某」への委任事項，④「朝鮮征討軍第一第二混成旅団少将某」への委任事項（第1款を起草して未了），を起草した[80]。まず，①の「元帥宛勅語草案」への委任事項は下記の通りである。

「朕汝朝鮮征討元帥ニ節鉞［せつえつ］ヲ授ケ委スルニ閫外ノ権ヲ以テス汝能ク　朕カ

意ヲ体シ左ノ条款ヲ遵守シ速カニ帰奏スル所アレ

第一　征討陸軍ノ節度進止ヲ委任ス

第二　征討海軍ノ節度発差ヲ委任ス

第三　征討軍輜重軍需ノ陸運海漕ノ事ハ総テ汝ノ主轄ニ任ス

第四　行営ノ運動大小分軍ノ発差ハ汝宜シク兵機ニ応シ其宜シキヲ制スヘシ

第五　海陸将官以下ノ罪案ハ軍律ニ照シ処決スルヲ許但将官ノ死罪ハ宜シク奏問ヲ経ヘ　上裁ヲ取ルヘシ

第六　進級褒賞ノ事ハ海陸軍戦時ノ例規ニ準シ之ヲ奉行スルヲ許ス

第七　一時停戦ノ権一地降投ノ約ハ之ヲ施行スルヲ允ス

第八　抵償ノ為敵境ヲ抄掠スルハ宜シク事宜ヲ酌量シ之ヲ行フヘシ

第九　請求討求ノ事ヲ行ヒ戦列ノ公私ニ属スル等ハ悉ク卿カ権内ニ在リ

第十　俘虜ノ交換モ卿カ権内ニ在リ但王族等ハ猶　上裁ヲ取ルヘシ

第十一　休戦ノ権モ汝元帥ニ付託ス但講和盟約并ニ敵国処分ニ至テハ

朕休戦ノ報ヲ得ルニ臨ミ別ニ一二全権大臣ヲ派定シ卿ト合議セシムル所アラントス欽〔つつし〕メヤ

明治九年一月　　日

御璽　　　　　　　　」

西の起草は，「節度」「海漕」等の文言のように1874年の参謀局条例や「運輸局概則」等の調査・起案を認識し，かつ，停戦・休戦・投降や俘虜に関する起草は，オランダ留学時に学んだシモン・フイッセリング（ライデン大学教授）の万国公法学の講義や邦訳等をふまえたことはいうまでもない。その上で，「征討海軍ノ節度発差」を含めて，さらに末尾の休戦後の全権大臣の特別派遣云々の起草は，西と参謀局が政府を含む陸海軍全軍一体化の統帥機関構築を構想する立場の自覚を抱いていたことが窺われる。また，参謀局の同立場は太政官からも許容された雰囲気があったとみてよい。ただし，兵力規模（鎮台から連隊を抽出し，「混成旅団」又は「混成師団」に編成）は未確定であった。

西の起草は参謀局で検討され，参謀局は特に「元帥宛勅語草案」の第11款を「休戦講和ヨリ敵国処分立約合盟ノ事ニ至ルマテ悉ク以テ卿ニ委任ス」と修正し[81]，元帥への委任権限内として位置づけた。さらに，兵力規模を「混成師団」とし，新たに「朝鮮征討軍 即チ混成師団 首長将官某」を起草した（全9款，本書では「混成師団首長宛勅語草案」と表記）[82]。「混成師団首長宛勅語草案」は「元帥宛勅語草案」をほぼ下敷きにし，第2款は「征討海軍ノ節度発差ヲ委任ス」と海軍の統帥管轄も含めた。また，第9款を「元帥宛勅語草案」の第11款の文言とほぼ同様に起草した。

西の「元帥宛勅語草案」等は陸軍省で検討された。第一に，「元帥宛勅語草案」の第11款の元帥への委任権限内の講和・敵国処分・立約合盟の規定等の確実な実施のために「参戎大臣」を新設し，同「参戎大臣　某」への委任事項を「朕　汝ニ命シ朝鮮征討軍元帥ノ帷幕ニ属シ戎事ニ参佐タラシム凡ソ　朕カ挙テ以テ○○ニ委任スル所ハ汝能ク　朕カ意ヲ体シ輔相参画シテ遺略アルナク特ニ外邦交際ノ権義内外政事ニ関渉スル者ニ於テハ殊ニ意ヲ加ヘ講和成ルニ及ハハ速カニ敵国ヲ処分シ和約章程ヲ立テテ国威ヲ隕スアル勿レ是　朕カ特ニ汝ニ寄任スル所ナリ此ヲ欽メヨヤ」と起草した[83]。つまり，開戦から講和までの外交業務と内政関渉事項担当の臨時特設の大臣を征討軍元帥の帷幕のメンバーに加えた。ここで，「参戎大臣」はほぼ文官が相当し，帷幕は武官文官混成の機関として構想され，かつ現場対応の概念が含まれている。そのため，末尾の「朕休戦ノ報ヲ得ルニ臨ミ別ニ一二全権大臣ヲ派定シ卿ト合議セシムル所アラントス」云々の全権大臣の特別派遣は不要視されたとみてよい。第二に，「混成師団首長宛勅語草案」の第2款を「征討海軍ノ海軍ノ少将某ト相謀リ海陸ノ画策犄角相助クルヲ要ス」と修正した[84]。師団編成レベルの首長に海軍の統帥管轄までに委任させることは穏当でないとされたのであろう。

③江華島事件と「朝鮮征討軍」編成構想（2）——太政官による帷幕特設の認識形成

その後，陸軍省検討の「元帥宛勅語草案」等計4文書は太政官でさらに検討され，①「元帥宛勅語草案」は参謀局修正と陸軍省の末尾（全権大臣の特別派遣）不要視をうけて全11款を起案し，さらに審査の過程で第6款の進級褒賞の「海陸軍戦時ノ例規ニ準シ」を「時宜ニ依リ」と修正し，②「混成師団首長宛勅語草案」は全9款を起案したが，審査過程で勅語表題を「朝鮮征討軍師団司令長官某」と修正し，第5款の進級褒賞の文言を①と同様に修正し，また，第9款削除の意見を付け，③その他，「朝鮮征討参軍将官某」と「参戎大臣　某」宛の委任事項をそれまでの起草・検討をふまえてほぼ同様に起案した[85]。太政官での検討・審査は②の勅語表題修正からみれば，山県陸軍卿の「朝鮮征討軍」の師団司令長官等人事発令申進書を太政大臣宛に発した1月16日以降とみてよい。

すなわち，山県陸軍卿は1月16日付で太政大臣宛に，陸軍少将大山巖を朝鮮征討師団参謀長に，陸軍少将野津鎮雄を朝鮮征討師団第一旅団司令官に，陸軍少将三好重好を朝鮮征討師団第二旅団司令官にそれぞれ天皇から任命してほしいと申進した（朝鮮征討師団司令長官は未定）[86]。陸軍省と山県陸軍卿は朝鮮征討軍としてまず師団1個の編成・出動を構想していた。たとえば，注92）のように，陸軍省は師団1個の編成・出動を基本にして出征1個師団費用を算出した。同時に上記3名の征討軍人事に伴い，留守の陸軍省や東京鎮台司令長官等の後任人事として，曾我祐準陸軍少将他2名計7件の人事異動も起案した。

太政官レベルでの「朝鮮征討軍」の編成構想の中で，陸軍省は当面の1個師団の編成・出動等に対してさらに注目すべき権限と任務の付与を構想していた。すなわち，1月19日付の山県陸軍卿と鳥尾小弥太陸軍大輔の連署による太政大臣宛の意見書である[87]。

第一に，征討軍（まずは「第一出征師団」を編成）の需用に応ずべき「運送舩ヲ供スノミナラス海上ノ護送ト彼地ニ於テ揚陸ス可キ地形ノ要害ヲ得ンカ為メ少クモ戦艦四五隻ヲ要セサル可カラス」として，同兵力を「出征第一師団ト定メ其陸海総軍ノ指揮ハ専ラ第一出征師団司令官ノ専任トナス可シ」と提言し，第一出征師団の司令官への海軍を含む「陸海総軍」（陸海全軍）の指揮者としての任務付与を構想した。そして，第一出征師団の出動に際して，陸軍省指令により下関に陸海軍需用の物品を蓄積し（弾薬・攻撃用諸器械，食料被服その他諸雑品，石炭），熊本鎮台の本営を小倉に移し，広島鎮台の歩兵1個大隊を長府に屯在させて要衝を保護し，海軍の堅固な戦艦1，2隻を同港内に備えるとした。

第二に，第一出征師団の発程と同時に第二出征師団の編成に着手し，第二出征師団は「実ニ国家不測ノ禍害ニ備フル者タルカ故ニ出師ノ目的ハ必シモ韓地征討軍ノ援軍トノミ着目セス」とされ，朝鮮国内進入の征討軍の戦闘不利景況と清国との関係及び国内景況を見極めた上で，中国西国地方の兵員（1875年1月の解隊の壮兵）を召集して臨機の運動のために備えるとした。その場合，第二出征師団の兵員召集の時機に臨んで，必ず，「鳳輦ヲ大坂ニ駐メ以テ征軍ノ本営ト定ム可シ故ニ此第二出征師団ハ専ラ本営ノ指揮ヲ仰クノミナラス其第一出征師団モ隔地ニ命ヲ奉シテ全ク一軍ノ連絡ノ部分ニ在ル可シ」として，大阪に天皇駐在の征討軍の本営設置を提言した。つまり，台湾出兵事件時の「宣戦発令順序条目」（第８項）の閣議決定継承の提言・構想である。これにより，天皇親征・天皇統率は，できる限り戦闘地域に接近し，現場軍隊に密着した征討軍本営（大本営に相当）の施設・設備を基盤にした特設統帥機関を随伴させることを意味した。

しかし，2月27日に江華府で日朝修好条規締結が調印され，「朝鮮征討軍」の編成構想は消えた。

総じて，太政官レベルでは，台湾出兵事件時に必ずしも深められなかった帷幕の構想（「天皇帷幕」）と大本営構築は，江華島事件への軍事的対応を契機にした「朝鮮征討軍」編成構想のもとに，天皇親征・天皇統率を基本にする陸海両軍一体化の特設統帥機関の設置としての認識が形成されたとみてよい。

④1875年陸軍職制及事務章程と出師業務の独占化志向の端緒化

1875年11月25日に陸軍職制及事務章程が制定された。近代法令上の「職制」は主に太政官制度下官職の職務制度を意味し，官衙定員等を含めた官制に近く，法規分類上では官制に含まれた。それで，本書の記述では職制と官制を便宜的にほぼ同一的なものとして扱う。さて，同陸軍職制によれば，第一章では省内職務制度を規定し（元老院会議への対応規定は第11，12条），第二章では所管官廨（参謀局，近衛，鎮台等）の職制を規定し，第三章では奏請と制可を経て施行する事項（第55〜66条）と陸軍卿に委任して専決・施行する事項（第67〜80条）との区分が明記された。その際，当初，陸軍省は，第一章の第１条を「陸軍省ハ全国兵馬ノ大権ヲ統轄シ陸軍一切ノ事務ヲ管理スルノ所トス」と起案し，第三章の第55条を「宣戦出師幷地方戒厳ノ令ヲ下ス事」と起案した[88]。正院の法制局は陸軍省原案を審査し，第一章の第１条の「全国兵馬ノ大権云々ハ海陸二軍ヲ統率スル嫌ナキ能ハス」として，同文言を「陸軍省ハ陸軍兵馬ニ関スル一切ノ事務ヲ管理スルノ所トス」と改め，10月８日の閣議に提出した。法制局の審査・修正は同日の閣議で決定され，第三章第55条も含めて上奏を経て裁可・制定された。陸軍職制及事務章程は平時常設の官制職制等の規定であり，法制局の審査・修正自体は当時の法状からみれば当然である。

他方，松下芳男は陸軍省原案第1条を「単に軍務の意味」にすぎないと記述するが[89]，正しくない。「陸軍省ハ全国兵馬ノ大権ヲ統轄シ」云々は，やはり，法制局の審査意見のように海陸二軍を含めたことは払拭できない。正確には，「全国兵馬ノ大権ヲ統轄シ」云々は陸軍省・海軍省の軍行政系統上の大権ではなく，海陸二軍の統帥系統上の大権を意味し，同大権行使機関の陸軍省の主導的統轄を意図した。特に1870年の駒場野合併操練以後に参謀職を整備し，1872年東京鎮台条例は「全国兵権統括」を規定し，1873年陸軍省条例は横断的参謀官職統轄体制を成立させ，台湾出兵事件時に大本営の特設構想を開始したことからみれば，同省による統帥大権統轄事務の自認は当然であった。つまり，陸軍職制及事務章程の陸軍省原案は突如として現れたのではなく，台湾出兵時の「天皇帷幕」構想の延長上に構想・調査・起案され，江華島事件対応の「朝鮮征討軍」の編成構想の意気込みの前触れであった。

しかし，この後，同年12月17日に海軍省が海軍職制及事務章程を起案して太政大臣に提出した[90]。海軍省は陸軍省の第55条に対応した形で，その原案第17条を「宣戦出師ノ令ヲ下ス事」と起案した。同省原案が法制局で審査された時，同第17条は問題があるとされ，さらに同局との協議に付せられた。法制局は同省との協議をふまえ，翌1876年5月25日の閣議に「宣戦出師ハ　天皇陛下ノ特権ニシテ決シテ臣民ニ付与セラルヘキ者ニアラス畢竟陸海軍省ハ臨機ノ詔勅ヲ奉スル為メ平時ニ於テ其事務ヲ整頓セシムルノ所ナレハ右ノ条ハ陸海二軍共同シク削除候方可然或ハ之ヲ修正シテ宣戦出師ノ命ヲ奉行スル事トナスノ説モアレトモ右ニテハ章程上款即奏請シ制可ヲ得テ施行スルノ意ニアラスシテ卿ノ職制中ニ列スヘキ者ナリ然ルニ此事到底臨機ノ　詔勅ニ出ツヘキ者ナレハ之ヲ職制中ニ掲クルモ尚失体タルヲ免カレズ因テ陸海二軍共右ノ条削除可相成」と報告し，原案第17条は第18条になり，同条文は「出師ノ事」と修正された。法制局の報告と条文修正はそのまま決定され，太政官は同年8月31日に裁可・制定を指令した。また，同日に太政官は陸軍省宛に陸軍職制及事務章程第55条を「出師ノ事地方戒厳ノ事」と改正することを指令した。海軍省原案第17条と陸軍省の陸軍職制及事務章程第55条に対する法制局の審査・修正は当然である。ただし，1873年鎮台条例の「天皇興戦ノ権」の規定に対して，陸軍省が上記の文言をあえて起案した理由は将来の立憲政体への対応があった。すなわち，元老院は立法機関としての活動は大きく制約されていたが（「議定」にとどまるなど），同省管轄の重要法律案に関して，太政官官僚ではない元老院議官に説明しなければならなくなった。この結果，陸軍職制及事務章程第11条は元老院会議への出席を特に規定した。陸軍省はこの新たな説明責任は世論・ジャーナリズム等に対してもゆるやかに発生したとうけとめたのであろう。そして，同省は自己の権限が天皇大権（統帥，宣戦・出師）と一体化されているようにとらえ，元老院会議の議定に臨むことを意図したと考えられる。

他方，さらに注目されるのは1875年陸軍職制及事務章程第55条の「出師ノ事」である。出師の用語は台湾出兵事件にかかわる閣議決定過程からみれば，国家総動員・挙国一致体制の樹立，外交対策，戦争経費運営などを含む戦争遂行の総合政策的内容を意味していた。したがって，出師の主管・主務機関は特定省庁に想定・限定されていなかった。これに対して，1875年陸軍職制及事務章程における出師の規定は，第一に，戦時の軍隊現場の糧食補給などの特定職務関係の特記的位置づけにとどまらず，同省全体の職務制度内容として格上げされたことを意味し，第二に，戦争遂行の総合政策内容を含む出師に対する同省の独占化志向の端緒化を示している。ただし，陸軍省はこの場合の出師を，軍隊の諸兵力を平時態勢から戦時態勢に移すことの技術的な管理運営として狭く把握した。

(2) 西南戦争までの戦時会計経理制度の整備

陸軍省は台湾出兵事件を経て陸軍の経費区分等を整理・整備せざるをえなくなった。特に，江華島事件への軍事的対応において，陸軍会計制度における平時と戦時の経費・費目区分の基準を立てなければならなかった。ここでは，西南戦争までの戦時会計経理制度の整備を検討しておく。

①1874年陸軍省費用区分概則の制定――俘虜政策の第一次的成立

まず，1874年11月25日制定の陸軍省達布第423号の陸軍省費用区分概則がある。これは，1873年12月27日太政官達第428号の金穀出納順序の経費内訳表により費目区分したとされている。金穀出納順序は1874年1月の施行であったが，同省では整理がつかず，約1年間延ばされて規定された。本概則は，第一に，「費目」として，官員俸給，等外俸給宅料家具料，旅費，賜饌料，諸賄料，隊外食料，免職死亡賜金，扶助手当金，外国人給料，同旅費，同接待費，同諸費，留学生資金，雇月給，諸傭給，人足費，運送費，庁中備品，小買物，書籍費，郵便税，電信機通信料，陣営備付雑具，被服費，兵器費，弾薬費，製作並修復費，建築費，営繕費，地所並家屋費，厩費，馬匹料，患傷費，薬剤費，囚獄費，徒刑費，探偵捕亡費，諸雑費を規定し，第二に，「兵隊並生徒費目」として，俸給，官宅料，賄料，食米料，馬飼料，消耗品料，雑具永続料，修理費を規定した。経費区分は多岐にわたるが，本概則は1875年1月1日より施行された。

なお，1875年12月25日の陸軍給与概則（1876年3月13日陸軍省達第38号による正誤改刻）は，1874年陸軍省費用区分概則を主たる基準にして規定された。また，陸軍省編『軍制綱領』における陸軍会計経理と給与関係の費目も同様に1874年陸軍省費用区分概則と1875年陸軍給与概則改正を参照して編集されたとみてよい。ただし，同『軍制綱領』は「戦時出征」時の給与（被服装具等，文官も含む手当支給，幕僚・参謀等への乗馬支給）も説明し，さらに，「戦時俘虜トナルトキハ本俸三分二ヲ減シ，増俸ハ給セス」という記述は注目される[91]。1873年陸軍省条例と1874年10月の陸軍省条例改正は「戦時俘虜」の取締りと経理を規定したが，同『軍制綱領』は「戦時俘虜」を給与関係上から公認したことは注目される。すなわち，俘虜政策の第一次的成立である。

その後，1874年陸軍省費用区分概則は1876年1月13日陸軍省達第2号により改正された。それによれば，給与，庁中費，厩費，営繕費，内国生徒費，外国生徒費，外国人諸費，兵器費，弾薬費，患者費，徒刑費，囚獄費，陣営備付費，行軍費，後備軍費，徴兵費，各兵隊費の大科目に区別され，さらに，大科目はいくつかの小科目に区分された。小科目はさらに細目に分別された。本概則は2月1日より施行された。

②1876年の戦時費用区分概則の起案・制定をめぐる太政官の構え

ところで，陸軍省費用区分概則改正の1876年1月は江華島事件対応の時期であり，陸軍省は戦時費用区分概則の制定を検討し，陸軍卿代理鳥尾小弥太は1876年1月29日付で太政官宛に「戦時費用区分概則之儀ニ付伺」を提出した。そこでは，①費用区分の小科目自体の分別は平時も手数が多く，区分が錯雑で訂正を要するために決算が遷延し，②戦時には急遽事態に対応し，臨機処分すべき費用が幾多あり，小科目への分別は実際には実行しがたいので，「戦時ハ平時ト分別相立簡易之法相設ケ錯誤ノ弊害無ク到底速ニ決算可相立致度」として，現行の費用区分を約略した戦時費用区分概則を予め制定しておきたいと記述した[92]。江華島事件では「朝鮮征討軍」の編成・派遣には至らなかったが，同省では編成・派遣を予想した準備の必要性を認識していたことを意味する。

陸軍省起案の戦時費用区分概則はまず「凡例」として5項目を示した。すなわち，①現行の費用区分を約略し，大小科目の区別をなくし，15の科目を設ける，②実際には，15の科目の要領説明にもとづき，該費用の原由・種属・当否を検討し，編入する，③各費目に不適当な一種特別なものや区分判然困難費用はすべて諸雑費に編入し，新科目を設けない，④戦時の経費は即臨時費になるので，さらに分別することはない，⑤軍器費や需用費（本営各部各課の日用の諸器械・書籍・図誌・消耗品等に属する諸費）の中には平時の経費で購入・儲蓄して戦時充用することもあるが，同費用は平時の決算とし，「臨時ノ費用ト混同ス可カラス戦時ノ費用ヲ綜核シ」て内訳明細簿に附録をつくり全費用を整頓する，と示した。次に，戦時費用の具体的な区分は，俸給（隊附隊外将校同相当官以下軍属と文官判任以上及び等外吏を含む従軍の全軍人軍属に支給する日俸月俸及び増俸〈職務又は某職心得に対する増金，出征に対する増俸や平時特別の増給分を含む〉，御用掛や無等出仕又は雇抱等名義の出仕者，十五等以上の月俸者，外国人の従軍時の給料も含む），諸傭給（馬丁役夫等の雇人で等外の名義なき者や諸職工人等の賃金），旅費（軍人軍属と従軍者の旅費日当・旅籠料又は汽船汽車渡船賃航海賄料宿駕籠人夫賃の軍事行旅に関する費用，外国人使用時の旅費も含む），糧食費，被服人具費（兵隊及び被服官給の下士以下傭工等の被服装具，患者囚虜の被服寝具と天幕軍幕・陣営需要の物具等の諸費），軍器費（銃砲弾薬や攻守要具とその製造修理等の費用），需用費，郵便電信費，運送費（海陸運搬に属する人夫・舟車・牛馬の賃金，諸雑費等の費用），経営費（舎営築造や塞砦攻防その他土工需用の木石代料工料等すべての修繕費用を含む），厩費，傷病費，賜金（出征手当金，特別の慰労金・酒肴料・賜饌料，傭役諸職工等死傷に対する手当金等の弔意賜金，外国人使用の手当金・謝金・功労賜金，職工等死傷に対する定規外の賜金を含む），囚虜費（囚人・俘虜に属する費用，探偵・捕獲等の諸費），諸雑費（諜報費，宿営の手当金・茶代，借家料，埋葬料，埋葬に関する諸費，戦地での遺失や盗まれた金，その他費目区分に適当しないもの)，の15科目に区分した。

戦時費用の科目区分による戦時経費推計の場合，予め想定できる軍人(将校・下士・兵卒)と軍属その他を基本にした人員算出が最も重要である。軍人の場合はその数は膨大になるが，戦時編制に規定された人員(又は戦時定員・人員の考え方)を基準にして推計・算出できる。問題は「軍属その他」の「その他」の人員である。たとえば，戦時費用区分では運送費に含まれる海陸運搬に属する人夫等の経費が相当する。運送従事の人夫等の算出は1874年1月15日陸軍省達布第16号の「各種兵携帯銃器等当分別表」が参考になる[93]。

その中で，「六管鎮台各兵小銃弾薬運輸人馬表」(第五表)は，戦時の各鎮台管轄下の諸兵(歩兵，騎兵，山・野砲兵，工兵，輜重兵)の携帯小銃用弾薬運輸に必要な人馬等を規定した(5兵の弾薬をエンヒールド銃弾にみなして重量を算定，1発量を11匁余とする)。たとえば，第一軍管では，歩兵3個連隊の戦時人員6,540人用の備付弾薬で輜重隊が運輸すべき弾数は1,635,000発とされ(1個連隊の下士以下戦時人員は2,180人，3個連隊で6,540人，備付弾薬は1人につき300発であるが，内50発を胴乱に収納し，合計6,540人×250発)，その他4兵合計戦時人員1,815人用の備付弾薬で輜重隊が運輸すべき弾数は113,704発とされ，歩兵弾薬数との合計は1,748,704発とされた。同弾薬を人夫で輸送する時の人員は4,048人が必要とされ，運送車(4頭を繋駕)による輸送の場合は139車，繋駕馬は556頭と算出された。つまり，戦時人員比で6割強の人夫が小銃弾薬運送者として必要になる。その他に山・野砲の弾薬等の運輸が加わり，膨大な運送用人員・車・馬匹等が必要になる。さらに，同戦時人員の糧食等の補給を加えるならば，さらに莫大な運送用人員・車・馬匹等を必要することはいうまでもない。

これに対して，太政官は2月3日付で大蔵省に戦時費用区分概則の意見を求めたが，同省回答は遅れた。そのため，陸軍卿代理鳥尾小弥太は2月18日付で太政大臣に対して「目下之景況ニヨリ何時出師之程モ難計若其節ニ至リ候ハハ差支之儀モ不尠候」と早急な指令を催促した。同省催促は江華島事件対応の緊張が続いているような認識をもっていた。その後，大蔵省は2月27日の日朝修好条規調印の翌28日付で太政大臣宛に陸軍省の伺いに同意回答を発した。

太政官は3月4日の閣議で，戦時費用区分は平時費用区分のように精細には立てかねることもあり，「実際不得止次第」という判断のもとに決定し，翌5日付で陸軍省に裁可指令を発し，さらに大蔵省宛に，戦時費用区分裁可指令を陸軍省宛に発したことを心得ておくように指令した。太政官は戦時費用区分を積極的な措置として判断せず，やむをえないという認識を持っていた。なぜなら，1873年太政官職制章程の正院事務章程は「非常ノ軍費」を歳出にかかわる裁定事項としていた。その後，1875年4月制定の正院職制章程は歳出細部の裁定事項等を規定しなかったが，戦時費用区分を含む「非常ノ軍費」の内容等に関する内閣の認識・判断等の権限が完全に消失したとは考えにくいだろう。

他方，陸軍省が戦時費用区分概則の制定を陸軍部内に指令したのは翌年の西南戦争勃発に際しての2月20日であった（陸軍省達乙第52号）。かつ，同省起案の「凡例」の全5項目（①～⑤）を全5条の条文に修正し，費用科目を含む一部文言を修正した（第5項目の「臨時ノ費用ト混同ス可カラス戦時ノ費用ヲ綜核シテ」を「臨時ノ費用ヲ綜核シテ」と修正，「賜金」中の「出征手当金」を「出師支度料」と修正）。同省は戦時費用区分概則の早急な制定を求めていたが，なぜ，ただちに同制定を陸軍部内に指令しなかったのか。この理由は，海外出師会計事務概則等の制定との関係で明らかにされるだろう。

③1876年海外出師会計事務概則の制定と兵站概念の端緒的形成

内閣記録局編『法規分類大全』は「海外出師会計事務概則九年月日闕」を収録している[94]。本概則の制定趣旨は，江華島事件対応の時期に軍隊を海外に出動させて戦争する可能性を想定し，会計経理等の事務手続き等の規定化必要にあったと考えられる。本概則は，陸軍運輸局を設置し，下関に同支局を置き（「内地運輸」の集合所），さらに「便宜ニ依リ対州ノ一港ニ出張シ物品ヲ輸致貯蓄シテ是ヨリ発遣スルコトアルヘシ」と規定しているので，海外出師先は朝鮮半島であることは明確である。本概則の制定日付は「九年月日闕」とされているが，鳥尾陸軍卿代理の戦時費用区分概則の太政大臣への伺いの1月29日前後から太政官指令の1876年3月以降間もない時期であることは推定される。

まず，本概則の章構成は，第一章　経理計算，第二章　費用区分，第三章　俸給支度料，第四章　旅費，第五章　食料秣芻，第六章　需要諸品，第七章　被服及陣営具，第八章　患者，第九章　牒簿，第十章　俸給牒，附録　混成師

団属会計部　陸軍運輸局概則　陣中駅逓使概則，である。この中で，第二章の費用区分の条項は1876年１月伺いの戦時費用区分概則とまったく同一である（一部文言を修正し，1877年2月20日に陸軍省達乙第52号戦時費用区分概則の制定を指令）。そもそも，戦時費用区分概則は戦時の会計経理に関する全体的手続きと一体化されてこそ機能しえた。陸軍省は海外出師会計事務概則の全体を組立てた上で，戦時費用区分の部分は太政官了解を得るという制定手続きをとったと考えられる。その場合，規則効力上は，本概則自体は内部的な事務規則として位置づけられ，かつ，布達・公示等を必要としない規則文書として扱われ，そのまま『法規分類大全』の編集時期までに残存されたのであろう。ただし，西南戦争勃発に際しては，実際に戦時に突入したので，太政官の了解済みの戦時費用区分概則（海外出師会計事務概則の第二章を抜き出したが）のみを単独で陸軍内部に公達したのであろう。

次に，本概則を規則効力上では「内部的な事務規則」と記述したが，その内容は戦時諸給与の内容と支給手続き等において非常に注目されるので，若干指摘しておく。

第一に，第一章は，「戦時費用ハ凡該役ニ就テ臨時購求スル諸品ノ代料及臨時設立セル官廨ノ費用出師中本俸増俸其他一般ノ給与竝ニ事物ニ付テノ総費用等ヲ通計シ右ノ内戦時期限中常額費ヨリ支給スヘキ金員及其剰余セル物品ノ代価トヲ減却シタルモノヲ全ク該戦役中ノ費用トス」と戦時費用の経理計算対象を規定した。また，会計経理計算や給与手続きの組織・機関は，戦時に編成の師団に置かれる会計本部，1873年在外会計部大綱条例規定の司契課・監督課・糧食課・被服課・病院課の他に囚獄課，陸軍運輸局がある。第三章は，海外出師の増俸増給や支度料支給の手続きを規定した。また，「出師中敵ノ俘虜トナリ或行衛知レサル者十日以上復帰セサルトキハ本俸三分二ヲ減シ増俸ハ給スルコトナシ但シ其帰投ノ後ハ回帰ノ時ヲ以テ再ヒ本俸増俸トモ旧ニ複スヘシ」と，俘虜になった者の俸給減俸や帰投者回帰の場合の本俸・増俸回復を実務的に規定した。第五章は，出師の際の「米穀薪炭油醤油塩草秣等」をすべて「現品支給」とし，出師該地の景況により市街買弁できる時は在外会計部大綱条例により現金支給があると規定した（定則の馬飼料も現品支給）。第七章は，①臨時支給の予備としては，各兵・使役兵に対しては「略帽衣袴外套襦袢靴脚胖靴下袴下腹巻長靴拍車正帽背嚢及属具患者服厚毛布等」を用意し，10月から4月の期間に寒地に出師時は防寒のために「綿毯[めんたん]無袖襦袢並袴下一組手袋一個」までを支給する，②戦地景況や足痛等により靴が履けない場合には，司令長官の命令又は医官他の診断により臨時に「足袋草鞋」の支給がある（ただし職工工夫には靴を支給せず足袋・草鞋を支給する），③一時雇役の職工工夫には帽・法被・股引・雨衣を各1個支給する，④下士以下には出師中に「ブリツキ面桶並水飲陣中嚢各一個」までを臨時支給する，⑤諸物品は，初度は本国で準備するが，海外該地で欠乏により買弁困難時は下関運輸支局に報告する，と規定した。第九章は，会計本部の会計経理関係等の牒簿調製の他に，「雑誌」の調製を規定した（「出師中晴曇風雨気候ヨリシテ行軍航海戦闘布陣及外地風俗物産生業等日々官吏見聞ノ実況ヲ登録スヘシ」）。会計本部は一種の参謀業務や諜報業務まで広範囲な戦時業務を担当することになっている。

第二に，附録の陸軍運輸局概則の陸軍運輸局の編制によれば，本局を陸軍省内，支局を神戸と下関に置き，出役軍需用の糧食弾薬他運漕全般を管掌し，買弁輸送等のためには時宜に応じて大阪小倉博多長崎対馬等に僚官派遣があるとした。運輸支局の主務は，官用船舶の管轄，船隻の買入・雇上げ，人員糧食器械等必要物品の分配漕運の管理，船舶の名称・長短・積荷トン数・船身・汽鑵の良否・製造年月・馬力・運転速度・船長以下乗組人名等を詳密に調査し，海運事業を精確適実ならしめることである。運輸を「内地」と「海外」の2項に区別し，各々，各種兵隊の運輸，銃砲弾薬他砲廠工兵の諸具と会計病院輜重廠の諸品の運輸，糧食薪炭草秣他日用全般の軍需の運輸に区分した。銃砲弾薬等の武器全体の運輸は，各所管での荷造り後に件数を定め，時日を期して運輸支局に交付し，さらに看守人員を附して海外指定地まで到着させ，特に地方行政機関との関係を規定した。すなわち，①米穀買集や搗(つき)精品購求時には当該府県に通報して同官員の補助を求めることがあり，②海外発運の湊港の物品貯蔵庫や納屋類の借り上げ時に，「人民不当ノ価格ヲ貸」る場合や倉庫が乏しい場合には当該府県庁に照会し，相当代価を定めて払い渡し，又は倉庫の借入れ依頼を規定した。海外運輸は台湾出兵事件時の陸軍海漕運輸局概則を継承し，「新程艤発」と「継行発運」の2項に区別した。

1876年海外出師会計事務概則は戦時給与中心の会計経理計算の事務規則と

ともに兵站勤務関係規則相当のものを一体化させた。特に，附録の陸軍運輸局概則と陣中駅逓使概則等は後年の兵站勤務令の前身に相当し，江華島事件対応にかかわって特に会計経理と運輸等の計画・管理の側面から兵站の端緒的概念が成立し始めた。なお，『法規分類大全』には「海外出師会計部各課心得書九年月日闕」が収録されている。これは，海外出師会計事務概則をふまえ，会計部中の糧食薪炭課・被服陣営課・病院課における庖厨炊飯や病院勤務等の細部の給与事務手続きや諸品・諸具等の取扱いのマニュアルを規定したものである[95]。

④戦地参謀長及憲兵司令服務綱領の制定

さらに，『法規分類大全』には「戦地参謀長及憲兵司令服務綱領九年月日闕」が収録されている。これは，海外出師会計事務概則制定の同時期に，海外出師に際して外国での戦地・戦場や占拠地域における参謀長や憲兵司令の服務概要を規定したものである[96]。つまり，一種の占領地行政や国際法適用にかかわる諸マニュアルを規定した。特に軍隊の軍紀・軍律・軍法の取締り，敵地村落の村長等に出役軍の「王師進入ノ故ヲ告諭シ百姓ニ寇スル者ニ非ルノ故」を知らしめ，諸州全域に「檄文」を発し「敵国政府関係事件ニ就テ不条理ナルコトヲ十分ニ陳述シ如何ニモ自国ノ理由ナルヲ認メシメ次ニ王師ノ已ムヲ得ス征討ニ従事スル由縁ヲ説キ次ニ王師ハ敵国政府ニ向テ其服不服ヲ求ムルニ在テ決シテ人民ニ敵スル者ニ非サレハ民政官吏ハ其儘ニテ事務ニ服シ管轄下ノ鎮撫ヲ主トスヘキ旨趣ヲ諭告シ而シテ最後ニ王師ハ百姓ニ寇スル者ニ非スト雖トモ万一寸鉄ニテモ王師ニ抗スル者アレハ必ス殺戮シテ宥スコトナク却テ一人一夫ノ不所存ヨリシテ禍ヲ全邑全州ニ被ラシムルコトアルヘキヲ以テ人民各自ニ予メ能々［よくよく］念頭ニ記スヘク此言ヲ各州各邑ノ民政官吏ヨリシテ厚ク管下ニ告諭シ婦女児童モ悉ク此意ヲ体セシメヨト成丈其国ノ文体ニテ之ヲ認ムヘシ」という出役理由の説明文作成と諭告文提示，攻城や市街戦における付近居民との関係，敵国・占領地の人民や地方行政（民政官吏）機関との関係・秩序維持，運漕船・乗車・荷車・駄馬等の運輸手段の数量調査，村落の水車や牛羊鶏豚等の数量調査，海外現地の糧食芻草（まぐさ）の欠乏対策，等々が注目される。

第一に，出役理由の説明文作成と諭告文提示は，海外他国での出師・征討が政府間での戦争であることを明確化しつつも，対人民との関係では，一部人民の抵抗者の存在・活動の制止の「理由」のもとに，人民の全体地域への兵力による攻撃・制圧の構えを示した。これは，政府軍の敗退後等に人民抵抗発生の可能性を認識・想定しつつも，人民抵抗発生の理由・原因・論理等を明確化していない。同時に，人民抵抗抑制の困難さの認識があり，人民抵抗発生の想定は，海外での出師・征討が海外他国当該人民の支持を受けない侵略性を内包・反映しているものと言わざるをえない。第二に，海外他国現地の糧食芻草等の欠乏対策に対しては，「成丈ハ徴求請求等ノ方略ヲ行フ可ラス」としたが，「自然策爰[ここ]ニ出テサルヲ得サル時ハ先仮借ニ従事シ次ニ請求ニ従事シ次ニ徴求ニ従事スヘシ」という三段階の「現地調達方法」を規定した。「請求」は当該邑村の供給量を考慮した「徴発」相当の扱いであり，「徴求」は徴税相当の扱いにより調達すると考えられ，「仮借ハ分量ヲ定メ戦捷ノ後合数償完スルヲ許ス者ナリ請求ハ邑村ノ都合ニテ穀幾百芻幾万束ヲ請求スルナリ徴求ハ今年ノ田租等ヲ調ヘ公納ノ分ヲ我ニ取ルナリ」と規定された。総じて，戦地参謀長及憲兵司令服務綱領は1873年在外会計部大綱条例の現地調達の端緒的思想を継承し，その方法・手段にまで踏み込んで規定したことが特色である。

(3) 1877年出征会計事務概則の制定と西南戦争

①1877年出征会計事務概則の制定

陸軍省は1877年2月20日に戦時費用区分概則の制定と施行を陸軍部内に指令し[97]，さらに2月23日に陸軍省達乙第59号の出征会計事務概則を制定した。

1877年出征会計事務概則は，第一章　経理計算，第二章　俸給手当金，第三章　旅費計算，第四章　食料秣芻，第五章　需用諸品計算，第六章　被服及陣営具，第七章　患者，の章構成等のように，ほぼ1876年海外出師会計事務概則を基本にして起案し，同概則中の「第二章　費用区分」を削除し，国内での戦争・戦役であるが故に「出師」を「出征」に修正した。また，会計部の編成・所在は国内の鎮台の本営・営所に適合させ，陸軍運輸局関係の規定を削除した。ただし，第一章第１条等には「出師」の用語が残っているので，急遽，起案・制定したことが窺われる。

特に注目されるのは，第一に，第二章は，出征中に敵の俘虜になった場合の本俸減俸の但し書きとして「僉議[せんぎ]ニ因リ俘虜中ノ俸給増俸トモ全額支給ヲ給スルコトアルヘシ」と規定したことである。つまり，俘虜になっても，同原因・

理由等の内容・事情によっては評議の結果にもとづき，まったく通常の戦時勤務と変わらない俸給増俸の全額支給もありうるとした。ここには，戦争・戦闘時の俘虜の必然的発生の認識が含まれ，俘虜・捕虜に対する禁忌認識等はない。第二に，第四章において，出征中の将校以下軍人軍属の従僕馬丁には食料を官給するとした。他方，各兵隊の食料は「現金ヲ配与支給スルヲ以テ各自ニ買弁給与スヘシ然レトモ実況ニヨリ其買弁ノ便ナキトキハ米穀薪炭油醤塩噌草秣等総テ現品ヲ以テ支給スヘシ」と現金支給による賄いを基本とし，買弁できない時は現品支給とした。各隊の馬飼料も現金支給を基本とした。海外出師会計事務概則では現品支給が基本であったが，国内での戦争・戦役では，各兵隊は買弁可能と判断したのであろう。ただし，参謀・伝令将校・歩兵工兵諸官の馬食麦秣藁は現品支給とされた。ちなみに，賄料は1人1日で金22銭以下金14銭までが目途とされた（海外出師会計事務大綱では，金25銭以下金14銭5厘以上）。

②西南戦争の戦費決算と征討費総理事務局の設置

西南戦争は約7箇月間余にわたって展開された維新後の最大かつ最後の内戦であった。西南戦争における薩摩軍兵力は約13,000名とされた。他方，政府軍兵力は，11月22日に太政官に設置された征討費総理事務局の報告書によれば，海軍兵員約2,100余名，陸軍兵員約52,200余名，屯田兵600余名，巡査隊約11,000余名で合計約66,000名の兵数に達した[98]。つまり，海軍兵員を除いても1875年の「六管鎮台表」規定の戦時人員計画の46,050名をはるかに超えて召集・採用・編入された。その場合，戦時人員を支える膨大な兵站も設定されなければならないので，戦費がさらに膨張するのは当然であった。

兵站については，同年5月に陸軍会計監督田中光顕は西郷従道宛に「兵器糧食ノ運搬タルヤ戦地ニ接近スルニ応シテ其費額ノ多キヲ要スルニ其已ニ賊地タルニ際シテハ之ヲ奈何ソ更ニ其多カラザルヲ得ンヤ［中略］戦線ノ進ムト運路ノ遠キトヲ加ル毎ニ軍費ノ多キヲ要ス［中略］抑モ軍費中ニ於テ最モ巨額ヲ消耗スル者ハ人夫ノ傭賃ヨリ甚シキハナシ此傭賃タルヤ一定ノ制限ナク却テ各自相対ノ額ヲ以テ傭役セシムルニ由リ険ヲ冒シ難ヲ忍ヒテ我カ役ニ服スル者ハ悉ク此ノ時ヲ以テ利ヲ射ルノ好機ナリトシテ概ネ平時ニ倍蓰（ばいし）スルノ傭賃ヲ貧リ求ム」と述べ，戦線進行対応の運搬確保の困難さが増大し，かつ運搬人夫傭賃の平時2倍化も受け入れざるをえない状況を強調した[99]。また，戦地での銀銅貨携帯の不便を訴えた。これをうけて西郷従道は6月1日に太政大臣に運輸関係と臨時壮兵召募や兵器弾薬の購求製造等を含む「征討費額ノ議ニ付上申」を提出した（合計金1,245万円）。しかし，太政官と大蔵省等は非常に苦慮し，第15国立銀行からの借入1,500万円と12月の新紙幣2,700万円発行等による征討費概定金計約4,200万円を定めた。

さて，西南戦争の戦費総額（「征討費決算総額」）は41,567,726円とされた[100]。これは，当時の1877年度（1877年7月より1878年6月まで）の歳出総計48,428.324円（経常45,344,215円，臨時3,084,108円）との比較では，歳出総計の85.8%と経常歳出の91.6%に匹敵した。同戦費の膨大さは，征討費総理事務局発足時の11月22日規定の「薩匪征討費決算規程」第1条により「巨額ノ金円ニシテ事多端ニ属スル」と称された[101]。内訳で特に注目されるのは，田中光顕上申書強調の戦地傭役と運搬の費用である。特に戦闘関係の全費用としての戦闘費総計35,295,580円は戦費総額の84.9%を占め，その中で傭役人夫の傭給8,020,934円と運送費7,564,273円の合計15,585,207円は戦闘費総計の44%に達した。傭役人夫全体は20,350,924人（延べ）に達した。その総額費用は13,060,178円とされた。

その後，大蔵省は西南戦争終盤の8月13日付で太政官宛に，征討関係の「非常臨時費決算方」は常法では整理しがたく，また非常費途の整理が延び延びになれば錯雑さを生ずるので，同省内に征討費決算整理の一局を設け，各庁から主任を出頭させ，「万般調成」したいという伺い書を提出した[102]。同省は，府県関係分は軽重もあるが熊本県等の西南諸県のように大いに関係あるものも取扱う方針であり，同方針は同省から指示すると申し添えた。つまり，大蔵省は戦費決算を主管業務として扱う方針を立てた。しかし，太政官はただちに指令を出さなかった。太政官は10月16日に太政官達第76号により官院省使府県宛に征討費の「費途区分」方針を発しただけである（征討関係諸費は同年10月までの分をもって打ち切り別途交付する，その後の分はすべて通常経費で支出する，等々）。その後，太政官では，11月13日にようやく法制局が，大蔵省伺い書趣旨を汲み入れつつも，「太政官中ニ一局」を設けるのが適切という審査結果を閣議に報告した。法制局の審査報告は閣議決定されたが，ただちに指令しなかった。おそらく，陸軍省の考えも調整しようとしていたかもしれない。

他方，西南戦争終結後，陸軍省も膨大な戦費決算を同省のみ（又は同省主導）で実施しようとして，戦費決算に関する「征討費決算概則」を起案し（日付不明），大蔵省に照会した[103]。大隈重信大蔵卿は11月20日付で陸軍卿代理西郷従道宛に「今般太政官中ニ該費決算整理ノ一局ヲ被設候」と回答し，上記の法制局方針を紹介し，陸軍省起案の「征討費決算概則」を返却した。大隈は戦時費用区分を含む「非常ノ軍費」の内容等に関する内閣としての認識・判断等の権限を重視したのであろう。膨大な戦費は陸海軍と各省使県等にまたがって支出されていた。大隈と大蔵省は征討費決算を太政官責任で実施する方針を支持した。この結果，太政官は11月22日の達第86号により，征討費決算整理のために太政官中に臨時の一局を設け，各庁主任者を出頭させて協議整頓する，と官院省使に指令した。かくして，太政官は征討費総理事務局を設置し，参議兼大蔵卿大隈重信を同局長に任命したことを同年12月12日に各府県に通知した。

③征討費総理事務局の戦費決算報告

征討費総理事務局が太政官に設置されたとしても，実際の事務は大蔵省管掌に属した。そのため，同省は太政官宛に，11月22日の太政官達第86号の後（11月中（日付欠））に「賊徒征討費整理規程」を起案し，至急，征討費総理事務局に指令してほしいと上申した。同省上申の賊徒征討費整理規程は，第一に，征討費の総額を定義し，「征討費ハ実際支払ヲ為シタル金高ノ内通常経費ヨリ支償スヘキ金高及ヒ残余物品ヲ売却シタル金高ヲ減刪シ剰余ノ金額ヲ以テ征討ノ正費トス」と規定した。これは陸軍省起案の「征討費決算概算」を参考にしたことが窺われる。第二に，各庁受領・支出の征討費の残金はすべて征討費総理事務局に受け渡し，将来さらに支出を要する場合は仕訳書の提出・検査にもとづき同金額を交付し，捕獲金は別途上納し，米穀他は差継払いにするとした。第三に，征討費の勘定帳を通常経費と混同させないために別途編成し，勘定帳自体は既定書式に準じ，内訳明細表は便宜により領収証書で代用させるとした。第四に，費途区分は10月の太政官達第76号と陸軍省と海軍省（注97）参照）の戦時費用区分概則にもとづき，開拓使と警視局その他諸県も上記に準拠するとした。第五に，年度区分は常法にもとづくが実際に合わせて適宜区域を定めてもよいとした。第六に，仮渡し金円はそのままの決算を許可せず，兵員の俸給・旅費等で概算支給の金額はそのままただちに決算に編入させてよいこと，等である。太政官は大蔵省上申を了承し，12月12日に征討費総理事務局宛に翌年2月までに整理すべきことを指令した。

その後，征討費総理事務局は12月13日に「征討費整理順序」を制定し，征討費整理・決算手続きに関する局内の細部の詳細な庶務順序を定めた。これは，特に征討費の整理・決算における大蔵卿と本局の基本的な管理責任を規定したことが注目される。第一に，征討費は各庁主任の協議により整理し，同勘定帳は常法通りに各庁長官が大蔵卿に提出し，同決算証書も大蔵卿の名により認可し，第二に，征討費関係の金員収支伝票は各長官がただちに大蔵卿に提出し，大蔵省は本局検閲の証明を得た上で整理順序終了にする，第三に，「代用証書」の作成を陸軍省起案（注103））のものと異なり詳しく規定したことである[104)]。

大隈重信征討費総理事務局長官は以上の征討費の整理・決算の諸規定にもとづき「九州地方賊徒征討費決算報告」を作成し，1879年12月25日付で太政大臣に提出し，太政官で審査され，翌1880年2月13日に正確であることが承認された。その際，大隈は本報告書に前文を付し[105)]，征討費高増理由として「軍役ノ法戦時給与ノ例及ヒ賊徒ノ財産ヲ処スルノ律」の未整備を強調した。特に「徭役」制度の廃止後は「国民戦役ニ服スルノ義ヲ明ニセサレハ」，傭役人夫雇銭は本人の欲する所に従わざるをえないようになると述べた。そして，戦時の傭役人夫の傭給収支基準設定を含めて「唯能ク其未タ起ラサルノ前ニ於テ予メ戦時ノ律ヲ定メ以テ従事者ヲシテ準拠スル所ヲ知ラシメハ，兵馬倥偬ト雖モ度支ノ軌轍一ニスヘク，衡鈞同クスヘシ。而テ其費額モ亦タ徒ニ多キヲ加ヘサルヲ得ヘシ」と戦時諸規則の規定化を求めた。つまり，戦時会計経理にかかわり，文官系高級官僚が戦時諸規則の規定化を積極的に主張したことが重要な特質である。

注

1）合併操練の概要は『明治天皇紀 第二』292-304頁，陸軍省編『明治軍事史』上巻，50-57頁。天皇の馬上統率による演習出場は大久保利通の強い主張によるとみてよい（佐々木克他編『岩倉具視関係史料 上』295頁，2012年，思文閣出版，所収の三条実美発岩倉具視宛書簡参照）。

2）その主要序列は，①斥候1個中隊，②前軍（閲検使・蟻川直方兵部権大丞，第1～3連隊，他），③中軍（伝令使兼閲検使・石井靏吉兵部権少丞，第4連隊他，号砲2門，閲検使・川村純義兵部大丞，参謀官兼伝令使長・久我通久兵部少輔，参謀官長・熾仁親王兵部卿，騎兵，御旗，御旗監，剣璽御辛櫃，侍従，御馬，侍従，大典医，中弁，少弁，右大臣，大納言，佐々木高行参議，宮内卿，御衣櫃，御茶弁当，御薬櫃，替御馬，少巡察，大巡察，弾正台，閲検使・山田顕義兵部大丞，騎兵，参謀官兼閲検使長・前原一誠兵部大輔，閲検使兼給養長・船越衛兵部権大丞，第5～8連隊，伝令使兼給養病院両長・三宮義胤兵部権少丞，大小荷駄，武庫，造兵，病院，他），④後軍（閲検使兼伝令使・佐野常民兵部権少丞，第9連隊，閲検使・黒田清隆兵部大丞，他），⑤後衛1個中隊，⑥諸官員奏任以下，⑦列外　非役華族，板輿，である（〈陸軍省大日記〉中『明治三年 駒場野連隊大練記』，『陸軍省衆規渕鑑抜粋』第24・25巻，第92件，『公文録』1870年4月5月兵部省，第11件，他）。

3）『公文録』1870年4月5月兵部省，第11件。本軍令は在来的な軍令というべきである（『復古記』第6冊，387-389頁，同第9冊，185-188頁，同第12冊，193-195頁，同第13冊，633-634頁）。在来の軍令は戦時・戦闘を基準にして決定・施行され，江戸時代では，藩法研究会編『藩法集8 鹿児島藩 下』（883-899頁，1969年，創文社）に，「御軍令」として「御出陣定帳」と「嶋津家御軍法巻」「嶋津家の法，軍令厳敷前配之事，口伝」や戦時・戦場・戦闘の直接的な規則・命令等が収録されている。また，1885年1月28日付の名古屋鎮台司令官滋野清彦発陸軍卿宛の「看護卒八木重治外二名国事犯ニ干与ノ儀ニ付内申」によれば（〈陸軍省大日記〉中『肆大日記 編冊補遺 明治九年～二十三年』），飯田事件において，名古屋鎮台病院一等看護卒八木重治は1884年6月に脱走し他2名とともに「政府転覆ヲ主旨」とする檄文と「愛国義党軍令」と称する全4章全40条余の文書（党員心得・職員権・禁令等を記載）を作成したとされる。「愛国義党軍令」は主に戦時・戦闘時の規則・規律の内容を含み，軍令は戦時・戦闘を基準にしたものとして理解されていた。

4）『明治天皇紀 第二』304頁。

5）『明治文化全集』第23巻収録の陸軍省編『軍制綱領』64頁。

6）『広沢真臣日記』448-449頁。

7）大隈重信撰『開国五十年史』上巻収録の山県有朋「陸軍史」285頁。

8）『谷干城遺稿 一』212，330-331頁。

9）『明治文化全集』第23巻収録の陸軍省編『陸軍省沿革史』125頁。当初，兵部省の1871年3月7日付の太政官弁官宛の上申書は「今ヨリ後天下之歳入三分之一ヲ取テ兵部ノ定額トナシ強兵ノ目的ヲ定メ暫時之間陸軍ハ仏ニ倣ヒ海軍ハ英ヲ師トシ　皇国不抜之兵制ヲ建テ訓練教育成材之後ニ至テハ庶幾クハ独立抗顔始メテ人ニ交ハル可シ」と国家歳入3分の1の軍事費充用を求めた（〈公文別録〉中『自明治三年至同六年 諸建白書』第3件）。

10）『大隈侯八十五年史』第1巻，460頁。

11）『公文録』1873年3月4月陸軍省，第8件。
12）注10）の478頁。
13）14）『公文録』1874年8月陸軍省，第8件。
15）『明治前期財政経済史料集成』第1巻収録の大蔵省編纂『理財稽蹟』第3巻，107頁。
16）『明治前期財政経済史料集成』第4巻収録の大蔵省編纂『歳入歳出決算報告書』21頁。
17）欧州軍隊の戦時の要塞病院収容傷痍兵は要塞戍兵全員の8分の1の比率を想定していた（科研費報告書『近代日本の要塞築造と防衛体制構築の研究』18頁）。なお，日本では，陸軍の本病院（1873年5月31日設置）が1874年9月24日に陸軍省宛に在外会計部大綱条例中の養生所の設置数を質問しているが，同省は12月16日に各隊の種類や人数の多少にかかわらず，一屯営につき1個の設置を回答・指令した（『陸軍省衆規渕鑑』第18巻，第73件）。
18）天皇委任の総司令官としての征討総督を輔翼すべき征討参軍（山県有朋と伊東祐麿）への3月1日の「御委任状」は「帷幕ノ機謀ニ参シ」と明記したが，この「帷幕」は全軍総司令官に対応した相談職務レベルの機関であった。
19）〈陸軍省大日記〉中『明治七年一月起四月尽 大日記 文武官員辞令』2月25日～3月1日，同『明治七年二月 大日記 諸寮司伺届弁諸達』第518，526号，同『明治七年起二月三日尽三月二十七日 佐賀征討日誌』，他。野津鎮雄陸軍少将は2月12日に九州出張下の東京鎮台の砲兵1隊と大阪鎮台の歩兵2大隊の指揮長官を命じられ戦闘に従事していた。
20）『公文録』1874年6月陸軍省，第13件。参謀官職の兼務兼任制のもとで，7月3日に参謀職指定の陸軍卿官房の房長＝参謀大佐等（近衛局と各鎮台の参謀長勤務者・幕僚参謀勤務者及び参謀局の各課長と第一課課僚を含む）は歩騎砲工兵科出身者の参謀科勤務になるが，同勤務中は「准官参謀科」と心得ることを指令し（陸軍省達布第259号），現在同勤務者はすべて参謀局からの派出者と心得させられた。なお，1875年4月24日陸軍省達布第121号は参謀科勤務任用時の辞令書の「准官参謀」の文字記載を廃止すると布達した（ただし，近衛と鎮台の幕僚参謀は「准官」の2字を廃止する）。
21）〈外務省記録〉第1門第5類第1項中『日清修好通商条約締結一件』。〈外務省記録〉第1門第1類第2項中『台湾征討関係一件中外交史料台湾征討事件 第一巻』に『京報』写しを収録。西里喜行『清末中琉日関係史の研究』（645-647頁，2005年，京都大学学術出版会）は同年5月30日付の清国の民間紙の『申報』に閩浙総督上奏文掲載を紹介している。他方，鹿児島県は同年1月以降県官2名を琉球に派遣し，島津氏への負債金5万円余の返済代わりに財政改革等を促し，さらに県官1名を八重山島の石炭調査等に従事させていた時に，同島民12名が帰還した。在琉の同県官は帰還者の2名から顚末を聞き取って文書化し，また，6月15日付の琉球の宜野湾親方他による豊見城親方・池城親方等宛の報告書が作成された。鹿児島県は同聞き取り文書と報告書及び同県権参事大山綱良の7月28日の建白書を8月15日付で外務省に送付した（『日本外交文書』第5巻，374-376頁，〈記録材料〉中『台湾蕃地事件 左院書記官』所収の「大山綱良謹白琉球国昔ヨリ」参照）。

22）〈外務省記録〉第1門第1類第2項中『台湾征討関係一件中外交史料台湾征討事件第一巻』。

23）〈公文別録〉中『清国通信始末』第1巻。

24）注22）所収の6月23日付の柳原前光発外務大少丞記宛の報告書。

25）政府は1872年10月9日に樺山資紀に清国台湾視察を命じ，その後，福島九成陸軍少佐・児玉利国海軍省八等出仕等を副島種臣特命全権大使の随行者に任じ，清国南部や台湾島に派遣させた。樺山と福島らは翌1873年6月21日の在清国日本公使柳原前光による清国総理衙門との交渉後，清国南部等を視察・調査し，8月23日に台湾の淡水に着港した。彼らは，同地での家屋建造等着手のためには30名内外の「護衛兵」の他に70～80名の職工等が必要であるなどと視察・調査した後，香港を経て12月20日に上海に着港した。樺山は上海にとどまったが，児玉らは帰国した。また，樺山らは上海で「征韓論」をめぐる政府の分裂と西郷隆盛らの下野及び陸軍部内将兵300余人の帰省を知ったとされている。彼らの台湾島・清国の視察・調査は台湾出兵を想定・予定していた。樺山は上京中の1872年10月19日の自己の『台湾記事』に「米国人レセンドル氏ノ台湾調査書四冊西郷陸軍少輔ヨリ回送セラル本書ハ過日副島外務卿ヨリ借用シ謄写ノ為メ差出シ置キシモノ只今陸軍省ヨリ返却セラレナリ」と記述している。樺山はリゼンドルの台湾経営論等に関する情報は入手済みだったとみてよい（『樺山資紀文書』中『台湾記事』1872年10月19日の条等）。

26）〈記録材料〉中『台湾蕃地事件 左院書記官』所収の「台湾蕃地処分ノ儀ニ付彼我問答」。副島特命全権大使の対清国交渉等の概要は『明治文化全集』第6巻収録の副島大使随行者の鄭永寧外務少輔『副島大使適清概略』（1873年11月）参照。

27）台湾出兵事件の冷静な議論を展開したのはジュ・ブスケであった。ブスケの1874年9月12日付の大隈重信参議宛の建白書は，①「日本国自ラ土人ヲ罰スルノ権理アリヤ」，②「日本国其戦争諸費償金ヲ請フノ権アリヤ」，③「日本国其国人殺害ニ逢シ者ノ親眷ノ為メ償金ヲ請フノ権アリヤ」，④「尚来人民保護ノ確証ヲ望ムノ権アリヤ」の4点を解説し，簡潔に台湾問題処置政策の方向性を示した（〈単行書〉中『処蕃書類 公法類纂』巻1，第3件）。当時，ブスケは司法省雇いとして出仕していたが，1874年9月4日に太政官から台湾蕃地事務局出仕を指令された。当時，司法省顧問のボアソナード等が日本の台湾全島領有正当化を主張していたが（一瀬啓恵「明治初期における台湾出兵政策と国際法の適用」『北大史学』第35号，1995年），ブスケの建白書の①〜④は，総論において日本国は清国が台湾を統轄・統治する権理を認めるという基本的認識をふまえて組立てた。すなわち，①は，同権理があることと同権理の行使は区別されなければならず，副島種臣特命全権大使が清国政府に対して同権理行使を論弁・論定しなかったことは遺憾であり，西郷従道の台湾蕃地事務都督拝命（4月4日）・台湾着（5月22日）と柳原前光の特命全権公使拝命（4月8日）・出発（5月19日）・上海着（5月28日）の日程からみれば日本国政府の「鋭意兵ヲ送ニ汲々タルハ元ヨリ歴然タリ」とはいえ，日本国が同権理を有することは「不容論所」であるとした。②は，本件は戦争ではなく「報讐事件」であるが，清国政府側は「[日本国が上記の権理行使を論弁しなかったことにより] 日本国ノ兵力ヲ以テ土人ヲ罰スルノ所意ヲ知ルニ由ナク若万一之ヲ予メ知ラハ厳則ヲ以テ土人ヲ御シ罪人ヲ罰スル些少ノ費ヲ以テ足ル可シト言ワンニ至リ」，その結果，日本国の不利発生の故に，戦争諸費全額請求には賛成できないとした。③は，「土蕃ヲ討罰スル為メ」の方法如何を問わず，また，清国政府又は日本国政府が討罰したことにかかわらず償金請求権があり，清国政府側は「其警察ノ不行届ノ為メ其臣民ノ人ニ加ヘタル損害ヲ償フヘキノ責任アルコト昨日モ今日モ敢テ異ナラス」，また，「副島氏若シ初メヨリ右ノ償金ヲ要メタレハ支那ニテ敢テ之ヲ肯セサルヲ得サル可ク又此回ノ出兵ノ前後ヲ問ハス亦其要メヲ肯セサルヲ得サル可シ是レ権利ナル者ノ永久変易セサル所以ナリ」として，被害者の身分と被害の多少に応じて相当の償いを清国政府に求めることを当然とした。④は，4月5日の西郷従道台湾蕃地事務都督に下した勅諭の第3項目によって生じ（「一　而後我国人ノ彼地方ニ至ル時土人ノ暴害ニ罹ラサル様能ク防制ノ方法ヲ立ツ事」），また，西郷が台湾到着当時に現地で「各人種ヲ服従鎮定セシ旨」の宣告後，さらに日本兵の同地駐在を「理アリ」とすることは同趣旨にもとづくとした。その上で，ブスケは再発防止のための兵力による台湾の占拠と警察力行使上の西郷台湾蕃地事務都督の権限・資格のあり方を問う重要な長文の議論を展開した。ブスケの議論は日清両国の立場と細部の交渉・主張に関して国際法的視点から冷静丁寧に帰着点を解説し，当時における出色の提言であった。すなわち，④は，第一に「拠地ノ保証」（警察力実行のために兵を某地に占拠させる）があるが，「[前略] 支那ハ阿非利加州ノ小王或ハ大洋州ノ小史丹ニ於テ之レヲ照管シ得ヘキ国ニ非ス蓋シ支那ハ其服従セサル人種ノ警察不行届ノ罪アリ [中略] ト雖モ之カ為メ敢テ其人民ヲ統治シ航海者ノ安寧ヲ保スヘキ力アラサル国ト為ス可カラス此ニ由テ之ヲ観レハ斯クノ如キ拠地ノ保証ハ勝国ヨリ敗国ニ向ヒ其兵力ヲ以テ強テ之ヲ要ス得ルニ過キス又日本ハ此一事ニ付キ支那海ノ行船ニ管セシ其地ノ各国ニ優レルノ特権アリト云フ可カラス［中略］更ニ之ヲ言フニ米利堅ハ『ヲウストラリー』州ノ食人国ノ為メ害ヲ被リタルニ因リ若シ其国内ニ兵ヲ置キ之レカ警察ヲ為ス可シト言ハバ全世界ノ驚愕蓋シ幾許ソヤ又我カ総論［中略］ニ支那ニ台湾蕃地ヲ統括スル権アリト定メタル上日本ニテ其蕃地ニ占拠シ恰モ日本ノ領地タルカ如ク之ニ植民ス可キノ需要ヲ為スハ非理ノ需要ニシテ此クノ如キ需要ハ戦勝ト兵力トニ因リ強テ之ヲ遂クルヲ得可シト雖モ理ニ於テハ決シテ之ヲ直ナリト為ス可カラス故ニ曰ク拠地ノ保証ハ之ヲ抛棄セサル可カラサルナリ」として抛棄を述べ，第二に「契約上ノ保証」（直訳的には「モラル」「善道」上の保証）については，「右契約上ノ保証ハ日本ヨリ支那ニ向ヒ之ヲ要ム可キノ理アリ然レトモ契約上ノ保証ハ之レカ為メ確固タル功績ヲ得ヘキ者ニ非ス唯僅カニ我カ心ニ満テリト為スノ益アル者ニシテ縦令今支那ヲシテ将来ヲ保証スル契約ヲ為サシムルトモ日本ヨリ支那ノ其契約ヲ遵行スルヤ否ヲ常ニ監察スル能ハス又縦令支那ノ其契約ニ背クコトアリトモ敢テ之ヲ以テ戦ヲ始ムルノ原由ト為ス可カラサルナリ然レトモ賠償契約ノ功績ハ前ニ言フ処ノ事ニ比スレハ更ニ確固タル者トス　右契約上ノ保証ハ其功績ノ如何ヲ問ハス支那人必ス之ヲ肯セサルヲ得サル可ク蓋シ支那人ハ最初其防制シ能ハサル虐殺ノ責ニ任セサル旨ヲ述フ可シト雖モ当今ニ至リ台湾ハ已レノ管轄ニ属シ而シテ其海岸ニ漂着セシ外国人ノ安寧ハ敢テ之ヲ保証セスト言フノ理ナク依テ日本ヨリ須ラク支那ニ向ヒ言フ可シ曰ク汝果シテ台湾ノ君ナラハ我等ヲ保護セヨ若シ然ラサレハ我等ノ自カラ我人民ヲ保護スルヲ妨クル勿レト此事ハ嘗テ副島氏北京ニ在リシ時明カニ之ヲ弁スベキニ当時之ヲ弁セサリシハ頗ル歎ス可キ処ナリ　故ニ確固タル契約上ノ保証ハ日本ヨリ支那ニ向ヒ之ヲ要メ得ヘキノ理アリ」と述べた。ブスケの解説によれば，西郷台湾蕃地事務都督は6月22日に社寮での清国派遣の欽差幫弁福建布政使潘霨等及び随行者の福州造船所雇フランス人ジケルトとの会談において，「台湾土地支那ニ不属，土人独立ニシテ諸般土人ノ責ニ任スル事，余此土人ヲ降伏セリ，余此土ニ留ル」と言明したとされる。しかし，ブスケからみれば，そもそも西郷台湾蕃地事務都督が同言明をなしえる権限・資格を有していたかは疑問であり，仮に同言明があったとしても，偶然の発言であり効力はなく，日本国政府は改めて西郷発言の取り消しが課せられるとした。その上で，ブスケは，同6月22日前までは，台湾管轄の名義は清国にあることは日本国と外国も一般に認めており，今後の和議・交渉では台湾全島の一部（北部）は清国の所領地であることを認める定約を結んだ上で結局に赴くべきであり，清国の台湾の所領・帰属権に関する争議は暫くの間は「不論ヲ佳トス若之ヲ誣［しい］テ論センニハ結局戦争ニアリ」とした。そして，今回の全権弁理大臣の談判で合意されるべきものは，第一に日本国は清国の台湾統轄権を認める，第二に清国は日本国による台湾の殺害所業者への討罰を「日本ノ其正当ノ権利ヲ行ヒシ」にあることを認める，第三に清国は被害者遺族等に対する扶助金・償金を与える，第四に再発防止のために清国は警察力を強化して航海者の安寧を確保すべきである，第五に清国と日本国は台湾での暴害事件発生時への対応策（損害賠償金）を契約する，ことの必要を述べた。さらに，これらの合意のメリットは，①「疑ハシキ戦ヲ防ク」ことにある，②損害賠償を得た後に具体的な償いを確定し，③日本国をして清国を「恐怖セシメ其功績ヲ遂ケタル名誉ヲ得セシムル」ことにある，④日本国が「正理ニ拠テ処置シ且其真実ナル旨ヲ外国ニ証明シテ其同覚ノ情ヲ起サシメ沈着耐忍ノ誉ヲ得ルニ在リ蓋シ若シ支那ニテ最後ノ意見書ヲ棄却スルコトアリテ終ニ及フ時ハ此益殊ニ大ナリトス」と結論づけた。ブスケの解説は極めて実務的な対処方針を述べたが，交戦理由の疑わしい戦争を防ぐことをメリットとしつつ，仮に交戦しても国際的世論の支持を受けなければならないことを指摘するなど，極めて戦略的な外交政策論を展開した。また，大言豪語もなく，リゼンドルらの好戦的な植民地経営と台湾略取の議論とは対照的である。なお，ブスケは同9月14日付で日清両国が交戦した場合の戦時の国際法関係を解説した詳細な「戦争策論」をまとめた（〈単行書〉中『処蕃始末 甲戌十一月之八』第80冊，第12件）。

28)　〈海軍省公文備考類〉中『台湾事件輯録 巻二 記函第十二号 明治七年』所収の「処蕃方略」に編綴の写し（海軍省罫紙，墨筆）参照。

29)　〈公文別録〉中『太政官』第5巻，第9件。

30)　徳富蘇峰『近世日本国民史』第90巻・台湾役始末篇（54頁，ルビ略，1961年，近世日本国民史刊行会）は，「台湾蕃地処分要略」は「台湾其物に就ては，何等の希望もなく，欲望もなく，計企もなく，経論もなく，只だ，申訳の蕃民膺懲に止まっている。即ち征台は，畢竟征韓論亡者の怨霊慰め［結果的には「空しく水泡に帰した」，377頁］の一時的方便にすぎなかったこと，之を見ても明白だ」と記述したが，閣議は台湾植民地経営発想をすべて排除して決定したのでない。他方，『大隈侯八十五年史』第1巻（550頁）は，幕末以来の「攘夷的気習」が抜けきれず，旧藩士等が「征韓を以って快挙」としていた中で，「凶器」としての兵を動かさなければ「却て内治に害があるかも知れぬ形勢に差迫った」と記述したが，国内政治の行き詰まりや矛盾の解決策として対外戦争が着手されたことはいうまでもない。なお，戦後は，台湾出兵は，「征韓論」をめぐる対立・抗争を経て前年10月の政変により成立した大久保利通らの政権の正統性強調（前政権からの対外政策の踏襲・継続）の視点から考察されている（毛利敏彦『台湾出兵』120-121頁，1996年，中公新書）。ただし，その上で，台湾出兵により，たとえば，大隈重信買収の船舶（汽船12隻他計16,500トン，政府支出金は157万6800ドル）はすべて三菱会社（同年4月に本店を大阪から東京に移転）に寄託され，政府と結託した三菱の海運業の隆盛契機になつたように，その後も続く戦争による財界繁栄の先例が生まれた（西野喜与作『半世紀財界側面史』29-44頁，1932年）。

31）　注29）に同じ。

32）　ロバート・エスキルドセン「明治七年台湾出兵の殖民地的側面」（明治維新学会編『明治維新とアジア』2001年，吉川弘文館）がリゼンドルと福島九成の植民地主義に関して考察を深めている。植民地経営論をさらに補足すれば，第一に，リゼンドルは，①1872年9月26日の副島外務卿との対話で「此南方は是非共開かされはならぬ地也故に始終は誰にか取られ可申候」云々と述べ，②1873年8月提出の「癸酉八月取調」で欧米諸国の台湾調査歴史を示し，特に「凡公罪ヲ犯シ日本裁判所ニテ入牢申付シモノヲ日本ノ獄舎ニ繋クコトヲ止メ之レニ民卒移植所近傍ニ於テ一区ノ地所ヲ付与シ土人ト貿易和親ノ交誼ヲ開キ且ツ之ヲ修メシムヘシ然ルトキハ是等ノ者土人ノ教師トナリテ開化ニ至ルコト速カナルヘシ」と述べ，殺人犯を除く全犯罪者毎年約千人を送り込み人口増殖を図る（イギリスのオーストラリア殖民地は世界最大の流刑植民地化を指摘），③1874年3月13日付の大隈重信参議宛の「覚書第二十二号」で，兵力使用や談判により東海岸で他国民所轄ではない海岸に「兵士植民地」を設けて占拠し，日本政府は「気骨アル外国人」（ドクター・ワッソンとカッセル海軍少佐）を「ゼネラール」や「カピテイン」等に雇用し，彼らに同官職・等級以上の俸給・手当を支給して海軍・陸軍を指揮させ，台湾処分の今年中実施のためには3月末までに出発し（11月の天候寒冷のために，また，海上での北東の季節風の到来により），5月までに遠征の一分隊を台湾のシャリアス（社寮）の地点に進めて拠点を置き，11月に牡丹社を討った後まもなく全島の「土人」領地全部を日本に併合し，1875年1月1日には日本の「皇帝陛下最上委員及ヒ其補佐ヨリノ新年祝賀ノ書」とともに同併合を報告できる，等を強調し，④3月31日付で西郷従道宛の「第二十三号覚書」で，日本軍の台湾現地への上陸後の占拠（本営設置等）の指令にかかわる本人とワッソン及びカッセルの役割分担（先陣，先鋒役等）を詳細に示して兵力行使方針をさらに具体化し（長官と同附属士官及びリゼンドルが乗るニューヨーク号は2,500人の兵員を乗せて熊本を4月18日に出発し4月28日頃には社寮に到着し，長官の命令により兵員陣営を設置する），本人は社寮到着後に現地の「雑人種」に対して2万5千人の日本兵士が来るが，上陸の兵士を援助して牡丹社を討てばさらに日本兵士の上陸はないことを告げ，同時にワッソンとカッセルはセラムという土地に「兵士植民地」を設置する，カッセルの指示により東海岸に植民地を数箇所設置し貿易上の見込みを立てるために台湾島の財源を穿鑿（せんさく）する，本営を設け疾病死去等による兵員減少を補い快速船や電信線により日本との通信を整備する，等を提言し，侵略主義による兵力行使のシナリオの明確化が注目される（『日本外交文書』第7巻，

14-15頁，〈単行書〉中『処蕃始末 癸酉下』第3冊，第6件，同『処蕃始末 甲戌春』第4冊，第3件，同『処蕃始末 甲戌春』第4冊，第11件)。リゼンドルらの提言は大言壮語が目立ち出兵強行論者を扇動し，特に④の日程提示は，大隈邸で決定された参議兼大蔵卿大隈重信・参議兼外務卿寺島宗則・陸軍少将兼陸軍大輔西郷従道・特命全権公使柳原前光の台湾出兵に関する3月末の対清国外交対応策の協議書に反映され（全13項目，以下「4者協議書」)，リゼンドルの台湾蕃地事務局への出仕替えが合意された。第二に，福島九成は，①1873年12月初めの外務省経由右大臣宛提出の「建白書」で，「討蕃」関係費用で陸海軍平時定額常費を除く新規臨時費用を233,700円と見積り，同費額を「巨商ニ付シ永年開島ノ利ヲ専与セハ幾計ノ費ヲナサスシテ平蕃ノ成功アラン［中略］而シテ巨商大家下ニ奮起シ国益ヲ興シ外利ヲ射ントスルモノ比々トシテ出ツ」と述べ，既に京阪の巨商の新たな商社結成による清国諸港や南島への出商企てがあることを指摘し（注26）の鄭永寧外務少輔『副島大使適清概略』も京阪の富豪の台湾向け結社動向を指摘)，②1874年3月2日に蕃地事務取調御用掛の内命を受け，4月4日に出兵軍の参謀になったが（4月8日に厦門駐在の領事兼任)，6月22日付の大隈台湾蕃地事務局長官宛に鎮定後の方針として，「永住ノ根基」を立て「御国人移住ノ御仕組」を開かせる，紫檀等の堅牢の諸良材が多数あるので開墾し漸次伐取して帰艦時に積載するならば（売却により）往復艦の石炭費が半額になる，現地の至沃樹林伐採後に粟・芋等を栽培すれば充分に繁生するので各県の「窮民且軽過懲役ノ者等」を移住させて墾地にすることは「拠守ノ至法」であり，九州諸県の漁民百余人を移住させて漁労に従事させ，菜類種子を植えれば日用の食菜欠乏はない，現在の兵力1個大隊は過多であるが，清国との談判の紛糾・破裂を想定した場合には本兵力を留めたほうがよく，本兵力により「二万ノ敵」を陸地で防禦でき，また，「台湾内地へ進入候ヘハ粮米等モ分捕リニテ多分ニ可有之」である，台湾北部は「清国ヨリ漸ヲ以テ蕃人ヲ手付候様子」なので，「殖民兵半大隊」と大工等200人余を派遣したほうがよい，と述べ，軍・商・民一体化と早期の殖民着手を提言したが，「粮米等」の「分捕リ」は1873年在外会計部大綱条例の現地調達思想を超えた略奪思想であり，戦時糧食補給策としては安易・無謀なものであった（〈単行書〉中『処蕃始末 癸酉下』第3冊，第8件，同『処蕃始末 甲戌七月之二』第25冊，第12件)。第三に，児玉利国の場合は，1874年1月8日付台湾処分の「建言書」の政府宛提出後の2月4日に海軍大秘書に任命され，2月12日付で詳細な別冊「開路建築幷守兵等ノ諸費大凡積書」添付の「再建言書」を提出した（〈単行書〉中『処蕃類纂 建白ノ件』第2件，同『処蕃始末 甲戌春』第4冊，第2件)。特に人夫・職人募集の総括者を定めて道路建設の人夫・職人500名を募集し，温暖気候に慣れた九州四国地方の人民を「屯田ノ方法ヲ以テ転移」させるのがよいが，最初からは実行しがたいので，先に北海道開拓に派遣された鹿児島県人夫800人余を帰させ，募集・派遣するのを良法とした。また，土方人夫の賃銭に格差を付け，「北海道土人」19銭9厘2毛，東京夫28銭8厘，鹿児島夫37銭6厘8毛とした。北海道開拓派遣の鹿児島県人夫とは，鹿児島県庁が1872年3月に「開拓使御用人夫千人ヲ募集ニ付，家来・下人並町夫等一般ニ本県ヨリ之ヲ令ス」と布告して募集した人夫であった（年齢18歳から40歳までの身体健全者，家の跡継ぎに支障なきものでなるべくは無妻者又は夫婦一緒に願い出る者は妻も同様に採用されることもある，年限は2年間，支度料の支給あり）（鹿児島県維新史料編さん所編『鹿児島県史料忠義公史料 第七巻』344-345頁，1980年，鹿児島県発行）。同人夫は，たとえば，『開拓使日誌』の1872年第11号中の7月5日の条には「函館室蘭新道建築人夫調」として「薩州串木農夫千百二人」が記述されたが（開拓使『開拓使日誌 二』107頁），児玉の台湾植民地経営論は北海道開拓の延長的ライン上に台湾殖民地経営を重ねたものであった。

33）松下芳男『明治軍制史論』上巻，460頁。松下芳男『日本軍閥の興亡』第1巻，88頁，1967年，新人物往来社。

34）落合泰蔵『明治七年　生蕃討伐回顧録』（45頁，1920年）は「相当の学識を備へ気概［ママ］のある者を以て編成した信号隊総員四十五六名」と記述したが，信号隊はリゼンドル紹介のドクター・ワッソン（James. R. Wasson）の調査により編成された一種の通信連絡掛であった。ワッソンは開拓使の御雇教師に採用され測量長を命じられ，1873年3月以降に北海道の三角測量（石狩川河岸，勇払・鵡川，小樽・岩内，長万部等）に従事していたが，翌年3月末に西郷従道の黒田清隆への依頼を経て4月に急遽陸軍省雇になった。ワッソン調査の通信連絡方法は4人を1グループにして10数箇所に配置し，旗・提灯・望遠鏡により指令・連絡の信号を次々と送るものであり，同グループには，英語を「解話」できずとも，英文を「書記読了」できる「秀才ノ者」を少なくとも1名含めることを求めた（〈陸軍省大日記〉中『明治七年台湾処分 上』第22号所収の4月2日付のワッソン発リゼンドル宛の書簡）。ワッソンの調査は同3日に大隈大蔵卿と西郷都督にも回覧された。

35）『太政類典』雑部，台湾2，第40件。

36）〈単行書〉中『処蕃始末 甲戌六月之七』第23冊，第15件。

37）〈陸軍省大日記〉中『明治七年十月 台湾蕃地事務局規則条約諸書編冊 長崎出張官員』。

38）〈陸軍省大日記〉中『明治七年 台湾処分 上』第59号。

39）〈単行書〉中『処蕃類纂 詔勅幷伺達 自三月十五日至五月三十一日』第31件。

40）〈陸軍省大日記〉中『明治七年十月 台湾蕃地事務局規則条約諸書編冊 長崎出張官

員』。

41)『大久保利通文書 五』468頁。第一に，3月28日付の三条実美発大隈重信宛の書簡によれば，西郷従道は「殖民略地」にこだわっていた。しかるに，三条は，政府内では「殖民略地」はこれまで評議されず，「問罪一途之処」で承知してきたが故に，今後の台湾現地の実際景況によって「蕃民懐撫之為都合次第」では「殖民略地」にも及ぶ目的であるならば，さらに評議しなければ異論も出てくるとして，大隈に西郷宛の委任勅諭と「特諭」を起草させるに至った。大隈も西郷の気分を考慮して「特諭」の第2款の「有益ノ事業」云々を起草したのであろう。台湾出兵時の植民地経営の気分はジャーナリズムでも「此度我政府兵ヲ出シテ先ツ支那領ノ界ヨリ南ナル地ニ手ヲ下シ是ヲ略取シテ植民地ト為シ夫ヨリ又北方支那領ノ堺ヨリ南ノ地ニ兵ヲ置キテ漸々ニ是ヲ開拓シ大木ヲ伐リ荊棘ヲ焼キ土蕃ヲ教ヘ導キテ以テ我皇国ノ版図ヲ広メント為シ玉フ思シ召シナルベシ」と報道していた（伊藤久昭編『台湾戦争記』巻一，10丁，1874年）。第二に，7月21日付の谷干城参軍発大隈重信参議宛の「建議書」は「拙速」を尊び和戦の決は速くしたほうがよいという立場に立ち，「出兵ノ概略及支那関係ノ事ヲ公告シ万一事破ルルニ至ラス不得止憤然決闘ノ意ヲ示サハ不平不逞ノ徒ト雖モ皆墻[かき]ニ鬩[せめぐ]ノ怒ヲ以テ之レヲ外ニ移スニ至ルヘシ」云々とか，日清間談判が破裂時には10個大隊をただちに天津に上陸させ，「兵ヲ北京ニ転シ一気直入粮食皆敵ニ依ルヘシ」と述べ，清国の狼狽中に台湾陸地より進み，「打狗[高雄]及台湾府ヲ略取シ生蕃強壮ノ者一千名ヲ募リ駆テ南部ノ支那領ヲ略セハ三月ヲ出テス全島必ス我カ所有トナラン然シテ府ヲ打狗ニ開キ砲台ヲ築キ港内ヲ修理シ外国ノ交際ヲ厚クシ支那人ヲ駆逐シ南部ノ生蕃府台湾府ニ移シ与ルニ厚利ヲ以テシ益ス其心ヲ堅クセハ三年ヲ出スシテ出師ノ費用ヲ償フニ足ラン勢已ニ如此ナレハ支那全州賦徒必ス蜂起シ大騒乱ヲ醸スヘシ我レ其虚ニ乗シ縦横奮戦城下ノ盟ヒ正ニ期スヘシ実ニ是レ我内憂ヲ一掃シ威ヲ海外ニ輝シ永ク万国ト屹立スルノ一大機会ナリ」と台湾全島領有論・植民地経営論を展開した（〈単行書〉中『処蕃始末 甲戌七月之七』第30冊，第2件）。谷参軍の台湾全島領有論・植民地経営論は特に国内の不満・不平分子の気分・感情を海外侵略により発散させ，いわば「対外派」と「内政派」の双方の企図を合体化させた。国内諸事情の解決困難を対外戦争に転化させて政権を維持する政治手法の点では，「対外派」と「内政派」の双方には大差はない。第三に，台湾蕃地事務局は7月7日に上海着の柳原公使との面談や清国官員との応接関係を承知したいとして福島九成宛に回答を要請した。ただし，福島自身は同要請への報告を事前に当然に考えていたようであり，同7日付で大隈台湾蕃地事務局長官宛に清国地方官吏との事態収拾向けの対談（償金提供等）を紹介し，さらに，「現在蕃地ノ我カ処分ヲ経タル者僅ニ十分ノ一ニシテ其遍ク之ヲ略定スルニハ猶一年ノ力ヲ尽シ数百万ノ金ヲ費スベシ其漸ク民人ヲ化導シ土地ヲ開拓シ聊カ我国利収ルハ二十年ノ久キヲ待ニ非レハ能ハス然ルニ我国人能創業進取ノ際ニ奮励其難ニ当ルト雖モ唯守成漸治ノ日ニ従事其労ヲ続ハ未タ其免ザル所若又半途業ヲ惰リ徒ニ鴻費ヲ致シ前功ヲ廃スルニ至ルハ国ノ損害ヲ却テ多カルベシ況今清国ト一小嶋島ヲ分轄シ相互ニ睥睨行々協和ヲ失ハハ今日ノ上策ニ非ズ論スル所彼ノ需ニ応ジ其償金ヲ受ケ平心ニ之レニ対候テ至当ノ処分ナラン」云々と報告した（〈単行書〉中『処蕃始末　甲戌七月之五』第28冊，第21件）。福島の報告は「蕃地」降服後の占拠や割譲の利害得失を述べつつ，そもそもの台湾出兵には台湾植民地経営が意図されていたことを前提にした上で，占拠・割譲のいずれも多額・多年の費用投入を必要とする台湾植民地経営は容易でなく損害発生が多いと予想するに至った。いずれにせよ，西郷従道とその周辺は無責任な台湾出兵を画策したことはいうまでもない。第四に，対清国開戦必至化を積極的に期待し，東アジア国際関係の転換を描き，1874年7月26日付で清国上陸策を大隈台湾蕃地事務局長官に提言したのは参軍赤松則良であった（〈単行書〉中『処蕃始末　甲戌八月之八』第39冊，第3件）。赤松の清国上陸策は，日清間談判が破裂に至れば1万2千の兵により長崎で1箇月分の食糧を備えて五島列島を経て，太沽近辺から3日分の兵食を用意して上陸し，天津から北京に向って突入し，太沽河口から「北京ニ送ル米穀ヲ取押ヘ我兵ノ料ニ充ツヘシ」云々という食糧強奪を基本にした。そして，その後は「富有ノ所ニ占拠金穀及ヒ人夫ヲ課シテ我欠乏ヲ補フ可シ」と述べ，1873年在外会計部大綱条例の現地調達思想をさらに超えて，1876年戦地参謀長及憲兵司令服務綱領規定の海外戦地徴発の構えを示した。さらに，日本の清国攻略によって「清国数年前内乱ヲ圧制スト雖トモ満清不平ノ徒朝野ニ充満セル折柄故北京落城ノ報アラバ不平徒ノ乱ヲ慮リ清政府急ニ和ヲ我ニ乞フニ到ルベシ」と述べ，「［日清間談判破裂による出征は］我国威ヲ海外ニ振起シ内国ノ改革モ従テ容易ニ相成可申ニ付キ　皇国ノ幸福不過自来清国ト其強弱ヲ競ヒ終ニ泰西各国ト併立ノ勢位ニ至ル可シト存候」と，東アジアにおける日本の覇権確立が可能になるとともに内政改革も容易になるとした。

42)　〈単行書〉中『処蕃始末　甲戌春』第4冊，第14件。〈陸軍省大日記〉中『明治七年　台湾処分　上』第6号。

43)　『公文録』1874年4月各課局，第38件。

44)　太政官は1874年4月5日に陸軍省宛に「台湾蕃地処分」のために「熊本鎮台所轄歩兵一大隊砲兵一小隊出張被仰候条此旨相達候事　但事務都督ノ指揮ヲ可受事」と指令した（〈陸軍省大日記〉中『明治七年従三月至五月　太政官』）。つまり，陸軍省が兵員の身分管理上で責任があるのは本指令上の軍隊のみである（後に追加）。他方，「徴集兵」募集の性格自体は西郷従道の個人的な私兵的募集に任された側面が強かった。金井之恭権少内史（4月15日に台湾蕃地事務局御用掛）の「使崎日記」の末尾は鹿児島県における西郷蕃地事務都督の「徴集兵」募集の雰囲気として，「都督ノ兄陸軍大将隆盛退テ県ニ在リ都督ノ発スル廟議故ラニ命シテ台湾殖民ノ兵ヲ其県ニ募ラシム都督因リテ海路熊本ヲ過キ坂本某［坂元純凞（後述）］ヲシテ県治ニ至リ兵ヲ募ラシメ且言ヲ隆盛ニ伝ヘテ曰ク大兄志大ト雖常ニ事ノ整ハサルヲ憂ヘ返テ事ヲ負［ひきうけ］ル弟不肖ト雖モ今都督ノ命ヲ辱フシ海陸ノ兵ヲ総ヘ遠ク異域ニ入ル其成功心用アリ大兄其レ余カ凱旋ヲ竣テト隆盛聴テ大ニ喜ヒ坂本ヲ指示シ兵丁八百余名ヲ募リテ長崎ニ送ル其発スルニ及ンテ隆盛送テ馬頭ニ至リ衆ヲ戒メテ曰ク汝等死アルヘシ進退唯都督ノ指麾ヲ奉セヨ海路悠遠宜シク自愛スヘシト衆皆為メニ涙ヲ掩フト云」と，西郷隆盛の募集斡旋熱意と役割を伝えた（〈単行書〉中『処蕃始末 甲戌五月之五』第14冊，第17件）。「徴集兵」の士族は「徴集隊」と称されて兵力として編入された（徴集隊指揮長は元警保助の坂元純凞——当時台湾蕃地事務都督付けの七等出仕，翌1875年2月に陸軍省七等出仕）。しかるに，徴集隊からは5月18日と22日及び6月2日の戦闘で「戦死者」5名が発生した。他に戦闘及び戦闘に起因する戦死者として分類されたのは第19大隊の将校・下士・兵卒の7名とされた。徴集隊の戦闘による死亡の「戦死」認定は，陸軍省・海軍省による認定ではなく，台湾蕃地事務局上申を経た太政官決裁によるものであろう。しかし，徴集兵・徴集隊の勤務や諸活動中に発生した諸犠牲・損害等は，当然ながら，陸軍省諸規則の直接的な適用対象にならず曖昧に処理された。第一に，徴集兵の「戦死者」の遺骸・埋葬の扱い方がある。たとえば，徴集隊第6小隊兵卒の井上半次郎（白川県士族，6月2日の戦闘で死亡）の遺体は長崎の台湾蕃地事務支局により7月16日に長崎鹿箇丁招魂場に埋葬された。ところが，本人親族から8月10日に白川県権令宛に遺骸の引渡し願い書が出され，同県は同支局宛に同願い書を送付した。同支局は大隈台湾蕃地事務局長官宛に埋葬者の改葬は「下士官兵卒埋葬一般法則」（1873年12月25日陸軍省布第315号）があるので難しいが，「徴集之兵ハ一種特別ノ者」として陸軍省に取扱いを照会してほしいと伺い出た（〈単行書〉中『処蕃類纂 拾遺』第45件）。大隈長官は9月2日に山県陸軍卿宛に照会したが，山県陸軍卿は9月7日に「徴集兵ノ儀ハ最初当省ヨリ徴集致シ候者ニ無之候間一般ノ軍人ヲ以取扱候筋ニ無之［中略］同人改葬之義ハ当省ニ於テ何分之見込難相立」云々と述べ，同省は何も指示しがたい（台湾蕃地事務局側で扱われるべき事案）と回答した（〈陸軍省大日記〉中『明治七年八月九月 太政官』）。この結果，同省回答は大隈長官からそのまま9月8日に台湾蕃地事務支局に通知され，同支局側で改葬を扱うことになった（〈単行書〉中『処蕃類纂 支局往復件 五』第33件）。陸軍省の徴集兵の死亡や埋葬等に関する認識・判断は，当然に親戚への遺体引渡しの際の兵卒埋葬料10円の下付等規定の「下士官兵卒埋葬一般法則」の適用外を確認するものであった。第二に，多数の傷病者が発生したが，特に戦病死傷等関係の手当・扶助等の法律的保障は弱かった。それ故，徴集兵の帰県後困窮は当然であった。これについて，鹿児島県令代理の同県参事田畑常秋は1874年11月10日付で台湾蕃地事務局宛に「[徴集兵で] 彼地ヨリ炎毒ニ罹リ疫症ヲ受ケ帰県ノ者殆ント百人ニ及此亦貧窮ノ者共ノミニテ自力ヲ以テ養生難調看ス黄泉ニ趣キ誠ニ以憫然ノ景況一日モ難捨置宜ニ相成候ニ付テハ如何御処分可相成者ニ御座候哉願クハ速ニ御指令相成病患ノ者全活ノ道ヲ為得度奉存候」云々と伺い出た（〈陸軍省大日記〉中『明治七年十一月十二月　太政官』）。台湾蕃地事務局は12月10日付で陸軍省宛に同省意見を聞きたいと照会したが，同省第一局長陸軍少輔大山巌は同10日付で「征討諸件ノ儀ハ都督西郷従道へ御委任ニ相成致候処ニ付当省於テ取扱処分ノ取計ハ不致候間何分ノ御確答及ヒ兼」ると述べつつ，従軍による罹病者の処分手続等は陸軍省出張者にもかかわるので，台湾蕃地事務局での対応を求めたいと回答した。その後，翌1875年4月5日太政官布達第48号の「陸軍武官傷痍扶助及ヒ死亡ノ者祭粢並ニ其家族扶助概則」が制定された（陸軍省，内務省，使府県宛)。本概則は佐賀事件や台湾出兵を契機にして陸軍省が起案し，陸軍官職者が戦闘や公務上で死傷した場合の扶助費や弔祭費の下付手続を規定した。本概則の制定時に，旧台湾蕃地事務局は4月14日に陸軍省宛に，鹿児島県令から同県徴集兵（徴集隊）の傷痍扶助等の管轄機関は陸軍省又は同局のいずれかという申し出があるとして照会した。その際，同局は「軍事」関係事項であるので陸軍省に帰する処置として取扱ってほしいと表明したが，同省は4月15日に「右徴集兵ノ儀ハ初発ヨリ於当省関係不致何分ノ儀難取調候間御局ニ於テ宜御処分有之度」云々と拒否を回答した（〈単行書〉中『処蕃始末　乙亥四月之二』第107冊，第16件)。かくして，徴集隊死傷者の扶助等下付手続きは陸軍省により見放されたが，法律上は当然の論理であった。これに対して，旧台湾蕃地事務局は急遽太政官の内史官員や大蔵省と照会・協議した結果，取扱い基本的方針起案は太政官の賞典取調掛が担当し，所管官署を内務省にすることに合意した。すなわち，賞典取調掛は4月19日に佐賀事件時の内務省の募集・編成の福岡県貫属隊と前山清一郎隊及び台湾出兵の徴集隊は「陸軍省所轄内ニ無之」として，同3隊の戦死傷痍者の扶助費と弔祭費は内務省が太政官布告第48号に準拠して調査・給与することを起案して閣議に上申した（『公文録』1885年4月課局，第3件)。賞典取調掛上申は4月27日に閣議決定され，台湾出兵時の徴集隊戦死傷痍者の扶助費・弔祭費下付の内務省所管が指令された。

［**補注**］太政官布告第48号に準拠した徴集隊戦死傷痍者の扶助費・弔祭費下付は，本人又は遺族による内務省への申請にもとづいていた。ところが，鹿児島県は1875年11月28日付で陸軍省宛に，徴集隊戦死傷痍者の扶助費・弔祭費下付に関し

てこれまで何も処置がないので速やかに下付してほしいと伺い出た（『太政類典』雑部，台湾4，第7件）。その場合，同県の伺い書に徴集隊六番小隊長宮内康寧の「歎訴書面」（「［前略］先度御達相成候台湾等ニ於テ戦死ノ者ハ陸軍省御規則被為準夫々御処分可被成下旨御布令ノ趣ヲ以慰諭イタシ置候処数月ヲ経候得共為何御沙汰無之却テ詐ヲ以テ相諭候姿ニ相当リ弥怨懟［えんつい］ヲ増シ誠ニ愍然ノ至ニ御座候畢竟陣中ニ於テハ御軍律ヲ以テ相責メ自ラ甘シテ死ヲ遂ル者ノ今日ニ至リ戦死廃人ノ御規律ニ相戻リ候テハ何ヲ以テ公私ノ弁別可致哉全私闘ニ命ヲ失シ候場ニ陥リ一小隊ヲ預リ現在死地ニ赴カセ候者ニ於テハ是迄兵卒ヲ鼓舞致候言モ全ク虚ニ落チ今更如何共可為道無之困却ノ仕合ニ御座候何卒海外ヘ問罪ノ師ヲ被為起候名義相当ノ公戦判然致候御処分被成下度奉願候［下略］」）を添付していた。この「歎訴書面」によれば，鹿児島県と徴集隊幹部は徴集隊を陸軍省管轄の一般公式上の軍隊と同一認識視又は誤解していたことが窺われる。本書面は「御軍律」云々を記述したが，徴集隊に対して1872年の「読法律条附」を読み聞かせた上で心得させたという形跡はない。そもそも，陸軍省外機関のトップが募集したが故に，そうした「読法律条附」の読み聞かせなどがありえたとしても効力はない。たしかに，西郷従道は長崎出発の兵員達に対して述べたとされる「諭告」（全7条）には，乗船中には海軍の「法度」を遵守し，「軍秩」を紊さない，司令官の命令への服従，上陸後の「味方一同和睦」等があるが，これらを徴集隊が仮に遵守したという理由により徴集隊が陸軍省管轄の軍隊に位置づけられることはない。従って，徴集隊の編成による「戦闘」があった場合は，厳密には「全私闘ニ命ヲ失シ」のうけとめが出てくることもありえた。なお，鹿児島県が内務省管轄の太政官布告第48号の徴集隊への適用・処分をなぜ陸軍省に伺い出たかという理由は，おそらく，同県は陸軍省から徴集隊の「戦闘」に対して何らかの積極的な言葉や評価を得たかったことにあろう。しかし，同省は12月8日に内務省宛に鹿児島県の伺い書は「御省ニ関係ノ品ト被候」としてそのまま回送した。さらに，同県は同12月10日に陸軍省宛に徴集隊解隊後に県地で病死した本人遺族等への扶助費・弔祭費下付を伺い出た。これに対しても，同省は翌1876年2月3日に内務省宛に「当省ニ於テ関係無之候間御省ニ於テ可然御処分有之度」としてそのまま回送した。他方，内務省は徴集隊本人遺族等への扶助費・弔祭費下付に関して，改めて1876年2月25日に太政官宛に「国事ニ斃ルルモノ」「国事ニ死スルモノ」云々と伺い出た。この結果，同年3月4日に計149名，金額合計4,530円（隊長1名・弔祭費50円，伍長計10名・弔祭費家族扶助費計340円，兵卒計138名・傷痍扶助費弔祭費家族扶助費計4,140円）の下付が決定された（後に下付対象者の肩書きの変更があった）。

45）「都督一行諸費概表」によれば（給与1日分，賄料1人1日28銭の加算を合計），たとえば，都督26円94銭余（日給16円66銭余，加俸10円），少尉2円41銭余（日給1円33銭余，加俸80銭），文官12等1円73銭余（日給83銭余，加俸61銭余），伍長39銭余（日給11銭余），兵卒35銭（日給7銭，計1,367人で日給合計95円69銭），人夫取締1円22銭余（日給63銭，加俸31銭余），人夫世話役99銭余（日給47銭余，加俸33銭余），人夫59銭余（日給31銭，計208人で日給合計65円52銭），大工1円3銭（日給75銭），とされた。1日分の給料のみで，総員2,527人で1,319円とされた（〈単行書〉中『処蕃書類　会計　自三月三十一日至五月三十一日』第24件）。その際，西郷従道募集の徴集兵の給与手当は別途組立てられたが，鹿児島県の臨時募集の「夫卒」295名（雑用勤務，人夫・人足）の給与支給は変則的に措置された。すなわち，西郷は5月4日付で大隈台湾蕃地事務局長官宛に，鹿児島県庁から，同県地の家族への手当のために夫卒1名1日の給与中から12銭5厘を引き出して毎月末に同県庁から渡してほしいという歎願があったので，台湾蕃地事務支局（長崎）から一時立替いの上支出してほしいと照会した（〈単行書〉中『処蕃書類　会計　自三月三十一日至五月三十一日』第53件，同『処蕃書類　会計　自七月二日至八月三十一日』第16件）。西郷照会によれば，同県では開拓使に雇われた北海道出張の土工作業従事者の場合には，県庁から県内の本人家族等への同様の給料支払い方法（分轄支給）がとられていた。同局内では西郷照会の給料支払い方法への異論も予想したが台湾蕃地事務支局に取扱い方を検討させ，同支局は7月5日に同県宛に2箇月分の給料合計2,205円の引き渡しを通知した。いわば，鹿児島県ぐるみの独特の体制を抱えた台湾出兵になった。なお，同県募集の人足は「名義上人足とは云ふものの皆腰に長刀を帯びて義勇兵位の意気込て居った」（落合泰蔵『明治七年　生蕃討伐回顧録』54-55頁）と記述された。同県の人夫・人足応募者はもともと士族等であり，士族の証（あかし）や意思表示として帯剣し，自己を義勇兵と同一視する構えをとった。したがって，この種の人夫・人足が西南戦争期の山口県の「精選軍夫」のように臨機武力行使を意図して応募するのも当然であった。

［**補注1**］徴集兵・徴集隊よりもさらに悲惨な境遇・待遇に置かれたのは，陸軍経営部の請負指名による人夫・大工の労役供給を請け負った東京府住人尾張屋嘉兵衛他1名手配の大工・人足（人夫）の計190人であった（『太政類典』雑部，台湾2，第59件，他に〈陸軍省大日記〉中『明治七年十二月　卿官房』参照，人夫・大工の賃銭は「都督一行諸費概表」に示された単価とほぼ同一）。尾張屋嘉兵衛他1名（以下，「尾張屋」と表記）は1874年3月中に陸軍経営部（1873年4月に陸軍省第四局内の管理築造方面の業務を全国4分区化して設置された機関で，長官は福原和勝大佐，第一経営部は東京に置かれる）から諸職工人夫計約200名の手配を申し付けられた時，賃銭明細見積書の調製・提出に際して「出先御場所」を具体的に伺い出たところ，

明確な出張場所を示されず，「只里数ノ儀凡四五百里日数百日見込ヲ以テ右旅行人夫ノ賃銭明細積リ書差出可申様御示談ニ付全内地野築御使用ノ御用意迄ト竊ニ推察仕候間」という構えで賃銭を見積りしてとりきめ，また手配人夫にも同旨を説明したとされる。その上で，長崎よりさらに遠隔地方に遣わされる場合には増賃銭上乗せ支給の「御口達」を了承し，同190名の出立手当・旅費及び賃銭の合計3,123円余が支給され，一同に分配した。その後，4月14日に出港して長崎に到着したが，旬日後に台湾への出帆が指示されたので，彼らは台湾着港時に増賃銭支給を予想していた。しかるに，台湾到着時には支給されず，同地で嘆願したところ担当者から「難渋ノ次第」を聞かされた。そのため，とりあえず，同年6月に陸軍省に嘆願したが，台湾蕃地事務局に申し出るべき回答があったので同局に嘆願した結果，同局からは「増賃銭約定確証」の提出を指令されたとされている。しかし，本事案の増賃銭支給はもともと「御口達」であり，尾張屋が「約定確証」なるものの提出を求められたとしてもなすすべはなかった。同局はさらに尾張屋の増賃銭願い書を陸軍省に照会したが，同省は同年11月14日付で「[当省とは] 雇入条約面ニモ聊関係之筋無之候付於当省何分之評議ニ難相候」云々と回答した。尾張屋の願い書には（東京府への嘆願書も含めて），台湾への渡海・出張が判然として最初より心得ていたならば増賃銭見積りによる同賃銭支給もありえたことであり，「年来ノ外御用相勤来候節ニ官民ノ間柄ニ在テ人民ハ其時々御請書差出上来候ヘ共政府ヨリ御証書御下ケ渡シニ相成候義曽テ無之一途従前ノ習ニ随ヒ」て進めてきたことに対する当惑・悲痛の訴えが滲み出ていた。また，陸軍経営部は1874年11月の工兵方面の設置により廃止され，業務等引継ぎが精密になされない可能性もあった。他方，人夫らは台湾現地での流行病・伝染病に罹患し，既に病死者は45名にも至り，家族らの饑餓もあり「日々入替相越悲泣号哭前後ヲ不弁憤悱苦情申出際限無之」という中で，尾張屋は1876年5月11日に東京府宛に「出格ノ御詮議」を嘆願した。これについて，同府は陸軍省への照会・指令等をとりつけ，ようやく1877年1月に至って尾張屋の嘆願関係書類の同省送付手順が進んだ。そして，同省は台湾出兵当時の陸軍経営部担当者の証言を得て，同年12月27日に太政官宛に同増賃銭合計1,500円の支給を伺い出た。同省伺いは，①陸軍経営部担当者が公然と出張先を指示しなかった理由は「彼等叨[みだ]リニ驚怖ノ念慮ヲ起スモ難計トノ斟酌ニ出タル事」であり，②台湾現地担当者が「難渋ノ次第」を述べた理由は，当初の賃銭を受け取って現地に出張したので増賃銭支給はありえないとされたことによると述べた。その上で，陸軍経営部担当者の証言もあるので，増賃銭はまったくの無証拠とは言えず，手当金として別途支給が適当と述べた。同省伺いは大蔵省意見と太政官調査局のやむをえないという判断・起案を受けて閣議で決定され，1878年2月14日に臨時費として非常予備金からの支出を大蔵省に指令した。出兵・戦争に伴う人夫等の募集と出張は，陸軍側の「[人夫において] 驚怖ノ念慮」が出ると憶測する姑息かつ隠蔽的な情報操作を基本にして遂行され，とにかく労役従事者を集めればよいとする手当・待遇等無視の労役供給政策を基盤にしていたことは明確である。

[補注2] 陸軍省は1875年6月2日に太政官宛に，①佐賀事件征討と台湾出兵による病死の軍人に対しては，1875年太政官布達第48号の第16条（「海外へ出張セシ時病ニ罹リ死ニ至ルノ類ハ戦死ニアラスト雖モ臨時ノ詮議ヲ以テ祭粢料ヲ給ス」）にもとづき祭粢料を支給し，②同地随従の一時傭役者と同地征討・出張官員の従者で「戦死傷痍」者は1875年4月9日太政官布達第54号の官役人夫死傷手当規則に準拠して処分し，台湾での罹病死に至る者には埋葬料のみを支給してほしいと伺い出た（『太政類典』雑部，台湾4，第6件上）。これについて，太政官は6月15日に，征討・出張官員の従者の件は官役人夫とみなすことはできないが，すべて戦地関係の死傷者であるので伺い通りに祭粢料等を支給すると指令した。

46)　徴集隊は9月中旬に解隊された。西郷従道は8月13日付で大隈台湾蕃地事務局長官宛に徴集隊解隊を申進した（熊本鎮台からのさらなる2個大隊繰込み要請を含む）。西郷申進書は現地での病兵多発化を指摘し，7月上旬後の「蕃地」降伏後の徴集隊は「七月上旬兇蕃追々降伏之折柄徴集兵隊一同解隊願出候ニ付出征中一兵卒ト雖モ除隊等可差許筋無之且清国談判如何可相成哉モ難計旨ヲ以テ種々説諭ニ及候処各病ト称シ番兵其外之勤務相断清国談判相決候迄可相待旨一同致承伏居候今度両参軍 [谷干城，赤松則良] 帰営高砂丸到岸ニ付又々一同帰国願出候付種々及説諭候得共伍長以下ニ至リテハ理非之弁別モ無之一途ニ帰国申立理解等モ一切不聞入然ハトテ十九大隊モ多分之病兵有之候折柄ニ付何分ニモ処分難相成」と述べ，熊本鎮台の1個大隊到着後に徴集隊解隊の手続きをとりたいと要請した（〈単行書〉中『処蕃始末 甲戌九月之五』第45冊，第4件）。大隈台湾蕃地事務局長官は9月12日に陸軍省と協議して解隊すると回答し，解隊された。

47)　〈単行書〉中『処蕃始末 甲戌五月之五』第14冊，第17件，同『処蕃始末 甲戌七月之七』第30冊，第2件所収の7月21日付の谷干城参軍発大隈重信参議宛の「建議書」参照。谷の「建議書」によれば清国の福建総督は「我 [谷ら] ヲ脱兵トナス」等と語ったと記述されている。

[補注1] 西郷従道の4月27日の有効丸長崎出港強行の法的性格は，事実上は当時の陸軍刑法の「謀叛」（1881年陸軍刑法以後は「擅権」）の罪に極めて近い。1872年3月頒布の海陸軍刑律第74条は「凡ソ長官ノ号令ナクシテ，旌旗ヲ動揺シ，擅ママニ船艦隊伍ヲ遷シ，戦具馬匹ヲ転シ，謾[ママ]リニ号令ヲ下シ，鉄砲ヲ発スル者ハ，各謀叛ニ准シテ，論ス」と規定し，1881年陸軍刑法第70条は「司令官命令ニ背キ若クハ権

外ノ事ニ於テ已ムコトヲ得サルノ理由ナクシテ擅ニ兵隊ヲ進退スル者ハ死刑ニ処ス」と規定した。その場合，台湾出兵事件の平時戦時区分の明確化を含めて長崎出港強行の法的性格が考察されるべきである。建軍期には，軍備や兵力行使に関して平時と戦時との区別も関連も明確化されず，戦時の法的性格（権利義務関係等）も明確でなかった。台湾出兵事件の平時戦時区分を積極的に明確化しようとしていたのは海軍省であった。同省は1874年12月22日付で陸軍省宛に，台湾出兵事件の軍人軍属出張中の犯罪者処断について陸軍省の平時戦時区分の立てかたを承知したいと照会した（〈単行書〉中『処蕃始末　乙亥二月之二』第99冊，第1件）。また，そこで，海軍省としては6月2日の牡丹社進撃より同3日までの同社鎮定までを戦時とみなしたいと考えていると述べた。海軍省の戦時の分界は接敵交戦に入った時をもって区分した。これについて，陸軍省は翌1875年1月10日付で「当省ハ何等ノ御確答及兼候」として，台湾蕃地事務局へ照会してほしいと回答した。同省の確答不能の回答は当然であった。4月からの台湾出兵は陸軍省の司令権・指揮権の外で実施され，そもそも平時戦時区分に関する認識を立てる立場にはなかった。この結果，海軍大輔川村純義は翌1875年1月14日付で太政大臣宛に「蕃地御処分中平戦区分之義ニ付更ニ伺」を提出した（〈単行書〉中『処蕃始末　乙亥一月之二』第94冊，第30件）。すなわち，川村海軍大輔は，1874年5月19日の太政官布告第65号には，西郷従道陸軍中将の台湾蕃地事務都督任命が記述されたが，「征討トモ征伐トモ不被仰出且都督参軍ハ事務ノ都督参軍ナル故ニ海陸両軍省ニ御委任不相成義」であるが，同事務中には「軍務ヲ包含シ弁明難致ハ即相当ノ御処分ニ可有之」のところ，既に台湾出張中に犯罪者が多数出ているので，平時戦時区分によっては刑罰の軽重（海陸軍刑律第24条）や勲功の軽重厚薄に差違いが生ずるとして，戦時の分界を明示してほしいと伺い出た。この結果，太政官は同1月25日に海軍省宛に，陸軍省との協議の上で「両省一同更ニ可伺出事」と指令した。しかし，海軍省は既に同伺い以前に陸軍省への照会・回答を経ているとして，1月28日付で再度太政官に指令を仰いだ。他方，この間，旧台湾蕃地事務都督（[補注2］参照）は海軍省からの旧台湾蕃地事務局を経た照会に対して，2月4日付で，海陸軍刑律上の戦時旨意は接敵交戦のみならず，出軍を含めて「隣近ノ諸部戒厳ノ守備」に入った時から戦時であり，今回の場合は「我レ支那ト葛藤ヲ生スルヤ彼レ已ニ兵ヲ蕃地ノ界ニ出シ彼我相離ル僅々二里而已一旦北京ノ談判破ルル即戦争ノミ之ヲ戒厳ノ際ト云ハサルベケンヤ初メ長崎発艦ノ時別ニ令ヲ発シ軍人軍属ヲ戒飭セリ然則長崎発艦ノ日ヨリ北京和戦ノ報ヲ限リ戦時ヲ以テ論シ」云々と旧台湾蕃地事務局宛に回答した。旧台湾蕃地事務都督回答は戒厳も含めて戦時の分界は成立するとしたことで注目されるが，長崎発艦は台湾蕃地事務都督の5月17日の長崎発艦であり，北京和戦の報云々は11月17

日を指した。この結果，西郷従道による有効丸の4月27日の長崎港からの強行出港は，軍制上からは特に問われることを免れた。そして，有効丸乗船の兵隊等は法的には厦門駐在領事兼任の福島九成陸軍少佐のいわば「護衛兵」とのみ解釈されることになった。ただし，旧台湾蕃地事務局は2月5日付で太政官史官宛に，旧台湾蕃地事務都督回答は将来の例規になりえるので，さらに左院の各議官の討論・衆議を経た内閣決裁を至当として，同回答の左院回付を照会した。左院は，旧台湾蕃地事務都督回答以外に特に意見はないとしつつも，西郷台湾蕃地事務都督委任の台湾処分は「外務官ヲ以テ説諭督責セシムル」こととは異にしており，相手が拒否した場合には断然「兵威ヲ以テ之ヲ膺懲セシムルノ意其裏面ニ含蓄スルヲ云ハサルヲ得ス」のであって，「都督閫外ノ任ヲ受ケ海外ニ航スルニ当リテハ其簒ト解ト固[ママ]リ其分内ノ事ニシテ仮[ママ]使少々其当ヲ失フモ之ヲ掣制スル能ハサルハ情理ノ照然タル者」として，海外での兵力使用の失当発生の統制不能を当然視した（『太政類典』雑部，台湾5，第26件）。左院の審査意見もふまえて，太政官は3月12日に長崎発艦から北京訂約受報日迄の間を戦時とみなして処分することを海軍省に指令し，また，陸軍省にも同指令を通知した（〈陸軍省大日記〉中『明治八年従四月至七月　第二局』）。

［**補注2**］台湾蕃地事務局と台湾蕃地事務都督は1875年1月4日に廃止され，台湾蕃地事務局は旧台湾蕃地事務局として事務処理を続けた。そして，1月10日に陸軍中将西郷従道と同少将谷干城及び海軍少将赤松則良は台湾蕃地事務取りまとめ御用（旧台湾蕃地事務都督と称された）として，当分旧台湾蕃地事務局への出仕を命ぜられた。

48）　7月8日の閣議決定強行の大久保利通主張の雰囲気は『大久保利通伝』（下巻，282頁）に「先んずれば人を制し，後るれは人に制せらる，宜しく朝議を確定して，彼に対せざるべからずと，爾来，屢，朝議を開きしか，議論猶決定せざりき，七月六日に至り，三条，岩倉は利通を招見し，更に利通の結局の意見を求めしかば，利通は其意見を陳へ，猶，陸軍部内に異論ありとの説あり，山県をして，陸軍将校の意見を尋問せしむべしと注意したり，八日に至り，再び朝議を開きしが，山県は陸軍将校等協議の事情を陳述したり，爰に於て，遂に止むを得ざるに至らば，断然，兵力を以て其曲直を争ふべしと確定せり」と記述された。ここで，7月8日の陸軍将官会議における山県有朋陸軍卿などの異論・反対を指摘したが，山県の立場は「有朋云ク平戦ノ権ハ陸軍卿ノ擅ニスル所ニアラス況ンヤ本邦ノ職制直チニ　聖明ヲ輔相スルノ権分アル者ニ非サルヲヤ」とされ，陸軍卿・陸軍省は宣戦・出師を判断・決定する権限はないと強調した（早稲田大学社会科学研究所編『大隈文書』第1巻，75-76頁，1958年，大山梓編『山県有朋意見書』60頁）。他方，台湾出兵事件を「出師」「兵裁」により解決するのは有害であると論じた岡山県士族関新吾・小松原英太郎・山脇巍他6名の建白書（1874年8月9日付）が左院に提出された（『明治建白書集成』第3巻，656-660頁，下線は遠藤）。そこでは，「今若シ四海万国悉皆兇暴嗜殺ノ邦ニシテ我ニ加フルニ無礼ヲ以テスルコトアルトモ我飽マテ其罪ヲ責メテ服セサルトキハ断然之ト交際ヲ絶チ仁恕ノ道ヲ行フト一々兵ヲ以テ之ヲ裁スルト国ヲ維持スルニ孰レカ強堅ナル仮令ヒ交［際］ヲ絶チ鎖国ノ勢ニ至ルモ其害タル兵裁ノ危害タルニハ如カザルナリ［中略］今ノ形勢人情ヲ察スルニ戦ハント欲スル者十ニ八九此ノ時ヤ戦ニ決セスンバ必ス内乱ヲ生シ国家ヲ破滅スルニ至ラン故ニ国家ヲ維持セント欲セバ戦ニ決セズンバアル可カラサルナリト臣等以為ラク其戦ハント欲スルモノノ目的トスル所果シテ何クニ在ル必ヤ尽忠報国ニ在ラン然ラハ則チ豈内乱ヲ生シテ国家ヲ破滅スルヲ欲センヤ然レトモ其志念唯戦ヲ欲スルニ在リテ国家ノ敗滅ハ之ヲ度外ニ置イテ顧ミス万一志念ノ達セサルトキハ国家ヲ破滅シテモ其嗜殺兇暴ノ気ヲ逞フセント欲スル是実ニ大悪無道国家ノ蟊賊［ぼうぞく］ニシテ固ヨリ論スルニ足ラサルナリ」云々と述べた。その後，近代日本では引用下線部の「内乱」云々に類似の風説・風評が「戦争開始理由」として喋々されてきたが，関新吾らの建白書はその種の「戦争開始理由」の反国家的性格を看破し，台湾出兵事件を兵力により解決することの有害性の趣旨を論理的に展開し，説得性があった。そのため，左院は8月25日に「建白中所論之如キ本邦之為ニ苦慮スル者ニ候ヘハ本院御留置ニ相成可然存候」と取扱った。対清国開戦方針は外交的にも不要であったことはいうまでもない。なお，『明治天皇紀　第三』は「是の日，内諭を陸海軍卿に下す」と記述したが（280頁），明治天皇が陸軍卿と海軍卿に下した「内諭」は翌7月9日に指令されたものである。

49)　〈単行書〉中『処蕃始末　甲戌七月之七』第30冊，第34件。「出師」の用語表記は，駐日スペイン臨時代理公使が同年4月13日に外務省において日本の台湾出兵が領土侵略を目的とする場合にはスペイン国領からの石炭補給等は致しがたいという趣旨を述べた際の「台湾へ出師ニ付公使ヨリ尋問ノ事」という文書中に記載されているが（『日本外交文書』第7巻，32-34頁，1958年），台湾出兵事件において政府内に成熟した用語表記である。

50)　〈単行書〉中『処蕃始末　甲戌七月之七』第30冊，第26件。

51)　政府はブスケや英国人ヒールを台湾蕃地事務局に出仕させ，開戦関係（宣戦布告書等）及び外国・外国人・清国人等への対応関係に関する諸規則を調査・起草させた。しかし，翌年1月の台湾蕃地事務局の廃止により戦争に関する国際法調査は継承されず，埋もれた形になったとみてよい。これらの戦争に関する国際法調査は改めて考察されるべきである。

52)　『岩倉具視関係文書　六』185頁。

53）『岩倉具視関係文書 六』256-261頁所収の「征蕃順序略紀」。

54）55）『大久保利通文書 六』20-22，34-35頁。「宣戦発令順序条目」（『岩倉公実記』下巻，192-193頁）は「具視ハ実美ト宣戦発令ノ順序ヲ協議シ予メ其条目数件ヲ草シ之ヲ参議ニ附シテ亦決議セシム」と記述されている。「宣戦発令順序条目」第6項には西郷隆盛・木戸孝允・板垣退助らの招請が記述されたが，黒田清隆らの発想によろう。黒田は同年9月に大久保利通の対清国交渉開始後，仮に開戦に及べば，「天皇陛下親シク軍務ノ大本ヲ統帥セラレ即チ大元帥速ニ親征ノ詔ヲ下シ全国人民ノ方向ヲ一ニ帰セシムルヲ要ス　聖旨ヲ奉戴シテ軍務ヲ総督スルハ元帥ノ任ナリ三条太政大臣ヲ以テ之ニ任スヘシ　但シ軍務ヲ担任スルノ際ハ左右大臣ノ内ヲ以テ太政大臣ノ代理ヲ命セラルヘシ　元帥ヲ輔翼シ以テ全軍ヲ部署シ攻撃ノ方法ヲ画策スル其任最モ緊要ナリ故ニ和戦決議ノ日ニ至ラハ速ニ　勅使ヲ差遣シ西郷陸軍大将及ヒ木戸三位板垣正四位ヲ召サセラレ山県伊地知両参議山田陸軍少将海軍省四等出仕伊集院兼寛等ト共ニ之ヲ任シ別一局所謂参謀局ヲ開キ専ラ戦略ヲ謀議セシムヘシ行営ヲ長崎ニ置キ親王又ハ大臣ヲシテ前軍ヲ総理セシメ進攻ノ令ヲ俟ツテ之ヲ発シ戦地ノ事情ト廟堂ノ謀議ヲ調和シ常ニ内外ノ気勢ヲ貫通セシメ且ツ輜重ヲ貯蓄シ需要ノ物品ヲ戦地ニ搬運スルヲ要ス」云々という提言を残した（『三条家文書』78-50，台湾，11件，開拓使罫紙墨書）。すなわち，下野した西郷隆盛らの「復活」を期待し，天皇親征と文官武官一体化のもとに全軍の戦争遂行体制・参謀体制構築を構想した。同様に，陸軍少将司法大輔山田顕義は同9月に「抑軍旅ノ事ハ独リ　天皇陛下ノ統御スル所ニシテ敢テ海陸軍両省ニ委シテ其権ヲ分タシムヘカラス謹テ思ニ今日ノ急務ハ大参謀局ヲ設ケ天下有望ノ人材ヲ挙テ　聖上日夜親臨共ニ海陸軍攻守勝敗ノ得失ヲ議定シ必ス海陸軍ノ謀略一途ニ帰スル猶先年孛仏交戦ノ際能ク海陸両軍ヲ統轄シ偏重ノ患ナキカ如キヲ要スヘシ」という意見書を提出した（『三条家文書』78-50，台湾，10件）。山田の「大参謀局」云々は陸海軍両省を超えた天皇親率全軍の参謀体制構築を期待したものである。なお，『公爵山県有朋伝』中巻（366-371頁）は大久保利通が「海外出師之議」と「宣戦発令順序条目」を山県有朋の「協賛に由りて決した」と記述し，山県有朋の関与をほのめかしているが正しくない。

56）〈単行書〉中『処蕃始末 甲戌七月之三』第21冊，第1件。

57）〈陸軍省大日記〉中『明治七年八月九月 太政官』，〈単行書〉中『処蕃始末 甲戌八月之二』第33冊，第1件。

58）〈単行書〉中『処蕃始末 甲戌八月之一』第32冊，第6件。

59）60）〈単行書〉中『処蕃始末 甲戌八月之一』第32冊，第27件。その後，蕃地事務局は局内事務を整理し8月29日に「蕃地事務局仮章程」を規定した。それによれば，局内事務が多端・繁劇・錯雑してきたので，特に往復等文書は「添付ノ片簡断箋」

であっても散逸させず精密整理することを強調した(〈単行書〉中『処蕃始末 拾遺之三』第19件)。

61) 〈単行書〉中『処蕃始末 甲戌八月之二』第33冊，第3件。

62) 『公文録』1874年8月大蔵省2，第15件。なお，第一予備金算出の差額数値記述をそのまま引用した。

63) 太政官第106号に対応して大蔵省内に院省使府県の費途節略方法と蕃地事務局の度支供給経費稽査監督のために臨時に蕃地事務取扱掛を置き，大蔵省蕃地事務取扱掛条例を規定した(〈単行書〉中『処蕃始末 甲戌八月之四』第34冊，第12件)。

64) 『公文録』1874年8月各課局，第9件。

65) 〈単行書〉中『処蕃始末 甲戌八月之三』第34冊，第2件。

66) 山県陸軍卿は9月12日付で太政大臣宛に，既に銃砲弾薬類の外国発注分を含めて総計528万円余に達したとして，差引概計368万円余の不足分の下付を上申した(〈単行書〉中『処蕃始末 甲戌九月之十二』第52冊，第1件)。その場合，陸軍は8月20日以降に出兵兵力として4個師団の編成を想定していた。これについて，9月15日の閣議は，陸軍省の「不経伺巨百万ノ物品買収」は現在兵員数に対して「頗ル過当」であるが，既に手付金を渡しているので処置しがたく，今後は巨大な金額支払いには伺いの上措置すべきことを含めて，160万円の他は下付できにくいことをふまえて，買収物品の精密な調書と在庫品の詳細な調査書のさらなる提出を指令した。しかるに，山県陸軍卿は同9月15日付で太政大臣宛に，160万円では着手高の3分の1も補うことができず，「右不足ノ金高ハ勿論此後上申可及見込ノ儀断然相止候様御公達相成度左候ハハ既ニ物品買入等之条約取結候向ラ[ママ]ヘ対シ信義ヲ失ヒ候儀ハ申迄モ無之多少ノ御損耗可相成候ヘ共不得止悉皆破約ノ談判ニ及可申奉存候」云々と述べ，さらに，12日上申の経費不足内訳に不審の廉があれば，関係官員を至急陸軍省に派出して銃砲器械類から計算帳簿に至るまで詳細に検閲してほしいと上申した。山県上申に対して，台湾蕃地事務局は同17日に「[上申] 文中不穏当」のものがあり，同上申の採用は「将来ノ差障不少被存候」として，太政官史官の口達による同上申書の穏やかな返却指令を発してほしいと太政大臣と大隈参議に処置案を提出した。太政大臣と大隈参議も同処置案を了承し9月27日に指令した。山県上申は経費執行済分と今後必ず執行しなければならない経費分と経費見込み分とを区分せず，さらに各経費費目の基準単価も示さず，さらなる精密な調査を求められたのは当然であった。

67) 〈単行書〉中『処蕃書類 追録二』第26件。

68) 〈単行書〉中『処蕃始末 甲戌九月之十』第50冊，第21件。

69) 『太政類典』雑部，台湾1，第18件。

70）〈単行書〉中『処蕃始末 甲戌十一月之八』第78冊，第3件。陸軍省は10月上旬から大本営と師団の特設に必要な諸物品等を調査し，また，1874年10月18日に「非常出兵ノ節砲歩兵下士兵卒背嚢幷附属品等量目概計表」と「非常出兵ノ節工兵下士兵卒背嚢幷附属品等量目概計表」（陸軍省達布第372号）を規定した。それによれば，歩兵の兵卒1名が負担すべき自己の背嚢（1個・545匁）と附属品量（背嚢属具袋入1個，陣中嚢1個，外套1個・485匁，襦袢袴下1組，毛布半部1枚・440匁，面桶1個，飯菜2食分340匁，短靴1足，靴下2足，予備食料〈麪麭（めんぼう）6個・120匁，鰹節1本・35匁〉，弾薬30発・363匁，他）の合計は3貫503匁（約13.14kg）とされ，戦地の景況によって輜重により運輸する品目（略帽衣袴1組，毛布半部1枚，飯菜1食分，麻甲掛1足，計1貫49匁）とされた（〈陸軍省大日記〉中『明治七年十月 第一局』）。

［補注］「天皇帷幕」を具体化した陸軍省の大本営特設構想開始は清国派遣の樺山資紀らの武官等にも知られていたとみてよい。帰朝言明（10月5日）後の大久保の10月10日の対清国最後通牒提出にかかわって，樺山は同10日付の日記に「帰国ニ及ヒ陛下ニ伏奏スル以上ハ聖断ニ依テ大軍外征ノ挙ハ，決意ノアル処ハ冥々中ニ察知セラレ，其場合ニハ大本営ヲ大坂［ママ］ニ設ケ，親征ノ詔勅渙発セラルルナランカ」云々と記述した（清沢洌『外交家としての大久保利通』231頁，1942年）。また，陸軍省は大本営と師団の特設構想を机上のものとせず，大久保の北京での対清国交渉開始後，板橋付近の蓮沼村で2回の大規模な演習を実施した（陸軍省編『明治軍事史』上巻，164-178頁）。第一は，9月19日の「諸兵親率蓮沼演習」であり（近衛歩兵第一連隊・同第二連隊・東京鎮台歩兵第1大隊等総計3,500名余），行軍隊次と布陣を重視し，7月28日決定の「宣戦発令順序条目」の一部具現化とみてよい。第二に，12月7日の近衛と東京鎮台の諸隊を「甲部」（敵軍，司令官は陸軍少将曾我祐準，参謀長は陸軍中佐浅井道博，他に参謀官2名等）と「乙部」（演習師団指揮長官は陸軍中将山県有朋，前衛司令官は陸軍少将種田政明，参謀長は陸軍大佐野津道貫，他に参謀官5名等）に区分して実施した「連合対抗演習」であり，特に「師団」（「演習師団」）の特設・戦闘を大本営特設構想開始に合わせて部分的に試行した。

71）〈陸軍省大日記〉中『明治七年自六月至七月 太政官』。同「祭文」は遺品と軍医作成の容態書に添付され，台湾蕃地事務局から陸軍省を経て本人親族に送付された。さらに，台湾現地で惨状を極めたのは7月以降の弛張熱等による大量の罹病者（延べ16,400余名）と病死者（561人）の続出であった。8月半以降は「全軍挙って病兵なりと云ふも過言にあらざる有様であった」とか，9月10日前後は「都督府の諸官及び使丁に至るまで，全員悉く枕を並べて呻吟すると云ふ惨状を呈した」等と紹介された（落合泰蔵『明治七年 生蕃討伐回顧録』115，168頁，〈単行書〉中『処蕃書類 蕃地事務局諸表類纂』所収「台湾出征人員死亡一覧表」第1～第6参照）。帰国乗船中や長崎支局の病院等での死亡者も多い。特に困苦・悲惨を極めたのは現地での病死者の遺体処置であった。前年7月18日の太政官布告第253号は遺体の火葬を禁止した（1875年5月に解禁）。そのため，現地屯営地付近の海岸に仮埋葬し，長崎からの運送船の帰船時に遺骸を掘り出し移載して長崎・梅ヶ崎の改葬地に送ったが，落合泰蔵は現地の酷暑等による納棺・移送時の屍の腐敗・臭気は「格別」であったと指摘した（190-191頁）。5月9日から12月31日までの台湾蕃地事務局所轄による現地改葬遺骸を含む遺体の運送は計272体とされた（国立国会図書館憲政資料室所蔵『大隈文書』中A215「大蔵省汽船掛報告書」，瓊浦丸は116体，豊田丸は156体）。現地での埋葬業務は9月末以降に看病人担当になったが，長崎支局での埋葬業務が急増し，10月以降は雇出仕の兼務ではなく専任の埋葬掛を置いた。

72)　台湾出兵事件に対して士族の従軍志願者が増加した。しかし，当時の参謀局勤務の桂太郎によれば，廃藩置県や徴兵制反対の士族もいるなかで，従軍志願者許可は「国内の騒擾を惹起する恐れあるのみならす」（『公爵 桂太郎伝』乾巻，337頁），「其不規則なる兵の為に，却て国を危くするの禍ひを招くこととなる」（『桂太郎自伝』82頁）として，一律不許可の方針を立てたとされている。その上で，まず，台湾出兵事件時の士族等の従軍志願者出願は当初は蕃地事務局で扱われた。たとえば，1874年5月に三潴県下（第一大区，第四大区）の士族40数名は県令宛に兵役を出願し，同県令は5月10日付で出願を太政大臣に伺い出た。太政官は蕃地事務局宛に意見を求めたが，台湾蕃地事務局は6月5日付で，三潴県下士族のような出願は石川県や福岡県等からも出ているが，「志願ノ趣奇特ノ次第」であるが台湾行き人員は既に「満備」に至ったので「難聞届」の指令案を発すると申進した。この結果，太政官では同出願に対してさらに「報国ノ至情ヨリ願出候趣」であるという認識を加えた上で6月8日に台湾蕃地事務局の指令案を発することに大臣決裁した（〈記録材料〉中『蕃地事務局伺』）。次に，台湾出兵事件時の士族等の従軍志願者数は，1874年12月17日時点での台湾蕃地事務局調製の「各府県従軍願人員表　十二月十七日」（2府17県）によれば総計10,938人とされている（〈単行書〉中『処蕃書類 雑件』第29件，他に〈陸軍省大日記〉中『明治七年十二月 卿官房』所収の「諸府県人民兵役志願名簿」）。千人以上は飾磨県2,170人，岩手県1,973人，広島県1,800人余，栃木県1,221人であった。同出願者には出願者総代を上京させていた県もあった。これに対して，山県陸軍卿は大久保全権弁理大臣の訂約締結通知を受けた11月13日に太政大臣宛に，太政大臣から陸軍卿宛に士族等の従軍志願者向けの天皇の「賞詞」を送ってほしいとして，起案文を添えて上申した。山県起案の「賞詞」案は，大久保全権弁理大臣の談判中に諸府県の士族平民が「不容易時勢ヲ察シ身命ヲ抛チ従軍致度」として出願していることはそれぞれ「奏聞置」れているが，清国から「遂ニ□

金ノ義ニ結約相成」に至ったので，天皇においては「[出願者の] 身命ヲ不顧尽力」は「奇特ノ極」として「思召候旨被　仰出候条」の文言を（陸軍卿から）出願人に相達すべきである，という陸軍卿への達文案であった（『公文録』中「征清従軍願名簿三」第38件，〈陸軍省大日記〉中『明治七年 台湾蕃地処分事件密事日記 卿官房』，参照，下線部の□1字は「償」）。山県陸軍卿上申は台湾蕃地事務局で審査され，「償金」云々の記述は不適切とされた。そして，「陸軍省へ御達按」として，清国は「我征蕃ノ義挙タルヲ認メ」て訂約締結が完了したので従軍は「最早不及」ことであるが，「国家有事ノ際ニ当リ各愛国心ニ仗リ身命ヲ抛チ奮テ報効イタシ度段奇特ニ被思召候旨被　仰出候条」云々と起案し，11月14日に閣議決定され，上奏と裁可を経て太政大臣は11月18日に陸軍省に指令した。政府側でも士族というコンセプトによる兵役や従軍志願の役割終了認識が開始されたとみてよい。

73）『新聞集成 明治編年史』第2巻，211頁所収の9月28日付『新聞雑誌』（下線は遠藤）。茨城県令は，大久保全権弁理大臣の対清国談判派遣等にかかわる8月23日付の太政大臣の「台湾事件ニ付各地方官ヘ内達」の特に「万一事アルニ方テハ国内一般義務ヲ弁ヘ各奮発国辱ヲ招カサル様可心掛且陸海軍ヨリ徴兵募集等ノ号令有之候得ハ速ニ応命可為致候此旨及内達候也」という文言に即応して，9月5日付で県下各区に同内達文言を紹介し，さらに，「弥非常ノ節隊伍ヘ加リ報効致度有志ノ族ハ姓名年齢ヲ申出三長［区長・副区長・戸長］手元ヘ取纏名簿ニ仕立差出候様可致此段及内達候也」と加えて内達した（『太政類典』雑部，台湾5，第2件）。この結果，茨城県下では多くの士族が従軍を志願した（旧水戸，旧下妻，旧笠間藩）。

74）〈陸軍省大日記〉中『明治八年七月 大日記 諸省使式部寮』月第648号。

75）〈陸軍省大日記〉中『明治八年九月 大日記 諸省使之部』月第856号。

76）『公文録』1875年9月10月海軍省，第22件。戦前における1875年の海防局設置の太政官稟定への言及は渡辺幾治郎『人物近代日本軍事史』（294-297頁，1937年）にほぼ限られている。渡辺は「我が陸軍は，とかく海軍を圧し，陸軍を全国軍とし，海軍をその中に統括し行かうといふ形勢が長く存していた［中略］若し文武の抗争が，明治史の特異な一断面とするならば，陸海軍の抗争は，我が軍事史の特異な一断面である」（ルビ略は遠藤）云々と記述するが，海軍省主導による海防局設置が期待された同太政官稟定から海軍が「降りた」形になったことについての言及はない。

77）〈陸軍省大日記〉中『明治八年ヨリ 密事日記 卿官房』，同『明治九年 指令済綴』。

78）〈陸軍省大日記〉中『明治八年ヨリ 密事日記 卿官房』。近年，鈴木淳「『雲楊』艦長井上良馨の明治八年九月二九日付け江華島事件報告書」史学会編『史学雑誌』第111篇第12号，66頁，2002年，で紹介された江華島事件の井上良馨艦長の「第一報告書」（1875年9月29日付）は，同9月21日午前に「[本軍艦が] 本日戦争ヲ起ス所由ハ」云々とか「戦争用意ヲ為シ」等を記述している。井上記述の「戦争」等云々の明言による武力行使は本来的には注47）の1872年頒布の海陸軍刑律第74条の「謀叛」の罪に相当し，「[20日の江華島砲台からの発砲を捨て置くことは] 御国辱ニ相成，且軍艦ノ職務ヲ欠可キナリ」等と弁明したとしても，官職の立場を利用した私戦私闘を意味した。

79）〈陸軍省大日記〉中『明治八年従八月至十二月　太政官』。三条実美太政大臣は既に10月22日付の岩倉具視宛書簡で，日朝開戦時の「参謀人撰」の急務を強調していた（佐々木克他編『岩倉具視関係史料　下』186頁）。

80）大久保利謙編『西周全集』第3巻，119-122頁，1966年，崇高書房。編者の大久保利謙解説によれば，参謀局第三課罫紙6枚の墨書自筆とされ，同起草文書を入れた封筒表書には「明治九年之草案　朝鮮征討総督及ヒ已下ノ関スルコト」と記述されている。1月16日前に起草されたとみてよい。西の起草文中字句には修正削除箇所があるが，同第三課内での検討を経た修正削除と考えられ，本章では修正削除済のものを引用した。

81）82）83）84）85）86）『伊藤博文文書』第1巻「秘書類纂 朝鮮交渉一」125-160頁。

87）『三条家文書』79-51，朝鮮，第9件。

[**補注**] 江華島事件談判時の護衛等の現地業務に関連して海軍はどのような認識をもっていたか。まず，江華島事件談判の特命全権弁理大臣黒田清隆と同副弁理大臣井上馨の派遣に関する基本実務方針は太政官で計画され，1876年1月5日に儀仗兵と護衛艦の進退事項は黒田弁理大臣に委任された。また，同委任内容は同日に海軍省に通知された。これにもとづき，①黒田弁理大臣は1月25日付で護衛艦の仁礼景範海軍大佐宛に「朝鮮国官弁延接手続」（日進艦や玄武丸の進退手配などを規定）を指示し，さらに，諸船乗組み人員はすべて士官の指令なくして勝手に上陸してはならず，「海兵ノ義ハ其時々可及指図候条」（海兵は海軍管轄の砲兵歩兵で計210名）と通知し，②弁理大臣随行庶務係は「江華上陸手続」（たとえば，両大臣の江華府発往の2月10日に「江華府ニ在ル所ノ儀仗兵並其他ノ人員ハ午後一時四十分鎮海門外ニ整列シテ大臣ノ到着ヲ待シ前後警護シ該府内ノ宿営所ニ入ルヘシ　カットリンク隊ハ儀仗兵列ノ後端ヲ距ル百ヤートノ処ニ在リテ行進スヘシ」と規定し，カットリンク隊はガットリング機関砲〈計4門，照準者4名と砲手40余名が付く〉の操作隊で永山武四郎准陸軍少佐が総括し，前日に陸揚げする），「[弁理大臣] 公館番兵規則」を規定し（「立番兵勤務心得」，「帯剣立番兵勤務心得」，「番兵軍曹勤務心得」），③黒田弁理大臣は2月9日に仁礼景範海軍大佐他宛に明日10日の両大臣と随員乗組み用の小蒸気船の運行手配を申し入れ，④志政守行海軍大尉は海兵中の歩兵の調練日課（火水木金）や巡視規則を規定して弁理大臣随行庶務係に申進し，⑤黒田弁理

大臣は1月14日に随行諸官に対して朝鮮国発遣現地の形勢・応接事件等を新聞社に投報してはならず，家族への通信はすべて本件関係を記述してはならないことを指令した（〈外務省記録〉第1門第1類第1項中『明治八年朝鮮江華島事件 黒田全権大臣派遣関係 第二巻 第三巻』，外務省編『日本外交文書』第9巻，22-23頁，1955年）。海軍省は黒田弁理大臣と随行庶務係等の作成・規定の護衛等の現地実務に対しては特に意見・異論等を提出しなかった。他方，陸軍省は江華島事件対応のために「非常出師ノ予備」として三菱会社から汽船9艘を借り上げ，繋碇料（1艘につき1箇月5千円）は10日目毎に海軍省が支払ってきたが，「頃日同省［海軍省］及協議運輸ノ諸般於当省［陸軍省］取扱候事」に至り，同省が借り上げ入費を支払うことになった（『太政類典』第2編第91巻，外国交際34，第19件所収の陸軍省発2月29日付の太政官宛伺い）。陸軍省の汽船借り上げは非常時の運送船確保にあった。しかし，その後，海軍大輔川村純義は2月22日付で太政官宛に「運送船舶陸海両軍省担任区分之儀ニ付伺」を提出し，①今般の事件において，陸海両軍省の協議で「運送船航海之事務一切於陸軍省担任可致事」に異論を唱えることは事務の淹滞を醸し出して却って大事を誤ることも計りがたいので，そのまま「陸軍之請求ニ任セ［運送船の航海事務一切を］引渡候」になった，②しかるに，今後，外国との軍事関係発生時の陸軍の船舶指揮の条理は「内外未曾有ノ事」であり，船舶配兵等は「一便」を得るが，その他の「航海法信号法旗章等」の万事の活用においては多数の不都合を生じ「他国之笑蔑を来し［ママ］候儀必然」であるので，今後「外征等之事件」時には両軍の事務区分をどのように心得るべきか，すなわち，「自今外征ニ供スル船舶」は各国のように「悉皆海軍之担任」にするのか，又は我国では「一種之偏法御定相成陸軍之ヲ担任ス可キ」なのか，を指令してほしいと上申した（『公文録』1876年5月6月海軍省，第2件）。川村伺いの特に②は戦時の封港・中立国船区別・敵船捕獲等の海上警備警戒措置の担任にも言及したが，戦時業務の体制構築は練り上げられたものではなかった。川村伺いに対して，法制局は4月14日の閣議に「海軍省伺審案候処上申ノ立案タルヤ深ク陸海軍両省ノ権限ニ渉リテ事件甚タ小ナラスト雖トモ畢竟国ニ陸海ノ両兵アリテ其任務ノ区域ニ成規ナキヨリ生スルノ流弊ナリ然ラハ自今其概則タル二三ノ条款ヲ御設立両省へ御達相成可然哉仍テ諸按取調仰高裁候也」という審査報告と，「外征及平時兵隊海外派遣ノ節陸海軍両省へ関渉ノ概則左ノ通相定候条」として，全5条にわたる「概則」の「御達案」を提出した。法制局の「概則」は，「第一条　海外ノ出征ニ於テ新タニ都督（陸海将官）ヲ命セラルル時ハ幾艘ノ艦隊アルモ総テ都督ノ管轄ニ属ス艦隊ノ司令長官ハ都督ノ令ヲ受ケ進退区処其式ニ応スヘシ　但シ航海法信号法及ヒ旗章ノ掲示法等ハ総テ海軍ノ主掌スル所ニシテ其艦長ノ担任タリ」「第二条　出征ニ非スシテ海外派遣ノ大使（弁理大臣其他特命使）ヲ護送スルニ陸海ノ両兵ヲ以テスル時ハ其運輸ノ方法及舩船増減等ハ陸海両省協議ノ上専ラ海軍ノ主掌ニ帰シ其陸軍兵ハ乗舩ノ間総テ海軍艦隊長官ノ紀律指揮ニ応スヘシ」（第3～5条略，本章では「14日案」と表記）と起案した。本起案は本来的には最重要案件になりえた。しかし，法制局の「14日案」は台湾出兵時の蕃地事務都督体制と江華島事件談判の特命弁理大臣体制下の運行実務をほぼ下敷きにして，第1条は陸軍将官の都督がありうることを前提にした艦隊全体統轄に関する起案であり，海軍が反対したことはいうまでもない。また，そもそも，第1条で戦時の出征の司令体制構築の起案は閣議では違和感をもってうけとめられたとみてよい。さらに，戦時の陸海軍一体化の特設統帥機関構築を目ざした陸軍側も積極的に賛成できるものではなかったが，第2条の運輸・運送方法等の文言規定は陸軍の対海軍対等の調査・協議の立場を担保し，やや陸軍優位の起案になった。そのため，4月14日の閣議では海軍省が「意見」を述べたとされ（川村純義は参議職），法制局はさらに調査した。そして，法制局は改めて「海外ノ出征或ハ出征ニ非スシテ陸海両兵ヲ派遣スル時ハ其運送ノ方法ハ両省協議ノ上定ムルト雖トモ其舩船ハ専ラ海軍省ノ主掌ト可相心得事」の海軍省宛指令案を4月26日の閣議に提出し，同日の閣議了承を経て5月8日に海軍省宛に通知し，陸軍省にも同海軍省宛指令を通知した。5月8日の太政官指令は「14日案」第2条の海外派遣大使の護衛の文言を削除したが，平戦両時の陸海軍両兵運輸方法の規定をほぼ踏襲し，陸軍の対海軍対等の調査・協議の立場が本質的に確保された。それは，海軍が主管としたい舩船による運輸方法等の業務領域に陸軍も関与し，海軍側からみれば違和感が残ったが，当時の海軍側はただちに表面では反論せず太政官指令を受け入れた。なお，その後，海軍は1886年2月の海軍省官制中に艦政局を置き，同局の海運課の事務として「戦時事変又ハ演習ノ際兵馬軍須ノ運輸ニ関スル事項」（第21条）を規定したが，同規定はたんに海軍の兵馬軍須の運輸に限られた。しかるに，仁礼景範参謀本部次長は翌1887年9月（日付欠）に樺山資紀海軍次官宛に，1886年海軍省官制中の艦政局の海軍限定の海運業務規定は「海陸軍兵馬軍需之海上運輸法ハ事変ノ際臨時官制ヲ組織スルノ意見ニ出タリ」という認識を示した上で，「海運ハ平戦時ニ係ラス海軍ノ専ラトスル所ナルカ故ニ常設ノモノシテ，艦政局ニ於テ其ノ方法ヲ組織シ各鎮守府ニ於テ之レヲ実施スルヲ以テ至当ノ義ト考察ス」云々という意見を提出した（〈海軍省公文備考類〉中『明治十六年至十八年　未決公文』第4巻）。ここで，仁礼参謀本部次長の認識における事変の際の「臨時官制」の組織は陸海軍一体の戦時大本営的組織を意味し，この結果，海軍側からみれば陸軍主導の海上運輸になることの危惧を吐露したのである。他方，1886年2月の陸軍省官制第14条（騎兵局第二課，輜重に関する業務）は「運輸船舶ニ関スル事項」を規定し，翌1887年6月勅令第19号陸軍省官制改正でも「運輸船舶ニ関スル事項」の規定を踏襲した（第16条第8項）。陸軍省官制第16条第8項は当然に1876年5月の海軍省宛太政官指令をふまえた。これに対して，海軍省内ではさらに同太政官指令の効力等を確認しようとして，海軍秘書官は翌1888年5月12日付で内閣秘書官宛に，①1876年太政官指令は現在も有功であるか，また，同指令は当時に陸軍省にも通知されているか，②1876年太政官指令が通知されているならば，陸軍省官制第16条第8項は同指令に抵触しないか，を照会した。内閣書記官は5月16日付で，1876年太政官指令は現在でも有功であり，勿論当時は陸軍省にも通知され，陸軍省官制第16条第8項は同指令に抵触しないと回答した。この結果，海軍側は海運に関しては対内閣レベルでは事態を開くことができず，同年12月に陸軍省との海運をめぐる直接的な協議に入ったが，協議趣旨に明確性も欠き，結局，不調に至ったとみてよい。

88）『公文録 自八年十一月至九年八月 改正職制章程』第5件。

89）松下芳男『明治軍制史論』上巻，346頁。

90）『公文録 自八年十一月至九年八月 改正職制章程』第12件。

91）注5）の67頁。

92）『公文録』1876年3月4月陸軍省，第7件。ちなみに，『大隈文書』中の「海外出師一師団費用予算概計表」（1876年2月24日調製，陸軍会計監督田中光顕）によれば，江華島事件対応の1個師団費用（初度1箇月分，平時費を除く全出師費用）は，戦時費用区分概則案の15科目区分にもとづき下記のように算出された（円）。

俸給 39,875　諸備給 5,678　旅費 5,000　糧食費 33,548　被服陣具厩具費 289,492　軍器費 194,610　需用費 12,510　郵便電信費 500　運送費 15,000　経営費 98,446　厩費 818　病傷費 10,000　賜金 46,236　囚虜費 500　諸雑費 17,787　計 770,000円

出師1個師団費用の算出内訳は，およそ，①歩兵（近衛の1個連隊，鎮台の3個連隊，計4個連隊）を基準にして算出し，②俸給は一等と二等の給与者をすべて一等給にする，③軍器は概ね在庫品とし，旋師後は使用に適するのを除き，新調・修理・補欠の費用のみを算出し，弾薬は射撃に応じて消費するので在庫・補欠を問わず総数の代価を算出し，④運送費は未決定なので国内陸上運搬と艀賃のみを算出し，運輸局諸費用は同諸費用にそれぞれ含まれるので別記しない，とされた。出師1個師団費用は被服陣具厩具費と軍器費を合わせた装備関係費用が62%を占めた。また，出師1個師団費用の5箇月間費用は合計127万円，6箇月間総計では204万円，1箇月平均費用は34万円になるとされた。なお，山県陸軍卿は1月7日付で，江華島事件対応として，陸軍省の定額によっては当面の国内出費（臨時調製の物品費用）の一時繰替えができがたいので，非常費として15万円の別途下付を太政大臣に

伺い出た(〈陸軍省大日記〉中『明治九年 朝鮮事件密事日記』第5，6，25号)。太政大臣は1月9日付で同省宛に，大蔵省に対して同省宛非常費15万円下付を指令したことを通知した。本非常費は2月10日に昨年度の予備金より支出することになった。

93) 1874年陸軍省達布第16号の「各種兵携帯銃器等当分別表」は1875年12月28日の陸軍省達第155号により改正されたが，同陸軍省達第155号の別表は法令全書には掲載されていないので，本章では1874年陸軍省達布第16号の規定を示した(本書第1部第1章の注31)参照)。

94) 95) 96) 『法規分類大全』第46巻，兵制門(2)，337-364，364-370，589-596頁。

97) なお，海軍は西南戦争勃発後の4月30日に海軍大輔代理中弁田倉之助が陸軍の戦時費用区分概則に準じて海軍の戦時費用区分概則を右大臣に上申し，太政官は5月24日に決定を指令した(『公文録』1877年5月6月海軍省，第7件)。

98) 『明治前期財政経済史料集成』第4巻収録の大蔵省編「九州地方賊徒征討費決算報告」377頁。

99) 大蔵省内明治財政史編纂会編纂『明治財政史』第3巻，245-246頁，1926年。傭役人夫数の内訳詳細は不明であるが，別働第二旅団の7月27日調査は，歩兵第二連隊第2大隊の914人，遊撃歩兵第1大隊の1,048人，遊撃砲兵第1小隊左分隊の111人，砲兵第1大隊第1小隊中央分隊の125人，狙撃隊の40人，選抜隊の25人，会計部の1,319人，砲廠部の300人，参謀部の125人を示した(合計4,007人)。会計部附人員はほぼ糧食運輸に従事した。すなわち，人吉(熊本県)から紙屋(宮崎県)への戦線では人吉に旅団糧食課を設け，内山村(人吉から約13里)に参謀部を置いたが，糧食運輸が極めて困難なために人吉内山間の笹ノ又(600人)と奈佐木(100人)に糧食中継所を置き，久々瀬村に根拠糧食課を置き(500人)，毎日精米150俵と草鞋5千足他必需物品を逓次転送した(〈陸軍省大日記〉中『明治十年 西南戦役 別働第二旅団』所収「自至五月十五日至九月二十五日　戦記稿」)。

100) 101) 102) 上掲大蔵省内明治財政史編纂会編纂『明治財政史』第3巻，241，253，252頁。

103) 〈陸軍省大日記〉中『明治十年十一月 諸省』。陸軍省起案の「征討費決算概則」は「代用証書」を基本にして決算手続きをとった。すなわち，征討費の内訳明細表を作成せず，「其ノ受領証書或ハ他ノ証書ヲ以テ直ニ決算証トスヘシ」とされ，その受領証書や他の証書を費用科目毎に編集し，一科目を数冊に分冊し，その1冊毎の合計金高の証書(「代用証書」)を作成するとした。「代用証書」は受領証書を代用し，総費用を決算するものである。そして，大蔵省検査局官員を陸軍省に派出し，同受領証書を検査正算し差違謬誤がなければ「代用証書」に検印するとした。

104) 「代用証書」の作成手続きと役割は，①支払い済みの金額領収証書により明細表を代用するものは各科目に区分し，1週又は1箇月分を一綴し，毎月その「合計書」を付して提出し，各主任と大蔵省検査官は領収証書を1冊毎に正算し，違算ない場合は「正算済」の印を捺印し検査掛に回付する，②検査掛は同科目分の中で1冊又は2,3冊を引き抜き検閲審査し，整正確実な場合にはすべてを可と認め（全部を検査せず），同「合計書」に「征討費総理事務局検閲」の印を捺印する（正実を欠くものはすべて当該主任に返戻し，再整理して提出させる），③その後，検査済領収証書の冊子を主管庁に返付し，当該主管庁は各科目の費額合計の「証書」を作成し，同「証書」を「代用証書」と称する，④当該主管庁は「代用証書」に「合計書」を添付して検査官に提出し，検査官は「代用証書」と「合計書」を対照し，差違がなければ署名検印して「合計書」とともに再び当該主管庁に返付する，⑤当該主管庁はその後の勘定書提出時に「代用証書」により大蔵卿の決算を要求する，とされた。つまり，陸軍省の征討費決算の基本が「代用証書」作成中心であったが，征討費総理事務局は「代用証書」作成を精密化し，勘定帳・勘定書の作成と提出をふまえた上での決算の手続きをとった。なお，征討費総理事務局は同12月13日に「戦時費区分概則」を制定した。これは，陸軍省と海軍省の戦時費用区分概則に準拠しつつ，戦時費区分を一般化し，俸給・傭給・旅費・糧食費・被服陣具費・軍器費・需用費・郵便電信費・運送費・経営費・厩費・傷病費・賜金・囚虜費・諸雑費に「賑恤」と「巡査兵員徴募費」（警視局と府県に限定）を加え，翌年に「外国人諸費」「勲章製造費」「御料用」を追加した。この場合，決算は西南戦争の実際にもとづき，費途区分をさらに戦闘費・徴募費・警備費・駐輦費・派遣費・恩賞・賑恤・罪犯処分費・雑件の9科目に設定し，たとえば，戦闘費にかかわる俸給・傭給・旅費・糧食費等々を集計した。

105）　注16）の369-370頁。西南戦争では「賊徒」と称された薩摩軍の降服者に対して，別働第二旅団が給与を与える方針を出したことが注目される（〈陸軍省大日記〉中『明治十年　西南戦役　別働第二旅団』所収「出征中日記　別働第二旅団」）。

第2章　1878年参謀本部体制の成立

1　参謀局拡張の陸軍省上申とプロイセン軍制

(1) 参謀局拡張の陸軍省上申——帝国全軍構想化路線の端緒化踏襲と軍令概念の拡張

西郷従道陸軍卿は1878年10月8日付で太政大臣宛に陸軍省内別局の参謀局の拡張のために同省定額金増加を上申した。それによれば，陸軍の事務大要は「政令」と「軍令」に大別され，政令は陸軍省本来の行政執行命令であり，軍令は参謀局の「専任」であり，その大綱は「参謀局長ノ任ハ日本総陸軍ノ定制節度ヲ審カニシ兵謀兵略ヲ明カニシ以テ機務密謀ヲ参画シ平時ニ在テハ地理政誌ヲ審カニシ戦時ニ在テハ図ヲ案シ部署ヲ定メ路程ヲ限リ戦略ヲ区画スル等ニ在リ夫レ日本総陸軍ノ定制節度ヲ審カニシ兵謀兵略ヲ明カニスルハ其任極メテ重大ニ属シ地図政誌ヲ審カニシ戦略ヲ区画スルハ其責固ヨリ少小ニ非サルナリ然ハ則同局ノ規模体裁権限ノ如キモ亦凡ソ本省ノ政令ト相並行セサルヘカラス」と述べ[1]，政令に並行すべき軍令の責任の重大性と，戦時の措置や戦闘の計画・遂行機関としての性格を含む参謀局の権限拡大強化を強調した。

西郷陸軍卿上申は直接的には参謀局拡張の経費増額措置を求めたが，さらに，欧州の陸軍の参謀局長の権力は「殆ト陸軍卿ト相頡頏セリ」と紹介し，参謀局長の権力が陸軍卿と同等・同格になるべきことの意味も含ませた。その場合，注目すべきは，「今ノ参謀局ハ明治十一年度ノ参謀局タルニ足ラス日本帝国ノ参謀局タルニ足ラサルナリ」のように，参謀局は本来的には日本帝国全体の参謀局たるべきものでなければならないという認識を強調したことである。つまり，日本帝国の参謀局が必要であり，同参謀局は当然に一つであり，陸軍省の参謀局（の拡張により）が日本帝国の参謀局になりえることの主張・構想を（海軍に先行して）明確化し提言したことが重要である。軍令を政令に対比させて特記した以上は，本質的には戦時の軍令は統一されなければならず，同軍令の戦時統轄機関も統一的に構築されるべきことはいうまでもない。つまり，西郷陸軍卿上申は，①兵権の規定・起案系譜上は1872年東京鎮台条例の「鎮台ハ日本全国ノ兵権ヲ統括スル」の規定と1875年陸軍職制及事務章程の「陸軍省ハ全国兵馬ノ大権ヲ統轄シ」の起案趣旨を継承し，②軍令の戦時統轄機関の施設特設上は台湾出兵事件や江華島事件時の「朝鮮征討軍」編成構想における帷幕（「天皇帷幕」）と大本営の特設構想を含み，帝国全軍構想化路線形成の端緒化を踏襲したことは明確である。太政官は陸軍省上申に関する大蔵省の意見を求めたが，同省は特に意見を出さず，10月25日に本年度予備金からの25万円支出を回答した。そして，太政官は11月6日に同金額の別途支給を陸軍省に指令した。

従来，1878年の陸軍卿上申による参謀局拡張は軍令機関の組織・機構・権限の拡張であり，その直後の軍令機関＝参謀本部の分離・独立を意味すると理解されてきた。ただし，そこにおける軍令自体の意味と範囲は考察されなかった。西郷陸軍卿上申の軍令の意味と範囲は，制度上は平時にも発令されるものとして拡張され，さらに一面では特殊化されたことが特質である。軍令の意味の特殊化とは政令と対置された語法として使用されたことである。しかし，軍令は，少なくとも戊辰戦争期までは戦時・戦場に直面して発令される戦闘上の命令や兵力行使上の諸規則等を意味し，また，当時の太政官制等下での『復古記』の編纂従事者も軍令をそのようにみなしたことは既述の通りである（本書第2部第1章注3））。このあたりの事情は，江戸時代までの軍事組織と行政活動との関係で考察すべきである。

江戸幕府は幕末期には新たな軍制を立てるが，江戸時代（まで）の封建的武士団は身分的・本質的には戦闘力行使の排他的な武装専門職集団であった。これを基礎にして，平時の一般行政を統治・支配する職制としての「役方（やくかた）」という文官職を置き，平時の軍事組織をになう職制としての「番方（ばんかた）」という武官職が形成された。つまり，一般行政組織と軍事組織の混成的職制が形成された。この場合，大坂の陣後のいわゆる「平和期」が長期化し，戦闘力・兵力の基盤を保持しつつも，基本的には行政活動・文官職の先行・優位性があり，戦闘力行使や戦争に対する抑止体制として機能することは当然であった。また，逆にみれば，江戸時代までは，平時の恒常的な文官職集団の幹部層が，戦時には一転して戦闘力集団の幹部層にスライドする構造がつくられたとみなしてよい。そして，戦時に文官職と武官職を合体した武士団が実際に戦闘組織として編成され，戦陣が組まれ，戦場において戦闘活動を展開する時に，軍隊の総指揮官が発令する軍律や軍隊秩序維持等を含む戦闘活動上の基本方針等に関する臨時の特別な諸命令・規則内容が軍令であった。つまり，封建武士団では，軍令は平時に特記・発令されるのでなく，戦時に特殊に宣布・発令されるものであった。また，戦時には，たとえば，戊辰戦争時の新政府軍の軍令は，その前文に「征討」の理由等を記述し（新政府としての開戦理由や宣戦の文言を含む），高度な政治判断や行政活動の延長としての兵力行使という基本認識を含んだ。そこには，官位等級が高位・高級に至るに応じて，武官と文官の間には双方の職務内容を含めて，その後に現れるような鮮明な区分・区別はみられない。

そもそも，維新後の常備軍兵力の配置・編制の基本になった1871年の四鎮台配置の「鎮台」という官衙名称使用に対する違和感は現れなかったが，それは，当時の陸軍省や鎮台の高位・高級職務者が，自己の職務内容を戦時と戦闘を基準にした純粋な武官としての専門的職務と一般行政活動としての職務とに鮮明に区分・区別する発想がなかったことを意味する。また，鎮台自体は平時兵力の編制（平時編制）の管轄機関・官衙であり，戦時や戦時編制を前提にしたものではない。当時は，戦時と戦時編制の区分・区別に関する独自な調査・策定等はなく，戦時・戦時編制のあり方は平時・平時編制の延長として認識されていた。

これに対して，西郷陸軍卿上申の参謀局拡張とその直後の参謀本部設置時の軍令の意味は，戦時・戦場における戦闘上の命令や武力行使上の規則等だけでなく，戦時・戦場における戦闘上の命令や兵力行使上の規則自体等を平時において予めどのように計画・構想するか，という軍令の研究と計画・策定やその固有の研究・策定の条件整備までの管理範囲を含み始めたのである。その点では，西郷陸軍卿上申の軍令の意味は，絶えず戦時を想定する点では在来の軍令の意味に近く，平時におけるその研究・計画策定・発令にまで拡張されたが，そもそも，戦時における軍令の管理の基本になるべき戦時や戦時編制の区分・区別及び戦争の遂行体制を言及したものではなかった。

他方，西郷陸軍卿上申の「政令」「軍令」の大別と分任の体制化の強調は「兵政分離」と称され，軍政・軍令機関の二元的併置を推進し，国家体制や軍制上における「統帥権の独立」の基本形態を成立させたと流布されてきた。しかし，当時は「[兵政] 分離」「[統帥権の] 独立」というよりも官制の「縦割り化」推進と官職拡大というべきである。また，従来，軍政・軍令機関の二元的併置の軍制的理由としては，西南戦争の教訓（参謀活動の不備），プロイセン・ドイツ軍制の影響・受容が指摘されてきた[2)]。特に，西郷陸軍卿上申はドイツ留学によりプロイセン・ドイツ軍制の軍政・軍令の二元的執行を学んだとされる桂太郎陸軍少佐（参謀局勤務）の意見を基本にしているという指摘があった。その政治的理由としては，軍隊の外見的な「非政治化」「中立化」（特に，同年8月に近衛砲兵隊の反乱事件や国会開設運動と政党・政治結社等の政治闘争隆盛に対する軍隊隔離による政府権力の強化）が指摘されてきた。しかし，桂太郎の場合は1881年戦時編制概則の起草のように，軍令概念自体に多義性がみられ，桂の意見やプロイセン・ドイツ軍制の調査・研究が参謀局拡張の西郷陸軍卿上申の政令・軍令の二元的併置等の考え方にただちに影響したとみることはできない。

もう一つ，西郷陸軍卿上申が直接に言及していないが，当時，天皇親征・天皇統率の構築が建言されていた（軍事・兵事の天皇親裁）。これらは西南戦争末期からの宮中勢力による「君徳補導」を目的にした侍補の設置や「天皇親政運動」に対応した，天皇親政・天皇親裁の軍制版と称することができる[3)]。その場合，天皇による軍隊の統率・統帥や親裁の態様はいかなる水準のものであるかを見極めなければならないが，本章は，まず，プロイセン・ドイツ軍制を検討する。特に日本との比較のために，プロイセンの参謀本部体制と大本営や戦場におけるプロイセン国王の軍隊統帥や行動を考察する。

(2) プロイセン軍制における参謀本部体制

①プロイセンの参謀本部体制の成立

プロイセンの参謀本部体制は30年戦争の終結とともに生まれた絶対王政と常備軍創設を契機にして，フリードリッヒ・ヴィルヘルム大選帝侯（在位1640～88年）の時代の兵站部業務を前身にして成立した。つまり，進撃路の選定と監視，宿営や築城地の選定のように，工兵的・技術的な補助業務であった[4)]。その後，補給，徴発，諜報，戦闘中の司令官に対する副官業務等が加わり，さらに対ナポレオン解放戦争後の軍制改革を経て，作戦計画，周辺国の軍制調査研究，陸地測量・製図等が基本業務になった。プロイセン軍制下の参謀本部長の定員化や参謀業務は対ナポレオン解放戦争後に確定された参謀制度にもとづく。当時の参謀将校は「大参謀部」（首長＝大参謀長＝参謀本部長を任じ，ベルリンに置く）と「軍隊参謀部」（軍団司令部と師団司令部に配賦し，軍隊と「親接セシメ」る）に属し[5]，全参謀部は陸軍省第二局に属した。1821年1月に陸軍中将ミュフリンクは参謀本部長に任じられ，人事政策上で陸軍大臣と同列に置かれ，大元帥・国王に直隷した。その後，1825年に陸軍省第二局は廃止され，大参謀部と軍隊参謀部から構成される参謀本部は陸軍省から独立し，しだいに拡張された。すなわち，陸軍省は参謀本部を積極的に独立させたのではなく，参謀本部長の対国王直隷人事政策が先行して参謀本部の独立に至った。そこでは陸軍大臣と参謀本部長の協力・協調に欠くこともあるが，参謀本部体制の特質は次の通りである。

第一に，戦役により参謀官が増加し，参謀本部長の軍隊指揮権上の権限を明確化した。まず，独立直前の1824年1月の参謀本部の平時定員は，参謀本部長中将1名，大佐計13名（軍団参謀長9，大参謀部所属の地形学の長官3，砲兵総監本部の参謀長1），上長官計13名（軍団司令部所属者9，大参謀部所属者4），尉官計18名の合計45名であった。戦時編制上では，①3個の軍司令部に計21名（将官3，上長官6，尉官12），②9個の軍団に計27名（将官又は大佐9，上長官9，大尉9），③36個の師団に大尉計36名，④9個の騎兵師団に大尉計9名，⑤大本営に計8名（将官2，上長官4，大尉2），の合計101名とされた。その後，陸軍平時定員の増加と軍団の新編制等に対応し，参謀本部の平時定員は約半世紀後の普仏戦争前の1867年には2倍強の計109名に増加した。その内訳は（（　）内は1871年の定員），参謀本部長1名（1），参謀本部の課長3名（4），軍団参謀長12名（14），砲兵総監本部の参謀長1名（1），他である。1871年には135名に増加し，1881年12月にはドイツ全体の参謀官総計は191名（平時）に達した[6]。ドイツでは連邦構成の各国には陸軍省はあるが，連邦政府全体の統一陸軍省はなく，軍令による全ドイツの軍隊統一の構えが強かった。

なお，1867年の参謀本部の定員中で，参謀本部の課長3名は，国内外を3地域の国グループに区分し，それぞれの国の軍隊の編制，補充，装備，兵要地誌，城塞，道路，鉄道，運河の調査研究を担当する計3課の長官である。すなわち，第一課（スウェーデン，ノルウェー，ロシア，トルコ，オーストリア），第二課（ドイツ，デンマーク，イタリア，スイス），第三課（フランス，イギリス，ベルギー，オランダ，スペイン，ポルトガル，アメリカ）に区分した。また，1871年に第四課（鉄道課）を増設し軍部輸送の勤務を研究し，さらに「伴属」としては，戦史課（文書・図書の管理），地理統計課，三角測量課，地形測図課を置いた。その後，1875年に三角測量課，地形測図課を拡大し，参謀本部の別局として設置された参謀総測量局（国地測量長・将官）に編入し，三角測量課，地形測図課，製図課に改組した。

プロイセン軍制において固有に発達した参謀本部体制の意義について，モルトケのもとで作戦課担当や近衛参謀長等を務めたシェルレンドルフ陸軍大佐（Bronsart Von Schellendorf：後のプロイセンの陸軍大臣）は，1875年に，①参謀官は長官の補佐官であり，「専作戦ニ関スル職務ヲ奉スル者」を「参謀部」と称する，②軍隊の長官＝司令官との関係では「軍隊ヲ指揮進退スルハ参謀部ノ直接職務ニアラス其将校モ亦司令ノ職ニ任スルコト無シ参謀官ハ斯ノ如キ職務ヲ奉セスト雖トモ長将ヨリ下シタル緊重ノ命令ヲ実施シ身ヲ一般ノ職掌ニ投シテ尽力スルニ因リ最有益ノ官タルヘク且有力ニシテ能ク事ニ堪ヘ其官ト兵隊トノ関係ヲ能ク調和シ得ルニ随ヒ其功績愈偉大ナリトス」と強調した[7)]。つまり，一般の参謀官は戦闘現場では地味な目立たない職務に徹することを重要とし，長官＝司令官を超えて威権を表すことはなかった。さらに，シェルレンドルフは参謀部の戦時職務として，①軍隊の宿舎・警備・行軍及び戦闘に対応した所要処置，②口頭・文書による命令の適時布告，③戦地の形勢や軍事的価値に関する文献収集と整頓，図類調製，④敵軍の諜報収集と虚実の分析，長官への申報，⑤軍隊の軍紀保全，勤怠の検知，⑥日誌記載，戦闘報告集輯，戦史編纂資料になるべき文書等の集成，⑦特別任務としての偵察，を示し，「其ノ職務ヲ奉スルニ総テ長将ノ意思及ヒ裁決ヲ基礎トスヘシ然レトモ自考案ヲ立ツルハ固ヨリ禁スル所ニアラス却テ之ヲ任務トスヘキナリ参謀官若シ事ヲ懈怠スルトキハ長将ヨリ命令ノ下ラサリシコトヲ口実ト為シ其罪ヲ免カルル能ハサルコト多シ是レ参謀官ハ自意見ヲ立テ長将ニ切論スレトモ決シテ之ヲ納レサル時ニアラサレハ其責任ヲ免ルルコト能ハサル者ナルヲ以テナリ」と，その責任の重大性を述べた[8]。

他方，戦時における国王＝大元帥との関係では，参謀本部長の軍隊指揮権上の権限はしだいに明確化された。すなわち，1866年6月の勅令は，参謀本部長に，軍隊の最高統帥権者＝国王の名において，作戦指揮の命令権を与えた。つまり，参謀本部長は国王＝大元帥から戦時の作戦指揮が委任された[9]。これによって，プロイセンの陸軍大臣は作戦の指揮命令系統では第二位の地位に退き，同命令決定の報告を受ける権限保有に留められた。さらに，1883年5月の勅令は参謀本部長に平時の職責として国王に定期的に直接上奏する権限を与えた。これによって，参謀本部は初めて法的にも国王直隷機関になり，参謀本部長と陸軍大臣との関係は従属的よりも協同的に変更させられた[10]。ここで明確なのは，戦時の参謀本部長の国王直隷の先行後に平時の参謀本部長の国王直隷が法的に位置づけられたことである。

第二に，戦時編制の整備とともに参謀官の戦時定員を明確化した。まず，普仏戦争前の戦時編制における参謀官定員は次の通りである。①国王の大本営の参謀部は計14名（参謀本部長1，参謀次長1，課長3，上長官3，大尉等6），さらに軍大会計監督長1名，軍用電信提理1名を置く，②第一軍の司令部は計6名（参謀長1，参謀副長1，上長官1，大尉2，中尉1），さらに兵站総監部に参謀長1名を置く，③第二軍の司令部は計8名（参謀長1，参謀副長1，上長官2，大尉2，中尉2），さらに兵站総監部に参謀長1名を置く，④第三軍の司令部は計8名（参謀長1，参謀副長1，上長官1，大尉3，中尉2），さらに兵站総監部に参謀長1名を置き，バイエルンとヴュルテンベルグ及びバーデンから将校各1名の計3名が加わり（以下略），出戦するプロイセンのみの参謀官合計を138名とした。これに，留守の大参謀部の将校23名が加わり，戦時定員総計を161名と定めた[11]。プロイセン外の軍隊では，ザクセン，バイエルン，ヴュルテンベルグ等から40数名が加わり，ドイツ全体の出戦軍に属する参謀官は約200名に達した。なお，普仏戦争後のドイツ全体の戦時編制の計画では，参謀官総計220名（内，大本営は参謀本部長1，参謀次長1，課長・上長官3，上長官及び大尉9の合計14，他に，軍本営は合計40，軍団司令部合計72，歩兵37師団合計37，騎兵10師団合計10，兵站6，鉄道16，留守参謀部25）とされた[12]。以上の参謀官の戦時職務の中で，大本営の参謀次長は参謀本部長の代理を務めるが，特に職域に分界を設けることなく，庶務等を担当し兵站事務の監視を任務とした。軍大会計監督長は会計監督部の事務を担当し，軍用電信提理は軍用電信隊を直轄化した。また，大本営参謀部には計3課（作戦・戦闘序列を担当確定する課，鉄道・船車・道路を担当する課，諜報や敵軍の戦闘序列を検討し和議を担当する課）を設けた。

②戦時編制と大本営

シェルレンドルフ陸軍大佐の注5）の著書で既に「大本営」(Hauptquartier（ハウプトクアルチール）)と邦訳されたプロイセンの戦時編制上の大本営の意味を検討することは重要である。藤田嗣雄は，国王の軍事親裁には二つの異なった組織法があると述べている[13]。その一つは，国王が自ら軍隊を指揮するために，大元帥のみならず，「戦師」(Feldherr，戦時最高司令官）とするものである。その二つは軍令輔翼機関を設置するものである。陸軍省の外に国王のもとに直隷し，かつ直接上奏ができる軍令輔翼機関を置くものである。これは参謀本部と軍事内局が該当するとした。この場合，大本営は前者の軍隊親裁方法から発達した国王・君主の陣営であり，その後に設置された後者の直隷の軍令輔翼機関の上層部等が加わり，作戦・戦略を基本にした戦争指導統轄の最高統帥機関になった[14]。プロイセンも戦時には国王＝大元帥の最高統帥部としての大本営を編成していた。ただし，元来，大本営は陸戦に際して設置され，プロイセンでは陸海軍に共通・合一の最高統帥機関としての大本営は設置されなかった。なお，軍事内局は将校の人事担当の国王直結の機関である。

ところで，シェルレンドルフは，戦時のドイツ全軍を統一的に指揮するプロイセンの大本営について，「大本営ハ軍隊統帥ノ源ニシテ大戦ノ為メ独乙全軍ノ招集ヲ要スル時ニ方テハ吾曹謹テ皇帝親シク之ヲ指揮アランコトヲ冀ハサルヘカラス其大ナル作戦ニ於テ皇帝ヲ輔弼スル官ヲ陸軍参謀長ト云フ此参謀長ハ各時ノ戦況ニ原ツキ其処分ノ如何ヲ皇帝ニ上奏シテ勅裁ヲ仰キ之ヲ計画令（レスポジション）ト教令（インストリユクション）トニ殊別シ勅令書ヲ以テ各軍司令官ニ頒告ス」と述べた[15]。つまり，ドイツ皇帝の人格的な統率力を核にした親征・親裁としての具体的な姿・行動による統帥効果がイメージされ，それらが軍隊の秩序や攻撃精神（士気）の源になると期待されたのであろう。さらに大本営における陸軍参謀長＝参謀本部長の作戦指揮にかかわる輔弼機関としての位置も明確になる[16]。つまり，参謀本部長はいわば「お膳立て」の位置である。他方，大本営とプロイセン陸軍省との関係を「陸軍卿ハ派出陸軍省［出張陸軍省］ニ属シテ其本部ヲ成ス所ノ若干将校及軍属ト共ニ大本営ノ別部トナリ戦状ノ転遷ニ従ヒ最近ク之ニ随行シタリ而シテ常ニ陸軍参謀長ノ議事ニ参シ之ニ由リ勅裁ヲ以テ其管掌ニ附セラレタル任務ニ適応シ能ク要件ヲ陸軍省ニ指令スルヲ得タリ」と説明した[17]。つまり，陸軍大臣は大本営に随行し，かつ，参謀本部長の議事に参与し，事実上，大本営の「準」メンバーとして扱われた。なお，当時の「派出陸軍省［出張陸軍省］」の考え方も合理的である。陸軍省は大本営が旋転する戦場・戦闘地域の近接地点に出張し，陸軍の独自の戦時行政活動を展開することは妨げられなかった。

③普仏戦争時のプロイセン国王と大本営

次に，普仏戦争時のプロイセン軍の大本営の活動について，特にプロイセン国王の議会対策を含む具体的な行動や指揮を中心に検討する。

1870年7月15日夜に，フランス国の開戦布告の報告を受けたプロイセン国王ヴィルヘルムは閣議を開き北ドイツ連邦陸軍の動員を決定した。翌16日に連邦参事会を開き，連邦宰相ビスマルクは開戦理由等を説明した。7月18日にヴィルヘルム国王は参謀本部計画の軍編成と参謀本部長モルトケの建議を裁可した。それによれば，第一軍（右翼軍，ライン川左岸の兵を編成，兵力6万）は歩兵大将スタインメッツの指揮に属し，トリール付近に集中する，第二軍（中央軍，北ドイツの兵を編成，兵力19万4千）は騎兵大将プロイセン国親王フリードリッヒ・カール騎兵大将の指揮に属し，マインツ付近に集中する，第三軍（左翼軍，北ドイツ，バイエルン，ヴュルテンベルグ，バーデンの兵を編成，兵力13万）は歩兵大将プロイセン国皇太子フリードリッヒ・ヴィルヘルムの指揮に属し，ランダウ付近に集中する，である。19日には連邦議会を開き，ヴィルヘルム国王が開会趣旨とドイツ国民の「愛国心」に訴える演説を行い，開戦を宣告した。ビスマルクも19日と20日に連邦議会に登壇し，特に20日には「五十年前に其の盛年を以て開始したる大争闘を晩年に於て決了するの権利を天より賦与せられたる独逸将軍たる国王陛下の経験に富める指揮号令を信任するものなり」と述べた[18]。プロイセン国王の際立つ軍隊指揮権が議会によって信任と賞賛を受ける雰囲気ができ，対ナポレオン解放戦争以降のプロイセン国王の全ドイツ統一を代表する武力行使の象徴的統率者としての立場が期待された。翌21日に連邦議会は政府要求の1億2千万ターレルを可決した。

この後，プロイセン国王は7月31日にベルリンを発し，8月2日にはマインツに到着した。そして，同地に大本営を移した。マインツでは，当地のヘッセン大公が「独逸館」(Das Deutsche Haus) を国王の行在所にあて，大本営の大部分は同館に止宿し，連邦政府は新キェストリヒ街のクッヘルベルヒ館に入った[19]。大本営にはモルトケ他大本営参謀部のメンバーと侍従武官，軍事内局長等が駐在した。ビスマルク（開戦時に移動外務省をつくる）とプロイセン陸軍大臣ローンも大本営に随行した。プロイセン軍の大本営は戦況に応じて移転し，国王の軍隊作戦命令にはモルトケの署名が付されて発された。

④戦時最高司令官としてのプロイセン国王の軍隊統率

ところで，記録上において，プロイセン国王の戦場における戦時最高司令官としての軍隊統率の姿を比較的に明瞭に示しているのは，8月14～15日のフランスとドイツとの国境に近いメッツ付近での戦闘と作戦である。すなわち，8月14日のメッツの東方3～4kmに位置するコロンベイ＝ヌイイ会戦である。これは普仏戦争のメッツ付近戦闘の第一節に相当し，戦闘結果はプロイセン軍（第一軍，第二軍）によるメッツ要塞合囲を導き，プロイセン勝利につながる原因になった。同会戦結果の報告が14日夜間にエルニー所在のプロイセン軍の大本営に到着した後，大本営は国王の命令として，15日未明に第一軍司令部宛に，第一軍は昨日占領の地域を要塞砲の有効射程内に入らない限り維持すべきこと等を発した。

同命令発令後，15日のプロイセン国王の戦場等での指揮・行動は次のように記録されている。

「八月十五日右ノ命令実行中，国王ハ幕僚ヲ従ヘテHernyヨリ昨日ノ戦場ニ赴ケリ参謀次長中将フォン・ポドビールスキーハ之ニ先タチ戦場ニ到リシカ須臾ニシテMetzノ東方ニハ復タ敵ノ大兵アラサルヲ察シ随テ第一軍ヲモ成ルヘク速ニMosel川ノ左岸ニ移ラシムルノ緊要ナルコトヲ認メ因テ同将官ハ既ニ［第一軍編成下の］第八軍団ニ指示スルニ其ノ行進方向ヲOrnyニ取ルヘキコトヲ以テシタリ国王陛下親シク同将官ノ判断正鵠ヲ得タルコトヲ叡監セラレ且ツ第一及ヒ第七軍団［第一軍編成下の］ニ先ツ其ノ前進運動ヲ中止スヘキ命令ヲ発セラル午前十時十一時ノ間ニ於テ国王ハFranville東方ノ高地ニ於テフォン・スタインメッツ将軍ヲ引見セラル此ノ時将軍ハ其ノ幕僚ト共ニ第一軍ノ正面ヲ騎行セルナリ時ニMetzノ西方ニ長キ塵烟ノ数処ニ騰ルヲ見ル蓋シ仏軍西方ニ退却スルノ兆候トス」[20]

15日のプロイセン国王の戦場での指揮・行動は，14日の戦闘結果報告の仏軍西方退却の戦況（一部退却か，あるいは総退却かの疑念が残る）をさらに自らの「眼」で明確に判断するものであった。その結果，国王はフランヴィル東方の高地で仏軍総退却を自ら確認し，大本営は午前10時45分に第一軍に対して「本日Metz前ニ復タ敵兵ナキコトハ陛下ノ親シク視定スル所ナル」云々と述べ，騎兵の要塞監視と負傷者護衛等を指示したとされている[21]。プロイセンの大本営は，藤田嗣雄の指摘のように国王が自己を大元帥とともに戦時最高司令官と位置づけて自ら軍隊を指揮し，さらに直隷の軍令輔翼機関＝参謀部を加えて発達した最高統帥機関としての役割を強化した。プロイセン参謀本部は戦闘現場における君主の立場を「凡ソ一国ノ君主ニシテ出征軍隊ノ首脳ト為ルハ躬ラ其ノ軍ヲ統帥シ成敗利鈍責ヲ一身ニ負担シ得ル者ニシテ始メテ可ナリ苟モ此ノ前提ニ合セスンハ其ノ陣中ニ在ルハ適々以テ軍機ヲ誤ルニ足ランノミ」と指摘する[22]。8月15日のプロイセン国王の指揮・行動はフリードリッヒ大王（在位1740～86年）やナポレオン1世の指揮力の水準には到達しないが，古典的な軍隊統帥体制の余韻を残し，あるいは継承したというべきであろう。

総じて，プロイセン国王は議会対策もとり，プロイセン政府も大本営に随行し，総合的な戦争指導体制をとったことはいうまでもない。かつ，大本営の編成体制のもとで，国王自身が戦場で大元帥の立場とともに戦時最高司令官の立場として，全ドイツの軍隊統帥の象徴者としてプロイセン軍のみでなく全ドイツ軍の指揮が期待されていた。プロイセン国王の全ドイツの軍隊統帥の象徴者としての立場は普仏戦争後のドイツ帝国成立とともに制定されたドイツ帝国憲法（1871年4月）にも規定された。すなわち，ドイツ帝国憲法第63条は「帝国軍隊ハ統一軍隊ニシテ平時戦時ニ於テ皇帝ノ命令ノ下ニ立ツ」と，平時戦時のドイツ皇帝（すなわちプロイセン国王）の最高司令官としての位置を規定した[23]。

この場合，連邦制として成立したドイツ帝国全体には統一陸軍省はなく，連邦を構成する各国には陸軍省はあった。逆に各国には軍令機関はなかった（バイエルン国のみは同国王が平時の軍令権をもつ)。ドイツ帝国における軍政の権限は各国政府に所属し，各国王は警察上の必要により各国所属軍隊を使用することができ，領地内転地の帝国軍隊に対する出兵を要求する権利をもった(第66条)。つまり，ドイツの国家統一過程からみれば，連邦政府機関としての中央陸軍省が設置されることなく，特に戦時におけるプロイセン国王の軍令が統一的にドイツ内の各国軍隊に徹底化される仕組みであった。軍行政の統一行使ではなく，軍令の統一行使によりドイツの国家統一を導き出したと称しても過言でない。以上がドイツ＝プロイセンの軍制の姿であったが，その古典的な軍隊統帥体制は当時の日本陸軍にとっては勿論斬新かつ近代的なものとうけとめられた。

2　1878年参謀本部条例の制定
――平時戦時混然一体化の参謀本部体制の成立――

(1) 1878年参謀本部条例の成立――帷幕概念の法令化と平時戦時混然一体化の参謀職務体制

西郷陸軍卿上申は後日の参謀局条例改正案の提出趣旨を述べたが，その後，山県有朋陸軍卿は参謀本部条例案を提出し，太政官は同年12月5日に参謀局廃止と参謀本部設置を指令し，同時に参謀本部条例が制定された。

1878年参謀本部条例の軍制上の最大の特質は，陸軍の基幹管轄法令に帷幕の文言・用語を初めて規定し，戦時に天皇を頂点とする軍隊統帥機関設置を基本にした参謀職務体制を規定し，天皇が従来の征討・戦時に際して陸海軍の全軍事事項を征討総督(西南戦争で熾仁親王を征討総督に任命)に委任してきた軍務や兵権の委任体制を転換又は消失させたことに尽きる。この軍制上の特質は，対外戦争を積極的に想定した場合は国家元首の軍隊統帥権限の第三者への委任はありえず，国家元首自らの直接的な開戦意思・戦争意思や軍隊統帥意思の明確化・必至化を前提とした。したがって，1878年参謀本部条例の制定はたんに軍制上の事案にとどまらずにすぐれて国家体制や国務上の重要事案になるべきものであった。

ただし，当時は，戦時とは何か，戦争・戦闘を遂行・司令する軍隊統帥機関とは何か，戦時における国務上の対応はいかなるものか，等々が未解明・未策定のままに置かれ，かつ，法令技術上では平時戦時の軍令事項が混然一体化的に規定されたことに注目すべきである。1878年参謀本部条例を基本にする参謀本部体制は本書主題の陸軍動員計画策定管理の考察においても欠かすことができないので，まず，山県陸軍卿上申の「陸軍参謀本部条例」(案，全27条)の根幹部分を示しておく[24]。

~~陸軍~~参謀本部条例

第一条　~~陸軍~~参謀本部ハ東京ニ於テ之ヲ置キ近衛各鎮台ノ参謀部ヲ統轄ス

第二条　本部長ハ将官一人勅ニ依テ之ヲ任ス部事ヲ統轄シ帷幕ノ機務ニ参画スルヲ司トル

第三条　次長一人~~亦勅ニ依テ~~(将官ヨリ)之ヲ任ス本部長ト相終始シテ部事ヲ整理ス但之ヲ置クハ事務ノ繁閑ニ従フ而シテ其官階モ予シメ定メス時宜ニ依ル

第四条　凡ソ平時ニ在リ陸軍ノ定制節度団隊ノ編制布置ヲ審カニシ予メ地理ヲ詳密ニシ材用ヲ料量シ戦区ノ景況ヲ慮リ兼テ異邦ノ形勢ヲ洞悉シテ参画ニ当リ違算ナキハ本部長ノ任ニシテ之ニ就テ其利害ヲ陳スルヲ得

第五条　凡ソ軍中ノ機務戦略上ノ動静進軍駐軍転軍ノ令行軍路程ノ規運輸ノ方法軍隊ノ発差等其軍令ニ関スル者ハ専ラ本部長ノ管知スル所ニシテ参画シ親裁ノ後直ニ之ヲ陸軍卿ニ下シテ施行セシム

第六条　其戦時ニ在テハ凡テ軍令ニ関スル者親裁ノ後直ニ之ヲ~~鎮　台~~(監軍部長)若クハ特命司令将官ニ下ス是カ為メニ其将官ハ直ニ大纛ノ下ニ属シ本部長之ヲ参画シ上裁ヲ仰クコトヲ得

第七条　此事情ノ洞悉ヲ詳密ナラシムル為ニ本部長ノ下ニ管東管西ノ二局ヲ置キ本部長大中佐ノ中各一人ヲ選ミ局務ヲ督理セシム

[中略]

第十条　右二局ニ各参謀科佐尉官数員ヲ置キ局務ニ服事セシメ又四兵隊中ヨリ器幹アル少尉ヲ抜擢シ準参謀若干名ヲ置キ局務ニ従事セシム

[後略]

山県陸軍卿上申の「陸軍参謀本部条例」は監軍本部条例の制定(12月13日)と

の調整を経て，遡及的に第1条，第3条，第6条を削除・修正し，太政官が条文正文を確定し（見せ消ちの条文，下線部は増設），12月13日に「参謀本部条例」として参謀本部に指令した。

1878年参謀本部条例は，第一に，10月の西郷陸軍卿上申が，拡張・分離される参謀局のトップ（すなわち，参謀本部長）が必ずしも天皇直隷になることを強調していなかったが，第2条・第4条・第5条・第6条のように，参謀本部長の常時（定員化）の天皇直隷と法令上の平戦両時の天皇の軍令決裁体制を規定した。これは，従前の軍務委任体制で記述された「帷幕ノ機謀」（征討参軍への勅語）は「帷幕ノ機務」のように1字違いの法令文言になったが，帷幕の機謀・機務は戦時・臨時の特設統帥機関設置を前提にして，戦時にかかわる参謀職務体制の本来的な考え方を平時にまで拡張したことによる。つまり，平時戦時混然化（未分化）の参謀職務体制を組入れた条例制定に注目すべきである。

プロイセンでは歴史的には，当初，国王の戦時の軍隊統帥に対する統帥輔翼機関の先行的直隷が開始し，その後に国王の平時の軍隊統帥に対する参謀本部長の直隷を法令化したことに対して，日本はプロイセンにも先立ち（平時の天皇直隷の法令化），かつ，戦時におけるプロイセンの大本営のような戦争遂行機関の編成・設置を策定せず，一挙に平戦両時の統帥輔翼機関の天皇直隷化を進めたことを意味する。また，参謀本部条例の帷幕の概念は，軍制技術上のレベルにおいて天皇の直接的な軍隊統率現場を想定し，戦争・戦闘の策案策定のための特設統帥機関の定義を踏襲した。かくして，帷幕は，現場対応としての帷幕の概念を有して法令上で成立した。ただし，当時，陸軍部内で構想され流布した「帷幕ノ機務」や「帷幕」の文言が意味する職務・機関は，対天皇レベルで置かれる唯一単数の職務・機関を意味するか否かは検討を要する。この帷幕概念は1879年の陸軍職制改定と1881年の戦時編制概則の制定の関係でさらに検討する。

第二に，平時戦時混然化の参謀職務体制の意味のさらなる明確化になるが，当時の海軍には参謀本部が設置されていないので，参謀本部長は戦時には軍隊統帥体制上の唯一独自の戦時対応機関として帷幕の機務の独占的遂行を意味する。換言すれば，陸軍省は陸軍卿上申以前に海軍省宛の照会形跡もなく，さらに，太政官の審査過程においても海軍省宛の照会形跡もないので，少なくとも，当時の太政官レベルの認識は，法令上の参謀本部長は陸軍のみによる帷幕という日本の戦時唯一対応機関としての統帥職務全体遂行が許容されたことを意味する。しかし，そのことは，戦時における軍の主導権をめぐる日露戦争前までの陸軍と海軍との論争等を胚胎させた。換言すれば，参謀本部は平時の陸軍官衙であるが，天皇直隷の強調のもとに戦時にはただちに唯一の特設統帥機関としての戦時大本営的機関への転化を併せて規定したことも注目される。

かくして，戦時大本営的機関特設の未策定・未制定段階において，参謀本部が戦時大本営的機関を法令上で内包・混入させたことは，太政官から参謀本部に向けての国務上の戦時対応関係等の種々の連絡・調整等を発生させる論理構造が成立した。なお，第6条の監軍部長は1878年12月13日布達の監軍本部条例に規定され，平時の検閲と軍令出納を総轄し，戦時には師団司令長官に任命されて旅団司令長官すなわち鎮台司令長官を統轄するとされた。ここでの師団は戦時特設の編成である。

第三に，この結果，参謀本部長は天皇直隷の点では太政大臣に並び，太政官政府の外部に戦時の軍隊統帥体制上の戦争遂行機関を含む参謀本部が官制上の機関として独立したと称されてきた。しかし，当時，「政令」と「軍令」の二元体制がただちに国務処理上の変化を生じさせたとはいえない[25]。国務処理における「二元体制」「兵政分離」の観念は明治憲法制定後からの憶測を含む解釈として発生したとみるべきであろう。また，その後の参謀本部の官制改正は太政官政府内で取り扱われてきた（補論参照）。

第四に，参謀本部の内部機構は部内の庶務会計等を扱う総務課を置き，第7条の管東局と管西局の2局ともに参謀本部の「本体」と位置づけた（第15条）。管東局は近衛及び東京仙台の二鎮台の参謀部を，管西局は名古屋大阪広島熊本の四鎮台の参謀部を管轄した。そして，以上の2局1課の「支部」として技術職務を担当する「伴属諸課」の計5課を置いた（地図課，編纂課，翻訳課，測量課，文庫課）。さらに，第10条の2局には参謀科佐尉官数名と「準参謀」若干名を置いた。これらはプロイセン参謀体制にやや近いが，第1条の規定にもとづき（近衛・鎮台の参謀部を統括），近衛・鎮台の参謀科将校の従来の名称としての「幕僚参謀」を踏襲し，監軍部と近衛・鎮台の幕僚参謀をすべて参謀本部から派出するとした（1879年5月13日陸軍省達乙第39号幕僚参謀条例）。

その上で，第五に，従前の横断的参謀官職統轄体制を継承し，参謀官職の専任制を強化拡大しつつも，重要陸軍行政官職の兼務体制を続けた。本書では「横断的参謀官職統轄体制の成立II」(参謀官職の専任制強化拡大）と表記する。

たとえば，1879年10月10日に陸軍省と参謀本部及び監軍本部や近衛・鎮台の事務分担を規定した陸軍職制と陸軍省職制事務章程（太政官達第39号）は，「参謀科佐尉官ハ或ハ侍中武官陸軍卿ノ官房総務局［中略］ニ服務シ」（陸軍職制第21条）とか「官房ハ参謀大佐一人ヲ房長トシ参謀中佐一人ヲ副長トシ」（陸軍省職制事務章程第3条）と規定した。また，同年10月10日陸軍省達乙第72号陸軍省条例改正は，総務局副長を参謀大佐1人，同次長を参謀中佐1人と規定した。これは，参謀本部の戦時大本営的機関への転化の性格を含ませたことを反映し，陸軍省行政の戦時業務（相互意思疎通も含む）に対する参謀本部の優位性を平時から維持・強化する発想にもとづいた。

つまり，参謀職務担当将校は戦時大本営的機関の軍令事項系職務と陸軍省行政職務にまたがる総合職務担当としての陸軍高級官僚を意味した。したがって，1882年陸軍大学校条例は参謀職務に堪える者を養成する参謀養成機関を標榜したが，実際は陸軍の「最高学府」としての性格をもち，陸軍高級官僚養成機関になることは当然であり，専門的な参謀職務担当を目ざした（有名無実の）参謀科自体の廃止も当然であった。参謀科将校の服務体制に軍令事項と政令事項との関係で厳密な区別の構想があったのではない[26]。横断的参謀官職統轄体制はその後も続き，解消されたのは日露戦争後の1908年12月の陸軍省官制改正であり[27]，官制の「縦割り化」が完成した。

当時の陸軍省と政府上層部は参謀本部設置の特質や意味を厳密に理解していなかった。参謀本部設置推進の桂太郎は，後年に「此年の十二月に，参謀本部は天皇の直轄たらざるべからずとし，純然たる軍事を陸軍省と引分け，軍命令は直轄となり，軍事行政は政府の範囲に属すべしという自然の空気が起りしなり。然れども未だ如何なる方法，如何なる組織といふ研究をなして此の論を立てたるにはあらず」と[28]，参謀本部設置当時の雰囲気を記述した。つまり，軍令の天皇直轄方針を除けば，参謀本部の組織体制は参謀本部設置推進者においても（軍制技術上の）明確な研究や方針がないという状況であり，特に，桂太郎は軍事行政の整備先行を強調していた。また，編制及び戦時編制の概念も成熟・成立していなかった。それ故，1878年参謀本部条例をもって「兵政分離」「統帥権の独立」や参謀本部体制の確立とみることはできず，鎮台体制の基本を何ら崩していないことにも注目すべきであり，未確定的部分を含む試行的過程であったとみたほうがよい。

(2) 参謀本部体制と現場部隊直轄思想

ところで，なぜ参謀本部が設置されたか。あるいは参謀本部設置の必要論はどこにあったか。本章はこの問題をさらに軍制史的視点から補足的に考察するが，最大の軍制史的理由は戦争遂行最高統轄機関の強化にあった。具体的には戦時の現場部隊を直轄しつつ戦争遂行最高統轄機関を統一強化することであった。すなわち，戦闘現場の大規模化・遠隔地化を想定し，平時から戦時大本営的機関に現場対応の独自の職務遂行機関を併せ持つ機関を設置するという現場部隊直轄思想の成立である。

なお，ここでの現場部隊直轄思想には，戦時の現場や部隊に密着するあまりに感覚的・情緒的にも戦時に対応する思想も含まれる。ただし，この時期（日清戦争前までは）の現場部隊直轄思想は注釈が必要である。それは，機関・官衙の職務・業務等の執行と組立てに関して戦時・帷幕・軍令の用語・文言を先行させつつも，陸軍の建制において平時編制と戦時編制との区別・区分がなかったことと基本的な戦時業務体制の未整備・未解明を背景にしている。勿論，戦時は陸軍側からみた軍制技術上の戦時であり，政府・太政官側からみた法令上の戦時ではない。まして，国際法等の視点はない。これらに留意しつつ，参謀本部設置における現場部隊直轄思想の特質を検討しよう。

第一に，第1条で参謀本部が置かれる地理的位置は「東京」であることを規定した。これは，1874年参謀局条例第1条の参謀局の地理的位置明記を継承したが，具体的な武力行使の戦闘現場活動を展開するところの鎮台設置の地理的位置の明確化と同様な考え方で規定された。なぜなら，当時は，参謀本部が戦時大本営的機関のような戦時現場対応の職務遂行機関への転化予定の場合，参謀本部＝戦時大本営的機関をどの地理的位置に置くかは，戦略的・政治的かつ感覚的にも戦争指導体制全体の構築においても重要であった。その上で，第1条は，予め同設置位置明記の感覚的・情緒的効果は大きいと考えた条文記述とみてよい。これは，日清戦争時の大本営の設置（1874年6月に参謀本部に設置）と移設（同年8月に宮中に移設，同年9月に広島に移設）の臨戦的雰囲気効果形成を想起すれば，明瞭である。

第二に，1879年10月10日に陸軍省と参謀本部及び監軍本部や近衛・鎮台の事務分担を規定した陸軍職制を制定し，同第10条は「軍用電信隊ハ参謀本部ニ属シ」と規定した。陸軍部内の通信活動従事の軍用電信隊は「有事ノ日之ヲ師旅団各部ニ分派シ」とされるが，参謀本部が平時戦時の現場部隊を直轄化したことは，現場部隊直轄思想を如実に示している。プロイセンでは，戦時編制下の大本営に軍用電信提理を置き，軍用電信隊を直轄化したが，平時の参謀本部には現場部隊の軍用電信隊を直轄化する思想はない。

ちなみに，1880年2月10日に陸軍省達甲第8号の軍用電信隊概則を制定した。これは前年に参謀本部が軍用電信隊編制のために同隊の概則草案を調査し，また，1880年1月太政官達第1号により陸軍省内に軍用電信技手を置き，陸軍省が取捨斟酌して平時戦時に対応すべく制定した[29]。参謀本部の軍用電信隊直轄は参謀本部の性格解明上で重要である。日本で電信事業が普及し始めた時，陸軍省は電信事業を軍隊で接続・活用するために，1878年1月19日に「軍用電信掛」を置き，同管轄を参謀局に申し付けた。軍用電信隊は平時人員総員207名（戦時は373名）とし，①本部（提理・参謀中佐1，副提理・少佐又は大尉1・書記1・計官1，戦時には輸送長・少尉1と書記1が加わる），②第一電信隊（隊長・大尉1，5小隊編制で各小隊は小隊長・中尉1，他に技監・少尉1，建築長・通信所長・二等建築師・通信手10・建築手10で人員合計は27，戦時には輸送掛・1等建築師・伝令歩兵9・伝令騎兵3が加わり，戦時の各小隊人員合計は47），③第二電信隊（2小隊編制，各小隊は通信手15の他は第1電信隊と編制は同じで，人員合計は32，戦時には輸送係・伝令歩兵15・伝令騎兵6が加わり，戦時の各小隊人員合計は61）から編成された。

第一電信隊は戦時には師団及び旅団に分賦された。そして，注目すべきは第二電信隊であり，戦時には「第二電信隊ヲシテ大本営及ヒ兵站間ニ要スル通信ノ事ヲ掌ラシム」（軍用電信隊概則第3条）と規定した。ここで，「大本営」の用語規定は法令条文上でおよそ最初であり，1881年制定の戦時編制概則の軍・団の司令部機関の設置・編制に対応し，同司令部機関統轄の戦闘現場密着の戦時大本営的機関を意味した。この場合，「大本営」と参謀本部との関係は，1881年戦時編制概則の「軍団本営」「師団本営」「旅団本営」に「参謀部」が置かれるので，「大本営」には参謀本部の基幹部がスライドするとして構想された。参謀本部が軍用電信隊を直轄化したのは，戦闘現場密着の「大本営」＝戦時大本営的機関の機能・活動を維持・推進するためであった。なお，軍用電信隊の直轄化に対応して，1880年11月25日参謀本部条例改正は，参謀本部内の「伴属諸課」として「電信課」を追加した（課長は参謀中少佐1名）。電信課は平戦両時の電信隊の編制及び人員を調査し，予備の器械車両を収蔵修理配与し，現場部隊編制の維持・管理を監督した。また，1882年2月7日に軍用電信隊内務書第1版を制定した。

第三に，蛇足になるが，当時，参謀本部を含む参謀本部体制の役割・性格はどのような視点から構想され，その設置理由が何を基準にして強調されているかといえば，陸軍・海軍の関係者はともに参謀本部自体が戦時大本営的機関（への転化）の性格を持つことの可否を主題にして論議していた。

まず，参謀本部設置後に，海軍が海軍省の外に参謀本部を設立させる動きを示したことに対して，山県有朋と西郷従道の両参議は1880年12月21日に「海軍参謀本部不要論」を述べた。これは太政官レベルでの論議であるが，「陸軍ニ在テハ平時敵ノ軍制ヲ究察シ統計地理ヲ詳カニシ戦時ニ当テ之ヲ施行シ変ニ応シ宜シキヲ制スルニ非レハ其全勝ヲ必シ難シ而シテ其編制タルヤ直ニ一将校ノ号令ヲ聞キ進退スル者ハ極大ノ数トモ一中隊ノ兵員ニ過キス故ニ戦術上ノ大単位タル師団ニ在テハ其将官ノ命令梯陣数長ノ手ヲ経ルニ非レハ戦闘第一線ニ達ス可ラス此間戦状ノ変化地勢ノ難易アリ固ヨリ一人ニシテ能ク部下ノ全線ヲ監視スルコト能ハサルハ陸軍ノ常勢ニシテ最モ困難トスル所ナリ故ニ輔翼ノ将校ヲ置キ方略ノ施行ト進退ノ指揮トヲシテ迅速ナラシメ又其肯綮[こうけい]ヲ得ルニ非レハ勝ヲ制ス可ラサルハ固ヨリナリ況ンヤ軍団以上ノ大兵ニ於テヲヤ是レ帷幄ニ参謀本部ヲ置キ各其部官ヲ派遣シテ将官ノ耳目ト為ス所以ナリ」と述べた[30)]。山県らは，戦闘現場の大規模化に対応した現場直結の指揮迅速化等に注目し，平時官衙の参謀本部は戦時にも戦時大本営的機関に転化することを基準や主題にして，陸軍の参謀本部設置の根拠を強調した。

次に，山県有朋らの陸軍側の「海軍参謀本部不要論」に対して，海軍側の対応・調査をさらに進めたものとして，黒岡帯刀の意見書「参謀本部長ノ所属庁其要務ヲ論ス」がある[31]。そこでは，「一　今日本ニテ，陸軍ニ於テ兵略ヲ起シ行軍ヲ急ニセン為メ参謀本部ヲ設クル時ハ，海軍ハ尚一層参謀本部ヲ起サレバ，陸軍ノ兵ヲ運送シ，或ハ陸軍ノ先鋒ヲ為シ難シ，一　今日本ニテ，海陸軍共同ノ参謀本部ヲ設クル時ハ，海陸軍参謀将校ハ対等ノ権利ヲ有ス可キモノナル可キヲ以テ，其本部長ハ先任官ノ将官ヨリ任ス可キモノニシテ，陸軍而已ト究ム可カラズ」云々と述べた。黒岡が述べた参謀本部の役割・性格も，海軍の戦争遂行機関としての戦時大本営的機関の設置を基準・主題にしたものである。

(3) 1878年監軍本部条例と1879年鎮台条例の制定――軍団司令部体制の端緒的規定化

その後，西郷従道陸軍卿は参謀本部と監軍本部の設置により現行の鎮台条例を改正せざるをえなくなったとして，1879年4月4日付で太政大臣に鎮台条例改正を上申した。この場合，鎮台条例は監軍本部設置との関係が深い。それ故，1879年鎮台条例制定は監軍本部設置との関係で考察されなければならない。

まず，参謀本部設置により，山県有朋陸軍卿は引きつづき監軍本部を創立したい旨を右大臣に上申した（日付欠，監軍本部条例案と官省院使府県及び監軍本部宛の「御達案」を添付）[32]。ここで，「監軍本部」等の官衙名称は上記のように当初の山県陸軍卿上申の参謀本部条例案及び裁可正文の条項自体には規定されていなかった[33]。当時の鎮台には長官として「司令将官」を置いたが，同司令将官は平時の官衙官職であり，戦時の軍隊の司令官職名としては適切でなかった。ここで，鎮台の目的・性格を改めて検討し，山県陸軍卿上申は追伸として，1878年監軍本部条例制定に際しては参謀本部条例第6条の「鎮台」を「監軍部長」に「御改相成度」と述べ，さらに，現行鎮台条例との牴牾もあるので鎮台条例改正案を調査して上申すると述べた。12月11日の閣議は山県の監軍本部設置上申を了承し，上奏・裁可を経て12月13日に同設置を布達した。

監軍本部条例は，監軍本部を東京に置き，平時には日常の陸軍検閲と「軍令出納ノ事」を総轄し，3名の監軍部長を勅によって任命し（東部監軍部長・中部監軍部長・西部監軍部長），「大纛[たいとう]」（おおはたぼこ）という天皇の軍隊統帥の象徴旗に直隷し，各所管の軍管内の検閲と軍令を分掌するとした。ここで，

「軍令出納」を「軍令事項の執行」の意味として理解する（松下芳男）のは適切だろう。また，3名の監軍部長統轄の軍管は，東部監軍部長は第一軍管と第二軍管，中部監軍部長は第三軍管と第四軍管，西部監軍部長は第五軍管と第六軍管とした。そして，最も注目すべきことは同第4条が「此三部ノ監軍部長ハ皆師団司令長官即チ中将ニシテ有事ノ日ニ在リテハ旅団司令長官即チ鎮台司令長官ノ統轄スル常備現役ノ二旅団竝其管域ニ軍管内ノ第一後備軍ヲ統率シテ方面ノ敵衝ニ当ルヲ任トス但勅ニ依テ至高ノ司令長官ヲ置時ハ是ニ隷属スヘシ」と規定したことである。すなわち，監軍本部・監軍部長は平時の官衙・機関であるが，有事・戦時の軍団（師団・旅団）の立ち上げを前提にして，3名の監軍部長は改めて師団司令長官（師団長）になり，鎮台兵力により編成される管轄軍管内の2個の旅団等を統率することである（1個の鎮台の兵力により1個の旅団を編成し，各鎮台の司令長官は旅団司令長官〈旅団長〉になる）。なお，監軍部の設置により陸軍の高級官衙と官職定員が増加し，西南戦争後の将官昇任者等の配置・処遇の受け皿つくりになった。

有事・戦時における監軍部長＝師団司令長官（師団長）の立場は，1878年参謀本部条例が平時戦時混然一体化の参謀本部体制を成立させ，参謀本部の戦時大本営的機関への転化内包に対応し，後の戦時編制上の「野戦隊」「野戦軍」としての野戦師団司令部の長官的性格になる。つまり，監軍本部設置下の鎮台体制は，戦時には，参謀本部＝戦時大本営的機関のもとで，軍団司令部（師団・旅団）を立ち上げることである。そのため，鎮台条例改正の課題は，野戦軍と軍団司令部の立ち上げに対応し，鎮台の長官（司令官）の参謀本部・監軍本部との間の平時・戦時の指揮・司令の関係等の新設を含めて整備・強化することにあった。以上の課題に直面した1879年4月の西郷陸軍卿上申の鎮台条例改正案（全54条）の特質は下記の通りである[34]。

第一に，軍隊配置の目的・性格を強化した。改正案第1条は「凡ソ皇国域内所在ノ現役後備役ノ各種兵隊ハ別テ七軍管トナシ各其鎮台ノ司令官ニ統属スルコト左ノ如シ」として，現行の合計6個の鎮台と各軍管区域をさらに2〜3個の区域に区分して置かれる全国合計14個の師管を示した（各師管に対応して軍隊の官衙として14個の営所を置く）。なお，第七軍管（北海道を1区域として管轄）は現行通りの未設置とした。また，14個の師管には，さらに，改正案第3

条で全国合計41個の分営等の設置を示したことはほぼ現行と同じである（合計40個の「営所」）。つまり，鎮台条例は官制と編制の混載規定を継承した。

その際，現行の軍管内軍隊の「皇国域内ニ駐剳」（第1条）云々の規定は，政府・陸軍省からの派遣・派出による占領地等駐留を意味したが，改正案の「皇国域内所在」のように（9月5日の法制局審査は「皇国」を「帝国」と修正），「駐剳」を「所在」に修正したのは，当該軍管区域への軍隊駐留を既定事実として固定化させ，軍隊配置としての意味を強化したからである。ただし，鎮台の兵力行使の性格は当時の警察力・警察機関の未整備の中で，国内・軍管内の「寇賊」（第8条）や「騒擾」「草賊」「強盗悍賊」に対する出兵や「変災」等に対する警護兵備が基本であり（第28〜33条），警察力による警備の考え方も含めていることは現行とほぼ同様である。

第二に，有事・戦時の軍団編制の考え方（師団・旅団の臨時的編成）を基準にして鎮台の長官すなわち司令官（少将1名）と統轄の監軍部長との指揮・司令の隷属関係を明確化した。これは，鎮台条例が戦時編制への対応を内包させた点で重要な意義がある。すなわち，改正案第6条は「凡ソ六管ノ鎮台ニハ司令官少将一員ヲ置キ以テ其軍管内ノ軍務ヲ董督セシム其隷属ノ法軍令ニ於テハ本管属スル所ノ監軍中将ニ隷シ大纛ノ命令ヲ奉シテ所管ノ軍隊ヲ指揮シ有事ノ日ニ方リテハ旅団長トシテ其監軍中将即チ師団長ニ隷シ方面ノ緩急ニ禦［ふせぐ］ルヲ任トス」と起案した。なお，法制局審査は「隷属ノ法」を削除し，「大纛ノ命令」を「勅命」と修正した。現行鎮台条例は鎮台長官としての「司令将官」が天皇の軍隊統帥のもとで陸軍卿直隷のみを規定していた。これに対して，改正案第6条は鎮台司令官の職務と隷属関係の規定（官衙の長官としての管内軍務董督の職務につき，統轄の監軍部長に隷属）の他に，有事・戦時に編成の旅団の旅団長に自動的に任命されることを前提にした上で，同じく戦時・有事に編成の師団の師団長（監軍中将が自動的に任命される）に隷属するという，官制上の規定を新たに起案したことが重要である。

つまり，鎮台は平時の官衙であり戦時には管内で1個旅団の兵力を立ち上げることができ，鎮台司令官は管内陸軍行政の長官であり陸軍卿に直隷し，戦時には野戦隊・野戦軍の旅団長として戦地・戦場での職務につくことになる。かくして，特に戦時の軍令の策案（参謀本部）と裁可（天皇）及び執行（監軍中将

＝師団長→鎮台司令官＝旅団長）のラインを確保する軍団司令部体制の端緒的規定化がなされた。つまり，鎮台条例は官制法令であることを継承し，鎮台の平時の官制上のトップが戦時には編制上のトップになるという官制と編制の混載法令であるとともに，既述の江戸時代的な一般行政組織と軍事組織の二重の混成的職制をやや弱めて継承したことを意味する。1878年成立の参謀本部・監軍本部体制は後に「大兵統御節制ノ方略ヲ得ルモノ」と評されたが[35]，鎮台司令官の職務明確化（旅団長）により，軍令の策案と執行のラインの常職化に近い体制に至った。

監軍本部設置によって，鎮台の長官の平時・戦時の二面的立場（司令官と旅団長）が起案された改正案第6条は当然といえば当然であるが，戦時における鎮台長官すなわち旅団長が当該軍管外の戦地・戦場で戦闘の指揮・司令の職務に従事する場合，官衙としての管内陸軍行政のいわゆる「留守」をどのようにカヴァーするかは明確ではない。それはともかく，改正案第6条が戦時の軍団編制の考え方を明確に含めたことによって，戦時の兵力編成に重要な兵員補充源としての後備軍に対する統轄を新たに規定した。すなわち，改正案第1条は後備役兵員の統轄も起案し，全国14個の各営所には後備軍司令部を置いた（改正案第3条）。

第三に，鎮台が要塞を直轄化し「凡ソ要塞ノ司令官ハ其軍管ノ司令官ニ隷シ文移報告竝ニ物品度支ノ諸項皆鎮台ト往復スヘシ」（第15条）と起案した。元来，要塞は，1873年鎮台条例が「凡ソ要塞ノ司令将校ハ砲兵方面ニ属シ其司令ヲ歴テ陸軍卿ニ隷スルヲ正例トス然レトモ現今要塞ノ設未タ備ラス其箇所タル多カラサルヲ以テ姑ク其軍管ノ司令将官ニ隷シ」（第11条）と規定し，1875年鎮台条例中改正は「要塞ノ司令将校ハ直チニ陸軍卿ニ隷スルヲ正例トス」（第11条）と規定し，陸軍卿直結を原則にしていた。

ただし，この場合の要塞は近代要塞ではなく，1873年鎮台条例第11条は旧城郭の再利用を想定していた。旧城郭再利用の要塞を陸軍卿直結として重視したのは，「砲兵方面」（1873年鎮台条例制定時は未設置で，1875年2月設置の兵器の分配支給の管理機関）との関係で，支給された大量の武器・弾薬・兵器等を貯蔵・保管し，使用することは適切とされたとともに，旧城郭＝要塞が，時代が変わっても当面は，新政府の兵力行使用の象徴的防禦営造物とみなされたからである。たとえば，熊本鎮台が置かれた熊本城の防禦営造物としての防禦戦闘と戦略上で果たした役割は，西南戦争当時までは明確であった。鎮台が要塞を直轄化したのは有事・戦時における野戦隊と要塞との連携強化を目ざしたからであろう。

第四に，西郷陸軍卿の8月4日の再上申により，鎮台司令官の職務として徴兵事務の管掌を新設した。陸軍卿再上申は改正案第48条として新たに「凡ソ鎮台司令官ハ毎年陸軍卿ノ命ヲ受ケ其管下徴兵ノ事務ヲ管掌スヘシ」と起案し，当初の改正案第48条の「第四　入兵後備軍調馬軍法学校会計等ノ事務ニ就テ下令」(陸軍卿より鎮台司令官に直ちに下令される事項)に「徴兵竝ニ」を増設し，改正案の第49条とした(この結果，改正案は全55条)。鎮台司令官は軍管内徴兵事務に関して陸軍省派出の鎮師管徴兵課官員を指揮することになっていたが，徴集予定数の常備兵員確保のために徴兵事務の監督強化を目ざした。

ちなみに，陸軍卿再上申の時期は前年の陸軍省上申の徴兵令改正案が元老院の議定に下付された時期であった。この結果，1879年11月17日陸軍省布達第2号徴兵事務条例は鎮台司令官の職務として，徴兵署開設後に陸軍省布達の「徴集人員表」及び使府県作成・提出の徴兵諸名簿等を徴兵使に付与し，徴兵検査終了後に徴兵使作成・提出の「兵卒明細名簿兵卒検査名簿籤簿第一予備徴兵名簿第二予備徴兵名簿免役名簿免役料上納名簿」及び「軍管徴兵表」「軍管徴兵職業表」「軍管徴兵身幹表」の陸軍省宛進達を規定した。

法制局は鎮台条例改正案を審査し条文中に若干の修正等を施した。第1条中文言を「各種兵隊ハ分ツテ七軍管トナシ各軍管ニ鎮台ヲ置キ」と鎮台の配置を明確化したことなどである。ただし，1873年鎮台条例は当時の「布告」と「布達」との分界が判然しない時期に頒布されたが，本条例改正は参謀本部条例・監軍本部条例等にならって「達」による頒布が適切とされた。つまり，法律の頒布手続きとして「布告」と，行政上の命令の頒布手続きとして「布達」を区分し，本条例は官衙の設置と官員職務の規定であるが故に後者の手続きをとった。その結果，1873年鎮台条例を廃止し，本鎮台条例改正は新たに制定の手続きをとり，陸軍省・司法省及び府県に同制定を指令することにした。そして，9月5日の閣議了承と8日の上奏・裁可を経て，9月15日に制定を陸軍省・司法省と府県に指令した(太政官達第33号)。

(4) 1879年改訂の陸軍職制と帷幕・帷幄概念の明確化 ——帝国全軍構想化路線の法令的担保

参謀本部条例により法令用語として成立・採用された帷幕の概念をさらに考察するためには，1879年改訂の陸軍職制の成立の検討が必要である。まず，1879年改訂の陸軍職制の成立過程を検討する。

第一に，1878年12月の参謀本部条例と監軍本部条例の制定により，陸軍省管轄事務の基本を規定した陸軍省職制及事務章程との整合が課題になり，西郷従道陸軍卿は1879年4月25日付で「陸軍職制及省内事務章程並官等表御改正之儀ニ付上申」を太政大臣に提出した[36]。同省起案の「陸軍職制及省内事務章程」で注目されるのは（全3章〈第1章は陸軍省内職務，第2章は参謀本部と監軍本部も含む「各部各廨」，第3章は陸軍卿の奏請による施行事項と専決事項〉，全76条，本書では「陸軍省原案」と表記），参謀本部と監軍本部の職制を起案した第2章である。すなわち，同第19条は「参謀本部ハ陸軍参謀科ノ将校ヲ統轄スル所トス而シテ其部長ハ帷幄ノ密謀ニ参画シ辺防征討ノ事機ニ会シ違算莫ラシムルヲ任トス」と起案し，その「帷幄」は「部長」（参謀本部長）参画レベルであるが，天皇を中心とした高度な密謀の職務又は機関として新たに想定されていることに注目しなければならない。また，第20条は「是カ為ニ平時ト雖トモ事軍令ニ関スル者ハ本部長奏聞参画ノ責ニ任シ親裁ヲ経レハ陸軍卿奉シテ之ヲ施行ス」と，陸軍卿との関係で平時の軍令の親裁と執行体制を起案した。さらに，第21条は「其戦時ニ在テ監軍中将若クハ特命司令将官ヲシテ一方ノ任ニ当テシムルニ方テハ軍令ノ親裁ヲ経ル者直チニ之ヲ移シ帷幕ト相通報シテ間断莫ラシム」という，監軍中将・特命司令将官への（親裁された）軍令の執行体制との関係において起案された「帷幕」は，戦闘現場の軍・団レベルでの参謀職務機関を意味する（現場対応としての帷幕の概念）。

第二に，「陸軍省原案」は太政官法制局での審査結果，廃案になった。廃案理由は明記されていないが，おそらく，陸軍と天皇との関係が起案されていないこと，章構成を含む全体の条文構成が陸軍省からみた（陸軍省を基本にした）陸軍の職制関係の起案姿勢になっていること等，が法令の趣旨・規格からみて不十分とされたのであろう。その結果，陸軍省は再度調査し「陸軍職制」（全51条，1872年2月兵部省廃止後の陸軍の諸官衙の設置管轄関係等記述の前文が付く）

と「陸軍省職制事務章程」を提出した。本書では陸軍省の再度調査による起案を「陸軍省再調査案」と表記し，前者の「陸軍職制」の部分を扱うが，法制局の同年9月3日の審査による修正箇所を═══と表記し，修正の文言を〈 〉で表記する。

「陸軍省再調査案」は，第1条を「帝国日本ノ陸軍ハ一ニ天皇陛下ニ~~臣属~~〈直隷〉ス」とし，第2条を「陸軍卿ハ陸軍省ノ事務ヲ総判スルヲ掌リ其管掌ノ事務ニ於テハ~~太政大臣ニ対シ~~担保ノ責ニ任ス」とし，陸軍の天皇への直隷関係を示した。次に「陸軍省原案」との相当条文関係では，第5条を「凡ソ帷幄ノ中参謀長一人ヲ置キ機謀ニ参画シ辺防征討ノ事ニ於テ籌策布置ヲ掌ラシメ陸軍省ト脈絡ヲ通シテ間断ナカラシム」，第6条を「参謀長ハ参謀本部ノ長トシテ陸軍参謀科ノ将校ヲ統轄シ併セテ兵略ニ関スル図誌ヲ総理ス」，第7条を「凡ソ事軍令ニ関スル者ハ参謀本部長奏聞参画ノ責ニ任シ親裁~~ヲ経ル~~ノ後陸軍卿之ヲ奉行ス」，第8条を「戦時ニ至リ監軍中将若クハ特命司令将官ヲシテ一方ノ任ニ当ラシムルニ方テハ親裁ノ軍令ハ直ニ之ヲ監軍中将若クハ特命司令将官ニ下シ帷幕ト相通報シテ間断ナカラシム」，と起案した。すなわち，①第5，6条は帷幄のメンバーのトップとしての「参謀長」を置き，参謀長は天皇を軍隊統帥者とする戦時大本営的機関の長官であり，同参謀長には参謀本部の長（参謀本部長）がスライドするという，（帷幄の中の）参謀長＝参謀本部長の戦時におけるいわば兼務的体制を規定し，かつ，陸軍省との連携を規定した。②第7，8条の軍令の性格は「陸軍省原案」の記述と比較すればやや逆転し，あたかも平時を基準にした軍令とその親裁が基本・一般であり，戦時の軍令の執行は特記事項的に位置づけられたが，軍令執行に際しての帷幕との相互通報の規定にはほとんど変化はない。もちろん，ここで想定された帷幄は日本帝国で唯一の統帥機関を意味した。

第三に，「陸軍省再調査案」は1879年9月26日の閣議で上奏を決定し，太政官は裁可を経て制定されたことを10月10日に通知した。かくして，帷幄は戦時（又は戦時想定）における天皇（自身の任意・随意レベル）の高度な軍事相談機関としての趣旨・性格が法令上に新たに規定され，さらに日本帝国全体の唯一の帷幄としての性格・趣旨を濃くした。高度というのは陸軍省連携と軍行政を基本にした国家政策全体への対応を含むことはいうまでもない。かくして，

1879年陸軍職制改訂において高度な統治対応としての帷幄の概念が成立し，帷幄は天皇レベルの唯一最高の特設統帥機関にみあう法令上位概念としての位置を占めた。他方，参謀本部条例の現場対応としての帷幕の概念は陸軍職制改訂においてもほぼ踏襲され，帷幕は戦時の戦闘現場の軍・団レベルの参謀職務機関を意味するに至った。なお，参謀本部条例の帷幕は1885年7月の参謀本部条例改正における「[参謀本部長は] 帷幕ノ機務ニ参画スルヲ司トル」(第2条) の規定まで続いた。

この結果，1879年陸軍職制改訂において，陸軍統轄権の天皇への集中化，正確には，天皇への陸軍統轄権の復古的集中化がなされ，戦時における陸軍の参謀本部は日本帝国全体の唯一の参謀職務をになう機関であることが法令上で担保されたことになる[37]。この法令成立においては，もちろん海軍の参謀職務を無視し不要とする前提・想定があった。ここに，帷幄・帷幕などの古典的な参謀職務体制呼称の法令化とともに統帥権の天皇への復古的集中化が計られ，帝国全軍構想化路線が法令的に担保されることになった。

3　参謀本部体制下の1881年戦時編制概則の成立
――官制概念からの編制概念の成熟 (1) ――

参謀本部条例は，戦時に天皇自身の直接的な軍隊統率現場を想定した軍隊統帥機関 (帷幕) の設置を基本にした参謀職務体制を組立てた。その後，参謀本部の主要な調査・研究課題の一つとして，戦時と戦闘現場における兵力行使のための陸軍独自の業務・職務や機関・官衙等特設の計画策定に向った。そして，戦闘現場での兵力行使を支える諸特設機関の職務概要と定員等を規定したのが1881年5月19日陸軍省達乙第30号の戦時編制概則であった。本概則は「戦時編制」及び「編制」の用語を採用したおよそ最初の単独法令であるが，戦時の諸特設機関の職務規定 (官制規定に近い) から編制概念を成熟させたものとして注目される。以下，帷幕と軍令の概念のさらなる検討を含めて1881年戦時編制概則の成立を考察する。

(1) 1881年戦時編制概則の成立前史――帷幕体制の多用化と軍令概念の多義性

①参謀本部における「出師編制及職務綱領」の起草――国立国会図書館憲政資料室所蔵の『桂太郎文書』

1881年戦時編制概則はどのようにして成立しただろうか。

まず，第一に，国立国会図書館憲政資料室所蔵の『桂太郎文書』(十七)には，「出師編制及職務綱領」(参謀本部罫紙36枚と半分紙1枚，墨筆，日付欠)という文書表題の複製文書が編綴されている。本文書には，参謀本部の起草として推定できる「出師編制及職務綱領」の草案段階の章条款文と，同草案の章条款文に見せ消ち状的なものを含む数度の修正又は加除等を施した章条款文が混載されている[38]。すなわち，前者の草案段階のものは全6章・全31条から構成され(本書では「草案」と表記)，同「草案」はさらに数度の修正・加除が施されて全38条になったことがわかる(本書では「草案修正」と略記)。本文書はたんなるメモ風のものでなく，章・条項の構成からみれば，法令規則化を前提にして起草されたことは明確である。また，「草案」と「草案修正」の筆跡はともに参謀本部勤務の桂太郎のものであり，桂が横断的参謀官職統轄体制の中で「出師編制及職務綱領」を起草したことは明確である。ただし，「草案修正」は第三章相当の章立てがないので，最終的草案ではなく，起案・成案に至るまでにさらに調査・修正・加除が施されたことはいうまでもない。

第二に，「出師編制及職務綱領」の「草案」「草案修正」の章・条を再構成した章・条と1881年戦時編制概則(全5章41条，附表として「軍団本営人馬員数表」「師団本営人馬員数表」「旅団本営人馬員数表」の3表，以下「戦時編制概則」と略記)の章・条の構成は注38)の**表12**の通りである。ここで，「出師編制及職務綱領」の「草案」「草案修正」の章・条の構成と1881年戦時編制概則の章・条の構成がほぼ対応するように，1881年戦時編制概則は当初「出師編制及職務概則」の文書表題のもとに調査・起草されたことは明確である。

出師は台湾出兵事件時の挙国一致体制・外交政策・戦争経費運営，天皇の軍隊統率の明確化等の政策的・政治的体制も含む概念として成熟してきたが，「出師編制及職務綱領」の出師は当時の軍制技術上の概念を意味する。つまり，戦時の軍隊の大規模編成による兵力行使に対応した各級司令官・官衙・機関等の職務・業務の基本的概要を起草したのが「出師編制及職務綱領」である。ただし，従来の出師の用語と概念は，1881年戦時編制概則の調査・起案・制定過程でさらに厳密に検討されたとみてよい。

第三に，「出師編制及職務綱領」の起草時期はいつだろうか。起草時期の推定としては，「草案」及び「草案修正」の第一章第1条と第二章における「軍ノ編制」「軍本営」と，1881年戦時編制概則の同章同条における「軍団ノ編制」「軍団本営」のように，兵力編成単位の名称が「軍」から「軍団」に修正されて制定されたことを重視すべきである。つまり，起草時期としては1881年戦時編制概則の起案・制定における「軍団」編制の計画策定前である。この場合，1881年戦時編制概則制定に先立ち，大山巌陸軍卿は前年1880年12月25日付で「陸軍職制並陸軍省職制事務章程及鎮台条例中御改訂ノ儀ニ付上申」を太政大臣に提出した[39]。すなわち，1879年陸軍職制をさらに改訂し，同第8条の「戦時ニ至リ監軍中将若クハ特命司令将官ヲシテ一方ノ任ニ当ラシムルニ於テハ親裁ノ軍令ハ直ニ之ヲ監軍中将若クハ特命司令将官ヲシテ帷幕ト相通報シテ間断ナカラシム」を「戦時ニ在テ親裁ノ軍令ハ直ニ師団長或ハ軍団長若クハ特命司令将官ニ下シ帷幕ト相通報シテ間断ナカラシム」に改めることを起案した。

ここで，「軍団長」などへの軍令下令の起案が陸軍省と参謀本部との協議を経たことを考えれば，既に参謀本部は「軍団」の編制の計画や方針を積極的に調査・承知していたことは明確である。すなわち，逆にみれば，陸軍職制改訂にかかわる陸軍省と参謀本部との「軍団」の編制の計画・方針の調査・協議の以前において，「軍ノ編制」「軍本営」が含まれた「出師編制及職務綱領」が起草されたとみるべきだろう。あるいは遅く推定しても，陸軍職制等改訂の大山巌陸軍卿の上申前には「出師編制及職務綱領」が起草されたとみるべきである。また，「経理部」の管轄下に「軍用電信隊」が位置づけられているので，「出師編制及職務綱領」の起草時期は1880年2月軍用電信隊概則制定後から同年12月までの時期を想定できる。なお，陸軍職制並陸軍省職制事務章程中改正は1881年5月13日に太政官布達第39号により布達された。

②「出師編制及職務綱領」の特質1――戦時における帷幕体制の多用化

以下，「出師編制及職務綱領」の第一章を中心にして，その「草案」と「草案修正」を基本にして考察する。

第一に，「草案」と「草案修正」の第一章は，「軍隊編制ノ総則」とされ，戦時の軍隊全体の編制を意味するが（基礎的兵力編成単位としての連隊，大隊，中隊を含む），その編制内容は，①戦時対応の固有・特設の大規模兵力の編成単位としての軍・師団・旅団の編制の基本的概要を起草し，②第二章以降の条構成のように，軍・師団・旅団の「本営」（司令部体制）の内部機関を記述したことが特質である。したがって，連隊・大隊・中隊等の戦時編制の兵員定員等の具体的な組立てを起草していない。その場合に，「草案」は「軍ハ二師団乃至四師団ヲ以テ編成ス」と記述したが，「草案修正」は「軍ハ数個ノ師団ヲ以テ編成ス」と修正し，師団の組合せ数に柔軟性をもたせた。なお，師団（師団長は中将）は2～3個の旅団により編成し（第2条），旅団（旅団長）は歩兵2個連隊又は3個連隊と，騎兵1個小隊・砲兵1個大隊・工兵1個中隊・輜重兵半小隊により編成するとした（第4条）。

第二に，「草案」は，「軍ハ大将若クハ中将之ヲ統率シ之ヲ軍指揮長官ト云フ指揮長官ハ帷幕ニ参謀将校及諸官ヲ置キ其他本営ニ各部ヲ置ク之ヲ総称シテ軍本営諸官ト云フ」と起草した（「草案修正」は無修正）。ここで，「帷幕」の用語が記述された。また，「草案」は軍の統率者を「軍指揮長官」（大将又は中将）と記述し，軍指揮長官を軍本営（の諸官）から相対的に区別した機関とした。そのため，軍本営諸官の職務中には特に規定されず，同職務は軍の統率と具体的な帷幕の管理と師団長への軍令の発令・施行が中心になる。その場合，「草案」は，軍本営のみでなく，第2条で「師団長ノ帷幕ニ参謀将校及諸官ヲ置キ」と，第4条で「旅団長ノ帷幕ニ参謀将校及ヒ諸官ヲ置キ」と記述し，帷幕は戦時の軍指揮長官・師団長・旅団長の各職務に対応して置くことを起草した（「草案修正」は無修正）。つまり，1879年陸軍職制規定の帷幕の概念とレベルをふまえ，帷幕を戦時編制下の軍・団の指揮長官に対応して規定したことが特質である。さらに，「草案」の第9条は経理部の経理部長に対して「経理部長（ハ指揮長官ノ補任ニシテ）帷幕ノ機務ニ参与シ全軍中凡百ノ軍資諸物ヲ調弁シ（支給及）会計給養ノ事務ヲ統括シ兼テ（又）人馬ノ補充（及）電信交通及（衛生事務等ノ）陣中病院（及陣中病馬廠）ノ事務ヲ総理スルヲ司ル」と，帷幕の機務への参与を起草した（ただし，「草案修正」では（ ）内削除を除き無修正）。

この結果，軍団本営を参謀部と経理部に大別し，経理部のトップに中将又は少将を配置し，さらに，参謀科将校も組入れ，同業務・職務の重要性を戦略・作戦計画と用兵指揮上からも位置づけた。

第三に，「草案」は，軍の本営諸官は参謀部（参謀長は中将又は少将1，参謀副官は参謀大佐1，参謀中少佐の内2と大中尉の内2が副官，少佐1が次副官，大中尉の内1が伝令使，他に属僚〈少佐大中尉の内3，砲兵中少佐の内1，工兵中少佐の内1〉）及び経理部（経理部長は中将又は少将1，次長は参謀大佐1，他に属僚〈大中尉の内3〉）に大別するとした。その上で，経理部にも陸軍武官表（参謀科）上の参謀大佐を配置したことは，1873年幕僚参謀服務綱領が戦時の経理・会計・給与・補充等の管理も規定し，さらに，1879年5月陸軍省達乙第39号幕僚参謀条例が会計官や給与事務等の管理を規定したことを踏襲し，経理部の業務に参謀官（参謀大佐）を配置したのであろう。つまり，主として参謀部は戦線の戦闘直結の作戦・用兵等の計画を業務とし，経理部は兵站業務の経理・会計・給与等の管理を職務とする意図があるが，双方ともに参謀官が担当するので，当時の参謀官は総合業務担当者になる。

さらに，参謀部の管轄下に，裁判官（評事権評事中1・大中主理中1・大中少録事中2），伝令騎兵隊（半小隊），憲兵部（大尉1・中尉2・少尉2・下士計14・兵卒計40・喇叭卒4からなる憲兵1隊，監獄と会計卒若干名により囚獄を管轄），楽隊を組込み，時宜により「測量図画掛」の下士あるいは文官数名と外国戦では訳官数名を置くとした（「草案修正」は諸官の名称・人員等を修正，経理部管轄下の軍用電信隊を参謀部の管轄にする）。したがって，参謀部はたんに戦線の戦闘直結の業務・職務のみではなく，軍司法等の行政部門も管轄する総合業務担当機関になる。

他方，経理部の管轄下には，会計部（会計監督1・記録掛会計軍吏1・軍吏副補中1・会計書記数名，計算・糧食・被服・運輸・郵便の5課），砲廠（長は砲兵大佐又は中佐1，属僚は砲兵佐尉官及び上等監護数名，他に下士・諸工長等），工廠（長は工兵中佐又は少佐1，属僚は工兵尉官及び上等監護数名，他に下士数名），輜重廠（長は中佐又は少佐1，中少尉中2及び下士数名を付け，輜重兵2小隊を置き，輜重輸卒や役夫を幹隊とする），馬廠（長は騎兵少佐1，属僚は騎兵尉官数名，他に馬医1・馬医副補1・馬医生2），軍用電信隊（提理は参謀中佐又は少佐1，副官は大尉1，輜重官は少尉1，第一電信隊と第二電信隊を置く），補充営（司令は中佐又は少佐1，副官は大尉1，他に中少尉及び下士数名），陣中病院（長は軍医監1，他に医官数名・薬剤官数名・会計官数名と看病人・会計書記・看病卒等），を置くとした。また，戦線と軍本営との遠隔化に応じて，漸次に経理部支局と陣中病院の「支病院」を配置するとした（「草案修正」は会計部に病院を加え，陣中病院を病院に修正し，病馬廠を置き，補充営に養生所を管轄させ，他諸官の名称・員数等を修正し，輜重廠中の役夫を削除）。「草案」「草案修正」における経理部の特質は，後方の兵站勤務を重点とするが，補充・補給を重視する観点から武器・弾薬・材料等の準備・保管・修理・配与等を職務とする砲廠と工廠を位置づけた。

第四に，第2条の「師団編制」は師団本営諸官として，①師団長の「帷幕」に参謀将校と諸官を置き（参謀長は少将又は参謀大佐1，他に参謀大佐以下参謀科将校6，伝令使1，砲兵少佐又は大尉中1，工兵少佐又は大尉中1，裁判大中少主理中1，等），これらを参謀部とし，伝令騎兵半小隊と時宜により測量図画掛数名と外国戦では訳官数名を置き，参謀部の管轄にする，②会計官，憲兵と医官を置くとした。さらに，師団には予備砲兵1個大隊と予備工兵1個中隊を置き，「部下各方面ノ緩急ヲ見テ応用スルコトアリ」とされ，師団直属の砲兵と工兵の部隊編制が意味されるが，参謀部による統轄はいうまでもなく，1878年参謀本部体制の現場部隊直轄思想が現われた。なお，第3条には「独立師団編制」が起草されたが，同本営の編成はおよそ軍の本営の編制に準ずるとされた。

第五に，旅団の本営諸官は，参謀部（参謀長は参謀大佐又は中佐1，他に参謀少佐以下参謀科将校3，副官は大中尉1，裁判官，伝令使の中少尉中1，時宜により測量図画掛の下士・文官や外国戦では訳官を置く），砲兵部（部長は砲兵少佐1，他），工兵部（部長は工兵少佐1，工兵1中隊），会計部（部長は会計一等副監督又は二等副監督1，部中は計算・糧食・被服・病院の4課），軍医部（部長は一等軍医正又は二等軍医正1，他に軍医・薬剤官・看病人・看病卒，旅団病院及び大小の繃帯所を分属），馬医部（部長は馬医副又は馬医補），輜重部（部長は大尉1，輜重兵半小隊を輜重輸卒の幹隊とする），憲兵部（部長中尉1，将校2・下士13・兵卒・40・喇叭卒2による憲兵1隊，監獄1・会計卒数名による囚獄管理），と起草し，師団編制よりもやや編成内容記述が詳しい。なお，「草案修正」は，参謀部の裁判官を「大中主理ノ中一名中小録事中一名」とし，軍医部を病院に，馬医部を病馬廠に，輜重部を輜重廠に，憲兵部を憲兵に各々修正した。

以上，「出師編制及職務綱領」の第一章は，その「草案」「草案修正」には文書表題として「出師編制」を記述し，同第一章に「軍隊編制」を記述しつつも，正確には，戦時の軍・師団・旅団の各々の本営を構成する内部機関と同諸官の官等・員数を起草したことが特質である。つまり，戦時の本営（司令部体制）の編成概要を起草したが，参謀部の編制を中心にして，戦闘（戦線，戦列）に密着した現場部隊（軍編制下の軍用電信隊，師団編制下の予備砲兵隊・予備工兵隊）を直轄・直属化したことが注目される。これは，師団の帷幕機関を含む本営が，戦闘の展開に対応して特に後者の直属の予備砲兵隊・予備工兵隊の兵力を応用することを意図した。つまり，1878年参謀本部条例が平時戦時混然一体化の参謀本部体制を成立させたことにもとづき，帷幕の機関・体制自体（参謀職務機関・参謀職務体制）が軍・師団・旅団毎に編成されるとともに戦線・戦列の現場を指揮・管理する論理を生み出した。すなわち，下方設置志向をもった現場対応としての帷幕の概念の成立のもとに，戦時における帷幕体制の多用化が生まれた。

③「出師編制及職務綱領」の特質2――軍令の多義性

「出師編制及職務綱領」の第二章以下は，戦時の軍・師団・旅団の各本営諸官の職務を起草した。「草案」起草の軍本営の参謀部以下の機関区分は，たとえば，西南戦争時の征討軍団（征討軍の総司令部，合計人員1,178名，1877年9月24日調の「軍団各部人名表」による）に置かれた参謀部（伝令使を含む，計99名）・会計部（本部，監督課，司契課，糧食課，被服課，病院課，他，計482名）・軍医部（計106名）・砲兵部（計237名）・輜重部（計45名）・運輸局（計87名）・裁判所（計13名）・軍用電信掛（計74名）・旧別働第五旅団（計5名）・工兵第六方面（計30名），の機関をさらに整備させたことはいうまでもない[40]。

次に，「草案」第5条は軍本営の参謀部の参謀長の職務を起草した。本起草の戦時の参謀職務機関・参謀職務体制の構想は重要なので，長文に及ぶが第5条を引用する。なお，「草案修正」の削除等は起草文章上に押点されたものであるが，本引用では見せ消ちの――によって表記した。また，引用中の〈 〉内は

「草案修正」等における修正・増設を示し，［ ］内は遠藤の注記である（以下同様）。

一　参謀長ハ~~指揮長官ノ補任ニシテ~~帷幕ノ機務ニ参画シ〈指揮長官ノ命ヲ行下シ〉~~戦略上ノ動静進退及情態ヲ案知シ作戦ノ目的部署ノ大旨ヲ部下ニ通徹シ~~*全軍一般ノ事務ニ参判シ可否ヲ献替〈シ且幕僚ノ事務ヲ整理〉~~スルヲ司ル~~スルヲ司ル

一　参謀長ハ~~指揮長官ノ命ヲ施行シ~~且常ニ経理長及ヒ師団長ト通報シ全軍中ノ事情ヲ知悉シテ~~指揮長官ニ申告シ~~其他細事ニ至テハ予メ指揮長官ノ旨ヲ体シテ躬ラ指示教諭令スヘシ

一　凡ソ戦略戦法ニ関スル軍令ハ指揮長官ヨリ各師団長ニ達〈ス〉~~シ会計給養ニ関スル命令ハ直ニ各旅団長ニ達シ或ハ事ノ非常重大ナル者ハ各師団長ニ達スルヲ法トス~~其軽重緩急ヲ酌量シテ事ノ秩序ヲ紊サス発差ノ時機ヲ謬ラサルハ亦参謀長ノ責任トス

一　凡ソ会計給養其他経理ニ関スル事件ハ経理長ノ専任スル処ト雖トモ参謀長其商議ニ干与シ又経理上ノ事ニ於〈就〉テ意見アレハ之ヲ経理長ニ陳述シ或ハ指揮長官ニ上申スルノ権ヲ有ス

一　定期ノ報告ハ勿論其他諸団隊ノ兵員部署及ヒ行軍戦闘等洽テ緊要重大~~ノ~~〈ナル〉事件ハ目下ノ事情ヲ尽シ~~指揮長官ノ名ヲ以テ~~参謀本部長又時宜ニ由リ陸軍卿ニ~~通知~~〈申告〉スヘシ

一　~~参謀副長ハ参謀長ヲ輔翼シ其命令ヲ奉シテ百般ノ事ヲ整理シ参謀長不在ノ時ハ当務ヲ代理ス~~〈参謀副長ハ参謀長ノ職務ヲ補助シ其ノ命ニ従ヒ百般ノ事ヲ整理ス〉

［中略］

一　参謀佐官ノ内一名本営司令ノ職ヲ兼任シ本営ニ属スル一般ノ舎〈陣〉営ヲ管シ本営衛兵及哨兵ノ位置ヲ定メ且衛兵長及憲兵部〈隊〉長ヲ指揮シテ~~営中ノ~~軍紀風紀ヲ維持スルヲ司ル

［中略］

一　行軍序列及ヒ戦闘序列ヲ整頓シ偵察測地写景差役及陣営ノ経画等ヲナスハ参謀将校ノ主任ニシテ又時宜ニ由リ兵隊ヲ指導シ或ハ特〈ニ其ノ〉~~命諸兵ノ小部隊ヲ混合スルニ方リ之ヲ~~指揮〈ヲ任スル〉スルコト

アリ

一　副官ハ~~参謀長ノ命ヲ奉シテ一~~般ノ庶務ヲ専任シ諸方〈ト〉ノ通報往復ヲ司リ諸文書記録ヲ管理シ且軍人軍属ノ賞罰黜陟命課〈取扱〉ノ事死没人員ノ調査及其通知等ノ事〈等〉ヲ任〈ス〉~~シ次副官及書記ヲ指揮シテ分掌セシムル~~

［中略］

一　幕僚ノ砲兵佐官及工兵佐官ハ各其本科ニ関スル目下ノ事情ヲ知悉シ指揮長官〈或ハ〉~~及ヒ~~参謀長ノ顧〈諮〉問ニ応スルヲ任トシ〈城郭堡塞攻守〉~~攻戦~~ノ画策ニ参与シ且特ニ命ヲ奉シテ〈其ノ〉~~攻城~~事業ニ従事ス可シ其他事多端ノ際ハ参謀ノ職務ヲ分掌セシムルコトアリ

［下略］［*は「草案修正」でさらに復活］

第一に，第3項の「凡ソ戦略戦法ニ関スル軍令ハ指揮長官ヨリ各師団長ニ達シ」云々の「軍令」がある。本軍令は，①「草案」第四章第19条第2項（「師団本営諸官ノ職務」の参謀部）における「凡ソ戦略戦法ニ関スル軍令ハ師団長指揮長官ノ令ニ遵ヒ旨ヲ体シ而シテ師団ノ軍令ヲ画定シ各旅団ニ行下スル者トス」，②「草案修正」第四章第21条第1項（「師団長及ヒ師団本営諸官ノ職務」）の「師団長ハ指揮長官ノ令ニ従ヒ計画ノ旨ヲ体シ而シテ師団ノ軍令ヲ画定シ部下ノ諸団隊ヲシテ画一ノ令ヲ守ラシメ」云々，③「草案」第六章第24条第2項（「旅団本営諸官ノ職務」の参謀部）における「参謀長ハ旅団長ノ命ヲ施行シ作戦ノ方略及其目的ヲ部下ニ通徹シ戦略戦法ニ関スル軍令ハ事ノ秩序ヲ紊サス時機ヲ誤ラサルヲ責任トシ」云々の「軍令」にも対応し，これらの軍令の用語は同一の意味と性格を含む。つまり，本軍令は戦時の軍・師団・旅団レベルでも使用され，戦略戦法等を基本にした軍中の命令（戦時の軍制技術上の各種命令）の総称的な意味と性格を含む概念である[41)]。それ故，本軍令は日露戦争後の1907年の軍令第1号の「軍令ニ関スル件」のような，天皇の平時の対軍隊命令の決定・執行の基本規格を規定した法令格式上の軍令ではない。

もともと，軍令は，1878年参謀本部条例制定時にも，戦時を中心にした軍制技術上の各種命令として起案・計画・策定・決定・施行されるものを総称していた（親裁の最上級の命令も含む）。この場合，1878年参謀本部条例の軍令は陸軍省との業務・職務内容の分担や範囲の区分・区別を基準にしたが，同軍令の総称のもとに起案・計画・策定・決定・施行される各種命令の範囲や内容の管轄・関与が東京に置かれた参謀本部とその長の参謀本部長のレベルのみに占有されるものではなかった。

ちなみに，1879年5月幕僚参謀条例は，監軍部と近衛・鎮台の幕僚参謀（大中佐1名の参謀長，他参謀科等の将校からなる参謀等を置く）は参謀本部より派出され，派出中はそれぞれの長官に隷属してすべての参謀事務に服することを規定したが，その第8条は「凡ソ参謀長並ニ参謀ハ軍令ノ参画ニ関スル事項ニ就テハ参謀本部長ノ命ヲ奉シ定期及ヒ臨時ノ報告ヲ呈シ」云々と，近衛・鎮台のレベルでも固有な軍令の参画業務が存在することを示唆した。つまり，1878年監軍本部条例と1879年鎮台条例及び1879年改訂の陸軍職制を含めて，1878年参謀本部条例制定当時の軍令は，反復するが，戦時の軍制技術上の各種命令を含む総称的な用語であり，多義性・多用性をもった概念であった。

第二に，軍本営の参謀長の職務は会計給養や経理等にかかわる経理長との協議もあり，また参謀部諸官の職務は憲兵隊の指揮や賞罰・人事関係や死没者調査なども含み，参謀佐官1名は本営司令職を兼任するなど，軍本営参謀部は本営内一般司令業務や行政的・司法的業務にも従事することが特質である。特に，注目すべきは，「草案」第5条における，軍本営の参謀長は指揮長官の名により，参謀本部長又は陸軍卿に通知・申告する職務設定の起草である。これは，参謀長が指揮・司令職代理の性格・趣旨を含むことになるので，「草案修正」では「指揮長官ノ名ヲ以テ」が削除された。しかし，参謀長から陸軍卿への通知・申告の職務の明記は，指揮・司令職の系統をめぐる問題を残したと考えられる。

軍本営参謀部の職務の多面性に関連して，第二章第7条の憲兵部の職務を「憲兵部〈隊〉長ハ直ニ本営司令官タル参謀佐官ニ隷〈属〉シ〈本営〉一般ノ軍紀〈風紀〉ヲ維持シ静謐ヲ保持シ犯人ヲ追索捕縛護送シ殊ニ土民ヲ保護シテ劫掠其他ノ凶暴ニ遭ワサラシムルヲ任トシ且本営ノ囚獄ヲ監ス」と起草し，本来の警察業務の他に本営内の軍紀風紀の維持や「土民」の保護等の行政業務を含めた。また，副官の死没人員調査の職務は戦時の人事の異動関係の記録管理上必須であり，「草案」第四章の「師団本営諸官ノ職務」中の副官職務にも死没人員調査が起草された。なお，「草案修正」は軍団と旅団の会計部病院課の職務として死没者の埋葬等を起草した。戦時の死没者扱いの職務は1876年海外出師会計部各課心得書の病院課業務になっていたので，病院課が同職務を継承したのであろう[42]。ただし，病院内の死没者扱いや工廠における死没者の棺槨墓標製作職務は一旦起草しつつも削除された。

④「出師編制及職務綱領」の特質3――行政機関等との戦時連携職務，戦時職務の即事的な起草

その他，「出師編制及職務綱領」の「草案」第三章以下で注目されるものをあげておく[43]。

第一に，戦時編制に伴う他行政機関等の戦時連繫職務発生を起草した。特に，①経理関係では陸軍省や他省庁等との連繫による軍需用物品の確保，陸軍卿や参謀本部長への通報，②会計関係では郵便・逓送業務にかかわる内務省管轄の郵便局との締約，③電信隊は工部省管轄電線との接続・転用業務，④軍中病院と補充営養生部（「草案修正」で増設）では地方病院への患者転院等，博愛社（日本赤十字社の前身）等との協議，地方医の徴用・使用，の起草が注目される。特に③は明確に国内の戦場・戦地を前提にしたが，①②④は国内・国外の戦場・戦地に対応した。ただし，「草案」第9条の「軍税・租税」の賦課の起草は外国占領地を想定したが，戦時の国際法との調整もあり，「草案修正」では削除されたと考えられる。

第二に，「草案」における戦時職務が即事的に起草された。たとえば，軍中病院における博愛社の明記であり，第13条の軍本営の輜重廠及び第30条の旅団本営の輜重部における役夫の配賦・指揮とその軍紀風紀維持等の明記である。博愛社が西南戦争時に創立され政府は同事業を認可した。また，西南戦争で膨大な傭役人夫の採用も周知され，実際の戦争ではこの種の役夫の必要は認識されていた。しかし，認可され，必要とされたとしても，法令規則に即事的に明記することはなじまないとして，「草案修正」では削除したと考えられる。つまり，軍隊の編制に関する法令規則は同職務・業務にかかわる権力行使作用を含むが故に，特定の半官・半民団体や民間人に対する指揮・司令等の直接的規定を避けたのである。

なお，ここで，役夫であるが，1876年制定の戦地参謀長及憲兵司令部服務綱領は「一　人夫ノ賃傭船車ノ借上ケ等ハ自在タルヘシト雖トモ其辞柄ハ極メテ和カニシテ威逼セサルコト肝要タリ是等ハ憲兵司令ノ尤心得ヘキ所ナリ」

「一　総テ此等ノ事ヲ行フハ皆土民ノ管轄定リタル後ニ其官憲ト定メタル者ニ照会シテ做スヘキ事ニテ本来ノ官憲逃亡ナトシタル時ハ郷村ノ里胥[りしょ]父老ノ会議ヲ興サシメ議決セシムルヲ善トス」云々と規定し[44]，その賃傭による採用は戦地・敵地・外国等の現地でも可能としていた。ただし，「草案」第30条の輜重隊長の輜重輸卒と役夫に対する軍紀風紀維持の職務明記は，西南戦争時の傭役人夫の軍紀風紀の弛緩を教訓化したものであろう[45]。そういう点では，「草案」は西南戦争の戦闘と補給・兵站業務の教訓化を反映させたものであることはいうまでもない。

(2) 1881年戦時編制概則の成立――編制概念の成熟促進

「出師編制及職務綱領」の起草後に，「出師編制及職務綱領」の特に「草案修正」がさらに整理・整備された。この場合，まず，「出師編制及職務綱領」が「戦時編制概則」になった理由を考察しなければならない。

①プロイセン軍制の調査――『独逸参謀要務』の邦訳における出師概念の限定化

参謀本部設置後に参謀本部はプロイセン軍制の調査・研究を進めた。プロイセン軍制の調査・研究対象で重視したのは参謀体制・参謀職務であった。これに関して，プロイセンのシェルレンドルフ著『独逸参謀要務』(著者が陸軍大佐近衛参謀長時代の1875年に執筆・出版) が，陸軍文庫訳により1881年6月に刊行された[46]。邦訳出版において巻頭に参謀本部長山県有朋の5月の「叙」を付した。そこでは，最近，参謀本部の将校が「会読此書印刷」するに至ったが，諸将校が戦法戦略布陣給養等の本書内容を悉く実践的に折衷していくならば「日本帝国参謀要務書」になり，その「全軍精神」の発揮は果たしてどのくらいになるだろうか，と賛辞を記述した。つまり，参謀本部内では「戦時編制概則」の調査・起案と平行して，シェルレンドルフ著『独逸参謀要務』の会読・邦訳作業を進めたことは明らかであり，同書研究により参謀本部の参謀職務は (陸軍に限らない) 日本帝国全体の参謀職務としての構えが備わることを期待された。山県の「叙」は帝国全軍構想化路線に立った上での賛辞に他ならない。

さて，シェルレンドルフ著『独逸参謀要務』は膨大であり，その「後編巻二」には「軍隊戦時編成法」がある。そこでは「軍隊ノ平時編成ヨリ戦時編成ニ転遷スル時ニ修ムヘキ作業ヲ総称シテ出師（モビリザション）ト云フ」と訳出された[47]。従来，「出師」の用語・概念として，出兵及び出兵にかかわる軍制技術上と行政上の総合対策・総合業務が含まれていたが，ここでは，平時の編成から戦時の編成への独語の「mobilisation（モビリザション）」すなわち「動員」の意味に限定化・特定化されたことが注目される。つまり，モビリザションに「出師」の訳語を与えることによって，逆に従来の古典的な意味での出師概念を廃棄した。これにより，参謀本部は，軍制上は出師（モビリザション）の独自な作業・手続き計画の将来的策定の認識をもち，戦時の軍隊の編制内容自体を「出師」の用語（「出師編制及職務綱領」）で調査・起草してきたことは，用語上・概念上で不適切としたことはいうまでもない。この結果，「出師編制及職務綱領」の「出師」を棄却し，戦時の軍隊の編制（organization）としての「戦時編制」の用語を初めて採用し「戦時編制概則」の起案・制定を進めた。

参謀本部のプロイセン軍制の調査・研究により，「出師編制及職務綱領」の「草案」の他の用語も変更した。たとえば，「草案」の第一章第1条の「軍ノ編制」を「軍団ノ編制」と修正し，「軍団ハ二箇若クハ三箇ノ師団ヲ以テ編制シ」と規定し，「軍団」の用語を記述し師団・旅団の「団」の用語にも照応させようとした。ここで，「軍団」の用語は陸軍省編『軍制綱領』に記述されている。また，西南戦争時の「軍団」は政府の征討軍の総司令部を意味し，兵力編成単位を意味しなかった。それ故，「戦時編制概則」の「軍団」の用語の使用と規定は陸軍省編『軍制綱領』の兵力編成単位の意味に近いが，シェルレンドルフ著『独逸参謀要務』のプロイセンの軍団（師団の上位の兵力単位）にならったのである。

②1881年戦時編制概則の特質――戦時編制の用語採用開始＝戦時編制概念の転換準備促進

1881年戦時編制概則を「出師編制及職務綱領」の「草案」「草案修正」などと対比させれば，次のような特質が出てくる。

第一に，「草案」の「帷幕」の設置の考え方としての，戦時における帷幕体制の多用化は「戦時編制概則」にも踏襲された。すなわち，第一章第1条の軍団の編制においては「軍団長ノ帷幕ニ参謀将校及ヒ諸官ヲ置キ其他本営ニ各部ヲ置ク之ヲ総称シテ軍団本営諸官ト云フ」の記述を含め，師団長及び旅団長の帷幕を同様に規定した（第2，4条）。つまり，軍団本営中に軍団の参謀部を（同参謀長は「帷幕ノ機務ニ参画シ」），師団本営中に師団の参謀部を（同参謀長は「帷幕ノ機務ニ参画シ」），旅団本営中に旅団の参謀部を（同参謀長は「帷幕ノ機務ニ参画シ」），各々置いた。この結果，陸軍全体の戦時の帷幕体制と参謀長の系統は，1881年陸軍職制改訂のものも含めるならば，次のようになる。すなわち，天皇の帷幄の参謀長（参謀本部長が参謀長にスライド）→軍団の帷幕の参謀長（参謀長は中少将１名）→師団の帷幕の参謀長（参謀長は少将又は参謀大佐１名）→旅団の帷幕の参謀長（参謀長は参謀大中佐１名）となり，一貫した天皇の帷幄・帷幕体制と参謀長系統が成立したことになる。

第二に，①「草案」第二章第5条の軍本営の参謀部の「凡ソ戦略戦法ニ関スル軍令」，②「草案」第四章第21条の師団本営の参謀部の「凡ソ戦略戦法ニ関スル軍令」，③「草案修正」第四章第21条の師団長の「師団ノ軍令」，④「草案修正」第六章第24条の旅団本営の参謀部の「戦略戦法ニ関スル軍令」に起草された「軍令」の記述はやや整理された。その場合，「戦時編制概則」の軍団本営の参謀部の職務は「参謀長ハ帷幕ノ機務ニ参画シ軍団長ノ命ヲ奉シ軍団一般ノ事務ニ参判シ可否ヲ献替シ且部事ヲ整理スルヲ掌ル」「参謀長ハ戦略上ノ動静進退及ヒ情態ヲ按知シ作戦ノ目的部署ノ大旨ヲ通徹シ又常ニ各師団長及ヒ本営各部長ト通報シテ一般ノ事情ヲ知悉シ其緊要ナル事件ハ之ヲ軍団長ニ申告シ細事ニ至テハ予メ軍団長ノ旨ヲ体シテ躬ラ指示弁明ス可シ」「凡ソ命令ハ軍団長ヨリ各師団長ニ達ス其軽重緩急ヲ酌量シテ事ノ秩序ヲ紊サス発差ノ時機ヲ謬ラサルハ参謀長ノ責任トス」とされ，「軍令」の記述は消えた。そして，第3項目に「凡ソ命令ハ」云々と記述した。これは，本質的には「草案」上の軍令と大差はないが，「戦時編制概則」の起案・制定過程において，軍令の用語と趣旨に関して一定の調査・検討がなされたとみてよい。つまり，特に軍・軍団レベルの軍令に関しては，「戦時編制概則」制定の数日前の陸軍職制の改訂では「戦時ニ在テ親裁ノ軍令ハ直ニ師団長或ハ軍団長若クハ特命司令将官ニ下シ」（第5条）と規定されたが故に，親裁レベルの軍令＝軍・軍団レベルに発令される軍令とし，その結果，軍令の重複規定を避けたのであろう。

他方，「戦時編制概則」は，①第三章第19条の師団長の職務として「師団長ハ軍団長ノ命ニ従ヒ其計画ノ旨ヲ体シ而シテ師団ノ軍令ヲ区定シ応援分合其宜シキヲ得セシメ以テ作戦ノ目的ヲ達スルヲ任トシ且師団中百般ノ事務ヲ董督スルヲ掌ル」と規定し，②同第20条の師団本営の参謀部の参謀長の職務として「参謀長ハ作戦ノ方略及ヒ其目的ヲ団部ニ通徹シ軍令ノ行下ニ方テハ其軽重緩急ヲ酌量シテ事ノ秩序ヲ紊サス発差ノ時機ヲ誤ラサルヲ責任トス」と軍令行下を記述した（第五章第32条の旅団本営の参謀部の参謀長の職務も同様の記述）。師団・旅団の本営レベルでも軍令の決定と発令・施行は「草案」を踏襲して規定した。つまり，「戦時編制概則」は軍令の記述を整理したが，軍令の多義性・多用性を踏襲・継続した。

第三に，「草案」「草案修正」第十章の軍本営の会計部に置いた運輸課は，「戦時編制概則」第一章第1条では昇格し運輸部になった（長は大佐1，属僚は中少佐中3・大尉5・中少尉中8，他に下士と会計卒若干名）。また，師団本営も運輸部を置き（第2条），運輸業務を重視した。すなわち，第17条の運輸部の業務を，①「運輸部長ハ軍団長ニ隷シ貨幣，糧餉[りようしよう]，被服，武器，弾薬，材料，器具其他凡百ノ物品並ニ人馬ヲ運送スルヲ掌リ属僚以下ヲ督シテ事務ヲ整理ス且運輸支部毎トニ課僚或ハ会計書記ヲ配置シ部務ヲ分任セシム」とし，「草案」「草案修正」では輜重廠の業務とされた物品運送を規定し，②「草案」「草案修正」では輜重廠の業務との区別が必ずしも明確でなかったものを「団隊ノ位地運輸路ノ便否ニ由リテハ直ニ旅団本営ニ運送スルコトアリ但運輸部ノ任務ハ軍団本営ヨリ師団本営或ハ旅団本営ニ送達スルニ止リ其戦線ニ物品ヲ運送スルハ輜重隊ノ主掌ニシテ運輸部ノ関スル処ニ非ス」と規定し，輜重廠の業務（戦線への運送，輜重隊の指揮）との区別を明確にした。

さらに，軍団本営では戦闘の状勢により「兵站ノ便宜ニ従ヒ運輸支部ヲ置クコトアル可シ」とされ，「軍団支病院ヲ配置スルモ亦右ニ準ス而シテ支病院及ヒ電信郵便所等ハ兵站ノ便宜ニ依ルト雖モ勉テ運輸支部ト同地或ハ其近辺ニ置ク者トス」のように，運輸支部の設置を「兵站」との関係で規定したことも注目される（第1条）。この兵站は，1876年海外出師会計事務概則の兵站の端緒的成立により，およそ，戦場・戦闘地域や戦線との関係における職務として，運輸部管轄地域内の業務を担当させたのであろう。また，兵站の用語はおそらく法令上で初出と考えられる（シェルレンドルフ著『独逸参謀要務』での訳出）。なお，患者・死者の運送も運輸部の管掌とした（師団の運輸部も同じ）。その他，戦場・戦地での死者の埋葬等は軍団・師団・旅団の工兵部の職務になり，埋葬地の設備と棺槨墓標の製作等を管掌した。

第四に，附表を検討しておく。①「軍団本営人馬員数表」における人馬員数は，将官2，上長官（佐官）30，士官（尉官）118，准士官3，下士350，卒775，軍属（職工，馬丁）220，合計人員1,498，馬匹104である。②「師団本営人馬員数表」における人馬員数は，将官2，上長官（佐官）13，士官（尉官）45，准士官2，下士88，卒239，軍属（職工，馬丁）112，合計人員501，馬匹41である。③「旅団本営人馬員数表」における人馬員数は，将官1，上長官（佐官）9，士官（尉官）59，下士145，卒488，軍属（職工，馬丁）104，合計人員806，馬匹57である。旅団本営の卒人員が師団本営卒人員よりも多いのは，旅団の病院に配置された卒（315）が，師団病院に配置された卒人員（80）よりも多いことなどによる。

次に，戦時の軍団・師団・旅団の各本営人馬員数も含む戦列軍団隊の兵力総計は，旅団のみが「旅団本営人馬員数表」の「備考」欄に記載されている。それによれば，①歩兵2連隊・山砲兵1大隊・工兵1中隊の旅団編制は，総計人員7,960，馬匹442，②歩兵2連隊・野砲兵1大隊・工兵1中隊の旅団編制は，総計人員7,933，馬匹254，③歩兵3連隊・野砲兵1大隊・工兵1中隊の旅団編制は，総計人員11,223，馬匹262，④歩兵3連隊・山砲兵1大隊・工兵1中隊の旅団編制は，総計人員11,250，馬匹450，とされた。旅団編制の内訳を基準にした場合，1個師団の最多人員は総計33,750になり（最多人員の旅団を3個編成），最少人員は総計15,866名になる（最少人員の旅団を2個編成）。さらに，1個軍団の最多人員は総計101,250名になり（最多人員の師団を3個編成），最少人員は31,732名になる（最少人員の師団を2個編成）。ただし，旅団自体は，通常，さらに，騎兵1小隊・工兵1中隊・輜重兵1中隊を編成し（第4条），1個旅団にこれらの戦時人員合計約622が加わる。すなわち，師団レベルではおよそ1,244名（2個旅団）～1,866名（3個旅団），軍団レベルではおよそ2,488名（2個師団）～5,598名（3個師団）がさらに増加する。

これにより，軍団の最多人員は106,848名（3個旅団，3個師団），軍団の最少人員は34,220名になる（2個旅団，2個師団）。しかし，実際は①②の旅団編制を基本にした2個連隊×2個旅団×2個師団のケースにより，計歩兵8個連隊の組み合わせを中心にした1個軍団が編成される（総計約34,000余名）。当時は近衛を含めて，平時の常備歩兵連隊が16個編成であり（ただし，未完成），常備歩兵連隊の組み合わせを基準にして予備軍・後備軍を編成すれば，形式的には戦時に即時に最大では2個軍団を編成できる。

総じて，1881年戦時編制概則が参謀本部体制下の平時戦時混然一体化の参謀職務体制のもとに，特に鎮台体制下の官制と編制の未分化のもとに，起草過程を含めて編制の用語表記と概念含意を開始したことは，官制概念からその一変種として編制概念の成熟を志向したことを意味する（官制概念からの編制概念の成熟（1））。そして，官制法令の変種として制定され，戦時の軍隊（軍団・師団・旅団）の膨大な兵力を統轄する司令部の内部機構の編制とその定員・職務・業務の概要を初めて単独の規則として規定した。また，戦時の軍隊の司令部編制の基本的なモデルを規定し，司令部編制の特質には帷幕体制の多用化と軍令概念の多義性を含めて編制概念を成熟させたことが重要な特質である。編制概念の成熟促進は明確である。

その上で，1881年戦時編制概則の制定前後から，戦時を目標にした動員計画構築の体制がつくられた。たとえば，戦時の兵員供給の中心になる予備役兵・後備役兵の統括・管理等を強化した（1881年3月19日陸軍省達甲第7号後備軍司令部条例，同第8号予備軍及後備軍編成条例等）。さらに，シェルレンドルフ著『独逸参謀要務』の出師＝モビリザション（動員）にかかわって，「参謀将校ノ供用スヘキ出師計画書並ニ各司令部等ニ備置ク所ノ出師教令ニハ其準備ニ就テ必注意スヘキ件々ヲ載セ其他年中ニ或ハ起ルヘキ出師ノ為ニ整フヘキ予業ノ規則ヲ設ケテ之ヲ調査改訂スルコト」[48]云々における「出師計画書」「出師教令」等の策定準備がまもなく着手された（後年の動員計画令，動員計画訓令等に相当）。その意味では，1881年戦時編制概則制定は戦時編制概念の転換準備を促進し，近代日本陸軍の動員計画策定史上で重要な画期になった。

(3) 1882年野外演習軌典の制定

1881年戦時編制概則の制定により，さらに連隊・大隊・中隊・小隊レベルの戦闘活動と兵力行使遂行のために，戦闘地域・戦闘現場の諸連携的業務や戦闘活動の準備・設備等の整備に関する演習上の要点・規則を規定したマニュアル書を編纂・制定するに至った。1882年3月20日制定の陸達乙第18号野外演習軌典（第1版）である[49]。これは，1875年刊行のフランスの実地演習軌典を基本にして取捨折衷し，1877年フランスの野外演習令等を斟酌増補し，さらに日本の従来の実施成跡を検討して編纂したとされた[50]。1882年野外演習軌典は，総則，歩兵，騎兵，砲兵，諸兵連合の5部からなっているが，本章では歩兵について，戦闘活動の準備・設備を支えるための諸条件整備を中心にした特質等を検討しておく。

①戦闘活動の準備・設備の条件整備と戦闘隊次——行軍と偵察

1882年野外演習軌典は戦闘活動の準備・設備の条件整備のために，前哨，行軍，偵察，舎営と野営，暗号徴候及び報告，輸送隊の護衛襲撃と小方略（計6編）を規定した。戦闘活動の準備・設備の条件整備において，欠かせないのが，軍隊の移動時の行軍と偵察である。

第一に，行軍にかかわって，戦闘隊次を前衛と本軍と後衛から組立てた。前衛は，行軍軍隊の安全保護，進路捜索，障碍物除去の他に，命令趣旨に従って敵を襲撃・撃退又は抗拒して，本軍の戦闘活動準備のために条件を整備することが任務である。前衛の兵員数は地形や時の景況によって定まるが，およそ，兵隊現員数の6分の1から4分の1までを基準とし，建制諸隊の使用においては，通常は，1個中隊内では1個小隊を，1個大隊内では1個中隊を，1個連隊内では1個大隊を前衛にあてた。前衛は戦闘隊形と同一の梯形をとり，前衛本部，前衛前兵，前衛尖兵と称される兵員と司令部から編成・配備され，本戦時には，前衛尖兵は撤兵と増兵，前衛前兵は援隊，前衛本部は予備隊に転じた。さらに，前衛—後衛の配備法（間隔距離）として，およそ，先進の捜兵（捜兵群から派出）———（100m～150m）捜兵群（前衛尖兵から分派）———（100m～150m）残余の尖兵———（200m～300m）前衛前兵———（300m～400m）前衛本部———（600m～700m）本軍（輜重）——（200m）後衛，という行軍の位置関係を規定した。

以上の前衛諸兵の中で，たとえば，前衛尖兵は，夜間に村落近くに到達した場合には，捜兵は潜行して最初の住家の外側で「欹聴（いちょう）」し（耳をそばだてて屋内の様子を聞く），内1名は「家内ニ侵入シ住者ニ迫テ事情ヲ訊問スヘシ又時宜ニ因リ其一人ヲ拘引スルコトアリ」と規定し，前衛前兵は道路上の障碍物除去のために携帯工具や近隣からの徴発人員・器具により行路を開通させ，停車場・

郵便局・電信局等の捜索と「土民」への鞠問（きくもん）や「村中ノ大家ニ侵入」し，村庁・寺院等を巡視するとした。また，本軍の行軍には最後尾に弾薬を置き，本軍と後衛との間に輜重を置いた（陣中病院，糧食，荷物）。後衛（連隊内では1個小隊，大隊内では1個半小隊，中隊内では1個分隊を配備）は，本軍後方を掩護し敵兵追迫を扞禦し，軍紀風紀を維持し掠奪兵卒を拘引して本隊に送付し，退却時には輜重保護に注意し，兵器等が敵にゆだねられないようにし，運搬不能の場合には毀損して使用できないようにすべきと規定した。

第二に，偵察は，尋常偵察（敵の占拠地，敵兵の強弱・防禦結構の難易，敵兵の戦闘準備，地形の攻守・退却の難易，通路や当該地の貨物等，の探究・観察・偵知），特別偵察（特種の知識を要するので特科将校の任務），攻襲偵察（全軍の籌策に関するので総指揮官の管掌）に区分したが，たんなる敵状視察や情報収集ではない。それは，戦闘活動の組立てと作戦計画全体にかかわるが故に，偵察任務者（偵察司令，斥候）は本軍から発遣された。

偵察司令が観察すべき項目は道路・鉄道等を含めて多数に及ぶが，注目されるのは住民地の偵察である。住民地では，位置の大小と要害，舎営や給養の各種物品の多寡と運送手段，宿営できる旅舎・学校・製作所・寺院と同防禦法の設定等を偵察対象として重視した。特に，偵察司令は，村落内では「村吏豪族等」に対して推問するのみならず，「少年幼童」にも尋問し，「若シ土民ニ不逞ノ意アリテ已ムヲ得サルトキハ偵察司令ハ之ヲ拘ヘテ質トスルカ或ハ斬殺スヘキヲ以テ之ヲ恐喝スヘシ」と規定した。さらに，偵察司令は郵便局や村庁等において探りえた新聞紙・電報・書簡を集め，必要部分を抄訳・解説させ，あるいは電線設備を停止することがあるとした。強圧的な偵察活動を規定した。

②舎営・野営と徴発――現地調達主義と住民地奇襲

軍隊の移動に欠かせないのが宿営であり，その糧秣等の給養・補給であるが，特に敵国内では強圧的な宿営方法と徴発を規定した。

第一に，宿営は，舎営（屯営でない家屋に屯宿），露営（露天又は急造の掩屏内にある），廠営（廠内にある）に区分し，露営と廠営を合わせて野営と称し，敵の近傍の兵隊は常に野営するとした。舎営は「尋常舎営」（敵からの距離が遠大で，直接には戦闘準備が不要で，集中地や戦闘陣地に赴く時に用いる，兵卒2名に畳3枚のスペース比例）と「狭縮舎営」（戦闘準備を欠くことなく，兵隊に多少の休養をとらせ，兵卒のスペース比例はなく，屋内に臥せさせるのみ）に区分した。舎営と野営の設備従事のために設営隊を編成した（1個連隊では大隊副官1，下副官1，各中隊の給養掛1及び兵卒4）。兵隊の屯宿に際しては旅舎・寺院・学校・製作所等を利用し，陣中病院は寺院・学校に設け，昼間は病院旗を掲げ，夜間は燈火を置き，患者療養用物品は当該地で調弁するとした。舎営の勤務は内務書を基準とし，集合を容易にするために（「土民ノ反乱ニ備フル為」）兵卒をなるべく階下に居させ，敵国内では兵卒帰営の号音後には「土民ヲシテ其居宅ニ在ラシメ如何ナル理由アルモ外出スルヲ禁スヘシ」と規定した。宿営に必要糧食は敵地内の村吏に品目類・分量を通知して調弁させ，欠乏時には徴発するとした。

第二に，軍須徴発は，まず，「戦地ニ於テ徴発ヲ以テ兵隊ノ需用品ヲ充スハ最モ便利ナル法トス然レトモ住民ノ利益ヲ損害スルコトナク又其地ノ資力ヲ欠乏セシムルコトナク且騒擾ヲ避ケン為メ公正確実ノ命令ヲ以テ徴発ヲ行ハシムルヲ緊要トス貨幣糧食草秣運送具等ハ総テ徴発ヲ以テ需用ニ充ルヲ得ヘシ」と規定したが，当該地の損害や資力欠乏等を生じさせることはいうまでもなかった。徴発実施権限は総指揮官にあるとしたが，掠奪や無秩序な徴発の禁止措置は明確ではなかった。徴発は現地の「村吏」や「豪族」を招集して徴発品の特定期日と指定地点までの送致を命令し，同命令が遵奉されない場合は償金を課し，又は家屋内検索を規定した。さらに，「徴発隊」の防禦（味方兵）と襲撃（対敵兵）を規定し，特に敵兵徴発隊への襲撃時の「物品ノ運送ヲ絶チ其散乱スル者ヲ捕獲スヘシ」と物品収奪の攻防を規定し，戦闘活動の準備・設備の条件整備の余裕のある態勢構築の構えはみられない。

なお，1882年野外演習軌典は「住民地ノ奇襲」を規定した。すなわち，「住民地ヲ襲撃スルニハ其隊ヲ数部ニ分チ之ヲシテ同時ニ数点ヲ侵襲セシム而シテ其法一部ヲシテ全ク住民地内ニ侵入セシメ他部ハ諸出口ヲ占守シ其予備隊ハ外部ニ在テ事変ニ応スルノ準備ヲ為サシムヘシ　凡ソ此種ノ襲撃ニ於テハ各個独断事ニ処スルノ必要タルヲ以テ其画策ハ予メ之ヲ隊中ニ示シ置クヘキナリ」と規定した。住民地は非武装地域であり，後の国際法では攻撃と砲撃の禁止対象地域になった。当時は住民地内の敵兵潜伏等の理由により，攻撃対象に据えたとみてよい。

③1882年野外演習軌典の制定理由――ドイツの『独乙野外演習令』(1882年)との対比

1882年野外演習軌典の特質として，第一に，各編において戦闘地域・戦闘現場の諸連携的業務や戦闘活動の準備・設備等の整備自体の記載と建制諸隊毎の演習方法の記載との重複規定がみられた。その点では，同じく「野外演習」を主題にして編集し，かつ，毎年の君主臨覧の「秋季大演習」に至るまでの野外演習を独自に編集したドイツの『独乙野外演習令』とは差がある。ドイツの『独乙野外演習令』は初歩的教習・小演習の蓄積を経た諸兵連合・軍団の「秋季大演習」を到達目標にした実施構えで編集したとみてよい[51)]。

第二に，宿営方法や糧秣等の給養・補給及び徴発の兵站業務に関する規定は，従来の会計経理規則や占領地行政上からの規定(1873年在外会計部大綱条例，1876年戦地参謀長及憲兵司令部服務綱領)から離れ，現場部隊の勤務・業務内容に含めた。これにより，現場部隊に戦時の会計経理業務を付加することは当然であった。つまり，平時と戦時の未区分期に，戦時の会計経理は平時の会計経理の延長的事態としてとらえられたとしても，日本陸軍には違和感はなかったとみてよい。他方，既にドイツでは参謀本部体制及び戦時の大本営に兵站業務が特設化されているので，『独乙野外演習令』には兵站業務関係事項は規定されていない。

野外演習に関して日本陸軍が同時期にフランスとドイツの二つの規則書を邦訳しつつも，フランス準拠の規則書が法令化された理由は日本陸軍軍制の平時と戦時の未分化的態勢にあった。

注

1）〈陸軍省大日記〉中『明治十一年 本省文移』所収の西郷従道陸軍卿の1878年10月8日付の「陸軍参謀局皇張之儀上申」(陸軍省罫紙墨書2枚)。本上申書は太政大臣三条実美の指令書(太政官罫紙墨書1枚，太政大臣押印)と割印されて編綴された指令後返付の上申正文書である。西郷従道は同年5月に文部卿に就任したが，山県有朋陸軍卿の一時「病気療養」のために9月12日に陸軍卿兼勤を命じられた。その後，11月8日に山県の陸軍卿復帰により西郷の陸軍卿兼勤は免じられた。

2）ドイツ軍制の全体的な影響・受容自体の指摘は適切としても，それに先立つ軍政・軍令の「一元的組織」を「基本的に仏国の組織に其範を採たものである」(中野登美雄『統帥権の独立』374頁）の指摘は正しくない。また，「明治維新直後の軍制では軍令・軍政は一元化されており，陸軍もフランスにならって一元的組織であった」（篠原宏『陸軍創設史』318-324頁，1983年，リブロポート）の指摘も適切ではない。フランス近代の軍制・兵制が軍政・軍令の「一元的組織」であったことは事実である。かつ，日本では1870年10月2日に「兵制」の基本として，太政官が「海軍ハ英吉利式陸軍ハ仏蘭西式ヲ斟酌御編制相成候条」と兵部省に布達したことは事実である。しかし，本布達の「兵制」は藩の兵力編制を基本にしたものであり，（フランスにならって）軍政・軍令の一元制採用を布達したのではない。本布達は，（廃藩置県前の）各藩の海軍・陸軍の編制と教育体系の非統一に対して，その統一のために海軍はイギリス式を，陸軍はフランス式を基準にすることを指令した。本布達は常備軍結集に際して，幹部養成の教育体系や現場の兵力編成と管理体制の基本制度の基準になり，陸軍の例では，フランスに準拠して諸隊の編制・統制や教練教授等の基本制度（歩兵内務書，歩兵操典等の制定）が形成された（拙著『近代日本軍隊教育史研究』第1部第2章など）。当時の日本陸軍は，フランス軍制のように軍政・軍令の区別と関係の意義を積極的に認識した上で「一元化」の政策をとったのではなく，かつ，その「一元的組織」を積極的に導入したのではない。1870年太政官布達当時の「兵制」の基本には，軍備政策の基本をめぐる陸軍と海軍との任務・役割・権限関係，軍隊と政府との原理的関係等や，その後の統帥権問題などの基本に関する認識は含まれていなかった。たとえば，駐英公使館付海軍武官の黒岡帯刀は，1880年6月に川村純義海軍卿宛に「着英已来当国ノ兵制及余国之体裁ニ注目苦心仕候得共日本ニ適当ノ兵制無之候，故ニ日本ハ各国兵制ヲ折中シ地形ヲモ論シ適宜之兵制ヲ創ムルヲ以テ良策トス」の書簡を送り，日本では軍備の統轄・政策の基本原理としての「兵制」の原則が確定していないことを指摘した（梅溪昇「駐英公使館付武官時代の黒岡帯刀」『日本歴史』第272号，161頁から再引用，1971年1月）。当時は古代中国の「文」重視の儒教を基盤にした太政官制度「復活」における古代的な行政優位活動の特質が，江戸時代の平時の武士団（行政職集団も独占化）の職務態様としての行政活動や行政職優位性の特質と対立するものでないとうけとめられていたが，「文権優越の主義」が採用されたのではない。そもそも，「文権優越の主義」又は軍政と軍令との区別と関係に関する認識は，成熟した市民社会の成立を基盤にして厳密には立憲体制や立憲主義の思想等を前提にして成立するものであり，「王政復古」後の間もない時期の政府・陸軍上層部内に立憲主義の議論等による「文権優越の主義」等の認識が発生したとする憶測は，「王政復古」に対する無邪気な称賛である。1878年の西郷陸軍卿上申は平時の陸軍事務における封建的武士団の職務態様関係を踏襲したところの，平時を基準とするいわば軍政事項・軍令事項（平時には未発化）が混然的・未分化的・潜在化的残存物として営まれているものを検討・継承した上で，ドイツ軍制の知識を参照しつつ，戦時を基準にして，改めて軍令事項を特記化し平時の研究対象として浮上させ，その明確化を意図したのである。ちなみに，西南戦争に際しての1877年2月19日に有栖川熾仁親王が征討総督に任命され，陸海軍務等の全権が委任され，陸海軍一切の軍事事項等の委任を受け，さらに，陸軍卿山県有朋と海軍大輔川村純義が征討参軍に任命された時の辞令書に「帷幕ノ機謀ニ参シテ総督ヲ輔翼シ」とある。これらの「帷幕ノ機謀」（『法規分類大全』第1巻，政体門（1），103，27，75頁）は，戦時に際して，いずれも天皇からの軍隊の統轄・統帥にかかわる権限等が征討総督等に委任されたことに対応して設けられた臨時の併任的な職務体制を意味した。なお，参軍任命の際の「帷幕ノ機謀」の職務体制には，総督等への権限委任を除けば，後に戦争遂行機関として設置された戦時大本営の小規模的機関の考え方が含まれているとみてよい。すなわち，参謀局拡張の陸軍卿上申当時は，通常，後来の諸研究で流布強調された「兵政分離」等は少なくとも公式上では特段に問題にされていなかった。

3）『三条家文書』77-48，軍事，第13件。参謀本部設置後に大山巌陸軍中将と西郷従道陸軍卿は連署で1879年5月に太政大臣と右大臣宛に「軍事御統轄之儀ニ付上請」を提出し，ドイツの事例（ドイツ皇帝の軍事内局）を紹介しつつ，天皇の「万機親裁」に対応すべく，天皇の侍臣として「侍中武官」の設置を建言した。侍中武官自体は既に1875年11月の陸軍職制及事務章程の第20〜23条に規定されたが，実際は置かれていなかった。侍中武官は天皇親率・天皇親征の具現化的職務の一つとして期待されていた。その場合，同連署は，「万機御親裁ノ今日」において，軍事においても「聖上躬ラ大元帥ノ職ニ居リ玉フヲ以テ万事御親裁ヲ仰カラサルナリ」とか，「聖上ノ兵事ヲ親裁シ玉フニ於テ私事ノ如ク殊更懇到ナランコトヲ伏願スルニ在リ如何トナレハ日本帝国ノ陸海軍ハ直ニ　天皇陛下ヲ大元帥トナシ　陛下ノ恩威ニ依リ国家保護ノ重任ヲ負担スルヲ以テ全軍士気ノ興廃ハ一ニ陛下ノ施為ニ因テ変スル者ナレハナリ」と述べ，具体的には，①陸軍始整列式・天長節整列式や近衛兵秋季検閲式・東京近傍実地大操練・大野営演習等への「親臨」，②参謀本部長・同次長や陸軍卿・監軍部長・近衛都督・在京将官を時々「被為召」こと，③兵事関係の機会での陸軍大将服の着用，④士官学校・戸山学校・教導団や招魂社大祭への「臨御」，等を掲げた。以上の①〜④のほとんどが施行されたが，平時の儀式・儀礼的空間等の造出・演出を通して，その「恩威」の感情にもとづく従属関係の強化と士気高揚が重視された。ただし，「大元帥ノ職」の文言は誤解であり史料批判されなければならないが，「大元帥」とか「万機（事）親裁」の荘厳な修飾文言により，儀式・儀礼的存在としての大元帥像が想定され始めていることに注目しなければならない。

4）　ヴァルター・ゲルリッツ『ドイツ参謀本部興亡史』上巻，15頁，守屋純訳，2000年，学研文庫。

5）　ブロンサルト・フォン・シェルレンドルフ『独逸参謀要務』前編巻一，32-47丁，1881年，陸軍文庫訳，原著は1875年。

6）　ブロンサルト・フォン・シェルレンドルフ『独逸参謀服務要領』前編，49-66頁，陸軍大学校教授歩兵中佐大島貞恭訳，1885年。注5）の第二版（1884年）をドイツ陸軍少佐メッケルが補訂し，陸軍大学校講本として刊行された。参謀本部長山県有朋の序文が付されている。その後，さらに増補版が刊行された（1910年に日本参謀本部訳，偕行社）。

7）8）　注5）の4-6丁。シェルレンドルフ記述のドイツ軍参謀官の服務状況は，ドイツ留学の日本陸軍の将校も指摘している。たとえば，注6）の翻訳者の歩兵大佐大島貞恭は将校教育方法調査のためにドイツに留学し，1889年11月から歩兵第57連隊附になり，ドイツ陸軍の参謀官と副官の官等（長官の官等と2～3級の差があるとされる）と服務との関係について，「軍団長大将ノ参謀長ハ大佐ナリ師団長中将ノ参謀長ハ少佐ナリ旅団副官ハ大尉ナリ連隊副官ハ中尉ナリ大隊副官ハ少尉ナリ此ノ如キ距離遠キ故参謀ニテモ副官ニテモ長官ノ威ヲ借テ権ヲ弄スル甚タ難シ師団長旅団長ハ直ニ軍団長ト相談シテ百事ヲ決シ大隊長中隊長ハ直ニ連隊長ト商議シテ副官ハ之ニ与ラシメス故ニ参謀副官等威権ヲ弄スルノ地ナシ元来此官ハ長官ノ輔佐官ニシテ其意ヲ受ケテ万事ヲ処理シ先規定例ノ事ヲ襲行スルノ官ナリ隊長ト相拌シテ論議スルノ性質ニ非ス」と報告している（『児玉恕忠関係文書』中「明治三十三年八月　独乙報告第四号　連隊内ノ形況　近衛歩兵第二連隊」）。

9）10）　注4）の135，145頁。藤田嗣雄『欧米の軍制に関する研究』514頁，1991年，信山社。藤田著の原本は1937年6月に東京帝国大学法学部から博士学位を授与された学位申請論文である（申請は1935年5月）。当時の文部省は印刷公表を差し止め，かつ，同論文が戦前の帝国図書館に納本された時，原本の章毎の各分冊（5分冊）の巻頭には「禁閲」の印判が押されているとされるが（三浦裕史「解題」），欧米軍制の実証的解明内容が日本軍制批判を内包しているとみられたのであろう。

11）12）　注5）の41-45，53-55丁。

13）　藤田嗣雄『軍隊と自由』172頁，1953年，河出書房。

14）　藤田嗣雄『明治軍制』406頁。

15）　注5）のブロンサルト・フォン・シェルレンドルフ『独逸参謀要務』後編巻二，7丁。

16）　注10）の藤田著はプロイセン参謀本部の平時業務として，動員計画の準備，軍隊の出師準備，通信と運輸の規則，土地測量，地図発行，軍事諜報並びに戦史研究等を述べた上で，マーシャル等の著書も紹介し，「此等の業務は所謂学術的行動にして命令的の夫れに非ず。従て参謀本部は戦時に於ても，軍隊指揮官を助け其の顧問官たるに過ぎず。参謀本部は命令又は作戦を遂行するものに非ずして，行動の決定に先ち裁量し，決断に至る作用を管掌する補助機関なり。国家の意思は最高命令権者即ち大元帥より出で，参謀本部より出づるに非ず。茲に参謀本部と陸軍省及び軍事内局との根本的差違を発見すべし。此等後の二者は共に執行機関にして且つ国王の顧問機関なり。而して其の任務としては，国権の行使を伴ふを以て其の責任を問はるる機会多く，之に反して参謀本部の国王に対する直隷に関しては輿論の生ずること尠かりしと云ふ」(515-516頁) と指摘した。藤田の指摘は1930年代以降の日本の参謀本部との比較では特に興味深いものがある。

17)　注5) の10丁。ただし，当時，陸軍大臣の大本営随行に対しては，参謀本部長の忌避感もないわけではなかった。

18)　有賀長雄『近時外交史』155頁，1910年，第10版 (初版は1898年)。

19)　普魯西参謀本部戦史課編『千八百七十年千八七十一年　独仏戦史』第1巻，164頁，同第1巻附録，59-122頁，日本参謀本部第四部訳，1907年。1870年8月1日現在のプロイセン国王統帥下の大本営等の職員体制は下記の通りである。大本営　参謀総長モルトケ，参謀次長，砲兵総監，工兵総監，侍従武官長，伝奏侍従武官長兼軍事内局長，経理長官，大本営附将官，侍従武官6名 (大佐*1 少佐)，参謀部　参謀総長附副官，課長3名 (中佐*2)，参謀将校9名 (少佐3・大尉4*3，ザクセン国参謀・少佐1，近衛龍騎兵第1連隊附中佐1，龍騎兵第1連隊附中尉1)，鉄道輸送実施委員4名 (課長・中佐1*2，参謀将校・大尉1*3，技師・商務省鉄道管理局長官1，技師・商務省参事官1)，砲兵総附副官2名，工兵総監附副官2名，経理部3名 (経理長官附副官・少尉1，野戦高級経理部部員・陸軍省参事官1，野戦経理部部員1)，管理部長・少佐1名，大本営衛兵2名 (騎兵大尉他)，軍用電信部長・大佐1名 (陸軍省附)，野戦高等糧餉部，野戦高等郵便部，大本営従軍 (随行) 者　プロイセン国・ザクセン国・バイエルン国・メクレンブルグ―シュヴ―リン大公国の皇族とロシア従軍武官侍従武官 (中将)，陸軍省 (陸軍大臣ローン，幕僚長1，副官2，幕僚将校3)，軍事内局 (課長大佐1・侍従武官*1，課長大佐1，少佐1)，外務省 (連邦宰相兼プロイセン国首相・少将ビスマルク，外務省参事官計4名)，特志救護陸軍部長 (勅選委員) 1名他随員1 [*は兼勤者]。なお，兵站総監部 (兵站総監，参謀長，副官，砲兵部員，工兵部員，経理部長，野戦憲兵隊長) は第一軍・第二軍・第三軍他に置かれた。

20)　普魯西参謀本部戦史課編『千八百七十年千八七十一年　独仏戦史』第2巻，226頁，ルビと下線の略は遠藤。なお，日本の天皇は「朕は汝等軍人の大元帥なるそ」(1882

年軍人勅諭）と述べた。この場合，「大元帥」の尊称を抱かせられた天皇のイメージは，普仏戦争時の戦場におけるプロイセン国王の指揮・行動のような態様として想定されたか否かを検討する必要があるが，注3）のように，天皇の任意・随意であるが，服制を含む儀式・儀礼的存在としての大元帥像が示された。天皇の尊称上の大元帥像自体は後に「祭祀大権」と称された天皇大権の一つに結びつき，「最高ノ祭主」（美濃部達吉『憲法撮要』210頁）との一体化を進めた。天皇の軍事統轄像がたんなる軍隊統帥に終始せず，軍隊・軍事の親裁化＝神裁化として比定されることに注目しなければならず，天皇を「立憲君主」の側面のみから把握することは正しくない。

21）　ウオィデ『普仏戦役勝敗ノ原因』上巻，241頁，陸軍大学校訳，1913年。

22）　注20）の168頁。

23）　ゲオルク・マイエル『独逸国法論』附録独逸帝国憲法正文，56頁，乾政彦他訳，1903年再版（原著初版は1878年）。

24）　『公文録』1878年11月12月局1，第14件所収。本案件は「山県陸軍卿上申本省ト本部ト権限之大略幷陸軍参謀本部条例」。見せ消ちの二重線等は遠藤。1878年参謀本部条例の起草・起案過程は不明な部分が多いが，11月8日陸軍卿復帰の山県有朋が桂太郎とともに中心的に調査したことはいうまでもない。ただし，陸軍省と山県らは12月4日と5日の段階で，参謀本部休制の立ち上げがすべて完了したとは考えていなかった。第一に，①山県陸軍卿が「陸軍参謀本部条例」を起案して太政官に上申し，12月4日の閣議決定後に上奏・裁可され，②太政官は同5日に陸軍省宛に参謀局廃止指令，官省院使府県宛に参謀本部設置，参謀本部宛に参謀本部条例制定の各通達を発した。ここで，当初の「陸軍参謀本部条例」はあたかも海軍による「海軍参謀本部条例」の起案等との対置を想定したかのような条例表記になっているが（下線は遠藤），参謀官職未整備の海軍にとってはその種の起案はありえなかった。その上で「陸軍参謀本部条例」は法令制定技術上で監軍本部条例の起案・上申に合わせて「陸軍」の2字を削除し，「参謀本部」「参謀本部条例」として字句を整いたとみてよい。しかし，「陸軍」の2字削除により，法令上では逆に参謀本部は陸軍を越えた日本全体の唯一の統帥系統機関を代表する雰囲気や意味を残した。そして，12月7日の閣議は参謀本部に参謀本部長と参謀本部次長を置くことを決定し，上奏・裁可を経て同日に同裁可を参謀本部に指令した。この12月7日が参謀本部の正式の設置・発足日とみてよい。第二に，「陸軍参謀本部条例」は，①次長1人が「勅ニ依テ」任命される（第3条），②戦時における親裁の軍令はただちに「鎮台」に下される（第6条），と起案した。ここで，①の次長の任命手続きの「勅ニ依テ」は「将官ヨリ」と修正されたが，第2条の本部長の任命手続きに準じた文言に整合させた結果であり，②は監軍本部条例の起案・上申に合わせて「鎮台」を修正し，「監軍部長」にしたことは明確である。

［**補注1**］参謀本部設置に向けた陸軍人事の異動方針は梅溪昇『増補版 明治前期政治史の研究』中の「補論（二） 参謀本部独立の決定経緯について」（初出は1973年）に詳しい。ただし，参謀本部長と他の陸軍官職の任命手続きとは区別されなければならない（『諸官進退』1878年10月-12月，第75，82，96，97件）。当時，陸軍人事の異動・配置をとりまとめて上申する職務権限は山県陸軍卿にあった。山県及び陸軍省は参謀本部設置関係人事をたんに参謀本部向けの異動・配置とは考えていなかった。まず，山県陸軍卿は12月4日付で右大臣宛に，陸軍中将大山巌（陸軍省第一局長を免）を参謀本部次長に，陸軍中将鳥尾小弥太の参謀本部御用掛への任命（補職）を上申し，同7日の閣議決定と上奏・裁可を経て発令された。次に，12月（日付欠，13日前と推定）に右大臣宛に陸軍中将谷干城他7名の兼務人事を上申した。すなわち，陸軍中将谷干城（免熊本鎮台司令長官）を東部監軍部長に，陸軍中将野津鎮雄（免東京鎮台司令長官）を中部監軍部長に，陸軍中将三浦梧楼（免広島鎮台司令長官）を西部監軍部長に，陸軍少将曾我祐準（免陸軍士官学校長）を熊本鎮台司令長官に，陸軍少将井田譲（免陸軍省第四局長）を広島鎮台司令長官に，陸軍少将野津道貫（免陸軍省第二局長）を東京鎮台司令長官に，陸軍少将小沢武雄（免陸軍省第三局長）を第一局長に，陸軍中将大山巌を陸軍士官学校長の兼勤にする，等の上申であった。山県陸軍卿の上申は12月13日の閣議決定と上奏・裁可を経て発令された。以上の計10件の任命人事は省の長官（卿）からの上申手続きを経たものである。その後，12月24日の閣議は，山県有朋陸軍中将（兼参議陸軍卿）の陸軍卿を免じて参謀本部長（兼参議）に，西郷従道（兼参議文部卿）の文部卿を免じて陸軍卿（兼参議）に任命するという，任免人事案件を発議し，それぞれ上奏・裁可を経て同日に発令された。なお，太政官発議による山県有朋の参謀本部長と陸軍卿の任免人事に関して，「山県が陸軍卿を辞任し」云々という記述があるが（伊藤之雄『山県有朋』180頁，2009年，文春文庫），山県は陸軍卿を辞任したのではなく免じられたのである。また，山県有朋の参謀本部長任命が上記計10件の任命人事発令後になった理由は，特に山県本人が疎んじられていたことではない。山県は陸軍卿を免じられる前に陸軍高級武官の任免人事権を行使し，参謀本部等の人事統轄土台を固めた上で参謀本部長に就任し，陸軍省と鎮台及び参謀本部・監軍部のトップ人事を一体化的に進めたことが本質的に重要である。

［**補注2**］1878年参謀本部条例はその後数度の部分改正と1885年7月の改正（海防局設置）を経て，1886年3月18日に大改正され，さらに1893年10月に改正された。第一に，1886年参謀本部条例改正の眼目は，第1条の「参謀本部ハ陸海軍軍事計画

ヲ司トル所ニシテ各監軍部近衛各鎮台各鎮守府各艦隊ノ参謀部竝ニ陸軍大学校軍用電信隊ヲ統轄ス」のように，海軍の参謀職務機能を包摂・吸収したことにある。すなわち，参謀本部の官制改正の手続き上は，日本（天皇の帷幄）における参謀本部長は1人しかありえないという前提のもとに，従来の1878年参謀本部条例中に海軍の参謀職務を加えたことが最大の眼目であった。それは，「陸海軍軍令機関の統合」（松下芳男『明治軍制史論』下巻，171頁）とか，野村実「世界最古の統合参謀本部」軍事史学会編『軍事史学』第22巻第1号，17頁，1986年，の「統合」ではなく，法令上は正確には参謀本部に海軍の参謀部を包摂・吸収したのである。したがって，海軍の兵制節度等や軍令兵略の関係事項管轄の軍事部（1884年2月の海軍省達丙第22号の軍事部条例で仮定，同12月に改定）は3月22日に海軍省達要第168号により廃止された。この結果，後年の海軍は1886年参謀本部条例改正に対して「本改定ニ依リ海軍モ［参謀本部条例に］関係スルコトトナル」（『海軍制度沿革』巻2，913頁，「編者註」）の消極的かつ淡白な総括記述にとどまった。他方，1878年参謀本部条例は法令上では「廃止」でなく「改正」の認識・措置をうけ，法令上の参謀本部の名称官衙は陸軍の創設趣旨を含意しつつ継続存置された。この結果，同改正により参謀本部は戦時には戦時大本営的機関にスライドし，文字通り統帥上の陸海軍全軍統轄が意図された。つまり，1886年参謀本部条例改正は帝国全軍構想化路線の一環であり，いわば陸主海従を含む官制改正であった。ただし，陸軍から成熟・成立してきた現場対応として帷幕の概念は当然に退けられ，新たに「［参謀］本部長ハ皇族一人勅ニ依リ之ニ任ス部事ヲ統轄シ帷幄ノ機務ニ参画スルヲ司ル」（第2条）と帷幄が規定された。すなわち，海軍を吸収した高度な統治対応としての帷幄の概念が成立し，陸軍の法令上の帷幕の用語は消えた。第二に，1889年3月7日に勅令第25号の新たな参謀本部条例が制定された。同第1条は「参謀本部ハ之ヲ東京ニ置キ出師国防作戦ノ計画ヲ掌トリ及ヒ陸軍参謀将校ヲ統轄シ其教育ヲ監督シ陸軍大学校陸地測量部ヲ管轄ス」と規定し，第2条は「陸軍大将若クハ陸軍中将一人ヲ帝国全軍ノ参謀総長ニ任シ天皇ニ直隷シ帷幄ノ軍務ニ参シ参謀本部ノ事務ヲ管理セシム」と規定し，第4条は「凡ソ戦略上事ノ軍令ニ関スルモノハ専ラ参謀総長ノ管知スル所ニシテ之カ参画ヲナシ親裁ノ後平時ニ在テハ直ニ之ヲ陸軍大臣ニ下シ戦時ニ在テハ参謀総長之ヲ師団長若クハ特命司令官ニ伝宣シテ之ヲ施行セシム」と規定した。以上の規定は1878年参謀本部条例の延長とみなされるが，特に第2条は参謀本部のトップとしての参謀総長を「帝国全軍ノ参謀総長」と規定し，第4条は参謀本部が戦時にそのまま戦時大本営的機関に移るかのように，陸軍主導の戦争遂行機関を構想した。第三に，1893年10月3日勅令第107号の参謀本部条例改正は，同年5月の戦時大本営条例の制定や戦時大本営編制の起草，さらには同年12月の戦時編制の令達等における戦時概念・戦時体制の調査にもとづき，従前の参謀本部体制の考え方を総括したものとして注目される。すなわち，1893年9月（日付欠）に川上操六参謀次長が上奏し裁可された参謀本部条例改正の正文添付の「参謀本部条例改正ノ理由」は，「参謀本部ハ平時ニ在テ国防及用兵ノ事ヲ計画シ且之ニ連繋スル諸般ノ事ヲ取扱フ処ナリ故ニ之カ条例ヲ規定スル亦平時ノ事ニ止マリ戦時ノ事即チ直接作戦ノ実施ニ関スル事項ニ渉ル可ラス然ルニ現行条例ハ往々戦時ノ事ヲ混載セリ因テ今之ヲ改正シ専ラ平時ノ規定ニ止メントス其戦時ノ規定（留守参謀本部ノ事務ヲ除ク）ノ如キハ既ニ大本営条例ヲ発布セラレ及同編制ノ起草アリ復タ茲ニ贅述スルヲ要セサルナリ」と述べ，特に第4条は「平戦両時ノ措置ヲ併載シ軍令ノ事ノミヲ述フ然レトモ軍令ニ属スル事ハ総長任務中ノ一部分ノミ因テ改メテ大綱上ノ措置ヲ規定シ戦時ノ事ハ前述ノ理由ニ因リ之ヲ削ル」と述べ，新たに「参謀総長ハ国防計画及用兵ニ関スル条規ヲ策案シ親裁ノ後軍令ニ属スルモノハ之ヲ陸軍大臣ニ移シ奉行セシム」（正文第3条）と規定し，参謀本部の体制・業務等を平時の機関として整備することを強調した（『公文類聚』第17編巻9，官職門3官制3陸軍省2，第2件）。したがって，山県有朋の1895年4月15日付の「軍備拡充意見書」の上奏の「陛下戦時ト平時トノ区別ヲ明カニシ其権域ヲ定メテ新タニ参謀本部ヲ設ケ臣ヲ以テ之カ長官ト為シ」云々と言及し（大山梓編『山県有朋意見書』229頁），平時戦時区別を明確化して参謀本部を設置したという記述は1878年参謀本部条例からみれば正しくない。他方，海軍の1893年海軍軍令部条例は，1889年参謀本部条例と同様に平戦両時の軍令事項を混載していた。1896年海軍軍令部条例に至り1893年参謀本部条例と同様に戦時の軍令事項を削除した。

25)　鈴木安蔵『太政官制と内閣制』（86-87頁）は，1878年参謀本部条例による軍政事項と軍令事項の二元化体制に関しては「国防力強化」の認識はあったとしても，当初は，「かかる二元体制の導入を見たにしても，当時これがために全国務（統帥をも含めての）の一元的処理に何らかの変化が生じた形跡はない。それは大規模な対外戦争がなかったといふだけではなく，いはゆる薩長藩閥なる形態において，政務に従ふものも軍務，統帥に従ふものも，渾然として内面的一体性，一元性をなしてをつたからである［中略］統帥権の独立も，その当初においては，それが全国務の二元化の原因たり得るといふごときことは全然予想されず，前述せるごとく，国防力強化を急速に達成し得べき推進・指導機関として，その設置の急務なることが確信され，その創設を見るにいたったものであろう。」と，全国務上の一元的処理には変化はないと指摘した。鈴木の指摘を補足するならば，参謀本部条例制定により太政大臣の天皇輔弼の位置・職務への法令上及び官制上の抜本的改正が加えられていないことに注目すべきである。参謀本部長の天皇直隷は厳密には軍制上から認識した軍令・統帥事項においてであり，国務上から認識した軍令・統帥事項ではない。太政大臣における国務上から認識した軍令・統帥事項の輔弼者としての位置・職務を太政官制上において明確に否定・抹消させる法令上の認識・判断措置はとられていない。そもそも，当時は，軍制上から認識した軍令・統帥事項と国務上から認識した軍令・統帥事項の区別認識は明確ではなく，藩閥形態・人事関係上において両事項の「内面的一体性」と「一元性」や未分化・混然化状況が保たれていたと考えるべきである。

26)　当時は，参謀科将校の服務体制における軍令事項系職務と陸軍省行政職務の混然化のみでなく，桂太郎陸軍少佐（準官参謀将校）等のように太政官員兼任もあった。ちなみに，内閣制度以前の桂の職歴は，1878年8月に太政官少書記官（法制局専務）を兼任，同9月に陸軍省第一局法則掛を兼勤，同11月陸軍中佐に任じられ（兼太政官少書記官は故の如し），同12月に参謀本部出仕と参謀本部管西局長を命ぜられ，1880年3月に太政官権大書記官（参事院軍事部勤務）を兼任，1881年11月に太政官少書記官兼任を免ぜられた。その後，1882年2月に陸軍大佐に任じられ（参謀本部管西局長を命ぜられ，陸軍省法則掛兼勤は故の如し），1885年5月に陸軍少将に任じられ陸軍省総務局長に補され，参謀本部御用掛兼勤を命ぜられ，同9月に参謀本部次長兼勤を命ぜられる（1886年2月参謀本部御用掛兼勤を免ぜられる），などである（『公爵 桂太郎伝』坤巻所収「桂公年譜」16-21頁，1917年，『桂太郎自伝』16-17頁，等）。ここで，桂の職歴にある陸軍省の「第一局法則掛」は1875年8月28日に陸軍省第一局に置かれた。その服務概要は1876年12月に「陸軍卿竝ニ第一局長ノ命ヲ奉シ陸軍一般ノ制度規則ノ創定及現行諸則ノ改訂増補其他総テ法制ニ係ル諸文書ノ起草若クハ修整ヲ掌トル処ナリ」（第一局法則掛服務概則）と規定され，陸軍の歩騎砲工兵及び会計等の数局にまたがる制度・規則等を調査・立案する部署として当分の間第一局に置くとされた（佐官の中で上級等級者を責任者としての「主事」とし，1879年9月に「集議内則」を規定し，主事が議長で議事を管理）。その後，第一局の総務局への改称に対応して「法則掛」と称されて総務局管理となったが，陸軍省の重要政策調査・立案担当の重要部署であった。かつ，法則掛主事は東部監軍部長の巡行や秋季検閲等にも時々随行するなど，監軍業務にも連携していたが，1883年1月に廃止された（『法規分類大全』第46巻，兵制門（2），96-97，105-107，126-127頁）。

27)　1908年12月の陸軍省官制改正は〈陸軍省大日記〉中『弐大日記』乾，1909年1月，軍第24号所収の『偕行社記事』掲載用の「陸軍省官制改正ニ就テ」（軍事課起案）参照。また，各兵科に並ぶものとして「参謀科」を公称してきたが，1883年5月に同公称を廃止し，同職務には各兵科将校で参謀職務適任証書を有する者をあて，「参謀官」と称することにした。しかし，その後も諸法令に「参謀将校」の名称が規定され，あたかも兵科の将校に並ぶもののような誤解を生むとされ，1908年12月の参謀本部条例改正は「参謀ノ職ニ在ル陸軍将校」と明記した。

28)　注26) の『桂太郎自伝』95頁。

29)　〈陸軍省大日記〉中『明治十三年六月 大日記 諸局ノ部』総水局第468号所収，1880年2月2日付の法則掛主事御用取扱陸軍少将小沢武雄発陸軍卿宛の「軍用電信隊概則創定之義ニ付申進」。

30)　大山梓編『山県有朋意見書』101頁収録の山県有朋参議・西郷従道参議「海軍参謀本部不要論」。梅溪昇「海軍参謀本部設置論の発生とその歴史的性格」『日本歴史』第252号，69-70頁，1969年5月，によれば，山県・西郷両参議が反論対象にした「海軍参謀本部設立論」は，川村純義参議の太政大臣宛の海軍省職制章程改正調査を求める上申書（日付欠，およそ1880年3月から同12月まで）で展開された「海軍参謀本部設立論」を基本にしたものと推定されているが適切だろう。当時，榎本武揚海軍卿は1880年8月3日付で太政大臣宛に「海軍評議所被設置度上請」を提出した（『公文録』1880年7月8月海軍省，第16件）。榎本海軍卿は海軍省職制章程を改正し，省内に「海軍評議所」を設け，「老功且実験之将校」を会同させ，特に戦時の軍略等の画策策定に従事させる旨を述べた。これについて，太政官軍事部は海軍卿上申は允裁されるべきであり，速やかに同改正調査の委員を任命すべきと審査し（ただし，「海軍評議所」を「海軍会議」と改めることは海軍卿代理と協議済），海軍省宛に同職制章程改正の調査書類を添えてさらに伺い出ることの指令案を8月16日に起案・提出した。この結果，8月18日の閣議は軍事部審査と指令案を了承し，8月26日に海軍省宛指令を発した。しかるに，その後，海軍大佐伊藤雋吉と同松村淳蔵は連署で同年11月6日付で太政大臣宛に，陸軍の参謀本部と同様に「海軍ニ於テモ同ク参謀本部ヲ設立セラレ［中略］陛下ノ帷幕ニ参シテ機謀ヲ計画シ」云々という海軍の参謀本部設立の「建議」を提出した（〈公文別録〉中『上書建言録一 自明治十年至同十六年』第6件）。伊藤雋吉らの「建議」趣旨は太政官側からみれば，榎本海軍卿の上申趣旨と太政官指令とは明確に背馳し，かつ，海軍内部不統一を露呈し，理解されないものであった。川村純義の「海軍参謀本部設立論」はこれらの海軍内部不統一の収拾策として，薩摩系海軍のリーダーとして改めて上申したのであろう。川村純義らの「海軍参謀本部設立論」の理由は陸軍との均衡を図ることのみに終始し，梅溪昇の「迫力が感じられない」（88頁）の指摘のように「積極的理由の開陳に乏しい」ものであった。当時の海軍は日本帝国全体の参謀職務機関（帷幄）の構築の調査・研究に欠けていた。なお，榎本海軍卿は翌1881年3月24日付で太政大臣宛に「海軍参謀本部設立之義ニ付上請」を上申した（『公文録』1881年3月4

月海軍省，第32件）。榎本海軍卿によると，榎本自身は海軍評議所設置論のために伊藤雋吉らの議論に賛同しなかったが，しだいに伊藤雋吉らの議論が海軍内（諸艦長と将官等）で過半数を占めるに至ったので，改めて，海軍参謀本部設立を上申したとされる。榎本海軍卿の上申は3月24日の閣議では回覧の取扱いを受けたのみであった。

31）　梅溪昇「駐英公使館付武官時代の黒岡帯刀」『日本歴史』第272号，167頁から再引用。

32）33）『公文録』1878年12月局，第16，14件。

34）『公文録』1879年8月9月陸軍省，第12件。

35）　大山梓編『山県有朋意見書』収録の陸軍省編『陸軍省沿革史』152頁。

36）『公文録』1879年10月陸軍省1，第1件。なお，注3）の大山・西郷の連署の「軍事御統轄之儀ニ付上請」は，「侍中武官」の職務について「戦時ニ在テハ帷幄ノ末ニ列シテ謀猷ニ参スル」云々と述べ，「[既に] 参謀本部ヲ置キ帷幄ニ参画セシムルノ制度」云々と述べているが，1878年参謀本部条例制定時には帷幕と帷幄の用語には大差はほぼないと受けとめられていたとみてよい。

37）　ただし，当時においても1879年陸軍職制に対しては疑問が出ていた。第一に，陸軍職制第7条の「軍令ニ関スル者」の文言については，西周（当時，陸軍省御用掛，参謀本部出仕）が，太政大臣の軍令への関与の無規定を疑問視する立場から，「其部 [参謀本部] ノ長官之ヲ受ケ部下ニ命令ヲ下スニ当リ初メテ軍令ト成ル者ニモセヨ事軍令ニ関スル者ハノ文句ニ拠レハ将来軍令ト成ルヘキ者ニ於テハ勿論，軍令ト相関渉スヘキ者ヲモト云義ヲ含蓄スル者ナリ」（大久保利謙編『西周全集』第3巻所収，大久保利謙「解説　軍事編」23頁，1966年，引用文中の圏点略は遠藤）と指摘し，「軍令」の拡張的規定化を問題視していた。第二に，海軍省（海軍大秘書下條正雄）は1881年9月に陸軍省宛に，陸軍職制第5条の「帷幄ノ中参謀長」の意味を照会したことがある（官職名なのか？　参謀本部長と別人なのか？　など）。陸軍省官房副官児島益謙歩兵中佐は「海軍省ヘ回答案」を起案し，参謀本部の意見を一応承知するために9月13日付で参謀本部副官浅井道博歩兵大佐宛に照会した。陸軍省回答案は「抑帷幄トハ　天皇陛下之帷幄之謂ニシテ之ヲ指示スレハ即チ参謀本部也仍テ参謀長ハ官職名ヲ以テ論スルニ非ス帷幄参謀部内ニ壱人之長ヲ置クト云フ之処ニ止リ其長タルモノハ即チ参謀本部長也」等と起案していた（〈陸軍省大日記〉中『明治十四年九月 大日記 局部』）。陸軍省回答案の「帷幄」は天皇の帷幄であることを明確化したが，日本帝国全体の帷幄としての趣旨・性格を濃くしたといえる。ただし，陸軍省回答案は注24）の [補注2] のように平時戦時の混載規定の参謀本部条例を下敷きにした回答であり，正確さを欠いていた。なお，浅井参謀本部副官は陸軍省回答案の通りでよいとしつつも「法律ノ精心質問之義ニ付法制部へ可問合件ニ有之陸軍省ヨリ回答スヘキ限リニ無之ト被存候間此旨同省へ御回答相成候方可然」と指摘し，太政官法制部宛に照会すべきことを同省に回答してほしいと述べ，法令の条文精神等の解釈責任は究極的には政府・太政官にあることを強調したことは注目される。これは当然といえば当然であり，法令条文の独占的解釈の構えはない。第三に，太政官レベルで帷幄の用語を条例に積極的に明記したのは1885年4月10日の国防会議条例である。1883年3月に参謀本部長代理曾我祐準参謀本部次長は国防会議の設置必要を陸軍省に照会し，同省は翌1884年10月に国防会議条例案を起案して海軍省と協議した。それによれば，「国防会議ハ之ヲ東京ニ置キ陸海両軍ノ分任ニ属スル防国任務ノ要領ヲ審議計画スル所ナリ」(第1条) とされ，議案は陸海軍卿の奏請と勅命により付され陸海軍卿は主任事業に関しては列席する (第3，6条)，議長は皇族から，副議長・議員は陸海軍の将官から特選により任じられる (第8，9条)，と起案された (〈陸軍省大日記〉中『明治十七年十一月　大日記　陸軍省総務局　水』所収)。大山巌陸軍卿は川村純義海軍卿の同意を得て連署により11月8日付で同条例案を太政官に上申した。太政官では参事院議長福岡孝弟の翌1885年3月23日付の審査報告は同条例案第1条の「東京ニ置ク」云々は「茫乎トシテ明ナラス」として「国防会議ハ之ヲ帷幄ノ中ニ置キ」云々と修正した。参事院審査報告は閣議決定され，4月8日に太政大臣他参議8名の上奏を経て裁可され，4月10日に制定された (〈中央　軍事行政　法令〉中『陸軍諸条例綴』1/3，所収)。これによれば，帷幄は太政官レベルにおいても高度な統治対応の概念として位置づけられたことは明確であり，帷幄の内部の機関やメンバーは常設・固定的なものとは想定されていない。

38)　国立国会図書館参考書誌部編『憲政資料目録第三　桂太郎関係文書目録』(46頁，1965年) に記載の文書で，同館憲政資料室所蔵の「八六　桂太郎伝記参考書 (九)」の複写文書を編綴した『桂太郎文書』(十七) に所収。

表12　「出師編制及職務綱領」と1881年戦時編制概則 (■は不明，*は二重記載，[ ] は推定)

「草案」	「草案修正」	1881年戦時編制概則
第一章　軍隊編制ノ総則	第一章　軍隊編制ノ総則	第一章　編制概則
第一条　軍ノ編制	第一条　軍ノ編制	第一条　軍団ノ編制
第二条　師団編制	第二条　師団編制	第二条　師団ノ編制
第三条　独立師団編制	第三条　独立師団編制	第三条　独立師団ノ編制
第四条　旅団編制	第四条　旅団編制	第四条　旅団ノ編制
第二章　軍本営諸官ノ職務	第二章　軍本営諸官ノ職務	第二章　軍団本営諸官ノ職務
第五条　参謀部	第五条　参謀部	第五条　参謀部
第六条　裁判官	第六条　裁判官	第六条　砲兵部
第七条　憲兵部	第七条　憲兵	第七条　工兵部
第八条　伝令騎兵隊	第八条　伝令騎兵隊	第八条　会計部

第三章　経理部
　第九条　本部
　第十条　会計部
　第十一条　砲廠
　第十二条　工廠
　第十三条　輜重廠
　第十四条　馬工廠
　第十五条　電信隊
　第十六条　補充営
　第十七条　陣中病院
　第十八条　経理部支局
第四章　師団本営諸官ノ職務
　第十九条　参謀部
　第二十条　会計官
　第二十一条　憲兵
　第二十二条　医官
　第二十三条　予備砲兵及予備工兵
第五章　独立師団本営諸官ノ職務
第六章　旅団本営諸官ノ職務
　第二十四条　参謀部
　第二十五条　砲兵部
　第二十六条　工兵部
　第二十七条　会計部
　第二十八条　軍医部
　第二十九条　馬医部
　第三十条　輜重部
　第三十一条　憲兵部

　第九条　軍用電信隊
　第十条　会計部
　第十一条　本部*砲廠
　第十二条　■
　第十三条　輜重廠
　第十四条　工廠
　第十五条　■
　第十六条　馬廠
　第十七条　補充営
　第十八条　病院
　第十九条　陣中病馬廠
　第二十条　経理部支部
第四章　師団長及ヒ師団本営ノ職務
　第二十一条　[師団長]
　第二十二条　参謀部
　第二十三条　計官
　第二十四条　憲兵
　第二十五条　医官
　第二十六条　伝令騎兵
　第二十七条　師団砲兵及師団工兵
　第二十八条　独立師団本営諸官ノ職務
第五章　旅団長及旅団本営諸官ノ職務
　第二十九条　参謀部
　第三十条　裁判官
　第三十一条　憲兵隊
　第三十二条　伝令騎兵
　第三十三条　砲兵部
　第三十四条　工兵部
　第三十五条　会計部
　第三十六条　輜重廠
　第三十七条　病院
　第三十八条　病馬廠

　第九条　裁判官
　第十条　憲兵
　第十一条　伝令騎兵
　第十二条　軍用電信隊
　第十三条　輜重部
　第十四条　病院
　第十五条　病馬廠
　第十六条　馬廠
　第十七条　運輸部
　第十八条　補充営
第三章　師団長及ヒ師団本営諸官ノ職務
　第十九条　師団長
　第二十条　参謀部
　第二十一条　砲兵部
　第二十二条　工兵部
　第二十三条　会計部
　第二十四条　裁判官
　第二十五条　憲兵
　第二十六条　伝令騎兵
　第二十七条　輜重部
　第二十八条　病院
　第二十九条　病馬廠
　第三十条　運輸部
第四章　独立師団本営諸官ノ職務
第五章　旅団長及ヒ旅団本営諸官ノ職務
　第三十一条　旅団長
　第三十二条　参謀部
　第三十三条　砲兵部
　第三十四条　工兵部
　第三十五条　会計部
　第三十六条　裁判官
　第三十七条　憲兵
　第三十八条　伝令騎兵
　第三十九条　輜重部
　第四十条　病院
　第四十一条　病馬廠

39）『公文録』1881年5月陸軍省，第1件。なお，『陸軍省第六年報』は，1881年戦時編制概則について「従来戦時ノ部署編制ニ於ル曩ニ西南ノ役ヲ除ク外嘗テ軍団師団旅団ノ順序アル編制ニ至ラス抑戦時編制ノ法タル平時ニ在テ専ラ之ニ応スル準備ヲ核算シ変ニ臨ンテ咄嗟ニ完全シ整斉ナル大兵ヲ速ニ発遣シ得ヘク是レ以テ此編制法ヲ定ル所ナリ」と有事・戦時における大兵力の編成手続きの策定の必要性を記述した（『法規分類大全』第45巻，兵制門（1），77頁，参照）。

40）陸上自衛隊北熊本修親会編『新編西南戦史』102-104頁，1979年，原書房復刻，原本は1962年。

41）1881年3月19日陸達甲第7号後備軍司令部条例は後備兵の「点呼」を規定した。後備兵点呼は，使府県駐在官が毎年1回管内郡区を巡回し，後備兵が1日間に往復可能の里程内の地に出会させて技芸を復習させることになっていた。その際，使府県駐在官の職務として後備兵の氏名点呼の後，「圏列ヲ作リ服役上ノ規則ヲ問査シ又ハ軍令定則等ヲ告示スヘシ」と規定したが，ここでの軍令は戦略戦法等を基本にした軍中の命令や規律を意味した。

42）『法規分類大全』第46巻，兵制門（2），370頁，所収の1876年海外出師会計部各課心得書は，病院課の業務として，陸上での死没の軍人軍属の場合には，看病人・看病卒等に死没者の仮もがりを行わせ，医官の死因証書と遺品を添えて輜重部に送り，記録簿に死没の因由・死没地・埋葬地・木牌の記号等の詳記を記載した。

43）「出師編制及職務綱領」の「草案」第三章以下は，北海道教育大学函館人文学会編『人文論究』第76号掲載の拙稿「1881年戦時編制概則の成立に関する考察」，2007年，参照。

44）『法規分類大全』第46巻，兵制門（2），594頁。

45）『征西征討記稿』巻65には，3月14日に「軍夫ヲ使役スル属僚ニ帯剣ヲ允サル制馭上ノ便宜ヲ計ルナリ」（8頁）とか，3月21日の福岡熊本両県下軍夫召集概則は「出来ノ者或ハ約束ノ日限アルヲ主張シ無稽ノ私情ヲ鳴シ実役僅ニ三日ニシテ暇ヲ促カス者アリ」「輜重ノ大害ト謂フヘシ」（17頁），と軍夫（役夫）の統制・統括の困難性を記述している。

46）47）48）注5）のシェルレンドルフ著『独逸参謀要務』後編巻二，1丁。

49）国立公文書館所蔵『野外演習軌典』（第一版）。

50）フランスは1832年5月3日に戦時の陣中勤務を規定した「陣中軌典」（SERVICE DES ARMEES EN CAMPAGNE）を制定・頒布した。フランスの1832年陣中軌典は1883年10月26日に改正され，日本では陸軍文庫から1885年10月に『仏国陣中軌典』として邦訳・刊行された。フランスの陣中軌典は，日本の日露戦争前後の1900年代でいえば，いわば，戦時編制と野外要務令及び兵站勤務令の合体編集のようなものであった。すなわち，1885年邦訳・刊行の『仏国陣中軌典』の主な目次は，軍の編制総論，命令，暗号，舎営露営と野営，舎営と露営中の勤務，勤務の順次，出戦軍の保育，行軍勤務，警戒勤務，戦闘略説，輸送隊と護衛，枝隊，別働隊，軍の憲兵勤務，監守兵，要塞攻撃，要塞防禦，から構成された。そして，フランスの

1832年陣中軌典に関して，歩兵の陣中要務概要とその教習方法・演習方法を簡易に規定したのが，同年同日制定・頒布の歩兵陣中要務実地演習軌典である。その後，1875年10月に同歩兵陣中要務実地演習軌典は改正され，同改正は日本将校に知られ，ただちに陸軍少佐酒井忠恕の訳により，『仏国歩兵陣中要務実地演習軌典』(1876年9月，内外兵事新聞局）が刊行された。同書は陸軍士官学校生徒の教授や陸軍一般において要用・有益とされた。主な目次は，総則・予科教習，前哨勤務，行軍勤務，偵察勤務，舎営・露営，輸送隊と小方策，とされ，陸軍少将曾我祐準（陸軍士官学校長）の序文が付された。その後，1881年11月に酒井清により改訳・刊行された（内外兵事新聞局)。フランスの1875年歩兵陣中要務実地演習軌典は1885年5月9日に廃止され，新たに同日に「歩兵陣中軌典」(SERVICE DE L'IFANTERIE EN CAMPAGNE）が制定されたが，日本の陸軍文庫は翌1886年6月に『仏国歩兵陣中軌典』として邦訳・刊行した際に（第二部)，1885年邦訳・刊行の『仏国陣中軌典』の抜粋と合体収録して編集した（第一部)。『仏国歩兵陣中軌典』は，特に第二部に「破壊法」(工作物，鉄道，電線，橋梁等）を加えたが，特に注目されるのは「別働隊(パルチザン)」である（『仏国陣中軌典』第13編，232-240頁，『仏国歩兵陣中軌典』第一部第13編，119-127頁)。第一に，別働隊は特別任務をもった独立の枝隊であり，その任務を「[軍隊の］側方ヲ捜索シ我軍ノ施策ヲ擁護シ敵ヲ詐欺シ敵ノ交通路上ニ危懼ヲ懐カシメ敵ノ逓使及ヒ書信ヲ捕奪シ敵ノ倉庫ヲ脅威シ若クハ之ヲ破壊シ敵ノ輸送隊幷ニ駅逓部ヲ奪ヒ然ラサルモ総テ強大ノ枝隊ヲ附シテ護ラサルヲ得サラシメ以テ其行進ヲ遅滞セシムルニ在リ」と規定した。つまり，正規軍の戦闘活動を崩した少数兵員の小戦法や特殊潜行工作により敵の攻撃や作戦意図を攪乱し妨害することにあった。別働隊の活動は「厳ニ軍紀ヲ維持シ部下ノ兵士ヲシテ行状方正ニシテ土民ノ心情ヲ安ンセシメ力ヲ尽シテ土民ヲ懐柔シ又之ト交際シ若クハ間諜ヲ以テ至要ノ情報ヲ求ルヲ計ルヘシ此司令ハ市郭，村落ヲ避ケ曲折シタル渓澗，森林及ヒ孤園ノ出路便ナル者ヲ撰ンテ通行スヘシ若シ止ムヲ得ス人民居住ノ地ヲ通行スヘキ時ハ意ヲ用テ之ヲ捜索セシムヘシ若シ斯ノ如キノ地ニ於テ粮食草秣ヲ求ムルヲ要スルアレハ之ヲ郭外ニ齎シ来ラシメ又屢々其人馬ノ現数ニ応スルヨリ更ニ多額ヲ求ムルコトアリ而シテ勢此地ニ宿泊セサルヲ得サルトキハ間諜ヲ用ヒ且ツ要スレハ其地ノ貴族ヲ質ト為スヘシ此時ハ哨兵及ヒ騎哨ニ令シテ土人ノ郭外ニ通スルヲ禁セシムヘシ」と規定し，自己紀律と独断専行によって遂行される雰囲気があった。第二に，別働隊は「教導(ギイド)」と「間諜(エスピオン)」を使用し，教導は「猟師，密猟者，牧人，炭丁，樵夫，野監若クハ林守」の鋭敏者から選択し，間諜には「密売商及ヒ行商」が適任（特に方言に通ずる者）とされた。一種のアウトロー的世界の情報収集活動を重視した。第三に，別働隊の活動として輸送隊襲撃を特記し，基本的には「戦利(ブリス)」の自己処分（販売，分与）を許容した。すなわち，①別働隊獲得の戦利品は「其物貨ヲ点検シ敵ヨリ獲タル証左アレハ之ヲ此隊ノ所得ト為ス」と規定し，同隊発遣命令の本営において，参謀長・会計監督又は会計副監督と相会し，同隊将校下士の面前で当該物貨を「品定シ而後販売スヘシ」とされ，同隊未帰営の場合には出納官は代金を帰営後に同隊人員に分与する，②兵器・弾薬・大砲類は配与・販売しないが，司令長官は対価を定めて償金を獲得者に分与する（分与比率は，佐官5分，大尉4分，中少尉3分，下士2分，伍長・兵卒1分とし，同隊司令者にはさらに6分を支給する），③敵より奪取の馬匹は馬廠において司令長官の規定価格により償金を支給し，戦用に堪えない馬匹は鬻売（しゆくばい）して代価を奪取者に分与する，と規定した。ただし，戦利品中に「土人所有」の馬匹・物品が含まれていれば，「土人」に還付すべきとした。

51）　ドイツの野外演習令は1870年7月に制定され1877年7月に改正された。ドイツの1877野外演習令は，日本では1882年に陸軍文庫により『独乙野外演習令』として邦訳・刊行された（全6編，附録）。主な目次は，軍隊演習の主旨・規律と指揮の綱領，偵察と警備勤務，行軍章程，露営勤務章程，舎営勤務章程，野外演習の規則と指揮の章程，演習の施為と審判官参渉の章程，附録第一（騎兵指揮官），附録第二（禁令「演習ノ不幸ヲ防キ不法ヲ制シ及ヒ土地ノ毀損ヲ護ルノ教則」），附録第三（大演習時期の規定），附録第四（書式），附録第五（審判官の任務），附図，である。特に注目されるのは，第一に，軍隊演習における軍紀の養成・維持・統制であり，「軍紀ハ軍隊ノ基礎ニシテ功績ノ有無モ亦其張弛ニ由ル故ニ常ニ之ヲ維持スルハ独軍隊ヲ保全センカ為メ欠ク可ラサル而已ナラス事々物々一トシテ之ニ関セサル者ナシ」として，あらゆる機会での厳正な軍紀の堅守を求めた。第二は，対住民地等での演習の禁止事項を規定した（附録第二）。たとえば，①家屋・堆秣等の近傍での発火を禁止し，村落防禦時には家屋から遠隔の籬墻に散兵を置き，予備隊を出して防禦を仮想する，②大演習は，「国庫利益」のために園地畦畝と高価な草木・種子培養地や耕地を避け，果樹園・牧畜場・稺樹林・煙草・麻等の高価な植物栽培地への進入を禁止し，各指揮官は耕地進入者の存否を予め観察し，損害発生は「指揮官自其責ニ任スヘキナリ」と規定した。

第3章　西南戦争後の陸軍会計経理の攻防と軍備増強策

1　西南戦争後の緊縮財政政策と陸軍会計経理の攻防

まず，西南戦争前後からの緊縮財政に対する陸軍省の対応を検討する。

(1) 西南戦争勃発前の地租減額と陸軍会計経理

1877年1月4日に「親ク稼穡〔かしよく〕ノ艱難ヲ察シ深ク休養ノ道ヲ念フ」として地租減額（地価の100分の3を100分の2.5にし，年間787万円余の租額減縮）の天皇詔書が出された。

これについて，山県有朋陸軍卿は陸軍各局諸官廨長官宛に同年1月20日付の訓示を発し，①天皇詔書の言葉の深さを考え，地租減額による歳入不足はどこかで補うべきであり，陸軍省定額は従前に比して125万円減額したことに対応して，諸局官廨は各々減額補填責任の幾分かをになうことは当然である，②しかるに，現在，内外情勢における「西国ノ兇徒暴動」（山口県と九州の士族反乱）「常陸及勢尾等農民蜂起」（茨城県真壁郡と三重・愛知県地方の地租減額要求の農民運動）や清国の軍備拡張等の中で，徴兵令規定定員数は国力に対応して多いとは言えず，現在の徴集兵員は未だに定員を満たしていないので，同兵員数を十分とすることはできない，③減額補填は諸局官廨の金額を減じ，土木事業や被服・給与の物品を節し，各長官は今後一層注意して諸般の経費節減に従わなければ「能ク聖意ニ対揚シ」て陸軍事業を却歩させないことはできないと指摘し[1]，天皇詔書を楯にして節倹と志気の引き締めを強調した。

その後，陸軍卿代理大山巖は西南戦勃発争直前の2月6日付で近衛局と各鎮台及び陸軍教導団に対して，諸兵隊の野営演習と長途行軍の費用は今後なるべく当該隊中の「貯蓄金」で支出すべきことを指示した[2]。つまり，正規経費節減の構えを示した。「貯蓄金」は1873年陸軍給与表第14表（「歩兵第何連隊蓄積金決算表」）に規定され，1874年9月の陸軍給与表備考中改正追加は「残飯代」「下肥代」「隊中ノ注意節倹ヨリ生スル残余金」で「全ク隊中ノ貯蓄トシテ該台ニ於テハ敢テ関セス又更ニ出納ヲ問ハス只隊長ノ意見ヲ以テ之ヲ処分スヘシ」（第12章第5条）と明記した。さらに，1876年3月13日陸軍省達第38号の陸軍給与概則第13章（各隊廃物売却代金及残金）は「連隊分屯隊ハ其隊中中ノ貯蓄金トナシ」と規定し，当該隊長の意見により正規の費額外の「雑費」にあてるとした。「雑費」とは当時の各兵種の内務書によれば（1875年歩兵内務書第二版，1876年騎兵内務書第一版，1876年砲兵内務書第一版），窓ガラスや営内瑣少の破毀に対する補修，大病者発生時の本人本籍地親族への通報郵便料金や遺物運送料等とされていた。つまり，「貯蓄金」は隊中細部の費用発生に対応して臨時的・慣用的に充当されていたが，大山陸軍卿代理の指示により恒常的な軍隊業務費用としても充当されることになった。

(2)　西南戦争後の緊縮財政下の陸軍会計経理の攻防

西南戦争は巨額の戦費支出を生じた。政府の征討費は4,200万円余に達した（借入金1,500万円，紙幣発行高2,700万円，他）。当時の紙幣は不換紙幣であり，政府は不換紙幣を銷還・整理せざるをえなくなった。不換紙幣増発により洋銀相場が高騰し，1877年1月に洋銀1円に対する紙幣相場は1円1銭3厘だったが，翌1878年には月平均1円21銭余に下落し，その後，下落傾向を示し，1881年4月には1円79銭5厘に暴落し，物価上昇を招いた（1877年の東京の玄米1石〈約150kg〉が平均5円15銭に対して，1881年は10円48銭5厘に暴騰）[3)]。この他に維新以降の国債発行が加わり，政府の負債全体は3億7,524万円余に達し，年々の利子支払い額は約2,600万円にも達するとされた。

①1878年度以降の5％減の歳出費用節減の国家財政方針と陸軍省

かくして，第一に，1878年度以降は歳出費用節減の国家財政が編成された。すなわち，1877年11月の内閣は諸省定額の「五分」（5％）削減の予算編成方針を内決した。同予算編成方針の「五分」（5％）削減を「五分の一」（25％）削減と理解した陸軍省は衝撃を受け，山県有朋陸軍卿はただちに「陸軍定額減少奏議」を提出し，同年12月22日付で大蔵卿に「諸省定額之内五分之一宛相減省」は同省予算編成にとって非常に厳しいと述べ，諸費の流用等（「大小科目」の流用，「税外収入」は国庫に納入せずに行軍・野営演習及び後備軍復習や陣営修理にあてるなど）を照会した[4]。当時の「税外収入」は官有物払下代・官有物貸下料・雑入（徒刑人工業益金など）等であった。なお，山県照会は，現在の徴兵令規定定員も完備せず（仙台鎮台の歩兵2個大隊未設置の他に，全鎮台で砲兵3個大隊・工兵3個小隊・輜重兵3個小隊の未設置），今後の完備には定額増加が必要であるにもかかわらず，逆にこれ以上削減されるならば「只軍隊ヲ解散スルノ一事アルノミ」の議論も出てくることなどと記述した。山県照会の軍隊解散の議論紹介は唐突であり丁寧さに欠けていたが，軍隊を一旦設置した場合，当時において，その非生産的な軍隊の維持経費は容易ならざることの認識があったことを意味している。これについて，大隈重信大蔵卿は12月25日付で，大科目の流用は当省に通知する，税外収入は収支の区界もないので順序をふんでやればよい，「五分之一宛相減省」の趣旨は費額の「五分」の減省である（100分の5，すなわち5％），と回答した[5]。そして，内閣の5％減方針による大蔵省提出の1877年度歳入出予算表は同年12月28日に太政官から指令された。

この後，山県陸軍卿は翌1878年1月7日付で陸軍一般向けに訓示を発した[6]。すなわち，陸軍省は1876年前の定額700～800万円に比較して120万円余が減少し，さらに100分の5の減額での経費対策方針として「軍隊ヲ解散セハ即已マンノミ」であるが，内外情勢をみた場合はとるべきでないだけでなく，「我国家ヲ保護スルノ兵員」も多くはなく，徴兵令規定定員の欠員さえも生じているとした。そして，今年度は砲兵大隊を仙台・名古屋・広島に新設するが，「節倹ノ一辺ニ就テ其方法ヲ思考シ以テ後命ヲ待ツヘシ」と強調した。これに対する軍隊現場の対応としては，たとえば，大阪鎮台司令長官三好重好は2月15日付で陸軍省第五局長に，徴兵令第7条の「技芸熟練」者の帰休制度を積極的に適用し，歩兵1個大隊（大阪鎮台では歩兵計9個大隊設置）につき兵卒3分の1を4箇月間帰休させれば，1年間合計で1大隊分の経費減少（4万5千円余）を生みだせると伺い出た[7]。大阪鎮台の伺いは認められ，帰休措置を改めて通達するとされた。

ちなみに，西南戦争後から1879年までは，徴兵制と「六管鎮台表」（1875年改定）の兵額規定のもとに毎年の現役兵として徴集される兵員数は約8,600名余（1879年）～10,600名余（1877年）であった。6個の鎮台が積極的に帰休制度を適用すれば，歩兵隊だけでも合計27万円余の経費減少の見込みである。ここで，歳入出決算における陸軍省所管分（定額）は，1877年度は予算585万円余・決算603万円余である。1877年度の国家予算に対して陸軍省予算のみで約12％弱の多額を占めていた。また，同省所管の毎年予算に対する決算超過は1880年度までは常態化し，1878年度の超過率は11％にも及んだ。

②1879年度の陸軍省予算

第二に，陸軍省は1879年2月3日付で前年12月の監軍本部設置の経費金額不足3万2千円余の別途下付を伺った（1878年12月から翌年6月まで）。しかし，太政官は3月15日に別途下付を認めず，同省経費額内による流用支弁を指令した。同省の監軍本部経費別途下付伺いは，1879年3月10日の天皇の勤倹及び冗費省略等の「御沙汰」の約1箇月前であり，政府としても緊縮財政姿勢を率先して示さなければならなかった。「御沙汰」の第二項目は「官省ノ建築其他一切ノ土木既ニ着手シタル分ヲ除ク外可成省略可致事」としていた。同省は本「御沙汰」を陸軍卿名で同日に陸軍一般長官宛に内達した[8]。

他方，同省は3月15日の太政官指令に危機感をもった。すなわち，西郷従道陸軍卿は4月2日付で太政大臣に，監軍本部の1878年度経費は太政官指令通りに繰合せて流用支弁するが，参謀本部・監軍本部設置による陸軍全局の漸次整頓に伴う経費増加の必然のために，1879年度の陸軍省定額の幾分かの増額がなければ予算見込みが立たないことと監軍本部経費金額別途下付を再上申した。太政官は大蔵省意見を照会したが，大隈重信大蔵卿は4月18日付で，監軍本部は新設であるが「陸軍省経費ハ素ヨリ多額ニモ有之候」として，太政官指令を遵奉して本年度流用支弁が「事務上差支モ無之上ハ十二年度ニ於テ流用難相成ノ理由ハ有之間敷」であるので，1879年度も別途下付は認められず，定額内での流用支弁により諸経費の予算を営むべきと回答した[9]。これにより，太政官調査局は5月13日の閣議に，各省経費の費用節省は1877年1月の地租減額詔書以降6箇年間にわたり1877年度経費よりも増加させない方針であったが，陸軍省定額は1878年度には若干の増額があり，さらに「此上別途御渡方ノ儀ハ大ニ会計ノ目途ニモ相関シ候」として，同省経費は元来多額なので他の節略方法によりいかようにも流用支弁方策が可能であるという審査案を提出し，了承された[10]。

この結果，太政官は5月21日に陸軍省上申を認めず，同省経費額内で支弁目途を立てるべき指令を発した。なお，7月19日に太政官は1879年度陸軍省経費（719万円余——税外収入6万円余と銃器弾薬製造等に属する諸費50万円を含む）を示達したが，別途下付は兵営焼失による金沢兵営建築費3万円余とされた。

③1880年度の陸軍省予算

第三に，陸軍省は1880年3月に1880年度経費予算案として914万円余を立てた。前年度の比較で195万円余の増額案であったが，田中光顕陸軍省会計局長は，本増額案はやむをえず，これ以上の「減殺ノ見込無之候」と述べ，太政官に上申してほしいと陸軍卿に伺い出た[11]。田中会計局長の伺いは了承され，4月に陸軍省はそのまま太政官に上申した。太政官は同省との内議を経て6月30日に1880年度の陸軍省経費として，805万円余（税外収入16万円余を含む），興業費16万円余，金沢兵営建築費3万円余を示達した[12]。

太政官示達は厳しいものであった。そのため，田中会計局長は7月30日付で陸軍卿に，①1880年度予算案は当初914万円余を立てたが，諸費節減の内議により再調請求額として836万円余を上申した結果，上記の805万円余が示達された，②しかし，これでは1880年度の経理目途が立たず，さらに31万円余増額を上申し，10万円が増額されたが，（再調請求額からみれば）21万円余の減額になり，年度末の不足分発生の場合には同減額以内の金額のさらなる下付を太政官に上申してほしいと，上申案を添付して伺い出た。田中上申案は，このような減額に至れば，「陸軍ノ義尚一層拡張可致義ハ勿論ニ候得共右御下付ノ金額ニ候ハ迚モ拡張ノ見込難相立」と危惧していた[13]。田中会計局長の1880年度の予算額に対する特別措置の上申と危惧のもとに，大山巌陸軍卿は9月11日付で近衛都督他各鎮台・陸軍士官学校等の陸軍一般官廨の長官宛に経費節減の告諭を発した[14]。

④1881年度の陸軍省予算

第四に，1880年度も紙幣増発が続いた。政府内部では酒造税改革による500万円増加，地方税増加，各省経費計300万円削減等による1,000万円財源確保の「財政改革」を進めようとした[15]。太政官は1880年11月5日に，「財政改革」のために行政事務簡略化と新事業の見合せにより各庁経費に若干の減省を施し，1881年度以後の陸軍省経費定額は1880年度既定額よりも25万円の減省見込みであるので，同省にそれらの事務省略と費途節減の方案を調査して11月30日までに具申すべきことを指令した[16]。本太政官指令も陸軍省にとっては厳しいものであり，11月30日までに具申できなかった。そのため，同省は，特に被服予算等の軍隊給養上の調査にも関係し，各鎮台司令官の意見も参照しなければ経費節減の明確な方案を立てにくいとして，同方案調査の猶予を太政官に翌12月に上申した。

しかし，陸軍省の経費節減方案調査は遅れ，田中会計局長は翌1881年3月15日付で下記の調査結果を太政官に伺い出ることを陸軍卿に上申した。田中上申書は，①1881年度予算は前年度に比較して増費分が少なからずあるので，たとえば，太政官指令の25万円の減額の他に甲費を減じて乙費を補わなければ経理が成立しないが，その場合「軍隊給与上ニ係ル減額ハ厚ク詮議ヲ尽ササレバ各自ノ気向ニモ関ル候」と述べ，②前年度よりも増費分の集計32万円余と減額指令の25万円の合計金額は57万円余になり，同合計金額の省略方法を種々考量しても減額見込みが立たず，「非常ノ果断ヲ以テ成規ヲ変更スルニ非サレハ御達ノ金額ヲ減シ且増費ヲ支弁スルノ道無之候」と述べ，③成規変更の件は近く伺い出るが，減額各項の中で許可が難しいものがあるならば，25万円の減額目途は立ちがたいことを予め承知しておいてほしい，と述べた[17]。田中上申書は減額見込み内訳書を添付して説明しつつも，同省管轄の既得事業は放棄しないという構えがみられた。田中上申書は3月8日に了承され，陸軍卿は3月18日付で太政大臣に提出した。

これについて，太政官の会計部主管参議（大隈重信，寺島宗則，伊藤博文）は軍事部主管参議（山県有朋，西郷従道）との協議を経て「聞置候事」という指令案を6月27日の閣議に提出し，了承された[18]。この結果，陸軍省の1881年度予算は前年度決算分よりも25万円余が減額された。

⑤1882年度の陸軍省予算

第五に，1882年度は国家財政との関係においても陸軍会計経理の画期になった。まず，1882年度予算編成に際して，松方正義大蔵卿は1882年2月に，事業等の拡張を止め，物価騰貴による不足分は緩急を斟酌して処置しつつ，1881年度の定額を標準とした予算編成を1882年度以降3箇年間続けることの意見書を太政官に提出した。さらに，松方大蔵卿は4月11日に太政大臣に，

1881年度の定額をもって1882年度各庁経費の定額とし，以降3箇年間は確固不動のものとして据え置き，年度末の残金は返納せずに過年度不足に充用したいと上申した[19]。太政官は松方大蔵卿の上申により予算編成方針を立て，1882年4月28日付で陸軍省宛に，852万8千円余をもって「一ヶ年ノ定額トナシ明治十五年度ヨリ十七年度迄三ヶ年間据置候依テ右年限中ハ増額等一切不相成候条」と示達した[20]。

なお，これより先，大山巌陸軍卿は同年2月17日付で太政大臣宛に，徴兵令規定定員で欠けている仙台鎮台歩兵2個大隊と仙台・名古屋・広島三鎮台の砲兵及び工兵の各1個中隊の充足経費の別途支給を上申していた。大山陸軍卿上申は，陸軍の建制は元来各軍管に一軍団を設置する組織であるが，内外の情勢よりみれば「充分之兵備ト謂フヘカラス」とし，現在の4万有余の常備兵額中にも欠員があることは「一大欠事」であり，有事における不都合と平時の軍隊編制上にも支障が少なくないと強調した[21]。そのため，1883年の徴集期より欠員兵額を充足し，差し向き1882年度より3箇年での完備の必要経費の別途支給を要請した。しかし，太政官は6月5日付で同省宛に4月28日付の示達を指令した（1882年度以降経費の定額内支弁）。これによって，仙台鎮台歩兵2個大隊等充足の予算措置は見送られた。

陸軍省の1877〜81年度の対太政官・大蔵省との間の会計経理の攻防は，太政官等に対しては内外情勢の「危惧」を基本にして陸軍経費の「特別」を強調し，部内に対しては諭告等により緊縮財政の方針として「軍隊解散」の唐突な言葉・議論を垣間見せることによって陸軍内部（特に上層部）を固めさせつつ，陸軍のみが経費の節倹・節減に励行しているという観念形成に向わせるものがあったとみてよい。

(3) 1881年会計法体制と陸軍会計経理

次に，西南戦争後の緊縮財政下において会計法が制定されたが，陸軍会計経理との関係を検討する。

①1879年経費科目条例と陸軍会計経理

まず，財政経理における経費科目書式が統一化された。すなわち，1879年12月27日太政官達第50号の経費科目条例が制定され，1880年度から施行された。これは経費科目の立て方を「大科目」「中科目」「小科目」「細科目」(必要箇所にはさらに「細節」を設け，内訳を記載) の4段階の科目に区分し，かつ，全官省院使局府県の経費科目の各費目事款を4段階の科目毎に具体的に規定した。そして，小科目以上の費額の流用を認めず (やむをえない場合は，流用事由を具し，官省院使局は太政官に，府県は大蔵省に伺い出る)，各費目事款の変更等による中科目以下の科目削補を要する場合には当該年度予算編成以前に同理由を詳しく大蔵省に申出ることとした。経費科目条例の特徴は中科目の組立て方にある。中科目には他省院等と同様に官衙を規定したが，陸軍省所管経費は本省と参謀本部を始めとして，近衛や各軍管等の兵種別の「隊」に至るまでが規定された (歩兵隊，騎兵隊等として概括)。これは，陸軍のいわば平時編制 (の概略) に対して，予算編成の視点から太政官・大蔵省等の認識・判断をはさむ構造になっているとみてよい。1879年経費科目条例制定の結果，従来，陸軍省が予算編成に際して独自に組立ててきた1876年陸軍省費用区分概則は消滅した。なお，大科目・中科目・小科目・細科目の4段階区分は，1884年に款・項・目・節の4段階区分になり，予算編成も各官衙の俸給・庁費・行軍及び演習費・兵器弾薬費等を一括し，各経費の「項」を立て，さらに，俸給の「項」では兵種・部毎に「目」を立て，等級毎に「節」を立てた。

②1881年会計法体制と陸軍会計経理の包含

1881年4月28日に太政官達第33号の会計法が制定された。会計法は，会計年度，歳計区分，歳入出科目，予算の調理，費額流用・歳入出増減，各庁の金銭出納と収支を執行する「会計主務官吏」，記簿，国庫の出納，各庁の出納 (各庁は歳入金額をただちに歳出に移用することを禁止)，作業費支出，出納勘定帳，出納の開閉，国庫出納の決算，各庁出納の決算等に関する詳細な統一的規定を設けた。これによって，陸軍省経費の予算決算も会計法の統一的基準にもとづき編成され，会計検査院の審査を受けなければならなくなった。会計検査は1880年3月5日から大蔵省から離れ，太政官に置かれた会計検査院により実施された[22]。翌1881年4月に会計法のもとに会計検査院は「政府ノ歳計ヲ審査監督シ会計法規ノ統一ヲ主持スル所」とされ，特に「歳入出予算ノ当否ヲ審査シ其意見ヲ内閣ニ具申ス」ること等が規定された (太政官布達第35号会計検査院章程)。また，各庁の会計法規違反の会計主務官吏に対する懲戒や刑事事件への措置も規定した。

ただし，翌1882年1月の会計法と会計検査院職制及び会計検査院章程の改正により，会計検査院の検査範囲は縮小されて「決算ヲ審査判定シ」とされ，予算の審査監督等が削除された。しかし，各庁の「会計規程」は大蔵省を経由して太政官決裁を請うことになり，陸軍省の会計経理体制に影響を与えとみてよい。従来，陸軍の各官衙・各隊の会計事務は1875年6月検閲使職務条例や1879年9月陸軍検閲条例の検閲の内容・対象とされていた。陸軍部内での服役の勤惰，勤務の規律等を検閲し，将校下士兵卒の進級の「順序」を明確化する手続き中に会計事務・会計経理も位置づけていた。これに対して，1881年会計法は従来の陸軍部内処理的な会計経理体制を細部の検査・審査を含めて国家全体の会計経理体制に包含した。

③陸軍省の税外収入に対する太政官の認識

第一に，陸軍省では1877年12月の大隈重信大蔵卿回答もあり，税外収入の特別措置として，兵器被服及び各種物品で廃棄処分に属さないものを改製等のために売却した代金等を含めて，年度末に一旦国庫・大蔵省に納付してさらに増額として受領し，当該年度定額金の不足補塡が認められてきた。そして，同増額金を新製品買弁や野営行軍及び後備軍復習・兵営修理等の費用に充用してきた。ただし，大蔵省は税外収入の科目設定の必要を通報し（「大科目」と「細目」），陸軍省は1879年8月7日達乙第52号により「税外収入金内訳明細表」を官衙毎に調製・提出させた。そこでは，大科目として，①官有物払下代（細目は官紙誓文紙払代，陣営具払代，廃馬払代，刈草払代，蓮根払代，兵器払代，弾薬払代，備品払代等），②官有物貸下料（細目は家屋貸下料，所有地貸下料，水車貸下料等），③雑入（細目は徒刑人工業益金，蹄鉄打換代，徴兵免役料，下肥代，剔毛代，馬糞代，残飯代，空包代等），の三つに区分され，特に細目は多岐にわたった[23]。しかし，税外収入の特別措置は1881年会計法体制の中で改めて太政官からの認識・判断の対象になった。

まず，1881年の会計法制定により，陸軍省に慣例的に認められてきた払い下げ売却品代金の納入と下付の措置は当然消滅し，正規の税外収入として納付することになった。これについて，田中会計局長は1881年4月13日付で陸軍卿に，同売却品代金等の従来通りの措置扱いを太政官に伺い立ててほしいと上申した。田中上申案は，①同省所管の兵器・被服・陣具と治療機械は他庁備付品とはまったく性質が異なり，外国の新発明や軍隊の経験にもとづき「旧製ノ新製ニ如カサルヲ確認スルトキ」は現在給与貯蔵品を売却して改造費用にあててきた（特に，弾薬は永年貯蔵できず，新陳交換のために，将校射的自習用や鉱山用・猟銃用火薬として払い下げ，同代金を新製品費用にあてた），②兵器・弾薬・被服・陣具・治療機械・軍馬で廃物に属せず改製等のために未満期品売却代金に限り，従来通りに年度末に一旦納付し，さらに増額として下付されたい，③徴兵免役料は不用物品売却代金とは異なり，兵備上での費消は当然であるので，前項に準じて一旦納付の上，翌年度中の野営行軍及び後備軍復習用の費用補填としてさらに下付願いたい，と述べた[24]。

田中上申案は6月30日に了承され太政官に提出されたが，太政官は回答しなかった。そのため，田中会計局長はさらに9月21日付で陸軍卿に，未だに太政官回答がないことは，各鎮台の野営行軍演習の季節を迎えて必要金額請求もあり，支障が少なくないとしてさらに至急伺いを立ててほしいと申し出た[25]。同申し出は9月27日に了承され，太政官に再度提出されたが，太政官回答は明確ではない。同省上申の売却代金はおそらく官有物の払い下げによる収入金とされ，国庫納付後に別途下付されなくなったとみてよい。当時，同省は1880年12月陸軍省達乙第76号の陸軍給与概則第12章「廃物売却」規定の「廃物」の売却代金をすべて大蔵省に納付するので（各所管の被服陣具〈満期の物品と期限内物品でもまったく再利用に適さないものも含む〉，物品の上包・空苞や馬糞等），同金額のさらなる「下付ノ儀ハ難相成候条」と東京鎮台等に指令した（1881年7月25日陸軍省達号外）。つまり，6月の田中会計局長上申と1881年陸軍省達号外の廃物等の売却代金は，歳入出科目上は「雑収入科目」中の「官有物払下科目」に編入されたとみてよい[26]。

④1880年陸軍給与概則の準備金積立てに対する会計法上の認知

第二に，1878年4月陸軍省達乙第61号陸軍給与概則中改正の第4章は，①物品の上包・空苞や馬糞等の売却代金は所管司契課（鎮台等で金員の出納担当）に収納して「非常準備金トシテ積立置」き，毎年6月と12月に金高を本省第五局に通報する，②当時の各兵種の内務書規定の「貯蓄金」の充当先等（前出）も規定し，同余金を所管司契課に納付し，当該所管においては「非常準備金」として組込む，と規定した。①②の金銭は会計監督の検査を不要とされた。つまり，充当先の規定が，「頒布」としての内務書上の規定から「達」としての給与概則という規則上の規定に格上げされたとともに，会計監督上の検査がゆるやかになった。その後，1880年陸軍給与概則第12章「廃物売却」は従前の隊中の「非常準備金」の充当先を拡張した。従来の残飯・下肥代の売却代と各隊の物品の上包・空苞や馬糞等の売却代（廃物売却代）等の充当手続きとして，さらに「該台ノ準備トナシ司令官ノ意見ヲ以テ演習其他止ムヲ得サル額外費用ニ充ツルヲ許ス」（第4条）と規定し，これらの金銭を「準備金」と称するようにした。

ただし，同準備金に対してはしだいに会計法からの認識・判断が求められるに至った。これについて，田中会計局長は1881年10月5日付で陸軍卿に，陸軍給与概則における各鎮台の準備金は会計法第31条により廃止になるはずであるが，同金銭は一般の収入金とは性質を異にして各隊の「注意節倹」によって生じ（残飯売却や瑣末の節倹），同使途は司令官の意見にまかせ，軍隊訓練教育上のやむをえない費用にあてるならば利益が少なくないので，特別の詮議により従来の慣例通りに据え置かれるように太政官に稟申していただきたい，と伺い出た。同伺いは了承され，陸軍卿は10月12日付で太政官宛に「各鎮台準備金之儀ニ付伺」を提出した。太政官は同省伺いに対する会計検査院の意見を照会したが，会計検査院の「一旦支給済ミノモノニシテ已ニ決算ニ相立テ残物ノ有無ハ成規ノ問フ可キ所ニモ無之」という翌年1月9日付回答により，1月16日の閣議決定を経て，2月1日に伺い了承を指令した[27]。本指令は準備金（積立金）保有体制に対する政府と会計検査院の特別な認知と庇護を意味し，会計法下の陸軍給与の委任経理体制の素地形成になった。

⑤陸軍省における会計主務官吏の明確化

第三に，陸軍省も会計主務官吏の責任明確化をせまられた。会計主務官吏は1881年会計法第20条（1882年会計法第22条）の金銭出納において，各庁長官が収支の命令を会計主務官吏に下し，会計主務官吏は同収支を執行するという責任の分界のもとに置かれた。各庁の会計主務官吏は会計法規にもとづき金銭物品を監守し，当該庁長官の命令により金銭物品出納を執行し，出納上の精算を会計検査院に対して証明し，その認可状を得る責任があった。また，1箇月毎の出納金員科目等を摘記した「収支現計書」と「報告書」を作成して大蔵省に報告しなければならなかった。会計主務官吏は当該庁長官の上請により太政官から命じられることになっていた（1881年4月太政官達第36号）。

これに対して，田中会計局長は1881年8月11日付で陸軍卿代理小沢武雄に，①会計法及び各庁長官と会計主務官吏との責任分界に関しては，同省は1879年10月陸軍会計部条例によって（陸軍の会計事務管掌のために，会計本部＝本省会計局，近衛鎮台会計部，官廨会計部，隊属会計部の会計部を置き，同四つの会計部を「陸軍会計部」と総称し，各会計部の職官〈会計官〉として，会計の指揮・監査の職務を分任する「監督」，会計の計算・出納・点検・照会・物品調理の職務を分任する「軍吏」を置く），金銭物品出納取扱い方は「元来軍制上ヨリ組織セル方法ニシテ」「各省ト体裁不同」であり，また，既に同趣旨の責任分担体制ができているので，会計主務官吏が命じられることにはならない，②「中仕切勘定」の検査官諮問に関しては会計局計算課長が説明する，③出納勘定帳調製者の「名前」は，本省は会計局長，近衛各鎮台は当該会計部長，その他は計官（軍吏）の名前で調製し，近衛以下の会計部は一旦本省に提出させ，会計局長の添書の上，会計検査院と大蔵省に送達すること等で支障はないか否か，④会計検査院の意見しだいでは陸軍各官廨の会計規程を規定して伺い出るつもりである，と会計検査院に照会してほしいと伺い出た[28]。同伺いは了承されて会計検査院に照会したが，会計検査院は9月8日付で陸軍卿代理宛に，特に①③については，各官廨等の勘定帳を本省にまとめることは異存ないが，差出人名前＝会計主務官吏は会計局長又は副長・次長が適当であり，②④の見込みは異存なしと回答した[29]。かくして，陸軍省の会計経理体制は会計主務官吏の責任明確化とともに会計法による会計検査院・大蔵省・太政官の関与を他省と同様に受けることになった[30]。この結果，陸軍省は出納を異にする多数の部局があり，各部局で会計主務官吏を明確化しなければならなかった。そのため，陸軍省は1882年7月達乙第46号で参謀本部近衛各鎮台の会計部長と各官廨の計官は会計主務官吏として心得ることを指令した。

1881年会計法は将来の立憲制度を見通したものとして組立てられ制定された。太政官体制下の陸軍会計経理は1881年会計法体制に歩みよる構えがみられるが，その後，内閣制度のもとで，国会開会の直前段階で，逆に国家の会計法体制から離れた独自の「会計政府」を立ち上げようとする陸軍省の議論も出てくる。これらはさらに考察されなければならない。

2　東京湾防禦砲台建築工事と陸軍会計経理の攻防

緊縮財政と会計法体制成立期のもとで同時的に進められたのが，軍備増強を目ざす東京湾防禦砲台の建築である。これらの東京湾防禦砲台建築は西南戦争前から構想・調査・計画されていた。

(1) 1876年山県有朋陸軍卿の東京湾防禦砲台建築上奏と観音崎地所確保

近代日本の要塞建設は1870年代半ばから構想され逐次実施された。要塞建設構想は特に当時の山県有朋陸軍卿の軍備拡張論に位置づけられ，強力に進められた。山県陸軍卿は1874年7月に陸軍教師首長（フランス軍事顧問団団長）ミュニエー大佐に命じて（砲工科の将校を付ける），砲台建築位置を調査させた。この種の調査は，その後，10数年継続されたという。さらに，山県は翌1875年1月に砲台建築の急務を上奏し，具体的な砲台要地として，長崎，鹿児島，下関，豊予及び紀淡海峡，函館等を指摘し，特に東京湾の観音崎，富津岬等からの砲台建築開始を強調した。山県上奏は海岸要塞を核にした全国防禦線画定を目的とした。その後，山県は1876年1月4日付で「海岸警備ノ線路砲墩建築ノ方法」の画定を上奏した[31]。山県上奏は従前の海岸警備調査等にもとづき，「東京ヲ以テ防禦線ノ中心」とし，全国数箇所の枢要地を画して防禦の大体を備える趣旨であった。山県上奏は詳細にわたり，千葉県富津岬州上（現富津市，国定公園）砲台建築概計314万円余，神奈川県観音崎山上砲台建築概計58万円余，同猿島砲台建築概計54万円余の総計426万円余とされ，10箇年にわたる支出計画と竣工計画であった。山県上奏は受け入れられた。

その後，山県陸軍卿は4月13日付で太政大臣に砲台建築着手のために，1月の上奏に示した金額の毎年別途下付を上申した（第1～9年目までは各年42万7千円，第10年目は42万4千円余）[32]。太政官は本件を大蔵省に下問したが，同省は4月21日付で「巨額之支出ハ迚モ此際目途相立不申候」と回答した。この結果，太政官は閣議を経て8月4日に「難聞届候条」として今後の定額経費内での減省と入費充用の計画提出を陸軍省に指令した。太政官指令に対して，山県は11月9日付で太政大臣宛に，①現在の定額金範囲内では，たとえば，「脱走又ハ死亡等ノ輩」の事故が発生し，その兵員補充までの期間中に若干分の入費が減却しても，その他の残金合計の概算では金5万円内外の見込みであり，また，そうした事故の有無と庶務の緩急により生じたものは予算執行中金額以前に流用できず，会計年度末の残金確定後の手続き問題があり，②砲台建築諸費用は別途下付されなければ建築着手しにくいので，残余金額上記5万円を毎年国債寮から貸渡しされるならば（「繰替貸」，6月に返納），速やかに着手できる，と伺い出た[33]。これについて，太政官は大蔵省に下問し，同省は12月6日付で，①国債寮の繰替返納毎の手数問題があり（年度末の残余金額が繰替高と対等になるか否かは予期しがたい），②陸軍省は臨時費部の中に当該費の科目を設け，同省経費金額中から流用支弁すればよい，と回答した。この結果，12月11日と12日の閣議は陸軍省伺いを認めず，同省経費中からの流用を決定し，同15日に指令した。かくして，別途下付による陸軍省の東京湾防禦砲台建築着手の意図は翌年の西南戦争勃発もあり，事実上先送りされた形になった。

ただし，陸軍省は神奈川県の観音崎の地所確保準備を進めた。まず，陸軍省参謀局長代理原田一道大佐は1876年7月26日付で陸軍卿に当時の神奈川県下三浦郡鴨居村内の観音崎近傍地所（平積76,900余坪）の買収を上申した[34]。それによれば，①同地は東京湾防禦上の要地・好地位を占めているが，逐年地価が「自然騰貴」して無益の入費高になるので，即今買収して陸軍所轄地にする，②同地の地価調査結果，すべて民有地に属し，その過半は山林かつ廉価であり，樹木買い上げ料も含めて3,500円にも達しない見込みとされた。この結果，山県陸軍卿は11月5日付で内務卿宛に，観音崎近傍地所7万5,000余坪を買収し，陸軍省は砲台建築着手に至るまで「第三種官用地」の名称のもとに受領したいと照会した[35]。山県陸軍卿は内務省の支障なしの回答を得て12月13日付で太政大臣に観音崎近傍地所7万5,124坪の買収を上申し，12月22日に認められた[36]。

その後，陸軍省は1878年冬季から海岸警備線路の測量に着手したが，定額金不足により同線路地買収の経費流用の目途が立たなかった。そのため，同省は1879年8月23日に1878年度税外収入の残金90万円余の中から約7万円余を山口県下関と神奈川県横須賀の地所買収経費にあてたいと大蔵省に照会し，了承され，太政大臣宛に上申した[37]。太政官は大蔵省の見解もとりいれて（「今度限リ特別御裁可相成可然」），閣議了承を経て10月10日に陸軍省上申を認めた。

(2) 観音崎砲台建築工事着工と陸軍会計経理

①1880年5月の観音崎第一砲台の建築工事開始

さて，田中光顕会計局長は陸軍卿宛に1880年2月（日付欠）に，1878年度定額残金から海岸警備砲台の建築費支出の旨を太政大臣宛に上申してほしい，と伺い出た。田中会計局長の上申案は，1878年度税外収入金の内7万円余（下関と横須賀の地所買収経費）と同年度経費残金6万円余とを合算した13万円を一旦還納した上で，「海岸警備ノ儀ハ今日ノ急務」として，1879年度の砲台地所買収費と建築費として別途下付を願いたいとした[38]。また，本件は既に大蔵省と内議済であり，同省は支障なしの判断であったと述べた。同伺いは2月19日に了承され，至急指揮を仰ぎたいとして，陸軍卿は翌20日付で太政大臣に上申した。同省上申の海岸防禦費13万円は閣議決定され，3月2日に陸軍省と大蔵省に通知された[39]。ここで，建築費が認められたことの意義は大きい。これによって，山県有朋参謀本部長はただちに3月10日付で陸軍卿宛に図面を添付し，観音崎第一砲台建築地を海面上47メートルの水平戴面にするための「地均[なら]シノ工事」を工兵第一方面において施行してほしいと照会した[40]。陸軍省は5月4日付で同工事施行を工兵第一方面本署に指令したことを回答した。かくして，1879年度末の5月から観音崎砲台の建築工事が開始された。

この場合，砲台建築工事の担当は工兵第一方面本署とされた。工兵方面は当時の六管鎮台制の分割区域に対応して第一方面から第六方面まで置かれ，各方面の長官は方面提理（工兵科の大中佐1名）と称され陸軍卿に直結していた。陸軍卿官房長児島益謙は1880年5月13日付で工兵第一方面本署に対して，砲台建築の仕法を海岸防禦取調委員（1878年7月設置，参謀本部の管轄）と打ち合わせの上，入費等を調査して伺い出ることを通知した[41]。これにより，工兵第一方面提理中村重遠は6月17日付で観音崎第一砲台と同第二砲台建築費用の概算としての19万6千円余を伺い出た。その内訳は第一砲台新築入費概計が4万2千円余，第二砲台新築入費概計が15万4千円余である[42]。中村提理は，仕法図も添付すべきだが大事業のために調査が遅延し，とりあえず経費案のみを提出すると述べた。これについて，大山巌陸軍卿は7月13日付で工兵第一方面に1879年度の金額7万8千円余を渡し，同金額による第一砲台の全部落成の残額を第二砲台建築に使用すべき目的をもって工事着手し，不足金額が出ればさらに伺い出ることを指示した。

②砲台建築工事の経費管理問題

他方，観音崎砲台の建築工事は当初から経費管理を含む難題を抱えていた。まず，1879年度海岸防禦費の扱いに対して太政官に上申すべきとする1880年8月25日付の田中会計局長と同工兵局長今井兼利の連名による陸軍卿宛の伺い書が出された。田中会計局長らの上申案は，①地所買収は内務省とその所管各県庁と数度の照会を経て実地測量等をしたが，容易でない手数がかかって事業が進まず，年度末の6月30日までの事業落成分は13万円の内5万円余である，②海岸防禦費は臨時営繕費とは異なり別途上申の上に許可された金額であり，定額予算内営繕費同様に9月までの事業延期を見込んで引き続き事業に着手した，③1879年度の「中仕切勘定書」も上記見込みをもって会計検査官に書面を提出したところ，臨時営繕費に属する経費であるが故にやはり6月30日をもって打ち切り決算を立てるように意見が付けられた，④以上の意見が付けられれば，事業を中途でやめるしか道がなく，特に本費用は1880年度の別途支出の見込みもないので，打ち切り決算を立てないようにしなければ不都合である，⑤そのため，6月30日で一旦打ち切り，残額7万円余を一旦還納した上で，さらに1880年度において別途下付していただき，また，仮に1880年度に別途下付が難しい場合には特別の理由をもって決算を9月までの事業落成まで延期していただきたい，と起案した[43)]。田中会計局長らの上申案は了承され，陸軍卿は9月4日付で太政官に提出した。

しかし，太政官の指令は遅れた。そのため，田中・今井両局長は11月13日付でさらに太政官に上申されるように陸軍卿に伺い出た。田中らの太政官への上申案は前回の上申趣旨を述べた上で，①6月以来今日までに工事進行が遅れたことの理由として，実地測量等に相当日数を費やして工事に着手したが，見込み外の「巌窟」が顕出し，備前・岡山からの石材切り出しと海上運輸が延滞し，渓谷埋没工事の地盤堅牢化用石材が不足し，②元来，砲台建築は「辺海防禦ノ一大急務」であり，その工事も重大であって他の諸建築と同一視できず，竣工を急げない箇所は少なくなく，一部分毎に緻密に監査し数回の修正を加えて堅牢なものにすることが必要である，③特に観音崎は東京湾防禦の最大必要の砲台であり，「護国上ノ関渉尤モ忽[ゆるがせ]ニスヘカラサル」が故に，金額決算上の手続きのために中止することは莫大の損失であり，工事もまた急成を旨とすべきでない，④それ故，特別の「御詮議」をしてほしいと強調した[44]。田中らの上申案は陸軍卿により了承され，11月18日付で太政大臣に提出された。

これに対して，太政官会計部主管参議は11月29日に「年度分界ヲモッテ決算ヲ遂ケ其十三年度ニ於テ支出スヘキ分ハ同年度経費中ヲ以テ支弁セシムヘキモノト雖モ海岸防禦線ノ如キハ他ノ事業トハ同視難致殊ニ巨額ノ金員経費中ニテハ支弁行届間敷」が故に，同省上申を特別に認めることの審査・指令案等を閣議に提出した[45]。11月29日の閣議は同審査・指令案等を決定し，12月20日に陸軍省宛に上記経費の下付（1880年度）と還納（1879年度）を指令した。

最初の近代要塞としての東京湾防禦の観音崎砲台建築第1年目工事をめぐる財政経理の攻防をみれば，巨額経費事業に対しては，通常の単年度毎の会計経理措置（特に長期工事事業に対して，年度毎の歳出残額をもって経費捻出することの限界性，年度をまたぐ工事を一貫させる場合の通常の経理手続きにもとづく決算等の煩雑等）では対応できない問題が出てきたことは明確である。

(3) 山県有朋参謀本部長の『隣邦兵備略』の上奏と東京湾防禦の世論強化

観音崎砲台建築費用の1880年度別途下付の陸軍省上申の太政官審査中に，参謀本部の陸軍文庫は11月に『隣邦兵備略』を編集・刊行した。『隣邦兵備略』の刊行に際して，同年11月30日付の参謀本部長山県有朋の序文が付けられた。『隣邦兵備略』は清国を中心にして「西比利亜」「英領印度」「蘭領印度」の地理と兵備・兵制を調査した。

山県参謀本部長は11月30日付で『隣邦兵備略』を天皇に進呈し，同概略を上奏した（「進隣邦兵備略表」[46]）。山県上奏文は，「頃者臣僚ノ事ニ従フ者作新鼓舞或ハ昔日ノ如クナル能ハス是時勢ノ然ラシムル所アリト雖トモ亦安ニ狃[なれ]ルルノ致ス所ニ非ルナキヲ得ンヤ是ヲ以テ兵備海防ノ事ノ如キ臣屢之レヲ論スト雖トモ耳ヲ傾ケテ之ヲ聴ク者尠シ」として，官職員が国内外情勢の一時の「小康状態」に慣れて「兵備海防」の議論への注目者が少なくなったことを危惧した。

つまり，『隣邦兵備略』の刊行は官職員に対する「兵備海防」の世論の操作・強化を促すものであった。

そこでは，「方今万国対峙シ各其彊域ヲ画シテ自ラ守ル兵強カラサレハ以テ独立ス可ラス」として，兵力のみによる「独立」維持を強調し，特に近年強化の清国兵備への恐怖をあおり，清国兵備への対抗のために日本の兵備を「忽セニス可ラス」ことを重要とした。さらに，具体的には「鎮台鎮守府等ノ施設アリト雖トモ沿岸防禦等ノ事ニ至テハ未タ其功ヲ奏セス」「防守ノ方略ニ至テハ未タ緒ニ就ク者アラス」と，対外関係・対外戦争対応の国境島嶼防禦や海岸防禦兵備の不備を指摘し，特に東京湾防禦は「唯東京湾ノ一事僅ニ経画ニ属シ而シテ竣功ノ期杳〔よう〕トシテ津涯ヲ知ラス」と砲台建築完成時期が暗くて，行く先不明を指摘した。そして，「陛下此大事ヲ了シ本邦ノ独立ニ於テ危懼スル所ナク其体面ニ於テ一点ノ汚黷ヲ受クルノ恐無キニ至ラサレハ維新ノ功未タ全局ヲ終ヘサルナリ頃者国計亦艱難ヲ告ク今此遠大ノ計ヲ進ムルハ迂闊ニ属スルカ如シト雖トモ亦燃眉ノ急ニ非スト謂フ可ラス今縦令資費出ル所無キモ早晩之カ逼処ヲ為ササルヲ得ス」と述べ，明治維新は軍備増強国家の完成により完了するという認識を示し，財政逼迫下での早急な軍費増加を求めた。

山県の「進隣邦兵備略表」は海岸防禦事業優先を理由にして，東京湾砲台建築に対する従来の陸軍会計経理の枠組みを転換（経費の恒常的支出化）させる上での世論操作効果があったとみるべきだろう。この後，山県参謀本部長は翌1881年4月7日付で観音崎の第一砲台と第二砲台の工事進捗と会計経理状況を陸軍卿に説明しつつ，観音崎は今後さらに第三，第四の砲台を完備させる必要を強調した[47]。また，同年5月18日には熾仁親王・右大臣岩倉具視・参議大隈重信・参謀本部長山県有朋・陸軍卿大山巌等の供奉を伴った観音崎砲台への行幸があり，砲台建築状況が宮中と太政官において具体的に認識されることになった。

さらに，山県参謀本部長は1881年5月（日付欠）に陸軍卿大山巌と連署で「東京湾防禦線砲台建築費別途御下付之儀上申」を太政大臣に提出した[48]。本上申は東京湾砲台建築の会計経理方針転換になった。まず，東京湾は「近クハ皇城幷ニ政府所在ノ一大都府ニ接シ遠クハ東国諸州ノ咽喉ヲ占メ第一要衝ノ地ニ位スル」と位置づけた。その上で，①昨年起工の観音崎砲台建築工事は半分まで進み，1879年度定額残金（下付された金額は8万6千円余）により実施の砲台建築費の内訳は，第一砲台建築費（1880年6月落成）が4万3千円余，第一隧道・第二隧道開設費・道路開設費合計9千円余，第二砲台建築費が3万4千円余とされ，第二砲台は6月中の支払い不足金が3万4千円余に達し，支払うべき残余がなくなる見込みであり，②来年度以降の出費の途を絶たれれば工事を中断せざるをえず，そのことは海岸防禦兵備にとって，「他日不幸有事ノ際幾ント之ヲ防禦スルノ術無ク国内ノ騒擾社稷ノ禍害実ニ計ル可カラサル儀」であるので，砲台建築を瞬時も緩慢にすべきでなく，③東京湾防禦は観音崎砲台のみでは効果がなく，猿島と富津他5箇所に砲台を築き，「三面呼応十字発火ノ便ヲ得セシムル」ことが重要であり，④そのため，引き続き工事を進め，「東京湾第一防禦線諸砲台建築費概算」として総計245万円余（観音崎砲台，富津嘴州海堡，富津元州砲台，猿島砲台，勝力・波島・箱崎・夏島の砲台，建築工事期間は10年間，1箇年につき建築費用24万円余）を認めてほしい，と述べた。

本上申は太政官の軍事部と会計部の審査を経た。軍事部・会計部の審査は本上申を基本的には認めつつ，さらに建築法式・外国人顧問人選や備付砲種・砲台保持警護費用等の詳細を調査して具申すべきことの指令案を立てた。そして，6月1日の閣議と6月3日の上奏・裁可を経て，6月7日に上申経費総額245万円余（1箇年につき24万円余）を1881年度から別途下付することを指令した。

この後，西郷従道参謀本部長は6月27日付で陸軍卿に，1881年度別途下付の24万円余の経費内訳として，観音崎第一第二砲台建築費（9万円余），猿島砲台建築費（6万円余），富津元州砲台建築費（5万円余），富津沙州捨石費（2万円余），予備金（2万円余）を示した[49)]。陸軍省は同年10月に1881年度の砲台建築費予算帳（合計24万円）を大蔵省に提出し，同12月24日の会計検査院の検査を経て了承された。その内訳は，雑給8千円余，庁費8百円余，営繕費23万1千円余とされた（観音崎砲台新営8万5千円余，猿島砲台新営6万7千円余，富津元州砲台新営6万円余，富津海堡新営1万7千円余〜在来捨石人足費）。

(4) 東京湾防禦砲台の増設・強化と1882年陸軍臨時建築署の設置

他方，大山巖陸軍卿は1881年12月28日付で太政大臣に，6月7日の太政官指令の東京湾防禦砲台建築にかかわる建築法式・経費の詳細等を上申した[50)]。

同上申内容は，第一に，砲台建築費は合計235万円余とされ，5月上申の総額費用245万円余よりも数万円の減額申請になった。内訳は，観音崎砲台が地形複雑で建築工事と交通路開設のために3万円余の増額になり，富津元州砲台は砲台結構を簡易にすることよって5万円余の減額になり，猿島砲台も土地狭隘のために予定の砲数（8門）を備付できず，工事も容易であるので7万円余の減額になったとされている。第二に，5月上申の他に海岸防禦費として新たに合計153万円余を追加申請した。同内訳は，富津海堡銕楯，同据付費，富津元州地所買上費，走水砲台建築費，同地所買上費，観音崎第四砲台建築費，観音崎大砲据付費であり，その9割余が富津海堡銕楯の139万円余（銀貨）とされた。その理由は，特に富津海堡は海中孤立の砲台のために銕楯設備がなければならないが，国内製作が困難でプロイセンのグルリン会社に照会したところ，同代金明細が届いたとされた。また，走水は観音崎と猿島の中央に位置し，富津海堡に正対した「最モ要衝ノ地」とされ，同地の砲台建築は最も緊要であると強調した。さらに，観音崎第四砲台は，同第一砲台・第三砲台の右側薄弱のために第三砲台の右側山に一つの砲台を増設することは最も緊要とした。第三に，東京湾口の「大砲代償並据付費」として，備付大砲経費の合計192万円余（内据付費4万円余）が追加申請された。すなわち，観音崎・富津元州・走水・猿島・勝力・波島・箱崎・夏島の8砲台と富津海堡備付の大砲は全部で58門（すべてプロイセンのクルップ社製造の鋼鉄砲元込式）とされた。特に，観音崎は28センチ砲2門を中心にして計12門，富津海堡は28センチ砲3門を中心にして計21門，猿島は28センチ砲1門を中心にして7門の備付を予定した。第四に，勝力・波島・箱崎・夏島の砲台建築経費明細調製は遷延のため総計のみ記載し（18万円余），外国人顧問人選や砲台保持警護費用等は追って申請するとした。

かくして，陸軍省申請の東京湾防禦砲台建築経費は総計598万円余に至り，巨額費用投下が予定された。ただし，大蔵省は意見を付けた[51]。松方正義大蔵卿は1882年4月28日付で，1882年度の予算概計を調査しているが，「歳計困難ノ際右費途支出スヘキ目的難相立」につき，経費を据え置き，既定の24万円をもって現在計画中の工事を処弁し，新たな防禦費と備付大砲経費は1885年度に至った段階で「歳計ノ都合ニ寄リ起工ノ御詮議有之度」と左大臣に上申した。そして，新たな防禦費と備付大砲経費にかかわる追加申請で従来の工事と合わせて着手しなければ不都合が生じる場合は，上記24万円内において彼是酌量して処弁すべきとした。この結果，太政官第一局は大蔵省意見を採用しつつ第二局との合議を経て，「巨額ナリト雖トモ東京湾ニ防禦線ヲ設ケラルル以上ハ其砲塞ヲ完備堅牢ノモノトナササルヘカラス」と審査し[52]，追加申請分を1885年度から下付し，同年度までは工事の緩急を酌量しつつ既定の年額（24万円）内で流用すべき指令案を6月17日に立てた。6月19日の閣議は同指令案を了承し7月5日に指令した。

その後，参謀本部長代理三好重臣は7月27日付で陸軍卿宛に同太政官指令に関して，①観音崎第四砲台の建築は，観音崎第二第三砲台建築工事が火薬庫煉瓦部を除いて7月中の落成見込みなので，引き続き工事施行すれば工費も減少するので彼此都合し，既定の1882年度金額を繰替支出して起工し，②富津元州砲台地所買収費と観音崎砲台備付大砲運送費等も既定の1882年度金額の内から同様に繰替支出するようにしたい，と照会した[53]。これについては同省も了解し，同趣旨を工兵第一方面本署宛に通知した。

ところで，1882年度からの東京湾防禦砲台の増設・強化は巨大工事であり，工兵第一方面が平常業務と併せた遂行は容易ではなかった。そのため，1882年7月26日に要塞城堡等の建築修繕は時宜によって特別の担当部署を置き，工業一切を区処させるとして陸軍臨時建築署条例を制定した（署長は大中佐1名）。臨時建築署は同年10月21日に工兵第一方面本署担当の海岸砲台建築事務全部を引き渡され，11月2日には東京湾陸軍臨時建築署と名称を変更した（1886年3月1日に廃止）。

東京湾防禦砲台建築を始めとする近代日本の要塞建設は，国家財政緊縮下の会計法体制成立に向う1870年代末から参謀本部・陸軍省によって強力に進められた。同期間に陸軍省と太政官・大蔵省等との会計経理をめぐる攻防があったが，特に1880年3月における観音崎砲台建築の経費捻出と工事着工の決定の意味は大きい。ともかくも砲台の一部でも工事着手し，その後は「事業継続」を論拠とする要塞建設事業の性格をもった。この後，1882年7月に朝鮮国京城での壬午事件が発生し，増税を財源とする同年12月末の陸海軍軍備拡張決定により，増税金一部をそのまま東京湾防禦砲台建築費（1883～90年度，各年24万円）として別途下付することになった。

注

1）2）〈陸軍省大日記〉中『明治十年一月 大日記 本省達書 達乙』無号，同『明治十年二月 大日記 本省達書 達乙』第32号。西南戦争前後から1880年代中頃までの緊縮財政期陸軍の会計経理と軍備増強の考察は，従来，鎮台管下大隊・連隊の増設数等と対清国軍備対応等の概略的指摘はあるが，近代日本国家の財政・会計経理等の関係では解明されなかった。同時期の陸軍会計の基礎統計等には，『明治前期財政経済史料集成』第4，5，6巻収録の大蔵省編『歳入出決算報告書』，『陸軍沿革要覧』中「第五　計費」（1868～88年度，1890年）がある。これらの会計統計等で，1878～80年度の近衛局・各鎮台・陸軍士官学校・陸軍教導団等の「野営行軍費」において，予算額が0円で，決算額が9万9千円余であるのは（1880年度の各鎮台），予算計上化しにくい蓄積金を「野営行軍費」として支出操作した結果である。

［**補注1**］1873年3月27日制定の陸軍省達陸軍給与表及同備考中の「蓄積金」や1874年9月の陸軍給与表備考中改正追加の「隊中ノ注意節倹」の文言の意味は批判的に考察されなければならない。特に白米（精米，6合）現品給与基準の規定により，「注意節倹」が行われなくとも必然的に兵営内に剰余米又は残飯を発生させる構造がつくられた。新政府下の陸海軍の兵食給与の基準は下記のように規定された。第一に，戊辰戦争期の1868年2月7日の海陸軍務局・会計事務局連帯の諸道宿駅取締各藩宛の達（「駅々官軍通行之節，兵食取計，宿々警衛，人馬継立世話向，被仰付候旨，御沙汰候之事」）中の「駅々通行ノ兵隊へ給候米穀ハ，其方角ニテ取計置可申，跡ニテ　朝廷ヨリ金穀共被下置候事」の指令は，「一　白米　四合　金一朱　泊駅　一　白米　二合　銭百文　休駅」を規定した（『復古記』第2冊，181-183頁，なお，馬糧は2人分）。これは，新政府征討軍傘下の諸藩兵隊の兵食給与を進軍沿道（東海道・東山道・北陸道）の各藩に担当・周旋させる措置をとった上で，新政府が同金穀総計を後日返済する旨の臨時的な追償政策として規定した。これにより征討軍東海道総督府参謀は沿道各藩主代理者宛に，駿府において具体的な金穀返済手続等を説明するので家臣2名を出頭させるように通知した。2月7日の兵食給与基準の指令は戦時出役や非常時出張における一種の兵站・徴発体制と戦時給与政策を組立てたことになるが，兵食給与の現場業務を遂行したのは各藩管轄下の宿駅であった。この場合，1人につき夜宿・昼食の白米計6合の兵食給与基準（金銭支給も含む）は，出役時の食膳供給のための賄い総経費の基準として規定された。また，主食の白米現品計6合の支給基準は，「口糧」（江戸時代の俸禄制下の本俸的意味としての扶持（ふち），一人口は5合）の給与をふまえ，さらに戦時出役食膳供給の賄いを請け負わせることなどを想定した上で，同賄い必用経費の上乗せ分（光熱水量や諸設備費等）を含めて組立てられたとみてよい。なお，主食白米計6合の現品表示は，

戦闘力行使の役務・労力を維持し支え養うために，米価格の相場・変動に左右されずに主食定量の安定的供給と確実消費を基本原則化し，金銭支給の場合の（米価相場の差額や規定全費額を購買消費しないなどによる）「利得」発生を避けたことによる。したがって，戦闘力行使の役務・労力を維持し支え養うことが終了した出役藩兵の帰還時には，主食白米計6合と他金銭支給の兵食給与基準を適用せず，新政府は同年10月29日に「凱旋遣帰スル藩兵ニ旅費及ヒ郵丁［官道宿場駅に置かれた運送者］ヲ給与ス」として，京都から藩地までの里数（1日に5里の旅行）を基準にして「兵士一人一日ニ金三朱」を支給し，さらに兵士100人につき郵丁30人（1人1日につき銭750文の支給）を付けることにした（『明治前期財政経済史料集成』第2巻収録の大蔵省編「大蔵省沿革志」468-469頁）。ここで，兵士1人1日の「金三朱」の旅費は，同月に新政府が江戸から京都帰還の駕籠扈従官僚への旅費支給規定と比較すれば（主従は各午飯銭2朱・宿食銭1分，郵丁は1人1日につき午飯銭宿食銭合わせて3朱余），郵丁並というべきであろう。第二に，2月7日の兵食給与基準の指令は休泊宿駅等の環境が比較的に整備された沿道地域（官道）での賄いに要する諸設備経費を含めた賄い経費全体の基準として想定されていた。しかし，当時，東海道・東山道沿道などの宿駅地域で物価が騰貴し上昇していた。そのため，征討軍大総督は3月2日付の軍防局・会計局宛の「兵食御手当之儀，是迄御定通ニテハ迚モ不足ニテ，宿々之者彼是難渋ニ及候」という送翰において，1人あたりの昼食の銭100文を「銭　二百文」に倍加し，夜宿の白米4合を「米　八合」に倍加すると規定し，さらに同倍加規定を東海道総督府と東山道総督府に通知した（『復古記』第9冊，254-255，389頁）。本送翰と通知は食欲旺盛の大食者急増を理由にしたのではなく，東海道・東山道の沿道各休泊宿は白米計6合他金銭の兵食基準では賄い経費全体の捻出が困難と認識・判断したことにもとづいていた。これより先，北陸道総督府でも2月26日に沿道各藩宛に兵食費額を「泊　白米七合　金一朱　昼支度　茶代百文」（泊所で「腰兵粮」〈昼食弁当〉を用意する）に改定することを指令した（『復古記』第9冊，762頁）。これは自前の兵食賄い設備確保も行われた北陸道進軍諸藩を含めて，白米計6合による賄い経費捻出が困難と認識・判断したことによる。ただし，上記3道の進軍が江戸到達によって一段落した4月8日には，軍防局は兵食費額を「一日一人ニ付　一白米六合　一金一朱」と規定し，3道各総督府宛に通知した（『復古記』第9冊，834頁）。これは，江戸市中の藩邸等での兵食賄い設備が確保されたことによろう。ちなみに，陸軍省編『陸軍省沿革史』の「［1868年4月］八日初メテ諸藩兵ノ俸給糧食ノ給与規則ヲ定ム［中略］糧食ハ一日一名白米六合，菜代金一朱トシ，士官以下卒伍ニ至ル迄均一ニ之ヲ給シ」（22-23頁）という記述は，「闕下ニ召集セラレシ諸藩ノ兵」に対する統一的兵食費額という戦時出役時の臨時的な兵食給与基準であり，4月8日の軍防局通知を指している。第三に，その後，奥羽鎮撫総督下の酒田参謀局は12月に奥羽地方での新政府軍の「出兵中の賄料幷人馬遣賃等」を廻達し，「賄料定」を「一　泊賄朝夕壱人ニ付　（白米四合 銭四百文　一　壱飯賄壱人ニ付　（白米弐合 銭百文　［以下略］」と規定し，諸藩領内郡町下での賄い料等を調製して酒田民生局宛に提出すべきことを指令した（上山守古「日記抜書」刊行会編集・発行『上山守古「日記抜書」十六・十七』8-9頁，1989年)。本「賄料定」は新政府軍出兵中の兵食費額を明確に賄い経費と規定した（上記2月7日の海陸軍務局・会計事務局連帯の指令よりも銭はやや高額)。さらに，戊辰戦争期の新政府軍の諸道往来や各地駐屯に対する諸藩支給の兵食等の返済に関する1870年6月5日の大蔵省と兵部省と追償法の合意規定は白米量の基準を引き上げた。それによれば，諸藩の支給は，軍士1人につき，夜宿は「白米五合費金一朱」，午餉（昼食）は「白米二合費銀一匁」であったが，「行軍ト駐屯トハ自カラ労逸ノ差有リトス，因テ思フニ駐屯ノ兵食ハ一日ニ白米六合ト為シ，費金一朱」にしたとされる（『明治前期財政経済史料集成』第2巻収録の大蔵省編「大蔵省沿革志」516頁，ただし，駐屯中でも時々戦地に交番した者で，3宿9食までは行軍に準拠し，4宿10食以上は駐屯とみなす，船舶により警戒した者の夜食費用は官給しない，等)。ここで，白米6合自体は，海軍では既に1869年2月18日の軍務官発諸軍艦宛の通知が，航海・碇泊中を含む「艦中賄」(①艦長以下士官までは1人1日白米6合・菜代2朱，②水火夫小頭以下見習水夫までは1人1日白米6合〈菜代は小頭600文，火夫500文，水夫400文，停泊中はすべて300文〉，③士官以下水火夫までに炭薪醤油味噌塩漬物等を給与）を規定していたので（清水辰太郎編『海軍衛生制度史』第2巻，304-306頁，1930年，他に〈海軍省公文備考類〉中『公文類纂』1869年完，本省公文所収の「海軍掛日記」)，陸軍・海軍共通の兵食給与の基準として位置づけられ（海軍は炭薪が加えられる)，当初の1868年2月7日の海陸軍務局・会計事務局連帯の指令・規定が再確定されたとみてよい。すなわち，総じて，兵食1人1日の白米6合現品と他金銭の給与基準は戦時出役先・非常時出張先の休泊宿等での賄いの必要設備総経費代価を含んで観念・算出されたのであり，白米6合現品まるごとが個々人において給与・消費されることを観念したのではなかった。ちなみに，兵部省大坂出張所が兵部省宛に伺い出て規定された1869年9月3日の「大阪［ママ］兵学校［兵学寮］諸生賄ノ予算」によれば，「金三両三歩　但一人ニ付一日白米五合此代一朱菜代諸雑費トメ一朱　メ一日分二朱迄」とされている（『太政類典』第1編第100巻，兵制門，兵学，第8件)。これは金1両＝4歩＝16朱の両替基準をもって，1人30日間の金計60朱（＝3両3歩）を算出したが，洋食系の調理設備等の整備方針化を含めて，そもそも，白米1日5合と菜代等1朱の予算であっても相当程度の賄い可能性を示している（1870年1月設立の大坂の兵学寮の衣食住等は，柳生悦子『史話 まぼろしの陸軍兵学寮』1983年，六興出版，参照)。なお，兵学寮諸生の1人1日2朱の賄い料は，1870年徴兵規則にもとづく徴集兵員の旅費定則（本書第1部第2章の注6）の［補注］参照）における御手当1日金2朱と同一であった。第四に，しかるに，その後，徴兵制施行により，平時において，かつ兵営という兵食賄い諸設備が整備された環境において（1873年3月27日制定陸軍省達陸軍給与表及同備考中の「第四表　歩兵一大隊下士官兵卒賄料表」と「第十一表　一大隊賄所備附雑具表」等），下士官兵卒各1人1日につき精米（白米）「六合」と金「六銭六［厘］」の支給基準を規定した。本給与基準に関して，たとえば，石黒忠悳の「元来一人扶持といえば，玄米五合であるが，それを白米五合にすれば充分であるとのことであったが，私［石黒忠悳］は，徴兵は農民が多く，農民は大食であって一時に減食すると力を減ずるからいけないと主張して，白米六合とし副食代も六銭としたのです。」（石黒忠悳『懐旧九十年』267-268頁，1983年，岩波文庫，ルビ略は遠藤）の記述は，白米6合現品まるごとが兵卒に供給・消費されるべきことを根拠づけようとしたが，「大食」云々という想定的な上乗せ量額組立てによる剰余白米発生の必然性を隠蔽したものである。この結果，1873年3月の陸軍給与表及備考制定以降は，白米6合から控除されるべき賄いの必要設備総経費相当の余剰的白米量を逆に取込む兵食給与体制が組立てられるに至った。第五に，したがって，平時の兵営での白米6合の単純炊飯は残飯を発生させた。たとえば，1874年9月の陸軍給与表備考中改正追加で規定された「残飯代」の残飯（「兵隊飯」等）は，「［東京鎮台設置当初の兵営内食事賄人は］サスガに江戸的の貧民は，兵隊飯など喰うものにあらずとて賄方は常にその始末に困じ，時としてはわざわざ舟を漕ぎて品川の海へ抛擲し」たが，やがて米穀等を買えない貧民の出現により，あるいは「狡猾なる商人輩庖厨へ出入して残物の糶買［ちょうばい］をなし，また鄙吝なる賄方の彼らと通じて利を図るあり，貧者をしてますます価の高き食物を喰わしむるに至りぬ」と，東京の貧民・最下層社会に「供給」されるに至った（松原岩五郎『最暗黒の東京』53-54頁，1988年，岩波文庫，原本は1893年，ルビ略は遠藤）。その後，1876年3月陸軍省達第38号陸軍給与概則の「残飯代」の規定により残飯処理は兵営内食事賄人の自由裁量にせず，陸軍会計経理の対象になった。なお，松原著刊行当時は，残飯量約15貫目が50銭で引きとられ，1貫目は約5～6銭で売られたとされている（松原岩五郎『最暗黒の東京』42頁）。

［補注2］建軍期の陸軍兵食の米食中心主義に対する陸軍内からの改良意見は提出されていた。近衛都督代理野津道貫は1875年6月に陸軍卿宛に兵食転換を伺い出た。野津伺い書は，近衛各隊の従来の兵食（米食）賄いは頗る繁雑を極め，有事の際は無論，野営演習・行軍等の平時でも現場の混乱は少なくないと述べている。そのた

め，今後の兵食は「欧州各国之兵食ニ粗照準麪麭肉食ニ相改候得ハ一層箱理[ママ]且人体健康之為メニモ可有之尚運送等ヘモ多少之手数相省可申」と述べ，諸隊の蓄積金によって麪麭(めんぼう)（パン）焼きの竈を設置し，さらに屠牛場も設置したいなどと指摘した（〈陸軍省大日記〉中『明治八年六月　大日記　諸局伺届並諸達書』第1236号，野津伺い書は月日が欠くが，本簿冊編綴時の目次月日は6月12日であり，受領日は6月12日）。しかし，陸軍省は8月30日に「難聞届」と指令した。なお，野津伺い書は「人体健康」云々を記述するが，白米中心の兵食と脚気病との関係は，山下政三『鷗外森林太郎と脚気論争』（2008年，日本評論社）が詳細に考察している。

3）『明治前期財政経済史料集成』第11巻の1収録の大蔵省編『紙幣整理始末』205-206頁，等。

4）5）〈陸軍省大日記〉中『明治八年ヨリ　密事日記　卿官房』，大山梓編『山県有朋意見書』70-72頁，参照。

6）7）〈陸軍省大日記〉中『明治九年ヨリ同十三年マテ　密事編冊　卿官房』，同『明治十一年自三月九日至五月十日　大日記　各鎮台　乾』。

8）〈陸軍省大日記〉中『明治十二年三月大日記　本省達書　達乙』3月10日。

9）10）『公文録』1879年4月5月陸軍省，第19件。この結果，陸軍省は6月上旬に監軍本部宛に本年度の実費中には「旅費等之御支出有之間敷」と述べつつ，旅費の必要分は1879年度経費中に加入してよいので改めて予算調査の提出を通知した。また，各鎮台等の野営行軍費も合計で約半減された（〈陸軍省大日記〉中『明治十二年六月　大日記　省内省外諸局部院之部』総水局第457，472号）。

11）12）13）14）〈陸軍省大日記〉中『明治十三年三月　大日記　参謀監軍両本部省内各局近衛局病院軍馬局』総水局第236号，同『明治十三年九月　大日記　太政官』日第152号，同『明治十三年八月　大日記　各部各局』総水局第44号，同『明治十三年九月　大日記　各局各廨之部』総水近第278号。

15）『大隈侯八十五年史』第1巻，729頁。

16）17）〈陸軍省大日記〉中『明治十三年十一月　大日記　太政官』日第167号，同『明治十四年三月　大日記　部局』総水局第156号。

18）〈単行書〉中『決裁録』1881年，陸軍2，第70件。

19）『明治前期財政経済史料集成』第1巻収録の大蔵省編『松方伯財政論策集』477-479頁。

20）〈陸軍省大日記〉中『明治十五年五月　大日記　太政官』総第47，総第49号。

21）〈陸軍省大日記〉中『明治十五年二月　大日記　送達』総土第291号。大山陸軍卿上申によれば，陸軍省は1880年3月に同趣旨の別途下付を太政官に上申したが，聞き届けられなかったとされる。これは，おそらく，同年3月23日付で田中会計局長が

1880年度から仙台鎮台の歩兵2個大隊等完備と各鎮台の調馬厩及び分厩の設置諸費の別途下付の太政官宛上申を陸軍卿に伺い立てたことの内容を指したと考えられる（〈陸軍省大日記〉中『明治十三年四月大日記 省内各局参謀監軍軍医部』総水局第437号）。なお，大山陸軍卿上申は1882年1月6日の山県有朋参謀本部長からの協議をふまえて太政官に提出された（『参謀本部歴史草案』〈四～七〉，1882年1月6日の条）。同協議内容は大山陸軍卿上申とほぼ同一の記述であるが，特に，①徴兵令発足時は「国力ノ許ササル所アルヨリシテ僅カニ四万有余ノ常備兵ヲ配置スルノ制」をとり，②「方今宇内ノ形勢ヲ観ルニ東方論未タ其形迹ヲ絶タス琉球藩未タ其局ヲ結ハス是固ヨリ安然高臥ノ時ニ之無シ」として，「琉球処分」問題等をめぐる情勢を指摘した。ここで，山県参謀本部長の陸軍卿宛協議内容の②の「琉球処分」問題の指摘は日清交渉懸案未決着潜行を意味している。「琉球処分」をめぐる日清外交については，西里喜行『清末中琉日関係史の研究』は，①1880年の琉球分割交渉妥結に対する10月28日の陳宝琛の調印延期策などの上奏（「[調印延期の] 三五年の後，我が兵益々精しく，我が器益々備われば，琉球を回復するを以て名と為し，中外に宣示し，沿海の各鎮より路を分ちて並び進み，隙に抵り瑕を攻め，師数々出づれば，日本必ず [手を] 挙げん。此れ，中国自強の権輿にして洋務を転捩するの関鍵なり」）を詳細に紹介し，琉球問題が清国の自強＝洋務運動を推進する梃子として位置づけられていることを指摘し（378頁），②当時の『循環日報』（1881年5月25日付）等の清国ジャーナリズムを分析し，清国の軍備強化は琉球問題をめぐる日本との対決に備えた措置であることを前提にして，清国側は断固たる態度で琉球返還をせまり，日本が同要求を呑まなければ国交断絶・貿易禁止に踏み切り，沿岸防衛を強化すべし，とする論調であったと指摘した（744-753頁）。当時，在天津領事の竹添進一郎は1881年6月27日付で伊藤博文と井上馨の両参議宛に「当所ニテハ過日来支那ノ武官共喋々トシテ日本ト開戦スヘキヲ申唱ヘ当八月ニテ兵ヲ両途ニ分ケ一手ハ直ニ琉球ニ進航シ一手ハ陸路朝鮮ヨリ日本ヲ攻撃スヘシ云々勿論雲ヲ攫ム様ノ事ニテ耳ニ留候モ馬鹿々々敷候儀ニ候ヘ共砲台『ターリン』湾ニ増築シ直隷ニ屯田兵ヲ新設スル等戎備ノ模様モ日ヲ追テ整頓致候様相見ヘ申候」云々と清国の軍備状況の雰囲気を述べ，清国の西洋兵制の拡大等に注意すべきことを通信していた（〈外務省記録〉第1門第4類第1項中『琉球関係雑件』所収「琉球所属問題 第二」）。つまり，清国政府高官・ジャーナリズムと日本の参謀本部は，日清間の抗争・対決・開戦の契機は交渉懸案未決着の琉球問題にあると認識し，その上での両国の軍備増強策の必然性を強調した。その後，琉球問題は日清戦争まで潜行し日清外交の水面下に澱み続けることになった。さらに，山県参謀本部長は，陸軍卿との協議のために1月13日に堀江芳介と桂太郎の管東西両局長に常備定員充足調査を命じたとされている。両局長の調査回答によれば，1881年1月1日現在の各鎮台報告をもとにして予備軍総軍を掲げ，戦時に際して常備軍に補充すべき人員を除き，その残員に新兵（生兵）を合算し，全国補充隊人員を明らかにしたという。すなわち，各鎮台作成の「出師編隊表面」には多少の異同があることにより，補充隊人員に不足が生ずるのみでなく各師管にも異同を生ずるので，将来は常備兵徴集時には勉めて各師管諸兵員数を平均化し，かつ常備兵定員を満たすようにしたいとしている。ここで，補充隊とは，1879年徴兵令規定の常備軍（3箇年服役）・予備軍（常備軍服役後に帰郷して3箇年服役する）・後備軍（予備軍服役後に4箇年服役する）の服役体制にもとづき，戦時常備諸隊の欠員補充方策としてとられた戦時対応の兵力編成である。補充隊の編成は戦時編制と出師準備計画策定（特に予備軍の召集・編成）において極めて重要であり，その基本は1881年3月19日陸軍省達甲第8号の予備軍及後備軍編制条例が初めて規定した。それによれば，予備軍として服役する者による戦時常備諸隊の欠員補充方策には，①常備諸隊に編入して戦時人員を充足する（予備軍服役日が初年・二年の者で，歩兵連隊では当該対応師管内の兵卒を編入し，他兵種では当該対応軍管内兵卒を編入），②補充隊に編入して常備諸隊の臨時欠員を補充する（常備諸隊中の生兵未卒業者・不熟兵卒を編入して隊伍を編成し，その補欠にはさらに予備軍服役兵卒をあてる），の2種類があった。両局長は，①と②の欠員補充方策により戦時の軍隊教育と復習のために編成される補充隊諸隊編成（「歩兵第何連隊補充大隊」他と称される）を調査した。また，本条例は全国（全6軍管，全14師管）で補充隊として，歩兵14大隊，騎兵1中隊，砲兵9隊工兵3中隊と3小隊，輜重兵6小隊を示した。

22）　会計検査院以前の国家財政の会計検査は大蔵省の検査寮（1871～76年）と検査局（1877年1月～1880年3月）が実施した。当時の会計検査の特質は予算決算等の諸帳簿の「計算検査（たんに数字の検査）」にあった。ただし，検査局体制では「派出検査」が行われ，特に「中仕切決算」の検査を厳正化したとされている。「中仕切決算」は会計年度末に諸建築成否や購買品有無を査究し，残金流用を防制し決算を速やかに完結することである。当時，年度末の各庁では定額残余があれば，仮払いの名目で留め置き，庁舎建築，物品購入や新事業を興し，決算が遷延し，会計年度の分界が空文化し，年度末に需要の有無にかかわらず駆け込み「消尽」するという「濫費ノ弊」があったされている（『明治前期財政経済史料集成』第17巻の2収録の川口嘉編『会計検査院史』516，565頁）。陸軍省等の会計検査体制等は欧州軍隊との比較で言及される必要がある。

23）　官有物払下代の細目の「誓文紙」は，入営翌日の徴兵（新兵）に各中隊で読法律條附（本書第4部第2章参照）を読み聞かして「誓文帖」に署名・花押させたところの，使用済誓文紙である。

24) 25)　〈陸軍省大日記〉中『明治十四年六月　大日記　省内各局各官廠之部』総水局第443号，同『明治十四年九月　大日記　局部』総水局第661号。

26)　1884年10月陸軍省達乙第89号陸軍省雑収入科目表は，①大科目「官有物払下代」に小科目「物品払下代」(細目としては兵器・弾薬・被服・陣具・竹木石・食餌残余物・空苞明樽類・金属・薬剤・散土米麦・縄筵藁等の払い下げ代）と「馬匹払下代」(細目としては官馬・廃斃馬の払い下げ代）を編入し，②大科目「雑入」に小科目「雑収」(細目としては下肥・剔毛・馬糞代等，囚人工業益金等）を編入した。さらに1885年3月太政官達第13号歳入出科目表は「歳入科目表」の「項」欄で各庁の歳入項目名を統一し，たとえば，「官有物払下代」「雑収入」の項目を規定した。

27)　〈陸軍省大日記〉中『明治十四年十月　大日記　局部』総水局第693号，『法規分類大全』第53巻，兵制門 (9)，234-235頁，『公文録』1882年1月2月陸軍省，第12件。

28) 29)　〈陸軍省大日記〉中『明治十四年八月　大日記　局部』総水局第568号，同『明治十四年九月　大日記　太政官』総日第136号。

30)　会計検査院の「各庁歳入出検査」の成績概要は注22）の川口嘉編『会計検査院史』597-613頁の1882～86年度の「背規事項通知件数金額表」で示されている。その中で，陸軍省の「支払過不足」は263件 (1883年度)，「年度違」は11件 (1884年度)，「科目違」は104件 (1882年度) とされ，いずれも当該年度の全省庁府県中で過半数の突出した件数であった。ただし，検査の実際は「小ニ行ハレテ大ニ行ハレサル」(同521頁) とされ，受検庁の下部には「実効」があったが，省庁上層部には厳格でなかったとされている (『会計検査院八十年史』41頁)。なお，1891年度から1920年度までに会計検査院から検査報告に掲記された陸軍と海軍関係の年度別件数金額は『会計検査院八十年史』(98-99頁) に収録された。また，陸軍省所管経費決算の「不合規」に対する会計検査院の背規事項通知 (1882年度以降) の具体的内容の一部は，①〈陸軍省大日記〉中『壱大日記』1886年3月 (仙台鎮台など) 以降，②〈記録材料〉中『明治十三年度　会計検査院第一年報』～『明治十七年度　会計検査院第五年報』，③会計検査院長官房調査課編纂『検査報告集　第一輯 (自明治二十四年度至明治三十四年度　陸軍軍事費特別会計)』(1935年)，会計検査院長官房調査課編纂『検査報告集　第二輯 (自明治三十四年度至明治四十四年度　臨時軍事費　旧韓国政府予算襲用会計)』(1934年)，会計検査院長官房調査課編纂『検査報告集　第三輯 (自明治四十五年大正元年年度至大正十年度)』(1934年)，に収録された。特に，③は，会計検査院の歳入歳出決算報告中予算及び法律勅令違背事項に関する検査報告，同報告に対する政府弁明，貴族院と衆議院の決議，を収録した。

31) 32) 33)　『公文録』1876年1月陸軍省，第1件，『公文録』1876年7月8月陸軍省，

第28件，『公文録』1876年12月陸軍省，第9件。山県有朋陸軍卿は本上奏に先立ち，前年末の1874年12月27日付で太政官宛に，全国海岸の旧来砲台で陸軍省所轄外の地所を開墾すれば，防禦線画定時の砲台建築に至る場合に不都合が少なくなく失費を高くなるので，「全国防禦線画定マテハ取崩開墾等一切御差止」ることを各府県に指令してほしいと伺い出た（『公文録』1875年1月陸軍省，第28件）。同伺いは1月12日に閣議決定され，1月25日太政官布達第15号として使府県に布達した。太政官布達第15号は後の要塞地帯法の萌芽として位置づけられ，陸軍省上申とはいえ，「全国防禦線画定」の太政官レベルで認知が含まれた。なお，太政官布達第15号前に既に民間に払い下げられた旧砲台地所があった。これについて，内務省は2月18日付で太政官宛に，太政官布達第15号前の開墾着手分は差し止めるのか，又は政府が買い上げるのかを伺い出たが，太政官は陸軍省の意見を提出させ，3月30日にさらなる買い上げには及ばないことを指令した（『公文録』1975年3月内務省6，第107件）。

34）35）〈陸軍省大日記〉中『明治九年指令済綴　参謀局』第2295号，同『明治九年十一月　大日記　送達之部』土第1707号。1874年11月太政官布告第120号の地所名称区別改定は地所名称を「官有地」と「民有地」に区別し，官有地を第一種，第二種，第三種に区分した。第三種は地券を発行せず，地租を課さず，区入費（地方税）を賦さないとされた。同布告は，「官用地」を第二種（地券を発行し，地租を課さず，区入費を賦す）として区分し，官院省使寮司府藩県本支庁裁判所警視庁陸海軍本分営其他政府の許可を得た「所用ノ地」と規定しているので，山県陸軍卿照会の「第三種官用地」は「第三種官有地」の誤記であろう。

36）『公文録』1876年12月陸軍省，第6件。

37）〈陸軍省大日記〉中『明治十二年八月　大日記　内外各局参謀監軍』参第1221号，局第630号，同『明治十二年　九月　大日記　参謀監軍両本部』参第655号，『公文録』1879年10月陸軍省，第4件。

38）〈陸軍省大日記〉中『明治十三年二月　大日記　参謀監軍両本部省内各局近衛局病院軍馬局』諸局第124号。

39）『公文録』1880年3月4月陸軍省，第4件。

40）41）42）43）44）〈陸軍省大日記〉中『明治十三年五月　大日記　省内外局参謀監軍軍医部』総水参第282号，同『明治十三年五月　砲工之部』総木工第278号，同『明治十三年七月　砲工之部』総木工第450号，同『明治十三年九月　大日記　各局各官廨之部』総水局第488号，同『明治十三年十一月　大日記　各局』総水局第643号。海岸防禦取調委員の設置と調査内容等は，原剛『明治期国土防衛史』（2002年，錦正社）参照。山県有朋参謀本部長は1880年6月26日に左大臣熾仁親王宛に「諸般ノ事業内可

成丈節減ヲ用ヒ其剰余ヲ以テ現時相州観音崎砲台建築ニ着手致シ多年ノ後ヲ期シテ成業可致極居候」と「啓陳」したが（『参謀本部歴史草案』〈四～七〉所収），ともかくも砲台建築経費を捻出し，工事着手に漕ぎつきたかったとみてよい。ただし，山県参謀本部長の「啓陳」（『参謀本部歴史草案』では「稟申」）も注48）の上申書と同様にイレギュラーな公文書であったが，参議兼任の立場も含意されイレギュラーとはみなされなかったのであろう。なお，1883年2月陸軍省達乙第16号により工兵方面を改組・廃止し，旧工兵第二方面と旧工兵第三方面は工兵第一方面に合併され，旧工兵第四方面を新たな工兵第二方面にした上で，旧工兵第五方面と旧工兵第六方面を新たな工兵第二方面に含めた。

45）『公文録』1880年12月陸軍省，第1件。

46）大山梓編『山県有朋意見書』91-99頁。

47）〈陸軍省大日記〉中『明治十四年自一月至六月　大日記　参謀本部』参木第151号。

48）『公文録』1881年6月陸軍省，第1件。本上申趣旨は陸軍の財政・会計経理を含む編制事項であり，陸軍卿との連署とはいえ，山県有朋が天皇直隷の軍令機関（太政官から独立の形式）としての参謀本部長の官職名により「御裁可」を請うために太政大臣宛に上申したことは，参議兼任の含意の上ではあるが，参謀本部長は太政大臣に対しては同格ではなく，「格下」的な上申書であることを意味している。

49）〈陸軍省大日記〉中『明治十四年自一月至六月　大日記　参謀本部』参木第298号，参木第305号。

50）51）52）『公文録』1882年7月陸軍省，第7件。

［**補注1**］日本の近代要塞における砲台建築には巨額経費が投下された。1881年12月の陸軍省上申は，砲台という構築物・営造物の10年間に及ぶ建築自体にかかわって営繕費を基本に計上し，土地取得費・建築材料費・工賃・運送費及び備付兵器費等から構成していた。その後，1882年2月に陸軍会計監督長川崎祐名は1882年度砲台建築費予算書（合計24万円）を大蔵省に提出し，内訳は，営繕費23万1千円（観音崎第二砲台，同第三砲台，猿島砲台，富津砲台，富津元州砲台，同海堡の新営），雑給（旅費，傭給，死傷手当100円――新設），庁費（備品，器械費，消耗品，郵便税，電信料，運搬費），とされた。ここで注目されるのは，死傷手当の新設計上である。陸軍省は非在来的な大規模工事における事故発生を必然視し，予め死傷手当を新設計上したと考えられる。死傷手当は1875年4月太政官達第54号の官役人夫死傷手当規則にもとづき，手当金は療養・埋葬・遺族扶助の3種に区別された。砲台建築工事の死傷事故等発生は本書第4部第3章で言及する。なお，当時，観音崎砲台の建築工事に際しては，派出官吏と同使役人夫の負傷等施療を浦賀の海軍練習所医官に依頼していたが，負傷等の患部の重症者は同医官の診断にもとづき

横須賀の海軍病院に入院させることにした（〈陸軍省大日記〉中『明治十六年七月　大日記　砲工之部』総木工第465号，1883年6月27日付の東京湾陸軍建築署長佐々木直前による陸軍卿への伺い）。次に，砲台建築には膨大な工事作業人員を必要とした。1881年12月の陸軍省上申の富津海堡費（「富津海堡築設及波除捨石共建設費用概計」10年間合計166万3,724円余）に算出された延総作業人員は52万1,827人である。その内訳（延人員，1人1日の賃銀）は，大工職（5,755人，50銭），大工職手伝人足（2,803人，30銭），石工（162,984人，70銭），石工手伝人足（179,400人，30銭），煉瓦工（17,590人，45銭），煉瓦工手伝人足（26,835人，30銭），等である。これによれば，第一に，1年延べ平均作業人員は5万2千人余となり，1日平均（1年間作業日を300日と仮定）で173人が作業することになる。ただし，『陸軍省第九年報』（1883年7月1日～1883年12月31日の半年間統計）所収の「第五　工兵方面事業」中の「砲台建築工業物品人員表」（ホ7頁）に示された富津元州砲台の工事作業人員（延べ，端数切捨て，太字は遠藤）は，大工210，**囚大工202**，煉火石積職10，煉火石積手伝人夫26，石工690，**囚石工39**，石工手伝人夫1,566，鳶人足76，比頓打人足367，桶職18，**囚桶職10**，**石運囚人足101**，人足3,156，**囚人足13,911**，土方人夫1,771，女人夫1,017，湯焚人足74，とされ，延べ合計23,244人中に囚人が延べ14,263人（約61%）の過半数を占めた。同時期の富津海堡と猿島砲台及び観音崎第二・第三・第四砲台の建築工事統計には囚人作業人員は記載されていないので，富津元州砲台の工事作業量の大半は囚人労働によって供給されたとみてよい。囚人作業は，1874年11月30日陸軍省達第428号の工兵方面条例第67条は，陸軍所轄工事中の材料運輸における役夫供給に関して「或ハ衛戍ノ輪役ヲ用ヒ或ハ受負人ヲ立テ市井ノ傭夫ヲ募リ時トシテハ懲役団ノ人夫ヲ用フルアルヘシ」と規定し，1883年2月20日陸軍省達乙第17号の工兵方面条例改正も規定したが（第42条，「時宜ニ依リテハ所司ニ稟議シ囚人ヲ役使スルモ妨ケナシ」），材料運輸作業にとどまらない作業に従事していたことになる。第二に，工事作業（大工職，1人1日50銭）の賃銀単価は同時期の観音崎砲台建築工事や函館砲台修繕工事と同額であるが，沖縄県は約半額以下の22銭とされた（〈陸軍省大日記〉中『明治十三年七月　大日記　砲工之部』総木工第450号，同『明治十三年六月　大日記　砲工之部』総木工第322号，同『明治十三年七月　大日記　砲工之部』総木工第457号）。なお，富津の元州砲台と海堡の建築工事の概要は，富津市史編さん委員会編『富津市史』通史，1982年，富津市発行。

［**補注2**］日本の近代要塞における海岸防禦砲台用地は防禦目的を基準にして選定され，人間の居住環境等に対する対策・考慮は二次的な問題とされていた。ところで，富津砲台建築等に際しては，陸軍省は陸軍軍医本部に指示し，富津村に医官・薬剤官を派出して実地視察をさせた。実地視察の二等軍医正八杉利雄・薬剤官石塚

左実の「富津巡廻報告」(1881年10月作成，〈陸軍省大日記〉中『明治十四年十二月大日記 省内諸局参謀監軍両本部近衛軍医軍馬憲兵隊』総水医第114号）が1881年11月29日付で軍医本部長林紀陸軍軍医総監から陸軍卿に進呈された。当時の富津村には工兵第一方面の工場が置かれ，さらに工事用諸施設やバラックが造られた。本報告書は砲台建築工事従事の出張軍人・官員・職工の衛生管理のために，富津地域の居住環境について，特に眼疾患予防の重要性と予防方法を指摘した。なお，本報告書は観音崎や猿島にも言及している。すなわち，①観音崎出張の官員や職工等の大半は鴨居村に滞在するが，鴨居村の井戸水は飲用に問題なく，職工等で公症罹患者は浦賀の海軍練習所医官に依託して治療させ（昨年来の施療者は20余名で，大概は軽症），②猿島の井戸水は修繕・改良すれば飲用に適するが，土臭等があるので濾過器を供用し，職工等で公症罹患者は横須賀海軍病院で施療を受けることができれば便利である，としている。

53）〈陸軍省大日記〉中『明治十五年八月 大日記 局部』参木第262号。富津岬の地質調査は1879年（天候の関係から中止もあったが）から海軍省に依頼して実施してきた。なお，1882年6月6日の陸軍房長の陸軍部内への通達により，観音崎等の砲台建築現場への来観は工事への支障が少なくないとされ，公務の外は陸軍卿の特許なきものの入場を禁止した（『公文類聚』第6編第14巻，兵制門1兵制総，第35件）。

第4章　1882年朝鮮国壬午事件と日本陸軍の動員計画
——壬午事件に対する陸軍省・参謀本部・監軍本部・鎮台の基本的対応——

1　参謀本部と陸軍省の一体化的対応と第六軍管下の旅団編成

1882年7月23日に朝鮮国の京城で朝鮮軍兵士の俸給不満による暴動を契機にして一般民衆も加わった大規模な騒擾事件が発生し，大臣等の政府高官等が殺傷され，多数の政府関係者の邸宅家屋が破壊・放火された（壬午事件）。同時に日本公使館（弁理公使は花房義質）が暴徒数百人によって襲撃され，朝鮮国招聘日本陸軍教師堀本礼造工兵中尉他公使館職員等計14名が死亡した。本事件の概況は，京城から避難し，仁川港沖でイギリス測量軍艦に救助されて29日夜に長崎に到着した花房公使によりただちに外務省に報告され，翌30日未明には井上馨外務卿にも伝えられた[1]。

まず，本事件に対する陸軍の対応は，日露戦争後に「参謀本部創設後第一回ノ動員」[2]と記述されたが，陸軍の基本的対応で注目すべきものとして三点がある。

第一に，太政官体制下における参謀本部と陸軍省の一体的な，いわば準戦時大本営的体制の立ち上げがある。当時の新聞報道は，7月31日に在京の将官が陸軍省・参謀本部に悉く参集して種々計画を討議し，小沢武雄陸軍省総務局長は同結果を内閣に上申し，あるいは「大臣参議及び陸海軍の将校方十数名が内閣へ参集せられ，種々御評議の席へ聖上にも出御あらせられ，処分の方法を聴しめされし」と報じたが[3]，本事件の直接的な主管官庁は外務省であった。また，当時，陸軍では，7月26日から大山巌陸軍卿は北海道に巡回出張し，同代理を山県有朋参事院議長・陸軍中将が勤めていた。そのため，7月30日に太政大臣は函館出張中の大山陸軍卿に急遽帰京命令の電報を発し，大山は8月1日午後に函館出帆の船に乗り同5日に帰京した。その後，8月7日に山県は参謀本部長御用取扱になり大山は参謀本部御用掛になった[4]。つまり，内閣と連携しつつ（当時，渡欧した伊藤博文に代わって，山県は参事院議長の職にあり，陸軍は太政官と一体化したとみてよい），人事配置的にも陸軍省と参謀本部の一体的体制を組立てて事件・事態に対応した雰囲気がある。また，こうした陸軍の体制を含む政府の体制と構えが，後に大山陸軍卿が述べた「廟議」（閣議）・「廟算」の体制になる。そして，太政官と一体化した準戦時大本営的体制の立ち上げは帝国全軍構想化路線の端緒化踏襲を意味する。

第二に，本事件に対する陸軍内の主管軍管と主管監軍部をただちに定めた。山県陸軍卿代理は7月30日に，①群馬県伊香保滞在の西部監軍部長心得陸軍少将高島鞆之助に電報を発し，至急帰京させ，②熊本鎮台司令官国司順正少将に電報を発し，歩兵第十四連隊（小倉営所）の兵卒240名により1個中隊を編成し（将校下士の定員を付ける），弾薬糧食を備え置き，いつでも出張できる用意をもって命令を待つように指令した。さらに陸軍卿代理・参事院議長山県有朋は翌31日に太政大臣に陸軍少将高島鞆之助を「御用有之朝鮮国へ被差遣度」と上申し[5]，同日に太政大臣と参議の連署による上奏を経て高島派遣が裁可された。また，同日に弁理公使花房義質の朝鮮国派遣用の護衛兵として熊本鎮台歩兵第十四連隊第2大隊の編成・派遣が裁可され，翌8月1日に高島少将は同護衛兵の指揮をとり，8月2日に東京を出発し，8月10日に下関から仁川を経て京城に入った（9月28日帰国）。ただし，高島少将の護衛兵指揮の職務は8月1日の「公使一行京城へ進入難相成自然彼ヨリ戦端ヲ開キ候場合ニ至候節ハ兼テ公使へ被付候護衛兵ヲ指揮シ」云々の「御沙汰」書のように兼務とされた[6]。

第三に，公使護衛兵の編成・派遣に対応して第六軍管（熊本鎮台管轄）下の予備軍召集と旅団編成に着手した。山県陸軍卿代理は8月1日に太政大臣に第六軍管の予備軍召集を伺い出た（第十四師管はただちに召集，第十三師管は状況によって召集）。予備軍召集は1879年徴兵令第5条中の「非常ノ事故アル時ニ当リテ」召集する趣旨であり，平時の非常召集であり，閣議決定と上奏を経て8月2日に裁可され，熊本鎮台に令達された。同時に山県陸軍卿代理は8月2日に第六軍管下の予備軍召集の令達を同軍管下諸県に下達した。なお，山県陸軍卿代理は8月3日に太政大臣に第一軍管下の予備軍召集（今後の状況によって召集）を伺い出て，閣議決定と上奏を経て8月7日に裁可され，さらに大山巌陸軍卿は8月5日に太政大臣に第二，三，四，五軍管下の予備軍召集（今後の状況によって召集）を伺い出て，閣議決定と上奏を経て8月10日に裁可された。ただし，第一軍管から第五軍管の予備軍召集は実施されなかった[7]。

第六軍管下の予備軍召集をうけて，曾我祐準参謀本部長代理は8月8日に大山陸軍卿に，熊本鎮台の歩兵第十三連隊第1，第2大隊，山砲兵第6大隊，工兵第3大隊第1中隊，輜重兵第6小隊並びに輜重諭卒をもって「旅団を編成し之に各部を附し」[8]て福岡地方に向けて行軍演習すべきとする天皇裁可の「御沙汰」を通知し，同施行を要請した。大山陸軍卿はこれをうけて同日に西部監軍部長心得黒川通軌少将に旅団編成と行軍演習及び福岡への集中を伝えた。そして，熊本鎮台による旅団編成の半数を8月13日までに福岡に到着させることにした。また，憲兵と伝令騎兵を東京から派遣させるとした。なお，輜重輸卒は1879年徴兵令に新設された（常備軍役6箇月間後に予備軍に編入，以下「輸卒」と略）。1882年の第六軍管の輸卒徴集人員は2,500人であるが，入営者はその20分の1とされた。予備軍召集による旅団編成は渡韓を想定したが，予備軍召集は9月4日に解除され，同4日に山県の参謀本部長御用取扱と大山の参謀本部御用掛は免じられた。ただし，同4日に山県は参謀本部御用掛を，大山陸軍卿は参謀本部長兼勤を命じられた[9]。

以上の陸軍対応の中で，主に熊本鎮台管下の予備軍召集と旅団編成等が陸軍省編『陸軍省沿革史』記述の参謀本部創設後の第一回の「動員」になるが，同鎮台及び西部監軍部長等の実施手続きは参謀本部と監軍本部及び陸軍省・鎮台の司令・職務権限関係・戦時編制との関係でさらに考察されなければならない。8月8日の曾我参謀本部長代理の陸軍卿への旅団編成・行軍演習の天皇裁可通知と施行依頼は，1878年参謀本部条例第5条にもとづき，法的には本事態を平時として認識・判断したことはいうまでもない[10]。また，8月8日の熊本鎮台宛の旅団編成等の「御沙汰」は，法的には平時にあって，同鎮台に軍制技術上の戦時編制をとらせる指令を発したことを意味し，同「御沙汰」が陸軍卿から西部監軍部長に通知された。その上で，8月8日の「御沙汰」の「旅団を編成し之に各部を附し」とは1881年1月陸軍省達乙第2号実地演習概則や1881年戦時編制概則により，旅団編成のもとに旅団本営に参謀部・砲兵部・工兵部・輜重部等を軍制技術的に設けて演習することを意味した。ただし，歩兵の戦時人員を2個大隊の編成にとどめた。

かくして，8月8日の旅団編成等にかかわる策案（参謀本部起案）は天皇裁可を経て，陸軍卿による策案執行（西部監軍部長への通知）の手続きをとったが，参謀本部と陸軍省の一体化のもとでの対応になった。

2　壬午事件における戦時諸概則の配布と陸軍管轄経費

8月8日の「御沙汰」に即した行軍演習の実施のためには，旅団編成下の旅団本営諸部の業務細部に関する規定・基準がなければならなかった。これについては，8月11日に陸軍省は下記の戦時諸概則を陸軍一般に配布した。ただし，これらの戦時諸概則は本事件にただちに対応して急遽編集されたのでなく，1881年戦時編制概則制定後から参謀本部により調査・起草・起案・協議されたものを草案化して配布し，試験的に仮施行するものであった。

すなわち，参謀本部長御用取扱山県有朋は8月9日付で大山陸軍卿宛に，戦時軍用電信隊仮規則，戦時幕僚事務帳簿類別，戦時憲兵服務仮規則，戦時砲兵部服務仮規則，戦時工兵部服務仮規則，戦時会計部服務仮規則，戦時輜重輸送服務仮規則，戦時病院服務仮規則，出征軍隊報告規則草案を「当分仮定ヲ以テ施行」したい，と協議した[11)]。同省は翌10日付で不都合なしを回答した[12)]。ただし，「仮規則」は同省の頒布段階で「仮概則」と修正されたようである。なお，陸軍卿官房長児島益謙歩兵大佐は8月11日付で陸軍一般に，本概則は「仮ニ編纂相成タル儀ニ付新聞紙等へ掲載不致候様」取扱うことを申し添えた[13)]。戦時諸概則は仮施行とはいえ，もちろん，予備軍召集と行軍演習に対して，特に兵站体制の組立てにおける補給・補充活動の基準になったことはいうまでもない。

次に，公使護衛兵派遣と予備軍召集等に対する経費的対応がある。

第一に，山県陸軍卿代理は8月4日付で太政大臣宛に，朝鮮事件につき「臨時費」の別途下付申請と，目下の弁理公使護衛兵費用は大蔵省への稟議済み後の速やかな下付を上申した[14)]。本上申は大蔵省了解（8月14日）と参事院第一局の審査（8月16日）及び閣議決定（8月16日）を経て了承され，太政大臣は8月21日付で陸軍卿宛に弁理公使護衛兵費用予算書を調査して大蔵省宛提出を指令した。同時に松方正義大蔵卿は同21日付で太政大臣に，陸軍省の調査・上申の「臨時費」を添付し（弁理公使護衛兵費用予算書，8月分，合計149,660円），本年度予備金からの支出措置を上申した[15)]。「臨時費」の内訳・費用科目は下記の9月12日付の大山陸軍卿の伺い書添付の「朝鮮事件臨時予算差引表」に組込まれた「公使護衛一大隊費用受取済」の内訳・費用科目と同一である（**表13**）。本章では金額の漢数字を算用数字に変更して表記する。なお，松方大蔵卿上申の「臨時費」は内閣で9月8日に回覧された。

表13　朝鮮事件臨時予算差引表

費用科目	総費用概算高（円）	公使護衛一大隊費用受取済（円）	差引不足請求高（円）
俸給	19,230	2,430	16,800
諸雇給	5,580	5,150	430
旅費	62,850	56,200	6,650
糧食費	189,541	15,500	174,041
被服陣具費	118,938	8,500	110,438
軍器費	91,395	8,000	83,395
需用費	23,487	1,850	21,637
郵便電信費	1,159	730	429
運送費	278,217	15,000	263,217
経営費	19,270	18,000	1,270
馬匹費	1,325	—	1,325
病傷費	8,264	7,500	764
賜金	6,878	5,500	1,378
探偵費	銀貨9,660　紙幣5,000	紙幣5,000	銀貨9,660
諸雑費	500	300	200
合計	841,104 内銀貨9,660	149,660	691,444 内銀貨9,660

「臨時費」すなわち「公使護衛一大隊費用受取済」の費用科目は1877年2月陸軍省達乙第52号の戦時費用区分概則の制定指令にもとづき立てられた。ただし，囚虜費を設けず，本来，囚虜費として組込まれるべき探偵費を設けた。つまり，事件対応の経費予算の基本として軍制技術的には戦時費用区分の規則を適用した。8月上旬から約2旬が経過したが，その間に本事件対応期間の性格を軍制技術・会計措置上では戦時費用区分として位置づけたのであろう。なお，8月末までの費用は陸軍省が立て替え払いをしていた。この結果，俸給は「将校以下戦時増俸」とされ，旅費は「汽船賃及陸路旅費」，需用費は「日用諸器械及消耗品等」，運送費は「荷車荷船雇料及人足賃」，経営費は「天幕買入及バラ

ック入費等」，賜金は「出征手当金及死傷手当」，探偵費は「探偵捕獲費」，諸雑費は「諜報費及埋葬費」と説明されている。また，戦時費用区分概則は経営費を「舎営築造塞砦攻防其他土工需用ノ木石代料工料等」と規定したが，朝鮮国・仁川等での幕舎・バラック（仮営舎）の設置を企図した[16]。

第二に，大山陸軍卿は9月12日付で太政大臣に弁理公使護衛兵派遣と予備軍召集費用の別途下付を伺い出た[17]。それによれば，①熊本鎮台兵（予備兵，帰休兵，輜重輸卒）を召集して福岡まで出張させ，兵器・弾薬・被服・糧食品等の旅団必要物品と予備諸品を馬関（下関）に回送し，何時発艦しても支障ないように準備し，②汽船に軍需諸品を積載し，下関又は福岡に数日間繋泊させ，③糧食品で買い戻しや売却できるものもあるので，金額総額で若干分が減少する，とされている。同伺い書添付の「朝鮮事件臨時予算差引表」における費用科目は，①俸給には，朝鮮国屯在の隊附・隊外将校以下に「戦時増俸」30日分と熊本鎮台召集予備軍兵及び輸卒の日給40日を積算し，②運送費は民間の汽船借り上げ費と人夫賃費等を含み，③探偵費の銀貨は「支那地方等」で要した費額とされた。なお，総費用概算高では運送費（約33%）が3分の1を占め，差引不足請求高でも運送費（約38%）を占めるが，旅団編成対応の大量の人員・糧食・被服陣具・軍器・材料等の運送を民間輸送船等に依拠して準備したことを意味する。大山陸軍卿の伺いは大蔵省の了解意見（常用在金で支出）もあり，閣議決定を経て10月6日に太政大臣は裁可指令を発した。

3　第六軍管下の予備軍召集・旅団編成と行軍演習
――動員計画の実施――

ところで，壬午事件に対する第六軍管下の予備軍召集・旅団編成による行軍演習の主内容（すなわち「動員」の軍制技術的な組立て）はどのように実施されたか。これについては，西部監軍部参謀（岡本兵四郎歩兵大佐以下）の報告書を含めて考察する。

第一に，当時，陸軍の演習の基本を規定したのが1881年1月制定の陸軍省達乙第2号の実地演習概則であった。そこでは，行軍，止軍，偵察，前哨，布陣進退の法，戦闘の離合，諸給与の方法，命令の行下，報告の順序等を実際に模擬して実地に異ならないように活用することの講習を本旨とした。演習は「小演習」(近衛・各鎮台又は各隊各別に実施し，3週間を定則とし，戦法・撤兵・前哨勤務・偵察勤務・露営舎営方法・命令布達順序・対抗演習を施行)と「大演習」(監軍部のもとに二つの軍管の常備・予備の軍兵を集め，旅団・師団以上の演習を行う，期間は1週間，実施大綱は允裁を経る)に区分した。大演習は小演習の内容も含み，特に「各兵各部連衡シテ」「近衛鎮台毎ニ諸兵ヲ編成シテ団部ヲ定メ」と規定したように，大規模な兵力の戦闘活動を支える「部」の編成とその職務・業務の演習が特質であった。すなわち，戦略上に関する戦闘活動を演じ，布陣の部署，諸兵の糾合・編成，糧食の弁備，輜重運輸，病院医務，電信交通，橋梁架設，命令・報告の順序等を訓練するとされた。

これに対して，8月8日の「御沙汰」における「旅団を編成し之に各部を附し」とは1881年の実地演習概則の枠組みにもとづく演習であるが，事前に用意周到に計画されたのではなく，咄嗟に実施された演習になった。その中で最も注目すべきことは対敵想定の前線・火線での戦法・戦闘活動上の演習ではなく(これらは通常の勤務や日常的な軍隊教育で可能)，糧食の弁備，輜重運輸，病院医務等の後方戦闘支援設備運営の演習である(兵站勤務，補給・補充活動)。これらは対敵想定の有無にかかわらず，とにかく大規模な兵員・兵力の召集・編成が実施されるならば，咄嗟に臨時に後方戦闘支援設備運営体制を組立て，必要な糧食の弁備，輜重運輸，病院医務等の現在需用(想定ではなく)を満たさなければならない。すなわち，平時においても最も現場に密着して実際的・実地的に実施しなければならず，その不適切・過失・不備等はただちに実際的に重大な不利益・損害・支障等を発生させた。したがって，後方戦闘支援設備運営体制と実施結果の教訓化こそが，新たな次段階の出師・出師準備の課題の解明・解決に直接的に反映されるものであった。

なお，本事件対応の行軍演習の方針は，①演習は2日間，②弾薬は歩兵1人30発，③熊本鎮台屯在兵で福岡への行軍演習中の者は，帰途中に適宜の演習を施行する，④熊本残留の諸兵も各個演習を施行する，⑤福岡屯在の1個大隊と小倉屯在兵は各個に適宜に演習する，⑥輸卒は病人を除き各隊で適宜の人員を付して演習する，⑦予備軍は演習後に解散し，輸卒は必要人員を除く他はただちに解散するとされた[18]。すなわち，旅団編成による福岡地方への行軍演習も含めて（宿泊地は久留米と三池），熊本以北の地域全体に召集・行軍演習の兵員等の姿が行き交え，あるいは「献金」「従軍」出願者も現れ，臨戦的雰囲気に包まれた[19]。

第二に，予備軍の召集と編成等にかかわる手順と手続きは，1875年後備軍召集条例・1881年後備軍司令部条例・1881年予備軍及後備軍編成条例にもとづき実施することになっていた。第十四師管後備軍司令官の11月の報告書によれば，①8月3日に第六軍管下の予備軍召集発令の電報が届き，翌4日から召集兵が出頭・入営するに至ったが，不応者は約12分の1弱（平時の召集時の不応者は約3分の1強）とされ，②福岡県は県の官吏に召集旅費を持参させて郡区に派遣し，同官吏は「今回召集ノ主意ヲ懇々説諭シタリ」とされ，③入営時は特に被服配賦の手続きにおいて雑踏を極めたとされたが[20]，召集に応ずるべく予備軍兵員を「奮発」させた地方行政機関の役割が注目されている。また，警察力も注入された。

第三に，旅団編成では輜重部を設けることになっていたが，熊本から福岡に向う時点では鎮台には同部附職員がいないので特に輜重部を設けず（同部長等職員は東京等から出張），輜重兵隊の半小隊に輸卒の半数を引率させた。当初は荷物運搬方法における輸卒定員・荷物定数・輸卒1人の負担すべき量目等の規則がなかったので，行軍30里を3日で到着する見込みで輸卒1人の量目を約3貫目（約11kg）に平均させた。しかし，行軍途上と福岡着までに輸卒の衰弱患者は2割に達した。その後に戦時輜重運輸仮概則が頒布され，旅団所属の輸卒人員は2,476名とされ，各部・各隊の荷物定数を規定した。ただし，西部監軍部参謀は戦時輜重運輸仮概則に対して厳しい意見を提出した。戦争における補給・補充体制の整備の重要性はいうまでもなく，行軍演習を支える輜重活動の困難さの意見がさらに具体的に提出されたことは注目される[21]。

第四に，旅団編成のための予備軍と輸卒の召集総員は合計約8千名とされ（実際の応召者は約7,400余名），これらの召集兵員に急遽支給する被服・装具等の準備と予算化は困難を極め，会計部体制のあり方が問われた。特に被服給与は最劣悪状況であった。被服の中で略帽負・夏衣袴・襦袢・袴下・外套・靴・脚胖等は後備軍用・予備軍用ともに古品を漸次備え置く規則はあったが，そもそも，輸卒召集は最初の試みであり，輸卒の被服給与手順等は規定されていなかった。

そのため，陸軍省会計局長川崎祐名は8月半ば以降に，急遽，輸卒被服給与の取扱い方の各鎮台宛通達を陸軍卿に伺い出た[22)]。同伺いは，被服在庫品を召集時の輸卒被服用にあてる目途はなく，輸卒は荷物運搬等の力役従事のために被服破損が甚大であるが，襦袢・袴下類はなるべく現存古品をあて，古品不足の場合は予備軍服や常備兵所用保存期限上限に近い衣袴を繰替応用し，衣の右腕に幅2寸の赤木綿布を巻いて徽章とし，袴の裾を結んで脚胖の代わりにすること等を述べた。そして，輸卒1人への被服・装具の支給品数は，略帽1個，衣袴2着，半分の古毛布1枚，襦袢袴下2着，背嚢袋1個，飯苞・飯骨折1個，木綿甲掛1足，草鞋の8品目とされた。同伺いは8月28日に了承され，熊本鎮台には発されたが，他の鎮台には召集発令時に発するとした。熊本鎮台では輸卒召集用の被服貯蔵方法の規則はなかったが，川崎会計局長伺いの方針等により古品中心の被服・装具支給を既に始めていたようである。しかし，被服の古品は常備兵のもので保存期限が過ぎ，さらに予備軍演習用として使用されたものであった（組脚胖・足袋は西南戦争後に軍団から引き渡されたものを輸卒に支給）。そのため，既に「物品ノ素質ヲ失シ」，名ばかりのもので数日後には破損汚敗したとされている。また，輸卒で襦袢・袴下支給者には上衣袴を給せず，又はその逆が支給された結果，「僅ニ裸体ヲ覆ニ至レリ」とされた[23)]。

陸軍の給与規則は1880年12月陸軍省達乙第76号陸軍給与概則により規定され，被服などには保存期限も定められていたが，1876年3月陸軍省達第38号陸軍給与概則も含めて，会計監督検査が期限満期後も「使用ニ堪ユル」と認めたものは保存期間の延長があると規定していた。つまり，廃品・廃物同様の被服などの支給可能性もあり，特に輸卒の被服等は最劣悪の状況になった。

第五に，旅団編成における砲兵隊（山砲兵第6大隊）と砲兵部の立ち上げの問題がある。まず，山砲兵の駄馬の付け方に対する陸軍省方針が明確でなく，福岡での旅団編成には騎兵用乗馬・山砲兵用駄馬を付けなかったために，山砲運搬の駄馬代用として多数の輸卒の必要が見込みられたが，旅団の予備輸卒が寡少であるという批判が出された[24)]。次に，福岡出発前には砲兵部備附の弾薬等物品員数の規則はなく，準備に困り適宜用意したが，福岡着後に砲兵部長から旅団各部・各隊の携帯兵器弾薬と予備員数表を初めて示され，これに準拠したが，熊本からの携帯物品で不要品を還送したものが多かった。さらに，砲兵部と工兵部には諸職工を付けることになっていたが，現地での採用は困難とされた。そのため，砲兵部には東京砲兵工廠から火工職4・銃工職14・木工職4・鍛工職4・鞍工職6の計32名を升橋尚文砲兵少佐の福岡出張に随行させ，工兵部には井戸掘り職・銃工職・木工職を下関に出張させることにした[25]。

第六に，旅団編成においては病院も付けた。戦時病院の業務・服務の基本は1881年戦時編制概則に規定されたが，さらに戦時病院服務仮概則の附録には戦時病院に関する「人馬員数配置表」と薬剤・治療機械・雑具・消耗品等の詳細な分配表等を規定した。旅団編成の旅団病院（旅団本営に置く）のもとに大繃帯所2個の他に小繃帯所6個を設置することになっていた（1小繃帯所には，軍医1，軍医副・補1，一等看病人2，二等看病人4，看病卒40，輜重兵40，従卒2を配置し，30人を治療予定）。小繃帯所は進軍・交戦時に火線・戦闘線と進退をともにしつつ，およそ歩兵1大隊毎に1箇所を設置し，負傷者の救急措置をする施設とされた。なお，旅団病院には輜重兵計443人を配置するが輸卒を使用し，輜重兵自体は死傷者の輸送と器械・薬剤の運搬に従事させる規則であった。

これに対して，軍医本部長代理陸軍医監石黒忠悳は陸軍卿宛に，①8月10日付で，徴兵より充足の看病卒が召集されるまでは，小繃帯所4箇所の看病卒定員計160名の内14名のみは隊附看病卒をあてて治療助手と看病に従事させ，残146名は負傷者を火線から小繃帯所まで搬送させるので，同146名を輸卒より採用されたい，②8月11日付で，看病卒不足が見込まれるので（有事に召集しても応ずるものがなく，応じたとしても多少の訓練を加えなければならない），「看病夫」100名を限度に雇い入れて訓練しておきたい（有事には看病卒に採用し，鎮静後に解雇），と上申した[26]。同上申は8月12日に了承された。

1879年徴兵令は看病卒を設けたが，その徴集手続きは厳密でなく（志願者を徴集するが，不足時には壮丁中の定尺未満者・執銃不適者又は合格者職業の便宜をみて徴集・服役させることがある），陸軍省は毎年の看病卒の徴集人員を歩・騎・砲・工・輜重兵のように明確化して独自に徴集しなかった。看病卒の独自徴集を法令化したのは1883年徴兵令であり（「雑卒」に含める），同省が毎年の各軍管の徴集人員告示で看病卒の徴集人員数を明記したのは1883年からであった（六軍管で計306名）。そのため，1882年当時に看病卒不足が出るのは当然であった[27]。

4　鎮台の反応及び新聞報道統制と「軍機」概念

壬午事件への陸軍対応に関しては，当時，内閣が元老院の議定・検視のために下付した戒厳令と徴発令の議案（1881年12月に陸軍省起草）の制定等も言及しなければならない。1882年8月制定の戒厳令と徴発令は外国比較・国際法の視点も含めて詳細かつ体系的に別個に考察される必要がある。それで，本章は陸軍省管轄業務に関連して，鎮台の反応の一部と内務省の新聞報道統制を検討する。

まず，広島鎮台の反応がある。花房公使から本事件勃発の概略電報が伝えられた時に，広島鎮台司令官野崎貞澄少将は8月2日に山県陸軍卿代理宛に「[1873年に] 征韓党ヨリ大事件引起シタル儀」もあるので，「軍人ハ勿論人民ニ於テモ其動揺セサル様御配慮之設備ヲ冀望ス」という電報を発した[28]。野崎少将の電報趣旨は当然であるが，さらに野崎は8月16日に大山陸軍卿宛に電報を発し，①朝鮮事件にかかわる「出兵」は西部監軍部下の師団より出るのが当然であるが，近隣鎮台諸隊からの「出兵」を頗る迫るような趣の風説が出ている，②もし，当師団よりも先に他から「出兵」するような場合に至れば，鎮台管下諸隊に葛藤を生むことも測りがたいので，配慮してもらいたいと要請した[29]。野崎の電報趣旨は8月2日の電報にも重なり合うが，陸軍の対応・対策（山県が述べた「動員」や下記の「軍機」事項）に対して軍隊の内外に種々の風説・風聞等も流れ，鎮台司令官としてこの種の風説等による軍隊動静を統制しにくい雰囲気が生じていたことを意味する。

これについて，大山陸軍卿は翌17日の電報で「若シ事有ルノ日ニ遭フトモ出兵ノ順序ハ廟議ノ決スル処ニ拠ル者ナレハ仮令如何ナルモ異議アルヘキ筈ナシ貴官ニ於テハ右等ニ付台下諸隊ニ不都合ヲ生セサル様注意アルヘキハ当然ノ儀ト存ス」と述べ[30]，さらに書簡を発した。大山陸軍卿は同書簡で野崎の電報趣旨の因由が理解しがたい廉もあるが「近来幷他之鎮台ニ於テ出兵ヲ迫ル如キハ嘗テ無之シ抑軍人統御ノ道ニ於テハ本年一月　勅諭之旨モ有之各々他ノ風潮ニ惑ハス其本分ヲ遵守スヘキハ申迄モ無之万一心得違之者モ有之候得共自ラ処分等モ可有之殊ニ宣戦出師ノ如キハ廟算ニ係リ敢テ各部ニ於テ之ヲ是非シ葛藤ヲ可生ナド万有間敷事ト存候」と，特に同年1月の軍人勅諭に言及しつつ諭達した[31]。大山陸軍卿の電報・諭達は，「出兵ノ順序」や「宣戦出師」の手続きが廟議・廟算により進められたことを強調したが，陸軍と政府との一体的対応のもとで組立ててきたことからいえば，当然であった。

他方，山田顕義内務卿は8月に「新聞紙検査之儀ニ付伺」を太政大臣宛に提出した（日付欠，8月22日前と推測）。山田内務卿は「朝鮮事変ニ付テハ追々各新聞紙等ニ記載候件々不少右ハ軍機ニ関スルハ勿論一般ノ動静民業ノ挙心ニモ差響キ候儀ニ有之」と述べ，特に，外国に関する事項は警視庁と各府県に検査掛を置いて検査するとして，「達案」（警視庁と各府県宛）と「庁府県へ訓示案」を添付していた[32]。ここで，第一に，同省起案の「達案」は「諸新聞雑誌等へ掲載スル朝鮮事変ニ係ル論説雑報ハ自今総テ検査ノ上掲載セシメ候」としたが，8月22日の閣議では外務卿が「東京ハ警視庁ニ於テ他ノ府県ハ府県庁ニ於テ検査掛ヲ設ケ」という検査担当機関を加える意見を出した。第二に，同省起案の「庁府県へ訓示案」は記載不許可事項として，「外交ニ関スルモノ」，「軍機ヲ誤ラシムノ懸念アルモノ」，「人心ノ疑惑ニ係ルモノ」，「虚妄ト認ムルモノ」の4件を示した。これについて，8月22日の閣議では，①訓示本文に，外交及び軍事に関するもので支障なきものは「外務及ヒ陸海軍省ヨリ新聞社ニ交付シ紙中ニ別欄ヲ設ケ掲載報道セシムル」ので検査不要とする但し書きを加える，②外交と軍機云々の2件を取り消して「外務及ヒ陸海軍省ヨリ新聞社ニ交付セシモノヲ除キ風説投書其他通信等ノ外交機密ニ関スルモノ又軍機ヲ誤ラシムノ懸念アルモノ」と修正すべきである，の意見が出た。この結果，同省の「達案」と「庁府県へ訓示案」は廃案になり，閣議の修正意見等をそのまま含む「達案」と「庁府県へ訓示案」が改めて了承・決定され，8月25日に内務省に同達・訓示を発するように指令した。

ところで，内務省起案と太政官決定の新聞報道統制の達・訓示は「軍機」の用語を記述した。「軍機」の用語はおよそ1890年代以降に「軍事機密」の略語として拡大解釈・使用されるが，1889年勅令第135号内閣官制第7条の「軍機軍令」の文言を含めて，1880年代までは「軍中の機務」の略語（戦時・戦場において好機会を窺い捉えつつ進める最重要な司令・指揮の職務，又は戦時・戦場を想定・前提にした最重要な司令・指揮の職務）として厳密に理解されなければならない。当時の政府・太政官の高官は，「軍中の機務」（1878年参謀本部条例第5条）としての「軍機」の語義を共通に理解して記述していた。たとえば，①西南戦争時に「奮勇突進ハ大ニ軍機ヲ転スル之功不少」と述べた大久保利通の岩倉具視宛の書翰（1877年4月16日），「熊本鎮台ノ一戦実ニ不容易義ニ而万一初戦ニ敗ヲ取ルトキハ大ニ軍機ヲ挫キ其害少ナカラス」と述べた黒田清隆の三条実美・大久保利通・伊藤博文・山県有朋宛の書翰（1877年2月20日），②「廟堂ニ於テ天下ノ大勢ヲ察セラレ還輦アラセラルルモ征討ノ軍機ニ阻碍スルコト無シ」と述べた征討総督熾仁親王，等の「軍機」はいずれも「軍中の機務」の意味である[33]。さらに，1879年10月陸軍省達乙第77号の陸軍会計部条例第3条の「軍機」も「軍事機密」ではなく，「軍中の機務」である（「会計官ハ各自其責任ヲ分担シ例規ヲ遵奉シテ事務ニ服行シ軍機ヲ沮撓セサルヲ要ス」）。また，当初の内務省起案の訓示中の「軍機ヲ誤ラシム」や「軍機ヲ誤ラス」などの文言は当時の慣用句でもあった。

そして，特に太政官決定の訓示には「外交機密」の文言もあり，「機密」の用語はそのまま採用・記述されたのに対して，訓示文中の「外交機密」に対応する「軍事機密」の文言がないので，ここでの「軍機」は「軍中の機務」であることは明確である。すなわち，壬午事件に限れば，内務省起案と太政官決定の達・訓示には，当時（法的には戦時ではなく），当事件への対応があたかも臨戦的雰囲気への対応としてうけとめられていたが故に，「軍中の機務」の略語としての「軍機」が記述されたとみてよい。

5　「戦死者」造出の粉飾固執と靖国神社合祀

壬午事件に対する日本国の直接的な主管官庁は外務省であった。ところで，本事件における日本人死亡者は，事件発生直後から，日本公使館職員（近藤真鋤書記官）によって「戦死」と記録・報告された[34]。また，本事件決着後の花房公使の9月28日付の外務卿宛復命書は死亡者を「戦死人」と記述した[35]。本来，戦死の法的・行政的性格は，戦争状態と戦場における特定の司令・指揮・命令が貫徹される権力支配関係に管理された戦闘活動・戦闘行為下の死亡に対する公式報告により認定されるものである。しかるに，両国の外交関係と同事件の法的状態を冷静に理解すべき外務省及び公使館の公使・書記官の本来的職務からみれば，同省職員の公文書上の戦死の記録・報告には誤解・歪曲による認識・判断が含まれているので，その後の同省による死亡者の靖国神社合祀申請を含めて冷静に考察されなければならない。

第一に，そもそも，本事件による日本人の死亡は日本国と朝鮮国とが開戦・交戦状態や京城地域での両国軍隊間の交戦結果によるものではない。まして，日本公使館が開戦と戦闘命令を発したわけでもなく，そもそも日本公使館に開戦・戦闘の命令を発する権限はない。仮に軍隊の司令官であったとしても自己の判断のみで開戦と戦闘の命令を発すれば，1879年鎮台条例第28条等の「天皇宣戦ノ権」を侵したことになり，1881年陸軍刑法第二編第三章の擅権罪を犯したという犯罪行為になる。もちろん，本事件の直接的な主管官庁は外務省であり，同省とその管轄下の公使館書記官が事件による一般的な遭害者の死因等を認識・判断する責任・権限を有していた。

ただし，この場合，靖国神社合祀も含めて，外務省は同事件の死亡者の死因を戦死として認識・判断し認定できる権限（認定権）を有していない。なぜなら，外務省は戦死認定の主管官庁ではないからである。当時，戦死認定主管官庁は陸海軍両省であり，それぞれ戦死の認定等の手続きを管理していた[36]。同事件の死亡者の死因は戦死ではなく，外交上・公務上の「遭害死」というべきものであった。済物浦条約の前文によれば，「朝鮮兇徒侵襲日本公使館職事人員致多罹難朝鮮国所聘日本陸軍教師亦被惨害」とされ，死傷者は「日本官胥［かんしょ］遭害者」という記述され，「戦死傷」という文言は当然記述されていない[37]。その「遭害死傷」に至らしめた外交責任は朝鮮国側にあり，朝鮮国政府は同条約の約定書第三において死亡者遺族や負傷者に対して総額5万円の給与を約束したのである。これに対して，「戦死傷」になれば，その因由や責任の基本は日本国側軍隊の命令・服従の権力支配関係と日本国政府にあることを認識しなければならず，その見返り的な諸給付は日本国内法で処理される法的関係が発生する。

第二に，本事件の日本人死亡者の公式確定の手続き問題がある。本事件発生直後の花房公使の外務卿宛の7月30日の報告時点では堀本礼造歩兵中尉等の生死は不明とされていたが，花房公使は8月4日に堀本中尉及び陸軍語学生徒岡内恪，同池田平之進，私費語学生徒黒澤盛信，他巡査3名は「殺サレタリ」と外務卿に報告するともに，参謀本部の水野勝毅歩兵大尉宛に同旨の電報を発した[38]。また，同電報は翌5日に参謀本部から陸軍卿代理山県有朋に通知された。その後，済物浦条約締結前後に，堀本らの死亡者の遺骸（京城と仁川に埋葬）が日本公使館により8月10日と同28日に現地で検視され，9月3日に済物浦で改葬され，花房公使は9月3日付でその報告（「死難人礼葬等ヲ報スル公信」）を外務卿に提出した[39]。その直前に，参謀本部長御用取扱山県有朋は9月2日付で陸軍卿に，堀本中尉らの死亡に関して，とりあえず水野大尉宛の電報内容を各遺族に発しておいたが，「公使ヨリノ通報ハ官報ト云フニモ非ス且電報ノ事故愈戦死セシヤ否及ヒ其時日等モ未タ確信スヘキ証憑トスルニ不足ヨリ表面遺族ヘ達方取計無之」と述べ，外務省から花房公使に掛け合って死亡等内容を確実詳細に報告してもらうように同省に照会してほしいと通知した[40]。山県の陸軍卿宛通知は，堀本中尉らの死亡に関して「戦死」とか「殺害」の言葉が流布している中で，政府・陸軍省としての遺族への死亡等の公式通報を前提にして，当該の「死」がどのような死亡であったかを確定する意図があった。これについて，大山陸軍卿は10月2日付で参謀本部長代理曾我祐準宛に外務省宛照会と外務省回答を回付することを伝えた[41]。この際の外務省回答は，吉田清成外務卿代理が9月29日付で大山陸軍卿宛に，堀本中尉他語学生2名の死去に対する祭典が済物浦で現地地方官らによって挙行された際の「祭文」写しを添付したものである（「祭漢城仁川死難人文」，花房公使持参）。これにより，堀本中尉の死が公式に陸軍省に報告されたことになった。

かくして，大山陸軍卿は本事件死亡者に対する外務省・日本公使館の検査・報告等をうけて，10月12日付で太政大臣宛に堀本礼造中尉の死亡を「朝鮮国駐在中本年七月二十三日同国変動之際暴徒之為メ被殺害候旨其筋ヨリ届出候条此段御届申候也」と届け出た[42]。すなわち，この陸軍卿の太政大臣宛の「被殺害」の届け書が死亡の公的・最終的な死因・性格を確定したことになる。その上で，大山陸軍卿は10月16日付で太政大臣宛に，故堀本中尉と陸軍語学生徒岡内恪・池田平之進は「戦死者ニ準シ」て，招魂祭典と合祀を靖国神社で執行してもらいたいと上申した[43]。陸軍卿上申は太政官第二局の審査を経て10月24日の閣議で了承され，11月2日に上申通りと指令された。陸軍省の故堀本中尉等の死亡確定と合祀手続きは，当時の基準では少なくとも合規則的である。

第三に，戦時や現役の軍人軍属等の死亡等の内容・性格の法的確定は，戦死・公務死等の認定も含む遺族関係者の諸給付資格取得上でも最重要な権利問題であった。当時，特に，1876年10月23日に太政官達第99号の陸軍武官恩給令が布達され，「寡婦孤児扶助料」等が規定され，同支給対象者として「戦地若クハ公務ニ於テ殺害ヲ受ケタル軍人ノ寡婦」「内地若クハ日本外ノ軍中ニ於テ或ハ戦争ノ事故ニ由リ或ハ伝染疫癘［えきれい］ニ罹リ其他服役ノ義務ヲ奉スル為ニ死没シタル軍人ノ寡婦」等が規定され，当人の死亡が戦地に原因する場合はその証拠として「公ノ報告若クハ事故ヲ確証スル公文若クハ陸軍官憲ノ証書若クハ其官憲ノ報告或ハ査問会議ノ書類等ノ内一ヲ以テ保証ニ供シ」，さらに「医員ノ証書」(第13，65条，「軍医若クハ市井医員ノ公文証書ニシテ其文中ニ当該ノ患者竟ニ其傷痍ニ由リ死ニ至リシコトヲ陳述」したもの) を添えて出願することになっていた。この場合，「公ノ報告」等がどのように調製されるかが問題になるが，注36) のように1876年12月に戦死及び負傷による出征中の死亡者の本籍宛の通報規則の中で規定された。

その上で，大山陸軍卿は翌1883年4月20日付で太政大臣宛に故堀本中尉等の遺族扶助料下付を伺い出た[44]。大山の伺い書は，既に故堀本中尉の寡婦から陸軍武官恩給令にもとづき扶助料願書が出されているが，①堀本中尉の死没は同令の「公務中偶然ノ事故ニ由リ死没ノ者ニ適合シ」て，同寡婦は同令第13条規定の扶助料を「願フノ権利」を有する，②そもそも同扶助料は当該軍人の遺族に対する「賑恤ノ恩典」であり，③故堀本中尉等の遺族に対しては既に「特殊ノ恩賜」が下付され，④この「特殊ノ恩賜」は扶助料の精神と同一であって同令の扶助料も自然に含まれるが故に，同令による一般の扶助料は「下賜不相成候可然哉」と述べた。大山伺いは参事院で審査された。参事院議長山県有朋は6月25日付で太政大臣に，堀本中尉の朝鮮における死没は「公務上ノ死没タルハ勿論」であるが，「其遺族ヲ扶助スルハ我恩給令ノ問フ処ニ非ス何トナレハ其死没ニ至ラシメタル責任者ハ即チ朝鮮ニシテ朝鮮ヨリ払フタル遺族扶助料ノ内ヲ以テ本人遺族ニモ巨大ノ金額ヲ支給シタレハナリ」と述べ[45]，陸軍卿意見と同様に支給すべきでないと報告した。参事院審査報告にもとづき太政官第二局は6月28日にさらに指令案を起案したが，同審査報告の「其死没ニ至ラシメタル責任者ハ即チ朝鮮ニシテ」の文言を刺激的なものとして削除・修正し，陸軍卿意見通りに同日の閣議で決定され，7月12日に指令した。

つまり，6月28日の閣議決定は，朝鮮国からの遺族への給与を「遺族扶助料」と同一視したわけである。しかし，そもそも，朝鮮国による故堀本中尉らの遺族への給与を当時の日本国の陸軍恩給令の基準に適合した「遺族扶助料」とみることはできず，太政官指令は後に廃棄され，遺族に扶助料が下付された。

第四に，他方，花房弁理公使の9月3日の済物浦での堀本中尉等の遺骸改葬祭式時の祭文は「勇闘致死」云々と述べた[46]。さらに井上外務卿は10月27日付で太政大臣宛に，①「朝鮮国ニ於テ戦死ノ巡査靖国神社へ合祀ノ儀」を上申し，一等巡査故広戸昌克他5名は「暴徒ノ来襲ニ遇ヒ邀撃奮闘シタレトモ衆寡不敵遂ニ戦死シ」「奮闘其場ニ斃レ」「負傷終ニ其傷ノ為メニ損命」し，「危難ニ当リ国家ノ為ニ斃レタル者」である，②「朝鮮国ニ於テ戦死セル公使館雇ノ者靖国神社ニ合祀ノ儀」を上申し，公使館雇故水島義他2名は「奮闘遂ニ賊鋒ニ斃レ」「危難ニ当リ国家ノ為ニ致命」した，③「朝鮮国ニ於テ戦死ノ語学生靖国神社へ合祀ノ儀」を上申し，私費語学生故近藤道堅他1名は「奮闘其場ニ斃レ」「奮闘賊鋒ニ斃レ」「危難ニ当リ国家ノ為ニ損命ヲ致シタ」として，それぞれ特別な詮議により故堀本中尉と同様に靖国神社に合祀してもらいたいと願い出た[47]。つまり，同省は日本公使館附巡査と雇職員及び私費語学生徒の死亡をすべて「戦死」と位置づけた。外務卿上申の合祀3件の①②は太政官第二局の審査を経て10月30日の閣議で了承された。そして，閣議了承の陸軍卿と外務卿の合祀上申は11月1日に大臣・参議の全員連署により上奏され，11月2日に裁可が指令された。他方，外務卿上申の③は太政官第二局において，私費語学生徒は「官ニ奉仕セルモノニ非ス」「此輩ヲモ合祀相成候節ハ終ニ一般人民ヲモ然カセサルヲ得サル様相成涯際無之ニ至リ可申且類例モ無之儀ニ付御聴許不相成方可然」と審査され[48]，許可されなかった。

ここで，③の合祀申請の太政官不許可は当時の合祀基準上では当然といえば当然である。しかし，外務省の祭祀料支給や3件の合祀申請が殺害者を「戦死」と記述したことは，本事件直後の日本公使館職員や花房公使の復命書が日本人死亡者を公務死から「戦死」へと粉飾した認識・判断を，職員個人・公使個人を超えた同省全体の認識・判断として恣意的に拡大させたことを意味する。外務省の粉飾には「戦死」を法的概念として把握することを無視・拒否する思想があった[49]。なお，当時，事件直後の新聞報道においても（外務省等の情報提供による），日本人死亡者を「戦死」「戦死者」と記載するものもあった[50]。

近代日本において「戦死」が語られる場合，独特の感情的・興奮的な雰囲気が伴われてきた。後に靖国神社は故堀本中尉らを「暴動で乱軍中壮烈な戦死を遂げた」と記載した[51]。すなわち，靖国神社合祀も含めて，外務省は日本人死亡者を「戦死者」と粉飾することに非常に固執したといえる。同省の「戦死者」粉飾は対外的に不要の緊張や感情的な臨戦的雰囲気を高揚させたことはいうまでもないが，その後の朝鮮国への分遣隊派遣・海外勤務での「慷慨」心醸成の効果を高める意図があったとみてよい。

壬午事件に対する日本陸軍の対応と動員計画に関して，後に大山巌陸軍卿の伝記は本事件への対応と動員に関して「参謀本部創業最初の動員，及び出師準備は試練のみで，事件の落着を告げた」と記述したこともあるが[52]，惨憺たる試練であったとみてよい。

注

1）　本事件の雰囲気概要を伝える資料として，外交上は『日本外交文書』第15巻，軍事上は陸軍省編『明治軍事史』上巻，政府部内等の動きは『世外井上公伝』第3巻と『明治天皇紀 第五』，新聞報道上は『明治ニュース事典 II』収録の新聞紙，等がある。なお，従来の日本近代史研究では壬午事件の軍制史的考察は皆無に近い。

2）　大山梓編『山県有朋意見書』収録の陸軍省編『陸軍省沿革史』188頁。参謀本部の対応で注目されるのは海防局である（1882年1月16日に参謀本部に置く）。海防局の管掌事務は海岸防禦の調査・立案等にあったが，壬午事件時には臨時費により，標旗（三角，中50，小50），鑪6個，カバン3個，鉈5挺，鎌5挺，鋸5挺，小槌5挺，小刀10本，籠長持1個などを購入した（『公文録』1884年1月-3月陸軍省，第30件所収の陸軍卿の1884年2月21日付の太政大臣宛の「朝鮮事変ニ際シ該費ヲ以調製ノ物品其儘御下付相成度儀ニ付伺」添付の「明治十五年朝鮮事件臨時費ヲ以購求品」）。本物品は，海防局がおよそ第六軍管（熊本鎮台管轄）下の予備軍召集と旅団編成の現地に赴き，海防業務（海岸防禦工事等の現場作業）関係の指揮・司令の簡易な建物の建築使用を前提にして購入した。つまり，海防局の物品購入は平時戦時混然一体化の参謀本部体制下の現場部隊直轄思想にもとづいた。なお，『陸軍省沿革史』の「参謀本部創設後第一回ノ動員」云々の記述は，「動員」の方法・手続き・職務権限関係・権力行使等の枠組みがほぼ確立した日露戦争直後の記述であり，1882年当時の陸軍では「動員」の用語自体も公式採用されていない。したがって，『陸軍省沿革史』の「動員」の用語記述には，山県有朋が同書編集に際して，日露戦争の興奮の余韻の中で，本事件に非常な臨戦的興奮と意気込みを示した構えがみられる。

3）『明治ニュース事典 II』343-344頁所収の『郵便報知』『時事新報』。井上外務卿は7月31日付で花房弁理公使宛に８点の手続きと指令を発した（〈外務省記録〉第1門第１類第２項中『対韓政策関係雑纂 明治十五年朝鮮事変』所収「馬関開局」）。すなわち，およそ，①居留人民の保護（磐城艦の元山港回航，天城艦の釜山港への発艦），②堀本以下の所在探知，花房弁理公使の在京城公使館着館の護衛・準備として先発の軍艦２隻（日新艦，金剛艦，領事及び陸軍士官若干名と水兵約150名の搭乗）の仁川港への発艦・碇泊，③8月３日に運送艦1隻を仁川港へ発艦させ（陸軍兵約300名搭乗，花房弁理公使は下関で乗り込む），④陸海軍兵を派出するが，「未タ開戦シタルモノト為スベカラス特ニ派遣スル使臣ノ護衛ト我人民ノ保護トヲ目的トス使臣ハ陸海軍兵ノ護衛ヲ以テ京城ニ進入シ今般ノ事件ニ関スル特別ノ談判ヲ為スノ手続ヲ成ス可シ若シ激徒尚ホ強盛ニシテ或ハ仁川ヨリ京城ヘ進ムノ途中ニ於テ彼レヨリ攻撃ヲ為スアラハ軍隊指揮官ノ臨機処分ヲ為スニ任カスヘシ尤モ其処分ハ唯防禦ニ止ムルヘシ」「如此場合ト雖トモ未タ戦書ヲ投セス防禦ニ至当ナル地形ヲ撰ミ唯防禦ノミニ止ルヘシ而シテ愈朝鮮ト開戦ヲ企テザレハ局ヲ結フ能ハサルヲ認メタレハ公使ハ其仔細ヲ政府ニ上申シテ指令ヲ待ツヘシ」とされ，⑤井上外務卿（8月２日横浜発）は下関で花房弁理公使に面晤し，訓条等を渡す，とされた。

4）『公文録』官吏進退・陸軍省，1882年5月-8月，第38件。本人事は，8月5日に太政大臣が山県と大山の辞令案を起案し，翌6日に単独上奏し，裁可され，7日に同裁可を各参議に告知した。

5）〈公文別録〉中『朝鮮事変始末』第1巻，第9件。

6）7）〈陸軍省大日記〉中『明治十五年七月三十日起 朝鮮事件 密事編冊 卿官房』所収，参謀本部長代理陸軍中将三好重臣の8月1日の上奏書（「高島陸軍少将江訓条被定度件」）。これらの軍管の予備軍召集は実施されなかったが，陸軍卿は，時宜により予備軍召集があることも計りがたいので，①熊本鎮台を除く各鎮台はいつでも召集に不都合がないように準備し，②東京鎮台はいつでも不都合がないように準備すること，という内達の電報を発した。

8）陸軍省編『明治軍事史』上巻，555頁。

9）『公文録』官吏進退・陸軍省1882年9月-12月，第1件。本人事は9月1日の閣議で辞令案が起案され，2日の太政大臣と各参議連署による上奏を経て4日に裁可が伝えられた。なお，大山の参謀本部長兼勤は1884年2月まで続いた。

10)　なお，1883年1月に西部監軍部参謀は山県陸軍卿代理の7月30日の熊本鎮台司令官宛の電報指令に対して，「抑軍隊進止ノ義ハ陸軍卿ヨリ指揮アル可キ者ニ非サル可シ」という意見を提出したが（〈陸軍省大日記〉中『明治十六年一月 朝鮮事件ニ関ハル意見報告 西部監軍部参謀』），誤解であろう。7月30日の電報指令は，参謀本部条例第5条により参謀本部長が陸軍卿に執行を依頼したという職務権限関係にもとづいていた。

11) 12) 13)　〈陸軍省大日記〉中『明治十五年自七月至十二月 大日記 太政官陸軍省送達 参謀本部』参木295号，同『明治十五年八月 大日記 局部』総水参第443号，457号，総水近第419号，429号，総水医第65号，同『明治十五年九月 大日記 局部』総水参第590号。陸軍省は参謀本部宛に8月7日付で1881年戦時編制概則中の増加改正を協議しているが，協議内容は不明である。他に，8月に伝令騎兵服務仮規則，戦時裁判官服務仮概則，戦時病馬厩服務仮概則，戦時測量班服務仮概則を頒布した。なお，戦時工兵部服務仮概則は9月に頒布されたようである。これらの戦時諸概則は『法規分類大全』第46～48巻，兵制門（2）～（4）に収録されたものもある。

14) 15)　〈公文別録〉中『朝鮮事変始末』第5巻，第122件。

16)　〈陸軍省大日記〉中『明治十五年八月 大日記 局部』総水局第508号所収の8月16日付陸軍省工兵局長発陸軍卿宛の「廠舎用物品買収費幷職工賃金御下渡ノ儀ニ付伺」には「仁川バラック建築用物品幷人夫及旅団編制工兵部人夫及賃金表」が添付され，①バラック取付けのために大工2名・井戸掘り人夫13名・取締1名（8月11日に大倉組商会より雇い入れ），井戸側3箇所分（8月11日に大倉組商会より買入れ，1箇所35円），②旅団編制工兵部人員として，鉄工15名・木工20名（8月13日大倉組商会より雇い入れ），地鉄10貫目（代価6円50銭）・鋼鉄3貫目（代価2円70銭）の大倉組商会より買入れが示され，8月21日付で了承された。当初，バラック建築用材木の大量購入の予定であったが，8月7日に下関で堀江芳介歩兵大佐は「彼地へ上陸ノ上ハ尽ク天幕ヲ用ユ故ニ廠舎ハ炊事場二棟［10間に4間，1棟は予備］丈ノ材料ヲ用意シ」という指示を出したとされる（〈陸軍省大日記〉中『明治十五年従七月至十二月 工兵各方面』所収の工兵第六方面工役長歩兵大尉原正忠の朝鮮国出張報告書，工兵第六方面提理心得歩兵少佐安田有則が1882年10月5日付で陸軍卿に提出）。

17)　〈公文別録〉中『朝鮮事変始末』第4巻，第99件。当時，下関に外務省下関出張所が置かれ，同省大書記官宮本小一の8月16日付外務卿宛公信は「十四日午前清輝艦仁川ニ出発ス高砂丸入港兵士糧食及憲兵数名乗来ル十五日午前千歳丸出港渡辺大蔵大書記官乗込ミ釜山へ出張ス午後秋津州丸入港陸軍工兵大尉坂本英延同砲兵大尉熊谷信篤騎兵四十名乗込糧食品積込アリ十六日午前陸軍会計一等副監督井上[出]正章高砂丸ニ乗込博多ニ向テ出港ス高千穂丸住ノ江丸入港ス熊谷坂本両人所言ハ高砂高千穂

秋津州住ノ江ノ四艘ハ何レモ博多ニ碇泊シ博多ニハ弥旅団ヲ置キ熊本鎮台ヨリ兵員二大隊其外騎兵憲兵等出張他日若シ開戦ノ日ハ直ニ繰出スノ準備ヲナセリ又両人共博多迄出張スト」と出張中継地や軍需諸品集積地等の雰囲気を伝えた(〈外務省記録〉第1門第1類第2項中『対韓政策関係雑纂 明治十五年朝鮮事変』所収「馬関彙報」)。壬午事件の最終支出決算は1068,074円余とされた(『明治前期財政経済史料集成』第5巻収録の大蔵省編『歳入歳出決算報告書』439-441頁，内陸軍省管轄分は79万円余)。

18) 〈陸軍省大日記〉中『明治十五年七月三十日起 朝鮮事件 密事編冊 卿官房』。

19) 注17)の宮本小一の8月16日付外務卿宛公信は続けて，熊本県下士族の「従軍」出願について「熊本県警部神村義好同警部補東真次郎来リ曰ク両人当地ニ出張セシハ他ニ非ス今回ノ事変ニ関シテハ熊本管内ノ人心特ニ士族輩ニ影響ヲ来シ種々妄談浮説ヲ信シ洶々トシテ止マス若シ開戦ノ日ハ従軍先鋒ヲ願フノ色既ニ見ヘリ為ニ当地ニテ実地ヲ探訪シ県令ニ報道セントス差支ナキ廉々ハ示サレ度ト云」と報告した。当時，熊本県下益城郡では「志士隊」(同意者300名余)と称される一隊が編成され，戸長の押印を経て県令に出願したが「詮議及びがたし」という指令が出された(『明治ニュース事典 II』355頁所収の8月19日付『東京日日新聞』)。他方，以上の「従軍」出願等に対しては，太政官では事件決着後の9月に「献金及ヒ従軍ノ願者ヲ賞スヘキ議」が提出された。それによれば，「朝鮮事変ノ起ルヤ全国士民中或ハ開戦ニ至ランコトヲ慮リ軍資金ヲ献センコトヲ願出テ又ハ自ラ奮テ軍ニ従ハンコトヲ請願スル者有之其憂国ノ至情ハ実ニ嘉スベキモノナリ往年討台ノ役及ヒ西南ノ乱ニモ此類アリテ往々賞美セラレタル者アルガ如シ今日ニ於テモ亦之ヲ聞捨ニス可カラズ宜ク其管轄庁ニ内達セラレ篤ト其実情ヲ取調ヘ上申セシメ候上一片ノ賞辞ヲ与ヘ其志ヲ嘉シ以テ士気ヲ淬励シ愛国ノ気象ヲ発揚セラレ候儀将来ノ為メ萬御得策タランカ且彼ノ自由党開[ママ]進党ノ如キ民権党ト称スルモノハ此事変ニ際スルモ之ヲ意トセズ却テ献金又ハ従軍ヲ願ヒ出タル者ヲ駁撃シタリ故ニ此等ノ志士ハ国家ヲ思フテ却テ世上論者ノ嗤[わらい]ヲ招キ而シテ政府亦タ之ヲ嘉賞セラルル所ナキトキハ遂ニ憂国ノ気象ヲ衰耗スルニ至ラン旁以右御賞詞ノ挙アランコト然ルヘキカ」と起案された。これによれば，自由民権運動の中から出た「憂国」「愛国」の用語が，壬午事件を契機にして，対外関係と開戦想定を前提にして政府により取込まれ，かつ，その取込みが政策的に「得策」として推進されたことは明確である。かつ，政府として，「献金」と興奮状況の中から現れた「従軍」出願者等を積極的に奨励するような構えであった。しかし，閣議では特定政治勢力への直接的な言及等は不適切とみられ，府県長官宛の内達案が起案された。内達案は各地方有志者による「従軍」「献金」等の出願は「愛国敵愾ノ衷情神妙ノ至」であるが，花房公使から済物補条約締結による

「談判結局和好復旧」が報知されたことの旨を府県長官から同出願者に告諭すべきとした。そして，9月5日の閣議で決定され，太政大臣は各地方長官に内達した（『公文録』1882年9月太政官，第1件）。また，これにもとづき，陸軍卿官房長児島益謙は9月30日付で，直接に陸軍省に向けた雇夫を含む「従軍」等の出願者が現れた和歌山・岡山・東京等の計6府県に「敵愾ノ心情神妙ノ至」「奇特ノ事」などの賞辞をはさみつつ告諭することを通知した（〈陸軍省大日記〉中『明治十五年九月　大日記送達』送土第1712号）。

20）〈陸軍省大日記〉中『明治十六年一月　朝鮮事件ニ関ハル意見報告　西部監軍部参謀』。熊本鎮台司令官国司順正は12月28日付の西部監軍部長心得高島鞆之助宛の「予備軍臨時召集応否表進呈之義ニ付申進」において，警察官又は郡村吏に召集不応者のすべてを実地調査させ，「規避ニ出ル者」には警察官をして「伝逓又ハ捕縛ノ上護送セシム」と報告している。この結果，予備軍と輸卒の召集は各地に集合所を設け，統計的には，①熊本県下は予備軍1,047（1,089），輸卒807（889），②福岡県下は予備軍615（656），輸卒495（528），③長崎県下は予備軍576（670），輸卒653（710），④大分県下は予備軍812（859），輸卒809（858），鹿児島県下は予備軍779（891），輸卒745（870），を召集し（（　）内は当該の服役義務者数），各県下の予備軍及び輸卒の総員8,020名中7,438名が召集された（応召率92.7%）（陸軍省編『陸軍省第八年報』附録8-9頁）。

21）〈陸軍省大日記〉中『明治十六年一月　朝鮮事件ニ関ハル意見報告　西部監軍部参謀』。入営した輸卒（3,497名）は輜重兵第6小隊（士官4，下士17，卒82）の管理下に入り，各所に屯在させたが（当初，練兵場に廠舎新築を着手したが，陸軍卿の命令により中止し，寺院を借り上げて分屯させる），輜重兵1小隊による3千有余の輸卒の指揮困難さが強調されている。すなわち，輸卒召集は始めてであるが，「軍隊ノ規律ハ勿論殆ント東西ヲ弁セサル者而已」とされ，被服支給・糧食炊飯の遅れと混雑を極め，行軍途中の舎営でも30人の宿舎に40人が入り，40人の宿舎に30人が入り，さらに「宿舎ニ逆フテ市街ニ彷徨スルアリ痴鈍ノ者ニ至テハ他家ノ軒下ニ臥シ纔カニ雨露ヲ凌テ夜ヲ徹スルモノアリ」とされ，輜重兵隊の士官以下兵卒に至るまでは，8月8日から福岡到着後の5，6日間までは「昼夜一睡ノ余暇ナシト云フモ溢言[いつげん]ニ非サリシ」とされた。輸卒の指揮困難さにもとづき，輜重兵卒と輸卒の徴集及び輜重体制のあり方への意見が詳細に提出された。①輜重兵卒はなるべく「文事才幹」者を選んで徴集し，一般兵卒の教育の他にさらに高等の教育をする（輜重兵卒は各自，輸卒20人の長になるが，部下の姓名も筆記できず，権力・事務をとれないものがいる），②常備輸卒は抽籤順序により入営するが，同入営者は戦時の他の輸卒召集に際して輜重兵卒不足を補い，又は召集輸卒の「先導者」になるので，毎年の常備輸卒の入営時には抽籤順序によらず「才幹」者を入営させる（荷物輸送・運搬には10人又は5人の単位による作業が多いので，召集輸卒10人又は5人の長となるべき者を輸卒から選抜・任命できる方法を規定する），③臨時召集の輸卒には別に簡単な教授規則を設けて規律等を守らせる，④輸卒召集中隊附中少尉にも小隊長同様に処罰権を与える（1人の大尉では事務処理が繁忙時には処罰が粗漏になる），⑤輸卒の身体虚弱で荷物運搬に堪えない者や「唖者夜盲者」は「徴集スルモ害アリテ益ナシ」とされ，入営時に医者の診断による即刻免除方法を規定する（徴兵検査時に医官検査があるが，年月経過とともに発病者等が現れ，福岡出張時には医官により労役に堪えないと見込みられた者は百余名いた），⑥輜重兵隊に「大倉庫」を置き，平時は管下輸卒支給の被服を備え置き，召集時には郷里より着用の私服を預け置き，被服支給の便宜を図る，⑦1日に7里以上（険路は7里以下でも）の行軍時は，輸卒に「小昼食」を増加し（一般人民でも労働する時は1日に4～5食するので，輸卒も空腹に耐えない），物品担荷の輸卒には「偸息杖[とうそくつえ]」を配与し，疲労と肩の苦痛を減殺する，⑧旅団に属する輜重兵隊の職務を充分にとらせるためには同定員を4～5倍に増加させる，特に会計官を増加させる，などである。

22)　〈陸軍省大日記〉中『明治十五年 朝鮮事件始末日記 其三 陸軍省総務局』局総第42号。

23)　〈陸軍省大日記〉中『明治十六年一月 朝鮮事件ニ関ハル意見報告 西部監軍部参謀』。被服・装具支給状況の中で，西部監軍部参謀は，①古品の保存期限上限を予備軍演習用までにし，有事には後備軍・輸卒用を含め予備軍に至るまですべて新調品の支給方法をとる，②常備兵の略帽は初年に2個と満期前年に1個が支給され，冬襦袢袴下は1年に1枚が支給されるが，到底保存しがたく，ややもすれば私品を混入し，又は「他人ノ品ヲ盗ム等ノ軍紀」を害する者が少なくないので，略帽は3箇年に4個（かつ顎紐を付ける），冬襦袢袴下は1年に2枚を支給する，③輸卒の被服は夏冬通して同一のために動作に不便を生じ，肩部摩損と皮膚露出は不体裁なので製法を改良し，上衣は襦袢のような形状にし，肩当てを付け，袴は股引のようにやや短くすれば，穿く時と足袋・草鞋使用時には便利である，④各兵満期者には支給服の内1着（徽章を除き）を給与することになっているが，支給服は徽章を付けてそのまま給与し，帰郷中着用を禁止して召集時に必ず着用入営させれば，入営時の私服交換手数が省ける，⑤輸卒の外套は毛布半分の1枚をもって寝具と兼用すべき旨の指令が出たが，降雨時には終日用いるために「夜間之ヲ寝具ニ用ユルハ人情ノ忍ヒ難キ事トシテ法令ノ当ヲ得サルカ如シ」であり，毛布を雨覆のように負着しても荷物負担時には身体前部は雨を防げないので，輸卒用の通常外套を製作して肩当を付け，やや短いものを調製する，⑥脚絆は短く漸くして脛部に届き草鞋が履きにくく，留革は不要なので，製法を改良し，背嚢も1人の重量が約3貫目になり（弾薬40発，被服・草鞋・外套，食品等），背嚢負革の切損は7～8割に達したので（朝鮮国出張者の場合），その負革製法を改良する，等の意見を出した。

24) 25) 26) 27)　黒川通軌西部監軍部長心得は8月20日付で陸軍卿に，山砲兵隊の20センチ臼砲運輸に要する輸卒192人（臼砲4門56人，同台84人，同弾薬48発52人）と砲廠要員輸卒22人（20センチ弾薬56発の3分の1を輸送）の合計214人の見込みを照会した。陸軍卿は27日付でまずは2門を運輸し，輸卒人員は半数の107人にし，その107人は旅団予備輸卒131名（戦時輜重運輸仮概則で規定）中から応用すべきことを回答した（〈陸軍省大日記〉中『明治十五年　朝鮮事件始末日記　其三　陸軍省総務局』監総監第18，19号，局総第25，34，41号，医総第1，2号）。西部監軍部参謀は，旅団予備輸卒131名は甚だ寡少であり，1割程度の旅団予備輸卒（247名）がいなければ「忽チ旅団ヲシテ其荷物ヲ捨テ行軍セシムルニ至ル可シ」と批判意見を出した（〈陸軍省大日記〉中『明治十六年一月　朝鮮事件ニ関ハル意見報告　西部監軍部参謀』，同『明治十五年七月三十日起　朝鮮事件　密事編冊　卿官房』）。なお，陸軍省会計局は旅団編成による予備軍と輸卒の計約8,000人の給与関係等の会計事務に対応するために，一時的に会計卒50名程の雇い入れを8月13日に陸軍卿に伺い立て，15日に了承された。また，西部監軍部参謀は本事件出張の実情にもとづき，①出張出発時には各隊が薬品・器械・被服・雑具を準備し，出張先で編成された旅団病院（大繃帯所2箇所，小繃帯所6箇所を含む）に各隊の薬品等を収納することになっているが，旅団病院には輸卒がいないので薬品等輸送に支障を生じ，旅団病院用の薬品等予備を準備し輸卒と車両を設ける，②小繃帯所の荷物は車1輛に相当するが，小繃帯所は戦闘線に近接して進退の軽便を要し，地形によって車使用に支障が生ずるので看病卒定員を増加させ，同看病卒に荷物を負担させる（小繃帯所1箇所の看病卒定員40人を60人に改定し，同増加の10人に繃帯所用器具薬品を携帯させ，駐軍・戦闘時に医官の助手にさせ，40人に担架10個を持たせ，残10人は5人と担架1個の計2組になって火線内を巡廻して負傷者を搬送するなど），などの意見を提出した（〈陸軍省大日記〉中『明治十六年一月　朝鮮事件ニ関ハル意見報告　西部監軍部参謀』）。

28)　〈陸軍省大日記〉中『明治十五年七月三十日起　朝鮮事件　密事日記　卿官房　密』第29号。

29) 30) 31)　〈陸軍省大日記〉中『明治十五年七月　朝鮮事件　密事日記　卿官房　秘』第1，2，3号。壬午事件については種々の風評が流れていた。たとえば，8月5日付『東京日日新聞』は「このほど出張せし熊本鎮台小倉分営の兵に続いて，今後発遣せらるべきは大坂［ママ］鎮台第八連隊なるべしとの風評あり」と記述した（『明治ニュース事典

II』所収，347頁)。これに対して，内務省は8月中旬に府県宛に「此際猥リニ巷説ヲ信セズ我報道スル処ニ依リテ思想ヲ一定シ深ク管下人民ノ挙動ニ注目スベク此機ニ乗シ軽躁ノ徒猥リニ浮説ヲ唱ヘ結合ヲ謀ル様ノ儀之レアラバ精々説諭ヲ加ヘ鎮静スル様取締リスベシ」という訓示を発した(『官令新誌』1882年第8号，1882年8月，「雑報」11頁)。

32)〈公文別録〉中『内務省』1882-1885年，第1巻，第9件。

33)『大久保利通文書 七』548頁，『大久保利通文書 八』149頁，『岩倉公実記』下巻，516頁。1895年の熾仁親王の死去に対する1月28日の勅使の「誄詞」には「卿，職，軍機ヲ掌リ，日ニ帷幄ニ参シ，籌画愆[あやま]リナク」(高松宮蔵版『熾仁親王行実』下巻，36頁，1929年)と記述され，この「軍機」も軍中の機務の意味としては一貫していた。

34)『日本外交文書』第15巻，217-221頁所収の「朝鮮京城激徒暴動顛末記」。これは同事件発生直後の記録文書であり，同襲撃に対する防禦・抵抗等の末に死に至ったという惨状直面時の公使館書記官の強い衝撃と興奮も含んだ報告書である。陸軍も，当初，京城公使館勤務の水野勝毅歩兵大尉の「水野大尉筆記」は仁川での日本人巡査等の死亡を「戦死」と記録し(〈公文別録〉中『朝鮮事変始末』第1巻，第2件)，小沢武雄陸軍省総務局長の10月13日付の陸軍卿宛の故堀本中尉らの靖国神社合祀伺いも「暴徒ノ為戦死ヲ遂ケ候」と記述した(〈陸軍省大日記〉中『明治十五年 朝鮮事件始末日記 其三 陸軍省総務局』局総第52号)。

35)『岩倉公実記』下巻，1929頁。

36) 陸軍省は1876年12月14日陸軍省達第213号において，軍人軍属の戦死と負傷によって出征中に死に至った者の本籍通報規則を規定した。それによれば，将校及び同等官以上の戦死と重傷死の場合は司令長官から陸軍省に上告し本省より本人本籍地府県に通達し，准士官以下は軍の司令長官から本人管轄の長官に通報し，同長官から本人本籍地府県に報知するとされた。本籍宛の通報は「戦死ノ者ハ其景状書重傷死ニ至ル者ハ軍医ノ診断書ヲ附シ其死没ノ時日及ヒ埋葬セシ地名等詳悉スヘシ」と規定し，さらに12月27日の陸軍省陸達第232号により「景状書」の雛形を規定し，「寡婦孤児扶助料」の出願時に添付されることの趣旨添書を遺漏なく送達すべきことを陸軍全部に指令した。

[**補注**] 陸軍省は西南戦争時の多数の軍人軍属の死亡に直面した。その際，同死亡者に対する招魂社への合祀取扱いが問題になった。これに対して，陸軍卿代理大山巌は1878年6月20日付で太政官宛に，「陸軍々人軍属死亡之者招魂社合祀之儀ニ付伺」を提出し，「昨年鹿児島賊徒征討之際戦死ニアラサルモ [中略] 戦闘ノ事故ニ因テ死亡之者 [は] 総テ戦死同様之取扱ヲ以テ招魂社ヘ合祀相成候様致度」と伺い出た(〈陸軍省大日記〉中『明治十一年 本省文移』)。そこでは，戦死同様の該当者

は「一　敵ノ俘虜トナリ殺害ヲ受ケテ死シ或ハ敵ノ俘虜トナリ又ハ敵ノ線囲中ニ入リ其死地ヲ審ニセスト雖トモ死亡ニ決シタル者　一　敵ノ障碍物ニ触レテ死シ戦闘中山川ヲ跋渉シ之カ為メニ溺死転死スル者　一　戦闘中他人誤発ノ銃丸ニ触レ或ハ弾薬破裂ノ為メニ死シ或ハ放火ノ為メ死亡スル者　一　戦闘ニ因リ傷痍ヲ受ケ恩給ヲ賜ハラサル前之ニ原因シテ死亡ノ者或ハ戦闘中疲労危難ヨリシテ終ニ一ケ年内ニ死亡シタル者　一　戦闘中ノ事故ニ因リ死亡シ前各款ニ等シキ者」と起案した。つまり，陸軍省は招魂社合祀に対して，「戦死［者］」と「戦死同様取扱［者］」とを明確に区別する基準を立てたが，特に第一款における俘虜の扱いが忌避されていないことが注目される。陸軍省の伺いは7月1日に太政官から認められた。

37）『日本外交文書』第15巻，200頁。

38）〈外務省記録〉第1門第1類第2項中『対韓政策関係雑纂 明治十五年朝鮮事変』所収「馬関開局」，〈陸軍省大日記〉中『明治十五年七月三十日起 朝鮮事件 密事日記 卿官房 密』第42号。

39）〈外務省記録〉第1門第1類第2項中『対韓政策関係雑纂 明治十五年朝鮮事変』所収「死者礼葬」。

40）41）〈陸軍省大日記〉中『明治十五年 朝鮮事件始末日記 其三 陸軍省総務局』参総第13，14号，『公文類聚』第10編巻19，兵制8，賞恤賜与，雑載，第8件上。

42）『公文録』1882年9月-12月陸軍省，第17件。

43）〈公文別録』〉中『朝鮮事変始末』第5巻，第115件。

44）45）『公文録』1883年5月-8月陸軍省，第17件。

［**補注1**］朝鮮国政府は1883年12月に日本国外務省を通して済物浦条約の約定書による日本の遭害者遺族と負傷者に対する5万円の給与手続きに入った。その際，日本国政府は3月に故堀本礼造の遺族に卹金（じゅつきん）1万円を配分した。大山陸軍卿が述べた「特殊ノ恩賜」とはこの卹金1万円を指している。なお，朝鮮国王は堀本の祭祀料として100両を下付した。

［**補注2**］陸軍省は，1882年10月12日付で太政大臣宛に堀本中尉の死亡を届けると同時に同日付で愛媛県宛に，「［堀本礼造は朝鮮国駐在中の7月23日に］同国変動之際暴徒ノ為メ被殺害候報告有之候別紙景状書本人遺族へ下ケ渡シ追テ寡婦孤児扶助出願之節ハ右景状書相添願立候筈ニ付其旨遺族へ可相達事」と指令した（〈陸軍省大日記〉中『明治十五年 陸軍省達全書 第十』）。同省送付の「景状書」は吉田清成外務卿代理の9月29日付の大山陸軍卿宛回答に記述されたものであろう。したがって，故堀本中尉の遺族が陸軍恩給令にもとづき扶助料願書を提出したことは手続き上は何らの瑕疵や不都合はなかった。しかるに，7月12日の太政官指令は朝鮮国からの遺族への給与を「遺族扶助料」と同一視したわけであるが，そもそも，朝鮮国によ

る故堀本中尉らの遺族への給与を日本国の陸軍恩給令の基準に適合した「遺族扶助料」とみることはできない。その後，大山巌陸軍大臣は1886年5月28日付で内閣総理大臣宛に改めて「故堀本礼造遺族へ扶助料下賜之件」を提出し，陸軍恩給令による扶助料下付と上記太政官指令の廃棄を請議した。この結果，日本国政府は故堀本礼造の遺族に扶助料を下付することにした（『公文類聚』第10編巻19，兵制8，賞恤賜与，雑載，第8件上）。

46）　注39）の〈外務省記録〉。

47）48）〈公文別録〉中『朝鮮事変始末』第5巻，第116，117件。

49）　本書は戦死を法的概念のもとに把握し，特に戦死の認定にかかわる権限関係等を軍制上から考察する立場であり，戦死自体は安易・不用意に語られるべきでないと考えている。他方，戦後，「戦死」は主に，①文学上のテーマ，②死者への向き合い方（遺体埋葬・葬儀・祭祀・儀礼・招魂・慰霊・追悼・顕彰・追慕等）における心象・感情の形成効果（本康宏史『軍都の慰霊空間』2002年，岩田重側『戦死者霊魂の行方』2003年，矢野敬一『慰霊・追悼・顕彰の時代』2006年，以上，吉川弘文館。田中丸勝彦『さまよえる英霊たち』2002年，柏書房，川村邦光編著『戦死者のゆくえ』2003年，青弓社，小田康徳他編著『陸軍墓地が語る日本の戦争』2006年，ミネルヴァ書房，等），の側面から言及されてきた。特に②の諸著作は，「戦死者」「軍人等の死没者」への向き合い方を都市・自治体・「ムラ」や民衆の（自発的な，社会世相・民俗上の）多大な創意・創造的な営為・事業として強調する構えがある。ただし，「戦死者とは，誰かが誰かに対して名づけたもの，あるいは表現したものである。」（上掲川村邦光編著，12頁）という「戦死者」の恣意的な名づけの是認と強調は壬午事件における日本国外務省等の「戦死者」の粉飾的造出思想と大差はない。

50）『明治ニュース事典 II』346-349頁所収の8月4日～8日付の『東京日日新聞』。

51）　靖国神社社務所編纂『靖国神社忠魂史』第1巻，643-644頁，1935年。

52）『元帥公爵大山巌』463頁。

第5章　軍備拡張と出師準備管理体制の成立萌芽

1　太政官の軍備拡張方針化と陸軍省の軍備拡張費支出計画

日本は1882年7月の朝鮮国の壬午事件を契機にして軍備拡張を進めた。軍備拡張画策の中心者は山県有朋であった。山県有朋参事院議長は8月15日付で内閣に陸海軍拡張の財源として，松方正義大蔵卿にも諮った上で「烟税ヲ以テ軍費ノ内ニ加ヘンコトヲ予定セリ」と建議した[1)]。山県は本建議で「我邦尚武ノ遺風ヲ恢復シ陸海軍ヲ拡張シ我帝国ヲ以テ一大鉄艦ニ擬シ力ヲ四面ニ展ヘ剛毅勇敢ノ精神ヲ以テ之ヲ運転セスンハ則チ我ノ嘗テ軽侮セル直接付近ノ外患必ス将ニ我弊ニ乗セントス」と述べた。山県の軍備拡張による兵力行使の仮想敵国(「軽侮」の「外患」)は清国であった。山県は本建議後の8月19日に陸軍中将兼参議の官職名で「清国ハ台湾琉球事件ヨリ我ヲ妬ムコト深シ則今日ノ事遂ニ決ヲ干戈ニ取ルモ亦測ル可ラス果シテ然ラハ我カ全軍ヲ挙テ之ニ応セサル可ラス我国帑ヲ悉シテ之カ処分ヲナササル可ラス国威ノ隆替実ニ此機ニ在リ［中略］彼清国近時進歩ノ勢ヲ察スレハ数年ヲ出テスシテ当ニ大ニ為スアルベシ［中略］若シ今海外ニ開戦シ我邦ノ元気ヲ鼓動スルトキハ庶幾クハ往昔勇敢活発ノ義風ヲ将ニ掃尽セントスルニ挽回シ近者軽躁浮薄ノ流弊ヲ将ニ浸潤セントスルニ矯正スルヲ得ン某故ニ曰ク今日ハ当ニ彼ト戦フベキノ時機ナリ」と，対清国開戦準備を建議した[2)]。山県は「琉球処分」問題の日清交渉懸案未決着潜行下での「往昔勇敢活発ノ義風」の挽回等の感情論を含めて，東アジアにおいて清国と覇権を争うための軍備拡張と対清国開戦論を展開した。

さて，対清国開戦準備を目ざした軍備拡張方針化は軍備の量的拡大にとどまらずに，軍隊の戦時兵力の編成・行使の重要な改編がなされ，動員計画策定の新たな管理体制の萌芽が生まれた。本章はさらに政府・太政官の軍備拡張方針化及び軍備拡張に沿った軍隊編制改編と出師準備管理体制の成立萌芽を検討する。

(1) 軍備拡張の方針化と太政官主導の武断専制化

11月19日に右大臣岩倉具視は海軍を中心にした軍備拡張とその財源確保としての租税増徴の意見書を内閣に提出し採択された[3]。そして，11月24日には地方長官を上京させ，天皇は「朕祖宗ノ遺烈ヲ承ケ国家ノ長計ヲ慮リ宇内ノ大勢ヲ通観シテ戎備ノ益皇張スヘキヲ惟フ茲ニ廷臣ト謀リ緩急ヲ酌量シ時ニ措クノ宜キヲ定ム爾等地方ノ任ニ居ル朕カ意ヲ奉体シテ施行愆[あやま]ルコト勿レ」という勅諭を発した[4]。本勅諭はただちには公表されなかったが，政府の総力をあげての軍備拡張と租税増徴意思を明確化し，特に内務省管轄の地方官に軍備拡張財源確保の増税に向けた徴税実施の重要性を強調した。そのため，11月24日の勅諭伝達の式次第が組立てられた[5]。いわば武断専制による統治体制が組立てられた。

その後，12月22日の閣議では，天皇は軍備拡張理由を述べ，経費計画及び拡張順序と着手方法等を明確化すべきとする勅諭を下した。12月22日の勅諭は，「[朝鮮国の] 自守ノ実力ヲ幇助シ各国ヲシテ其ノ独立国タルヲ認定セシムルノ政略ニ渉リ [中略] 隣国ノ感触ヨリ或ハ不慮ノ変アルニ備ユル為メ武備ヲ充実スル」とし，公式には軍備拡張の理由・目的を「隣国」(清国) との外交対応で初めて明確化した[6]。本勅諭により，同日の閣議は「陸海軍整備ノ儀御沙汰ノ事」(「御沙汰案」) と「不急ノ庶務節略被　仰出ノ事」の2件の起案を了承した[7]。特に「御沙汰案」は諸省卿と参事院議長及び元老院議長を伝達宛先にし，「方今宇内之形勢ニ於テ陸海軍之整備ハ実ニ不得已之事宜ニ有之因テ此際時ニ措ク之宜キヲ酌定シ国家之長計ヲ誤ラサル様精々廟議ヲ竭スヘキ旨　御沙汰候事　明治十五年十二月　太政大臣三条実美」と起案された。

閣議では主に伝達宛先が議論され，省院等の長官毎に区別した宛先の「御沙汰書」を作成した。すなわち，25日付の諸省卿宛先の「御沙汰書」(計10通) を発するとともに，「御沙汰書」同文を参事院議長，元老院議長，参謀本部長，東部監軍部長・中部監軍部長・西部監軍部長宛に各1通 (計4通) を発し，さらに，会計検査院と統計院宛に各1通を発した (「不急ノ庶務節略被　仰出ノ事」も同宛先)。つまり，宛先官庁職を拡大し，太政官側からみれば，参謀本部長や東部監軍部長・中部監軍部長・西部監軍部長も元老院議長等と並ぶ政府の構成員であり，その頂点に太政大臣が包括的な監督者として位置し，軍備拡張を奨め励ますという太政官主導の統治構造のもとに伝宣された。なお，陸軍省は翌26日に「御沙汰書」と「不急ノ庶務節略被仰出ノ事」の2件の文書を「聖旨篤ク体認シ庶般一層注意可有之此旨相達候事」と記述し，達（各官廨長官宛）と通牒（参謀本部，監軍本部，近衛局宛）の格式で発した[8]。

(2) 軍備拡張費の内達と支出計画

軍備拡張の「御沙汰書」と同時に，松方大蔵卿は12月26日に太政大臣に陸海軍両卿提出の軍備拡張の見込み概算案（1883～90年度）への意見書を上申した[9]。大蔵卿意見書の要点は，①1883年度より造酒煙草等の税率改定により，国庫増収金額は1箇年約750万円を予定し，②増収金額は国庫に新たに「軍備部」の一科目を設けて軍事の要費にあて，陸海軍拡張及び臨時・非常時の軍費の他には一切支出せず，③陸軍省への支給年額は陸軍兵増加費150万円，東京湾砲台建築費24万円，同砲台備付品費60万円（1885年度より），海軍省への支給年額は軍艦製造費300万円，新製軍艦維持費（製造費の約6分の1の50万円）とし，④各年度支給額合計は初年度524万円，1890年度934万円に達し，1887年度から増収金不足が出るが，8年間の全年度通計では48万円の残余が出るとした。大蔵卿意見書は閣議決定され，12月30日の大臣・参議連署の上奏を経て裁可され，30日に陸海軍両省宛に軍備拡張の支給年額等を内達した。

12月30日の陸軍省への軍備拡張の内達は，①差し向き常備兵員を定数までに増加させるために，年額150万円を目途として着手する，②東京湾砲台建築費用は年額24万円を別途支給する，とした。ここで，①の計画内容は同省が既に同年2月17日付で上申し，②の計画内容は同省が1881年12月に伺い出ていた。その後，太政官は翌1883年1月22日付で陸軍省に，1885年度より兵隊増置費用年額200万円を目途として，年々の増加兵員数と費用の予算調査を提出すべきことを内達した[10]。この場合，陸軍省は支出計画に関して太政官に，増募兵費用の差繰り流用と，軍備拡張費と通常経費定額との併算による決算・支払い等の措置を伺い出て承認された[11]。さらに，太政官は同年5月30日付で同省に1884年度は150万円に50万円を加えて計200万円を支給し，1885年度以降は別途200万円を増加させる（計400万円）と内達した[12]。つまり，陸軍の軍備拡張の費用確保は1882年度末に明確化され，陸軍省は軍備拡張の支出計画をめぐる会計処理上において太政官と大蔵省から相当の便宜が与えられた。

2　陸軍省における軍備拡張計画と軍隊編制改編
――官制概念からの編制概念の成熟 (2) ――

軍備拡張は兵力の数量的拡張とともに軍隊編制改編を伴った。後に山県有朋は1882年の軍備拡張について「爾来大に国防計画を一新し，軍隊編制を改め，其の拡張に着手せり。現今の編制は実に此ときに胚胎するものとす」と述べたが[13]，軍備拡張の軍制的論理と軍隊編制改編の意味を探ることが必要である。

まず，軍備拡張の軍制的論理は特に採用兵員数増加を目的にして，徴兵制と兵員増員の入営・収容・教育にみあう鎮台制度（特に鎮台の管轄範囲）の改正を求めた。その際，陸軍省は1882年12月末の軍備拡張の支出計画了承後に1875年の「六管鎮台表」の改正の内議を参謀本部と済ませた[14]。その上で，小沢武雄陸軍省総務局長は1883年2月（日付欠）に陸軍卿宛に，「六管鎮台表」の改正により徴兵令と鎮台条例の関係箇所の改正必要が出てきたことを参謀本部長に照会してほしいと上申した[15]。小沢総務局長上申は特に兵員増加の受け皿としての「六管鎮台表」の改正を確定した上で徴兵令と鎮台条例の改正を意図した。

次に，軍隊編制改編方針案は1883年11月に内定された。すなわち，①大山巌陸軍卿は11月22日付で各鎮台司令官に，軍備拡張に対応して改正されるべき「六軍管疆域表」と「六軍管兵備表」及び歩兵一連隊編制表，砲兵一連隊編制表，「歩兵隊砲兵隊改正着手順序」等については，1884年より漸次着手の内決があり，追って公達すると内達し，②さらに庶務課長は，特に翌1884年の徴兵所要人員の扱い方の別添項目と，同陸軍卿内達を各鎮台司令官に発したことを，参謀本部と監軍本部及び省内各局に通知することにした[16]。陸軍卿内達で，「六軍管疆域表」（1875年の「六管鎮台表」を簡略化し，常備諸兵の兵員数と管府県の石高・人口等を削除）は，1884年1月31日に太政官達第13号により「七軍管疆域表」として制定された。また，5月24日に「六軍管兵備表」は「七軍管兵備表」として制定され，同日に歩兵一連隊編制表と砲兵一連隊編制表も制定された。

かくして，兵備の数量的拡張を支える「六管鎮台表」と兵員採用の仕組みと方法にかかわる兵役制度の先行的整備として徴兵令が改正されたことが重要である。そのため，1883年徴兵令改正と1884年「七軍管疆域表」との関係を考察しよう。

(1) 1883年徴兵令改正と1884年「七軍管疆域表」の分離単独制定

まず，軍備拡張対応の兵備の数量的拡張を支える兵役制度の整備が計られた。大山巖陸軍卿は1883年9月6日付で太政大臣に徴兵令改正を上申した。大山上申書は，1879年徴兵令は免役・徴集猶予の条項が多く，また，免役・徴集猶予の「名称ニ籍リ徴兵ヲ規避スルノ弊風啻ニ殊ニ甚シク啻ニ戦時若クハ事変ニ際シ兵員拡充ノ目的相立サルノミナラス従来ノ経験ニ拠ルニ已ニ平時ニ在テスラ猶年々徴集人員ノ不足ヲ告クルニ至リ更ニ改良ノ方法ヲ設クルニ非サレハ軍備拡張ノ今日ニ際スルモ到底兵員増加ノ目的難相立」として，軍備拡張対応の大量の兵員供給を実現する徴兵令改正の必要を述べた[17]。同省起案の徴兵令改正案は太政官参事院の審査（10月30日）と元老院議定・上奏（12月27日）を経て，12月28日に太政官布告第46号として制定された。1883年徴兵令は兵役区分を常備兵役（現役3年，予備役4年）・後備兵役（5年）・国民兵役（年齢満17歳から満40歳までの者で常備兵役・後備兵役に服していない者が服する）とした。特に注目すべきは予備役兵であり，「予備兵ハ戦時若クハ事変ニ際シ之ヲ召集シ常備隊ヲ充実シ又補充隊ニ編制ス」と補充隊の編成を規定したことである。つまり，予備役兵をたんなる現役兵の補欠者でなく，補充隊への編入要員として位置づけ，戦時における教育を重視したことである。その他，軍備拡張に対応して徴集候補者のプールを拡大した（本書第1部第4章参照）。

1883年徴兵令は自治体行政との関係が深い徴兵区を詳細に明示化したことに特質がある。すなわち，軍備拡張対応では，軍備拡張計画（特に歩兵・騎兵・砲兵の連隊，工兵・輜重兵の大隊）にみあう徴集増加兵員の供給確保をになう兵員徴集区域（徴兵区）として，各々の軍管・師管の分割区域にもとづき国・郡・区の区域を明示した（1883年徴兵令第四章参照，軍管徴兵区・師管徴兵区・府県徴兵区を規定，ただし，第五，第六軍管は国名のみを示す）。1883年徴兵令は従来の「六管鎮台表」規定の兵員徴集区域としての性格もかねた鎮台管下の軍管・師管の分割区域を改編し，軍備拡張対応の新たな兵力編成の考え方と軍制思想を示した。

具体的には，①全国を第一軍管から第七軍管までの合計7個の軍管に分割し(ただし，第七軍管の北海道では，函館県下の函館・江差・福山は第二軍管の徴集区域に属し，他地域の徴兵を施行しない)，②第一軍管から第六軍管までの各軍管はさらに各々2個の師管に分轄し，合計12個の師管に分け(第一から第十二までの通し番号を付ける)，③全国の国・郡・区は第一から第十二までの師管に編入し，④軍管は「軍団ノ諸兵」を，師管は「師団ノ諸兵」を徴集する，という兵員徴集区域体制の明示化であった。そして，徴兵検査終了後に現役者・補充役者を決定する抽籤のための「抽籤総代人」は郡区毎に1～3名が人選された(従来の「抽籤総代人」は1町村あるいは数町村又は郡区毎に1～3名を人選)。そして，従来の「管府県」に対して，「国郡区」(「七軍管疆域表」では「管国郡区」)の編入を表示し，廃藩置県前の国・郡という在来自治体境域を軍管・師管の分割区域とする徴兵区の明示化に至った。

次に，大山巌陸軍卿は1883年徴兵令改正直後の1884年1月7日付で太政大臣に軍管疆域改正を上申した[18]。大山陸軍卿の上申書は，軍備拡張に際して鎮台条例全体を改正しなければならないが，徴兵令規定に対応した軍管区域のみを改正すると述べた。鎮台体制下の軍管・師管の基本は鎮台条例に混載規定され，その具体的な自治体境域等の管轄区域は「軍管疆域表」により表示される関係にあったが，分離し単独規定化したことになる。

「軍管疆域表」には軍管・鎮台・師管・営所・分営・陸海要塞・管国郡区・人口が記載された(1879年1月調，各師管・軍管内)。そして，備考欄に，①北海道を第七軍管とするが，師管区域と鎮台営所所在地が未定であるので省略する，②分営は現在の配置地のみを示す，③要塞位置は未確定なので欠く，と記載した。ここで，管区区域を「疆域」としたのは，在来の「国境(くにさかい)」を基準にすることの強調意図にもとづく。また，人口記載は，徴兵令の徴集兵員数割り当ての参考的な根拠数値を示す意図にもとづく。参事院議長代理山県有朋は1月23日付で太政大臣宛に，大山陸軍卿の軍管疆域改正の上申について，①第七軍管と其の管内「国名」(渡島他9国と千島)を加え，②人口は1882年1月調のものに差し替える，③表中の空白部分(分営と海陸要塞及び第七軍管の空白)は追って選定する，と修正の審査報告書を提出した。太政官第二局は参事院審査報告をさらに審理し，特に「軍管疆域表」を「七軍管疆域表」と表記し，人口欄を削除し，1月25日の閣議に提出した。そして「七軍管疆域表」は決定され1月31日に陸軍省に通知した（太政官達第13号）。太政官第二局が人口欄を削除したのは，「軍管疆域表」を軍制上の管区区域表とし，法的には民政上の「人口区域表」との区別を明確化するためである。1883年徴兵令改正をうけた1884年「七軍管疆域表」の分離単独制定は軍制史上で鎮台体制のあり方に重要な変容をもたらした。

①軍管・師管の兵事行政管轄区域への性格純化

第一に，1883年徴兵令の軍管・師管の分割区域規定は，1888年勅令第32号制定の陸軍管区表の軍管・師管の分割区域にほぼ相当・対応した。本来，陸軍管区（表）は形式的には陸軍の全国防禦計画策定をふまえ，その兵備計画の実施を平時・戦時の両面から地域毎に分轄して責任分担する方針のもとに，軍管・師管の分割区域として画定される。しかるに，1883年徴兵令は，全国防禦計画の未策定又は不透明のままに，兵役制度・徴兵令の整備のために軍管・師管の分割区域の画定を先行させた。ここには，軍備拡張対応の増加兵員をできるだけ多く確保・徴集しようとする陸軍省の焦燥感が含まれた。この結果，逆に軍管・師管の陸軍管区は防禦実施の責任地域分割体制の観念と意義を薄め，兵員の供給・徴集区域を基本にした平時の兵事行政管轄区域の性格に縮小された。同時に鎮台の概念も在来的な語義としての平時の軍事統轄の司令部や機関の官制概念を鮮明化し，同管轄下の連隊等の兵備・兵力は編成替えされ，当初の戦時兵力行使の戦闘組織の観念と語義をもつ旅団・師団の平時の配備・編成（歩兵旅団）を包含する編制概念を成熟させ強化した。

つまり，1883年徴兵令の陸軍管区改正により本来的には鎮台条例を即改正しなければならなかった。しかし，鎮台条例の改正は軍備拡張期の大変革であるので，やや遅れた。いずれにせよ，ここで，鎮台の呼称はその軍事統轄の司令部や機関の庁舎所在地の旧城郭等が含む象徴的防禦営造物の雰囲気を生み出す効果はあるものの，その語義は兵力行使の戦闘組織現場からの分離を鮮明化し，鎮台体制の枠内において，新たに戦時兵力行使の戦闘組織（旅団と師団）の平時における配備・編成（歩兵旅団）を構想するに至った。

なお，国・郡の在来自治体境域を軍管・師管の徴兵区にしたことは，1882年8月制定の徴発令による「郡（区）」を基本にした徴発・軍事負担体制と整合させつつ，徴兵・徴発を在来自治体の「賦役」（割り当て仕事）として観念させることを意図した。1882年徴発令は，徴兵・徴発も古来の「賦役」「国役」のように類推させて在来自治体に負担させる発想であった。この結果，徴発区及び徴兵区の自治体境域のあり方等は軍事上からみて最も重視され，1884年1月31日の「七軍管疆域表」の制定直後の同年2月に，府県・国郡の変更（太政官裁定）と国道県道・河川・港の新設・変換（内務省管轄）及び鉄道の新設・変換（工部省管轄）の国政事務にかかわって，陸軍省の判断・関与が太政官からも認められた[19]。

②兵備編成計画下の旅団と師団配置の見通し

第二に，1883年徴兵令の軍管・師管の分割区域の明示化は，軍備拡張による新たな兵備編成計画を当然予想させた[20]。従来の兵備配置表としての「六管鎮台表」にもとづく1879年徴兵令当時の各軍管管下府県は注21）の**表15**の通りである[21]。これに対して，1884年1月「七軍管疆域表」は**表14**の通りである。

表14　1884年1月「七軍管疆域表」

軍管	鎮台	師管	営所	分営	管国　郡区
第一	東京	第一	東京	高崎	武蔵14区25郡，相模，甲斐，伊豆，上野，信濃9郡
		第二	佐倉	*	武蔵2区4郡，安房，上総，下総，常陸，下野
第二	仙台	第三	仙台	新発田	陸前1区2郡，盤城，岩代，羽前，越後，佐渡
		第四	青森	*	陸前12郡，陸中，陸奥，羽後
第三	名古屋	第五	名古屋	豊橋	尾張1区6郡，遠江，三河，駿河，信濃7郡，伊勢，志摩，紀伊2郡
		第六	金沢	*	尾張3郡，美濃，飛驒，加賀，能登，越中，越中
第四	大阪	第七	大阪	大津	摂津4区2郡，紀伊1区8郡，山城，大和，河内，和泉，近江，伊賀
		第八	姫路	*	摂津1区10郡，播磨，淡路，若狭，丹波，丹後，但馬，因幡，伯耆，美作，備前
第五	広島	第九	広島	*	安芸，備後，備中，出雲，岩見，周防，長門，隠岐
		第十	松山	丸亀	阿波，讃岐，伊予，土佐
第六	熊本	第十一	熊本	*	肥後，日向，大隅，薩摩，沖縄
		第十二	小倉	福岡	豊前，豊後，筑前，筑後，肥前，壱岐，対馬
第七	*	*	*	*	渡島，後志，石狩，天塩，北見，胆振，日高，十勝，釧路，根室，千島

注：*は空欄であり，「追テ撰定ス可キモノトス」とされた。

軍管・師管の再編内容と兵備編成計画は，①国・郡を基準にして管轄替えを進め，主に，第一軍管の管下府県を隣接の第二軍管と第三軍管に編入し，第四軍管の管下府県を隣接の第三軍管と第五軍管に編入し，②同時に軍管内の師管が管轄する国・郡も再編した。この結果，師管数の形式的比較からみれば，1883年徴兵令の師管数12個は「六管鎮台表」の師管数14個よりも少なく，その師管配置の基準では歩兵連隊数も14個よりも少なくなった。しかし，兵備編成計画上は逆であり，師管には（従来は戦時に2個連隊から編成されるべき）旅団を配置する見通しであった。つまり，12個の師管に12個の旅団を配置し，各師管にはバランスよく戦時の1個旅団を編成すべく2個連隊を置く見通しとともに，形式数からみれば2個の師管（1個の軍管）で1個の師団兵力を支えた。この結果，全国24個歩兵連隊配置が見通しされ，歩兵10個連隊の新増設になり，歩兵連隊数のほぼ倍加計画になり，全国6個師団配置の基礎をつくった。

(2) 1884年の「七軍管兵備表」・「諸兵配備表」の単独制定と歩兵連隊等の編成替え――編制表上の編制概念の成熟・成立と分離志向

①「七軍管兵備表」・「諸兵配備表」の単独制定と平時編制の第二次的成立

軍備拡張の具体的な兵備編成計画は1884年5月24日制定の陸軍省達乙第35号の「七軍管兵備表」と同達乙第36号の「諸兵配備表」の単独制定である。これは鎮台条例・鎮台体制の枠内において，法令整備上の都合で単独制定になったが，編制表として整備され平時編制の第二次的成立になった。前者の「七軍管兵備表」は第七軍管（未確定）と要塞砲兵（編制未確定）及び憲兵・函館砲隊を除き，6個軍管・12個師管毎に常備軍（戦列隊〈歩兵12個旅団24個連隊・騎兵6個連隊・砲兵6個連隊・工兵6個大隊・輜重兵6個大隊〉，補充隊〈歩兵24個大隊・騎兵6個中隊・砲兵6個中隊・工兵6個中隊・輜重兵6個中隊〉と後備軍〈歩兵24個連隊・騎兵1個連隊・砲兵6個連隊・工兵6個大隊・輜重兵6個大隊〉）の日本全国の平戦両時の完成兵備（の計画）を表示した（近衛諸兵を除く）。なお，補充隊と後備軍の編成等に関する規則を翌1885年1月に制定した。以上の「七軍管兵備表」と「諸兵配備表」の特質は下記の通りである。

第一に，「七軍管兵備表」が平戦両時の完成兵備を合わせて単独表示したのは，当時は，戦時と平時の編制（表）上の区別と関連が明確でなかったためである。他方，後者の「諸兵配備表」は6個の軍管，12個の歩兵旅団及び24個の歩兵（各歩兵旅団の本部，連隊隊号，各連隊の屯営地），騎兵（連隊隊号）・砲兵（連隊隊号）・工兵（大隊隊号）・輜重兵（大隊隊号）の5兵種の各屯営地を明記した。ただし，当時の旅団は兵力の戦時編成を基準にし，具体的には1881年戦時編制概則のように，歩兵2個連隊（又は3個連隊）・騎兵1個小隊・砲兵1個大隊・工兵1個中隊・輜重兵1個中隊の計5兵種により編成された（時機により歩兵のみの編成もある）。これに対して，「諸兵配備表」は歩兵の連隊数増加により歩兵旅団の平時配備化を進め，平時編制としての連隊・大隊とともに表示した。すなわち，「諸兵配備表」にもとづき「七軍管兵備表」による平戦両時の完成兵備を表示した。これは，鎮台条例と鎮台体制下の戦時兵力編成の単独規定開始を意味し，編制表上の編制概念の成熟・成立と分離志向を含んだ（官制概念からの編制概念の成熟・成立（2））。なお，1884年1月の「七軍管疆域表」で空白の6個の分営地に新配備の歩兵連隊の隊号を明記し，同分営地は新歩兵連隊の屯営地になる計画であり（鎮台所在地の都市を指定），従来の鎮台所在地の都市にすべて2個の歩兵連隊を配備した。

第二に，「七軍管兵備表」と「諸兵配備表」の2表で重要なのは，いずれも鎮台欄がなく，6個の鎮台が明記されていないことである。これは，1875年の「六管鎮台表」による鎮台管下の連隊等の平時兵力配備から，旅団及び連隊・大隊等の兵力行使の戦闘組織自体を分離させて単独的に配備し，平時戦時の兵力行使重視に向けた新たな兵備編制思想を含みつつ表示化したからである。特に，後者の「諸兵配備表」の表示書式は1888年5月制定の陸軍常備団隊配備表に近く，広義の平時編制の第二次的成立と称することができる。

②歩兵一連隊編制表の改正と砲兵一連隊編制表の制定

軍備拡張期の軍隊編制改編で最重要なのは連隊編制の改正である。これは，5月24日改正の陸軍省達乙第37号の歩兵一連隊編制表と同日の第38号の砲兵一連隊編制表の制定がある。歩兵一連隊編制表は1個連隊の3個大隊12個中隊の編成は変わらないが，歩兵連隊編制の改編は重要である。

第一に，歩兵の1個連隊総人員が2,269名（内連隊附13）から1,707名（内連隊附12）の562名減，1個大隊総人員が752名（内大隊附16，内兵卒640）から565名（内大隊附21，内兵卒480）の187名減，1個中隊人員が184名（内兵卒160）

から136名（内兵卒120）の48名減（内兵卒40減）になった。つまり，各連隊は新基準では1個大隊相当人員数が減少したが，同1個大隊相当人員数を新増設連隊に移すことになる。この改編によって，形式的には既設の合計14個連隊で新基準の合計14個大隊相当人員数を生み出し，新増設10個連隊（計30個大隊）の約半数の大隊人員供給確保を意味し，新基準人員ではそのままでも新増設4個連隊余（計18個連隊余）の人員を確保した。なお，戦時の兵卒増員は，1個中隊では炊事掛上等兵4・銃卒76・鍬卒6・喇叭卒2の合計88名増で総員208名とされた（1個大隊では832名，1個連隊では2,496名）。

第二に，歩兵連隊の兵卒人員減少の特に中隊兵卒人員減少は，欧州軍隊の歩兵中隊兵卒との比較で，特に戦時重視の基準・視点から考察される必要がある。軍備拡張の方針・計画等の決定後，ジャーナリズムは，軍備拡張は軍備のたんなる数量的拡張ではなく，軍隊編制内部の改編であることを報道していた。これは，ジャーナリズムが陸軍当局への接触と欧州軍隊の軍制に関する独自調査等を経た報道であるが，陸軍当局による軍隊編制内部の改編調査・起草等がいつから開始されたかが看取されるので，紹介・検討しておく。

『内外兵事新聞』第400号社説「軍隊編制改正ノ風説ヲ聞ク」は，①現行の1877年の歩兵一連隊編制表における1個中隊兵卒人員160名は戦時に50％増の240名になり，戦時の1個大隊（240×4）の兵卒人員計960名になり，将校・下士を加えて戦時人員約1,000名になるが，「平時兵員ノ衆盛ナル割合ニハ戦時動員ノ数多カラス」と強調し，②軍隊の要（かなめ）は「戦時ニ在ルモノニシテ平時ニ於テハ畢竟国家外面ノ威光ヲ装スル具タルニ過ギサレハ」，平時は欧州軍隊のように各隊兵員を減省し，「少数寡単ノ部隊ヲ数多編制セラレ以テ戦時ノ動員ヲ多カラシメラルル時」は，平時費用は仮に現時と異ならないが戦時の実力は大いに増加すると述べ，③具体的には，歩兵1個中隊兵卒人員を120名（1個大隊兵卒人員計480名）に改編すれば，現時の14個連隊は即時に18個連隊相当分の兵員を生み出す比例になると述べた[22]。

『内外兵事新聞』の社説は1883年4月の時点で，「動員」「戦時動員」の用語により[23]，戦時に基準を置く平時の軍隊編制（特に兵員人員の最少適切化）の組立ての方針化を希望した。しかるに，約1年後には同社説の通りに歩兵1個連隊の1個中隊兵卒人員は120名になった。これによれば，陸軍内部では1882年末の軍備拡張の方針・計画決定後，まもなく，戦時兵力行使に基準を置く平時の歩兵連隊編制表の改正調査に着手し，『内外兵事新聞』はその改正着手を嗅ぎつけていたとみてよいだろう。

第三に，歩兵の中隊編制のあり方として，特に下士の減員と上等兵の新設が重要である。中隊の下士は曹長1名（小隊副長1），一等軍曹5名（給養掛1，半小隊長4），二等軍曹5名（半小隊長4，炊事掛1）の計11名になり，従前の曹長1・軍曹9・伍長9（分隊長8，炊事掛1）の計19名から6割弱に減少した。他方，兵卒は上等兵17名（分隊長16，鍬兵長1），一等卒37名（銃卒32，鍬卒2，喇叭卒3），二等卒66名（銃卒60，鍬卒3，喇叭卒3）の計120名になり，従前の上等卒9名，一等卒36名（銃卒32，鍬卒2，喇叭卒2），二等卒115名（銃卒104，鍬卒5，喇叭卒6）の計160名から7割強に減少した。

上等兵の位置は，同5月24日陸軍省達乙第39号は従前の上等卒をあてると規定し，翌年7月から上等卒は上等兵と換称されるが，上等兵員数は上等卒の約2倍化され，上等卒＝上等兵の位置・職務が兵員支配の緊密化をもたらした。すなわち，下士（伍長）による従前の分隊長の職務はすべて上等卒＝上等兵によりになわれることになった。これによって，上等兵による下士の代替体制が成立し，数値的には上等兵1名が一等，二等卒（兵）計平均6名を配下におさめ（従前では上等卒1名が一等，二等卒計平均16名を配下におさめた），兵力行使と末端教育現場における兵員支配の緊密化が進んだ。ただし，上等兵による下士の代替体制は下士と兵卒とを同一線上に位置づけたことを意味し，下士の地位低下傾向を招来させ，上等兵養成主導の軍隊教育が成立した[24]。

第四に，大隊に看護卒3名を置いた。看護卒の前身は1879年徴兵令第3条規定の看病卒であり，1883年から徴集し，1884年5月24日陸軍省達乙第40号は看護卒と改称した。看護卒の規定化の理由は壬午事件における第六軍管（熊本鎮台管下）予備軍の臨時召集の教訓化にあろう。なお，砲兵一連隊編制表は野砲2個大隊と山砲1個大隊で編成し（1個大隊は2個中隊から編成），砲兵1個連隊総人員を676名とした。

第五に，7月4日に陸軍省は各鎮台宛に歩兵一連隊兵器弾薬平時及戦時備付並予備員数定則表（1個連隊は3個大隊・12個中隊）と歩兵大中隊兵器弾薬平時及戦時備付並予備員数定則表及び野砲一中隊兵器弾薬平時及戦時備付並予備

員数定則表の制定を指令した（以下，「1884年諸隊兵器弾薬定数表」と略記）[25]。1884年諸隊兵器弾薬定数表は，本書第1部第1章注31）の1874年の「各種兵携帯銃器等当分別表」を大幅に整備し，戦時・戦場における弾薬補充方法を含めて規定した。歩兵1個連隊の隊渡し分は，スナイドル銃計2,638（平時1,582，戦時増加1,056），予備用平時264・戦時152，合計平時1,846・戦時2,770である。戦時増加分と予備用銃は武器庫に収蔵し戦時に際して砲廠に移した。また，常備弾薬は，①平時は1名につき300発と定め（内70発を隊に支給し，230発を武器庫に収蔵），戦時は1名につき携帯弾薬を70発と定め（内40発を弾薬盒に，30発を背嚢に収納），②携帯弾薬と同数の弾薬を予備として砲廠に別置し，背負弾薬箱（320発入）を各中隊に16個までを輸卒に背負わせ，隊後に従わせるとした（「隊後予備弾薬」と称する――1個中隊で計5,120発）。

③「歩兵連隊改正着手順序」と「砲兵連隊改正着手順序」の規定

さらに，陸軍卿官房長児島益謙は5月24日付で総務局長小沢武雄宛に「歩兵連隊改正着手順序」と「砲兵連隊改正着手順序」の規定を通知した[26]。児島官房長の通知は，当初，「歩兵連隊名称改正表」を起案したが，同表を取り消し，さらに（前年11月内達の）「歩兵連隊改正着手順序」と「砲兵連隊改正着手順序」を改正し，別紙の「歩兵連隊改正着手順序」と「砲兵連隊改正着手順序」と引き換える趣旨であった。

児島官房長通知の別紙の「歩兵連隊改正着手順序」はたんに連隊新増設計画の年次進行を規定したのでなく，新増設歩兵連隊の改正着手（編成替え）と師団・旅団の編成完成との関係を含む年次計画を示した。すなわち，①歩兵第十五連隊から第二十四連隊までの計10個の歩兵連隊の新増設は，1884年7月に着手し（第十七，十九連隊を除く），第十六，十八連隊は3個大隊を完成させ，人員は幹部のみを増加し，連隊編成に至らない大隊も歩兵第何連隊第何大隊と称する，②1885年4月には（第十七，十九連隊の大隊も新増設），東京と大阪の各鎮台を師団とし，各鎮台に歩兵2個旅団を置き，第十五，二十連隊に連隊本部を置く，③1886年4月に仙台・名古屋・広島・熊本の各鎮台を師団にし，各鎮台に歩兵2個旅団を置き，第十七，十九，二十一，二十二，二十三，二十四連隊に連隊本部を置く，④1888年4月には第十五，十七，十九，二十連隊は3個大隊を完成させるが，第二十一，二十二，二十三，二十四連隊は各第3大隊が編成未完とされた。また，「砲兵連隊改正着手順序」は，およそ，①1884年7月に，東京・大阪・熊本の各鎮台に砲兵1個連隊の各第2大隊（野砲の1個大隊新設）を置き砲兵連隊を完成し，②仙台・名古屋・広島の各鎮台は同年以降に逐次野砲と山砲の中隊を置き，砲兵連隊を1887年4月までに完成させるとした。

「歩兵連隊改正着手順序」と「砲兵連隊改正着手順序」は1885年に3月に一部改正されるが（1885年6月に6個鎮台を6個師団にし，また，各鎮台に歩兵2個旅団の本部を置き，第十五，二十連隊に連隊本部を置く），1885年4月を目標にして師団と歩兵旅団の設置構想に着手したことは特筆される。かくして，1884年5月の「七軍管兵備表」と「諸兵配備表」及び「歩兵連隊改正着手順序」等の制定・規定により，平戦両時の完成兵備の表示と着手化を進め，平時を基本とする鎮台体制の中に戦時の旅団と師団の兵力配備の取込み開始による編制の独自制定に至り，平時戦時混然一体化の鎮台体制の完成をめざした。

3　1884年鎮台出師準備書制定と出師準備管理体制の成立萌芽

軍備拡張下の軍隊編制改編の特質としての平時戦時混然一体化の鎮台体制成立を迎え，歩兵旅団の平時の配備・編成及び師団配備が構想された。その場合，戦時兵力行使の戦闘組織として，歩兵旅団等からなる常備軍（戦列隊と補充隊）及び後備軍が編成される。そのため，所定の戦時定員充足のために，予備役等の兵役服役者の動員・召集の手続きと計画の基準書としての鎮台出師準備書を調査・起案・制定するに至った。また，出師準備の整否が陸軍検閲の対象になり，出師準備関係の必要諸経費の調査事務を陸軍会計経理業務等において明確化した。

出師準備は軍隊の戦時編制を実現する動員を意味する。鎮台出師準備書は平時において鎮台の出師準備を策定するための基準・目標等を規定した文書であり，各鎮台はこれにもとづきさらに具体的に出師準備を策定し，種々の出師準備関係の文書を調製・保管・提出することになる。もちろん，1884年の時点では兵員等の戦時定員等を基準にした陸軍全体の戦時編制は明確化されていない。また，陸軍建制における戦時と平時の基本的な区別と関係も明確化されていない。したがって，1884年の時点において，戦時編制の実現と称しても，正確には戦時編制の特定範囲での部分的な実現計画というべきである。なお，鎮台出師準備書の策定・制定はプロイセンの出師準備・動員の方法に注目したからに他ならない。

本章は，1884年鎮台出師準備書の策定・制定と各鎮台の出師準備計画の策定及び関係諸文書の調製・保管・提出等の事務管掌を基本にして，陸軍省内の出師準備対応の会計経理業務体制，予備役・後備軍服役者の人員管理，出師準備の定義と旅団編成の手続き等の規定開始を出師準備管理体制の萌芽と表記する。

(1) 1884年鎮台出師準備書制定と陸軍検閲条例改正及び陸軍会計部条例改正等——陸軍検閲体制と陸軍会計経理体制の成立

第一に，参謀本部次副官上領頼方は1884年3月26日付で陸軍卿官房長児島益謙宛に出師準備に関する諸規則を参謀本部において調査し，旅団各部の関渉事項を打ち合わせたいとして，陸軍省総務局から2名（内1名は徴兵課長），同砲兵局・工兵局・会計局・軍医本部・軍馬局から各1名（佐官，同相当官）の委員を出してほしいと照会した。児島官房長は4月19日で各局等の人名を通知した[27]。さらに，参謀本部長山県有朋は7月11日付で西郷従道陸軍卿宛に，①本年7月から翌1885年4月に至るまでの「出師準備書及同附録」を調査したいので協議する，②本文書は各鎮台発送のために急を要するので至急閲了願いたいことを申し添える，と照会した[28]。陸軍省は各局での順次検討を経て7月26日付で支障なしを回答した。参謀本部調査の「出師準備書及同附録」の内容自体は不明であるが，その後，参謀本部と陸軍省との協議により仮制定され，陸軍卿は8月25日付で各鎮台司令官宛に別冊の鎮台出師準備書と鎮台出師準備書附録として令達した[29]。また，各鎮台は出師準備に関する事項を調査・整理すべきことを指示した。

第二に，陸軍省総務局長小沢武雄は3月29日付で陸軍卿宛に陸軍検閲条例改正を太政官に上申してほしいと提出した[30]。同上申案は軍備拡張への対応必要を述べたが，特に監軍部長による各軍管内の各種兵隊等に対する検閲目的に「出師準備ノ整否ヲ監シ」を加え，出師準備を検閲対象に据えた。これは，もちろん，壬午事件時の第六軍管の予備軍召集等の教訓をふまえ，出師準備を検閲対象として重視したことに他ならない。また，ここでの「出師準備」の用語は鎮台出師準備書の「出師準備」の用語・概念と同一とみてよい。すなわち，1883年11月以降，陸軍省と参謀本部が軍備拡張対応の軍隊編制改編の具体的な計画策定の中で成熟させた用語・概念とみてよい。さらに，陸軍検閲は内務省・司法省・警視庁及び府県にもかかわる業務であるので，出師準備の業務着手は間接的に他省・府県にも周知されることになる。小沢総務局長上申案は了承され，4月1日に陸軍卿は太政大臣に上申し，参事院審査と閣議決定を経て，5月6日の太政官達第40号は内務省・陸軍省・司法省・警視庁及び府県に陸軍検閲条例改正を通知した。出師準備を対象にした陸軍検閲体制が成立した。

第三に，陸軍省会計局長川崎祐名は6月（日付欠）に陸軍卿に陸軍会計部条例改正案を起案して上申した。現行の1879年陸軍会計部条例は陸軍会計経理の事務体制と会計官（監督，軍吏，書記，卒）の職務等を規定していた。同上申は軍備拡張等に伴う会計経理事務量増加に対応させ，まず，①陸軍会計経理事務体制として，新たに隊属会計部と鎮台病院会計部を増設し，会計局内の事務体制を現行の4課（庶務課，計算課，糧食課，被服課）を7課（出納課，服庫課，恩給課を新増設）と1部（検査部の新増設）に拡張する，②現行の近衛と鎮台に属する会計部の職務区分（計算課，糧食課，被服課，病院課）を改組し，庶務課・計算課・糧食課・被服課とし，さらに，官廨（参謀本部，監軍本部，諸学校，軍医本部，教導団等）の会計部には，一二等副監督又は監督補を置くなどして，会計部官吏の専任体制をひく，③会計局の局長（監督長1名）は現行通りに「直チニ陸軍卿ニ隷シ」と規定し（第9条），さらに，定額金等受領と収納金納付及び諸決算は「直チニ大蔵卿ニ対シ之ヲ為スモノトス」（第10条）と起案し，決算事務の大蔵省直結を明記した[31]。次に，陸軍全体の出師準備に関する会計経理上の調査管掌事務の規定を起案した。すなわち，①会計本部すなわち陸軍省会計局は，その計算課，糧食課，被服課の事務として，出師準備関係の費額・糧食芻秣・被服陣具等を調査し，②近衛と鎮台会計部はその計算課，糧食課被服課の事務として，出師準備関係の費額・糧食芻秣・被服陣具等を調査し，③鎮台病院会計部は出師準備関係の病院用諸具を貯蔵し，④会計官は責任分担と例規遵奉による事務服行に務めて「軍機ヲ沮撓セサルヲ要ス」こと，等を起案した。

ところで，陸軍会計部条例改正案は陸軍省内で内決されたが，特に，近衛と鎮台に属する会計部の改組と諸官廨会計部官吏の専任体制は，上位規則の1879年陸軍職制第28条（近衛と鎮台に属する会計部の職務区分として計算課，糧食課，被服課，病院課を規定）と第30条（陸軍諸官廨の会計は陸軍省会計局から会計軍吏を分派して経理させる）の規定に抵触することが明らかになり，陸軍職制自体の改正課題が出てきた。そのため，小沢総務局長は同年8月（日付欠）に陸軍卿宛に，陸軍会計部条例改正は陸軍職制第28，30条の改正を必要とするが，陸軍職制自体は軍備拡張との関係で会計部のみならず全般的改正を必要とするものが多く，やがて同改正案を調査・提出するが，とりあえず会計部の組織だけの改正を認めてほしいとする太政官への上申案を添付して上申した[32)]。小沢総務局長上申は了承され，陸軍卿は同上申案を8月29日に太政官に提出した。太政官は参事院での審査を経て9月8日に許可し[33)]，9月13日陸軍省達乙第84号の陸軍会計部条例が改正された。

すなわち，出師準備の諸調査に対する陸軍省と近衛・鎮台の会計経理の端緒的な事務体制が成立した。戦時費用区分概則や出征会計事務概則が戦時直面時以後の経費費目区分等や会計経理体制を規定したのに対して，1884年陸軍会計部条例改正は陸軍省が平時において戦時を想定し，戦時の兵力行使を支える諸経費の調査事務管掌を初めて明確化した。かくして，1881年会計法体制のもとに出師準備を含む陸軍会計経理体制が成立した。

第四に，小沢総務局長は同年11月（日付欠）に陸軍省条例中改正加除を上申した。同上申は，従来，予備役及び後備軍の軀員（将校・下士及び会計部等の同等官で現役年限終了者や，予備役服役者）の名簿編纂と同事務は徴兵課分掌であったが，今後，同事務分掌は当該兵科にかかわる各局・課の管理に属させ，「平時実際ノ取扱ヨリ戦時編隊ノ準備ヲ為サシメ」ることが至当と述べた[34)]。すなわち，1883年1月改正の陸軍省条例の総務局徴兵課の事務分掌から予備役と後備軍の軀員の名簿編纂と同事務事項を削除し，新たに，予備役と後備軍の軀員の名簿編纂と同事務分掌は，①憲兵科・歩兵科・軍楽部分を人員局歩兵課に，②騎兵科・輜重兵科・馬医部分を人員局騎兵課に，③砲兵科分を砲兵局人員課に，④工兵科分を工兵局人員課に，各々分属させた。また，総務局武学課の事務分掌として「軍隊ノ建制及ヒ編制ニ係ル事務取扱ノ事」を新設した。同上申の陸軍省条例中改正加除は了承され制定された（1884年11月17日陸軍省達乙第97号）。陸軍省条例中改正加除は戦時の常備軍・補充隊及び後備軍の編成に対応する事務管掌体制を整備し，陸軍省内の出師準備に向けた予備役・後備軍の名簿編纂を含む予備役・後備軍服役者の管理を強化した[35]。

かくして，1884年夏までに，鎮台出師準備書仮制定を基本にして，出師準備を含む陸軍検閲体制と陸軍会計経理体制の成立を伴いつつ出師準備管理体制の成立萌芽が生まれたことになる。

(2) 1884年鎮台出師準備書における出師準備の定義と手続き

1884年8月制定（仮制定）の鎮台出師準備書は陸軍動員計画策定史上で画期になるが，まず，本文冒頭は出師準備を次のように定義した。

「出師準備ハ諸兵ヲ召集シ戦列諸隊ヲ充足シ補充隊ヲ設ケ旅団ヲ編成シテ集合セシメ又後備役諸兵ヲ召集シテ出征軍ノ後援或ハ地方ノ警備ニ充テシムルノ動作ナリ此動作ノ遅速ハ実ニ勝敗ノ機ニ関スルヲ以テ一令ノ下其実施ニ渋滞ナカラシムルヲ要ス故ニ有事ノ日下ス可キ命令ノ順序ヲ区別シテ充員，旅団編成，集合，後備兵召集，後備軍旅団編成，後備軍集合，ノ六大綱トナシ各綱ニ就キ予メ其計画方案ヲ定ムル」

ここで，「出師」自体は在来の古典的意味での出兵にかかわる軍制技術上・行政上の総合対策・総合業務でなく，戦時の動員にかかわる軍制技術上の概念として縮小されたことはいうまでもない。その上で，出師準備は（後来の）「動員」の用語と概念に相当し，その目的は旅団等の戦時兵力行使の戦闘態勢を立ち上げ，戦時編制にもとづく団・隊の編成を実現することにあり，その手続きと計画を予め文書化したものが「出師準備書」である。1884年鎮台出師準備書は当該年の鎮台の出師準備の手続きと同計画の基本要綱を規定し，後続の動員計画令に相当した。また，各鎮台は鎮台出師準備書にもとづき，さらに毎年5月1日現在調と11月1日現在調の出師準備書を調製することになった[36]。なお，ここでの旅団の編成とは，1884年5月の「七軍管兵備表」と「諸兵配備表」にその配備・編成が計画・着手された歩兵旅団である。鎮台体制の枠内で戦時兵力行使組織としての旅団の立ち上げ手続きが規定されたことになる。

次に，出師準備の手続きは，第一に，充員下令への対応がある。これは，①

充員下令と同時に，鎮台司令官は召集命令を管内に布達し，諸兵を召集して諸隊を戦時定員に充足し補充隊を編成する，②召集すべき諸兵等は，現役帰休の歩騎砲工輜重兵，予備役軀員，予備役歩騎砲工輜重兵，現役と予備役の輸卒とする，③召集発令後の諸兵の到着日数・人員を逐日謄記する，④予備役諸兵が到着すれば戦列諸隊を戦時定員に充足し，歩騎砲工兵の戦時定員が充足すれば予備役諸兵の残員を補充隊に編成する，とされた。第二に，旅団編成下令への対応がある。これは，①旅団本営諸官の配置も同時に下令されるが，鎮台司令官は，歩兵2(3)個連隊，歩兵1(2)個大隊，山砲1個大隊，工兵1個中隊，輜重兵1個小隊により旅団を編成し，②伝令騎兵は騎兵第1大隊中より編入させ，憲兵は憲兵隊から分属させ，③本営諸官は旅団に必要な兵器弾薬材料器具馬匹及び諸給与品を査閲する，とされた。第三に，集合下令への対応がある。これは，①集合下令と同時に旅団長（鎮台司令官が自動的に旅団長の職につく）は諸隊を集合させ，②集合地は戦略目的によって定めるので，臨機に集合地を指令する，③諸隊集合後に旅団が出征すれば集中地を指令し，旅団長は部下を率いて集中地に進発する，とされた。第四に，後備兵召集下令への対応がある。これは，後備軍幹部は常置でないので予め設立しなければならず，そのため後備兵召集下令前に後備軍軀員召集下令があるとされた。そして，後備軍軀員召集下令と同時に鎮台司令官は管内の同軀員を召集し（歩兵は各連隊所在地に，他兵は鎮台下に），将校の命課は別に下令し，下士の命課は鎮台司令官が命ずるとされた。その後に，①鎮台司令官は後備兵召集命令を管内に布達し，諸兵を召集して後備軍諸隊を編成する，②召集すべき諸兵は後備役歩騎砲工輜重兵とする，③召集発令後の後備役諸兵の到着日数・人員を逐日謄記する，④後備軍の歩兵は各連隊所在地に，他兵は鎮台下において編隊する，とされた。第五に，後備軍旅団編成下令への対応がある。この場合，後備軍旅団編成に先立ち旅団本営諸官の命課下令があり，鎮台司令官は諸隊をもって後備軍旅団を編成するとされた。第六に，後備軍旅団集合下令への対応がある。これは，集合下令と同時に後備軍旅団長は諸隊を集合させ，その集合地は戦略目的によって定め，臨機に下令するとされた。

以上の出師準備の特質は，旅団編成下令以前までと，編成された旅団の集合下令以後の異なる鎮台司令官の権限を示したことである。すなわち，旅団編成下令以前までは鎮台司令官として臨み，旅団の集合下令以後は旅団長として臨むことである。これは，縷々述べたように旅団は1881年戦時編制概則にもとづく戦時の兵力行使の軍隊である。そして，旅団編成下令をめぐる鎮台司令官の立場は（1879年鎮台条例における鎮台司令官は官制上の平時の鎮台の兵力・兵備を司令・統轄する権限を持つとともに），戦時には戦時の権限が付託された編制上の旅団長として，旅団という現場戦列の兵力・兵備を結集した団・隊を司令・統轄するという，鎮台司令官の職務・司令権限の二重性格にもとづく。つまり，1884年鎮台出師準備書により鎮台司令官の官制・編制にかかわる職務・司令権限の二重性格が本然化・鮮明化された。

その他，1884年8月の時点で，出師準備で比較的に整備された手続きが，充員下令のもとに諸兵を召集して諸隊を戦時定員に充足する手続きの計画であろう。その他の手続きはその細部において相当の欠落部分がある。また，既に前年の兵事ジャーナリズム（『内外兵事新聞』）はドイツの軍制書における出師準備を詳細に紹介しているが（注23）），ドイツの出師準備の詳細な規定に及ばないことはいうまでもない。

なお，鎮台出師準備書附録は鎮台における出師準備の調査等及び諸表の調製・報告の手続きを規定した。これは，鎮台出師準備書本体と重複するところもあるが，特に，各鎮台・営所や各兵種・部の条件に応じて召集・編成の手続きを個別に指示したものが多い。出師準備にかかわる諸表（予備役諸兵到着日数人員表，諸隊戦時定員充足表，補充隊編隊表，後備役諸兵到着日数人員表，後備軍諸兵編隊表，予備役軀員到着日数名簿，予備役軀員職員表，後備軍軀員到着日数名簿，後備軍軀員職員表，諸隊集合日数表）は出師準備書とともに，毎年5月1日現在調と11月1日現在調をもって陸軍卿に提出し，陸軍卿は参謀本部長に送ると規定した。出師準備における文書管理を明確化した。

かくして，1882年からの軍備拡張は軍隊編制改編を伴い，鎮台自体の概念として，平時の軍事統轄機関の性格を本然化・鮮明化し，同時に鎮台体制の枠内において，当初の戦時兵力編成としての旅団・師団を新たに平時兵力（歩兵旅団）の配備・編成として取込み，その配備・編成を計画した。また，軍備拡張期に出師・動員の業務体制に対応すべき出師準備管理体制の成立萌芽が現われ，1884年鎮台出師準備書において鎮台司令官の平時戦時及び官制と編制にまたがる職務・司令権限の二重性格がしだいに本然化・鮮明化された。平時戦時混然一体化の鎮台体制完成を迎えるに至った。

注

1）大山梓編『山県有朋意見書』119-120頁。壬午事件決着交渉に対する太政官の対応方針決定においても，8月7日に山県有朋は朝鮮国が同交渉での返答等遷延の場合には「直ニ陸海軍ヲ以テ強償ノ処分ニ取掛ル可シ」という意見を閣議に提出した（〈公文別録〉中『朝鮮事変始末』第1巻，第28件）。また，8月7日には「談判激迫ノ際ニ至レハ，我軍隊ヲシテ開港所ヲ佔拠シ，或ハ時機ニ依リ要衝ノ諸島ヲ佔領シテ，以テ要償ノ抵当トナスコト，公法上ノ許ス所ナルヘシ」という強硬な武力行使の意見を持っていた（『井上毅伝　史料篇　第六』135頁）。

2）『三条家文書』107。

3）『岩倉公実記』下巻，940-942頁。その他，岩倉の軍備拡張の意見書（1882年8月）は『秘書類纂　雑纂IV』49-78頁。なお，『明治天皇紀　第五』842-843頁，『公爵山県有朋伝』中巻，813-821頁，参照。

4）5）『法規分類大全』第1巻，政体門（1），44-45頁。軍備拡張の勅諭伝達の式次第は下記のように記録されている。

「十一月二十四日午前十一時

一　地方官召ノ事

一　地方官一同参場

一　出御　　大臣内務卿侍立

勅語　　太政大臣委ク旨ヲ伝フ　　各退散　　次ニ

一　出御　　大臣参議侍立

一　諸省長官参場　　但元老院　参事院　監軍部長　検査院　統計院　大審院　警視庁　駅逓総監

勅諭アリ　　太政大臣委ク旨ヲ伝フ　　畢テ各退散」

ここで，第三次目の「勅語」は租税増徴の勅諭を意味し，第五次目の「勅諭」は徴税実施の勅諭にさらに天皇の言葉を加えた。さらに注目すべきことは，第一に，第三次目の「太政大臣委ク旨ヲ伝フ」である。これは，三条実美太政大臣による勅語・勅諭の趣旨説明であり，太政官・内閣の文書管理上は「太政大臣ヨリ御沙汰書」と位置づけられ，三条は第三次目の勅語の特に租税増徴を「尤民心ニモ関スル儀ニ付聖意ヲ奉体シ能ク人民ニ貫通様厚ク尽力可有之」云々と説明した（『明治天皇紀　第五』821頁）。この場合，岩倉具視は「御沙汰書」に関して，三条は租税増徴について「地方長官ノ勉励従事センコトヲ奨諭ス」と述べた（『岩倉公実記』下巻，943

頁)。岩倉はさらに第五次目の「太政大臣委ク旨ヲ伝フ」に関して，同様に「諸省院庁ノ長官ヲ召見シ親諭シ給フ実美之ヲ奨諭スルコト初ノ如シ」(『岩倉公実記』下巻，943頁) と述べた。つまり，「御沙汰書」は太政大臣作成の天皇の意思のたんなる伝達書ではなく，「奨諭」と称され，太政大臣が勅諭趣旨を奨め励ます立場から作成した文書である。第二に，第五次目の「諸省長官参場」において，監軍部長の官職名はあるが，参謀本部長の官職名はない。これは大山巌参議・陸軍卿は参謀本部長兼勤であるが故に，既に第四次目の「大臣参議侍立」の場に大山は参議職として出席していたためである。つまり，参議職の上位・優先の格付けがあった。同時に，太政官側からみれば，有事・戦時における天皇直隷の軍令事項執行の監軍部長も平時には一官庁の長官にすぎない位置づけであった。総じて，太政官から離れている監軍部長も参謀本部長も平時は政府の一構成員として一体化され，政府の頂点に太政大臣が位置した。

6）『明治天皇紀 第五』842-843頁。

7）〈単行書〉中『官符原案』1878-1885年，第1巻，第11件。12月25日の「御沙汰書」は翌1883年1月10日の『東京日日新聞』に掲載された (『明治ニュース事典 III』788頁所収)。本「御沙汰書」が天皇の命令・意志伝達に関する特段の格式文書として太政官で作成されたことに注目すべきである。他方，参謀本部設置後の軍隊の編成・派遣の命令は参謀本部長の上奏にもとづく天皇裁可を経て伝達された。たとえば，①1882年の壬午事件時の天皇の熊本鎮台による旅団編成命令，②1884年11月の秩父事件鎮圧時の天皇の東京鎮台歩兵第三連隊内1個大隊等の出張命令 (〈陸軍省大日記〉中『明治十六年六月ヨリ十七年十二月迄 総務局綴』)，③1885年4月のイギリス軍艦の朝鮮国巨文島占拠時の天皇による対馬周辺情勢対応としての広島鎮台歩兵1個中隊の対馬分遣命令 (〈陸軍省大日記〉中『明治十八年総務局日記』) 等は，参謀本部長の上奏を経て天皇裁可の命令が各々の「御沙汰」の文書格式として伝達された。①は，参謀本部長は陸軍卿に同「御沙汰」を通知し，陸軍卿は西部監軍部長心得，東部監軍部長，広島鎮台司令官に各々の「御沙汰」を通知した。つまり，参謀本部設置後も，軍隊の編成・派遣に関する天皇の命令・意思は1868年3月の「御親征ニ付御沙汰書」を踏襲するような「御沙汰」の文書格式で表記・伝達されたことに注目すべきである。これらの「御沙汰」は1879年10月1日付陸軍省照会「鎮台条例中取扱上本省ト監軍本部ト関渉事項」に対する同年10月7日付監軍本部回答に規定された文書格式にもとづき (監軍本部経由の下令や陸軍卿指令書の添書文格として，陸軍卿から某部監軍部長宛の「歩兵第何連隊第何大隊某地出張可為致旨御沙汰候事」の文格例)，又は1880年12月20日付の陸軍卿官房発各局宛通牒の「本省近衛間公務取扱文格」中の陸軍卿から近衛都督に野営行軍架橋及び大砲射的演習等に関して裁可を通牒する際の「別紙何々ノ件申請ノ通施可為致旨御沙汰候事」の文格例の趣旨に沿うものである(『法規分類大全』第47巻，兵制門(3)，7-9頁，『法規分類大全』第46巻，兵制門(2)，15-16頁)。さらに，1889年7月10日の学習院に対する「生徒養成上武事ニ関スル御沙汰書」や日露戦争期の1907年9月19日の遼陽占領時の満州軍に対する「御沙汰」等々(渡辺幾治郎『明治天皇の聖徳軍事』143，349頁，他)も含めて，全体として，「御沙汰書」の文書格式で表記・伝達された天皇の命令・意思には，天皇に対する身内意識喚起と恩義的な情緒・主観感情の高揚効果が強く含意されたことはいうまでもない。そもそも，「御沙汰書」は，内閣記録局が「凡ソ太政官若クハ大臣ノ聖意ヲ伝達スル者之ヲ御沙汰書ト称ス褒賞，黜罰，贈賜，弔祭，慰諭，奨励等一切此体ヲ用フ中興ノ初，復古，征討ノ二大号令ト称スル者亦此体ノ一ナリ詔勅布告ノ外ニ在リテ其用最広シ直ニ其事ヲ叙スルアリ或ハ詔勅官記位記等ニ副フルアリ皆大臣奉勅ノ例ナシ」(『法規分類大全』第1巻，政体門(1)，1-2頁)と記述したが，非立憲的施策・措置等に関する天皇の命令・意思伝達の文書格式の一つであった。他方，1878年の参謀本部設置により太政官・陸軍省から離れた天皇直隷の参謀本部長は作戦・用兵等の軍令事項)に関する策案・企画と上奏の権限を有したが，太政官時代にはこれらの軍令事項は裁可後に「御沙汰書」や「御沙汰」の文書格式として表記・伝達されたとみてよい。つまり，天皇裁可の軍令事項の表記・伝達が「御沙汰書」の文書格式をとったこと自体は，文書格式の管理に限れば，同じく「政治」「行政」から「分離・独立」した天皇裁可の施策・措置としての褒章・黜罰・贈賜・弔祭・慰諭・奨励等の「御沙汰書」による伝達と同種のようにみられたことを意味し，宮内省等の管轄・関与比重が濃厚とみるべきだろう。これは，天皇の軍令事項の裁可・伝達の手続き開始をたんに対「政治」「行政」上の「分離・独立」の素朴・単純な視点からでなく，前近代的・古典的な施策・措置も含めて(その最大のものは祭祀だろう)，それらの大権者・主宰者としての天皇による多面的な軍令事項の裁可・伝達の視角から考察すべきことが求められている。これに関連して，中野登美雄『統帥権の独立』は1886年2月の勅令第1号公文式に至るまでには「天皇の統帥命令は他の多くの勅裁事項と同様に勅書，勅諭，御沙汰書，布告，達等の種種なる名称の下に発せられ」(470頁)と記述したが，「御沙汰書」への踏みこんだ言及はない。戦後は，大久保利謙「文書から見た幕末明治初期の政治」(『大久保利謙歴史著作集』第1巻所収，1986年，吉川弘文館，初出は1960年)は，「御沙汰書形式」の新政府文書等はおよそ基本的には「天皇大権のもとに宮廷官庁が発する官庁文書であると解される」と記述し，従来の「御沙汰書」を「素朴な様式」と特徴づけ，さらに官庁文書形式が「御沙汰書から布告・布達へ」(359-371頁)と改められたという説明にとどまり，当時の大総督府と鎮将府の布達文結文例として残された「御沙汰候事」や，太政官体制以降も続く天皇による軍令事項の裁可・伝達としての「御沙汰書」の文書格式に対する言及はない。

8）『公文類聚』第6編巻14，兵制門1兵制総，第5件。

9）〈公文別録〉中『大蔵省』1882-1885年，第1巻，第11件。

10）〈公文別録〉中『太政官』1882-1885年，第1巻，第3件。

11）『公文録』1883年1月2月陸軍省，第4，11件下。陸軍省の軍備拡張費の当初の支出計画内容は下記の通りである。第一に，大山巌陸軍卿は1883年1月13日付で太政官に，①常備兵員を定数までに増加させることは，1883年度予算の7月開始のために同年4月の兵員徴集時までに間に合わなくなるので，1882年度関係費用は陸軍省定額費内より差繰り支弁し，②仙台鎮台に歩兵第四連隊第3大隊，同第五連隊第1大隊，山砲兵第2大隊第2中隊，工兵第2中隊を，名古屋鎮台に山砲兵第3大隊第2中隊，工兵第2中隊を，広島鎮台に山砲兵第2中隊，工兵第3中隊を置き，それぞれ定員の3分の1を徴集し，③徴兵令第3条により看病卒を徴集する（東京鎮台は103名，仙台鎮台と名古屋鎮台は各35名，大阪鎮台は51名，広島鎮台は37名，熊本鎮台は44名，函館砲隊は1名），と上申した。第二に，その直後に大山陸軍卿は1882年度費用の差繰り捻出が難しいと考え，同年1月25日付で太政官に，①陸軍大学校設置着手において，もとより1882年度予算に余贏［よえい］がないので，同着手1882年度予算内事業を1883年度に遷延し，一時，同金額を上記増募兵費用として流用し，1883年度予算に至れば，陸軍大学校の遷延事業費は軍備拡張費150万円の内より流用して30万円を戻し入れ，②軍備拡張費の150万円は年々別勘定により決算・支払いすべきであるが，実際には通常経費との引き分けは困難なので，通常経費定額据置年限中は同150万円の通常経費との併算等を伺い出た。これについて，大蔵省は陸軍省の上申・伺いをやむをえないと判断していた。ところが，太政官第一局は1月31日に，1月25日付伺いの①の陸軍大学校等建築費用の繰替下付は今回限りとして認めるが，増募兵費用への一時流用は1884年度徴兵時にも想定される結果「際限無之」として毎年の予算決算に支梧を生ずるので認められず，定額内で差繰り支弁すべきこと，②の併算は認める，という指令案を太政官に提出した。第一局提出の指令案は2月6日の閣議で決定された。しかし，大山陸軍卿は2月22日付で太政大臣に，1月25日付伺いの増募兵費用流用が認められないならば，1882年度の増募兵費途支弁の見込みが立たず，同増費は1882年度で見込んだ事業中の後備軍復習見合わせによって生じた金額を補填するので，流用と称しても，1882年度と1883年度のみに止まり，1884年度以降には影響しない，と再び伺い出た（『公文録』1883年3月4月陸軍省，第13件）。これについては第一局も同意し，3月7日の閣議も増募兵費用流用を認め，3月20日に了承指令を発した。

12)　〈公文別録〉中『太政官』1882-1885年，第1巻，第7件。

13)　大隈重信撰『開国五十年史』上巻275頁収録の山県有朋「陸軍史」。

14) 15)　〈陸軍省大日記〉中『明治十六年従一月至四月　総務局』第62号。

16)　〈陸軍省大日記〉中『明治十六年ヨリ十七年十二月迄　総務局綴』，同『明治十六年従九月至十二月　総務局』第103，116号。庶務課長通知の1884年からの徴兵所要人員の扱い方の別添項目は陸軍省内で議論が重ねられた。すなわち，別添項目は，①1884年徴兵は「六軍管疆域表」により徴集する（原案では，各軍管は1個大隊につき各160人を徴集し，第一軍管と第四軍管は各10個大隊分の計1,600人，第二軍管と第三軍管は各9個大隊分の計1,440人，第五軍管と第六軍管は各8個大隊分の計1,280人の通計8,640人を徴集するとしたが，削除される），②歩兵の編隊は「歩兵隊改正着手順序」により1884年から漸次着手する，③軍管疆域改正と歩兵の新編隊により各軍管では，同兵員を他軍管に移し，あるいはそのまま据え置く，④砲兵の編隊は「砲兵隊改正着手順序」により隊数を増加し，軍管疆域改正により他軍管に属するものは旧軍管に据え置く，⑤騎兵・工兵・輜重兵の隊数は「六軍管兵備表」にもとづくが，1884年には隊数を増加しないために，軍管疆域改正により他軍管に属するものは旧軍管に据え置く，⑥北海道の徴兵は従前のように第二軍管に属す，⑦1884年の徴兵は2月1日より4月10日までに徴集し7月に入営させる，とした。ここで，特に注意すべきは，③の軍管疆域改正と新編隊との関係で発生する新軍管への移動措置（転出と転入）である。同移動措置は新軍管下軍隊への本人身柄の移動ではなく，本人兵籍名義の所属が新軍管に移動することである。すなわち，現軍管下の営所・分営入営者で同本籍地が新軍管所属になった者は，本人の徴集年度等に応じて，1884年7月に新軍管に編入し又は現役満期後の予備役に移る時に新軍管に編入した（他に1884年2月21日陸軍省達甲第11，12号）。ただし，以上の移動措置は第一軍管から第四軍管に所属の兵員であり（軍管相互間の転出と転入），第五軍管と第六軍管には移動措置（新軍管への転出）はなく，第五軍管は第四軍管からの編入者受け入れと第四軍管への補欠編入者の返却措置をとった。つまり，移動措置は各軍管の予備役兵確保の均衡を調整し，「六軍管疆域表」による新軍管設定は現役兵のみでなく，補充隊・後備軍の編成にみあう予備役兵と後備役兵の統轄強化を目ざした。

17)　『公文録』1883年12月陸軍省，第1件。

18)　『公文録』1884年1月-3月陸軍省，第1件。1883年徴兵令改正の布告日の12月28日に，小沢総務局長は陸軍卿宛に鎮台条例中の軍管区域を「軍管疆域表」の通りに改正する旨を太政官に上申してほしいと上申した（〈陸軍省大日記〉中『明治十六年従九月十二月　総務局』第124号）。つまり，徴兵令と「軍管疆域表」は表裏一体化されていた。

［補注］1883年の徴兵令改正の元老院での審議時期に，12月5日付の『朝野新聞』は軍備拡張における隊数増加を報道した。すなわち，常備軍（戦列隊）は，歩兵は師管毎に2個連隊（合計12個旅団24個連隊），騎兵と砲兵は軍管毎に各1個連隊（合計6個連隊），工兵と輜重兵は軍管毎に1個大隊（合計6個大隊）を置く等々と記述した（『明治ニュース事典 III』790頁）。

19）『公文録』1882年8月陸軍省，第1件。

20）全国を6個の鎮台により管轄することは，一般の地方行政区域のありようが軍備管理上の区域分割（軍管・師管）と相互に連関して営むべきことを意味していた。この件につき，第一に，陸軍省の小沢武雄歩兵大佐は1878年3月28日付で太政官書記官宛に，従来，全国の府県廃合と国郡の境界・管地区域変換及び道路開設等は陸軍省に通知もなく一般に公布されてきたが，①「六管鎮台配置」はほぼ府県の位置に表裏し，管地区域は軍管・師管の体面にも影響し，②道路山川の変換は「防禦線」の連絡利害にわたり，③国郡境界は「兵員集合ノ場地」の設定に関係するので，今後はこれらの決定以前に陸軍省に諮問してほしいと照会した（『公文録』1879年2月陸軍省，第24件）。これについて，太政官は翌1979年2月24日付で陸軍省浅井道博歩兵中佐宛に，事務煩雑のために，府県廃合と国道変換等で軍制関係の重大なものは諮問するが，些細な河川道路の変換や郡界改定等は従来通りに諮問には及ばないと回答した。この後，太政官裁定の地方分画処分規程（1879年10月8日裁定）が規定され，道国府県管轄地郡区境界の組替えは太政官裁定を経て内務卿が当該管轄庁に指令し，太政官布達を要しない等とされた。第二に，1979年2月の太政官回答後，さらに大山巌陸軍卿は1880年12月4日付で太政大臣宛に，全国の府県廃合と国郡境界の改革，国道県道の新設・変換，鉄道の布設・変換，河川の開通・変換，港の開設・変換等に関係するものはすべて陸軍省に下問してほしいと上申した。大山陸軍卿上申書には府県廃合（「徴兵ノ招集其他補充兵之設備予備軍後備軍ノ配置分合等此府県ノ廃合ニ関係セサル者ナシ」），国郡境界の改革（「軍制上ニ緊要ノ関係アル者トス其概要ハ府県ノ廃合ニ同シクシテ一層密接之関係アリ」），国道県道の新設・変換（「防禦線上ノ利害ニ関シ有事ノ際行軍運輸ノ計画ニ得失ヲ与フル是ヨリ大ナルハ莫キモノトス」），鉄道の布設・変換（「防禦ノ方略用兵ノ計策ニ最モ切実ナル関係アルモノトス」），河川の開通・変換（「防禦線ノ区策運輸ノ計画ニ於テ大ナル関係アル者ナリ」），港の開設・変換（「防禦線ノ画策ニ於テ大ナル関係アル者トス」）と軍制・全国防禦線との関係を述べた6件の説明文書を添付しているが（『公文録』1884年1月-3月陸軍省，第2件），太政官は同説明文書の趣旨をさらに同省に照会したようである。そのため，同省は12月15日に参謀本部宛に府県廃合と国郡境界の改革等と軍制・防禦線との関係に関する見解を照会した。参謀本部は翌1881年2月24日付で陸軍卿官房児島益謙歩兵中佐に回答し，欧州各国でも陸軍省上申書添付の6件の内容に関しては予め軍衙の意見をとっていることを述べた(〈陸軍省大日記〉中『明治十四年三月　大日記　部局』総水参第176号)。また，参謀本部回答は陸軍省上申書添付の6件の説明文書とほぼ同一の6件の説明文書を添付した。その後，陸軍省上申は参事院での審査をうけ，山県有朋参事院議長は1884年2月13日付で太政大臣宛に，①同省への指令案(府県国郡区廃合・変更は内閣裁定に関係するが特別に下問することもある)，②内務省への達案(国道県道河港の新設・変換は軍事に関係するので，内務省は同処分詮議の際に陸軍省と協議する)，③工部省への達案(鉄道の布設・変換は軍事に関係するので，工部省は同処分詮議の際に陸軍省と協議する)，を含む審査報告書を提出した。2月21日の閣議は参事院の審査報告書通りに決定し，2月25日に指令と達を発した。かくして，自治体境界変更や国道県道河港等を中心にした国土の「開発・利用」の計画・実施は軍制・軍事の視点・基準をはさみつつ営まれることになった。

21)　1875年の「六管鎮台表」は**表15**の通りである。軍管管下府県中の下線県は隣接軍管に管轄替えされた。

表15　1875年の「六管鎮台表」

軍管	鎮台	師管*	営所	歩兵連隊名　　軍管管下府県
第一	東京	第一	東京	歩兵第一連隊　東京，神奈川，埼玉，足柄，静岡，山梨，熊谷
		第二	佐倉	歩兵第二連隊　千葉，新治，茨城，栃木県内下野4郡
		第三	高崎	歩兵第三連隊　新潟，栃木，長野，相川，熊谷県内上野11郡
第二	仙台	第四	仙台	歩兵第四連隊　宮城，盤前，福島，水沢，若松
		第五	青森	歩兵第五連隊　青森，岩手，秋田，酒田，山形，置賜
第三	名古屋	第六	名古屋	歩兵第六連隊　岐阜，浜松，筑摩，愛知
		第七	金沢	歩兵第七連隊　石川，新川，敦賀
第四	大坂	第八	大坂	歩兵第八連隊　大坂，兵庫，堺，和歌山，奈良，京都
		第九	大津	歩兵第九連隊　滋賀，三重，度会，敦賀県内若狭一円
		第十	姫路	歩兵第十連隊　飾磨，豊岡，鳥取，北条，岡山，名東県内　淡路一円
第五	広島	第十一	広島	歩兵第十一連隊　広島，小田，島根，浜田，山口
		第十二	丸亀	歩兵第十二連隊　名東，高知，愛媛
第六	熊本	第十三	熊本	歩兵第十三連隊　白川，宮崎，鹿児島，大分
		第十四	小倉	歩兵第十四連隊　小倉，福岡，三潴，佐賀，長崎

22)　『内外兵事新聞』第400号社説「軍隊編制改正ノ風説ヲ聞ク」(2-10頁，1883年4月15日)。同社説は，欧州各国の平時各隊中隊の兵員数は日本のように多くないとして，ドイツ国士官4・下士13・兵卒115の合計132名，オーストリア国士官3・下

士兵卒計92の合計95名，イタリア国士官3・下士兵卒計100の合計103名，ロシア国士官3・下士兵卒計123の合計126名を例示し（フランス国については，士官3・下士16・兵卒66の合計85名を例示しているが，中隊ではなく小隊と考えられる），いずれも戦時の1個大隊人員合計は1千名を越えていると述べた。

23）『内外兵事新聞』第400号の社説の「動員」「戦時動員」の用語・語義は「モビリザション」に相当し，おそらく，ドイツの陸軍軍制に独自に注目したものと考えられる。さらに，『内外兵事新聞』第424-427号社説「出師ノ準備」（1883年9月30日～10月21日）はドイツ軍制書に依拠しつつ，「動員」と「出師発令」「出師準備」「出師規則」を説明しているが，シェルレンドルフ著『独逸参謀要務』前編巻一を基準にして「出師準備」「出師ノ準備」の用語を使用したのであろう。

24）上等兵による下士の代替体制及び下士の地位低下傾向は拙著『近代日本軍隊教育史研究』（64-71，279-281頁）における「上等兵養成主導の軍隊教育」を参照。なお，歩砲兵両兵隊編制表改正に伴う下士や上等兵の当分の置き方と勤務は1884年5月24日陸軍省達乙第39号参照。

25）〈陸軍省大日記〉中『明治十七年七月　大日記　鎮台』総木東第444，446号。

26）〈陸軍省大日記〉中『明治十六年ヨリ十七年十二月迄　総務局綴』。なお，「歩兵隊改正着手順序」「砲兵隊改正着手順序」は『秘書類纂　兵政関係資料』所収の「軍備皇張費取調書」にも収録されている。

27）〈陸軍省大日記〉中『明治十七年四月　大日記　水　総務局』総水参第117号。その後，病馬廠や輜重兵関係の委員が加わった。

28）〈陸軍省大日記〉中『明治十七年七月　大日記　局参監近医軍憲兵　総務局』総水参第263号。

29）〈陸軍省大日記〉中『明治十七年八月　大日記　鎮台』総水東第564号。ただし，同令達に際しては，陸軍卿官房長児島益謙は同8月25日付でと戸山学校と砲兵会議及び工兵会議宛に，「出師準備書及同附録」は通常の条規とは異なり「一般へ御達不相成」ものであり，同書の調査関係諸官のみが長官の意見により閲覧することを含みの上取扱ってほしいと指示した（〈陸軍省大日記〉中『明治十七年従七月至十一月　卿官房』）。鎮台出師準備書は厳格に管理された。

30）〈陸軍省大日記〉中『明治十七年四月　大日記　水　総務局』総水局第261号。なお，『公文録』1884年4月5月陸軍省，第1件参照。

31）〈陸軍省大日記〉中『明治十七年九月　大日記　水　総務局』総水局第683号。ただし，省議では第10条の「直チニ」の前に「成規ニ拠リ」の5字を加えた。

32）〈陸軍省大日記〉中『明治十七年七月　大日記　局参監近医軍憲兵　総務局』総水局第644号。

33) 『法規分類大全』第45巻，兵制門（1），300-301頁。

34) 〈陸軍省大日記〉中『明治十七年十一月　大日記　水　総務局』総水局第843号，総水参第372，373号。山県有朋参謀本部長は11月7日付で陸軍卿宛に，「出師名簿」調製の規則規定のために陸軍省と参謀本部から佐官・尉官各2名を委員として任命して調査させたい旨を協議し，陸軍卿も同意した。同協議によれば，「出師名簿」は戦時各団隊と留守諸官に要する将校及び同相当官と下士・軍属の名簿を平時に調査し，有事の際にこれにもとづいて補任し「錯雑紛踏ノ患」をなくし，「出師準備最要ノ事項」とされた。小沢総務局長の陸軍省条例中改正加除の上申の予備役・後備軍の軀員の名簿編纂等の事務分掌を戦時の編隊の視点から進める意図も，「出師名簿」調製の基礎的資料への対応として位置づけられる。

35) 1884年11月の陸軍省条例中改正加除は武学課の事務分掌事項に「軍隊内務」を新設した。軍隊内務が陸軍省特定局課の事務管掌に規定されたのは同陸軍省条例中改正加除が最初であり，翌1885年6月の歩兵内務書第四版には「満期兵退営取扱ノ定則」や出師準備の規定を新設した。出師準備に向けた在郷軍人対策を重視した。

36) 1887年2月22日に明治天皇が名古屋鎮台を訪れた時に，同鎮台本部で「出師準備表・出師準備関係参謀書類」等を閲覧したとされているが，これらは鎮台出師準備書にもとづき各鎮台が調製したものである（『明治天皇紀　第六』701頁）。

補論　1889年内閣官制の成立と参謀本部

日本の内閣制度は1885年12月に発足した。その後，1889年2月に明治憲法が発布され，同年12月24日に勅令第135号の内閣官制が制定された。1889年内閣官制は戦前日本の明治憲法下の内閣制度の基本構造を固め，1907年に部分的改正が加えられ，1947年の法律第5号の内閣法制定まで施行されたが，およそ平時の内閣制度とみるべきだろう。日本の内閣制度は主に政治学・行政学や日本近代史（政治史）研究の諸分野で研究された[1]。これに対して，本補論は，内閣制度の研究において，近代日本軍制（史）上で最も注目されてきた内閣官制第7条の成立に関する基礎的考察を行う。

まず，内閣官制第1条は「内閣ハ国務各大臣ヲ以テ組織ス」と規定し，第2条で「内閣総理大臣ハ各大臣ノ首班トシテ機務ヲ奏宣シ旨ヲ承ケテ行政各部ノ統一ヲ保持ス」と規定した。これは内閣総理大臣の職務として，内閣の統一と国務に関する天皇への上奏を定めた。これに対して，内閣官制第7条は「事ノ軍機軍令ニ係リ奏上スルモノハ天皇ノ旨ニ依リ之ヲ内閣ニ下付セラルルノ件ヲ除ク外陸軍大臣海軍大臣ヨリ内閣総理大臣ニ報告スヘシ」と，軍機軍令に関しては内閣総理大臣からの上奏の例外的手続きによるものとして規定した。内閣官制第7条は1907年の部分改正の対象にならず，戦前では特に軍部から，軍部大臣（陸軍大臣と海軍大臣）の「帷幄上奏」の法令的根拠として解釈されてきた。なお，既述のように，当時の軍機軍令という文言の「軍機」は軍中の機務を意味し，戦時（あるいは戦時を想定）の重要軍務遂行であり，「軍令」は用兵や作戦指揮の命令であり，およそ戦時限定の統帥上の命令とも称される。

戦前の明治憲法解説では，「帷幄上奏」は，本来的には純然な軍令の範囲に制限されるべきであり，その上奏権者は軍令機関としての陸軍の参謀総長（内閣官制制定当時）と海軍軍令部長（1893年6月の海軍軍令部条例制定以降）に制限されるべきであるという議論が多かった。これに関して，美濃部達吉は「実際ノ慣習ニ於テハ陸軍大臣及海軍大臣モ亦其権能ヲ有スル者トシテ認メラレ，或ハ参謀総長海軍軍令部長ノ発議ニ依リ陸軍大臣海軍大臣ト協議シテ之ヲ上奏シ，或ハ大臣ノ発議ニ依リ参謀総長軍令部長ト協議シテ之ヲ上奏ス」と説明を加えた[2)]。美濃部のように，「帷幄上奏」の権能者の軍部大臣への拡大根拠を「慣習」として説明することは，戦前日本の憲法学説や内閣制度研究の主流であった。

いうまでもなく，軍部大臣は国務大臣であり天皇の国務上の大権の輔弼機関として，軍行政（軍政）管理の軍政機関である。しかるに，軍部大臣は軍政機関にとどまらず，軍令への関与が慣習的に認められ，同「慣習」が明治憲法制定時に厳密に調査されずに維持・継承され，およそ，一般的な（重要）軍務事項に関しても内閣総理大臣を経ずして直接に上奏できる権能を保持することになった。この結果，「帷幄上奏」の体制は，美濃部により，日本の内閣制度において「大ナル異色ヲ呈セシメタリ」とされ，1907年の「軍令ニ関スル件」の軍令公示形式（軍統帥関係事項の勅令を「軍令」という法令的格式として制定し，軍部大臣の副署のみで公示）や軍部大臣現役武官制などにより，「内閣ノ統一ハ之ガ為ニ破ラレ，国ノ政策亦往々齟齬ヲ来シ，遂ニ国ノ内外二重政府ノ非難喧シキニ至レリ」と指摘されるに至った[3)]。この結果，日本軍隊は日本国政府の軍隊ではなく，「異国政府」の軍隊として認識されたこともあった[4)]。

ここにおいて，政府・内閣制度と参謀本部との関係をどのようにみるべきだろうか。

1　1878年参謀本部設置と太政官制度

まず，1878年12月の太政官宛の「山県陸軍卿上申本省ト本部ト権限之大略并陸軍参謀本部条例」中の「本省ト本部ト権限ノ大略」（第2部第2章注24））は，「省部共ニ直隷タルニ相違ナシト雖モ主務タル事項ニハ差別無キ能ハス」として，陸軍省と参謀本部の主務事項分担と「創議（イニチヤチーフ）」（発議権）関係を規定した。陸軍省主務事項は，①人事と予算関係（「人員黜陟竝ニ入費向ノ事」，ただし，将校の職務（課）命免は，陸軍卿は参謀本部長に通知して上裁を仰がせる），②陸軍外の関係事項（徴兵・恩給等を含む省院使府県への照会等は陸軍省の主務事項，府県から参謀本部への照会事項も陸軍省を経由），である。参謀本部の主務事項は，①軍令の措置（「軍隊ノ出張進止分遣路程ノ規則等」を起案し，制定されれば陸軍卿の名により執行する，各鎮台の伺・届等は陸軍省を経由し，その発令・指令は陸軍卿経由の故に陸軍卿の参謀本部長への通知と措置決定の上で，同指令案を陸軍卿に執行させる），②軍令の「創議」の特権保持（軍令事項の施行は参謀本部長が陸軍卿と協議し，同「議決」をまって親裁を仰ぐ，軍隊の編制・節度等〈新設・改革〉に関する発議権の保持），である。この中で，直接上奏の手続きの②の将校の職務（課）命免の手続きには内閣を経由せずに直接に裁可を経て施行された「陸軍佐尉官職課命免ノ件」があり，「明治十一年十二月二十日ヨリ実施ス」とされ，将校の職務（課）命免が直接上奏の最初の事例とされているが，注意が必要である[5)]。

1878年参謀本部設置は，第一に，形式的には太政官制度を内部から破壊した。そもそも，たとえば，1871年7月の太政官職制では，太政大臣は「天皇ヲ輔翼シ庶政ヲ総判シ祭祀外交宣戦講和立約ノ権海陸軍ノ事ヲ統治ス」と規定され，軍事・兵制上の軍令事項・軍政事項のすべてに関して，すなわち，天皇の「万機総裁」を補佐する最高機関であった。この太政官制度の趣旨はその廃止まで一貫していた。しかるに，参謀本部設置によって，まず，軍令機関としての参謀本部長は太政官制度の枠組みから独立し，太政大臣と相対置する位置に立ち，同時に，特に「本省ト本部ト権限ノ大略」により，（本来的には太政大臣管轄下の）軍政機関としての陸軍卿が太政官制度の枠組みから独立し天皇直隷になり，実質的に太政官制度の変則的改革が意味された。これが後にいわゆる「兵政分離」と称されたが，兵権（軍令事項の策案機関）と政権（軍政機関）の完全・単純な二元化体制が成立したことではない。1879年1月の「省部事務合議書」には「陸軍省ト参謀本部トハ恰モ表裏ヲ相為シ相連合シテ同一体ヲ為ス可キ者」の文言があり，陸軍省と参謀本部の「表裏一体」の天皇直隷構造（「本省ト本部ト権限ノ大略」における「省部共ニ直隷」の文言）の上に兵権と政権の相対的な任務分担体制が成立した。この場合，参謀本部の天皇直隷に随伴して（軍制上の技術的理由が強調される），陸軍省・陸軍卿も天皇直隷になったことに政治的画策が内包された。すなわち，外見的には兵権・軍令事項と政権・軍政事項を含む軍隊まるごとの「非政治化・中立化」をねらった側面がある。

第二に，みすごすことができないのは，参謀本部設置に対する当時の危惧や批判である。この点は，既に，梅溪昇が太政官官制下の文官系首脳官僚の対応を考察し，大隈重信は参謀本部設置が将来において政府・陸軍省との紛議を生じさせる恐れがあることを予想し（また，天皇もその種の憂慮をしていたとされる），参謀局長（参謀本部長に昇格）と参議の兼任を発議していたことを解明した[6]。藩閥・文官系官僚主導による参謀本部長人事の効果も見込みられた。大隈の意見は伊藤博文などに受け入れられ，具体的な人事においては，山県有朋は陸軍卿を免じられ参議のままで最初の参謀本部長を兼任した。この結果，太政官制度下の内閣に参謀本部長も実質的に加わることが意味され，形式的に一旦分離された兵権と政権は参謀本部長兼任参議の人格のもとに統一された。参謀本部長自身は人格的には完全に内閣から離れることにはなかった。つまり，参議と参謀本部長の兼任は相互にいわば代理・補完しつつ，太政官・陸軍省と参謀本部は「表裏一体」の関係が保たれる。

参議・参謀本部長兼任体制の慣行は1885年12月22日の太政官制終了時まで続いた。同慣行は，梅溪昇考察のように，兵権を「文民」（正確には文官）優位のもとに運用しようとする文官系首脳官僚の発想であろう。同時に同慣行がどのように解消されたかが考察課題になる。なお，参謀本部側は，同設置直後の12月25日に，参謀本部条例第4条にもとづき，内閣の議事で外国情勢に関連するときは機密事項であっても，毎時，参謀本部長又は次長を閣議に参列させたいことを陸軍省経由で太政官に上申していた[7]。つまり，参謀本部は陸軍省から官制的には独立しても積極的に太政官との連携を保とうとしていた。また，当時の文官系と武官系の首脳官僚の多くが，その内部に派閥形成や対立・抗争を醸し出しつつも，人格的には相互に気心を一致できるような雰囲気にあったというべきだろう[8]。

第三に，「本省ト本部ト権限ノ大略」は基本的には陸軍省と参謀本部の「内規」というべきであるが，参謀本部条例とともに閣議に提出されたので，何らかの制定の対象になっていたことは明白である。しかし，太政官の書記官は『公文録』編纂時には「此件未タ御達ニ相ナラズ」と付箋に記載したように達（布達）されなかった[9]。しかるに，参謀本部側は「省部権限ノ区分ハ曩ニ太政官ヨリ制定セラレタリ」と述べ，それが太政官の処置・関与事項とともに太政官により「制定」されたという認識をもっていた[10]。つまり，参謀本部側は太政官の包括的な監督権を許容していたことがわかる。この参謀本部側の認識は（「制定」されたという認識自体は誤解）少なくとも『参謀本部歴史草案』の編纂開始の1905年8月まで続いたと考えられる。

1885年12月に内閣制度が発足したが，1886年3月18日の参謀本部条例改正に伴って，同年3月26日に「本省ト本部ト権限ノ大略」に海軍も加えた「省部権限ノ大略」という「内規」の天皇裁可が内閣総理大臣から参謀本部長と陸海軍大臣に通牒された。これは，「省部権限ノ大略」がたんなる「内規」ではなく，内閣の処置・関与事項にみあった手続きを経て制定されたことを意味している[11]。また，これは，後年，たとえば，陸軍内部（陸軍大臣，参謀総長，教育総監の上奏と裁可）だけでとりきめられた1913年の「陸軍省，参謀本部，教育総監部関係業務担任規定」の制定手続きとも異なり，事実上，当時（1886年12月内閣職権）の内閣総理大臣の強い包括的な関与事項であったことを示している。

2　太政官制度下の参謀本部長と陸軍卿の直接上奏裁可後の奉行手続きの成立

参謀本部側は「本省ト本部ト権限ノ大略」の扱いの一部誤解を含みつつも太政官の包括的な関与事項として許容していた。なぜ太政官・内閣の包括的な関与事項としての認識が生まれたのか。これについては，参謀本部の官制的独立と天皇直隷に対する太政官側対応の検討が必要である。

まず，参謀本部設置後の12月20日付で山県有朋陸軍卿は右大臣宛に参謀本部条例増補（第1，8，9条中）を上申した。これは，12月21日の大臣と参議の回議を経て太政大臣から上奏され，裁可後，翌1879年1月4日に太政官に下付され，1月6日に太政官から参謀本部に下され，陸軍省に通牒された。陸軍卿上申と太政大臣上奏の時点では参謀本部長は未だ補職されていないので，太政官からの上奏になったと考えられる。ただし，太政大臣上奏書（太政官奏上紙）には，太政官書記官議案として「参謀本部条例増補ノ件　右陸軍卿上申之通御裁下可相成哉御達按ヲ具シ仰允裁候也　参謀本部へ御達按　其部条例中左之通増補候条此旨相達候事」と，「御達按」を含む上奏文が記載されていた[12]。12月21日の内閣における太政大臣上奏決定の時点では参謀本部長の補職（12月24

日）は当然に想定されていた。つまり，参謀本部条例の改正等の起案・上奏を誰がどのように行うか，同改正等の裁可後の奉行（執行）をどのように行うか，等が話題になったと考えられる。その場合，太政官書記官議案の「御達按」を含む上奏書式は議論の対象になりえた。

そして，1879年1月10日に，太政官（三条実美太政大臣と岩倉具視右大臣）においてそうした上奏書式からの「御達按」の分離を検討して決裁したものが，「参謀本部長陸軍卿ヨリ直ニ上奏御裁可ノ後奉行手続」である[13]。これは，前年12月の参謀本部条例や未布達の「本省ト本部ト権限ノ大略」等にもとづく参謀本部長と陸軍卿の直接上奏と太政官との関係（奉行手続き）について

「奉行手続左ノ通
参謀本部長陸軍卿ヨリ直ニ上裁ヲ請フモノハ御裁可ノ後大臣ヘ御下付大臣検印書記官ニ奉行セシム
但奉行ノ後書記官ヨリ参謀本部ヘ通報ス
御裁可本書ハ常例ノ手続ヲナシテ秘庫ニ蔵ム」

と規定している。

本規定は，太政官側の軍令事項等にもかかわる奉行手続きを規定したものとして極めて注目される。本規定によれば，参謀本部長と陸軍卿の直接上奏の案件で裁可されたものは太政官に下付され，検印後に太政官書記官をして執行させることになっている。この場合，その案件がいかなるものであるかは不明であるが，参謀本部長の機関名も記載されているので本補論では「軍令事項等」と表記しておく。この場合，実務上（裁可文書の処理と保管）は太政官書記官が「軍令事項等」奉行機関になるが，形式的には太政大臣が「軍令事項等」奉行機関であることを表明しているようなものであり，「軍令事項等」奉行機関は，陸軍卿・陸軍省と太政大臣の二重機関になる。なぜ，このような二重の奉行手続きを生むような規定を作成したのだろうか。最大の理由は，当時の太政官制度下の位階制（官位・職掌制度）にあったと考えられる。各省の長官である卿は参議と兼任であり，位階制上は参議以下に位置する。参議は大臣のいわば補佐役であり，陸軍卿自身は太政大臣からみれば，いわば自己の補佐役以下の，二ランク以下の位階にあるものとみなされる。そうした位階制上の陸軍卿が軍令事項等の執行従事に，太政大臣の同時執行の手続きを形式的に規定し，同執行

を権威づけたと考えられる。いわば，軍令事項等に対する太政大臣の包括的な監督権を示した。なお，参謀本部長の位置も同様である。太政官制度下では，参議と参謀本部長は兼任制であり，参議は大臣の補佐役であり，位階制下では，参議・参謀本部長は太政大臣の包括的な監督権に包まれることはいうまでもない。しかし，本規定がただちにそのまま実施されたのではない。本規定に見合った法令（軍令事項等）の執行手続きの意味を考察するために，官制にかかわる参謀本部条例と監軍本部条例の改正手続きを検討しよう。

太政官制度時代の参謀本部条例と監軍本部条例の改正には，①1879年8月参謀本部条例中改正（参謀本部長上奏，陸軍省奏上紙），②1880年4月参謀本部条例中改正（陸軍卿参謀本部長上奏，参謀本部奏上紙），③1880年5月監軍本部条例中改正（陸軍卿参謀本部長上奏，参謀本部奏上紙），④1880年11月参謀本部条例中改正追加（陸軍卿参謀本部長上奏，参謀本部奏上紙），⑤1880年12月監軍本部条例中改正追加（陸軍卿参謀本部長上奏，陸軍省奏上紙），⑥1882年1月参謀本部条例中改正（陸軍卿参謀本部長上奏，陸軍省奏上紙），⑦1882年2月参謀本部条例中改正（太政官内閣上奏，太政官奏上紙），⑧1884年9月参謀本部条例中改正（太政官内閣上奏，太政官奏上紙），⑨1885年5月監軍本部条例改正（陸軍卿参謀本部長上奏，陸軍省奏上紙），⑩1885年7月参謀本部条例中改正（陸軍卿参謀本部長上奏，陸軍省奏上紙），がある[14)]。

この中で，①は同年7月の山県有朋参謀本部長の単独上奏である。ただし，山県有朋は参議兼任であった。7月25日に太政官書記官提出の「参謀本部条例中改正ノ件　御達按　参謀本部　其部条例第八条第九条中左ノ通改正候条此旨相達候事［以下略］」という「御達按」が大臣・参議の回議に付され，8月15日に参謀本部に通知された。また，陸軍省には参謀本部条例中改正が太政官書記官から通牒された[15)]。②は4月13日になされ，上奏文は「参謀本部条例中改正之件　左之通奉仰允裁候［以下略］右指令案　伺之通　御沙汰候事」と，いわば上記の「御達按」のような「右指令案」まで含めていた。②の「右指令案」を含む上奏文は内閣で問題にされたと考えられるが，太政官書記官は4月13日に「参謀本部条例中改正ノ儀御達ノ事御達案其部条例第三条第二十四条左ノ通改正候条此旨相達候事」という議案を提出し，大臣決裁を経て4月14日に参謀本部に通知し，陸軍省に通牒した[16)]。③④⑤⑩は上奏後，内閣書記官が「御達案」を提出し，大臣決裁を経て監軍本部又は参謀本部に下し，陸軍省に通牒した。⑥⑦は上奏後，太政官書記官が「参謀本部条例中改正ノ儀別紙ノ通リ允裁相成候ニ付左ノ通同部へ御達可相成候哉相伺候也」という「御達案」を提出し，大臣決裁を経て参謀本部に下付した。また太政官書記官は参謀本部に下付の旨を陸軍省に通牒した[17]。⑧は陸軍卿の太政大臣への上申（測量課の測量局昇格・拡張等）にもとづき，参事院審査と参議の回議及び大臣決裁を経て内閣からの上奏になった。ただし，天皇の裁可印は「可」でなく，「聞」である。⑨は上奏後，参議の回議と大臣決裁を経て監軍本部に下した。いずれの参謀本部条例中改正手続きも太政官制度内での官制中改正の変種として認識されたことはいうまでもない。

以上の参謀本部条例と監軍本部条例の改正手続きでは，「参謀本部長陸軍卿ヨリ直ニ上奏御裁可ノ後奉行手続」の奉行手続きの趣旨が比較的完全に実現されているのは，⑥⑦の1882年1月参謀本部条例中改正（海防局設置等）と1882年2月参謀本部条例中改正（陸軍大学校の管理等）である。つまり，直接上奏と奉行手続きを分離した上で，奉行手続きを太政官が管理した。ここには太政官の国務上の政治的責任と太政大臣の包括的な監督権の認識が含まれ，参謀本部の官制中改正に対する内閣としての認識は保持されている。

3　1885年内閣制度下の参謀本部長と内閣職権

1885年12月22日に太政官達第69号により太政大臣左右大臣参議各省卿の職制を廃止し，内閣総理大臣及び宮内大臣・外務大臣他八つの諸大臣をもって内閣を組織した。ただし，1885年の内閣制度の発足は諸大臣のみの組閣に尽きるのではなく，内大臣と参謀本部・元老院・警視庁のトップや宮中顧問官の任官をワンセットにした政府中枢官職の新構成を伴った。

(1) 政府中枢官職者任官と参謀本部長の官記

まず，12月21日に太政大臣と左大臣は三条実美以下34名の任官を上奏して裁可されたが，同任官名簿の主な上位官職者は下記の官記（辞令書式）の通りであり，そこに参謀本部長の任官も位置づけられた[18]。同34名の任官は翌22

日に内閣総理大臣により確認され，ただちに内大臣から官記が発された。

	従一位大勲位公爵	三条実美
任内大臣		
	陸軍大将二品大勲位	熾仁親王
兼任参謀本部長議定官如故		
	従三位勲一等伯爵	伊藤博文
任内閣総理大臣兼宮内大臣		
	従三位勲一等伯爵	井上　馨
任外務大臣		
	陸軍中将従三位勲一等伯爵	山県有朋
任内務大臣		

［以下略］

これによれば，熾仁親王陸軍大将の参謀本部長任官は，陸軍大将兼任とはいえ，34名の政府中枢メンバーの1人であることはいうまでもなく，内閣を基本にした政府中枢メンバー全体をどのように構成し人選するかという文脈のもとで選任されたことはいうまでもない[19]。つまり，内閣・政府からの分離・独立的意思強調のもとに参謀本部長が単独選任されたのではない。それは（究極的には）当時の参謀本部長は政府中枢メンバー全体の一員とみなされていたことを意味し，本人も政府中枢と一体化された立場としての自覚であった。ただし，このことは「シビリアンコントロール」ということではない。これは，当時の内閣と政府中枢は「藩閥」を抱えこんでいたが，参謀本部のトップ人事構想は政府成立構想と一体化されていたことを意味する。ちなみに，太政官廃止により，参議と参謀本部長の兼任慣行は解消されると同時に参謀本部長には陸軍大将有栖川宮熾仁親王が任命された。熾仁親王の官記は下記の通りである[20]。

「　　　　　　　　　　　陸軍大将二品大勲位熾仁親王
任参謀本部長　議定官如故
　　　　　　　内大臣従一位大勲位公爵三条実美奉
明治十八年十二月二十二日　　　　　　　　　　　」

これは，太政官廃止直前の12月22日の太政官達第68号により「御璽国璽」の管理責任者であり常時輔弼職の内大臣を宮中に置き，ただちに三条実美が内大臣に任命され，他の任官者も含めて，参謀本部長任命（補職）等にかかわる当該任命奉行者が必要と考え，内大臣が署名し伝達奉行者になったことを意味する。その後の熾仁親王の補職関係の辞令書は，①1887年3月7日付の「第五・第六両軍管特命検閲使被　仰付」，②1887年12月26日付の「近衛都督陸軍大将兼参謀本部長一品大勲位熾仁親王　免　本　職」，③1888年5月14日付の「兼任参軍」（天皇睦仁の署名あり），④1889年3月5日付の「第三，及，第四師管巡閲被　仰付」，⑤1889年3月9日付の「兼任参謀総長」（天皇睦仁の署名と「天皇御璽」あり），とされ，伝達奉行者は内閣又は内閣総理大臣である[21]。これらは「親補」の補職措置であるが，天皇直隷の軍隊統帥機関の参謀本部長等の補職関係の辞令書の伝達奉行者として内閣や内閣総理大臣を位置づけたことは，参謀本部長も天皇の官僚の一構成員であり，軍隊統帥に関する内閣や内閣総理大臣の包括的な監督権の認識が含まれている。

(2) 内閣職権の制定——参謀本部長の「分家」的機関認知

内閣の組織発足日の12月22日に内閣総理大臣の職務権限等を規定した「内閣職権」が内閣に「被仰出」れ，太政大臣は官省院庁府県に「為心得」として通知した[22]。内閣職権はもともと一般に布達されたのでなく（『官報』には不掲載），いわば官制に関する官庁内の内部規則であった。内閣職権第1条は「内閣総理大臣ハ各大臣ノ首班トシテ機務ヲ奏宣シ旨ヲ承ケ大政ノ方向ヲ指示シ行政各部ヲ統督ス」と，内閣総理大臣の権限の優越性を基本にした内閣制度を成立させた（下線は遠藤）。ここで，下線部の「指示」は，官制上での指揮・命令の上下隷属関係がない行政機関（の長官，各省大臣）に対して，可能な限り当該指示内容の実現に努めさせることを意味する。内閣職権による内閣制度下の内閣総理大臣の地位や権限は太政官制時代の太政大臣の地位と権限にやや近い。

第一に，内閣職権第6条は「各省大臣ハ其主任ノ事務ニ付時々状況ヲ内閣総理大臣ニ報告スヘシ但事ノ軍機ニ係リ参謀本部長ヨリ直ニ上奏スルモノト雖モ陸軍大臣ハ其事件ヲ内閣総理大臣ニ報告スヘシ」と規定した。第6条は，条文上は各省大臣の主任事務報告義務を一般的に規定し，さらに，特に陸軍大臣に対して，参謀本部長からの軍機にかかわる直接上奏内容の報告を補足的・例外的に義務づけた。すなわち，参議との兼任慣行が消滅し，内閣メンバーから離れつつある参謀本部長のいわば代理的存在として，参謀本部長と最も強く連携している陸軍大臣に報告義務を課した。しかし，参謀本部設置の形式的・窮極的趣旨からみれば，第6条の但し書きの文言は，政府・内閣（総理大臣）として公式的・直接的には関与不能の機関としての参謀本部長の官職名を表記したことになり，本質的にはなじまない。ただし，参謀本部側からみれば，軍機関係の上奏内容が陸軍大臣を仲介して内閣に報告されることは，法令上は一種のサービス的奉仕として位置づけられる。

にもかかわらず，第6条に参謀本部長の官職名をあえて表記した理由には，太政官制下の参議・参謀本部長兼任慣行の余韻のような雰囲気のもとに，官制の一変種として，参謀本部長を人格的には内閣のいわば「分家」的機関として認知したいとする苦肉の発想があったといえる。つまり，内閣職権はそうした「分家」的機関の参謀本部長の直接上奏の内容は内閣としても無関係・無関心ではないと位置づけ，同報告はサービス的奉仕を超えた制度的業務として拘束する意図を含み，内閣総理大臣の強い包括的な監督権（「大政ノ方向ヲ指示シ」）を示している。このことは，逆にみれば，内閣職権までは内閣構成メンバーの最終的確定は実現していなかったとみるべきだろう。そして，内閣職権は内閣の内部規則であるが故に，なじまないところの参謀本部長の官職名が表記されても許容されたのであろう。

第二に，その上で，第6条の軍機に関する上奏内容の報告義務を陸軍大臣に課したことは，当時における同軍機（の意味）が戦時を基本にした軍中の機務であることにもとづきさらに考察すれば，内閣の戦時対応体制想定の規定であったと考えてよい。序論既述のように，1884年から1885年にかけての東アジアにおける軍事的衝突と緊張もあったが，内閣職権第6条の但し書きは内閣の戦時対応体制として，参謀本部自体を戦時の大本営的機関として想定した上で，内閣と戦時大本営的機関との連繫を規定したのである。陸軍省や参謀本部は，本書の主題の一つとしての帝国全軍構想化路線からみれば，同連携規定に対する違和感はなかった。すなわち，内閣職権第6条の但し書きは軍制技術上の平時と戦時が未分化段階で，陸軍における戦時編制，特に戦時大本営編制の未策定段階において，参謀本部長をして戦時大本営的機関を代表せしめて内閣と緊密に連繫させることを意味する。

第三に，内閣職権による内閣制度のもとで，翌1886年3月に「省部権限ノ大略」（正確には，「参謀本部陸海軍省権限之大略及上裁文書署名書式」）が制定された。これは，主として陸軍省と内閣との協議のもとで起案され，1878年の「本省ト本部ト権限ノ大略」に海軍関係等を加筆したものである。本制定に対する海軍省の関与・協議等は不明であるが，同年6月10日に海軍大臣秘書官は陸軍大臣秘書官に閣議提出手続きと参謀本部協議事項（創議権）の具体的な事例関係に関して照会している[23]。

すなわち，海軍大臣秘書官は，「一　内閣へ提出スヘキモノハ参謀本部へ表面協議ヲ要セサル由承及候果シテ然ラハ鎮台条例進級条例ノ如キモ参謀本部へ協議ヲ要セサル義ニ候哉　一　定員ニ関スル事ハ大臣ト本部ト連署上裁ヲ乞フノ例ナルヨシ果シテ然ラハ本省定員鎮台定員各官廠学校教導団等ノ定員モ上裁ヲ乞フ例ニ候哉」と質問した。これに対して，陸軍大臣秘書官児島益謙は，第一項については「閣議提出ハ大臣主務ノ件ニ付一切協議スルコトナシ然レトモ其軍令ニ関スル事柄幷団隊ノ編制等ヨリ軍隊ノ発差ニ連ナルモノ即チ鎮台条例ノ如キハ閣議提出前大臣ヨリ部長ニ打合セ部長其原案ニ付意見アルトキハ創議ノ旨趣ニ因リ大臣ニ協議スルノ振合ニ候又省ニ於テハ部長意見ノ趣尚取捨ヲ加ヘ閣議提出ノ例ニ候也其他重立タル条例規則類ハ部ニ於テ定制ノ節度ヲ審カニスルノ箇条ニ就テ予メ内牒ノ部分ニ候」と記述し，第二項については「人員ニ関スルハ省ノ主務ニ属スルハ本部へ協議スルコトナシト雖トモ軍隊ノ編制上ヨリ生スル定員ノ如キ即各隊編制表（定員モ含有ス）ハ大臣部長連署上裁ヲ乞フノ例ニ候其他省属各官廨定員ヲ定ムルハ大臣権内ヲ以テ省令ヲ発布スルノ例ニ候」という回答案を準備した。

海軍大臣秘書官照会・陸軍大臣秘書官回答案をみると，閣議提出手続きに対する当時の陸軍省の考え方がわかるが（軍令関係事項は参謀本部長との協議を経て閣議提出），軍隊編制の「定員事項」（各隊編制表）は陸軍大臣と参謀本部長の直接上奏により制定することを強調した。特に陸軍大臣秘書官回答案は軍隊編制を理由にして「定員事項」（各隊編制表）までも直接上奏の対象にし，「省部権限ノ大略」（「定員事項」は明記されていない）自体の大幅な拡大解釈を示したことになる。また，そうした拡大解釈は1890年10月陸軍定員令制定の先行事例として注目される。

なお，1886年3月参謀本部条例改正は海軍の参謀職務機能を包摂・吸収したが，内閣職権第6条が改正されなかったことにより，参謀本部長が陸海軍の統師を代表して帷幄の機務に参画し，内閣と連携する法令構造が生まれた。

4　1889年内閣官制の制定過程
――軍機軍令事項上奏資格者拡大と「戦時ノ帷幄」の想定――

(1) 内閣組織案の起草文書

明治憲法発布後，1889年12月24日の内閣官制制定以前に，内閣組織案に関する条文と上奏案の起草文書が内閣で作成されていた。当時の内閣法制局長官井上毅は11月17日に同起草文書にさらに加除・修正を施したが，内閣構成のメンバーは確定的なものとして構想されていない[24]。

たとえば，同起草文書の「内閣組織」(案，全12条) は，第1条案において「内閣ハ各省大臣及内大臣ヲ以テ組織ス，但シ宮内大臣ハ内閣ノ列ニ在ラス，内閣総理大臣ノ職ヲ廃ス」と，憲法外的機関の内大臣を内閣組織のメンバーに含めるとともに内閣総理大臣廃止を起草した。これは，同年10月25日からの三条実美内大臣の内閣総理大臣兼任を考慮したためであるか否かは不明であるが，内大臣は内閣におけるいわば「目付役」の役割を与えられたことも考えられる。しかし，井上毅は第1条案をそのままに置き，何ら修正等を加えていない。

次に，同起草文書は第9条案として「事ノ軍機軍令ニ係リ，参謀本部長ヨリ直ニ奏上スル者ハ，或ハ旨ニ依リ，之ヲ内閣長ニ下シ又ハ陸軍大臣ヨリ直ニ内閣長ニ報告スヘシ」と起草した。第9条案等に記述された「内閣長」は，内閣総理大臣廃止の結果，勅令により内閣組織メンバーから補される首班であり，いわば，内閣の代表的位置に立つメンバーとして構想され，内閣職権の内閣総理大臣の権限・職務とは異なり，その位置は低い。ところで，この第9条案では「参謀本部長」という誤官職名 (1889年3月の参謀本部条例第2条は「帝国全軍ノ参謀総長」を規定) が表記され，かつ，「軍令」が加えられた。本軍令は軍制技術上の軍令であり，法令格式上の軍令ではない[25]。

これは，参謀本部官制に関する誤解があるが，参謀本部長と陸軍大臣との表裏一体的な連携に関する認識を含めており，1885年の内閣職権第6条の但し書き部分をほぼ継承した上で，条文構成上は単独の独立条文として明確に格上げした。これによって，直接上奏事項に関する陸軍大臣からの内閣総理大臣への報告義務は内閣職権第6条のような補足的・例外的な措置ではなくなったが，参謀本部長名の表記は参謀本部長を人格的には内閣のいわば「分家」的機関として制度的に認知する雰囲気を残した。なお，井上毅は第9条案の「或ハ」の文言以降を「天皇ノ特旨ニ依リ，之ヲ内閣ニ下付セラルルノ件ヲ除ク外，陸軍大臣ヨリ内閣長ニ報告スヘシ」という文言として整備すべく加除を施したのみであり，ほぼ第9条案を許容していたと考えられる。ただし，井上毅は，同起草文書第5条案の閣議を経るべき案件第3項の「官制ニ係リ又ハ法律施行勅令(但シ軍令ヲ除ク)」の起草に対して，特に( )内の「軍令」を「但シ軍令ノ予算又ハ高等行政ニ干渉ナキ者ヲ除ク」と修正した。井上毅の第5条案修正は軍令に対してさらに踏み込んで考案し，予算措置・高等行政等に関連する軍令を内閣管掌事項として明示化した。

しかし，繰り返すが，同起草文書と井上毅の第9条案修正は，既に「参謀本部長」という帷幄参画機関はなく，帷幄参画機関として「帝国全軍ノ参謀総長」が置かれ，また，陸軍の「軍隊練成ノ斎一ヲ規画」(1887年5月監軍部条例第1条)する天皇直隷の監軍が置かれていたので，当時の帷幄参画機関対応関係に関しては齟齬がある。さらに，海軍に関しては帷幄参画機関でもある海軍大臣名が欠落している[26]。ただし，11月17日の時点において，果たして内閣組織案は官制に関する勅令(たとえば,「内閣組織令」など)による公布・施行を前提にして起草されていたか？ あるいは内閣職権のように内閣の内部規則として施行されることを前提にして起草されていたか？ が問題になる。これらは不明であるが，内大臣を内閣メンバーとして起草したことは後者の性格が強い。そして，後者の場合には帷幄参画機関名自体の表記は(その機関名が誤記であっても)許容されえたと推定される。

(2) 1889年内閣官制の成立

12月24日の閣議提出の内閣官制の上奏案(「上奏案　内閣官制　右閣議ニ供ス」，勅令案記載の閣議請議書)は内大臣を内閣メンバーからはずしたが，第7条は「軍ノ軍機軍令ニ係リ奏上スル者ハ天皇ノ旨ニ依リ之ヲ内閣ニ下付セラルルノ件ヲ除ク外陸軍大臣海軍大臣ヨリ内閣総理大臣ニ報告スヘシ」と起案した[27]。

ただし，閣議請議書の第7条起案原文は「事ノ軍機軍令ニ係リ参謀本部長ヨリ直ニ奏上スル者ハ天皇ノ旨ニ依リ之ヲ内閣ニ下付セラルルノ件ヲ除ク外陸軍大臣海軍大臣ヨリ内閣総理大臣ニ報告スヘシ」の文言であり，その「参謀本部長ヨリ直ニ」の9字上に白紙を糊付けで貼り，さらに，その白紙上に朱破線を施した（以下，「閣議請議書」と略記）。この白紙の糊付け貼紙措置は，まず，当該の文言・字句を覆い塞ぎ込み，閣議請議書の起案原文自体に当該の文言・字句がもともとなかったものとして起案したことを示す措置である。すなわち，当該の文言・字句を表出・浮上させない措置である。これは，空欄等（又は付箋等による書きこみなど）における加筆・削除・修正措置や抹消措置とは異なる。加筆・削除・修正や抹消措置は起案段階（閣議請議書の作成）で，もともと，原文自体に某の特定文言・字句等があったことを前提にしている。次に，白紙上に朱破線を施したことは，同（原文上の）白紙上に新たな書きこみ等の防止措置を意味する。すなわち，閣議請議書の第7条起案原文で閣議の対象になるもの（なったもの）は，「事ノ軍機軍令ニ係リ奏上スル者ハ天皇ノ旨ニ依リ之ヲ内閣ニ下付セラルルノ件ヲ除ク外陸軍大臣海軍大臣ヨリ内閣総理大臣ニ報告スヘシ」の文言であることを明確に確定するための措置であった。閣議請議書の糊付け貼紙は不体裁ではあるが，「参謀本部長ヨリ直ニ」の9字の不要は，おそらく閣議（直）前において内閣書記官の最終的調査により急遽不要なものとして実務的に行われたのであろう[28]。

この場合，なぜ，「不要」としたのか。その理由は，①内閣官制が内閣職権のような内閣の内部規則としての制定ではなく，法令格式の一つである勅令としての制定を明確化（内大臣を内閣に加える構想は消えるなど）したことが考えられる。その結果，「参謀本部長」という帷幄参画機関名は誤記であることはいうまでもないが，そもそも，参謀本部長の帷幄参画機関からの直接上奏を本来的な正規のものとして認めたとしても，帷幄機関参画名自体を内閣官制に明文表記することは不能（あるいは，なじまない）とみなされたためであり，②陸軍大臣とともに海軍大臣の記載によって，改めて，海軍大臣と「参謀本部長」（誤官職名であるが）との関係を精査し，その非対応関係が明らかにされたからである。そして，軍機軍令事項上奏権保持者が「参謀本部長」に限定されず，陸軍大臣と海軍大臣の慣習的な直接上奏権の保持を確認したからである。さらに，③将来の新たな帷幄参画機関の設置や同構成員拡大等の可能性は排除されず，それらの可能性への適宜広範囲な対応のために，特定の帷幄参画機関名の規定・限定化は適切でなく，軍機軍令事項上奏資格者拡大想定を適切と判断したからである。つまり，①と②の趣旨を生かし，③の将来的対応を含み，軍機軍令に関する直接上奏の内閣総理大臣への報告を積極的な手続きとして規定したのであろう。以上が，内閣官制第7条の成立上の特質である。本特質は，陸軍大臣と海軍大臣の直接上奏に限れば，戦前の山崎丹照による指摘の陸軍大臣と海軍大臣の慣習的な直接上奏を「裏面から規定し」[29]たことのみでなく，内閣の統一・調和に好結果をもたらすことを期待して積極的に規定したとみなすことができる。

かくして，内閣官制の閣議請議書の第7条原文（「事ノ軍機軍令ニ係リ奏上スル者ハ天皇ノ旨ニ依リ之ヲ内閣ニ下付セラルルノ件ヲ除ク外陸軍大臣海軍大臣ヨリ内閣総理大臣ニ報告スヘシ」）が成立した。内閣官制第7条起案原文は，文字通り，内閣総理大臣を経由しない直接上奏の実態・慣習を前提にしつつも，軍機軍令事項上奏資格者の勅令条文明記を避け，当該の軍機軍令事項上奏に関する陸軍大臣海軍大臣からの報告義務のみを規定したことを意味する。これによって，法令上は参謀本部長の内閣のいわば「分家」的機関としての制度的認知の雰囲気も消えたが，積極的連携が失ったとはいえない。法令技術上は官僚機構の近代的整備の文言規定化が行われ，内閣官制は参謀本部長という「分家」的機関の認知レベルよりもさらに広範囲な帷幄参画機関（1887年5月軍事参議官条例による軍事参議官の設置・存在等を含む）が平時の内閣制度に緊密にかかわり官制の変種として存在することを積極的に想定したことはいうまでもない。

(3) 内閣官制の「謹奏」書の成立と内閣官制第7条――「戦時ノ帷幄」の想定

内閣官制第7条の直接上奏手続きは，当時の内閣官制裁可を請う内閣諸大臣の1889年12月24日の「謹奏」書の成立（『官報』への掲載手続を含む）との関係においてもさらに検討される必要がある。

まず，本「謹奏」書は井上毅の代草により「内閣ノ組織ハ同心一致ヲ以テ根本トス，故ニ内閣ノ各員ハ内部ニ多少議論ノ異同アルニ拘ラズ，其ノ外ニ向テ宣布シ，及施行スルノ政治上ノ方嚮ハ，必帰一ノ点ニ傾注セズムハアラズ，而シテ内閣ノ一致ヲ保タムトセハ，内閣ノ機密ヲ以テ緊要トセザルヘカラズ，立憲国ノ政体ハ，公明ヲ旨トシ，議会ハ公開ヲ例トスルニ拘ラズ，内閣ノ会議ハ専ラ秘密ヲ主トシ，各員ノ意見ハ，一モ外ニ漏洩シテ輿論ノ毀誉褒貶ノ種子トナルコトナシ，故ニ内閣ノ一致ハ戦時ノ帷幄ト均ク，之ヲ金鋳ノ固キニ比スルコトヲ得ヘシ」と起草された[30]。「謹奏」書の成立過程には二つの特質がある。

第一に，井上代草は憲法上の内閣制度の総括的意義を述べたが，内閣組織の根本として内閣構成員の同心一致，特に，機密厳守に関する義務と徳義を強調したことに特徴がある。そして，その同心一致と機密厳守は「戦時ノ帷幄」と等しいと起草したことに明治憲法下の内閣制度の最大の特色がある。つまり，内閣官制は平時を基本にした官制であるが，「戦時ノ帷幄」という戦時の天皇の軍事顧問機関（の存在やその立ち上げ）を想定した上で，同軍事顧問機関内の機密厳守と同等レベルの機密厳守を内閣構成員に特に求めたのである。ここで，「戦時ノ帷幄」は日清戦争における「御前会議」と同様のものであったとみてよい（本書第3部第3章の注13）参照）。ただし，その場合，内閣内の機密厳守の義務と徳義の強調は当然としても，また，そもそも，「戦時ノ帷幄」の文言が内閣内で了解されたとしても，果たして，内閣外の第三者等が同「謹奏」書（案）を見た場合には相当の質疑・議論等が予想された。つまり，「戦時ノ帷幄」と内閣官制・内閣制度との関係，「戦時ノ帷幄」と「平時ノ帷幄」との関係，などの説明を必要とした。

その後，井上代草の内閣官制の「謹奏」書（案）は文章が削除・修正され整備された後に（該当正文は「内閣ノ組織ハ戦時ノ帷幄ト均ク同心一致ヲ以テ根本トスヘシ内閣ノ各員ハ内部ニ多少議論ノ異同アルニ拘ハラス其外ニ向テ宣布シ及施行スルノ政治上ノ方嚮ハ必帰一ノ点ニ傾注セサルヘカラス而シテ内閣ノ一致ヲ保タムトセハ内閣ノ機密ヲ以テ最モ緊要トセサルヘカラス」云々と起案（下線は遠藤））[31]，上記の12月24日の閣議に提出されて了承され，上奏された。

しかるに，翌1890年1月4日の閣議で「謹奏」書の『官報』掲載を決定し，1月10日の上奏を経て裁可され，同14日に内閣から官報局へ下付された。その際，「謹奏」書には，下線部の「戦時ノ帷幄ト均」の7字を削除して『官報』に掲載するという付箋が付けられた[32]。『公文類聚』所収の「謹奏」書の下線部7字削除措置は見せ消ちによる「削除」ではなく，7字上への白紙の糊付け貼紙措置と同白紙上への朱破線の施しであるが故に，同7字はもともとなかったことにするという判断が加えられたとみてよい。同判断の理由は，おそらく，1月4日の閣議において，公表した場合の「戦時ノ帷幄」の文言をめぐる質疑・議論等の発生と説明責任が予想されるとして，同説明の回避や放棄のために，予め，もともと同文言はなかったものとして措置したのであろう。いずれにせよ，内閣官制には戦時の天皇の軍事顧問機関の存在や立ち上げ等に関する想定や認識が含意されていたとみてよい。

第二に，内閣官制は各省大臣の機密厳守が履行されなかった場合の処置・処分・対応等の条項は特に規定しなかった。ただし，機密厳守で最重要とされたのが軍事上の機密であったことはいうまでもない。その場合，内閣における軍事上の機密厳守を担保するものとして内閣官制第7条が規定されたと主張するのが，有賀長雄の内閣官制第7条の成立と意義に関する主張（二重内閣論，二重国家論）である。有賀長雄の主張は，1900年時点における「天皇の帷幄」の構成範囲を整理・構想しつつ[33]，平時の軍政機関としての内閣の軍令軍政の混成事務の扱い方は，純然たる軍令事務と軍政事務とは異なり，「是れ軍機に渉りて秘密を要し，仮令国務大臣たりとも現役軍人に非さる者に示し難きものなるも知るへからず。例へは国防計画の如き，経費の上より言へは国政事務として扱はさるを得すと雖，若之を以て陸軍以外の人物に示すときは陸軍の紀律を以て取り締り難し，故に漏洩の恐あり，所謂政党内閣の国に在りては尚ほ更然りと為す。故に此の部類の事務に関しては一種特別の制度を設けさるへからす，即ち是れ我内閣官制第七条の在る所以にして，著者［有賀長雄］は同上の結果に依り日本の内閣は表面上単一にして内実は二重組織なることを断言するを憚らさるものなり。」と説明した。つまり，内閣官制第7条の陸海軍両大臣は，軍政事務で「事ノ軍機軍令」にかかわるものは機密漏洩防止のために直接上奏を経て，適当な時期に内閣総理大臣に報告する等を規定したと指摘した。有賀は同規定により「我か内閣は一般内閣ありて其の内部に別に軍事内閣あり，彼［政党内閣の国］と此と組織を異にすと謂ふ所以なり。」と説明した。有賀によれば，

「一般内閣」は「軍事内閣」を包むが，究極的には「軍事内閣」よりも上位カテゴリーであることはいうまでもない。

有賀の主張はその限りにおいてはほぼ適切であり，総じて近代日本の内閣制度における軍機軍令事項関係は，法令上は内閣職権による参謀本部長の「分家」的機関装置から，内閣官制による機密漏洩防止装置としての認識に至ったことが意味される。そして，内閣官制が有賀説のように内部に「軍事内閣」を抱えたとしても，官制上の一変種とみるべきであり，制定当時は重要軍機軍令事項をめぐる内閣統一に支障が生ずるという想定は勿論ありえず，内閣の中で調節・調和され，同第7条が好結果をもたらすという見込みがあったことはいうまでもない。

かくして，12月24日の閣議は内閣官制の上奏案を決定し，同日中に上奏(「謹奏」書) と裁可が行われ，「裁可書」に三条実美内閣総理大臣以下8名の国務大臣が署名した[34]。その後，閣議請議書に内閣総理大臣以下8名の国務大臣名と勅令番号の「百三十五号」が内閣書記官により朱字で記載された。これによって内閣官制裁可と施行の手続きが完了し，当日に三条の内閣総理大臣兼任が解かれ，山県有朋が内閣総理大臣に任命された。

内閣官制第7条は陸軍大臣海軍大臣の慣習的な直接上奏をいわば裏面側から認めた。しかし，その慣習的な直接上奏自体も太政官制度時代から明治憲法発布前後の実態のように，太政大臣の包括的な監督権のもとに営まれていた。つまり，たとえば，陸軍大臣海軍大臣の直接上奏自体が「慣習」なのではなくて，正確にいえば，直接上奏は太政大臣の包括的な監督権のもとに営まれていたことを含む「慣習」であった。内閣官制第7条の軍機軍令事項は高度性を濃密に含むに至れば，国家統治や外交政策に関与することは明確である。軍機軍令事項の高度性を濃密に増したものが戦時のそれである。なお，本書第3部第3章で述べるように，1891年戦時編制草案の大本営職員組織において「文官部」が置かれ，同メンバーとして宮内省官吏と内閣総理大臣等が起草されたことは内閣官制第7条の趣旨となんら矛盾しない。1889年内閣官制は結果的には本書が主題とする帝国全軍構想化路線に協調する形で成立した[35]。

注

1）　近年では，林茂・辻清明編『日本内閣史録』第1～5巻，1981年，第一法規，内閣制度百年史編纂委員会編集『内閣制度百年史』上巻，1985年，内閣官房，等がある。その他，永井和『近代日本の軍部と政治』(1993年，思文閣出版) で紹介された諸文献を参照。

2）3）　美濃部達吉『憲法撮要』307-309頁。美濃部は内閣官制の直接上奏自体の成立根拠を展開したのでなく，帷幄自体を積極的に解明するものではなかった。本補論は美濃部らの「帷幄上奏」の用語記述を適切とは考えず，「直接上奏」と記述する。

4）　拙著『海を超える司馬遼太郎』170頁，1998年，フォーラム・A。本書の序論の注6）における1895年11月の陸軍省軍務局長他4局長連帯による陸軍定員令廃止の上奏案の起案・提出に対して，第一軍事課長竹内正策歩兵大佐は平時編制をまったく公示しないことは，「内閣ノ関知セサルカ如ク従テ日本政府以外ノ陸軍ノ形成ヲナスノ嫌アリテ当ヲ得タルモノニアラサルヘシ」「編制ハ大権ニ属スルトモ之ヲ保持スルハ国民協同ニ在ルヲ以テ全ク国民ヲシテ知ラシメサルカ如キハ議院ノ感触ニ鑑ミテ策ノ得タルモノニアラサルヘシ」と意見を出し，平時編制の秘密化により「日本政府以外ノ陸軍」が形成されることを危惧していた (〈陸軍省大日記〉中『弐大日記』乾，1896年6月，軍第12号)。

5）　小林龍夫編『翠雨荘日記』(848頁，1966年，原書房) 所収の「軍令軍政関係資料兵制ニ係ル条項」は直接上奏の種類として，「陸軍佐尉官職課命免ノ件」「明治十一年十二月二十日ヨリ実施ス」を記載し，直接上奏による将校の職務 (課) 命免の最初の事例としているが，史料批判が必要である。直接上奏による将校人事の職課命免他は (陸軍省設置以降) は参謀本部設置前に既に陸軍卿から行われていたとみるべきである。たとえば，①「来ル [11月] 十五日諸兵操練天覧ノ節総指揮官被　仰付　　陸軍少将　山田顕義」(『陸軍省日誌』1873年第55号) という11月13日の「達書写」，②「陸軍中佐浅井道博　陸軍始之節参謀長被　仰付之事　陸軍中佐滋野清彦　陸軍少佐桂太郎　陸軍始之節参謀被　仰付之事　　前書之通候条別紙夫々本人迄可相達候也　明治七年十二月二十八日　陸軍卿山県有朋　参謀局　長次官」(〈陸軍省大日記〉中『大日記 明治七年十月ヨリ 第三号 参謀局』第368号) 等があるが，これらの将校職課発令は陸軍卿の直接上奏によるものを意味し，太政官大臣経由でないことはいうまでもない。同様に，田口慶吉「近代太政官文書の様式について」『北の丸』第19号，55頁，1987年，国立公文書館，は，西郷従道陸軍卿と山県有朋参謀本部長の連署による「将校職務命免件」が「左之通奉仰允裁候也」と上奏され，陸軍中将野津鎮雄を「右米国前大統領グランド氏御誘引飾隊式御同覧之節諸兵指揮長官被　仰付度」と允裁を仰ぎ，裁可された文書 (陸軍省奏上紙，1879年7月5日)

を紹介した。田口は本文書を国立公文書館所蔵の直接上奏書の最初のものとしているが，正確には（参謀本部設置後の直接上奏による）将校職務命免の上奏書書式格例による「最初」のものとみてよいが，直接上奏による将校職務命免の「最初」の事例ではない。

6）梅溪昇『増補 明治前期政治史の研究』464-468頁。

7）『参謀本部歴史草案』〈資料，一～四〉，1878年12月25日の条の「乙ノ一」は「自今太政府内閣ノ戦争外邦ニ渉ル件々機密ノ事ト雖毎時本部長次官ノ内列議トシテ出頭可致様御沙汰相成度及上申候也」と述べている。この場合，列議の具体的な案件としては「琉球藩処置ノ件」をほのめかしている。

8）鈴木安蔵『太政官制と内閣制』（87頁）は，国務と統帥の二元体制が成立したとしても「その内部に相当深刻な派閥的対立・相剋のあったことは言ふまでもないが，それらは藩閥元勲を基礎とする諒解，協力，提携によって調節され」たと述べた。

9）『公文録』1878年11月12月局1，第14件所収の「本省ト本部ト権限ノ大略」の付箋。

10）注7）の1878年12月5日の条の「乙ノ二」。

11）藤田嗣雄『明治憲法論』（184頁）は「当時においてはなおこのような事項［「省部権限ノ大略」］が内閣の処理にかかわっていたことが注目される」と述べている。その他，藤田嗣雄『明治軍制』265頁，参照。

12）『公文録』1879年1月陸軍省，第1件。

13）『公文録』1879年1月各局2上，第1件。なお，この「奉行手続」の紹介は，注5）の田口慶吉「近代太政官文書の様式について」が最初であろう（53頁）。戦前では，中野登美雄『統帥権の独立』（401頁）は「陸軍卿又は後の軍部大臣の帷幄上奏は，軍政機関たる地位に基づく限り之を直接に認むる如何なる法文の規定も存しない」と述べた。同「奉行手続」は陸軍卿の直接上奏自体の手続きではなく（また，中野登美雄が指摘した軍部大臣の直接上奏を規定した「法文」そのものでなく），直接上奏による案件の裁可後の「奉行手続」であるが，参謀本部独立の約1箇月後に太政官の対応措置として規定されたものとして極めて注目される。

14）太政官制時代の直接上奏による参謀本部条例と監軍本部条例の改正手続きは，『法規分類大全』第46巻，兵制門（2），427-440頁，『法規分類大全』第47巻，兵制門（3），9-13頁，において部分的に知ることができる。ただし，『法規分類大全』の編集者は，陸軍卿・参謀本部長の直接上奏の行為を「伺」（あるいは上申）と記載している。なお，注1）の永井和『近代日本の軍部と政治』も「太政官制時代の帷幄上奏法令」という見出しで，本補論記述の参謀本部条例と監軍本部条例の改正手続きを考察している（381-384頁）。しかし，永井和著の同記述箇所には1879年8月参謀本部条例中改正を「陸軍卿・参謀本部長」の連署上奏にするなど，誤記がある。

15）『公文録』1879年8月9月局部1，第1件。

16）『公文録』1880年4月局部1，第4件。

17）『公文録』1882年1月2月陸軍省，第1件。

18）『公文録』1885年12月官吏進退内閣，第1件，破線は遠藤。

19）『世外井上公伝』（第3巻，645-646頁）は，1885年10月頃に新内閣人選に際して，井上馨自身が自己を海軍卿に擬した案を含む「閣員移動案」（「山田［顕義］を海軍，大山［巌］ハ海陸合併シタル参謀部長，西郷［従道］を陸軍卿，大輔ニ三浦［梧楼］［以下略］」を収録している。本案は井上の同年10月19日付の伊藤博文宛の書簡に対応している（『伊藤博文関係文書』第1巻，194-194頁，『三条家文書』51-28，に「内閣組織案」として収録）。それによれば，陸軍卿に西郷［従道］，海軍卿に山田［顕義］，参謀本部長に谷［干城，陸軍の参謀本部］，陸軍大輔に三浦［梧楼］，「参謀長」（陸海軍合併）には大山［巌］を記述し，当時の太政官や内閣・政府のメンバーが参謀本部長等人事も含めて藩閥・文官系官僚主導により一体的に構想されたのみならず，参謀本部長の内閣列席も構想していた雰囲気がある。ただし，参謀本部長は現役武官であり，内閣列席は政治への不関与に抵触するという理由により退けられ，その代用策として内閣職権第6条が起案・制定された側面もある。

20）21）『熾仁親王日記　四』343，474頁，『熾仁親王日記　五』2，50，159，161頁。当時，陸軍大将への進級手続きは，①彰仁親王の場合は「陸軍中将大勲位彰仁親王任陸軍大将　　右勅旨ヲ以テ奉シ謹テ奏ス　明治二十三年六月七日　内閣総理大臣伯爵山県有朋」とされ，②山県有朋の場合は「陸軍中将従二位勲一等伯爵山県有朋任陸軍大将　　右勅旨ヲ以テ奉シ謹テ奏ス　明治二十三年六月七日　内務大臣伯爵西郷従道」とされている（『公文録』1890年官吏進退4陸軍省，第13件，第14件）。最高級武官（大将，帷幄参画機関候補者）への進級も大臣上奏の手続きを経ていた。

22）『公文類聚』第9編巻1，政体門，第15件。

23）〈陸軍省大日記〉中『明治十六年十二月以降同二十四年七月迄　密事編冊　陸軍省』。

24）『井上毅伝　史料篇　第六』195-199頁。

25）内閣官制第7条中の軍令は，その直近の1886年3月26日の「参謀本部陸海軍省権限ノ大略」において「軍令ハ専ラ参謀本部ノ措置ニ係ルヘシ故ニ軍隊或ハ艦隊ノ出張進止分遣陸海路程ノ規則等但休暇兵ノ通行規則ハ猶省ノ主務タルヘシ本部ノ主務ニ属ス」と規定された軍制技術上の軍令と同一である。

26）海軍は，1889年3月5日の海軍大臣の直接上奏により海軍参謀部条例が裁可され（3月7日に勅令第30号として公布），海軍大臣は「帷幕ノ機務ニ参シ」と規定されたが（『公文類聚』第13編巻12，兵制門3，陸海軍官制3，第6件），海軍の参謀職務機関に限られるために，現場対応としての帷幕の概念と用語が取込まれた。

27) 『公文類聚』第13編巻2，官職門1，第1件。内閣官制第7条起案中の「事ノ軍機軍令」云々の「軍機」は，たとえば，1896年3月26日付の陸軍大臣閣議請議の陸軍下士もしくは判任文官欠員補充にあてる雇員給料に関する件に対して，4月28日閣議に提出された法制局の審査報告書は「軍機軍令トハ果シテ何ヲ謂フヤニ付テハ未タ明ニ其分界ヲ定ムル所ノ規程ナシト雖モ要スルニ軍ノ機密軍事命令ニ係ル事項ヲ指スニ外ナラサルヘシ」と記述したことがあった（『公文類聚』第20編巻9，官職門5，第15件下，下線は遠藤）。この法制局審査報告書は「軍機」を「軍ノ機密」と理解しているが，本書第2部第4章で述べた「軍中の機務」を大幅修正したことになる。

28) この場合，「参謀本部長ヨリ直ニ」の9字が，誰によってどの時点で不要なものとして認識され，貼紙上朱破線表記の措置がなされたかが問題になる。想定される時点は，閣議前，閣議中，又は閣議を経た後（閣議の「議」をふまえて），が考えられる。ただし，貼紙上朱破線表記の措置は閣議請議書にもともとなかったことを示す実務的措置であるので，閣議前，閣議中，閣議後の時間的差異の意味は重要ではなく，また，仮に閣議開始後において某大臣から当該9字に対する何らかのコメント（「不要トスヘシ」などの意見）が出た場合には，同コメントが閣議請議書に付箋等により記載されることもあるが，そうしたコメント記載の付箋等が閣議請議書に残っていない。それ故，本補論は，貼紙上朱破線表記の措置は閣議（直）前に内閣書記官によって実務的に行われた可能性が大きいと考えた。

［**補注**］内閣官制第7条は，12月24日付『官報』（号外）に掲載された時，「参謀本部長ヨリ直ニ」の9字を残して印刷された。しかし，内閣官制第7条が内閣官報局編『法令全書』に収録された時には同9字の記載はなかった。戦前（1930年）に，12月24日付『官報』（号外）と『法令全書』の内閣官制第7条の差異を指摘したのが陸軍書記官の藤田嗣雄であった（稲葉正夫他編『現代史資料第11巻 続・満州事変』収録の「内閣官制第七条に就て」77頁等参照）。戦後，家永三郎『太平洋戦争』（53頁，1968年，岩波書店）は藤田指摘をさらに継承した上で，同9字の「削除」は「不法な詐欺的手段を用いて」行われたと指摘した。家永の指摘は内閣官制第7条「改竄説」として，その後の内閣官制第7条にかかわる「統帥権独立」「帷幄上奏」の研究等に一定の影響を与えた。これに対して，注1）の永井和『近代日本の軍部と政治』は，注27）の『公文類聚』編綴の内閣官制制定関係文書等を精力的に調査し，かつ，注1）の『内閣制度百年史』上巻に写真掲載された内閣官制の「裁可書」（国立公文書館所蔵の内閣官制の「公布原本」，「裁可書」の第7条には「参謀本部長ヨリ直ニ」の9字は残されていない）等を考察し，「改竄説」は成立しないことを指摘した。永井和の考察は正当かつ貴重な考察であることはいうまでもないが，「改竄説」が成立しないことに関連して，本補論の見解を述べておこう。

①勅令案を記載した閣議請議書は，閣議で回覧後に上奏を決定すれば，回覧証明のために各国務大臣が署名欄に署名（花押）・捺印し，そのまま（同勅令案の上奏・裁可・公布等の手続き終了後に）閣議の記録として内閣に保管される。つまり，閣議自体の責任範囲は勅令案記載の閣議請議書に各国務大臣が署名した時点で終り，閣議における各国務大臣の責任を記録するものは本閣議請議書である。ところで，内閣官制の閣議請議書には，第7条の貼紙上朱破線表記の措置の他に，内閣総理大臣の行政各部の処分・命令に対する権限関係を規定した第3条原文の「命令ヲ停止セシメ」の文言に対して，「停止」の「停」の箇所の上に白色紙が貼られ，同紙上に「中」が墨書されている。つまり第3条原文の「停止」は「中止」とされたことは明確であり，この貼紙上墨字記載の措置は，閣議請議書はもともと「中止」という文言であることを明確化する措置である。これに対して，永井和『近代日本の軍部と政治』は，勅令案記載の閣議請議書第7条の9字に対する貼紙上朱破線表記を，主として「抹消」とか「削除」「修正」の措置として考えているようである（289，294頁など）。抹消とか削除・修正の措置と考えることは，閣議請議書第7条に当該の9文字があったこと（閣議の「議」の対象にする）を前提にしたもので，本補論の見解とは異なる。第3条の貼紙上墨字記載措置と第7条の貼紙上朱破線表記措置に対して，抹消とか削除・修正と考える場合には（閣議でのそれらの扱いは軽くないので），同抹消・修正・削除を発議した某国務大臣の意見・理由を付箋等で簡潔に閣議請議書に筆記・貼付するという文書記録措置があってもよいはずだが，それらがなされていないので，抹消・修正・削除の措置が閣議でなされたことの可能性は低いだろう。つまり，第3条の貼紙上墨字記載措置は，24日の閣議開始前に，内閣書記官による最終的調査を経て急遽行われ，閣議請議書として閣議に供されたとみるべきであろう（第3条の措置が第7条の措置よりも早い）。

②閣議請議書の作成段階で，内閣書記官において，（裁可予定の）勅令を『官報』（号外）に緊急に印刷・掲載するために，印刷原稿用の勅令文書（裁可前文，署名予定の国務大臣名記載も含む，閣議請議書と同一の勅令原文）も作成したが，第7条については9字の不要措置を（急遽のため）とらなかったとみるべきであろう。

③24日の上記①の勅令案（閣議請議書）の閣議決定にもとづき，同日に裁可用の内閣官制の勅令全文を浄書・作成し，同日に上奏し裁可された。その後，各国務大臣がその裁可勅令への政治的責任を示すために署名した。これが，注1）の『内閣制度百年史』上巻に写真掲載された内閣官制の「裁可書」である。

④内閣官制の勅令裁可と各国務大臣の署名終了の報告が内閣書記官に届き，裁可勅令の印刷連絡に関する事務上の執行責任（『官報』への印刷・掲載の連絡）が発生した。内閣書記官は①の閣議請議書に裁可日付と勅令番号を朱書し，同24日に上

記②の裁可勅令の『官報』(号外) 印刷原稿用の勅令文書を官報局に回付した。そして，内閣官制は同24日付発行の『官報』(号外) に印刷・掲載された。ただし，①の勅令案 (閣議請議書，さらに②の印刷原稿用の勅令文書) 第4，5，7条の条文中に「者」という漢字が表記されていたが，第7条の「事ノ軍機軍令ニ係リ上奏スル者ハ」の「者」の漢字のみは，理由は不明であるが，「裁可書」においては「モノ」とカタカナ文字に変更され，『官報』(号外) にも「裁可書」と同様に「モノ」と印刷された。これは条文内容自体を変更するものではないが，『官報』(号外) の印刷の際に②の印刷原稿用の勅令文書が厳密に使用されなかった可能性と，「裁可書」(又はその内容) が官報局に伝えられた可能性があることを示している。この場合，当然，第7条の9文字部分も照合されたはずであるが，照合されなかった可能性が強いと考えられる。「者」が「モノ」に表記されたとしても条文内容自体を変更しないが故にそのままにされたのであろう。

⑤ところが，翌々日の26日までに内閣関係者によって，『官報』(号外) に印刷・掲載の内閣官制の第7条の9字が残っていることが指摘され，内閣書記官は12月26日付で「一昨二十四日勅令第百三十五号内閣官制第七条中『参謀本部長ヨリ直ニ』ノ九字ハ衍」という「正誤案」を提出した。この「正誤案」提出は，条文内容の修正・変更を示す措置ではなく校正・訂正の事務的措置である。つまり，第7条文中の「参謀本部長ヨリ直ニ」の9字を「衍」と指摘し，無駄な不要・余分の字とした。なお，「正誤案」は，同正誤対象を，①の勅令案記載の閣議請議書に向けた (閣議請議書に遡って正誤の効力を及ぼす) ものでなく，②の『官報』(号外) 印刷原稿用の勅令文書に向けたものである。この結果，12月26日付『官報』で正誤を示し，さらに，官報局から④の裁可勅令の『官報』(号外) 印刷原稿用文書が返送された時点で，同文書第7条中の「参謀本部長ヨリ直ニ」の9字に抹消を示す朱線を施した。ただし，閣議請議書でないが故に同9字の貼紙上朱破線表記の措置をとらなかった。もっとも，後年，帝室制度調査局は公式令草案の起草にあたり (1904年10月10日)，「従来法令命令其ノ他ノ公文ヲ官報ニ登載スルニ当リ誤謬アリタルトキハ内閣又ハ各省書記官ノ名ヲ以テ正誤或ハ単ニ誤植トシテ正誤スルヲ例トシタリ」と述べ，そうした『官報』掲載の「正誤」措置を改め，「公布シタル公文ノ誤謬ヲ訂正スルハ其ノ公文ニ副署シ又ハ署名シタル一大臣ノ名ヲ以テシ之ヲ官報ニ登載ス」(第16条) と起草したことがある (『公文類聚』第31編巻1，政綱門，公式，第29件)。

⑥既に，戦前においても，『官報』掲載の内閣官制第7条文中の「参謀本部長ヨリ直ニ」を「官報の誤植の甚だしいもの」と指摘する著作物はあった (中村哲「内閣制度論」現代政治学講座第3巻『現代政治機構分析』23頁，1941年)。

29)　山崎丹照『内閣制度の研究』240頁。

30)　『井上毅伝 史料篇 第六』195-198頁所収の「各大臣　二十二年十一月十七校　奏上案幷内閣組織」，下線は遠藤。

31) 32)　『公文類聚』第13編巻2，官職門1，第1件。

33)　有賀長雄「国家と軍隊との関係」国家学会編『国家学会雑誌』第14巻第160号，同第161号，1900年6月，7月。有賀の「国家と軍隊との関係」の論文は『国法学 下』(1903年，東京専門学校出版部) に収録された。本補論は『国法学 下』から引用した。下線は遠藤。

[**補注**] 有賀は戦時を含む「天皇の帷幄」に関して早くから言及した数少ない法学者であった。有賀の「天皇の帷幄」は，戦時には，本書第3部第3章で考察の戦時大本営の組立てに言及しつつ，①出師事務に関しては陸軍と海軍の軍令機関を合同して一つの戦時大本営を置き，参謀総長が陸海軍の大作戦を計画し，戦時大本営より直接に出師の陸海軍に向けて命令を下行し，陸海軍大臣を経由することはない，②陸海軍大臣は軍政に関して戦時大本営に列し参謀総長の協議をうけるのみであり，③外務大臣もまた戦時大本営に列して参謀総長の協議をうける，等と説明される。その上で，有賀は戦時における軍政機関は「戦時大本営に吸収せられて消滅す但し戦時に於ける平時の事務に関しては平日の通り」と述べる。すなわち，「戦時の出師事務に関して平時に於ける軍令軍政の区別を抹殺し軍政事務をして軍令事務中に埋没せしむるに在り，是れ固より一旦外敵に対するときは極端の統一を要し国家其ものの安危に関する場合なるを以て区々の責任に顧慮すへきに非るに因る，即ち陸海軍大臣たるものは一旦戦時と成れは戦争の目的を達する為必要なる範囲に於て如何なる責任問題と雖甘して一身に引受くるの覚悟なかるべからず。」と説明した(『国法学 下』267-286頁，傍点略は遠藤)。ただし，ここで，果して，戦時における軍政機関の戦時大本営への吸収と消滅や軍政事務の軍令事務への埋没があるならば，その軍政機関・軍政事務の責任問題の発生はどのように処理されるべきだろうか。これについて，有賀は逆に，国法上においても「陸海軍大臣の此地位を酌量して戦時の軍政事務に関しては成るへく責任問題の起る途を塞きたり」として，臣民の権利自由との衝突を予期し，明治憲法第31条における天皇の非常大権，司法行政上の戒厳制度等の法律規定があるように，責任問題の発生方途を閉じ込めたと指摘した。戦時の軍政事務上の責任問題はいわば胡散霧消されたようなものであるが，有賀の言及自体は日清戦争時の国内交戦地域化も想定した戦時大本営編制を基本にして展開したことが特質である。つまり，帝国全軍構想化路線に密着した戦時の軍制に関する特色的な言及であった。有賀は軍政事務の軍令事務への吸収を基本にした戦時の「天皇の帷幄」の構成範囲を狭めて述べつつも，戦時の内閣自体のあり方を明瞭に述べていないが，内閣 (の平時の一般行政事務) も戦時には軍令事務に吸

収・埋没されるとみたのであろう。そして，流布された日露戦争後の「兵政分離」「統帥権の独立」論が一般行政や軍政（諸機関）の対置を前提にした上での「分離」「独立」なるものの主張であるのに対して，有賀の戦時における軍令事務への軍政事務の吸収・埋没の学説は，そもそも，究極的には一般行政や軍政（諸機関）の対置を前提にせず，逆に同存在の吸収・埋没を主張するが故に，その「分離」「独立」の主張をはるかに超えたものである。すなわち，戦時の「天皇の帷幄」においては専制的な軍国国家体制の立ち上げがあることを予想・強調したとみてよい。

34)　注1）の『内閣制度百年史』上巻に写真掲載された内閣官制の「裁可書」参照。

35)　なお，政府は内閣総理大臣の職権強化が必要とされたアジア・太平洋戦争期の1939年9月勅令第672号「国家総動員法等ノ施行ノ統轄ニ関スル件」と1943年3月勅令第133号戦時行政職権特例を制定し，内閣総理大臣は関係各庁・各省大臣に「必要ナル指示」をなしえることを規定した。ここでの「指示」は内閣職権の「[大政の方向を] 指示」にほぼ相当した。当時の政府は内閣官制の改正必要を認めないという方針であったが，抜本的な内閣制度改革自体を生み出せなかったことの意味は改めて考察される必要がある。

第３部　戦時編制と出師準備管理体制の成立

第1章　1885年の鎮台体制の完成
——出師準備管理体制の第一次的成立——

1　1885年の監軍本部条例改正と鎮台条例改正及び参謀本部条例改正
——鎮台体制の完成と官制・編制の概念の明確化——

1882年の軍備拡張方針のもとに陸軍は兵備・兵力の拡大と軍隊編制改編を進め，旅団・師団の常備兵備化と編成を目ざした。特に，歩兵は既設と新増設を含む合計24個連隊の配置・編成と12個歩兵旅団の新編成を目ざし，1885年に各鎮台の常備歩兵2個連隊からなる歩兵旅団編制をとった。その際，鎮台条例は官制法令の性格を強め，新たに平時編制をになう兵備配備表を成立させるに至った。その後，鎮台は1888年5月に師団司令部と改められ，東京，仙台，名古屋，大阪，広島，熊本の各鎮台は順に第一から第六までの師団番号が付けられ，歩兵の新増設連隊は同年12月までに各3個大隊を充実させ，連隊として完成した。

(1) 軍備拡張と軍隊編制改編——旅団編制・師団編制の方針化進行

新増設歩兵連隊の配置・編成に向けた大隊・中隊の兵員充実の年次進行と旅団編制・師団編制の方針化進行は**表16**の通りである。

以上の新増設歩兵連隊の年次進行による旅団編制と師団編制の方針化進行のように，1888年の師団設置は1884年段階から準備された。その準備の中心は鎮台体制下の出師準備管理体制の成立と鎮台条例における官制と編制の概念の明確化であった。本章では1885年5月の監軍本部条例と鎮台条例等の改正，同7月の参謀本部条例の改正を中心にして，鎮台体制下の出師準備と軍団統轄及び職制・職務権限の関係，鎮台条例における官制と編制の概念の明確化開始と鎮台等官職の定員・人員管理を中心に考察する。

表16　歩兵連隊増設年次進行と旅団編制・師団編制の方針化進行

	1884年	1885年（旅団編制）	1886年	1887年	1888年（師団編制）
東京鎮台	歩兵第1連隊 歩兵第2連隊 歩兵第3連隊 歩兵第15連隊第1大隊	第2大隊の2個中隊	第2大隊の2個中隊	歩兵第15連隊第3大隊	第一師団
仙台鎮台	歩兵第4連隊 歩兵第5連隊 歩兵第16連隊（3個大隊）	歩兵第17連隊第1大隊	第2大隊	歩兵第17連隊第3大隊	第二師団
名古屋鎮台	歩兵第6連隊 歩兵第7連隊 歩兵第18連隊（3個大隊）	歩兵第19連隊第1大隊	第2大隊	歩兵第19連隊第3大隊	第三師団
大阪鎮台	歩兵第8連隊 歩兵第9連隊 歩兵第10連隊 歩兵第20連隊第1大隊	第2大隊の2個中隊	第2大隊の2個中隊	歩兵第20連隊第3大隊	第四師団
広島鎮台	歩兵第11連隊 歩兵第12連隊 歩兵第21連隊第1大隊 歩兵第22連隊第1大隊		第2大隊の2個中隊 第2大隊の2個中隊	第2大隊の2個中隊 歩兵第21連隊第3大隊 第2大隊の2個中隊 歩兵第22連隊第3大隊	第五師団
熊本鎮台	歩兵第13連隊 歩兵第14連隊 歩兵第23連隊第1大隊 歩兵第24連隊第1大隊		第2大隊の2個中隊 第2大隊の2個中隊	第2大隊の2個中隊 歩兵第23連隊第3大隊 第2大隊の2個中隊 歩兵第24連隊第3大隊	第六師団

注：「歩兵第○○連隊」は編成着手，「歩兵第○○連隊」は編成完成を表示。連隊名の漢数名をアラビア数字に変えた。

(2) 1885年監軍本部条例改正と出師準備

陸軍卿大山巌と参謀本部長山県有朋は1885年3月（日付欠）に監軍本部条例改正を上奏した[1]。それによれば，①全国6個軍管を東部監軍部（第一，二軍管を管轄，当分の間，第七軍管を所轄）・中部監軍部（第三，四軍管を管轄）・西部監軍部（第五，六軍管）の三つの監軍部に統轄させ，各監軍部には監軍（大中将1）を置き，天皇直隷のもとに「管下ノ軍令出師ノ準備軍隊ノ検閲」を管掌させる，②有事に際して，監軍は軍団長の職につき，管下の常備2個師団を統率する，③「凡ソ事軍令ニ係リ裁可ヲ受クヘキモノハ監軍之ヲ陸軍卿ニ移牒シ親裁ノ軍令ハ陸軍卿之ヲ監軍ニ伝宣シ監軍之ヲ管下ニ告達スルモノトス」（第4条）と，陸軍卿による監軍への軍令事項の「伝宣」手続きを起案した。

第一に，監軍は，有事・戦時には新設の常備2個師団から編成される軍団の司令官＝軍団長につくとされ，従来の師団よりも上級の軍団を統率し，その補職資格も大将又は中将になった（1878年監軍本部条例の監軍部長の補職資格は中将）。監軍は第4条により自己が意図する軍令事項は陸軍卿を通して裁可を上奏してもらい，天皇裁可の軍令事項は陸軍卿の伝宣後に執行・告達すると規定されたことが重要である。つまり，軍令事項に関する陸軍卿の上奏手続きが含まれた。陸軍卿の軍令事項関与は参謀本部設置による軍令事項と軍行政内容との管轄権分離の「軍事二元組織を紊すもの」という指摘もあるが2），当時，「軍事二元組織」やいわゆる「兵政分離」が厳密に執行・機能していない状況を示している。すなわち，第4条は，官制に関する法令条文上の規定としては適切でないことは明確であろう。しかし，そもそも，参謀本部設置によって完璧・厳密な「軍事二元組織」が成立したとみるべきでなく，軍制の基本としての軍隊編制にかかわる平時と戦時の未分化体制があり，平時官衙の参謀本部が戦時にただちに戦時大本営的機関に転化・スライドする場合の，陸軍卿の軍令事項関与に関する積極的役割を反映したものとみるべきである。

第二に，第2条のように「出師ノ準備」（出師準備）の職務を重視した。1878年監軍本部条例では出師関係は「出師人員簿」の調製を主としていたが，本改正案の監軍は鎮台司令官に「出師要品実査報告」を提出させ，「出師準備ノ計画書ヲ作リ之ヲ陸軍卿ニ移牒シ出師ノ事務ヲシテ渋滞ナカラシム」とか，「管下出師準備整頓ノ責ニ当ルヲ以テ平素査実ヲ遂ケ鎮台司令官ヲ督責シ欠乏ノ料品ハ予メ之ヲ陸軍卿ニ請求スヘシ」と職務内容を明示し，検閲も「出師準備ノ整否ヲ点検ス」と規定した。出師準備に関する監軍の職務規定は1884年仮制定の鎮台出師準備書による動員計画の策定と管理を基本にした出師準備管理体制の萌芽に対応した。

監軍本部条例改正の上奏は裁可され，3月17日の閣議で報告・了承され，約

2箇月後の5月18日に太政官は監軍本部に通知した。ここで，約2箇月後の太政官達になったのは鎮台条例改正と一体化して施行されるからである。ただし，監軍部条例と改称された。なお，太政官は5月21日に陸軍省と各監軍部に，東部・中部・西部の各監軍の欠員中は特別に陸軍卿による同事務執行を指示した。これは，陸軍省側の発案と考えられるが（各監軍が人選されるまでの措置）[3]，裁可手続き上は5月20日の太政官書記官の起案と太政大臣による了承・上奏を経て措置されたことになっている。

(3) 1885年鎮台条例改正――平時編制の第三次的成立と鎮台体制の完成

監軍本部条例改正の閣議了承後，大山巌陸軍卿は同3月31日付で太政大臣に鎮台条例改正を上申した[4]。大山陸軍卿上申は，軍備拡張方針化後の軍管師管疆域改正や歩兵旅団設置等により鎮台の職制・職務権限等の改正必要があると述べた。大山陸軍卿上申の鎮台条例改正案は，第1章が「総則」，第2章が「鎮台司令官ノ本務権限」，第3章が「営所司令官ノ本務権限」とされ，その重要条項等は下記の通りである。

第一に，鎮台体制下で拡張された兵力・兵備と人員等に関する認識・管理の問題がある。軍備拡張による新たな兵備配置計画表の表示を規定したものに，1884年1月の「七軍管疆域表」，同5月の「七軍管兵備表」と「諸兵配備表」がある。大山陸軍卿上申の鎮台条例改正案は同3表を同条例の附表として取り込み合体させ（順に第一表，第二表，第三表），特に「七軍管兵備表」と「諸兵配備表」は法令格式上で陸軍省の達から太政官の達に格上げされた。その際，同附表は編制表上の編制概念を強化し，鎮台条例から離れても単独法令化が可能になった。これにより，鎮台・営所・分営は明確に軍管・師管の陸軍境域統轄の官衙・機関の性格をもち，鎮台は名実ともに軍管境域のいわば「鎮台司令部」という軍事統轄の官衙・機関を意味し，鎮台条例はその鎮台司令部の体制規定を基本にした官制規定として整備されるに至った。つまり，従前の鎮台条例は官制と編制の混載法令として制定されてきたが，鎮台条例改正案は兵備・兵力の配備・統轄の規定を編制概念のもとに強化して附表化し，さらにその分離志向を含めた官制法令として整備された。ここに法令上での官制と編制の概念の明確化が開始され，鎮台体制の完成を示す鎮台条例改正案が起案された。

第二に，鎮台体制の完成は鎮台条例改正案第1，2条の鎮台の設置目的として起案された。まず，「各軍管ニ鎮台ヲ置キ各師管ニ営所ヲ置キ以テ府県ト相対峙シ其管内ノ静謐ヲ保護シ併テ守備ノ計画軍隊ノ管轄壮丁ノ徴募ヲ掌トラシム」(第1条）と起案した。この「府県」は，地理的範囲（エリア）としての府県行政区域ではなく，行政機関・官衙としての府県を指し，「軍隊ノ管轄」の「軍隊」は第2条起案の常備軍後備軍の軍隊現場を指している。また，本改正案は鎮台全体の職制上の目的として「壮丁ノ徴募」云々を起案し，鎮台体制における徴兵事務の重視を強調した。次に，第2条で「各軍管ニ常備後備ノ二軍ヲ置キ其常備兵ヲシテ鎮台営所分営及ヒ要塞ニ屯駐セシム」と起案し，各軍管には第1条の鎮台（いわば「鎮台司令部」）とともに常備軍後備軍の軍隊を置くという条文構成になった。その上で各種の常備兵を鎮台・営所・分営・要塞（要塞砲兵隊は未編成）の所在地に駐屯させることを明確化した。鎮台条例改正案は職制上で各軍管に鎮台と常備後備の軍隊とを別個性格のものとして置くという論理を組立てた。

第三に，鎮台には司令官（鎮台司令官）すなわち師団長（中少将1）を置き，鎮台司令官は軍管内の軍令事項と軍政を監督・管理し，出師・戦時に際して所管監軍＝軍団長のもとに師団を編成すると起案した。これは監軍部条例に対応し，従前の鎮台司令官の補職資格の少将（戦時には旅団長）を格上げした。さらに，鎮台司令官の職務権限として「出師ノ準備」を強調し（第7条），監軍部条例に対応して「出師ノ準備ハ成規ニ従ヒ計画ニ基ツキ名簿ノ点竄人馬召集ノ手順ヨリ武器弾薬被服陣具糧秣材料ノ運輸貯蔵ノ方法ニ至ルマテ平時ニ在テ常ニ各主務官ヲ戒飭シ一令ノ下神速ニ師団ヲ発シ後備軍ヲ挙クルニ於テ違算ナカラシム可シ」と，その具体的な管理強化を起案した。なお，戦時出役時の鎮台司令官不在の場合は新たに鎮台司令官を置くとした。

第四に，鎮台司令官は軍管内の「草賊」に対する府知事県令の出兵請求に対しては監軍に急報し，同事情が「測リ難キ時ハ其地方府知事県令ト議シ参謀官ヲ派シ」云々とか，地方動静に関する事件は府知事県令から「詳細ノ報告ヲ受クルノ権」を有すると起案した。これは従前と同様に地方官との連繋を規定し，出兵が求められるような緊急情勢に対する地方行政官との協議を重視し，鎮台が引き続き地方鎮圧の総合的な軍事統轄の司令部や機関の性格をもったことを意味する。ただし，軍管内の「草賊」に対する府知事県令の緊急出兵請求の場合の鎮台司令官の「時宜衆寡ヲ量リ兵ヲ出ス事ヲ許ス」という従前の規定は起案されなかった。条文上は府知事県令の緊急出兵請求は監軍宛の急報や申報を重視したが，注４）の［補注］のように陸軍卿宛の直報とされた。

第五に，営所には司令官１名を置き，当該地所在の旅団長をしてその職務をとらせ，営所司令官の下に次官，副官等を置くとした。つまり，鎮台司令官と師団長との併職関係（鎮台司令官が師団長になる）とは異なり，旅団長の補職が先行した。また，営所司令官＝旅団長の戦時出役による不在時には次官が営所司令官の代理になるとした。すなわち，従来，営所に歩兵連隊等を置いたが，軍隊編制改編により歩兵旅団を置き，旅団長が営所司令官を併職することになった。営所は師管境域における「営所司令部」を意味する軍事統轄の官衙・機関になった。なお，営所司令官の職務として出師準備を重視し，「常ニ人馬召集物品徴発運輸等ノ方法ヲ整ヘ又予備兵後備兵ニ支給ス可キ武器弾薬被服陣具器具材料等ヲ備ヘ各主務官ヲシテ其貯蔵保存ノ事ヲ担任セシム」と起案した。

大山陸軍卿上申の鎮台条例改正案は参事院の審査で一部条文の修正等が加えられたが，4月22日の閣議了承と5月2日の大臣・参議からの上奏を経て，5月18日に裁可制定が陸軍省司法省府県に通知された（太政官達第21号）。かくして，1885年監軍部条例による新たな監軍体制とあいまって，出師準備を照準にしつつ，1885年鎮台条例改正は官制と編制の概念の法令上での分離を志向し，広義の平時編制の第三次的成立に至り，鎮台体制の完成を意味した。

(4) 鎮台・近衛の官職定員表示――諸隊人員の官職定員表示から編制定員表示への移行

平時編制の第三次的成立による鎮台体制の完成のもとで，鎮台と近衛の軍隊現場の定員・人員に関する新たな管理が進められた。すなわち，大山巖陸軍卿と山県有朋参謀本部長は連署で1885年5月（日付欠）に，近衛条例・近衛職官定員表・鎮台職官定員表・営所職官定員表の改正と旅団条例の制定の允裁を仰ぐと上奏した[5]。本上奏が裁可されるや否や大山陸軍卿は陸軍省近衛局の「近衛」改称を6月3日に太政大臣に上申した。同日に内閣書記官の近衛等宛の達文起案を了承し（「近衛」改称の了承も含む），太政官は翌4日近衛条例改正を近衛に通知した。この場合，注目されるのは鎮台・営所と近衛の官職定員表示である。

第一に，鎮台職官定員表と営所職官定員表は6月3日に陸軍省達乙第70号により鎮台及営所職官定員表として制定された。同時に1875年10月陸軍省達第70号の「六管鎮台職官表」を廃止した。1875年の「六管鎮台職官表」は前年2月創定の「鎮台職官表」を改訂し，諸隊人員という軍隊現場の各種軍隊人員も平時の官職や機関の延長上の組織構成人員として認識・管理されたことを意味した。つまり，諸隊人員も行政機関構成の官職として認識・管理されていた。常備軍を官僚機構の一変種とみなせば，諸隊人員が平時の官職・機関と同種のものとして認識・管理されてしかるべきである。あるいは，他方では，1875年の「六管鎮台職官表」は，各軍管下の諸隊人員の編制表と，各鎮台の司令部を構成する職官の編制表とを合体させたものとみなすこともできる（いわば「鎮台司令部編制表」）。

しかるに，1885年6月の鎮台職官定員表は1875年の「六管鎮台職官表」表示の諸隊人員を削除し，各鎮台の司令部を記載し，司令官，幕僚（参謀部，副官部），伴属（武庫主管，営舎主管，調馬主管），会計部，軍医部，獣医部，後備軍司令部，衛戍司令本部，軍法会議，監獄署，の官職定員（完成定員総計278名）のみを表示した。すなわち，1875年以降の新設・整備の諸官職・機関の官職定員のみを規定し，諸隊人員の巨細に関する認識・管理を1885年鎮台条例附表の「七軍管兵備表」（第二表）と「諸兵配備表」（第三表）及び1884年改正の歩兵一連隊編制表や砲兵一連隊編制表等に依拠させた。

これは，諸隊人員は官職上の人員の認識・管理より離れる兆しを示し，編制上の人員として認識・管理する思想の強化を意味する。つまり，官制と編制の概念の明確化のもとに，諸隊人員は戦列隊と称された兵力行使現場密着の軍隊編制上の人員又は定員から固有に認識・管理されることを意味した。他方，1885年の鎮台職官定員表自体は官衙の官職定員表を表示・標榜しつつも，編制を内包・表示した編制表としての意味も残存させた。これが鎮台及び営所と近衛の職官定員表も含めて，陸軍卿と参謀本部長の連署上奏により裁可・制定された理由であり，1890年陸軍定員令制定の前史・前例として注目すべきであろう。

第二に，6月3日陸軍省達乙第70号の鎮台及営所職官定員表は営所の官職定員を規定した。それによれば，営所は本部（司令官は少将1名，次官，副官，書記），伴属（武庫主管，営舎主管），会計部，病院，後備軍司令部（次官が併職），衛戍司令本部，軍法会議，監獄署の官職定員から構成され，完成定員総計は60名である。これにより，1877年陸軍省達乙第23号の師管営所官員条例は廃止された。師管営所官員条例は師管内営所に歩兵1個連隊を置き「管内ヲ鎮圧シ方面ノ草賊ニ備ヘシムルヲ正則トス」るとして，師管営所に司令官，参謀科佐官1名・同副官1名，書記下士2名を置くことを規定した（鎮台下の師管営所の事務は鎮台が管理する）。したがって，従前と比較して，旅団も置かれた営所の司令部体制は官職増置も含めて拡大強化された。

第三に，同日に陸軍省達乙第71号の旅団条例が制定された。旅団条例は旅団長以下職員の平時の職掌権限を規定した。旅団の職員は旅団長（少将1），参謀（大尉1），伝令使（中尉又は少尉1），書記（下士3）である。したがって，旅団条例は平時の「旅団司令部条例」を意味する。旅団長は，営所司令官併職の旅団長と近衛の旅団長の2種類である。旅団長の職掌権限は「部下ノ指揮節度ヲ掌リ軍紀訓練保育ヲ董督ス」とされた。その他，旅団長の職務として，賞罰・黜陟・転換等の執行，各連隊の武器被服陣具等の整否の監査，衛生・給養の注意，軍紀訓練保育の検査（春秋の2回），諸報告等を規定した。なお，旅団関係の会計・給養は近衛（旧陸軍省近衛局）又は鎮台もしくは営所の会計部が管掌した。

第四に，近衛の既設の歩兵連隊2個も旅団に編成された。すなわち，近衛の第一歩兵連隊と第二歩兵連隊により1885年7月に歩兵第一旅団を編成し，1887年4月には新増設の歩兵連隊2個により歩兵第二旅団を編成（完成）する計画であった[6]。本計画により1885年5月20日陸軍省達乙第60号の「近衛兵備表」が制定された。近衛の兵備は，歩兵は常備軍として戦列隊（第一旅団，第二旅団）・補充隊（2個大隊），後備軍として2個連隊を置いた。さらに，同年6月4日に近衛条例が改正され，翌5日に陸軍省達乙第73号の「近衛職官定員表」が制定された。「近衛職官定員表」は1875年5月の「近衛職官表」を廃止し，近衛都督（大将又は中将1名）・幕僚・伴属（武庫主管，営舎主管）等の合計54名の官職定員を規定し，近衛の現場団隊の司令統轄を意味する「近衛司令部」の官職定員表になった。なお，近衛条例の近衛都督の職務は鎮台司令官の軍令事項と軍政に関する職務にほぼ近く，また，「出師ノ準備」を新設した。

かくして，鎮台と近衛の諸隊人員が官職人員から離れて編制上の人員として認識・管理されるに至り，鎮台と近衛の官職人員自体も編制上の人員として認識・管理されることは必至になったとみてよい。このことは，特に鎮台は一般の行政機関に並ぶ官衙・機関から軍隊編制上の組織（師団）へと急速に編成替えされることも意味した。さらに，特に将校（士官）に対する人員管理としての補充・進級・職課・懲罰等の新たなシステムの成立が必至になる。すなわち，武官カテゴリーの本格的成立の萌芽になった。

(5) 1885年参謀本部条例改正と出師計画主管局の設置

1885年７月（日付欠）の陸軍卿と参謀本部長の参謀本部条例改正の上奏が裁可され，同７月22日に参謀本部条例改正が通知された[7]。本改正は従来の参謀本部長の職務・権限等の基本をほぼ踏襲した（第５条は「凡ソ軍中ノ機務戦略上ノ動静進軍駐軍転軍ノ令行軍路程ノ規運輸ノ方法軍隊ノ発差等其軍令ニ関スル者ハ専ラ本部長ノ管知スル所ニシテ」云々と規定）。しかし，参謀本部の内部機構を大幅に改組し，従前の管東局と管西局を廃止し（総務課と1882年設置の海防局は残る），新たに第一局（「出師ニ係ル計画団隊ノ編制布置及軍隊教育ニ関スル演習等」の事項の調査規画，局長は参謀大佐１名）と第二局（外国の兵制地理政誌及び運輸の便否方法，全国の地理政誌と関係諸条規の調査，局長は参謀大佐１名）を置くと規定した。

本改組により，第一に，監軍部体制は平時を中心にして実質的に骨抜きにされた。そもそも，参謀本部内の管東局と管西局及び各監軍部は全国６個軍管内兵力に対する地理的区分による平時の監視・統轄機能が強かった。本改正は地理的区分を基準にした内部機構を不要としたのであろう。また，1885年５月の監軍部条例施行において監軍を欠員とし，陸軍卿が同事務を執行した理由もそこにあろう。第二に，参謀本部の内部機構として「出師ニ係ル計画」等の主管職務を前面に出した第一局を置いたことの意味は多大である。「出師ニ係ル計画」（出師計画）は軍隊現場の出師準備の基本を含めて，戦略・作戦・用兵等の視点も考慮した出師（動員）全体の計画を意味する。また，同年７月（日付欠）

規定の参謀本部第一第二局服務概則は[8]，第一局の事務分担として，第一課（出師計画），第二課（団隊編制布置），第三課（軍隊教育演習参謀旅行）を置いた（各課長は参謀中佐1名）。つまり，三つの課の事務管掌関係は，参謀本部の筆頭的事務管掌としての出師計画を中心に据え（第一課），出師計画実現にかかわる兵力の編成・配置を調査し（第二課），出師計画と戦時兵力行使を目標・基準にした平時の軍隊教育（演習，参謀旅行を含む）のあり方を調査する（第三課），という論理関係を成立させた。

1885年参謀本部条例改正により参謀本部に出師計画を主管職務とする専門的な局・課が置かれたことは，下記の出師準備管理体制の第一次的成立をさらに推進させたとみてよい。

2　出師準備管理体制の第一次的成立

1885年5月の監軍部体制を含む鎮台体制の完成と同年7月の参謀本部における出師計画管掌の第一局の設置をふまえて成立したのが，1886年からの出師準備管理体制であった。

(1) 1885年の戦時諸規則等の制定――出師準備管理体制の成立拍車

1884年8月の鎮台出師準備書及び鎮台出師準備書附録の仮制定を基本とする出師準備管理体制の萌芽は，同年12月末の朝鮮国の甲申事変によりさらに成立への拍車がかかった。まず，1885年1月に「出師準備書　工兵之部」を仮制定し，2月13日に陸軍卿は各鎮台司令官に同仮制定を令達した。すなわち，鎮台下の営所・分営への召集人員は努めて営内に収容させるが，狭隘の場合には天幕・仮廠舎を設置し，あるいは「民屋寺院等ヲ使用スルハ便宜処置スヘシ」という規定を始めとして[9]，工兵大（中）隊の中隊附属諸器具の送付準備，工兵方面の諸器具の充足と指定地輸送，歩兵隊鍬兵作業器具の輸送準備，旅団工兵部長による工兵鍬兵器具の照査と輸送準備，等を規定した。

①1885年の陸軍事務所の設置と補充隊・後備軍の編成及び戦時編制概則中改正等

さらに，1885年1月17日に陸軍省は戦時編制関連の諸規則の制定・改正を令達した。特に陸軍省達乙第12号の戦時砲兵部服務規則他15件の戦時諸規則の制定は注目される[10]。これらは1881年戦時編制概則にもとづく軍団司令部の諸部・機関等の業務を具体化した。

第一に，1885年1月（日付欠）[11]の陸軍省戦時事務規程とその文書取扱順序がある[12]。本規程は「出師ノ時ニ当リ陸軍省内ニ於テ軍需供給ニ係ル百般ノ事務ヲ処理シ又各地ニ陸軍事務所ヲ置キ」（第1条）云々とされ，戦時の軍需諸品の調達・運輸等の事務処理手続きを規定した。まず，陸軍省内の事務処理手続きは，①陸軍卿の官房は，房長と総務局長の主宰のもとに人員・砲兵・工兵・会計の4局長による出師事務処理の会議を常設する，②会計局に運輸掛を置き，船舶雇入・貨幣・糧餉・被服・武器・弾薬その他凡百の物品・人馬の運送を担当する，③運輸の便宜地に陸軍事務所を置き，「某地陸軍事務所」と称し，師（旅）団又は軍団運輸部と陸軍省との連絡を保全し，戦闘地域・戦闘現場と陸軍省・近衛・鎮台等の諸官衙との間のいわば中継機関とされた。

すなわち，陸軍事務所（長は大中佐1）は，①陸軍省に属し，本省等の輸送軍需諸品を受領し，又は軍需諸品を当該地方で買弁・貯蔵する，②近衛鎮台等の出戦軍隊への送達諸品を運輸し，又は出戦軍隊からの返送物品を運輸する，③往復軍隊又は軍人軍属馬匹の宿泊給養と乗船輸送を担当し，患者休停所を置き，出戦軍隊より還送の患者に臨時手当を施し，陸軍病院に輸送する，④戦地最近接の陸軍事務所に郵便掛を置き，「内地各所」からの逓送信書を集めて師（旅）団又は軍団の会計部郵便課に送達し，戦地からの送達信書を所在郵便局に送付する，⑤戦地最近接の陸軍事務所等は砲廠・工廠・病院等を附属させ，「集積場」にかかわる諸般の事務を担当する，とされた。集積場は後に日清戦争の戦時大本営下の兵站勤務機関に含まれるが，ここでは陸軍省の直轄機関として位置づけた。

第二に，陸軍省達乙第10号の補充隊規則による補充隊の編成手続きがある。すなわち，①配置はその本隊屯営の指定地に置き，鎮台司令官の所轄下に入る，②編制は常備戦列諸隊の編制と同じで，独立中小隊では（砲兵独立中小隊，工兵独立中小隊，騎兵独立中隊），軍吏・軍医・看護卒等の人員を増加する，③人員は最上限を立てず，最下限の定員として歩兵（騎，工兵）は平時定員とし，砲兵は戦時定員とする，④隊中の新兵の訓練は「専ラ速成」を必要とするために，歩兵・山砲兵は2箇月，騎兵・野砲兵・工兵は4箇月を標準とする，⑤本隊の戦列兵が兵員の10分の1を減少させた時の補塡のために，予め若干の補充兵を補充営（後述）に送致しておく，⑥補充隊の兵員補足は1884年7月徴兵事務条例にもとづく，とした。ここで，①の補充隊は戦時対応の兵力編成であるが，軍制上又は法令上では鎮台司令官の管轄下に入ることを明示した。次に，特に④の戦時の新兵の教育期間が歩兵・山砲兵では2箇月とされたが，短期の教育期間であっても戦場での戦闘活動や勤務に充分に対応できるという思想が含まれた。それは平時の軍隊教育において長期間の教育（現役3年の服役期間）は不要という認識にもつながる。

第三に，陸軍省達乙第10号の後備軍の編成手続きがある。すなわち，①後備軍諸隊の編制・給養等は常備軍諸隊と異ならないとしたが，兵員未充足により隊数は未完成とされ（たとえば，歩兵の場合，全6個軍管で10個連隊・23個大隊であり，兵備計画の半数以下），旅団以上の編制は予め規定せず，臨時に規定する，②旅団編制は予め規定しないが，一軍管の後備軍諸隊全体で旅団を編成する時は，当該軍管番号を旅団番号とし，他軍管の諸隊を合わせて旅団を編成する時は臨時に名称を付ける，③後備軍諸隊で歩兵は各師管の連隊所在地で編成し，他兵は鎮台下で編成する，④後備軍諸隊は出戦軍に編入しない間は当該鎮台司令官の統轄下に入る，⑤出戦軍編入の場合は戦時定員を超過してはならず，兵員の剰余部分は当該師管の常備軍・補充隊に属して統轄する，とした。ここでは兵員未充足と隊数未完成の問題があり，旅団編制とは何かということの調査には至っていないことが窺われる。

第四に，陸軍省達乙第11号の戦時編制概則中改正がある。軍団・師団・旅団の裁判官を「軍法会議」と改称し，軍団・師団・旅団の運輸部を廃止し，従前の輜重部の編制と職務を改正した。特に輜重部の編制・職務の改正は，①軍団の輜重兵2個小隊（師団に輜重兵1個小隊，旅団に輜重隊）を廃止し，輜重隊を各部に属させ，①軍団輜重部職員は輜重部長（大佐1）のもとに本部・庶務掛を置き，輜重部内に輜重行廠を置き（長は中佐1，庶務掛と運輸掛に分け，武器弾薬工具糧餉患者その他百般の物品を収受輸送），②師団輜重部職員は輜重部長（少佐1）のもとに本部・庶務掛を置き，輜重行廠を置き（長は少佐1，庶務掛と運輸掛に分け，業務は軍団の輜重行廠とほぼ同じ），③旅団輜重部は輜重部長（少佐1）のもとに庶務掛・人員掛・材料掛を置いた。ここで，軍団輜重部の人員は45名，師団輜重部の人員は572名（内，輜重行廠の運輸掛には輸卒500名を新たに置く），旅団輜重部の人員は26名とされるが，大半が師団輜重部の輜重行廠・運輸掛に属する輸卒であった。輸送・運輸の手段を人力に依拠した。

②1885年戦時諸規則の制定

1885年1月制定の戦時砲兵部服務規則他15件の戦時諸規則は膨大である。本章では戦時における兵力行使と出師準備において重要なものを指摘しておく。

第一に，戦時砲兵部服務規則は，戦時砲兵部は軍団と師団及び旅団にそれぞれ軍団砲兵部（部長は砲兵大佐1）と師団砲兵部（部長は砲兵中佐1）及び旅団砲兵部（部長は砲兵少佐1）を置き，軍団・師団・旅団の砲兵部の各砲兵部長は「帷幕ノ機務ニ参与シ砲兵ノ事ニ就テハ可否ヲ獻替[けんたい]シ」云々と，帷幕の機務への参与を規定した。本規定は1882年8月戦時砲兵部服務仮概則と1884年12月戦時砲兵部服務仮規則と同様であるが，各砲兵部長は軍団長と師団長及び旅団長のもとに置かれる帷幕のメンバーになった。各砲兵部長の帷幕への参与は1881年戦時編制概則の「帷幕体制の多用化」を具現化した。なお，戦時工兵部服務規則における戦時工兵部の各工兵部長の帷幕の機務への参与も砲兵部長と同様に規定された。

第二に，戦時会計部服務規則は，①各団の会計部は軍隊給養を強固にし，「軍機ヲ沮撓セサル様」に深く注意し，各団の会計部長は「糧[かて]ニ其地ニ拠ルノ原則ニ基キ地方ノ物源ヲ探知シ其団長ノ許可ヲ得テ之ヲ徴発シ輜重ノ労ヲ省キ且輸送ノ費用ヲ減センコトヲ務ムヘシ」と現地調達を重視し，②会計部は軍団と師団及び旅団に置き，各会計部に計算・糧食・被服・病院・郵便の計5課を置き，特に軍団会計部長は戦地最近接の陸軍事務所と相通報し，軍団会計部の計算課長は「外征ニ在テハ該国通貨交換ノ便宜ヲ与へ」云々と外征想定を規定し，③師団会計部と旅団会計部の業務等も詳細に規定した。特に①は1873年在外会計部条例以降の糧食供給方法の現地調達の考え方を踏襲し，「糧ニ其地ニ拠ル」の文言はその後の慣例句になった。

第三に，戦時輜重部服務規則の概要は上記の戦時編制概則中改正に規定されたが，軍団輜重部・師団輜重部・旅団輜重部の他に「隊属輜重」を新設した。

隊属輜重は各隊附輜重隊である。旅団輜重部は本営各部附輜重，各縦列及び病院輜重に区分し，各隊附の隊属輜重隊は旅団集合地に至れば合併して旅団輜重部が統轄した。隊属輜重隊の編成は1885年1月7日に1884年制定の鎮台出師準備書附録の第二表として新たに「隊属輜重隊編成表」を規定し，歩兵1個大隊に属するもの（軍曹1，伍長4，兵卒〈上等輸卒〉13，輸卒268）と歩兵2個大隊編成及び歩兵3個大隊編成に属するものの三つの編成表に区分した[13]。隊属輜重隊人員の輜重業務は，背負弾薬，将校従卒，鍬兵毛布・下副官荷物，炊爨具，糧食芻秣，金貨帳簿・消耗品とされ，歩兵1個大隊では背負弾薬（1個中隊で弾薬箱20個〈1箱はスナイドル銃実包280発入れ〉の輸卒80，糧食芻秣の輸卒111，将校従卒輸卒22（将校1名につき輸卒1），と糧食芻秣と弾薬の輜重業務が中心である。

戦時輜重部服務規則は附表として「第一軍管　第四軍管　旅団輜人馬車輌員数表」を付けた。それによれば，旅団に付けられる輸卒と徒歩車は，①「本営幷各部附」は，会計部（輸卒70，徒歩車18）・輜重部（輸卒200，徒歩車50）とされ，②「病院附幷諸縦列」は，病院附（輸卒72，徒歩車29）・弾薬縦列（輸卒533，徒歩車266）・兵器縦列（輸卒243，徒歩車84）・工具縦列（輸卒65，徒歩車32）・糧食縦列（輸卒751，徒歩車374）・被服縦列（輸卒114，徒歩車57），③「隊属」は，歩兵3個連隊1個大隊（輸卒2,713，徒歩車0）・山砲兵1個大隊（輸卒72，徒歩車12）・工兵1個中隊（輸卒23，徒歩車0）・大繃帯所3箇所（輸卒201，徒歩車0）・小繃帯所10箇所（輸卒300，徒歩車0），とされた。総じて，他の部附きを含めて，輸卒は合計5,390名とされた（1名の負担重量は5貫目〈約18.8kg〉，徒歩車は928輛〈2人引き1輛の負担重量は約188kg〉）。すなわち，旅団編成下の歩兵連隊1個の戦時兵卒は2,496名であり，戦時の2個歩兵連隊から編成される旅団の歩兵は4,992名になり，そうした戦列兵員数に匹敵する膨大な輸卒を付けた。かつ，輸卒1名の負担重量は壬午事件時の第六軍管下予備軍召集・旅団編成時の輸卒1名の負担重量よりも1.6倍になった。なお，駄馬（1頭の負担重量は約93.8kg）は，山砲兵1個大隊で37頭，工兵1個中隊で17頭とされた。

第四に，戦時病院服務規則は，①軍団病院（病院長は軍医監1名，患者約1,000人〈支病院は患者約300人〉，治療課と薬剤課及び庶務掛を置く），②師団病院（病院長は一等軍医正1名，患者約400人〈支病院は患者約200人〉，治療課と薬剤課を置く），③旅団病院（病院長は二等軍医正1名，患者約200人，治療課と薬剤課及び庶務掛を置く），④大繃帯所（所長は二等軍医正1名，歩兵連隊数に応じて置き，戦列隊と進退をともにし，戦況地勢にしたがって布置する），⑤小繃帯所（一等軍医が総括，進軍又は交戦に臨んで大繃帯所より分遣し，およそ歩兵1個大隊毎に1箇所を置く），とした。

これらの戦時病院設置の基本は1882年8月戦時病院服務仮概則及び1884年12月戦時病院服務仮規則とほぼ同じであるが，①軍団病院長は地方病院等と協議して，軍団病院の患者を地方病院に託し，又は随時に地方病院の医師を使用し，②軍団病院・師団病院・旅団病院には「病院大旗」を，大繃帯所には「病院中旗」を，小繃帯所には「病院小旗」を標立することを踏襲しつつ，新たに大繃帯所と小繃帯所には日没後には「紅灯」を掲げ，③小繃帯所附の看護長（1883年5月陸軍武官官等表改正は軍医部下士の看病人を廃止し，一等から三等までの看護長を置く）と看護卒は「時トシテ戦線ニ派出シ死傷者ヲ小繃帯所ニ送致セシムヘシ」と本文で規定し，④繃帯所には死傷者運搬用の輸卒を附属させ（小繃帯所1箇所に20人，大繃帯所1箇所に40人），小繃帯所の輸卒は同所から大繃帯所に，大繃帯所の輸卒は同所から旅団病院にそれぞれの死傷者を運搬し，さらに戦線から死傷者を大繃帯所に運搬するのは「戦友兵卒ニ於テ之ヲ行フモノトス」（「戦時病院配置之図」）と記述し，⑤1882年戦時病院服務仮概則と1884年戦時病院服務仮規則よりもさらに詳細な薬剤・治療器具等の数量を記載した附録・附表を収録し，特に軍団病院と師団病院の薬剤・治療器具等の荷造りと運搬者として人夫を使用し，旅団病院の薬剤・治療器具等の荷造りと運搬者として輸卒を使用し，人夫・輸卒の負担重量は5貫目（約18.8kg）から6貫目（約22.5kg）を標準とした。

第五に，戦時憲兵服務規則は1876年戦地参謀長及憲兵司令服務綱領と1882年戦時憲兵服務仮概則及び1884年戦時憲兵服務仮規則を踏襲し，軍人軍属の軍紀・軍法の取締りや敵地進入時の現地自治体等首長に対する戦闘・交戦事由の説明・説得，占領地行政と憲兵との関係等を記載し，さらに，「役夫ノ類ハ厳密ニ監視シ」と臨時採用者の人夫・役夫に対する管理強化を規定した。また，戦時諸職工傭役規則は諸兵隊編制表規定の諸職工の傭役手続き等を規定した

(蹄鉄工を除く，鞍工・銃工・木工・鍛工・縫工・靴工，①出戦中の給料は，平時基準のある者は，海外ではその2倍を，内地ではその4分の3を増給する，②本人の望みにより日給の5分の2以内を家族に支給できる，③俘虜又は生死不明者の日給は帰営後に詮議の上全額又は半額を支給する，④傭入れ時に軍属読法の式を実施し誓約する)。なお，補充営服務規則は補充営司令のもとに(中少佐の内1名が司令)，補充兵の統轄と戦列隊補欠手続き，養生所の管理と養生人の戦列隊への復帰手続きを規定した。その他の戦時諸規則は省略する。

③1885年輜重局設置

出師準備管理体制の成立拍車で注目すべきは輜重・運輸・運搬体制の強化とその教育体制等の整備である。すなわち，1885年3月に陸軍省に輜重局を設置し[14]，同年12月3日陸軍省達甲第47号輜重輸卒概則改正，同年12月23日陸軍省達乙第163号平時輜重兵大隊編制表制定，翌1886年1月4日陸軍省達乙第2号輜重兵卒及輸卒教育仮規則制定へと続いた。特に輸卒はほぼ戦時又は事変に対応した輜重業務に従事し，現役は1年で在営期限を4箇月とした。1885年輜重輸卒概則改正は，輸卒は輜重兵隊に入営して教育をうけ，「組長」(下士にほぼ相当)に適任と認められた者に退営時に「組長適任証書」を付与した。輸卒の現役人員は各軍管で360名とし(各軍管に輜重兵大隊1個を置く)，1885年平時輜重兵大隊編制表に輸卒360名(2個中隊編制)を規定した。そして，陸軍大臣は各鎮台司令官宛に1885年12月25日付で「十九年四月編制替各鎮台輜重兵中隊人員馬匹表」「十九年四月編制替各鎮台輜重兵隊表」の内決を通知し，翌1886年3月19日に各輜重兵隊を輜重兵大隊に編成することを指令した(東京鎮台は既設の輜重兵第1小隊を輜重兵第1大隊第1中隊と称し，仙台・名古屋・大阪・広島・熊本の各鎮台の輜重兵大隊の隊号には第2大隊，第3大隊……と順に通し番号を付す)。

さらに，翌1886年1月4日陸軍省達乙第1号により戦時編制概則を改正した[15]。これは1881年戦時編制概則の基本を崩していないが，特に，①戦時における混成旅団の編制を規定したが(およそ，歩兵2個連隊・騎兵1個連隊・砲兵1個大隊・工兵1個中隊・輜重兵1個中隊及び参謀部・砲兵部・工兵部・会計部・輜重部・軍医部等を附属)，戦時における旅団の編制と職務の規定を省略し，②「軍団本営人馬員数表」の輜重部の運輸掛において輸卒503名を増員し，「師団本営人馬員数表」の軍医部の小綳帯所に看護卒480名を増員した（1個大隊につき1箇所設置）。また，同3月同陸軍省令乙第16号陸軍軍医官職務章程制定により近衛鎮台の軍医長の職務として「常ニ出師ニ係ル軍医部ノ人員並ニ材料ノ準備ヲ整理スヘシ」と規定した。かくして，しだいに出師準備管理体制の成立への拍車がかけられた。

(2) 出師準備管理体制の第一次的成立

①出師年度の新設定

さて，出師準備管理体制で重要なのは出師準備調査の期月設定である。参謀本部長代理川上操六は大山巌陸軍卿に1885年10月12日付で出師年度改定を協議した[16]。1884年仮制定の鎮台出師準備書における出師準備調査の期日は毎年5月1日と11月1日の2回であった。

参謀本部起案・協議の出師年度改定趣旨は，①毎年2回の調査で差異があるのは，生兵の卒業者数と卒業期日に応じた戦時定員対応の予備兵等による充足員数と充足日数の増減発生のみであり，戦列隊・補充隊ともに充足人員数総体の増減に対しては無関係であり，毎年2回の調査は不要である（参謀本部の調査・計画においても支障なし），②新兵入営開始日と各役満期兵転籍期日の4月20日を調査期日にすることは，入隊予定数と新兵入営期限日の5月20日までの入隊人員実数との差異発生という弊害があり，他方，5月20日以降を期日にする場合には次年度までの間に現役兵が予備役兵に，さらに予備役兵が後備役兵に転籍する者の数値処理（全国軍隊の3分の1）の煩雑の弊害があるが，前者の弊害は後者の弊害に対して少ないと判断して，4月20日から翌年4月19日までを出師年度に設定する，と述べた。また，調査書類の提出期日は，当該年度開始月の若干月前に当該年度開始月の事件を「予算上ニ調査シ且ツ之ヲ其年度前ニ結了セサルヘカラス」と述べ，陸軍省の鎮台への出師準備書の調製・提出の下達期日を毎年12月1日とし，調査書類の参謀本部到達期限日を翌年3月31日までと起案した。以上の出師年度の新設定は1887年度からの新たな会計法上の年度設定にほぼ対応し（毎年4月1日から翌年3月31日までを当該年の会計年度とする），およそ予算調査上も便宜性があるとみられた。

大山陸軍卿は同年12月7日付で同意した。そして，翌1886年1月22日付で各鎮台司令官宛に出師年度改定趣旨を送付し，毎年4月20日より翌年4月19日に至る1周年をもって新たな出師年度とし，同準備調査の期日は毎年度1回の4月20日とすることを内達した[17)]。

②1886年度鎮台出師準備書の仮制定

大山巌陸軍大臣は出師年度新設定にもとづき，2月3日付で各鎮台司令官宛に「自明治十九年四月二十日至同二十年四月十九日　鎮台出師準備書」(本章では「1886年度鎮台出師準備書」と表記) 及び「自明治十九年四月二十日至同二十年四月十九日　鎮台出師準備書附録」(本章では「1886年度鎮台出師準備書附録」と記載，以上仮制定) を送付し，出師準備に関する調査と整理の実施を指令した。まず，1886年度鎮台出師準備書は本文冒頭で出師準備を下記のように定義した[18)]。

「出師準備トハ有事ノ日ニ当リ各鎮台若クハ一部ノ諸兵ヲ召集シテ戦列諸隊ヲ充足シ補充隊ヲ設備シ団隊ヲ編成集合シテ之ヲ出戦セシメ又後備役諸兵ヲ召集シテ出戦軍ノ後援若クハ地方ノ警備ニ充ツル等ノ諸動作ヲシテ神速且ツ厳粛ナラシメンカ為メ平時ニ於テ予メ之カ準備ヲナスヲ謂フ」

1886年度鎮台出師準備書の出師準備の定義は，1884年の鎮台出師準備書の旅団編成を重点にした定義に比べて，平時における準備・計画を明確化し，定義としては整備された。

その上で，1886年度鎮台出師準備書の出師準備の手続きとして，第一に，「充員ノ令」への対応を規定した。本令発令により監軍は鎮台司令官に召集令を管内に布達させ，諸兵を集合させて戦列諸隊を戦時定員に充足し，補充隊を編成するとした。召集地は歩兵科の軀員 (予備役の将校・下士) と兵員と歩兵連隊関係諸卒は歩兵連隊所在地とし，その他の兵科と諸隊等はすべて鎮台下に召集するとした。第二に，師団及び軍団の編成と集中の発令に対する対応を規定した。すなわち，監軍は，①師団編成の下令により鎮台司令官に師団を編成させ (同時に師団本営諸官，分属させる伝令騎兵及び憲兵，「留後鎮台諸官」〈出戦後の留守鎮台諸官〉等の充足の発令がある)，②師団集合の下令により師団長に管下の団隊を集合させるとした。さらに，監軍は，①軍団編成の発令により管下の2個師団を合わせて軍団を編成し (同時に軍団本営諸官，分属させる伝令騎兵憲兵軍楽隊及び軍用電信隊の充足の発令がある，ただし，分属の諸隊は集合地又は集中地で附属させることがある），②軍団の司令官としての軍団長に就任し，軍団集合の発令により管下の団隊を集合させるとした。師団及び軍団の編成・集合・集中において注目すべきは，集中（本文は「聚中」）への対応である。すなわち，1886年度鎮台出師準備書の「聚中」は，たとえば，「師団ヲシテ出征セシムルニ至レハ聚中地ヲ下令ス」とされ，出役を目的にして師団又は軍団を当該発進地に集中させることであった。その場合，師団と軍団は「聚中ニ方リ之ニ要スル船舶ハ別命ヲ以テ予メ搭船場ニ艤整セシム」とされ，集中は船舶使用の出役が想定・計画されたことが重要である。つまり，出征・出役はほぼ海外での兵力行使を想定・計画し，さらに乗船・出船の準備・整備の視点も規定した。第三に，後備役諸兵の召集と後備軍旅団の編成及び集合の発令への対応があるが，ほぼ1884年鎮台出師準備書を踏襲した。

③1886年度鎮台出師準備書附録と召集事務体制の計画

ところで，1886年度鎮台出師準備書附録は1884年鎮台出師準備書附録と同様に，各鎮台の出師準備のために平時に調査すべき諸件と諸表の調製の内容・方法（1886年度鎮台出師準備書における予備役諸兵到着日数人員表，戦列諸隊戦時定員充足表，補充隊編隊表，後備役諸兵到着日数人員表，後備軍諸兵編隊表，予備役軀員到着日数名簿，後備軍軀員到着日数名簿，諸兵集合日数表），当該鎮台の出師準備書及び諸表の報告・提出手続きを規定したが，特に記載事項が詳細になった表もあり，各表「備考」欄の記載要領を詳細に指示したことが特質である。そして，特に重要なものが，陸軍召集条例の充員召集の基本にもなる予備役諸兵到着日数人員表と師団集合のための諸兵集合日数表の調製である。

まず，予備役諸兵到着日数人員表は鎮台出師準備における予備役諸兵の召集布達と指定地到着に関する基本資料になった。本表は召集地区（師管，軍管に区分）と兵種と戦列隊号を予め指定した上で，それぞれの戦列諸隊と戦時定員（連隊，大・中隊，隊属）を充足させるべき各予備役諸兵について，その到着地，召集すべき総員，召集発令当日から起算して3日までの到着人員，同第4日に到着人員，同第5日に到着人員，以下，その後の到着人員，戦時定員充足日数（生兵卒業前，生兵卒業後に区分），到着人員の合計，の記載内容を規定した。本表については，1886年度鎮台出師準備書附録は，「第何軍管何府県内召集布達兵丁到着日数表」（附録第1表）と「現役帰休（予備役）（後備役）何兵（諸雑卒）（諸職工）到着日数名簿」（附録第2表）にもとづき調製すべきことを規定した。この場合，前者の附録第1表は，府県内の郡区役所を単位・基準にした召集布達・兵員到着日数の記載表であり，①鎮台より府県庁に到る里数（何里，以下同），同布達時間（何時何分，以下同），②府県庁より郡区役所に到る里数，同布達時間，③戸長役場所在地名，郡区役所より戸長役場に到る里数，同布達時間，④各町村名，戸長役場より各町村に布達時間，⑤各町村より各召集地（鎮台，営所，分営に区分）に到る里数と日数，⑥鎮台発令より兵員が召集地（鎮台，営所，分営に区分）に到達する総日数，を記載することになった。

ここで附録第1表の「備考」は，①鎮台から府県庁に，府県庁から郡区役所への召集布達は（電信可能所在地の場合）平時の通信実験にもとづく時間を記載し，電信がない所在地には「飛信」を用いる（速度は1時間に1里半を基準），②郡区役所から戸長役場に布達するには1戸長に1人の脚夫を発する（速度は1時間に1里半を基準），③戸長役場から各町村に居住する兵員に布達するには脚夫1名又は数名を同時に発し，2時間内にすべて布達できるようにする，④各町村の兵員は布達受領時から起算して24時間以内に「通行免状」と旅費を受け取り，24時間経過後に召集地に向けて発程する，⑤各町村より召集地に到る日数は兵員1日（12時間）10里詰をもって歩行するものとして算出する，⑥事務整理に要する滞費時間は府県庁・郡区役所・戸長役場ともに各2時間と定める，⑦事務整理に要する時間は布達時間中に合算し，兵員出発までの猶予時間は召集地に到る日数中に加算する，⑧召集事務はすべて昼夜を分けない，⑨時間は分・時までを記載し，里数は丁数まで記載する，と地方行政機関の迅速・正確な事務処理と詳細な記載要領を指示した[19]。

他方，後者の附録第2表は，召集対象兵卒の到着日数名簿であるが，兵卒毎の住所・里数・到着地・到着日数・隊号・等級・姓名を記載し，さらに兵種毎及び徴兵年度毎に分けた。その場合，①他軍管寄留者の到着日数は概算で記入し，②到着日数は附録第1表の総日数（⑥）を記入し，③輸卒で「組長適任証書」の所持者は等級の区画に「組長」の2字を書き，輸卒教育の卒業者は入字を書き，④兵員と雑卒で「下士適任証書」の所持者の姓名は朱書する，と指示した。つまり，予備役諸兵到着日数人員表の調製と実際の召集は，地方行政機関の迅速・正確な召集事務体制の成立・整備を求め，徴兵令上の軍隊教育の整備を随伴させた（「下士適任証書」等の付与）[20]。

次に，諸兵集合日数表は1886年鎮台出師準備書の師団集合の規定にかかわって，戦略目的に応じて必要地点（集合地と集中地）までの到達方法等を予め調製するものである。すなわち，軍管下の兵種隊号，屯営地，召集発令より戦時定員に充足するに至る日数，師団集合地，師団集合地に至る里数（水路，陸路），同日数（急行・常行日時数，汽車・汽船の日時数），召集発令より師団集合地に至る総日数（急行・常行の日時数），等を記載することになった。ここで，「急行」とは各兵がとるべき路線景況に応じて力の及ぶ限り急行し，「常行」とは通常の行軍法にもとづく日時数である。

④1886年の「出師準備書 会計ノ部」，「鎮台出師準備書 軍医之部」「鎮台出師準備書 工兵之部」「鎮台出師準備書草案 砲兵ノ部」の起草・起案・仮制定の手続き

1885年参謀本部条例改正により陸軍の出師計画は官制上でも参謀本部の主管職務になった。ただし，この時点で参謀本部が陸軍のすべての鎮台出師準備書を起草・起案したのではない。各兵科等の鎮台出師準備書は陸軍省の当該関係局が調査・起草・起案していたとみてよい。

まず，大山巌陸軍大臣は同1886年2月23日付で各鎮台司令官に「出師準備書会計ノ部」の仮制定を指令し，出師準備会計の調査・整理を指示した[21]。同書は陸軍省会計局が調査・起案し，鎮台出師準備書にもとづき団隊給養の諸件を平時に調査し，充員・師団編成・師団集合・軍団編成・軍団集合・後備兵召集・後備軍旅団編成・後備軍旅団集合の発令に際して，瞬時に応用させるべき会計上の要点を示した。

同書は，①充員発令に際して，諸兵召集旅費と糧食被服陣具他需用物品をただちに充備し，特に召集対象者の旅費は，召集発令とともに陸軍省が大蔵省に旅費金額繰替を指示し，大蔵省は府県庁に，府県庁は郡区役所に，郡区役所は戸長役場を経て旅費を本人に交付する，②師団編成の発令に際して，軍資金と糧食被服陣具他諸品はすべて3箇月間を1期としてただちに充備するために，予め，師団編成に関する諸費並びに集合費予算，精米食塩麰麦干草，道明寺糒［ほしい］食塩（予備食），被服陣具，消耗品を調査しておく，③師団集合の発令に際し

て，準備の糧食被服陣具他諸品を指定集合地に運搬し，諸兵への予備食配与と隊属輜重携行の他はすべて陸軍事務所に付して輸送させ，また，師団が集合地から集中地に進発の場合は本営各部病院附隊属輜重と諸縦列の携行の他はすべて準備諸品を陸軍事務所に付して輸送させる，と規定した。特に，②は大量の準備・確保を要し，一時に調達不可能の場合には徴発を実施し，附表に詳細な調製を規定した。つまり，大量の軍需品を郡区役所に賦課する徴発手続きを規定し，徴発を出師準備管理の基盤に据えた。

次に，大山陸軍大臣は1886年3月29日付で参謀本部長に「鎮台出師準備書 軍医之部」の仮制定を協議した。同書は陸軍省軍医局の調査・起草・上申にもとづき参謀本部への協議に付されたが，参謀本部長熾仁親王は5月18日付で同意した（4月15日付の陸軍省協議の「鎮台出師準備書 工兵之部」も含む）。そして，陸軍大臣は5月29日付で各鎮台司令官に「鎮台出師準備書 軍医之部」「鎮台出師準備書 工兵之部」にもとづく関係事項の調査・整理を指令した[22]。

さらに，各兵科関係の鎮台出師準備書で陸軍省の当該関係局が調査・起草・起案し，参謀本部との協議を経て仮制定された過程を明確に示したものとして「明治十九年鎮台出師準備書草案 砲兵ノ部」がある。陸軍省砲兵局長井上教道は「明治十九年鎮台出師準備書草案 砲兵ノ部」を起草し，同年5月28日付で陸軍大臣に提出した[23]。本草案は鎮台出師準備書中で兵器弾薬の授受整理方法と種類員数を明示し，有事の迅速な処弁対応の準備要領を規定した。第一に，充員発令により鎮台司令官は所要兵器弾薬を各戦列隊と補充隊に配賦し，砲兵部に付すべき兵器弾薬を迅速に整理させるが，その授受手続きは，①鎮台武庫主官（砲兵科の大尉1）は所定の員数定則表にもとづき各戦列隊及び補充隊に兵器弾薬を配賦し，予備として砲廠備付の弾薬を整理する，②平時の武庫格納の兵器弾薬を戦時用にあてるが，補足すべき物品を迅速に砲兵方面より受け取る，③営所武庫主官（砲兵科の中尉又は少尉1）も①同様に取扱い，兵器弾薬の欠数は鎮台武庫より補足する，第二に，師団編成の発令により鎮台司令官は所要兵器弾薬を砲兵部に交付し，師団とともに運搬準備する，第三に，師団集合の発令により師団長は砲兵部長に師団砲廠備付の諸兵器弾薬を指定地に運搬させる，等である。大山陸軍大臣は翌29日付で本草案を参謀本部に回送したが，参謀本部は10月8日に了承した。

以上のように，鎮台出師準備書の本体的部分は参謀本部が起草・起案したが，1886年戦時編制概則規定の軍団本営や師団本営の砲兵部・工兵部・軍医部の立ちあげ関係の鎮台出師準備書は，陸軍省の当該兵科等の関係局（会計局も含む）が起草・起案した。1886年戦時編制概則規定の砲兵部・工兵部・軍医部等の立ちあげは補給・戦時補充等の兵站勤務体制にかかわるものが主であった。

その後，1890年代に至り，大本営が兵站勤務の組織・編制と職務権限・業務内容等を統轄するという認識にもとづき，参謀本部が出師計画としての補給・戦時補充等を含む兵站勤務体制の調査・起草・起案の主導性を行使するに至った。しかるに，戦時の砲兵・工兵・病院の出師準備関係中の補給・戦時補充に関する技術的な細部の調査・立案については，陸軍省が同事務機能を未だに確保・維持しているという認識と判断のもとに，陸軍省主導のもとに起草・起案・仮制定の手続きをとった。それ故，逆に換言すれば，1878年参謀本部設置以降，陸軍省と参謀本部との間の職務分担指針の明確な判然化に至っていない状況が続いたとみるべきだろう。

⑤「出師準備」用語の「動員計画」用語への改称問題

他方，参謀本部は出師計画の基本概念を調査した。すなわち，「出師準備」の用語の適切性の検討であり，参謀本部長熾仁親王は1886年3月10日付で陸軍大臣宛に「出師準備」の用語を「動員計画」の用語に改称したいとして，意見書を添えて協議した。参謀本部の意見書内容の詳細は不明であるが，陸軍省回答（1886年3月24日陸軍省送乙第1410号）は不同意を表明した[24]。

すなわち，陸軍省は，①「出師準備」の用語は仏語の「モビリザション［ママ］」［mobilisation］［モビリザスイヨン］の意義であるが，「小大普通ニ用ユルニハ妥当ノ訳字ニアラサル」ことは参謀本部意見書の通りである，②しかるに我が国の「出師準備」の名称は既に数年前より使用され，「仏国『モビリザション』ノ義即人馬材料ヲ挙テ平時ヨリ戦時ニ移ルノ動態」であることは陸軍内外においても了解され，その習慣が久しいので，名称を俄かに変換して新奇の文字を使用するならば，仮に穏当な訳語であってもその義を失し，誤解を生ずることは測りがたい，③仮に名称改正を必要とした場合でも，「計画等ノ字義亦極メテ適当トモ難申候」として，「寧ロ直チニ『モビリザション』ノ原語ヲ以テ出師準備ノ語ニ換用致シ方可然歟」と考えられるが，その義を誤ることも測りがたい，④したがって，訳語においては穏当でなくとも実際に支障がなければ，従前の慣用に従い，仏国の「モビリザション」を我が国では「出師準備」と称するものとして「決定致置」き，いまさら特に改正しない方がよろしいとして，参謀本部の意見・協議に対してさらに再考を求める回答をまとめた。

参謀本部の「出師準備」「動員計画」の用語に関する意見・協議はやや厳密性に欠けるものがあった[25)]。ただし，既に，①参謀本部内では，1880年12月28日付の参謀本部副官心得歩兵少佐山内長人発の鎮台参謀長宛の予備軍召集時の府県への発令と同兵入営までに要する日数調査主旨に関する照会や，1881年11月8日付の仙台鎮台参謀長歩兵中佐川上操六発参謀本部長宛の「動員表差出候ニ付申進」書等[26)]，においても「動員」の用語を記載し，②兵事ジャーナルでは，戦時編制・出師準備にかかわって，プロイセン軍制等を参照して「動員」「戦時動員」等の用語・訳語が登場していた（「出戦軍ヲ設備スル法ヲ動員ト称シ」）[27)]。また，1887年の師団編制化に至り，軍隊現場（連隊等）では出師準備を目的にして「動員計画」を調査し，「動員計画書」を調製していたことは定期検閲報告書に記載されている[28)]。

⑥出師準備管理体制下の1886年陸軍召集条例制定

出師準備において最重要視されたのは戦時の兵員召集である。1875年11月制定の後備軍召集条例は平時の復習のための後備兵召集が基本であり，1886年度鎮台出師準備書の召集の基本に対応していなかった。その後，陸軍省は出師準備管理の一環として召集方法を調査し，同調査委員（歩兵中佐大久保春野と同馬場素彦）は1885年6月23日付で起草稿本と意見書を陸軍大臣に提出した。同調査委員の起草稿本等の内容は不明であるが，同年7月にそのまま参謀本部への協議に付した。そして，参謀本部長熾仁親王は翌1886年1月19日付で意見を陸軍大臣に回答した。ただし，この前後において陸軍省官制の改革，諸官廨の組織変更等により，起草稿本に修正すべき事項も出てきた。そのため，同省は1886年7月29日付でさらに修正したものを参謀本部と協議した。これについて，参謀本部長熾仁親王は同年8月6日付で「実際出師ノ利害ニ就キ篤ト調査」した結果，全体として同意すると回答した[29)]。これにより，陸軍省は陸軍召集条例の制定・施行の準備を進め，同年10月9日に制定し（陸軍省令甲第39号，全167条），同施行期日は出師準備年度との関係で追って指令するとした。

1886年陸軍召集条例は1886年度鎮台出師準備書にもとづき「平戦両時ノ緩急」に即応する帰休兵と予備役後備軍軀員兵員の召集方法や手続きを規定した。召集を充員召集・後備軍召集・近衛充員召集・近衛後備軍召集・演習召集・点呼召集の6種に区分し，特に地方自治体の事務手続きを詳細に規定した。地方自治体の陸軍召集の対応概要は既に解明されているが[30)]，召集旅費繰替方針は同年7月～10月の陸軍・大蔵・内務3省の協議・合意が成立し，内務大臣は10月22日に北海道庁長官と府県知事に「郡区役所庁費金有合セ候節ハ一時繰替支払候様兼テ郡区長ヘ内諭致シ置カルヘシ」いう訓令（訓第753号）を発した[31)]。なお，陸軍召集条例は参謀本部の1887年度の出師準備に対する要求もあり，同年12月28日陸軍省令第43号により翌1887年4月20日から施行し，1875年後備軍召集条例と1881年予備軍及後備軍編制条例を1887年4月20日に廃止した。

また，陸軍省は徴兵と後備軍事務に関する調査・指示事項を打ち合わせるために，11月下旬から2週間にわたって後備軍司令官を同省に招集した。そこでは，陸軍召集条例の範囲内で「地方官ト協議シ規定スル細務ノ条項」の指示も含み[32)]，出師準備・陸軍召集実施に対する戸長役場等に至るまでの末端地方行政機関の取込みと対応・準備を強化した。さらに，参謀本部は出師準備・充員召集方法の試行や戦時の戦用品梱包と輸送法の試験を開始した[33)]。

⑦1886年近衛鎮台監督部条例等制定による陸軍会計経理体制の第一次的整備

1885年鎮台条例改正による鎮台体制の完成により会計経理体制も整備された。すなわち，①1886年3月11日陸軍省達第13号近衛鎮台監督部条例は近衛と各鎮台管内の会計経理監視と軍隊の会計事務の監督等職務，部長1名と監督部内の計算課・糧食課・被服課・陣営課・記録掛及び建築監事・建築監査の担任分掌を規定し，②1886年3月11日陸軍省達第14号司契部条例は中央司契部（東京に置き，陸軍省会計局に隷し，近衛監督部の命令のもとに陸軍省・近衛・他東京所在官廨の金銭出納等を管掌），鎮台司契部の職務を規定し（鎮台監督部に隷し，管内軍隊官廨の金銭出納等を管掌），③1886年3月11日陸軍省達第15号糧倉条例は近衛と鎮台管下の便宜地に糧倉を置き（主管1名，糧食官若干名他），当該監督部に隷し，軍隊等に給する糧米芻秣の調弁度支及び戦時準備の糧食品貯蔵の職務を規定し，④1886年3月11日陸軍省達第16号被服廠条例は東京に被服廠を置き（主管1名，被服官若干名他），陸軍省会計局に隷し，絨毛布他地質を軍隊に給する品種の調弁分配及び戦時予備地質の貯蔵の職務を規定し，⑤1886年3月11日陸軍省達第17号陣営経理部条例は近衛鎮台営所所在地に陣営経理部を置き（主管1名，陣営監査及び管営若干名），当該監督部に隷し，陸軍所属の陣営廨舎倉庫地所等の管理及び建築修繕事務の職務を規定した（砲兵工兵科に属するものを除く）。また，1886年4月12日陸軍省令乙第46号営繕仮規則は「特別営繕」（新設事業），「大営繕」（家屋等の大部分の改造又は増築模様替え修繕で1件5百円以上の営繕），「小営繕」（家屋等保存のかかわる修繕の小工事）の施行手続きを規定した。これにより，陸軍会計部条例は廃止された。なお，1888年の師団司令部設置により近衛鎮台監督部条例は近衛師団監督部条例と改称された。

1886年3月の会計経理や軍隊給養関係の諸官衙新設はたんなる会計経理体制の整備ではなく，第一に，特に出師準備を目的・照準にした。たとえば，近衛鎮台監督部条例の監督事務範囲には「会計ニ係ル出師準備ノ件」を含み，さらに，監督部糧食課は戦用炊爨具調査・戦時糧食品試験・輜重廠会計経理・軍隊戦用器具等に関する監督部関係事務を担当した。特に②の糧倉は戦時準備品の調弁及び貯蔵，平時給与の糧米芻秣及び戦時準備品の新陳交換，戦時炊爨具予備品の管理，戦時の玄米搗精米方法等の計画と戦時糧食品輸送便法の研究予定を立てた。また，糧食官は糧材の産地と製造源を熟知し，原材の良否を識別し時価を了知しなければならず，管掌する糧材を善良かつ適当価格により調弁することに注意し，買弁時機等に関する所見を当該監督部に稟申しなければならないと規定した（糧倉条例第7，12条）。糧倉条例の糧材規定趣旨は被服廠条例第7，13条においても被服材料調弁にかかわって同様に規定された。

第二に，軍隊給養にかかわる糧材・被服材料等の現物の購入・貯蔵及び各隊等への運搬等の管理は，いわばおよそセンター集中的供給管理体制として成立・整備したことに最大の特質があった。特に被服材料は東京の被服廠のもとに一括貯蔵管理し，東京所在の軍隊は当該隊が被服廠から運搬し，東京外の軍隊への送付は被服廠経費により運送・梱包費用を支払い，同運送は会社・運送人との結約によって行うことになった。糧倉より軍隊等送付の糧米芻秣運搬は当該隊が行うことを原則とした。なお，当該品を商人よりただちに納入させることもあり，それは時宜によって定めるとした。

第三に，各隊の金櫃事務と糧食・被服は同3月20日に詳細な経理手続きを規定したが[34]，特に糧食経理においては「糧食積金」の蓄積のもとに戦時対応への留意を規定した。すなわち，各隊糧食経理条例は，各大隊の糧食委員は（連隊長選任の中隊長1名と小隊長1名，計官），①該月残余の糧米を翌月分の繰越仮受となし，賄料定額実費差引きに剰余金が出れば糧食積金に組込み（不足の場合は該金より補填する），精米賄料の残余又は量出米等の売却代を糧食積金として隊中に蓄積し，②糧食積金は該隊所有に属するが糧食以外に流用できず，また，同積金を多くしようとして「食物ノ不良」にならないようにする，③戦時用炊爨具を管理・手入れして非常急遽用に対応しなければならず，同炊爨具品の改良と保全のための糧食積金使用は連隊長の意見に任すとした。

かくして，1886年近衛鎮台監督部条例等の制定は鎮台体制の完成のもとに，1884年陸軍会計部条例改正により成立した出師準備を含む陸軍会計理体制が近衛鎮台と同末端現場諸隊の戦時諸準備品等の整備にまで及んだことは，陸軍会計経理体制の第一次的整備として画期づけることができる。

⑧1887年所得税法と従軍軍人俸給所得非課税化——従軍軍人の税制特典政策化開始

松方正義大蔵大臣は1887年1月（日付欠）に所得税法案を起案して内閣総理大臣宛に閣議を請議した（全26条）[35]。大蔵大臣請議の所得税法案の第3条は所得税を課さないものとして4項目を起案し，その第1項目に「軍人従軍中ニ係ル俸給」を掲げ（第1号），プロイセンでは軍人従軍中の俸給は本人の「請願ニ依リテ免税スルノ法」であるが，本邦では煩労になるので最初より課さないことにすると説明した。大蔵大臣の閣議請議は1月22日の閣議で一部修正されて同28日に元老院に下付したが，元老院では全部付託調査委員（山口尚芳，尾崎三良，三浦安他2名）は内閣原案第3条第1号の「軍人」の2字を削除し，「従軍中ニ係ル俸給」と修正起案して第二読会に報告した。同削除理由は「凡ソ従軍中ニ在ルヤ文武官ヲ論セス素ト総テ其俸給ニ課税ス可キニ非サレハナリ若シ其従軍ニシテ内地ノ土寇一揆ナトノ騒動ニ係ルハ兎モ角モナレトモ苟モ外国ニ関渉スル事変ニ係ラハ外交官等モ従軍セサルヲ得ス往年ノ孛仏戦争ノ如キ現ニ両国ノ内閣総理大臣モ従軍シタルニ非スヤ是独リ調査委員ノ意見ノミニ出ルタニ非ス泰西各国ノ成例モ率ネ此ノ如シ」(山口尚芳) とされ[36]，文官俸給を含めて非課税措置を正当としたが，その後の再調査の報告では内閣原案の条項文に戻して3月3日に議定し，上奏を経て当初の大蔵大臣起案の従軍軍人俸給非課税化を含む所得税法が3月19日に制定された (勅令第5号，7月施行)。

1887年所得税法下の所得税の課税対象所得金額は300円以上であり，その税率は300～999円までは1％，1,000～9,999円までは1.5％であったが，出役軍人(およそ少尉と同相当官以上) の俸給は税制上で非課税措置された。従軍軍人俸給所得の非課税制度はプロイセン軍人の申告による免税措置を超えた従軍軍人の税制特典政策として開始された。その場合，特に，所得税法は戦闘地域や戦場への軍人の「出役」「出征」が厳密に規定されずに，「従軍」という対象者範囲拡大用語により規定したことは，非課税対象者の範囲拡大根拠を当初から含んだ。なぜなら，元老院での一部議官の発言のように，文官系官僚も従軍するとみられる雰囲気があった。帝国全軍構想化路線下の大本営編成構想の文武官混成のあり方からすれば，従軍対象者範囲拡大の余地が残される雰囲気は当然であった。

かくして，軍備拡張下の軍隊編制改編と鎮台体制の完成を基盤にして，1885年の監軍部条例と鎮台条例の改正において監軍及び鎮台司令官の出師準備の職務権限を明確化し，参謀本部条例改正において出師準備計画の主管局 (参謀本部第一局) が成立した。これらの軍隊現場の兵力行使の司令系統を統轄する三つの官衙が出師準備管理を中心にして整備されたことの意義は大きい。そして，以上の三つの官衙の整備により，出師年度の新設定と「出師準備」「動員計画」用語の議論・整備，1886年度鎮台出師準備書 (会計，工兵，砲兵，軍医関係も含む) における詳細な出師準備職務の規定化，1886年近衛鎮台監督部条例他4条例の制定，出師準備即応の1886年陸軍召集条例制定による地方自治体の取込み開始，従軍軍人俸給所得への所得税法上の特典政策は，陸軍動員計画策定史上は出師準備管理体制の第一次的成立と称してよい。すなわち，戦時編制は未成立であり，戦闘活動を想定した要務令・勤務令等の制定と平時編制・常備団隊配置等の策定・制定及び補給・兵站・徴発は欠けるが，序論で示した出師準備管理体制の成立画期確定のための4基準がほぼ初歩的に明確化されたからである。なお，1886年近衛鎮台監督部条例他4条例の制定自体は出師準備管理体制を照準にした陸軍会計経理体制の第一次的整備になった。

注

1）『公文録』1885年5月6日陸軍省，第1件。

2）松下芳男『明治軍制史論』下巻，55頁。

3）4）5）『公文録』1885年5月6日陸軍省，第2，5，4件。陸軍省は1885年の新たな監軍部条例と鎮台条例の成立後の5月29日付で各鎮台参謀長と参謀本部次副官宛に，①「監軍部条例中扱方心得」として，同条例第4条の軍令事項の演習行軍等の執行は，伺い立て（鎮台司令官→所管監軍部→陸軍卿に転送）→〈上奏〉裁可→下令（陸軍卿→所管監軍部→鎮台へ発送）とする，②「鎮台条例中取扱方心得」として，同条例第9，10，11，14，31条の監軍への「申報」「急報」を不用とする（陸軍卿に直報），③監軍部条例第4条の軍令事項の「伝宣行下文格」として，「[上略] 演習（或ハ行軍）施行可為致旨　御沙汰候事　陸軍卿伯爵姓名　其鎮台司令官爵姓名殿」を通牒した（〈陸軍省大日記〉中『明治十八年自一月至十二月 大日記 太政官陸軍省来牘 参謀本部』参日第202号）。これにより，監軍の職務・権限が薄くなったことは明確であり，「奉勅伝宣」は「御沙汰書」の文書格式で整備・成立した。

6）〈陸軍省大日記〉中『明治十八年 総務局日記』所収の陸軍省「近衛歩砲兵隊改正着手順序」（1884年5月）。

7）『公文録』1885年5月6日陸軍省，第3件。

8）『法規分類大全』第46巻，兵制門（2），451頁。

9）〈陸軍省大日記〉中『明治十八年 総務局日記』。

10）1885年1月17日陸軍省達乙第12号の戦時諸規則は膨大であり，戦時砲兵部服務規則並附表，戦時工兵部服務規則並附表，戦時会計部服務規則，戦時憲兵服務規則，戦時伝令騎兵服務規則，戦時軍用電信隊規則，戦時輜重部服務規則，戦時病院服務規則並附表附録，戦時病馬厩服務規則並附表，馬廠服務規則，補充営服務規則，戴罪服務規則並書式，戦時測量班服務規則，出戦軍隊報告規則並附表，戦時幕僚事務帳簿類別，戦時諸職工傭役規則が制定された。これらの制定自体は『法令全書』に記載されたが，各規則の本文・附表・附録等は掲載されていない。各規則は，①国立公文書館所蔵（内閣文庫）の『戦時陸軍規則』に合綴，②『公文類聚』第9編兵制門附録に収録，③『類聚法規』第8編下巻に収録（附表・附録は略），④一部の規則は『法規分類大全』第46巻～48巻，兵制門（2）（3）（4）に分載された。

11）『法規分類大全』第46巻，兵制門（2）。

12）本規定収録・掲載の『法規分類大全』第46巻，兵制門（2）では規定日の日付が欠けているが，1月17日制定の戦時諸規則が本規程をふまえて条文化されているので，規定日は1月17日の制定である。なお，大山梓編『山県有朋意見書』収録の陸軍省編『陸軍省沿革史』は1月17日に「定ム」（201頁）と記載した。

13）〈陸軍省大日記〉中『明治十八年　総務局日記』。

14）輜重局設置は参謀本部の発議・要求であった。参謀本部内の輜重輸卒編制取調委員（委員長は岡本兵四郎歩兵大佐）の「輜重局設立相成度儀ニ付上申」により，参謀本部長代理参謀本部次長曾我祐準は1883年2月6日付で陸軍卿宛に輜重隊編制の重要性を述べ，特に「居常内国ハ勿論各国殊ニ隣邦ノ地勢ヲ察知シ之ニ応シテ編組ヲ取捨シ梱包ヲ規定スル等皆将来日進ノ事業ニ属スルヲ以テ常ニ之レカ調査計画ヲナシ出師ノ機ニ当リ違算ナカラシムルヲ要ス」と強調し，輜重局（輜重課・運輸課）の設置を協議した（『参謀本部歴史草案』〈資料，五～六〉1883年2月6日の条）。その後，1885年の陸軍省条例中加除は騎兵課から輜重兵科関係事務を割き，輜重局を新設し（局長は大佐1），局内は人員課と材料課の事務分掌体制になった。

15）『類聚法規』第9編5，310-343頁。

16）参謀本部編『参謀本部歴史草案』〈資料，七～八〉1885年12月7日の条。

17）18）〈陸軍省大日記〉中『明治十九年　自一月至二月　総務局綴』。なお，1886年11月30日勅令第73号の徴兵令中改正が裁可公布され，常備現役年期計算期日を入営年の12月1日から起算し，予備役・後備役年期計算期日を定例編入すべき年の12月1日から起算した（従来は4月20日から起算）。その理由に関して，9月11日付の陸軍大臣・海軍大臣の内閣総理大臣宛の閣議請議書は，①毎年9月から翌年4月にかけて徴兵調査事務をしているが，特に身体検査・抽籤事務は冱寒のために事務が渋滞し，また防寒のために「巨多ノ費用」を要し，②5月から10月にかけて新兵を訓練しているが，「盛夏炎天」のもとで「何レノ地方ヲ問ハス一般ニ労多クシテ却テ其効尠ナク」として，12月入営を適切とした（『公文類聚』第10編巻6，兵制門5，第1件）。法制局の審査は，現行の4月20日から5月20日にかけての徴兵入営は「農業者ニ在テ最繁劇ノ時期」であることを指摘した。12月の入営期限はその後に確定された軍隊教育の「教育年」の第一期と第二期までの期間（翌年4月中旬まで，新兵の教育期間）の教育内容（野外勤務の訓練）をほぼこなせることに対応し，出師準備上からも好都合とみられた。また，閣議は，①警備隊を置く島嶼の壮丁を当該警備隊にすべて入営させるが，服役期間は現役在営期間を1年以内として帰休させる，②文部大臣による官立府県立学校と同等の公立私立学校の認定を規定し，公立私立学校卒業者に徴兵猶予と一個年志願兵出願資格付与の増設を決定した。前者①は同年11月30日の対馬における警備隊設置（歩兵，砲兵）に対応し，後者の②は「有事ノ日ニ方リ士官下士欠員ノ憂ナカラシメン」とすることが法制局により強調され，1886年度鎮台出師準備書附録における士官と下士の各適任証書の資格者拡大に対応させた。

19)　1886年度鎮台出師準備書附録の「附録第1表」の①の「飛信」は1874年9月太政官達第115号飛信逓送規則及差出方心得により規定され，太政官正院省使府（東京府を除く）県鎮台営所又は地方出張の長官より互いに非常至急信報を通ずる時にのみ用いる別段の急便である。内閣制度発足後に，逓信省内信局長は1887年5月4日に各管理局長宛に，各地の1886年陸軍召集条例実施に際して，各府県庁や郡区役所等は飛信使用があり，各郵便局に対して同取扱いの不都合がないように予め諭示してもらいたいと通達した（『法規分類大全』第45巻，兵制門（1），152頁）。

20)　1885年4月陸軍省達甲第14号は徴兵令第11条掲載の一個年志願兵に対して，品行方正勤務勉励で技芸が熟達して下士の任務に堪える者には満期・帰休の際に「下士適任証書」を付与すると規定した。

21)　〈陸軍省大日記〉中『明治十九年　自一月至二月　総務局綴』。本書は附表として，◎現役帰休兵幷予備役軀員予備役諸兵召集旅費金額表（第1表），各兵下士以下被服定数表（第2表甲号），輜重輸卒被服定数表（第2表乙号），各兵隊被服準備現在差引表（第2表丙号），補充隊下士以下被服定数表（第3表甲号），補充隊下士以下被服準備現在差引表（第3表乙号），補充隊陣具定数表（第4表甲号），補充隊陣具準備現在差引表（第4表乙号），◎師団編成諸費幷予備役軀員同諸兵召集費予算表（第5表甲号），◎師団諸費予算表（第5表乙号），◎師団糧秣準備表（第6表），◎何府（県）郡区米穀徴収日数表（第7表），師団予備被服準備表（第8表），◎師団被服準備現在差引表（第9表），各兵隊陣具定数表（第10表甲号），各兵隊陣具準備現在差引表（第10表乙号），師団本営各部病院諸縦列並予備陣具定数表（第11表甲号），◎師団陣具準備現在差引表（第11表乙号），師団消耗品準備定数表（第12表），師団糧秣幷被服陣具荷物員数量目表（第13表），後備軍被服定数表（第14表甲号），◎後備軍被服準備現在差引表（第14表乙表），の詳細な諸表の調製様式と給養物品等の定数表を収録した（◎印は遠藤）。上記各表は出師準備の会計経理・予算化を支えた。特に◎印の表は鎮台司令官が毎年5月1日と11月1日現在調により陸軍大臣宛に調製提出した。特に，①第5表甲号は1877年2月の戦時費用区分概則の費用区分にほぼ対応し，②第6表は人員1名1日あたりの精米8合（常食6合，夜食2合）と，馬匹1頭1日あたりの干草（1貫500匁）を基準にして調製し（常糧品は90日分を準備），③第7表は精米・食塩・麰麦（ぼうばく）・干草の品目について，郡区毎に賦課数量，差出場所在地，布達時間，布達到着より24時間内調達高，全数調達日数，営業者より差出場への運搬時間，受取時間，差出場所より聚糧所への運搬時間，荷造時間，日数計の詳細な調査・記載を指令した。

22)　〈陸軍省大日記〉中『弐大日記』乾，1886年5月，総総第86号，同『弐大日記』乾，

1886年4月，総工局第4号。

23) 〈陸軍省大日記〉中『弐大日記』乾，1887年7月，総砲局第128号。砲兵方面は陸軍所属の銃砲弾薬他兵器一切の貯蔵保存と支給分配を管掌する官衙で（1886年砲兵方面条例第1条），第一方面（第一～三軍管，第七軍管を包括，本署は東京）と第二方面（第四～六軍管を包括，本署は大阪）からなり，各方面の長官として砲兵方面提理（砲兵大中佐1）を置いた。

24) 〈陸軍省大日記〉中『弐大日記』坤，1886年3月，総参第40号。ここで，参謀本部が注目した動員の用語は，フランス陸軍中将ルブワル著『戦理実学』（巻二，20頁，1885年5月陸軍大学校読本，原著は，ETUDES DE GUERRE，1875年，下線は遠藤）における「出征軍及ヒ予備ヲ編成スヘキ素質ヲ聚合シ戦時兵員ヲ増加シ須要品ヲ供給セサルヘカラス之ヲ名ケテ動員（モビリザッション）ト曰フ此語妥当ナラスト雖トモ方今人ノ慣用スル所トナレリ」にもとづいたとみてよい。

25) 「モビリザション」は厳密には「動員計画」でなく「動員」を意味する。それを「動員計画」と称する場合にはさらに「プログラム」の用語を加える必要がある。他方，陸軍省が「出師準備」を「モビリザション」の意義とすることは厳密には正しくない。本書第2部第5章のように，既に参謀本部内では「モビリザション」は「出師」の用語で訳出されていた。「出師」に「準備」の用語を加えたことは（「出師準備」の用語成立），用語使用法として，①戦時の態勢実現に向うための実際の準備の第一義的意味，②そうした実際の準備を予め計画しておくという付随的意味，が混在していた。それが1884年からの鎮台出師準備書の「出師準備」の意味である。それ故，「出師準備」を後者②の意味として限定的使用の場合には，厳密には「出師計画」「出師（の）準備計画」の用語が正しい。ただし，陸軍省の「出師準備」の用語固執の理由を考えなければならない。同省は臨戦時のモビリザションに際しては，実際の即時的な準備・整備が最重要であると認識したのだろう。他方，参謀本部はモビリザションに際しては，その場に臨んで軍隊現場等が上級機関等に指示を求めることがないように，細部に関しても平時における緻密な計画化（プログラム化）が最重要であると認識したのだろう。

26) 〈陸軍省大日記〉中『明治十三年自九月至十二月　大日記　監軍部鎮台各局各官　及他向送達』第266，267件，同『明治十四年十一月十二月　大日記　部内申牒六』参水第2225号。川上操六の申進書は「動員表」の目録を添付した（「仙台鎮台出師人員編表」「同附録」「仙台鎮台予備軍諸兵補充編成表」「予備後備両軍軀員人員表」「明治十三十四両年予備軍召集応召比較便覧表」「第二軍管予備後備軍集合処一覧表」）。

27) 『内外兵事新聞』第400号「社説　軍隊編制改正ノ風説ヲ聞ク」4-8頁，1883年4月15日，同第425号「社説　出師ノ準備　前号ノ続キ」1頁，1883年10月9日。

28)　〈陸軍省大日記〉中『明治二十一年　各師団』所収「第一師団定期検閲報告」「第三師団定期検閲報告」「第五師団定期検閲報告」。

29)　〈陸軍省大日記〉中『弐大日記』乾，1886年10月，総総第237号。1886年度鎮台出師準備書附録の「第何軍管何府県内召集布達兵丁到着日数表」(附録第1表）は，1875年後備軍召集条例と同様に召集発令布達順序を鎮台→府県→郡区と規定した。これに対して1886年陸軍召集条例の召集発令布達順序は，充員召集の場合は鎮台司令官→営所司令官等（同時に鎮台司令官は憲兵本部長，北海道庁長官・府県知事，警視総監，大審院長，検事〈上席〉に通知）→府県駐在官〈士官〉→郡区駐在官〈下士〉→郡区長→戸長→各兵とされ，道庁・府県には電信を発した。

30)　拙稿「在郷軍人会成立の軍制史的考察」『季刊　現代史』第9号，21-23頁。

31)　〈陸軍省大日記〉中『壱大日記』1886年10月，総省第658号，660号，697号。

32)　〈陸軍省大日記〉中『弐大日記』乾，1886年11月，総総第279号。〈東京府公文〉中『陸軍召集条例』に編綴の「陸軍召集条例ノ範囲内ニ於テ規定スヘキ細務ノ要目」(1886年12月陸軍省印刷，活版）と「陸軍召集条例細則　東京鎮台」(活版）は，東京府の兵事事務担当者と後備軍司令官（又は府駐在官）との兵事事務の協議会の開催会場で配付された。また，東京府は1887年10月に「陸軍召集条例施行細則」(1887年10月15日決定，同21日訂正）を制定し，府知事から陸軍大臣宛に，府第二部長から各郡区長等宛にそれぞれ送付した（〈東京府公文〉中『明治二十年　普通第一種　本庁命令録　兵事課』)。

33)　参謀本部は出師準備を万全なものとして成立させるために，第一に，1886年2月22日に陸軍大臣との協議を経て，鎮台出師準備書を机上の計画にとどめずに，特に充員召集方法を実際的に研究するために，名古屋鎮台の春季演習時に同充員召集の試行を決定した。さらに，同年6月23日付で参謀本部長熾仁親王は陸軍大臣に，鎮台出師準備書の実際の利害得失を研究するために，陸軍召集条例が近く制定されるので，来年度中の予備役兵復習に際して，鎮台において臨時充員召集並びに戦時団隊編成（軽架橋輜重隊，歩兵砲兵弾薬各半縦列，衛生枝隊半部・陣中病院，糧食縦列等）を試行したいと協議した（『参謀本部歴史草案』〈九～十一〉1886年6月23日の条)。陸軍省回答は不明だが，臨時充員召集のみが実施された。第二に，戦時の戦用品梱包と輸送法の試験を実施した。まず，参謀本部長熾仁親王は1886年10月7日付で陸軍大臣に，戦時諸兵の大小行李衛生器具等制式の調査のために各種行李器具を集めて輜重縦列を編成し，野外実地で輸送（行軍）試験を実施することは「戦時編制確定前必要」として，関係各課から委員を派出させて試験することを協議した（〈陸軍省大日記〉中『弐大日記』坤，1886年10月，総参第191号)。参謀本部の輸送法試験内容は諸荷物外部構造等，駄鞍と荷物との関係，駄鞍の構造，馬匹の負担力とされた。これについて，陸軍省は10月15日の省議で，①戦用品梱包と輸送法試験を11月中旬から約13日間実施する，②旅費等の見込み額を1,100円とする，③試験委員は上長官（佐官）・参謀士官・砲兵士官・工兵士官各1，輜重兵士官4，軍吏・軍医又は薬剤官各1，獣医2の計13名とする，試験委員附属員として工兵・輜重兵の下士卒計11，輜重卒・輸卒計26，蹄鉄工長・看護長・看護卒各1，将校及び同相当官乗馬13，輜重兵下士卒乗馬11，輜重兵隊駄馬26，雇入駄馬26とする，④試験方法は，およそ，各駄馬には負担荷物の他に鞍具原品・飼養具・手入具及び3日間分の馬糧を負わせる，行軍終りの4日間は途中で積み荷のままで2時間駐在させる，工兵には「新案ノ工具」を携帯させて途中道路を修繕し架橋材料を積卸しさせる，⑤行軍路程は東京・府中・小原・御殿場・小田原・藤沢・浦賀・長津田・東京とし，総里数は約78里とする，という案を立て，同日に参謀本部に回答し，また，東京鎮台に対しては工兵第1大隊と輜重兵第1中隊から同試験委員附属員を出すことを指示した。

34） 1886年3月20日に陸軍省令乙第20号各隊金櫃条例と同第21号各隊糧食経理条例及び同第22号各隊被服経理条例を制定し，各隊での金櫃事務及び糧食・被服の給与の経理手続を規定した。その後，1888年軍隊内務書第一版は，糧倉が命ずる商人の糧米軍隊納入時は大隊糧食委員の立ち会いのもとに米質並びに搗精良否と斗量を実査して受領すると規定した（第34章，芻秣受領も同じ）。

35）『公文類聚』第11編巻26，租税門雑税，第33件。大蔵大臣閣議請議の所得税法案の第3条第3項目として起案された非課税対象所得の「営利ノ事業ニ属セサル一時ノ所得」はそのまま同法の成案・正文になり制定された。なお，1885年5月11日陸軍省達乙第53号陸軍給与規則では近衛の歩兵少尉の俸給年額は300円とされ，鎮台の歩兵少尉の俸給年額は264円とされたが，職務増俸として近衛・鎮台の隊附の少尉（「武器掛」又は「武器副主管」の職務，兵種の差異なし）には年額36円が加給された。1890年3月27日勅令第67号陸軍給与令では少尉及び同相当官の俸給年額は180円とされ，職務俸が年額216円又は156円が加俸された。従軍中の少尉及び同相当官以上の俸給所得がおよそ非課税対象になった。

36）『元老院会議筆記』後期第26巻，177頁。

第2章　戦時編制概念の転換と1888年師団体制の成立
——出師準備管理体制の第二次的成立から第三次的成立へ——

1　1886年監軍部廃止と1887年新監軍部設置
——戦時編制概念の第一次的転換——

師団常備化の方針は陸軍建制の根本的転換と整備を求めることになった。特に重要なのは，戦時を基準にした陸軍建制を組立てることにより戦時編制概念を転換させたことである。すなわち，戦時を「正格」にして，平時を「変格」にすることであった。さらに，平時の団隊編制と戦時の団隊編制を分画した上で整合させ，従来の監軍部及び鎮台の廃止と新たな監軍部設置及び歩兵連隊等の戦時編制表の統一的集成化を企てた。

(1) 1886年監軍部廃止

まず，1886年7月24日閣令第27号は監軍部を廃止した。監軍部廃止の契機は当時の陸軍大学校雇教師（1885年3月～1888年3月）のプロイセン・ドイツ陸軍少佐メッケル（Klemens Wilhelm Jakob Meckel）の意見書に負うところが多いとされてきた。メッケル意見書は主に，①ドイツの師団は平時には歩兵と騎兵により編成し，戦時には全兵科により編成するが（ただし，砲兵を属させるのは僅少），日本の師団は平時も全兵科により編成し，出師準備にも「輜重諸縦列ヲ統轄シ以テ師団ヲシテ独立ノ動作ヲ為スヲ得セシムルノ制ナリ」と述べ，配置計画進行上の師団の戦時兵力行使における独立的動作の完結性を強調し，②日本の2個師団を結合・統轄する平時の監軍部（戦時は軍団）の業務は繁多でなく，戦時の戦力聚束は実施できないので軍団・監軍部として編束する必要はなく，現行三つの監軍部・軍団の設置・維持は今後の陸軍拡張にとっては困難であると述べ，③今後の監軍部は陸軍の教育全体と検閲等を統轄する新たな監軍（中将又は歩兵科将官1，天皇直隷，陸軍大臣と参謀本部長と並立）のもとに，特別の兵科を統監する監部（騎兵，砲兵，工兵，輜重兵の兵科で，各長官は大佐又は少佐1）により構成する官衙として改正すべきである，と指摘した[1]。

メッケル意見書の現行の監軍部の廃止方向は1886年7月冒頭までに陸軍省と参謀本部で了承され[2]，山県有朋陸軍中将は「各兵監部設置　監軍部条例改正按」を起草した（「監軍部職官定員表」〈監軍は大中将1，総監部・砲兵監部・工兵監部・騎兵監部・輜重兵監部の部員総計45名〉）[3]。ただし，現行の監軍部の廃止と新たな監軍部の設置方針は陸軍検閲条例と検閲に連関する陸軍武官進級条例改正に波及する問題であり，陸軍省は7月7日に2件の上奏案を起案し同日に内閣に送付した。同2件の上奏文案は，①「検閲条例幷進級条例改正内閣へ上奏按　陸軍省官制陸軍検閲条例幷陸軍武官進級条例別冊之通加除幷ニ改正相成度此段及上奏候也」，②「監軍部被廃度上奏按　陸軍省官制陸軍検閲条例幷陸軍武官進級条例加除幷ニ改正按及上奏候付裁定ノ上ハ監軍部被廃度此段及上奏候也」とされるように[4]，陸軍検閲条例と陸軍武官進級条例の改正をふまえた上での監軍部廃止の手続きをとろうとした。したがって，監軍部廃止理由は陸軍検閲条例改正理由に総括的に記述された。すなわち，陸軍検閲条例改正の理由書は，軍備拡張の結果，「兵員大ニ増シ兵種漸ク備ハリ各鎮台ハ師団常置ノ勢ヲ成シ」「我邦ノ勢ヲ察スルニ姑ク師団ヲ以テ軍隊ノ最大単位トナササルヘカラス」と述べ，軍政・軍令事項執行において「中間部ヲ要セサル」ことは明確であるとして，監軍部の不要を指摘した[5]。監軍部廃止案件と陸軍検閲条例及び陸軍武官進級条例の改正案は7月3日の閣議に供され，監軍部廃止は同14日付で上奏され，裁可された[6]。

監軍部廃止は監軍部の監軍（平時，官制）＝軍団長（戦時，編制）の二重職制の不要・廃止を意味した。この結果，鎮台司令官（平時，官制）＝師団長（戦時，編制）の二重の混成的職制体制の不要・廃止も必至になった。

(2)　1887年の平時戦時の歩兵連隊編制表等の制定――平戦両時各編制表の明確化

①平時戦時の各歩兵連隊編制表の制定

1885年鎮台条例は附表として「七軍管兵備表」を付けていた（第二表）。ただし，軍管内兵備の常備軍の戦列隊の基本・中核になる歩兵連隊等の編制表は平時と戦時の明確な区別がなく，歩兵では平時の歩兵一連隊編制表のみが制定されていた。

そのため，参謀本部長熾仁親王は1886年9月13日付で陸軍大臣宛に平戦両時の各歩兵連隊編制表の制定を協議した[7]。本協議において，参謀本部長は「現今頒布相成居候歩兵一連隊編制表ノ義ハ平戦両時之区別無之単ニ備考中ニ於テ戦時増加ヲ要スル人員ノミヲ記載シ随テ隊属輜重人馬及ヒ補充大隊編制ノ如キ戦時必須ノ要員ヲシテ一目瞭然ナラシムル能ハス且遂ニ条例等ノ改正モ有之此度審査之上更ニ平戦両時ノ編制ヲ区別シ尚之ニ補充大隊編制表ヲ付加シ其平時ヨリ戦時ニ移ルノ際煩擾ナカラシメンコトヲ期ス其戦時編制表ニ在テハ隊属行李及ヒ各将校ニ従属スル人馬ノ如キモ之ニ記入セシヲ以テ現今頒布ノ編制表ニ多少ノ変更ヲ要シ候」云々と述べた。本協議には「歩兵連隊編制換意見書」と「歩兵一連隊平時編制表草案」「歩兵一連隊戦時編制表草案」「歩兵補充大隊編制表草案」「歩兵連隊将校下士卒戦時充足草案」「補充大隊幹部混用員数表」「歩兵後備連隊及衛戍大隊人員表草案」を添えていた[8]。陸軍大臣は翌1887年1月7日付で同意し，上奏・裁可を経て，2月4日陸達第10号として平時歩兵一連隊編制表と戦時歩兵一連隊編制表及び歩兵補充大隊編制表の制定を令達した。その場合，協議の最終段階で，「歩兵一連隊平時編制表草案」は「平時歩兵一連隊編制表」[案]に，「歩兵一連隊戦時編制表草案」は「戦時歩兵一連隊編制表」[案]にそれぞれ改称されたとみてよい。1887年制定・頒布の平時戦時の両歩兵連隊編制表は1882年軍備拡張方針化のもとでの軍隊編制改編で画期的なものであった[9]。

第一に，平時歩兵一連隊編制表（1個連隊は3個大隊・12個中隊から編成）は，①1884年からの歩兵連隊等増加の年次進行で計画された連隊本部の設置方針にもとづき，編制表中に「連隊本部」（及び「大隊本部」）を置き，少佐1名（連隊附）を増置し，乗馬も連隊本部と大隊本部の副官（中尉1）以上の各職員に1頭（計9頭）を付けることを明示し，②鍬兵編制の廃止方針により[10]，連隊本部の鍬兵司令を削除し，鍬卒人員分を銃卒に振り分け，③看護卒は，各大隊附（計9）を各中隊附（計12）に変えて増加させ，縫工・靴工の員数を記載しなかったが，中隊の銃卒には少なくとも縫工・靴工卒各2名を含めることを備考欄に記載し，④1個連隊合計で総員1,689名とし，現行よりも20名の減になった。

ここで，鍬兵編制の廃止・改定の理由は，同じく参謀本部長の9月13日付の陸軍大臣宛の「戦術上ノ需用ニ応シ難シ」とする協議旨趣に示された（陸軍大臣は1887年1月7日に同意回答）[11]。すなわち，今日，火器効力は猛烈になり，攻守共に露身の交戦はできず，戦闘中に天然遮障物や人為掩蔽物を利用し，掩蔽作業を急速に施行しなければならなくなったとした。そのため，戦闘間に施行すべき「土工作業ハ歩兵一般之ニ任スルモノ」として，従前の鍬兵の特殊作業で技巧を要する作業は各隊の下士・上等兵中から若干名を選んで修習させれば足りる，と強調した。この結果，陸軍省は2月4日に従前の鍬兵作業を歩兵一般に練習させることを指示し，また，「歩兵土工及破壊器具表」（携帯器具〈方匙・小十字鍬・手斧等〉，駄馬器具〈円匙・十字鍬・斧〉）と「歩兵連隊作業器具表」を規定した（陸達第16，17号）。

第二に，戦時歩兵一連隊編制表（1個連隊は3個大隊・12個中隊から編成）は，①平時の連隊本部職員の武器掛・喇叭長各下士1名と大隊本部職員の武器掛・書輸掛の各下士1名は戦時には不要職務として除き，戦時の連隊本部に従卒1・馬卒4，乗馬4，戦時の大隊本部に馬卒3，乗馬3を付け，炊爨は戦時に最も煩忙を極めるので大隊本部に上等兵2名を増員し，②現行編制表の平時の1個中隊兵卒120名に対して，戦時の1個中隊兵卒208名は過多すぎて補充大隊の要員確保は苦しいとして，戦時の1個中隊兵卒を200名に減員表示し，③大隊本部に輜重兵下士1・乗馬1，輜重兵卒3（小行李1，大行李2）・同乗馬3（小行李1，大行李2），輜重輸卒51（小行李19，大行李32）・同駄馬51（小行李19，大行李32）を付け，輜重輸卒の行李駄馬（匹）の配当品目内訳は小行李が弾薬（16）・衛生材料（1）・工具（2），大行李が本部荷物（6）・中隊荷物（4）・炊具（8）・糧秣（14）と示し，1個大隊兵員数（上等兵・一等卒・二等卒の階級者で，分隊長・分隊副長・銃卒・喇叭卒）を計802名とし，④1個連隊合計で職員総員2,811名，従卒・馬卒23名，馬匹185（乗馬13，駄馬172）になり，後備歩兵連隊の編制も本表に異なることがないと規定した（ただし，小行李の弾薬駄馬を付けない）。戦時歩兵一連隊編制表の大小行李と駄馬の配当根拠は特に示していないが，1886年11月中旬に駄馬負担能力等も含む戦時諸兵大小行李輸送試験も実施し，こうした輸送・行軍試験結果も参考にされたと考えられる。

なお，歩兵補充大隊編制表（1個大隊は4個中隊から編成）は，兵員は予備兵による戦列隊連隊の戦時定員充足後の残員により編成し（1個中隊兵卒200名），1個大隊の職員数を戦時歩兵一連隊編制表から輜重兵・輸卒等を除いたものとほぼ同数の総員878名と規定した。この後，平時戦時の各歩兵一連隊編制表制定を皮切りにして，2月4日の平時戦時の各工兵一大隊編制表と工兵補充中隊編制表（陸達第11号），4月26日の戦時工兵隊に編成すべき野戦電信隊編制表と兵站電信隊編制表（軍用電信隊は廃止）及び戦時の工兵隊と輜重兵隊に編成される大小架橋縦列編制表（陸達第50，51号），12月22日の工兵隊電信術教育仮手続と軍用電信術教育仮規則（陸達第150，151号），12月31日の平時戦時の各騎兵一大隊編制表及び騎兵補充中隊編制表，を制定した（陸達第163，164，165号）。

②1887年担架術教育規則制定と『赤十字条約解釈』頒布――戦時衛生業務の整備

戦時編制と平時編制の区別化は平時の軍隊は戦時の職務・業務のための演習・教育を実施するという軍隊教育の論理・目的を明確化させた。すなわち，1887年11月24日陸軍省陸達第138号の軍隊教育順次教令を制定し，陸軍各兵科の教育活動体系を初めて統一的に計画化した[12]。ここではさらに，戦時衛生事務と負傷者運搬の教育体制整備を検討しておく。

陸軍省医務局長橋本綱常は1886年3月27日付で陸軍大臣に，①「戦時救傷」の事業は軍医部事業中の一大部分を占め，各国軍医部でも最も研究が進んでいるが，日本の戦時衛生事業は西南戦争での実施があるのみで完全な定制には至っていない，②日本の現制では「戦隊ニ於ケル負傷者ハ戦友之ヲ小繃帯所ニ送ルヲ法トス」るが，戦友使用は戦列隊兵力減殺のみだけでなく，「兵卒事ヲ之ニ托シテ動モスレハ戦列ヲ離レントスルノ弊アルハ皆ナ人ノ知ル所ナリ」とし，③さらに平素において負傷者運搬救急事業を教育しない戦友に対して，戦場での負傷者運搬に従事させる時は「救ヒ得ヘキノ傷者ヲシテ斃レシムルノ惨状ナキヲ保シ難シ」として，国際赤十字条約（ジュネーブ条約）加入の現在では従来のものを改革し，「独逸国ノ制」を斟酌し，補助担架卒をとり衛生隊の編制を定めることが必要であり，特に委員を任命して戦時衛生事務改正を調査してほしいと稟請した[13]。橋本医務局長稟請の②の兵力減殺の仮定例では，たとえば，1個中隊の兵卒人員が200人で，負傷者はその1割の20人の場合，負傷者1人につき護送者約3人を要するとすれば，護送者60人になり（負傷者との合計は

80人)，戦列に残る者はほぼ半数にすぎないとした。なお，③の日本の国際赤十字条約加盟調印は同年6月であった。日本陸軍の赤十字条約も含む国際人道法（戦時国際法）の認識・受容等は改めて考察されなければならない。

陸軍省制規課は，橋本医務局長稟請は軍隊の編制にも関係するので参謀本部との協議を経た上で詮議すべきとした。その後，参謀本部との協議を経て戦時衛生事務改正審査委員を置いた（委員長は児玉源太郎歩兵大佐，他委員は軍医等7名）。陸軍大臣は4月29日に調査内容として，①1個師団に属する「原野病院」（野戦病院）の編制・勤務・材料，②1個師団に属する衛生隊の編制・勤務・材料，③各部隊に属する衛生隊の編制・勤務・材料，④兵站病院の編制・勤務・材料，⑤各衛生部に属する輜重の編制，⑥担架卒・補助担架卒の教育及び担架卒召集方法を戦時衛生事務改正審査委員に指令した（陸軍省送乙第1759号）。

戦時衛生事務改正審査委員は同年6月27日付で陸軍大臣に「担架卒選抜及教育規則[ママ]並ニ衛生隊編制表」に関する上申書を提出した。本上申書添付の「担架卒選抜及教育復習規則」（全12条，以下「審査委員草案」と略）等は，①担架卒は歩兵隊と砲兵隊で養成し，有事に衛生部に属し傷者を運搬し，担架上等兵（現役1年終了の上等兵から選抜）・担架卒（補助担架卒の現役満期者から採用）・担架補助卒（現役1年終了の兵卒の行状方正者から選抜，体格・読書習字を検査）に区分し，②修業期限は約3箇月間とし，「担架術教則表」（第3表）では，学科を「解剖及生理学大要，創傷論，患者ノ看護法，繃帯学，担架使用及運搬法，衛生隊編制及其勤務，補助担架卒ノ勤務則」，術科を「繃帯術，傷病者ノ取扱，担架使用術，急性担架術，傷病者ノ運搬法」とし，教官は連隊の医官・軍医と看護長（助教）とし，③復習のために毎年夏季に野外演習（約3週間）を実施する，④「戦時師団衛生隊編制表」（2個中隊・6小隊）では，本部人員計97名（衛生隊長は各兵大尉1，輸卒44，看護卒24，他），1個中隊人員計154名（中隊長は各兵中少尉1，担架上等兵12，担架卒132，他），1個衛生隊人員合計405名，馬匹48（乗馬16，駄馬32），と起草した[14]。戦時衛生業務の中心は戦闘活動における戦闘被害者の保護・救命にあり，そこには被害・損害を視点・基準とする戦闘力行使の思想・マニュアル等も含まれるが，近代の「文明国」軍隊では重視すべき業務とされた。

ただし，「審査委員草案」は担架卒自体の選抜・養成が中心であり，教則内容もやや実際的でなかった。そのため，同省内でさらに修正し，同年8月20日に「担架術教育規則」(全24条) を起案した。陸軍省起案の担架術教育規則は，①戦場における傷者運搬の学術を教授し，歩兵隊と砲兵隊の下士・兵卒若干名に修業させ (修業人員は，歩兵連隊の一等軍曹1，二等軍曹2，歩兵大隊の上等兵1，歩兵中隊の兵卒3，砲兵連隊の一・二等軍曹3，砲兵大隊の上等兵1，砲兵中隊の兵卒1)，修業者を下士にまで拡大する，②担架術修業兵卒の選抜視点はほぼ同様であるが，担架術教則表 (第1表) における教育内容は，学科は「解剖人体造構，携帯品及其解説，創傷論，傷者一般ノ取扱，創傷処置，一般患者ノ救急法」とし，術科は「第一術科」の「止血法，人工呼吸法，三角繃帯用法，巻軸繃帯用法，徒手運搬法，急製担架法」と，「第二術科」の「担伍編成，担架分隊運動，乗架法，担架小隊中隊等ノ運動」とする，③教官と野外演習の規定は「審査委員草案」とほぼ同じ，④「衛生隊編制表」によれば，本部人員合計98名で，内訳は本部職員合計86名 (職員は衛生隊長・大尉1，輸卒33，看護卒24，他) と従卒2・馬卒9とする，内訳は1個中隊人員合計154名 (中隊長は中少尉1，担架上等兵12，担架卒132) と馬卒1とする，1個衛生隊人員合計408名，馬匹49とするとされ (乗馬16，駄馬33――衛生材料・行李の運搬に配当)，「審査委員草案」とほぼ同じであるが，従卒・馬卒を組入れて輸卒数減を起案した[15]。担架術教育規則の教則内容や「衛生隊編制表」の駄馬配当の明記等は戦場における負傷者運搬の実務に即して実際的であった。

陸軍省起案の担架術教育規則は9月15日に参謀本部との協議に付され，参謀本部は翌1887年1月13日付で字句等の修正を回答し，同省は参謀本部の修正意見を取り入れて同2月5日に制定した (陸達第18号)。ただし，「衛生隊編制表」は師団編制とともに裁定対象だが，担架術教育上の参考として内達するという扱いをうけて陸軍大臣は2月5日に内達した (陸軍省送乙第389号)。他方，医務局は近衛・鎮台・営所・分営の看護長を東京 (於・軍医学舎，3月1日から1箇月間) に召集して担架術教育法を伝達させる旨を2月10日の省議に提出し，了承された[16]。1887年担架術教育規則は1885年戦時病院服務規則における負傷者の運搬と救急処置の新たな教育体制を規定し，衛生隊の編成・業務を前提に赤十字条約加盟に際しての陸軍戦時衛生業務を整備した側面がある。

日本では赤十字条約加盟調印後の1886年11月15日に同条約の認識に関する

勅令(無号)が公布された。他方，赤十字条約加盟の勅令公布を前にして，橋本医務局長は同年10月27日に陸軍大臣に，特に軍人・軍属は同条約趣旨遵奉の義務があるので同条約「解釈」を頒布したいとして，解釈草案を添付して上申した[17]。医務局長上申は1887年3月16日に省議に提出され，さらに赤十字条約に注釈を加えたものを陸軍一般に頒布する訓令を出し，今後は同注釈の「軍隊手牒」への記載を提案した[18]。3月25日の省議は，赤十字条約注釈(『赤十字条約解釈』)の頒布は至当であるが，「軍隊手牒」には既に1882年の「軍人勅諭」「読法」及び服役中の給与・身分関係事項を記載しており，一般公布の同条約を同様に記載できず，訓令を付した別冊頒布が適切と判断した。この結果，4月23日に陸軍一般に陸軍省訓令乙第6号を発し，予備役後備軍軀員兵員も同条約・注釈を「熟読恪守」すべきことを強調した。なお，同訓令乙第6号の注釈別冊頒布が，当時の医務局次長石黒忠悳軍医監が第4回国際赤十字会議(於・ドイツ国バーデン，1887年9月22日〜27日)に政府委員として出席した際に，赤十字条約の趣旨貫徹と普及方法の議題にかかわって他加盟国に紹介した『赤十字条約解釈』の冊子である[19]。

その後，1888年11月29日陸達第222号の近衛各師団軍医部服務規則は近衛と各師団の軍医長の職務に常に出師にかかわる衛生部人員調査と戦時用衛生材料準備を加え，同第223号陸軍病院条例の薬剤官の職務に出師準備物品の更新を加えた。さらに，同第224号の陸軍隊附医官服務規則並診断所規程，1888年12月1日陸達第228号の看病人磨工並病院病室厨夫定員表，同第229号の陸軍看病人磨工召募準則を制定し，看病人等の戦時・事変時の採用・勤務の手続きも含めて規定した。また，1888年12月25日陸達第241号の陸軍看護学修業兵教育規則を制定した。平時を含む衛生業務体制が整備された。

(3)　戦時編制概念の第一次的転換と将校団成立の官製化推進及び武官カテゴリーの本格的成立——戦時編制表の統一的表示と軍部の第一次的基盤形成としての人事・官職的基盤整備開始

1887年2月の平時戦時の各歩兵一連隊編制表の制定・表示の意義は大きい。これは，平時人員を数的に増加させて戦時人員にするという人員の数的増加の問題だけではない。平時戦時の各歩兵一連隊編制表は，戦時編制の策定における戦時編制自体の概念や策定手続きに関する基本的認識の転換を土台にして制定・表示された。すなわち，1886年7月の監軍部廃止により監軍（平時）＝軍団長（戦時）の二重職制が不要になり，1888年からの鎮台廃止と師団常備化を迎え，戦時編制と平時編制の策定をめぐる論理関係が転換した。陸軍建制として，戦時編制とその戦時人員算定を基盤にして平時人員を算出し平時編制を策定するという論理に転換した。つまり，戦時編制概念の第一次的転換を迎えた。その転換の特質は下記の通りである。

第一に，1888年7月末から1889年3月の間に参謀本部が作成した「師団諸兵隊編制兵員計算概旨」は，冒頭で「凡ソ編制ヲ定ムルニ方リテハ先ツ戦時編制各兵種ノ比例ヲ定メ而ル後各兵種毎ニ要スル所ノ人員ヲ定ム是レ戦時編制ノ定員ナリ此定員ニ応シ新兵ニ換ルヘキ補充員即チ我邦各兵卒ノ現役年限ハ三年ナルヲ以テ三分ノ一ノ人員ヲ算入シ常備役ノ年限七年ヲ以テ除シタルモノハ一年ノ徴員トシテ之ニ三ヲ乗スルモノ平時ノ定員ニシテ平時編制ノ定マル所以ノ基礎ナリ」と記述した[20]。ここでの編制は狭義の編制であるが，編制自体の淵源を戦時に置き，戦時人員算定と戦時編制の組立てを基準にして平時編制・平時定員を算定することを強調した。この算定方法は，たとえば，平時編制が制定された場合に，その時々の定額金・財源の制約によって平時定員が減少しても，戦時の要員が減少されることはないという特質がある。

第二に，戦時編制の概念自体は，戦時の軍隊現場の機関・諸官の職務・業務の組立てではなく，戦時の団隊の司令部を含む諸隊・機関の編成とその定員数・人員数の算定を基準にした編制表の統一的表示として組立てることに転換した。これは，1881年戦時編制概則からの戦時編制概念の転換準備促進を継承し，戦時編制が官制概念から本格的な固有の編制概念に明確に転換したことを意味する。つまり，戦時編制は，戦時の諸隊・機関の定員・人員の編制表の統一的表示を基盤にした戦時兵力行使体系の固有な組立てを意味するに至った。戦時編制の編成表としての統一的表示は，この後，平時編制の第一次的完成（1890年陸軍定員令）のもとに，軍隊の経理において膨大な糧食諸品と被服諸品に関する平時所用分と戦時所用準備分に関する新陳交換基準の明確化の基盤になった。

第三に，編制の淵源・基準を戦時に置くことにより，内務書は平時編制上の定員・人員の記載・規定の根拠を失った。そして，各兵科の内務書（1885年6月歩兵内務書第四版，1885年12月騎兵内務書第二版，1885年6月砲兵内務書第三版，1882年12月工兵内務書第一版，1882年2月軍用電信隊内務書第一版）は，1888年10月に陸達第197号の軍隊内務書として統合・編集され，従来の平時編制密着の定員・人員の記載・規定及び各隊の編成手続きの記載・規定を削除した。この結果，軍隊内務書は兵営内部管理規定書の性格を純化しつつ，兵営内の職務・業務自体は行政的活動や行政的職務・業務の類似・延長的性格を希薄化させるに至り，戦時の「紀律」「秩序」を名目にした服従と支配体制に包まれた。その上で，1888年軍隊内務書は連隊に「連隊将校ノ集会所」を設けて連隊将校の「団結」を図るために，特権的な「連隊将校団」の成立を規定し（第4章第4条），将校団成立の官製化を推進した。将校団は官僚機構の変種育成の温床になった。

将校団の形成においては，将校団の後継者養成のための現役士官補充制度と自己完結的な進級制度が極めて重要である。前者は1887年6月陸軍各兵科現役士官補充条例制定及び陸軍士官学校条例改正により[21]，将校団の後継者養成としての士官候補生制度による新たな現役士官補充制度が成立した（将校団成立の官製化推進I）。後者は1889年5月6日勅令第61号陸軍武官進級令により「将校ハ職権ニ依テ部下ヲ抜擢スルノ権ヲ有ス」という団隊長・所属長官の職権拡張方針にもとづき，特に隊附の少尉を中尉に，さらに中尉を大尉に進級させる補叙範囲を「各将校団」に置き，抜擢進級の方法としての被抜擢者の技倆証明は下記の将校団教育令規定の隊附勤務や冬季作業等を資料にすることが規定された（1889年5月8日陸達第76号陸軍武官進級取扱規則）。

ここで，特に隊附の少尉・中尉の進級区域を各将校団に置いたことは，陸軍省内では「団隊自治ノ元素タル将校団ノ成立ヲ鞏固ニシ其価値ヲ増進セシムルルノ主旨ニシテ現行将校補充ノ制モ畢竟之ヲ以テ基礎トナシタリ」（「改正理由」）と意義づけた[22]。以上の進級制度は，およそ1873年鎮台条例改正以降実施された検閲体制による進級決定制度（中尉少尉の進級区域は当該兵科を一纏めにし，定期検閲後の陸軍大臣・陸軍次官・参謀本部長等の会議で進級順序の決定候補名簿を作成）とは本質的に異なり，将校グループの再編と将校団の新結集と成立の客観的な基盤・背景になった（将校団成立の官製化推進II）。

ちなみに，自己完結的な進級制度によって支えられる将校団の諸規定として，

1889年5月17日陸達第86号将校団教育令，同第87号将校団教育実施教令，1889年5月監軍訓令第2号将校団教育訓令の制定がある。そこでは，職務・業務の目標・精神等に関しては「将校ノ貴重ナル所以ノ者ハ軍人精神アルニ由ル」(将校団教育令)，「軍人精神トハ何ソ忠誠ナリ武勇ナリ信義ナリ義務ヲ守ルナリ質素ヲ主トスルナリ礼儀ヲ正フシテ軍紀ニ服従スル是ナリ軍人此精神アリ故ニ能ク心身ノ労苦ニ堪ヘ能ク敵弾ニ対シテ動作ス凡ソ為ササル可ラサル任務ニ当リテハ全力ヲ竭シテ之ヲ完了シ恥ヲ知リ名ヲ惜ミ生ヲ捨テテ義ヲ取ル者此精神アルニ由ルナリ」(将校団教育訓令)，と「軍人精神」を自己規定化し，あるいは標榜する特権的な将校団の成立を目ざした。「軍人精神」は1889年9月頒布の野外要務令草案の「綱領」において「義務ヲ守リテ死生ヲ顧ミス」と規定され，死を美化した。その後，兵科の将校団教育と同様に，1889年6月陸達第98号監督部軍吏部衛生部獣医部将校相当官教育令を制定し，同年6月から7月にかけて，陸軍軍吏部士官教育訓令，陸軍衛生部士官教育訓令，陸軍獣医部士官教育訓令を規定した。また，将校団成立の官制化推進はプロイセン・ドイツの将校団を模倣したものであり，さらに後述の1887年陸軍省官制改正による人事課新設と人事事務管理構築の整備着手により後押しされたとみてよい。

第四に，これより先，1885年6月の鎮台職官定員表と営所職官定員表の改正により武官カテゴリーの本格的成立の萌芽が現れたが，さらに監軍部廃止と後述の鎮台廃止はトップ司令官の二重職制の廃止を含めて，鎮台体制が内包・維持してきた江戸時代的な平時戦時の混成的な二重職制全体の廃止・終焉を意味し，特に戦時と戦時編制を基礎にする武官カテゴリーの本格的成立を意味した。

武官カテゴリーの本格的成立は，あくまで，近代行政体系下の一般文官の行政活動と対比したものであり，平時の軍隊現場の隊附将校の職務・業務から行政的な部分や観念が喪失又は狭隘化させられたことを背景にした。軍隊現場の隊附将校における行政的観念や行政的職務・業務の視野範囲には，占領地行政や戒厳業務及び戦時徴発等の特殊なものが残され，平時には特定の将校が従事・担当する兵役・軍事負担（徴発等）・軍司法・会計経理や官衙機関（工廠，病院等）等の職務・業務が中心になった。この結果，平時の隊附将校を基本にした職務・業務の目標・精神等の自己規定化が将校団成立を基盤にして始まった。これらの自己規定化は，出師名簿編纂が進み，出師準備管理において戦時編制の団隊・諸部の職員表に将校の当該個人名が記載され，新たな特権的な将校団における人事管理の自己完結的な進級制度と合体した。自己完結的な進級制度は戦時と戦時編制を基礎にしつつも，軍隊の組織・特権を守るという自己組織防衛と一体化した。要するに，軍部の第一次的基盤形成としての人事・官職的基盤整備が開始された。ここに，常備軍の維持・存続自体が自己目的化され，近代日本の常備軍の本格的成立が開始された。

(4) 1887年監軍部の設置と陸軍省官制改正及び砲兵会議・工兵会議の改組——兵科専門の調査研究審議立案事務管掌開始と人事事務管理の集権化・一元化推進

1887年5月31日に勅令第18号の監軍部条例が制定された。新たな監軍部は「陸軍軍隊練成ノ斎一ヲ規画セシム」と規定し，その長官の監軍（大将又は中将）は天皇に直隷し，軍隊教育を統轄する機関とされた。また，同5月31日に勅令第20号の軍事参議官条例が制定された。それによれば，軍事参議官（陸軍大臣，海軍大臣，参謀本部長，監軍）を「帷幄ノ中ニ置キ軍事ニ関スル利害得失ヲ審議セシム」とされた。ここで，特に平時の機関である監軍が軍事参議官の構成員に加わり，法令上は高度な統治対応としての帷幄概念に平時も含めるとともに，帷幄の機関・メンバーの多元性が意味されるに至った。

さて，1887年からの監軍部には，監軍の下に，将校学校監（少将，陸軍大学校を除く諸将校学校等を統轄し，士官学校幼年学校を管轄），騎兵監（少将又は騎兵大佐），砲兵監（少将又は砲兵大佐），工兵監（少将又は工兵大佐），輜重兵監（少将又は輜重兵大佐）を置いた。この中で，各兵科の連隊・大隊等を統監する各兵監の職務内容は重要である。たとえば，砲兵監は「本科ニ関スル事項ヲ調査研究審議シ竝ニ立案スルコトヲ掌リ砲兵会議砲兵射的学校ヲ管轄ス」とされ，工兵監は同様に「本科ニ関スル事項ヲ調査研究審議シ竝ニ立案スルコトヲ掌リ工兵会議ヲ管轄ス」と起案された。つまり，各兵監による当該兵科の専門的技術関係内容の進歩改良に関する調査研究審議立案の体制が組立てられた。したがって，従来の陸軍省の騎兵局（輜重局は1886年2月に騎兵局にほぼ吸収・統合されて廃止）・砲兵局・工兵局が管轄した当該兵科の専門的技術関係事項に関する調査研究審議立案の事務管掌は分離され，監軍部の各兵監に移行する方向になった[23]。ただし，当該兵科の専門技術関係事項のすべてが陸軍省から監軍部に分離・移行したのでない。1887年5月31日勅令第19号の陸軍省官制改正は騎兵隊・砲兵隊・工兵隊の建制・編制の調査事項や教育・演習関係の事務を削除したが，たとえば，①騎兵局第二課は「輜重ノ編制ニ関スル事項」「輜重車両其他ノ器具製造及備付ニ関スル事項」を，②砲兵局第一課は「砲兵会議ニ関スル事項」を，③工兵局第一課は「工兵会議ニ関スル事項」を，同第二課は「歩兵工兵ニ属スル工具及工兵科ノ器具材料調査及其経費予算調査ニ関スル事項」を自己の事務分掌として規定した。すなわち，1886年2月勅令第2号の陸軍省官制に改正を加えつつも，砲兵会議・工兵会議の専門的技術関係事項の調査研究審議立案は官制上では依然として陸軍省の騎兵局・砲兵局・工兵局が管轄することになった。

これは，当時，1890年国会開設を前にした陸軍省の機構改革・行政整理（兵科毎の局を廃止し，各兵科の事務を「軍務局」に統一的に管轄させる）を目ざす桂太郎と，機構改革に「躊躇」する大山巌陸軍大臣との間の意見相違の「折衷」の延長的措置とみられてきた[24]。しかし，砲兵・工兵等の専門的技術関係事項は軍隊現場の特に兵器・弾薬・材料・器具等の技術的改良に関するものが多く，軍令事項としての戦時編制と出師準備に密接に関係する。同省の砲兵局と工兵局の両局は，依然として，軍令事項の出師準備に関する砲兵・工兵等の専門的技術関係事項の管轄に関与していた。ただし，翌1888年5月19日勅令第38号の砲兵会議条例改正と同第39号の工兵会議条例改正は，砲兵会議（議長は砲兵大佐1名）と工兵会議（議長は工兵大佐1名）は監軍部の砲兵監や工兵監の管轄のもとに「武器弾薬装具材料器械及其用法ヲ調査議定シ」（砲兵会議条例第1条），「工具装具材料器械及其用法並ニ築城ニ関スル事項ヲ調査議定シ」（工兵会議条例第1条），云々と規定し，議員の他に事務官組織を整備し，砲兵・工兵の専門的技術関係事項の調査研究審議立案の権限を強化・占有した。なお，両条例の改正により一般の人民や軍人からの陸軍所要の武器弾薬・工具材料等の発明・改良の出願手続きは想定されえないことになった[25]。

他方，1887年5月の陸軍省官制改正は総務局に人事課を新設した。人事課は1879年の陸軍職制と同陸軍省事務章程及び陸軍省条例で規定された人員局（将官参謀歩兵騎兵憲兵輜重兵の各兵科と馬医部軍楽部の人員調査を管掌）とは異なり，当時の総務局各課（特に第四課）で各々分掌していた種々の人事事務関係事項を一括して管掌することになった。これは陸軍全体の人事事務管理構築（待命・非職を含む上長官・士官と下士の人事，抜擢名簿，上長官・士官補職命課訓条等辞令，出師名簿編纂，陸軍刑法・陸軍治罪法，陸軍軍法会議，陸軍警察規則，陸軍懲治隊，俘虜，勲功調査，叙勲，恩給・寡婦孤児扶助料，褒賞，等）の整備・集権化着手の現われである。その後，1890年3月の陸軍省官制改正は同人事課を陸軍大臣官房に置いたが，人事事務管理の一元的統轄化の推進を意味した。

(5) 1888年陸海軍将校分限令と給与・俘虜政策等——俘虜政策の第二次的成立

陸軍省人事課新設による陸軍全体の人事事務管理構築の整備・集権化着手において重要なのは，1888年陸海軍将校分限令の制定である。また，同制定にかかわる給与と俘虜政策である。

第一に，当初，陸海軍将校分限令は陸軍省と海軍省が個別に起草・起案していた[26]。まず，大山巌海軍大臣（大山巌陸軍大臣の兼任）は1886年10月に海軍武官退職条例制定と海軍高等武官免黜条例改正を閣議に提出した。その後，大山巌陸軍大臣は1888年5月に将官退職令及び陸軍将校免黜条例の廃止による陸軍将校分限令の制定を閣議に提出した[27]。海軍省と陸軍省の両閣議請議で注目されるのは，海軍高等武官免黜条例案が高等武官に対する非職適用項目の一つとして「敵ノ俘虜ヨリ帰来シタル者但当時他員代リテ其職ニ任シタル時」（第2条）と記述し，陸軍将校分限令案が陸軍将校に対する休職適用項目の一つとして「俘虜タリシ者帰朝シ登時既ニ他員代リテ其職ニ在ル時」（第6条）と記述したように，ともに，俘虜からの帰還者が職務復帰できない場合（他員が既に同職務に従事）に非職・休職に位置づけたことである。

ただし，この場合，海軍高等武官免黜条例案が停職・解職又は懲戒免官に処すべき者を「其過失法律ニ明文ナシト雖トモ性質慣習ニ原因シテ常ニ品行不良，懦弱卑劣，傲慢頑固，職務不治，容儀不敬等ノ所為アリ同列ノ栄誉ヲ汚シ又ハ公衆ノ嗤笑[ししよう]ヲ招キ之ヲ要スルニ高等武官ノ本分ニ背戻シ徳義ニ於テ宥赦ス可ラサル者ナリ」（第5条）と記述・起案したことは極めて注目される。つまり，当時において，1877年陸軍将校免黜条例第21条の文言も含めて，この種の文言に近い将校人格評価の実例存在が意味・想定され，停職・解職又は懲戒免官に処分すべき者として判断・評価される「懦弱卑劣」とか「栄誉ヲ汚シ」等の法令起草文言が，さらに俘虜からの帰還者に対しても非公式的に浴びせられる可能性があることは否定できなかった。特に陸軍将校分限令案が「将校ノ官階ハ皇帝陛下ニ任セラルル所タリ」云々（第1条）と記述・起案したこととの関連で，将校は俘虜になることによって天皇任命の名誉の官位を汚してはならないという精神的・思想的土壌が固められる方向に進むことも否定できなかった。

しかし，その後，12月13日の閣議において，法制局は陸軍省と海軍省の請議を一つにまとめるために両省主任者と反覆審議して陸海軍将校分限令を起案したという審査報告を提出したが，同審議では海軍省等記述・起案の将校人格評価等の文言を削除・修正したとみてよい。逆に言えば，将校には天皇任命の名誉の官位を汚すような俘虜は存在しないという想定のもとに，陸軍将校分限令上での人格評価記述を含めた条項明文化は必要でないという認識・判断が生まれたとみてよい。法制局の審査報告は閣議決定され，12月24日に勅令第91号の陸海軍将校分限令が制定された。

第二に，陸海軍将校分限令は，将校は終身の「官」を保有し，「官ニ対スル礼遇」を受けることを基本にした分限条件を規定した（第1条）。すなわち，将校の位置を現役・予備・後備・退役の4種に分け，現役をさらに在職・休職・停職に区分し，休職は解隊・廃職・定員改正及び「俘虜トナリタル者帰朝シ他員已ニ代リテ其職ニ在ルトキ」等の9項目の一つに該当することによって適用される「職務ナキ者」と規定した（第4条）。

この結果，俘虜に関する基本的な法令上の認識は，勅令上の将校分限令という身分管理規定上の休職者としての認識を先行させたが，給与規則上で俘虜帰還者扱いを明文上で浮上させない仕組みに進んだ。すなわち，12月24日の陸海軍将校分限令制定の翌25日に会計局長は，陸海軍将校分限令公布により陸軍給与概則中の改正必要事項が出てきたとして，「非職俸甲ノ金額」を「休職俸」に改めるとともに，第23条（「敵ノ俘虜トナリ追テ帰朝シタルトキ」云々）の削除等を上申した。会計局長上申は省議決定され，12月28日に陸達第246号の陸軍給与概則中改正がなされた。ただし，施行期日は12月24日の陸海軍将校分限令施行日とされた[28]。つまり，陸海軍将校分限令制定と同時に陸軍給与規則上での俘虜帰還者文言も消失し，俘虜は法令明文において，基本的には給与規則から離れ分限規則という身分管理規定上の記述に含まれることになった。

他方，1887年5月勅令第19号陸軍省官制改正の第10条の総務局人事課の事務管掌に規定された「俘虜ニ関スル事項」は，1890年3月勅令第51号陸軍省官制改正では（大臣官房に人事課が置かれる）規定されなかった。つまり，俘虜への基本認識は身分管理上の認識に吸収され，俘虜への端緒的な禁忌観が潜入され，陸軍の俘虜政策の第二次的成立に至った。俘虜政策の第二次的成立は1887年からの戦時編制概念の論理転換とともに進められた武官カテゴリーの本格的成立の特色の一つとして注目される。

2　1888年の師団体制の成立過程
――戦時編制の成立萌芽と出師準備管理体制の第二次的成立――

(1) 陸軍の統帥系統と師団体制の成立

師団は戦時の戦略・作戦単位の体系的な兵力行使組織である。師団体制は師団兵力の平時戦時区分を画定し，戦時の戦略・作戦の体系的・継続的な兵力行使組織を独自に明確化した上で，師団司令部の編制と常備化を含めて，平時と戦時の両兵力行使組織を総括的に維持・確保・展開する体制である。これらの師団体制は1888年の参軍官制等の陸軍全体の統帥系統上から位置づけられて成立した。

①1888年の参軍官制と陸軍参謀本部条例の制定――帝国全軍構想化路線下の平時戦時混然一体化体制と参謀職務体制の典型的継承

まず，参謀本部長熾仁親王は1888年4月20日付で陸軍大臣に既に内議済の参軍官制と陸軍参謀本部条例及び参謀職制の草案を協議した[29]。陸軍大臣は4月26日付で異存なしを回答し，翌5月に軍事参議官（陸軍大臣大山巌，海軍大臣西郷従道，参謀本部長熾仁親王，監軍山県有朋）は現行の1886年参謀本部条例を廃止して参軍官制を制定すべく審議可決し，参謀本部長熾仁親王はただちに上奏し（内閣書記官の裁可確認は5月10日，「参謀本部条例改正案ノ大意」と「参謀本部長ノ職名改称ノ理由」を添付），5月12日に勅令第24号の参軍官制が制定された（勅令の副署は内閣総理大臣，陸軍大臣，海軍大臣）。参軍官制の第1条は「参軍ハ帝国全軍ノ参謀長ニシテ皇族大中将一名ヲ以テ之ニ任シ直ニ皇帝陛下ニ隷ス」と規定した。

ここで，「帝国全軍」の用語が法令条文に採用されたが，参軍官制は帝国全軍構想化路線のもとに制定されたことは明確である。また，参謀本部長熾仁親王からの上奏を経て，同日勅令第25号の陸軍参謀本部条例が制定され，参謀本部陸軍部は「陸軍参謀本部」になった。なお，同第26号の海軍参謀本部条例が制定され，参謀本部海軍部は「海軍参謀本部」になった。

現行参謀本部条例廃止と参軍官制制定の大意によれば（「参謀本部長ノ職名改称ノ理由」），陸軍軍政トップの職名がその官衙名（陸軍省長官）でなく「陸軍大臣」になっていることに対応して，「参謀本部長ハ帝国陸海全軍ヲ統率シ給フ大元帥ノ参謀長ニシテ参謀本部ハ其事務ヲ執行スル所ノ官衙」であるので「全軍参謀長」と称することが適当であるが，参謀本部長を「全軍参謀長」の職名にすることは「冗長」であるとして，1885年10月陸軍文庫邦訳刊行の『仏国陣中軌典』（1883年10月）中の「数軍一将ノ麾下ニ属スルトキハ其参謀長ハ大将若クハ中将ニシテ之ヲ参軍ト称シ」云々にもとづき，「参軍（マジヨールジエネラール）」と称することにしたとされる。参軍は「帷幄ノ機務ニ参画シ出師計画国防及作戦ノ計画ヲ掌ル」（第2条）とされ，「戦略上事ノ軍令ニ関スルモノハ専ラ参軍ノ管知スル所ニシテ之カ参画ヲナシ」，親裁後の軍令は平時にはただちに陸海軍大臣に下し，戦時には師団長艦隊司令長官鎮守府司令長官又は特命司令官に伝宣して施行させると規定した（第3条）。

すなわち，陸海軍全軍の参謀長としての参軍は，戦時の数軍統帥上で置かれる参謀機関でもあり，1878年参謀本部条例により成立した参謀本部体制が平時戦時混然一体化体制であることを典型的に継承した。また，「参謀本部条例改正案ノ大意」（参謀本部陸軍部）によれば，1886年参謀本部条例第5条中の「団隊」「艦船」の「編制」や「材用」の「料量」を「出師準備」の用語をもって包括し，「団隊」「艦船」の「布置」や「戦区」の景況の考慮を「国防及作戦」の用語でもって包括するとされ（参軍官制第2条の説明），同参謀本部条例第6条中の「凡ソ軍中ノ機務戦略上ノ動静進軍駐軍転軍ノ令行軍航海路程ノ規運輸ノ方法軍隊艦隊ノ発差等軍令ニ関スル者」は「軍令」の註釈であるが故に「戦略上」の3字でもって包括するとされた（参軍官制第3条の説明）。これにより，「出師準備」（勅令正文では「出師計画」）と「国防及作戦」（「国防」は軍制技術上の語義）及び「軍令」（「軍中ノ機務」という「軍機」を包含）の語義が法令上で整備された。

ただし，1888年参軍官制の参軍の語義はフランス陣中軌典のように戦時の陸軍の統帥機関であるが，海軍の統帥機関（のトップ）も含めることに対しては，海軍からの疑義が出なかった。「参軍」の職名は過去には佐賀事件・台湾出兵・西南戦争にも置かれたこともあり，違和感が生じなかったと考えられが，戦時の陸海全軍一体化の最高統帥官職を陸軍主導の下に設置する思想が官制上で公式に認知されたことを意味する。つまり，参軍は帝国全軍構想化路線のもとに戦時には戦時大本営的機関にスライドするものであった。なお，陸軍参謀本部条例は現行の参謀本部陸軍部を改組し，第一局は「出師計画及団隊編制」「交通法ノ調査」を担当し，第二局は「国防及作戦計画並ニ陣中要書ノ規定」「外国軍事ノ調査」を担当し，測量局を拡大して陸地測量部と改称し，陸軍大学校とともに陸軍参謀本部の管轄下に置くと規定し，特に兵力の編制・動員計画と国防計画との管掌区分を明確化した。他方，新たな監軍部設置により，1885年参謀本部条例に規定された陸軍の団隊一般にかかわる教育事項の調査規画を削除し，軍隊教育は当然に監軍部所管になった。

②1888年の師団司令部条例制定と鎮台条例廃止――平時編制の第四次的成立

次に，同5月に大山巌陸軍大臣は鎮台条例の廃止と師団司令部条例の制定を上奏し（内閣書記官の裁可確認は5月9日），同12日に勅令第27号により公布された[30]。師団司令部条例は，師団長（中将）はただちに天皇に隷して師管内の軍隊を統率し，出師準備を整理し，徴兵等の軍事諸件を総理統轄すると規定した（第1，2条）。師団司令部は参謀部，副官部，法官部，監督部，軍医部，獣医部から成立し，これらの諸部を含む師団司令部の職官合計は35名（監督部を除く）とされた。この場合，従来の鎮台司令官・営所司令官の管轄下の病院・武庫・監獄は，同12日制定の勅令第30号衛戍条例により衛戍司令官（陸軍軍隊の永久配備駐屯地を「衛戍地」と称し，当該永久配備駐屯地所在の最高級団隊長が司令官になる）の管轄下に入った。つまり，師団を戦闘現場直結の団隊・部から編成し，病院等の平時業務密着が強い官衙を分離させた。

陸軍省作成の鎮台条例廃止と師団司令部条例制定の理由書は[31]，第一に，鎮台条例廃止の直接的な理由として，新監軍部の設置による鎮台司令官の職務・権限の消滅があり，また，徴兵令改正方針決定による鎮台司令官の徴兵事務の職務への影響があると説明した。第二に，従来の鎮台条例に関する総括的な認識や定義を示した。すなわち，1873年鎮台条例は「主トシテ平時地方鎮圧ニ係ル制度ニシテ建制上戦時団隊ノ編制ト相関スル所少ナク」云々と説明した。第三に，1879年鎮台条例改正において軍管司令将官の呼称を廃止し，鎮台司令官のみの呼称を規定し，鎮台司令官は有事においては旅団長と定められ，鎮台司令官は地方軍事長官を意味するとされた（二重の混成的職制は変わらず）。そして，その後のフランス軍制改革においては常備軍団長が当該軍管の地方軍事長官になったことを説明し（戦時の軍団編制を基準にして平時の常備軍団編制が成立し，平時戦時の軍隊建制の一致），日本でも常備師団の編制・設置が進行したので，鎮台や営所の官衙・庁舎の名称を廃止し，師団司令部・旅団司令部の名称を付け，師団長は地方軍事長官として師管内事務に従事する，と説明した。つまり，鎮台体制は平時の鎮台の長官（地方軍事長官）が有事・戦時に師団という臨時兵力行使組織の司令長官（師団長）に移行したのに対して，師団体制は戦時の兵力行使組織を基準にした平時の常設師団編制下の師団司令部の司令長官（師団長）が当該師管の地方軍事長官としての職務に従事した。さらに，5月12日勅令第31号の「陸軍団隊配備ノ件」が制定され，1885年鎮台条例が附表として合体させた「七軍管兵備表」と「諸兵配備表」は廃止され，新たに師団司令部・旅団司令部と歩兵他兵種毎の諸隊衛戍地を明示した「陸軍常備団隊配備表」が規定され，広義の平時編制の第四次的成立になった。

(2) 師団体制と戦時編制の成立萌芽――出師準備管理体制の第二次的成立

①1888年の師団戦時整備表と戦時師団司令部他編制表の制定

師団体制は同時に戦時編制の成立萌芽を内包し，あるいはただちに戦時編制に移る構えを担保する兵力行使態勢の出現を意味した。師団体制はさらに当該年度の出師準備の調査・策定も介在させつつ成立した。

まず，参謀本部長熾仁親王は1887年12月2日付で陸軍大臣宛に「戦時一師団編制表以下別記諸表取調候ニ付及協議候也」として，計11件の戦時の編制表又は編制表草案及び人馬員数表を協議した[32]。参謀本部協議の編制表・編制表草案は，基本的には注記の計11件の戦時の編制表・人馬員数表を意味する。つまり，戦時編制の概念は，戦時の団隊の司令部を含む諸隊の人馬員数・定員の算出を基準にして作成・表示された編制諸表の組立て方として推移していることを示した。これは1886年戦時編制概則等を明確に不適当とした。陸軍省は翌1888年2月17日付で編制諸表一般に記載された小隊長以下の職名削除等の意見を述べ，同協議に同意した。その後，計11件の戦時の編制表・編制表草案及び人馬員数表はさらに参謀本部等と陸軍省との間で下記のように協議等がなされた。

第一に，同協議と並行して，戦時1個師団に編成される官衙・諸団隊の基本を表示した「師団戦時整備表」をまず制定し，戦時1個師団の兵力行使組織の整備・完成の計画全容を示したことが重要である。すなわち，参軍熾仁親王の1888年7月19日の上奏と允裁を経て，陸軍大臣は翌20日に陸達第155号により師団戦時整備表の制定を通知した[33]。師団戦時整備表は，①野戦師団（師団司令部及属部，歩兵2個旅団，騎兵1個大隊，砲兵1個連隊，工兵1個大隊並大小架橋縦列各1個，弾薬縦列1個大隊歩兵弾薬縦列2個・砲兵砲弾縦列3個，輜重兵1個大隊糧食縦列5個・馬廠1個，衛生部衛生隊1隊・野戦病院6個，野戦電信隊1隊），②野戦予備軍（後備歩兵2個連隊，後備騎兵2個小隊，後備工兵2個中隊，砲廠監視隊1隊，兵站糧食縦列1個・輜重監視隊3隊，衛生部予備衛生員・材料廠），③留守官衙及諸隊（留守師団司令部・留守旅団2個司令部，歩兵補充4個大隊・後備歩兵補充2個大隊，騎兵補充1個中隊，砲兵補充1個中隊，工兵補充1個中隊，輜重兵補充1個中隊並輜重廠），の整備を規定したが，砲兵諸隊の整備計画は遅れた[34]。

第二に，同協議は，同じく1888年7月19日の参軍の上奏と允裁を経て，陸軍大臣は翌20日に陸達第156号により，下記の下線部の新たな2件の戦時の編制表を含む計12件の戦時の諸編制表の制定を通知した[35]。すなわち，戦時師団司令部編制表，戦時師団司令部属部編制表，留守師団司令部編制表，戦時歩兵旅団司令部編制表，留守歩兵旅団司令部編制表，戦時輜重兵一大隊編制表，兵站部輜重兵隊編制表，輜重兵補充中隊編制表，衛生隊編制表，野戦病院編制表，衛生部予備員編制表，衛生部予備材料廠編制表，である。計12件の編制表は師団戦時整備表により整備・完成される戦時1個師団の官衙・諸団隊の人馬員数・定員を表示化した。この結果，1887年2月～12月制定の戦時歩兵一連隊編制表等の戦時諸隊編制表を含め，戦時師団の司令部を中心にした兵力行使組織の人馬員数・定員の詳細計画全容がほぼ初めて明確化された。すなわち，戦時編制表の統一的表式の表記化への第一歩であり，戦時編制の成立萌芽と称してよい。戦時編制の成立萌芽と称したのは，本来は戦時編制に整合・対応すべき平時編制の未整備・未制定による。また，戦時編制の成立萌芽は戦略的な戦闘活動を独立させて遂行できる戦時兵力行使体系や戦時兵力行使目標を明確化した点では，出師準備管理体制の第二次的成立を意味する。

戦時師団司令部編制表等の計12件の編制表は，①将官は従卒・馬卒として従前のように自己雇役の従僕を使用するも「妨ケナシ」とし（戦時師団司令部編制表〈人員合計162，馬匹98〉，戦時歩兵旅団司令部編制表〈人員合計14，馬匹9〉），馬匹を乗馬・駄馬に区分し，駄馬の配当（品目と馬数）を規定し，②戦時師団司令部属部編制表中の野戦郵便部の野戦郵便部長1名と書記3名は「地方郵便官吏ヲ以テ之ニ充ツ」とし，③戦時輜重兵一大隊編制表は，大隊本部（人員計26）・糧食縦列（人員計360，予備の駄馬26を含む駄馬計360）・馬廠（人員計109）とし，1個大隊（大隊本部と5個糧食縦列及び1個馬廠殻編成）合計の人員2,142名と馬匹2,157はほぼ対応し，④兵站部輜重兵隊編制表は，兵站糧食縦列（人員計413，予備の駄馬26を含む駄馬計360）・輜重監視隊（人員計53）とし，1個兵站部輜重兵隊（1個兵站糧食縦列，3個輜重監視隊から編成）合計の人員572名と馬匹558はほぼ対応し，⑤衛生隊編制表は，衛生隊本部（人員計100）・担架中隊（人員計155）とし，1個衛生隊（本部と2個担架中隊から編成）合計の人員は410名，馬匹は50とし，⑥野戦病院編制表は，人員合計110名，馬匹計40，と規定した。特に，戦時の編制表全体において馬匹（乗馬・駄馬）の配当内容や兵站に関する初歩的部分的な業務を明確化したことが特質である。なお，師団戦時整備表の野戦師団等の編成は1889年9月頒布の野外要務令草案に規定された。

②1888年の師団戦時整備仮規則と師団戦時物件定数表の制定

出師準備管理体制の第二次的成立を支える戦時編制の成立萌芽の骨格になったのが，参軍による1888年11月1日付の陸軍大臣との協議と同大臣了承を経て制定された1888年12月28日に陸達第247号の師団戦時整備仮規則である（全5章）[36]。師団戦時整備仮規則は，各師団が師団戦時整備表にもとづき野戦師団，野戦予備隊，留守官衙及諸隊に編成される諸部団隊の編成方法や戦闘隊形（梯隊等）の用法・目的等を規定した。ここで，「野戦」の文言・呼称が出ているが，出師準備完了の師団等を意味した[37]。

そこでは師団戦時整備表の諸規定をさらに詳細に示し，たとえば，①弾薬縦列大隊では，歩兵弾薬は師団正面の1銃につき約100発までとし，1縦列につき50万2,500発とし，砲兵弾薬は1縦列につき榴弾728発・榴霰弾840発・霰弾160発を有し，砲兵2個中隊の全弾薬補充にあて，1門は約140発までとする，②糧食縦列（計5）では，1糧食縦列は師団1日分の糧秣を有し，第3糧食縦列は携帯糧秣の予備を蓄載する，③衛生部の野戦病院6個は各患者200人を収容できるようにする，④野戦電信隊の材料としての電線の全長を30kmとし，その道程24kmを連絡できるようにする，等のように，戦時編制を基準にして具体的な数量を規定した。特に野戦師団の諸部団隊の編成は1893年戦時編制第4編第10章の「師団ノ編制」にほぼ近い。そういう点では，師団戦時整備仮規則は1893年戦時編制の前身的な重要骨格を示し，戦時師団整備表と戦時師団司令部編制表他の制定とともに，戦時編制の成立萌芽の基盤になった。

そして，師団戦時整備仮規則の物件定数をさらに詳細に規定したのが，同12月28日に陸達第249号の「師団戦時物件糧秣，炊爨具，被服，帳簿 消耗品，衛生及獣医材料定数表」の制定である（「師団戦時糧食定量表」他5表及び被服関係計20表，以下，「師団戦時物件定数表」と略記）。これは陸軍大臣から12月24日付の参軍への協議と同了承を経て制定し，各師団の毎年の出師準備書調製には本表を基準にしてそれぞれの過不足を報告させることにした[38]。ちなみに，師団戦時物件定数表中の「師団戦時糧食定量表」は，戦時師団の諸部団隊毎に常食は1人1日あたり精米6合，携帯糧食は1人1日あたり糒3合，さらに，1人1日あたり食塩9匁を示した。その場合，野戦師団の師団司令部・戦列隊・小架橋縦列・衛生隊の糧食の確保と運搬方法は計8日分とし（糒各自2日分の携帯糧食，常食1日分の大行李積載，常食4日分と携帯糧食1日分とを糧食縦列に積載），輜重及び縦列は3日分と規定した（糒各自2日分の携帯糧食，常食1日分を縦列の駄馬に積載）。以上の定量は初度のものであり，同日数を計8日間とし，その後は補充の考え方をとった。これにより糧秣弾薬被服等の補給の初歩的部分的な業務を明確化した。

総じて，1888年の師団体制は鎮台体制を廃止し，戦時編制概念の第一次的転換と諸編制表の統一的表式の表記化着手を進め（戦時編制の成立萌芽，ただし，諸編成表の簡潔・緊密な集成は欠く），戦時の戦略・作戦の体系的・継続的な兵力行使の独自遂行を目ざして成立した。

これによって，陸軍動員計画策定史上は出師準備管理体制の第二次的成立に至った称してよい。すなわち，序論で示した出師準備管理体制の成立画期確定のための4基準で，戦闘活動を想定した要務令・勤務令等の制定と平時編制の策定・制定や馬匹徴発は欠けるが，補給・兵站の初歩的部分的な業務を新たに明確化したからである。また，1888年の師団体制の成立過程で，軍隊・官衙の編制・官制等の改廃で行政的職務観念や平時業務中心の職務・人員をそぎ落としたことも特質である。後に，師団編制は「独立策戦の力を有せしめたり」とか，「後来，大陸的戦闘に従事し得へき基礎を樹立したるもの，茲に基因す」云々と記述されたが[39]，一般行財政・文官との比較関係において建軍期から潜在していた特権的な「軍部独立論」にもとづき，後述の出師準備物品の会計検査院法非適用化を含み，戦時の「自由自在」的な兵力行使活動の基盤を獲得したといえる。常備軍の本格的成立に至った。

3　出師準備管理体制の第三次的成立

出師準備管理体制下の文書管理で本体的位置を占めているのが出師準備書である。出師準備書は戦時編制実現のための出師準備の計画書策定に関する当該年度の統一的な方針・基準を規定して令達したマニュアル文書である。諸団隊は本文書にもとづきさらに各々の戦時編制を実現すべき具体的な出師準備の計画書の調製・提出を義務づけられた。出師準備書は1888年度までは近衛と鎮台に区分されて規定された[40]。その後，1888年5月からの師団体制においては，すなわち，1889年度の出師準備書からは近衛と師団に区分されて規定された[41]。まず，1890年度師団出師準備書から検討する。

(1) 1890年度師団出師準備書の成立

①1890年度師団出師準備書の仮制定と出師準備管理体制の第三次的成立の起点

参謀本部副官上領頼方は1889年12月25日付で陸軍省副官宛に，「明治二十三年度出師準備書　近衛之部」「明治二十三年度出師準備書　師団之部」「明治二十三年度出師準備書附録」「明治二十三年度出師準備調査及報告規例」の計4件の別冊文書の配布を上申した[42]。同省は同年12月28日付で近衛及び各師団に対して，同4件の文書の仮制定と同文書にもとづき出師準備の諸事項の調査整理を指令した（送乙第3565号）。また，同省は同日付で参謀本部と監軍部に対しても，同4件の文書を近衛都督及び各師団長に指令したことを通知した。ここでは「明治二十三年度出師準備書　師団之部」を検討する（年度の期間は1890年5月1日から1891年4月30日まで，以下，「1890年度師団出師準備書」と表記）。

1890年度師団出師準備書は，第一に，1886年度鎮台出師準備書の前文記述の出師準備の定義を省き，かつ，同書第1章の「充員ノ令　此令下ルヤ監軍ハ鎮台司令官ヲシテ召集ノ令ヲ管内ニ布達セシメ」云々にみられるような司令官の具体的な司令・指示の手続き記述を変え，各種召集の令により充足編成すべき戦時団隊を簡潔に規定した。たとえば，第1章の戦時団隊の編成では，①第一充員召集の令により充足編成すべきものとして，野戦師団及び対馬警備隊，留守諸官衙及び野戦補充隊を，②後備軍召集の令により編成すべきものとして，野戦予備隊，後備歩兵補充隊を規定した。以上の記述・規定の構えは，出師準備自体の定義等は既に全軍的に了解・周知済みであり，出師準備における司令官の基本的な司令・指示の手続きも職務上から自明であるという前提や理解に立ったものであろう。つまり，1884年鎮台出師準備書仮制定期（出師準備管理体制の萌芽期）とは異なり，出師準備の基本に関する陸軍内の統一的な理解と認識が深化したことを意味する。第二に，団隊の編成は1888年制定の師団戦時整備表及び師団戦時整備仮規則にもとづくとされた。師団戦時整備表は戦時編制の成立萌芽の基盤になり，戦時編制の前身に相当した。つまり，出師準備と戦時編制との対応関係の論理を令達文書上で明確化し，出師準備の目的・性格は戦時編制の実現にあることを規定した。第三に，馬匹徴発の規定である。すなわち，戦時の団隊編成に要する馬匹の徴発手続きとして，①1882年徴発令と同年徴発事務条例及び軍用馬匹調査の令達にもとづく[43]，②馬匹徴発区域は各師管（第一師団と近衛は従前の所定の区域）に従う，③野戦師団・野戦補充隊所要馬匹はすべて買い上げの徴発にし，その他は使用日数・運搬路程・費用の多寡等を酌量して師団長が適宜に買い上げと借り上げとの区別の規定を設けるとした。第四に，「明治二十三年度出師準備調査及報告規例」は，①幹部職員表（現役予備後備将校，同相当官，下士並びに臨時に陸軍省から附属すべき諸職員をもって詳細に調製する，「明治二十三年度　第何師団司令部並属部職員表」他計15件の職員表），②幹部欠員表，③諸兵充足表（諸兵の過不足及び充足日数を予知するために出師年度初日の総員を予算化して調製するが，現役兵の欠員概算数6％，帰休兵・予備役兵の不応徴員概算数10％，後備役兵の不応徴員数16％を除去して戦時定員を充足する），④馬匹充足表（軍用馬匹調査の合格馬匹総数から疾病事故による不応徴馬並びに実際不合格馬匹の概算数40〜60％を除去して記入），⑤器具材料表（各団隊用武器被服その他材料の準備品表や過不足表）の調製を規定した。特に④の馬匹充足表は師団（野戦予備隊，補充隊）の諸隊毎の充足地・所要数・現在数・徴発馬合格数・過数・不足数・徴発馬所要数充足日数（各々を乗馬・輓馬・駄馬に区分）の調製を規定した。

なお，1886年度鎮台出師準備書附録の予備役諸兵召集に関する地方行政機関の詳細な業務手続の記述を省いた[44]。地方行政機関の召集業務手続の記述は出師準備業務規定（参謀本部主管）でなく，召集事務規定（陸軍省主管の陸軍召集条例等）を適切としたのであろう。また，諸費予算表（「野戦師団及補充隊編成諸費予算表」は召集下令日より30日間を目途にして予算化，「野戦師団諸費予算表」は師団出師準備完成後3箇月間分を予算化）の調製を規定した。後者の野戦師団諸費予算表の諸費用の費目化区分は，およそ，戦時費用区分概則に規定された費用区分にもとづいた[45]。さらに，本表の費目化区分は日清戦争期の陸軍省所管の臨時軍事費支出の予算算出上の費目内訳（1個師団経費算出）の基本になった。

すなわち，1890年度師団出師準備書の仮制定は，その後の徴発事務条例中改正や野外要務令等制定等による兵力行使体制の整備を含めて，出師準備管理体制の第三次的成立の起点になった。

②1890年徴発事務条例中改正と馬匹徴発体制整備

1890年度出師準備書の仮制定のもとに出師準備の調査と整備を進めたが，参謀本部が最も危惧していたのが徴発馬匹の確保・充足の見通しである。その際，軍用としての乗馬・輓馬・駄馬に適しているか否かに関する馬匹調査と統計化の課題がある。1882年徴発令は馬匹調査と統計化を規定したが，馬匹の調査・報告は他の物件とほぼ同様に位置づけ，固有の調査方法等を規定しなかった。そのため，1890年6月に参謀本部と陸軍省との間で徴発馬匹調査方法の協議を進めたが[46]，徴発体制は一般行政に関連するものがあり，徴発令等の改正調査は内務省等との協議・調整を経なければならなかった。

当時，1889年3月に陸軍省は主に1886年閣令第11号徴発事務条例中改正による徴発物件表の調製・提出に関して，徴発事務条例中改正案の協議を内務省等と開始していた[47]。同協議は同年10月末にはやや一段落したが，同年末に参謀本部は徴発馬匹調査方法の未定立により出師準備に不可欠な徴発計画に困難を生じさせているとして，徴発区変更等も含む徴発令中改正及び徴発事務条例中改正を陸軍省に求めた[48]。これについて，同省は1890年1月23日付で参謀本部宛に，主に，①徴発令中改正案に，徴発書発行権者の官憲に近衛都督を加え（第3条），徴発物件の米麦秣と乗馬駄馬駕馬車輛他運搬用獣類・器具の徴発区を府県にする（第4条），徴発物件を6里以外の差出場所に輸送する場合には当該官憲が輸送賃を賠償する（第30条），②徴発事務条例中改正案では，府県知事は徴発物件表（郡区長調製提出の米麦秣と乗馬駄馬駕馬車輛他運搬用獣類・器具に関する表を府県毎に集約する）の同省宛提出期の「毎年」を「毎三年」に改める（第24条），徴発物件差出場所は徴発区内を定例とするが戦時の時機切迫の場合にはその限りではない（第39条），等を協議した[49]。参謀総長は1月29日付で異存なしを述べ，出師準備書作成時日が切迫しているので速やかに詮議してほしいと添え書きして回答した。

陸軍省は参謀本部回答をうけて，さらに調査し，同年2月上旬に，出師準備上において徴発令中改正を必要とする案件も生じたとして徴発事務条例中改正を起案し，陸軍大臣と内務大臣及び海軍大臣連署の閣議提出案を省議で決定した。

陸軍省の閣議提出案と「理由書」は参謀本部との協議済の改正条項や趣旨を加えたが，主に，第一に，徴発令第42条の船舶徴発の損料代償の1箇月64分の1は1箇年1割9分弱で平時でも「高価」であり，徴発をうける会社は「非常ノ利潤」を得るので費用減省のために損料は1年に6分乃至9分6厘弱にする，第二に，徴発事務条例には，①徴発書を平時の演習にはただちに郡市長に下付することを加える（第10条），②鉄道局長・鉄道会社長は毎年12月末現在の鉄道表を調製して翌年3月末までに陸軍省に送付し（新設・改正もその時々に送付，第22条として新設），③第24条の徴発物件表提出者に北海道庁長官を加える，④北海道庁長官府県知事は附録第5号雛形にもとづき「汽船表」（100トン未満と100トン以上に区分する）を調製して毎年3月末までに海軍省に送付する（第25条，管内での100トン以上の汽船の新造・買入れの時はさらに個々の汽船の資料を調製しその時々に海軍省に送付する，ただし，海軍大臣は便宜により船舶会社に「汽船表」を直接に送付させることができる），⑤附録第3号の1表（北海道道庁長官府県知事調製提出の徴発物件表，府県の市町村毎の幅員・家屋戸数総坪数宿舎用坪数・人口・人夫・官廨・倉庫・厩・寺院・学校・製造所・水車場・病院・日本形船舶の数を記載）と同2表（北海道道庁長官府県知事調製提出の徴発物件表，府県の市町村毎の乗馬・駕馬・駄馬・耕馬〈各々牡牝毎の合格・不合格数〉・牛・車輛〈馬車・荷馬車・人力車・荷車・牛車〉・馬車と駄馬の属具の数を記載）は，「甲部」（人家稠密地の東京・京都・大阪の3市は記載区画を市区町村までにとどめる）と「乙部」（東京・京都・大阪の3市を除く一般の市部郡部町村の記載区画であり，1889年4月施行の市制町村制のもとに町村合併した町村は，散点村落があるので町村合併前の旧町村の大字地域までの細別区画を設ける）に区分した記載要領を示す，という改正内容であった[50]。

陸軍省の閣議提出案で特に出師準備管理体制上で重要なのは，徴発事務条例の附録第3号の2表の徴発用の馬匹及び車輛の調製・提出規定の改正である。陸軍省の同案「理由書」は，従前の徴発馬匹表は不完全であり，今回改正は「出師準備上必要ナレハナリ」と強調した。また，第25条の北海道庁長官府県知事の「汽船表」の調製・送付にかかわって船舶に対する海軍省の役割・管理を強化したとみてよい。同省の閣議提出案は内務省・海軍省・司法省・農商務省との協議を経て（2月～6月），同年7月に閣議に提出されたが，内閣法制局は陸軍省に徴発令中改正は徴発事務条例中改正に包含すべきことを指示した。この結果，改めて陸軍大臣と海軍大臣の連署により，同年8月8日に徴発事務条例中改正案として閣議に提出した（第6条は徴発令第3条の徴発書発行権者の師団長には近衛都督を，旅団長には屯田兵司令官を包含する，等々）[51]。そして，8月20日の閣議決定を経て，9月5日に勅令第196号の徴発事務条例中追加改正が公布された。

これにより，1891年度師団出師準備書における戦時の動員を基準にした徴発馬匹確保の一応の計画・見通しがつけられたとみてよい。たとえば，1890年12月23日仮制定（送乙第3547号）の1891年度師団出師準備書はその「明治二十四年度出師準備調査及報告規例」において，野戦師団等の出師準備における人馬整備景況の予知のために「人馬概見表」の調製・報告を規定した[52]。これは参謀本部が同年6月に調製の必要性を陸軍省に協議したものであるが[53]，1891年度から陸軍全軍の動員人馬員数の計画全容が明確化されるに至った。ただし，実際の動員人馬数の充足の場合には課題を残した。

③1889年野外要務令草案の頒布

1890年度師団出師準備書仮制定に際して，戦時編制下の諸団隊・部の戦闘活動及び兵力行使遂行のための戦闘地域・戦闘現場の一連の連繋しあう基本的な勤務・業務・設備等の要点と規則を規定したマニュアル書が編纂・制定・頒布されたことが重要である。すなわち，1889年9月30日陸達第142号の野外要務令草案の制定である。ここでの「草案」は起案以前の「下書き」を意味しない。それは陸軍における初めての編纂であり，軍隊の編制・戦用器材等の未整備によりただちに準拠できないものは適宜の処置をとり，「取捨修補」（裁可の勅語）等により，試行の積み重ねを企図した試案・仮案の意味を含めたからである。特に給養等に関して未解明・未解決の課題が残っていたためであろう。出師準備は特に兵力行使活動の初期の勤務・業務・設備等の遂行・充実を目ざす動員態勢の立ち上げを基本にしたが，野外要務令は動員態勢立ち上げ後の戦闘地域・戦闘現場における戦闘準備や条件・環境整備の統一的基準を明示した。

1889年野外要務令草案は陸軍参謀本部が当初「陣中軌典第一版草按」として編纂した。すなわち，参軍熾仁親王は1888年7月6日付で陸軍大臣宛に「陣中軌典第一版草按」を調査したので意見を承知したいと照会した[54]。これについて，大山陸軍大臣は約半年後の翌1889年1月14日付で参軍宛に，「陣中軌典」

の編纂は創始事業であり，かつ1886年以降に軍隊の制度・編成・教育等を改革してきたが，また現在も調査中のものもあり，彼是連繫する各主任者が意見を出しても自然にかたよりが生ずるので，関係将校をもって審査委員を組織し審査したい（監軍部も了承済）と回答した。審査委員の組織については参軍も同意した。そして，陣中軌典草按審査委員長は陸軍中将小沢武雄，審査委員として，陸軍省の人事課長歩兵大佐沖原光孚他2名，参謀本部の第一局長歩兵大佐西寛二郎他5名（陸軍大学校教官2名を含む），監軍部の陸軍士官学校長歩兵大佐寺内正毅他7名を任命した。「陣中軌典第一版草按」は陣中軌典草按審査委員の審査結果，「野外要務令草案」と修正した。「陣中軌典」（下線は遠藤）と称する場合は，戦闘現場の戦闘制式のマニュアルの意味のみとしてうけとめられると判断したためであろう。その後，熾仁親王参謀総長は9月16日付で野外要務令草案制定を陸軍大臣に協議した[55)]。大山陸軍大臣は9月16日付で意見なしを回答し，参謀総長の上奏と裁可を経て9月30日に制定された。

1889年野外要務令草案は冒頭に裁可の勅語を掲載し，注55）の本文目次大要のように，綱領と陣中勤務（第1部全12篇，全345款）及び秋季演習（第2部全6篇，全96款）から構成された。その中で特に綱領は，今日の軍制や兵器は欧州諸国にならっているが形而下のものにすぎないので「其ノ所謂ル軍人精神ハ即チ我カ固有ノ大和魂ノミ武士道ノミ」として，軍人精神の強調と軍の成立における軍紀の重視を記載した。

さて，1889年野外要務令草案は，第一に，全軍構成の戦闘序列における大単位の兵力行使組織として師団を規定したが，戦時編制下の師団編成（衛生隊・野戦病院も含む）は1888年制定の師団戦時整備表にもとづき，さらに，大兵力を支える物品携行としての行李定数は1887年2月制定の戦時歩兵一連隊編制表他にもとづいた（第1，第272）。ここで，行李運輸は副馬（馬卒が牽引）と定数駄馬（輸卒が牽引）からなり，さらに小行李（軍隊戦闘間の必要物品，弾薬・衛生材料・工具）と大行李（宿営間必要物品，荷物・炊具・糧秣等）に分割したが，輜重・運輸手段の基本としては駄馬編制までが限界であった。また，給養における携帯糧秣も1888年12月制定の師団戦時物件定数表にもとづいた。つまり，1889年野外要務令草案は戦時編制表との重複的な規定もあり，戦時編制との区別認識が薄い。

第二に，戦闘準備や条件・環境整備で最も困難とされたものが第8篇の給養である。従来は戦時の軍隊糧食給与は精米のみの現品給与であった（馬糧は大麦のみの現品給与）。副食品（魚菜類）はすべて代金を交付して部隊自ら調弁することにしていた。これに対して，野外要務令草案は，人馬の給養は，宿舎給養，倉庫給養，携帯糧秣給養，縦列給養，徴発給養の5種に区分したが（第274），本文欄外において「軍隊保全上我邦ニ於テ最モ困難ナルハ給養法ナリ故ニ本篇載スル所ノ条項モ亦不完全ノ憾ナキ能ハス尚ホ将来実地ニ就キ殊ニ其器具材料等ノ研究ヲ勉ムルヲ要ス」と参考注記した。ここで，宿舎給養を「舎主炊爨」（宿舎の舎主が供給）と「部隊自炊」に区分したが，糧食をすべて現品支給にした。つまり，現場諸隊への主要給養物品支給を現品支給に転換した。これは，注61）のように直接的な対敵戦闘行為に従事する「戦員」と，「戦員」を帮助する「非戦員」に区別し，分業体制を組み，戦員を対敵戦闘行為に専念させることにしたとされる。

さらに，注目すべきは徴発給養である。徴発給養を，国内（徴発令にもとづく）と同盟国（最高司令官に与えられる徴発権による特定方法にもとづく）及び敵国での徴発に区分した。国内の徴発は「官憲徴発」（師団長又は「兵站監」が監督部長に糧秣等を特定場所に徴発させ，各部隊に分配）と「部隊徴発」（当該部隊の徴発隊をもって某地に糧秣を供給）に区分したが，兵站機関としての「兵站監」を規定したことが注目される（第280）。兵站が，第8篇の給養や第9篇の衛生（第291の「兵站司令部」）に規定されたのは，兵站体制構築への調査着手を反映している。しかし，これらの兵站体制構築の調査着手と併せて，兵站自体の困難さが自覚され，建軍期の1873年在外会計部大綱条例等に規定された糧食供給方法としての現地調達思想を踏襲し，敵国での徴発（敵国での徴発は給養法中の最多方法とする）を含めて徴発一般の強圧的な手続きや方法を規定し，又は徴発における「暴戻」発生の可能性が認識されたとみてよい。たとえば，占領下の村落での徴発は「動モスレハ暴戻搶奪ニ流レ易シ故ニ厳重ナル方法ヲ以テ之ヲ禁渇セサル可ラス」とし，村長・居民の抵抗時は徴発物品を「強取スヘシ」とか，国内においても徴発遅延により危害の恐れある時は「強迫ノ方法ヲ用ユルコトアルヘシ」と規定した（第281，第282）。

第三に，第9篇の衛生において注目されるのは，①1886年の国際赤十字条約加盟により，衛生要員は退却時に際しても傷病者とともに舎営病院・該地在来病院等に遺留し，保護が与えられる，衛生部要員及び衛生部所管材料には中立の徽章（白地に赤十字のマーク）を付着させる，②野戦病院や繃帯所には「国旗及赤十字ノ標旗」を立て，さらに夜間は「赤色ノ燈」を掲げる，③戦線上での軍友負傷に際して衛生要員がいない場合には，軽傷者は弾薬を他兵に渡して銃のみを携行して単独で退却し，担架卒でない兵卒は将校の命令がない限り負傷者を送致してはならず（送致後は速やかに戦線に復帰し，長官に届け出る），④戦闘後の休憩に移る時に各兵隊は命令がなくとも戦線近傍に斥候を派遣して負傷者を捜索し，かつ「無頼者ノ搶掠」を防ぐ義務がある，⑤「特志看護者」を記載し，出師時には衛生員に加え，兵站所轄内の病院及び国内の予備病院の衛生勤務に服させ，傷病者の国内転送や，慈善家宅での患者看護に対しては助手になり，寄贈物の収集等に従事させる，と規定したことである（第290～300）。ここで，①②は国際赤十字条約第7条の「陸軍病院戦地仮病院並ニ患者負傷者退去ノ標章トシテ特定一様ノ旗章ヲ用ヒ且ツ其傍ニ必ス国旗ヲ掲クヘシ　局外中立タル人員ノ為ニ臂章ヲ装附スルコトヲ許ス但其交付方ハ陸軍官衙ニ於テ之ヲ司トルヘシ旗及ヒ臂章ハ白地ニ赤十字形ヲ画ケルモノタルヘシ」の条文にもとづいていた。

第四に，第10篇で弾薬補充を規定した。弾薬射尽は歩兵の主要戦闘力の喪失と砲兵価値の一時喪失とされた。その場合，戦闘中の歩兵携帯弾薬は大隊弾薬駄馬により補充するが，①火線の各中隊の需要に応じて兵卒を使用し，同兵卒は命令に従って弾薬駄馬所在地に赴き下士より弾薬を受領して各隊に戻る（1駄に3箱積載，1箱の弾薬は500発入りで兵卒2人が1箱を運搬する――「1駄3箱制」），②相次いで火線加入する各兵卒は既に射撃中の兵のために補充弾薬を携えて行き，また，死傷者の弾薬収拾を緊要等とした（第304～305）。ここで，火線上で補充弾薬箱の開箱を想定しているが，本文欄外で，以上の弾薬補充方法（弾薬分配法，弾薬箱の構造・形状）はさらに研究が必要であると参考注記された。

第五に，第11篇は鉄道電信となっているが，鉄道（軍用輸送）のみを規定し，電信は敵地等の電線破壊を記述した。鉄道は1889年7月に東京神戸間が全通し，1887年の鉄道総里数は467里とされていた。鉄道による軍用輸送体制を特に重視し，その輸送勤務要領を規定した。また，第12篇の憲兵の業務規定は，1886年戦時編制概則改正の憲兵の職務規定よりもさらに詳細になり，軍紀風紀の維持・監視，各兵の不正徴発・掠奪や犯則者の鎮圧，酒保・用達人の監視，さらに「証憑無キ軍人，疑ハシキ住民，遅留兵及敵ノ脱走兵等ヲ捕ヘテ司令部ニ送致スヘシ」とし，旅舎・停車馬・倉庫等の「凡テ衆人共用ノ家屋ヲ監察シ電線及鉄道ヲ保護シ敵意アル人民ヲ抑圧シ其武器ヲ奪却シ間諜ヲ捜索スル等ノ事ニ任ス」(第338)と，戦時・戦闘地域周辺における権力的な抑圧強化を目ざした。

なお，第2部は秋季演習の要領規定であるが，その第6篇において，演習時の「危害予防」(家屋・秣藁等の火災発生の恐れがある近傍での発射禁止，家屋・邸第・寺院等を占領する演習では当該施設の傍を実地に見たてる，園庭・植物苑や貴重諸苗種圃等の多い土地と耕作物がある田畑を避ける，鉄道は通路点外を越えない，行軍・休憩・講評・露営等の軍隊集合に際しては種植なき土地を選ぶ)，「損害賠償」(演習による田畑の損害発生は，当該市町村長又は所有主と熟議して賠償する，熟議不調和の時は評価委員にゆだねる，演習の統監は演習観客による損害発生を予防するために地方官と協議して適当の処置をとる)を規定した(第92～95)。以上の演習時の「危害予防」にかかわる諸規定はドイツの1877年野外演習令を一部踏襲したものである(本書第2部第2章注51)参照)。

④第三師管下における1890年陸海軍連合大演習と大本営の公式設置

1880年代末からの師団編制と1889年野外要務令草案による兵力行使・戦闘活動の部分的試行になったのが，1889年1月制定の陸海軍連合大演習条例にもとづき1890年3月末から4月初めにかけて第三師管の愛知県下で実施された陸海軍連合大演習であった。陸海軍連合大演習は天皇を統監とし，参謀総長が作戦計画等を規画し審判官副長になり，「東軍」(日本軍〈陸軍の主力は第三師団と近衛歩兵第一旅団，海軍は演習艦隊の巡航艦金剛他5艦と横須賀水雷艇隊〉)と「西軍」(侵入軍〈陸軍の主力は第四師団と近衛歩兵第二旅団歩兵第四連隊と増加隊の同歩兵第三連隊，海軍は常備艦隊の巡航艦高千穂他5艦と護送艦の巡航艦比叡他2艦及び運送船和歌浦丸他2隻〉)を仮設・想定した対抗演習として実施された。陸軍の参加諸団隊人員は2万7千余名で馬匹は約3千頭に達し，維新後の最大規模の長期間演習になった（天皇統監の演習自体は5日間）。また，同演習は陸軍の出師準備管理体制の第二次的成立から第三次的成立への進展における実際的・基礎的な知見・研究資料獲得の機会になり，政府・宮内省及び自治体と連携した実施体制は極めて注目される。

第一に，大本営の公式設置がある。2月22日に陸海軍連合大演習施行の「御沙汰」があった後，『明治天皇紀　第七』は3月4日に「陸海軍連合大演習大本営を置き」云々と記述したが[56]，同大本営は宮中に置かれ，同日に大本営の職員メンバー（統監，参謀総長・審判官副長，陸海軍の各審判官・陪従官・副官，監督部〈陸軍〉，審判官副長伝令使・審判官伝令使・運送船監督・海陸通信信号台掛〈海軍〉，陸軍計29名，海軍計41名）が裁可された。ここで，大本営は陸軍海軍を含めた最初の公称になり（「演習大本営」とも称される），演習時には名古屋市内の東本願寺別院に置かれ（30〜31日に半田に移動），宮内省は大本営職員（陸軍関係者等）他政府高官関係者（内閣総理大臣・各省大臣，枢密院議長・元老院議長・帝国大学総長他）・供奉員等の詳細な宿舎割等を定めた。また，各国公使（フランス・ベルギー・ドイツ・ロシア・清国・オーストリア・アメリカ）・代理公使（ポルトガル・オランダ他・朝鮮国）も同演習を陪覧した。

第二に，鉄道による演習の運輸体制を組み立て，陸軍省は内閣宛に官設鉄道を戦時運輸に供する主旨により無賃供用を含めて鉄道局長官をして鉄道運輸事務を斡旋させることを申請した。これにより，山県有朋内閣総理大臣は2月26日付で鉄道局長官宛に訓令を発し[57]，東京神戸間にわたる諸隊別の輸送指揮官を含む人馬材料の詳細な輸送計画が作成され，金額3万9千円余の鉄道料金は無料になった。また，逓信省の了解を得て豊橋岐阜間の普通電信線に第三，四師団の野戦電信線接続の電線を架設した。さらに，参謀本部の要請により，陸軍省は2月27日に第三師管下の愛知県他6県宛に同演習実施で地方交渉事案を不都合なきようにすることの訓令を発した。

第三に，陸軍は帰休兵・予備兵を定時演習召集の規則により召集して演習を実施した。その主な内訳は，①近衛諸隊は守衛・他勤務に必要人員を残して帰休兵・予備兵（5日以内到着可能者）を召集し平時定員を充実する（召集地は東京，大行李要員の輸卒は第三，四師団で召集し附属させる），②第三師団諸隊は帰休兵・予備兵（召集地最近者より順次要員を満たす）を召集し戦時定員を充実し，工兵隊は悉皆召集し，輜重兵は不足分のみ召集し，大小行李・小架橋縦列・衛生隊及び野戦電信隊に要する輸卒を召集する，③第四師団諸隊は帰休兵・予備兵（召集地最近者より順次要員を満たす）を召集し戦時定員を充実し，工兵隊は3中隊をもって2中隊に編成し戦時定員を満たし，輜重兵の帰休兵・予備兵は召集せず，大小行李・小架橋縦列・衛生隊及び野戦電信隊に要する輸卒を召集する，とされた[58]。東軍編成の将校・下士卒・相当上長官下士卒（軍医，監督補，軍吏，理事，薬剤官，獣医，書記，看護長他）・軍属（傭人，傭職工・馬丁・従僕）の人員総計は1万4千4百余名，馬匹1,671頭（内，徴発馬匹770頭，駄馬賃費4,645円余）とされ，西軍の人員総計は1万2千2百余名，馬匹1,401頭とされた（他に，増加隊の近衛歩兵第三連隊は人員1千1百余名，馬匹82頭）。

同演習には患者・患馬・体重増減（抽出検査人員）の統計が調製されたが，患者の外科諸病では靴傷発生が目立った。諸隊の演習地到着までの日数と演習日程は異なり，又，靴傷予防膏薬を予め配当した諸隊もあったが，特に，歩兵第七連隊（金沢，下士兵卒以下・軍属人員約2千2百名）では靴傷により3日以内あるいは4日以上の隊伍に列することの不能者と勤務従事不能者は計172名になり，帰営を命じられた者は44名に達した。歩兵第八連隊（大阪，下士兵卒以下・軍属人員約2千2百名）では3日以内の隊伍に列することの不能者と勤務従事不能者は計102名になり，帰営を命じられた者は98名に達した。歩兵第六連隊では予備兵の靴傷のための草鞋許可者は大半（5百名余）に達したとされている。靴傷は現役時の穿靴習慣を久しく離れた予備兵が俄かに穿靴したことによるが，靴自体の不適良によるものが多いとみられた。

第四に，4月2日の演習全体の講評が注目される[59]。審判副長・参謀総長の熾仁親王は，特に西軍の海軍（海軍艦隊司令官井上良馨）は3月30日の午前には伊良湖岬水道通過に際して増加隊運送船の和歌浦丸・薩摩丸・新潟丸（近衛歩兵第三連隊を主力，増加隊長は陸軍少将乃木希典）を戦闘艦隊と敵艦との間に導こうとしたことは「処置ノ宜シキモノニアラス」と述べ，午後からの武豊港の揚陸作業が「遅滞」「散乱」し，武豊上陸・占領を「遅延」せしめたのは「命令確実ナラサル」「命令ノ精確ナラサリシ」ことに一因があると講評した。東軍も夜間水雷艇隊の運動は「冒険攻撃ニ過キ復命ヲ遅延セシハ遺憾ナリ両軍艦隊共ニ偵察ハ周到ナラス」とされた。陸軍も作戦命令の至らなさがあったが，全体として海軍の演習にはミスが目立った。

⑤1891年野外要務令制定と船舶輸送支援勤務の規定

さて，1889年野外要務令草案は試行されたが，約2年後に参謀総長熾仁親王は多少の改正すべきことがあるとして，1891年7月4日付で陸軍大臣に野外要務令草案の改正を協議した。それによれば，改正増補は，第1部第10篇の隊附と各縦列における馬匹衛生の増設，同第13篇の船舶輸送の増設，第2部では陸軍軍隊機動演習条例（1889年2月陸達第19号）の廃止による篇・章の増補修正とされた。これについて，高島鞆之助陸軍大臣は7月28日付で，第7篇第1章の行李における軍隊定数行李の駄馬頭数増減は編制表に関係し，野外要務令改正発布と同時に編制表改正が必要になるので予め調査していただきたい，等と回答した。陸軍大臣回答の編制表は諸隊の戦時編制表を指しており，戦時編制表全体の改正調査の必要性を含んでいた。陸軍大臣の戦時編制表改正調査主張に対して，参謀総長は8月1日付で「戦時編制ハ改正着手中ニ有之到底野外要務令ト同時ニ発布ノ運ヒニ相成兼候」と通知した[60]。

ここで，参謀総長の「戦時編制」の改正着手とは，1889年7月の師団戦時整備表（陸達第155号）と戦時の1個師団の人馬員数・定員を表示化した戦時師団司令部編制表他計12件の編制表（陸達第156号）の全体にかかわる改正着手を意味しているとみてよい。すなわち，参謀本部の「戦時編制」の改正着手は，従前の戦時の諸団隊の編制表の統一的表式化に関する改正調査でなく，戦時編制表のさらなる体系的集成化も含み，戦時の全軍統帥機関及び諸官衙・団隊の編成の統一的方針と要点の調査着手にあったと考えられる。ただし，戦時の全軍統帥機関等の編成も含めるならば，参謀本部や陸軍のみで解明・構想・策定されず，かつ野外要務令発布と同時に制定できるものではなかった。その後，参謀総長は8月1日付で野外要務令草案改正を上奏し，さらに6日には同改正案を天皇に説明し，10月19日と11月5日及び11月13日には本文冒頭の勅語掲載も含めて上奏するなど周到な制定手続きをとった[61]。その後，裁可を経て12月12日に陸達第172号の野外要務令が制定された。

1891年野外要務令は1889年野外要務令草案の記載内容をほぼ踏襲した（給

養における現品支給の原則化，徴発，衛生，憲兵，演習時の危害予防・賠償補償等)。ただし，軍隊の携行糧食の8日分（携行口糧2日分，大行李1日分，縦列5日分）を6日分（携行口糧2日分，大行李1日分，縦列3日分）に減らし，「外征」に際しては携行糧食の若干日分を増加するとした（第284）。外征を基準にした給養の組立てに着手した。また，携行馬糧の8日分も6日分に減らした。さらに，歩兵の弾薬補充方法を一部修正し，1箱内の弾薬を結束のまま箱より出し，兵卒2名に分けて搬送できるように規定し，弾薬補充時間を短縮した（第217）。

ところで，1891年野外要務令で最も注目されるのは改正協議時にも指摘された「船舶ノ輸送」（第13篇）の増設である。すなわち，「軍隊ノ海運ハ海軍又ハ徴発若クハ雇役ノ船舶ヲ以テ行フヘキモノニシテ陸軍官憲ハ兵站勤務令ニ規定セラレタル如ク其請求書ノ発船地所管ノ鎮守府司令長官ニ移牒シ或ハ船舶ノ会社或ハ事務取扱所若クハ船長ニ下命ス」（第350）と規定した。これによれば，船舶による輸送は「兵站勤務令」の規定を前提にした上で，さらに，海軍による船舶確保及び鎮守府司令長官の関与を含めて組立てられる[62]。そこでは，たとえば，鎮守府司令長官は請求された船舶の整備や航海に向けた検査と内部改造及び搭船揚陸諸材料の準備等の勤務に従事することになるが（第351），海軍は陸軍船舶輸送の支援勤務担当者になり，海軍側からみれば納得できないいわば「陸主海従」の兵站体制の構想が内包された。1891年野外要務令（正確には兵站体制）における海軍関与の船舶輸送規定は海軍省との協議・調整を経なければ本来成立しがたいことは当然であるが，対天皇との関係では周到な裁可・制定手続きをとりつつも，船舶輸送に対する海軍側の協力・支援体制の担保を得ないままに制定された。

(2) 1890年陸軍定員令制定と平時編制の第一次的完成

①平時編制表の整備と陸軍定員令制定

1887年の平時戦時の各歩兵一連隊編制表の制定・表示化と1888年5月の師団常備化がもたらした戦時編制概念の転換の意義は大きい。ただし，当時は戦時編制表に対応すべき平時編制表が未整備であった。平時編制表の整備は，1889年2月の明治憲法制定及び翌1890年11月末の帝国議会開設前までの間に進められた。この場合，平時編制表の整備は陸軍側の既得権益防禦策として強行し，特に陸軍大臣による直接上奏の手続きにより制定されたのが1890年11月1日勅令第267号の陸軍定員令であった。

陸軍定員令の制定はその起案・審議過程等からみれば二つの部分から成り立っている。

第一は，桂太郎陸軍省軍務局長が10月11日付で大山巖陸軍大臣宛に「今般陸軍定員令別冊之通取調候間帷幄へ上奏ノ上内閣へ行下シ勅令ヲ以テ公布相成可然存候也」として提出したところの，陸軍定員令制定の「奏請按」の上申書である（上奏用添付の「理由書」が付される）。これは，軍隊編制の制定にかかわる直接上奏の手続きを先行させつつ，陸軍各官衙の組織も平時編制とみなした上で，陸軍の現役人員（馬匹，在職文官を含む）の定員を起案した[63]。桂軍務局長の起案・上申において，勅令本文に関する起案条文・附表等は不明であるが，勅令公布正文のように（全10条，附表は全15号），常備軍隊，屯田兵，憲兵隊，諸学校生徒隊及び教導隊，軍務分掌部局（中央部は参謀本部，監軍部，地方部は近衛及び師団司令部他），特務部（東宮武官，陸地測量部他），衛戍部（病院，監獄），諸学校（陸軍大学校，士官学校他），伴属部（軍馬育成所，中央司計部他），から構成されたとみてよい。また，常備軍隊，屯田兵，憲兵隊の人員と，近衛や師団の司令部の人員を「編制表」と表示したが，官衙の人員を「定員表」と表示した。つまり，体系的な戦時編制の未制定の段階では，平時の諸隊の編制表を示しえても（事実上は平時編制），全体としては戦時編制に対応すべき平時編制とはいえないとして，陸軍定員令と呼称して制定するとした。桂軍務局長の起案・上申は10月21日に了承され，陸軍大臣は上奏したが，陸軍の官衙及び軍隊編制の基本的な所管関係に関する参謀本部と監軍部の関知・認識がどのように扱われたかは不明点がある[64]。

第二は，熾仁親王参謀総長が10月16日付で大山陸軍大臣宛に協議した近衛司令部編制表他20件の司令部及び諸兵等の平時編制表改正案である[65]。これは，まず，1889年3月陸達第28号平時野戦砲兵一連隊編制表が陸軍省（総務局第三課，砲兵局）の起案・上奏により制定されたのに対して，参謀本部が諸兵の平時編制表全体の改正案を起案したことが特質である。つまり，編制表起案に関する管轄権が全面的に参謀本部に移ったことを示している。次に，1887

年の平時戦時の各歩兵一連隊編制表他と1890年3月陸達第57号の平時近衛歩兵一連隊編制表他5件の近衛諸隊の編制表及び1890年9月陸達第192号の平時屯田歩兵一隊編制表他3件の屯田兵諸隊の編制表が，すべて当該編制表中の階級・区分において兵卒を含む「職員」と「馬匹」(乗馬，輓馬，駄馬) に区分・表示していたのに対して，「人員」「馬匹」の区分・表示に修正したことが特質である。つまり，編制表から行政機関・官衙の職 (官) 員の呼称・意義を失わせた。

また，1890年3月勅令第45号師団司令部条例中改正の「師団司令部職官表」と同年3月勅令第46号近衛司令部条例の「近衛司令部職官表」の両表示に対して，参謀本部起案・協議の平時編制表改正案は「師団司令部編制表」及び「近衛司令部編制表」に修正し，かつ，馬匹 (将校馬16) を明記した。これは司令部も含めて官制官職上の定員・人員から軍隊編制上の定員・人員への認識・管理への全面的移行を意味し，編制概念を逆に官制にも及ぼし，軍隊本然の兵力行使組織としての編制上の人員表として際(きわ)立たせることを意図した。なお，上記諸編制表が縫工・靴工の職員数掲載を欠いていたが，縫工・靴工の職員数明記の1890年7月陸達第132号の平時近衛各隊編制表中改正及び平時師団各隊編制表中改正をふまえ[66]，平時歩兵一連隊編制表 (3個大隊・12個中隊) の人員合計は1,721名になり，1887年平時歩兵一連隊編制表の人員合計1,689名に比較して32名増員になった。参謀本部起案・協議の平時編制表改正案は兵力行使組織上の編制表を前面に出しつつ，ほぼ従前の諸兵の平時編制表上の人員数を維持した。大山陸軍大臣は10月24日付で同意し，1887年から進められた諸兵の平時編制表の改正・整備と統一的表式化が一段落した。

その後，10月24日にただちに軍事参議官の会議が開催され，陸軍省起案の陸軍定員令の本体部分と参謀本部起案の近衛司令部編制表他20件の司令部と諸兵等の平時編制表改正案が一挙に一括審議可決され，陸軍大臣の上奏と裁可の結果，同24日にただちに内閣に行下されたのだろう[67]。陸軍定員令は11月1日に公布された。同年11月末からの帝国議会開会直前に陸軍予算の根拠としての定員基準を明確化し，平時編制表の全容を示した点では平時編制の第一次的完成を意味し常備軍の本格的成立の整備を進めた。

②1891年兵器弾薬表制定と兵器装備管理の統一化

1889年陸軍定員令の平時編制表における人員の統一表式化と並んで重要なのは，戦闘力行使の物理的基盤としての兵器装備管理の統一化である。すなわち，まず，陸軍定員令の平時編制表と1887年の平時戦時の歩兵連隊編制表その他諸兵の平時戦時の編制表における定員・人員数を基準にして，1891年に兵器弾薬表を制定した。1880年代の各隊への備付・支給の兵器弾薬員数は，小銃装備の制式が村田式に統一され，演習用弾薬や射撃演習用弾薬の支給も含めて，その都度，各隊の兵器弾薬の備付員数定則表・支給定則表が令達された。しかるに，1887年以降の戦時編制表・平時編制表の制定・改正が一段落した結果，陸軍省は1890年12月の参謀本部との協議を経て，1891年2月24日に兵器弾薬表制定を近衛各師団等に内達した（陸軍省送乙第342号）。1891年兵器弾薬表制定は戦時の兵器弾薬補給の基準になった。

1891年兵器弾薬表（冊子）は出師準備に関して最も秘密を要するとして内達頒布したが，同総則は，主に，①本表は平時戦時の全兵器弾薬定数を規定し（要塞の火砲・弾薬は当分別規定，屯田兵の兵器弾薬は本表規定外，団隊編制未定のものは暫く本表にもとづき兵器弾薬を備付），②本表は，砲兵方面備付兵器弾薬，兵隊備付兵器弾薬（憲兵隊及び歩・騎・砲・工・輜重兵隊，対馬警備隊，要塞砲兵隊，軍楽隊），学校官衙備付兵器弾薬，演習用器具，一人別兵器弾薬（諸兵携帯兵器弾薬表，諸兵演習用弾薬表），からなり，③備付兵器弾薬表記載の名称はすべて附属品・装載品・装填品を含有する，④当分の整備方法は，兵隊・学校・官衙及び砲兵方面備付の「第二支須」（其一，其二）の兵器はまず制式制定済みのものをあて，不足分は代用品（たとえば，下士用刀不足は旧製真鍮鍔軍刀）を補充する，⑤砲兵方面備付の「本須」「第一支須」「第二支須」（其三，其四）も上記④に準じて整備・補充するが，某一隊ではその種類の斉一が必要である，等と規定した[68]。

さらに，同年3月27日陸達第43号の兵器弾薬取扱規則は平時の兵器弾薬整備と戦時への供用を完全にするために，兵器弾薬の管理・保管責任者，費用，製造・購買，新調・修理・手入れ，支給・交換，返納，廃兵器・弾薬の処分，兵器保存期限等を詳細に規定した。また，同年3月2日陸達第13号の兵器弾薬細目名称表は携帯兵器・野砲山砲・砲兵工具・馬具・弾薬等の部品・附属品等名称を統一した。すなわち，平時編制表と戦時編制表にもとづき，兵器弾薬表制定を基本にして兵器装備管理の統一化を進めた。

その後，さらに1893年戦時編制の制定により，1894年4月2日の参謀本部との協議を経て同年5月10日に兵器弾薬表を改定した（陸軍省送乙第870号）。そこでは，砲兵方面保管兵器弾薬，軍隊保管兵器弾薬，学校保管兵器弾薬，要塞備付兵器弾薬，諸兵携帯兵器弾薬を規定し，特に要塞備付兵器弾薬（第30～33号）は東京湾要塞・紀淡海峡要塞・下関要塞・浅海湾要塞（対馬要塞）の備砲及び弾薬類を詳細に規定した[69]。

かくして，陸軍動員計画策定史上では，1890年師団出師準備書成立（仮制定）から1891年野外要務令制定に至るまでに，出師準備管理体制の成立画期確定で従前欠けていた4基準中で，戦闘活動想定の野外要務令・勤務令等の制定と平時編制の策定・制定及び馬匹徴発と地方自治体の取込みを明確化し，特に戦時の兵器弾薬の補給整備と装備統一化等が進行した点で，出師準備管理体制の第三次的成立に至ったと称することができる。その際，出師準備管理体制の第三次的成立画期には，さらに，陸軍会計経理体制の整備，戦時編制草案（戦時大本営編制構想）の起草，兵站勤務令案の起草・起案等が含まれるが，これらは重要であるので，以下に節を改めて考察する。

4　1889年会計法と出師準備品管理体制
――陸軍会計経理体制の第二次的整備――

出師準備は膨大な戦時費用を必要とし，戦時財政支出に関する会計経理を組立てなければならなかった。ところで，1889年2月の明治憲法発布日に国家の会計原則を規定した会計法が制定された（法律第4号，全33条）。さらに会計法施行の基本規則を規定した会計規則が同年4月に制定され（勅令第60号，全123条），同年6月に政府所属物品の会計（保管出納等）の原則を規定した物品会計規則が制定された（勅令第84号，全22条）。また，同年5月に明治憲法第72条による会計検査院法が制定された（法律第15号）。陸海両軍の総計軍備費は1889年度当時には国家全歳出の3割弱を占めていたが，軍備費会計経理も会計法体制に位置づけなければならないことは当然であった。しかるに，会計法制定時からも軍備費会計経理にかかわって，ゆるやかな特例的措置をうけるべき取扱いや手続きが議論され，かつ法制化された。

(1) 1889年会計法制定――委任経理体制の成立

①1889年会計法の成立と陸軍自主経理思想の助長――軍部の第一次的基盤形成としての会計経理的基盤成立

まず，会計法制定に際して，陸軍省の企図を検討しておく。第一に，1888年5月15日に大蔵大臣松方正義が閣議に提出した会計法草案（全55条）は法制局で審査され，その修正（全43条になる）を含めて9月24日の閣議で了承された。そして，9月27日に内閣総理大臣は会計法草案を憲法と密接に関係する重要法案であるとして，枢密院議定のための下付を上奏した。枢密院の憲法制定会議は既に第一審会議が終了し（6月18日に第一読会開会，7月13日に第三読会終了），法制局での会計法草案審査はほぼ枢密院での憲法原案の審議・確定をふまえた。他方，陸軍省は会計法草案の枢密院議定第一読会開会（11月5日）を前にして，10月29日付で内閣宛に，陸軍経費が会計法にもとづき「各省同一ノ規画ヲ以テ掣肘セラルルトキハ臨機活動ヲ旨トスル軍務上萎靡不振ノ兆ヲ来スハ必然ニ有之」として，「陸軍ニ限リ」「特別会計法」を制定されるべく上裁を仰いでほしいと述べ，「陸軍経費科目改正案」を上申した[70]。

陸軍省の「陸軍経費科目改正案」は，現行の各省庁の統一的な経費科目区分設置の考え方にもとづき編成された歳計予算中歳出科目（科目明細は款・項・目・節の4段階区分）における陸軍省所管の経費科目区分としての「第一款　陸軍本省」「第二款　軍事費」「第三款　憲兵費」を，会計法の範囲外で経常支出（法令上の定員・事項に対応）と一時限支出（年々一定しない臨時諸費）の二部に大別した上で，経常支出を軍隊維持のための官衙毎に数十の款に分けた。これについて，11月6日に法制局は，①国政大局における会計法は「文武統一」が必要であり，陸軍省上申は会計上統一の政府内で「一種ノ会計政府」を立てる形状を生む，②そうした形状は立憲政体の原則に背き，将来の帝国議会開会の日には，議会に政府駁議の論柄を与える，③陸軍予算に対する議会の非難が一度出れば，「後日軍備拡張ノ必要ナル機会アルニ際シ容易ニ予算増額ヲ承認セサルノ状勢ヲ来タスヘシ是レ却テ軍政ノ利ニ非ス」と批判し，さらに，陸軍経費に多少の変通が必要な場合には陸軍大臣が大蔵大臣と協議し，両大臣の連案により閣議を経て勅令・閣令により制定される方法もあるので，会計法とは別に陸軍のための「特別会計法」を設ける上申は採用しがたいという判断を示した[71]。つまり，法制局は同省上申の「特別会計法」には議会対策の視点等にもとづき反対しつつも，将来の陸軍経費支出の柔軟な扱い方は閉ざされないことを示唆した。

第二に，枢密院議定に下付された会計法原案第3条は「名義ノ如何ヲ問ハス法律ヲ以テ定メラレサル特別ノ資金ヲ所管スルヲ得ス」と起案していた。これについて，陸軍大臣大山巌は，軍隊の従前からの「準備金」(残飯や古着等廃物の売却により収得した軍隊の注意・節倹による積立金）は例外的に扱ってほしいと述べ（第一読会)，さらに第二読会で「法律命令ヲ以テ」云々という「命令」の2字加設の動議を出したが，賛成者少数により消滅した（原案も消滅)。しかるに大山陸軍大臣の主張は，議長伊藤博文（「一軍隊ノ経済ハ一家一族ノ経済ノ如シ」「軍隊ニ於テ饞餘［さんよ］ノ棄物ヲ節倹貯蔵スル所ノ準備金ニ至ルマテモ議会ノ干渉ヲ免ルヘカラストスルハ軍隊ノ紀律ニ迄モ議会ノ干渉ヲ容ルルモノニシテ事理ニ背戻スルノ甚キモノト云ハサルヲ得ス」と発言）の支持をうけ，伊藤議長の主導にもとに修正・提出した第二委員の第3条修正案（「各官庁ニ於テハ法律勅令ヲ以テ規定シタルモノノ外特別ノ官金ヲ所有スルコトヲ得ス」）が11月9日に賛成多数で決定され，その後，第4条として正文化された[72]。第3条には大山陸軍大臣の「命令」加設動議の代わりに「勅令」を加設したが，会計法は暗に軍隊の自己経理金を行政権の裁量内措置として許容した。

かくして，第三に，陸軍の給与を中心とする会計経理において「自己経理」という経費・物品の扱い方の余地が残された。特に給与関係において，下記の1890年3月27日勅令第67号陸軍給与令により委任経理が法制化されるに至った。軍部の第一次的基盤形成としての会計経理的基盤背景が成立した。

②1890年陸軍給与令制定と法律第27号「陸軍給与ニ関スル委任経理ノ件」の成立

川崎祐名会計局長は陸軍給与令草案（全99条と諸表）を起草し，1890年1月（日付欠）に陸軍大臣宛に閣議に提出してほしいと上申した[73]。大山巌陸軍大臣は同上申を了承し1月23日付で閣議に提出した。同省の陸軍給与令案は，①従来陸軍部内規則の陸軍給与概則を廃止し，陸軍給与の根本を改めて勅令により制定し，近衛と師団の各兵科等及び官職に細分されていた俸給（兵科俸）を，准士官以上在職者に対してはすべて俸給及び職務（＝官等）に応じた職務俸加給から構成して支給する，また，兵役法の原則により兵役が国民義務になったことに応じて兵卒給料を若干減ずる，②委任経理の条項として，「軍隊ニハ糧食被服馬匹消耗品陣営具ノ各章ニ於テ定額ヲ交付シ該隊長ニ之カ経理ヲ委任ス前項委任経理ニ属スル所品ノ廃物売却代幷損壊遺失投棄シタル者ノ補償金ハ之ヲ以テ直ニ該費ヲ補塡スルコトヲ得」（第4条），「軍隊ノ外各章ニ於テ特ニ委任経理ニ属スルコトヲ掲ケタルモノハ第四条ニ準ス」（第5条），「軍隊ニ於テ注意上ヨリ生スル消炭紙屑残飯空苞叉ハ物品ノ上包売却代幷馬糞下肥売却代ハ該隊ニ積置キ其部下教育上及ヒ臨時零碎ノ費ニ充ツルコトヲ得　軍楽隊軍楽基本隊及ヒ諸学校等ノ教導隊生徒隊モ亦之ニ準ス」（第94条），を起案した[74]。

法制局は陸軍給与令案への大蔵省の意見を照会したが，同省は3月10日付で大体は異存ないが，第4，5，94条は会計法第4条及び第12条第2項（「国務大臣ハ其所管ニ属スル収入ヲ国庫ニ納ムヘシ直ニ之ヲ使用スルコトヲ得ス」）と明らかに抵触するので勅令での規定は効力がないと回答した[75]。この結果，法制局はさらに審査し，3月24日の閣議に「経理委任幷永続費ノ件ハ現行会計法ニ抵触スルカ故ニ勅令ヲ以テ之ヲ規定シ得ヘカラサルハ勿論稍々会計法制定ノ精神ニ適ハサルヤノ嫌ナキニアラスト雖トモ軍営ノ事ハ常法ヲ以テ規スヘカラス経理委任永続費ハ軍備拡張上必要ノ方法タレハ単行法律ヲ発シ会計法ノ精神ヲ追加セラレ可然」として，法律案として「陸軍給与ニ関スル委任経理ノ件」（全6条）を起案し提出した[76]。

それによれば，陸軍軍隊の糧食被服消耗品陣営具及び馬匹関係の給与は「其定額ヲ各隊ニ交付シ隊長ニ経理ヲ委任スルコトヲ得」とし，陸軍諸学校生徒に属する給与等も勅令により経理を委任できると起案した（第1，2条）。その上で，「経理委任ニ係ル給与ノ残金ハ各々其費目ニ属スル積立金ト為シ便宜之ヲ使用スルコトヲ得」「経理委任ニ属スル廃物売却代及損壊遺失等ノ補償金ハ各々其経理費ニ充ルコトヲ得」と規定し（第3，4条），委任経理の裁量内での「積立金」の蓄積と使用を許容した。つまり，会計法第4条の「特別ノ資金」の所有が可能になった。さらに，委任経理にかかわる会計検査は1889年5月制定の法律第

15号会計検査院法第16条にもとづく「委託検査」の手続き適用を起案した（第5条）[77]。ただし，陸軍給与令案第94条は憲法の精神にはないので削除すると報告した。法制局の審査と報告は同日の閣議で決定され，「陸軍給与ニ関スル委任経理ノ件」は3月27日に法律第27号として，陸軍給与令は同日に勅令第67号として制定された。

陸軍のみに認可された委任経理は会計検査の委託検査適用になり，給与を中心とする法的庇護下の自己経理により「自己資金蓄積」が促進された。この後，同年4月19日陸達第78号陸軍給与令施行細則の第4章（糧食，全12条）と第6章（馬匹，全16条）が規定された。特に同施行細則第4章は，たとえば，①営内居住の下士以下の糧食は現食数に応じて定額を基準にして賄うが，現食数には賜与休暇中者と帰省・外宿者，将校家宅宿泊従卒及び終日外出許可者と既に炊爨準備した時の員数を算入し，定額の残余発生時はその残余・残飯その他委任経理に属する廃物売却金を糧食積立金とし，後日の費用にあて，②精米を麺包（パン）に換え，又は雑穀類を混用でき，精米はその常時買入れ契約価格により代金を交付して適宜に賄い，残金発生の場合は糧食積立金に組入れると規定し，従来の「貯蓄金」「準備金」の考え方をさらに拡大し，積極的な積立金組入れを図った。なお，本施行細則は「夜食料」の支給を規定した（演習中の露営や4時間以上の夜中行軍，不寝番を要する時）。委任経理による積立金蓄積はいわば下士兵卒の勤務対価の一部吸い上げを基本にした。

さらに，1886年の各隊金櫃条例と各隊糧食経理条例及び各隊被服経理条例を廃止して制定された1892年3月22日陸達第21号軍隊経理条例は各隊の経理事務を規定した。特に糧食事務は，主に，①大隊長による糧食事務統括と大隊単位の金櫃委員及び糧食委員（大隊長が命ずる中隊長〈首座〉と中尉又は少尉，軍吏により構成，糧食諸品の調弁検査方法と品質価格選定及び兵食調理方法他精米諸品賄料収支証明並びに廃物処分を管掌）の設置，②糧米は毎月需用数量を概算して監督部に請求し，月次原食数に応じて定額をもって決算し，剰余は翌月に繰越差継受にする，③庖厨諸品魚菜や雑穀類は予め大隊長認可を得て糧食委員が購入する，④糧食積立金は大隊長認可を得て糧食にかかわる一切の費用に充当する，⑤戦時所用糧食諸品は通常糧食諸品と新陳交換する，⑥芻秣その他馬匹に関する経理事務も本条例に準じて糧食委員が管掌する，と規定した。

この中で⑤は1886年各隊糧食経理条例第22条の戦時対応の糧食事務をさらに進め，大隊における新陳交換の必要性を改めて規定したものである。

③1890年法律第70号の成立と出師準備品管理方法

1889年6月制定の物品会計規則上の物品は政府に属する器具器械備品消耗品動物等一切の動産を指すが，第1条但し書きで陸海軍の兵備に関する物品は陸軍海軍の各々の規則によると規定していた。物品会計規則にもとづき制定した同年9月25日の陸達第138号の陸軍物品会計規程の陸軍各官廨所有物品は，官衙・官舎・工場の備付品・用度品・消耗品・食品・飼養品・製作品・治療器械等を指し，自己経理関係の軍隊各隊物品や出師準備品と兵器弾薬は除かれた。なお，同規程附録で官衙毎の備付品の詳細な定数表を規定した。

その後，大山陸軍大臣は物品会計規則第1条の兵備に関する物品の種類を勅令で規定してほしいとして，勅令案「陸軍兵備物品会計規則案」(全7条) を起案し1890年2月26日付で閣議を請議した[78]。同勅令案は，①兵備物品は兵器・弾薬，軍隊 (生徒隊・教導隊も含む) の備付諸品，軍隊の糧食・被服・芻秣，出師準備の物品及び演習用材料，秘密図書，馬匹の6種類とする (第1条)，②物品会計規則第14，15，17条により陸軍大臣調製の年度後6箇月以内の大蔵省宛送付物品数量価格の報告書と，同省物品会計官吏調製の会計検査院の検査判決を受けるために提出する毎年度の物品出納計算書の物品は，「価格ノミヲ明記スヘシ」とする (第3条)，③第1条の兵備物品数量の精確さは，砲兵方面・工兵方面の提理や各輜重兵大隊長・近衛師団の監督部の当該監督部長等の「証明書」により保証する (第4条)，④物品管理の官吏は「身元保証金」の納付義務 (会計法・会計規則・物品会計規則の規定) を不用とする (第7条)，と広範囲な兵備物品を示し，ゆるやかな独善的特権的な兵備物品管理方法を起案した。法制局内部 (主査・参事官レベル) では当初，①の兵器・弾薬と秘密図書を除く物品は，海軍兵備品会計規則 (1890年3月27日勅令第64号) との権衡を保つために物品会計規則第14条にもとづかせることが相当であり，④の身元保証金は物品会計官吏である以上は当然の責務であり同省に限り免除される理由はないとして第7条を削除しつつも，同勅令案をほぼ認める判断・方針を示した。陸軍省も法制局の方針に沿って同勅令案に削除・修正を施した (全4条)。

しかし，法制局はさらに審査を進め，法制局長官井上毅は3月4日付で大蔵省総務局長宛に物品会計規則第1条の但し書きの主意を照会した。大蔵省総務局長渡辺国武は3月12日付で，①同第1条但し書きの主意は兵備に関する物品会計規則は別に制定されるべきことを示したのであり，たんに物品の種類を別に規定するということではない，②兵備品検査方法の規定は既定法律の外にわたることがあり，別段の法律をも必要とするが，兵備物品の会計規則・会計法制定に関することを陸軍大臣に委任したことではない，と回答した。

この結果，法制局内部では大蔵省回答にもとづき，一時，陸軍省の閣議請議の趣旨は採用できないという判断にも至ったが，その後，同局の審査方針は兵備物品中の出師準備用物品を会計検査院の検査判決との関係で規定する構えをとった。すなわち，法制局の6月26日の閣議への審査報告は，①陸海軍兵備品中出師準備に要する物品は，「国家ノ大計上極テ秘密ヲ要シ敵国ヲシテ其虚実ヲ窺知セシムヘキモノニアラサレハ」，会計法第26条規定による会計検査院の検査判決を要すべきものではない，②しかるに兵備品自体は物品会計規則第1条の除外例に属しても，同規則は勅令であるので法規定の会計検査院の検査判決を不要とすれば，会計法の範囲外に出ざるをえないが故に，まず「陸海軍出師準備ニ属スル物品ニ対シテハ陸海軍大臣其ノ責ニ任シ会計検査院法ヲ適用スルノ限ニ在ラス」という単行の法律案が発せられなければならない，③ただし，兵備品会計規則の制定は主務省と協議の上で閣議を請議すべきである，と述べた[79]。

法制局審査報告と法律案は，2月当初の陸軍省の勅令案の閣議請議の趣旨に比較すれば，陸海軍の膨大な出師準備用物品の緩慢な管理に対する格段の高いレベルの法的根拠や庇護を与えたことは明確である。法制局審査報告は同閣議で了承され，同法律案は7月8日に元老院に下付された。しかし，元老院は7月22日に，①同法律案のような特例設定は平時の物品との区域を混同する弊害を生じ，会計検査院法をして陸海軍物品全体に対する検査効力を失わせる恐れがあり，②陸海軍大臣の「責ニ任シ」云々も明確でなく，「大ニ人民ノ悪感触ヲ惹起セン是レ唯リ政府ノ為ニ取ラサルノミナラス立憲制度実施ノ本旨ニ乖戻スル所アルヲ憂慮スルナリ」という反対理由を述べ，否決・廃棄の院議を上奏した[80]。他方，8月14日の閣議は，出師準備用物品は軍略上で特別扱いを要するとして同法律案決行を決定し，8月21日に法律第70号の「陸海軍出師準備ニ属スル物品検査ノ件」を制定した。

内閣の決行は，本法律案を後に帝国議会に提出した場合，元老院の院議のような反対意見続出は十分に予想され，帝国議会開設前に公布すべきと判断したからである。つまり，政府一体化による議会対策を前面に出し，出師準備用物品の秘密保持を名目にして会計検査院法適用除外を強行し軍事特例化の財政政策が指針化された。この結果，通常物品を出師準備品に組込むなどの恣意的な会計経理傾向醸成の素地がつくられた。なお，陸海軍両省は会計法上の出納官吏の「身元保証金」納付義務の非適用措置を画策したが，認められなかった[81]。かくして，陸軍会計経理体制は会計法・会計検査院法体制を崩しつつ出師準備管理体制の第三次的成立を支えることになった。

(2) 委任経理体制下の戦時用糧秣品原初的貯蔵開始――陸軍会計経理体制の第二次的整備

出師準備管理体制の第三次的成立のもとに出師準備は平時においてどのように準備されただろうか。出師準備の立ち上げ準備（あるいは準備の想定）において，特に戦時用糧秣品の購入・貯蔵を支えた原初的資金は委任経理により蓄積された積立金であった。

①1890年近衛師団監督部条例制定――センター集中的供給管理体制から分轄的供給管理体制へ

陸軍の会計経理にかかわる官衙の規則は1886年3月の陸軍省達による制定の近衛師団監督部条例，司契部条例，糧倉条例，被服廠条例，陣営経理部条例であった。しかし，明治憲法制定により，これらの条例は勅令による制定を適切とし，川崎祐名会計局長は1890年3月4日付で陸軍大臣宛に糧倉廃止を含む4官衙の新たな条例制定の必要を上申した[82]。すなわち，第一に，師団司令部に置かれた監督部を陸軍経理上の地方機関に改編し，陸軍大臣の直隷下で当該管区内軍隊・官衙の会計事務を監督・監視し，すべての官金の収支官有物出納に関する計算及び物件の検査を任務とし（銃砲弾薬工具材料とその他の兵器を除く），軍隊給養事項や会計に関する出師準備事項は近衛都督や師団長の区処をうけ，「陸軍経理事務ヲ統一」するとした（第1条）。そして，監督部に三つの課を置き，第一課は計算事務，第二課は従前の糧食課と被服課の合併事務，第三課は建築陣営事務，を分掌させた。監督部は当該師管を事務の管区にし，監督部長は管区内の会計上で必要のある時は当該長官又は主任官吏に諮問しその弁明を求めることができるとした。また，監督部長は管区内官衙・軍隊にかかわる会計上の閲検を実施し，委任経理金の収支を証認し廃品売却を許可すると規定した。なお，建築事業は後記の陸軍経営部が担当した。第二に，司契部を司計部と改称し計算決算を担当させた。第三に，糧倉における糧食現品貯蔵は「蟲喰其他ノコトニテ大ニ欠損ヲ生シ国庫ノ不経済ナルト」として，また，目下経費節減の折柄では実際上は「各軍隊ニ於テ直ニ糧秣ヲ購入セシムルモ敢テ差支無之」と判断し，糧倉を廃止した[83]。第四に，東京に陸軍被服廠を置き，軍隊・各部に給する被服地質の調弁分配・被服標本を格納し，予備被服や地質を貯蔵するとした。第五に，陣営経理部を陸軍経営部と改称し近衛及び師団の監督部所在地に置き，従前の監督部内の建築監事・建築監査の担任分掌を吸収し，建築事業や営繕に関する経理を分担させた（砲兵工兵科に属するものを除く）。同上申は認められ，3月23日に閣議に提出され，3月27日に勅令第56号の近衛師団監督部条例，勅令第57号の陸軍司計部条例，勅令第58号の陸軍被服廠条例，勅令第59号の陸軍経営部条例が制定された。

ただし，ここで，近衛と師団の監督部長が陸軍大臣直属になったことの理由は，いうまでもなく，会計経理は国法・国政上の作用が基本であり，その統轄責任は陸軍大臣にあることにもとづいた。つまり，監督部長は陸軍大臣のいわば「目代」として師管内の会計経理の監督に従事し，師団長の位置にほぼ並ぶような立場に立った。この結果，注目すべきことは，近衛師団監督部条例により近衛と各師団の監督部は会計事務の監視監督に関して従前の師団司令部から距離を置くことになったことである（同条例第1条により地理的にも近衛と師団の司令部の「所在ノ地ニ之ヲ置キ」と規定)。これに関連して，同年6月11日の陸達第118号は，①陸軍の各所管長官が会計関係事項を陸軍大臣に申請・伺い出又は通牒を要する場合は，まず，当該管轄の監督部長に通知し，その意見書を得て添付する，②監督部長は同通知をうけた時は意見を開陳する，③所管長官が申請・伺い出又は通牒に対する指令又は回答を得た時は当該管区の監督部長に通知しなければならない，と規定した。つまり，監督部長は当該管轄区内の各所管長官の会計上申事項に対して独自の認識・判断等ができることになった。

これらの監督部長権限をさらに強化した規定が，1891年9月18日陸達第131号近衛師団及屯田兵監督部服務規則であった。本規則の監督部長の権限は，主に，①部内の事務細則を規定し，課長以下を督励する，②会計行務実施上の得失を議するために管区内軍吏を招集して会議を開くことができる，③会計上に関する陸軍官衙の照会に対しては法規に照らして其可否を陳述しなければならない，④会計行務実施上で地方に関係あるものは利害得失を考量し，府県知事又は北海道庁長官に協議し，地方行政と背馳しないようにする，⑤会計上に関して軍隊に示すべきものがあれば，近衛の都督や師団長又は屯田兵司令官に開陳して令達を請う，⑥閲検を毎年1回実施し，行務並びに給養の成績現況を実査して陸軍大臣に報告し，軍隊の新調被服を検査証明する，等の規定が注目される。特に，④はいわば師団を代表する立場に立ち，⑥の閲検は師団長を越えるようなものであった。

他方，糧倉廃止により，軍隊や官衙は各々の糧秣現品を自己調弁しなければならず，特に軍隊の場合は戦時の定員・定数にみあう糧秣を購入貯蔵しなければならなくなった。前者の糧秣現品自己調弁はほぼ地元産出糧米芻秣の地元軍隊購入を意味し，糧秣にかかわる軍隊給養はセンター集中的供給管理体制から分轄的供給管理体制に転換した。この結果，各地の軍隊は地元密着の糧秣品購入体制に包まれた。後者の戦時用糧秣品の給与は1891年野外要務令によりすべて各軍隊への現品支給転換に対応しなければならなかったが，出師準備における最初の各軍隊の戦時用糧秣品の購入貯蔵と同費用捻出は大きな課題になった。平時における臨時軍事予算編成はありえず，出師準備の立ち上げ準備又は準備想定を組立てようとしても，戦時を基準にした糧秣被服品等の購入・給与の予算編成はありえないことであった。

②1892年陸軍糧餉部条例と積立金による戦時用糧秣品原初的貯蔵開始

そのため，まず，野田豁通経理局長は戦時用糧秣品の購入貯蔵及び新陳交換（平時の軍隊所要糧米芻秣の調弁度支の管理を含む）の官衙設置のために陸軍糧餉部条例案を起案し，1892年10月18日付で陸軍大臣官房宛に提出し，上奏の上裁可制定してほしいと上申した[84]。陸軍糧餉部条例案の理由によれば，戦時用糧秣給与は各監督部が迅速調達方法を研究し，平時においても予め準備しなければ臨時の需用を満たすことができないとされている。そのため，師団監督部所在地に糧餉部を設置し（主管は一等軍吏，糧餉官は一，二等軍吏），さらに必要によっては師団監督部所在地外の衛戍地に糧餉部支部を置くことができるとした。陸軍糧餉部条例案はさらに定員表を含めて省議決定され，11月に軍事参議官の審議可決を経て上奏・裁可され，11月24日勅令第103号として制定され，翌1893年4月より施行するとされた。

次に陸軍糧餉部条例施行を前にして，野田経理局長は戦時所要の糧食馬糧準備に関する方針を立てるために，同方針を各師団の参謀長及び監督部長と内議したいとして同年2月2日付で陸軍大臣宛に提出し，同内議内容を予め参謀総長と協議してほしいと上申した[85]。経理局長起案の参謀総長との協議案（＝内議案）は，第一に，戦時用糧秣品は平時においても多少の準備がなければ「臨時咄嗟ノ需用ヲ弁スル能ハス」として陸軍糧餉部の設置に至ったが，従来の各隊貯蔵の糒・食塩の他に漸次経費を都合して缶詰肉・梅干・醤油エキスを準備する計画であり，そのため，諸種の経費を節減し，既に第4回帝国議会に若干を予算要求したが，数年を経なければ完備できないとした。しかし，戦時用糧秣品は出師準備にかかわる急務であり，速やかに整頓しなければならないとした。第二に，各隊の「糧食積立金」の調査によれば，1892年11月末の全国現在高総計金は10万3,950円に達し，同積立金は他に活用方法がなく，また，今後も増加するので，世人において現在の陸軍省定額の「過当」なために同積立金が蓄積されたという「誤認」が生じては不利益になってしまうとした。そのため，今後の積立金は各隊の賄い料定額1箇月分に対する3分の1を適度として制限し，それ以上に及んだ時には戦時用糧食品購入の費途にあてることに内定するとした。第三に，陸軍糧餉部設置後は同部及び各隊の貯蔵品取扱規則を規定するが，さしあたり，積立金の制限外金額をもって「乙号ノ一　一師団近衛ヲ除戦時用糧食品数量及金額表」と「乙号ノ二　近衛師団戦時用糧食品数量及金額表」に示された数量を準備してほしいとした。なお，「乙号ノ一」「乙号ノ二」は現在調査中の「戦時給与令」にかかわるが，さしあたり，「甲号　各師団戦時糧食品準備表」にもとづき準備したい見込みであると加えた。

陸軍大臣は経理局長起案の協議案を了承し参謀総長と協議した。参謀総長は2月22日付で特に意見はなく了承したが，平時からの糧秣貯蓄の管理法は「枝葉」であって，戦時糧秣は戦争日数に応じて戦時に連綿とした継続的補給の基幹的方法と基礎を立てることが必要であり，その上で「枝葉」の方法・順序を規定することを希望すると回答した[86]。その後，全師団の各監督部長会議を開催し意見集約したが，各隊の積立金は彼是不同であり，これを師団にまとめて糧食品を購入して各隊均等配分するようなことは「各隊ノ感情」において困難であり，各隊で準備すべき糧食品は当該隊積立金で購入し，その新陳交換も各隊負担にすることが穏当であると上申した。その後，経理局は全師団の各監督部長会議の申し出を含めてさらに検討し，改めて各師団参謀長への内議案を起案し4月21日に大臣官房に提出した[87]。内議案の起案は大臣官房で了承され4月22日に陸軍次官は各師団参謀長に発した。

そして，各師団の内議了承をうけ，6月8日に陸軍大臣が各師団長及び各師団監督部長宛に「戦時用糧食品購買貯蔵及取扱手続」(陸軍省送乙第924号) の内訓を発した[88]。同内訓は，主に，①戦時用準備の糧食品定量は「戦時用準備糧秣定量表」(甲表，常食・携帯口糧の各品目につき1人1日，1頭1日あたりを規定) にもとづく，②「一師団戦時用糧食品購買費支出区分表」(乙表，各隊と糧餉部の携帯口糧・常食の購買費支出を隊・部毎に日数区分) における各隊の費用負担にかかわるものの「初度購買費」は当該各隊の糧食積立金中より漸次準備し，糧餉部費用負担にかかわるもの (各隊及び戦時に臨時に特設編成される隊・部のもの) の「初度購買費」は同部の糧食費より漸次準備する，③各隊負担の準備品の新陳交換は各隊で執行し，同補填分は糧餉部より受領し，同費用は各隊定額糧食費から支出し，定額不足があれば糧食積立金より補足する，④乙表中の糧餉部費用負担のものであっても新陳交換の便宜を図り，丙表の「一師団戦時用糧秣保管区分表」(常食・携帯口糧につき，各隊保管と糧餉部保管を区分) にもとづき各隊に保管させる，また，糧餉部費用負担のもので各隊保管分と糧餉部保管分の新陳交換における補填分は糧餉部の定額より支弁する，⑤戦時用糧食品の購買はすべて監督部の契約により糧餉部が取扱い，所要数量の算出人員は戦時編制表にもとづく，等と規定した。ここでは，戦時の師団司令部及び戦時特設編制の小架橋縦列や衛生隊は各隊の負担にするために加算することも検討したが，これらは糧餉部費用負担に移した。なお，⑤の戦時編制表は1888年7月陸達第156号の戦時師団司令部編制表他である。

かくして，平時においても，出師準備の立ち上げ準備の組立てが糧食給与を中心にして，委任経理体制下の積立金からの一部補塡により，いわば「身銭」を切るという雰囲気の中で遂行されるに至り，戦時用糧秣品の原初的貯蔵が開始された。戦時用糧秣品の原初的貯蔵開始は陸軍調査のドイツ陸軍経理の積立金蓄積システム（注76）の［補注］）にもなく，下士卒側からみれば艱苦（かんく）の「兵屋」（兵営）での衣食住が開始された。

③陸軍の缶詰肉貯蔵開始と1894年陸軍給与令中改正

戦時用糧秣品の原初的貯蔵において重要な糧食は肉類の給与であり，戦時の貯蔵・保存で重視されたのは缶詰肉であった。しかし，陸軍には缶詰肉の調査・研究の蓄積はほとんどなかった。

他方，海軍は艦船等で缶詰肉を多く使用していた。そのため，野田豁通経理局長は缶詰肉に関して海軍省に照会してほしいことを1892年2月27日付で陸軍次官に上申した[89]。海軍省への照会は，主に，国内製造品又は外国製造品の区別，従来の缶詰給与の試験や経験的得失，缶詰類の貯蓄法，現在需用の缶詰品種に関するものであった（獣肉・魚肉，各個人の嗜好，1日分の数量・価格，競争入札・随意契約の購買方法，供給者所在地）。

陸軍次官は2月29日に同照会を海軍次官に発し，3月21日付で回答された。海軍次官回答は，①缶詰品種は獣肉・魚肉の2種類であり（鶏肉は高価格で「味美ナラス」），アメリカのシカゴ所在のカッチング会社製造の牛肉缶詰と鮭缶詰（北海道産）を使用し，単価はコンビーフが15銭2厘，ボイルビーフ並びにロースビーフは各13銭2厘，鮭は10銭5厘である，②海軍の糧食は金給法により各艦団に委任してきたが，1890年からは現品給与になった，③当初，航海には和製缶詰を使用したが腐敗がありその処置に苦しんだが，その理由は国内に巨大製造所がなく，時々の需用毎に俄かの製造者が多いが故に粗悪品を免れず，したがって，上納者は保存期限を付することがない状況のもとで（付したとしても確実ではない），舶来品使用にした，④缶詰類貯蔵倉庫は四面に窓を設けて空気流通を良くし，缶詰箱形状に応じて棚戸を設けて箱詰のまま陳列するのがよく，毎日倉庫内を巡見して形状（缶の腐蝕・錆等）を視察するのがよい，⑤各個人の嗜好はコンビーフと鮭であり，航海中は獣肉・魚肉ともに1人1日各40匁であり，碇泊中と陸上では1週間に80匁である，⑥購買方法は随意契約であり，契約内容は品名・品質，上納期限，貯蓄保存保証期限，保存期限中の腐敗品引き換えと上納期限，各種類に応じて容器と記号番号を定め，納人の姓名・納付年月日・製造年月・保存期限記入の記号を貼付する，納付に至るまでの運搬費用負担，海軍官吏は請負人の製造場又は倉庫等を時々臨検する，代価支払期限，とされた。

海軍次官回答をうけて，陸軍省は缶詰肉輸入による貯蔵・給与に踏み切った。まず，同年7月2日付で大蔵省と非常用糧食品（糒，缶詰肉，梅干）の購買のための1893年度以降の予算措置（科目増設）を協議した。大蔵省は7月9日付で了承した[90]。これは翌1893年4月の陸軍糧餉部設置後に貯蔵されるものであった。その後，陸軍省は同年6月に「戦時用糧食品購買貯蔵及取扱手続」（陸軍省送乙第924号）の内訓を発した。そして，1893年7月5日に陸軍省経理局はカッチング会社との間で牛肉缶詰購入契約を結びたいとして陸軍次官に上申した[91]。経理局はカッチング製造会社の缶詰は2箇年の保険付きで優良品であるという評価を日本の海軍省や各国軍艦から得ているとした。同社との契約締結に際して，見本品と違わない，缶製造の堅固と缶の外部製造年月標記，受領の倉庫での検査実施実費の同社負担（納品缶詰1千個に対して2～3個を開き審査），缶詰の所有権は日本の陸軍省の東京倉庫での検査済しだい即日に受領証を交付する，等の条件を付した。また，数量は6ポンド入が27,570個（12個入と6個入の容箱），3分の1ポンド入（168個入と84個入の容箱）が287,448個とした（概算，それぞれの缶の容箱寸法指定）。経理局上申は許可され，同年12月に1893年度予算の軍事費中の「糧食費糧食品購買運搬費（準備量食品）」として購買契約と代価支払いが執行された[92]。

陸軍糧餉部の缶詰肉貯蔵条件が整ったことにより，軍務局長・経理局長・医務局長は連署で陸軍給与令中改正に関する閣議請議案を起案して12月28日付で陸軍大臣に上申した[93]。すなわち，1891年野外要務令により戦時糧食給与はすべて現品給与になり，平時も戦時糧食品の多少の現物を貯蔵・準備して咄嗟の需用に応ずるために陸軍糧餉部を設置したが，同貯蔵品中の缶詰肉等は時機を計って新陳交換が必要であり，また平時も戦時の給与法を演習する必要があるので，平時定額賄料にかえて現品給与できることを規定するとした。その場合の品額・数量（1人1日）は，缶詰肉40匁，梅干（12匁）又は食塩3匁の内

1品と起案した（第9表乙）。同上申は了承され，翌1894年1月25日に陸軍大臣は閣議に提出し3月28日に制定された（勅令第35号）。

1894年陸軍給与令中改正により，委任経理体制下の戦時用糧秣品原初的貯蔵が政府レベルでも認知されたことを意味する。出師準備の立ち上げ準備のための最初の戦時用糧食品購入費用負担は，平時現場各隊の「注意周密節倹等」により生じた剰余金の蓄積積立金によってようやく充当されるに至った。積立金による戦時用糧秣品原初的貯蔵が開始された。平時段階における戦時用糧食準備の調整を目ざした。

かくして，1889年会計法から1894年陸軍給与令中改正に至るまでに陸軍会計経理は政府の庇護をうけつつ，末端現場諸隊や特設機関等の戦時対応の会計経理を取込み，軍事特例化の財政政策と軍需品管理が成立し，陸軍会計経理体制の第二次的整備になった。以下，さらに工事発注と物品購入体制を考察する。

(3) 陸軍における工事発注と物品購入体制——競争入札と随意契約

①1890年陸軍省訓令乙第28号陸軍工事受負及物品購買手続の制定

会計法体制のもとに陸軍の会計経理における工事発注と物品購入の手続きはどのように成立したか。

まず，会計法第24条は法律勅令により規定された場合を除き，政府の工事請負又は物件売買貸借は「総テ公告シテ競争ニ付スヘシ但シ左ノ場合ニ於テハ競争ニ付セス随意ノ約定ニ依ルコトヲ得ヘシ」と規定し，公告による競争入札の原則を規定した。ここでの法律勅令の類は1882年徴発令や1875年公用土地買上規則等を指し（本書第4部参照），随意約定対象になる場合の計14件を規定した[94]。会計法第24条の随意契約は陸軍の諸官衙や軍隊現場での工事受（請）負や物品購買のほぼすべてに該当したとみてよい。

たとえば，陸軍省は会計法と会計規則にもとづき，1890年3月29日に陸軍一般に対して工事受負及物品購買手続草案を通牒した（全10条，陸軍省送乙第1050号）[95]。それによれば，第一に，会計法第24条の第4項（注94）の④）にもとづき随意契約できるものは，①銃砲弾薬製造用材料及び石炭コークス，②火薬製造及び火具用材料，③馬具製造他特殊使用用皮革・麻具，④溶解炉用耐火レンガ及び坩堝，⑤銃砲眼火薬製造用工具，⑥軍隊給与品で特別使用目的のある被服材料，⑦絨製造用羊毛染料油類，とした。第二に，精米・馬糧及び特殊物品又は特別使用目的でない被服材料他物品買入れの場合は競争させ，その資格者は，①精米・大麦は2箇年間当該営業に従事し，需用高1口1万石以上の供給者は1箇年間に5千円以上の所得者，1口千石以上の供給者は2千5百円以上の所得者，1千石以下の供給者は3百円以上の所得者とする，②芻秣は2箇年間当該営業に従事し，1口1万円以上の供給者は1箇年間に2千5百円以上の所得者，1万円以下の供給者は1千円以上の所得者で，需用高に相当する産出地との買収特約があること，とした。精米・馬糧供給の請負契約の場合には，1890年3月6日制定の陸達第33号による保証金納付の他に[96]，さらに，現品(精米は1箇月需用高の1,000分の3以上，芻秣は1箇月需用高の2分の1以上)を予備として所用地から3里以内に貯蔵させ，時々監督部員をして検査させるとした。③被服材料他物品は，2箇年間当該営業に従事し，1口5万円以上の供給者は1箇年間に5千円以上の所得者，1口1万円以上の供給者は2千5百円以上の所得者，1万円以下の供給者は3百円以上の所得者とした。第三に，建築工事(砲台建築工事を除く)の請負の競争資格者は，2箇年間当該業務に従事し相当の技術者を使用した者で，同工事の1口10万円以上のものは1箇年1万円以上の所得者，5万円以上のものは5千円以上の所得者，1万円以上のものは2千5百円以上の所得者，1万円以下のものは3百円以上の所得者とした。第四に，①精米・馬糧・被服の物品供給者が競争により決定された場合，監督部は物品標本を提出させ，価格・住所・氏名の詳細を各隊に通報し，各隊は供給者に対して上納期日を命じ，上納物品を標本と照らして検査し，領収する，②軍隊においては精米・馬糧及び特別使用の目的がある被服材料の他で，物品代価5百円未満のものは適宜購買する，③軍隊の被服裁縫及び修理等を市中の職工に命ずる場合で，1口5百円以上は監督部で競争に付し，5百円未満は各隊で随意契約するが，官の物品を裁縫・修理として市中の職工に渡す時は物品代価相当の抵当品を取り，当該物品の損害遺失等が発生した場合には抵当品をもって弁償させる，④競争者又は契約者の資格には，実際の必要に応じて各長官はさらに資格要件を付加できる，と規定した。

工事受負及物品購買手続草案は会計規則の競争入札者資格にない所得額を加え，その資格を制限した。その後，会計局は4月30日付で工事請負及び糧米馬糧購買の公告書・入札心得書・契約書の書式を大臣官房に上申し，了承されて同日に各監督部と砲兵方面及び工兵方面に通知した（陸軍省送乙第1446号）[97]。その中で，糧米馬糧の「入札心得書式」は，①競争資格者として資本金5万円以上の会社も加え，②精米・大麦は各隊およそ1箇月間の需用高を，干草・藁はおよそ5箇月間の需用高を目途にしているが故に，現品納入期は各隊所用に応じて各月2回以上にする[98]，③入札価格が当該監督部の予定価格に達しない時は即日同所で再入札を実施し，さらに再入札価格が制限価格に達しない時は入札取消しがある，④落札になるべき同価格の入札人が数名いるときは同価格入札人に再入札させ，さらに同価格になった場合は抽籤により落札人を定める，とした[99]。また，工事の「入札心得書草案」は糧米・馬糧の「入札心得書式」の考え方とほぼ同じである（資本金30万円以上の会社組織が加わり，仕訳書添付や設計書図面の熟知等の必要）[100]。

工事受負及物品購買手続草案はその後に各隊や官衙で検討された。また，会計局長は5月28日付で大臣官房宛に，糧米・馬糧の競争入札者資格にかかわって，適当な入札人が少数の場合には，干草・藁に限り一個人の資格を1箇年の所得金300円までに引き下げて競争に付してよいという通牒案を上申した。本上申は了承されて同日に各監督部長に通知された（陸軍省送乙第1745号）[101]。ただし，競争入札者資格の所得額付加により，第一師団下の馬糧業者においては，ほぼ，特定業者の「専売」的状況を生み出した[102]。

その後，軍務局長と会計局長は陸軍工事受負及物品購買手続（全11条）を起案し，同年8月11日に連署により陸軍大臣官房宛に訓令として令達してほしいと上申した[103]。両局長の上申は了承され，9月5日に陸軍省訓令乙第28号を陸軍一般に令達した（陸軍省送乙第2574号）。

陸軍工事受負及物品購買手続は工事受負及物品購買手続草案の条文を整備し，訓令適用として官衙も加え，特に，第一に，随意契約対象物品以外の物品及び精米・馬糧の買入れの場合（5百円以上）の競争者資格を，2箇年間以上にわたって当該営業に従事し，1箇年3円以上の所得税を前2箇年間既納した者，と修正し，会社組織は2箇年間以上にわたって当該営業に従事し，資本金3万円以上を有し，同資本金にあてる株金払い込み証があるものとした。第二に，建築工事（5百円以上で，砲台建築工事を除く）の請負における資格者は，①2箇年以上当該業務に従事し，工事1口10万円以上のものは所得税1箇年15円以上を，1口1万円以上のものは所得税5円以上を，1口1万円未満のものは所得税3円以上を，各前2箇年間既納した者，②会社組織は同組織後2箇年以上当該業務に従事し，資本金5万円以上を有し，同資本金にあてる株金払い込み証があるものとした。第三に，競争者資格の規定は，地方の状況により所定資格者が3名以上を見込まれない場合には，当該事実を陸軍大臣に詳細に上申して適宜に相当の資格に改定することができるとした。第四に，精米・馬糧や他の物品を競争に付する場合は物品標本を備え，同標本により競争させるとした。第五に，軍隊においては5百円未満のもの（精米・馬糧，特別使用の被服とその材料の代価）は適宜購買し，被服の裁縫と修理等を市井の職工に命ずる時は，その金額1口5百円以上は当該監督部で競争入札に付し，5百円未満は各隊で随意契約できるとした。その他，工事受負及物品購買手続草案を踏襲したが，競争入札者資格を緩和した。

他方，陸軍省訓令乙第28号に対して，会計検査院は1890年11月21日付で陸軍大臣宛に，所得税を基準にした競争入札者の資格制限は契約違背予防精神があったとしても，所轄大臣が保証金額を適宜に設けて契約違背を十分に予防できるので，会計規則に規定のない制限を加えて範囲狭縮することは「不可然儀」であると注意を促した[104]。他方，大蔵省は1893年12月28日付で，歳出経常部陸軍省所管軍事費の1890・91年度の決算に対する会計検査院の検査は，予算及び法律命令違背事項として，①糧食費中の糧米買入れ代15万8,214円余の支払いは，競争入札執行上の入札者資格制限により会計規則に違背している，②馬匹費中の飼養品中馬糧買入れ代17万3,437円余の支払いも①と同一事由により会計規則に違背している，等と非難したことを通知し，陸軍省宛にその弁明書調製を照会したこともあった[105]。この結果，同省は1890年12月9日に陸軍省訓令乙第28号の競争入札者資格から所得税と会社組織の規定を削除し，会計規則の資格のみを規定した陸軍省訓令乙第30号を陸軍一般に令達し，同削除により陸軍省送乙第1446号の糧米・馬糧や工事の入札心得書も自然消滅になると通知した（陸軍省送乙第3404号）[106]。なお，大蔵省の弁明書調製照会に対して，陸軍省は1894年2月6日に同弁明書を送付したが，その内容は不明である。いずれにせよ，陸軍省は表向きには会計法・会計規則に従わざるをえなかった。

②近衛師団監督部体制の限界――1893年陸軍次官通牒下の契約主任官と支払命令官

ただし，競争入札は適正に実施されることはなかった[107]。適正を欠く契約に対する近衛師団監督部体制の調査限界があった。所管予算定額の会計行為において，特に，第三者の債権者に関係する契約に関して，当該契約の背規・違法等をめぐって，定額支出権がある支払命令官（会計法第13条但し書きにより国務大臣が委任）と定額使用権がある契約主任官（官制により成立した各官衙長官に分配）の主張とが異なる場合，支払命令官は常に定額使用者・契約主任官の主張するところに譲らざるをえない体制・事情があった[108]。

たとえば，軍務局長と経理局長は1893年7月17日付で陸軍大臣宛に支払命令官の調査と会計検査院の検定のあり方に関して会計検査院部長宛に照会してほしいと上申した[109]。同上申添付の照会案には，①支払命令官はその発した支払命令に対して当然に責任があるが，支払命令官の調査結果，建築工事等における契約主任官による契約執行時に，契約主任官は競争入札すべきところを誤解して随意契約したことなどは法規背戻であっても同契約自体は既に効力を生じ，その支払いを拒絶できないことはやむをえない，②したがって，契約主任官が契約執行した場合には，支払命令官は当該契約主任官から答弁書を徴して事実を明らかにした後に支払命令を発することにしたい，③支払命令官に関する決算検定結果により陸軍大臣に通知される時は同事実をなるべく詳細に記載していただきたい，と起案した。両局長の上申は了承され，児玉源太郎陸軍次官は7月18日付で会計検査院部長に照会した。

これに対して，安川繁成会計検査院部長は同7月29日付で支払命令官の詳悉な弁明書に契約主任官の答弁書を添え，支払証明書とともに提出するようにとりはからってほしいと回答した。これにより，児玉陸軍次官は8月25日に会計検査院への同照会と同回答の文言をもとにした通知を陸軍一般に発した（陸軍省送乙第1291号）。つまり，支払命令官の調査効力は弱く，法規背戻等の非適正支出に修正を及ぼすことはできず，この結果，陸軍内に支払命令官の責任問題のみが蓄積され，特に陸軍で多数の支払命令を扱う近衛師団監督部体制下の監督部と軍隊現場との間に会計経理をめぐり疎遠的状況が生じた。同疎遠的状況は1902年の陸軍経理制度改革まで続いた。

③1894年陸軍省令第4号工事請負資格者規定等の制定

他方，1890年11月の陸軍定員令により，歩・騎・砲・工・輜重兵及び対馬警備隊の平時編制表に縫工・靴工の定員化とその年次的配賦進行に至り，被服・靴を除く軍隊が必要とする物品購入と工事発注のあり方が検討されたとみてよい。すなわち，物品購入と工事発注を一括規定した陸軍省訓令乙第28号のもとに，物品購入（軍馬飼養用干草）と工事発注とをそれぞれ区別した入札手続きを規定した。

軍務局長と経理局長は1894年3月27日付で陸軍大臣宛に工事請負者（北海道関係の工事を除く）の資格を起案して提出した[110]。同起案（全3条）によれば，工事請負の入札競争に加わる者は直接国税の2年間継続納付者とし（1口2千円以上5千円未満は3円以上，5千以上1万円以下は7円50銭以上の納付），特に1万円以上の工事の場合は（直接国税15円以上納付），家屋建築工事と土木工事に関して各々専門学士をして当該工事を担当させる者とし，陸軍省訓令第28号の所得税額を引き上げた（1口10万円以上は120円以上納付）。会社組織も1口10万以上は資本金15万円以上とした（第1条）。また，砲台建築工事では，除積土工事や石材切り出し及び運搬放捨の競争入札者は，入札前に契約担当者規定の職工・人夫及び船舶の員数を予定時日内に準備できる確証があるものとした。ただし，地方の状況によっては，契約担当者が第1条の直接国税納付額や会社資本金額にもとづく競争入札を困難と認めた場合には，具申により資格軽減があるとした。競争入札の適正確実及び工事技術の精密性と作業工程の確実な遂行を求めるに至った。両局長の起案・提出は陸軍大臣において決定され，3月30日に陸軍省令第4号が制定された。

さらに，同年5月30日に陸軍省告示第5号の陸軍工事請負及入札心得を規定した（全24条）。これは，注100）の工事の「契約書式」をさらに厳格に整備・増補した。増補等の主なものは，①競争入札者が工事施工現場実見を請求する時は当該経営部において役員立会いの上許可される，②落札者が指定日内に契約締結しない時は，入札保証金は政府所得になり還付しない，③入札書には請負事項の仕訳書を添付しなければならない，④入札時限経過後に入札書を投函できず，入札書投函後は書面の更正や下戻しを請求できず，開札に立ち会わない者の入札を無効とする，⑤入札人は入札前に契約書案・設計書・図面及び本告示の心得等をすべて詳細知悉しているものと認定されているので，開札後は何らの故障を述べても採用されない，⑥再入札の場合の落札者は落札翌日より3日以内に落札金高に対する仕訳書を提出しなければならず，提出しないときは落札を無効にし，保証金は政府所得になり返付しない，⑦契約書には契約担任者において確実と認めるところの保証人を立てなければならない，⑧施行工事の堅牢・完全性は請負人が3年以内は保証しなければならず，同年間に当該建築物に損傷（不可抗力による損傷を除く）が生じた時は請負人自身の費用による完全復旧義務があり，落成後の建築物授受の際に特段の非難をうけなかったことをもって当該保証義務が免れたという理由にはならない，⑨請負人は建築現場の衛生及び取締り上の注意を怠ってはならない，である。陸軍省告示第5号は会計法体制下の競争入札のあり方を総括し，改めて規定し直したとみてよい。

かくして，戦時編制概念の転換とともに師団体制が成立し，師団体制による戦闘現場の戦闘組立ての基本を規定したのは野外要務令であった。そして，1891年野外要務令制定は1893年度出師準備書の仮制定における出師準備書調査の基準になり[111]，日清戦争前の出師準備管理のベースになり，また，1893年戦時編制の調査・起草に連動した。さらに，特に軍備維持経費と出師準備品に関して，委任経理を含む新たな特例的な会計経理と法令的庇護を獲得したことの意義は大きい。陸軍の出師準備管理は特に会計経理体制の第二次的整備を含めて成立したことになり，出師準備管理体制の第三次的成立を迎えた。

注

1）『公文類聚』第10編巻15，兵制門4庁衙及兵営，第1件。『秘書類纂 兵政関係資料』にも「メッケル氏意見　日本陸軍高等司令官司建制」として収録。

2）『参謀本部歴史草案』〈九～十一〉1886年7月7日の条。

3）注1）の『公文類聚』。

4）〈陸軍省大日記〉中『壱大日記』1886年7月，総閣第221号。

5）『公文類聚』第10編巻13，兵制門2陸海軍官制2，第27件。なお，陸軍武官進級条例改正に対する参謀本部等からの反対論が起こった（『秘書類纂 兵政関係資料』収録の「陸軍武官進級条例改正ノ件」，『参謀本部歴史草案』〈九～十一〉1886年7月3日の条，『伊藤博文伝』中巻，499-505頁）。

6）　注1）の『公文類聚』。

7）〈陸軍省大日記〉中『弐大日記』坤，1887年1月，総参第5号。

8）　参謀本部起草の編制表草案は編綴されていないが，制定・頒布の編制表とほぼ同一とみてよい。

9）『類聚法規』第10編下，445-450頁。

10）11）〈陸軍省大日記〉中『弐大日記』坤，1887年1月，総参第4号。

12）　拙著『近代日本軍隊教育史研究』第1部参照。

13）〈陸軍省大日記〉中『弐大日記』乾，1886年4月，総医第2号。当時の日本国政府が赤十字条約加盟の方針をとったのは，外務卿井上馨が1885年7月3日付で発した太政大臣宛の同加盟の「内問合」に関する上申書中の「[赤十字社加入は] 欧州各国へ対シ我邦文明ノ意向ヲ表彰スルノミナラス我国ノ地位ヲ一層上進セシムルノ盛挙ニ可有之ト存候」の文言のように，欧州「文明国」への仲間入りを目ざすためであった（『日本外交文書』第18巻，95-104頁）。井上外務卿上申書には，前年の1884年に大山巌陸軍卿の欧米各国巡回に随行した軍医監橋本綱常の調査報告書（「赤十字社ノ儀ニ付調査」）が附属書として添付されている。太政官では内閣書記官が外務卿上申を7月8日に審査し，赤十字条約加盟は「我国文明ノ意向ヲ表彰スルノ盛挙」であるとして「加入内問合」を進めてよいという指令案をつくり，7月25日に決定した（『法規分類大全』第23巻，外交門（2），523-540頁，『日本外交文書』第19巻，303-312頁）。また，海軍省は1868年の追加条款（海軍関係も含む15条，当時は条約として成立せず草案にとどまる）に注目していた（『日本外交文書』第19巻，311-313頁）。日本陸軍の赤十字条約への対応は独自に検討されなければならないが，陸軍軍医学校編纂『陸軍衛生教程』（陸軍一等軍医・医学士森林太郎撰，1889年3月，陸軍軍医学校出版）中の「第十四編　赤十字」は，ジュネーブ条約に関して「曰く，戦時に傷病者を救助するの人員及び之に関する物件は，認めて局外中立（ノイトラリテエト）となすと。又曰く，傷病者は戦派と民類とを問はず之を救助すと。局外中立の旗章は白辺の赤十字を以て号となす。」等と，「赤十字旗章」がもつ「局外中立」の意味を特に説明・記述していた（陸軍軍医学校編纂『陸軍衛生教程』は，鷗外全集刊行会発行『鷗外全集』第17巻，98頁，1924年，から再引用）。なお，近年における赤十字条約の加盟経過等への言及は，吉川龍子『日赤の創始者 佐野常民』（2001年，吉川弘文館），オリーブ・チェックランド著『天皇と赤十字』（2002年，工藤教和訳，法政大学出版局），北野進『赤十字のふるさと』（2003年，雄山閣），等参照。

14）15）〈陸軍省大日記〉中『弐大日記』乾，1887年2月，総総第68号。

16）〈陸軍省大日記〉中『弐大日記』乾，1887年2月，総医第6号。

17）　陸軍軍医団編纂『陸軍衛生制度史』1195頁，1913年。

18）〈陸軍省大日記〉中『弐大日記』乾，1887年4月，総医第22号。『赤十字条約解釈』は「赤十字条約解釈」（1887年3月，漢字・平仮名文でルビ付），「勅令写」（1886年11月15日の条約加入公布文，漢字・片仮名文でルビ付），「赤十字加盟書条約本文」（全10条，漢字・片仮名文でルビ付），から編集された。赤十字条約加盟国における同条約の周知・普及は独自に考察されなければならないが，フランスは1878年に「陸軍士官用公法提要」を刊行し，ロシアは1877年の露土戦争の際の「戦規」（全12条，勅令として公布）等で赤十字条約と俘虜の取扱いの細則を命令し，ドイツは1869年4月に勅令として公布した「北独乙連邦軍隊出師準備例」に赤十字条約全文を附録に収録し，また，同勅令中の「戦地ニ於ケル陸軍医務ニ対スル訓令」（赤十字条約に関する中立徽章の設備等を指令）を各隊の司令官に頒布したとされている（有賀長雄編纂『万国戦時公法陸戦条規全』（262-265頁，1894年8月，陸軍大学校発行）。

19）大隈重信撰『開国五十年史』下巻874頁収録の石黒忠悳「赤十字事業」。石黒忠悳は第4回国際赤十字会議の雰囲気を「日本に於て一年前赤十字条約に加盟するや，陸軍大臣は『赤十字条約解釈』なる冊子を編纂して，之を各中隊に頒ち，各中隊長をして其趣旨を各兵卒に教訓せしめたりとて，其書冊を会場に示したり。是時，亦各議員の感嘆を惹起したりしが，殊に適々傍聴席に居られし独逸帝の第一皇女バーデン大公妃殿下は，会議の終はるや直に予を召されて，貴邦に於ては，赤十字条約の趣旨普及の為に，『赤十字条約解釈』を軍隊教科書の一として頒布せりとは，誠に周到なることと謂ふべし，希はくは其冊子を得て記念せんと。因って予は恭しく『赤十字条約解釈』一冊を進呈したり。」と記述した。他方，国内では，徳島県が1887年10月27日に『赤十字条約解釈』の全文掲載の同県訓令第135号を郡役所と町村役所宛に「便宜ノ方法ヲ設ケ予備役後備軍軀員兵員ヘ熟読恪守セシムヘシ」として発したことは出色の措置として注目される（徳島県立図書館所蔵『本県公布全書明治二十年1』18-30頁）。日本赤十字社の支部発足で徳島県支部は先発6府県（東京府，山形県，石川県，島根県，岡山県，徳島県）に含まれるが，同県知事酒井明（1887年10月28日に日本赤十字社徳島県委員部の初代委員長に就任）は，1886年6月5日に赤十字条約加盟書に記名調印したのが旧徳島藩主蜂須賀茂韶（同調印のために日本特命全権公使としてスイス国に派遣された）であったために，赤十字条約と赤十字社活動に対する特段の趣旨普及の重要性を顧慮したのであろう。なお，森鷗外は『偕行社記事』第211号（1899年2月）に「赤十字条約竝其批評」を寄稿し，陸軍省の赤十字条約の注釈訓令（1887年4月23日陸軍省訓令乙第6号）にも言及し，「早晩之れを修正する必要あるものの如し」と言及した（鷗外全集刊行会発行『鷗外全集』第17巻，385頁）。その後，陸軍省は，日本国政府の「戦地軍隊ニ於ケル傷者及病者ノ状態改善ニ関スル条約」(1906年，全33条) の批准・公布により (1908年)，1908年6月に『赤十字条約解釈』(陸訓第10号) を頒布し，さらに同条約を補修した1929年の条約の1934年批准・1935年公布により，1937年11月に『赤十字条約解釈』(陸普第6760号) を頒布した。陸普第6760号は，既に開始されていた日中戦争が「支那事変」と称されたことにより同条約の適用がないとしつつも事情の許す範囲内では同条約に準拠することを追記した。しかし，日中戦争以降は俘虜への禁忌政策を強化し，「俘虜ノ待遇ニ関スル千九百二十九年七月二十九日ノ条約」の批准を進めず，赤十字条約・国際人道法推進に消極的かつ背反の構えをとった。

20) 〈中央 軍事行政 編制〉中『明治二十七年以前 戦時編制条例草按外編制関係』所収「師団諸兵隊編制兵員計算概旨」。戦時編制 (正格) と平時編制 (変格) との関係は，フランス陸軍中将ルブワル著『戦理実学』(巻二，28-29頁) において，「軍ヲ置クノ主旨ハ戦ニ外ナラスシテ其任出征ニ在リ其内地駐屯ハ軍ノ姿勢，戦闘準備ノ地ニ在テ期ヲ待ツ者ナリ故ニ戦時ノ編制却テ正格ニシテ百事戦争ノ目的ニ因テ整備セサル可ラス此ノ正格ノ編制一タヒ定マレハ平時ニ適ヒ軍費ヲ減スル為メ必要ノ変格ヲ加入スヘシ以テ出征ノ日ハ変改ヲ加フルニ非スシテ其正格ニ復スルナリ」と指摘していた。

21) 士官候補生制度による陸軍士官学校の教育方針等は他の陸軍諸学校とは本質的に異なり，陸軍諸学校として同一カテゴリーに位置づけられない。また，士官候補生制度による見習士官の初級将校 (少尉) への補充・任官は兵卒・下士と対比されるたんなる官職上の将校 (士官) になることではない。それは，まず，将校団の一員，将校団の後継者になることであった。

[**補注1**] 士官候補生制度による陸軍各兵科現役士官の補充制度 (将校団成立の官製化推進1) は，1887年6月勅令第27号の陸軍各兵科現役士官補充条例及び同年陸軍省令第12号の陸軍士官学校条例を基盤にして発足した。発足に際して，監軍は同年10月に「士官候補生ヲ置ク所以ハ最初ニ軍隊ノ勤務ニ服シ，連隊ノ将校団中ニ入レ，専ラ将校タルノ精神ヲ養ヒ，品位ヲ修メンガタメナリ」云々の訓令を令達した (浅野祐吾『帝国陸軍将校団』54-55所収，傍点を略して再引用，1983年，芙蓉書房)。つまり，士官候補生の隊附勤務は将校団へのいわば「仮入団」から開始されることを明確化した。陸軍士官学校の教育は初級将校の養成・補充の教育と称されるが，将校団への入団予定を前提にした教育である。それ故，士官学校の全教育は将校団の後継者養成の使命に対して齟齬・乖離・無視があってはならない。同訓令は続けて「勤務外ニ在ツテハ候補生，見習士官ノ取扱ハ常ニ将校団中ニ在リ。卓ヲ同ジクシテ飲食，談話スベシ」「将校団品位ノ良否ハ連隊長ソノ責ニ任ズ，故ニ団中ニ在ツテハ各自ノ親戚ノ如ク交際ヲ厚クシ」云々と記述し，勤務外における将校団

メンバー間の対等交際を奨励した。この種の将校団の対等交際奨励の重視はその後も監軍の1890年4月の訓令第1号記述の「食卓ヲ共ニスル等」の文言として継承された。士官候補生を含む将校団の交際活動奨励を自覚的に日記に残したものとして，日露戦争後であるが，歩兵第一連隊長時代の宇都宮太郎歩兵大佐がいる。宇都宮連隊長は1907年6月から「毎月奇数日曜を在宅接客の日」と定めた上で，6月16日や7月7日，21日などに，連隊将校による士官候補生・見習士官等の同伴訪問をうけ，「昼食を共にする」などの対応をしていた（宇都宮太郎関係資料研究会編『日本陸軍とアジア政策　陸軍大将宇都宮太郎日記1』123-124，126，128-129頁，2007年，岩波書店）。将校団入団予定の士官候補生の教育方針は，さらに，1913年軍隊教育令第59条に「勤務外ニ於ケル士官候補生ノ取扱ハ［中略］将校団ノ子弟トシテ将校ト几案ヲ同シクシ食卓ヲ共ニセシムヘシ」と規定された。

［**補注2**］「団隊自治」標榜の特権的な将校団の維持のためには，後継者に「不純分子」「異分子」等の補充・混入は絶対に防止されなければならない。そのために，第一に，1887年陸軍各兵科現役士官補充条例と同年6月陸軍省令第13号陸軍幼年学校条例は，①士官候補生と幼年学校生徒の志願者所在地府県知事は本人の「身分，財産，教育，性質，品行等」の詳細調査による証明書を願書に添付して所管鎮台司令官に送付し，鎮台司令官→監軍→軍事参議官に通知し，②試験委員による検査成績は将校学校監→監軍→軍事参議官に通知され，③軍事参議官が①の願書と②の検査成績にもとづき士官候補生採用と幼年学校生徒入校を裁定すると規定した。そのため，陸軍省は，同年7月28日に府県知事宛に①の証明書書式を含む調製基準を規定して内訓を発し，財産は郡区（戸）長の証明書（父・戸主・本人，動産・不動産，所得税，家計・生計現状），性質は父（母，祖父母，兄姉）と郡区（戸）長及び教育をうけた教師の証明書，品行は父・戸主・本人の素行に関する裁判所又は警察署の証明書（身代限りの処分，軽罪以上の処刑，賭博犯処分，違警罪・懲戒等による処罰の類），等の記載を指令した（陸軍省送甲第1063号，〈陸軍省大日記〉中『壱大日記』1887年7月，総府第286号，同『弐大日記』坤，1887年7月，総監第61号）。ここで，軍事参議官（帷幄機関）は1889年陸軍各兵科現役士官補充条例改正では削除されたが，将校は天皇により任官されるために，中上流階層からの士官候補生と幼年学校生徒の採用確保のために特別な慎重を期すことの意気込みを示した。第二に，士官候補生制度を基盤にした新補充システムによる最初の各所属原隊の「将校会議」（見習士官を将校に選挙する）が1891年から開かれるに際して，監軍は1890年4月23日に同準備として将校会議の開催要項を令達した（訓令第1号，〈陸軍省大日記〉中『明治二十三年 陸軍省達書』所収）。それによれば，将校会議は所属原隊の中隊長調製の見習士官の「保証書」を資料にして，およそ下記のように審議される。

すなわち,「[前略] 此保証書ハ将校会議ノ論拠ト為ルヘキモノニシテ独リ見習士官其人終身ノ栄辱ニ係ルノミナラス将校団将来ノ価値ヲ高下スヘキモノナルヲ以テ中隊長ハ最モ慎重ヲ加ヘサルヘカラス [中略] 学術ノ優劣特ニ某学 (術) ニ通暁シ義務心ニ富ミテ現ニ如何ノ事実アリ父兄ノ家計ハ余裕アルヤ否一般ノ交際円満ナルヤ否要スルニ将来実務ニ就カシムルモ将校団ノ品位ヲ貶[おと]ササルノ見認アリ将校タルヲ得ヘキ者ナルヤ否等 [中略] 美事ノ矯飾ニ過キ短所ヲ隠匿シテ実ヲ得サルカ如キハ将校団ノ価値ニ影響ヲ及ホスヘキモノタルコトヲ銘心セサルヘカラス」「[士官] 候補生及見習士官タルトキ食卓ヲ共ニスル等ハ皆将校会議ニ可否ヲ決スルノ材料ヲ与フルモノナリ之ニ反シ猥リニ見習士官其人ノ私行ニ立チ入リ訐[あば]クヘカラサルノ行為ヲ訐クカ如キハ将校団ノ品位ヲ汚辱スルノミナラス見習士官其人ノ名誉ヲ汚スモノナリ」「見習士官ヲ将校ニ選挙スルニ連 (大) 長之ヲ否トスレハ固リ将校タルヲ得ス各将校ノ之ヲ否トスルモ亦将校タルヲ得ス是レ将校団ハ其主義一定ナルヲ要スレハナリ故ニ普通選挙法ノ如キ多数決ヲ用エス只少数ノ否答ニシテ其答ノ理由将校ト為ルニ妨ケナキニ於テハ将校団長之ヲ可決ス要スルニ可否ノ決ハ一ニ将校団長ノ権ニアリトス是レ軍隊ニ於ケル秩序ヲ重スル所以ナリ」と規定した。つまり,見習士官が将校になることは,将校団の一員,将校団の後継者になることであり,引用文の反復強調のように,将校団の価値・品位を汚してはならず,将校団長のもとに団結しなければならない。その場合,将校団長の「可否権」行使の資料として最重視されたのは士官学校の「考科表」であった。そこでは,所属原隊の初年度の将校会議における見習士官の将校選挙手続き開始に先立ち,1890年6月27日に陸軍士官学校長服務概則 (1889年6月将校学校監制定) に,士官学校長に所属原隊の将校団長宛の「考科表」送付を義務づける追加規定を加えた。それは,「将校試験ニ及第シ [卒業試験に合格] 退校帰隊ヲ命セラレタル生徒ノ考科表ハ本人所属将校団長ニ送付スヘシ」「生徒ノ考科表ハ性質志操才能品行及ヒ教授訓育諸科目ニ於ケル能力注意便否等他日将校会議ニ於テ考拠トナルヘキ一身上ニ係ハル緊要ノ事項ヲ詳悉シ且ツ将校試験ノ成蹟ヲモ記入スルモノトス」(第5, 6条) と扱われた。つまり,士官学校将校試験成績最優等者 (補任時に首位者になる) を含む士官候補生全員の「考科表」は各将校団長に送付されるに至った。かくして,士官学校成績優先主義のもとに,将校試験を含む士官学校の全教育体系は将校団後継者養成システムの密接重要な一環になった。同様に,陸軍幼年学校長も「終末試験」(卒業試験) 及第者の「考科表」を当該生徒配賦の将校団長への送付が服務として義務づけられた。

22)　陸軍省総務局の第三課長・人事課長・制規課長は1889年4月1日付で陸軍武官進級令の勅令案と陸軍武官進級取扱規則竝陸軍武官考課表規則の陸達案及び「陸軍武官進級条例改正ノ理由」(以下,「改正理由」と略) を省議に提出した (〈陸軍省大日記〉中『弐大日記』乾，1889年5月，総総第232号)。省議では特に「改正理由」に加除・修正を施して閣議提出を了承し，陸軍大臣の4月4日付の内閣総理大臣宛の閣議請議書添付の「改正理由」には本章での引用文言は記載されていない(『公文類聚』第13編巻11，兵制門2陸海軍官制2，第10件)。しかるに，陸軍省「陸軍武官進級条例改正ノ要旨説明」『偕行社記事』第13号，1889年5月，には総務局起案の「改正理由」原文がほぼそのまま掲載された。つまり，閣議提出向けの「改正理由」と陸軍内部向けの「改正理由」のいわゆる二重帳簿が作成された。なお，省議提出の「改正理由」には軍制を「自治自政ノ活動体タラシメントス」云々の文言があり，建軍期から潜在していた勅任奏任武官の進級人事政策・服役体制に対する特権的な軍部独立論を継承した。また，1889年2月の月曜会解散事件も将校団成立の官製化推進・強行の一端である(拙稿「教育学部図書室所蔵　飯塚文庫の紹介――近代日本軍隊関係の図書・資料群」東京大学附属図書館報『図書館の窓』39巻第6号，2000年12月)。

23)　1886年の監軍部廃止時の山県有朋の「各兵監部設置　監軍部条例改正按」は「監軍部ハ諸兵ノ検閲ヲ管掌シ及ヒ各兵ノ教育技術ニ係ル一切ノ事ヲ総監シ」(第1条)，「監軍部ニ騎砲工輜重兵各兵監部ヲ置キ之ヲ某兵監部ト称ス」(第2条)と起案した。その場合，「特科ノ兵種」としての騎砲工輜重兵は学術高尚で常に諸器具材料等改良の研究が必要であるが(特に砲工両兵)，陸軍行政に関係し，また，調査事項の実施においても「陸軍省軍務局ニ各々ノ主務課」があるので，監軍は「障礙」が生じないように軍務局への通報を起案した(第12条)。すなわち，各兵監部は監軍に隷するとともに事務上は陸軍大臣に属するものがあるとして，第11条に陸軍大臣所属事項として「[各兵の]本科ニ関スル事項取調ノ事騎砲工輜重兵監部」「本科兵隊ノ建制及編制ニ係ル事同上」「砲兵会議ノ事砲兵監部」「工兵会議ノ事工兵監部」他9項目をあげた。つまり，1886年時点では，陸軍省の騎砲工輜重兵を管轄する騎兵局・砲兵局・工兵局の調査研究審議立案の関与が保たれていた。これに対して，翌1887年の当初の陸軍省起草の監軍部条例草案(全8条)は，監軍の下に歩兵学校監(歩兵学校の教育を統轄)と各兵監(騎砲工輜重兵の各兵科の教育技術の進歩と兵器材料の改良を図る)及び将校学校監を置くとしたが，特に当該兵科の専門的技術関係内容に関する進歩改良の調査研究審議立案の文言はない。しかるに，内閣の軍事参議官条例と陸軍省官制改正の同時起案過程において，内閣書記官は監軍部条例草案の歩兵学校監を削除し，公布正文のように当該兵科の専門的技術関係内容の進歩改良に関する調査研究審議立案の文言を含めて修正増補した。その上で，軍事参議官条例と監軍部条例は5月14日の閣議に供され，監軍部条例は内閣総理大臣と陸軍大臣の上奏，軍事参議官条例は内閣総理大臣と陸軍大臣及び海軍大臣の上奏，陸軍省官制は内閣総理大臣の上奏，を経て各々裁可された（『公文類聚』第11編巻11，兵制門1陸海軍官制1，第26，27件）。なお，当時の陸軍省には総務局が置かれていたが，新たな「軍務局」（1871年7月から1873年3月までに兵部省軍務局・陸軍省軍務局を設置）の設置が構想された（かつ，騎兵局・砲兵局・工兵局は新たな「軍務局」内の「課」に縮小・統合される）。これは陸軍次官桂太郎の意見によるものであろう（『公爵 桂太郎伝』乾巻，417-419頁）。

24）『公爵 桂太郎伝』乾巻，417-418頁。

25）〈陸軍省大日記〉中『弐大日記』坤，1888年2月総監，第67号。監軍山県有朋は1887年10月22日付で陸軍大臣に砲兵会議条例改正案（全19条）と工兵会議条例改正案（全18条）を協議した。監軍起草の砲兵会議条例改正案第11条は「総テ一般人民ニ於テ陸軍所要ノ武器弾薬装具材料器械等ヲ発明或ハ改良シテ之カ試験ヲ願フ者アルトキハ其管轄庁ヲ経テ陸軍大臣ニ出願シ而シテ第十条ノ手続ニ拠テ議長ニ下付スルモノトス　但シ軍人ニ在テハ其所管長官ヲ経由スルヲ異ナリトス」と起草した。なお，同第10条は，砲兵会議の議題は砲兵監より下付されるが，議題は事の性質により陸軍大臣あるいは参謀本部長又は監軍より発し，その下付順序は陸軍大臣・参謀本部長は監軍に移し，監軍は各監に付し，各監は議長に下す，と起草した（工兵会議条例改正案第10，11条も同様）。陸軍大臣は翌1888年2月14日に了承したが，同5月の軍事参議官の会議は両条例の改正案第11条を削除し，監軍の上奏と内閣書記官の5月17日の裁可確認を経て公布された（『公文類聚』第12編巻12，兵制門2陸海軍官制1，第8件）。一般の人民・軍人の発明・改良の出願手続きは否定された。

26）『公文類聚』第12編巻14，兵制門4陸海軍官制3，第26件。

27）1888年陸海軍将校分限令の前身は西南戦争勃発前の1877年2月12日太政官布達第25号の陸軍将校免黜条例であった。同条例第6条は将校の分限（身分）の変更としての非職編入の原由の一つに「敵ノ俘虜ヨリ帰朝シタル者但シ登時他員代リテ其職ニ任シタル時」という項目を規定した。他方，建軍期の陸軍における俘虜の立場待遇等に対する政策は軍隊内部の給与規則上で規定されていた。すなわち，1876年海外出師会計事務概則第12条や1877年2月23日制定の陸軍省達乙第59号出征会計事務概則の第2章第8条の規定である。つまり，俘虜には身分管理上と戦時の給与管理上の二つの認識も並行していた。1877年出征会計事務概則自体は1881年戦時編制概則の制定により消滅したが，俘虜の身分管理上の認識に関しては，1877年陸軍将校免黜条例第6条の非職編入規定をうけて，1880年12月陸軍省達乙第76号陸軍給与概則第2章第24条は，参謀でない上長官と士官で「敵ノ俘虜トナリ追テ帰朝シタルトキ」は「非職俸甲ノ金額」を給すると規定した。さらに，1885年12月陸軍省達乙第53号陸軍給与概則第2章第23条も参謀か否かを問わず上長官と士官で「敵ノ俘虜トナリ追テ帰朝シタルトキ」は「非職俸甲ノ金額」を給すると規定し，制度的には俘虜帰還後は非職期間の給与対象者としての認識が含まれていただけであった。俘虜への禁忌観はなかった。

［補注］1877年陸軍将校免黜条例は前年の11月に陸軍省により調査・起案された。太政官法制局は本条例の調査に対して，「仏国ノ制例ニ準拠シ折衷適宜ヲ得候」と指摘した（〈単行書〉中『行政考按簿　十季乾』）。しかし，法制局は第1条起案の「凡ソ将校ノ官階ハ陸軍卿ノ奏上ニ由テ　天皇ノ任スル所ニシテ其将校終身ノ資格タリ」云々という文言を削除した。これは，当時は将校を終身雇用として位置づけるまでには至っていないことを意味する（『公文録』1877年1月2月陸軍省，第18件）。また，同第21条は，停職・解職によって非職に入り又はその品行を懲戒すべきことがあって免官に処する者は，現行律法に明記していないが，将校の本分に背き「廉恥ノ正操ニ戻ル」者であって，その中で特に指摘すべき者は「品行不正」「交際不正」「怯懦畏避」「抗言恃頑」「職務不治」「不典失儀」「闘争」の6項目該当者であるとした。かつ，同6項目該当者の具体的事例を説明し（第22～28条，「闘争」は「凡ソ将校交互ノ争論殴闘ハ法ノ制スル所タリ況ヤ屢且好ミテ争論ヲナシ殴闘ヲ激発シ軍中ノ和諧ヲ傷ルハ縦ヒ公務ニ関セサルモ将校ノ本分ニ於テ許ササル所ナリ」と規定），「其品行懲戒スヘクシテ査問会議ノ商評ニテ免官ニ決スルモノ」（第32～34条）という「査問会議」での扱いを規定した（海軍は1882年6月7日に太政官布告第34号の海軍将校准将校免黜条例を制定し，陸軍将校免黜条例第21条相当の「品行懲戒」における免官を第16条に規定）。陸軍将校免黜条例の「査問会議」開催と免官決定の処分事例は稀であったが存在した（〈陸軍省大日記〉中『壱大日記』1897年12月，府第27号，参照）。ただし，各隊の「査問会議」の開催要領等に統一性が欠ければ適切でないことはいうまでもない。その中で，陸軍少輔小沢武雄は1882年5月（日付欠）に陸軍卿宛に「査問会議条例案」を起案し，決定の上太政官に上申してほしいと伺い出た。これが陸軍省編『陸軍省沿革史』（136-137頁）の記述の「委員ノ構成」「訴告」「調査」「判決」の手続きからなる「査問会議条例草案ナルモノ」とみてよい。陸軍省の「査問会議条例案」は5月20日に太政官に上申され，6月15日に参事院軍事部と協議に入り，7月31日にも協議が行われる予定であったが，壬午事件勃発への対応等により重点的な緊急事案にならなかったとみてよい。また，陸軍省の「査問会議条例案」は海軍省の「海軍査問会議条例案」（全37条，1883年3月3日付で太政官に上申，〈海軍省公文備考類〉中『明治十六年至十九年　未決公文』第6巻所収，「編制」「告発及ヒ調査」「会議」からなる）とほぼ同じとみてよい。「海軍査問会議条例」の「告発及ヒ調査」によれば，①将校准将校は同部下の者で免黜条例第16条規定の所為あることを知った時は所管長官に告発すべきである（第10条），②士

官以上は①の第10条規定の所為あることを知った時は本人の所管長官に告発することができる（第11条），③告発は文書により行い，その証拠ある時は添付すべきである（第12条），③告発の事件が謬伝誤聞又は一時の過失や疎虞などに原因し，所管長官において査問会議を要しないと認める時は当該告発人に告発書類を返付することができる（第14条，海軍省規程局内の起草段階では告発人を「諭解」し，又は被告発者本人を「勧誡」することに止めると起草したが，省議で「諭解」「勧誡」を削除），等と起案した。そもそも，陸海軍双方の免黜条例が品行懲戒免官処分の手続きにおいて法令上の「査問会議」を含めたこと自体がなじまず，相当の無理があった。そのため，陸海軍双方上申の「査問会議」の条例化方針は自然に消滅したとみてよい。その後，陸軍省起案の陸軍将校分限令案が閣議請議された時，内閣書記官は6月15日付で児島益謙陸軍省副官宛に「査問会議条例」の起案・提出はあるのかと照会した。同省は6月20付で内閣書記官宛に，「査問会議」の件は「現行将校免黜条例ニ記載之精神ニテハ支障之点モ有之候付追テ名誉裁判ノ方法御制定可相成見込ニ有之候」と指摘しつつも，今回は同会議と名誉裁判方法の両規定化を省き，陸軍将校分限令のみの制定になっても不都合はないと回答した（〈陸軍省大日記〉中『弐大日記』乾，1888年12月，総総第803号）。その後，陸軍内ではヨーロッパ軍隊の名誉裁判の事例等は紹介されることはあったが，具体的に法令化されなかった。かくして，1877年陸軍将校免黜条例が規定した「査問会議」の対象事案は1888年軍隊内務書規定の「連隊将校団」による「団結」のもとに処理することになったとみてよい。他方，俘虜への端緒的な禁忌観の潜入に合わせて創設されたのが，武功の奨励・賞揚策としての1890年2月11日の「金鵄勲章」の授与制度であった。当初，「金鵄勲章」は，1887年12月24日の賞勲局からの各種勲章等級製式と大勳位菊花章頸飾製式の閣議請議において「日本書紀旧事本紀神武帝東征皇師勝利ノ古典ニ拠ル」ものされ，「国家ノタメ名誉ナル征戦ニ従事シ抜群ノ勲功ヲ奏セシモノノミニ之ヲ与ヘラレンコトヲ欲ス」として「金鵄章」授与が起案された。賞勲局の閣議請議に対して法制局は同27日に裁可されるべしという審査報告を提出したが，大山巌陸軍大臣と山田顕義司法大臣は「金鵄章」は目下の日本では緊急のものでなく，さらに等級等や授与の手続きを含めて評議すべきという意見を提出した。この結果，伊藤博文首相は翌28日に「金鵄章」を除く「宝冠章」等を上奏し，裁可を経て1888年1月3日勅令第1号の各種勲章等級製式と大勳位菊花章頸飾製式が制定された。つまり，「金鵄章」は他の文官勲功と並ぶものとして授与されることは適切でないと判断された。ただし，この時に，「金鵄章」は「神武天皇二千五百五十年之紀元節」に発布することの「御内勅」があったとされている（『法規分類大全』第75巻，宮廷門・儀制門・族爵門，847-851，891-897頁）。それで，賞勲局は1890年1月29

日に「金鵄勲章ノ等級製式佩用式」(功一級より功七級) を閣議に提出し，2月4日の閣議決定と上奏・裁可を経て2月11日に勅令第11号として制定された。また，同2月11日の勅語は，「神武天皇」の「皇業恢弘」の継承の2550年に至った1890年2月に際して，「金鵄勲章」は「天皇戡定ノ故事」に徴して「武功抜群ノ者」に授与し，「天皇ノ威烈ヲ光ニシ以テ其忠勇ヲ奨励セントス」という創設趣意を強調した。「金鵄勲章」の授与制度は統帥権の復古的集中化の一つである。「金鵄勲章」の授与制度は日清戦争中の1894年9月29日に勅令第173号の金鵄勲章年金令と11月25日に勅令第193号の金鵄勲章叙賜条例を制定し，武功賞揚策をさらに強化した。

28)　〈陸軍省大日記〉中『弐大日記』乾，1888年12月，会第733号。

29) 30) 31)　『公文類聚』第12編巻12，兵制門2陸海軍官制1，第4，5，11件。『仏国陣中軌典』からの引用は邦訳書の9頁である。なお，従来の鎮台が目的にした地方の鎮圧・警備等の機能は衛戍条例に継承されたとみてよい。また，1888年11月29日陸達第222号近衛各師団軍医部服務規則と同陸達第223号陸軍病院条例の制定により，師団管内の衛生事務 (出師の衛生部人員調査や戦時用衛生材料準備を含む) を統括する軍医部 (その長は軍医長) と衛戍地内外の病院 (小部隊等の病室を含む) の業務を判然化させ，病院長は主に院内業務に従事することになった。これにより，病院関係の官職上の定員・人員と編制上の定員・人員との分離が進み，たとえば，陸軍大臣の1888年7月18日付の参軍宛の協議は，看護卒は各隊のみに置き，病院及び各官廨付の看護卒を全廃し「雇員ノ看病人」の配置方針を示した (〈陸軍省大日記〉中『明治二十一年自五月至十二月　大日記　参天　陸軍参謀本部』参天第142号第1所収の「看護卒補充方案」)。参軍は同意し，12月1日に病院及び各官廨付の看護卒現員を廃止し (陸達第227号)，学校や衛戍病院等には看病人 (東京衛戍病院の看病人定員は115名) を置き (陸達第228号)，陸軍看病人磨工召募規則を制定した (陸達第229号，「磨工」は治療機械の研磨修理に従事)。

32)　〈陸軍省大日記〉中『弐大日記』坤，1888年2月，総参第27号。参謀本部長協議の11件の編制表又は編制表草案及び人馬員数表は，戦時一師団編制表，戦時師団司令部人馬員数表，戦時師団司令部属部人馬員数表，留守師団司令部人馬員数表，戦時輜重兵大隊編制表，輜重兵補充中隊編制表草案，兵站部輜重兵人馬員数表，戦時歩兵旅団司令部人馬員数表，野戦一病院編制表，予備衛生員表草案，予備衛生廠編制表草案，である。ここで，戦時一師団編制表は不明であるが，その後，廃案になったと考えられる。また，計5件の人馬員数表は1881年戦時編制概則の「師団本営人馬員数表」等の呼称にならって「人馬員数表」と記述した。参謀本部協議に対して陸軍省は各表中の小隊長以下の職名削除意見を出したが，参謀本部は同意しなかった。その後，陸軍大臣は1888年10月に参軍と監軍に対して，諸隊の平時編制表は「小隊長，半小隊長等ノ如キ戦術上ニ要スル職名」を記載しているが，平時にはこの種の区分は不要であり（給養・教育・戦術上の単位は中隊までであり，中隊長までの職名は必要であるが），各隊長が適宜に部下の士官・下士に職務を課すことができるので廃止すると協議した（〈陸軍省大日記〉中『弐大日記』乾，1888年11月，総総第690号）。参軍・監軍も同意し，上裁を経て同年11月12日に陸達第205号により近衛各師団諸隊平時編制表及平時対馬警備隊編成表中が改正された。なお，これより先，参謀本部陸軍部次副官上領頼方は1887年12月22日付で陸軍省総務局次長児島益謙宛に1888年度の出師準備調査のあり方を照会した。上領は，①従前は戦時編制概則等にもとづき出師準備を調査してきたが，同概則等は今日に至り「不適当」の条項が少なくないので，1888年度の近衛鎮台の実際の調査は当該の現在隊数にもとづき，「新編成ノ組織」に準じて調査すべきことを内達し，②未だ内達していない戦時師団司令部人馬員数表，戦時師団司令部属部人馬員数表，戦時歩兵旅団司令部人馬員数表，戦時輜重兵大隊編成表，弾薬縦列大隊編成表，野戦病院編成表をすべて内達する，と申し出た（〈陸軍省大日記〉中『弐大日記』坤，1887年12月，総参第223号）。12月28日に児島総務局次長は近衛と鎮台の参謀長宛に同申し出を内牒した。

33）〈陸軍省大日記〉中『明治二十一年自六月至十二月　陸達日記　陸軍省達書』。陸軍省は1881年戦時編制概則（1885年戦時編制概則中改正）については，1888年7月の師団戦時整備表と師団戦時整備仮規則の制定により「自然消滅」したという認識をもっていた（〈陸軍省大日記〉中『壱大日記』1890年6月，閣第127号所収の内閣記録局への陸軍省回答〈1890年6月30日陸軍省送甲第1259号〉参照）。

34）当時，砲兵と騎兵及び輜重兵の戦時編制は馬匹確保が課題になっていた。

［**補注1**］軍備拡張方針による砲兵隊は大隊編制から連隊編制になり，砲兵の連隊編制は装備上も多数の馬匹を必要とした。すなわち，1884年の砲兵一連隊編制表（平時の馬匹計256）では戦時1個砲兵連隊の馬匹増加は合計403とされた。1886年5月28日陸軍省令第81号の砲兵一連隊編制表改正も連隊附大尉1名増を規定し（戦時には補充隊に属する），戦時の馬匹合計増加403は変化なしで，その後の戦時を含む砲兵編制改正全体において馬匹確保が課題になっていた。たとえば，第一に，参軍は1888年10月19日付で陸軍大臣宛に，戦時野砲兵隊の「輓馬ニ不足ヲ生スル為」に毎年の出師準備書調製上の困難が少なくないので，①近衛及び東京・大阪・熊本の3師団は平時の野砲2個大隊を1個大隊にし，仙台・名古屋・広島の3師団は平時の2個中隊を合わせて1個中隊にして，輓馬を融通する，②野砲兵隊減縮の剰余兵員を山砲兵に転用し，東京・大阪・熊本の3師団は山砲2個大隊・野砲1個大隊になるが，全国6個師団は均しく2個大隊になる，③1889年度の出師準備書調製

は現行編制にもとづくことは繁雑になるので，とりあえず，別表の戦時砲兵一連隊仮編制表，砲廠監視隊仮編制表，砲兵補充中隊仮編制表草案を基準にした調製を協議した（〈陸軍省大日記〉中『弐大日記』坤，1888年12月，総参第171号，実際の仮編制表は12月6日に陸軍省副官に送付し，弾薬縦列大隊編制は1887年12月28日内達の仮表を用いる）。陸軍大臣は12月1日に協議を了承し，また，12月28日に別表にもとづく出師準備書の調製を近衛と各師団の参謀長に内牒した。ところで，別表の戦時砲兵一連隊仮編制表（野砲2個大隊・山砲1個大隊）によれば，野砲1個中隊は人員計176（内，輜重兵1・輸卒25），馬匹計136（乗馬37，輓馬74，駄馬25），山砲1個中隊は人員計200（内輜重兵1・輸卒24），馬匹計116（乗馬16，駄馬99）となり，連隊の人員合計1,207名，馬匹769とされた（1888年12月28日陸軍省印刷，数字の誤植あり）。すなわち，1886年の砲兵一連隊編制表（戦時の馬匹は256＋403の合計659）に比較して，110頭の増加になった（〈陸軍省大日記〉中『明治二十一年自五月至十二月　大日記　参天　陸軍参謀本部』）。第二に，陸軍省は1888年12月に平時の砲兵連隊編制改正に関して調査した。すなわち，連隊本部附大尉1名を少佐にする当初の陸軍省案（出師計画と将校団教育における連隊長補佐の任務を重視）が軍事参議官会議で否決された後，総務局第三課長と砲兵局長は「参軍及監軍部へ御協議案」を省議に提出し，下記の編制表草案と理由書を添付して改正全体の方針を示した。これは，①「草案　平時野戦砲兵一連隊編制表」は野砲1個中隊に輓馬14を増加させて44を規定し（現行は30），②「草案　戦時砲兵一連隊編制表」（野砲2個大隊・山砲1個大隊）は，野砲1個中隊人員計176名，馬匹135（乗馬37，輓馬72，駄馬22），山砲1個中隊人員計196名，馬匹116を規定し（乗馬16，駄馬99），1個連隊では人員合計1,173名，馬匹合計785になり，③連隊職工の縫工・靴工を廃止し，中隊の兵卒を増加させ，1個大隊兵卒を192名（現行160）に増加させ，1個連隊兵卒合計は576名になり，その理由は平時の教育・演習における兵卒確保や戦時の弾薬縦列要員確保及び砲廠監視隊編制への対応にあるとしたが，④特に，戦時の充員において最も困難なのは「輓馬ノ徴集」であり，「我邦育馬ノ方法未タ完カラス民俗車輛ノ用法未タ洽ネカラサルヲ以テ随テ戦時徴発スヘキ輓馬ニ乏シケレハナリ」として，平時には戦時所要馬匹の半数を飼養し，平時の演習・訓練においても戦時の実際の戦闘隊形（梯隊配置，弾薬補給等）の動作をとるために輓馬14の増加を規定し，⑤しかし，戦時所要馬匹をすべて平時の常備隊で飼養することは経費上不可能なので，輓馬は年々の壮馬・廃馬の交換法をとり，所要馬匹数から廃馬数を除く残余馬匹を師団名籍のもとに「当該師管内ノ民間ニ貸与スルノ法ヲ設ケ恰モ兵卒ノ予備役ニ於ケル如ク軍籍ニアラシメ以テ輓馬ヲ養成増加スルモノトス」（1個連隊で民間貸与数は年々22頭で，5箇年間総計110頭に至り，5箇年後には師団名籍を解き貸与主に下付し所有させる）とすれば，戦時の充員及び平時の要員確保に対応できるとした（ただし，民間貸与法は第四～六師団を中心にする，〈陸軍省大日記〉中『弐大日記』乾，1889年3月，総砲局第42号）。以上の「草案　平時野戦砲兵一連隊編制表」の中で，特に③の砲兵中隊兵卒増加は，同年10月の近衛都督と師団長6名連署の陸軍大臣宛提出の「意見書」にも要望されていた（〈陸軍省大日記〉中『肆大日記』編冊補遺1888年）。「草案　平時野戦砲兵一連隊編制表」は陸軍省で決定され，陸軍大臣から12月18日付の参軍と監軍部への協議及び翌1889年2月の上奏と同年2月15日の裁可を経て，3月7日陸達第28号の平時野戦砲兵一連隊編制表が制定された。第三に，戦時野戦砲兵一連隊編制表は，1890年1月4日付の参謀総長から陸軍大臣への協議と同1月27日の陸軍大臣了承及び2月の上奏・裁可を経て，同年2月陸達第25号として制定された（〈陸軍省大日記〉中『明治二十三年自一月至六月大日記 参天 参謀本部』，戦時野戦砲兵補充中隊編制表も制定）。それによれば，特に山砲兵1個中隊では人員計215名と馬匹計121（乗馬19，駄馬102）とし，1個連隊では人員合計1,202名と馬匹合計829に至った。すなわち，1886年の砲兵一連隊編制表（戦時の馬匹合計659）に比較すれば戦時馬匹増は170になり，戦時の6個師団全体では1,020頭の増加計画になる。この結果，陸軍省は軍隊馬匹・軍用馬匹の補充・育成・供給の体制を整備し，1887年6月の軍馬育成所条例により，青森県三本木と鹿児島県福元に軍馬育成所を設置し，さらに1887年3月30日勅令第15号軍馬育成所官制を制定し（軍馬育成所を青森県三本木，宮城県鍛冶谷沢，兵庫県青野，鹿児島県福元に設置），1890年3月27日勅令第61号軍馬育成所官制改正により，軍馬育成所を東京府下にも設置した。

［**補注2**］軍備拡張方針による1個師団下の騎兵は連隊編制を計画し，1885年12月23日陸軍省達乙第162号により近衛鎮台騎兵一連隊編制表を制定した（4個中隊編制で，連隊長は大佐1又は中佐1，副官は大尉1，人員合計710，馬匹合計622）。ただし，当分の間，現編制のままで差し置くべきとした。しかるに，その後，他兵編制との関係やメッケルの教説を参考にして，参謀本部長熾仁親王は1886年11月11日付で陸軍大臣に連隊編制を大隊編制に改正することを協議した。参謀本部の「騎兵隊改正ノ理由書」は，①近年の騎兵の効用は「偵察警戒」にあり，「偵察警戒」には大団の騎兵を必要とせず，隣邦での大集団の騎兵使用の場合には海運に不便で多数船舶を必要とし，他兵運輸を半減しなければならず，②仏独両国の騎兵は1個師団に4個中隊を配合した1個連隊を置いているが（日本も同様に計画），メッケルの教説を参考にすれば，日本の1個連隊・4個中隊編制は「比例過大」であり，「偵察警戒」には馬匹300～400を必要とするが，大なる中隊2個又は小なる中隊3個に区分でき，戦術上では3個中隊編成に利があり，師団は平時戦時の区別なく3個中

隊の1個大隊を配備する（戦時は補充1個中隊と後備兵2個小隊を編成），③日本の3個中隊は平時400騎で戦時約300騎にすぎないので統括者は大隊長少佐1人で充分であり，この結果，連隊編制を改めて大隊編制にする，④騎兵の大隊編制の人馬員数は戦時定員よりも多数を必要とし（現役終了後の帰郷中には復習機会が稀であり，騎兵の本務を忘却），戦時急需期には「調熟ノ馬匹」をほとんど確保できず，臨時徴馬の復習調教をしなければ使用できないが，騎兵の復習調教の時間余裕はないので，平時に人馬員数を増加し，有事にはそれらを「精選シ速ニ戦時編制ヲ為シ其残員ヲ補充或ハ後備ニ移シテ該隊ノ核心トスル」ことが最緊要である，と強調した。なお，参謀本部長の協議書添付の「戦時騎兵一大隊編制表草案」は1個大隊（3個中隊）の人員合計485名（内職員446，副官中尉1，馬卒39）・馬匹合計465とし，「平時騎兵一大隊編制表草案」は1個大隊（3個）中隊の職員合計491名（内副官中尉1）・馬匹合計459とした。これに対して，陸軍省内で起草された「騎兵連隊編制草案」（騎兵局の起草と推定）は参謀本部起案の大隊編制を批判し，連隊編制を主張した。すなわち，①騎兵の大隊編制は指揮官が大隊長（少佐1）止まりになるが故に，騎兵科希望士官の「高等指揮官」に向う「欲望」が途絶え，「此兵科ヲ欲望スル念慮ハ人才ヲ得ルノ始源ナリ苟モ軍人ヲ希望シ国家ニ志アルモノ誰カ高等指揮官タルヲ欲セサラン今連隊ヲ大隊編制ト改メ其欲望ヲ遮断セハ前陳スル騎兵士官ニ望ム所［「思慮周到果断ニ富ミ能ク其ノ機ヲ察シテ誤ラサル知嚢ト学識」］亦共ニ断絶セン」と強調し，他兵科に比べて騎兵科士官のみが「高等指揮官ニ歴進スヘキ道之レ無ク」と反対し，②編制上は連隊の称号を残した上で騎兵の大・中佐をもって司令（大隊長）とし，騎兵の少佐・大尉を副官にすることを回答すべきと述べた（〈陸軍省大日記〉中『弐大日記』坤，1887年11月，総参第190号）。しかし，同省省議は大隊長を中・少佐にして，副官を大・中尉にするという修正案を回答した。他方，参謀本部長は11月17日付で，やむをえず大隊長の中・少佐に賛成するが，副官は大隊長の官等にかかわらず原案通りの中尉に定めてほしいと陸軍大臣に照会した。これに対して同省も同意し，12月10日の参謀本部長の上奏を経て同12月31日に陸達第163号の騎兵一大隊平時編制表と同第164号の騎兵一大隊戦時編制表が制定された（〈陸軍省大日記〉中『弐大日記』坤，1887年11月，総参第200号，同『弐大日記』乾，1887年12月，総総第857号）。以上の陸軍省内の議論に現れた，官等・官職を高くしなければ職務意欲が失われて騎兵科希望者も減るという議論には，編制自体の合理性等の論理を重視せず，官等・官職の既得権や既存組織自体を確保・維持する自己組織防衛志向が含まれた。

［**補注3**］軍備拡張方針による1個師団下の輜重兵は大隊編制を計画し，1885年12月23日陸軍省達乙第163号の輜重兵一大隊編制表が制定された（2個中隊編制，人

員合計650〈内輸卒360〉，馬匹合計320〈内駄馬80，駕馬80〉）。ただし，当分の間，現編制のままで差し置くべきとした。その後，輜重兵の編制は陸軍省で調査され，その調査内容は騎兵局長佐野延勝が1886年5月11日付で陸軍大臣に上申した「戦時輜重兵充員ニ係ル儀ニ付上申」添付の「輜重兵大隊編制ノ大旨」に示された（〈陸軍省大日記〉中『明治二十八年　編冊　監軍部』）。本上申は，現行の平時輜重兵大隊編制表は「戦時ニ当リ常備後備両軍ヲ併用シ以テ戦時ノ要員ヲ充足スル計算ヨリ起案セシモノ」であるが，今後は「輜重兵隊ノ編制ハ用兵上及ヒ経理上ノ目的ヲ以テ成ル而シテ経理上ノ目的其多キニ居ル故ニ先ツ戦時経理ノ方法ニ依リ一師団ニ要スル輜重人馬ノ数ヲ定メ此ノ員数ヲ基礎トシテ平時ノ輜重兵隊ヲ編成セザルヘカラス」と，戦時経理方法による人馬員数を基礎にした編成を強調した。ただし，騎兵局は戦時の輜重兵編制に関するメッケルの教説を含めて平時の輜重兵隊の編成を調査したが，1890年11月陸軍定員令の平時輜重兵一連隊編制表（2個中隊編制）は，1個大隊人員計612，馬匹計298（内乗馬146，駄馬152）とし，1885年輜重兵一大隊編制表よりも人員・馬匹が減少した。駕馬（輓馬）の削除は牽引する車輛確保の見通しがつかなかったことによると考えられる。

35）『類聚法規』第11編下，309-324頁。1888年7月陸達第156号の計12件の戦時の諸編制表及び同年12月陸達第247号の師団戦時物件表は統一的に理解される必要がある。特に，戦時輜重兵一大隊編制表と兵站部輜重兵隊編制表の各糧食縦列の各馬匹数計360と師団戦時物件表規定の糧秣積載量は次のように算出された（陸軍軍吏学舎編『陸軍経理学教程』第4冊第10章，7-11丁，1888年5月）。第一に，戦時給養は国内至る所で容易に確保できる常食としての米（1人1日につき精米6合）を糧食とし（他に食塩・梅干各若干匁の現品支給と，魚菜は代価を支給し各部隊で自弁させ，炊爨用薪は実費支給），各自携帯糧食は道明寺糒3合と焼塩若干匁とする，第二に，戦時軍隊の携行糧食の日量は8日間を基準にし（欧州では7～15日間），その内訳は，①各自の背嚢に2日分の日量を入れて携帯させる（携帯糧食），②1日分の日量は駄馬に積載して大行李に入れて携行する（携行糧食），③5日分の日量は駄馬に積載し，各1日分の日量をもって1個縦列を編成し，輜重兵大隊長が引率する（糧食縦列），馬糧も同様に8日間を基準にする，第三に，大行李と糧食縦列の編成の輸送具は駄馬とし（本邦は山岳河川と水田が多く，道路険悪・橋梁危弱とされる），駄馬は出師準備時に地方で徴発し（運送馬，農耕馬），各馬の負担力は駄鞍・自己携帯3日分馬糧分を除き23～25貫目とする，第四に，①糧米は梱包と積卸し及び積載後の馬背のバランスを考慮し，1駄馬につき24貫目の負担力で6斗を積載し（100人分の1日量），馬糧（麦）は1駄馬につき8斗を積載する（馬16頭分の1日量），②歩兵1個大隊人員（大行李をからめて935人，乗馬6頭）に要する糧米は5石6斗余であるが，予備をからめて6石とすれば10頭の駄馬が必要であり，乗馬6頭の2日分日量は6斗であるが8斗にして1駄馬に積載し，さらに，3頭の駄馬で塩・梅干を積載すれば，糧食駄馬は計14頭を要する，③戦時1個師団の人員14,366人と馬匹2,270頭の1日分の糧米86石1斗9升6合と麦113石5斗の積載のために，糧米分は駄馬計140頭，麦は計142頭を要し，さらに塩・梅干積載用の駄馬24頭を要し，駄馬数は合計310頭になり，また，縦列自体の行李・糧食及び予備馬若干を加えて総計360頭になった。

36)　〈陸軍省大日記〉中『弐大日記』坤，1888年12月，総参第192号。ただし，同協議においては連隊職工による野戦軍の予備被服製作に関する規定を削除した。

37)　〈中央 軍事行政 編制〉中『戦時一師団編制規則草案』。師団整備仮規則は1887年4月から調査されていた（『樺山資紀関係文書〈第二次受入分〉』中『戦時一師団編制』参照）。

38)　〈陸軍省大日記〉中『弐大日記』乾，1888年12月，総総第823号。1888年師団戦時物件定数表は『類聚法規』第11編下の686-722頁に収録。1888年師団戦時物件定数表中の糧秣・被服の表は誤植等により1889年3月に引き換えされた（『類聚法規』第12編下，775-778頁）。なお，1889年野外要務令草案の第8篇の「給養」は1888年師団戦時物件定数表にもとづき規定された。

39)　大隈重信撰『開国五十年史』上巻278頁収録の山県有朋「陸軍史」。『公爵 桂太郎伝』乾巻，439-440頁。

40)　①1887年度は，「明治二十年度出師準備書 近衛ノ部」「明治二十年度出師準備書 鎮台ノ部」「出師準備調査及報告規例」「出師準備調査ニ関スル近衛鎮台交渉ノ件」から構成され（参謀本部長の1886年12月22日付の協議に対して，陸軍大臣は同年12月28日付で了承し，同12月28日陸軍省送乙第4961号により近衛と各師団に内達），②1888年度は，「明治二十一年度出師準備書 近衛之部」「明治二十一年度出師準備書 鎮台之部」「出師準備調査及報告規例」「出師準備調査ニ関スル近衛鎮台交渉ノ件」及び「出師準備物件数額表」から構成された（参軍の1887年12月23日付の協議に対して，陸軍大臣は同年12月28日付で了承し，同12月28日陸軍省送乙第4072号により近衛都督と各鎮台司令官に通牒，〈陸軍省大日記〉中『弐大日記』坤，1886年12月，総参第229号，同『弐大日記』坤，1887年12月，総参第222号，同『明治二十年 総務局綴』）。ただし，両年度の出師準備書は編綴されていない。なお，1887年度の出師準備にかかわる第一軍管内の近衛と鎮台の馬匹徴発の府県区域が規定された。すなわち，近衛の馬匹徴発区域は長野，山梨，埼玉，静岡，神奈川の5県とされ（1886年12月陸軍省送乙第4961号），翌年，東京府の一部（赤坂，四谷，牛込，小石川，下谷，浅草，神田，本郷の計8区，東多摩，南足立，南葛飾の計3

郡）が加わり，その他は東京鎮台の馬匹徴発区域に組入れた（1887年3月25日東京鎮台への通牒，〈陸軍省大日記〉中『弐大日記』坤，1886年12月，総参第229号）。その後，1888年5月の陸軍管区改正により静岡県はすべて第三師管に組入れたので，1889年度出師準備からは近衛の馬匹徴発区域から除かれた。

41）1889年度は「明治二十二年度出師準備書 近衛之部」「明治二十二年度出師準備書 師団之部」「明治二十二年度出師準備調査及報告規例」「出師準備調査ニ関スル近衛師団交渉ノ件」から構成された（参謀総長の1888年12月3日付の協議に対して，陸軍大臣は12月22日付で了承し，同年12月28日陸軍省送乙第4313号により近衛都督と各師団長へ通知，〈陸軍省大日記〉中『弐大日記』坤，1888年12月，総参第182，198号）。ただし，出師準備書は編綴されていない。

42）〈陸軍省大日記〉中『弐大日記』坤，1889年12月，総参第177号。「明治二十三年度出師準備書附録」は出師準備にかかわる従前の「出師準備調査ニ関スル近衛師団交渉ノ件」の文書を吸収したと考えられる。また，1890年12月24日陸達第222号師団戦時整備仮規則中加除は「第五章　充員竝編制ノ位置」を追加し，野戦諸団隊は当該の各衛戍地で充員することなどを規定した。なお，「明治二十三年度出師準備調査及報告規例」の「諸兵充足表」に示された帰休兵・予備役兵の不応徴員概算数10％，後備役兵の不応徴員数16％の算出根拠は不明であるが，過去の統計からみて大目に算出したとみてよい。陸軍省総務局第二課は1887～89年度の「予備兵演習召集人員比較表」を調製したが（1890年1月27日），召集令達人員に対する不応徴員の同3箇年百分比例平均は，第一師管は5.9％，第二師管は10.0％，第三師管は6.2％，第四師管は6.8％，第五師管は6.1％，第六師管は5.6％とされ，全師管平均は6.8％とされた（〈陸軍省大日記〉中『弐大日記』乾，1890年2月，総総第41号）。

43）軍用馬匹調査の令達とは府県宛の1886年12月陸軍省訓令甲第2号を指し，徴発令第12条第2項の乗馬駄馬駕馬（年齢・身幹・牡牝に種別化して合否記載）と車輌（二輪又は四輪の人乗馬や荷馬車）並びに属具の員数に関する調査・報告を規定した。ただし，府県の調査・報告範囲は郡区段階であり，調査・報告の精密さに欠けることがあった。

44）1876年陸軍戦時費用区分概則を含め，1886年「出師準備書 会計ノ部」中の「師団諸費予算表」には「囚虜費」が費目化されていたが，「明治二十三年度出師準備調査及報告規例」中の「野戦師団諸費予算表」では費目化されていない。

45）〈陸軍省大日記〉中『弐大日記』乾，1890年12月，軍第396号。

46）〈陸軍省大日記〉中『明治二十三年自一月至六月 大日記 参謀本部』参天第319号第1。参謀本部は戦時の動員を基準にした近衛及び各師団の人馬の整備集約状況を摘録し概見するために「出師準備人馬概見表」を調製し，作成計画の参考に供した。

すなわち，参謀総長熾仁親王は1890年6月23日付で陸軍大臣に1890年度各師団出師準備人馬概見表の調製を協議した。その際，参謀総長は「今ヤ諸兵年ヲ逐テ増殖シ兵器材料之レニ伴テ塡実シ野戦師団殆ント整備ノ域ニ臨ミ野戦予備隊モ亦大小之レヲ編成スルヲ得ルニ至レリ」と指摘しつつも，「蹙眉［しゆくび］ノ顧慮」すべきものとして「幹部ノ欠乏」と「徴発馬匹ノ不確実」があると強調した。特に現在の馬匹調査方法の不完全により合格馬が所要数を満たさず，過半数の軍用不適当が演習結果上も判然しているので，前年来協議の馬匹徴発方法の規定化を進めてほしいと協議した。ここで前年来協議の馬匹徴発方法の規定化とは，出師準備に向けた徴発令中改正及び徴発事務条例中改正にかかわるものであった。

47) 〈陸軍省大日記〉中『弐大日記』乾，1890年9月，総軍第212号。徴発事務は内務省行政と関係が深かった。まず，大山巌陸軍大臣は，内閣報告書取調委員会（委員長田中光顕）による陸海軍両省主任官との協議を経て修正された徴発物件表様式の報告により（1886年1月22日），陸海軍両大臣と内務大臣の連署で1886年3月15日に徴発令中及び徴発事務条例中改正の閣議請議をした。これは徴発事務条例中第22，23条の削除等により郡区長の徴発物件表調製の手続き等を簡便にしたが，①人夫は駅伝のみの限定解釈による調査は非常の需要を欠くことがあるので，その範囲を広げて「農夫漁夫輓夫日雇人足等総力業ニ従事スル者ノ概数」を記載する（附録第3号の1），②従前の府県知事調製の「徴発物件概覧表」から牛・馬・車輛及び玄米・大小麦・塩・醬油等の記載を分離した徴発物件表（附録第3号の2は牛・馬〈乗馬・馬車馬・駄馬・耕馬〉・車輛〈馬車・荷馬車・人力車・荷車・牛車〉の内訳を細分化し，附録第3号の3は玄米・大小麦・塩・醬油等を記載）を調製・提出する，③従前の町村戸長役場調製・提出の「西洋形船舶表」と「日本形船舶表」は，府県調製・提出の西洋形船舶を基本にした「船舶表」「汽船表」（附録第5号の1，2，3）の記載にする，とした。同閣議請議は法制局審査において徴発事務条例中改正として扱われ，閣議決定を経て5月14日に閣令第11号として公布された（『公文類聚』第10編巻12，兵制門1兵制総，第4件，第5件，第6件上）。しかるに，その後，大山巌陸軍大臣は1889年3月8日付で徴発事務条例中改正に関する閣議案・勅令案・理由書を起案して海軍大臣と内務大臣に協議した。それによれば，①1886年閣令第11号の府県報告にもとづき3箇年間徴発物件表を編纂してきたが，各府県の材料報告は簡略に失して精密な徴発物件表を編纂できず，各師団はやむをえず直接に府県に照会し，府県は調査手数増加に至り，府県と師団双方が不便になっている，②現行の馬匹徴発は戦時・事変には施行しがたい面があるので，馬匹や車輛等の差出しは戦時・事変時には郡区外所要地に輸送を命ずる（徴発事務条例第39条に増設），③附録第3号の1の徴発物件表の表区画改正として「市町村」の表区画の下に

「管轄町村又ハ旧町村」の区画を設けた理由は，特に同年4月からの市制町村制施行を迎え，数十の連合戸長役場を合併して一つの町村になるのもあり，その結果，山間僻地や人家稀少の村落では1町村の管轄が4，5里になり宿舎又は所要器具材料等の徴発が困難になるので，旧町村名を記載して散点村落を把握することにある，④附録第3号の2の牛・馬・車輛の表区画は不完全のために出師準備に支障を来たすので，馬匹の乗馬・馬車馬・駄馬・耕馬はさらに牡・牝毎の合格・不合格区別を記載し，車輛の馬車・荷馬車はさらに各々1頭曳・2頭曳区別を記載する，等とされた。これについて海軍省は同意したが，松方正義内務大臣は7月18日付で，特に附録第3号の徴発物件表の旧町村の細別区画に対しては，①市町村事務の繁忙化（市制町村制の実施，府県会議員選挙の調査，衆議院議員選挙法実行等）がある中でさらに調査手数増加になり（東京市の例では旧町村は一千三百余を下らず，他市でも旧町村は数十なる），また，1町村の管轄が4，5里の場合の山村僻地では実際の徴発は稀であるので，旧町村の細別記載は必要なく，②徴発物件表なるものは，表面の数字をみてただちに物件有無を確知できるものでなくて唯その梗概を察する手段にすぎないので，毎年調査を廃して3〜4年毎に1回の調査にすべきことを協議したいと回答した。この結果，大山陸軍大臣は9月10付で徴発物件表の市町村区画は東京・京都・大阪の3市は市内各区の記載に止め，他市町村は旧町村細別区画を設けるが，3箇年毎の調査にすると再協議した。陸軍大臣の再協議に対して，山県有朋内務大臣は10月29日付で，現在の市町村は旧町村合併が多いが従前の戸長役場組合のような戸長事務上の都合による連合ではなく法律上一個人の団体であるので，散点村落を抱える町村に限り旧町村の細別区画は同意するが，東京・京都・大阪の3市以外の「連檐櫛比セル」人家連続の市町村の旧町村細別区画を不要と回答した。

48) 49) 50) 〈陸軍省大日記〉中『弐大日記』乾，1890年9月，総軍第212号。

51) 『公文類聚』第14編巻19，兵制門1兵制総，第9件。

52) 〈陸軍省大日記〉中『弐大日記』乾，1890年12月，軍第369号。

53) 〈陸軍省大日記〉中『明治二十三年自一月至六月 大日記 参謀本部』参天第319号第1号。なお，参謀総長は1891年6月5日付で陸軍大臣と監軍に「陸軍団隊出師準備人馬概見表」を送付した（〈陸軍省大日記〉中『明治二十四年自一月至十二月 大日記 参謀本部』参地第191号第1）。本表が〈中央 軍事行政 編制〉中『明治二十四年度陸軍団隊出師準備人馬概見表』である。それによれば，1891年度の近衛及び第一〜六師団・対馬警備隊・要塞砲兵・屯田兵の5月1日現在調査・報告にもとづく戦時の人馬動員の定員総員と欠員は下記の通りである。人員定員総計は185,302（4,360）人で，内訳は将校4,025（1,551），下士9,780（1,300），卒161,363・予備徴員10,134（1,509）とされ，馬数総計は40,755（951）頭で内訳は乗馬3,511〈4,369〉（841），輓馬1,100〈1,140〉(110)，駄馬1,281〈29,354〉とされた(( )内は欠員であり，下線部は乗輓馬合計の欠員，〈 〉内は徴発馬匹数)。なお，徴発馬匹中の乗輓馬不足は駄馬より撰用する見込みとした。1888年7月輜重兵操典は駄馬編制を輜重・運輸の基本にし，動員に必要な駄馬の大半を徴発馬匹より充足するに至った。

54)〈陸軍省大日記〉中『弐大日記』坤，1889年2月，総参第12号，同『弐大日記』乾，1889年3月，総総第121号。

55)〈陸軍省大日記〉中『弐大日記』坤，1889年9月，総参第114号。1889年野外要務令草案の目次大要は，目次　綱領　第1部　陣中勤務　第1篇　戦闘序列　軍隊区分　第2篇　司令部ト軍隊トノ連繫(命令　通報　報告　詳報　掌図　略図　陣中日誌　命令及報告ノ伝達　通信ノ通則)　第3篇　捜索勤務　第4篇　警戒勤務(通則　行軍　前哨)　第5篇　行軍　第6篇　宿営(要領　舎営　村落露営　露営)　第7篇　行李　弾薬縦列　輜重　第8篇　給養　第9篇　衛生(隊附衛生勤務ノ人員及材料　衛生部　駐留舎営ノ勤務　行軍中ノ勤務　戦闘中及戦闘後ノ勤務　篤志看護者　中立ノ徽章)　第10篇　弾薬補充(通則　歩兵　騎兵及工兵　砲兵)　第11篇　鉄道　電信(鉄道ノ輸送　鉄道及電線ノ破壊)　第12篇　憲兵　第2部　秋季演習　第1篇　一般ノ要領　第2篇　演習ノ結構(通則　対抗演習　仮設敵演習)　第3篇　演習ノ実施(要領　演習ノ経過　講評　宿営　再興)　第4篇　審判　第5篇　工兵隊　野戦電信隊　大小架橋縦列　大小行李　第6篇　雑則(危害ノ予防及損害ノ賠償　平時行李)，である。漢数字をアラビア数字に改めた。( )内は章構成。本草案の篇構成は，本書第2部第2章注6)のシェルレンドルフ原著・陸軍少佐メッケル補訂の『独逸参謀服務要領』の「後編　戦時ノ部」の戦闘序列・兵隊区分，軍隊戦時編制，戦時局務，行軍，休憩・宿舎，給養，軍実保全，偵察，作戦中参謀官特務，を基本的に参照し，さらに同書の「前編　平時ノ部」の「野外演習」を組入れたとみてよい。野外要務令は1891年，1900年，1907年の改正を経て，1914年に陣中要務令と改称された。

56)『明治天皇紀 第七』491頁。〈陸軍省大日記〉中『弐大日記』坤，1890年2月，総参第30号，同『弐大日記』坤，1890年3月，総参第75号。第三師管下陸海軍連合大演習の概要は，陸軍省編『明治軍事史』上巻，806-815頁，参謀本部編『陸海軍連合大演習記事』1890年，参謀本部編『陸海軍連合大演習記事　附図』1890年，愛知県編『愛知県聖蹟誌』巻2，1919年，『官報』第2002号，2024号，2025号，2026号，1890年3月6日，4月2，4，5日，参照。

57) 58)〈陸軍省大日記〉中『弐大日記』乾，1890年2月，総総第70号，総総第65号，他。2月27日陸軍省訓令甲第1号，陸軍省訓令乙第7号，参照。体重増減(発営時と帰営時の比較)では，歩兵第七連隊(金沢，現役・予備兵各62名，行軍・演習の

総日数は22日）の予備兵の平均1人の体重0.4貫減少が最も多く，逆に，近衛砲兵連隊（現役40名，行軍・演習の総日数は9日）は平均1人で0.2貫増加し，増加隊も概して体重増加（現役兵は0.1貫，予備兵は0.3貫）された（参謀本部編『陸海軍連合大演習記事』，参謀本部編『陸海軍連合大演習記事　附図』）。馬匹衛生では，東軍の徴発馬匹770頭は愛知県下と静岡県敷知郡のもので（産地は木曽・三河地域等），通常は農耕専用であり（駄馬使用は稀），概して草・藁・糠・豆殻等を常食としているため，俄かに滋養成分に富む大麦の飼料変換は逆に不消化を起こすとされた。病馬は47頭になり（内3頭は斃死，6頭は使用不能になり買い上げ売却），徴発駄馬には装鉄必要や駄鞍改良の課題を残した。なお，大本営経費として「地所損害要償金」1,133円余が支出されたが（各演習地での踏み荒らし弁償金），内訳は麦畑22町2反余と桑苗4,346本等とされた。

59)　注56）の『官報』第2026号所収。3月30日は明治天皇の早朝からの八重山艦での海軍演習の統監であり，夕方に天覧終了し午後5時前には武豊港に上陸し休憩したが，増加隊の揚陸作業は終わらず「頗る宸慮を悩ませられ，御附武官をして其の状を問はしめたまふに至る」（『明治天皇紀　第七』515頁）と記述された。西軍艦隊の演習は同日内に増加隊を上陸させて本軍と連絡するまでを掩護することにあった。しかるに，西軍艦隊の「先任派遣将校報告」（参謀本部編『陸海軍連合大演習記事』90-92頁）によれば，増加隊の近衛歩兵第三連隊の揚陸は30日の午後9時30分から翌31日午前9時までの計11時間30分を費やし，増加隊の騎兵1小隊・砲兵1中隊と軍須の揚陸は3月31日午前9時45分より午後4時15分までの計6時間30分を要したとされた。夜間・風雨時の揚陸とはいえ，作業計画の甘さと海陸軍連携の不十分さによろう。

60)　〈陸軍省大日記〉中『弐大日記』坤，1891年8月，参第68号。『樺山資紀関係文書〈第二次受入分〉』には『戦時編制書草案』（1891年10月活版印刷）が収録され，参謀本部は文書・冊子体としての戦時編制を既に1891年段階で起草していた。

61)　『熾仁親王日記　五』499，500，524，534，537頁。『明治天皇紀　第七』883頁。1891年野外要務令が戦時の現場諸隊への主要給養物品支給を現品支給に転換し，その調達分配執行を監督部に負担させたことの意義は大きい。参謀総長の野外要務令草案改正上奏後に，参謀本部副官上領頼方は8月19日付で各師団の参謀長宛に，野外要務令草案改正の主要給養物品の現品支給の趣旨について，①戦時の監督部業務を軍医部の衛生業務のように位置づけて給養物品の調達分配を確実に執行させ，現場諸隊は戦闘専念の分業体制を組む，②その上で，軍隊が携行する給養輜重を減らし，「因糧於敵[かてを[に]てきによる]ノ古法」により当該地物品を利用し，軍隊もなしえる限りは時価相当の代金支給を受けて「自ラ適宜ニ調弁スル」ことに努めなければならない，

③軍隊と監督部の活動によっても調弁できない場合には，初めて糧食縦列使用を原則とし，同携行物品は米・塩及び缶詰肉・鰹節・乾魚（馬糧は麦）に限り，携行不便物品の野菜・乾燥藁・炊爨用薪炭等は当該地での調弁を通則とし，糧食縦列には携行しない，と説明した（〈陸軍省大日記〉中『明治二十四年自一月至十二月　大日記　参謀本部』参地第257号）。上領頼方は，戦時の主要給養物品の現品支給の原則化は陸軍省経理局長と合議済であり，経理局も同調達方法の規定化に着手すると各師団長に通知した。

62）1891年12月の野外要務令制定時点では兵站勤務令は草案の起草・脱稿中であった（〈中央　軍隊教育　典範各令各種〉中『明治二十四年四月改正　兵站勤務令草案　第二回』）。

63）64）〈陸軍省大日記〉中『弐大日記』乾，1890年11月，軍第293号。本件文書には公布正文（活版）の陸軍定員令が収録されている。桂軍務局長の「奏請按」起案・提出の段階では，同添付の「理由書」は「一　軍隊ノ編制ハ従来允裁ヲ奉請シ概ネ陸軍部内へ宣布致来タル処未タ式ニ依リ公布ニ及ハサルモノ許多有之他ノ行政各部官制ノ類ト其権衡ヲ得サル廉少ナカラス又陸軍各官衙ノ組織モ右軍隊編制ト同様ノ性質ト認メ候間今般一併ニ取纏メ陸軍定員令トシテ制定セラレ度憲法第十一条第十二条ノ明条ニ基キ茲ニ奉請ス但陸軍省及千住製絨所ノ如キハ純然タル行政部ノ官制タルヲ以テ相除キ置キ候　二　右御允裁ノ上之ヲ内閣ニ行下シ勅令ヲ以テ発布セラレ度候　三　将来此定員令ニ内包セル軍隊軍衙ノ廃置分合及其職務ノ規定ニ於テ允裁ヲ奉請スヘキ事件ハ此定員令ニ依リ直ニ上奏スヘキコトニ致度尤モ憲兵ノ如キ他省ト連帯スルモノハ従前ノ通内閣ヲ経テ上奏可致候」と述べた。ここでの官衙は陸軍省と参謀本部及び監軍部管轄の官衙（学校等も含む）を含めた上で，さらに同官衙の組織を編制とみなして，直接上奏の手続きによる制定を意図したとみてよい。その場合，参謀本部と監軍部との協議等が当然必要であるが，『熾仁親王日記　五』（381頁）は，9月15日に軍事参議官御用懸陸軍歩兵大佐沖原光孚が監軍部条例他改正を含めて「陸軍定員令ノ件」につき「奏議御下問審議書面」を持参して参謀総長熾仁親王に面会したことを記述した。陸軍のトップ官僚により進められたとみてよい。軍事参議官は編制表（改正）を含めて一括（協議）審議可決し，陸軍大臣上奏によって裁可されたのであろう。なお，海軍の定員関係では，1890年9月に海軍大臣樺山資紀が「軍艦団隊定員ノ件」と「横須賀鎮守府呉鎮守府佐世保鎮守府定員ノ件」及び「艦隊司令官及幕僚定員ノ件」を上奏し，裁可を経て10月18日に勅令第235号，237号，238号として公布された（『公文類聚』第14編巻20，兵制門2陸海軍官制1，第59，60，61件）。

65）〈陸軍省大日記〉中『弐大日記』坤，1890年10月，参第165号。参謀本部起案・協

議の編制表は，近衛司令部編制表，師団司令部編制表，旅団司令部編制表，屯田兵司令部編制表，平時近衛歩兵一連隊編制表，平時歩兵一連隊編制表，平時騎兵一大隊編制表，平時近衛砲兵一連隊編制表，平時野戦砲兵一連隊編制表，平時要塞砲兵一連隊編制表，平時近衛工兵一大隊編制表，平時工兵一大隊編制表，平時近衛輜重兵一大隊編制表，平時輜重兵一大隊編制表，輜重廠編制表，陸軍軍楽隊編制表，平時対馬警備隊編制表，平時屯田歩兵一大隊編制表，平時屯田騎兵隊編制表，平時屯田砲兵隊編制表，平時屯田工兵隊編制表，である。なお，この場合，勅令本体を陸軍平時編制と称せずして陸軍定員令と称したのは，後に「当時ニ於テハ未タ戦時編制ナルモノ無カリシ」とのように，平時編制に対応する戦時編制の未成立による(〈陸軍省大日記〉中『弐大日記』乾，1896年6月，軍第12号)。

66)　1890年3月勅令第30号陸軍被服工長学舎条例制定と同第31号陸軍現役縫工長靴工長補充条例制定により，縫工長と靴工長の補充体制及び縫工長と靴工長の養成体制が成立した(被服工長学舎設置)。そして，各隊に縫工(下)長と靴工(下)長及び縫工・靴工を配賦した。また，同年7月陸達第132号の平時近衛各隊編制表中改正と平時師団各隊編制表中改正は両編制表中に縫工(下)長と靴工(下)長の区画を設け，縫工(下)長・靴工(下)長及び縫工・靴工の人員数を追記し，平時師団の各隊編制表の歩兵一連隊では，縫工(下)長1，靴工(下)長1，縫工20，靴工10，の計32名増員になった。縫工・靴工の定員化により軍隊内の工場で被服・靴を直接に製造し，1893年から縫工・靴工を配置した。他方，前年に民間の靴職工者が団体を結成し帝国議会に対して，「官設業」の漸次民業化に逆行し，軍隊での靴製造は「民業ヲ奪テ」「数千人ノ職工及其家族ハ餓死ノ境遇ニ陥ル」云々を趣旨とする建議を提出した(注88)の「談話筆記」17頁)。1892年12月12日の帝国議会衆議院予算委員会では，斉藤珪次が戦時も競争入札により靴を購入できることは特約等により可能であり，平時も競争入札での靴購入は国家経済上で至当であると発言した。これに対して，政府委員として出席した野田豁通陸軍省経理局長は「万一事変ニ際シ多数ノ品ヲ要シマス，場合ニ於テ日本ニモ追々西洋ノ悪弊ガ輸入シマシテ罷工同盟等ノコトガ生シマスルノ恐レアリ，故ニ将来ヲ顧慮シ軍隊ニ差支ヲ生セザル様軍隊自ラ[靴を]調製スルコトニシテ置ク方ガ必要且確実デアリマス」と答弁し(『帝国議会衆議院委員会議録 3』211頁，1985年，東京大学出版会復刻)，靴職工の帝国議会への建議等があたかも「同盟罷工」の兆しの如くとらえ，民間発注の危険性を避けるためであることを暗示した。野田経理局長は同発言趣旨を1893年9月の第三師団での談話においても繰り返し，軍隊での被服・靴の直接製造は，①原料を精選し，保存上で良いものを製造する，②今日の代価よりも幾分か「減額」できるという利益がある，と述べた(注88)の「談話筆記」18頁)。

67）『公文類聚』第14編巻20，兵制門2陸海軍官制1，第56件。

68）〈陸軍省大日記〉中『弐大日記』乾，1891年2月，軍第38号。1890年8月勅令第171号砲兵方面条例は砲兵方面を要塞の備砲及び陸軍所要の兵器弾薬の購買貯蔵保存修理支給分配の管掌機関として規定した。砲兵方面は，第一師管・第二師管及び北海道を管轄する第一方面（本署は東京），第三師管・第四師管を管轄する第二方面（本署は大阪），第五師管・第六師管を管轄する第三方面（本署は下関）に分かれ，各師団司令部・要塞司令部所在地に砲兵方面支署を置いた。砲兵方面所管の兵器弾薬は陸軍大臣所定の数量にもとづき，本須は本署直轄の方面に貯蔵する数量，「第一支須」は支署に貯蔵して「第二支須」の補充に備える数量，「第二支須」は出師準備と演習用に供する数量，とされた。1891年兵器弾薬表中第6号の歩兵一連隊備付兵器弾薬表によれば，師団編制下の歩兵連隊では，①平時の隊渡しの下士用刀（下副官所用）3及び下士用刀12の計15と村田式歩兵銃1,570は，1890年陸軍定員令の平時歩兵一連隊編制表中の曹長人員合計15名（内大隊本部付の下副官3，中隊付曹長12）と下士兵卒人員合計1,570名に対応し（曹長を除く，一等軍曹72，二等軍曹58，上等兵192，一等卒432，二等卒816），②戦時備付の下士用刀（下副官所用）3及び下士用刀12の計15と村田式歩兵銃2,528は，1887年戦時歩兵一連隊編制表中の曹長人員合計15名と下士兵卒人員合計2,528名に対応している（曹長を除く，下士122，兵卒2,406）。また，「第二支須」（其一，其二）は近衛と師団の戦時司令部・弾薬縦列大隊・衛生部備付の銃・刀・馬具・携帯弾薬の数量，近衛と師団の弾薬縦列大隊備付の弾薬（箱）類・駄鞍等の数量を表示化し，「第二支須」（其三，其四）は近衛と師団の留守官衙・野戦予備隊・補充諸隊備付の銃・刀・馬具・携帯弾薬の数量を表示化した。なお，諸兵携帯兵器弾薬表は，歩兵・要塞砲兵・警備隊歩兵・砲兵の軍曹・兵卒各1名（村田式歩兵銃）の携帯弾薬員数を70発と規定した。

69）〈陸軍省大日記〉中『弐大日記』乾，1894年5月，軍第100号。

70）〈陸軍省大日記〉中『弐大日記』乾，1888年10月，総総第666号。

71）〈公文別録〉中『未決並廃案書類』（1887-1915年，内務省・大蔵省・陸軍省・海軍省・逓信省）第2巻，第15件。

72）『枢密院会議筆記』（会計法完），1888年。会計法第4条は「各官庁ニ於テハ法律勅令ヲ以テ規定シタルモノノ外特別ノ資金ヲ有スルヲ得ス」と規定された。

73）〈陸軍省大日記〉中『弐大日記』乾，1890年3月，総会第141号。ただし，陸軍給与令草案は編綴されていないが，そのまま，省議で了承されて閣議に提出されたとみてよい。

74）75）76）『公文類聚』第14編巻35，兵制門17賞恤賜与2，第1件。大山陸軍大臣提出の陸軍給与令案の「理由書」は，「独逸ノ如キハ兵卒給料ノ内ヨリ食料調弁ノ為メ一日拾三片宛引去リ其不足丈ケヲ給養補助金トシテ官給シ」云々と記述したが，ドイツの糧食給養を含めて陸軍経理全体を調査・報告したのが，当時の会計局第一課長の野田豁通陸軍二等監督であった。野田は1887年1月にドイツ出張を命じられ，翌1888年6月に帰国し，ドイツ陸軍経理の諸法規を収録・研究した詳細・膨大な復命書（同国陸軍官吏との問答等や諸表を含む）を陸軍大臣に提出した。同復命書は1894年3月に陸軍省経理局から『独逸経理大要』上巻（本文全534頁，附録・附表），同下巻（本文全565頁，附録・附表）として刊行された。大山陸軍大臣提出の「理由書」中のドイツ兵卒（下士も含む）からの1日13ペニヒ引去りは1882年布告の糧食給養規則第21条などにもとづいていた。ちなみに，ドイツの兵員1名あたり1年間の必用経費額は335マルク7ペニヒであった（給料・雑貨・兵器修理金，糧食給養，被服，屯営費，看護費）。

［**補注**］野田豁通陸軍二等監督のドイツ陸軍経理調査で注目されるのは，第一に，ドイツ陸軍の自己経理システムによる剰余金発生である。野田はベルリンの近衛歩兵第三連隊の屯営実視の際に同隊経理少佐及び連隊事務担当の第一大隊計官との問答を紹介している（『独逸経理大要』上巻525-529頁，下巻155頁）。それは，①同隊の自己経理に属するもので注意節倹より生ずる剰余金は一定しないが，毎年，およそ被服費からは1千5百マルク余，室内壁塗替費により同隊が塗替え執行した時には1千マルク，燃材灯材費をもって同隊で調弁経理する時には（各室に寒暖計を備えて火力調節する）2千マルクが生ずる，②糧食積立金は下士卒給料からの13ペニヒ引去りと給養補助金及び残骨・残食売却代金からなるが，1884年12月の布告により，100名につき180マルクまでに限られ，他の目的に使用することはできない，とされている。ここで，給養補助金の計算書は，150gの肉（生肉量），90gの米又は120gの皮剥麦（あるいは麦粗粉）もしくは莢類もしくは1500gの馬齢薯，25gの食塩からなる肉菜給養を1日定量とし，その価格は各衛戍地所在の町村役所が調査した3箇月間の市場平均価格にもとづき調製するとされた。第二に，1880年代のドイツ陸軍の建築工事・建築材料の競争入札手続きや請負契約を規定した「建築工事及建築材料ニ係ル契約書並ニ之ニ属スル普通契約書及特別契約書」中の「何兵営建築用石工事業請負ニ係ル普通契約書」の紹介がある（『独逸経理大要』上巻384-403頁）。たとえば，①請負人は，1878年10月制定の「社会党公安危害所業鎮圧条例」にもとづき警察署禁止の社会党系協会会員と社会党主義により職務（公廨・私社）を失った者又は社会党の事業に尽力し集会を開いて社会党員であることが認められる者を使用してはならず，同者使用の場合は関係官庁の要求により速やかに解雇しなければならず，社会党系協会会員と社会党主義により職務を失った者で「悪評ナク且信任スルニ足ルヘキ見込アル者」は衛戍管理所交付の書式にもとづき「誓約書」

の提出後に使用できる，②契約締結後に，最低額入札者が官益を害し又は落札を得ようとする目的により，入札前に他入札者又は第三者と「通牒シタルノ証跡」が発覚した場合には，近衛軍団監督部は解約権利を有する，③契約解釈を異にし又は締結義務範囲に疑義が生ずる場合は，近衛軍団監督部他官吏は裁定しなければならないが，請負人は同裁定不服の時は再審のために「鑑定人会議」(当該地の警察庁指名の声価ある鑑定人3名と主座又は会議書記官たる陸軍経理官1名により構成し，陸軍経理官は裁決数に入らず，多数決で裁決) の評定に付せられることを近衛軍団監督部に要請することは随意であり，同会議において「曲者タルノ判決」を受けた者は同会議費用を負担しなければならないが，特別の場合には同会議で費用負担を議すこともある，④請負人の所為又は怠慢に起因した事件について警察官・裁判所及び人民から建築主の軍衙に対して要補償がある時には，請負人は自己及び使役者の所為の如何にかかわらず当該損害の補償責任がある，⑤建築工事等はすべて建築官吏の指揮を遵守しなければならず，工夫・転送夫・その他の人夫の中で抗命者や不適任者がある場合は，建築官吏は解傭する権利があり，請負人が再び同解傭者の採用時には建築官吏の承諾が必要である，⑥請負人使用人夫の疾病保険に関する費用で1883年6月の法律による被保険者負担に属さないものはすべて請負人が負担しなければならない，⑦施行工事の善良や工業・材料の契約適合は当然であるが，工事の堅牢・完全の義務で特に地方法律に規定なきものは，請負人は3箇年間を保証しなければならず，請負人は仮に工事等受理時に非難を受けなかったことをもって保証義務が免れたという口実にすることはできない，とされている。特に，①⑤は注66) の靴職人の「同盟罷工」に関する野田の帝国議会の発言背景にもかかわるが，⑦の工事の保障期間は1894年5月陸軍省告示第5号陸軍工事請負及入札心得の調査・制定の資料になったとみてよい。ただし，②は談合抑止として規定されたものとして注目してよい。

77)　会計検査院法第16条 (「会計検査院ハ各官庁中一部ニ属スル計算ノ検査及責任解除ヲ其ノ庁ニ委託スルコト得但シ其検査ノ成績ハ該庁ヲシテ之ヲ会計検査院ニ報告セシムヘシ　前項ノ委託ニ拘ラス会計検査院ハ時宜ニ依リ其所管ノ官庁ヲシテ計算書ヲ送付セシメ之カ検査ヲ行フコトアルヘシ」) における決算検査の一部の検査委託は，同院の一括略式総会議 (1889年勅令第106号会計検査院事務章程第5条) の決議で行われ，検査受託官庁は会計検査院の名のもとに自ら検査し，出納官吏の責任を解除し，検査成績の同院報告を規定した。検査委託事項は主として官庁備品類や歳入歳出外現金の出納検査等とされたが，陸軍省の委任経理に対する会計検査は，会計検査院内では二つの解釈があったとされている (『会計検査院八十年史』74-75頁)。すなわち，①新法律で経理が委任された以上は会計検査も当該経理者その人の権限に帰属するが故に，会計検査院法第16条の委託の選択権は自然に効力を失う，②会計検査院法第16条の「委託スルコトヲ得」は検査の要不要をみて委託可否を選択措置するという会計検査院の権限を意味し，また，会計検査院法は憲法に直接にもとづく法律であり，新法律によって改められるならば同院の一部機能が妨げられることになるので，同第5条は「[会計検査院法] 第十六条ニ依ルヲ便トスルノ主旨ヲ寓示スルニ在リ」と解釈すべきである，とされた。同院総会議は後者の②を決議し，4月5日に会計検査院長名で陸軍大臣宛に委託検査事項として，①陸軍軍隊の委任経理に属する糧食・被服・消耗品・陣営具及び馬匹の定額，②各軍楽隊・野戦電信隊・諸学校・諸学舎・要塞砲兵幹部練習所・教導団・監獄において①の軍隊に準じた委任経理に属する給与，を通牒したとされている。そして，会計検査院は「委託検査ニ係ル責任解除及検査成蹟報告順序」を規定し翌1891年6月22日付で陸軍大臣宛に送付し，委任経理に対する委託検査の報告手続を通知した（〈陸軍省大日記〉中『壱大日記』1891年7月，省第219号）。同報告手続は，①委託検査の成蹟による摘発事項は当該官吏に対して「審理書」を発し答弁又は正誤させ，審理書には不合規の件への非難，将来の措置への注意，不明瞭の件への推問を記載する，②審理の結果，不正当と判決した時は「判決書」を発する，③「認可書」は，計算すべてが正当と判決したもの，審理書に対する弁明により明瞭に帰したもの又は正誤したもの，判決書を発して同処分が完了したもの，に交付する，④糧食・被服・消耗品・陣営具及び馬匹の当該年度の各々の受払表の書式（たとえば，糧食費の科目としては賄料，パン又は雑穀に対する精米代，精米に対する代金渡し，食料，糧食積立金と各科目の積立金への組替払い），を規定した。陸軍省は同委託検査の報告手続を同年7月9日陸達第96号で陸軍一般に通知した。

78) 79) 80)　『公文類聚』第14編巻39，財政門3財政総3，第8件。

81)　陸軍省勅令案「陸軍兵備物品会計規則案」の第7条起案は，会計法規定の出納官吏に対する「身元保証金」納付義務を陸軍に限り不要とし，陸軍省所管会計管理の独善的特権化の執拗な画策による。第一に，1889年6月11日付で大山巌陸軍大臣は軍人に限り身元保証金納付義務非適用を大蔵大臣に協議した。しかし，松方正義大蔵大臣は12月23日付で認められない旨を回答した（〈陸軍省大日記〉中『弐大日記』乾，1890年3月，総会第130号）。他方，松方大蔵大臣は会計法第28条（現金又は物品の出納官吏の身元保証金の納付要綱は勅令で制定）にもとづく勅令案を12月17日付で閣議に提出した（「出納官吏身元保証金ノ件」）。同勅令案は12月26日に閣議決定され翌1890年1月18日に勅令第4号として制定された。同勅令は1年間に金額5百円以上又は常時保管物品の価格1千円以上を扱う出納官吏に身元保証金納付を義務づけた。しかるに，大山陸軍大臣は同閣議決定日の12月26日付で，①軍人は，自己の本分遂行にあたり一身の生計や私行動作は上司の制裁・監視をうけているので（不正はありえず）他の普通官吏と同一視できない，②軍隊内部では各隊金櫃条例（1886年陸軍省令乙第20号）により大隊毎に委員を編成して委員会同のもとに金櫃開閉するという連帯責任制をとっている，③フランスの陸軍会計法でも会計官の集合体組成のもとに連帯責任制をとっていると述べ，身元保証金非適用を求めて閣議を請議した。これについて，法制局は1890年2月28日の閣議に，会計法は官職身分の如何を問わずに出納官吏の分限を規定し，軍人であっても出納官吏の資格上は普通官吏と異ならず，軍隊内部の金櫃取扱い事務を規定した各隊金櫃条例をもって出納官吏の資格を推論できず，陸軍省の閣議請議は認められないという審査報告を提出した。同審査報告は同日の閣議で決定され（海軍大臣も陸軍大臣同様趣旨の閣議を1890年1月18日付で請議したが認可されず），3月14日に不認可を陸海軍両省に通知した（『公文類聚』第14編巻39，財政門2財政総2，第38，39件）。結局，身元保証金納付義務が適用され，他省庁と同様に会計法第102条による保証人2名の保証書にもとづく身元保証金納付の免除措置を受けることになった。さらに，翌1891年3月11日に勅令第22号の陸軍兵備品会計規則が制定された。陸軍兵備品は「出師準備品」（兵器弾薬・各兵器具材料，秘密図書，馬匹及び戦時に要する器具，戦用糧秣・炊爨具，戦用被服・裁縫具，戦用衛生材料，戦用獣医材料，戦用天幕，陣中事務用品）と「通常兵備品」（図書，糧秣，被服・裁縫具，衛生材料，獣医材料，兵営備付陣営具）に区分された。ここで，出師準備品（会計検査非適用）の品目数量は陸軍大臣と参謀総長の協議により上裁を経て規定し，出師準備品の保存を「全カラシムル為メ通常兵備品ト新陳交換スルヲ例トス」とした。また，通常兵備品の会計は1889年物品会計規則によると規定した。第二に，1891年4月21日付で陸軍大臣大山巌は，陸軍兵備品会計規則に通常兵備品の会計は1890年勅令第4号の身元保証金の納付除外化の文言を加えたいとして閣議を請議した（閣議請議の理由は上記1889年12月26日付の閣議請議とほぼ同趣旨）。これについては，大蔵省も賛成し，法制局は上記2月28日の閣議への審査報告趣旨を廃棄し，逆に「兵備品ノ出納ハ特殊ノ取扱法ニ拠ルモノニシテ」と陸軍省提案を支持し，1890年勅令第4号第1条に「但兵備品ノ出納ヲ取扱フ武官ハ本条ノ限ニアラス」という但し書き追加の改正案を閣議に提出し決定された（6月3日勅令第51号，『公文類聚』第15編巻15，財政門1会計1物品会計，第38件）。なお，1891年陸軍兵備品会計規則中の通常兵備品は会計検査を逃れるべく「戦用○○」と称するなどして，出師準備品との混同を生じさせるようなあいまいさ発生の可能性を残した。

82）〈陸軍省大日記〉中『弐大日記』乾，1890年3月，総会第133号。

83）陸軍省会計局第二課は非常準備のために梅干を臨時貯蔵し，また試験のために缶詰肉を貯蔵してきたが，陸軍省会計局は1887年6月9日に「往々腐敗之患モ有之」として，東京格納分の梅干を近衛の糧倉（217樽）及び東京鎮台の糧倉（219樽）に，大阪格納分の梅干と缶詰肉を大阪鎮台（梅干240樽，缶詰肉369缶）に交付すると指令した。また，会計局は同6月10日に道明寺糒と食塩を近衛と全鎮台の監督部に渡すことを指令した。その内訳は，近衛は道明寺糒76石余と食塩471箱，東京鎮台は道明寺糒120石と食塩1,000箱，仙台鎮台と名古屋鎮台は各々道明寺糒75石と食塩500箱，大阪鎮台は道明寺糒200石と食塩1000箱，広島鎮台と熊本鎮台は各々道明寺糒100石と食塩500箱とされた（〈陸軍省大日記〉中『弐大日記』乾，1887年6月，総会第193，207号）。1箇所における糧食品の大量貯蔵と保管は不経済とみなされた。

84）〈陸軍省大日記〉中『弐大日記』乾，1892年11月，経第413号。

85）86）〈陸軍省大日記〉中『弐大日記』乾，1893年6月，経第246号。「甲号」の各師団戦時用量食品準備表（携帯口糧を「携」，常食を「常」と略記）は，①1人1日の支給額は，糒（携・常各3合），缶詰肉（携・常各40匁），食塩（携・常各3匁），梅干（常・12匁），醤油エキス（常・2匁），②隊・部等の準備区分は，戦列隊・小架橋縦列，衛生隊（携・4日分，常・5日分），諸縦列・野戦電信隊・守備隊・兵站糧食縦列・兵站電信隊（携・常各2日分），兵站部中の兵站監部・兵站司令部・砲廠監視隊・輜重監視隊・衛生予備員・衛生予備廠（携・常各2日分），と基準定量を示した。また，「甲号」の全師団総数量及所要金額は（単価，全国計），糒（1石13円，計23,137円余），缶詰肉（1貫目2円，計102,374円余），食塩（1貫目1円50銭，計2,669円余），梅干（1貫目1円50銭，計12.355円余），醤油エキス（1貫目1円30銭，計1,784円余）とされ，全国全師団合計で142,322円余と算出した。ただし，食塩は現在貯蔵に余裕があるので購入せず，糒は不足量のみを購入し，糧米と馬糧中大麦は糧餉部設置により平時給与品から応用できる見込みなので予め準備しないとした。なお，本算出の隊・部等の準備区分は1891年戦時編制草案規定の軍兵站部の組織にもとづく。

87）88）〈陸軍省大日記〉中『弐大日記』乾，1893年6月，経第246号。経理局の内議案は平時の戦時用糧秣品の準備について，①米・麦は費用多額で戦時も国内供給源が乏しくないので準備せず（糧餉部貯蔵品を利用する），糒・梅干・食塩等は準備と補充上で至難ではないので準備しない，②缶詰肉類は確実な製造所がなく準備実行が難しいので，さしあたり1893年度予算中（糧餉部）に2万9千円余を算入したが，「甲表」の「一師団近衛ヲ除戦時用糧食品数量及金額表」に照らせば（各隊貯蔵用缶詰肉は携帯口糧・常食の合計1日分で1,764貫目，総額3,528円余，糧餉部貯蔵用缶詰肉は携帯口糧・常食の合計1日分で6,110貫目，総額12,221円余，総計金額15,749円余），全備には数年かかる（各隊貯蔵は携帯口糧2日分・常食1日分の準備，糧餉部貯蔵は携帯口糧2日分・常食4日分の準備），③しかるに各隊の糧食積立金合計は全国で10万3,950円に達しているので，各隊貯蔵分を積立金により繰入れ，保存期限を過ぎたものは師団において適宜新陳交換方法を設けて補充し，定額実費の差があるものは積立金で支弁し，各糧餉部貯蔵数は経常費で準備し，同新陳交換は1894年度以後は野外演習等の際に現品給与にし，代品は糧餉部経費より補足する，④戦時糧食調弁給与は師団監督部の負担に属するので，平時の糧食準備は同部に担任させ，積立金により各隊準備の糧食品購買も同部で取扱うようにしたい，と起案した。

［**補注1**］従来は陸軍の中央（糧倉，被服廠）において一括購入し，その金額多額のために入札していたものは，各部各隊の分割購入になった結果，金額少額になり随意契約により各隊で購買できる物品も出てきた。しかし，従来の慣習的な軍隊経理思想から脱することは容易でなく（特に東京以外に所在する軍隊），委任経理は第4回帝国議会の衆議院予算委員会（1892年12月12日，犬養毅発言）でも取り上げられたこともあった。その中で，野田豁通経理局長は会計法・軍隊委任経理趣旨を説明・徹底するために西日本の衛戍地を巡視し，1893年10月31日付で陸軍大臣宛に「第三，四，五，六師管巡視事項報告」（以下「報告」と表記）を提出し，また，「明治二十六年九月十日野田豁通経理局長談話筆記」（本文活版全27頁，第三師団では師団長・参謀長ともに検閲のために不在で，また各隊も野外演習で不在のために，旅団長と在営諸隊長や各部長他向けの談話筆記を別冊にして刊行，以下「談話筆記」と表記）を残した（〈陸軍省大日記〉中『明治二十六年分 編冊』）。野田経理局長の「報告」「談話筆記」は，第一に，従前の委任経理体制等を総括し，特に，①従来慣習的に各種名目で軍隊内に蓄積された資金又は兵営内の地所・樹木等収穫物等売却により収益・所得がもたらされたものは（荒地を開墾して菜園を作り，不用地に諸種の苗樹を植え付ける，城堀に蓮根を栽培する，等），会計法によりすべて政府収入に組入れられ，国庫としての歳入になる，②物品等購入で入札に付すものは広く公告するのは当然であり，身元確実で信用がある商人はよいが，「［軍隊の購入担当の］委員交代ノ節ニ出入商人モ又交代スル等ノコトアルトキハ従来出入ノ商人ニシテ出入ヲ止メラレタルモノハ其不平心ヨリ種々ナル流言ヲ為シ遂ニ議会ヲシテ質問ノ材料ヲ与ヘシムルニ至ルヘシ」と述べ，1人の商人から全物品を購入する「専売ノ姿」になり，「格外高価ナル品ニシテ非常ノ利益ヲ与ヘ居ル等」の非難を受けないようにしなければならない，③委任経理による糧食積立金は「軍隊出師準備品ノ完備ヲ助ケ」るものとして位置づけられているが（被服調製も同じ），全国の各隊を合計すれば約13万円になり，数年後には数十万円に達することが見込まれるが，熟考しなければならないのは，これらは「注意周密節倹等」のもとに発生したにも

かかわらず，もともとの定額に余裕があるが故での発生とうけとめられて定額自体の減額議論が生ずることであると述べた。なお，ドイツは糧食積立金に制限を設けているが，積立て自体を主目的化して「滋養」を損なわないようにするためである，と指摘した。委任経理体制は，野田経理局長のうけとめによれば試験的な実施であり，将来の改良の政策提言等もありえるわけだが，現在は軍隊自らの非適正な実施により議会等での非難を受けないことを最大の課題にしなければならないとした。野田経理局長の②の特定御用商人「専売」の指摘には，後に，1902年2月1日の師団長会議で児玉源太郎陸軍大臣が「結託」を含めて指摘した。ただし，児玉陸軍大臣は「従来御用商人ト結託シテ不当ノ寄贈ヲ受ケ不義ノ私利ヲ営ム如キ醜聞ヲ往々我カ陸軍部内ニ耳ニシタルコトアルハ甚タ遺憾トスル所ニシテ此等ノ徒ハ従来多クハ監督部軍吏部等直接経理ノ事ニ責任アル者ニ限レルカ如キ情況ナリシヲ以テ爾来監督ヲ厳ニシ之カ弊根ヲ除去スルコトニ努メタルノ効果空シカラス目下ノ所経理当局者ノ中ニハ殆ント醜聞ノ跡ヲ絶チタルモノノ如シ然ルニ今ヤ却テ各隊経理委員ノ中ニ往々醜聞ヲ漏ス者アルヲ見ル実ニ嘆息ノ至リニ堪ヘサルナリ諸君一層監督ヲ厳ニシテ断シテ其弊害ヲ根絶センコトヲ希望ス」と述べ，あたかも「醜聞」が漏れないことを含む監督の厳重化を求めた（〈陸軍省大日記〉中『明治三十五年二月　師団長会議書類』）。「特定御用商人」との「結託」は，会計検査院も注意していた。浜弘一会計検査院部長は1903年2月10日付で陸軍省経理局長宛に注意又は改正希望の諸件を詳細に通知したが，その中には，「筆工又ハ図工等ヲ使役スルニ方リ出入商人ヲ介シテ之ヲ雇入レ給料モ該商人ニ支払ヒ且ツ勤務ノ事実ヲ認ムヘキ書類ヲ存在セサルコト検査上往々発見スル所ナリ依テ自今ハ此等雇入ニ付商人ヲ介スルコトヲ廃シ勤務日数ヲ明記スヘキ書類ヲ存スル等相当改良方一般ニ注意アランコトヲ望ム」（〈陸軍省大日記〉中『弐大日記』乾，1903年2月，経第21号）と，出入商人に人材派遣をいわば「委託」するケースがみられた。野田経理局長の「報告」「談話筆記」は，第二に，特に，対馬警備隊等への詳細な指示を与えたことが注目される。当時の対馬警備隊の平時定員は，1890年陸軍定員令附表第7号の平時対馬警備隊編制表によれば合計261名であった（司令部37名，歩兵隊102名，砲兵隊122名）。また，戦時人員は1891年戦時編制草案の附表第29号の戦時対馬警備隊編制表によれば合計1,029名とされた（司令部18名，歩兵隊479名，砲兵隊532名）。さらに，同1891年戦時編制草案附表第44号の対馬警備隊補充隊編制表は戦時の補充隊人員合計222名を起草していた。したがって，対馬警備隊の戦時人員総計は1,251名が見込まれていた。これらの戦時の対馬警備隊の兵力編成を前提にして，野田経理局長は，①戦時の警備隊の糧食は少なくとも戦時人員に対する約3箇月分の糧米を貯蔵しなければならないが，某米商人との従来の慣習・内約により営内倉庫を貸し渡し在営兵用3箇月分の玄米を貯蔵させているが，同貯蔵米は同商人の所有であり，警備隊の予備米とみなすことはできず，また，戦時人員に対しても僅かに半月分を満たすのみであるので，新たに戦時の糧食準備法を設けなければならない，②魚菜類として梅干15樽鰹節80貫目を試験的に糧食積立金より購入して貯蔵しているが，同島内の野放牧牛場は養畜に適するので，糧食積立金の許す限りにおいて漸次幼牛を購入して人民に預託すれば，年月経過とともに同隊の平常食用にあて，さらに増補させて戦時の魚菜にあてることができるので，現在の戦時準備用の魚菜の如きは常に貯蔵しなくともよい，③同地の偕行社は陸軍所轄地（金石城旧地）から1,400坪を貸渡されているが（1989年から50年間），他に敷地を購入して家屋を新築し，さらに，貸渡された敷地を同地の監獄囚人をして耕作させ，その収益金の半額（本年前半季額は18円）を同社に納付していることは，既に偕行社が他地所に敷地取得した以上は陸軍省所轄地貸渡しの必要がないので返付させざるをえず，また，地方監獄囚人に耕作させて収益を得ることは不都合であるので速やかに返納手続きをとるべきである，④現金前渡しは会計法第15条第5項目の「運輸通信ノ不便」の地における経費支払い方であるにもかかわらず，工兵第二方面対馬支署は従前より全経費を現金前渡しで支払い，さらに定期航海船の就航後も現金前渡しを続けてきたことをやめなければならない（砲兵第二方面対馬支署は設置以来現金前渡しによる経費支払いを実施していない），と述べた。そして，特に③④については第六師団監督部長に訓示を与えた。また，野田経理局長は工兵第二方面対馬支署保管の現金と現金出納簿を照合した結果，差引現在高の2円16銭超過を発見し，同事情を糾明した結果，出納官吏の「私有金」混入が判明し，官金と「私金」の混同を批判し，現金保管に対する厳重注意を訓示した。なお，当時の対馬警備隊の正確な積立金額は不明であるが，1896年3月31日に会計規則第91条により実施された出納官吏の帳簿と金櫃の定時検査によれば，給与関係の年度末残高総額4,524円余（現金669円余，保管金3,854円余）中に積立金合計は2,972円余を占めた（65%）。積立金の内訳は糧食458円余，被服799円余，被服補修料234円余，陣営具永続料569円余，消耗品912円余であった。積立金を除く給与関係の年度末残高には，下士卒俸給75円余，宅料94円余，糧米155円余，賄料367円余，軍隊被服料814円余，当分預28円余，馬飼料36円が含まれた（〈陸軍省大日記〉中『明治二十九年編冊　第四，五，六，七ノ各師団』所収の検査員対馬警備隊司令官中岡黙と出納官吏陸軍一等軍吏松尾幹樹の1896年3月31日付の「対馬警備隊金櫃定時検査検定報告書」）。残高の糧米・賄料・被服料・馬飼料はさらに積立金として取扱われて蓄積される可能性があった。

［**補注2**］①委任経理開始後の詳細な積立金残高は，会計検査院編・発行『検査資料』（1894年）中の「第二十一　陸軍各隊諸学校積金累年比較」（1890～1891年度），

会計検査院編・発行『検査資料』(1900年) 中の「第十五　陸海軍経費」の「五　陸軍各隊諸学校積金累年統計」(1893～1897年度)，会計検査院編・発行『検査資料』(1991年) 中の「第十六　陸海軍経費」の「五　陸軍各隊諸学校積金累年統計」(1893～1898年度) において，各隊 (全師団，憲兵隊〈馬匹費のみ〉，屯田兵)，諸学校 (陸軍大学校は馬匹費のみ)，衛戍病院・衛戍監獄 (糧食費のみ，1891年度から)，官衙 (陸軍省・参謀本部・教育総監部〈監軍部〉は1893年度から，馬匹費のみ) に示された。ちなみに，全陸軍の積立金残高総額は，1890年度は450,028円余，1891年度は554,972円余とされた。②各隊の詳細な積立金残高は，大隊レベルまでは①の会計検査院編・発行『検査資料』(1894年) に示されたが，他に〈陸軍省大日記〉中『明治二十六年分 編冊 各監督部製絨所』所収の第四師団監督部長の1893年7月27日付陸軍大臣宛閲検報告添付の「明治二十五年度第四師団各部隊委任経理ニ係ル諸費積立金現在高表」や同『明治三十年 編冊 五 各監督部』所収の第二師団監督部1896年調製の「明治二十六年度各隊委任金銭残高比較一覧表」参照。③ここで，第四師団 (大阪) の1892年度の積立金現在高の場合，歩兵第八連隊 (大阪) は12,872円余，歩兵第九連隊 (大津) は19,115円余，歩兵第十連隊 (姫路) は20,205円余 (第1大隊のみで11,543円余)，歩兵第二十連隊 (大阪) は13,533円余 (第3大隊は1,999円余)，野戦砲兵第四連隊 (大阪) は11,663円余とされ，管下の他軍隊・官衙の積立金を合計して96,420円余とされ，連隊レベル及び大隊レベルにおいても差があった。また，積立金の高額内訳は，歩兵第八，九連隊では糧食積立金が第1位，被服積立金が第2位であったのに対して，歩兵第十，二十連隊では被服積立金が第1位で，糧食積立金は第2位であった。その後，日清戦争後に至り，第四師団監督部調製の「明治三十年度第四師団各部隊委任経理ニ係ル諸費積立金現在高調査表」(1898年3月31日現在高，第四師団監督部が1898年10月5日付で陸軍大臣宛報告，〈陸軍省大日記〉中『明治三十一年 官房五号編冊 各監督部 二冊ノ二』) が明らかにされ，歩兵第八連隊は28,362円余 (韓国派遣中の第3大隊は閲検が施行されず積立金は算出なし)，歩兵第九連隊は16,629円余 (第2大隊は933円余)，歩兵第十連隊は15,295円余，歩兵第二十連隊は31,978円余 (第3大隊のみで29,528円余)，野戦砲兵第四連隊は12,768円余とされた。つまり，歩兵連隊の積立金残高では，1892年度の第3位，第4位の大阪の2個の歩兵連隊が1898年度には逆に第1位，第2位を占めた。これは，第四師団内で，あたかも積立金残高増加を競い合ったような雰囲気を示している。ただし，歩兵第二十連隊の第3大隊の29,528円余中に被服積立金が28,027円余 (約95%) を占めたように，被服積立金が全体積立金残高に占める比率は，歩兵第八連隊は24,055円余 (85%)，歩兵第九連隊は13,397円余 (約80%)，歩兵第十連隊は9,910円余 (約65%)，歩兵第二十連隊は28,027円余 (約88%) のように，ほぼ大部分を占めた。この残高内訳傾向は第四師団管下の他の新設軍隊・官衙全体を含めても同じであり（残高総計170,868円余に対して，被服積立金合計は98,897円余〈約58%〉），1892年3月22日陸達第21号軍隊経理条例が監督部長の検査を受けない被服は「現用ニ供スルコトヲ許サス」と規定しつつも，「[大被服は定員にもとづき連隊より大隊に交付し，大隊では実際の所要に応じて中隊に交付するが] 大隊ニ前給与残品アルトキハ定数中ニ差継交付スルモノトス」とか「小被服装具寝具ハ応用シ得ル限リハ之ヲ使用セシメ実際中隊ノ所要ニ臨ミ大隊ノ請求ニ依リ連隊ヨリ之ヲ交付ス」とされ（第66～68条），「注意節倹」の操作が得やすいことにあろう。

［**補注3**］委任経理による積立金は，当初，1889年大蔵省令第13号の出納官吏現金取扱規則上の義務委託として当該地域の所在金庫に保管された。その後，陸軍大臣は1900年6月22日付で大蔵大臣宛に照会し，1885年大蔵省布告第13号の預金規則により取扱われるべきことを協議した。大蔵大臣は6月29日に了承した（〈陸軍省大日記〉中『弐大日記』乾，1900年7月，経第4号）。この結果，積立金は預金規則により大蔵省中の預金局に保管され（預金局出張所又は国庫金取扱所），利子が発生した。また，1900年5月7日陸軍省訓令乙第7号は1890年陸軍省訓令乙第28号陸軍工事請負及物品購買手続中を改正し，「軍隊ニ於テ精米馬糧（干草ヲ除ク）幷特別使用ノ目的アル被服及其ノ材料ノ物品ノ購買ハ総テ該隊ニ於テ執行スヘシ被服ノ裁縫及修理等市井ノ職工ニ命スルトキ亦同シ」と規定し，当該隊の物品購買の判断・認識の範囲を拡大した。さらに，同年7月25日の陸軍省訓令乙第9号は1890年陸軍省訓令乙第28号中の随意契約の対象に「蹄鉄」を加えた。ちなみに，1902年2月の師団長会議において，全国の歩兵・騎兵・野戦砲兵・要塞砲兵の各連隊と要塞砲兵・工兵・輜重兵・鉄道の各大隊及び対馬警備隊の合計125隊の積立金現在高をまとめた「附表第三　三十四年十月一日調委任経理積立金現在高内訳」（糧食，被服，馬糧，装蹄，陣営具，消耗品，積立金利子）が配付された（〈陸軍省大日記〉中『弐大日記』乾，1902年2月，総第7号）。残高総計は77万7千円余であり，内訳は，糧食は計20万4千円余で最多は歩兵第十四連隊（小倉）の5千1百円余，被服は計39万6千円余で最多は歩兵第六連隊（名古屋）の2万3千6百円余，馬糧は計5万円余で最多は近衛野戦砲兵連隊の6千3百円余，装蹄は計1万8千円余で最多は野戦砲兵第六連隊（熊本）の1千円余，陣営具は計4万6千円余で最多は野戦砲兵第十二連隊（小倉）の1千5百円余，消耗品は計5万7千円余で最多は歩兵第七連隊（金沢）の1千7百円余，利子は計2千3百円余で最多は歩兵第八連隊（大阪）の244円余（利子の残高報告は計26隊のみ），積立金合計最多は歩兵第六連隊（名古屋）の計2万7千円余であり，次位は歩兵第二十三連隊（熊本）の計2万4千円余であった。これについて，児玉源太郎陸軍大臣は上記の1902年の師団長会議で各師団長に訓示を与え，「目的ナクシ

テ巨額ノ積立金ヲ畜[ママ]積スルハ委任経理ノ本旨ニアラス注意節倹ノ余蓄ヲ以テ戦争準備ヲ整頓スルハ即チ委任経理ノ本旨」であるが，「一方ニ各隊ノ状況ハ各種積立金ノ甚タ多キヲ見ル是経理法ノ至レルモノト謂フコトヲ得サルナリ徒ニ積立金ヲ増加セントスルノ余弊ハ自然受給者ニ苦痛ヲ与フルコトナキヲ保シ難シ是レ目的ナキ積立金ヲ畜[ママ]フルモノニシテ経理法ノ善良適切ナラサルモノナリ」と批判し，「適正」な積立ての必要を指摘した（〈陸軍省大日記〉中『弐大日記』乾，1902年2月，総第7号）。

［補注4］委任経理による糧食積立金蓄積の趣旨は1893年の戦時用糧食品購買貯蔵及取扱手続（陸軍省送乙第924号）の内訓や［補注3］の児玉陸軍大臣訓示のように「戦争準備」の整頓にあった。しかし，同使用が誤解されてきたことは陸軍士官学校での「陸軍経理実務講話」を担当した一等副監督高山嵩（陸軍三等主計正，1909～1910年まで陸軍経理学校長）の講話も述べている。高山は，「積立金ノ使用途ヲ誤解スルモノ亦往々アリ平常粗食ヲ給シテ以テ積立金ヲ作り而シテ元日或ハ招魂祭或ハ軍旗祭ナゾニヤレ餅ヲ与フヤレ折詰ヤレ酒ヲ呑ス等ヲ目的トスルハ大誤解ナリ元日或ハ軍旗祭等ノ場合ニ若干特別ノ献立ヲ為スモ絶対不可ナリト云フニ非ラズ然レドモ之ヲ以テ積立金使用ノ主眼ト為スニ至テハ大不可ナリ前ニモ述シ如ク兵食ハ兵ノ体力ヲ維持スルノ大要素ナルヲ以テ物価騰貴シタリトテ為メニ営養ヲ欠クヲ得ス又機動演習等ニ方リ各地ニ行軍スルトキハ屯営ニ比スレハ勢ヒ物価ノ高キヲ常トス斯ル場合ニモ所要ノ営養ヲ供給センニハ勢ヒ定額ニテ支弁シ難キ場合アリ此等ノ場合ニ在テハ積立金ヲ適当ニ使用シテ以テ常ニ完全ナル給養ヲ欠カサルヲ要ス是レ積立金使用ノ第一義ナリト云フヘシ」云々と述べたが（『改訂三版陸軍経理実務講話』82-83頁，1906年），「戦争準備」の整頓は強調していない。

89）〈陸軍省大日記〉中『弐大日記』乾，1892年3月，経第156号。
90）〈陸軍省大日記〉中『弐大日記』乾，1892年7月，経第283号。
91）〈陸軍省大日記〉中『弐大日記』乾，1894年5月，経第212号。
92）〈陸軍省大日記〉中『弐大日記』乾，1893年12月，経第481号。
93）〈陸軍省大日記〉中『弐大日記』乾，1894年3月，経第174号。
94）会計法第24条規定の随意契約対象物件等は，①1人又は1会社専有の物品の買入れや借入れ，②政府の所為を秘密にすべき場合の工事や物品の売買貸借，③非常急速時の工事又は物品の買入れ借入れの場合に競争入札の時間がない時，④特種物質又は特別使用の目的により，製造場所又は生産者製造者より直接に物品買入れを要する時，⑤特別の技術家に命じなければ製造できない製造品及び機械を買入れる時，⑥土地家屋の買入れ又は貸し入れの場合にその位置又は構造等に限りがある場合，⑦5百円以下の工事又は物品の買入れ借入れの契約，⑧見積価格2百円以下の動産売却，⑨軍艦買入れ，⑩軍馬買入れ，⑪試験のために工業製造を命じ又は物品を買入れる時，他3件である。さらに，会計規則は，政府の工事又は物品供給の競争に加わり又は契約を結ぼうとする者は，当該工事又は物品供給の2年間従事を証明し，現金又は公債証書により保証金納入すべきことを規定した（保証金は各省大臣が定め，競争は当該事項の見積代金の5％以上，契約は当該事項の10％以上）。また，随意契約は「随意契約書」を作成するが（当該の契約事項に関する細密の設計・仕訳・落成期限・受渡し期限・保証金額・契約違背時の保証金処分，他を記載し，各省大臣又は大臣委任の官吏が契約書に署名捺印），1口5百円未満の随意契約の場合は，①設計仕訳書末に受（請）負人の署名捺印があるもの，②請負人が署名捺印した承諾書，③商業上の習慣に従った往復書，の内の一つをもって契約書を代用できると規定した。なお，随意契約は各省大臣の「見込」により請負人の保証金を免除できると規定した。

95）〈陸軍省大日記〉中『弐大日記』乾，1890年3月，総会第142号。なお，建軍後の陸軍建築工事は工兵方面が担当し，その工事請負の競争入札などは工兵方面条例が規定してきた。たとえば，1874年11月工兵方面条例第69～81条は入札の手続きを詳細に規定し，「凡ソ入札ノ約束竝ニ市井ヨリ工人ヲ募リ夫役ヲ傭スル等又材料糴糶[かいよねせり]ノ事等ハ皆民法上市井ノ慣習ニ依ル者ニシテ公役ニアラサルヲ以テ一モ厳威ヲ以テ之レニ加フルコトヲ得ルナクマタ其犯法モ市井ノ衙門ニ付スヘキヲ以テ一モ軍法ニ依テ論スルコトナシ事ニ従フ者予メ此旨趣ヲ体スヘシ」と，入札者間の入札当日前後の行為等をまったく市井の慣習にまかせ，陸軍としては関与・関知しない立場を明確にしていた。この種の陸軍の立場はその後も続いた。

96）1890年3月陸達第33号は工事又は物品供給の競争加入者や契約締結者の保証金制限について，①競争加入者は当該事項見積代金100分の5，②契約締結者は当該事項代金の100分の10を納付する，と規定した。ただし，実際の情況による増加は適宜とされた。なお，随意契約の場合は，会計法第24条第7項（注94）の⑦）に該当するものは保証金を免除し，また，その他に保証金免除を要する場合は具申して陸軍大臣の認可を受けるとされた。

97）〈陸軍省大日記〉中『弐大日記』乾，1890年4月，会第238号。

98）糧米買収高を各隊1箇月分の需用としたが，現在の糧米相場は乱高下しているので実地状況を酌量し，買収高を減少させ，各隊に1箇月を3～2回に分割した随意契約は支障なしとした。

99）陸軍省送乙第1446号規定の糧米馬糧の「入札心得書式」中の「精米買収契約書式」（大麦・干草・藁の買収契約書も本書式に準ずる）によれば，精米は莚叺[かます]に入れて納入し空莚叺は請負人に返付し，運搬費・諸雑費は精米代に包含するので請負人負担になった。なお，契約期限中に軍隊経理改正や軍隊配置変換その他行軍演習のための出張及び減員による需用数減の時には当該契約を廃止し，もしくは数量減又は納入期日の延期があるとした。

100)　陸軍省送乙第1446号の工事の「入札心得書草案」の工事の「契約書式」で注目されるのは，第一に，竣工期限である。すなわち，①非常天災・厳寒による竣工の遅れにあって延期を請う場合は，事実調査の上やむをえないと認定するときは許可することがあるが，そのような理由なしの竣工期限の遷延は，違約金として1日につき請負残工事金高の1,000分の2の割合で遷延日数に乗じて算出した金額を納付させる，②遷延日数が30日間に及ぶもなお竣工しないか，あるいは約定期限中であっても経営部が期限内竣工見込みなしと認定した時には，当該工事で分離できる部分に対しては相当金額を支払い，身元保証金中から残工事に対する金額の100分の10相当金額を違約金として没収するとした。第二は，工事の執行・監督である。すなわち，①請負人は設計図面明記の工事は勿論として，明記がなくとも全体結構上で不可欠と認められる必要部分は，建築主任官の指図を得て執行する，②請負人は日々建築場に出張して工事を監督する（本人出場しがたい場合は代理人〈住所・氏名を当該経営部に届ける〉を出場させる），③工事中に構造法に違い不適当の廉があると認められて官より当該部分の改良修繕を命ずる時は，請負人は異議なく服従しなければならず，不服従の場合は他人をして再築又は改築させ，すべての改修費用を請負人に負担させるとした。第三は，工事竣工後の事故等による建物の崩壊・焼失等である。すなわち，①竣工期月より起算して満1箇年以内に不可避の事変又は天災を除き，建物の全部あるいは一部分が崩壊し，又は傾斜が認められる場合は，「構造方不良」とみなして請負人に責任を負わせ，原形にもとづき再築・改築・修繕等の義務を果たさせ，同費用のすべてを請負人負担にする，②請負人より経営部への建物引渡し前に消失した場合は，発火原因が請負人の不注意等であることが明確であれば，損失負担はすべて請負人の負担弁償とし，天災類焼等による不可抗力の明証ある場合は事実調査の上に詮議するとした。第四は，工事全体の進め方である。すなわち，①官の都合により工事変換を要する時に既定の設計・仕訳・図面の変更があるが，請負人は異議を陳述できない（費用や工事期限は熟議の上決定する），②諸材料は官の検査を経たものでなければ使用できず，請負人は諸材料の建築場への搬入毎に品名・数量を記載して掛官の検査を受ける，③工業は終始請負人において担当しなければならず，たとえ，何等の事由があっても他人に転売することはできないとした。

101)　〈陸軍省大日記〉中『弐大日記』乾，1890年5月，会第305号。

102)　第一師団では5月19日が馬糧品購買競争入札日（即日開札）であった。競争入札者資格を工事受負及物品購買手続草案に示した要件により1箇年1千円以上の所得者と規定した（『官報』第2049号，1890年5月2日，担当は第一師団監督部第二課）。第一師団監督部の同『官報』公告の「馬糧購買入札」によれば，入札第1号（大麦480石，入札保証金1百円，騎兵第1大隊所用），入札第2号（大麦330石，入札保証金66円，野戦砲兵第一連隊所用），入札第3号（大麦360石，入札保証金72円，輜重兵第1大隊所用），入札第4号（乾草73,200貫匁，藁54,000貫匁，入札保証金280円，騎兵第1大隊所用），入札第5号（乾草50,000貫匁，藁36,700貫匁，入札保証金190円，野戦砲兵第一連隊所用），入札第6号（乾草54,000貫匁，藁40,000貫匁，輜重兵第1大隊所用），とされた。その際，東京府下で馬糧品の同業有志者の総代（八木信守，長谷場雄二他1名）は5月14日付で陸軍大臣宛に，主に，①東京府下では陸軍一般を除く宮内省・内務省他で飼養する馬匹総数は約650頭であり，府下同業者総数約30人に比例した1人あたりの年間売上高は1,764円（1頭につき1箇年平均84円と仮定）の1割を所得に見たてても176円余であり，1箇年1千円以上所得者は従来一手に御用立ててきた馬糧商会の他は該当せず，したがって，競争入札は「唯名義ノミニシテ其実ハ矢張前者ノ馬糧商会ヲ庇護サルルノ傾キヲ有スルノ嫌疑ハ免カレサルモノノ如シ」と述べ，「同業者ノ衰退」にもかかわるので，所得金資格を除くこと等を東京府知事経由で哀願した（〈陸軍省大日記〉『壱大日記』1890年6月，府第156号）。馬糧商会の会長はかつては八木信守であり，副長は関口兵蔵であった。馬糧商会は1885年11月7日の陸軍卿達の軍馬飼養品買収手続書により同年11月14日に府下陸軍一般の馬糧上納を命ぜられ（1888年10月までの3箇年間），当時は陸軍省御用を事実上独占してきた。しかるに，何らかの事情で八木信守は同商会から離れ，その後に副長の関口兵蔵が会長になったとみてよい。ところで，5月19日の第一師団監督部の入札日には，馬糧商会の関口兵蔵のみが入札し，関口に落札された（大麦は，穀物商1名と関口兵蔵が入札し，穀物商に落札）。しかるに，5月21日付の『読売新聞』に馬糧商会の落札のさらなる「下受［請］人」を求める広告が掲載された結果，八木信守・長谷場雄二両名は同日に同広告記事を添付して所得金資格の削除を求めるさらなる「追願」を陸軍大臣宛に提出した。しかし，同哀願は東京府に却下され，両名は改めて再入札等を6月5日に第一師団監督部に嘆願したが，同監督部は6月10日付で10月以降の競争入札時には入札者資格の所得金引き下げを検討するとして却下した。これに対して，両名は6月17日付で陸軍大臣宛に再入札の上広く競争入札を実施してほしいという「再哀願書」を提出したが，陸軍省は6月23日に東京府宛に第一師団監督部では既に契約済みなので再入札は「難聞届」という却下指令を発した。八木信守と関口兵蔵・馬糧商会との間の諸事情があったにせよ，会計規則規定外の競争入札者の資格要件を付加することは会計規則の適正施行を妨げ，また，落札者が落札物件供給のさらなる下請け者を募ることは，注99）の「入札心得」に違背しているようなものあった。

［**補注**］陸軍省経理局によれば，軍馬飼養のための良質・適正な干草（稲藁）の購買は地方においては難しいとされていた（〈陸軍省大日記〉中『弐大日記』乾，1893年6月，経第23号）。すなわち，稲藁は1年に1回の収穫に合わせて準備しなければならず，同営業従事者はおおむね当該地方の需用に応じて供給目途を立てるが故に，その確実な営業者は地方によっては1名又は2名にすぎないところが多いとされていた。そのため，普通の民間需用品のように競争入札に付することになれば，「身元不慥〔たしかざらず〕」の者や「一時ノ利益ヲ謀ル奸商輩」が加わり，他人の販路を妨げ，代価を騰貴させることなどを生じさせ，良好品質の干草を多数の軍馬飼養需用に供給できなくことになるとした。そのため，経理局は軍馬飼養品中の干草購買は地方の状況によって随意契約によることができるとする勅令案を1893年1月17日で陸軍大臣に起案・提出した。同勅令案は陸軍大臣の了承により1月20日付で閣議に提出されたが（陸軍省送甲第142号），内閣において消滅し，閣議決定には至らなかった。その後，経理局は干草購買の随意契約法令化が困難と考え，翌1894年3月16日付で軍馬飼養用干草供給の競争入札資格者に関する省令案を起案し陸軍大臣宛に上申した（〈陸軍省大日記〉中『弐大日記』乾，1894年3月，経第170号）。それによれば，会計規則第69条の他に，①購買1口金額5千円未満に対しては1箇年3円以上10円までの直接国税を，1口5千円以上に対しては1箇年10円以上30円までの直接国税を2箇年間継続して納入している者（合名会社における某社員の直接国税も同じ），合資会社・株式会社においては1口5千円未満に対しては資本金1万円以上の者，1口5千円以上に対しては資本金3万円以上の者，②干草は指定場所より3里以内の地に貯蔵する者で，需用高の数月にわたる購買の場合は同需用高の6分の1を所有する者，③地方の状況によって契約担当者が①②が困難と認めた場合は同資格を軽減することがある，と起案した。経理局起案・上申の省令案は3月31日に陸軍省令第5号として制定された。また，同5月30日に陸軍省告示第6号の「干草供給請負及入札心得」が規定された。本告示は従来の干草供給請負人の非適正等を是正し，①良質の干草供給の心得として「収穫及乾燥ノ法宜シキヲ得滋養分ヲ具ヘ馬ノ嗜好ニ適スルヲ要ス且時季ニ依リ新古草混用ノ契約ヲ為ストキハ其割合ヲ厳守スヘシ若シ違反シタルトキハ之ヲ交換セシム」と規定し，②干草納付時には各部隊の掛官吏と供給者の立会いのもとに検査し，検査後でも納付品中より不正の廉が発見されれば交換させ，不正が故意によるものと認められる場合は契約を解き，保証金から未納物品代価の10％を徴収して政府所得にする，③請負人は干草供給請負をいかなる事由があっても他人に譲渡してはならない，と規定した。なお，1890年陸軍省

訓令乙第28号陸軍工事受負及物品購買手続は日清戦争後の1897年12月16日に一部改正され，同第2条の随意契約の対象として「軍馬ニ要スル干草」を加えた。

103)　〈陸軍省大日記〉中『弐大日記』乾，1890年9月，会第497号。1890年陸軍省訓令乙第28号陸軍工事受負及物品購買手続は『官報』第2163号，1890年9月12日の「彙報」に掲載された。

104)　〈陸軍省大日記〉中『壱大日記』1890年12月，省第611号。

105)　〈陸軍省大日記〉中『壱大日記』1894年2月，省第26号。

106)　〈陸軍省大日記〉中『弐大日記』乾，1890年12月，会第696号。

107)　当初，陸軍省参事官は1890年6月2日に陸軍部内各長官宛に，①1890年法律第27号「陸軍給与ニ関スル委任経理ノ件」は軍隊の作用・活動は委任経理によらなければ成立できないという特殊の法律であるが，決して会計法の精神を排除したのではなく，②会計法第24条の但し書き計14項目は目下の「不便煩擾」を避けるために設けられた主旨でないので，そのような場合においても同法全体の精神を体認し，「純然但書ニ確当スル事実ヲ除クノ外ハ広ク競争［入札］ニ附スルヲ以テ当然ト心得ヘシ」と内訓を発した（陸軍省送乙第1892号，〈陸軍省大日記〉中『弐大日記』乾，1890年6月，官第23号）。しかし，物品購入手続きにおいて随意契約に付されたものは少なくなく，1892年6月に陸軍大臣官房は陸軍大臣の師団長宛の陸軍行政に関する内訓案を起案したが，同内訓中の「軍隊物品ノ調弁ノ如キ監督部長ノ担任トシテ規定シタルモノノ外髄意［契約による］購入ノ如キハ事柄些細ニ似タリト雖モ常ニ世上ノ物議ヲ生セサランヲ勉ムヘシ」云々の文言のように，疑念・疑惑等を抱かせるものがあった（〈陸軍省大日記〉中『弐大日記』乾，1892年6月，官第38号）。本内訓は6月27日に各師団・砲兵工廠・砲兵方面・工兵方面・参謀本部・憲兵司令部他に送付された（陸軍省送乙第1132号）。他方，屯田兵監督部長は1891年6月（日付欠）に陸軍大臣宛に，普通の競争入札による契約法を実施する場合は，他府県と異なり北海道では「拓地殖民之最中」で「一挙ニ巨利ヲ博セントスル」「投機ノ者ガ競ヒ来リ其ノ危険測ラレス」ものがあり，契約保証金の納付も一時他人より借り入れる者が多く，契約以前に同保証金関係の訴訟等も発生し，軍隊への給与に支障を生じているので，当分の間糧米と建築工事に限り，身元最も確実であると認められる者若干人を指名して入札させたいと伺い出た（大〈陸軍省日記〉中『伍大日記』1891年6月，督第143号）。これに対して，陸軍省は6月29日に「難聞届」と指令したが，この種の競争入札の「不都合」等発生は指名競争導入により解決・解消されなかった。指名競争自体が「不都合」を発生させることもあった。なお，その後，高島鞆之助陸軍大臣は1897年12月6日に，北海道の陸軍管理工事は建築材料や建築物品の輸送困難地境があり，建築職工等は札幌他地域での募集（眷族同伴の許可，同住居と食米塩味噌の供給の必要）によらざるをえず，また，建築工事執行は夏季より初秋までの約6箇月間に竣工させなければならず，これらの不便と弊害（投機者的入札者の半途逃避）を除くために，確実な資本と建築工事の熟練者を選んで随意契約にする勅令案を起案して閣議を請議した。同閣議請議は，北海道庁は殖民地として選定した区域内の道路橋梁排水の請負工事は随意契約によることができるという内務大臣の閣議請議とともに1898年2月8日に閣議決定され，3月8日に内務省起案は勅令第37号（ただし，大蔵大臣と内務大臣の副署），陸軍省起案は勅令第38号として制定された（『公文類聚』第22編巻17，財政門1会計1会計法，第2，3件）。

108）斉藤文賢編著『陸軍会計経理学』82-84頁，1902年。陸軍の支払命令官は，1889年7月2日勅令第89号支払命令委任規定と会計規則第96条により制定された1890年3月12日陸達第35号陸軍省所管定額支払命令官下検査官所管区分により規定され（官制改正により同年4月1日陸達第62号で改正），陸軍省では各局の課長（各管轄の経費），近衛監督部長（近衛各部各隊，東京府内の軍諸学校，他官衙の経費），第一～六師団の各監督部長（各師管内の経費）であった。なお，陸軍経理学校教官斉藤文賢の編著『陸軍会計経理学』は本文全438頁の本格的な陸軍の会計経理学書であり，外松孫太郎陸軍省経理局長の「題字」と陸軍経理学校長遠藤慎司の「序文」が付き，陸軍省主計課長辻村楠造の校閲を経て刊行された。

109）〈陸軍省大日記〉中『弐大日記』乾，1893年8月，経第328号。

110）〈陸軍省大日記〉中『弐大日記』乾，1894年3月，経第168号。

111）熾仁親王参謀総長は1892年11月19日付で陸軍大臣宛に「明治二十六年度自二十六年五月一日至二十七年四月三十日出師準備書」（「近衛師団之部」と「師団之部」）と「出師準備書附録」「出師準備調査及報告規例」の仮制定においては，野外要務令により糧食縦列並びに各隊行李馬数を編成すると協議した（〈陸軍省大日記〉中『弐大日記』坤，1892年12月，参第112号）。その中で，「出師準備調査及報告規例」は，野戦師団（留守官衙・補充隊等を含む）の団・隊・病院等に充足されるべき官職・人馬（充足地・充足日数等を含む）に関する詳細な「明治二十六年度 第何師団人馬概見表」の調製，連隊過不足員数表（携帯器具）と師団過不足員数表（駄馬具，戦用器具，戦時糧秣，戦時炊爨具，出師被服品，衛生材料，獣医材料）及び師団被服品準備表の調製，等を規定した。陸軍大臣との協議了承の上，1893年度出師準備書は1892年12月21日に各師団長他に内達された。

第3章　1893年戦時編制と1894年戦時大本営編制の成立
――戦時編制概念の第二次的転換と動員計画管理体制の第一次的成立――

1　1893年戦時編制の成立過程
――戦時編制概念の第二次的転換――

(1) 1891年戦時編制草案の起草と大本営編制構想――帝国全軍構想化路線の成立

1891年野外要務令制定の過程で参謀本部は戦時編制表改正を含む冊子化の令達文書の戦時編制を調査・起草したことは間違いない。参謀本部の調査・起草の戦時編制の草案文書が国立国会図書館憲政資料室所蔵『樺山資紀関係文書〈第二次受入分〉』中の「戦時編制書草案」である(1891年10月活版印刷，全10篇68章179款，33丁，附表全44，以下「1891年戦時編制草案」と表記)[1]。1891年戦時編制草案の目次構成大要は注1)の通りであるが，参謀本部の戦時編制を含む動員計画策定と戦争指導体制全容構想を考察する上で重要な草案文書であり，下記の特質がある。

①野戦隊等の編成

まず，戦時に編成すべき諸隊を野戦隊(近衛師団，第一～六師団，屯田兵混成旅団)，守備隊(近衛師団を除く各師団の後備歩兵4個連隊他，後備屯田歩兵2個大隊，要塞砲兵隊，警備隊)，補充隊(戦役中の死傷・疾病等により野戦隊に生じた将校・下士・兵卒・馬匹の欠損を補充，各師団は歩兵1個連隊につき1個大隊を編成，他兵では1個中隊を編成，等)に区分し，同各隊充足の将校・下士・兵卒毎の現役・予備役・後備役等の区別・資格等を規定した。野戦隊と守備隊の編成は，1890年陸軍定員令規定の常備軍隊及び屯田兵を含めた。ここで，近衛の諸隊(歩兵4個連隊等)を近衛師団としたが，熾仁親王参謀総長は11月2日付で陸軍大臣宛に近衛に師団番号を付し，近衛都督を近衛師団長と改称するなどを協議していた(陸軍定員令中の近衛司令部編制表の廃止)。高島鞆之助陸軍大臣は同日付で同意回答し，近衛は12月12日に近衛師団と改称した[2)]。1891年戦時編制草案は近衛の諸隊を初めて戦時編制に包含したが，同草案の調査・起草の段階で近衛の師団番号化等の方針が出ていたとみてよい。

その上で，第一に，軍の編成は，軍司令部，師団2個以上，兵站部からなり，軍司令部は，①「幕僚」(軍参謀部，軍副官部，軍管理部〈憲兵，衛兵，輜重兵〉）と「支部」(軍砲兵部，軍工兵部，軍監督部〈軍金櫃部，軍糧食部〉，軍軍医部，軍郵便部）から構成し，②人員は計127名（輸卒・従卒・馬卒を加えた人員合計は226名)，馬匹は計133頭（乗馬90，駄馬43）とし，③所要に応じて若干の測量師・測量手を附属させ，また，各師団で動員する野戦電信隊を附属させる，とした。

第二に，師団の戦時編制は軍の中の大単位と戦術上の規準になり独立作戦の機関を具備し，その編成は師団司令部・歩兵2個旅団・騎兵1個大隊・野戦砲兵1個連隊・工兵1個大隊及び架橋縦列（大小)・弾薬縦列1個大隊・輜重兵1個大隊・衛生隊1個・野戦病院6個（近衛師団は4個）からなり，師団が独立して作戦する場合には野戦電信隊1個と師団兵站部を属させるとした。師団戦時編制下の師団司令部は，①「幕僚」(師団参謀部，師団副官部，師団管理部〈憲兵，衛兵，輜重兵〉）と「支部」(法官部，師団監督部〈師団金櫃部，師団糧食部〉，師団軍医部，師団獣医部）から編成し，②人員は計101名（輸卒・従卒・馬卒を加えた人員合計は181名)，馬匹は100頭（乗馬65，駄馬35）とした。③諸隊の歩兵連隊の戦時編制は通常，連隊本部と3個大隊から編成し，各大隊は本部と4個中隊からなり，近衛師団下の歩兵連隊は連隊本部と2個大隊・8個中隊から編成された。また，戦時歩兵1個連隊の人員は佐官4・尉官65・下士233・兵卒2,400・軍医6・看護長3・看護手12・軍吏3・軍吏部下士3・銃工（下）長6・輜重兵下士3・輜重兵卒9・輸卒154・馬卒22の計2,923名とされ，馬匹は188頭とされた（乗馬34，駄馬154)。戦時歩兵連隊の人員は，1887年戦時歩兵一連隊編制表（人員合計2,834）と比較して89名を増員し，増員の大多数は中隊附下士の増員であり（1個中隊では10名を18名に増員)，戦時の現場監督を重視したといえる。

②帝国全軍構想化路線下の戦時大本営編制の第一次的構想の成立

本草案の最重要な大本営編制に関して詳細に規定し，大本営を「大元帥タル天皇ハ全軍ヲ興シ或ハ戒厳ヲ令スル時其軍機軍令ヲ総覧スル為メ大纛ノ下ニ最高ノ統率部ヲ置ク之ヲ大本営ト称ス」(第2篇第7章第31) と定義した。天皇自身を頂点とする軍隊の最高統率官衙の設置を構想した。「大元帥タル天皇ハ全軍ヲ興シ」云々の文言は1889年野外要務令草案の本文冒頭の「大元帥タル天皇ハ全軍或ハ一部ノ軍ヲ興ス」の文言を踏襲したが，野外要務令上の軍隊統帥における「大元帥」又は「天皇」の呼称用語は安定していない。陸軍の条例規則上における1890年3月の「天皇陛下」の尊称奉称内定は徹底化されていない[3)]。ただし，「大元帥タル天皇ハ全軍ヲ興シ」いう「全軍」の意味は，帝国全軍構想化路線のもとで，少なくとも陸海両軍を一つにまとめて立ち上げた戦時の軍隊全軍を称するが，厳密には当時の法令・法状上の根拠の検討を要する。なお，ここでの「軍機軍令」は戦時における軍中の機務と命令を意味し，法令格式上の軍令ではない。

以上の大本営職員の組織は**表17**の通りである[4)]。

大本営職員組織は，野戦隊の兵力行使の基本的なあり方 (戦略・作戦の構築等) と戦争遂行指導体制の最高機関の編制枠組みを密接に組み合わせて構想・起草された。つまり，1890年前後の日本陸軍における政府・軍部・宮廷一体化の戦争遂行指導体制の最高機関構築に関する重要な構想として性格づけられる。

第一に，大本営職員は武官部と文官部に種別されるが，「大本営東京ニ在テ永ク其位置ヲ変セサルヘキ場合ニ於テハ文官部ヲ編制セス且大本営ニ属スヘキ諸兵卒及駄馬ハ動員ヲ為ササルコトアリ」と但し書きされた。つまり，大本営の基本的なあり方は，天皇を大本営陣営の頂点に立たせて，野戦隊の兵力行使の移動に対応して国内を丸ごと移転＝旅行することを想定している。侍従武官・軍事内局と宮内省官吏及び内閣総理大臣を筆頭とする内閣の中核的官職者を含む230余名の集団丸ごとの移転を支えるために，170余名の輸卒・馬卒等と230余頭の馬匹を附属させた。また，その移転と集団自体を警護するために，大本営管理部の衛兵90余名と憲兵20余名を編成した。文官部はあたかも東京の政府機関の出張所 (移動政府首脳部) のようなものである。その上で，大本営が東京所在の場合は，当然に文官関係官庁が東京所在の故に，また留守諸隊の存置の故に諸兵卒・駄馬の動員不要があるとした。1891年戦時編制草案が構想した天皇統率のもとに政府・軍部・宮廷のトップから編成される大本営は，

表17　1891年戦時編制草案における大本営職員組織

武官部　侍従武官　将官2，佐官2，大尉2，書記2
軍事内局　局長1（通常，古参侍従将官の兼務），佐官と大尉各2（内2は陸軍省人事課長又は課員1，海軍省第一局第一課長又は次長1），書記1
大本営幕僚　参謀総長＝幕僚長　副官1〈大尉〉が属する
幕僚員　陸軍参謀官　参謀次長1，少将又は大佐1，佐官2，大尉2，書記2
陸軍副官　佐官1，尉官2，書記2
海軍参謀官　参謀次部長1*，少将又は大佐1，佐官2，大尉2，書記2
海軍副官　佐官1，尉官2，書記2
兵站総監部　兵站総監1（通常，陸軍の参謀次長の兼務），参謀大（中）佐1，参謀佐・尉官1，砲兵佐官
佐官1，副官（尉官）2（内1は工兵科），書記4
運輸通信長官部　運輸通信長官1（少将又は大佐），参謀佐官1，副官1（尉官），書記2
鉄道船舶運輸委員　陸軍参謀佐官1（運輸通信長官部の参謀佐官の兼務），
海軍参謀佐官1，鉄道事務官又は同技師1，書記1，鉄道属2
野戦高等電信部　野戦高等電信長1（工兵中・少佐），副官1（尉官），書記1
野戦高等郵便部　野戦高等郵便長1（奏任2～3等），郵便吏2
野戦監督長官部　野戦監督長官1（監督長），二～三等監督1，監督補1，軍吏部下士2
野戦衛生長官部　野戦衛生長官1（軍医総監），一～二等軍医正，薬剤官1，書記2
大本営管理部　部長1（少佐），副官1（尉官），書記1，軍吏1，軍吏部下士1
憲兵　大尉1，中（少）尉1，下士10，上等兵10
衛兵　騎兵大尉1，歩兵中（少）尉1，歩兵曹長1，歩兵下士3，騎兵下士2，歩兵卒60，騎兵卒30
輜重兵　尉官1，下士3，兵卒7
陸軍大臣　副官3（佐官2，尉官1），書記2が従属
海軍大臣　副官3（佐官2，尉官1），書記2が従属
◎人員計223名，さらに附属する輸卒40・従卒15・馬卒115計170名を含む合計人員は393名
◎馬匹合計230頭（乗馬190，駄馬40）　所要に応じて若干の測量師・測量手を附属
文官部　宮内省官吏
内閣総理大臣　高等外交官1，内閣書記官長1，内閣書記官1，内閣秘書官2，同属2，従者7，馬丁9が従属，乗馬9

注：□，＿＿と＿＿の下線，（ ）及び〈 〉と*◎は遠藤。

兵站総監部の位置づけを除けば，本書第2部第2章注19）の普仏戦争時のプロイセン国王の軍隊統率と大本営構築に近似している。さらに，内閣総理大臣をトップとする文官部を正式構成員に含めたことは政府・国家指導者の総力結集の意気込みを示し，大本営の移動・移転構想の基本には，明治維新・戊辰戦争時の「天皇親征」の余韻が流れているとみてよい。また，当時，雰囲気的には，天皇を頂点にいだく大本営の用語と構想には移動・移転想定の違和感がなかったとみてよい。なぜなら，前年1890年3月末からの第三師管下での陸海軍連合大演習では，演習統監としての天皇の行幸行在所が「大本営」と公称され，名古屋の東本願寺別院から知多半島の半田へ，そして再び名古屋の東本願寺別院に移転し，その後の陸軍の特別大演習でも大本営と称されてきたからである。

総じて1891年戦時編制草案における大本営編制の起草は天皇統帥下の戦闘現場密着対応の究極的な戦争指導最高機関構築を構想したことになる。1890年前後における天皇統帥の究極的かつ具体的な意味には，統帥関係文書等の裁可・署名行為等にとどまらず，戦闘現場密着対応の大本営において政府・軍部・宮廷のトップに囲まれつつ采配する思想が含まれていた。したがって，国内陸上某地域を究極的に交戦地域として想定する場合，本質的には「統帥権の独立」「兵政分離」等の喋々はありえない。なお，本章では，1891年戦時編制草案の大本営職員組織の編制部分の構想を「戦時大本営編制の第一次的構想」と称しておく。なぜなら，大本営職員組織の編制部分は後に戦時編制本体から分離されて独自の「戦時大本営編制」として別個に調査・起草され，1891年戦時編制草案はその調査・起草の第一次的な構想と端緒になったからである。それ故，1891年戦時編制草案は，「戦時ノ帷幄」を想定し含意する1889年内閣官制の官制概念からあたかも部分的に一大変種としての大本営編制概念を成熟させたようなものであった。

第二に，大本営編制は，天皇の戒厳宣告も含めて，基本的には国内陸上某地域が交戦地域になるという戦略・作戦の前提のもとに構想・起草された。したがって，鉄道・郵便等の国内現存システムを土台にして，その上に軍内外の平時の現職官職等者（二重下線部――国内の鉄道・郵便職務者，陸軍省・海軍省の人事課長や監督長・軍医総監等）をそのまま大本営現場の当該職務者にあてるという配置構想をとった。この場合，大本営幕僚のトップの幕僚長への現職の参謀総長のスライドは1889年3月勅令第25号の参謀本部条例にもとづいた。

すなわち，1888年参軍官制等を廃止して制定された1889年参謀本部条例の第2条は「陸軍大将若クハ陸軍中将一人ヲ帝国全軍ノ参謀総長ニ任シ　天皇ニ直隷シ帷幄ノ軍務ニ参シ参謀本部ノ事務ヲ管理セシム」と，（陸軍参謀将校統轄の）参謀総長が「帝国全軍ノ参謀総長」であることを規定していたからである。また，そもそも，1878年参謀本部条例が根底的に平時戦時混然一体化の参謀本部体制を内包してきたこともあり，平時の参謀本部の基幹部が戦時に大本営にスライドするとして前提化されてきたからである。1888年参軍官制も戦時を基準にした「帝国全軍」の構想化による大本営の設置の構えを前提化してきた。参軍官制廃止後も参謀本部側は「帝国全軍ノ参謀総長」の用語・文言にもとづき，戦時における帝国全軍構想化路線のもとに大本営特設を構想してきた。帝国全軍構想化路線は，1874年台湾出兵事件時の「天皇帷幕」と大本営特設構想を端緒にして，直接的には1878年参謀本部条例による平時戦時混然一体化の参謀本部体制を淵源とし，戦時に国内陸上某地域を交戦地域とすることを含めて，古典的な中央集権制のもとに，陸海両軍の統帥系統を陸軍主導のもとに一つにまとめて立ち上げられる全軍統帥を構想化していく陸軍側と参謀本部の軍事統轄路線である。これらの帝国全軍構想化路線の典型的展開として，1891年戦時編制草案における戦時大本営編制の第一次的構想が成立した。

なお，補足するが，国内陸上某地域が交戦地域すなわち主戦場や決戦場になることの想定は野戦隊の師団（野戦師団）と要塞砲兵隊との関係の規定にも示された。すなわち，「要塞砲兵隊ハ野戦師団ニ属セス然レトモ師団長其管内ニ在ルトキハ通常其指揮に従フモノトス但師団長某軍司令官ニ隷スルトキハ要塞砲兵隊ハ其軍司令官ノ指揮ニ従ヒ或ハ他ノ軍若クハ師団ノ作戦区域内ニ在ルトキハ其指揮官ノ指揮ニ従ヒ若シ其作戦区域外ニ在ルトキハ留守師団長ノ指揮ニ従フモノトス」と起草したが，ここでの「管内」「作戦区域内外」は，1888年5月勅令第32号の「陸軍管区ノ件」が規定した陸軍管区表における師管区域の内外や隣接区域等を意味する。また，野戦電信隊の「戦線ニ在テ各司令官及大本営等ノ間ニ電線ヲ架設シ破壊セシ電線ヲ修理シ且兵站電信隊若クハ普通電信ト連絡スルヲ任トス」という，架設電線による戦線の司令部と大本営等との直結化とその「普通電信」（国内電信）との連絡化の任務規定に示された。

③兵站部の編成

第三に，兵站現場を統轄する兵站部の編成全容を示した。兵站部は軍兵站部（2個師団以上の兵站部員を合体）と独立師団兵站部の2種類があるが，軍兵站部の編成の標準を**表18**のように示した。

軍兵站部の組織は，①兵站監部は兵站事務の管理・監督を職務とし，兵站司令部は当該の兵站管区内の地点での兵站実施の準備・整頓が職務であり，附属の輸卒・駄馬は外征でなければ付けず，両機関の行李は徴発の人馬・材料により運搬する，②砲廠監視隊・輜重監視隊・衛生予備員・衛生予備廠・電信予備員・電信予備廠の行李と材料は徴発の人馬・材料により運搬するとされ，徴発による軍需物件の供給を基本にした。また，すべての文官の兵站勤務従事者は動員時をもって軍属に列すると起草した。さらに，兵站司令部は兵站勤務令の第29章を参看すべしと記述したが（第29章第110），1891年戦時編制草案の起草時点で既に兵站勤務令（＝「1891年兵站勤務令草案」）が起草されたことを意味する5)。すなわち，1891年戦時編制草案は，海軍連携の海運事務記述を含む「1891年兵站勤務令草案」とともに帝国全軍構想化路線の構想を典型的に展開した。その他，1891年戦時編制草案は，従来の「出師準備」の用語に代わる「動員」用語の統一的使用のもとに記述した。本草案が「出師準備」を「動員」（「動員計画」でなく）に改称したことは，陸軍省も了解し始めたとみてよい。なお，大本営武官部や軍司令部・兵站監部・師団司令部・旅団司令部・屯田兵混成旅団司令部を一括して「高等司令部」と称した（附表第1，2号）。

他方，陸軍省は1891年戦時編制草案を承知していた。たとえば，熾仁親王参謀総長は同年12月3日付で陸軍大臣宛に戦時所要の将校及び同相等官の人員過不足統計を通知したが，1891年戦時編制草案の野戦隊等の編成にもとづき戦時要員の配賦と計算方法を示した。すなわち，戦時要員配賦先として「戦時大本営」や「野戦七師団」等を示し，それらの動員に際して多数の歩兵科上長官（105名不足）・歩兵科士官（1,710名の不足）・砲兵科士官（125名不足）等の不足を通牒した6)。この「野戦七師団」は現有6個師団と近衛の師団化予定を含み，戦時大本営編制の構想等は陸軍では既成事実化された。

総じて，帝国全軍構想化路線下での戦時大本営編制の第一次的構想は，政府・内閣のトップを排除しないだけでなく，政府・内閣のトップの連携・後押

表18　1891年戦時編制草案における軍の編成と軍兵站部の組織

軍

軍司令部　軍司令官（大〈中〉将）

幕僚　軍参謀部　参謀長（少将又は大佐）1，参謀副長（大〈中〉佐）1，参謀佐尉官各2，書記6

軍副官部　副官（少佐1，尉官2），書記3

軍管理部　部長（少佐又は大尉）1，副官（中〈少〉尉）1，書記1，軍吏1，軍吏部下士1，憲兵大（中）尉1他下士・上等兵計11，衛兵尉官1他下士・兵卒計44，輜重兵中〈少〉尉1他下士・兵卒計6

支部　軍砲兵部　部長（少将又は大佐）1，副官（尉官）1，書記1

軍工兵部　部長（大〈中〉佐）1，副官（尉官）1，書記1

軍監督部　部長（監督長又は一等監督）1，二（三）等監督1，軍吏2，軍吏部下士3

軍金櫃部　部長（一等軍吏）1，二（三）等軍吏1，書記4

軍糧食部　部長（一等軍吏）1，二（三）等軍吏2，書記2

軍軍医部　部長（軍医総監又は軍医監）1，軍医1，衛生部下士2

軍郵便部　部長（奏任四等以下），監査（奏任五等以下）2，郵便吏8

師団

師団司令部　幕僚　師団都督（大〈中〉将）又は師団長（中将）1

師団参謀部　参謀長（大佐）1，参謀（中〈少〉佐1，大尉2）3，書記2

師団副官部　副官（大尉1，中〈少〉尉2）3，書記2

師団管理部　部長（少佐又は大尉）1，書記1，軍吏1，軍吏部下士1，憲兵中〈少〉尉1他下士・上等兵計6，衛兵下士3他兵卒計26，輜重兵中〈少〉尉1他下士・兵卒計8

支部　法官部　理事2，録事2

師団監督部　部長（一〈二〉等監督）1，三等監督又は監督補1，軍吏3，軍吏部下士5

師団金櫃部　部長（一等軍吏）1，二（三）等軍吏2，軍吏部下士3

師団糧食部　部長（一等軍吏）1，二（三）等軍吏4，軍吏部下士10

師団軍医部　部長（軍医監又は一等軍医正）1，軍医1，薬剤官1，衛生部下士1

師団獣医部　部長（一等獣医）1，書記1

歩兵旅団2

諸隊及輜重縦列（騎兵大隊1，砲兵野戦砲兵連隊1，工兵大隊1及架橋縦列，弾薬縦列大隊1，輜重兵大隊1，衛生隊1，野戦病院6）

軍兵站部

兵站監部　幕僚　兵站監1（少将又は大佐），参謀長1（佐官），副官3（大・中尉），軍吏1，獣医1，書記4

支部　兵站憲兵　長1（大尉），中・少尉1，曹長2，軍曹16，上等兵16

兵站監督部　部長1（二〜三等監督），三等監督又は監督補1，軍吏1，軍吏部下士3

兵站金櫃部　部長1（一等軍吏），二～三等軍吏1，軍吏部下士2
兵站糧食部　部長1（一等軍吏），二～三等軍吏1，軍吏部下士5
兵站軍医部　部長1（一～二等軍医正），軍医1，衛生部下士1
兵站電信部　提理1（少佐又は大尉），副官1（中・少尉），書記1
兵站法官部　理事1（奏任四等以下），録事1

◎人員計73，さらに附属する輸卒18，従卒7，馬卒23計48名を含む合計人員は121名

◎馬匹合計79頭（乗馬61，駄馬18）

兵站司令部　兵站司令官1（少佐），副官1（大・中佐），書記2，附属の輸卒1・馬卒3・馬匹4（乗馬3，駄馬1）

兵站諸隊，縦列，諸廠の指揮機関

兵站監　→砲廠監視隊2　1隊につき隊長1（中・少尉）を含む人員合計66名，乗馬63頭
兵站監　→輜重監視隊6　1隊につき隊長1（中・少尉）を含む人員合計53名，乗馬50頭
兵站軍医部長→衛生予備員2　1個につき長1（二等軍医正）を含む人員合計76名，乗馬1頭
兵站軍医部長→衛生予備廠2　1個につき長1（輜重兵中尉）を含む人員合計17名，乗馬9頭
兵站監　→兵站糧食縦列2　1個につき尉官3を含む人員合計418名，馬匹410頭（乗馬50，駄馬360）
兵站電信提理→兵站電信部　兵站電信隊　尉官3を含む人員合計237名，馬匹415頭（乗馬13，駄馬102）*
電信予備員　長1（技師奏任四等以下）を含む人員合計36名，乗馬1頭
電信予備廠　長1（輜重兵中・少尉）を含む人員合計16名，乗馬13頭

注1：師団は2個以上をもって編成，官職名の右数字は名数，団隊の右数字は個数。
注2：1893年戦時編制は，①軍の編成に野戦電信隊若干を加設，②師団都督の官職名は近衛師団の称号等改正により削除（師団の官職名になる），③架橋縦列を大小架橋縦列各1に変え，④弾薬縦列大隊1を弾薬大隊1にした。
注3：（ ）□内及び*〈未決定〉と◎，→の指揮関係は遠藤。

しを積極的に取込む形で成立したとみてよい。その場合，陸軍がなぜ1891年戦時編制草案を起草し，特に戦時大本営編制を構想しえた理由は，海軍との比較では平時編制と戦時編制の間の兵力人員等の差異が大きいこともあるが，軍制上は戦時編制を基準にして平時編制を策定するという論理に転換してきたからであり（戦時編制概念の第一次的転換），鎮台体制から師団体制に移行する段階で平時と戦時の概念や陸軍建制上の論理構成を組立ててきたからである。

(2) 1893年の戦時大本営条例制定と参謀本部条例改正——帝国全軍構想化路線の変容

政府・軍部・宮廷のトップから構成される戦時大本営編制構想は，陸軍省のみの管轄関与にとどまらない他省庁の関与問題が出てくる。特に海軍関与の問題を含めて，大本営職員の武官部の組織体制は陸軍の戦時編制本体の調査・起草から分離され，独自の「戦時大本営編制」として別個に調査されるに至った。参謀本部の戦時大本営編制の調査・起草の開始は1892年末とされてきた7)。すなわち，当時の参謀本部は「戦時編制書」のほぼ脱稿後であったとしている。この「戦時編制書」は1891年戦時編制草案に対する改正案である。同時に大本営特設に際して，まず，戦時の陸海軍の全体作戦の計画者を予め平時において制度化する必要があるとされ，同計画者を勅令で規定・公布するに至った。この勅令が戦時大本営条例であった。

①戦時大本営条例の制定過程——帝国全軍構想化路線の第一次的変容

戦時大本営条例の制定は海軍との調整を経ねばならなかった。ただし，その場合，海軍自体の整理・改組をまたなければならなかった。1891年の第2回帝国議会以後，海軍予算案をめぐる政府と議会との論争・紛糾が生まれ，政府提出の海軍予算全部が議会で削除され，1893年1月の帝国議会では否決された。海軍の整理・改組は議会等の海軍経費への批判をかわすことにあり，同時に軍制上では陸軍との調整を取込み，海軍軍政機関（海軍省・海軍大臣）に含まれた海軍の軍令機関の分離を中心とした。これは史料的には1892年11月28日から開始された8)。1889年3月の海軍参謀部条例上の海軍の参謀部のトップは海軍大臣であったが，海軍参謀本部条例制定により海軍の軍令機関を分離して設置することであった（下線は遠藤）。しかし，軍令機関の名称が陸軍と同一では陸軍の参謀本部と混同する嫌いがあるとされ，閣議決定されなかった。その後，翌1893年1月26日に勅命により熾仁親王参謀総長と陸海軍のトップ6名及び山県有朋司法大臣（陸軍大将，現役将官の資格で特に列議を命じられた）が協議し，①海軍の軍令機関の分離・設置を認める，②戦時の大本営の参謀長を参謀総長とする，の2点が合意・決議された9)。熾仁親王参謀総長は1月28日に同合意内容を上奏し，裁可され，②の戦時大本営条例の起草を命じられた。

そこで，第一に，熾仁親王参謀総長は戦時大本営条例案を起草し（全4条の勅令案)，2月7日付で陸軍大臣に「従来戦時大本営之組織未夕御裁定ノモノ無之候処右ハ予テ決定相成居不申候テハ差支有之候」として協議した。参謀本部の戦時大本営条例案は，特に第1条で大本営を「天皇ノ大纛下ニ最高ノ統帥部ヲ置キ之ヲ大本営ト称ス」と定義し，第2条で「大本営ニ在テ帷幄ノ機密ニ参与シ帝国全軍即チ陸海軍ノ大作戦ヲ計画スルハ参謀総長ノ任トス」と参謀総長の職任を起草した[10)]。ここで，「戦時大本営」としたのは，大本営の公称用語自体は平時の陸海軍連合大演習時の天皇統監施設に用いられていたので，平時の(演習時の) 大本営と区別し戦時を強調するためである。大山巌陸軍大臣は戦時大本営条例制定を海軍大臣に内議したが，西郷従道海軍大臣は3月17日付で第2条の「全軍即チ」の4字削除の意見の他には異存なしを回答した。この「全軍即チ」の4字削除の意味・理由は見落とされがちであるが，当時の陸軍と海軍の戦時の究極的なあり方を想定する上で初歩的問題ではあるが最重要な視点・論点を含んでいた。

そもそも，参謀総長起草条文第2条中の「帝国全軍」の用語・概念は，1889年3月参謀本部条例第2条に「帝国全軍ノ参謀総長」の文言を規定したが，明治憲法制定後は軍隊の実体上は存在しない (一般的には，戦時を含む国家存亡緊急時等の新たな究極的な戦闘力行使団体の立ち上げ等を除いては観念しえない)。また，明治憲法自体は厳密にはそうした法令・法状を生み出せない。しかるに，用語・文言を厳しく慎重に選んで使用しなければならない勅令条文起草において，なぜ「帝国全軍」という用語を記述したのか。

おそらく，参謀本部側は1889年参謀本部条例第2条の「帝国全軍ノ参謀総長」の文言余韻を踏襲し，参謀総長が少なくとも戦時に限り陸海軍の統帥系統を一つの「帝国全軍」としてまとめあげた上で，陸海軍双方の作戦を計画するという構えが残存していたのであろう。しかし，海軍側は，起草条文第2条中に「帝国全軍」云々の文言が記述されるならば，「帝国全軍」の用語が仮に「陸海軍」双方を意味する別称であるとしても，少なくとも戦時にあたかも「帝国全軍」が一つのまとまった軍隊実体として前提視されるような誤解・印象等を生み出すとして，削除意見を出したのであろう。西郷海軍大臣の削除意見は当時の陸海軍の実体又は法状枠内からみれば当然であった。参謀総長は海軍大臣の4字削除意見に同意した。参謀総長の同意理由は「帝国全軍」の用語が消えても，戦時の陸海両軍の作戦計画に対する参謀総長の主導権確保に対しては影響なしと判断したためであろう。この結果，「全軍即チ」の4字を削除し，陸軍大臣と海軍大臣の連署により翌18日に内閣に提出した。また，同日に参謀総長は戦時大本営条例案に関して天皇の質問を受けた。

他方，第二に，上記の①については，西郷海軍大臣が海軍省から軍令機関を分離して海軍軍令部を設置するために海軍軍令部条例を起案して3月16日付で閣議に提出した[11]。そして，さらに，①に関連して，西郷海軍大臣は海軍軍令部の長たる「海軍軍令部長」を軍事参議官に加えるために，軍事参議官条例中追加改正案を起案して3月15日付で陸軍大臣に照会した。軍事参議官は1887年5月設置の天皇直隷の軍事審議機関であり，その設置を制定した軍事参議官条例の第1条は「軍事参議官ハ之ヲ帷幄ノ中ニ置キ軍事ニ関スル利害得失ヲ審議セシム」と規定し，第2条は軍事参議官の構成員として陸軍大臣・海軍大臣・参謀本部長・監軍の4名を規定していた。また，第3条で陸軍関係事項は陸軍大臣・参謀本部長・監軍が，海軍関係事項は海軍大臣と参謀本部長が審議すると規定し，第4条で陸海両軍に関するものは各参議官において審議すると規定した（当時の参謀本部長は1886年参謀本部条例にもとづく陸海両軍統轄の軍令機関であったので，海軍関係事項にも審議させると規定）。西郷海軍大臣の軍事参議官条例中追加改正案の起案は，第2条の軍事参議官の構成員に海軍軍令部長を加え，第3条の陸軍関係事項の参議官として「陸軍大臣参謀総長監軍」を規定し，海軍関係事項の参議官として「海軍大臣海軍軍令部長」を規定した[12]。これに対して，大山陸軍大臣は異議なしの回答及び第3条と第4条の条文合体の修正第3条文案を提案した。そして，西郷海軍大臣は3月17日に陸軍大臣の回答・修正提案に同意し，同日に閣議に提出した。

ところで，海軍の整理・改組の調査のために，同年3月23日に宮中に海軍整理の臨時取調委員局を置いた（委員長は山県有朋枢密院議長，委員は西郷従道海軍大臣他5名）。海軍の軍令機関分離等にかかわる上記の3勅令案件は本委員局の審議・決定の中で取扱われた。臨時取調委員局は4月11日までに海軍参謀部条例廃止勅令案他16件の諮詢の議案を審議・決定し，山県委員長は4月17日に上奏と同時に議決・議事概略を内閣総理大臣に通知した[13]。これにより，1893年5月8日に上記勅令案件計17件は閣議決定された。そして，5月18日に勅令第35号の軍事参議官条例改正，同第36号の海軍省官制改正，同第37号の海軍軍令部条例制定，同第52号の戦時大本営条例制定等が公布された。

かくして戦時大本営条例が制定された。この場合，特に第2条の陸海軍の作戦計画に関する参謀総長の職任規定からみれば，戦時限定ではあるが，「陸主海従」の大本営構築とみなされることは当然であり，従来の諸研究も「陸主海従」を指摘してきたが，「陸主海従」の根拠自体を解明しなかった。「陸主海従」の根拠は，戦時の陸海両軍の統帥系統を陸軍主導のもとに一つにまとめて立ち上げられた帝国全軍構築構想の展開を根底的な前提にしている。したがって，「陸主海従」を嫌う海軍側は帝国全軍構想化路線につながる「帝国全軍」の用語・文言を消失させ，「全軍即チ」の4字削除を求めたのは当然であった。参謀総長は海軍大臣意見に同意し帝国全軍構想化路線の第一次的変容がなされた。

なお，1891年戦時編制草案記載の大本営職員の武官部の組織体制の骨格部分（海軍を除く主要官職）の編制は，1893年8月陸達第89号戦時陸軍電信取扱規則により法令上は認知・確定されたとみてよい。戦時陸軍電信取扱規則は戦時の陸軍電信の取扱いと技術的手続きを上奏・裁可を経て制定され，陸軍電信の発信権者として，大本営の参謀総長，侍従武官，軍事内局長，大本営幕僚等を規定した。参謀本部が戦時陸軍電信取扱規草案を起草したのは，参謀本部と陸軍省及び海軍省との間での戦時大本営条例制定の内議開始の同年2月であった[14]。つまり，参謀本部は戦時大本営設置の条例化にただちに対応し，大本営の組織体制の骨格部分を抜き出して法令上で確定させた。同時に，大本営の組織体制の骨格部分の運営条件整備は陸軍管轄であることを法令上で認知したことになる。

②1893年参謀本部条例改正——平時・戦時の業務分界化と帝国全軍構想化路線の第二次的変容

1893年戦時大本営条例制定の陸軍側と海軍側との協議・内議等を経て，1889年参謀本部条例の抜本的検討の必要性も生まれ，同参謀本部条例は同年10月に改正された。1893年参謀本部条例改正は発足以来の参謀本部体制の論理を総括し，戦争遂行指導体制の最高機関構築論理転換になった最重要な改正であった。

まず，熾仁親王参謀総長は参謀本部条例改正案を起案して同年9月4日付で陸軍大臣に協議した。それによれば，第一に，特に「改正ノ理由」において，既に本書第2部第2章注24）の［補注2］のように，現行の1889年参謀本部条例は「往々戦時ノ事ヲ混載セリ」と述べ，平時と戦時の業務混載規定の問題点を示したことが重要である[15]。ただし，平時と戦時の業務混載規定は1889年参謀本部条例のみでなく，1878年参謀本部条例制定時から踏襲されてきた。しかし，それらの混載規定をやめ，戦時の業務関係事項は戦時大本営条例と起草中の戦時大本営編制草案にゆだね，現行の参謀本部条例第1条の「参謀本部ハ之ヲ東京ニ置キ出師国防作戦ノ計画ヲ掌トリ」云々の文言を改正し，「参謀本部ハ国防及用兵ノ事ヲ掌ル所トス」と起案した。つまり，「出師国防作戦ノ計画」は戦時の大本営における参謀総長の業務であるとして削除し，参謀本部は平時の常設機関であるが故に「東京ニ置キ」を不要として削除した。

第二に，1889年参謀本部条例第2条の「陸軍大将若クハ陸軍中将一人ヲ帝国全軍ノ参謀総長ニ親補シ　天皇ニ直隷シ帷幄ノ軍務ニ参シ」云々を改正し，「陸軍大将若クハ陸軍中将一人ヲ参謀総長ニ親補シ　天皇ニ直隷シ帷幄ノ軍務ニ参画シ又参謀本部ヲ統轄セシム」と起案したが，条文起案と改正理由との齟齬がある。当初，参謀本部の第2条「改正理由原案」は「現行条例ニハ帷幄ノ軍務ニ参シト記シタレトモ帷幄ノ軍務ニ参スルハ戦時ノ事ニシテ戦時参謀総長ノ任務ハ大本営条例及同編制中ニ掲載スル所ナレハ茲ニハ之ヲ省キ之ニ反シ平時必要ナル参謀総長ノ任務即チ軍務輔弼ノ責ニ任スルヲ以テ之ニ換ユ」云々と起草した[16]。つまり，「帷幄ノ軍務」云々の文言や「帷幄」の用語は，本来は戦時の文言・用語の意味であり，戦時の大本営における天皇輔弼の業務であるが故に，第2条改正案は参謀総長を天皇の統帥任務の輔弼責任者に補することにしたと述べた。しかるに，第2条の「帝国全軍」の文言を削除したが（帝国全軍構想化路線の変容），「改正ノ理由」は「総長第一ノ任務ハ帷幄ノ軍務ニ参画スルニ在リ」云々と述べ[17]，第一義的な参謀総長の任務はむしろ戦時大本営条例の「大本営ニ在テ帷幄ノ機密ニ参与シ」により規定されるべきことを強調した。

第2条改正案に対する以上の「改正理由原案」から「改正ノ理由」への転換の意味は大きい。すなわち，参謀本部の業務は平時を基準にして規定され，参謀総長の任務は戦時の大本営での最高任務（「戦時参謀総長」）が基本であり，平時の参謀本部統轄は第二義的任務に属するという改正意思である。これによって，事実上，参謀総長の戦時・平時の二重職制化を踏襲し，参謀本部の当初の平時と戦時の業務混載規定の払拭方針は中途半端に終わり，かつ，帷幄の用語に平時の意味を含めることを法令上で容認した。

第三に，「改正ノ理由」は1889年参謀本部条例第4条の参謀総長の任務に関して，「平戦両時ノ措置ヲ併載シ軍令ノ事ノミヲ述フ然レトモ軍令ニ属スル事ハ総長任務中ノ一部分ノミ因テ改メテ大綱上ノ措置ヲ規定シ」云々と述べ，戦時の措置事項を削除し，改正第3条案として「参謀総長ハ国防計画及用兵ニ関スル条規ヲ策案シ親裁ノ後軍令ニ属スルモノハ之ヲ陸軍大臣ニ移シ奉行セシム」と起案した。ここで，「軍令」の用語に平時の意味を含めることが法令上で確定したとみてよい。また，改正第7条案の参謀本部内の局課の事務に関しては，第一局は「動員計画ノ調査」「平戦両時団隊編制ノ起案」「兵器材料弾薬装具ノ審議」「戦時諸条規ノ起案」「運輸交通ノ調査及計画」を，第二局は「作戦計画ノ調査」「要塞位置ノ撰定及其兵器弾薬ノ審議」「団隊布置ノ審議」「外国軍事ノ調査」「外国地理ノ調査及其地図ノ輯集」を分掌すると起案した。これによれば，参謀本部の業務は動員計画等に関する調査・起案・審議が基本とされた。なお，「戦時陸海軍協力一致ノ運動ヲ要スルハ論ヲ俟タス」として，平時より陸海軍が相互に情況を審らかにするなどの目的のために，参謀本部職員定員表に海軍参謀将校2名を加えた（第一局と第二局で各1名）[18]。

大山巌陸軍大臣は9月6日付で参謀本部協議に同意した。その後，参謀総長は参謀本部条例改正案を上奏し，裁可を経て9月25日に内閣総理大臣に報告された[19]。1893年参謀本部条例改正過程時の「帝国全軍」の用語消失は，戦時大本営条例制定過程における「帝国全軍」の用語消失文脈のもとで派生し，当然ともいえる。ここでは帝国全軍構想化路線の第二次的変容と称しておくが，帝国全軍構想化路線が完全に終焉したのではない。また，補足すれば，戦時大本営条例制定をめぐる陸軍と海軍の調整過程には，特に海軍側が自己の組織・権益・勢力自体の防衛に終始する志向がみられたことが特質である（その後の陸軍も同志向を強める）。また，戦時の統帥系統の二元化論は軍制上ではアナーキー的傾向や雰囲気を助長するものである。

(3) 1893年戦時編制の制定過程——動員計画管理体制の第一次的成立

①1891年戦時編制草案の修正案起案（「3月修正案」・「8月修正案」と大本営編制の分離起草化）

1891年戦時編制草案に対する修正案は1892年末に起案・脱稿され[20]，熾仁親王参謀総長は1893年3月28日付で陸軍大臣に協議し，同修正案（活版本文17丁，全8篇全32章，附則，附表計50，本章では「3月修正案」と表記）について5月末までに意見を承知したいと述べた[21]。

さて，「3月修正案」は，第一に，最大の特質として，目次や本文に大本営の篇目として第2篇を記述したが，「別ニ定ムル所ニ拠ル」として記述しなかったことである。つまり，1892年末からの大本営の戦時大本営編制としての分離起草化をふまえ，大本営については結論途中であったが[22]，戦時編制には収録しない方針を固めたのであろう。第二に，1891年戦時編制草案の本文の野戦隊・守備隊・補充隊の人馬員数等の文章記述は附表の編制表掲載と重複していたが，「3月修正案」の本文は同記述を省き，当該の附表対応の編制表のみを記述した。さらに，第5篇の歩兵旅団と第6篇の諸隊及輜重縦列を第4篇の師団に統合記述し，第8篇の屯田兵混成旅団を第9編の守備隊に統合記述した。つまり，戦時編制下の諸隊を師団において編成・統轄する基本方針を文書上でも明確化し，屯田兵を守備隊に位置づけた。これにより本文構成は簡潔化され，丁数が約半分に圧縮された。なお，特務曹長の新設により1個中隊の下士兵卒が増減し，戦時歩兵連隊の人員は2,896名（附表第4号，27名減）とされた。第三に，守備隊の編成目的の明確化がある。すなわち，1891年戦時編制草案を踏襲して「守備隊ハ主トシテ要塞及辺疆ノ主要点並ニ兵站線路ヲ守備ス又要スルトキハ野戦隊ヲ増加ス」と規定し，さらに「然レトモ屯田兵及警備隊ハ特ニ其島嶼ノ守備ニ任シ他ノ援助ヲ藉ラス自衛ノ力ヲ奮ヒ以テ独立防禦ヲ為スモノトス」と起案した。つまり，要塞等の主要地点に対しては野戦隊の増援的兵力移動による守備・防禦があるとしつつも，屯田兵や島嶼配備の警備隊（当時は対馬警備隊のみ）に対しては基本的には最後まで自力防禦を強いる警備隊防禦政策を固めた。

「3月修正案」の協議に対して，陸軍省は省内各課の意見等を提出させ，第一軍事課が5月中に同意見を参謀本部の主任者と打ち合わせた。そして，合意できない箇所は参謀本部に再度検討してもらうために付箋記入を付し，陸軍大臣は6月2日付で回答した[23]。その後，参謀本部は「3月修正案」に朱筆修正・削除等を施したものを協議し，陸軍省は8月に異議なしを回答した（「8月修正案」）[24]。

「8月修正案」は，字句校正と脱字増補及び軍司令部と師団司令部の人馬員数の若干増減を施した。たとえば，「編成」の記述を動詞形用語として統一した。ただし，守備隊の歩兵は，後備歩兵連隊数を2個連隊に減らし，当該歩兵連隊名などをやや詳しく記述した。すなわち，各師団の歩兵の後備隊は，後備歩兵2個連隊（広島の歩兵第二十一連隊と熊本の歩兵第二十三連隊を除き，旅団司令部所在地に配置されていない歩兵連隊が編成），後備歩兵独立大隊4個（ただし，広島の歩兵第十一連隊及び熊本の歩兵第十三連隊は各独立大隊2個を編成）を編成するとした。つまり，対清国戦争を想定した西日本の広島・熊本地域の守備体制構築重視の構えがみられる。その後，参謀本部は10月31日付で陸軍省宛に「8月修正案」中に野戦砲廠編制表及び野戦工兵廠編制表の追加と，11月14日付で患者輸送部編制表の追加を協議した。陸軍省は11月10日と20日に同意した[25]。1891年戦時編制草案の修正起案はほぼ固められた。

②「出師準備」を「動員」に改称

なお，これより先，熾仁親王参謀本部長は3月15日付で陸軍大臣宛に「出師準備」の呼称を「動員」に改称することを協議した。すなわち，参謀本部は，①平時の兵力を戦時の兵力に移す事業を意味する仏語の「モビリザション」には，従来，動員・出師準備・整軍等の訳語が任意に使われてきた，②出師準備を「モビリザション」の訳語とした場合，「モビリザション」自体には「出師」の意義はなく，「準備」の意義もなく，かつ「師」の漢語は大軍の呼称であるので連隊大隊等の小部隊を含めて出師準備と称することは適切でなく，さらに，出師準備の一語をもって平戦両時の変転実施と平時における準備の意味を兼用することは，語義の複雑化を招く，③動員の用語は「モビリザション」の意義としての人馬材料等を平時の「員」から戦時の「員」に「動かす」の意味・意訳があって実際に適切であり，「準備」と「実施」の二義の混入もなく，明瞭に「動員」と「動員計画」とに区別することができ，さらに，戦時の「員」から平時の「員」に復する時には「復員」と称することができる，④出師準備の用語は

「一国ノ戦備ヲ総称」する場合に使用し，「平戦両時姿勢ノ変転」の意味には動員（反対語は復員）の用語を使用することに決定してほしい，と述べた[26]。

同省は参謀本部の主張に同意し，①出師準備は「諸般ノ戦備」であり戦争を目的とするものをすべて含み，②動員は宣戦布告と同時に人員馬匹材料等を平時の姿勢から戦時の姿勢に転移することであり，③平時から戦時への転移の方法手続きを違算なきようにする計画である，等と定義した。そして，同4月に陸軍省官制や諸条例等記載の出師・出師準備・出師計画等の用語を当該条文趣旨にもとづき，動員・動員計画等の用語に統一的に改正することを回答した（密発第32号）。これにより，陸軍内部における動員と動員計画に対する定義・呼称の統一化を基盤にして動員と動員計画策定の業務・権限の精確化を増そうとした。

③1893年戦時編制の制定と秘密文書管理体制の強化着手——戦時編制概念の第二次的転換

「8月修正案」は同年12月上旬に参謀総長の上奏を経て裁可された。そして，12月23日に陸軍省送乙第1909号により戦時編制の制定が令達された（活版本文18丁，全8篇全32章，附則，附表甲乙，附表第1～51号）[27]。すなわち，令達文書・冊子体としての1893年戦時編制が成立し，その実施を1894年5月1日とし，1888年師団戦時整備表と従来の諸戦時編制表や本戦時編制に矛盾するものを廃止した。陸軍省は1893年戦時編制を陸軍建制上の最重要な画期的なものとして位置づけ，同文書の特別な秘密扱いを重視し強化した。すなわち，児玉源太郎軍務局長は1893年戦時編制制定の令達に際して，戦時編制の最重要秘密扱い強化のために内訓等を起案し，1893年戦時編制を「第一種」（本文の第1篇～第8篇の部分）と「第二種」（附表第1号の戦時近衛歩兵連隊編制表以下の編制表の部分）に区分し，双方の印刷製本（特に「第一種」はなるべく堅牢に製本）に番号を付して配付先の明確化を陸軍大臣に上申した[28]。

1893年戦時編制送付先の官衙と団隊長への児玉軍務局長起案の内訓案は，戦時編制は機密を要し何人も謄写を許さず，「第一種」は長官の機関である出師準備従事者と教官で学生生徒への教授を必要とする場合を除き閲覧を禁止し，「第二種」は下士以上及び士官候補生で長官の許可を得た者に限り閲覧を許可し，その他はすべて閲覧禁止にする，という措置であった。同内訓案は了承され，12月23日に発された。

これにより，1893年戦時編制制定以降，令達文書・冊子体の戦時編制は厳格な秘密文書管理体制のもとに施行された。すなわち，1893年戦時編制の令達から開始された秘密文書の保管・閲覧に関する「第一種」「第二種」の区分管理方法は，1897年陸軍秘密図書取扱規則制定に至るまでの陸軍秘密文書取扱いの基本的慣例になった。同時に，陸軍省と参謀本部及び師団司令部を除き，一般的に軍隊内では秘密文書化された令達文書・冊子体の戦時編制の保管・存在自体の話題化をタブー視する雰囲気が生れた。

総じて，参謀本部と陸軍省は，戦時大本営編制の別個起草化と帝国全軍構想化路線の変容をせまられたが，1893年戦時編制制定を中核にして，動員・動員計画策定の業務・権限等の精確化のための当該関係用語の定義統一化とともに，戦時編制自体に最重要秘密扱いの令達文書・冊子体の意味を含ませるという戦時編制概念の第二次的転換を進めたことは，動員計画管理体制の第一次的成立を迎えたことを意味する。

④1894年度出師準備訓令及び戦時諸勤務令草案の令達

さて，熾仁親王参謀総長は戦時編制の裁可見通しがついた段階の12月7日付で陸軍大臣宛に，1894年度（1894年5月1日から1895年4月30日）の出師準備訓令，出師準備訓令附録，出師準備調査及報告規則の仮制定を協議した[29]。従来の出師準備書を出師準備訓令と改称し（下線は遠藤），「訓令」としての拘束力を明確化した。1894年度出師準備訓令は近衛師団改称により，近衛師団も含む1893年戦時編制の実現のための動員計画策定を令達した。その内容は，①戦時団隊の編成手続き（第一充員召集，後備軍召集の下令により編成，人員・要員の充員・配属），②諸部隊の充員と編成地，③充員召集の手続き，④後備軍召集の手続き，⑤馬匹の徴発手続き，等であるが，編成対象の団隊は1893年戦時編制を基本にしつつ，各兵役兵員の1年間減耗率規定を含め[30]，1893年度出師準備書の動員手続きをほぼ踏襲した。そして，本出師準備訓令のもとに翌年2月に戦時大本営の各組織の職員として配属すべき陸軍将校関係分名簿を作成した[31]。動員計画管理体制上は戦時大本営編制の基幹部は1894年初頭から成立したことになる。

なお，熾仁親王参謀総長は11月1日付で陸軍大臣に「動員年度改正ノ件」を協議した。参謀本部の改正理由は，従来の出師準備書における動員年度は5月1日から翌年4月30日までであったが，動員年度の始終月日は新兵の教育期間と「公算上戦争ノ起ル可キ時季ヲ慮リ動員調査上ノ初期ヲ其時期ト一致セシムル」が重要であり，「我邦ニ於テ戦争ノ開始ス可キ季節ノ関係ヲ観察スルニ概ネ四五月ノ交ニ在リトシテ大過ナキ」として，4月1日を動員調査の初期と定め，動員年度を4月1日から翌年3月31日までに改めるとした[32]。この場合，歩兵の教育期間（第一期の教育）の1箇月間短縮により新兵を戦闘に用いることができるか否かの問題があるが，仮に4月1日に動員令が発されても翌日にただちに戦闘に参与するのではなく，動員の完結・集中の終了までに若干時日が猶予されているので，野戦諸隊の隊長は同猶予時日を利用して戦争間必要事項を教育し，他の熟練兵と混交して野戦隊・補充隊に編成できるように訓練できると述べた。同省は了承し1896年度からの動員年度改正の計画を進めるとした。つまり，動員調査の初期態勢構築のために，動員年度改正に関する戦時を基準にした兵員の教育期間のあり方も含めて動員計画管理体制を強化した。

さらに，参謀本部は11月から12月上旬にかけて，戦時の11件の勤務令草案等の調査・協議・所要印刷部数等を陸軍省と打ち合わせた[33]。戦時の勤務令草案等は1893年戦時編制により編成される野戦諸隊の戦闘を支えるための兵站等設備の特設諸隊等の勤務等規則を規定したものである。すなわち，戦時輜重兵大隊勤務令草案，弾薬大隊勤務令草案，架橋縦列勤務令草案，野戦電信隊勤務令草案，野戦砲廠勤務令草案，野戦工兵廠勤務令草案，戦時弾薬補給令，砲廠監視隊勤務令草案，輜重監視隊勤務令草案，兵站糧食縦列勤務令草案，戦時高等司令部勤務令である。ここで，戦時高等司令部勤務令は戦時編成の軍司令部や師団司令部等の司令部の勤務等規則を規定した。11件の勤務令草案等は参謀総長の上奏を経て12月末から翌年1月にかけて裁可され，1894年2月13日に陸軍大臣はこれらの制定を令達した。また，これらの勤務令草案等は1893年戦時編制と同様に秘密を要するとして，秘密文書管理上の「第二種」の3字を記載して配付した。

1893年戦時編制制定により出師準備管理体制から動員計画管理体制に移行した。1893年戦時編制は戦時の陸軍兵力の体系的な編成・行使の基本方針を規定し，諸編制表を簡潔・緊密に集成した最初の文書になった。そして，戦時編制を中心にして，戦時の特設諸隊の勤務・業務の細部を規定した諸勤務令草案等も起草・制定された。さらに，戦時編制等の秘密文書管理体制を強化し，また，平時編制から戦時編制への態勢移転等にかかわる動員・動員計画等の用語が定義化された。かくして，1893年戦時編制により，本書序論の動員計画策定に関する諸管理の体制の歴史的な成立画期を示す4基準がほぼくまなく明確化され，動員と動員計画策定の業務密度は濃くなり，動員計画管理体制の第一次的成立を迎えた（従前の出師準備用語では出師準備管理体制の完成）。同時に，1893年戦時編制の成立過程において，特に1891年戦時編制草案の大本営編制構想には帝国全軍構想化路線がほぼ典型的に展開され，1893年の戦時大本営条例と参謀本部条例改正においては帝国全軍構想化路線が変容したことも特筆される。

2　1894年日清開戦前における戦時大本営編制の制定

(1)　参謀本部における1893年の戦時大本営編制案の起案

①参謀本部の戦時大本営編制案の調査・起案

日清戦争開戦前の1894年6月5日に裁可・制定された戦時大本営編制は，陸軍の戦時編制の構想先行のもとに調査・起草された。ただし，戦時の大本営編制には他省庁が関与することもあり，戦時編制の調査・起草・起案から分離され，独自の「戦時大本営編制」としての別個起案に至ったとみてよい。戦時大本営編制の起案がまとまったのは1893年2月7日であり，戦時の大本営の設置及びその参謀長を参謀総長とする戦時大本営条例案とともに，熾仁参謀総長は同日付で大山巌陸軍大臣との内議に入った（戦時大本営条例施行にかかわる平時の海軍と参謀総長との関係に関する「陸海軍交渉手続」（案）の規定化を含む）[34]。

参謀本部起案の戦時大本営編制案は1891年戦時編制草案の第2篇の大本営の記載部分をほぼ踏襲し，まず，第1章を「定員」と表記した上で，「大本営員ハ武官部及文官部ヲ以テ組織ス但文官部ノ人員ハ臨時規定ス」と起案した。ここで，文官部の人員は，1891年戦時編制草案記載の宮内省官吏と内閣総理大臣他を想定したことはいうまでもなく，政府・軍部・宮廷のトップから編成される大本営編制は帝国全軍構想化路線の典型的具現化である。次に，第2章の「任務」は，大本営幕僚の参謀総長は陸海軍の大作戦を計画奏上するが，その時に陸海軍参謀の上席将官は陪列し，また，陸海軍大臣が同地所在時には陪列すると起案した。これによれば大本営は移動・移転を前提とし，戦地・戦闘現場密着の戦争計画の最高機関において，陸海軍大臣の陪列も含む儀式的雰囲気の中で戦争計画の裁可手続きがとられる。また，参謀総長は部下の各機関をして各自分担の任務を尽くさせて「協力一致全軍ノ目的ヲ達セシムルノ責ニ任ス」の責任があるが，ここでの「全軍」は参謀本部起案の2月7日の戦時大本営条例案の第2条記載用語の「帝国全軍」に他ならない。その他，参謀総長は地方官に当該方面の実況を報告させ，大本営管理部長（少佐1）は大本営の移動・移転関係の宿営設備・行軍衛戍の勤務を規定し，また当該地に地方警察署がある時は地方官と協議して所要の警戒をとり，大本営憲兵長は管理部長に隷属して「土民ヲ鎮圧スルノ任」があるとし，輜重兵士官は管理部長に隷属して大本営の移転・行軍中の行李を指揮する，等と起案した。また，陸海軍両大臣は参謀総長の陸海軍の大作戦の計画上奏に陪列するが，軍の現状及び将来の情況を明らかにすること等を起案した。これによって，1891年戦時編制草案の第2篇の大本営のあり方がさらに明確にされた。すなわち，1893年戦時大本営編制案は，究極的には国内陸上某地域が交戦地域になることを含めて想定し，当該某地域近接地への大本営の移動・移転を基本にした編制思想を含み，かつ，陸軍主導の戦争指導最高機関の構築を明確化した。

②大本営職員配属名簿調製及び海軍の回答引き延ばし

戦時大本営条例の1893年5月18日の制定により，大山陸軍大臣は5月24日付で西郷従道海軍大臣と，参謀本部起案の戦時大本営編制案及び「陸海軍交渉手続」(案) の内議に入った。しかるに，西郷海軍大臣は同年12月に至っても回答しなかった。それで，参謀総長は12月7日付で陸軍大臣宛に他の戦時諸条規を決定する上で支障が少なくないとして，海軍大臣の回答を催促してほしいと照会した。参謀総長の海軍大臣回答催促は，1893年の戦時編制の裁可・制定が目前にせまり，同12月7日付で翌1894年度の出師準備調査に合わせて出師準備訓令，出師準備訓令附録，出師準備調査及報告規則の仮制定に関して陸軍大臣との協議等を進めていたからである[35]。すなわち，戦時編制の裁可・制定段階を迎えて，出師準備訓令等が陸軍省の同意を得て制定されれば，参謀本部は1894年度の出師準備調査において，戦時編制を実現すべき動員（出師準備）の計画の諸調査に加えて大本営及び軍司令部の諸職員配属予定名簿も作成する方針であった。そのため，12月23日の戦時編制の制定と同時に，陸軍大臣は出師準備訓令等の制定（仮定）を各師団等に通知した（陸軍省送乙第1921号）。この結果，翌1894年2月には戦時の大本営の職員配属予定名簿も調製することになった[36]。これは，1893年戦時編制は大本営編制の分離起案を措置したが，戦時大本営編制の制定までは，1893年戦時編制の起草・起案段階の大本営の編制案による諸職員配属を予定せざるをえないという考え方をとったことによる。つまり，参謀本部は，海軍側回答がなければ，戦時編制関係の諸計画を先行させて調査・立案することはできないという焦燥感をもっていた。

しかし，海軍大臣は翌1894年2月を迎えても回答しなかった。そのため，陸軍大臣は2月17日付で海軍大臣宛にさらに催促したが，海軍大臣は2月19日付で「目下頻リニ調査中」「尚数日ヲ要スル見込」と述べて回答を引き延ばし，5月16日付でようやく下記の回答を発した[37]。

西郷海軍大臣の1893年戦時大本営編制案に対する回答は主に，①第1章の「定員」の「大本営員ハ武官部及文官部ヲ以テ組織ス但文官部ノ人員ハ臨時規定ス」という文言を削除し，②第2章の最後の「陸海軍大臣」に関する規定の削除にあった。海軍大臣の回答①は，大本営構成職員から文官部規定を拒否する構えを明確に含めた。海軍側の陸軍主導の拒否の構えは（海軍側の立場からみれば仮に当然であったとしても），つきつめれば文官排除の構えであったと称しても過言ではない。さらに，回答②は，海軍大臣は大本営に積極的に関与しないので，陸軍大臣も関与すべきでないとするような構えを含み，「協力一致」からはほど遠い屈折した姿を示した。大山陸軍大臣は翌17日付で海軍大臣回答を参謀総長にそのまま通知した。海軍大臣回答に対して，参謀本部側は苦慮した。その結果，参謀総長は5月28日付で陸軍大臣宛に，軍隊の作戦を支える軍需品の補給・整備のために戦時大本営編制中に陸軍大臣を置くことだけは最緊要として，さらに海軍大臣と協議してほしいと要請した。そのため，陸軍大臣は6月3日付で海軍大臣に再応協議した。この間，約1週間の空白があるが，下記の朝鮮国情勢に向けた当面の軍隊派遣統轄の機関としては，陸軍側は特別な臨時的機関の設置により対応する方針であり，戦時大本営編制は戦時直面時に制定されていればよいという構えであったことを反映している。

③1894年の朝鮮国情勢と軍隊派遣の閣議決定――「5.31総理官邸会議」と対清国開戦想定の出兵方針内定先行

当時，日本国内の新聞紙上でも，前年からの朝鮮国民衆の不穏情勢と農民反乱に対して（当時は「東学」の宗教教団の反乱・「東学党の乱」等と称されたが，今日では特に「甲午農民戦争」と称される），同国政府は鎮静化できない状況が報道されていた。農民反乱は閔氏一族系の「勢道政治」が生み出した「貧官汚吏」の「虐政」を一掃し，「輔国安民」を目ざしたとされている[38]。朝鮮国政府内では農民反乱を自力で鎮静化できない場合には清国への兵力派遣依頼も予想していた。

参謀本部は朝鮮国の状況調査のために5月15日に東京から第二局局員伊地知幸介砲兵少佐（第二局長代理）を釜山に出張させた。伊地知少佐は京城の日本公使館附武官渡辺鉄太郎砲兵大尉と釜山領事館総領事室田義文と協議し，また，日本公使館代理公使杉村濬と通信往復するなどして情報収集し，同25日に東京に帰り，ただちに川上操六参謀次長宅で報告した（第一局長寺内正毅と高級副官大生定孝列席）。伊地知は30日に参謀総長への出兵決断の復命［文］を作成して川上参謀次長にも採用され，翌31日には熾仁親王参謀総長により認諾されたとみてよいが，伊地知少佐の復命［文］要旨は下記の通りとされる[39]。

> 「［朝鮮国政府は農民反乱を鎮圧できず，そのため清国からの兵力支援を必ず求め，清国もまた同請求に応ずることは必至とした上で］我帝国タルモノ清国ニ対シ朝鮮政府ニ勢威ヲ保ツ為メ是非出兵スルヲ要ス而シテ画然先制ノ地歩ヲ占メント欲セハ清国ヨリ派遣スル軍兵ノ多少ニ関ハラス混成一旅団ヲ出サヽル可ラス」

参謀本部トップは当初から対清国開戦を想定し，権勢維持と緒戦での勝利確実のための先制出兵を意図した混成一旅団派遣を基本にした。同31日に川上参謀次長は伊地知少佐を随えて総理官邸を訪れ，「出兵ノ議ヲ提出」した（同席者は陸海軍両大臣，陸奥宗光外務大臣，山県有朋枢密院議長，以下「5.31総理官邸会議」と表記）[40]。伊藤博文首相は，当初，朝鮮国政府の対清国借兵要請云々は憶測想像に属するとして日本の出兵を早計としたが，川上は伊地知少佐に詳細を陳述させるなどして出兵緊要を論断し，首相は遂に出兵方針に同意した。ただし，伊藤は川上の派遣兵力混成一旅団の提議を兵力過多として同意しなかったが，川上は敢えて争わなかった。川上は政府の出兵の同意・内定を先ず得ればよいと考えていたからである。その際，「5.31総理官邸会議」前までは出兵の名義・名目を特に考慮しなかった。とにかく，出兵方針内定を先行させ，同会議の中で外交・外面上の温和な出兵名義として在韓公使館・居留民保護の体裁を加えたとみるべきだろう。既に海軍は特に現地公使館・外務省の「居留民保護」の要請により前年3月から朝鮮半島南部西部沿岸の軍艦巡航と仁川港警備を強化していた[41]。

「5.31総理官邸会議」はそれまでの（外務省・海軍の軍艦派遣・巡航による）居留民保護策のレベルをはるかに越えた対清国積極開戦を優先させた出兵方針を合意した。つまり，近代日本の外交政策上の戦争計画は積極的な対清国開戦想定の出兵方針内定先行として成立した。その際，対朝鮮国外交問題等は，参謀本部等の対清国積極開戦優先方針からみれば副次的問題とされた。

そして，参謀本部は熾仁親王が「特命総裁」「総裁」に就くことを前提にして「5.31総理官邸会議」直後に軍内外に向けた計7件の命令案等の起草に入った[42]。すなわち，「第一号　混成旅団戦闘序列」，「第二号　旅団長ニ与フル命令案」，「第三号　特命総裁ヨリ混成旅団長ニ与フル命令」，「第四号　特命総裁ヨリ混成旅団長ニ与フル訓令」，「第五号　一般国民ニ達スル勅令案」，「第六号　陸海軍へ令達案」，「第七号　陸軍大臣ヨリ第五師団長ニ与フル訓令案」である。この中で，特に「第六号　陸海軍へ令達案」は「今般朝鮮国ニ内乱蜂起シ勢益々猖獗ナルノ報アリ依テ同国ニ在ル本邦公使館及国民保護ノ為メ軍隊ヲ派遣ス之ニ関スル陸海軍ノ事項ヲ特ニ熾仁ニ命シ総裁セシム　総裁ハ陸海軍将校及同相当官ヲ以テ所要ノ機関ヲ編制スヘシ」とされ，公使館と居留民保護の名義を含めて起草し，6月2日の「御沙汰」の起案原文になった。

④6月2日の臨時閣議と朝鮮国への軍隊派遣決定

さて，6月2日に臨時閣議が開催された。そして，同閣議中に陸奥外務大臣は朝鮮国政府が清国に農民反乱鎮圧の軍隊派遣を要請したことを報告した（朝鮮国駐在代理公使の杉村濬発の電信）[43]。同閣議は，陸奥外務大臣が朝鮮国における日清権力均衡維持のための軍隊派遣を述べ，閣議として一致了承し，同閣議案件の決議文書の表題は「朝鮮国内乱ニ関シ兵員派遣ニ関スル方針」とされた。

すなわち，朝鮮国の「乱民」が将来京城等の日本人居留地に侵入することもありえるとして，「公使館及国民ヲ保護スル為ニ兵員ヲ派遣スルノ必要アリ」と述べ，今回の朝鮮国の事態は天津条約第3条上では「急速ノ事変」にかかわり，清国と「公文知照」してただちに出兵することを適当とした。そのため，速やかに派遣を準備すべきであるとした（以下，本書では「朝鮮国内乱」の事態を「朝鮮事件」と表記)[44]。

その後，同閣議は熾仁親王参謀総長と川上操六参謀次長の臨席を求め，軍隊派遣概要の内議を進めた。同内議では特に派遣兵力の多寡に関して首相と川上参謀次長との間で再度議論が生じたが，川上は派遣兵力の多寡・選定は参謀総長の権限であるとして押し切った。閣議決定の範囲は軍隊派遣のみであった。内議では歩兵1個旅団の派遣と同経費予算化が了解され，注53）のように，歩兵第九旅団の派遣の閣議了解である。混成旅団としての兵力は正確には歩兵第九旅団の派遣方針内での兵力増設というべきだろう[45]。

内議後に伊藤首相は軍隊派遣に関する天皇裁可を仰ぎただちに裁可された。そして，陸軍大臣・海軍大臣及び参謀総長・海軍軍令部長に対して「勅語」（「今般朝鮮国内ニ内乱蜂起シ其勢猖獗ナリ依テ同国寄留我国民保護ノ為メ兵隊ヲ派遣セントス卿等宜シク協議ヲ竭シ適宜ニ処分スヘシ」）と，熾仁親王への「御沙汰」が下された（「今般朝鮮国ニ内乱蜂起シ勢ヒ猖獗ナル為メ同国寄留本邦人民保護ノ為メ軍隊ヲ派遣ス依テ熾仁ニ命シ陸海軍ニ間スル事項ヲ総裁セシム　総裁ハ陸海軍将校及同相当官ヲ以テ所要ノ機関ヲ編制スヘシ」)[46]。ただし，ここでの「総裁」は，清国軍隊の派遣要請が確実になった段階のものであり（かつ清国軍隊の即時派遣が見込まれる)，清国軍隊との接触等も想定される日本の陸海軍の進退を統轄する機関として置かれたとみてよい。また，6月2日の閣議後の参謀総長等臨席の内議や「勅語」「御沙汰」下付終了までの日程空間は，武官文官集合体のいわば大本営の準拡大的場面の雰囲気のもとに営まれたとみてよい。

(2) 戦時大本営編制の制定――「特命総裁」から大本営の設置へ

さて，翌6月3日は日曜日であったが，陸軍大臣官舎において児玉源太郎陸軍次官と動員担当の参謀本部員寺内正毅等が協議し，混成旅団の二次にわたる輸送手続き等と第五師団の動員計画その他郵便体制や兵站監部・兵站司令部職員の任命手続き等を決定した。そして，同夜9時に参謀本部の東条英教歩兵少佐は第五師団への動員に関する細部の伝達・説明のために東京から広島に向けて出発した。さらに，同3日の陸軍大臣官舎での協議では，混成旅団長等に対する参謀本部の上記計7件の命令案等の起草に対して検討を加えた。たとえば，「第一号　混成旅団戦闘序列」には混成旅団の参謀は未記載で，かつ兵站部の兵站監は古川宣誉工兵大佐が予定されていたが，参謀には長岡外史歩兵少佐，兵站監には陸軍省軍務局第二軍事課長の竹内正策歩兵中佐をあてることにした[47]。なお，「第五号　一般国民ニ達スル勅令案」は「朝鮮国ニ内乱蜂起シ勢益々猖獗ヲ極ム同国政府ノ力能ク之ヲ鎮圧ニ導カサルノ情況ニ迫レリ依テ同国ニ在ル本邦公使館領事館及国民保護ノ為メ軍隊ヲ派遣ス」と起草し，政府の積極的な構えを示す意図があったと考えられるが（あるいは対外硬派的世論迎合面もあるが），朝鮮国政府への否定的評価の文言があり，また，軍隊派遣の内密実施のためには一般国民に公表する必要がないとしてボツになった（ただし，軍隊内部には増補文言を施して発する）。

①陸海軍協議集会における戦時大本営設置合意

かくして，陸軍側は軍隊派遣関係の陸海軍の統轄は，当初起草の「特命総裁」の熾仁親王のもとに進めることを前提にして混成旅団の編成と動員の準備にとりかかった。

それ故，翌4日の午前10時から開催された陸軍大臣官舎での陸海軍の協議集会においても（陸海軍両大臣と両次官，参謀総長・参謀次長と局長，海軍軍令部長と局長が出席），陸軍側は軍隊派遣にかかわってその進退と清国軍隊との衝突も想定・考慮した上での陸海軍を統一的に統轄する権限をもつ機関として，「特別総裁」の設置を主張した[48]。『明治天皇紀 第八』（430-431頁）は「軍事動作と政府の意向とを相応ぜしめんがため，特別統帥部を設くるの必要あり，仍りて従来の慣例に拠り，総督府を設置する議ありしも行はれず」云々と記述したが，この「特別統帥部」の設置を主張したのは「特命総裁」の機関名で諸命令・訓令を起草してきた陸軍側であるとみてよい。陸軍側は清国軍隊との衝突も想定していたが，現時点を（法的には）平時であると認識していたことを意味する。しかし，海軍側は，「特命総裁」又は「特別総裁」「特別統帥部」等の機関名称による特別な臨時的機関の設置は，事態が平時のままに推移するという認識が含まれる結果，政府との対応比重が当然に大きくなるとして，賛成しなかったのであろう。

その後，同4日の深夜（午後10時）に至り，西郷従道海軍大臣は昨年の陸軍照会の戦時大本営編制案にもとづく大本営の設置を発論したとされている。西郷海軍大臣の大本営設置の発論は，1個旅団派遣程度の事態においては過大というけとめもあったが，他案もないということで陸海軍側双方が賛成した。それは，当面は1個旅団派遣程度の事態であっても，将来は陸軍海軍の全兵力の動員がありえることで賛成したのであろう。他方，西郷海軍大臣は「外征派」とみなされていたが，その発論は軍隊及び国内の雰囲気と世論等を一気に戦時の事態に導く戦時誘導論による。もちろん西郷海軍大臣は大本営が陸海軍の作戦計画上の最高統轄機関であることを認識していた。そして，参謀本部起案の戦時大本営編制案が陸軍主導の編制構想を含むことに違和感をもち，約1年間も回答を引き延ばしてきた。それ故，西郷海軍大臣の発論は戦時大本営編制案や大本営自体に積極的に賛成したのではなく，戦時の事態やその契機をいちはやく招来させる気分の先行によった。それは戦時平時の法的区分に準拠したものでもなく，戦時平時の区分を自覚したものでもない。いずれにせよ，法的には戦時編制の頂点に立つ大本営の編制・組織・機関等の組立てをとりあえず6月2日の「御沙汰」にもとづき軍制技術的に平時に借用・準用するものであった。

したがって，戦時大本営条例や戦時大本営編制にもとづき大本営が置かれても，法的にはそこから単純に逆算・類推して事態がただちに戦時に移行したと認識されたことではない。1890年の第三師管下での陸海軍連合大演習では天皇の行幸行在所は「大本営」と称され，当時は大本営設置をめぐる平時戦時の法的区分に対しても自覚的でなかった。その上で，戦時大本営編制制定と大本営設置による戦時誘導論は軍隊内部では有効としても，設置公表の場合には対外的には戦争開始への日本政府の積極的な姿勢や対応が露呈され，外交及び作戦上は逆に支障が生ずることは想定された。そのため，戦時大本営編制制定と大本営設置を秘密扱いにして公表しない方針をとった。つまり，当時は，陸海軍の軍隊派遣にかかわる陸海軍事項の総裁としての大本営の設置を含めて，平時戦時の区分のあり方等が公開的に議論されることもなかった。

②戦時大本営編制制定と海軍のアナーキー的傾向

かくして，6月4日の陸海軍の協議集会に待機していた参謀本部第一局員の田村怡与造歩兵少佐は，その場で動員令と戦時大本営編制に関する上奏書類調製を命ぜられることになった。しかし，田村少佐は，従前の海軍側における戦時大本営編制案中の陸海軍大臣規定の削除回答に対する陸軍側の陸軍大臣のみの加設の再応協議の6月3日付照会への回答が未着であるが故に，海軍大臣に同回答をたずねた。これについて，西郷海軍大臣は海軍次官及び海軍軍令部長等とその場の別席で密議した後，大本営には陸軍大臣のみを加えて海軍大臣規定は削除してほしいと回答した。

この結果，田村少佐は帰宅して動員令と海軍大臣削除の戦時大本営編制の上奏案を調製し，翌5日朝に参謀総長自宅に赴いて参謀総長に渡した。その後，田村少佐は参謀本部に出勤したが，大本営に海軍大臣も加えてほしいとする海軍次官発陸軍次官宛の修正回答の通知書に接した。海軍側は「編制権衡上」において海軍大臣も加えるという回答であった。田村少佐は海軍次官宛の電話で修正回答の確認を得たが，参謀次長・局長との連絡がつかず，午前11時予定の動員発令に間に合うか否かも含めて，「心中甚だ穏かならず」の気持ちであったが，「陸海軍に衝突を生じ之が為め万一にも大事を引起しては実に一大事たり」と決断したとされる[49]。そして，田村少佐は宮内省に行き，宮中に居た参謀総長に「この場合は耐忍して海軍の望みを入るるは将来陸海軍の協同と親密と云ふ事に最も必要なる事」を述べ，参謀総長の修正了承を得て戦時大本営編制の上奏書類を修正して提出した[50]。かくして，戦時大本営編制は同5日に参謀総長の上奏を経てただちに裁可された。したがって，戦時大本営編制の制定過程からみれば，西郷海軍大臣を含む海軍側には6月2日の「御沙汰」の陸海軍進退の統轄機関設置に関しても一貫的な定見はなく，軍制上はアナーキー的傾向を露呈した。

ところで，大本営の設置理由は参謀総長から6月5日に口奏された[51]。すなわち，「今般朝鮮国へ出兵ニ付大本営ヲ東京ニ設置ス但帝国全陸海軍ヲ動員スルニ至ル迄ハ戦時大本営編制中所要ノ部局ノミヲ置キ其人員モ亦減少ス　理由　朝鮮国へ出兵スルニ就テハ其事悉ク陸海軍ニ渉リ大作戦上ノ計画及其統御ヲ敏活ナラシメサレハ機ヲ逸スルノ虞アルヲ以テ大本営ヲ置キ陸海両軍ヲシテ協同一致ノ動作ヲ為サシムルノ計画ヲ為スコト最モ緊要ナリトス」と記述され，将来は陸軍海軍の全兵力の動員がありうることを前提にした大本営の設置であった。対清国開戦を必至と認識したからである。また，参謀総長は，大本営を宮中に置くか，又は参謀本部に置くかについては，その場で「陛下ノ叡慮ヲ仰カサル可ラス」として天皇の判断を仰いだが，参謀本部内設置の天皇命令があったとされている。平時でもあり，天皇は当面は大本営設置に距離を置くことにしたのであろう。ただし，参謀総長と陸軍側は，大本営の主宰者を天皇とすることのゆらぎはなく，同5日に大本営は参謀本部に置かれた。他方，大本営の参謀本部内設置は大本営設置秘密を保つなどで効果的とみなされた[52]。その後，伊藤首相は6月7日の閣議で第九旅団長陸軍少将大島義昌と常備艦隊司令長官海軍中将伊東祐亨の各々に発する「朝鮮国派遣ニ付キ訓令」(全8項目) を決定した[53]。伊藤首相は同訓令を同7日付で上奏し，裁可された。大本営の設置は8月5日の公表 (宮中への移転) までは秘密化された。

(3) 日清開戦と平時戦時の区分規定等

さて，6月5日の第五師団の一部動員により混成旅団が広島の地において編成された (混成旅団の編成と朝鮮国への派遣にかかわる7月20日までの輸送運搬・諸予算編成・会計経理と国内及び朝鮮国仁川における兵站体制等は次章参照)。その後，清国艦隊に対する7月25日の豊島沖海戦及び清国陸軍に対する7月29日の成歓での戦闘を経て，日本は8月1日に清国に対する「宣戦詔勅」を公布し，日清戦争が開始された。その際，戦時諸法令規則の施行・適用等が問題になった。この場合，戦時諸法令規則の施行・適用において重要なのは，平時戦時の区分月日の指定・確定の問題と，同区分月日の指定・確定にもとづき，諸官衙と諸個人又は特定地域や外国に対する戦時諸法令規則等の施行・適用・告知を含む一般的な公布・公示の問題である。ここでは特に平時戦時の法的な区分規定とその明示化問題に関して考察しておく。

①平時戦時の区分月日指定をめぐる第二師団質疑と大山巌陸軍大臣の閣議請議

まず，平時戦時の区分月日に関する質疑を提出したのは第二師団参謀長の大久保春野であった。大久保第二師団参謀長は8月4日付で陸軍次官宛に「法律規則中戦時ト称スルコトハ去ル十五年布告三十七号ニ在リ今回ノ詔勅ハ同号ニ云フ布告ニ該ルヤ」と伺い出た[54]。さらに，同6日付で同質問に対して至急回答してほしいと願い出た。第二師団は平時戦時の区分と犯罪者取扱いとの関係を早く承知して処置したいという実務処理上の事情があった。ただし，同参謀長の質疑は1882年太政官布告第37号（「凡ソ法律規則中戦時ト称スルハ外患又ハ内乱アルニ際シ布告ヲ以テ定ムルモノトス　右奉　勅旨布告候事　　太政大臣三条実美」）と「宣戦詔勅」との関係を問い，太政官布告第37号への何らかの認識・判断の回答を求めていた。6月2日以降，陸軍省は既に大蔵省と協議して朝鮮事件費諸予算編成を進め，臨時・戦時給与関係や経常費と臨時費との区分措置等は動員下令の月日等を基準にして明確化していた[55]。それ故，第二師団の質疑は，予算・会計経理や戦時給与等関係の既定の戦時限界を超えた次元の事案として陸軍省にうけとめられた。

この結果，陸軍省副官は同6日付で，第二師団の質疑の件は詮議中であるが「当省限リニテ答フルヲ得ザルモ知レス」と回答した[56]。当時，第二師団の伺いに似たような質疑は他官衙からも提出されていたようであり，当該事案は重層的内容を含むとみられ，陸軍大臣官房は戦時始期月日が判然化しなければ疑議を生じてしまうとして，翌7日に戦時始期の法的明示化に関する意見を閣議請議書（案）としてまとめた。そして，省内各局課の回覧を経て，大山陸軍大臣は8月10日付で閣議に提出した。

大山陸軍大臣の閣議請議書は次のように述べている[57]。第一に，「宣戦講和ハ固ヨリ天皇ノ大権ニ属シ一ニ君主ノ大旨ニ依ルヘキハ論ヲ待タス而レトモ宣戦ノ詔勅ハ聖旨ノ存スルトコロ広ク告諭セラレタルモノニシテ其実アラシムルハ之ヲ換言スレハ其大旨ヨリ生スル結果ヲシテ臣民ニ遵奉セシメ且平戦両時法規適用ノ限界トナサントスル如キハ之ヲ公文式ノ定ムル方式ニ依テ公布セラルルヲ以テ至当トナスヘキニ似タリ」と述べた上で，宣戦は天皇大権の一つであり，その大権発動の形式はよるべき条規が存在しないが故に，詔勅又は勅令の公布であっても効力としては差異がないとした。第二に，1882年太政官布告第37号を引用しつつ，同太政官布告は宣戦の「大権発動ノ形式必ラス布告ヲ要スル」と規定しているので，憲法の精神に背戻し，憲法実施によって「消滅」したと言わざるをえないと述べた。また，議者の中には詔勅も「布告」の一種であり同太政官布告の現在有効性主張者がいるとしても，同太政官布告中の「布告」は現在の法律勅令の意義であって詔勅は含まれていないとするのが公文式（1886年勅令第1号）以前の実例からみて明らかであるとした。そして，結論的には宣戦は布告形式による必要はなく，「宣戦詔勅」の日を戦時と公認し，特に「戦時ヲ定ムルノ法令発布」を待たずに同詔勅発布日を戦時の限界とすべきである，と強調した。

大山陸軍大臣の閣議請議書が，特に8月1日の「宣戦詔勅」を戦時の限界（始期）としたのは，「聖旨」の告諭・遵奉の文言のように，詔勅公布日を出発点にして，ことさらに同公布日の意義強調によって精神的昂揚等の効果が期待されるとみたからに他ならない。また，この種の主張は，たとえば，会戦等で敵味方の両軍・両陣営が対面・対陣するなどして，司令官が開戦宣告を発し，必勝の決意を新たにして，すなわち，「宣戦詔勅」等の文言による意思の表明（宣言・大号令）から戦端が開かれて開戦に進むという儀礼的な戦争開始の姿を含み，いわば古典的戦争開始論を混入している。

ただし，大山陸軍大臣の閣議請議書が1882年太政官布告は宣戦の大権発動の形式を規定したものと記述したことは誤解である。同じく，第二師団の8月4日付の質疑も誤解である。本太政官布告は宣戦の大権発動の形式（又は戦時の認定権自体）の規定ではなく，また，宣戦の意思表明の手続きを規定したのでなく，あるいは太政大臣に開戦日を決定させる権限を与えたものではない[58)]。これは，1882年の戒厳令制定時に，天皇の宣戦の意思表明や大権発動（戦時の認定，外患・内乱の認定）をふまえ，国民に戦時始期月日を予知させるために，当該の戦時始期（月日の指定）の実務的な公布の公文形式について太政大臣がとりおこなう手続きを布告式として法的・一般的に整備したものである。それ故，戦時始期に関する実務的な公布・公示は何らかの公文形式や手段によることは当然であり，同公布の必要性を基本にした同太政官布告の法令主旨は明治憲法後も消滅していないとみるべきである。

②内閣法制局の戦時始期の指令

8月10日付の陸軍大臣の閣議請議に対して，内閣法制局の審査報告書は，宣戦講和は天皇大権であるが故に陸軍大臣の閣議請議書のように1882年太政官布告によらずいかなる形式によって戦時を指定しても支障はないとしつつも，

8月1日の宣戦詔勅日を戦時始期とすることは当を得ないとした[59]。つまり，宣戦詔勅日を戦時始期の基準にする儀礼的な古典的戦争開始論の思想を退けた。その理由としては，開戦（戦い）は開戦の宣告・告知を必ずしも必要とすることなく成立し，「法律命令中ニ云フ所ノ戦時」は「宣戦詔勅」の有無又はその時期にかかわらずに実際に戦いが成立した日より始まるものとして決定することが穏当であるとした。そして，敵国への宣戦書や中立国への告知状及び国内における詔勅公布は主権者の意思発表に他ならないが，「法律命令中ニ所謂戦時」とは主として平戦両時の法令適用の限界を指示するが故に，また，宣戦詔勅日を戦時始期とすることは将来において支障が多いとして（戦時禁制品の必要処分の決行，外国に対する戦い成立の通知済み，陸海軍刑法中の戦時は実際の戦いの成立日を基準にして適用しなければならない，軍人軍属は軍人恩給法による従軍年加算に齟齬が生ずる），今回の朝鮮事件の戦時始期は「事実ニ於テ戦端ノ開カレタル日ト定メラルル方可然」と審査し，8月18日の閣議に「戦時限界ノ儀ハ宣戦詔勅公布ノ日ニ拘ラス実際戦ノ成立シタル日ト心得ヘシ」という指令案を提出した。なお，その場合，法制局は実際の戦いの成立日として一旦は豊島沖海戦の7月25日の日付を起案したが，海軍の戦いであるとされ，陸軍の戦いとしては不向きとして指令案から取り消した。

さて，法制局審査報告書は，第一に，「法律命令中ニ云フ所ノ戦時」の文言はほぼ一般に平戦両時の法令適用の限界の意味のように解釈されるが，1882年太政官布告に云々された戦時始期自体の公布を意味しないようにみえる。すなわち，陸軍大臣の同太政官布告の「消滅」の意見に対する審査・判断を避けた上で，陸軍省への指令案を起案し閣議に提出したことが特質である。また，法制局審査報告書は，同太政官布告を憲法の宣戦講和の大権に依拠して退けたが（いかなる形式によって戦時を指定しても支障はないとして），同太政官布告の趣旨を「宣戦詔勅」と同等視する点では第二師団や陸軍省と同様に誤解を含み，かつ，同太政官布告の主旨としての戦時始期月日の法的な公布手続きの審査を脱落させた。第二に，戦時始期を適用すべき法律命令については，軍人恩給法にも言及しつつも，主として，外国関係も含む軍隊外部との関係で判然化・明示化されるべきものとしてうけとめていたとみてよい。

ここで，大山陸軍大臣が1882年太政官布告の「消滅」意見を提出したことに対して，法制局（当時の法制局長官は末松謙澄）は同太政官布告の「効力」等自体も含めて明確な審査と判断を回避したことの問題が残るが，ひとまず，8月18日の閣議は法制局審査報告書の指令案を妥当なものとして決定した。そして，伊藤首相は念のために8月23日に上奏し，天皇は「聞いた」ということになり，伊藤首相は8月25日に陸軍省に指令した。しかし，陸軍省は内閣指令を受理しても，ただちに第二師団及び他師団・諸官衙に対しても回答・通知しなかった。この間，第二師団側は同師団法官部と陸軍省法官部との間で照会・回答を取り交わした（第二師団法官部が1882年太政官布告中の戦時始期は「宣戦詔勅」をもって心得ると照会したことに対して，陸軍省法官部は8月15日付で同照会の通りでよいと回答）。さらに同参謀長は8月17日付で陸軍次官宛に，同師団は動員には至っていないが，犯罪者取扱いは戦時規定と平時規定との関係で不権衡があっては不都合なので，至急回答を発してほしいと催促した[60]。しかし，閣議決定の翌8月19日に，高級副官が目下閣議提出中として回答したのみであった。

それはなぜか。陸軍省としては（又は後述の海軍省も），戦時限界の日付の法的明示化を内閣からいわば丸投げされたようである。この場合，8月25日の内閣指令の「実際戦ノ成立シタル日」の明示は，儀礼的な古典的戦争開始論とは異なり，新たな視点や次元により組立てなければならなかった。すなわち，作戦計画と軍制技術から組立て，それらの作戦計画・軍制技術上の調査・検証をせまられた。したがって，陸軍省は，そうした調査・検証を抜きにして内閣指令をそのまま第二師団及び他師団・諸官衙に横流し的に回答・通知することは無意味である以上に，かつ戦闘成立の候補日をめぐって諸論議・疑義が沸騰することも予想されるが故に，即時の回答・通知に躊躇したのであろう。また，8月25日の内閣指令は，その後，既に他師団にも漏れていたようであり，「実際戦ノ成立シタル日」を基準にして諸件を処理する旨を伺い出た師団もあった（第四師団参謀長原口兼済の9月10日付質疑）[61]。

他方，海軍省は作戦計画と軍制技術の視点から対清国との敵対関係の明確化に対応した直接的・具体的な兵力行使態勢立ち上げの時期にも遡及しつつ検討したと考えられる。この場合，対清国との敵対関係の明確化は，7月19日の大本営の開戦命令決定と作戦方針以降の時期を参照しつつ（清国軍増兵を予期しつつ，7月22日の海軍艦隊の佐世保軍港出艦〈実際は7月23日〉による清国艦隊破砕方針と，これに連携した混成旅団による牙山屯在清国軍の撃破命令)[62]，「7月23日」という陸海軍戦闘成立の共通候補日にもなりうる月日を浮上させ，下記のような海軍大臣からの閣議請議に至ったのであろう。他方，この時点で，陸軍省は積極的に戦時成立日に関する自らの意思を軍隊内外（閣議請議を含めて）に示すことはなかった。陸軍省は，いわば，海軍大臣の閣議請議と内閣の認識・判断を待っていたかのようであるが，その理由は，内閣指令の「実際戦ノ成立シタル日」の明示化は，その明示化の次元に止まらない調査・検証・説明等の問題を含むことに気づき始めたからである。つまり，「実際戦ノ成立シタル日」の明示化を必要としつつも，その明示化をどの範囲に通知又は公布・公示するかという方針が確定しなかった問題が含まれていた。

③海軍大臣の平時戦時区分の閣議請議と陸軍省

その後，西郷海軍大臣は9月1日付で「戦時平時区分ノ件」の閣議請議書を提出した（「今般対清国事件ニ付戦時平時ノ区分海軍ニ於テハ軍令ニ依リ各軍艦戦備ヲ為シ戦闘編隊ヲ以テ佐世保軍港ヲ出発セシ日即チ七月二十三日ヲ以テ戦時ノ始期トスルヲ至当ト存候得共重要ノ件ナルヲ以テ茲ニ閣議ヲ請フ」)[63]。ここで西郷海軍大臣が佐世保軍港出港日の7月23日を海軍の戦時始期としたのは，太政官が1874年の台湾出兵事件の戦時期間として，「長崎発艦」（5月17日）から「北京訂約」（11月17日）の報告受理日までを指令したことにもとづくだろう。これに対して，法制局の審査報告書は，7月23日は「各軍艦戦備ヲ為シ戦闘編隊ヲ成シタル」ことであり，戦いの準備にすぎず，戦端を開いたのではなく，8月18日の閣議決定の趣旨に抵触すると審査し（他方，京城の7月23日の「日韓兵ノ衝突」も戦時始期とすることは穏当ではないとした），7月25日の豊島沖の海戦は「陸海軍ニ対シ戦時ノ始期トスルヲ至当トス」と起案し，陸海軍共通の戦時始期を7月25日にすることの指令案を9月6日の閣議に提出した。9月6日の閣議は法制局の審査報告書を了承し同指令案を決定した。そして，伊東巳代治内閣書記官長は9月10日付で同戦時始期（7月25日）の指令を陸軍次官に通知した。これをうけて，ようやく，陸軍次官はただちに9月11日付で第二師団参謀長宛に7月25日の豊島沖の海戦をもって戦時始期と心得ることを回答した。さらに，同9月11日付で，陸軍次官は参謀本部・監軍部宛に同回答を通知し，また高級副官は各師団・省内各局課及び大本営にも同回答を通知した[64]。

かくして，「宣戦詔勅」後，平時戦時の区分をめぐり，明治憲法の宣戦講和大権にも言及した戦時始期月日の明示に関する内閣の海軍省及び陸軍省への指令問題の事案は，約１箇月を経て，厳密には政府及び陸海軍内部の組織範囲内で同月日を通知し合うという取扱いにすることで決着した。当時点においても，戦時始期月日を法令格式上の陸軍省・海軍省告示として一般に公示することは不可能ではなかった。しかし，「実際戦ノ成立シタル日」としての7月25日（豊島沖の海戦日）の明示措置は，陸海軍を含む政府部内通知化措置にとどまり，厳密には法的な公布・公示としての明示には至らなかった。その理由は，8月18日法制局審査報告書が戦時始期の論点を「実際戦ノ成立シタル日」に焦点化しつつも，1882年太政官布告の主旨としての戦時始期月日の法的な公布手続き側面の審査を脱落させ，消極的には戦時始期月日の明示は政府部内の通知範囲にとどまっても行政措置・作戦計画・軍制技術上で了解し合うことができれば支障なしという認識が共有されたことにある。ただし，同太政官布告の戦時始期月日の法的な公布手続き側面の審査が脱落されたが故に，依然として同太政官布告（の法令主旨）は消滅していない。他方，その積極的な理由は，「実際戦ノ成立シタル日」の当該の戦闘が仮に謀略等により成立・開始した場合，同月日を戦時始期として公布・公示すれば，その説明や調査・検証に堪えないことになると認識・判断したことにあろう。

総じて，7月25日の豊島沖の海戦は対清国との敵対関係の明確化のもとに海軍により戦端が開かれ，かつ，国際法的にも外国に対しても開戦を説明できた。なお，同海戦により日本と清国とが開戦に至ったために，陸軍省は自らの直接的な戦闘の管轄外において戦時始期が指定されたことになり，検証や説明責任を負うことはなく「好結果」に終わった。しかし，いずれにせよ，大本営設置の当初の秘密化と戦時始期月日の政府部内通知化措置は，敵対国家を明確にした最初の本格的な対外戦争としての日清戦争が，国民の注視・環（監）視が届かない海外他国を戦場にした現地の公使館や派遣軍隊の独断専行等を含み，また開戦の背景・契機を「騎虎の勢い」（陸奥宗光外務大臣）等の文言に象徴される戦争待望気分・雰囲気に責任を転嫁させつつ[65]，理性的な洞察を捨てて強行展開されたことの結果として把握されるべきだろう。

注

1）『樺山資紀関係文書〈第二次受入分〉』中『戦時編制書草案』（1891年10月活版印刷）の目次構成大要は下記の通りである。**戦時編成　第1篇　綱領**　第1章　総則　第2章　野戦隊　第3章　守備隊　第4章　補充隊　第5章　国民軍　第6章　将校（相当官ヲ含有ス）ノ馬卒及従卒　**第2篇　大本営**　第7章　総則　第8章　武官部　第9章　文官部　**第3篇　軍**　第10章　軍ノ編成　第11章　軍司令部　**第4篇　師団**　第12章　総則　第13章　師団ノ編成　第14章　師団司令部　***第5篇　歩兵旅団**　第15章　旅団ノ編成　第16章　旅団司令部　**第6篇　諸隊及輜重縦列**　第17章　歩兵連隊　第18章　騎兵大隊　第19章　野戦砲兵連隊　第20章　工兵大隊　第21章　弾薬縦列大隊　第22章　輜重兵大隊　第23章　衛生隊　第24章　野戦病院第25章　野戦電信隊　**第7篇　兵站部**　第26章　総則　第27章　軍兵站部　第28章　兵站監部　第29章　兵站司令部　第30章　兵站諸隊，縦列，諸廠　第31章　砲廠監視隊　第32章　輜重監視隊　第33章　衛生予備軍　第34章　衛生予備廠　第35章　兵站糧食縦列　第36章　兵站電信隊　第37章　電信予備員　第38章　電信予備廠　**第8篇　屯田兵混成旅団**　第39章　屯田兵混成旅団ノ編成　第40章　屯田兵司令部　第41章　屯田歩兵大隊　第42章　屯田騎兵大隊　第43章　屯田砲兵大隊　第44章　屯田工兵大隊　第45章　屯田衛生隊　第46章　屯田兵野戦病院　**第9篇　守備隊**　第47章　後備歩兵連隊　第48章　後備騎兵中隊　第49章　後備野戦砲兵中隊　第50章　後備工兵中隊　第51章　後備屯田歩兵大隊　第52章　要塞砲兵隊（追テ規定ス）　第53章　対馬警備隊　**第10篇　留守官衙**　第54章　総則　第55章　戦時編制スヘキ留守官衙　第56章　留守司令師団部　第57章　留守旅団司令部　第58章　留守屯田兵司令部　第59章　歩兵補充大隊　第60章　騎兵補充中隊　第61章　野戦砲兵補充中隊　第62章　工兵補充中隊　第63章　輜重兵補充中隊　第64章　屯田歩兵補充中隊　第65章　屯田騎兵補充中隊　第66章　屯田砲兵補充隊　第67章　屯田工兵隊　第68章　対馬警備隊補充隊　**附表第1～44号**　*第4篇　旅団司令部　第27章　旅団長　第28章　旅団副官　（篇・章の漢数字をアラビア数字に変え，*は遠藤）　第5章の国民軍は勅令で規定すると起草した。なお，1891年戦時編制草案は陸軍省内では経理上の要領・基準になるべきものとして位置づけられた。たとえば，陸軍省編『陸軍経理要領』第1冊（第三章野戦軍，51-62丁，1892年）は1891年戦時編制草案を基準にして編集・記述された。

2）〈陸軍省大日記〉中『弐大日記』坤，1891年11月，参第105号。

3）1891年野外要務令は「大元帥ハ全軍或ハ一部ノ軍ヲ興ス」と規定し，1900年野外要務令は「天皇ハ全軍或ハ一部ノ動員ヲ行フ」と規定した。外務次官青木周蔵は1889年4月24日付で井上毅枢密院書記官長宛に憲法明文中記載の「天皇」の文字と他公文中記載の「皇帝」の文字の称呼差別等を照会した。井上は伊藤博文枢密院議長の指揮をうけて5月8日付で「[前略] 皇室典範及憲法ニ天皇ノ称ヲ用イラレタルハ先王ノ遺範ニ因ラレタルモノニシテ既ニ一定ノ制ヲ成サレタレハ嗣今法文ニハ総テ天皇ノ尊称ヲ用イラルヘキハ当然ナルヘシ（但外国交際ノ文書ヲ除ク [「皇帝」の称呼可]）」と天皇称呼統一を回答した（国立公文書館所蔵〈枢密院関係文書〉中『枢密院文書 緊要雑書類』第2，第11件）。枢密院は同見解を1935年においても確認し，条約書・外務関係文書においても「皇帝」を「天皇」と称することを外務省に申し入れ，外務省は1936年1月に異存なしを回答した。他方，陸軍部内でも，宮内省への照会を経て，従来の規則条例での「聖上御尊称」は「天皇陛下」又は「皇帝陛下」と記述したが，今後は，文書上・言語上もすべて「天皇陛下ト奉称」することに内定したことを陸軍一般に通牒した（〈陸軍省大日記〉中『弐大日記』乾，1890年3月，総総第81号，所収の陸軍省高級副官発の1890年3月11日付の通牒――陸軍省送乙第650号，参照）。

4）「侍従武官」は，本書第2部第2章の注3）参照。その後，宮内卿徳大寺実則は1883年4月11日付で太政大臣宛に「侍従ヲ武官ニ被仰付度上申」を提出した。それによれば，陸軍演習対抗運動等の「天覧」の際に，陸軍から「文官ノ輩」は演習線内の「供奉ノ儀ハ不相成旨」を申し来られているために「供奉不致事」にしているが，宮内省官員の侍従の場合は片時も天皇の側傍を離れないわけにはいかず，行幸先等では尚更に御用があるので，現今の侍従を武官に任じられなければ支障も少なくないとして至急検討してほしいと述べた（〈諸雑公文書〉901）。さらに，1885年6月に陸軍少将桂太郎と同川上操六が陸軍卿に「侍中武官条例及侍中武官服務規則」の草案起稿と調査を報告したが（『秘書類纂 兵政関係資料』209-215頁），制定されなかった。その後の侍従武官の設置経緯等は大澤博明『近代日本の東アジア政策と軍事』（187-218頁，2001年，成文堂）の指摘の通りであろう。ただし，1893年の「戦時大本営条例中に侍従武官が設置されることになった」（214頁）という記述は誤記である。侍従武官設置は1891年戦時編制草案中の戦時大本営編制の第一次構想において調査・起草された。なお，「軍事内局」は，大山巌陸軍大臣が1891年4月20日に参謀本部において熾仁親王参謀総長と「軍事内局被設ノ件」を用談している（『熾仁親王日記 五』462頁）。本草案の大本営職員の組織における「軍事内局」の編成は陸軍の1870年代末からの企図による起草である。なお，引用中の「参謀~~次部~~長*」は，参謀本部が（陸軍の参謀本部条例第3条の参謀次長を念頭において，海軍参謀部も同様に「参謀次長」と記述したと考えられるが，1889年3月勅令第30号の海軍参謀部条例上の海軍の参謀部のトップは海軍大臣であり，参謀本部条例の参謀次長相当官職は「海軍参謀部ニ長一人ヲ置キ」（第3条）と規定された「参謀部長」であった。そのため，「参謀次部長*」(「次」を「部」に手書き訂正) は海軍関係者によって訂正されたのであろう。

［補注1］1885年6月の陸軍少将桂太郎と同川上操六は陸軍卿宛に「侍中武官条例及侍中武官服務規則」を報告したが，欧州の侍中武官体制や大本営を調査していた。『秘書類纂 兵政関係資料』には「魯国皇帝陛下大本営ニ係ル法令」が収録されている (229-234頁)。それによれば，ロシアの大本営は軍中への旅行と移動を前提にして構築され (皇帝も旅行，陸軍卿は随行することがある)，大本営のメンバーには武官の他に侍医と「大軍僧」が含まれ，大本営所属の「大本営秘書局」(長官は大佐，他に文官の副長以下20名) は軍事関係事項だけでなく，一般行政上の要件情報を収集するとされている。ロシアやプロイセンの大本営には古典的な戦争指導観や軍事統轄思想が含まれていた。

［補注2］1891年戦時編制草案における大本営幕僚中の陸軍参謀官の「参謀次長1」と「兵站総監1」(通常，陸軍参謀次長が兼ねる) の起草は事実上の確定とみてよい。この参謀次長は1893年10月の参謀本部条例改正の第5条規定の「参謀本部次長ハ参謀総長ヲ補佐シ部務整理ノ責ニ任ス」の参謀本部次長であり，「此次長ハ戦時大本営幕僚ノ陸軍参謀上席将官ト為リ又兵站総監ト為ルヘキ者ナレハ平時ヨリ本部ニ在テ其事務ヲ熟知セサル可ラス」と説明された (『公文類聚』第17編巻9，官職門3官制3陸軍省2，第2件所収の川上操六参謀次長の1893年9月の参謀本部条例改正の上奏書添付の「参謀本部条例改正ノ理由」)。つまり，1893年参謀本部条例は1891年戦時編制草案で起草された兵站総監 (参謀次長の兼職) の設置を前提にして参謀本部次長の責任を規定したことになる。

5）〈中央 軍隊教育 典範各令各種〉中『明治二十四年四月改正 兵站勤務令草案 第二回』(全4編全55章，活版印刷，本書では「1891年兵站勤務令草案」と表記) の第2編第29章は「兵站司令部員」であり，1891年戦時編制草案の第29章の記述に対応した。「1891年兵站勤務令草案」は帝国全軍構想化路線下の海軍省連携の海運事務規定を含む兵站勤務体制を詳細に起草・構想した。

6）〈陸軍省大日記〉中『明治二十四年自一月至十二月 参謀本部』参天第469号第1。

7）『現代史資料第37巻 大本営』収録の「平時業務規定の件」は「戦時大本営編制の起草は明治二十五年の末即ち戦時編制書及戦時諸規則の略ぼ脱稿せし後なりき」(81頁) と記述している。ただし，同書収録の1894年戦時大本営編制の関係文書資料には，①重複関係が多く，編者の解説は6月5日制定の戦時大本営編制の制定正文がどの収録文書に該当するかを記述せず，②同書の附録 (568-571頁) 収録の「明治二十六年制定 大本営編制」は，1944年当時の大本営陸軍参謀部が8月13日にタイプ印刷した文書とされるが，同タイプ印刷文書の「大本営編制」なるものは実際には制定されていないにもかかわらず（同タイプ印刷文書は1893年2月7日付の参謀総長発陸軍大臣宛の内議の起案文書の写しであり，その後に起案文書自体に削除・修正が施される），あたかも1894年制定の戦時大本営編制の正文として収録したものである。このことは，1944年当時の大本営陸軍参謀部が1894年制定の最初の戦時大本営編制に対してずさんな調査をしていたことを意味すると同時に，同書の稲葉正夫編者等を含む近代日本軍制史研究が本文書資料等の真偽に対する史料批判をしなかった研究状況を示している。また，稲葉正夫編書と同時期刊行の防衛庁防衛研究所戦史室編『戦史叢書　大本営陸軍部〈1〉』（1967年，朝雲新聞社）も1894年の戦時大本営編制の制定正文の所在等には言及していない。

8）『明治天皇紀　第八』251-252頁，『熾仁親王日記　六』151頁。

9）『熾仁親王日記　六』175-177頁。

10）〈陸軍省大日記〉中『弐大日記』坤，1893年5月参第47号。熾仁親王参謀総長は1月26日の陸海軍トップの協議に先立ち（皇族中の元老の立場として），海軍における参謀本部の設置と同長官の任務を参謀総長と同一にすることの案に対して，天皇の質問を受けた。これについて，熾仁親王は「蓋し海軍は国土外波濤の上を以て管区と為し船艦を以て成立せるものなれば颶風〔ぐふう〕濃霧の天変尚ほ其覆没測り難く況や一朝優勢の敵に遭へば全軍悉く威力を失ひ沿海皆敵の所有と為らん此の如き不幸に至れば我国已に海軍なきなり然れども我帝国は尚ほ巍然其間に卓立し毫も生存を傷つけず之に反して陸軍は国土の有らん限り人民の有らん限り即ち苟も一成の田一旅の衆の生存し在る限り皇室を護衛し奉り国家の独立を保持し得べき者にして其殲滅し尽くるの日即ち国家の廃滅し畢るものなれば其関係其責任の重大なる殆んど同日の論に非ざるなり故に戦時を顧慮し国防より観察し来るときは陸軍を主幹と為し海軍を輔翼とすべきは実に事理の当然とす［中略］内外の歴史に就き戦争を以て之を証するも未だ海戦のみを以て国の存亡を決したる者有らずして之を決するは必ず陸軍なり故に陸戦は首戦にして海戦は支戦なり」と反対意見を主張した（注7）所収の「戦時大本営条例沿革誌」90-91頁）。熾仁親王参謀総長は，帝国全軍構想化路線にもとづき，戦時・戦争においては国内陸上某地域が主戦場・決戦場として想定されるが故に，陸軍及び参謀総長が最終・最後までの統帥系統全体の主導権行使の資格者・責任者として適切であることを強調した。熾仁親王参謀総長の主張は，「本土玉砕戦の文字通りの原型」と見たてる平板な指摘（石川泰志『海軍国防思想史』6頁，1995年，原書房）とは異なり，要塞防禦を含む国土防禦体制＝国内交戦地域化体制構築における陸軍の主導性を強調した。

11）『公文類聚』第17編巻11上，官職門5上官制5上，海軍省，第1件。

12）〈陸軍省大日記〉中『壱大日記』1893年6月，省第156号。

13) 『公文類聚』第17編巻11上，官職門5上官制5上，海軍省，第1，2件。なお，海軍省の海軍軍令部条例案第2条は「天皇ニ直隷シ帷幕ノ」云々の文言を記述したが，「帷幕」を「帷幄」に修正した。帷幕の用語は法令条文記載上では不適切とされた。なお，帷幕は本書第2部第2章のように戦時の戦闘現場の軍・団レベルでの参謀職務機関を意味したが，戦闘現場の臨場感をただよわせる場合にはその後も公式的に使用された。たとえば，日清戦争期の1895年1月27日に，伊藤博文首相は大本営における「御前会議」の開催席上で，出席者を「纛下ノ帷幕ニ参与スル文武各官」「帷幕ノ議ニ参スル諸臣」「閣臣トイヒ，又帷幕ノ臣トイヒ均シク皆ナ　陛下ニ左右シテ互ニ文武両班ノ上位ヲ忝フスルモノニシテ」云々と称して戦局の将来を演説した（『秘書類纂 雑纂III』406-409頁収録の「御前会議ニ於ケル伊藤博文ノ奏陳要略」，出席者は小松宮参謀総長，西郷従道海軍大臣兼陸軍大臣，陸奥宗光外務大臣，山県有朋陸軍大将，樺山資紀海軍中将，川上操六陸軍中将）。そして，日清講和の談判を迎える戦局への構えに関して，伊藤は「今日此局ヲ収結セントスルニハ，文武両臣各其心ヲ一ニシ，成算ヲ鞏守シテ深ク其秘密ヲ保チ，外間ヲシテ毫モ之ヲ窺知セシメズ」云々と強調した。伊藤の演説は内閣官制の「謹奏」書の「戦時ノ帷幄」というべき開催場面や機関での上奏・発言として位置づけられるとともに，その「纛下ノ帷幕」等のメンバーは武官文官混成であったことに注目しなければならない。

14) 〈陸軍省大日記〉中『弐大日記』坤，1893年3月，参第23号，同『弐大日記』坤，1893年5月，参第47号。

15) 〈陸軍省大日記〉中『弐大日記』坤，1893年9月，参第72号。本章では参謀総長の9月4日付の参謀本部条例改正案の協議に付された「参謀本部条例改正ノ理由」を「改正ノ理由」と表記する。注19）収録の参謀次長の上奏に付せられた「参謀本部条例改正ノ理由」とほぼ同一文章である。

16) 『参謀本部歴史草案』〈一五～一七〉1893年10月3日の条。参謀本部条例改正の理由に関する本文書の文言は参謀本部が陸軍大臣宛協議に先立ち起草され，本章では「改正理由原案」と表記する。また，本文書は陸軍省編『明治軍事史』上巻（881-883頁）に収録された。なお，同書の編纂者は本文書の「改正理由原案」の第2，3条の理由について，参謀本部条例の勅令公布条文と「一致せさるもの」があるが，参謀本部条例改正の思想を窺うことができ，特に「参謀総長の陸海両軍に亘る統帥業務漸く困難ならんとする暗流を察知し得へき資料たり」と記述している（883頁）。

17) 18)　注15）に同じ。

19) 『公文類聚』第17編巻10，官職門3官制3，陸軍省，第2件。

20) 熾仁親王参謀総長は1892年11月19日付の陸軍大臣宛の1893年度出師準備書の仮制定の協議で，「目下戦時編制改正中ニ有之」と述べ，同年度出師準備書通知前には裁可を仰ぐ運びには至らないので，各師団の出師準備調査では歩兵中隊下士人員を18名にし，各隊行李馬数は野外要務令にもとづき調査すべき等の旨を協議した。陸軍大臣は同意し，12月21日付で各師団長他に内訓を発した（〈陸軍省大日記〉中『弐大日記』坤，1892年12月，参第112号）。参謀総長が述べた戦時編制改正中云々の「戦時編制」は，本書第３部第２章既述の出師準備管理体制の第二次的成立下の1887年戦時歩兵一連隊編制表他と1888年の師団戦時整備表及び戦時師団司令部他編制表を基本にした戦時編制全般を意味した。参謀本部の戦時編制全般の改正調査の指摘によれば，1891年戦時編制草案の修正案は1892年末に起案・脱稿されたとみてよい。

21）〈陸軍省大日記〉中『密大日記』1893年，第14号所収の同修正案の文書は表紙に「戦時編制~~書草案二十四［六］年三月印刷~~」の記述・修正・削除が参謀本部により施された（本章では，朱点による11文字削除を═══で表記し，「四」の「六」への修正を［六］と表記した）。また，本文には朱筆の修正・削除等が施された。本書では活版印刷本文を「３月修正案」と表記し，朱筆修正・削除等が加えられた（陸軍省は異議なしを回答）本文を「８月修正案」と表記する。

22）参謀本部内の戦時大本営編制の草案起草等については，２月７日に寺内正毅第一局長が「戦時大本営編制書類」を参謀総長宛に持参し，３月16日に参謀総長は「戦時大本営編制草案」の説明のために徳大寺実則侍従長と相談し，翌17日には参謀本部副官を差し向けることにしたとされている（『熾仁親王日記　六』181，201-202頁）。

23）〈陸軍省大日記〉中『明治二十六年分　編冊』。

24）注21）に同じ。

25）〈陸軍省大日記〉中『弐大日記』坤，1893年11月，参第78，81号。

26）〈陸軍省大日記〉中『密大日記』1893年，第35号。陸軍省回答①の出師準備を「一国ノ戦備ヲ総称」とする定義における「戦備」には戦争全体の準備等の意味もあるが，動員後の特定戦闘（想定）地域下の防禦等施設工事を基本にした戦闘準備の意味がある。

27）〈文庫　千代田史料〉中『明治二十六年十二月二十三日　戦時編制』。1893年戦時編制の目次大要は下記の通りである。**戦時編制**　**第1篇**　**綱領**　第1章　総則　第2章　野戦隊　第3章　守備隊　第4章　補充隊　第5章　国民軍　**第2篇**　**大本営**（別ニ定ムル所ニ拠ル）　**第3篇**　**軍**　第6章　総則　第7章　軍ノ編成　第8章　軍司令部　**第4篇**　**師団**　第9章　総則　第10章　師団ノ編成　第11章　師団司令部　第12章　旅団ノ編成　第13章　旅団司令部　第14章　野戦諸隊及師団輜重　**第5篇**　**兵站部**　第15章　総則　第16章　軍兵站部　第17章　兵站監部　第18章　兵

站司令部　第19章　兵站輜重　**第6篇　守備隊**　第20章　師団後備隊　第21章　屯田兵団ノ編成　第22章　屯田司令部　第23章　屯田兵諸隊及属部　第24章　要塞砲兵隊（追テ規定ス）　第25章　対馬警備隊　**第7篇　留守官衙**　第26章　総則　第27章　戦時編成スヘキ留守官衙　第28章　留守司令師団部　第29章　留守旅団司令部　**第8篇　補充隊**　第30章　師団補充隊　第31章　屯田兵補充隊　第32章　対馬警備隊補充隊　附則　将校ノ馬卒及従卒ノ規定　**附表甲号，乙号，附表第1～51号**　（篇・章の漢数字をアラビア数字に変えた）。第5章の国民軍の編成は必要時に「勅命」で規定すると記述した。

28）〈陸軍省大日記〉中『密大日記』1893年，第34号。なお，児玉軍務局長は，今後も戦時編制と出師準備に関する文書冊子は秘密度に応じて「第一種」と「第二種」の3字を記入し，配付先対応の番号を記載するとした。1893年戦時編制の当時の印刷部数は「第一種」が400部（配布先として，陸軍部内計356部，他に海軍省1部，海軍軍令部2部，内閣の記録局及び法制局第一部に各1部と会計検査院1部，予備38部），「第二種」が650部とされた。「第一種」は日清戦争開始期（1894年7月14日）には500部を増刷・製本した。

29）〈陸軍省大日記〉中『密大日記』1893年，第31号。

30）〈陸軍省大日記〉中『弐大日記』坤，1893年12月，参第91号。

31）〈陸軍省大日記〉中『明治二十七年度 出師準備関係書類』第8件。

32）〈陸軍省大日記〉中『密大日記』1893年，第35号。

33）〈陸軍省大日記〉中『弐大日記』坤，1893年12月，参第92，94，95，96，103号，同『密大日記』1894年，第4，5号，同『明治二十六年自一月至十二月 大日記 参謀本部』参地第383号第1。

34）35）注22）の寺内正毅参謀本部第一局長が熾仁親王参謀総長宛に持参した1893年2月段階の参謀本部起案の戦時大本営編制案は〈陸軍省大日記〉中『密大日記』1894年7月，第24号所収（全2章活版印刷本文5丁，附表計2）のものである。本書は2月7日付の参謀本部起案の陸軍大臣宛内議の戦時大本営編制案を「戦時大本営編制案」と表記する。

36）〈陸軍省大日記〉中『明治二十七年度 出師準備関係書類』第8件。たとえば，大本営職員の配属者名簿は，軍事内局（佐官）に歩兵大佐田村寛一，大本営幕僚（陸軍参謀官）に歩兵大佐高橋雅則，歩兵少佐田村怡与造，砲兵少佐伊地知幸介，陸軍副官（佐官）に砲兵少佐村田惇，兵站総監部〈参謀大（中）佐〉に塩屋方国，運輸通信長官部〈長次官は大佐〉に歩兵大佐寺内正毅，鉄道船舶運輸委員に工兵少佐山根武亮，野戦高等電信部〈長は工兵中（少）佐〉に工兵少佐渡部当次，大本営管理部〈長は少佐〉に騎兵少佐梅崎信量，同憲兵（大尉）に憲兵大尉犬塚能，同衛兵（騎兵大

尉）に騎兵大尉秋庭守信，同輜重兵（尉官）に輜重兵大尉寺田六太郎，陸軍大臣従属（佐官）に砲兵少佐村木雅義と砲兵少佐福家安定，等を記載した（下線部は6月5日の戦時大本営設置時に当該職員に配属）。

37）〈陸軍省大日記〉中『密大日記』1894年7月，第24号。

38）朝鮮国政府は5月6日に洪啓薫を両湖招討使に任命して親軍壮衛営兵力（760余名，人夫60余名，野戦砲4門）により「鎮圧勦除［そうじょ］」させることを決定した。そして，清国の京城駐在総弁交渉通商事宜袁世凱に請い，仁川港駐艦の北洋海軍軍艦平遠に380余名の兵員等と野戦砲及び弾薬140箱を搭載して8日に群山に向けて出港した。残余の兵員等は朝鮮国の最初の海運業会社の利運社所有汽船の蒼龍号と漢陽号に分乗した（『朝鮮史』第6編第4巻，1052-1053頁，仁川府庁編纂『仁川府史』上巻，399頁）。これに対して，農民反乱側は5月13日に「布告文」を発し，中央・地方の腐敗官僚を批判し，「八路同心，億兆詢議シ，今義旗ヲ挙ゲ，輔国安民ヲ以テ死生ノ誓ト為ス」と強調した（『朝鮮史』第6編第4巻，1055-1056頁）。洪啓薫の征討軍は5月19日に全羅道の中心都市の全州に到着したが，壮衛営兵員中には逃亡者が続出し，全州監営首校鄭錫禧は全琫準（甲午農民戦争の最高幹部）より「賂銭」を受けて内通したとされ（その結果鄭錫禧は梟首になる），さらに全州府官吏中にも農民反乱への「内応」者があり（『朝鮮史』第6編第4巻，1058-1063頁），全州府は6月1日に陥落し，反乱農民に占領された。甲午農民戦争については，趙景達『異端の民衆反乱』（1998年，岩波書店）等の詳細を極めた本格的研究があるが，近代日韓軍事関係史研究の一部として改めて解明される必要がある。

39）40）〈戦役　日清戦役〉中『陸軍歩兵大佐谷寿夫述　日清戦役ニ於ケル我帝国開戦準備実情』（陸軍大学校の第三期専攻科用の「日清戦史講義摘要録」の表題による全174丁の謄写版印刷，「特秘第百参号」と記載，本章では「谷日清戦史」と表記）23-26丁。「谷日清戦史」は第三期専攻科学生（1926年12月入学，翌年12月卒業）用戦史テキストであるが，特に同150丁までは〈戦役　日清戦役〉中『征清用兵　隔壁聴談』（更紙タイプ印刷全27節・111丁，「門外生識」という匿名著者・東条英教の1897年の著作とされ，本書では「隔壁聴談」と表記，ただし，同更紙タイプ印刷本は東条本人刊行のものではなく，およそ第三者が1913年の東条死去後に印刷したものとみてよい）の53丁までの記述をほぼ下敷きにした（前半は転載記述が多い）。「谷日清戦史」は新たに章・款・項を立て戦史講義用として整備したことにより（全14章），「隔壁聴談」の内容は「谷日清戦史」により権威づけられたが，双方ともに，参謀本部・大本営・用兵者側が政府・外交家側に掣肘されつつも日清開戦に対する参謀本部の先覚・主導性誇示を基調にした。また，ともに日清両国間の戦争起因や開戦誘引として朝鮮国の主権問題（清韓宗属関係）と琉球問題（清国・李鴻章の「琉球回復」の懸案化）をめぐって「国防上」は既に「精神的交戦状態」にあったことを強調した。「5.31総理官邸会議」は『明治二十七八年 日清戦史』（第1巻，94-95頁）の「[参謀総長は] 在韓臣民ヲ保護シ帝国ノ権勢ヲ維持センニハ我モ亦兵ヲ出スノ必要ヲ感シ内閣総理大臣 [割注略] ト謀議スル所アリ」（下線は遠藤）の記述に対応するが，同記述は正確ではない。内閣官制上は首相と参謀総長との「協議」や制度的・直接的な交渉ルートはありえないが故に「謀議」と記述したとみてよいが，参謀総長は同会議に出席していない。熾仁親王は前年既に伊藤首相に高齢等の理由により参謀総長辞職を願い出ていたが，5月10日に天皇は1896年までの留任と勤務続行の命令を下した（宮内省発行『熾仁親王行実』巻28，1894年5月10日の条，1898年）。ただし，当時は，そうした「謀議」も含めて，当時の外務大臣秘書官中田敬義の指摘のように（注45）），参謀本部と政府・外務省との間の情報流通の雰囲気関係を示している。それは，6月21日と7月1日の伊藤首相の官舎での大臣集会開催時の熾仁親王参謀総長の同席などからも窺われる（『熾仁親王日記 六』406，416頁）。なお，川上の対清国開戦の決心と方針は，伊地知少佐に自己の「意」を授けて起草させたとされる「予定ノ廟算」（「谷日清戦史」38-40丁の文脈上では大本営設置後の成案とみられる）によれば，1882年朝鮮国壬午事件と1884年甲申事変［補注参照］以後の日清両国間には「感情」に円滑を欠き「彼レカ常ニ我レヲ侮蔑スルノ事実ニ考フレハ或ハ不測ノ事変ヲ惹起スルコトアラン［中略］一旦彼レト硝煙ノ間ニ立ツコトアランカ我レハ飽マテ戦闘ヲ持続シ彼レヲ屈服セシムルノ決心アルヲ要ス」という歴史的感情悪化論を滲ませ，①「朝鮮ニ後続兵ヲ送リ直チニ輸贏［しゆえい］ヲ該地ニ争フ」，②「北京ヲ目標トシ兵ヲ送テ渤海湾岸ニ上陸セシム」の二案を立て，特に第二案は海上権の占有によるものとし，第一案は海戦勝敗如何にかかわらず実施できるとした。その上で，参謀本部の当面する混成旅団派遣計画は，①輸送船舶供給制約により，主力輸送を第一次輸送においた二次の輸送体制を組み，②派遣（屯在）地として「他日清国ト開戦スルニ際シ我レ先ツ朝鮮半島ヲ占領シ大作戦ノ地歩ヲ占メ置ク必要上京城ニ旅団ノ主力ヲ置ク」ことに決し，上陸地を仁川港（不可能の時に馬山浦）とした（「谷日清戦史」42丁）。つまり，朝鮮半島の軍事的制圧のもとに，まずは清国軍に対する牽制の作戦・運動をとることにした。総じて，参謀本部等の対清国積極的開戦優先方針は朝鮮国への出兵の外交的・法的根拠等を副次的なものとし，日清・日朝間等で同根拠等の疑念・論難等が生じても本質的には日清交戦の勝利決着により沈下消失するという構えがあった。他方，清韓宗属関係の中で朝鮮国の官吏・住民は日清交戦の清国勝利を予想・期待し，朝鮮国政府上層部（議政府）では「[日本敗北による] 朝鮮ノ禍ヒ測ル可ラス［中略］是故ニ袁［世凱］公使等ヲ優待シ益々清国ニ服従ノ意ヲ表シ且ツ貢献ノ節ニハ其ノ向々ヘ厚贈ヲナシ内情ヲ修ムヘシ」(領議政沈舜澤) のように清国への従属強化希望を強く重視する意見が暫く続いた (〈海軍省公文備考等〉中 [戦役等 日清]『報告綴込 大臣官房ヨリ借用』所収の渡辺鉄太郎砲兵少佐報告「韓廷ノ内情」, 1894年7月4日)。なお,「隔壁聴談」に依拠した大澤博明「『征清用兵隔壁聴談』と日清戦争研究」『熊本法学』第122号, 2011年, は, 日清戦争の先行研究を詳細に再検討しつつ, 6月2日閣議決定の朝鮮国への出兵目的について, 伊藤博文が抱いていた「日清共同朝鮮内政改革構想を目的とし清の朝鮮併合策に備えるのを裏面の目的としていた」と記述した (201頁)。ここで特に清国の朝鮮併合策対応としての出兵目的の記述は高級武官等の意気込みや雰囲気としては肯定されうるが, 同「裏面」の目的をいつまでどれだけ維持できたかは明確にされていない。

[**補注**] 甲申事変後に日清両国は将来の交誼を固くするための「相互均一」という立場に立ち両国軍隊の同時撤退と将来の軍隊派遣手続き等を協約した天津条約締結の談判過程は,『伊藤特派全権大使復命書』(伊藤博文の1885年5月の「復命書」や「天津談判筆記」等 [英文含む] 収録, 6月印刷) 等を基本にして解明した田保橋潔『近代日鮮関係の研究』上巻 (1940年, 朝鮮総督府中枢院) に詳しい。その際, 4月15日に伊藤全権大使は朝鮮国に将来「行文知照」により軍隊派遣を要する場合として「[上略] 朝鮮国若有紛難 [difficulties]」云々と起草した (第3条)。李鴻章は同起草を「朝鮮国若有変乱重大事件 [disturbance of a grave nature]」云々と修正し (伊藤も同意), その重大事件とは「例ヘハ露国朝鮮ヲ侵略セントスルトキハ我国直ニ出兵セサルヲ得ス其他之ニ等シキ重大事件ノ起リタルトキモ亦兵ヲ派スヘシ」云々と述べた。伊藤も「今閣下 [李鴻章] ノ述ヘラレタル事ハ永ク記憶シテ忘ルルナカルヘシ」と即同意し, 李も「今本大臣ノ述ヘタル露国朝鮮ヲ窺フ事ハ止[た]タ貴我両国全権大臣ノ密諾トシテ互ニ記憶センコトヲ希望ス」と述べ, 半ば意気投合的な雰囲気のもとに合意された (以上,『伊藤特派全権大使復命書』中「天津談判筆記」4月15日, 4-7頁)。しかし, 実際的には, 同談判出席の榎本武揚在北京公使の5月6日付の井上馨外務卿宛上申が, ①日清両国軍隊撤退後には「[朝鮮国に必ず] 内乱ノ起ラサルヲ保スヘカラス其節朝鮮ノ兵力能ク自ラ其乱ヲ鎮圧スルニ足ラスシテ争乱底止スルノ期ヲ見定カタキ時ハ其勢日清両国相議シテ出兵ニ及ヒ其乱ヲ治メサルヲ得サルニ至ルヘシ」と述べ, ②今後朝鮮国が外国武官を雇って「憲兵五六百ヲ編制スル而已ニテモ朝鮮ノ貧乏ナル其費用ニ耐サルノ憂アリ況ヤ朝鮮ヲシテ内乱外寇ニ備フル為メニハ追々苟モ一万以上ノ精兵ヲ編制セサルヘカラス此等ノ費用ハ固ヨリ朝鮮ノ自弁シ得ヘキニアラサレハ其勢日清両政府ヨリ貸与セサルヲ得サルヘシ」云々として, 同費用貸与にかかわる会計監督官派遣による同国への会計干渉も含めて, 榎本自身がかねて主張する朝鮮国の「日清合同保護」の姿になると強調したように,

朝鮮国内乱対応としての軍隊派遣が見込まれていた（〈外務省記録〉第2門第1類第2項中『清国ト帝国及各国トノ特殊条約雑件 松本記録』所収「天津条約ノ締結」）。その後，朝鮮国駐在の日清両国軍隊はともに7月21日にすべて撤退した。同撤退に際して在京城代理公使高平小五郎は政府指令をうけて同18日付で朝鮮国督弁交渉通商事務金允植宛に「留存派兵護衛之権照会」を発し，「[21日の撤退は] 遵照我明治十五年，在済物浦所訂両国条約。視其無須警備之時。暫行撤回至於将来如遇有事，再須護衛。仍当随時派兵護衛，不得因此次撤警備。誤謂廃滅前約」云々と声明し，金允植も翌19日付で同声明承認の照覆書を高平宛に送付した（統監府編纂『韓国ニ関スル条約及法令』3-4頁，1906年）。これにより日朝両国は，日本の軍隊撤退は済物浦条約上では任意のものであり，将来の有事には随時派兵・駐留による公使館警備があること（同条約の廃滅を意味せず，駐留権の一時不履行）を改めて確認したことになる。その上で，高平代理公使は12月22日付で井上外務卿宛に，「行文知照」による軍隊派遣は政府当局のみならず京城駐在の日清「両国使館」においても施行したいと上申した。すなわち，京城や各港において「土民ノ騒擾」による危急切迫の場合に居留民保護を朝鮮兵に倚頼できない事情はありえないとは言え難く，一時，日清両国使臣の協議により平生派遣の護衛艦の水兵等を上陸させれば両国にとっても好都合であるので指令を仰ぎたいと述べた（〈外務省記録〉第2門第6類第1項中『在韓帝国居留民保護ノ為臨時水兵上陸ニ関シ天津条約ノ見解解釈一件』）。これについて，井上外務卿は翌1886年1月26日付で，①「行文知照」は政府間に限られた施行であり，「在朝鮮両国公使間」で施行する筋のものではない，②朝鮮において一朝事変が生起し，「形勢切迫水兵ヲ引テ保護ヲ要スル事有之節ハ萬不得止臨機ノ御処分有之候トモ」，敢て差支いはなく，天津条約違背とは認め難い，③事変が重大ならば僅か十余人の水兵でも保護処置できると思われるが，その場合は公使館他の保護を厳に朝鮮国政府に依託し，居留民を済物浦や便宜地に避難させることが良計である，④朝鮮国政府は交際国の使館・人民を十分に保護すべきことは常時変事に関係なく免れない義務があるので，この事理を根拠にして十分厳重に依託してほしい，と回答した。

41）既に1893年に陸奥外務大臣は西郷海軍大臣宛に，①3月23日付で近年の本邦人の朝鮮国往来頻繁と同国沿岸漁業地の海賊出没により「居留民ノ保護」と取締りのために仁川港繋泊の鳥海艦（622トン）の年間2回以上の釜山・元山地方への巡航を照会し，②4月16日付で「東学党ノ不穏ノ模様」を通知した（在京城公使館は3月12日付で外務省宛に忠清道での非公認の東学教団信者10数名の逮捕を報告し，同公使大石正巳は4月10日付で陸奥外務大臣宛に東学の伏闕請願運動・外国人排斥脅迫等と成均館［大学］儒生等の対抗上奏等の中で，東学派の暴行があれば，同国政府の鎮圧と在留外国人の保護は困難であり，仁川港繋泊の鳥海艦〈乗組員定員105名〉は小型で有事時の本邦人の十分な保護は困難としてさらなる軍艦増派が必要である，等を上申，〈海軍省公文備考類〉中『公文備考』1893年，巻3，艦船上，〈外務省記録〉第5門第3類第2項中『韓国東学党蜂起一件』，参照)。これに対して，西郷海軍大臣は3月27日付で1893年度以降の警備艦の年2回の元山巡航（往復時に釜山寄港）予定と臨時緊要時には公使請求により回航可能を回答した。そして，3月31日付で警備艦愛宕（622トン）に「居留民保護」のための朝鮮国派遣命令（元山寄港と仁川回航，鳥海艦と交代）を伝達し，4月12日付で報知艦八重山（1609トン，速力20ノット）に朝鮮国沿岸への回航命令を伝達した。八重山艦は4月16日に仁川港に入港し，同30日に京城の「騒乱暴発」発生想定による公使からの兵員請求と陸戦隊の編成・漢江遡上及び警戒行軍・入京の演習（大月尾島を京城に仮想）を実施した（〈海軍省公文備考類〉中『公文雑輯』1893年，巻3，演習)。八重山艦は帰国後も陸戦隊の演習を6月30日，9月26日，12月5～7日に実施した。居留民保護の軍艦派遣・巡航を強化したのは1893年末であった。海軍は11月15日に愛宕艦を帰国させて警備艦大島（640トン）と交代させるとした。しかるに陸奥外務大臣は西郷海軍大臣との面談を経て12月4日付で同大臣宛に大島艦でなく「充分冬季風濤ニ堪ヘキ巨船」の派遣を照会した（〈海軍省公文備考類〉中『公文備考』1893年，巻3，艦船上)。この結果，海軍は仁川港警備役務の大島艦をそのまま継続させ，12月14日付で新たに練習艦筑波艦（1978トン）の仁川派遣を決定した。外務省は軍艦2隻の仁川碇泊は談判中の朝鮮国の防穀令解除交渉に対して間接的効果があるとみていた。当時，筑波艦は江田島碇泊中であったが，艦長黒岡帯刀は横須賀鎮守府司令長官宛に，同艦は短4斤山砲1門と同艇砲1門（弾丸定数は通常榴弾130発，霰弾40発）を備付しているが「万一隣邦ニ於テ山砲ヲ以テ陸揚ケシ数日間攻守スルノ場合ニ立至リ候時ハ右定数ノミニテハ不足ヲ生スヘシ虞有之候」として，予備弾薬用の霰弾60発と通常榴弾120発の特例的備付を上申した（〈海軍省公文備考類〉中『公文雑輯』1893年，巻7，兵器弾薬下)。筑波艦上申は認められ，海軍大臣は12月27日で碇泊地の呉鎮守府司令長官宛に予備弾薬備付を指令した。筑波艦は翌1月4日に仁川港に着港し，3月末まで実地視察等による情報収集（朝鮮国政府設立の日本語学校在学者名簿，同国民の生活・習慣・衛生，陸戦隊使用想定の凍結・春融時の仁川京城間道路の詳細，仁川付近の地理，漢江往復の船舶〈運賃，速力，積載量他〉，同国各道の官有米廩と漢江付近の官有米廩，仁川港より南陽府への海陸路及び南陽府より水原府経由の仁川港までの陸路，他）や2月16日に陸戦隊上陸演習を実施した（仁川付近での暴民蜂起と江華海防兵の付和による月尾島炭庫襲撃を仮想し，該島警備と仁川居留地守備の演習，〈海軍省公文備考類〉中『公文雑輯』1894年，巻5，艦船下，同『公文雑輯』1894年，巻2，演習，参照)。他方，在朝鮮国公使大鳥圭介は3月2日付で陸奥外務大臣宛に，注39)［補注］の井上外務卿発高平代理公使宛回答の②にかかわって，形勢切迫時の水兵上陸の際には清国も同様手段をとるだけでなく「寧ロ我ヨリ多数ノ水兵ヲ上陸セシムルニ可至［中略］如此ナルトキハ或ハ彼我兵員ノ間ニ衝突ヲ来シ或ハ甚シキニ至リテハ天津条約ノ規定モ虚文ニ属スル嫌ヲ生スルコト可有之」云々として，「予メ之ヲ防カンカ為メ両国ハ如此場合ニ於テ同数丈ケノ兵ヲ上陸セシメ彼我互ニ超越スルコトヲ得ス云々トノ趣旨」により清国の京城駐在総弁交渉通商事宜の袁世凱との間に「公文ノ取極メ」ることは緊要・上策であると伺い出た(〈外務省記録〉第2門第6類第1項中『在韓帝国居留民保護ノ為臨時水兵上陸ニ関シ天津条約ノ見解解釈一件』)。大鳥伺いは13日に接受され陸奥は大鳥帰国時に回答することになったが，現地公使館等(榎本・高平も含む)では天津条約第3条を朝鮮国への出兵時の日清両国兵衝突の予防策を含むものと認識していた。陸奥の回答内容は不明だが，天津条約を日清両国兵衝突の予防策を含むものと認識せず，むしろ，同衝突誘起を不可避とした上で現地派遣者間の公文取決めも不要視したとみてよい。

42)〈戦役 日清戦役〉中『明治二十七年六月 臨時事変ニ関スル書類綴(甲)』。計7件の命令案等はともに朝鮮国政府の清国政府への軍隊派遣依頼の情報未到着の6月2日前に起草された。ただし，第五号の勅令案を基本にして，6月8日にやや派遣内容を詳しく記述して各師団長(第五師団長を除く)等への内示を発した(陸軍省送乙第1072号)。同内示は「朝鮮国ニ内乱蜂起シ勢ヒ益々猖獗ニシテ同政府之ヲ鎮圧スル能ハス依テ帝国政府ハ我公使館領事館幷ニ国民保護ノ為メ第九旅団ヲ以テ混成旅団ヲ編制シ明九日ヨリ逐次仁川ニ向テ派遣セラル又支那政府モ朝鮮国へ派兵ノ旨昨七日公然我ニ通知セリ情報ニ依レハ太沽及上海関ヨリ既ニ約千五百人同日出発セシメ又旅順口ニモ約千五百ノ兵出発ノ準備ヲナスカ如シ」(〈陸軍省大日記〉中『明治二十七八年戦役日記 明治二十七年六月 完』第32号)と記述した。

43)『明治天皇紀 第八』428-429頁。袁世凱は5月以降に朝鮮国の出兵依頼必至を予想して李鴻章に出兵を決心させるとともに，同国政府重臣の閔泳駿に出兵依頼を使嗾していたので(出兵費用の清国負担等の密約)，公式出兵依頼は形式的なものとみられていた(関矢充郎『怪傑袁世凱』104-108頁，1913年，香川鉄夫『日清開戦実記』30-32頁，1894年)。

44)〈公文別録〉中『内閣』1886-1912年，第1巻，第12件。伊藤首相は閣議決定文書を6月6日に天皇閲覧用に提出した。なお，朝鮮国内の日本居留民の当時の事態のうけとめを示したものとして，6月7日に京城日本人商業会議所の会員有志等68名が日本公使館を経て外務大臣宛に発送しようとした請願書がある。同請願書は農民反乱自体の「脅威」に対するよりも，むしろ，農民反乱征討のために朝鮮国政府をして兵力派遣依頼を導いた清国に対して，その「意図蓋し測るべからざるものあり」として，「我々在留民の心を安じ，併て国力の平衡を保ち，我が帝国の威霊をして千歳長く失墜せしめざらんと欲せば，少なくとも彼れ清国と等数の精兵を此の国郡に集め以て非常に備ふるにあり」云々の記述のように，朝鮮国内の貿易・商業活動における日本居留民の勢力や主導権確保のための清国同数の兵力派遣を望んでいた（京城居留民団役所編纂兼発行『京城発達史』66-68頁所収，1995年，影仁文化社復刻，原本は1912年）。

45）閣議等での派遣兵力（混成一旅団）の規模了解については，戦前の諸自伝等で伊藤首相と川上参謀次長との間の兵力過多をめぐる議論紹介があるが（当時の外務次官の林董の『林董伯自叙伝 回顧録』（1901年）と『後は昔の記』（1910年）を合冊復刻収録した由井正臣校注『後は昔の記 他』1970年，平凡社東洋文庫，元帥上原勇作伝記刊行会編『元帥上原勇作伝』上巻1938年，徳富猪一郎著『陸軍大将川上操六』1942年，等），ほぼ伝聞訛伝等にもとづいていた。その上で，川上操六らの開戦策動は「川上［操六参謀次長］，西郷［従道海軍大臣］，樺山［資紀海軍中将］等の外征派は，この機を逸しては再び開戦の好機無しとの意気組で力瘤を入れる。」とされるように（平井駒次郎編『岡本柳之助述 風雲回顧録』258頁，大空社，1988年復刻，伝記叢書39，原本は1912年，ルビ略は遠藤），薩摩系陸海軍のトップの国外での開戦強行策動の一端とみてよい。また，注40）の中田敬義は「東学党ノ事件ガ起リ，朝鮮ノ方カラ援兵ヲ乞ハレタノデアッタカラ，支那ハ益々ツケ上ツタノデアル。ソコデ，コチラハ最初カラ何カ事ヲ起サウトイフ考ガアツタノデアルシ，殊ニ川上参謀次長ノ如キハ支那ヲ廻ツテ来テ［1893年4～7月に朝鮮〈5月4日に朝鮮国王に謁見〉を経た調査旅行］，支那兵ハ問題ニナラヌ，乞食同然ダ，唯兵ラシイノハ李鴻章ノ兵ノミダト私共ニ語ツテ居ツタ位デアツテ，今日私カラ言ハスレバ，此際支那ヲ片付ケテシマウデハナイカトイフデアル。コレハ川上ト陸奥トノ仕事デアツタ」「船頭達ハ益々船ノ舵ヲ自分等ノ信ジタ方向ヘ向ケテ行キ，サウシテ其船頭ハ誰カトイフト陸奥ト川上参謀次長デアッタト私共ハ見テ居ル」「日清戦争等ハ，事実ニ於テハ見方次第デ侵略ニナッテ居ルノダト思フ。」「日清戦争ノ時ハ朝鮮ノ独立ヲ維持スルト言ッタガ最後ニハ保護国，合併スルトイフコトニナッタ」云々と述べ，侵略と「韓国併合」につながる開戦強行推進者としての陸奥外務大臣と川上参謀次長の役割を指摘した（『憲政史編纂会収集文書』550中「中田敬義氏述『秘 日清戦争ノ前後』〈外務省調査本部第一課，1938年10月特輯第1号〉）。

46）『参謀本部歴史草案』〈一五～一七〉所収の「御沙汰」正文は「［前略］総裁ハ陸海軍将校及同相当官ヲ以テ所要ノ機関ヲ総制スヘシ」と記述されているが，「総制」は

「編制」の誤写である。

47）〈戦役 日清戦役〉中『明治二十七年六月 臨時事変ニ関スル書類綴（甲）』。「第二号　混成旅団長ニ与フル命令案」は「一　朝鮮国ニ内乱蜂起ス同国ニ在ル本邦公使館及国民保護ノ為メ軍隊ヲ派遣ス　二　混成旅団ハ仁川港若クハ其附近ニ上陸シ首トシテ京城及仁川ニ在ル者ヲ保護スヘシ　旅団中ヨリ歩兵一中隊（一小隊ヲ欠ク）ヲ釜山ニ歩兵一小隊ヲ元山へ分遣シ其地ニ在ル本邦居留人民ヲ保護セシムヘシ　三　保護上ノ問題及外交上ニ関スル事項ニ就テハ常ニ彼地ニ在ル本邦公使ト協議スヘシ　月　　日　特命総裁　熾仁親王」と起草された。「第三号　特命総裁ヨリ混成旅団長ニ与フル命令」は「~~特命総裁ヨリ~~混成旅団長ニ与フル命令　一　旅団長ハ軍ノ進退及兵器弾薬ノ補給並ニ会計経理衛生ノ事ニ関シテハ~~特命総裁~~（大本営）ノ指揮ニ従フヘシ　二　旅団長ハ派遣中将及同相当官ノ人事ニ関シテハ~~特命総裁~~（大本営）ノ指揮ニ従ヒ時々其結果ヲ第五師団長ニ報告スヘシ下士以下（ニ就テハ）補欠~~ノ~~（上）為[ママ]メ自ラ昇進セシムルヲ得」と起草された。以上の命令・訓令案の起草において，═══は削除，───（ ）は修正，（ ）は挿入の表記であるが，削除・修正・挿入は6月4日の陸軍と海軍の協議集会での大本営設置決定をうけて行われた。すなわち，注52）の6月5日の第1回の大本営の会議において，①「第二号　混成旅団長ニ与フル命令案」を「混成旅団ノ任務ニ関スル命令」と修正し，②「第三号　特命総裁ヨリ混成旅団長ニ与フル命令」を「戦闘序列ト共ニ旅団長ニ下ス命令案」と修正し，さらに「混成旅団長ニ与フル命令」と再修正し，③「第四号　特命総裁ヨリ混成旅団長ニ与フル訓令」を「混成旅団長ニ与フル訓令」と修正し，さらに「戦闘序列ト共ニ旅団長ニ下ス訓令」と再修正した。そして，6月5日付で大本営は①と②を，参謀総長は③を発した（〈戦役 日清戦役〉中『明治二十七年六月 臨時事変ニ関スル書類綴（乙）』第7，8号）。③の訓令本文全9項目は，科研費報告書『日本陸軍の戦時動員計画と補給・兵站体制構築の研究』42頁，参照。

48）49）50）『現代史資料第37巻 大本営』収録の「田村怡与造手記」25-27頁。田村手記の「特別総裁」は陸軍側起草の「特命総裁」である。その他，戦時大本営編制案への海軍側回答は〈陸軍省大日記〉中『密大日記』1894年7月，第24号，参照。

51）〈戦役 日清戦役〉中『明治二十七年六月 臨時事変ニ関スル書類綴（乙）』第9号。

52）近衛歩兵第四連隊附の長岡外史歩兵少佐は6月5日午後に参謀本部への出頭を命令され，同3時過ぎに出頭し，参謀総長・伊藤首相・陸海軍両大臣・川上参謀次長以下参謀本部各局部長等の会議の場で混成旅団の参謀を命じられた（長岡外史『新日本の鹿島立』3-5頁）。同会議が伊藤首相も列席した第1回の大本営の会議であった。陸軍大臣は戦時大本営編制の制定を翌6日に陸軍内部に送達し（陸軍省送乙第1029），陸軍部内の配賦先長官宛の内訓（陸軍省送乙第1030号）及び高級副官からの陸軍部外の配賦先長官宛の通牒（陸軍省送甲第647号）を発した。陸軍省送乙第1030号は，戦時大本営編制は機密を要し，陸軍秘密文書取扱上での「第一種」の文書とすることを訓令した。戦時大本営編制は790部（配賦先を厳密に指定，陸軍外部は内閣の記録局・法制局と逓信省及び会計検査院に各1部を配賦）と予備を含めて合計1,000部を印刷した。陸軍省送甲第647号は，戦時大本営編制の陸軍部内での謄写を禁止し，当局者も必要以外は閲覧禁止であることを述べ，秘密扱いを求めた。そして，同5日午前10時に歩兵第九旅団の一部動員が下令され，陸軍省は同11時に第五師団に動員下令を伝え，監軍部及び各師団司令部等に「朝鮮国ニ内乱アリ居留人民保護ノ為メ兵隊派遣ノ儀仰出サレ歩兵第九旅団ニ一部ノ充員ヲ行フ此旨及内牒候也」と通知した（〈陸軍省大日記〉中『明治二十七八年戦役日記 明治二十七年六月 完』第4号）。さらに，参謀総長は6月8日付で大本営には差し向き侍従武官と軍事内局を置かないことを陸軍大臣に通知し，また，「戦時大本営人名表」と「臨時混成旅団兵站監部編制表」（人名記載）等を調製した（〈陸軍省大日記〉中『明治二十七八年戦役日記 明治二十七年六月 完』第27，35号）。他方，同年9月15日に広島市の広島城内に大本営を設置した時（第五師団司令部所在の2階建て建造物を使用），大本営の建物自体の「間取り」は，階下は侍従職，皇族・大臣室，供奉書記官室，大膳職，主殿寮・内舎人，内事課・内蔵寮・内匠寮，侍従武官室，当番書記官室，等であり，階上は「御座所兼御寝所」（天皇の居室），侍従詰所・侍従長室，等であり，侍従武官を除けばほぼ文官系官僚の執務室で占められた（財団法人広島市文化財団広島城編『広島市制施行一二〇周年・広島城築城四二〇周年記念事業 企画展 日清戦争と広島城』27頁，2009年，広島市市民局文化スポーツ部文化財課発行）。文官系官僚は参謀総長以下陸海軍参謀や兵站総監部諸官等の武官及び内閣総理大臣・陸軍大臣・海軍大臣・宮内大臣等とともに「大本営附諸大官」と称され，同市大手町4丁目等に宿泊した（広島県庁編『広島臨戦地日誌』152-164頁，1899年，「広島大本営宿泊割」参照）。以上の文官系官僚は1891年戦時編制草案起草の大本営の文官部職員にほぼ等しい。それ故，戦時大本営編制の制定過程では大本営構成職員から文官部を削除したが，実際は1891年戦時編制草案の文官部職員の構成・配置の規定が適用されたとみてよい。その上で，日清戦争の戦時外交等で果たした伊藤首相と陸奥外相の文官トップ官僚の役割について，後年，「軍部を制圧して，戦争を思ふままに指導することであった」「軍部を指導して，時局収拾の任に当らねばならぬと決心した」等の記述もあるが（渡辺幾治郎『日本近世外交史』198-205頁，1938年），厳密には「戦時翼賛議会」等が生まれ，「ある程度まで独裁政治に近いものが行はれた」とされ（古田徳次郎『日本政治の再編成』85-93頁，1942年，同『戦時日本政治の再編成』47頁，1941年），伊藤首相等による権力集中の戦時独裁軍国政治体制が出現したのである。

53)　〈公文別録〉中『内閣』1886-1912年，第1巻，第13，14件。本訓令案は，もともと，陸軍省が起草したとみてよい。〈陸軍省大日記〉中『明治二十七八年戦役日記　明治二十七年六月　完』には編綴文書件名無号の「二十七年六月朝鮮事件　内閣ヨリノ訓令（陸軍大臣ヘ）」（全9項目）と「在京城帝国全権公使及其他トノ交渉ニ関スル訓令」の文書2件が編綴されている。双方の文書は1900年7月にあたかも実際の訓令正文（の写し）と判断されて同文書簿冊に補充編綴されたと考えられるが，これらの文書は本訓令案の起草文書である。特に前者の文書は朝鮮国の内乱への不干渉とともに「内地ニ進入スヘカラス」（第4項）とか，「対抗者ノ外ハ殺戮ヲ行フヘカラス」（第6項）と記述したが，内閣の陸軍大臣宛訓令正文としては適切でなく，第九旅団長大島義昌宛の訓令案起草文書とみるべきである。すなわち，6月7日の閣議は陸軍省の起草文書（全9項目）をもとにした内閣の訓令案を起案した。同閣議は訓令案に前文を加え，さらに第4項の修正と第6項の削除等を施し（『大山巌関係文書』中48（3）所収の「第九旅団長陸軍少将大島義昌ヘ訓令」内閣罫紙墨筆，参照），第九旅団長大島義昌宛と常備艦隊司令長官伊東祐亨宛の2件の訓令案を決定した。同訓令案は，①出兵の目的は朝鮮国駐在の公使館領事館及び日本国民の保護にあることに着眼し，②同保護の手続きは緊急の場合の臨機処分の他「全権公使ト協議スヘシ若意見合ハサルコトアルモ兵機ニ係ル場合ノ外公使ノ議ニ従フヘシ」とし，③朝鮮国内の内乱と同国政府との関係に対しては「公使館領事館及帝国臣民ヲ保護スル為メ正当防禦ヲ要スル場合ノ外ハ朝鮮国ノ内乱ニ干渉スヘカラサルコトニ注意スヘシ」「若朝鮮政府危急ニ至リ彼ヨリ我公使ヲ経テ救援ヲ求ムルコトアル場合ニ至ラハ更ニ公使ヨリ政府ノ旨ヲ伝フヘキニ依リ臨機鎮圧ノ処分ニ及フヘシ」と述べ，④清国との関係では「若清国ヨリ出兵ノ事アラハ互ニ軍隊ノ相当ナル敬礼ヲ守リ衝突ヲ避ケ細故ヲ以テ隣誼ヲ敗ラサルコトニ注意スヘシ」等の計8項目にわたった。

54)　〈陸軍省大日記〉中『明治二十七八年戦役日記　明治二十七年九月　甲』第161号。

55)　科研費報告書『日本陸軍の戦時動員計画と補給・兵站体制構築の研究』48頁。特に，戦時に出役・勤務する軍隊・官衙の給与を規定した7月31日の勅令第133号の陸軍戦時給与規則の制定・公布と同時に，翌8月1日の陸軍省送乙第1863号は同陸軍戦時給与規則第16条（戦時の増給）の適用官衙を具体的に指定した。また，第三師団の動員に対応して，8月5日には陸軍省送乙第1936号は砲兵方面名古屋支署と砲兵工廠名古屋派出署を同陸軍戦時給与規則第16条の適用官衙に指定した。

56)　注54）に同じ。

57)　『公文類聚』第18編巻29，軍事門1陸軍1，第8件。

58)　1882年太政官布告第37号は戦後も誤解されてきた。檜山幸夫は，同布告は「太政大臣による戦時認定権を規定したもの」(「明治憲法体制と天皇大権（二)」『中京法学』第25巻第1号，35頁，1990年）とか，開戦日決定権限は「太政大臣」にあると記述したが（檜山幸夫『日清戦争』65頁，1997年，講談社)，いずれも誤解である。1882年太政官布告第37号の原型は，当初，太政官が1882年6月27日付で元老院に下付した戒厳令案第1条（「戒厳令ハ戦時若クハ時変ニ際シ兵備ヲ以テ全国若クハ一地方ヲ警戒スルノ法トス　戦時ノ定メハ外患又ハ内乱ニ当リ太政大臣之ヲ布告ス」）に起案されていた。元老院は，第二読会選出の全部付託修正委員が同第1条第2項を「戦時ノ定メハ外患又ハ内乱ニ当リ太政大臣之ヲ布告ス」と修正報告した上で，「戦時ノ定メ」云々の第2項は戒厳令のみに要するのでないが故に同第1条から削除し，単行布告案（「凡ソ法律規則中戦時ト称スルハ外患又ハ内乱アルニ際シ布告ヲ以テ定ムルモノトス　右奉　勅旨布告候事」）として布告するに至った。本単行布告案は第二読会において，宣戦講和は「天子ノ大権」であることをふまえ，かつ，敵対外国に使節を遣わして「開戦ノ旨」を告げた後に開戦するという儀礼的な古典的開戦開始論や「征討ノ令旨」・「鎮定ノ令旨」自体を戦時始期・平時始期とする古典的な戦時平時区分論を退け，「何日ヨリ戦時ナルヤヲ詳カニ」して「予テ人民ヲシテ戦時ノ定メヲ予知セシメ」るという議論をふまえて成立した。そして，太政官も元老院の意見を了承し，同単行布告案を採用するに至った（『元老院会議筆記』前期第13巻，631-635，651-652，809-810頁，特に渡辺清，渡辺洪基，津田出等の発言参照)。当時の太政官は戦時始期等に関する布告式等を起案していた。すなわち，「臨戦合囲及戦時ニ関スル布告式並達案」が残されているが（國學院大学図書館所蔵〈梧陰文庫〉所収，太政官罫紙計8枚，墨筆，立案者参事院議官補の渡正元の押印あり)，「総テ電報ヲ以テ布告ス」とした上で，「戒厳地境内ノ司令官ヘ達案」「司令官臨時ノ戒厳ヲ宣告シタルニ付布告案」「戦時ヲ定ムルノ布告案」を起案し，かつ解釈文を記述した。その中の「戦時ヲ定ムルノ布告案」は戒厳令案第1条第2項（又は同太政官布告第37号）の制定を前提にした上で，「〇〇〇〇〇〇ニ付明日何日ヨリ戦時トス　右奉　勅旨　布告候事　　太政大臣　陸軍卿　海軍卿　右解釈　戦時ノ定メハ特リ軍人ノ進退ニ関スルノミナラス刑法ノ罪目ノ如キニ至テハ全国一般ノ人民ニ関係スルコト重大ナリ故ニ本日ヨリトセス（本日ヨリトスルトキハ仮令ハ午後ノ発令ヲ以テ午前ノ犯罪ニ遡ルノ患アリ）明日何日ヨリトス是其戦時犯罪ノ処分ニ判然タル分別ヲ与フルニ要用ナルカ故ナリ」と起案した。すなわち，1882年太政官布告第37号は，太政大臣が「勅旨」をうけて戦時始期月日を布告する手続き（布告式の公文例案を含む）を制定したのである。本布告式はいわゆる「奉勅伝宣」の原型に相当し，もちろん太政大臣と陸軍卿及び海軍卿の署名は副署ではなく，同3名は伝達者にすぎない。

59)　注57）に同じ。

60)　〈陸軍省大日記〉中『明治二十七八年戦役日記 明治二十七年八月 完』第247号。

61)　〈陸軍省大日記〉中『明治二十七年 編冊 師団』。

62)　7月19日の大本営の開戦命令決定は『熾仁親王日記 六』429-431頁参照。なお，6月22日の御前会議における伊藤首相の日清開戦決意のもとに，混成旅団の第二次輸送隊は同28日に仁川港から上陸した。また，西郷海軍大臣は6月24日付で伊東祐亨常備艦隊司令長官宛に朝鮮事件は「国威ノ伸長」と「帝国海軍ノ光輝ト名誉」を顕す機会であり，諸艦船の修理・整備を待ち（連合艦隊として編成），7月下旬の「大作戦」着手等の長文の戦略方針を予示した（〈海軍省公文備考類〉中［戦役等 日清］『明治二十七八年 戦史編纂準備書類 巻二』所収の「作戦ニ関スル緊要雑件」6月24日の条）。

［**補注**］出兵1箇月後の大本営は清国軍の牙山や平壌・大同江等への兵力集中を警戒し，同兵力派遣増加景況を見極め，その増加以前に開戦決行を企図していた。同企図の大筋の決行決定は，7月12日に一旦帰国して19日に京城に戻った福島安正歩兵中佐と外務省参事官本野一郎により混成旅団司令部に伝えられ，同19日に大島旅団長は大本営の開戦命令決定を確かめ，明後21日の京城出発により牙山屯在の清国軍撃破の決心を固め，戦闘の部署・任務等を秘密裏に決定し，急遽牙山方面への南進準備に着手した。その際，大島旅団長は19日午後3時過ぎに大鳥公使に面会し「旅団ノ首力ヲ以テ［中略］二十一日夕方ヨリ行軍ノ名義ヲ以テ牙山方向ニ進ム　旅団出発ノ翌日公使ヨリ最終ノ談判ヲ朝鮮政府支那公使ニ申込ミ及ヒ各国政府ニ通告ス　旅団ハ行進ヲ続行シ兵力ヲ以テ牙山ノ清兵ヲ引払ハシム」等を協議したが，翌20日午後1時に大鳥公使の命を帯びた本野参事官は同公使の王宮囲み等の企図を旅団側に伝言したとされる。本野参事官の伝言大要は，対朝鮮国内政改革案が朝鮮国政府により7月18日に正式に拒絶されたことをふまえ，「1　朝鮮政府強硬ニ傾キ本日我公使ニ退兵ヲ請求セリ依テ我凡テノ要求ヲ拒絶シタルモノト見做シ断然ノ処置ニ出ルコトニ決ス　2　即チ二日間ヲ期シ清国ノ借来兵ヲ撤回セシムヘシト要求シタリ　3　若シ二日間ニ確然タル回答無ケレハ猶ホ一大隊入京セシメラレタシ　4　夫レニテモ行カサレハ王宮ヲ囲ム　5　王城ヲ囲ミタル後ハ大院君日本人若干名ヲ率ヒ入闕スル筈（確カナリヤト問シシニ確カナリト云ヘリ）　6　大院君入闕ノ上朝鮮兵力ニテ支那兵ヲ撃ツコト能ハサレハ帝国軍隊ヲ以テ之ヲ一撃ノ下ニ打チ掃フ　7　依テ昨日御協議セシ牙山行ハ暫ク見合セラレタシ」とされ，牙山行見合せ等を要請したされている（以上，〈陸軍省大日記〉中『自明治二十七年六月至九月　混成旅団，第五師団報告』中「混成旅団秘報」7月19，20日）。以上の7月19日以降の旅団側対応に関して，長岡外史は，大島旅団長は大本営の開戦命令は南進途

中に接手するも妨げなしと即決し，同19日は「和戦の分水嶺」というべき「記憶すべき日」であったと強調した（長岡外史『新日本の鹿島立』60-61頁，以下ルビ略）。大本営と旅団司令部の当初の本来的な開戦計画は朝鮮国に清韓宗属関係破棄を求めた翌20日の大鳥公使の最後公文（及び日本公使館側主導の岡本柳之助等を用いた大院君入闕誘い出し策動と23日の王宮囲み）とは別に，朝鮮国政府との外交関係を完全に無視し，真正面から牙山の清国軍隊撃退と緒戦段階での軍事的優位性を示すことにあった。なお，長岡の上掲書は，公使館側等が大院君を「日本贔屓の首領として瞻仰」して「[入闕しなければ] 日韓の緊密なる握手」は期し難いと思惟していることは「[長岡と旅団司令部側としては] 一大疑問」であり，「[公使館側とは] 全然意見の一致を欠」いていたが，「斯る連中 [公使館] の仲間に入らないで，万事を処理し得た」ことは旅団長の「炯眼」による，云々と記述し，王宮への襲撃戦闘と制圧による大院君政府擁立を過大に評価・誇示しなかったが（74-89頁，他に〈外務省記録〉中第1門第2類第1項中『韓国内政改革ニ関スル交渉雑件　第二巻』），大鳥旅団長らは一定の便利を期待していたことは隠せない。ただし，長岡の大院君等への評価はその後に大院君等の清国軍隊との連携術策発覚と大院君孫の李埈鎔の東学煽動計画発覚等があったので当然だろう。大院君政府擁立等は，戦前では既に南進前の王宮襲撃により「国王を我が手中に置かざるべからず」と指摘された（福田東作『韓国併合紀念史』313頁，1911年）。他方，「谷日清戦史」は，①王宮囲襲威嚇計画は「大本営ノ意外トスル所 [であるが] 王城ヲ囲ム可ク促サル」として大本営等の容認を記述し，②大鳥公使の清韓宗属関係破棄請求の最後公文を「[旅団南進に対して] 其職責上憂慮セサルヲ得サル一事アリ即チ旅団南下シテ清兵ト衝突スルニ適当ノ辞ヲ得ンコト是レナリ公使以為ラク之レヲ得ンカ為メニ暫ク行軍演習等ニ托シ已ニ清兵ト衝突セル後ハ天下ニ向テ彼レ我レニ加ヘタリト公言スルモ敢テ不可ナルニ非サレトモ列国ノ感情ヲ顧ミルトキハ好ンテ取ルヘキノ策ニ非ス唯夕最モ穏当ニシテ我ノ責任ヲ免カルヘキハ朝鮮政府ヲシテ清兵ノ撃退ヲ我レニ依頼セシムルニ如カス而シテ之レヲ依頼セシムルノ術ハ兵力ヲ以テ彼政府ヲ脅カスヨリ便利ナルハナシ」と解説しつつも，③「対韓政策」としては「失墜ヲ生シ我用兵ノ鋭鋒ヲ蹙[せま]シマリ反ツテ禍機ノ暴発トナリ遂ニ収拾シ易カラサル大騒乱ヲ現出セリ」とか「列国環視ノ中ニ此事業 [朝鮮内政改革] ヲ遂行スルハ難事ノ難事ニ属セリ」（111-114，82-83丁）として，対清国兵衝突・開戦への大鳥自身の免責意向や弁解が含まれていると見なし，公使館側とは距離を置く見方をとるとともに，欧米列強の国際監視環境条件下での対朝鮮国政策の難事として総括しようとした。その上で，日本の宮中では，徳大寺実則侍従長は天皇からの「下問」があったことをふまえて，7月28日付で陸奥外相宛に「大鳥公使電文中ニ朝鮮政府ニ代リ牙山支那兵撤退アリタシノ公文ヲ送レリト[ママ]」右様之場合ニハ如之セヨト兼而訓令有之候哉又ハ公使臨機之処分御伺候哉或ハ右之答電如何様上候義哉一応御尋ニ付何分答願」う云々の質問書簡を発した（国立国会図書館憲政資料室所蔵『陸奥宗光文書　七』37-10所収）。陸奥の回答は不明であるが，徳大寺書簡の趣意は，朝鮮国政府の清国兵駆逐依頼（7月25日）は本質的には政府間の依頼であり，事前の訓令がない限りは現地日本公使館側が即時に応諾を判断・実施する資格・権限はないとし，同依頼に応ずるか否かの日本国政府側の逐一判断が必要であるという認識を内包したものである。陸奥にとっては厳しい質問であったと考えられるが，いずれにせよ，現地日本公使館側の独断・独走により成歓における日清間の戦闘が開始され，「5.31総理官邸会議」の対清国開戦想定の出兵方針内定先行政策における（開戦自体が自己目的化された）日清開戦がようやく実現したとみるべきだろう。なお，日清開戦は最後通牒に等しい陸奥の7月12日付の小村寿太郎在北京臨時代理公使宛電訓（7月11日の閣議決定）と小村の同電訓照訳による清国総理衙門宛の意図的・挑発的な照会により決行される見込みであった（7月14日付，「[上略] 清国政府ハ事ヲ滋スニ意アルナリ則ハチ事ヲ好ムニ非ズシテ何ゾ嗣後此ニ因リモシ不測ノ変アランニモ我政府ハ其責ニ任ゼズトノ趣ヲ以テ申越シタレバ相応ニ来電ヲ照訳シ貴王大臣ニ照会シテ査照セシムベシ」，『日本外交文書　明治年間追補』第1冊，546頁，1963年）。陸奥は翌13日付で小村宛に，万一清国との開戦に至れば同国在留民保護の米国政府依頼を閣議決定し在東京米国公使を経て内密に米国政府の意思を照会した結果，米国政府は清国政府の異議なし時は同依頼に応ずる旨を回答したので本措置を含み置くとともに各港在留領事への本趣旨訓示を指令した（〈外務省記録〉第7門第1類第6項中『先例彙纂』）。陸奥の小村宛指令は早くも清国からの身柄撤退・帰国を覚悟・準備させた。日清開戦は，陸奥↔小村（及び在清国の駐在武官・領事等による清国海軍情報探知）の外交指令ラインから決行された。

63）『公文類聚』第18編巻33，軍事門4止海軍，第5件。

64）〈陸軍省大日記〉中『明治二十七八年戦役日記　明治二十七年九月　甲』第161号，同『明治二十七八年自七月二十七日至九月二十五日　臨着書類綴　庶』第341号。

65）陸奥宗光著・中塚明校注『新訂　蹇蹇録』46，60頁，1983年，岩波文庫。

第4章　動員実施と1894年兵站体制構築
——兵站勤務令の成立と日清戦争開戦前までの兵站体制構築——

1　1894年兵站勤務令の成立過程と第五師団の一部動員

兵站体制の調査・起草・起案は1891年10月の戦時編制草案の成立と不可分の関係にあった。特に，兵站勤務の司令系統の根幹的機関と要員配置は大本営の編制方針（帝国全軍構想化路線下の戦時大本営構想の第一次的構想）のもとに位置づけられた。すなわち，1891年戦時編制草案で起草された大本営には，武官部の大本営幕僚中の重要機関の兵站総監部が設けられた（表18参照）。

(1) 1894年兵站勤務令の制定

①兵站勤務令草案の調査・起草の着手——「1891年兵站勤務令草案」の成立

兵站勤務令の調査・起草は1889年野外要務令草案から1891年野外要務令の制定期にかけて着手されたとみてよい。すなわち，参謀本部による「1872年ドイツ兵站勤務令」の翻訳後の1890年以降である[1]。次に，最も早い兵站勤務令起草の文書として，『明治二十四年四月改正 兵站勤務令草案 第二回』がある（本章は「1891年兵站勤務令草案」と表記）[2]。「1891年兵站勤務令草案」の作成は1891年12月の野外要務令制定と同年10月の戦時編制草案の調査・起草に連なる陸軍動員計画策定の体系的な重要作業であった。さらに，「1891年兵站勤務令草案」前後から重要な軍制上の用語の意義・記述もほぼ確定し，「出師」は「動員」の用語記述に移行しつつあり，他省庁や対民間向けの軍隊側対応業務官衙を示す一括・一般的な自称・用語として「軍部」の呼称・用語を使用・記述するに至った。「1891年兵站勤務令草案」における兵站組織機構は注2）の［補注］の表23の通りである。

「1891年兵站勤務令草案」は，全兵站統轄のトップの兵站総監が参謀総長の指揮に従って大本営における兵站事務・運輸通信事務・野戦監督事務・野戦衛生事務を統轄し，同総監の指揮下に兵站監・運輸通信長官・野戦監督長官・野戦衛生長官を置くことを起草した。つまり，兵站体制は，大本営内の兵站全体統轄官の兵站総監の司令系統下の組織機構と，野戦軍の兵站現場を統轄する兵站監の指揮系統下の兵站部によって組立てられる。兵站部は軍又は独立師団に置かれる兵站現場の統轄機関である。兵站司令部は兵站管区内の兵站線上に設置される兵站現地の行政・警備上の司令部である。これは占領地行政に近い軍事的制圧の機関である。軍の兵站監は，陸軍大臣が参謀総長に協議して任命される。なお，ここで，大本営が記述されたが，1891年戦時編制草案起草の大本営に対応し，兵站総監の指揮下の運輸通信長官・野戦監督長官・野戦衛生長官の設置も1891年戦時編制草案の兵站部の起草に対応する[3)]。

②「1891年兵站勤務令案」の成立

その後，参謀本部は「1891年兵站勤務令草案」に修正等を施し（本章は「1891年兵站勤務令案」と表記），同年7月に参謀総長から陸軍大臣への協議を経て，さらに8月に内務，海軍，逓信大臣への照会・協議の手続きに入った[4)]。

「1891年兵站勤務令案」は，まず，「出師」の用語をすべて「動員」に修正し，「兵隊」を「軍隊」に統一表記し，助詞等の字句を統一的に表記した。さらに，①兵站監には旅団長と同一の懲罰権を付与し，師団における兵站部の動員に際してさらに砲廠監視隊1個を置く，②外征の場合の野戦軍に送致する人馬・物品は必ず集積場に集め，運輸通信長官と発船地所管の鎮守府司令長官は自ら同地に所在し，又は同地に必要機関を置く，③兵站司令部の給養上の兵站倉庫の充実と管理を地方官に委託し，（地方官が任務不能の場合には）「富豪ノ住民」を選んで同任務を担当させることができ，碇泊場がある兵站司令官は運輸通信長官官衙・団隊指揮官から碇泊場からの乗船・発船の予報を受けた場合には速やかに航海中の糧秣等を調弁・供給できるようにする，④鉄道線路の主要停車場（兵站基地，兵站主地，集積場等）に停車場司令部を置く，⑤戦時鉄道業務の輸送指揮官は団隊長からの輸送券・輸送時間表を受領し，列車教導者を「宰領者」に修正し，宰領者は輸送物品の品目・数量・輸送先明記の輸送物品表を受領する，⑥戦時海運業務における海外への運輸の場合には，最初の野戦軍の輸送方法はすべて参謀総長の計画にもとづく，等を加えた。つまり，「1891年兵站勤務令案」は「1891年兵站勤務令草案」の基本を踏襲したが，鉄道・海運による輸送業務を補足し，海外輸送における参謀総長の計画重視を明記したことが特質である。

「1891年兵站勤務令案」は内務省と逓信省の同意を得たが，海軍省は回答をしぶり発しなかった。陸軍大臣は「1891年兵站勤務令案」に対して8月7日付及び1893年12月13日付で海軍大臣宛に照会したが，海軍大臣の回答はなかった[5]。他方，参謀本部は1893年11月から12月上旬にかけて，既述のように，戦時の各種11件の諸勤務令草案等の調査・協議・所要印刷部数等を陸軍省と打ち合わせた[6]。

戦時の各種11件の勤務令草案等起草の当該業務で兵站監の指揮や兵站司令官の業務に関するものには，たとえば，①戦時弾薬補給令（野戦弾薬を携行弾薬・縦列弾薬・野戦砲廠弾薬・野戦首砲廠弾薬に区分し，野戦首砲廠の位置は陸軍大臣から参謀総長への協議により規定し，野戦砲廠弾薬の主管者＝野戦砲廠長は兵站監に隷属し，野戦首砲廠弾薬の主管者＝野戦首砲廠長は陸軍大臣に隷属し，野戦砲廠の弾薬補充は軍砲兵部長より軍司令官に申請し，軍司令官は野戦首砲廠長に命令し，野戦首砲廠長は同命令を得れば同所在地の兵站司令官と協議して弾薬を輸送），②輜重監視隊勤務令草案（兵站監に隷属し，倉庫の糧秣輸送の倉庫縦列を監視），③砲廠監視隊勤務令草案（兵站監に隷属し，野戦砲廠の兵器弾薬等輸送の砲廠縦列を監視），④兵站糧食縦列勤務令草案（兵站監に従属し，倉庫の糧秣輸送を業務），などがある。その中で，②③の両監視隊には軍医をつけず，当該監視隊の衛生は所在地付近部隊の軍医に取扱わせ（所在地付近に軍医不在の場合で重症患者の治療はすべて地方医に取扱わせる），陸路の倉庫縦列と砲廠縦列による輸送は徴発人馬材料をもって実施し（両監視隊に属する行李運搬には徴発の人馬材料を使用），監視員は荷車5～7輛に1名，駄馬10～15頭に1名を付けるとした。また，両監視隊下の倉庫縦列と砲廠縦列及び兵站糧食縦列の宿泊給養は付近の兵站司令部の供給を通則とし，やむをえず縦列が自ら処弁必要の場合は，縦列長は自己の責任で適宜方法により供給を実施すると規定した。さらに，倉庫縦列と砲廠縦列の輸送中の人馬材料欠損発生の場合には縦列長は臨時に同地で雇役又は徴発を実施すると規定した（徴発実施は監視隊長自身が縦列長である場合に限る）。この結果，兵站勤務の末端部分の負担加重の戦時の諸勤務令草案が成立し，末端負担過剰の兵站体制の可能性が芽生えた。

同時に，そのこと以上に「1891年兵站勤務令案」は特に海軍から同意を得ることはできなかった。兵站体制は大本営の編制構想にかかわるものであったが，海軍側との調整が難航した。

③戦時大本営の設置と1894兵站勤務令の制定

兵站勤務の基本的な司令系統は1891年戦時編制草案のように大本営の編制構想にもとづいた。そして，1894年6月5日の朝鮮国への出兵に向けた戦時大本営編制の制定と大本営の設置とともに急がれたのは兵站勤務令の制定であった。

参謀総長熾仁親王は6月6日に大山巌陸軍大臣宛に，兵站勤務令が制定されなければ「戦時陸軍ノ運動一歩モ自由ナラス」と述べ，裁可を仰ぐために一瞬時間の遅速を争っているが，未だに海軍側の回答がないので至急海軍省に対して，①海軍大臣は原案に同意するか，②もし同意できない箇所があれば，即今急速を要するが故に，暫く海軍に関する部分（第4篇の海運事務）を削除し，追って制定することにしたい，という2点を問い合わせてほしいと照会した[7]。そのため大山陸軍大臣は同日に西郷従道海軍大臣宛に「裁可ヲ仰クコト瞬時モ猶予不相成場合ニ差迫リ居候」として，同2点照会項目の返答を催促した[8]。

その上で，参謀総長は同6日に兵站勤務令制定の裁可を上奏した。同上奏に添えられた「兵站勤務令ノ裁可ニ至急ヲ要スル理由」は次の通りである。これは兵站勤務令に対する陸軍側の最初の公式的な総括的認識と海軍側との関係を示す根幹文書として注目されるので，全文を示しておく。

> 「兵站勤務令ハ軍ノ後方勤務即チ鉄道船舶ノ運輸，郵便，電信，経理及衛生等ノ事ニ関シ命令ノ系統及事務取扱方法ヲ規定シタルモノニシテ若シ本令ノ制定ナキトキハ戦時陸軍ハ戦闘準備ヲ為ス能ハス又軍ノ活動自在ナラス故ニ目下ノ情況此令ノ裁可ヲ仰クコト一瞬ノ遅速ヲ争ヒ方サニ焦眉ノ急ニ逼［せま］レリ　追テ本令ノ事項ハ海軍逓信ノ両省ニ関係スルモ海軍トハ未タ協議調ハササルヲ以テ海運事務ノ篇ハ追テ規定シ裁定ヲ仰カントス」[9]

かくして，参謀総長上奏の兵站勤務令は同6日に第4篇の海運事務を除いて裁可され，同日に制定された（陸軍省送乙第1033号）。同時に兵站勤務令は陸軍内外配布先官衙（陸軍外では海軍省・海軍軍令部の他に，内閣記録局，同法制局，逓信省，会計検査院）に対しては「秘密ヲ要スル」「第二種」の秘密文書とする内訓・内牒を発した（6月8日，10日）。また，逓信省宛に書記官の任命依頼を通知した。6月8日に最初の戦時大本営（以下，大本営と表記）の職員人名表が調製されて配布された[10]。これによれば，「階級」の区分としては大将から少尉（少将から少尉までは同相当官）までと下士と判任文官及び卒とされ，兵站総監部内の運輸通信長官隷属部における鉄道船舶運輸委員の1人に逓信省鉄道技師が付き，野戦高等郵便部の部長には逓信書記官が付いた。

(2) 朝鮮事件における第五師団の一部動員と混成旅団の編成

6月2日の朝鮮国への兵力の派遣・出兵の閣議決定後，1893年戦時編制と1894年戦時大本営編制及び1894年兵站勤務令にもとづき混成旅団の編成と兵站体制を構築した。

①混成旅団の編成

参謀総長熾仁親王は6月5日の大本営の設置と同時に第五師団の一部動員と混成旅団の戦闘序列及び編成の允裁を仰ぎ，ただちに裁可されて陸軍大臣に通知した。その前日の6月4日付で熾仁親王参謀総長は「混成旅団編成手続書」を陸軍大臣に通知した[11]。これは，歩兵第九旅団他諸兵による混成旅団1個の編成・派遣の基本的な手続きであるが，編成完成の日程等を考慮し，主に，①混成旅団長は衛戍地からの出発までの動員・衛戍事務は第五師団長に隷属する，②予備役歩兵科下士兵卒と輸卒の他は召集せず，その他は現役兵により編成する，③歩兵第十一連隊は広島より3日，歩兵第二十一連隊は同4日行程以内の応召員を用い，衛生隊担架中隊は両歩兵連隊編入の残余応召員により編成する，④山砲大隊の将校下士兵卒は野砲大隊の者を用いて充足する，⑤輸卒は定員充足できる区域を限定して予備役と既教育現役の者を召集する，⑥従卒・馬卒はすべて雇役とし，下副官（曹長）は将校の要員にあてることができる，⑦両歩兵連隊は残留員取締りのため，補充隊編成に至るまで適宜の留守幹部を編成する，⑧混成旅団に属すべき諸隊より諸学校へ派遣中の将校下士は帰隊させず，第五師団配属中の将校下士も派遣のために赴任させないが，衛生部員・軍吏部員は特別に配属する，⑨出師準備品を整え（背嚢入組品をなるべく軽便にして服装は「絨衣夏袴」とし，駄馬負担計画の荷物は輸卒・臨時徴発人夫が負担できるように用意し，輸卒の着装携帯品は戦時編制中の輸卒のものと同じ，天幕・工兵中隊行李中の「回光通信器」は第五師団で準備できる数だけ携行する），その他の出師準備品は1894年度動員計画にもとづく，⑩必要の憲兵は広島憲兵隊より採用する，⑪第五師団長は一隊の動員完了毎に陸軍大臣に電報し，混成旅団編成全部が完了すれば当該の編制表・将校同相当官職員表・召集景況報告書を陸軍大臣と参謀総長に提出する，と規定した。また，兵站部編成手続きとして，第五師団長は兵站監部兵站司令部と広島兵站基地司令部1個（司令官は佐官1名を第五師団司令部より，監督部員若干名を第五師団監督部より，それぞれ編成）を広島において動員し，必要の憲兵は広島県憲兵隊より採用し，輸卒を召集し，従卒・馬卒は雇役とし，その他は現役者により充足する，と規定した。ここで，⑨の臨時徴発人夫とは一般雇用の人夫であり，編成上は輸卒の補完者・代替者として位置づけられる。

この結果，さらに参謀本部は第五師団の従前の出師準備調査とすりあわせて，混成旅団の編成のために，臨時混成旅団司令部編制表（旅団長1，参謀1，副官2，法官部2，他22，人員計28［輸卒8］，乗馬計9），臨時混成旅団兵站監部編制表（本部，憲兵，監督部，金櫃部，糧餉部，郵便部他，人員計62［輸卒14］，乗馬計19），臨時混成旅団兵站司令部編制表（人員計8［輸卒2］，乗馬計2，*計2個編成），臨時歩兵一連隊編制表（人員計3,108［輸卒393］，乗馬計19，*計2個編成〈**表19**臨時歩兵一連隊編制表，参照〉），臨時騎兵中隊編制表（人員計208［輸卒75］，乗馬計127），臨時山砲兵一大隊編制表（人員523［輸卒131］，乗馬計38，駄馬計160），臨時工兵一中隊編制表（人員計292［輸卒63］，馬匹計4），臨時輜重隊編制表（人員154［輸卒15］，乗馬計41），臨時衛生隊編制表（人員計241［輸卒50］，乗馬計6），臨時野戦病院編制表（人員計169［輸卒95］，乗馬計2，*計2個編成），を規定した（［ ］内は内数）。臨時混成旅団の兵站司令部と歩兵一連隊及び臨時野戦病院は各2個を編成することになった（以下，部・隊等の「臨時」の略記もある）。かくして，混成旅団の総兵力数を人員合計8,078名（将校同相当官204，下士同相当官584，兵卒5,823，従卒19，馬卒112，輸卒1,336），馬匹合計450（乗馬290，駄馬160）とする混成旅団の部・隊等の編制表を制定した[12]。ここでの輸卒は各部・隊等の固有の荷物の運搬輸送に従事するが，その算出基準と方法は後述する。なお，乗馬と駄馬の編成が各100頭を越える騎兵中隊と山砲兵大隊に獣医各1名を置いた。

表19　臨時歩兵一連隊編制表

臨時歩兵一連隊編成表

<table>
<tr><th colspan="2">区分＼階級</th><th>大(中)佐</th><th>少佐</th><th>大尉</th><th>中尉</th><th>少尉</th><th>曹長</th><th>一等軍曹</th><th>二等軍曹</th><th>上等兵</th><th>一(二)等卒</th><th>計</th><th>一等軍医</th><th>二(三)等軍医</th><th>看護長</th><th>看護手</th><th>軍吏</th><th>一(二)(三)等書記</th><th>銃工(下)長</th><th>馬卒</th><th>輸卒</th><th>計</th><th>合計</th></tr>
<tr><td rowspan="2">連隊本部</td><td>人員</td><td>連隊長 一</td><td></td><td>副官 一</td><td></td><td>一</td><td></td><td colspan="2">二</td><td></td><td></td><td>五</td><td></td><td></td><td></td><td></td><td></td><td></td><td></td><td>四</td><td>三</td><td>七</td><td>一二</td></tr>
<tr><td>乗馬</td><td>二</td><td></td><td>二</td><td></td><td></td><td></td><td></td><td></td><td></td><td></td><td>四</td><td></td><td></td><td></td><td></td><td></td><td></td><td></td><td></td><td></td><td></td><td>四</td></tr>
<tr><td rowspan="2">大隊本部</td><td>人員</td><td></td><td>大隊長 一</td><td></td><td>副官 一</td><td></td><td></td><td colspan="2">四</td><td></td><td></td><td>六</td><td>一</td><td>一</td><td>一</td><td></td><td>一</td><td>一</td><td>二</td><td>五</td><td>一三〇</td><td>一四二</td><td>一四八</td></tr>
<tr><td>乗馬</td><td></td><td>二</td><td></td><td>一</td><td></td><td></td><td></td><td></td><td></td><td></td><td>三</td><td>一</td><td>一</td><td></td><td></td><td></td><td></td><td></td><td></td><td></td><td>二</td><td>五</td></tr>
<tr><td>一中隊</td><td>人員</td><td></td><td></td><td>中隊長 一</td><td colspan="2">三</td><td>一</td><td>八</td><td>七</td><td>二四</td><td>一七六</td><td>二一〇</td><td></td><td></td><td></td><td>一</td><td></td><td></td><td></td><td></td><td></td><td>一</td><td>二一一</td></tr>
<tr><td rowspan="2">連隊（三大隊・十二中隊）計</td><td>人員</td><td colspan="2">四</td><td colspan="3">五三</td><td colspan="3">二〇六</td><td colspan="2">二四〇〇</td><td>二六六三</td><td>三</td><td>三</td><td>三</td><td>一二</td><td>三</td><td>三</td><td>六</td><td>一九</td><td>三九三</td><td>四四五</td><td>三一〇八</td></tr>
<tr><td>乗馬</td><td colspan="2">八</td><td colspan="3">五</td><td colspan="3"></td><td colspan="2"></td><td>一三</td><td>三</td><td>三</td><td></td><td></td><td></td><td></td><td></td><td></td><td></td><td>六</td><td>一九</td></tr>
</table>

備考：（一）連隊本部少尉ハ旗手軍曹ニハ書記分課トス（二）大隊本部軍曹ノ内一ハ書記、一ハ喇叭長、二は掛ノ分課トス（三）中隊附中少尉中連隊内ニ於テ三名ハ下副官タル曹長ヲ以テ補フ（四）中隊一等軍曹ノ内一ハ給養掛ノ分課兵卒ノ内四名ハ喇叭手、一（二）等卒ノ内少クモ縫工靴工各二名ヲ含有ス（五）連隊中故参ノ一等軍医ハ連隊ノ衛生事務ヲ総管ス（六）連隊中高級古参ノ軍吏ハ連隊本部ノ会計事務ヲ兼掌ス（七）行李ノ監視ニハ本表定員内ノ下士兵卒ヲ以テ之ニ充ツ

出典：防衛研究所図書館所蔵〈戦役　日清戦役〉中『明治二十七年六月　臨時事変ニ関スル書類綴（乙）』第22号所収。

当初の混成旅団の編成母体の主力兵力は，歩兵第九旅団司令部を基本にした混成旅団司令部（旅団長は大島義昌陸軍少将，参謀は長岡外史歩兵少佐，動員完成は10日），歩兵第十一連隊（連隊長は西島助義歩兵中佐，動員完成は10日，歩兵第1大隊〈歩兵少佐一戸兵衛大隊長〉の動員完成は7日），歩兵第二十一連隊（連隊長は武田秀山歩兵中佐，動員完成は12日），騎兵第1大隊第1中隊（動員完成は8日），野戦砲兵第五連隊第1大隊（大隊長は永田亀砲兵少佐，動員完成は8日），工兵第1大隊第1中隊（動員完成は7日），輜重隊（動員完成は9日），第一野戦病院（動員完成は9日），衛生隊（動員完成は10日）等の他に，兵站監部と2個の兵站司令部等の臨時編成である。また，「混成旅団梯次輸送人馬員数一覧表」を作成し，第一次輸送（人員計4,133，馬匹計248）と第二次輸送（人員計3,945，馬匹計202）を計画した[13)]。以上の混成旅団の諸部・隊等の編成表制定による編成計画（人員合計8,078名，馬匹合計450）が予算編成の基本になった。たとえば，兵站給養における糧秣の各品目の現在高・消費高・追送高・将来の維持日数等の算出基準になった。

②混成旅団における輸送・運搬体制

ところで，混成旅団の編成では，戦闘地域・現場で各兵の戦闘を共通に支える弾薬と糧食の運搬輸送をになう縦列を編成していない。これは，6月5日付の参謀総長の「混成旅団長ニ与フル訓令」（全9項目）中の第1項の「混成旅団ニハ弾薬及糧食縦列ヲ附セス」という規定にもとづいている[14)]。1893年戦時編制の弾薬大隊編制表に規定された「歩兵弾薬一縦列」（人員計448，駄馬計378，*2個編成）と「野，山砲兵弾薬一縦列」（人員計201，駄馬計147，*野砲は2個，山砲は1個編成）や，戦時輜重兵大隊編制表に規定された「糧食一縦列」（人員計418，駄馬計360，*3個編成）を編成していない。これらの縦列は1893年戦時編制上は戦時の師団編制のもとに編成されるので，混成旅団では編成しないという理由もありえる。しかし，弾薬と糧食の縦列編成を抜いた混成旅団の編成は，清国軍との交戦糸口を誘い出し，初期の戦闘が維持されればよいという方針にあるだろう。そして，縦列編成の代わりに編成したのが臨時輜重隊であった。同臨時輜重隊を基幹にして，徴発人馬材料により所要に応じて輸送隊が編成された。その上で，朝鮮国内地は馬匹の運動が困難とされ，駄馬は山砲兵大隊のみに編成され，輸卒が駄馬負担量を負担した問題がある。輸卒の編成は上記の編制表の通りであるが，各部・各隊等の輸卒人員数はどのようにして算出されたか。

1893年戦時編制における駄馬と輸卒の編成は，①基本的には駄馬数と同数の輸卒を編成し（駄馬と輸卒の1対1対応の編制），②ただし，戦時野戦砲兵連隊編制表は，山砲1個中隊につき駄馬80の編成であり，輸卒でなく一・二等卒（計146）が同駄馬を馭使するとともに，さらに駄馬25頭を加え，その同数の輸卒25名が同駄馬を馭使する編成であった（山砲1個大隊は2個中隊で大隊本部を含み，輸卒計52，駄馬計52）。

これに対して，臨時山砲兵一大隊編制表は，一・二等卒計292名が駄馬計160頭を馭使し，さらに大隊本部を含む輸卒計131名が編成された。ここで，輸卒人員131名がいかにも多いようにみえるが，仮に輸卒1名の負担量を駄馬1頭の負担量の2分の1と算定した場合には，戦時野戦砲兵連隊編制表の輸卒馭使の駄馬52頭を基準にすれば，駄馬総負担量をになう輸卒は52×2＝104名が必要である。しかし，輸卒は長距離の旅行・移動時には自己自身の携帯荷物も負担しなければならず，輸卒の自己携帯荷物量を駄馬1頭の負担量の約4分の1に見立てれば，輸卒の総負担量も4分の1の増加になり，輸卒人員総数も4分の1（すなわち26名）増加の130名になる。臨時山砲兵一大隊編制表の輸卒131名の根拠は以上の算出基準にもとづく。

これらの算出基準と方法を歩兵の場合に適用すれば，さらに明確になる。1893年戦時編制の戦時歩兵連隊編制表は，駄馬（連隊本部付1，大隊本部付52，計3個大隊編制）は計157頭で，輸卒も同数の157名であった。これに対して，**表19**の臨時歩兵一連隊編制表（特務曹長・輜重兵曹長・輜重兵卒が抜かれているが，ほぼ戦時歩兵連隊編制表と同じ）における輸卒は393名であった（連隊本部付3，大隊本部付130，計3個大隊編制）。戦時歩兵連隊編制表の駄馬157頭を基準にすれば，駄馬総負担量をになう輸卒は137×2＝314名が必要である。これに輸卒人員総数の4分の1（すなわち78.5名）を増加させれば，端数切り上げて（314＋79），393名になる。

つまり，臨時山砲兵一大隊編制表と臨時歩兵一連隊編制表は，駄馬1頭の負担量につき，約2.5人の輸卒を相当させて負担させるという編成思想をとった。したがって，駄馬負担計画の荷物を輸卒と雇用人夫等が運搬輸送するとしても，ギリギリの危うい編成計画になることはいうまでもない。また，実際に輸卒が編成計画通りに召集されなかったこともある。

③混成旅団兵站監部の編成と下関集積場設置

さらに，同8日に1893年戦時編制と1894年兵站勤務令にもとづき，「臨時混成旅団兵站監部編制表」と「馬関集積処各独立官衙一覧表」も調製され，人員・官姓名記載の職員人名表が作成された[15]。

前者の「臨時混成旅団兵站監部編制表」は，兵站監部の本部（兵站監は竹内正策歩兵中佐，副官以下8名），兵站司令部2個（第一次輸送分――司令官は押上森蔵砲兵少佐，第二次輸送分――司令官は加藤泰久砲兵少佐），憲兵（山本政元憲兵中尉他12名），監督部（甲斐敬直三等監督他3名），金櫃部（一等軍吏中山久亨他2名），糧餉部（湯本善太郎一等軍吏他4名），郵便部（東条源次郎郵便電信書記補他1名），従卒・馬卒・輸卒からなる兵站部の編成を表記し，その大部分の官職者は臨時配属である。つまり，6月5日付の参謀総長発混成旅団長宛訓令における，混成旅団司令部には直結の監督部を付けず，兵站監部に兵站監督部を置き（経理事務統轄），兵站線路は広島を兵站基地に，下関を集積場に，上陸地を兵站主地に組立て（兵站主地は適宜変換），集積場に野戦首砲廠倉庫貨物廠と運輸通信支部を置くので緊要事項はただちに各当該部廠と交渉すると同時に同旨を大本営に報告すべきこと，等の規定にもとづいた。

竹内正策兵站監は8日に広島に到着し，翌9日に広島市大手町に兵站監部を置き（8日に広島城内の大門櫓に開設の兵站監督部も大手町に移設），兵站事務開始に着手した。兵站監部は和歌浦丸乗船の先発大隊の歩兵第十一連隊第1大隊の糧秣搭載のために兵站部の糧餉部員計3名を宇品港に派遣した。10日は第一次輸送のために，運輸通信部と協議して運送船搭載の兵站荷物を師団糧餉部から受領し，搭載作業を管理した。

後者の「馬関集積処各独立官衙一覧表」は，国内の兵站体制として下関（当時の赤間関市，商港と税関・検疫所等が設置，現在の下関市唐戸町・中之町・阿弥陀寺町地域）に置かれた現場機関を表記し，陸軍省管轄下の野戦首砲廠（廠長は瀬名義利砲兵中佐，人員計9，司令部は極楽寺）・集積倉庫（倉庫長は青柳忠次三等監督，人員計9，司令部は民間住居）・貨物廠（廠長は野間拓一等軍吏，人員計8，司令部は民間住居），第六師団管轄下の下関兵站兼碇泊場司令部（司令官は原田良太郎輜重兵中佐，人員計14，司令部は引接寺，支部は門司港），大本営管轄下の運輸通信支部（委員は大本営運輸通信長官部参謀兼山根武亮歩兵少佐，部員の1名は海軍大尉，人員計7）と釜山運輸通信支部（支部長は柴勝三郎歩兵中佐，人員計3）から構成された。運輸通信支部は9月26日に仁川設置が裁可され，「仁川運輸通信支部編成表」（人員計9）を制定した。

そして，6月5日の動員下令とともに下関に集積場を置き，陸軍省は第六師団に対して下関兵站兼碇泊場司令部の司令官以下の職員の補職・赴任・管轄を命じ，7日に陸軍大臣は集積倉庫勤務仮規則を制定し令達した（陸軍省送乙第1048号）。集積倉庫は陸軍大臣管轄に属して集積場に設置し，給養品を貯蔵し野戦軍の需用に応じて兵站主地に送達する機関・設備であり，同業務は野戦監督長官の指揮をうけた。集積倉庫業務の基本は，①給養品の兵站主地送付は野戦監督長官の命令にもとづく，②給養品輸送を要する時は当該の場所・時日・品目・数量を詳記して運輸通信官衙に請求する（停車場又は搭船地と倉庫との中間地の運搬は倉庫長の任務），③給養品は留守師団司令部又は陸軍省より補充するが時宜によっては（野戦監督長官の命令により）当該地方で購買補充することがある，④給養品保護のために憲兵又は衛兵の派出を要する時は当該地所在の兵站司令部に請求する，等を規定した。下関地区は国内兵站の最重要地点になった[16)]。

したがって，兵站組織機構の中で，下関兵站兼碇泊場司令部を中心とする関門小倉地域が官憲の警戒・警備を最も強化した。すなわち，大本営は豊浦町（下関北部20数km）から小倉町の区域を兵站管区に規定した。兵站管区は臨時所要の人員・諸材料・物資又は軍隊宿泊・病院設置の必要業務を準備し，同管区諸官衙の警備のために，衛兵（下関は下関要塞砲兵，門司は小倉衛戍兵）と憲兵を配置した（下関は大阪憲兵を分遣，門司は熊本憲兵を分遣，各人員計21）[17)]。

④船舶等運送業務体制と第一次輸送諸隊

ところで，朝鮮事件における兵力派遣に際して，兵站勤務令の第4篇の海運事務が抜かれて制定されために，兵員・軍需品等の船舶輸送の手続きと管理の規則を新たに規定しなければならなかった。そのため，兵站総監は6月8日付で陸軍次官宛に船舶運輸事務仮規則を通知した（6月6日規定）[18)]。船舶運輸事務仮規則は運輸通信長官のもとに，鉄道船舶運輸委員の編成，所要地における運輸通信支部の設置，輸送指揮官（軍隊の高級古参将校）と監督将校（海軍尉官を任命）及び運送船船長の職務を規定した。この場合，船舶輸送の方法等は1891年野外要務令第13篇（「船舶ノ輸送」，第350～372）に準拠するとされたが，同13篇の規定は兵站勤務令の第4篇の規定にかかわる鎮守府司令長官の職務関係事項等の記述により除外された。なお，兵站総監は6月6日付で馬関兵站兼碇泊場司令官宛に，同仮規則第9条の搭船揚陸用の桟橋・艀船等の準備は運輸通信官衙の任務であるという規定に関して，当該地の運輸通信官衙より請求があれば桟橋・艀船等の準備を幇助し，費用は当該官衙の請求に応じて馬関兵站兼碇泊場司令部が支払うべきことの訓令を発した[19]。乗船揚陸用諸材料の準備は本訓令にもとづいた。

2　日清戦争期の諸予算編成と会計経理

(1) 朝鮮事件諸費予算編成と会計経理

第五師団の一部動員と混成1個旅団の編成・派遣には膨大な経費が必要であり，6月2日の閣議決定後に大蔵省と陸軍省との協議を経つつ派遣関係の予算化準備を進めた。本章は朝鮮事件諸費予算計上に関して，日清開戦後の日清事件費を含めて，およそ1894年12月までの時期を検討しておく。

①朝鮮事件費の臨時増設――「朝鮮派遣ニ係ル予算方針」の策定

まず，陸軍省経理局は6月6日までに「朝鮮派遣ニ係ル予算方針」を立て，主に，①「朝鮮事件諸費予算表」の調製と「派遣ニ係ル費用科目及予算調製区分」の規定，②混成旅団は第五師団で編成し，諸兵の集中点を広島とする，③派遣にかかわる給与法の扱い方，④特設部隊の編成整頓の期間を4日間とし，全旅団の派遣諸費は概ね30日間とすることを方針化した[20]。

ここで，混成旅団の編成・派遣にかかわる朝鮮事件諸費予算化がどのような体制のもとに組立てられ，後述の**表20**の朝鮮事件諸費予算表が調製されたか。陸軍では1893年4月29日に出師準備品品目数量取調委員を置き（委員長は陸軍次官児玉源太郎），参謀本部第一局長の寺内正毅等が動員準備にかかわる品目数量を調査していた。この品目数量調査は，参謀本部起案の1891年戦時編制草案の改正案に対する陸軍大臣宛の協議開始時期に実施したが，各部・隊の所要品目に関して，同省の予算化調製担当の局・課，供給の官衙機関，保管の官衙機関，予備貯蔵所を各部・隊毎に一覧表として調製・規定する調査も実施した。同委員は1894年4月23日に出師準備品品目数量の一覧表の100部印刷の必要を陸軍大臣官房に上申し[21]，同印刷一覧表は5月1日に渡された。つまり，「朝鮮派遣ニ係ル予算方針」の特に「派遣ニ係ル費用科目及予算調製区分」は前年調査の出師準備品品目数量と同予算化部局の指定をふまえて規定された。なお，平時戦時所要の兵器弾薬定数規定の兵器弾薬表は1893年戦時編制制定により大改訂が必要になり，陸軍大臣は参謀総長との協議を経て1894年5月10日に改訂を陸軍部内に内達した。

さて，「朝鮮派遣ニ係ル予算方針」は特に③に重要である。派遣は政府命令によるものであり，同派遣には旅費が財源化（予算化）された上で確保されなければならない。つまり，旅費等給与の財源確保が必要であり，勤務態様に応じた適正支給の基準・方法等が法令上で規定されなければならない。その中で，③の給与法の方針と概略は，被服準備は1888年陸達第249号戦時師団戦時物件定数表により算出するとした（被服関係の修理費用は1人あたり1箇月25銭と仮定して1箇月分を積算）[22]。また，派遣部隊の軍人軍属の職務俸とその他諸給与は西南戦争と1882年壬午事件派遣時の軍人軍属の支給例により，士官以上の職務俸は1890年陸軍給与令第2表甲号により支給し（派遣の軍人軍属に派遣手当として1回限り各官俸給の1箇月分の支給，派遣の軍人軍属への増俸給は准士官以上及び文官は俸給の5分の2，下士以下は給料の4分の2），糧食は軍人軍属すべてに現品支給することにした。さらに，③の給与法の方針は軍人軍属の旅費の実費支給等を加えた陸軍臨時給与規則案（全10条）にまとめ，6月6日に陸軍大臣は閣議に提出し（8日に付則第11条の追加を上申），閣議決定と裁可を経て6月9日に勅令第63号として公布された[23]。

②陸軍戦時給与規則と俘虜政策の第三次的成立

その後，さらに，給与関係に関して7月25日に軍務局長・経理局長・医務局長・人事課長は陸軍戦時給与規則案を起案し，参謀本部との協議と閣議提出を陸軍大臣に上申した[24]。これは，対清国開戦必至を想定した上で，勤務地を戦地と守備隊所在地や戒厳令規定の臨戦合囲地境にまで広げ（想定），およそ陸軍臨時給与規則の増俸給・派遣手当（予備・後備の軍籍にある将校・同相当官にも拡大）・糧食給与等を戦時向けに詳しく再規定し，また，軍人軍属等の傷痍・疾病者の薬餌官給，軍人軍属死亡時の官費埋葬等を加えた。

この場合，起案過程で注目されるのは，医務局長の発案とみてよいが，第6条（出戦又は臨戦合囲地境への出発者に対する出発日より帰着日までの俸給・給料の増給措置）に「敵ノ俘虜ト為リ又生死未詳ト為リタル者ニハ其ノ間増給ヲ停止ス」を加設し，また，第9条（特務曹長と下士以下に対する増給を受ける期間の所要被服現品給与を規定）に「軍人軍属ハ必要ニ応シ特種ノ防寒被服ヲ給与シ若クハ貸与スルコトヲ得軍人軍属外ニシテ戦役ニ従事スル者ニ在リテモ亦同シ」を加設したことである。

第6条の増給停止措置は俘虜や生死未詳者への俸給・給料の通常給与を前提にした上での条項化である。したがって，戦時給与の法令化に際しては，本来は第6条の前条等に俘虜や生死未詳者への俸給・給料が明記されねばならなかった。ただし，第6条の増給停止のみの条項化は同明記化がなくとも俘虜や生死未詳者への俸給・給料の給与は当然措置であるという了解・解釈を公式に浮上させた。逆に言えば，俘虜や生死未詳者への俸給・給料の給与措置は（当時は）無規定であることをふまえた加設案であった。いずれにせよ，第6条への加設案は，俘虜や生死未詳者への俸給・給料の給与措置の公式な表明以外の何ものでもない。

しかし，第6条と第9条への加設案は省議で削除された。削除理由は対清国開戦必至を想定しつつも，おそらく，当該時点で俘虜や生死未詳者への俸給・給料の給与措置の勅令化による公式表明を時期尚早とみたからであろう。その後，陸軍大臣は参謀総長の同意回答を経て陸軍戦時給与規則案を26日に閣議に提出した。陸軍戦時給与規則案は7月28日に閣議決定され31日に勅令第133号として制定された[25]。なお，海軍戦時給与規則は8月2日勅令第136号として制定された。

ところが，その後，軍務局長・経理局長代理・医務局長心得・人事課長は10月9日付で陸軍戦時給与規則中追加を起案し，第6条への「軍人軍属敵ノ俘虜ト為リ其他公務ノ為メ生死未詳ト為リタル者ハ其間増給ヲ停止ス」の項目追加の閣議提出等を陸軍大臣に上申した。その「理由書」によれば，「敵ノ俘虜トナリ又ハ公務上生死未詳トナリタル者ノ俸給ノ給否ハ規定無之処右ハ固ヨリ私意ニ起因スルモノニアラサルヲ以テ復帰又ハ生死判明ニ至ル迄ハ依然給与スルヲ至当トス然レトモ其間増給ノ支給ハ之ヲ要セサルニ依リ第六条ノ追加ヲ要ス」とされた[26]。

本上申は俘虜や生死未詳者への俸給・給料の給与措置の無規定状態をふまえて起案したが，7月の上申の第6条加設案の削除にもかかわらず，なぜ改めて起案・上申したのか。おそらく，9月中旬の平壌陥落後の10月以降の清国領土内での戦闘を目ざした場合，俘虜の禁忌観が潜在しつつも，俘虜発生の可能性を実際的に想定せざるをえなかったためであろう[27]。軍務局長等上申は省議決定を経て10月15日に閣議に請議され，法制局の審査報告は第6条の「軍人軍属」「公務ノ為メ」の削除等を施したが，10月20日の閣議で決定され同24日勅令第185号として制定された[28]。

日清戦争期の1894年10月戦時給与規則中改正は俘虜政策の第三次的成立とみなすことができる。

③軍人従軍中俸給所得非課税化の基準制定

他方，陸軍と海軍の戦時給与規則の制定により，所得税法上の軍人従軍中俸給所得の非課税基準を規定した。すなわち，大蔵省は主税局長名により9月13日付で府県知事宛に軍人従軍中にかかわる所得税取扱い方を通知した（主秘第50号）[29]。それによれば，①所得税法の軍人従軍中の俸給除算の限界は，陸軍戦時給与規則第6条及び海軍戦時給与規則第2条等の増俸を受ける間を指す，②元来，所得税は同俸給と他の資産等による所得の合計金高により定められるが，従軍中の俸給除算いかんによっては等級・税率の変更をもたらし又は納税無資格者になることもあり，当該俸給額が定まらなければ所得税額を確定できないので，既に本人居住の各郡区役所管轄内の所得税調査委員会の議定にかかわるとしてもその調定を見合わせておく，③所得金高届出後の当該年12月末日に至りなお従軍中にある時は，当該所得金高中の従軍以来の俸給を控除し，同残額3百円未満の場合は全免し，3百円以上は当該金額相当の等級金額を定める，④第1項目（①）の取扱いは従軍時に届けた当該届書にもとづき，届出がない者にはこの際届出させ，仮に，届出なくして出発した者においては家族又は親戚より従軍の旨を届出させる等の適宜の証明を得て処理する，と規定した。

主税局長通知の所得税法上の「従軍」は，戦闘地域・戦闘現場や国内の守備隊や戒厳令布告地域での勤務は当然としても，陸海軍の増俸規定適用の国内官衙における勤務も含めて拡大し，同勤務期間中の俸給を所得税上で非課税化した[30]。従軍の勤務概念を拡張し俸給所得非課税適用範囲を拡大した。

大蔵省は主税局長通知を陸軍省に送付し，同省は9月17日に陸軍一般に同主税局長通知を通知した。この結果，たとえば，大本営勤務の川上操六（参謀次長，兵站総監）は1894年8月1日から翌1895年5月30日までが軍人従軍中の所得除算期間とされた[31]。これらの非課税措置は軍人の既得権として成立した。他方，陸海軍の文官が陸軍と海軍の戦時給与規則により増俸を受ける場合は，所得税法第3条第3項の「営利ノ事業ニ属セサル一時ノ所得」とみなされて非課税措置を受けた。双方ともに税制上の特典を受けた。

④朝鮮事件諸費予算表の調製

次に，「朝鮮事件諸費予算表」と「派遣ニ係ル費用科目及予算調製区分」を合体させて「朝鮮事件諸費予算表」として表示すれば，6月当初の陸軍省調製の総括的な予算編成は**表20**のようになる。科目の内訳は1882年壬午事件時の表13の「臨時費」の費用科目の内訳にほぼ相当した。

その後，大蔵大臣は6月9日付で朝鮮事件費の内訳として，「目」の下位にさらに「節」を設け，上記各費目の金額を各節の内訳金額として振り分けた[32]。なお，6月24日付の陸軍大臣の大蔵大臣への協議を経て（25日に大蔵大臣了承回答），第1項の第14目雑件の次位に「機密費」を増設した。機密費は従来「雑件」中の節に含めていたが，費目として独立させた。機密費額の増大を見込んだ[33]。いずれせよ，陸軍省が短期間で「朝鮮事件諸費予算表」を調製したことは注目される。

⑤経常費と臨時費の区分措置

さらに，上記の朝鮮事件費予算化で当初に問題になったのは，経常費と臨時費との区分措置である。これは6月30日付経理局長起案陸軍大臣宛上申の臨時費支出及整理規定案（全42条）中の支払事務の戦時又は事変に際しての費途区分により，動員下令を基準にして明らかにされた[34]。

経常費と臨時費との区分措置は動員下令を基準にするが，具体的には動員下令当日より臨時費に属し，人件関係の給与は辞令日付の翌日（辞令なしの者は

表20　朝鮮事件諸費予算表

科目	混成旅団30日間諸費	経常費より戻入すべき高	差引臨時費用高	解疎	調製区分
第四款　朝鮮事件費	1,633,158	29,937	1,603,220		
第一項　朝鮮事件費	1,633,158	29,937	1,603,220		
第一目　俸給及諸給	56.687	15,924	40,762	経常費中の俸給手当類	経理局　第一課
第二目　糧食費	80,982	10,254	70,728	経常費糧食費中運搬費を除くすべて	同　第二課
第三目　被服費	371,368	1,179	370,189	経常費被服費中運搬費を除くすべて	同　第二課
第四目　兵器弾薬費	7,700	—	7,700	経常費に同じ	軍務局砲兵事務課
第五目　馬匹費	12,145	1,525	10,619	飼養品は経常費に同じ	経理局　第二課
				諸費は経常費馬匹中馬療器械永続料装蹄刷毛料馬薬料の類を含む	軍務局　馬政課
第六目　病傷費	7,969	196	7,772	経常費中治療費・治療器械を含む	医務局　第二課
第七目　陣具費	31,547	521	31,025	経常費庁費中陣営具永続料支弁のすべて	経理局　第三課
第八目　雑品費	138,969	334	138,635	経常費庁費中図書印刷筆紙墨文具消耗品	同　第三課
第九目　郵便電信費	75,177	—	75,177		同　第三課
第十目　運送費	435,601	—	435,601	糧食被服兵器弾薬他すべての運送費	同　第三課
第十一目　旅費	96,927	—	96,927		同　第一課
第十二目　傭給	229,997	—	229,997	経常費雑給中傭人料の類	同　第一課
第十三目　築造費	74,075	—	74,075		軍務局工兵事務課
第十四目　雑件	14,010	—	14,010		経理局第一課
総計	(a) 1,633,158	(b) 29,937	(c) 1,603,220		

受命日）から臨時費に属した[35]。つまり，動員下令を受けた部隊全体の諸費を丸ごと臨時費とした[36]。なお，戦時給与規則への移行・適用も動員を基準にした。具体的には，第六師団司令部質疑に対する陸軍省回答がある。第六師団長は8月9日発の電報で，第六師団の動員は7月28日から8月8日までに完結したが，①戦時給与規則に移る時期は大部分の動員終了時か，又は8月1日以降は

各部隊の動員終了毎に移るか，②沖縄分遣中隊の給与は守備隊と同一に取扱ってよいか，と質疑した。これについて，軍務局第一軍事課は，戦時給与規則への移行は，師団は動員完結日，守備隊は戦備完成日，沖縄分遣中隊給与は守備隊と同一の取扱いにすると起案し，省議を経て8月11日に回答した[37]。

(2) 朝鮮事件諸費の予算請求

①朝鮮事件諸費の臨時軍事費支出手続き

政府は混成旅団の派遣・出兵を基本にした朝鮮事件諸費をいかに決定したか。表20の「朝鮮事件諸費予算表」の中で，陸軍省は6月4日に第五師団の一部の召集にかかわる旅費支出に対して，臨時費を立て，41,080円余を第二予備金から支出することを求めていたが（陸軍省所管の1894年度歳出臨時部の末位に「第四款　朝鮮事件費　第一項　朝鮮事件費　第十一目　旅費」の科目を増設），大蔵省への照会・了承と同5日の閣議決定と上奏・裁可を経て既に執行されていた。それ故，第二予備金からの支出請求額は，総計（a）から旅費額41,080円余を差引いた総計1,591,077円余になった。

1889年会計法では予算中に予備費を規定し，第一予備金（避けることができない予算不足を補う）と第二予備金（予算外に生じた必要費用にあてる）を設け，予備金による支弁は年度経過後に帝国議会に提出し承諾を得なければならなかった。ただし，会計法は閣議決定の要件等を規定していない。第二予備金に想定されるものは天災や臨時事変等への対応支出であり，その手続きは，①各省大臣は第二予備金の支出を要する場合は金額理由を示した計算書を調製して大蔵大臣に提出し，②大蔵大臣は同計算書を調査し，意見を付して勅裁を得るべく上奏し，③裁可されれば，大蔵大臣は当該金額を会計検査院に通知し，かつ『官報』に掲載しなければならなかった。

陸軍大臣は第二予備金の支出手続きにより同5日に渡辺国武大蔵大臣に上記総計1,591,077円余の支出を請求したが，第二予備金自体は支出尽くし，現存高は234,693円余であった。そのため，渡辺大蔵大臣は同日に伊藤首相宛に，陸軍大臣請求の総計1,591,077円余に関しては第二予備金現存高全額の234,693円を支出し，翌6日に不足額の1,357,383円を国庫剰余金から支出するという，二つの閣議請議書を提出した。同閣議請議案件は6日の閣議で決定され，伊藤首相の6日の上奏を経て裁可された[38]。

かくして，臨時軍事費に関する陸軍省調製の6月当初の予算編成と大蔵省の支出手続き及びその後の他大臣請求の第二予備金と国庫剰余金の支出手続きが政府内でやや確定するようになった。すなわち，①陸海軍大臣等から大蔵大臣へ請求及び首相同意と閣議を経て，上奏・裁可により指令する支出手続き，②陸海軍大臣等から大蔵大臣への請求及び首相了承を経て，上奏・裁可後にただちに指令する支出手続き，の二つの大別である。②により支出決定された経費は，7月30日付の渡辺大蔵大臣提出の朝鮮事件費増資の10,807,380円余である。

これは，7月29日付で陸軍大臣が大蔵大臣宛請求を照会した経費であり，内訳概要は，①軍司令部，軍兵站監部，第一師団下の守備隊司令部・守備砲兵隊・要塞砲兵隊，第三師団下の野戦隊・後備隊・留守官衙・補充隊，第五師団下の後備隊，第六師団下の野戦隊・後備隊・留守官衙・補充隊・守備隊指令隊・守備砲兵隊・要塞砲兵隊，の動員・編成（8月から9月までの2箇月間諸費），②東京湾・大阪湾・下関海峡・呉・佐世保・長崎における臨時防禦・電信電話線架設・総予備兵器弾薬費（一時限りの諸費），である[39]。大蔵大臣は翌30日に閣議に提出したが，首相了承と上奏・裁可を経て同30日に大蔵大臣は陸軍大臣に支出決定を通知し，陸軍省所管の歳出臨時部朝鮮事件費款項目に増額することを指令した。以上の政府の予算決定手続きによる臨時軍事費として支出された経費の請求内容・費額は**表21**の通りである。

②臨時軍事費特別会計法下の臨時軍事費支出手続き

ところで，以上の二つの支出手続きはともに会計法準拠の陸軍省所管内の予算計上と支出決定過程であったが，海軍省も含む請求費額が膨大になり（臨時軍事費歳入歳出1億5千万円の予算化），経費の財源確保方針として新たな1億円の軍事公債発行を含む臨時軍事費特別会計法が10月に成立した（法律第24号）。これにより，6月以降の清国・朝鮮国との交渉事件費途の臨時の軍事諸費を「臨時軍事費」と総称し，歳入歳出の会計年度は6月1日から事件終結までを一年度とすることを規定した。ただし，上記の政府内の6月以降の二つの支出手続きの基本は崩れていない

まず，政府は臨時軍事費の支出方法を「鄭重」にするとして，7月26日に「朝鮮事件ニ関シ臨時請求ノ手続申合」（本書では「手続申合」と略記）を内定した

表21　主な臨時軍事費の予算請求と閣議決定等（その１）

閣議提出	予算源	経費（円）	請求者	請求内容・請求費額	閣議決定	上奏	指令
6.3	第二予備金	14,018	海軍大臣	朝鮮在留本邦人保護のための軍艦派遣	6.4	6.4	6.4
6.4	第二予備金	4,433	内務大臣	朝鮮本邦公使護衛のための警察官派遣	6.4	6.4	6.4
6.5	第二予備金	200,000	海軍大臣	人民保護と本邦派遣公使護送のための軍艦派遣	6.5	6.5	6.5
6.4	第二予備金	41,080	陸軍大臣	第五師団一部の充員と臨時召集旅費	6.5	6.5	6.5
6.5	第二予備金	234,693	陸軍大臣	朝鮮在留本邦人保護のための出兵経費	6.6	6.6	6.6
6.6	国庫剰余金	1,357,383	陸軍大臣	朝鮮在留本邦人保護のための出兵経費	6.6	6.6	6.6
6.8	国庫剰余金	400,000	海軍大臣	朝鮮事件費	6.8	6.8	6.8
6.13	国庫剰余金	1,144,687	海軍大臣	朝鮮事件費	6.13	6.14	6.14
6.15	国庫剰余金	1,903,506	陸軍大臣	朝鮮事件増資（第五師団残部動員経費）*	6.15	6.15	6.15
7.4	国庫剰余金	180,389	陸軍大臣	京城釜山間軍用電線架設経費	7.4	7.5	7.5
7.5	国庫剰余金	1,858,472	陸軍大臣	混成旅団継続費他２件**	7.6	7.7	7.7
7.5	国庫剰余金	964,151	海軍大臣	朝鮮事件増資	7.6	7.7	7.7
7.6	国庫剰余金	5,486	外務大臣	朝鮮在留本邦人保護のための仁川・釜山に臨時巡査派遣	7.6	7.7	7.7
7.3	国庫剰余金	468,802	陸軍大臣	攻城廠編制経費	7.12	7.13	7.13
7.14	国庫剰余金	450,889	陸軍大臣	汽船購買費概算（総額は200万円）	(7.14)	7.14	7.14
7.16	国庫剰余金	664,186	陸軍大臣	汽船購買費	(7.16)	7.16	7.16
7.21	国庫剰余金	1,052	陸軍大臣	対馬警備隊充員召集旅費	(7.21)	7.22	7.21
7.23	国庫剰余金	35,030	陸軍大臣	第五師団後備軍召集旅費	(7.23)	7.23	7.23
7.24	国庫剰余金	26,740 67,578	陸軍大臣	第一師団の一部充員召集旅費 第六師団第一充員召集・後備軍召集旅費	(7.24)	7.24	7.24
7.27	国庫剰余金	14,903	陸軍大臣	電信線架設費	7.27	7.28	7.28
7.28	国庫剰余金	34,509 8,680	陸軍大臣	臨時工兵１個中隊編制費 下関水雷敷設費	7.27	7.28	7.28
7.23	国庫剰余金	1,325,216	海軍大臣	朝鮮事件増資	7.28	7.28	7.28
7.30	国庫剰余金	10,807,380	陸軍大臣	朝鮮事件増資	(7.30)	7.30	7.30
7.30	国庫剰余金	322,756	陸軍大臣	兵站監部等に要する30日間分の諸費	(7.30)	7.30	7.30
7.31	国庫剰余金	34,911	逓信大臣	航路標識設置費	7.31	7.31	7.31
8.1	国庫剰余金	4,077	内務大臣	朝鮮国本邦公使館護衛警部巡査派遣旅費増額	(8.1)	8.1	8.1

注１：閣議提出，閣議決定，上奏，指令の数字は日付である。なお，閣議決定欄の７月14日等の（ ）には，各省大臣の署名はない。

注２：＊６月12日の第五師団残部動員の裁可にもとづく。＊＊他２件は対馬警備隊動員と第四師団軍楽隊派遣等費用。

注３：請求費額及び経費（円）の銭・厘は切り捨てて記載。

注４：閣議請議は大蔵大臣から内閣総理大臣宛に，指令は内閣総理大臣から請求の大臣宛に発された。『公文類聚』第18編巻23〜24，財政門9〜11，臨時補給1〜3，から作成。

とされている[40]。「手続申合」は，臨時軍事費支出手続きの二つの大別の中で，特に②の手続きから首相による上奏を省略して下記のように内規化された。

「[1] 大本営ニ於テ動員竝ニ軍隊艦船ノ発著特設部隊ノ編成若クハ防備ノ諸計画ニ付実行ノ上裁ヲ請フニ方テ之ニ要スル費途ノ支出準備ノ為メ陸海軍各主務大臣ハ其経費ヲ概算シテ大蔵大臣ニ移ス　[2] 大蔵大臣ハ之ニ対シ支出ノ考案ヲ備ヘ内閣総理大臣ニ申告ス　[3] 内閣総理大臣ハ大蔵大臣ノ申告シタル考案ヲ承認スルトキハ之ヲ陸海軍各主務大臣ニ通告シ陸海軍大臣ハ之ヲ参謀総長ニ移シ上裁ノ手続ヲ為サシム」

以上の「手続申合」からは陸海軍大臣と大本営・参謀総長及び大蔵大臣・内閣総理大臣との間の臨時軍事費に関する判断の権限関係も読みとれるが，[1] は，大本営・参謀総長からの動員・編成等の上奏に際して経費支出を必要とするものは陸海軍各主務大臣と大蔵大臣との「内議」を経ることであり，[2] の大蔵大臣の「申告」は首相の「御意見御垂示」を請うもので，内閣では「照会」と位置づけていた。[3] は，首相了承を得れば陸海軍各主務大臣に通告し，陸海軍大臣は参謀総長に通知することであった。他方，臨時軍事費支出には，上記の臨時軍事費支出手続きの二つの大別の中の①の手続きの基本も踏襲されていた。これは，[2] を経て，大蔵大臣は首相了承を得た後にさらに閣議を請議し，首相が閣議決定を経て上奏し，裁可を経て陸海軍各主務大臣に指令し，陸海軍各主務大臣は参謀総長に通知することである[41]。

その代表的な支出手続事例は，やや曲折しているが，9月17日付から始まる大蔵大臣の第四師団の動員経費請求と支出の決定過程がある。すなわち，近衛師団と第四師団の動員内定をうけて，まず，大蔵大臣は9月17日付で首相宛に陸軍大臣請求の近衛師団2,262,452円余と第四師団3,778,406円余の計6,040,858円余の動員経費（10月～12月分）を「特別財源」からの支出を申告した。特別財源は，国庫剰余金の欠乏による前月8月13日勅令第143号の朝鮮事件に関する経費支弁のための公債募集の件と同8月16日勅令第144号の軍事公債条例（5千万円を限り募集）により発行された軍事公債による財源である。当時，それまでの支出の国庫剰余金2千6百万円と軍事公債第1回募集額3千万円との合計約5千7百万円余が朝鮮事件費にあてられる財源とされていた。同時に大蔵省計算によれば，近衛師団と第四師団の動員経費をそのまま支出するならば，

2,345,000余円の不足になるが，軍事公債第2回募集により対応したいと追記した。

大蔵大臣申告に対して，伊藤首相は9月19日に近衛師団の分は申告通りに特別財源から支出してもよいが，第四師団の分は「即今支出不相成」と回答した。首相回答は，両師団の動員実施の重要性に関する認識・判断を排除していない可能性もあるが，近衛師団動員経費が上記不足額に近いので，むしろ第四師団への支出をさしあたり引っこめて，近衛師団の動員経費の満額支出方向を指令したのであろう。そして，大蔵大臣は同時に首相宛に9月17日付で，1億円の新たな軍事公債発行計画を基本にした臨時軍事費予算計上を閣議に提出しているので（同年10月の陸軍省・海軍省調製の「臨時軍事費予定経費要求書」等によれば，臨時軍事費請求額1億5千万円で，当時までの支出額は約5千9百余万円），臨時軍事費予算にかかわる特別会計法体制構築のもとで第四師団動員経費支出を位置づけたのであろう。次に，大蔵大臣は11月4日付で首相宛に，陸軍大臣との再応内議により第四師団動員経費として2,661,652円余（11月下半箇月分と12月分）を申告した。大蔵大臣申告は了承され，同6日に回答した。その後，さらに，大蔵大臣は11月7日付で首相宛に第四師団動員経費として2,661,652円余の支出を閣議に請議し，翌8日に閣議決定され，11日の上奏・裁可を経て22日に指令した[42]。以上の臨時軍事費特別会計法制定前後の臨時軍事費支出の経費の請求内容・費額等は**表22**の通りである。

(3) 日清戦争を迎える運送船購入と会計経理

①運送船購入と軍事優先下の随意契約にかかわる勅令第76号の成立

朝鮮国への軍隊の派遣・出兵は多数の運送船を必要とした。運送船は注18)のように民間所有船舶を使用した。しかし，当時の民間所有船舶の多大の軍事輸送使用は政府による借り上げや徴発にせよ，国内一般の日常海運に支障・影響を与えることは必至であった[43]。これに対して，陸軍は運送船購入を計画した。ただし，運送船の購入手続きと戦時・平時の供用関係等にはいくつかのクリアすべき課題があった。

まず，参謀総長は戦時大本営設置から旬日を経た6月15日付で陸軍大臣に「運送船購入ノ議」を協議した[44]。それによれば，①軍艦を除く日本の会社・私人所有船舶の合計（外国航海に適するもの）は総トン数9万4千有余トンであ

表22　主な臨時軍事費の予算請求と閣議決定等（その2）

（申）は大蔵大臣申告，（回）は内閣総理大臣回答。

大蔵大臣提出	予算源	経費（円）	請求者	請求内容・請求費額	閣議決定	上奏	指令
8.11（申）	国庫剰余金	36,5252	海軍大臣	戦時必需の準備他臨時増資			8.13（回）
8.13	国庫剰余金	10,193,65	陸軍大臣	陸軍各部各隊に要する費用9月分諸費	8.13	8.13	8.14
8.28（申）	特別財源	24,585	陸軍大臣	第一師団後備軍召集旅費			8.28（回）
9.17（申）	特別財源	6,040,868	陸軍大臣	動員経費（近衛師団2,262,452円，第四師団3,778,407円）			9.19（回）
9.21	国庫剰余金	1,200	外務大臣	京城領事館附属監獄署監房新築費	9.22	9.27	9.27
9.24	国庫剰余金	7,385	内務大臣	広島大本営警護のための警察官派遣諸費	9.24	9.24	9.27
11.1	国庫剰余金	2,422	会計検査院長	戦時会計検査方法講究のための朝鮮国へ官吏派遣諸費	11.1	11.5	11.5
12.3	国庫剰余金	29,350	大蔵大臣	軍用切符・徴発証票の製造費	12.3	12.7	12.8
	特別財源	1,426,639	陸軍大臣	第一第二師団野戦隊後備隊留守官衙補充隊用経費			8.29（回）
9.10	特別財源	8,537	内閣	大本営に官吏出張等費用	9.10	9.10	9.10
9.12	特別財源	3,664	大蔵大臣	大本営に臨時費支弁方法等につき官吏派出等	9.12	9.12	9.12
11.4（申）	軍資金	2,661,652	陸軍大臣	第四師団動員経費			11.6（回）
11.7	軍資金	52182	陸軍大臣	第四師団充員召集及び後備軍召集旅費	11.8	11.11	11.22
11.7	軍資金	2,661,652	陸軍大臣	第四師団動員経費	11.8	11.11	11.22
11.26	軍資金	7,520,614	陸軍大臣	大本営他各部各隊に要する諸費1895年1月分	11.26	11.28	11.28
11.26（申）	軍資金	233,900	陸軍大臣	第二軍司令部他に要する費用			11.28（回）
11.28（申）	軍資金	4,807,347	陸軍大臣	出戦軍隊の増加と戦地遠隔による糧食準備に要する費用			12.2（回）
12.1	軍資金	233,900	陸軍大臣	第二軍司令部他に要する費用	12.3	12.6	12.7
12.4（申）	軍資金	220,000	陸軍大臣	輜重車輛制作費			12.9（回）
12.10	軍資金	4,807,347	陸軍大臣	出戦軍隊の増加と戦地遠隔による糧食準備に要する費用	12.10	12.14	12.14
12.14	軍資金	220,000	陸軍大臣	輜重車輛制作費	12.14	12.18	12.20
12.31（申）	軍資金	495,939	陸軍大臣	派遣人夫に要する諸費			12.31（回）
12.31	軍資金	495,939	陸軍大臣	派遣人夫に要する諸費	12.31	1.2	1.3

注1：大蔵大臣提出，閣議決定，上奏，指令の欄は日付である。請求費額及び経費（円）の銭・厘は切り捨てて記載。

注2：請求者の陸軍大臣には陸軍大臣代理も含む。「大蔵大臣提出」は（申）を除き閣議請議である。

注3：『公文類聚』第18編巻25～27，財政門11～13，臨時補給4～5止，同第19編巻19，財政門7，臨時補給3，から作成。

り，そこから老朽や遠洋航海不能なものを除けば，四面環海で陸地鉄道の未普及下にあって，船舶交通に依拠せざるをえない事態では，一朝有事の際のたちまちの欠乏は当然であり，今回の朝鮮国出兵で郵船会社所有船舶14隻（合計トン数1万5千5百有余トン）を使用した結果，国内運輸の不便をもたらし各地の貨物輸送は一時停止し（特に北海道への交通は閉塞し，商業・農業に影響・損害を与えた），さらに今後朝鮮の事態に「劇異ノ変動」があれば数10隻の船舶徴発を準備しなければならないが，その時には国内交通の「神経」は停滞・窒塞し，公衆の不便と農商業の損失はいうまでもない，②それ故，国庫より200〜250万円を支出して1千5百〜3千トンの汽船10隻を購入し（政府の直接購入が不可の場合は郵船会社に購入させる），同船舶増加は仮に軍事上の使用がないときにも民間普通の運輸・航路の拡張が図られるために剰余は感じられず（同金額支出は将来には必ず利益が倍加する），また危機一髪に際して数千の陸海兵を援軍として送るためには「区々ノ費用」に顧念・躊躇する時ではなく，英断をもって神速に応急処置をとり，民業不振をはらい国家緩急の準備に遺策なきことを計られたい，と述べた。参謀総長の協議・意見は（船舶の合計トン数等の記載は正確ではないが），増加船舶の軍事供用と平時民業使用の両立を意図した。同省は参謀総長意見を積極的にうけとめ，6月19日に参謀総長の「運送船購入ノ議」を添付し購入手続きと戦時の軍事供用及び平時民業使用に関して逓信省と内議に入った。

これについて，鈴木大亮逓信次官は6月21日付で児玉源太郎陸軍次官宛に異存なしを回答した。さらに，逓信次官は翌22日付で購入方法として，①総トン数2千〜3千トン速力9〜11ノットの貨物船8隻を東洋にある汽船の中から速やかに購入する（合計トン数2万トン以内，見積価格200万円，1隻平均25万円），②総トン数5千トン以内速力12ノット以内の貨客船2隻を速やかに欧州より購入する（合計トン数1万トン以内，見積価格100万円，1隻平均50万円），③上記総計金額を日本郵船会社に貸下げ，同社をして購入・所有せしめる，④同社への命令・条件として，司検官の検査合格船舶に限り購入する，貸下げ金は船舶購入の都度交付する，同船舶は随時官用に支障ないようにする，船舶職員には特別な認可者の他に外国人を用いてはならない，貸下げ金は無利息20年賦をもって毎年20分の1を返納する，を児玉陸軍次官に通知した。これにより陸軍省は参謀総長の「運送船購入ノ議」をベースにして，かつ，逓信省通知の購入方法をほぼそのまま記載した閣議請議案を23日に起案した。しかし，逓信省通知の購入方法はもちろん内閣の船舶購入方針決定の上での措置であり，逓信省からの意見もあり，閣議請議案から購入方法の部分を削除して24日付で閣議に提出した（逓信大臣，海軍大臣，陸軍大臣の連署）。

陸軍大臣等の閣議請議は首相裁定で認められ，26日に陸軍省に裁定を通知した。これをうけて，陸軍省は翌27日付で2件の閣議を請議した。

第一件は，同省における船舶購入であり，その購入方法は日本郵船会社への「汽船購入命令書案」にもとづくとした（全5款，合計総トン数約1万7千トン，各汽船は千5百トン以上，代金総額200万円，1時間平均速力9海里以上，製造後満10箇年以内，鉄製又は鋼製の暗車汽船）。すなわち，日本郵船会社は同契約締結日より2箇月以内に汽船総数を同社名義により購入し，これを陸軍大臣指定場所で同省に引き渡すとした。陸軍省の閣議請議は同27日の閣議で決定され，ただちに閣議決定を陸軍省・大蔵省に通知し，翌28日に同社に「汽船購入命令書」を交付した。

第二件は，船舶購入方法は日本郵船会社という特定民間会社との軍事供用に関する貸付契約等の締結を含むが故に会計法や官有財産管理規則（1890年11月勅令第275号）との整合関係が問われるので，予め法律・勅令の適用除外を勅令として規定することであった。すなわち，陸軍省は軍事上の必要による官有財産の貸付と同期限の勅令案を「軍事ノ必要ノ為メ特別ノ条件ヲ附シテ官有財産ヲ貸付スルトキハ随意契約ヲ以テシ其期限ハ官有財産管理規則第七条ニ依ラサルコトヲ得」と起案し，理由書を付して海軍大臣と連署で提出した[45]。同勅令案の理由書は，軍事上の必要により所有する船舶鉄道製造所類の国有財産は，平時の使用必要を問わず適宜方法を立てて保存し有事の使用に妨げないようにすると同時に平時の政府が使用しない場合であってもまったく不生産的にゆだねることの理由はないと述べた。その上で，平時に使用なき間は一般の法規にしたがって競争に付して貸付等をすることになるが，ある種の物件は戦時事変の際に特殊の会社や営業人等に貸付けて使用を負担させるのでなければいたずらに繁累をみるだけでなく同目的を達成できないと述べた。

会計法第24条は法律勅令による規定の他に政府の工事又は物件の売買貸借

はすべて公告して競争に付すが，競争に付せずに随意の約定によることもできるとして，随意契約があてはまる場合の計14項目を示していたが，同14項目中には軍事上の緊急物件に関する規定はなかった。また，官有財産管理規則第7条は官有財産の貸付期限に関して，樹木培養に供する土地は80年以内，農工その他の営業・住居に供する土地は30年以内，土地森林の使用権は15年以内と規定し，これらに掲げない物件は3年以内と規定していた。

これに対して，陸軍省の勅令案は戦時の政府の緊急物件に対して，会計法と官有財産管理規則の適用から免れさせ，特定会社との随意契約による貸付等ができ，かつ，貸付期限の制限除外を強調した。しかし，同省勅令案の閣議請議は6月27日の閣議において，法制局が勅令案の修正審査（「軍事上緊急ノ必要ニ因リ購入シタル政府ノ物件ハ随意契約ヲ以テ貸付ケ又ハ売渡スコトヲ得」）を報告して閣議決定され，翌28日に勅令第76号として公布された。すなわち，官有財産管理規則の貸付期限除外は規定されなかったが，軍事優先の物件貸借売買の随意契約体制が成立した。

②日本郵船会社に対する便宜供与の強行と勅令第92号の成立

勅令第76号制定をうけて，大山陸軍大臣は日本郵船会社に対する汽船の貸借・売買・使用に関する命令書案（全11条）を起案し7月3日付で閣議に提出した[46]。本命令書案（以下，「汽船貸借等命令書案」と表記）は，汽船の貸借と，軍事上の必要により購入の船舶物件がその必要による使用が不要になった時に有効使用する場合の売買約款を日本郵船会社との間で締結しようとした。同締結は，陸軍省と日本郵船会社との協議過程で，同社への売渡し代金は巨額のために一時に納付できないという同社の申し立てがあり，特に売渡し代金上納の5箇年据え置きと無利息15年賦返済を特徴とした。

すなわち，「汽船貸借等命令書案」は主に，①「汽船購入命令書」により船舶購入した時は購入日より日本郵船株式会社に貸付け，同社は借用料として購入原価の5％相当金額を毎年12月25日までに政府に納付する（第1～2条），②同社は，不可抗力又は政府が危険を冒させたことによる損害発生を除き，船舶借用中の修理保存に必要費用等を負担する（第3条），③政府購入船舶は軍事上の必要が止んだ時は同社が購入原価で買戻し，同価格は借用料として納入済金額を購入原価より控除する（第4条），④第4条の船舶代金は売買年から起算しその第6年より年々同価格の15分の1を納め，第20箇年以内で納付完了するが，代金には利子を付けない（第5条），⑤同会社は政府により船舶を貸受けた時から満20年間は，政府の命令に応じていつでも「汽船購入命令書」にもとづき同会社購入の船舶に等しきトン数の船舶を同使用に供さなければならないが，本トン数は同社への1885年9月農商務卿命令書第17条規定のトン数に算入しない（第6条），⑥政府が同社船舶を使用した時は，同社の所有・借用中のものを問わず，政府は同農商務卿命令書第12条に準じて実費支給する（第9条），と起案した47)。

ここで，⑤の農商務卿命令書第17条は日本郵船会社の汽船登載簿トン数3万5千トンをもって最下とし，農商務卿の許可なしには減却できないとする命令であり，⑥の農商務卿命令書第12条は政府が同社船舶を使用した場合は徴発令施行時を除き，トン数と月数に応じた船賃実費を支給し（たとえば，1千5百トン数以上は1箇月につき銀貨4円50銭），さらに石炭・船客食物を現品又は代価支給し，特別の装置備付や艀船・人夫使用の費用を支払うという命令である。特に④の第5条起案は日本郵船会社への多大な利益供与になった。

陸軍省の「汽船貸借等命令書案」の閣議請議は法制局によって審査された。法制局は7月6日の閣議において，6月28日の勅令第76号の範囲外に出て官有財産管理規則（貸付け期限は3年以内にする，貸付け料は前納とするが前納できない時は相当の保証を出させる，官有財産の売払い代金は同財産の引渡しの際に一時に納付させる，官有財産貸付期限中に政府使用に供する必要がある時は貸付契約を解き返還させる）に抵触するものがあるので，特に第2条中の借用料納付期日と第5条を削除し（代金納付方法は別途規定する），第1条の本物件の貸付け期限を「三年以内」と解釈し，政府は同期限内に会社に買戻させるか，又は満期後に貸付契約を更新するかの一つを選択する方針を閣議決定すべきである，と報告した。

法制局の修正削除の審査報告は厳しいものであったが，同閣議で内閣書記官長（伊東巳代治）は同審査報告を支持した上で，特に「汽船貸借等命令書案」の第5条は官有財産管理規則第4条（官有財産の売払い代金は同財産の引渡しの際に一時に納付させる）の「絶対的規程ニ背戻スルモノナリ事実緊急ノ場合ト雖モ勅令違反ノ事項ヲ命令書ニ記入スル如キハ頗ル其当ヲ失スルモノナルヲ以テ右命令書案第五条ハ削除相成可然」という批判意見を提出した。そして，同第5条を含まなければ貸借契約が成立しないという理由があれば，官有財産管理規則除外の勅令案を提出しなければならないと述べた。

これについて，大山陸軍大臣と黒田清隆逓信大臣は内閣書記官長の意見に同意した上で，勅令第76号中に官有財産管理規則第4条と第6条及び第7条によらないことができるという項目を追加してほしいと請議した[48]。この結果，法制局は翌7月7日の閣議で，官有財産管理規則の除外例を設けて「汽船貸借等命令書案」の第2条と第5条等を存置するという決定のもとに，軍事上緊急の必要により購入した政府物件の貸付けと売渡しの場合は官有財産管理規則第4条と第6条及び第7条によらないことができるという単行の勅令案を報告・起案して決定された。そして，7月9日に勅令第92号にとして制定された。ここに，船舶購入における軍事優先の随意契約と便宜供与の体制が成立した。

(4) 野戦軍の会計経理体制

①野戦軍の会計経理事務

野戦監督長官の任務は野戦軍の会計経理事務を統理することにあるが（兵站勤務令第7章），同長官のもとでの会計経理事務にかかわって計画・実施された諸事項の主な手続きと管理関係の概略で注目されるものは下記の通りである[49]。

第一に，軍資金の経理は，①「韓銭」（韓国銭）に対する経理関係で，証券発行や韓銭鋳造の計画，②正貨支出軽減の企図（朝鮮・清国では日本紙幣の流通力はなく，出征諸部団隊の正貨〈メキシコ銀・馬蹄銀〉の要求による流出が多く，諸部団隊に縷々注意・訓示を与え，③軍用切符と徴発証票を発行したが実施せずして終わり，④軍資金支出手続きは，野戦部隊が所要金額を野戦監督長官に請求し，野戦監督長官は同支出を陸軍大臣に請求し，海外への輸送では護送者派遣を大本営に照会し，さらに輸送方を運輸通信長官部に照会して実施し，護送者には帰国後に護送経歴を復命させた。

第二に，糧秣給養の手続きは，①糧秣の準備（戦地からの請求又は大本営の計画にもとづき野戦監督長官が陸軍省に請求し，陸軍省はこれに応じて設備），②搗精石数と資源調査（混成旅団動員とともに，全国海運便宜の地において搗精場・搗精石数並びに朝鮮国仁川・釜山の物資と第六師団管下の物資を調査），

③倉庫の糧秣（含雑品）の収蔵・輸送を管理し（東京・横浜・大阪・神戸・宇品・下関の陸軍省設備の糧秣を収蔵し運輸通信長官と協議して戦地に輸送），④野戦軍に対する糧秣給養は，糧秣発送時は当該戦地の甲部隊用準備とか乙部隊用準備の部隊区分を指定するが，既に当該戦地への輸送後はそれらの部隊区分指定はなく，当該戦地に存する糧秣はすなわち当該戦地に所在する部隊共通の糧秣として支給し消費されるという，「戦地共通支給主義」をとった。

第三に，被服給養の手続きは，①動員計画上の定規の被服は師団において平時に完成しているので動員時に各出征部隊が携行し又は補充部隊より追送するが（戦地において破損し時季により交換を要するものも含む），②定規外の被服（特別支給のもので，特別防寒被服があり，1895年3月21日以降は特別支給毛布がある）は野戦監督長官部が関与し陸軍省に請求して確保した。

第四に，陣営倉庫及雑具に関しては，①陣営廠舎は京城仁川間の屯在兵用と釜山京城間の兵站線路用等の建設における設計・材料輸送，不要仮設バラックの処分・売却，②下関・宇品・神戸及び釜山・元山・旅順・大連湾の倉庫等の開始・建設と敷地建物の借入・購買・閉鎖，③天幕（携帯天幕を併称）・露営用品（防湿油紙類）・雑具（炊爨具，特別支給の携帯小鍋・風呂桶・水漉器・水溜桶類）・物品格納用品（物品を覆う雨覆等）は，出征部隊の請求又は野戦監督長官が所要を予測して野戦監督長官が陸軍省に請求し，陸軍省は宇品・下関等の倉庫に準備し，倉庫は野戦監督長官の命令によって輸送した。

以上の中で，特に，第二の糧秣給養の①の糧秣準備における「戦地からの請求」等は，兵站総監制定の野戦軍糧秣調達及補給仮規則により規定した。これは兵站総監が混成旅団派遣後も多数の軍隊派遣もありうると判断し，糧秣調達等方法について6月13日付で陸軍大臣への照会と回答を経て6月14日に制定した。

野戦軍糧秣調達及補給仮規則は，第一に，野戦軍給養に要する糧秣調達は当該野戦師団監督部の任務であるが，兵站監督部もその管区内の自己用糧秣の他に野戦軍用も調達して「給養品ノ欠乏勿カラシムコトニ努ムヘシ」と規定した（ただし，混成旅団の糧秣調達は兵站監督部の任務とする）。これは，野戦軍の糧秣調達を所在地現地（兵站管区内）での調達を基本にすることを規定し，現地調達主義を踏襲した。その上で，第二に，①野戦師団監督部又は兵站管区内で「物品欠乏シ調弁ノ手段ナキトキ」は兵站監が同補給を兵站総監に請求する，

②兵站総監は同請求を野戦監督長官に下し，野戦監督長官は集積倉庫に命令して請求物品を追送させる，③野戦監督長官は常に集積倉庫の物品現在高を報告させ，急需に応ずるために終始予備給養物品欠乏に注意して補充を陸軍省に請求する，④同省は野戦監督長官の請求物品の準備のために予め運送至便で物品潤沢の地方（大阪や広島）を選び，当該地の師団監督部に命じて糧餉部に物品弁達を調査させる，⑤糧餉部は給養物品の所在先や搗精場・搗精産出額等資源を調査し，師団監督部（留守師団内，以下同じ）に上申し，師団監督部は同調査書を同省に進達する，⑥同省は野戦監督長官の給養物品補充請求があれば，師団監督部調製・進達の給養資源調査書にもとづき品種数量を量定し，調弁命令を師団監督部に下付する，⑦師団監督部は同命令をうけて糧餉部に速やかに同物品を調弁させて集積倉庫に送付させる，という手続きを規定した。この中で，給養物品所在地の実際の調査と調弁等の現場で，供給業者との購買契約交渉業務にかかわるのは師団監督部管轄下の糧餉部であった。

②糧食等購買における随意契約等体制

これより先，6月10日に供給業者からの購買に関して，陸軍省経理局は「朝鮮国派遣ニ係ル軍隊ニ給与スヘキ糧食其他ノ諸品購買ニ際シ契約保証金免除ニ係ル件」を起案し，大臣決裁を経て高級副官は同日にさしあたり第四師団と第五師団の監督部長並びに下関集積場・同貨物廠宛に通知した（陸軍省送乙第1345号）[50]。本通知は，朝鮮国派遣関係の軍隊給与の糧食等諸物品は会計法第24条第2，3項（政府の所為により「秘密」にすべき場合や「非常急速」の時に，買い入れ・借り入れする場合には「競争ニ付セス随意ノ約定ニ依ルヲ得ヘシ」の規定）により購買する必要があるとともに，同供給者に対して契約保証金を納付させることは勿論であるが，その場合でも，「咄嗟ノ間自然時機ヲ失スルノ虞アル場合」には会計規則第83条（随意契約の場合に各省大臣の見込みにより請負人の保証金を免除できる）にもとづき，保証金全額免除が経理局長から申請されれば認可することの通知である。

その後，随意契約時の保証金納付免除策は，経理局長起案による8月5日の高級副官宛の通知は，衛戍地で出動又は戦備の姿勢を完成した軍隊に給与する糧食と他諸品購買の契約にも拡大した（陸軍省送乙第1943号，同第1944号，軍務局・経理局・医務局並びに各師団屯田兵参謀長同監督部長，下関集積場・同貨物廠宛）。

さらに，8月11日陸達第97号は，8月5日陸軍省送乙第1943号通牒に関しては「範囲狭少ニシテ実際差支不尠」という理由のもとに，6月3日以降の朝鮮事件に関する軍需品一般の購買契約にも保証金納付免除を拡大した[51]。

これらの随意契約と保証金納付免除は「咄嗟」という時期急迫を理由とする措置ではあるが，他方では，同措置を含めて供給請負人の良品の適正確実な供給保障を失わせる会計経理土壌も生み出される可能性も否定できない。同省もその可能性を予想し注意を喚起した。たとえば，軍務局長・経理局長・医務局長は連署で6月18日に陸軍大臣宛に，兵站総監との内議を経た上で第五師団司令部他に対して朝鮮国派遣の軍隊・各部の給養経費の費用は「他日帝国議会ノ承諾ヲ求メ又其決算ニ付テハ会計検査院ノ検査ヲ受クヘキモノナルニ依リ其支出ニ付テハ努メテ法規ニ準拠シ其他費用区分ヲ正確ニスヘシ」云々の内訓案を発してほしい，と上申した[52]。内訓案は同日に陸軍大臣了承と兵站総監との内議・了承を経て18，19日に発された（陸軍省送乙第1185号）。しかし，適正支出をめぐり相当の疑惑等も生まれ，帝国議会・会計検査院の審議糾明と検査報告の対象になったものもある。

3　朝鮮国内における兵站体制構築開始

(1) 仁川・龍山間の兵站線構築

清国の朝鮮派遣軍総指揮官葉志超（直隷提督，運送船搭乗）の軍隊は6月9日に牙山湾に到着した。葉志超は11日に上陸し京城南方の忠清道の牙山に至った（水原・振威・七原・平沢を経た南方）。朝鮮国政府は清国の朝鮮派遣軍に対して迎接官を付けた（接待使役で外務協弁の1名が担当，道路通行・架橋等を斡旋）[53]。清国軍に対する日本軍の兵力配置と戦闘計画等の概要は『明治二十七八年　日清戦史』（1904年）等で記述されているが，本章では仁川港における1874年7月までの兵站体制構築を解明する。

日清開戦前は，特に7月20日前までは仁川港が日本軍の兵站活動の拠点であり，日本からの膨大な軍需物品・人馬の輸送上の一大関門であった。仁川で兵站体制がどのように構築されたか[54]。

①仁川における兵站体制構築と軍隊宿営

まず，最初の軍隊の宿営の配置・方法の組立てがある。

日本の混成旅団の第一次輸送の先発大隊（歩兵第十一連隊歩兵第1大隊と工兵1個小隊，運送船和歌浦丸に搭乗）は6月12日午後2時過ぎに仁川港に到着した。仁川港入港に際して，仁川領事館の二等領事能勢辰五郎と日本居留地総代及び日本郵船会社仁川支店長が来船した。日本居留地総代（佐藤一景）が来船したのは第一次輸送後続諸隊の宿舎等の打ち合わせをしたと考えられる。当初，混成旅団司令部は日本郵船会社に置かれたが（16日に混成旅団司令部を同居留地内の水津旅館に置く，司令部の会報は毎午前9時に領事館内で行う），兵力規模等の秘密厳守に注意した[55]。

先発大隊主力は仁川居留民家屋舎営後，翌13日早朝に出発し，夕方入京し，南山中腹の倭城台東方の日本公使館に着き，既に大鳥公使護衛として派遣された海軍陸戦隊（計430名余で6月9日に仁川港着の八重山艦他4艦の海兵により編成，10日夕方公使館に到着し，日本居留民家屋に分営）と交代した[56]。

当時の京城の戸数概数は約2万5千戸で人口は約30万人余であった。また，京城の日本居留民戸数は日清戦争開戦前に戸数250余戸で人口840余人であった（1895年には概数で戸数500戸・人口1,900余人）。日本居留民は公使館下方の西は南大門に通じる泥峴と称された商業地域周辺に居住し，居留民の主な営業種類は雑貨商・朝市・洋反物商・飲食店・行商・菓子業・質商・指物大工・理髪職等が計7割強を占めていた。歩兵第十一連隊第1大隊（大隊本部は倭城台下方に置かれる）は日本居留民の家屋と居留民総代役場・京城商業会議所・東本願寺別院・小学校校舎等にも舎営した。また，日本居留民家屋集中の地域内3箇所に風紀衛兵を配置した（計30名）。なお，公使館附武官渡辺鉄太郎砲兵大尉は部隊到着前に薪100駄，炭50俵，藁100駄を買入れ，6月18日に龍山の兵站司令官に受領させた。

その後，16日に第一次輸送後続諸隊（歩兵第十一連隊第2大隊他，人員3,000余名，馬匹250余）ともに到着した兵站監部を日本郵船会社に置いた[57]。仁川は京畿道西海岸の漢江下流の寒村であったが，1883年開港以降は輸出入額が朝鮮国港で最大を占めた（1884年に637万円余）。仁川港は国際港湾町に発展し京城の「咽喉」と称された（京城までの距離は漢江に沿って梧柳洞・龍山を経て約12里，陸路で約1日，水路で約8時間)。居住地区は日本居留地と各国居留地(日本，イギリス，ドイツ，フランス，アメリカ等，ただし日本領事の管轄外)・朝鮮町・清国居留地に4地区に区別されていた。日本居留地面積は1万坪(内，日本領事館敷地は約2千坪)で狭隘のために，日本の商業営業者はしだいに各国居留地・朝鮮町・清国居留地にも居住するようになった[58]。

16日着の後続諸部隊(歩兵，騎兵，砲兵，工兵，輜重兵，野戦病院，兵站部)は仁川の各国居留地・朝鮮町・清国居留地内の日本人居留者家屋に舎営したが，1人あたりの畳数は約1枚であり，特に歩兵(2,072人)は1人あたり0.95枚で狭隘を極めた。馬匹厩舎は，将校・憲兵用は領事館内空地と小学校敷地，騎兵・砲兵等用は各国居留地西北端の草地に設置した。この場合，16日上陸の混成旅団第一次輸送後続諸隊は勿論幕営用設備を用意していたが，あえて幕営しなかった。それは，17日付の大島混成旅団長発参謀総長宛の報告書が「目下旅団カ幕営ノ用意アルニ拘ラス幕営ニ決セサルモノハ旅団ハ今日ニモ前進シテ京城ニ侵入スルノ勢ヲ示サンカ為メナリ是レ示威ヲ以テ清兵ノ決心ヲ促サンカ為メナリ」と述べたように，即京城侵入の構えにより積極的に清国兵との対決姿勢を表すという挑発的行為に出ようとしたからである[59]。しかし，仁川居留者宅滞在が長期化すれば，居留者の商業営業等の支障・迷惑(外国居留者の日常生活上でも)が出てくることは明らかであり，18日の大鳥公使と大島旅団長との協議により，6月20日には各国居留地内の舎営(約2千人)を撤去して日本居留地に移し，残部は日本公園と日本墓地付近に幕営した。なお，仁川の宿営関係作業(秣入れや厩舎衛兵用の天幕設置等)に必要人夫を日本郵船会社から受けとった。

仁川の軍隊滞在の困難はさらに飲料水確保問題があった。大島旅団長は参謀総長に井戸水の乏しさを指摘し，穿井・貯水従事の人夫不足等を報告している[60]。居留地近辺に多数の井戸を掘ったが湧水不能の空井戸に終わったことが多く，現地朝鮮国住民はその空穴を見て地雷爆発跡と誤解して遁走してしまったことなどが指摘されている。日本居留地の井戸数は合計30個に満たず，晴天が続けば渇水状況に至った。

なお，仁川港湾の特徴としての干満潮時の水深差が大きいことによる揚陸困難が予想されていた。特に27日は第二次輸送諸隊運送船8隻の到着であったが，日本郵船会社等所有の同港艀船と漢江航行の小汽船（3隻）をすべて兵站監部の用船として使用し，翌28日にかけて迅速に揚陸させた。揚陸糧秣等の兵站物品は，日本郵船会社所有の倉庫5個とその前スペース165坪及び木村友吉（艀船と船舶給水業の木村組）所有倉庫12坪を借用して保管した。弾薬庫は領事館構内に置いた。薪炭等は居留地内空地に天幕等を張って保管した。

②兵站線構築と軍事的制圧

次に，兵站線の構築がある。仁川龍山間の兵站線を17日に下記のように編成した。

兵站主地（仁川）	兵站監部　兵站大倉庫　兵站病院　輜重兵隊　守備兵（歩兵2個小隊）　逓騎（輜重兵上等兵1他）
星峴山兵站分遣所	歩兵分遣隊（士官1，下士2，2個分隊）　附属物　逓騎（輜重兵上等兵1他）
梧柳洞兵站分遣所	歩兵分遣隊（士官1，下士2，2個分隊）　逓騎（輜重兵上等兵1他）　宿営所
龍山兵站地	兵站司令部　兵站倉庫　守備兵（歩兵1個小隊）　憲兵（下士1，上等兵2）　輜重監視隊　逓騎（輜重兵上等兵1他）　宿営所

梧柳洞は京仁間交通の中間にあたり休憩地点であった。仁川に次いで龍山に兵站地を置いたのは，当時の龍山が京仁間の水陸交通要所であり（南大門・西大門を経て京城まで約1里，漢江上流に位置し，汽船等の航行の桟橋設置，1893年6月末の日本居留民は戸数8戸・人口40人余），いずれも戦略的要地であり，当初から混成旅団側の将来の軍隊の運動を予測し，兵站線の構築は軍事的制圧と占領を意味した。なお，龍山の兵站倉庫（万里倉倉庫）は朝鮮国政府の古倉庫を利用し，大破状態であったが雨露を凌ぐためには当分は支障ないとされた。守備兵（歩兵1個中隊分）の大部を仁川龍山間の兵站線守備にあて，残部は兵站監部の守備と水路守備（輜重兵の不足を補う）に用いた。第二次輸送諸隊到着後は仁川居留地の守備として歩兵第二十一連隊第3大隊の3個中隊をあて，風紀衛兵，仁川警戒，月尾島海軍石炭庫の守兵についた。

③混成旅団仁川着後から7月20日までの兵站給養——請負賄から各隊自炊へ

混成旅団の第一次輸送諸隊と第二次輸送諸隊着後の兵站給養の概況は次の通りである。第一次輸送諸隊の兵站給養は，6月12日着の先発歩兵第1大隊は仁川で舎営後京城に移転（舎営）し，6月16日着の後続歩兵第2大隊他は仁川で舎営・幕営混用で，軍馬の繋留所を仁川に設置した（250頭）。第一次輸送諸隊の給養を一時請負人に炊爨させ（請負賄），6月21日よりすべて請負賄をやめ，各隊に現品交付した（各隊自炊）。第二次輸送諸隊着以降の各隊の兵站給養は，歩兵第二十一連隊第3大隊と臨時輜重隊は仁川で舎営（給水は井水，計1,090名），歩兵第十一連隊第1大隊は京城居留地で舎営（給水は井水，1,038名），歩兵第十一連隊第2大隊・第3大隊，歩兵第二十一連隊第1大隊・第2大隊，騎兵中隊，山砲兵大隊，工兵中隊は龍山と京城間の高地原野で幕営と一部舎営であった（給水は井水又は渓水，計4,870名）。星峴山・梧柳洞・月尾島に小隊又は分隊以下の分遣所は舎営・幕営の混合であった。24日仁川早朝出発夕刻龍山着の諸隊に対する糧食給養は京城の歩兵第十一連隊第1大隊が炊爨して運搬して支給した（25日昼食まで）。その後の各隊の給養はすべて現品交付による自炊に入った。なお，混成旅団司令部は24日に龍山に移転した。

兵站給養で重視したのは，第一に，衛生管理に連関する給水（飲料水）確保である。仁川での給水確保は困難を極めたが，木村友吉（前出）が7月9日に木村組所有の艀船15艘・水船2艘の無料貸出しと飲用水1日40トンの無料提供を仁川領事館を経て兵站監部に申し入れた。木村友吉は従来から海軍省と日本郵船会社の艦船の御用を勤めてきたが（今回の混成旅団の上陸時にも「過分ノ賃金」を受けたとされる），「微力ノ我共ニ於テハ此折柄何等ノ御役ニモ相立不申残念至極ニ奉存候」と申し入れた。木村の申入れは兵站監から兵站総監への照会と許可を経て受け入れられた[61]。木村の給水提供は8月27日まで続いた。なお，京城付近の幕営地の給水は多少の井水があり，京城内の舎営諸隊は居留地背後の山腹の小流を利用した。

第二は，6月16日着の第一次輸送諸隊以降の糧食給養である。これは，請負賄であったが（前出の日本居留地総代佐藤一景が請負う），日本領事館内の炊事場を用いて炊爨等ができるように設備し，同書記官1名に監視させた。請負賄は入港・上陸直後により準備が整わなかったからであり，19日夕食より現品交付にし，その分配所を日本郵船会社倉庫前に設定した。分配時間は日に1回で，生肉類はその都度分配した。なお，第一次輸送諸隊の各隊自炊時の糧食副食品目は，22日夕食は鶏肉（給与部隊人員計2,357，ただし歩兵第二十一連隊第2大隊を含む）又は豚肉（給与部隊人員計1,350人）に馬鈴薯・ラッキョウを付け，23日朝食は揚豆腐・葱・味噌・梅干，23日昼食は鮮魚・インゲン豆・梅干であった（下線部は輸送在庫品）。この中で，魚肉類と生野菜類は現地購入であり，納入者は米穀商の平山末吉であった。保存可能食料品は日本からの輸送在庫品である。6月中の仁川の1日1人あたりの賄料概算は11銭5厘である。他方，第二次輸送諸隊の上陸直後の当分の間は兵站監督部の糧餉部で炊爨し，近藤廉之助（精米業）の精米所で精米を炊爨し，魚菜調理所と糧食分配所を日本領事館内に置いた。すなわち，第一次輸送諸隊到着から6月までの糧食給養は請負賄を含めて民間業者に負うものが多かった。

第二次輸送諸隊の糧食給養は6月30日夕食から現品支給による各隊自炊に入った。各隊自炊は基本的には大隊単位で行ったが（戦時の歩兵連隊は大隊本部に下士の炊事掛2名を置く），中隊単位の自炊を求める意見が多かった。そもそも，日本陸軍の戦時糧秣給与は糧食品中の精米と馬糧中の大麦のみを現品給与し，その他副食物（魚菜類）と干草・藁はすべて代金支給して各隊自身にその地で調弁させることにしていた。

④野戦糧餉部勤務令制定と糧秣給養業務

しかるに，1891年12月制定の野外要務令は戦時糧秣給与のすべて現品支給を原則化した。そして，戦場や戦闘地域現場の糧秣給養業務を管理したのが兵站監督部の糧餉部であった。兵站監督部の糧餉部勤務については，兵站総監が1894年7月21日に野戦糧餉部勤務令を制定した（仮定，全10章，44款）。

野戦糧餉部は野戦監督部の機関であり，野戦軍関係糧秣の調弁・経理・支出と計算を管掌し，軍糧餉部，野戦師団糧餉部，兵站糧餉部が置かれた。野戦糧餉部は当該の監督部長の指揮により糧秣を集め，又は後方からの追送により倉庫を充実し，野戦軍の給養を満足させることを任務とした。糧餉部員の具体的な任務は野戦軍用の糧秣給養用倉庫の維持・管理をベースにして，物品の検査・授受・保全・記簿と決算であった。また，敵の来襲により倉庫貯蔵物品の後方運送時間がない場合に（時間があっても軍隊「背進」の妨げになる場合は），当該物品が敵に掠奪される恐れがある時の当該物品の「減却」等の適宜処分を規定した。物品調達は購買又は徴発によるが，購買契約は監督部長の名により締結し（時機の必要によっては，購買委任により糧餉部がただちに執行），徴発実施方法は時々の命令にもとづき，倉庫給養品として生獣繋蓄の場合の蓄獣所・屠獣所関係業務は糧餉部が負担すると規定した。購買品検査方法は契約書と標本に照らして周密に査閲し，特に「物品ノ良否」に注意し，検査済証明後の納人への受領証書交付の手続きを規定した。代価支払いは糧餉部が納人の受領証書と物品とを対照して精算検査し，確実と認められる時は証拠書類に支払い請求書を添付して糧餉部長の検印を得て当該監督部長に提出し，納人を金櫃部に行かせて当該代金を受領させるという手続きを規定した。ここで，特に「物品ノ良否」の検査は特に国内製造缶詰購買においてはずさんなものであった。

⑤糧食等の運輸体制の組み立て

ところで，兵站給養維持に不可欠なのは糧食等の運輸体制の組立てである。ところが，仁川の竹内正策兵站監は6月28日に宇品の運輸通信支部委員の山根武亮歩兵少佐宛に「此地人夫殆ント尽キ水運モ亦自由ナラス軍隊ハ京城附近ニアリ輸卒ヲ備ヘサル為給養尽キ飢渇ニ陥ントス人夫三百至急送レ」と電報を発した[62]。ここで，輸卒の不備・不足とは各隊附輸卒（大小行李担当）の不足であり，仁川京城間の陸路運搬道路が輸卒の耐えられない距離であったことによる[63]。山根少佐は28日の受電後に同電報をそのまま川上兵站総監に電報で発した。竹内兵站監電報は参謀本部を怒らせた。竹内兵站監電報は6月5日の参謀総長発混成旅団長宛訓令の補給・追送手続きをやや無視した追送請求とされた。また，電文中の「飢渇」という文言は大げさとうけとめられ，その結果，翌29日に参謀総長名により大島混成旅団長宛に厳しい訓令を発した[64]。

参謀総長の訓令は，軍隊の行動の要点は「煩累物ノ随伴ヲ減スル」ことであり，「煩累物」や「非戦員」すなわち「輜重運搬ノ人夫ノ如キ」がその主なものであり，努めて地方人民を雇役して常備の輸卒を減じ，「因糧於敵[かてを[に]てきによる]」を原則にしなければならないとした。すなわち，「[糧食は]敵地ニ取弁スヘシ況ヤ之ヲ運搬スル人夫ニ於テヲヤ進軍若クハ屯駐地方ノ人民ヲ徴発若クハ雇役シ我カ使役ニ供セシムル已ニ可ナリ況ヤ賃銀ヲ直ニ支給シテ之ヲ使用スルニ於テヲヤ何ノ憚ルコトカ之レ有ラム抑々敵地若クハ外国ノ賃銀ハ固ヨリ内国ヨリ貴カルヘシ然レトモ之ヲ煩累物減省ノ点ヨリ考フレハ其利益タル勝ケ[ママ]テ言フ可カラス況ヤ其人夫ニ給スル食料旅費及輸送ノ金額ヲ積算スルトキは幾倍ノ賃銀モ反ツテ内国ノ者ヨリ低廉ナルヲ得ヘキニ於テオヤ［中略］蓋シ目下未タ戦時ナラサルヲ以テ運搬材料ヲ求ムルニ稍々著大ナル費用ヲ要スルナラン然レトモ是レ萬已ムヲ得サルノ事情ナレハ決シテ入費ヲ吝ムヘキノ時ニ非ス宜シク百方努力シテ徴発材料ヲ得ルノ方法ヲ講究シ且我帝国外交官ノ幇助ヲ求メ以テ各自ノ任務ヲ完クスヘシ」と強調した。参謀本部は，国内から送付の人夫がなければ仁川と京城間の僅かな距離の兵站給養が行われにくいとすれば，（今後の対清国開戦下のもとで）兵站線路延長と全師団等の渡韓による運動戦の日に至った場合は全軍餓死も免れないという論理になるとして，国内への追送請求を慎み，現地運搬材料に依拠すべき決心強化を混成旅団に求めた。参謀総長の本訓令は朝鮮国に対する兵站上の位置づけを最初に指摘した点で極めて注目される。

ここで，戦時に至っていない朝鮮国現地では人夫数に応じた運搬等の労役作業量が日々一定化しあるいは常に計画化されたのではなく，また，天候等により1日の労役作業量の制約・減少がありえた。さらに人夫の健康・体調状態や傷病発生等により日々の継続的安定的な労役従事が行われることでもない。つまり，人夫をいわば「遊ばせておく」ことが発生しえた。したがって，国内から送付の人夫を国外に滞在させた上で日々の雇用者として使役することは，軍隊側からみれば，雇用費用を1日単位の実労役に応じた支払いにした場合を含めて相当の「ロス」が想定されるとともに，労役作業量と人夫人員数の調整が困難になることは明確である。それ故，その日の労役作業量に即時対応した人夫人員数の容易な調整確保が可能になる現地での人夫雇用を最も経済的と判断した。いわゆる「ジャスト・イン・タイム」の労役供給政策をとったことになる。この結果，参謀総長は朝鮮国全体を人夫雇役のプールと見立てつつ一大兵站地域として位置づけようとした。他方，参謀総長の「因糧於敵」は諸物価高騰等による現地住民・日本人居留者の生活困難を招来することは明確であり，矛盾に満ちた無謀策になることはいうまでもない。

⑥仁川兵站主地への兵站追送

6月29日の参謀総長訓令は「因糧於敵」の原則的な構えとして決心・決意すべきことを求めたが，川上兵站総監は同日に竹内兵站監宛に人夫送付等の具体的な訓令を発した。すなわち，①「因糧於敵」により煩累物を減省する，②軍吏1名・軍吏部下士1名及び雇役輸卒300名を近江丸で輸送するので兵站部使用に供する，③補給の全物件は混成旅団長に与えた命令に従うべきで，緊急時は当該支部廠等に請求できるが努めて同命令の手続きによる，また国内からの輸送物件を民間会社や商人に命じてはならず，同命令の手続きによる，④運送船を揚陸後に速やかに帰航させ，決して許可なく当該地に留めてはならない，⑤兵站部情況を旬日毎に報告する，と指示した[65]。ここで，②の軍吏1名・軍吏部下士1名の増員は龍山兵站司令部に置くが，同兵站司令部の業務量が増加し，経理業務担当者が必要になったという判断にもとづいた。龍山は派遣混成旅団の兵站活動の中心地になりつつあり，仁川の兵站主地を7月5日に龍山に移した。また，雇役輸卒300名の輸送は，6月12日の第五師団の残部動員により広島で雇用した人夫である。③の混成旅団長に与えた命令とは，参謀総長が6月5日に混成旅団長に発した注18）の訓令である。国内からの輸送物件云々の規定は，それが現地調達にした場合にはおそらく物価高騰を招くと危惧していたとみてよい[66]。

ちなみに，第一次輸送諸隊の人員（4,163人）馬匹（248）に対する糧秣品目は6月18日現在で，①通常兵餉——精米，副食物（干魚，高野豆腐，醤油，切昆布，牛肉缶詰，ラッキョウ，干瓢，梅干，味噌漬け，砂糖，味噌），②薪炭，③携帯口糧——重焼麺包〈ビスケット〉，④馬糧——大麦，藁，干草，⑤補助品——ブランデー，酒，であった。仁川の兵站糧餉部は現地調達品目を藁・醤油・薪炭や生肉生魚・野菜とし，追送品目として牛肉缶詰・秣（著しく疲労した場合や病馬飼養用として今回限り請求）・漬物・酒を請求した。竹内兵站監は翌19日付で下関集積所の集積倉庫長に同追送品目送付を依頼した。野戦監督長官は24日に残師団用準備品として確保したものを混成旅団用の追送品目にあてるべく一時操替して第二次輸送諸隊運送船で宇品から積載して送付することにした。なお，龍山と京城では薪と藁は豊富とされ，広島から輸送の薪は仁川で僅かに使用したのみで，薪と藁は特に追送を必要としなかった。副食品追送の要求は炎暑の季節に入り食品腐敗があり，佃煮類や缶詰類であった。

しかし，缶詰類は下関集積所に補充用貯蔵の第五師団準備用在庫が既に消費尽き始めていた。そのため，陸軍省は6月30日に海軍省貯蔵の牛肉缶詰ロースビーフ6千貫の一時借用を海軍大臣に照会した。この場合，牛肉缶詰はアメリカ製品であり，陸軍省はアメリカのカッチング製造会社に発注して到着しだい50日以内に返戻するとした。これについて，海軍大臣は7月2日付でコンビーフ3千貫，ロースビーフ2千貫の貸し渡しに同意した[67]。当時，国内の優良確実な缶詰製造は未整備であった。その後，陸軍省は国内製造缶詰を購入し，その結果，多数の不良品が含まれたことがあり，帝国議会でも多くの批判が出た[68]。

他方，アルコール類の給与は，酒（清酒）は通常兵餉として規定していないので，臨時兵餉として支給することになったとみてよい。酒・煙草の支給は，野戦監督長官の上申により，6月30日に参謀総長が竹内兵站監に訓示を発した。すなわち，①酒は1週間に1回支給する（1人1合），②煙草は各自自弁を原則とするが，現地購買の可能性が確実でないので支給し（1人1日2匁で，紙巻煙草8分巻き10本），15日分（121万本）の兵站倉庫格納を指示した。しかし，現地での煙草の一時大量購買は容易でないので，追送を兵站総監に請求した[69]。各隊の酒保（兵営内日常品の販売店，民間業者営業）の詳細は不明であるが，7月中には店舗開設されたとみてよい。9月17日に陸達第117号の戦時各隊酒保物品重量を規定したが，販売物品目は刻煙草・塵紙・半紙・状袋・鉛筆・晒木綿・摺付木・ブランデー・風袋・雑品であった。

また，7月1日に参謀総長は大島旅団長宛に，天皇・皇后の朝鮮国派遣軍人・軍属への酒の下賜を通知した（清酒120樽，7月9日発の住ノ江丸で発送）と煙草（26万本，7月11日発の遠江丸で発送）。大本営副官は7月4日に，酒は1人あたり1合の配分計画を兵站監に通知した。その後，7月6日の龍山兵站司令部の報告「龍山万里々倉庫糧食現在調書」によれば（7月5日現在，人員5,275人），アルコール類は，清酒70樽・麦酒25ダース・ブランデー5ダース・ベルモット6ダース・葡萄酒12ダースとされた[70]。これらのアルコール類（清酒を除く）は仁川で在庫品全部を買い入れたが，少量のために軍隊一般用として支給せず，混成旅団長の判断により消費されたとみてよい。なお，茶の給与は6月18日に兵站総監が陸軍大臣に協議して支給し，下関集積所から送付した。茶の給与は衛生上も必要とされたとみてよい。

⑦仁川兵站監部における人夫雇用の困難

日清戦争期において大量の人夫が雇用された。輸送運搬や諸工事を含めて膨大な人夫が雇用された。しかし，人夫雇用がどのような労役供給政策やシステムのもとに推進されたか，あるいは人夫雇用が混成旅団のどのような軍隊編成のもとに開始されたかは解明されなかった。混成旅団の編成手続きにおいて人夫雇用（駄馬と輸卒との編成関係）を導入・開始したことは既述の通りである。また，日本軍隊の人夫雇用の基本は軍事負担制度としての徴発体制下の労役供給政策を含めて考察されることが重要である[71]。

さて，6月29日の川上兵站総監発竹内兵站監宛の人夫送付等の訓令により仁川の兵站監部に人夫が送られた。同時に仁川の人夫不足苦境は釜山の運輸通信支部にも伝えられ，釜山から日本人人夫50名と通訳4名（釜山居留民）をとりあえず送ることになった。釜山の運輸通信支部は当初100名の人夫を送る計画を大本営に報告したところ，大本営から叱責を受けたとされ，30日に50名を送付した（7月2日仁川着）。釜山からの人夫の内訳は，取締人1名・25人長2名を含む計51名であった。また，広島からの人夫300名が7月5日に到着し，さらに，海軍から人夫100名を譲り受けた。以上の仁川の兵站監部管轄下の人夫の雇用費用は下記の通りである。すなわち，①6月26日より雇切（仁川居留民）取締人1名・2円20銭，100人長3名・1円70銭，20人長14名・1円40銭，平夫296名・1円20銭，②7月3日より雇切（釜山回送）　取締人1名・1円20銭，25人長2名・1円20銭，平夫48名・1円00銭，とされた[72]。

仁川での日本居留民の人夫雇用は困難であり6月末でようやく300名強にとどまった。当初，仁川では人夫をその日の所要に応じて雇入れ，同費用は一日で80銭，一夜1円60銭，一昼夜2円40銭であった。これは，注58）のように仁川の領事と同居留地人民総代との協議により決定した。その後，雇用費用が高騰したので，昼夜雇切にした上で，仁川領事館及び居留民総代と協議し上記のように値下げした。しかるに，釜山送付人夫50余名が到着したが，同雇用費用は仁川よりも低廉で昼夜雇切（平夫）で70銭であった（龍山兵站司令部で使用，糧食等自弁時は増給）。そのため，仁川雇用の常雇者を一旦解雇した上で，釜山送付人夫と同一費用にした。その場合，糧食宿舎等の給与時は30銭を減額することにした[73]。

⑧朝鮮国住民の人夫雇用着手と収奪的労務供給政策

仁川兵站監部は日本人居留者の人夫確保が困難として現地の朝鮮国住民雇用に着手した。しかし，日本軍隊の派遣・屯在全体に対する拒否反応等も基盤にして同国住民雇用も困難であった。竹内兵站監は7月5日付で仁川での同国住民の人夫雇用状況と雰囲気を次のように兵站総監に報告した。

「韓人ノ人足ハ如何ト云フニ初メノ間ハ数百人ヲ得ルニ難カラサリシモ韓人ノ常トシテ熱ハ来ラス雨フレハ来ラス更ニ困難ナルハ之ヲ数里外ニ出サントスルトキ容易ニ応スルモノ無シ畢竟スルニ韓人ノ風習如何ニ貧弱ナル者ト雖トモ三食必ス焚立飯ヲ食スルノ常ナルヲ以テ遠途ニ出ツルハ彼レ等ノ雇［一字不明］欲セサル所タレハナリ然シ初メノ間ハ金銭ノ力ヲ以テスレハ其幾分カハ風習ヲモ破ラシムルニ足ルモノアリシモ我兵偶々増加シ来リ日子ノ交渉追々其程度ヲ高メ来ルニ及ヒテハ殺気ヲ帯ヒ来リタルヲ以テ已ニ故山若クハ嶋嶼ニ逃避スルモノ陸続トシテ起リ又一面ニハ殆ント児戯ニ類スル如キ声言ヲナシテ彼レ等ヲ散乱セシムルモノ生セリ即チ曩ニモ報セシ如ク［6月23日報告，注63)］韓人集マリテ我荷物ヲ運フニ際シ声言スルモノアリ曰ク日本軍隊ノ用ヲ為スモノハ他日斬首スト此声言出ルヤ彼等ニ対シテ非常ノ力アルモノニシテ此一言アルニ［3字不明］如何ニ金銭ヲ以テ之ヲ誘フル又如何ニ強硬手段テ之ヲ圧スルモ到底散乱シテ我近傍ニ来ラサルヲ如何セン好シ敢テ之ヲ捕ヘテ荷物ヲ負担セシムルモ行クコト数丁必ス其荷物ヲ投シテ去ルヲ常トス若シ夫レ強テ之ヲ役セント欲セハ韓人一人ニ本邦人一人ヲ附シテ之捕ヘテ労セシムルト謂フモ不可ナキ景況ナリ他日事破レテ益々危険ノ下ニ之ヲ役スルニ至ラハ一二ヲ殺シテ数十ヲ恐怖セシムルノ策或ハ之レ無キニシモ非サルヘケレトモ今日ハ即チ平和ノ天地ナリ殊ニ屢々其節ノ注意アリテ成ルヘク陰穏之ニ接スルノ必要アルニ於テハ又之ヲ如何トモ為スコト能ハサルナリ凡ソ韓人ヲ要シテ我縦列ニ用立ントセシハ一面啻ナラサルモ皆必ス前述ノ次第ニシテ散乱セリ之ヲ韓ノ理事府ニ訴ヘテ命令的ニ拘束セントセシモ彼レ［一字不明］尚ホ前ノ声言ヲ放テ発ス到底如何トモスルコト能ハサルナリ」[74]

仁川における同国住民の人夫雇用は6月23日付の竹内兵站監の兵站総監宛報告のように困難であった。同報告の7月当初を含めて同国一般住民は日本と清国との開戦を必至とし，清国勝利を固く予想していた。また，同国地方官吏は清国官吏に対して好意的な雰囲気であった。そうした雰囲気の中で，本報告は朝日双方からの「斬首」とか「殺シテ」云々等の脅嚇的言葉を記述したが，強硬手段をとったとしても同国住民の人夫応募は困難であった。その際，釜山から仁川領事館の事務援助のために出張した室田義文総領事は同国住民の人夫雇用について，竹内兵站監報告とは異なった角度から観察していた。

すなわち，室田総領事は「在港本邦人夫ハ当国人ニ比シ遠路運搬ノ力ニ乏シク当国人一名ノ負荷ハ本邦人弐名ヲ要スル有様ニテ夫スラ長途ニ堪ヘス傍此際出来得ル丈ハ当国人夫ヲ使役シ彼等ニモ其利ヲ受ケサセ度積」云々と指摘した[75]。つまり，室田総領事は朝鮮国人夫の負荷労役量2倍の理由のもとに第一義的な雇用使役の必要性を述べ，同国住民を単純労役者の収奪的供給プールとして観察・着目した指摘としては歴史的には早いものに属し，収奪的労役供給政策としては極めて注目される。すなわち，基本的には徴発体制下の労役供給政策による収奪的な「因糧於敵」に対する拒否・抵抗等のもとに，同国住民の人夫雇用の困難と行きづまりが生まれ，「解決策」が見出せないままに，日清戦争開戦を迎えて国内でのさらなる人夫募集を開始したと指摘すべきである。つまり，日清戦争期の人夫問題の基本は日本陸軍の戦時編制と兵站構築における徴発体制及び労役供給政策の矛盾の現われである。

⑨難題化する朝鮮国住民の人夫雇用問題

その上で室田総領事は竹内兵站監報告における朝鮮国住民の人夫雇用の困難状況打開のために，7月1日に能勢領事をして仁川地の同国理事者（仁川監理）に照会させて，命令的手段と警察力をもって人夫応募と雇役の厳重取締りを求めた。しかし，仁川監理は「通常ノ荷物運搬ノ為メノ要求ニハ応スヘキモ軍事ノ需要品運搬ニ関シテハ日韓条約ニ無キ所ナルヲ以テ請求ニ応スルコト能ハス」と拒否回答をしたとされている。そのため，室田総領事は京城の大鳥公使に訴え，同公使から朝鮮国の外務衙門（外務省）に仁川監理の拒否理由の不当性を述べた照会を出したところ，「外［ママ］衙門遂ニ之ヲ容レ電報ヲ仁川理事府ニ発シテ日本領事ノ請求ニ応スヘキコトヲ訓令セリ」に至ったとされている。しかし，竹内兵站監は，そうした訓令が出されたとしても同国住民の人夫応募と雇役は実際には円滑に進まないだろうと報告した[76]。

竹内兵站監の指摘はその通りであった。すなわち，外務衙門は仁川監理に訓令を発したが，仁川監理の雇用応募命令の告示中には大小砲銃諸種弾丸火薬雷粉類の運搬を「不准」（許さず）という文言が含まれていたことによって，朝鮮国住民は日本郵船会社の定期船舶の揚陸雇用にも応ずる者がなく，出港延期した日本船も出た。そのため，室田総領事は7月5日に仁川監理に面会して混成旅団派遣の本旨等を説明し，また，日本から帰任し仁川着港した朝鮮国弁理公使金思轍（注77）の［補注］参照）も出兵理由を仁川監理に申開し，人夫雇用についても注意を与えたとされている。しかし，室田総領事は「同官ニ於テ充分了解セシ様子ナリシモ奈何セン陰ニ或筋（支那理事ヲ指ス）ヨリ彼是抑制セラレ下吏ニ対シ種々ノ命令ヲ為ス有様ニ付何分意ノ如ク相運ハサルハ遺憾ナリトノ内話ニテ結局監理限リテハ好都合ニ運ブ間敷」云々と述べ，大鳥公使に対して，同公使から外務衙門に照会し，朝鮮国外務督弁（外務大臣）に対して仁川監理の告示を取り消させ，新たな同国住民人夫の自由雇用保障の告示を発させることを申し伝えた[77]。

さらに，これより先，室田総領事は在仁川の日本人商業会議所会頭の西脇長太郎（第一銀行仁川支店支配人）等を諭して，同商業会議所会員を会同評議させて決議させた。この結果，7月2日に商業会議所は日本人と朝鮮国住民の役夫使用策を立てて決議し，「日本人夫二三百人幷朝鮮人夫七八百人ヲ備置キ該御用相勤メ度」旨を領事館に申し出たとされる[78]。しかし，竹内兵站監はそうした日本人商業会議所の決議が果たして実行されるならば若干の便宜を得ることにはなるが，実際に実験しなければ成果は期待しがたいと考えていた。そして，竹内兵站監は仁川の軍需品をどうにかして7月4日にほぼ龍山に運送したが，問題は「一躍我兵ノ或地ニ向テ進ムノ場合ニ至ラハ千ヲ以テ数フルノ人足ヲ要スルハ已ニ明瞭ナリトス」と述べ，その場合は「大ニ韓人ヲ役スルコトト為スノ外途ナキモ実ニ難中ノ至難タリ」云々と同国住民の人夫雇用の難題を指摘し，また，室田総領事も「朝鮮人夫雇用ノ一事ニ便宜ヲ得サル限リハ折角ノ計画モ何等其効ナキニ至ルヘキ次第ニ有之候」と同国住民の人夫雇用の難題を述べた[79]。

以上のように，7月冒頭前後から日清開戦必至が想定された中で，朝鮮国住民の人夫雇用は難題中の難題であり，仁川現地の兵站監部・領事館は朝鮮国住民の人夫雇用問題を喫急の課題として解決しえない限りは開戦計画を支えることはできないと認識していた[80]。なお，朝鮮国住民の人夫雇用問題はこれによって終わりを迎えたのでなく，7月下旬後に強行された。

(2) 今後の研究展望

日本陸軍の兵站体制構築は現地調達を基本にした。日清戦争開戦を迎えてもその基本方針は変わっていないだけでなく，輸送・運搬体制においても人夫雇用として朝鮮国住民を使役するに至る。これは，朝鮮国を支配従属させていく政治・外交過程において，日本国と朝鮮国との「攻守同盟」の関係成立のもとに，目下の「同盟国」としての朝鮮国政府に対する「協力」を求めた結果において実現したが，同国住民に対する多大な収奪であったことはいうまでもない。本章は兵站構築に対して多くの研究課題を残した。本章に続くものとしては，日清戦争開戦後の朝鮮国内における日本陸軍の兵站構築再編を含めて，同国住民の人夫雇用を含む労役供給問題等が解明されなければならない。

注

1）　ドイツの兵站勤務令（1872年6月2日皇帝裁可）は参謀本部において「兵站及鉄道事務教令」として1890年に翻訳された（〈中央 軍隊教育 典範その他〉中『明治23年翻訳 ドイツ兵站勤務令』，参謀本部罫紙墨筆，本章では「1872年ドイツ兵站勤務令」と表記）。皇帝裁可文は「一八六七年五月二日頒布 戦時兵站事務編制ノ勅令兵站鉄道事務教令，野戦監督，野戦衛生，陸軍電信，野戦郵便事務ノ戦時統轄法ヲ認可ス」と記述し戦闘地域の兵站業務を一括して認可・制定した。本文構成（文書表題は「戦時兵站鉄道事務教令及野戦監督野戦衛生陸軍電信野戦郵便事務ノ最上統括」と表記）の目次大要は，科研費報告書『日本陸軍の戦時動員計画と補給・兵站体制構築の研究』40頁参照。なお，陸軍省総務局も1889年6月22日に「独逸戦時兵站規則」の翻訳を上申し，26日に許可されたが（〈陸軍省大日記〉中『弐大日記』乾，1889年6月，総総第301号），この翻訳も「1872年ドイツ兵站勤務令」とみてよい。また，メッケル著『戦時師兵術』（巻1，57頁）には「1872年ドイツ兵站勤務令」等の欧州の兵站体制が紹介され，日本の陸軍大学校でもメッケルから兵站体制が系統的に教授されたことになっているが，日本の将校が兵站を理解することは困難であったとされている。落合泰蔵『明治七年 生蕃討伐回顧録』は「[台湾出兵から日清戦争期にかけては] 出師準備の熟語も珍らしく感じ居ったほどで，況んや兵站の熟語は聞いたこともない」（148-149頁）と述べ，宿利重一『日本陸軍史研究（メッケル少佐）』（121-127頁，1944年）は「兵站に就き，初期の我が陸軍大学校の学生は如何に無知識であったか」云々と述べ，エピソードを紹介している。ただし，メッケルは同書で軍需品の現地調達を数多く指摘した（53，192-195頁）。

2）1894年兵站勤務令までの兵站勤務令文書としては下記のものがある。①〈中央軍隊教育 典範各令各種〉中『明治二十四年四月改正 兵站勤務令草按 第二回』（活版印刷，全4篇，全55章，本文全49丁，墨筆修正加筆と活版印刷文章加設が施されている）。本章では「1891年兵站勤務令草案」と略記する。②「1891年兵站勤務令草案」を修正・編集したものが，『樺山資紀関係文書〈第二次受入分〉』中『兵站勤務令草案』（活版印刷，全4篇，全55章，本文全99頁）とみてよい。『兵站勤務令草案』と「1891年兵站勤務令草案」との構成大要と修正・加筆等の関係は，科研費報告書『日本陸軍の戦時動員計画と補給・兵站体制構築の研究』40-41頁参照。本章では「1891年兵站勤務令草案」に修正等を施した『兵站勤務令草案』を「1891年兵站勤務令案」と表記する。注6）のように「1891年兵站勤務令案」は1891年7～8月に陸軍大臣等へ協議・照会された。なお，参謀総長熾仁親王が1892年2月25日に上京した参謀長の会議で示した「兵站勤務令草按」は「1891年兵站勤務令案」とみてよい（『熾仁親王日記 六』25頁）。また，「1891年兵站勤務令案」は陸軍省内では陸軍経理の兵站事務と兵站機関の要領として位置づけられ，演習等において標準とされた。たとえば，陸軍省編『陸軍経理要領』第3冊（第3章野戦軍，56-62丁）がある。③〈陸軍省大日記〉中『明治三十二年一月兵站勤務令ニ係ル改正案』所収『兵站勤務令』（活版印刷冊子，1894年6月6日陸軍省送乙第1033号，全3篇，全49章，長岡外史歩兵大佐の意見の墨筆書き込みあり）がある。本簿冊収録の活版印刷冊子が最初に制定・令達された1894年兵站勤務令の冊子である。

［補注］表23「1891年兵站勤務令草案」における兵站組織機構。

表23 「1891年兵站勤務令草案」における兵站組織機構

大本営　参謀総長

兵站総監1（将官）　〈鉄道庁〉

兵站監

運輸通信長官1（少将又は大佐）

線区司令部　線区司令官（参謀本部第一局員），副官（大・中尉）1，書記（下士）2，軍吏1，軍吏部下士1，鉄道理事官1（奏任四等以下），鉄道属1

停車場司令部　停車場司令官（大尉），副官（中・少尉）1，書記1

鉄道船舶運輸委員　陸軍参謀佐官，海軍参謀佐官

野戦高等電信長1（工兵中・少佐）　兵站電信提理

野戦高等郵便長1（文官奏任二～三等）

野戦監督長官＝陸軍省会計局長

野戦衛生長官部＝陸軍省医務局長

野戦軍　軍兵站部・独立師団兵站部（兵站総監及び軍司令官又は師団長に隷属）

兵站監（少将又は大佐）

兵站監本部　参謀長，高級副官，軍吏，副官，兵站獣医，兵站憲兵長，兵站監督

部長，兵站軍医長，兵站理事，軍郵便長
碇泊場司令部　司令官（大尉）1，副官（中・少尉）1，書記1
〈民部行政官吏〉
兵站電信隊1隊，電信予備員と予備材料廠を附す

兵站部（師団が動員）　①佐官1，砲工兵科大（中）尉各1，下士2，軍吏1，獣医1，②憲兵中（少）尉1，憲兵曹長1，憲兵軍曹1，憲兵上等兵8，③三等監督または監督補1，軍吏3，軍吏部下士5，④兵站司令部2個用人員，⑤衛生部予備員，⑥衛生予備廠1個，⑦患者輸送員，⑧輜重監視隊3隊，⑨兵站糧食縦列1個　*外征には陸軍省特命により野戦被服廠を動員

兵站基地（各師団が大なる停車場・碇泊場に設置）→集積場（集積倉庫，貨物廠）→兵站主地（野戦軍所在地）

兵站地（兵站現地の行政・警備的地点）　兵站監又は留守師団司令部→兵站司令部
司令官（中・少佐），副官（中・少尉）各1，書記（下士）若干名
*兵站地の大小と景況により憲兵，軍医，獣医，軍吏等の増員あり
陸路兵站地（兵站主地より各師団所在地間の約6里毎に設置，兵站司令部を置く）

3）　兵站の職務・勤務は複雑であり，同担当者には兵站組織機構の系統を理解することがまず求められた。たとえば，日露戦争直前の1903年10月下旬から2週間にわたって参謀本部で各師団の兵站職務担当将校計51名を召集して兵站司令官職務研究を実施した。その時に，同研究の指導監督の有田恕砲兵少佐は召集者への研究課題として，「兵站各部系統一覧表」の調製を課した（大本営他諸隊諸部，陸軍省，逓信省他の直系・傍系の司令系統の説明，〈中央 軍隊教育 典範各令各種〉中『兵站司令官職務研究記事』19-20頁，1906年，参謀本部編）。なお，「1891年兵站勤務令草案」の兵站組織機構の立ち上げにかかわる，兵站部の業務と権限，兵站基地・集積場・兵站主地設置の目的，兵站司令部の業務，戦時鉄道業務，戦時海運業務等の概要は科研費研報告書『日本陸軍の戦時動員計画と補給・兵站体制構築の研究』参照。その中で戦時海運業務は当時の陸軍の基本的な戦争観と方針を示すものとして最も注目される。すなわち，第50章の「海運ノ要旨」は「海運ハ内国戦ト外征トニ随テ大ニ状況ヲ異ニシ之ヲ要求スル程度モ亦差異アリ蓋シ内戦ニ在テハ輸送材料其類多ク海運ハ其一部ニ過キス且護衛艦ヲ要セサル処モ亦少カラス之ニ反シ外征ニ在テハ万般ノ事物本国ヲ離ルル時ヨリ敵地ニ達スル迄悉ク之ニ頼ラサル可ラス且通常護衛艦ヲ附セサル可ラサルヲ以テ勉メテ船舶ヲ集結シ同時ニ之ヲ行フヲ要ス故ニ総テ戦地ニ致スヘキ運送品ヲ一旦集積場ニ蒐輯シ此所ニ於テ需要ノ緩急ヲ量リ物品送達ノ順序ヲ規定シ更ニ護衛ヲ附スル等凡テ特別ノ輸送法ヲ整理スルモノトス」と起草した。これによれば，国内戦では海運業務及び海軍護衛艦をほぼ必要とせず，外征ではほぼ全面的に海運業務及び海軍護衛艦に依拠せざるをえないとされた。当時，約

半年後の10月に参謀本部は1891年戦時編制草案を起草するが，戦時の大本営編成の構築構想の基本は究極的な主戦場・決戦場として国内交戦を想定した。したがって，陸軍の国内交戦想定重視の兵站勤務の構築構想からみれば，戦時海運業務等にかかわる海軍の役割等は第二義的なものに終始し，逆に外征では海軍に全面的に依拠せざるをえないとする方針を示したが，国内交戦と外征のいずれにせよ，海軍の業務を陸軍の兵站勤務の補助機関や戦時海運業務連繋機関として位置づけたことが最大の特徴である。

［**補注**］兵站体制においてさらに重要なのが戦時衛生勤務であった。戦時衛生勤務は独自に調査・起草され，1894年6月16日に送乙第1162号の戦時衛生勤務令として制定された（主要目次は，第一編　隊属ノ衛生勤務，第二編　衛生隊ノ衛生勤務，第三編　野戦病院ノ衛生勤務，第四編　高等司令部ノ衛生勤務，第五編　兵站部ノ衛生勤務，第六篇　守備隊ニ属スル衛生勤務，第七編　恤兵団体及特志者ノ寄贈）。同勤務令は1903年10月5日に新たに送乙第2180号の戦時衛生勤務令として制定されたが，その後の陸軍の戦時衛生勤務を含めて改めて考察されることが重要である。

4）〈戦役 日清戦役〉中『明治二十七八年六月 臨時事変ニ関スル書類綴（乙）』第12号，13号。

5）〈海軍省公文備考類〉中［戦役等 日清戦書］『明治二十七八年 戦時書類 巻一』所収「諸命令訓諭及諸規則」。

6）〈陸軍省大日記〉中『弐大日記』坤，1893年12月，参第92，94，95，96，103号，同『密大日記』1894年，第4，5号，同『明治二十六年自一月至十二月 大日記 参謀本部』参地第383号第1。

7）　注4）に同じ。

8）　注5）所収の陸軍省送甲第648号参照。

9）〈戦役 日清戦役〉中『明治二十七八年六月 臨時事変ニ関スル書類綴（乙）』第16号。さらに陸軍省秘書官は土岐裕海軍省秘書官に催促の電話を入れた。土岐秘書官はただちに松永雄樹海軍省第一課長宛に海軍軍令部に照会の上回答を陸軍省に送る措置を伝え，同日に海軍省軍務局は海軍軍令部に兵站勤務令案の照会を予め連絡した。そして，翌7日に海軍省の省議を経て海軍大臣は中牟田倉之助海軍軍令部長に公式に照会し，翌8日付で中牟田海軍軍令部長は②の項目でよいことを海軍大臣に回答し，同日に海軍大臣は陸軍大臣に②の項目による措置を返答した。海軍側（6月4日の海軍大臣の発言）は戦時大本営の設置を発議しつつも，陸海軍共同の大本営体制下の兵站勤務活動の立ち上げには消極的であった。

10）11）〈陸軍省大日記〉中『明治二十七八年戦役日記 明治二十七年六月 完』第35号，

第10号。第五師団司令部所在地の広島では同5日に第五師団が管下に充員召集を発令するるともに，非常召集合図の号砲3発を発した。充員召集発令はただちに管下の末端自治体に伝えられた。広島県の深津・沼隈・安那郡長岡田吉顕は翌6日付で3郡下の町村役場宛に充員召集発令を通知し，さらに9日には同郡下町村長宛に広島県知事発の内訓（同7日の内務省警保局長発県知事宛の電報「我公使館領事館幷ニ在留臣民保護ノ為メ派遣セラルル義ニ付此際浮説流言ニ惑ヒ心違ヒノ者無之様注意スヘキ」云々にもとづく朝鮮国への出兵趣旨）を心得ることを内訓した（広島県立公文書館所蔵『深津郡役所通達類』，広島県庁編『広島臨戦地日誌』2-3頁）。他方，広島市役所もただちに市内各所に充員召集発令の旨を掲示し軍用旅舎と応召員召集場所の設備に着手したが，同県は29日に「地方所々ニ浮説流言ヲナシ物価ヲ動揺セシメ以テ不正ノ利ヲ網スルモノアルヨリ其弊害ヲ未然ニ防遏セントノ趣旨」にもとづき米綿取引所役員と仲買人を県庁に召致して厳重に諭示したとされている（広島県庁編『広島臨戦地日誌』33-35頁）。なお，日清戦争期の召集を含む広範囲な自治体の戦役関係業務文書等を収録した東京都公文書館編『都市資料集成』（第1〜2巻「日清戦争と東京」，1998年，東京都政策報道室都民の声部情報公開課発行）は出色の資料集である。

12) 13) 14)　〈戦役 日清戦役〉中「明治二十七年六月 臨時事変ニ関スル書類綴（乙）」第8号，22号以降参照。第8号所収の参謀総長の「混成旅団長ニ与フル訓令」（1894年6月5日付）は下記の通りである。

一　混成旅団ニハ弾薬及糧食縦列ヲ附セス輜重隊ヲ以テ基幹ト為シ臨時徴発ノ人馬材料ヲ以テ所要ニ応シ輸送隊ヲ編成シ給養ハ概ネ徴発若クハ倉庫給養ノ方法ニ拠ルヘシ　弾薬ハ定則携行弾薬ノ外歩兵弾薬一縦列及山砲弾薬一縦列分ヲ最大限トシ糧秣ハ概ネ三十日分ヲ携行スヘシ但糧秣ハ船積ノ都合ニ依リ多少増減スルコトアルヘシ

二　大小行李ハ各部隊ニ属スル輸卒ヲ以テ適宜之ヲ編成スヘシ但各部隊ノ輸卒ハ要スレハ之ヲ分割シ其一部ヲ兵站線路ニ於ケル倉庫間ノ運搬ニ従ハサシムヘシ

三　混成旅団司令部ニハ直接監督部ヲ附セス兵站監部ニ兵站監督部ヲ置キ該団ノ経理事務ヲ統理セシム　此監督部長ニハ旅団長特立シ在ル間ハ独立師団監督部長ト同シキ職権ト義務トヲ有セシムヘシ

四　旅団司令部ノ経理事務ハ軍吏部下士ヲ助手ト為シ副官ヲシテ之ヲ掌ラシムヘシ

五　混成旅団ノ衛生事務ハ古参ノ野戦病院長ヲシテ統理セシメ特ニ此病院長ヲシテ兵站線路ノ患者ニ顧慮セシムヘシ

六　兵站線路ハ広島ヲ基地，下ノ関ヲ集積場，上陸点ヲ兵站主地ト為ス但主地ハ適宜変換スルヲ得

七　兵站主地ニ郵便吏ヲ置キ兵站監ニ隷属セシメ軍事郵便事務ヲ取扱ハシムヘシ

八　集積場ニ野戦首砲廠倉庫貨物廠及運輸通信支部ヲ置ク故ニ緊要ノ事項ハ直ニ其部廠等ト交渉シ同時ニ其旨ヲ大本営ニ報告スヘシ

九　野戦砲廠，野戦工兵廠及患者輸送部ヲ附セス故ニ其事務ハ直ニ兵站監ヲシテ掌ラシムヘシ

15）〈陸軍省大日記〉中『明治二十七八年戦役日記 明治二十七年六月 完』第35号，第68号。なお，「馬関集積処各独立官衙一覧表」については文書史料としての引用の場合はそのまま「馬関集積処」と記述し，その他は機関名としては「下関集積所」と記述する。

16）〈陸軍省大日記〉中『明治二十七年自七月一日至七月二十五日 陣中日記 第一軍兵站監部』所収「自明治二十七年六月八日至同六月三十日 臨時混成旅団兵站監部事務景況報告」。

17）〈陸軍省大日記〉中『明治二十七八年戦役諸報告』所収「馬関兵站兼碇泊場設置並諸準備景況報告」（6月15日付下関兵站兼碇泊場司令官原田良太郎の報告）によれば，下記のような軍需品の搭載等体制がつくられた。

乗船揚陸用諸材料　（下関）綆塔用小蒸気船11，綆力なしの小蒸気船4，端艇20，小伝馬船100，騎兵砲兵用桟橋1，同門橋4
（門司）端艇30（歩兵60～80人乗），

雇役人夫・車輛　（下関）臨時人夫660，一人挽荷車（挽夫共）284，人力車（挽子共）240
（門司）臨時人夫2000，一人挽荷車（挽夫共）36，人力車（挽子共）14
（豊浦）臨時人夫100，人力車（挽子共）177，人力車（挽子共）72

給養諸品（主要）　（下関）（豊浦）（小倉）精米，玄米，醤油，味噌，牛肉，野菜，薪，炭，藁

病院・衛生材料　揚陸患者収容対応病院（下関453名，豊浦228名）・伝染病室・屍室・埋葬地の準備，担架等の臨時急造と患者用寝具・蚊帳等の需要に対する供給準備

地方医師の雇入確保　下関37名，豊浦9名，小倉25名，門司6名

倉庫使用準備　（下関）亀山下の民間会社倉庫2棟，阿弥陀寺町の民間会社倉庫12棟の使用見込み

(門司) 九州鉄道停車場前の民間倉庫ほか個人所有貸倉庫の使用準備

給水　下関・門司両港は夏季炎暑継続があれば給水欠乏するので対策する

18) 〈戦役 日清戦役〉中『明治二十七八年六月 臨時事変ニ関スル書類綴（乙）』第15号。なお，輸送に際しての船舶確保については（政府による借り上げ使用），6月4日付で陸軍大臣は日本郵船会社に近江丸（2,473トン，6月5日から，1箇月1トン使用賃料は4円50銭）・和歌浦丸（2,510トン，6月6日から，1箇月1トン使用賃料は4円50銭）・越後丸（1,148トン，6月5日から，1箇月1トン使用賃料は5円10銭）等計10隻の使用命令書を発した（〈陸軍省大日記〉中『明治二十七八年戦役日記 明治二十七年六月 完』第2号，同『明治二十七八年戦役諸報告』32件）。6月時点で国内法上は戦時ではなく，輸送船の民間業者からの借り上げは徴発令上のものでなく，政府の契約的命令による借り上げによる船舶使用であったが（陸軍省編『日清戦争統計集――明治二十七・八年戦役統計――』上巻2，540頁），事実上は徴発に近い。なお，日本郵船会社所有運送船に対しては，その後7月までに高砂丸（2,075トン）他5隻を借り上げ使用し，また，大阪商船会社からは6月10日以降に筑後丸（693トン）等5隻を借り上げ使用した。

［**補注**］船舶運輸事務仮規則は，軍隊が一般船に乗り組む場合は「輸送指揮官ハ監督将校ト協議シ搭船揚陸ノ事務ヲ順序正ク執行シ」と規定し，さらに「監督将校ハ軍隊及軍需品ノ搭船揚陸ニ関シテハ輸送指揮官ト協議シ其完了ヲ迅速ナラシムルコトヲ努メ尚艦隊並ヒ各船トノ通信及信号ヲ掌ルヘシ」と輸送指揮官と監督将校との協議を規定した。しかし，混成旅団の第一次輸送の先発大隊（歩兵第十一連隊歩兵第1大隊と工兵1個小隊）等の和歌浦丸の宇品―門司間の運航においては，8日午後8時の和歌浦丸入港時から10日午前2時の海軍の監督将校来着までの約30時間の搭船・航行等の管理事務は，監督将校不在で執行された（科研費報告書『日本陸軍の戦時動員計画と補給・兵站体制構築の研究』19頁）。

19) 〈陸軍省大日記〉中『秘密 日清朝事件 第五師団混成旅団報告綴』参謀報告第1号，6月13日長岡外史参謀発参謀総長宛，参照。兵站総監は陸軍大臣・逓信大臣との協議を経て臨時軍用貨物鉄道輸送手続（全11条，6月12日制定，6月21日施行）を制定し，運輸通信長官監督の軍用貨物の鉄道輸送に関して，軍隊・軍艦・軍衙の輸送主任者の輸送事務，軍用貨物運送料金（旅客列車便・貨物列車便・混合列車便毎の運送距離と搭載重量に応じた比例料金）と料金支払い手続き，軍用貨物運送の主な停車場，等を規定したが，軍需用物品の鉄道船舶による長距離輸送は多くの混雑・疎漏・損壊等が発生した。また，運送物品授受事務も緩慢な実施がみられた。輸送物品授受手続や荷造りへの注意を喚起したが，改善されなかったとみてよい。たとえば，寺内運輸通信長官は1894年11月15日で陸軍次官宛に，鉄道船舶による輸送取扱い方は野外要務令・兵站勤務令・軍事鉄道輸送規則（8月8日送乙第1980号）・臨時軍用貨物鉄道輸送手続・船舶輸送事務仮規則等により規定され，長途輸送中に延着・紛雑・脱漏・損壊等の不都合発生に対しては既に注意示達を出しているが，昨今の海外派遣軍隊数増加による物品追送増加にもかかわらず同規則等によらず，各地の通信官衙での混雑発生があると述べた上で，「鉄道及船舶輸送上ニ就テノ注意」（別記全6項目，各師団長には送付済み）を各部団隊等にすべて指示させることを申し出た。本別記は，①鉄道船舶輸送では多少の準備を要するのは当然であるので，最初に予報をした上で（概略の請求），その後に数目等確定により本請求する，②鉄道輸送の請求では，現在は仙台より東京までの1回と東京より広島までの2回の通常の軍用列車を運行させているので，輸送物品の本列車搭載が確実・迅速である，③輸送物件はなるべく一纏めがよく，僅少物件の数回分送は輸送業務の煩雑さを増し遅達する，④「職工，人夫ノ如キ紀律ヲ具備セザルモノ多数ヲ輸送スルトキ」は，同人数に応じて相当数の軍人取締者を付すことが必要である，⑤荷物1個の重量で分包できるものは約8貫目を越えない梱包を適当とする（荷造りを最も堅確にしなければ，戦地到着までに数10回の揚卸間に自然に梱縄が損傷し，物品が脱漏し，特に米麦の如きは戦地到着時に甚だしきは4分の1の量を失うものがある），⑥荷物の荷札届け先記載が不明瞭なものがあるが，軍・師団と部隊号等の明瞭化が最も必要であり（部隊は作戦進捗により変遷するので，地名記載は不要），荷札はなるべく両端に堅固に縛りつけ，積載のまま見えるようにする，等の注意を強調した（〈陸軍省大日記〉中『明治二十七八年戦役諸報告』）。鉄道・船舶による長距離輸送においては責任自覚のある確実丁寧な作業が欠けていた。

20）〈陸軍省大日記〉『明治二十七八年戦役日記　明治二十七年六月　完』第15号。

21）〈陸軍省大日記〉中『弐大日記』乾，1894年4月，官第30号。「出師準備品品目数量一覧表」は，科研費報告書『日本陸軍の戦時動員計画と補給・兵站体制構築の研究』57頁の「別表」参照。

22）ただし，出師準備品品目取調委員の調査等もふまえ，1894年2月15日の各師団司令部等への内訓により，戦時糧秣定数表の「糧秣第一表」等を改正し，携行糧秣の常食に「副食物」（缶詰肉，梅干と食塩の内1品，予備としての醤油エキス）を新設し，特に缶詰肉を加えた（一日一人40匁，携帯口糧にも付く）。そして，1894年度出師準備の調査は本内訓にもとづくことを指示した（〈陸軍省大日記〉中『密大日記』1894年，第6号）。

23）〈陸軍省大日記〉中『明治二十七八年戦役日記　明治二十七年六月　完』第37号。

24）〈陸軍省大日記〉中『明治二十七八年戦役日記　明治二十七年七月　完』第409号。

25)　『公文類聚』第18編巻12，官職門5官制5官等俸給及給与2止陸軍省，第2件。なお，8月2日に勅令第136号の海軍戦時給与規則が制定された。その場合，海軍省は「敵ノ俘虜トナリタル者又ハ所在不明ノ者ノ俸給及増俸ハ其期間給与ヲ停止ス但復帰ノ後正当ノ理由アル者ニハ全額ヲ追給ス」と起案したが，法制局審査は削除した（『公文類聚』第18編巻12，官職門5官制5官等俸給及給与2止海軍省，第27件）。ただし，海軍省起案文は，8月20日海軍省達第143号の海軍戦時給与規則施行細則の第7条に「敵ノ俘虜トナリタル者又ハ所在不明ノ者ノ俸給及増俸ハ其期間給与ヲ停止ス但復帰ノ後正当ノ理由アル者ニハ全額ヲ追給ス」と規定された。

26)　〈陸軍省大日記〉中『明治二十七八年戦役日記 明治二十七年九月 乙』第184号。第9条に「軍人軍属ハ必要ニ応シ特種ノ防寒被服ヲ給与シ若クハ貸与スルコトヲ得軍人軍属外ニシテ戦役ニ従事スル者ニ在リテモ亦同シ」と加設した。戦闘の長期化と越冬は必至とみられたことの反映である。

27)　ただし，第6条の条項加設案は，特に「理由書」の趣旨を生かせば，本来はその前条項に俘虜や生死未詳者への俸給・給料の給与措置を明記した上で同増給停止を規定すべきだろう。なお，当時の陸軍が戦時の国際法上の俘虜待遇の情報をどのように得ていたかは不明な点が多い。原敬全集刊行会編『原敬全集 上』には「陸戦公法」（1880年9月にイギリスのオックスフォードで開会された万国公法会での議決，原敬がパリ駐在外交官時代に翻訳し，外務省通商局長であった1894年8月に刊行）が収録されている。同編者によれば，同訳書が日清戦争で果たした役割は大きく「戦時公法を確定する場合我が法制のテキストとなったと言ふ」（310頁）とされ，その第69条は「其権利ノ下ニ捕虜ヲ支配スル政府ハ捕虜ヲ扶持スルコトニ任スヘシ交戦国ノ間ニ前以テ本件ノ協議ナキトキハ捕虜ノ食物及ヒ衣服ニ関シテハ之ヲ捕虜トナシタル政府ニ於テ平時其兵ニ給与スルモノト同様ニ取扱フヘシ」と衣食給与を訳出していた（305頁）。ただし，俸給・給料の給与は訳出されていない。その後，日本は「陸戦ノ法規慣例ニ関スル条約」（1899年7月の万国平和会議採択）を1900年11月に批准し公布した。同第17条は「俘虜将校ハ本国ノ規則ニ其ノ規定アルトキハ俘虜ノ地位ニ在リテ給与セラルヘキ給料ヲ得但シ右ハ其ノ本国政府ヨリ償還スヘキモノトス」と規定したが，戦時の国際法に関する国際世論上は「文明国」軍隊間では少なくとも将校に対しては俘虜期間中給料給与の趨勢に至っていた。

28)　『公文類聚』第18編巻12，官職門5官制5官等俸給及給与2止陸軍省，第3件。

29) 30)　〈陸軍省大日記〉中『明治二十七八年戦役日記 明治二十七年九月 乙』第15号，第117号。当初，大蔵省は日清戦役期の7月31日付の広島県知事からの所得税法の「従軍中」の意義の伺い（「従軍中トハ宣戦令発布ニ拘ハラス当初派遣出発ノ日ヨリ他日帰朝ノ日迄ニ限ルヘキヤ」）に対して，8月13日付で伺いの「見込ノ通リ」と指令し，同指令を北海道庁長官及び府県知事宛にも参考として通知したように，所得税法の「従軍中」を狭くとらえていた（〈海軍省公文備考類〉中『公文備考』1904年，巻37，会計4，所得税，所収の阪谷芳郎大蔵次官の1904年5月16日付法制局長官宛意見書参照）。なお，海軍省軍務局長は1894年9月18日付で陸軍省軍務局長宛に「貴省ニ於テハ未タ内国ノ港湾ヲ出発セサルモ出征軍ニ編入セラレ若クハ動員ヲ完了シタル団隊部或ハ守備隊及之ヲ統率スル司令部ノ如キモ総テ従軍者トシテ御取扱相成居候哉ノ趣伝承候得共右ハ果シテ其通ニ候哉否承知致度候条」と照会したが，陸軍省軍務局長は同22日付で「所得税法ニ掲クル従軍者俸給ニ就テハ陸軍戦時給与規則第六条ニ拠リ増給ヲ受クルモノハ従軍者ト見做スコトニ相成居」と回答した。海軍も陸軍の取扱いの通りになったことはいうまでもない。

31）〈陸軍省大日記〉中『明治二十七年自六月至二十九年三月　号外綴人』。

32）33）〈陸軍省大日記〉中『明治二十七八年戦役日記　明治二十七年六月　完』第59号，120号。

34）〈陸軍省大日記〉中『明治二十七八年戦役日記　明治二十七年七月　完』第208号。本規定案は，主に，①金額の請求・送金（戦時・事変における必要経費の支払い予算書は陸軍大臣より経理局長を経由して支払命令官の経理局第三課長に令達し，同収支計算報告及整理証明事務は臨時陸軍中央金櫃部長〈6月7日勅令第62号臨時陸軍中央金櫃部条例により東京に置き，金櫃部長は一等軍吏1名〉をして管掌させる，各部各隊の金額請求順序は，大本営管理部金櫃委員は所要金額を野戦監督長官に請求，国内所在各部各隊は所要金額を当該部隊長より陸軍省に請求，野戦軍の各部各隊は所要金額を当該部隊長より当該監督部に請求，なお，野戦軍の各部各隊の請求金額は当該金櫃部より受領），②出納官吏（現金出納官吏は同現金に全責任を負う，臨時陸軍中央金櫃部長は主任現金前渡官吏と主任収入官吏を兼掌，各金櫃部長は分任現金前渡官吏と分任収入官吏を兼掌），③金櫃事務（すべての現金は金櫃に格納し出納官吏が保管責任を負う，金櫃の管守・開閉方法は当該部隊長が定める），④支払事務（1師団中の一部動員の場合には動員令を受けた各部各隊他特設各部各隊等の全諸費を臨時費とし，動員されない各部各隊諸費を経常費とする，1師団又は2師団以上の全部動員の場合には戦時編成に属する各部各隊及び特設の各部各隊の全諸費を臨時費とし，戦時編成に属さない陸軍省他各官衙等諸費を経常費とする，陸軍省・各官衙等で動員関係の各部各隊等連繋の諸費他臨時所要費額はすべて臨時費から支出する，金銭は正当な債主又は同代理人のためにするのでなければ支払いできない，金銭支払いは同費用の正当・必要を調査し当該金額を算定し，また証明上必要書類の完備を調査しなければならず，金銭支払いには同受取人の領収証書を徴する），⑤決算事務（金銭決算は正確確実の証憑をもって証明し，証明上証憑書類として提出すべきものは正当受取人の領収証書や工事・物件の購買借入に関する契約書他事実の確実を証する書類とする，金額5百円以上の工事・物件購買借入に関する競争契約書には工事又は物件必要の理由書，公告書，落札者工事又は物品供給に2年以上従事した証明書，予定価格調書，落札以下3番までの札を添付する，工事と物件購買借入で所為の秘密を要し又は非常急遽時に競争に付する時間がない場合に随意契約した時は競争入札しなかったことの理由証明書を添付する，俸給他の支払いで任免黜陟他事故による給額異動の場合は同事由・年月日を領収書に付記する，物件購買の領収証書には各品の種類個数斤量と単価を掲げ，数個につき価格を定めたものは同数個に対する価格を記載させ当該物件所要の目的を付記する），を起案し，7月9日に制定された（陸達第70号）。

35）〈陸軍省大日記〉中『明治二十七八年戦役日記 明治二十七年七月 完』第300号所収の7月16日付第二師団監督部長の質疑に対する7月23日付陸軍次官回答，副官より同日付各師団屯田兵参謀長・各監督部長等への通牒。

36）大蔵次官は7月21日付で陸軍次官宛に，経常費と臨時費の区分にもとづき朝鮮事件費で経常費に属する費額の款項目区別明細を通知し，大蔵省としては経常費に属する費途をなるべく経常費支出に改める見込みである，と照会した。陸軍次官は省議を経て8月9日に同明細と陸達第70号を大蔵次官に送付し，経常費の費途を経常費支出に改める見込みについては同意しがたいことを回答した。すなわち，戦時の軍隊編成は平時のものと異なり，特に特設の部隊の人員を平時の部隊から附属させるなどを含む陸軍諸官衙所属人員の多くの異動を生じ，かつ，軍隊内でも一室内に平時定員と戦時増員とが起居を同じくして器具消耗品を混用し，糧食も一緒に炊爨したものを食べているので，俸給他においても人事異動に応じて経常・臨時の区別を立てて支出上の分別整理することに多数要員を配合する結果，事務官人員の欠乏をつげるとした。そのため，経常費・臨時費の費途区分は統計上でも必要であるので，陸達第70号によりすべて臨時費支出に属させると回答した（〈陸軍省大日記〉中『明治二十七八年戦役日記 明治二十七年八月 秘』第37号）。

37）〈陸軍省大日記〉中『明治二十七八年戦役日記 明治二十七年八月 完』第149号。なお，1894年陸軍戦時給与規則等の記述には誤解が多い。檜山幸夫「日清戦争と戦時体制の形成――戦時関係法令を中心に――」『中京大学社会科学研究』（第4巻第2号，1984年）は，1894年の陸軍臨時給与規則や陸軍戦時給与規則等と朝鮮出兵事件・日朝開戦・日清開戦の一連の事件とのかかわりについて「そこには『平時』と『戦時』との明確な区分はないように思われる」（66頁）とか，1894年海軍戦時給与規則について「該規則には開戦日乃至戦時認定を定めるべく基準は全く示されておらず」（89頁）云々と記述されているが，誤解である。また，これらの戦時給与規則をもとにして逆に「開戦日」「戦時認定」を憶測するのも無効・無意味である。これらの誤解の根本は，たとえば，「『戦時』への対応として『戦時給与規則』を制定していった」(72頁）云々の記述のように，「戦時」の用語記述の諸規則・法令は即「戦時」(vs「平時」) 対応とする素朴・安易な把握にある。戦時給与規則を含む軍隊内の戦時明記の諸規則・法令は，第一に，戦時（の開始日・認定）への単純な対応・適用ではなく，常設及び戦時特設の官衙・機関等において特殊な職務・勤務・業務態様と絶対的な命令・服従の権力支配の構造・関係が緊密に貫かれる動員を基準にして対応し適用された。1894年陸軍戦時給与規則第18条は「本規則ニ依レル給与ノ時期，停止，減額及本規則ノ施行細則ハ陸軍大臣之ヲ定ム」と規定した（下線は遠藤)。ここで，二重下線部の施行細則は8月6日の陸達第93号陸軍戦時給与規則細則で制定したが，一重下線部の給与の時期と停止・減額等は，動員下令を基準にした第六師団への回答のように具体的に指示・規定した。なお，戦時の特殊な職務・勤務・業務態様と絶対的な命令・服従の権力支配の構造・関係が緊密に貫かれる動員の細部の管理や手続きを規定したのが，戦時編制や出師準備書及び兵站勤務令等の戦時の諸勤務令・規則類である。第二に，動員に準じた（多忙・繁劇による緊張と疲労等を蓄積させる）特殊な職務・勤務・業務態様が生じた場合に対応・適用された。すなわち，1894年陸軍戦時給与規則第16条は戦時又は事変のために「繁劇ノ事務ニ従事スル官衙ニアル者ハ其期間」における準士官以上と文官の増給（俸給の5分の1）と下士以下の増給（給料の4分の1）を規定したが，これも増給適用の具体的な官衙等を8月31日に令達した（陸軍省送乙2270号)。8月1日増給始期の官衙は，陸軍省（除・法官部)，砲兵方面（除・由良仙台名古屋札幌各支署)，東京砲兵工廠（除・仙台名古屋各派出所)，工兵方面（除・由良支署)，千住製絨所，被服廠，臨時中央金櫃部，恤兵部，参謀本部（除・編纂課)，陸地測量部（除・三角科地形科)，留守第五師団司令部，第五師団監督部，広島陸軍糧餉部，広島陸軍予備病院，宇品兵站兼碇泊場司令部，宇品陸軍糧秣予備倉庫，下関兵站兼碇泊場司令部，下関野戦首砲廠，下関集積倉庫，下関貨物廠，8月5日増給始期の官衙は砲兵方面名古屋支署，東京砲兵工廠名古屋派出所である。さらに，8月31日には各師団補充隊（除・教育未終了新兵，成立日より支給)，陸軍教導団（除・生徒，9月の生徒入団日より支給)，留守師団司令部（除・第五師団，当該野戦師団動員完備日より支給)，各師団監督部（除・第五師団，当該野戦師団動員完備日より支給）を追加した。以上の官衙等の「繁劇」の態様は，たとえば，①広島陸軍糧餉部は戦地送付の兵食・バラック材料等の買収従事，②各師団補充隊は，臨時被服の新調，士官候補生と予備徴員の訓練，徴発新馬の調教等，③陸軍教導団は臨時募集の生徒教育等とされた。なお，陸軍次官は8月31日に，戦時事務に関して多忙を極める者（昼夜切り詰め勤務や早出・居残り勤務が数時間にわたって1週間以上に及ぶ）に対しては陸軍戦時給与規則第16条の増給を詮議するので，当該長官は認定のための事情稟申を陸軍一般に通知した（陸軍省送乙第2271号）。戦時明記の諸規則・法令は動員を基準にして，具体的な動員（完結等）による戦時の権力支配の構造・関係に編入させられた時期を指定・特定して適用された。なお，「従軍年」の計算も同様な考え方にもとづいた（『陸軍省日誌』1876年，第54号，14-15丁参照）。

38）『公文類聚』第18編巻23，財政門11会計第二予備金支出，第33件，同会計国庫剰余金支出1，第10件。

39）〈陸軍省大日記〉中『明治二十七八年戦役日記　明治二十七年七月　秘』第81号。

40）大蔵省内明治財政史編纂会編纂『明治財政史』第2巻，27頁，1926年。大蔵省は朝鮮事件の膨大な軍事費支弁方法に関して，特に戦争長期化を支える財源確保としての軍事公債発行の見通しを示しつつ，「最早経済社会紊乱ノ如何ヲ顧ミルニ暇アラス非常手段ヲ採ルノ外ナキモノトス［中略］朝鮮事件ノ我経済社会ニ及ホス影響如何ヲ考フルニ数千ノ資本ハ砲煙ト共ニ不生産的ニ消滅シ数万ノ予備後備ニ属スル兵卒及数万ノ人夫ノ如キ殖産的壮丁ハ全ク不生産的ニ使用セラレ中以上ノ人民ハ戦争ニ心ヲ奪ハレ殖産興業ニ専心ナル能ハス支那印度等ノ貿易ハ到底一事悲況ノ結果ヲ来スコトヲ免レサルナリ」云々という認識を述べた（大蔵省幹部の意見をまとめた渡辺国武大蔵大臣の8月9日付意見書，同34-35頁）。この中で，特に8月上旬の段階で数万の人夫雇用の必至化を想定していた。

41）上掲『明治財政史』第2巻（3頁）は平時の手続きに対して，本手続きを総括的に「臨時軍事費ノ予算ニ在リテハ支出前ニ於テ陸海軍大臣ヨリ予メ大蔵大臣ニ内議シ大蔵大臣ハ調査ノ上内閣総理大臣ニ申告シ其同意ヲ得テ陸海軍大臣ノ内議ニ応シ陸海軍大臣ハ内議済ノ上更ニ大蔵大臣ニ向テ支出ノ請求ヲ為シ之ヲ閣議ニ提出シ勅裁ヲ経テ始メテ使用シ得ルコトトナセリ」と記述したが，本手続きは『公文類聚』収録の公文書の編纂・記録上では特に第19編（1895年）から多くなっている。なお，大江志乃夫『東アジア史としての日清戦争』（305-308頁）は『明治財政史』を紹介し，出兵の予算措置の第二予備金・国庫剰余金からの支出は「閣議の決定を経ることなく可能とされた」と強調したが，誤解を含む粗略な指摘である。

42）『公文類聚』第18編巻25，財政門11会計国庫剰余金支出2，第36件，同巻27，同財政門13，軍資金支出，第4件，第7件，同巻13，財政門1，会計法1，第11件。なお，近衛師団の第一充員召集発令は9月25日で動員完成は10月5日，第四師団の第一充員召集発令は11月26日で，動員完成は12月4日である。

43）北海道庁長官北垣国道は1894年9月4日付で逓信大臣宛に，北海道では民間所有船舶の軍事輸送使用により一般輸送船舶による航海がほとんど杜絶状態になり，小樽大阪間の運賃は平素の米穀100石30円に対して100石150円に暴騰したことなどを述べ，神戸横浜函館小樽間の2000トン以上の汽船1週1回等の航海を要請した(〈陸軍省大日記〉中『明治二十七年七月ヨリ　朝鮮事件綴込　未済　陸軍省』)。同要請は9月7日に陸軍大臣宛にもなされた。

44)　〈陸軍省大日記〉中『明治二十七八年戦役日記　明治二十七年七月　完』第233号。

45)　『公文類聚』第18編巻15，財政門1会計1会計法1，第6件。なお，1894年4月9日勅令第40号は，在外各庁における工事又は物件の売買・貸借は「各国風土慣習ヲ異ニスルカ為メ」という理由のもとに会計法・会計規則の競争入札によらず随意契約によることができると規定していた(『公文類聚』第18編巻15，財政門1会計1会計法1，第2件)。

46)　『公文類聚』第18編巻15，財政門1会計1会計法1，第8件。

47)　1885年9月29日に農商務卿は三菱会社と共同運輸会社の資産をもとに創立された日本郵船会社の創立願書と創立規約を特許・認可し，同社（海陸資産合計約千二百万円余，資本金千百万円）に対して「命令書」（全37条）を発し，特にその第11条で「政府ハ平常非常ヲ論セス其会社ノ都合ヲ問ハス何時モ其船舶ヲ使用スルコトアルヘシ」と規定し，非常時の同会社所有の船舶は海軍附属になると心得させた(『法規分類大全』第66巻，運輸門(8)，107-110頁)。

48)　注46)に同じ。

49)　〈陸軍省大日記〉中『明治二十七年六月五日至二十九年三月三十一日　野戦監督長官部事務日誌及事務纂録　首編』13-15，29，41-42，46-51，69頁。

50)　〈陸軍省大日記〉中『明治二十七八年戦役日記　明治二十七年六月　完』第48号。

51)　〈陸軍省大日記〉中『明治二十七八年戦役日記　明治二十七年八月　完』第79号，143号。

52)　〈陸軍省大日記〉中『明治二十七八年戦役日記　明治二十七年六月　完』第90号。

53)　迎接官は，清国軍の7月29日の成歓（山間の要害の地）での戦闘敗退による公州までの撤退後，同軍に任務終了を告げて帰京した。朝鮮人の通訳2名もその後は逃げ去った。

54)　平時に見立てられた時期において，仁川港等における混成旅団の第一次輸送等の船舶入港を含む軍需品等の膨大な物品の揚陸と朝鮮国内への持ち込みが朝鮮国側から「許容」された経緯は不明である。軍需品等の膨大な物品は勿論貿易上の商品物品として揚陸・持ち込みを図るものではないが，一般船舶による軍器類揚陸の場合には，通常，厳密には税関の管理対象事案になりうることもありえた。しかし，1883年10月15日太政官布告第34号の「朝鮮国ニ於テ日本人民貿易ノ規則」（日本暦1883年7月25日に朝鮮国と協議決定，全42款）の第16款の「日本公使館所要ノ物品ニハ総テ関税ヲ課スルコトナク且之ヲ検査スルコト莫ルヘシ」という規定をいわば準用し，混成旅団の軍需品等の膨大な物品は日本公使館所要物品として拡大解釈して揚陸・持ち込みを強行したのであろう。

55）仁川港到着当時の混成旅団司令部は，「混成旅団」と称する場合は兵数を示す恐れがあるとして，「先着軍隊派出司令部」と表示した。先発大隊は入港前の6月12日の運送船内で大隊会議を開き，仁川上陸と同上陸後の諸注意として，発輸地・各隊号・官名及び地名記載の書信の郵便の禁止，船員・将校以下への訓戒として動員・派遣に関するすべての状況の口外禁止等を与えた。上陸後の14日も同様の禁止命令を出した。上陸直後に「先着軍隊派出司令部」の名による主な決定事項は，①九峴山に停止監視哨の設置（将校指揮の下士卒30名，医官乗馬匹1），②大行李・小行李・縦列用品は小汽船引船により漢江口から龍山の仮倉庫まで水運する（護衛として下士若干名・輸卒20名を附す），③半中隊を龍山に留める（任務は架橋補助，仮倉庫護衛，渡場占領），④残余の部隊は京城に入る，⑤逓騎の方法は，京城より龍山までは大隊長の副馬，龍山より九峴山までは工兵隊の乗馬，その他は九峴山の医官乗馬匹とする，⑥各独立部隊に通訳1名をつける，⑦工兵隊の任務は楊花鎮又は龍山において地方材料を集めて架橋し（領事から公使館に電報して補助させ，また，朝鮮国政府に架橋決定を通告させる），架橋終了後は京城に入り一戸兵衛大隊長の指揮に服する，などであった。

56）6月10日の大鳥公使護衛の海軍陸戦隊の入京に対して，日本居留民は「各戸一斉に国旗を掲揚し，多数は豪雨を犯して南大門側に之を迎へ狂せんばかりに歓喜した」と記述された（京城府編『京城府史』第1巻，567ページ，1982年，湘南堂書店復刻，原本は1934年）。当初，日本公使館側は公使護衛陸戦隊の宿舎を朝鮮国政府が1882年済物浦条約にもとづき設置・修繕するものと考えていたが，日本公使館周囲の地域状況は1882年当時とまったく異なり，日本人買収地域に変わり朝鮮家屋はなく（かつ，朝鮮家屋は防寒を基準にした構造のために，夏季の日本人住居としては甚だ不適当と判断），日本居留民所有の家屋で安全適当なもの（10数軒）を借り上げて割り当てたとされている（〈外務省記録〉第5門第2類第2項中『東学党変乱ノ際日清両国韓国へ出兵雑件』所収の6月11日付の特命全権公使大鳥圭介発外務大臣宛上申の「護衛兵兵営撰定之件」参照）。しかるに，6月13日入京の先発大隊の第1大隊長一戸兵衛歩兵少佐は同15日付で「居留人民ノ兵士ニ接スルニ冷淡ナルカ如シ」と報告した（〈陸軍省大日記〉中『自明治二十七年六月至九月 混成旅団第五師団報告』）。一戸少佐報告は，京城の日本居留地内での舎営は全家屋にわたり，約1坪につき兵士3名以上を割り当てたとした（土間・板間使用は約5分の1）。居留民家屋は家族1人につき畳1枚のみが確保されただけで，残スペース全部は軍隊舎営用として貸されたわけであるから，その狭隘な家屋での生活が長期に及ぶならば軍民双方の一層の苦境困難発生は明かである。さらに，大鳥公使護衛の陸戦隊等の風紀（買春）に関する黒田甲子郎の草稿文章（『東京日日新聞』の特派員，「鶏林飛報」6月21日付「京城ノ軍隊」）が残されている。それによれば，「水兵等ノ朝鮮密売淫婦ヲ買ヒタルモノ多ク□毒ニ罹リタルモノ多シト云フ是等ハ水兵ニ到底免レサル所ナルヘキモ兎角日本軍隊瑕瑾ト云フヘシ」と記述されている（『憲政史編纂会収集文書』第1362所収，□は一字不明）。本草稿文章の細部の真偽の検討は残るものの，買春情報の出所は日本居留民からの聞き込みであったと推測される。当時，日本出兵直後の京城では「近来は朝鮮婦人にて売春する者一雨毎に増加し。殊に日本居留地近傍に住活する鋳洞，羅洞，校洞，青洞坊等の如きは。晩景に至れば怪しけなる白粉濃装の婦人門前に佇立して過客を招き。其醜状見るに忍びざる者あり」と報じられていた（柵瀬軍之佐『朝鮮時事』38-39頁，1894年8月）。なお，京城の日本領事館の久水三郎領事代理は1887年7月に賭博犯処分催促及売淫罰則令を公布し，日本居留民の売春取締を強化したことがあった。しかるに，黒田甲子郎の草稿記述のように，公使護衛の軍隊が買春（朝鮮密売淫婦）をしたことになれば，軍隊舎営に家屋を供して居住空間をともにする日本居留民としては不快感が増すことはいうまでもなかった。

57）　大鳥公使が第一次後続諸隊の兵員を仁川港に上陸させたのは，法的かつ外交上は「公使館警備上ノ予備トシテ施行セシモノ」（大鳥公使）という解釈処置に他ならない。これをふまえて，6月18日に大島旅団長は大鳥公使と協議した。すなわち，大島旅団長は，①現在は平時であるので戦闘上の隊形・配置による宿営は望まないが，京城に1個大隊を孤立させて仁川に狭隘の宿営をあてるのは平時姿勢としても好ましくないので，旅団の大部を龍山・麻浦・楊花鎮の間に配置したい，②仁川は土地が不毛で幕営に適せず（飲料水が確保できない，「疾病ノ為メニ不帰ノ鬼ヲ作ルヲ欲セス」），龍山・麻浦・楊花鎮の北方小丘の地域は樹木多くて穿井すれば飲料水を確保できるので，衛生上でも移転する必要がある，③仁川付近に幕営するとしても給養上で同地の日本人夫は用いがたいので（船運に用いるために），朝鮮国政府に照会して同国人夫を出すことを要求してほしい，等と述べた。これに対して，大鳥公使は，①外交上で現在以上の兵員を仁川から進めることはできない，②衛生上の移転は同感であるが協議には応じがたい，ただし，仁川より左右に2,3里以内での幕営は支障ない，③同国政府への人夫要求は駄目であり，旅団側でなんとか工夫ありたし，と述べた。この結果，旅団は仁川に暫時滞在することになった（〈陸軍省大日記〉中『秘密 日清朝事件 第五師団報告綴』所収「混成旅団参謀報告 第五号」6月18日，「仁川港エ兵員ヲ上陸セシメ並ニ其進退ニ付協議要件」，大鳥公使が6月

18日に大島旅団長に手渡し)。

［補注］農民反乱の鎮静化は京城公使館附武官渡辺鉄太郎大尉の6月10日午前9時発の参謀次長川上操六宛の電報（午後10時着）により伝えられていた（「賊勢稍，衰ヘシト云フ」，〈陸軍省大日記〉中『明治二十七年　五月三十一日至六月二十一日　着電綴（一）』)。また，京城入京翌日の大鳥公使の6月11日発の外務大臣宛電報2通（「京城ハ平穏ナリ暴徒ニ関スル事情ハ異ナルナシ追テ電報スルマテハ余ノ大隊派遣見合ハサレタシ唯タ其何時ニテモ出発スルコトヲ得ル様準備セシメ置カレタシ」）や12日及び13日発の外務大臣宛電報は第一次輸送後続諸隊の派遣見合せ等を求め，上陸したとしても仁川に止めておくことを求めた（『日本外交文書』第27巻第2冊，182-192頁)。大鳥公使は6月11日付（在京城）の大島旅団長宛の「護衛兵上陸方ニ付協議」においても，日本が多数兵員を上陸させて京城に「突進」させるのは甚だ不穏当で外交上は極めて不得策であることを外務大臣に発電したことを指摘した上で，先発大隊が既に仁川に到着した現在では，さしあたり，①それらの兵員半数を上陸・入京させ，残部は暫く上陸させず，後報を待つ，②第一次輸送後続諸隊も仁川到着後は暫く上陸させず，後報を待つ，という協議内容を記述していた（〈陸軍省大日記〉中『明治二十七年　秘　二十七八年戦役戦況及情報』)。これに対して，12日到着直後の仁川現地での混成旅団先発大隊側は「帝国軍隊の名誉を守る」等の言辞を基本にして上陸・入京の強行的構えであり，同12日に大鳥公使の方針（上記の協議書）伝達のために混成旅団司令部を訪れた渡辺大尉との協議・対話に関して，長岡外史参謀は「○福島［安正］中佐　若シ此ノ儘仁川ニ来着シ上陸スルコトヲモ能ハスシテ空シク皈朝セシトアリテハ帝国将来ノ外交ノ為メ内治ノ為メ果シテ如何ナル悲境ニ陥ルカ知ル可ラス日本帝国ノ参謀本部ノ名誉ハ軍隊ノ名誉ハ地ニ墜ルモ知ル可ラス我々参謀官ハ公使ノ意ヲ更ニ了解スルコト能ハズ切歯シテ扼腕シ次クニ涙ヲ以テシタリ　○渡辺大尉又曰ク　麻浦附近ニ兵隊ヲ残シ置クトキハ戦闘ノ配備ニ属ス是レヲ以テ一兵ヲモ同地附近ニ留メサルコトヲ公使ヨリ命セラレタリ　○小官［長岡参謀］曰ク同地ニハ仮倉庫ヲ設クルノ計画ナリ　朝鮮人ヲ我々ハ信用セス此ノ番兵ノ為メニ一部ノ兵ヲ残スコトハ平時姿勢ニ於テ必要ナリ［中略］先ニ決定ノ通リ半中隊ノ番兵ヲ置クコトニ定ム此旨ヲ公使ニ伝ヘラレヨ我旅団長ハ国民保護ノ方法外交上ノ関係ニ於テハ公使ニ協議スヘキ訓令ヲ受ケ居レ共兵隊ノ配備上ニハ独断ヲ以テ処置スヘキ権利ノ有スルモノト小官ハ断定ス依テ其協議ニ乍遺憾応シ難シ［下略］」等々と興奮的状況の雰囲気を含めて記述し，参謀総長に報告した（〈陸軍省大日記〉中『秘密　日清朝事件　第五師団報告綴』所収「混成旅団参謀報告　第一号」，6月13日発)。さらに，長岡参謀は，「兵隊ノ配備ハ已然決定シタル所ト少モ変換セス若シ之カ為メ責罰ヲ受ケハ小官万死猶軽シ」といわば確信犯的に述べ，ま

た，混成旅団側・福島中佐と大鳥公使とは「徹頭徹尾状況判断ヲ異ニシ従フテ判決ヲ異ニス」るとして，福島中佐名により参謀総長宛に電報を発することにした。福島中佐の電報は翌13日午前9時過ぎに「公使ノ論，先ト違フ進退共ニ世ノ誹ヲ受ケサルヲ祈ル」と発された（翌14日着，〈陸軍省大日記〉中『明治二十七年 五月三十一日至六月二十一日 着電綴（一）』）。つまり，現地の混成旅団側は，日本公使館や居留民を保護するという外見名目のもとに，「軍隊の名誉を守る」という自己組織防衛に終始することに傾き始めた。

58）岡崎唯雄『朝鮮内地調査報告』（54-57頁，1895年）の1895年3月末調査によれば，仁川の日本居留民の戸口は，日本居留地内に戸数160・人口1,060，各国居留地内に戸数263・人口1,528，朝鮮町内に戸数49・人口186，清国居留地内に戸数53・人口193，とされている。同地の営業種類は，日雇249，雑貨小売79，飲食小売57，雑業39，酌婦34，酒小売33，工業23，仲買23，貿易商14（兼業28），煙草小売13，菓子製造11，興行11，飲食店10，荷受問屋10，芸妓10，豆腐屋10，その他（銀行3，質屋4，旅人宿業9，水陸運送6，汽船回漕2，医師6，写真師3，時計師3，料理店6，西洋洗濯8，諸醸造3，湯屋4，鍛冶4，理髪8，屠獣4，遊芸稼人8，売薬6，諸製造3，雑貨商兼業100），とされた。日雇の内容は，仲仕，波止場人足，艀船夫等であり，諸製造は活版印刷，精米等である（下線は〈陸軍省大日記〉中『明治二十七年自七月一日至七月二十五日 陣中日記 第一軍兵站監部』所収の7月5日付竹内正策兵站監発兵站総監宛の「兵站景況特別報告」）。仁川の兵站監部は6月21日に大島混成旅団長宛に，領事と同居留地人民総代との協議により部隊舎営料と人足賃等をとりきめたことを上申した。それによれば，①舎営料は1日1人につき6銭（空家は半額），②湯屋貸切料は大なるものは1日に10円，小なるものは同8円，③各司令本部・炊爨所他事務所の手当金は仁川引き揚げの際に人民総代と協議して適宜の金額を支払う，④人足賃1昼1人につき80銭（夜業終業は1円60銭，半夜〈12時まで〉は半額），⑤通弁雇給は，上等2円，中等1円50銭，下等1円，とされた（〈文庫 千代田史料〉中『明治二十七八年役 第一軍陣中日誌』巻三，123-124頁）。

59）〈陸軍省大日記〉中『自明治二十七年六月至九月 混成旅団第五旅団報告』所収「混成旅団報告 第四号」6月16日。当初，兵站主地は仁川に置かれたが，外交政策上において，各国居留地としての仁川に多数の軍隊駐留と兵站主地設置は危ういものであった。これについては，竹内正策兵站監は7月5日付で参謀本部宛に，「局外地」（中立地）の仁川居留地が日本軍隊駐留への便宜供与地になることへの懸念をもち，仁川兵站主地の他地（京城付近）への移転必要を報告した（〈文庫 千代田史料〉中『明治二十七年 参謀本部報告一』所収の「兵站景況特別報告」）。

60）〈陸軍省大日記〉中『秘密 日清朝事件 第五師団報告綴』所収「混成旅団報告 第五

号」6月21日。

61)〈陸軍省大日記〉中『明治二十七年七月一日至七月二十五日 陣中日記 第一軍兵站監部』7月22日。

62)〈陸軍省大日記〉中『明治二十七年六月二十一日至七月九日 着電綴（二）』。

63) 甲斐政直兵站監督部長は「各部隊附属輸卒ノ負担力ハ如何ナル計算ニ出テタルヤ」と疑問を呈している（〈陸軍省大日記〉中『明治二十七年自六月至十二月 明治二十七八年戦役諸報告 壱』所収の7月4日付甲斐政直兵站監督部長発野戦監督長官宛報告書）。甲斐兵站監督部長の報告書は，歩兵第二十一連隊第1大隊では輸卒80名が不足し（実際には輸卒数は駄馬1頭につき4人が必要であるとした），同輸卒不足代替の人夫が確保できない結果，非常手段として小行李の弾薬をすべて各兵に分配増加して運搬させた。しかし，それでも輸卒は負担に耐えられず，仁川京城間の途中で「殆ント過半倒レタリト云フ」と報告された。すなわち，6月17日に仁川龍山間の兵站線を編成したが，同運輸における現地居留日本人を含む人夫確保は困難であった（仁川領事館の能勢領事は6月21日付で林董外務次官宛に，現地の朝鮮国住民の帰郷者は600人以上に達し「我租界内ニテ労働スル人足ノ如キ其半ヲ減ジタリ」と報告，仁川府庁編纂『仁川府史』上巻，407頁）。竹内兵站監は6月23日に兵站総監宛に，翌24日早朝出発龍山向け諸隊の運輸にかかわって，「軍隊ヲ見テ土民ハ戦争ナラント誤解シ人夫ヲ徴集セントスルモ朝鮮人ハ遁逃シテ来ルモノナシ，到底此際朝鮮人ハ用ユル能ハス，仁川ニ於テ得ル日本人ノ人夫ハ二百人ヲ超ヘス，小行李ノ弾薬ヲ下士卒ニ分配シテ携行セシメシモ人夫不足シ大行李ノ幾分ヲ残シテ出発セリ」と報告した（〈陸軍省大日記〉中『明治二十七年六月 陣中日記 兵站総監部』7月1日）。竹内兵站監報告の仁川の人夫200人は運送船からの揚陸運搬等の必要作業従事であったが，兵站総監は7月1日に揚陸運搬用の人夫と小汽船は送付しがたいと兵站監に通知した。他方，混成旅団側は同国住民が雇役に応じないことの理由は同国政府地方官吏の妨害によるとして，6月26日に大鳥公使と協議し，大島混成旅団長は「仁川龍山共朝鮮官吏其人民ノ我傭役ニ応スルモノヲ脅威シ事後補盗庁ニ勾引スル等種々ノ流言ヲ放チ若クハ直接ニ告諭シ甚シキハ廃井ヲ修理シタルモノニ汚穢物ヲ擲ケ込ム等我軍ヲ妨害スルコト甚タシ而シテ人民ハ我傭役ニ応スルヲ好ムノ実歴々タリ朝鮮官吏ノ此ノ如キ処置ヲ為シタルモノ厳罰ニ処セラレ度事而今各市街ニ掲示シ此等ノモノヲ戒飭スルコトヲ」と述べ，同国外務衙門に当該官吏への戒飭の要求を申し入れた（〈陸軍省大日記〉中『秘密 日清朝事件 第五師団混成旅団報告綴』所収「川上中将閣下ニ上ル私報　長岡参謀」6月27日参照）。

64)〈戦役 日清戦役〉中『自明治二十七年六月至二十八年六月 命令訓令 大本営副官部』第49。朝鮮国内の兵站整備関係の当時の調査・研究には岡本柳之助の「東洋政

策」がある（井田錦太郎編『岡本柳之助論策』1898年，所収，1891年3月に山田顕義司法大臣宛呈出）。岡本の意見・議論は当時の朝鮮国内での軍需品の輸送・輜重手段は現地朝鮮国住民を含む大量の人夫の募集・採用に依拠させることを述べ，駄馬等の不向きの認識を示した。さらに，陸軍経理学校教官三等監督坂田巌三の「清韓両国派遣調査報告」（1893年8月，陸軍大臣へ提出）がある。坂田は同年4月に参謀次長川上操六に随行し，釜山・仁川・京城・天津・北京・上海等に滞在して7月に帰国した。同報告は「朝鮮ノ部」と「清国之部」からなるが，本章では「朝鮮ノ部」を中心に検討する。①糧食品は，米，大麦，小麦，大豆，肉類，鶏，魚類，蔬菜，漬物味噌醤油，酒，食塩の生産高・消費高・輸出高統計や品質等の問題があるが（日本人の嗜好への適合），特に米は慶尚全羅忠清京機黄海の諸道において「一朝我兵ヲ行ルトキ」は給養のためにはおそらく中等の品質が供給される，②薪水は，薪材は全体に乏しいが皆無でなく，某地点上陸の場合に1～2週間分を携行すれば，その後の需要は現地で伐木截割ができるが（釜山港上陸の場合は，日本居留地内の金毘羅山繁茂の老松伐採により2～3個師団を数10日間支えることができる），飲用水の設備（井戸等）は不十分であり部隊行進は甚だ困難になる，③陸路交通は，概略的には釜山付近村落は道路狭小で車輌の転圜はほとんどできず，釜山京城間の道路（東，中，西の3路）では中路が最近でやや良いとされているが，全国無比の険しい嶺があり，狭隘と渓流のために人肩馬背でなければ貨物運搬ができず，仁川京城間の道路は車輌による貨物運搬は可能であるが，全体的には車輌使用は不適当といわざるをえない（朝鮮国民はかつて車輌を使用しなかった），④水路・船舶は，洛東江は漕運に便利とはいえないが，兵站路として頼る場合は雨後の河水が増せば釜山尚州間において不急の軍需を追送でき（河水少ないときは大丘まで），漢江は仁川港より龍山までは満潮時には800俵積西洋形風帆船も容易に漕行できるので，仁川京城間の軍需追送の場合に本水路に頼ることを有利とする，⑤擔夫・駄獣は，朝鮮の男子は日本の「負子」に似たような「負械［チケ］」を背負って貨物を運搬し，その運送業者は「負械軍［チケクン］」と称するが，1負械軍の負担量は約15,6貫目であり（雇賃は1日20～25銭，遠路でなければ20貫目），仁川京城間の轎夫（かごかき）は1人につき片道（8時間）で1円20銭内外とされ（雇主より食の供与があれば45銭の減），朝鮮の馬は軀体がやや大なる驢馬のようであるが負載量は大きく，強壮なものは30貫～40貫を負うけれども里程が遠ければ24,5貫目を通例とし，1日の雇賃は馬夫（馬丁）ともに1円20～30銭とし，1日の飼料は大豆3割と他に藁又は籾殻を熱湯や水で攪拌・混交したものを与え，京畿道・仁河付近の駄用1頭の価格は30～40円で騎乗用1頭の価格は140～150円とし，牛は運搬用と耕作用として飼養され，過去6年間の釜山・元山・仁川の3港の牛革輸出の1年間平均（約18万枚）と1892年中の日本への同3港生牛輸出数500頭他陸地貿易による輸出高を合算すれば，毎年麭屠殺牛数は20万頭を下らず，したがって（年々20万頭を生む）牝牛は20万頭以上に上がるのを推測すれば，全国の牛数は50～60万以上で馬匹よりも多く，また，牛の負載力はおよそ駄馬の2倍であり，1日の雇賃は1円70～80銭を通例とし，1頭の価格は25円から54～55円である，⑥朝鮮の貨幣（韓銭）は2種で，「葉銭」（1文銭，全羅・慶尚・咸鏡・平安の4道と忠清道南部・江原道東部で流通，1000文＝1貫文≒日本銀貨1円35銭）と「當五銭」（5文銭，京畿・黄海の2道と忠誠道北部・江原道西部で流通，200文＝1貫文≒日本銀貨55～56銭から60銭）があるが，1893年4月に下落し（葉銭1貫文≒日本銀貨1円35銭，當五銭1貫文≒日本銀貨30銭），近年の政府発行の「平壌新鋳銭」（1文銭）は形体重量・地金ともに小かつ粗悪のために信用を失って市場に影響なく，同時に日本銀貨と紙幣は朝鮮国民間で信用を来して諸開港場近傍と内陸の交通便利の市府の問屋では日本紙幣により取引している（小売店・旅館等を除く）。韓銭の相場は外国貿易関係と国家に事ある時に「擾乱」するので（1882年壬午事件時には，1貫文≒日本銀貨4円80銭に暴騰），今後，「彼我両国間ニ若シ紛議ノ生スルアレハ忽チ非常ノ騰貴ヲ来スコト疑ナシ」であるので，その場合の同国で求める物価相場として米価は3割増，韓銭相場は7割増を仮定し，合わせて10割増により購入しなければならない。韓銭による購買はさらに困難があり，長途旅行の場合，日本銀貨30円は韓銭相場により22貫200文になるが，同重量は合計重量23～24貫匁になり（韓銭1貫文の重量は1貫から1貫100匁），運搬には2名の人夫又は馬匹1頭を要するので，1部隊の若干日の行進に要する韓銭携行に必要駄馬は計りしれない，⑦その他，度量衡の「尺度」「斗量」「量衡」についても複雑な基準を示した（〈陸軍省大日記〉中『明治二十六年分　編冊　陸軍省』）。

65）〈陸軍省大日記〉中『明治二十七年七月一日至七月二十五日　陣中日記　第一軍兵站監部』7月5日。

66）現地の物価高騰の対策は困難であった。第一に，長岡参謀は7月5日に竹内兵站監宛に，漢江航行の小汽船等がすべて兵站監部の御用船となった結果，仁川から龍山への物品輸送渋滞により京城居留民用補助食品（味噌・醤油・鰹節等）の物価騰貴の困難に陥っていることを聞き，京城領事館（内田定槌領事）から仁川領事館（能瀬辰三郎領事）を通して兵站監宛に対策（同品目運送用御用船の適宜貸与）をとられることを通知したが（〈陸軍省大日記〉中『明治二十七年七月一日至七月二十五日　陣中日記　第一軍兵站監部』7月6日），軍需用物品の一般民用供給目的の御用船貸与は税関上においてできにくいとされた。物価高騰等は，仁川領事館能勢領事も6月21日付で林外務次官宛に「元来飲料水不足ノ土地柄俄然三千ノ兵馬ヲ増加セル為一層欠乏ヲ来シタルノミナラズ物価ハ騰貴シ軍隊人民共ニ非常ノ困難ヲ相感申居候」と報告した（仁川府庁編纂『仁川府史』上巻，407-408頁）。第二に，混成旅団司令部は7月14日と15日の会報時に，目下は平時の姿勢であるので物品購買や請負を競争入札にすることや「諸物価ノ騰貴ハ需要供給ノ不平均ノ為メナレバ不得止次第ナレトモ不正商人ノ所為ニヨリ騰貴スルニ於テハ注意ニ依リ矯正ノ道アルベシ当局者ハ費途ヲ減スルコトニ注意シ他日容喙セラレヌ様注意ノコト」等の意見・報告を出したが，確固とした方針はとられなかった（〈陸軍省大日記〉中『明治二十七年七月一日至七月二十五日　陣中日記　第一軍兵站監部』7月15日，7月16日）。他方，京城・仁川の清国商人等の退去により物品流通が澱み始めた

67）〈陸軍省大日記〉中『明治二十七八年戦役日記　明治二十七年六月　完』第147号。

68）第8回帝国議会衆議院に提出した田中正造他2名の「軍隊用牛肉鑵詰買上ニ関スル質問書」（1895年2月5日）や第9回帝国議会衆議院に提出した田中正造他45名の「陸軍軍事用品買入及ヒ軍夫雇入ニ関シ経理部ニ対スル質問趣意書」（1895年12月29日）参照。中島恒雄編『現代日本産業発達史』第18巻，396-415頁，1967年。ただし，不良缶詰肉の製造・販売は軍隊内だけの問題にとどめることはできない。日清戦争では，野戦衛生長官の兵站総監宛の申し出によれば，軍隊の検査不合格の缶詰肉類は時として転売され，あるいは製法粗漏品質不良の缶詰等は市中でも「射利ノ姦商」により売買され，戦地に向う人員は良否を鑑別せずに同粗悪品を購入して携帯・使用し，その結果コレラ病に似た下痢を発生させていたとされる（〈陸軍省大日記〉中『明治二十八年自二月十一日至五月九日　臨発書類綴　庶』所収の川上操六兵站総監の1885年3月24日付の参謀総長宛の上申書）。そのため，兵站総監は参謀総長を通して陸軍大臣から内務大臣宛に厳重な取締りを要請されるように照会してほしいと上申した。陸軍大臣は内務大臣に缶詰取締りを要請した結果，野村靖内務大臣は4月17日付の衛生局長の各府県宛への取締り通牒文を添付して同日付で回答した。同省衛生局長の通牒文によれば，缶詰取締りはたんに戦地に向う人員のみに該当するのでなく，一般の衛生管理上からも必要であり，1895年2月27日の大阪府令第13号の獣肉缶詰製造営業取締規則（製造業者は肉種量目を詐称し，腐敗肉を製造・販売してはならない等を規定し，違反者に10円以内の罰金を科す）を添付していた。なお，日清戦争後の1897年3月制定の勅令第28号陸軍中央糧秣廠条例により陸軍中央糧秣廠を置き，同廠は陸軍出師準備用糧秣の製造・調弁・度支・貯蔵・新陳交換及び糧秣に関する試験を実施することになった。これにより，1898年3月15日に，1890年陸軍省訓令乙第28号陸軍工事請負及物品購買手続の第2条中に「戦用糧食品製造材料ニシテ特種ノ性質」云々を加え，陸軍中央糧秣廠の戦用糧食品製造に要する材料として「缶詰用ノ鉄葉」の直接購買ができるようになった。具体的には，戦時用缶詰保存の良否は「製缶用其モノヲ得ルニアリ」とされ，英国

のウェールス・オールド・カッスル社の「JC印」の鉄板を「缶詰用ニ適当」と認定した（陸軍省訓令乙第2号，〈陸軍省大日記〉中『弐大日記』乾，1898年3月，経第26号）。

69) 70)　〈陸軍省大日記〉中『明治二十七年七月一日至七月二十五日 陣中日記 第一軍兵站監部』7月8日，7月6日。

71)　混成旅団兵站監部の7月3日規定の「行進軍隊ニ関スル糧食弾薬ノ供給及兵站線路ノ特別編成」によれば，糧食縦列1個，弾薬縦列1個，兵站糧食縦列数個（約4里毎に1個），兵站弾薬縦列1個（必要に応じて編成），を編成することになった。当時の混成旅団編成下の人員（歩兵第十一連隊〈1個大隊欠〉，歩兵二十一連隊〈1個大隊半欠〉，騎兵1個中隊，山砲1個大隊，工兵1個中隊，衛生隊半部，第一野戦病院，第二野戦病院，混成旅団司令部）は合計5,264人，馬匹は乗馬216・駄馬160であった。その中で，第一に，「弾薬縦列人馬員数表」（歩兵約3,000人，火砲12門）には，①村田銃実包（1銃につき50発，計150,000発，弾薬箱100個）の運搬人夫520（内，予備20）を示し（駄馬175〈内，予備8〉に相当），負担量は1人1箱（1箱300発入）とされ（1駄3箱〈1箱300発入〉），②砲兵弾薬（榴弾は1門につき約53発，計154発，弾薬箱90個）の運搬人夫48（内，予備4）を示し（駄馬12〈内，予備1〉に相当），負担量は1人半箱（7発入）で，駄馬の場合は1駄2箱とされ（半箱・7発入，計14発），砲兵の他の弾薬運搬人夫を含む人夫計780人を必要とした（駄馬に代えた場合は計240頭）。第二に，糧食一縦列においては（人員合計5,264人，馬匹合計376頭，精米・大麦・五升・缶詰の運搬），人夫計360人を必要とし（内，予備11），駄馬に代えた場合は95頭を必要とした（内，予備5）。第三に，兵站糧食縦列（第一）は弾薬縦列人夫780人と糧食縦列人夫360人の合計1,140人の糧食運搬のための縦列であり，人夫計421人を必要とした（360＋61）。第四に，兵站糧食縦列（第二）は，兵站糧食縦列（第一）の人夫計421名に対する糧食運搬のための縦列であり，人夫計85人を必要とした（61＋24）。総じて，人夫は合計1,646人を必要とした（〈文庫 千代田史料〉中『明治二十七八年役 第一軍陣中日誌』巻四，30-33頁）。

［**補注**］従来，軍隊の労役供給政策における人夫と「軍夫」との概念の区別をせず，用語の混乱・誤用がみられた。特に『明治二十七八年 日清戦史』第8巻（第43章兵站）は「軍夫」の用語を記述しているが，同書はもともと用語等に関する法的概念を含む調査・考究を経て編纂されたのでなく，日清戦争期等の「軍夫」の用語と概念に関する批判的言及が必要である。まず，1874年の佐賀事件において，内務省征西始末取調局は同年6月27日付で陸軍省宛に同県下人民より政府軍に対して「人夫或ハ陣中へ物品等献納致候者」が往々あったので採用し，賞典を調査中であるが，陸軍省でも類似のものがあれば調査の上送付してほしいと照会していた

(〈陸軍省大日記〉中『明治七年六月 諸省』)。ここでの人夫献納は労役提供を意味する。その後，1874年台湾出兵事件では人夫・人足が雇用された。西南戦争では軍中の傭役人夫を「精選軍夫」と称呼して戦地で臨機に戦闘要員化することを想定した上で採用している場合がある。つまり，「軍夫」の呼称には採用側・応募側の壮兵的気分（士族の志願兵志向）が濃厚に含められ，徴兵制度上では危うい措置であったが，一時的な傭役政策上での「軍夫」は本質的には西南戦争で終わった。他方，人夫の概念は前近代からも存在していた軍役又は公共的仕事の（強制的な）割り当て的な労役負担を意味した（滝本誠一編『日本経済大典』第10巻，1928年，所収の有沢武貞『軍役古今通解』中の「人夫小荷駄積論之事」442-467頁，原文は1717年)。人夫の用語は近代にも踏襲されたが，人夫自体の概念にはしだいに前近代的な強制的な割り当て（夫役）の意味が薄れ，単純な労力提供（力役）の労役者を意味してきた。たとえば，官庁の諸工事の労役従事の人夫の死傷手当を制定した1875年太政官達第54号の官役人夫死傷手当規則の人夫は，もちろん強制的な割り当て労役者ではなく，雇役契約による労役者である。その後は徴兵制の進行・整備と徴発制度（1882年徴発令）の開始により，軍隊側の労役供給の法的な政策原理上は用語上・概念上も「軍夫」から人夫に移行した。ただし，往年の名残りもあって，その後のジャーナリズム等や軍隊内を含めて，情緒・気分も込められた「軍夫」の用語も現れ，かつ「軍夫」と人夫の用語の誤用・混用がみられ，日清戦争期にも上記の「軍夫」の他に「雇（傭）役輸卒」「軍役人夫」「役夫」等の用語も現れた。その場合，徴発制度の開始により，もちろん，人夫の徴発は，強制的な労力提供の負課・賦課（日本では前近代的な夫役・賦役の思想も含む）を意味する。この結果，人夫を徴発して強制的に使役することと，通常の人夫の雇役契約（請負者等の媒介手続きも含む）により使役することの区別がでてくるが，日清戦争では後者の措置がとられた。なお，日清戦争の会計経理処理上では「人夫」が法的な公式用語である（大蔵省の臨時軍事費予算請求参照)。その上で，8月1日の対清国開戦以前に平時に見立てた上での雇役契約による人夫の使役が開始され，その後も当初の平時上の人夫の雇役契約措置が継続されたとみてよいが，軍隊側の労役供給政策において徴発的使役思想が消えたわけではない（人夫・人足等の雇役にかかわって徴発・徴集の用語も現れている)。この結果，日清戦争期の労役供給政策における人夫の権利の無視同然や待遇の劣悪さ等の基本が招来されたのである。したがって，日清戦争期の国外従事用の人夫募集の応募等において，「軍夫」の用語を基盤にして台湾出兵事件時等の壮兵的気分に近い応募者も現れたこともあり，そのことの強調や言及は法的に律しえない応募者を含む当該地域（ジャーナリズムを含む）の戦争への熱気・熱意又は悲哀等の気分や雰囲気を意味しても，徴発的使役思想が消えない労役供給政策の本質を見失わせることになる。以上のように日本軍隊の徴発体制を含む労役供給政策から日清戦争期の人夫雇用を考察する筆者の立場に対して，他方では，ことさらに「軍夫」の用語を基盤にして，たとえば，「軍夫とは，過度期の日本軍の補給業務を担当した臨時傭いの軍属のことである。」（大谷正『兵士と軍夫の日清戦争』7頁，2006年，有志舎）の記述もある。この場合，日本人の人夫に閉じられた「軍夫」の称呼・用語は，日清戦争期の軍隊側の現場管理からみれば，日本人の人夫雇役と朝鮮国住民等の人夫雇役との呼称等上の区別の点では実務的にはやや便利であり，又は，人夫を「軍夫」と称することによる労役従事への志気高揚の効果期待の側面を伴ったこともありえるが，他面では他国住民の人夫雇役も含まれる日本軍隊の労役供給政策への注目範囲等をせばめてしまう。もちろん，大谷正著は朝鮮国住民等の人夫雇役を含む日本軍隊の労役供給政策に言及・注目したわけでもない。なお，日清戦争期の人夫は「補給業務」のみを担当したのでない。

72）〈陸軍省大日記〉中『明治二十七年自六月至十二月 明治二十七八年戦役諸報告壱』所収の7月4日付甲斐政直兵站監督部長発野戦監督長官宛報告書収録「当部雇上ケ舩舶荷車人足調表」等。

73）当時の陸軍の傭員以下給料支給規則における日給者の傭給最上限は（1891年8月陸達第112号傭員以下給料支給規則中改正），玄関番35銭，巡視一等35銭・二等30銭，給仕25銭，厨夫一等23銭・二等20銭，牧手15銭以上50銭以下，馬丁一等23銭5厘・二等20銭1厘・三等18銭4厘，であった（ただし，祝祭日・日曜日，命令上の休暇，公務に起因する傷痍疾病その他の事由による不参日にも全額支給）。人夫はこれらの傭員日給者よりも身体疲労負担が大きい労役に従事するが，仁川兵站監部管轄の人夫日給額自体は当時の陸軍傭員以下の日給額よりも高額であった。

74）〈陸軍省大日記〉中『明治二十七年七月一日至七月二十五日 陣中日記 第一軍兵站監部』所収「兵站景況特別報告」（7月5日付竹内正策兵站監発兵站総監宛報告）。

75）76）77）78）〈外務省記録〉第5門第2類第2項中『日清韓交渉事件ニ際シ軍事上ノ設計ニ関スル韓国政府ノ協議雑件』所収の7月3日付の仁川出張総領事発外務大臣宛報告「臨機第弐号」，7月8日付の仁川出張総領事発外務大臣宛報告「臨機第三号」参照。もちろん，室田総領事の朝鮮国住民人夫の負荷労役量は日本人人夫の約2倍に及ぶという観察は厳密ではないが，その後の日本陸軍内部の兵站計画上の人馬牛負担量基準のいわば目安としても着目された。たとえば，1903年の兵站司令官職務研究において藤井幸槌歩兵少佐は人馬牛の負担量と輓曳量に言及している。その中で，藤井歩兵少佐は日本人の負担量は12貫（12×3.75＝45kg）をもって適当とした上で，「韓国南部ノ人夫ハ十貫乃至十二貫ヲ負フテ数日間連続シ得ヘシ若シ短距離ナレハ二十貫迄ハ負担シ得ヘシ」と指摘している（注3）の『兵站司令官職務研究記事』30頁)。ただし，兵器を含む軍需品等を他国住民に運搬輸送させることは，兵器等の「機密」「秘密」なるものの漏洩等が懸念・警戒されうることであったが，日清戦争期では考慮されなかったのであろう。なお，注54) の1883年10月15日太政官布告第34号の第8款の「日本人民ハ通商各港ニ於テ荷物ヲ運搬シ或ハ船客ヲ送迎スル為メ相対ノ約束ニテ朝鮮ノ舟車人夫等ヲ雇入ルルコトヲ得ヘシ朝鮮官吏ニ於テハ決シテ之ニ干渉セス又何舟何人ト制限ヲ立ルカ如キコトアルヘカラス但日本商民若シ其雇方ニ差支ヘ海関ニ願出ルトキハ海関ニ於テ相当ノ斡旋ヲナスヘシ」の規定は軍需品等物品の揚陸・運搬等又は兵員馬匹の上陸用艀作業等を想定していないので，仁川監理が「軍事ノ需要品運搬ニ関シテハ日韓条約ニ無キ所」云々と述べて朝鮮国住民の同作業等雇用を拒否したことは当然であった。しかし，混成旅団側は本款を拡大解釈し軍需品等物品を本款想定の貿易用商品の運搬や一般船客送迎と同一視したのであろう。

［**補注**］朝鮮国弁理公使金思轍は帰任に際して6月5日に天皇謁見したが (『明治天皇紀 第八』430頁)，金思轍を含めて当時の日本駐在朝鮮国公使館側が朝鮮国事件・日清戦争において，情報収集や対日外交等上でどのような役割を果たしたかは不明である。

79)　注74) 75) 参照。

80)　7月11日午後の甲斐兵站監督部長の野戦監督長官宛の報告は，仁川の日本人人夫数は895名とし (広島着の300名を含む，朝鮮国住民の人夫は「未タ使役セス」)，雇用費用の平均は1人73銭7厘である，と記述した (〈陸軍省大日記〉中『明治二十七年自六月至十二月 明治二十七八年戦役諸報告 壱』)。なお，龍山では朝鮮国住民人夫と駄馬は追々確保できる見通しがあると報告している。

第４部　軍事負担体制の成立

第1章　徴発制度の成立

1　常備軍結集期の地域調査と共武政表編纂事業の成立

徴発制度はいかに成立したか。しかし，今日に至るまで，1882年徴発令の制定に関する研究はない。戦前では，陸軍省等の徴発事務主管者が業務遂行上から徴発制度を調査・研究することはありえたが，一般行政法や軍事行政法の研究においては僅かな言及にとどまっていた[1)]。

他方，徴発自体は国外の戦争・戦闘地域での軍隊の兵力行使権力の及ぶ範囲内で当該地域の敵地・占領地の住民にも賦課してきた。これは，特に近代軍隊でいえば，当時の交戦権行使上の徴発であり，国家主権上の徴発とは異なる。交戦権行使上の徴発は国際法で律されるべきであるが，特に当該戦闘地域が国外敵地の場合，徴発を律するものは軍隊内部の規則・令達類にあったとみてよい[2)]。ただし，その規則・令達類の規定化と実際の行使は独自・個別に考察されなければならない。

さて，近代日本の徴発制度の構築に重視したのは軍需用物件等の調査と統計化であった。これは常備軍結集期の地域調査等を経て1876年からの共武政表編纂事業に進んだ。

(1) 常備軍の結集開始と全国地理図誌編輯の着手

軍需用物件等の調査と統計化は，第一に，旧城郭・兵器・銃砲等の管理・調査と同時に進めた。すなわち，四鎮台配置等による常備軍結集開始と旧藩等所有の城郭（附属地所の名称区分と管理を含む）や兵器等の新たな管轄・管理体制の構築を背景にして着手した。1871年兵部省陸軍部内条例書の「兵部省陸軍条例」は陸軍の築造局の事務分掌として，（築造）新築の利害，地理の測量，城堡近傍家屋樹芸の可否，経界区別，土地建物，官費官収の利害，道路堤防，乾涸開拓の利害，城堡地面諸建物管轄，不用器械売却，等を規定した。陸軍の参謀局は「機務密謀ニ参画シ地図政史ヲ編輯シ並ニ間諜通報等ノ事ヲ掌ル」と規定した。また，兵部省陸軍部内条例書の「省内別局条例」は参謀局の職務として間諜隊を管轄し，「間諜隊ハ平時ニ在リ是ヲ諸地方ニ分遣シ地理ヲ測量セシメ地図ヲ製スルノ用ニ供スル事」と規定した。ここで，参謀局の間諜（隊）の職務は秘密的な「スパイ活動」のようにみえるが，地図作成のための測量活動を主とした[3)]。

地図作成の測量活動を含めて，参謀局の全国地理図誌編輯は翌1872年2月末の陸軍省設置とともに着手した。全国地理図誌編輯着手には1871年12月の山県有朋兵部大輔他の軍備意見書における「防禦ノ線」の画定や，1872年1月の山県兵部大輔意見書の鎮台設置による内国綏撫・人心鎮圧の方針化があった。新たな軍備構築のための国力・国勢・地勢等の調査・掌握を意図したのである。また，四鎮台配置時の1872年1月の東京鎮台条例は，鎮台の参謀副官の職務として「管内ノ地理ヲ察シ地図地誌ノ草稿ヲ作リ兵家政誌兵史等ヲ修撰スルノ料本[もとほん]ヲ本省ニ送付スルヲ以テ専務トスヘキ事」を規定した。これらは，旧幕藩体制下の軍備営造物・武器兵器等の管理（所管換え）・処分と新たな全国防禦線画定の視点を含みつつ進められた。つまり，全国地理図誌編輯は新旧軍備の中央集権的な編制替えのための調査と一体化して進められた。

第二に，陸軍省の1872年4月24日付の全国地理図誌編輯の府県宛達がある[4)]。すなわち，各府県管轄下の旧藩・県毎に従来調査の「国郡村郷明細地図」と「城市村落山河海岸ノ形状」「風土記等」を「詳悉記載」して早々の提出を指令した。そこでは，城市村落，原野・河流，山嶽・海岸，古戦場等の詳細な記載例を指示したが，特に城郭・城址・地方官庁・街市・村落等所在地の「経緯ノ度数及距離方向」等を指示したので，正確な調査・記載は府県の大事業になった。

陸軍省の全国地理図誌編輯の指令に対して，鳥取県等は忠実に調査実施に着手した[5)]。これらの県（他に小倉県，名東県）は陸軍省宛に，編輯経費（測量作業，測量機械購入，実地調査，筆写等）が発生する（した）が，同費用は陸軍省より下付されるのか，又は大蔵省に申請すればよいのか，と照会した。これについて，陸軍省は，主に，①旧藩在来の編輯・調査済のものはそのまま提出し，未完成のものは調査済しだい提出する，②地誌・地理調査は従来から地方官の職務であるが故に，同省は費用を下付しない，と回答した。ただし，三潴県や福岡県の伺いに対しては，同省は太政官宛に費用を申し立てることを回答した。

陸軍省回答は太政官の1872年9月24日の皇国地誌編集の布達（第288号）に対応したものである。太政官の皇国地誌編集は，諸省並びに各府県の地誌編集のすべてを正院が管轄した。諸省着手の地誌編集には1872年1月の文部省の地理誌略編輯や上記陸軍省の全国地理図誌編輯がある。太政官は陸軍省の全国地理図誌編輯は調査完了しだい正院の史官に提出すべきことを指示した[6]。この結果，注記5）の下線部の諸県は太政官に経費下付を伺い出たが，太政官は1874年4月上旬に当該県宛に，確定経費は費用内訳明細書を調製して申請し，残りの調査は編輯例則の規定までは見合せることを指令した。これによって，陸軍省の対府県レベルの全国地理図誌編輯はほぼ終息したが，太政官の対府県レベルの地誌調査事業自体は継続されることになった[7]。

なお，1872年の陸軍省の全国地理図誌編輯作業により刊行されたのが，陸軍兵学寮刊行の『兵要日本地理小誌』（1873年）とみてよい。これは，第1巻（全国論，各国論，東海道総論），第2巻（畿内総論，東山道総論，北陸道総論），第3巻（山陰道総論，山陽道総論，南海道総論，西海道総論，二島総論，北海道総論）から構成され，第1巻の「全国論」は日本国内の旧来の道国郡及び府県の分界や河湖・港岬・気候・海峡等の自然と人情・風俗・歴史・政治・物産・戸口を記載した。

(2) 地誌から統計へ——地誌編纂事業から共武政表編纂事業へ

①共武政表編纂事業の成立

1873年3月の陸軍省条例制定により参謀局は「第六局」と改称され，第六局は陸軍文庫を管轄し，測量地図・絵画彫刻・兵史並兵家政誌蒐輯を分掌した。陸軍省条例は4月1日より施行され，陸軍大輔山県有朋は4月8日に第六局編纂の地理書を「共武地誌」と名づけると第六局に命じた[8]。その場合，山県は「共武」の文字の典拠として，『詩』（『詩経』）の「小雅　六月」の「共武之服以定王国」の詩文を引用し，その注記として「共ハ供ト同シ服ハ事ナリ」と紹介した。山県引用の『詩経』の「小雅　六月」の詩文は，戦役・出陣への準備が整って，戦役に慎んで仕え，王国を安んぜんと通釈されている[9]。山県が第六局・参謀局の編纂による地理書を「共武地誌」と称したのは，戦役・動員の準備体制の整備・強化の明確化意図があったからである。

その後，1873年11月の幕僚参謀服務綱領は参謀科将校の服務として，特に地理関係では「地ノ広狭遠近高低ヲ測度シ地理ノ険易山勢水脈ヲ詳カニシテ以テ内国諸地ノ防禦線ヲ区画シ城堡砲墩ノ位置ヲ定メ兼テ政体治理ニ通シ人習土俗ヲ察シ」と規定し，地図地誌編輯録のために第六局と相報知し，探索派遣の士官に地方戸数・民口・馬匹数・車数・船隻走舸・風車・水車・田穀野菜の種類多寡・家畜の種類数・農商鉄木工傭人雇人の数，等を記載させた。また，陸軍省は12月15日に府県に対して地図製作のために管内陸運会社設置地や人口等を調査させた[10]。その後，1874年6月の参謀局条例は参謀局及び参謀科将校の服務をさらに明確化した。すなわち，局内の第五課を「地図政誌課」とし，地理講究範囲を国内及び北・東アジアと南洋諸島に拡大し，国内の戸数民口・産物需要品の多寡貧富を実査して（近隣諸国に及ぶ）「兵家政誌表」を調製し，年次増減等を記述すると規定した（第20条）。つまり，統計調製も規定した。

共武政表編纂事業成立の詳細は不明である。ただし，杉亨二の建議等にもとづき[11]，1874年3月に太政官の外史所管中に政表（統計）編纂担当の政表課を置き，統計編纂事業を開始したことは，陸軍省固有の統計調製に刺激を与えたと考えられる。政表課は1885年設置の内閣統計局の前身になるが，1874年8月の政表課規程は，政表は諸省使府県等より録上する諸件を統括し「全国ノ形勢ヲ表章スル」と規定した。そして，国土気候地質産物境界行政権利義務財政租税防禦戸口年齢開化度や物品計算及び諸産業工作手芸交易航海等のすべての事実計数を分合比較し，それらの得失を考察し施政の実際要領を得るとした。これらの表記内容はさらに「領地ノ部」「建国ノ部」「人民ノ部」に詳細に区分し，陸軍海軍を「建国ノ部」に位置づけた。政表課は同年11月28日に太政官（正院，左院）や省使及び府県が管轄する統計の詳細記載内容を起案し，太政官に認められた。そして，太政大臣は同年12月20日に陸軍省に対しても，年々の官員族籍・雇入外国人・諸生徒・海外留学生徒・近衛鎮台の兵科別人員（上長官・士官・下士官・兵卒）他の統計を1874年分より3月末までに調査・提出すべきことを指令した。

かくして，太政官の全国的な統計編纂事業が開始したが，全国の形勢を明らかにする上で地誌と統計の役割・優位性等をめぐる対比検討が潜行していたとみてよい。その場合，統計は年次毎の動態を数値で表記し把握できるのに対して，地誌は一旦編纂されたとしても年次毎の変化・変動に対応した記述・補訂・修正作業等を継続的に維持・実施することは容易でない。かつ，通信情報出版等の手段・機関等が未発達・未整備の段階では，仮に近代国家が全国的な地誌編纂管理の一定の役割があったとしても，その後の通信情報出版等体制の全国的な発達・整備・拡大のもとに政府機関の地誌編纂関与の役割は弱まったとみてよい。

陸軍省も地誌編纂と統計編纂の対比・優位性を検討し，戦役・動員のための準備体制の整備・強化にみあう固有の政表（統計）編纂を重視し，「共武地誌」の「共武」を付した共武政表編纂事業を開始した。山県有朋の命名の「共武」の文言・思想を踏襲し，「共武」は戦役・動員対応の政表編纂のために固有に付けられた。他方，地誌からは「共武」の用語が外され，「兵要地誌」「兵要地理」の用語が一般化された。この結果，陸軍では，国内では新旧軍備の編成替え等で必要な地理・地誌の研究・編纂の業務は残りつつも[12]，国外の地理・地誌の研究・編纂に重点化した。

②1875年の共武政表の編纂

さて，第一に，陸軍省の共武政表の最初の編纂が1875年11月刊行の共武政表である（和本2冊，本章では『1875年版 共武政表』と表記）[13]。『1875年版 共武政表』は「例言」において，政表には「民事政表」（全国の田畝の広狭，収額の増減，貿易，男女の死生，馬牛の頭数等を記載）と「軍事政表」（地方の人口・戸数，馬匹・船車の多寡，糧草木石の有無等の軍需物を記載）があるが，「民事政表」の体裁にならって編纂し，「共武政表」と称したと述べている。『1875年版 共武政表』は巻一が五畿（山城国他）で，以下，巻二の東海道（武蔵国他）から巻九まで順に東山道，北陸道，山陰道，山陽道，南海道，西海道，北海道，の旧道・国別の編集である。『1875年版 共武政表』は府県の地方官に調査・提出させたものを，旧国別に「各郡段別石高人口物産表」と「各郡邑里人口一千名以上輻輳地及戸数物産表」の2種類にして収録したが，同省の調査・提出の指示には不明なものが多い[14]。

なお，旧国別基準の統計表を調製したのは，1871年8月の四鎮台配置や翌1872年8月下旬の全国鎮台配置計画案（五軍管設置）の鎮台・軍管の管轄区域は新制の府県でなく，旧国の管轄区域をふまえたからである。

第二に，陸軍省は1876年2月8日の府県宛の陸軍省達第19号により共武政表の編纂・刊行事業をさらに明確化した。すなわち，同省は別冊として『1875年版 共武政表』を添付し，同書式により各郡邑里の人口反別物産等の増減を年末毎に詳細に調査・提出することを指令した。さらに同年4月6日陸軍省達第55号は陸軍省達第19号の調査・提出の説明をさらに具体化し，①人口戸数反別物産は1月1日現在で調製し，前年分を3月末に提出する，②各郡物産で有名のものを記載し，それが邑里に属するものは邑里の条にも記載する，③各郡邑里の人口百名以上の輻輳の地は「連檐櫛比」して群居する地を指し，点在散居するものを集算したものでない，④宿駅港口村里の人口百名以上の地で，2～3村にまたがるものは「土俗ノ呼称」で最も多い地に従って他村の人口戸数を合算し，同「土俗」の駅・村・字の呼称を記載する，と指示した。また，西南戦争後，参謀局は1878年5月15日付で陸軍卿宛に，『1875年版 共武政表』を本年中に改訂編纂するが，特に北海道と琉球諸島及び小笠原島等の反別・人口・物産等も合わせて編纂するので，内務省・開拓使・東京府・鹿児島県宛に調製・提出方照会の通知書を発してほしいと申進した[15]。参謀局申進は了承されたが，1876年の陸軍省達第55号による調製は，1878年5月までに未提出府県が1府14県あり（東京府，東北の5県を含む），参謀局も苦慮した[16]。

その後，1879年4月8日陸軍省達甲第6号は旧国の郡別人口物産の調査項目に，幅員，牛・馬・荷車・人力車・船舶・電線（里数）・郵便局（電信）を加え，郡内の人口百名以上の輻輳地には官廨・寺院・学校・屠場・水車・物産（米，麦，雑穀，蔬菜，食獣，魚類，乾物，木材，薪，炭等）・牛・馬（乗，駄）・車輌（人力，牛，馬）・船舶（日本形船，西洋形船）の詳細な記載を加えた。特に上記物産を「兵事ニ必要ナル者」として位置づけた。そして，同省は府県に対して1878年の調査済分も上記調査項目に即して修正して提出すべきことを指示した（1879年3月末の期限）。

かくして，1878年分を編集した第2回の共武政表を刊行した（『1878年版 共武政表』と表記，1879年1月1月現在調）。『1878年版 共武政表』の「例言」は，本表は軍事に供すべきものをすべて記載し，「皆軍須ノ要ヲ知リ財政ノ源ヲ審カニシ糧餉運輸駅逓通信ノ便ヲ謀リ有事ノ日ニ当リ規画処置シテ遺算ナキヲ期ス」と強調した。

さらに，1880年に1879年分を編集した第3回の共武政表を刊行した（『1879年版 共武政表』と表記，1880年1月1日現在調）[17]。この場合，両年版ともに，『1875年版 共武政表』と同様に調査現在時のズレによる差異が反映された。ただし，府県毎の調査現在時のズレによる差異以上に，そもそも，調製側の府県が正確な数値を調査・記載したか否かが問われた。特に，『1879年版 共武政表』では，当該郡幅員の東西南北里数が同郡を含む旧国幅員の東西南北里数よりも長大な数値を示した県があった[18]。また，同省の調製説明や指示は明確性に欠き，調製側の県は不満を表明した（「産馬」等の記載）[19]。

その後，1879年11月18日陸軍省達甲第23号は共武政表の書式・記載数字等の詳細記載を指示した（翌1880年より調製・提出）。さらに，1880年12月21日陸軍省達甲第31号は従前の書式等説明を「共武政表編纂概則」と改め，牛馬は牡・牝や産牛・産馬に区分し，船舶は日本形（積載石量別）・西洋形汽船（馬力別）・西洋形帆船（排水量別）に区分した。以上の書式による同省の共武政表の調製・刊行は，最終的になるが，1880年分の共武政表の上下2冊として刊行し，1882年6月2日付で参謀本部等に送付した。

共武政表の調査統計数値には不正確さが含まれたことは当然であった。当時の末端地方自治体では正確な調査実施に対応しきれない事務体制というべき背景があったからである。当時の農村部の戸長役場の多くは戸長の自宅又は自宅の一部スペースにおいて自治体業務を実施し[20]，独立した庁舎家屋や専任職員等の確保・雇用により正確・緻密な調査業務を遂行する体制ではなかった。地方自治体側の軍需物件の正確な調査に近づくのは，1882年徴発令により府県が徴発事務規則等を制定するに至ってからである。

2　1882年徴発令の成立過程と地方自治体

建軍期の日本陸軍は徴発を軍隊の交戦・戦時業務の内部の規則・令達として規定してきた。すなわち，戦地・占領地における戦時会計・経理業務の一環として規定し，徴発の強圧的な実施を目ざした。これに対して，西南戦争の「征討費」の整理・決算事務が1880年2月に太政官レベルで終結するに至り，軍事負担の一つとしての徴発制度を国内法として成立させる課題が出てきたとみてよい。

さて，1882年制定の徴発令は，陸軍省の徴発令草案審査の参事院審査報告（後述）がプロイセン・ドイツとフランスの徴発制度を参考にしたと述べているが，本章ではフランスの徴発体制を検討しておく（プロイセン・ドイツの徴発体制は注22）の［補注］参照）。

(1) フランスの徴発体制

徴発は一般に軍需用と戦時の徴発として理解されがちである。しかし，フランスの徴発は「公務ノ為メニ已ムコトヲ得ス，人ノ身体，物料ヲ政府ノ差図ニ随ハシムル所以ノ官ノ命令」を意味し，同命令を発する場合は「国厄（飢饉ノ類）火災，洪水，等殊ニ軍事ノ如キハ中ニ就テ尤モ著シキモノトス」とされ，軍事も含む広範な災害等発生への国家の緊急対策時の命令として実施されていた[21)]。つまり，フランスでは1789年革命以後，徴発は「民事徴発」と「軍事徴発」の二つに区分することができる。

まず，民事徴発は平時の災危・大難の急を救うための役務を課すことを主旨とした。同手続きは，①強盗・海賊・現行犯（公然と大声を発して追われる場合）に対しては司法官・警察官は徴発命令を発することができる，②徴発物件は，たとえば，火災の場合は火事場に送る消防ポンプ・水桶・人夫等を運送するための馬車，破船の場合は救援船とされ，③徴発命令は必ずしも書面によらず，緊急時には口頭でもよい（ただし，速やかに手続書を作成する），④徴発命令権をもつ行政官は法律・公文の執行のためにはいつでも公力の請求権限があり，⑤危急の場合に赴援役を命じられた者は賃金を受け取る権利がある（賃金は自治体負担），とされた。

次に，軍事徴発は1870年の普仏戦争までは体系的な法令として存在したのでなく，戦況に応じて臨機に対応し変更してきた。歴史的にさかのぼると，①徴発物件等の範囲は，1792年の4月と6月の勅令は戦時の馬車・荷車・獣畜・馬・飼料・武器等の徴発手続きを規定し，共和暦3年の1月と3月の法律は工場労働者の食料用原料や外国輸入商品・雑貨の徴発を規定し，1806年4月の法律は戦乱中の軍隊荷物・傷病兵の運送における馬・車不足時の所在自治体首長の軍隊の通牒による徴発実施を規定し，総じて，徴発物件供給の請負人指定は，すべて自治体首長の責任とし，②徴発命令拒絶の場合には，1808年8月の勅令は当該拒絶雑貨や馬・車の供給物の代価相当の罰金を課し，禁錮刑に処すと規定し，③徴発権者として，1815年6月の法律は徴発権を政府に1年間許すと規定し，1870年の10月と11月の勅令は国境防禦の緊急の場合は陸軍大臣に須用物件徴発権限を許すと規定し，④徴発物件授受手続きは，共和暦3年2月の勅令は徴発命令書に徴発物件の種類・数量・期限・場所及び代価や払渡し期限の明記を規定し，1813年12月の勅令は徴発賦課の自治体首長は委員を選任して当該徴発物件を領収させ，領収書を渡し，同委員は領収物件を陸軍倉庫に納入し，日々扱う計算書を作成し署名すると規定した。

その後，1850年中頃から一つの徴発令として集成・編纂する準備を進めた。これにより，陸軍徴発に関する1877年7月3日の法律が成立し（本章では「徴発令」と略記），同年8月2日の勅令により陸軍徴発の行政規則を規定した（本章では「徴発行政規則」と略記）。本章は両法令にもとづき近代フランス徴発制度の特質を考察する。その場合，フランスの1877年陸軍徴発令は，日本の1882年徴発令の内容と共通するものがあるが，ここでは日本の徴発令の発想とは異なるものを検討しておく[22]。

1877年フランス徴発令は，①徴発の基本として，徴発令第1条は，「陸軍ノ全部又ハ一部ヲ動カシ若クハ兵隊ヲ集合スル場合ニ於テハ陸軍卿フランス領地ノ全部又ハ一部ニ於テ平常ノ陸軍々需ノ不足ヲ補フニ必要ナル軍需ヲ供給スル義務ノ始マル可キ時期ヲ定ムルモノトス」と規定した。これは徴発を秘密的に実施せず，陸軍卿の徴発命令書（徴発開始・終了時期と徴発執行地域を明記）をふまえて実施し，当該自治体は同命令書を公布すべきとした。さらに，②要塞防衛を重視し，至急時には陸軍卿又は要塞防禦高等陸軍官憲の命令により，城塞内住民の餉食に必要軍需を徴発方法により設備できる，③宿舎・宿泊の供給等については細部に配慮し，自己の住所家屋で公金を預かっている者と単身居住婦女及び「婦女ノ法教協会」（女子修道院）の宿泊供給を免除するが，他の住居所有者と代替の宿泊宿舎の約定を求め，兵隊を無償で人民の家屋に宿泊・

駐屯させた場合の獣類の「糞料」は当該人民に属し，有償の宿泊・駐屯の場合の「糞料」は国に属す（当該人民の承諾により「糞料」代価を同賠償額中より引き去る），④徴発物件供給者の意思を尊重し，徴発物件供給に対する賠償見積りは「評価委員」（武官委員と文官委員で構成，文官委員を過半数にする）が算出し，陸軍官憲は評価委員の申し立てにより各人・自治体の賠償額を定めて同決定書を自治体首長に送付し，自治体首長は決定書受領後24時間内にさらに関係各人等に送達し，関係各人は受領時より15日内に自己の供給に対する賠償額の承諾又は拒否を表明し，関係各人が期限中に拒否を表明しなければ賠償額確定とみなし，拒否表明意思は書面において理由を記述し自己の請求金額を指定する，⑤供給拒否者の上記書面は自治体首長から当該県の「治安裁判官」に送付し，治安裁判官は同拒否の旨を陸軍官憲に通知するともに，陸軍官憲と請求者・拒否者との調和のための両者同席斡旋日時を通知し，調和不調の場合には治安裁判官はただちに裁判を宣告することができ，又は後日に両者を出席させて裁判するができる（裁判は賠償額金額に応じて始審と終審の二審制をとる），⑥陸軍の大演習時にも，軍隊が通過・占拠する当該地域の損害発生に対する賠償のための委員会（軍団毎に，監督部官吏・工兵士官・憲兵士官各1名と州長指定文官1名）を組織・選任し，損害を受けた関係者が損害賠償額を拒否・不承諾した場合の訴訟手続きも規定し（同委員会は上記の治安裁判官又は裁判所に拒否理由の書面を添付した調書を提出），⑦徴発物件の軍需品とみなすことができない供給物を規定し（一家族の食料用として3日間の消費に満たない糧食，農業・工業や他の企業設置場において8日間の消費に満たない穀物やその他の飲食品，耕作者家屋にある当該獣類の15日間の消費に満たない芻秣），⑧当該年度の戦時員数を満たすために，馬・騾馬等の獣類（駕車も含む）の所有者の届け出（又は自治体首長の調査）にもとづき，軍団の司令将官が選定・組織した「混合委員会」（決裁権者の士官，当該自治体選定の文官，陸軍獣医，一般獣医各1名により構成）は自治体毎に当該の獣類・駕車を検査し，等級付けを行う，⑨鉄道に関する徴発，海軍官憲の徴発に関する規定等を詳細に規定した。

1877年フランス徴発令の特質は，第一に，徴発自体が国家主権により強圧的に国民に賦課する軍事負担であったことはいうまでもないが，特に④⑤⑥のように，軍需品供給者等の当該賠償額に対する拒否や訴訟を含む異議申し立ての手続きを規定したことである。これは，軍事負担と近代所有権への「侵害」との間の距離を埋めるべき人民の賠償請求に対して，国家側が譲歩した結果であろう。つまり，フランス民法にもとづく近代的な私有財産権を保障・承認した上での徴発制度であった。なお，1877年徴発令により作成された「証書ノ証印及ヒ記簿税」を免除する法律が1878年12月18日に制定された（全1条）[23]。これは，1877年徴発令の賠償額規定に関して，「調書，保証書，送達書，裁判書，契約書，受領書及ヒ其他ノ証書ハ証印税ヲ免除シ又公簿登記ノ法式ヲ行フ可キ時ハ無税ニテ登記ス可シ」と規定し，特に賠償額をめぐる異議申し立ての手続きをとりやすくした。第二に，⑧のように特に徴発物件中の馬匹は戦時員数を基準にして賦課し，徴発による民間への支障発生を抑えることであった。フランスの戦時の馬匹徴発体制は，陸軍中将ルブワルは「動員ノ際農事工業ノ支障ヲ生スルコトナクシテ能ク十万乃至十五万ノ馬匹ヲ徴発スルコトヲ得ヘク且ツ其徴発ノ数ハ凡ソ二十頭ニ付一頭ノ比例ナルヲ以テ予メ其ノ種類年齢等ヲ調査シ最モ軍用ニ適スル者ヲ取ルヲ得ヘシ」と述べている[24]。つまり，徴発物件員数と動員計画上の員数との細部の調整をつけていた。

(2) 1882年徴発令の成立

①陸軍省の徴発令草案

大山巌陸軍卿は1881年12月28日付で太政大臣に徴発令制定を上申した。陸軍省の徴発令草案は同日付で上申の戒厳令草案（1882年8月5日制定の太政官布告第36号の戒厳令）と同時期に調査・起草され，戦時には戒厳令と一体化して施行されることを前提にしていた。

陸軍省の徴発令草案（全53条）の概要は下記の通りである[25]。

第一に，徴発令の基本体制を平戦両時に置いた。すなわち，徴発令の期間原則として「徴発令ハ平時ト戦時トヲ論セス陸軍若クハ海軍ノ一部或ハ全部ヲ動カスニ際シテ其所要ノ軍需ヲ地方ノ人民ニ賦課シテ徴発スルノ法トス」（第1条）と起草し，徴発書発行権者として（第2条），陸軍卿・海軍卿・鎮台司令官・鎮守府長官の他に，陸軍では平時は演習又は行軍の軍隊長と戦時は特命司令官軍団長師団長旅団長及び分遣隊長，海軍では平時の操練・航海の艦隊司令官又は艦長と戦時は特命司令官艦隊司令長官艦隊司令官及び分遣艦長と起草した。

しかし，徴発自体の定義等を規定せず，徴発をいわば自明としつつ，徴発の期間原則（を含む諸手続き）を規定したのが徴発令であるという法令起草方針の基本的特質がある。つまり，徴発自体の定義を隠し，曖昧にしたとみるべきだろう。その理由は軍需の現地調達を基本とし，他方では戦時の敵地・占領地の徴発に対する軍隊内の諸規則・令達類規定との整合検討や，フランスの民事徴発を含めた総合的な徴発体制の考慮を断念したことにあろう。この結果，特に占領地での徴発の恣意性・強暴性の誘発構造が生み出された。

第二に，徴発物件等は米麦等の食糧・薪炭，飼料，乗馬駄馬車輛等の運搬獣類・器具，人夫の労役，船舶鉄道汽車，飲料水石炭，宿舎倉庫，演習用の地所材料器具（第12条）と，戦時事変にはさらに造船所工作所，軍事の工作用材料器具，職工鉱夫，「洗婆工女ノ類」，被服装具，兵器弾薬，船具寝具，薬剤治療器械繃帯具，水車，病院，と起草した（13条）[26]。ただし，公務所属の廨署，皇族の邸宅・車馬，外国公使館・領事館の建物・車馬，郵便用車馬，鉄道電信郵便用建造物，陸海軍将校同等官の現在居住家屋，博物館書籍館，「病院貧院聾唖瞽孤児棄児院」，学校（臨戦合囲地境時はその限りではない），製造場内機械室の徴発免除を起草した（第14，15条）。また，徴発対象の種類毎に「徴発区」を規定し，食糧・薪炭は府県を単位に，運搬獣類・器具と人夫は郡区を単位に，第12条の船舶鉄道汽車以下の内容と第13条の内容は町村を単位に，船舶会社所有の船舶や鉄道会社所有の汽車は会社を単位にした。

その上で，徴発書は徴発区に従い府知事県令郡区長戸長又は停車場長船舶会社店長に付すとし（第6条），府知事県令と郡区長及び戸長は予め各々の府県会・郡区会・町村会と商議し，徴発に応ずる便宜の方法を規定しておくと起草した（第8条）。さらに，徴発物件の差出所までの輸送を徴発区の義務とし，同輸送費を賠償しないと起草した（第30条）。つまり，徴発手続きとして，徴発権者は供給者個々人を直接的な相手方とせず，徴発目的に応じて自治体・会社を相手方とするという団体単位の負担・供給原則を立てた。ただし，自治体の徴発事務方法の規則化に対して，府県会等の議論・決議をふまえた規定手続きを求めたことは注目される。なお，第30条は差出所までの輸送時に敵に襲われて軍需品が奪われるなどを想定せず，同対策を立てることなどを脱落させたが，後に，兵站勤務令の規定対象になった。

第三に，徴発が賦課された場合，供給時期を違えずに供給しなければならず，時期を違えた場合には府知事県令郡区長戸長は他の方法で調達し，同費用は賦課された本人に弁償させ（第9条），徴発賦課者が商用等の事故により供給を拒み，供給すべきものを蔵匿した場合にはただちに使用できるとした（第10条）。また，徴発賦課の拒否者・規避者に対しては1箇月以上1年以下の軽禁錮に処し，3円以上30円以内の罰金を付加し（第51条），徴発命令を受けた府知事等が同処置をとらない場合には2箇月以上6箇月以下の軽禁錮に処し，10円以上50円以下の罰金を付加すると起草した（第52条）。

第四に，徴発賦課への人民側の供給の見返り（徴発物件使用による毀損・損害発生を含む）は「賠償」として扱い（代価・相当損料を含む），賠償支弁が3箇月を越える場合は年6分の利子を付け，賠償金額は「評価委員」の評定にまかせ（第12条の米麦等の食糧・薪炭，飼料の賠償金額は当該地市場の前3年間の平均価格をとり，平均価格算定の困難のものは評価委員の評定にまかせ，価格が供給者と調和できない場合は評価委員の評定にまかす），第12条の宿舎・倉庫の徴発賠償金額は陸海軍省で規定すると起草した（第29～50条）。

第五に，徴発権を有する将校がみだりに徴発書を発行し又は徴発権なき将校が徴発書を発行した場合には，1年6箇月以上3年10箇月以下の軽禁錮に処し剝官を付加し，「脅迫ヲ行ヒタル者」は2年5箇月以上5年以下の軽禁錮に処し剝官を付加すると起草した（第53条）。

以上の中で軍事負担としての徴発の性格を示しているのが，特に第四である。つまり，徴発賦課に対する人民側の供給は損失の受忍行為であり，供給＝損失受忍を前提にした賠償の手続きをとった。この場合，供給は経済上の対等の売買行為でなく，供給をめぐる価格決定の当否が争われたとしても，徴発権者と供給者との法的な直接交渉や訴訟を想定せず，「供給者ト熟議調和セサルトキハ評価委員ノ評定ニ任ス」（第37，45，48条）と起草し，評価委員の評価・評定に対する不服等申し立ての訴訟も想定していない[27]。つまり，徴発賦課は，特に，第12条の乗馬駄馬車輛等の運搬獣類・器具や船舶の場合には「買上」（第37条）と起草したように，権力的な強制的買い上げを意味していた。

ちなみに買い上げは既に1873年在外会計部大綱条例で規定し，その後は，

「公用」(「国郡村市ノ保護便益ニ供スルタメ」) の地所購入のための1875年7月太政官布達第132号の公用土地買上規則が制定されていた。ただし，1875年公用土地買上規則と1889年土地収用法 (1900年全改正) の強制的な土地買い上げや収用における損失補償 (補償前払い制，補償金額の払い渡し後に買い上げ・収用の効果が発生) とは異なり，徴発の場合は徴発自体が効果を発生させ，徴発事後に補償金額を払い渡すという補償後払い制を立てたことである。さらに，日本の徴発制度の性格を如実に示したのが，地方自治体側の徴発物件輸送費負担を規定した第30条であった。第30条は第8条との関係も含めて，地方自治体の徴発事務取扱手続きの規定化の関係で同負担費用の性格や怠納者処分の問題を後述する。

②参事院の審査報告と徴発令修正起案及び閣議決定

陸軍省の徴発令草案は参事院の審査に送られた。当時，日本国政府が朝鮮国壬午事件への対応に追われていた中で，参事院 (議長は山県有朋) は急遽8月10日に審査報告と徴発令案を閣議に提出した。参事院の審査報告で注目されるのは，あたかも参事院自身が徴発令を起草したかのように長文の意見を付して徴発令制定を意義づけたことである[28]。

すなわち，①戦争の勝敗の「機」の分かれ目において敗戦を招くものは「軍需欠乏」であり，軍需欠乏時に「之ヲ民ニ奪フハ或ハ無道ナルニ似」るが，敗戦に比較すれば「戦時止ムヲ得サルノ成跡ナリ」と述べ，戦争勝利のためには住民の負担・犠牲による徴発をやむをえないと強調し，②徴発による損失に対しては賠償方法を設け，戦時等の多数軍兵の集中地域の物価高騰時に「奸商猾買ヲシテ私利ヲ営ムノ害」を防ぎ，特に軍費補充のための国債起債は返済に際して国民が等しく負担しなければならないが，本徴発令によって「賦役ノ制ヲ定メ以テ遊民傭銭ヲ貪ルノ悪習ヲ絶チ」「国帑ノ耗費ヲ防キ又国民ノ担任ヲ軽カラシメント欲ス」と述べ，③過去の戦役における軍需 (西南戦争時の糧食舎営運輸等) の互約購買による物価騰貴事例や賠償請求の適否精査困難を指摘し，国権をもって平時に軍需徴発方法を規定しなければ「弊害」を予防できないと述べ，④今日，「封建ノ旧制」は廃止され，「人身及ヒ財産ノ自由」の制限はなく，国権による徴発がないことは「至仁ノ沢ニ出ル」ことに似ているが実際は大いに異なり，「利害ハ衆寡ニ依テ判ルルモノナリ」として，「若シ一個ノ人身及ヒ財産ノ自由ヲ制限シ果シテ全国ノ利用[ママ]タラハ之カ制限ヲ行フモ亦仁者ノ美挙毫モ忌憚ス可カラサルナリ」と美化し，⑤徴発令は「新奇」でなく，「古制ヲ修飾」したもので（「古先聖皇制令ノ意ニ基キ」），古代・中世の租税以外の義務としての歳役雑徭・徭役及び江戸時代の助郷や「築城修壕韓使来聘等」の際の石高比例の課役（「国役」）に相当し，欧米各国も軍需徴発法を設けているので「普仏両国ノ法」を採用し，日本の軍隊需用と国民経済の景状を参考にして，平戦両時に実施できるようにした，と述べた。

参事院意見の中で，特に⑤は「普仏両国ノ法」を採用したと述べているが，少なくとも1878年フランス徴発令にみられた近代所有権尊重の認識をふまえたものではない。つまり，徴発令の主旨として，旧封建時代の租税外負担の各種賦役を美化し，陸軍省草案をふまえて権力行使を強化しつつ徴発体制を組立て，徴発令を起案した（全53条）。

参事院修正起案の徴発令は，たとえば，陸軍省草案における府知事県令と郡区長及び戸長は予め各々の府県会・郡区会・町村会と商議して徴発対応の便宜の徴発事務取扱方法を規定化しておくという第8条を，「臨時徴発ニ応ス可キ便宜ノ方法ヲ予定シ置クヘシ」と，府県会等の決議関与を削除・修正した。参事院の第8条修正起案は，翌1883年5月の元老院の徴発物件負担費用滞納者処分方の議論に関連して発された内閣委員の参事院議官補田口悳の説明（「篤志者相謀リテ期限ヲ立テ之ヲ処弁スル者アリ或ハ豪農巨商ノ資材ヲ擲チテ一時ニ之ヲ支消スル者アル等ハ挙テ其区ノ適宜ニ委付スル所ニシテ必スシモ一定ノ法規ヲ設クルヲ要セス」）や，元老院議官渡辺洪基の発言（「従前行ハレシ助郷ノ如ク其地方ノ都合ヲ以テ之カ請負ヲ定メ」）のように，直接的には豪農巨商の篤志的提供や江戸時代までの村賦役等の延長的とりきめを含むものとして想定・重視したためであろう[29]。

ただし，参事院修正起案を含む1882年の徴発令制定期において，第8条の法趣旨にかかわって府県会等の議論・決議の関与が完全に消えたともいえない。たとえば，徴発令制定直後の9月におけるジャーナリズムは，第8条が府県会等の議論・決議をふまえた徴発事務取扱方法の規定化をまったく排除したものとしてとらえなかった[30]。参事院の第8条修正起案は，特に第30条の徴発区の輸送費負担の組立てにかかわる府県会決議の可能性を完全に消失させていないが，法令上における府県会決議の明記をなじまないとする条文表記上の考慮にもとづくだろう。その他，第53条の「脅迫ヲ行ヒタル者」を削除し，徴発書発行権を有する官憲がみだりに徴発書を発行し又は徴発書発行権なき官憲が徴発書を発行した場合には1年以上4年以下の軽禁錮に処すと修正するなど，語句の修正を含めて起案した。ここで，第53条の「脅迫ヲ行ヒタル者」の削除は，徴発実施時の官憲による脅迫行為を予め想定することは穏当でないと判断したためであろう。

8月10日の閣議は参事院修正起案の徴発令案に対して，急施を要し，また，元老院は休暇中であるので，布告と同時に元老院の検視に付すべきことを決議した。なお，参議山県有朋は第1条の「平時」の2字を削除し，「戦時若クハ事変ニ際シ」と修正し，但し書きとして「平時ト雖モ演習及ヒ行軍ノ際ハ本条ニ準ス」を加える意見等を提出した。また，閣議では語句等の修正・削除も行われた。山県の意見等は評決された。太政官決定の徴発令案は8月11日の上奏・裁可を経て翌12日に布告され，同時に元老院の検視に下付された。元老院の検視会（9月4日）では，同議長佐野常民が，朝鮮国壬午事件への緊急対応のために内閣の徴発令調査と布告を急遽進めなければならず，元老院議定のために下付できず，やむをえず検視の措置をとったと述べ，同意を得た[31)]。

なお，1882年徴発令は当時の出師準備上の必要馬匹等の軍需員物件数等とすりあわせたものではない。出師準備上の必要員数対応の徴発はその後の課題として残された（本書第3部第2章参照）。

(3) 地方自治体の徴発事務体制

徴発令実施の具体的手続きを規定したのが1882年12月18日太政官布達第26号の徴発事務条例である。徴発事務条例草案も徴発令草案と同時に陸軍省により起草され（全60条），大山巌陸軍卿が1881年12月28日付で太政大臣に提出したものである。

①徴発事務条例の制定と地方自治体

陸軍省の徴発事務条例草案は特に地方自治体の徴発業務として，①徴発令第6条の徴発書について，「徴発書ハ徴発令第六条ニ准シ府知事県令郡区長若クハ停車場長船舶会社ノ店長ニ付スルヲ以テ定例トスト雖モ」，臨戦・合囲の地では府県に付すべきものを郡区又は町村に付し，郡区に付すべきものを町村に付し，店長に付すべきものを船長に付すことがあり，さらに同手続きが不可能の場合には徴発書発行権限者の官憲は直ちに人民に賦課して徴発することがあり（第10条），②町村又は郡区等の徴発区で徴発賦課数の不足や，同数を満たせない場合には，戸長は郡区長に，郡区長は府知事県令に速やかに報告するとともに，陸海軍官憲又は所管庁から吏員派出して検査させることがあり，郡区長・府県知事県令は他町村・郡区に賦課して供給を完全にする（第11，12条），③徴発令第8条により，「府知事県令ハ府県会，区長ハ区会，郡長ハ連合町村会，戸長ハ町村会ノ決議ヲ経テ徴発ニ応スル便宜ノ方法ヲ予定スヘキモノトス」とし（第14条），④徴発令第12条第1項規定の米麦等の食糧・薪炭等の徴発賦課の場合は，当該物品の営業者を先にし，なお不足が出る時に限って一般人民に賦課する（第20条），⑤郡区長は徴発人馬供給を便宜にするために予め隣接郡区長と商議して近傍町村を適宜に組み合わせて「組合町村」を定めることができる（第41条），⑥毎年1月1日現在調で，郡区長は「徴発物件表」を調製して府県庁に，戸長は「舩舶表」を調製して郡区長を経て府県庁に提出し，府知事県令は「徴発物件表」にもとづき「徴発物件概覧表」を調製し，3月31日までに「徴発物件表」「徴発物件概覧表」を陸軍卿に，「舩舶表」を海軍卿に提出する（第21〜25条），等と起草した[32]。

徴発事務条例草案は参事院の審査に付された。ところで，徴発事務条例草案中の①の第10条は，法律の効力がある太政官布告の徴発令第6条の基本を，法律施行上の行政事務取扱規則（法律解釈も含む）としての太政官布達（徴発事務条例）が明確に変更するという疑義があった。これについては陸軍省側でも気づき，陸軍少輔小沢武雄は1882年9月29日付で参事院軍事部宛に，「布達ハ布告ヨリ稍其効力ノ薄キ者」と認識でき，立法者も双方の区別軽重にもとづき法令を立てるが，徴発令第6条に対する徴発事務条例草案第10条は「本令ノ解釈及ヒ事務取扱ノ手続等ヲ示シタル者ニ止マラサル様相見不都合之様被存候得共差支ハ無之儀ニ候哉」と照会した[33]。同省照会に対する参事院回答は明確ではないが，参事院は「［上略］店長ニ付ス可シト雖モ」と修正したのみであり（下線は遠藤），②の所管庁を「府県庁郡区役所」と明記し，③を「府県知事県令郡区長及戸長ハ徴発令第八条ニ従ヒ徴発ニ応スル便宜ノ方法ヲ予定ス可ヘシ」と修正し，その他，条項と字句等の修正・削除等を施した[34]。ここで，参事院の①の措置は，臨戦・合囲の地では法律規定よりも行政規則を優位させて徴発を賦課する国家の立法意思の明確化を意図した。また，特に③の府県会等の決議削除の第14条の修正は，地方自治体の徴発事務取扱方法や諸規則の規定化に対して，徴発令草案第8条修正の参事院審査と同様に，法令に「府県会決議化」の明記は条文表記上でなじまないとみなしたことにあろう。

参事院の条項等修正を含む審査報告は12月2日に太政大臣に上申され，「布達案」(太政大臣・内務卿・陸軍卿・海軍卿の所管) とともに12月5日の閣議で決定された。なお，徴発事務条例制定により，陸軍省は同12月21日に府県宛に1883年分からの共武政表の統計資料提出不要を指令した。これにより，同省は「徴発物件表」の調製に進み，地方自治体は徴発事務取扱の手続方法の規定化に着手した。

②徴発物件輸送費負担をめぐる府県会の議決・関与

地方自治体の徴発事務取扱の手続方法の規定化で苦慮していたのが，徴発令第30条による徴発物件輸送費の徴発区負担方法の具体的な規定化である。

まず，青森県は1882年10月10日付で内務省宛に徴発令第30条にかかわる徴発物件輸送費の徴発区負担の具体的な規定化を伺い出た (地方税又は協議費のいずれの費目から支出するか)。これについて，山田顕義内務卿は，知事県令郡区長戸長が地方の便宜を図りその時々の賦課方法を規定し徴収支出すると回答したのみで，費途の明示はなかった。そのため，同県は1883年5月2日付で改めて参事院宛に，内務省回答は地方税又は協議費から支出させる趣旨であるか，と質問した。これについては，参事院議長山県有朋は7月11日付で内務卿回答の文言を引用しつつも，「議会ノ議ヲ経テ地方税若クハ協議費ヨリ臨時繰替之ヲ為スモ妨ケナキモノトス」と回答した[35]。

他方，山田内務卿は同年10月2日付で参事院議長宛に，既に地方税の彼是流用禁止や繰替禁止の訓示等を出しているが故に青森県宛の7月11日付の参事院回答趣旨は了解しかねるという質問を発した。これについて，山県参事院議長は11月6日付で徴発令第30条の費用は地方税費目とは無関係費用として，府県会議決を経れば臨時繰替支出の便宜は可能であると回答した。つまり，参事院は府県会議決を経れば支障なしという構えであった。しかるに，1883年12

月の内務卿就任後の山県有朋は翌1884年8月7日付で太政大臣宛に，昨年11月6日付参事院回答に関して，府県会は1878年府県会規則第1条（「府県会ハ地方税ヲ以テ支弁スヘキ経費ノ予算及ヒ其徴収方法ヲ議定ス」）にもとづき開設される以上は，県令が県会に対して徴発物件輸送費用の経費支出議案を発するための明文根拠はなく，また，議案を発しても「県会ハ地方税ヲ以テ支弁スヘキ経費ニアラストシ否決スルモ不認可ノ処分ニモ及ヒ難ク」となるので，今後，地方税は同費途外に「繰替支弁候ハ不相成儀ト存候」として各府県宛指令を発すると上申した[36]。

つまり，内務省は府県会議決を経た徴発物件輸送費の経費支出に一貫して反対した。しかし，参事院はさらに8月7日付の内務省上申を審査し，参事院議長福岡孝弟は8月30日付で太政大臣に，昨年11月6日付参事院回答における議会議決を経て地方税又は協議費により臨時に繰替支出することも妨げなしという説明は，①徴発令第30条の「法意」には妨げなき旨を示したにすぎず，「実際ニ於テ此ノ如クスルト否トハ固ヨリ行政官ノ択フ所ニ任スノ精神ニ有之」として，実際には行政官の意思にゆだねられていることを述べ，②内務卿が府県会規則との齟齬を指摘したことは，行政上の不都合の見込みがあるので，同不都合の旨を各府県に指令することもあるが，事案が行政上の都合であるので内務卿上申の趣旨は「御聞置」という扱いにすることでよいと上申した[37]。参事院上申は第二局で審理され9月5日の閣議への供覧に付された。つまり，参事院は徴発令第30条の法意として府県会等の議決を排除しないという構えを示し続けた。そのため，府県は下記のように兵事会を通して規定したことが多い。

③徴発物件輸送費の税外賦課と怠納者処分

府県は兵事会を開催し地方自治体の徴発事務取扱の手続方法を規定した（本書第1部第4章参照）。地方自治体の徴発事務取扱の手続方法で注目されるのは徴発令第30条の輸送費負担方法である。

徴発区の徴発物件輸送費負担方法としては，たとえば，福岡県の1884年4月布達第15号徴発物件輸送費賦課徴収規則がある。これは，徴発令第30条にもとづき，県を徴発区とする米麦薪炭等物件を差出所まで輸送する場合の費用賦課徴収方法として，本籍・寄留の区別なく現在の戸主及び家族にして一戸を構える者や，一家に同居するが炊爨を異にする者に課し，同輸送費金を予め県庁に備え置き，平時には銀行に預けて相当利子を増殖させると規定した[38]。また，青森県の1884年2月甲第10号徴発事務取扱手続と徴発物品輸送費賦課徴収法等は，県を徴発区とする米麦薪炭等物件を差出所まで輸送する場合の費用賦課徴収方法として，予め管内人民に賦課して徴収し（戸数・地租の両種に割当て，寄留・別居を問わずすべて竈を異にする者を一戸とみなし，徴収期限内に他地転出者には即時完納させる），その輸送費として1千5百円を目途とし，県下全戸数調査結果7万5千9百戸余にもとづき，一戸あたり金2銭を賦課徴収すると規定した[39]。

つまり，輸送費を単純な戸数割により県下人民に負担させた。これはもちろん税外賦課であったが，問題はその先にある。つまり，税外賦課としての輸送費負担拒否者が出た場合にどのように対処するかという問題があった。既に山梨県が前年に，戸数割・人口割等により輸送費負担賦課を徴発区人民に課した場合，徴発区人民が当該賦課を拒否した場合はどのように処分すべきか，という質問を太政官に提出していた。これについて，参事院議長山県有朋は1883年4月5日付で太政大臣宛に，①徴発令第30条による徴発物件輸送費負担は各徴発区の「義務」であるとし，「義務」を尽くす以上は，法律はその支弁方法を問わないので，各徴発区長は徴発令第8条と徴発事務条例第14条により便宜に同支弁方法を予定することになっている，②しかるに，徴発区内に輸送費負担を戸数割・人口割にして賦課した場合に賦課の拒否・怠納者も想定されることもあり，某県（山梨県）からその処分方法に関する質問も出ているなどと述べ，特段の布告により同処分方法を規定したいと上申した[40]。

参事院上申の処分方法の布告案は「徴発令ニ依リ賦課シタル費用ノ怠納者ハ明治十年十一月第七拾九号布告ニ依リ処分ス可シ但財産公売ノ際買受望人ナキトキハ徴発区ニ没入シ不足金アルトキハ其区ノ損失ニ帰ス　右費用ニ関シ不服アル者ハ明治十五年五月第弐拾弐号布告ニ依ル可シ」と起案した[41]。ここで，1877年太政官布告第79号は租税徴収期限までに国税を上納しない場合は賦課財産を公売する等々を規定し，1882年太政官布告第22号は課税に関する処分不服者の出訴手続きを規定していた。参事院起案の布告案は太政官第二局の審理と閣議を経て4月16日に元老院の議定のために下付された。元老院は5月10日に，①第一項の「賦課シタル費用」の文言が徴発令第1条の軍需の賦課一般の意味を混入させるきらいがあるとして，「負担ス可キ費用」と修正し，②第二項の「費用ニ関連シ不服アル者」の文言は費用自体に不服あるとうけとめられる可能性もあり，負担費用は元来不服を唱えるべきではないので，「費用ノ処分ニ就キ不服アル者」と修正し，布告案の文義を一つにしたという院議をまとめた。元老院修正議定の布告案は参事院及び第二局の審理と閣議を経て6月5日に上奏され，裁可を経て8月8日に太政官第31号として布告された。

④『徴発物件一覧表』の編集・刊行

徴発事務条例下の郡区・町村自治体の平時の徴発事務で重要なのは，郡区長調製・提出の「徴発物件表」と府県知事調製・提出の「徴発物件概覧表」及び戸長調製・提出の「船舶表」の調製・提出であった。この中で，「徴発物件表」は郡区の東西南北の幅員，町村自治体毎に戸長役場所在地・町村名・戸数・人口(男女別)・各戸坪数合計・厩圉［きゆうぎよ］倉庫・職工・官廨・社寺・学校・屠場・水車場・人夫・馬車・車・乗馬・駄馬・牛・馬・物産を記載し，府県知事調製の「徴発物件概覧表」は旧国の東西南北の幅員，郡区毎に戸数・人口(男女)・人夫・牛・馬・車輛・物産の記載を規定した(徴発事務条例第21～25条による附録第3～5号)。しかるに，陸軍省は，1883年1月1日現在の府県調製・提出の徴発物件諸表は計算方法等において不明瞭なものがあり調査上で支障が生じているとして，同年12月28日付で府県宛に「徴発物件諸表調査方梗概」にもとづき調製・提出することを通知した。これは，「徴発物件表中」の「戸数」「各戸坪数合計」などの区画に記載すべき内容や「徴発物件概覧表」「平均物価表」の記載方法を詳細に示した。

さて，陸軍省は府県等提出の徴発物件を集成・編集し，1883年度から『徴発物件一覧表』を刊行した[42]。1883年度の『徴発物件一覧表』は，軍師管区分府県所轄戸数人口一覧表，徴発物件表，徴発物件概覧表及び府県平均物価表を収録し，その「凡例」で「有事ノ日ニ当リ其軍須ヲ充実セシメ規画処置シテ違算ナカラシムルハ軍機ニ於テ最至重事タリ」と記載した。なお，府県平均物価表は1880年より1882年までの3年間平均価格で，市場又は市街3箇所以上の平均値をとったとしている。その後，1884年度からの『徴発物件一覧表』は全国電信本支線路並里程区分表を加え(工部省電信局1883年12月調査)，1887年度からの『徴発物件一覧表』には全国汽車鉄道一覧表と船舶表を加えた。ちなみに全国汽車鉄道一覧表は，鉄道局及び二つの私鉄会社の所轄鉄道の始発駅から終着駅までの各停車場間の里程と所要時間を記載し（普通，急行），総里程は467里とされた。つまり，鉄道の輸送・運行の詳細な調査・把握による資料の集積は，やがて，動員計画との関係で鉄道輸送業務と運行管理業務に関する諸規則規定化の重要な土台になった。

総じて1882年徴発令は陸軍省の徴発令草案に対する参事院の審査報告と徴発令修正起案等のように，古代からの徭役等の賦役思想を基礎にし，一部の篤志者（「豪農巨商」）による資産等の提供を含めて，「仁者ノ美挙」として美化する構えで制定された。そこには財産権・近代所有権に対する認識が薄く，したがって，思想的にはフランス徴発制度に含まれた近代徴発制度の前提としての近代的な私有財産権の承認を欠いたままで成立したことを意味する。これは，近代軍隊の戦争・戦闘に向けて簡単に軍需品等を供給し補充できるという，安易・無謀な軍需供給思想と権力的な徴発強行を随伴させる思想を強化した。

1882年徴発令を基本とする近代日本の徴発制度は戦争・戦闘の軍需供給の手続きを支える基本制度とされたが，その後の軍需供給や兵站体制の構築にかかわる陸軍内部の規則・令達類の規定化の思想に重要な影響を与えたとみてよい。また，近代日本の常備軍結集期以降，陸軍省の地域調査により，地勢研究や軍需用物件の調査・統計化のための全国地理図誌編輯・共武政表編纂と徴発物件諸表の調製・刊行を進めた。これは徴発物件の資料・統計の掌握・集積を図り，1880年代までは全国防禦線画定の視点も有し，旧城郭等を含む軍事・軍需用関連地所の管理・取得・収用・払い下げ等にかかわる基礎的データになった。

注

1）　井阪右三『日本行政法大意』下巻，1888年。有賀長雄『国法学』下巻，1901年。美濃部達吉『行政法撮要』。美濃部達吉『日本行政法』下巻，1940年。池田純久（陸軍省軍務局，歩兵少佐）『軍事行政』（自治体行政叢書第1巻）1934年。田上穣治「軍事行政法」（新法学全集第6巻『行政法 VI』），1938年。佐々木重蔵『日本軍事法制要綱』。小早川欣吾『明治法制史 公法之部』下巻。なお，徴発令を基礎にした法令（陸軍省令）は1915年馬匹徴発事務細則と1929年自動車徴発事務細則があり，徴発等の軍事負担体制を構成する法令は1904年鉄道軍事供用令と1918年軍用自動車補

助法があり，さらに特に戦時・事変の人的・物的資源の統制運用等を規定した1918年軍需工業動員法や1938年国家総動員法等がある。

2）近代日本の徴発は当時の交戦権行使上の戦争・戦闘を含めて研究されるべきである。すなわち，動員における兵站・補給体制構築の解明や，軍隊が国外での戦闘地域や占領地の自治体・地域住民に向けた兵力行使作用や権力支配の本質解明の一環として研究されるべきである（本書第3部参照）。この場合，交戦国軍隊や占領軍の敵国等での賦課物件・労役徴発は当該軍隊の内部令達や国際法上（1899年ハーグ陸戦法規）において規定されてきたが，徴発対応の補償などは大国中心・戦勝国本位のものとして機能してきた。

3）陸地測量部編『陸地測量部沿革史』4頁，1922年。

4）陸軍省内では，参謀局職員の徳岡絹熙（3月5日に陸軍中録の辞令）が命令を受けて全国地理図誌編輯担当の中心者になったが，当時では大事業であった。徳岡は3月に参謀局宛に，従来の地理風土に関する書籍は不正確で誤りを免れないとし，参謀局編輯の地理図誌の方針として，主に，①明の地理誌（『明一統誌』）の体裁にならうか，貝原篤信の『筑前続風土記』（全29巻）の体裁にならうか，②戸口物産里程山林川沢等の明細は明治維新後の諸官省編集の書籍を謄写し，その他元県庁所蔵の管下図田帳等の地理図誌等に関する書類をすべて提出させ，大成後に「其書ヲ携ヘ各地方へ間諜隊ヲ発遣し測量等実地ヲ経験シ而後始テ地理図誌ノ大成ヲ期スヘキ乎」と伺い出た。また，「地理図誌」の項目として，「地形　高底[ママ]広狭乾湿寒暑気候雲霧風雨地味厚薄城址城郭台場或神社寺院人家疎密」「山河　山脈遠近高底[ママ]峻平巌石多寡森林樹木竹草連隔距里広狭品名大小肥痩大沢小池河流長広急緩浅深沙泥多少水味塩淡清濁」「人質　村郷郡県戸数男女多寡総員衣食住風俗」「物産　各地天造人工品名一歳出入」を立てた（下破線は遠藤）。参謀局は3月13日に秘史局宛に，従来，大蔵省が地方図誌大略を調査したもので，地理図誌の項目中で傍点（本章引用では下破線，ただし「山河」を修正）の書類借用の旨（借用できないならば，筆写する者を差し出す）を照会してほしいと申し出た。同省の大蔵省宛照会の項目内容は後の徴発物件調査内容に相当するものが多いが，大蔵省回答は不明である。徳岡の地理図誌の項目内容は参謀局内でさらに検討され，たとえば，地形・人質・物産は「市井村落」とし，さらに「城市村落」と修正し，陸軍省案として，城郭・城址・地方官庁・街市・村落等所在地等の「経緯ノ度数及距離方向」等を加えたとみてよい。その後，参謀局は同4月12日に秘史局に『常陸風土記』他13件の図書購入を伺い出て，また，陸軍省の地理図誌編輯全体を指揮していた塚本明毅少丞は6月9日に秘史局に井上織之丞著『越前名蹟考』他9件の図書購入を伺い出ていた（〈陸軍省大日記〉中『壬申四月　大日記　省中之部』第1097号，同『壬申六月　大日記　省中之部』第

1751号)。その後，地理図誌編輯事業は同年9月に太政官正院管轄になり，同地誌課は各県の陸軍省宛提出の地誌類を正院に渡すように同省に指令した(〈陸軍省大日記〉中『壬申九月　大日記　太政官之部』第573号)。なお，竹林靖直(陸軍省十三等出仕)と吉田信孝(陸軍省十四等出仕)の両名は，太政官正院から1872年10月22日付で正院地誌御用掛兼勤を申し付けられたので(『公文録』1872年正院幷課局，第11件)，同省の全国地理図誌編輯は太政官の皇国地誌編集に継承されたとみてよい。これらの陸軍省の1872年全国地理図誌編輯は，石田龍次郎『日本における近代地理学の成立』(33-36頁，1984年，大明堂，初出は1966年)が維新後の官庁の地誌編纂事業に位置づけた記述を除き，その研究的言及は管見ではみあたらない。なお，新政府は1868年12月24日に府県宛に地図(国図)の調製・提出を指令した(諸侯に対しては藩の領地一図の調製・提出)。新政府の地理図誌編輯の提言には，民部省が太政官弁官宛に1871年1月に提出した「地理図誌編輯ノ儀」がある(『公文録』1871年1月民部省，第15件)。同提言は，日本国域内の戸口，地質，物産，山川の脈胳，境界の分画，村郷の位置，堤防の方向等の精細の図画を製作し(図画しがたい所は文字で説明)，地理図誌を編輯すれば，「時ニ臨ミ事ニ当リ土宜物情ニオケル一目瞭然廟堂ノ上ニ居テ天下ノ全局ヲ総覧スルコトヲ得ヘシ」と上申した。同省上申は認められた。

5）〈陸軍省大日記〉中『壬申七月　大日記　府県之部』庚第746，753号，同『明治五年八月　諸県』，『公文録』1874年4月諸県，同6月諸県伺，同8月諸県伺，参照。無下線部の日時は陸軍省宛伺い，下線部の日時は太政官宛伺い。鳥取県(1872.7.5　8.15　535両，現地視察出張往復旅費，筆写費等の下付願い)，青森県(1872.7.23　実地調査旅費等が必要)，群馬県(1872.9.5　測量等実施のため技術者数名を雇い入れ)，三潴県(1872.9.10　<u>1873.12.19</u>　1,830円余，測量人雇い入れ，測量機械を購入)，額田県(1872.9.15　愛知県　<u>1873.10.25</u>　46円，編輯用(人員給与等)費用)，福岡県(1872.9.25　管内巡廻調査用費用(人員給与等)必要)，島根県(<u>1873.2</u>　<u>11.23</u>　390円，官員3名の専務により実地検査)，浜松県(<u>1873.2.10</u>　<u>3.15</u>　20,000円，測量費用必要)，度会県(<u>1873.12.10</u>　168円余，測量諸費，筆写費)，敦賀県(<u>1874.3.24</u>　334円，旧足羽県の編輯費用)，新治県(<u>1874.3.30</u>　<u>7.4</u>　634円，編輯費用(官員旅費，測量機械購入等)，鹿児島県(<u>1874.4</u>　2,168円余，雇料，巡廻旅費)。

6）皇国地誌編集の経緯概要は注4）の石田龍次郎『日本における近代地理学の成立』参照。

7）太政官は1873年3月24日に使府県宛に，『日本地誌提要』(1874年12月から刊行開始，原稿はウェーンの万国博覧会に出展)の編輯原稿ができたが，図籍上の編纂のために実際との相違・遺脱があり，各庁は原稿に訂正を加え(不分明箇所は当該地の戸長等に実地に調査させる)，別紙の「訂正例則」に即して調査し，50日内に提出すべきことを布達した。別紙の「訂正例則」は形勢・疆域・郡数・戸数・人口等の26項目に及び，現地の住民を「土人」と呼称し，温泉の泉質は「土俗」上の所説の記載を指示した。同呼称等は，石田龍次郎の指摘のように，当時の太政官と府県の官員の愚民視思想の反映であろう。なお，陸軍省の全国地理図誌と太政官の皇国地理図誌の編纂は壮大な事業であり，また，当時の日本の「国勢調査」にかかわり，同事業には経費が欠かせないものであった。したがって，同編纂事業経費も含む基本方針確定を経る必要があったが，地誌の項目等を示したのみで，基本方針が不明確なままに着手したことは否めない。これについて，大蔵卿大隈重信は編集入費にかかわって，①1873年12月8日付の右大臣宛上申書において，昨年来から，諸県から地理誌編集用経費下付伺いが出ているが，同経費支出方法に関する太政官の指令がなく，「[県費の繰替えで負担させるには] 不尠趣苦情」が出ており，県官の「多少之迷惑」を洞察して，至急指令を出してほしいと述べ，②1874年3月31日付の太政大臣宛伺書で，大蔵省は地誌編集の議論を何ら承知しておらず，意見を出しかねるが「巨大ノ費途関渉之事件」であるので座視することは難しいとして，特に50日以内の調査・提出（1874年3月24日の太政官布達）による編輯は疎漏憶測に至り「確実明晰之取調無覚束」として，日数を限定せずおもむろに調査するのが適当であり，「一県一周年之費額金七百円」と定めて，超過しないように漸次編集を布告することがしかるべきと述べた。この結果，太政官は4月7日と15日の閣議で大蔵省伺いを了承し，4月25日に使府県宛に皇国地誌編集費用として1年間に700円を定めて同省からの下付を布達した（太政官布達第56号，『公文録』1874年4月大蔵省2，第19件，『公文録』1874年5月大蔵省2，第20件）。

8）〈陸軍省大日記〉中『明治六年従一月至九月　参謀局』。

9）石川忠久著『詩経　中』（新釈漢文大系111，1998年，明治書院）236-238頁では，「武の服に共みて　以て王国を定んぜん」（「慎んで戦役に仕え，王国を安んぜん」）と通釈されている。

10）『陸軍省衆規渕鑑抜粋』第8巻，第32件。

11）杉亨二の建議は『法規分類大全』第21巻，文書門（1），45-48頁参照。

12）東京鎮台は1878年9月に軍事須要のために管内を「地理実検」するとして，同旅費を「蓄積金」（貯蓄金）より支出したい旨を陸軍省に伺い出た。同省は同9月19日に了承して旅費を1日24銭以内と指令した（『陸軍省日誌』1878年，第28号，7-8丁)。また，熊本鎮台や名古屋鎮台も同11月に「管内地理研究」の実施を陸軍省に伺い出て，翌年1月に了承された（〈陸軍省大日記〉中『明治十二年自一月至十二月大日記　廻議意見　参謀本部』1月6日第1号）。

13)　陸軍参謀部『共武政表――明治八年版――』1976年，青史社。本書は表紙に「陸軍参謀部編」と記載し，かつ青史社編集部も奥付で編者を「陸軍参謀部」と記載したが，当時は「陸軍参謀部」はなく，正確な編者は陸軍省の参謀局である。本書の冒頭巻一の1丁にも「陸軍参謀局纂輯」と記載されている。『1875年版 共武政表』は1876年1月28日に参考のため府県に配布された（〈陸軍省大日記〉中『明治九年指令済綴　参謀局』）。なお，共武政表の最終刊行は，1880年分の共武政表の上下2冊（1882年）である（〈陸軍省大日記〉中『明治十五年載四月尽六月　卿官房』）。

14)　陸軍省は当初1873年2月5日に，東京鎮台管下東京府・神奈川県・足柄県を除く15県と名古屋鎮台管下筑摩県に対して，全国地理図誌編輯のために県内の旧国内の地名（戸数100軒以上の輻輳の宿駅，村，港）・戸数・人口・名産出品を調製・提出させた。この調製・提出が『1875年版 共武政表』の「各郡邑里人口一千名以上輻輳地及其戸数物産表」の原資料になった。その後，同4月22日に東京鎮台管下府県を除く府県に対して，府県内の旧国の「毎郡石高人口名産出品表」を6月中までに調製・提出させ，5月4日には東京府・神奈川県・足柄県に対しても同様に「毎郡石高人口名産出品表」を6月10日までに調製・提出させた。さらに1874年3月5日の陸軍省達布第127号（東京鎮台管下の足柄県他9県宛）は「何県管下何国何郡反別石高人口有名物産表」を調製・提出させた。この調製・提出が「各郡段別石高人口物産表」の原資料になった。この間におそらく上記計2種類の調製・提出を全府県に指示したと考えられる。しかし，1873年中は9月半ばに至っても京都府・神奈川県他17県は提出せず，11月下旬になっても長野県他9県は遅延等の連絡もなく，参謀局は甚だ支障があるとして陸軍卿に申進した（〈陸軍省大日記〉中『明治六年従十月至十二月　第六局』）。そのため，同省は1873年11月20日に特に輻輳地については「櫛比連檐百戸以上」の説明を加えた調製・提出の催促を長野県他9県に指令した。つまり，『1875年版 共武政表』の記載統計数値には年月の「前後ノ差」がある事情は，府県毎の調製年月が遅延等によりずれたためであろう。

15) 16)　〈陸軍省大日記〉中『明治十一年五月　大日記　各局』参第70，95号。茨城・和歌山・三重・熊本の4県は当時の郡区改正等の事務繁劇を理由にして1878年分も3月末提出の猶予を申し出ていた。その後1879年10月に至っても，長崎他5県は提出猶予又は連絡皆無であり，新たに編纂対象に加えられた沖縄県と開拓使管轄分はまったく未提出であった（〈陸軍省大日記〉中『明治十二年自一月至十二月　大日記　参月』，同『明治十二年十月　大日記　省内各局省外各局参謀監軍等』）。

17)　国立公文書館所蔵。第3回（1879年分）は1978年に柳原書店から復刻刊行された（上下2巻）。

18)　『1879年版 共武政表』から旧国全域の東西南北の幅員も記載したが，たとえば，

①高知県では，幡多郡他4郡の幅員（経緯，東西南北）は1878年と1879年の里数数値が異なり，かつ1879年の土佐郡の幅員南北18里及び安芸郡の幅員南北18里20丁は旧土佐国全体の幅員南北10余里よりも長大であり，②徳島県では，旧阿波国及び板野郡他5郡の幅員（東西，南北）は1879年と1880年の里数数値が異なり，③同様に，滋賀県の大飯郡他1郡，愛媛県の那阿郡，鹿児島県の大隅郡他1郡及び出水郡のそれぞれの幅員は，当該郡がそれぞれ含まれる旧若狭・讃岐・大隅・薩摩国よりも長大であった。そのため，参謀本部は1881年5月に幅員記載としては不都合であるので，当該県宛に照会してほしいことを陸軍省に照会した（〈陸軍省大日記〉中『明治十四年五月　大日記　諸局参謀監軍近衛軍医』参木第158，209号）。これに対する当該県回答は不明であるが，府県での旧国郡の幅員調査基準の考え方が一定化していなかったことを反映している。その後，同省は同年8月6日に府県宛に各郡の幅員調査が一定化していないので，1881年度からは，①最も信拠できる図面の子午線にもとづき縦横線を画した方形内に1国又は1郡を入れ，その縦横線をもって測る，②国郡の本土より離れた島嶼は算入しない（ただし，大なるものは別掲載），等を指令した。

19)　〈陸軍省大日記〉中『明治十三年十月　大日記　府県』総火第1167，1168号所収の岩手県（1880年10月1日付），長崎県（1879年9月30日付）の陸軍省宛申進書参照。大分県では自治体側の共武政表調製の調査において「村方景況書上」を提出した村がある。特に，大分県大野郡塩見園他2箇村（千束村，河内村）の戸長は1879年3月に大分県知事宛に，人口・戸数・寺院・学校や作付け種類毎の反別の他に「水患」「旱害」（千束村では全村の1,000分の5以上，反別で6反余，1874年より1878年まで平均）を記載したが（大分県立文書館所蔵『明治十二年起　共武政表　大野郡重岡村外四村』），天候や害虫発生による被害・損害の実態を県側に認識してもらうことにより徴発賦課の軽減措置を考慮してもらう意図があったとみてよい。

20)　『官令新誌』1879年第8号，8月31日，「雑報」31頁所収，青森県の伺い他，参照。

21)　注1）の井阪著が紹介したMaurice Blockの説（訳出）から引用（ただし，信山社復刻の『日本立法資料全集別巻284』391-398頁，2003年，所収）。主な法令は，1790年8月の法律，1854年3月の憲兵規則（勅令），1820年11月の勅令，1858年1月の大審院判決。

22) 23)　オウギュスタン・ロゼル，アレキサンドル・ソレル著『仏国常用法』第二集，710-800頁，箕作麟祥訳，1886年，司法省版。徴発令は第7，12，17，21～22，26，36～38，54条，徴発行政規則は第2，38，108，111～112条。フランスの徴発制度はフランス民法に起源した。フランス民法第545条は「何人ト雖モ所有権ノ譲渡ヲ強制セラルルコトナシ，但シ，公用ノ為且正当ナル事前ノ補償ヲ受クル場合ハ此限ニ至ラズ」と規定し，所有権保障を基本にして，同制限の原則を規定していた。これにより，所有権の国家への強制的移転として，収用（expropriation，1841年の法，不動産を対象），徴発（requisition，1877年徴発令），国有化（nationalization，1936年の軍需工場の法）の3形態が存在するに至った（神戸大学外国法研究会編『仏蘭西民法［II］』45-46，166-167頁，1956年，ただし，「1877年の法」を1877年徴発令と表記）。なお，フランスの獣類徴発は動員計画の充員数と密接に対応させていた。これに対して，日本陸軍の戦時編制成立萌芽期には砲兵と騎兵及び輜重兵の戦時編制の組立てには大量の馬匹確保が課題であった。しかし，陸軍省は輓馬徴発を最も困難とし，その理由は「我邦育馬ノ方法未タ完カラス民俗車輛ノ用法未タ洽ネカラサルヲ以テ随テ戦時徴発スヘキ輓馬ニ乏シケレハナリ」と観測していた（〈陸軍省大日記〉中『弐大日記』乾，1889年3月，総砲局第42号）。この結果，同省は軍用馬匹の補充・育成・供給体制を整備し，軍馬育成所を特設・増設するに至る（第3部第2章の注34）の［補注1］参照）。つまり，フランスと異なり，日本では平時の産業・農業の役畜用獣類を戦時動員計画に対応させて供給・転化できにくい農村・農家等の脆弱性があった。

［**補注**］プロイセン・ドイツの軍事負担として，国民には軍務上の必要物件供給義務が課せられていた。ただし，供給物件は「所有物買い上げ」の意義をもち，徴税とは異なった（ドイツ警視総監ヒュー・デ・グレー著『独孛政典』194-202頁，1890年，法制局書記官中根重一訳述）。同国の軍事負担は，平時と戦時において性格・手続きが異なった。まず，平時は，第一に，営舎供給義務があった（兵卒軍馬員数に応じた相当の家屋・厩舎の供給，6箇月未満の場合はさらに士官・軍吏とその乗馬の屋舎を供給し，かつ事務室・禁錮室・交番室を供する）。同義務を免れる建物は，皇族・高等貴族所有家屋，外国使臣の居宅，公務・公用家屋（協会・学校・救貧・療病・囚獄の目的に供する家屋），新築翌年より起算して2箇年未満家屋とされた。家屋の供給命令は町村等を経由して行われ，郡は当該郡の営舎供給事務官が予め営舎負担義務に関する概則を規定し，各町村は本概則に準じて負担方法を定めた。他方，屯営地における各町村の営舎賦課方法は賦課原簿を調製し，又は町村の決議・規約により設けた。営舎負担義務を怠る者に対しては，他の営舎を借り受け，同費用は当該義務者より取り立てた。営舎負担は相当の賠償金（全国を五つの等級に区分，ベルリンは別級とする）が支払われ，賠償金は5年毎に改正されるとした。第二に，その他の物件供給義務（町村経由）には，①予備馬車供給があるが（王室，外交官，牧馬官・軍務官〈軍行政官〉の所有馬車，士官，官吏，医師，獣医，駅伝官の使用馬車を除く），通常は1日間使用にとどまり，行軍・宿陣・一時滞在のみに供給する，②糧食供給があり，通常は営舎供給者の資力に準ずる（賠償金額は1

人1日の食料80ペニヒ，パンを欠くときは65ペニヒ），③芻秣供給があり（賠償金額は大市場毎月の平均価格），それぞれ，郡より町村に賦課し，1町1村は各義務者に割りつけ，供給義務に対する賠償は翌年中までに請求し，損害発生の場合は4週間以内に請求すべきとされ，これらの期限が過ぎた場合には賠償請求権は消滅した。第三に，町村を経由せずに義務者より直接に供給させるものには，①海軍への船舶供給，②一定の運賃額をもって鉄道事業者に鉄道運搬を引きうけさせること，③軍隊の演習・操練のための土地使用（邸内，庭園，葡萄園，苗木植え付け地を除く），軍用のための井泉・河湖・鍛鉄場の貸与，があった。牧場等に損害を発生させた場合には，文官委員1名と士官1名・軍吏1名及び軍行政官庁選任の鑑定人2名からなる評価委員が損害額を判定した。次に，戦時の負担は徴発とされ，法律（徴発令）により規定された（1873年9月13日の帝国布告，1876年4月1日の実施規則）。第一に，戦時の町村は，営舎・糧食・芻秣・予備馬車又は道路・城砦の修築，その他軍用上必要な人夫や材料を供給し，軍需に必要な土地家屋を明け渡す義務があった。ただし，平時の衛戍兵・補充兵及び守衛兵に供給しない営舎や平時不使用の土地家屋を戦時軍用に供する時は賠償せず，その他の場合は平時の定額又は当該地の平均価格にもとづき賠償金を給した。第二に，軍馬徴発の調整のために，戦時にはすべての馬匹所有者に対して，軍用に適する馬匹を軍務官の求める頭数に応じて相当現価（現金支払い）をもって売り渡すことを義務づけた（平時の予備馬供給免除者はほぼ免除）。馬匹価格は各郡で時々選任される鑑定人が郡長の指揮をうけて判定した。第三に，鉄道事業者（官立・私立ともに）は兵卒や軍用諸品運送のために，鉄道従事者・鉄道修築・運転に必要材料を供する義務があり，戦場又は同近傍の鉄道汽車の運転は軍務官の指揮をうけた。

24）　フランス陸軍中将ルブワル著『戦理実学』巻二，50-51頁。

25）『公文録』1882年8月陸軍省，第1件。参事院の審査報告は『法規分類大全』第45巻，兵制門（1），190-198頁。

26）　徴発令草案が徴発対象に「兵器弾薬」を起案したことは，裏面的には，本書第1部第1章既述の山県有朋陸軍卿の1878年建議（一般人民私有の軍用銃に対する政府の全般的な積極的な買い求め推進）を最終的に引っ込めさせたことを意味する。なお，徴発令制定後の1883年に，福岡県は陸軍省宛に徴発令第13条の「兵器弾薬」等の徴発対象について確認の伺いを立てたが，同省は同年4月10日に「被服兵器弾薬等ヲ徴発スル儀ハ国家有事ノ際ニ在テ軍需ノ闕乏ヲ補フ為メニ有之候ヘハ定制ノ物件ニ非スト雖モ或ハ取テ戦闘ノ用ニ充ル場合モ可有之候」云々と述べ，国家有事の際の積極的措置であることを回答した（〈陸軍省大日記〉中『明治十六年三月四月第一号審按』第41号）。

27)　1900年法律第29号の土地収用法第82条は補償金額に関する収用審査会決定に服せざる者は通常裁判所（司法裁判所）に出訴できることを規定したことにもとづき，徴発令の賠償が通常裁判所に出訴できないことを不法として上告した原告に対して，大審院1907年5月6日判決は「[徴発令は] 国家ト臣民トノ権力服従ノ関係ヲ規定シタル一ノ公法ニシテ素ヨリ国家ヲ一私人ト見做シ徴発ヲ課セラレタル一私人トノ間ニ於テ平等衡平ヲ基本トシ其権利義務ノ関係ヲ規定シタルモノニ非サルコトハ該令ノ精神ニ徴シ [中略] 毫モ疑ヲ容レス故ニ国家行政ノ機関タル行政官カ該令ニ遵由シテ臣民ノ物件ヲ徴発シ之ニ賠償金ヲ下付スルカ如キ行為ハ総テ公法上ノ支配ヲ受クヘキハ当然ニシテ [中略] 徴発令ニ従ヒ下付スヘキ徴発物ノ賠償ニ関スル請求事件ニ付キ通常裁判所即チ司法裁判所ハ管轄権ヲ有セサルヤ多言ヲ要セサル所ナリ何トナレハ通常裁判所ハ法律ニ明文アル場合ヲ除キ民事即チ私法上ノ訴訟ヲ裁判スルモノニシテ公法上ノ訴訟ヲ裁判スル権限ヲ有スルモノニ非サレハナリ」としてその上告を棄却した（金田謙発行『大審院判例全集』1012-1013頁，1910年）。

28)　注25）の『公文録』。

29)　『元老院会議筆記』後期第16巻，222-223頁。豪農巨商の軍資金の篤志的提供の議論は日清戦争期にも出され（渡辺国武大蔵大臣，井上馨内務大臣等），伊藤博文首相も同献金を国債に引き直すとして一時は同議論になびいたが，松方正義の反対により，内国債募集にふみきった（藤村通監修『松方正義関係文書』第4巻，43-46頁，1982年，大東文化大学東洋研究所発行）。

30)　当時，『内外兵事新聞』第368号の「社説　徴発令ノ制定」（1882年9月3日）は徴発令第8条の地方自治体の徴発手続方法の規則化に対して，府県会などに付して同決議を経て規定すれば「徴発ノ時ニ方リテ能ク咄嗟ニ其需要ヲ充シ得ヘキノミナラス其地方ノ人民亦之ニ異議ヲ容ルルモノナク」云々と述べ（7頁），参事院修正の陸軍省の徴発令草案第8条の手続きが施行されると期待した。

31)　『元老院会議筆記』前期第13巻，810-811頁。

32)　『公文録』1882年12月陸軍省，第1件上。地方自治体が徴発事務体制を組立てる場合に誤解していたのが徴発事務条例第20条であった。第20条は，同一県下の甲乙2郡に賦課した場合，同2郡の営業者の供給が不完全の場合にはさらに丙丁の郡区に賦課し，ついには全県下の営業者に賦課を及ぼし，それでも不完全の場合に一般人民に賦課する趣旨であった。これについて，たとえば，新潟県の徴発事務取扱手続第6条第1項は徴発令第12条第1項の物件の賦課を「郡区ニ賦課シ郡ヨリ町村ニ賦課セラレタルトキハ先営業者ニ賦課シ而シテ仍ホ不足アルトキハ他ノ人民ニ賦課ス」と，某郡区徴発区内の営業者による供給不足が生じた場合は即時に一般人民に賦課する趣旨を規定した（『官報』第75号，1883年9月26日）。新潟県の規定に対しては陸軍省も気づき是正を通知し，同県は改正した（〈陸軍省大日記〉中『明治十六年従七月至十二月　総務局』第39号，『官報』第98号，1883年10月24日）。

33）〈陸軍省大日記〉中『明治十五年従七月至九月　総務局』。

34）注32）の『公文録』。

35）36）37）『公文録』1884年9月内務省1，第3件。参事院回答を発した時期に，愛媛県は兵事諮問会（7月10日～15日開催）の開設により徴発事務取扱手続を議決した。同県の同手続第6条は徴発物件輸送費を当該郡町村の協議費により支弁し，当該郡長戸長において郡は一郡の連合会，町村は町村会において予め徴集支出方法を評定し届け出ることを規定した（『官報』第24号，1883年7月28日）。注32）の新潟県徴発事務取扱規則第5条も徴発物件輸送費負担は，郡区徴発区は郡の協議費により，町村徴発区は町村の協議費により支弁すると規定した。その他，大阪府徴発事務取扱は郡区の規定にゆだねるとした（『官報』第101号，1883年10月27日）。

38）39）〈陸軍省大日記〉中『明治十七年従一月至六月分　諸県』。ここで，『内外兵事新聞』第369号の「社説　徴発令ノ制定　前号ノ続キ」（1882年9月10日）は徴発物件供給者の同徴発物件輸送費負担に対して，徴発物件の賠償額は，すべての売買用物件が運送されていくところの一般の売買地（都会市邑）の3年間平均価格（運送値も含む相当の価格になる）にもとづき評定されるので，差出場所までの輸送費の供給者側負担は当然であると述べた（7-8頁）。ただし，同社説や陸軍省側は輸送時の事故・事件等発生の可能性を想定していない。なお，徴発令第12条第2項の乗馬・駄馬・駕馬・車輛等の獣類・器具は差出場所より6里未満の地で使用することを原則にしたが，人夫・船舶・職工・鉱山夫・洗濯人等も含めて同場所から各所に返付する場合に，6里以外の地から解放する場合には原差出場所までの相当費用を官費負担とするが，6里以内は官費負担対象外とした（〈陸軍省大日記〉中『明治十六年従四月至六月　諸省院庁』第155号所収の福井県質問に対する1883年6月18日付の参事院議長山県有朋の回答）。

40）41）『公文録』1883年8月9月太政官，第16件，『公文録』1884年9月内務省1，第3件。

42）陸軍省総務局報告課輯『明治十六年　徴発物件一覧表』上巻。上巻は第一軍管，第二軍管，第七軍管の府県を収録し，下巻は第三軍管，第四軍管，第五軍管，第六軍管の府県を収録。

第2章　軍機保護法の成立と軍事情報統制

1　軍による軍事情報独占の思想

まず，軍機保護法成立前史を検討するが，そこには軍による軍事情報の独占的管理の強い思想がある。

(1) 文部省出版行政への干渉

第一に，文部省出版行政への干渉を通した軍事情報の独占的管理がある。すなわち，兵部省時代に，山県有朋兵部大輔は1872年2月19日付で太政官正院宛に，文部省所管の同年1月13日布達の出版条例に関して，兵事関係図書等の出版は兵部省宛出願にしてもらいたいと申し出た[1)]。出版条例は，図書出版には書名・著述出版人氏名住所・図書の大意記載を添えて，文部省に提出し，同省は検印し，免許状を本人に交付するという出願手続き等を規定していた。この場合，「翻訳練兵書類ハ専ラ新式ヲ尊フヲ以テ歳月ノ限アル可ラス」として，出願時にただちに審議し許可する扱いであった。他方，兵部省申し出は，兵書が兵部省検査を受けずに出版条例により出版されることは「兵制ニ於テ不都合ノ処」が少なくないと主張し，兵書出版に関する兵部省の特別な独立管理を求めた。

正院は文部省宛に兵部省申し出に関する支障の有無を照会した。これについて，まず，文部省は2月20日付で，同省は出版全体の管理をまかせられているために，兵書類のみの出版を兵部省が管理するのは不体裁であり，「兵律ノ書類」の出版の場合は兵部省に支障有無を打ち合わせてから可否決定すれば支障は生ぜず，兵事関係書の中でも和漢古今の戦争等記載書出版は兵部省においても支障はないはずである，と回答した。文部省回答は兵書を含む図書出版を原則的に同省権限内において管理するものであった。

しかし，山県兵部大輔は，他省が兵書出版にかかわることへの反対も含めて文部省回答に執拗に反対し，2月25日付で下記のように正院に再上申した[2)]。

「方今郡県ノ御政治被為建候上ハ兵権ノ義ハ一切当省ヘ御委任相成候義ト被存候然ル処外向ノ御政令ハ公明正大ニ可有之ハ勿論候得共兵事ニ至リ候テハ秘謀密策等モ有之ニ付兵事ニ関係ノ儀当省承知不致内一般流布相成候テハ甚不都合有之右等ノ儀ハ文部省ニテモ弁別有之筈ニ候且前文ノ通郡県ノ御政体相立候上ハ庶人譸[ママ]ニ兵事ノ得失利害等論評義無之事ト被存候況方今御草創ノ折柄兵制諸規則等モ未確定トハ難申此儀ニ付テハ日夜憂懼罷在候処遠西兵書中ニモ新古ノ異説各国ノ異同モ有之候ヘハ其訳書抔勝手ニ出版候テハ諸説多岐相成自然画一ノ障ニモ可相成候間過日相伺候次第ニ御座候尤文部省ヨリ当省ヘ打合ノ上可否決定可致様有之候得共中ニハ私版ニテモ当省ニテ急速入用ノモノモ可有之候得ハ速ニ出版為致度存候得共打合抔多少暇取リ候義モ可有之右ニ付兵事ニ関渉ノ書類ハ専ラ当省ニテ致検査直ニ差許候得共別段不体裁ニテ文部ノ権ニ融候義トモ不被存候乍併右兵書モ戦法戦略三兵操法築城養馬器械製造等ヨリ平戦軍隊規則等ヲ除クノ外兵史ノ義ハ関係無之ニ御座候依テ此段及御答候間篤ト御詮議被下度候也」

山県兵部大輔の再上申書は兵部省の省議を経ているが，当時の兵制の基本にかかわって強調された「郡県ノ御政治」「郡県ノ御政体」の文言は，前年1871年7月の廃藩置県の改革による兵権集中を指摘している点では，かつ，2月19日付上申書以降の論争的内容が一貫して含まれている点では，山県個人の見解を強く滲ませていると考えてよいだろう[3)]。その際，山県は，「庶人譸ニ兵事ノ得失利害等論評」「諸説多岐」を抑制・警戒し，一般国民大衆の兵制・兵事に関する旺盛かつ多様な公開的議論や研究を抑制し排除した。山県は，廃藩置県による兵部省への兵権集中と「秘謀密策」を名目にしつつ，兵書出版による兵制・兵事に関する情報流通・公開を含めて同省の統制・管理の対象にすべきことを意図した。

正院史官は2月27日付で兵部省見解を尤もであると審査し，太政官史局が開版検査実施時も，兵書は同省と打ち合わせてから出版を許可していたことを述べ，文部省にさらに見解を求めた。これについて，文部省は3月7日付で，①「兵律ニ関係ノ書類」は兵部省に打ち合わせの上，出版可否を決定する，②兵史を除く戦法戦略築城器械等はすべて兵部省と打ち合わせることにすれば，兵書出版許容の可否は兵部省の評議にもっぱらもとづくことになるので，兵事の兵部省委任の主意も貫くことができる，③兵部省印刷書類の今後の出版は文部省検査をなくして兵部省に委任する，等を回答した。つまり，文部省は兵書類出版のほぼ全面的な兵部省委任に同意した。

他方，兵部省廃止により陸軍省と海軍省が置かれ，山県は陸軍大輔になった。そして，山県陸軍大輔は兵書類出版の陸軍省委任を見込み，3月12日付で正院宛に，兵書類出版出願者は陸軍省宛出願を早く府県に布告してもらいたいと上申した。その際，正院史官は，海軍と陸軍とが混在するので，双方の区分を陸軍省に照会した。山県陸軍大輔は同意し，陸軍関係の兵書類出版は陸軍省宛出願にしてほしいと回答した（海軍省回答は不明）。この結果，太政官は3月22日に，兵書出版免許は陸軍海軍両省の所轄になったので，陸軍関係兵書は陸軍省に，海軍関係兵書は海軍省に出願すべきことを布達した（布達第90号）。これにより，陸軍省は3月25日に，陸軍関係兵書出版出願が同省所管になり，軍関係書は軍務局と兵学寮が，医事関係書は軍医寮が検査することを，軍務局と兵学寮及び軍医寮に通知した。

ところで，文部省は2月20日付と3月7日付の回答書は「兵律」の関係書類出版を指摘した。他方，山県陸軍大輔は3月5日付で正院に「軍律買捌ノ件至急御沙汰相成度」と申進した。この兵律と軍律は同一であり，正確には前年1871年8月28日裁可（天皇の裁可前文が付く），1872年2月18日制定，同年3月4日頒布の海陸軍刑律（全204条）である。海陸軍刑律は廃藩置県による兵部省への兵権集中に対応し，当時の御親兵や二鎮台設置と四鎮台配置により編成された壮兵軍隊の軍紀維持を目ざした特別刑法であった。1872年の海陸軍刑律は西周が起草したとされ，漢籍にもとづく難解な字句が頻出し（『法令全書』に収録・掲載されたときは振り仮名が付けられる），峻厳さを強調した刑法とされているが，実際には同刑律内容の理解を含めてどの程度に実施されたかは不明である。しかし，注目すべきは，第70条は「凡ソ軍機ヲ漏泄シ，軍情ヲ発露スル者，又記号暗号ノ類ヲ開示シ，機密ノ図書ヲ伝播スル者」を謀叛律の対象にするなど，「軍機」（軍中の機務）「軍情」等の機密保持を強化したことである。同第70条は兵員に読み聞かして未然に違背しないことを求めた1872年3月20日の読法律條附にも掲載された[4]。

また，1872年3月12日制定の大阪・鎮西・東北鎮台条例は管内の兵力行使を要する事態・事件に対しては，鎮台参謀部将校が必要兵数や策略を陸軍卿に申報することとされた。その場合，「策略ノ申告ハ必ス密啓ヲ要シ若シ電報ヲ使用スルコトアルモ策略ノ露泄スルヲ謹ムヘシ」と規定した。本策略漏泄防止規定は，同条例と同様の同年1月制定の東京鎮台条例にはないので，1872年の2月から3月にかけて，兵部省・陸軍省への兵権集中に対応した鎮台内部の軍事機密管理強化の一環として位置づけられる。

かくして，一般出版行政への干渉に示された山県有朋の兵制・兵事に関する情報流通・公開に対する抑制・警戒の思想は海陸軍刑律や鎮台の軍事機密管理強化策と一体化されたものとして位置づけることができる。その後，1874年の佐賀事件，台湾出兵，1877年西南戦争，さらに1882年朝鮮国壬午事件での新聞記事等の統制を含め[5]，年次とともに拡大・増加する出版・言論事業への干渉・統制を強化した。すなわち，1883年4月16日太政官布告第12号の新聞紙条例では陸軍卿・海軍卿が，1887年12月28日勅令第28号の新聞紙条例では陸軍大臣・海軍大臣が，特に命令を発して軍隊・軍艦の進退や一般軍事の記載を禁止し，あるいは「軍機軍略ニ関スル事項」(1887年新聞紙条例第22条）の記載を禁止できるとした。また，1887年12月28日勅令第29号の出版条例は「軍事ノ機密ニ関スル事項ヲ記載スル文書図画ヲ出版スルコトヲ得ス」と軍事機密事項の文書図画出版を禁止した。その後，1893年4月13日法律第15号出版法は，軍事機密事項の文書図画出版を陸軍省・海軍省の許可制にした。

(2) 古昔兵書の独占的所蔵の思想

第二に，陸軍省による古昔兵書の独占的所蔵の申し出がある。すなわち，陸軍卿大山巌は1881年7月20日付で太政大臣宛に「書籍館並浅草文庫ニ貯蔵ノ軍事ニ関スル兵書類当省へ御引渡之儀ニ付伺」という伺い書を提出した[6]。これは，文部省・内務省等管轄の書籍館や浅草文庫所蔵の古昔兵書を，廃藩置県により兵器・城郭が陸海軍所管になったように，陸軍省に引き渡してほしいという申し出であった。

書籍館は1872年9月に東京・湯島に開館した文部省所管の公共図書館であったが，1874年7月に浅草に移転して官立浅草文庫と称された。浅草文庫は1875

年3月に内務省所管になり，同年11月に博物館所属浅草文庫として一般公開された。その後，1881年4月の農商務省新設により博物館は農商務省所管になったが，浅草文庫の図書自体は従来通り内務省所管になり，上野に新設の博物館構内への移設準備のために一時貸出中止になっていた。他方，文部省は1874年11月に旧湯島書籍館建物の同省引き渡しにより再び図書館開設方針を立て，1875年5月に東京書籍館を開館した。その後，東京書籍館は1877年に東京府に移管され東京府書籍館と改称されたが，1880年7月に再び文部省所管になり東京図書館と改称された。書籍館→浅草文庫と，書籍館→東京図書館は旧幕府や旧藩校の蔵書を所蔵していた。

さて，陸軍省の古昔兵書引き渡しの申し出の理由は，兵法集要や兵器沿革誌を編纂しているが，参考書が少ないために職員を書籍館（東京図書館）と浅草文庫に出張させて借覧し，必要のものを筆写させているが，時々，縦覧拒絶を受けているとした。また，いくつかの図書の筆写は将来いつ終わるか見通しもなく，筆写時間関係で抜粋になってしまうとした。そして，そもそも，同図書館所蔵の古昔兵書の多くは現在廃棄処分になるべきであり，「他方ニテ借覧ノ者モ有之間布到底蠹魚［とぎょ］ノ食ト相成後年ニ至リ参考ノ道モ無之様成行可申然ルニ陸軍ニ於テハ編纂上日々入用有之加之兵書ハ出版致スニモ陸海軍省ノ指令可相受定規ニ有之旁兵器等同一ノ訳ヲ以テ差向キ陸軍ニ関スル官有ノ古兵書ハ悉皆当省へ御引渡相成候様致度」と，紙食い虫の被害になるよりは，現在必要とする陸軍に移管したほうがよいと強調した。ここで，兵書出版は「陸海軍省ノ指令」を受けることを指摘しているが，それは兵制・兵事の歴史書（兵史）を除くものであり，兵法・兵器などの歴史書に関するものを対象にした陸軍省の指摘は不当であった。

これに対して，太政官軍事部の内閣書記官は，まず，8月10日付で内務卿に意見を照会した。内務卿代理土方久元は8月30日付で，①浅草文庫所蔵の蔵書類は兵書に限らず諸省が必要なものもあり，これらを一々各省の引き渡し要求により引き渡すならば，文庫としての体面を失うだけでなく，「官民ノ参考」に支障を生ずるので陸軍省の引き渡し要求には応ずることはできない，②尤も，借覧手続きは簡便にするが，浅草文庫管理の博物局は農商務省所属になり，内務省図書局も所管蔵書の重複するものなどを両局に分割する方針のもとに現在調査中であるので，整理できるまでは借覧の取りはからいはできない，と回答した。次に，同内閣書記官は，書籍館が東京府所管を経て現在は文部省所管（東京図書館）になったことを知り（内務省の指摘により），9月3日付で文部省宛に陸軍省申し出を照会した。

これについて，福岡孝弟文部卿は，11月8日付で長文の反対意見を提出した。文部省反対意見は陸軍省申し出を逐一反論し，当時の教育・文化行政推進における図書館の長期的役割と重要性を幅広い見地から的確に指摘し，その識見はかなり高いものとして注目できる。

すなわち，第一に，東京図書館はすべての図書を収集し，特定の学科に限られた図書を儲蔵しているのでなく，仮に兵書を陸軍省に引き渡せば，いきおい，他学科の図書をそれぞれの性格に応じて各省局に分割譲附しなければならず，その結果，図書館設置の本旨を失うだけでなく，図書館としての体面を全うすることができず，教育上の妨害を来すと指摘した。これは内務省の反対見解とほぼ同一である。第二に，東京図書館の図書収集の主眼として，「凡ソ貴重ノ図書ヲ保存セント欲セハ該館ニ儲蔵セシムルニ如クハ勿カルヘク陸軍省ノ如キ軍務ノ衙ハ正ニ之ニ反シ国家一朝事アレハ先ツ其事ニ当リ且其職員ノ如キ危急ノ時ニ際会セハ兵器ヲ先ニシ図書ヲ後ニスルハ亦勢ノ止ムベカラザル所ナレハ貴重ノ図書ヲ保蔵セシムルハ適当ナラザルヘク存候ニ付従来陸軍省所蔵ノ図書ト雖モ目下入用無之者ハ該館ヘ交付候ハハ安全ノ良策ト思考致候況ンヤ今該館所蔵ノ兵書ヲ挙テ陸軍省ニ集ントスルハ保存ノ方法ニ於テ尤モ其宜キヲ得ザルモノト云フベシ」と強調し，陸軍省への兵書集中に反対した。つまり，軍事優先官庁への貴重図書等集中は将来の長期的保存上で無責任になり（戦時を迎えた時など），保存の趣旨・方法に支障を生じるとした。その上で，筆写等の労苦を惜しむことにより貴重書籍保存目的や公共閲覧便益が損なわれる可能性を批判した。第三に，古昔兵書は廃棄処分になり世間上はもはや無用であると論じているが，適切でないとした。つまり，政治・法律・理財・歴史・地理・工学等の学芸は多少兵書を参考にしなければならない理由があると指摘した。たとえば，「国事ト軍事トハ最モ親密ノ関係ヲ有シ国政ノ創始ヲ問ヘバ軍制ヨリ転シ来ル者多ク軍規兵制ニシテ其国ノ風俗ト共ニ変セシモノ少カラズ又軍陣ノ組織法ハ立国ノ基礎トナルモノアリ法律ハ軍令ヨリ転シ来ル者アリ軍制ヲ見テ以テ其国理財ノ有様ヲ知ルニ足ルモノアリ［中略］兵書ニハ佗ノ書ニ散見セザル事実ヲ詳記スルモノ尠カラザレバ凡ソ古今ヲ参考シ学芸ヲ講究センニハ諸般ノ書ニテ其事実ヲ査覈［さかく］スルコト最モ必要トナスヲ以テ兵学者ノ外尚他ニ要用ノ儀不尠ト存候」と指摘した。文部省の指摘は，兵書・軍事の研究を陸軍省の専管事項として位置づけることや，一般国政や学問技芸の研究を兵書・軍事の研究から断絶させる議論等を批判したものとして注目される。なお，古昔兵書を兵器・城郭と同等の性質をもつとして位置づけることはできず，また，東京図書館では縦覧拒絶はなく，参謀本部職員にも図書帯出の特別許可を与えており，特別な求めに応じては例外的に一時館外貸出を許可していることを指摘した。

かくして，内務省と文部省の反対意見により，11月14日の閣議は陸軍省伺いを許可しないことに決定した。総じて，陸軍省申し出は兵書・軍事の研究を軍隊内の偏狭かつ閉鎖的な世界に閉じ込める思想を含み，兵書・軍事の研究や議論を公開的に展開することに逆行するものであった。

2　陸軍省における1890年代までの文書・図書管理体制

(1)「大日記」による文書編綴管理体制

陸軍省の日々発着・授受・往復する行政文書の管理における保管の基本は，一般的には「大日記」という文書簿冊の作成と保存によって行われていた。「大日記」による文書簿冊作成の基本は，当該案件に対して何らかの方針・決裁・指令・指示・照会・協議・回答・報告等を含む解決・判断・認識・処置等の扱い方が最終的に結了するまでに起草・起案（修正等を含む）・作成・往復された一連の関係文書（及び送付・提出文書の副書）をほぼ当該案件毎に編綴し，当該案件の結了年月日順に，かつ送付・提出先（陸軍管轄内の官庁と陸軍省外の諸官庁に大別・細別）及び陸軍省宛発送の官庁等毎に分類し，月毎又は年次毎に一冊の文書簿冊として集成・編綴し作成することである。その場合，文書簿冊毎に目次が付けられ，目次には当該案件内容を簡潔に表記した。これが，厳密な狭義の「大日記」である[7)]。なお，「大日記」による文書編綴管理体制下の行政文書保存の他に，特に秘密を要する文書や案件は「密事日記」として集成・編綴された。そして，「大日記」等の文書簿冊は「記室」と称された文書保管室に納められ，一定の手続きのもとに同省内で出納されることになっていた。

「大日記」による文書管理体制の基本は1871年の兵部省陸軍部内条例や1873年の陸軍省条例等によりつくられ，文書管理の主管局は秘史局（1871年兵部省陸軍部内条例），卿官房と第一局（1873年陸軍省条例）であり，その後は同局等の管掌事項を継承した局課が担当した。なお，参謀本部の文書管理も陸軍省の文書管理体制に近かった。

毎年の「大日記」の文書簿冊作成数を正確に知ることはできないが，内閣制度発足直後のものは概略がわかる。陸軍省は1888年3月17日付で，1887年度中作成の「大日記」を含む諸書類綴等の冊数を内閣記録課宛に報告している[8]。それによれば，陸軍省令日記1冊，陸軍省告示日記1冊，陸軍省訓令甲日記1冊，陸達日記5冊，通牒日記1冊，壱大日記12冊，弐大日記24冊，参大日記12冊，肆大日記12冊，伍大日記12冊，陸軍省訓令乙日記1冊，その他37冊である。

陸軍省訓令甲日記は陸軍部外に発された訓令を，陸軍省訓令乙日記は陸軍部内に発された訓令を収録した。壱大日記は内閣・省院・府県・各種団体等との往復文書（月毎），弐大日記は陸軍省内の局課からの起案・稟議等の文書（乾，月毎）と参謀本部・監軍部等との往復文書（坤，月毎），参大日記は兵器・武器管理官署の砲兵方面や陸軍諸施設の建築・修繕官署の工兵方面等の往復文書（月毎），肆大日記は鎮台との往復文書（月毎），伍大日記は陸軍被服廠や陸軍糧秣廠等との往復文書（月毎）をそれぞれ編綴した。もちろん，以上の他に秘密文書簿冊を含めて多数の文書簿冊が編綴されたことはいうまでもない。

なお，1883年7月に太政官文書局から『官報』が刊行された時，陸軍省は同年6月に「官報ニ係ル事務取扱主任心得書」を規定した[9]。それによると，総務局庶務課長を主任にした『官報』への掲載記事に関する事務を取扱うことになったが，「内務書操典若クハ軌典或ハ給与概則会計簿記法等ノ如ク別ニ大部ナル冊子ヲ成スモノ」は達書のみを掲載して別冊は掲載せずともよいという扱い方を規定した。これにより，歩兵内務書（後に他兵科の内務書も含めて軍隊内務書に統合）や歩兵操典・野外演習軌典などの本文を『官報』に掲載しないことを制度的に確定し，一般国民が軍隊内務書や歩兵操典などの内容・本文を目にし，又は話題にする機会は失われた。

(2) 1897年陸軍秘密図書取扱規則の制定

その後，年次進行とともに，かつ軍備拡張と日清戦争・諸事件勃発に対応して文書簿冊は増加し，秘密・機密扱いの文書や図書自体も増加し厳重に管理された。特に，日清戦争前における戦時編制や動員及び動員計画等に関する概念の明確化とともに，動員等に関する秘密扱いの文書・図書が増加した。

これらの増加に対して，軍務局長・経理局長・医務局長・法官部長と人事課長は連署により「陸軍秘密図書取扱規則制定ノ件」を1897年8月14日付で大臣官房に上申した。軍務局長等の上申書添付の理由書は，「従来秘密図書配布ノ際ハ其都度秘密ノ程度ヲ訓示シ来レリ然ルニ軍備拡張ト軍事ノ進歩ニ伴ヒ将来秘密ノ性質ヲ有スル図書ノ増加スルハ争フヘカラサル事実ナリ故ニ此際一定ノ規則ヲ設ケ将来ニ於ケル煩ヲ省略シ且ツ将来其取扱ヲ正確ナラシメントスル」と述べた[10]。つまり，秘密扱い図書の増加に伴って同図書の厳格な管理を規定し（配布・受領，保管・保存，閲覧や学校等における教授上の扱い方），秘密漏洩防止を目ざすとした。

ここで，「図書」とは一定の標題を付し，それのみで単独・完結の内容や意味を含み，印刷・複写等により複数部数作成された書類（図面・数量表等を含む）を意味する。この場合，当初，軍務局長等は秘密扱いの文書も含む取扱規則を考えたが，文書を含める場合は処務上・取扱上で困難が生ずるとして，図書のみを対象にし，文書は従来の普通の「慣例」にゆだねたとしている。ただし，行政上の文書は図書も含む概念であり，通常は，図書を別冊添付するという扱いにより発着・往復された。したがって，陸軍秘密図書取扱規則は，具体的には文書の中から別冊添付の図書で秘密扱いを要する図書のみを抜き出し，単独保管の取扱いを整備した。なお，「大日記」による文書編綴管理体制との関係では，1893年度から「密大日記」が編綴され主に戦時編制や動員関係の機密扱い文書を編綴した。

さて，軍務局長等起案の陸軍秘密図書取扱規則は，第一に，秘密図書を従来の慣例等により「第一種」と「第二種」に区分し，第一種の秘密図書はその全部が秘密に属することが多いとして，同保管者と閲覧の範囲を著しく制限した。すなわち，第一種の秘密図書はその配布を受けた者が保管者になり，同業務主任者を除き閲覧できないとした。ただし，業務主任者でない者で保管者から業務を命じられた者は閲覧できるとした。また，第一種と第二種の区分を当該図書の表紙に標記した。ここで，起案段階では，①第一種の秘密図書は，作戦計画訓令，動員計画令，動員計画訓令，動員計画調査報告規則，戦時編制，兵器弾薬表，暗号電信表，動員計画概見表，要塞地における防禦営造物の各突出部を連接した線より10km以内の地形図とされ，②第二種の秘密図書は，諸勤務令，平時編制，動員に関する準備品諸定数表，戦時被服糧食器械材料貯蔵区分表，片仮名信号書とされた。第二種の秘密図書はその配布を受けた者が保管者になるが，その主任事項のもとに下士及び下士相当の軍属以上の者に保管を分担させることができ，保管者が必要と認める場合には主任者でない者にも閲覧できると規定した。また，教育担当者には平時編制書と戦時編制書を閲覧させることができると規定した。第二に，「秘密ノ漏洩」を避けるために第一種の秘密図書はすべて「謄写」と「復刷」を禁じ，第二種の秘密図書でも編制と動員に関するものは謄写・復刷を禁止した。そして，軍隊・官衙・学校が第一種と第二種の秘密図書にもとづき，動員計画や教育等の必要によりさらに訓令細則や教程等の図書を編纂・配布する時は，当該図書に原図書と同一の標記をするとした。この他に軍隊・官衙・学校で編纂・配布の図書で秘密扱いのものは，それぞれの長官が第一種と第二種の区別を標記するとした。また，教育担任者は第一種と第二種とを問わず編制に関する事項を教授する場合は「口授」という口頭説明を行い，それが秘密であることを被教育者に指示し，被教育者には「筆記セシムルヲ許サス」と規定し，秘密漏洩防止の義務を負わせた。さらに，配布先・配布部数や保管責任者を明確にするために，各種図書毎に一連の通し番号を記載し（第一種の配布には受領証を提出），紛失・焼燼・損傷等の取扱いを規定した。

軍務局長等の陸軍秘密図書取扱規則制定の上申は省議で決定され，参謀総長と監軍の協議を経て10月13日に制定された（陸達第128号）。なお，同日に陸軍次官は第一種の図書と第二種の図書の変更・訂正等に関する通牒を陸軍一般に発した。それによれば，上記の起案段階のものに，第一種では動員計画令と動員計画概見表を削除し，歩工兵器具材料員数表を加え，要塞地の防禦営造物各突出部連接線外方10km以内の地形図は5万分の1以上の梯尺図に限られた。第二種では動員に関する準備品諸定数表が戦時物件定数表に変更された。これらは，動員計画関係文書の定数表名の変更等にもとづいた。

3　日清戦争と軍事情報統制体制

(1) 日清戦争開始前における新聞雑誌検閲体制の成立

①陸軍省令第9号による「軍機軍略事項」の新聞雑誌掲載の無条件禁止

朝鮮国全羅忠清両道で発生した甲午農民戦争の情勢に対して，日本政府は1894年6月2日の閣議で日本公使館保護等を名目にして朝鮮国への出兵を決定した。その後，法律上は未だ「戦時」と規定されない時点で，陸軍省は6月7日に陸軍省令第9号を発し，新聞紙条例第22条により当分の内「軍隊ノ進退及軍機軍略ニ関スル事項ヲ新聞紙雑誌ニ記載スルコトヲ禁ス」という，「軍機軍略事項」の新聞紙雑誌掲載の無条件禁止に至った。海軍省も同日に同禁止措置をとった（海軍省令第3号）。同時に，陸軍省軍務局長は陸軍省令第9号の取扱いに関する陸軍大臣発北海道長官府県知事宛の内訓按を起案し，管内新聞雑誌社からの原稿検閲要請がある場合，下記事項該当のものは掲載を禁止するとした[11]。

同掲載禁止事項は，①軍用船舶の員数と運航，②人馬材料の徴発，③軍用汽車発着の回数，地点，時日，④充員下令の時日，地点，兵員集合の遅速，⑤軍需諸品買い上げ高とその地点，⑥兵器材料製作買弁の状況とその地点，⑦軍事諸機関設置の時日とその地点，⑧動員した軍隊の員数，兵種，隊号，⑨軍隊集合の地点，⑩軍隊乗船上陸の地点，⑪出征軍隊の員数，兵種，隊号，指揮官の姓名，⑫軍隊の運動行進，⑬沿岸警備の地区・地点と守備隊の兵数・兵種・隊号，⑭軍事官衙の景況と武官の動静，⑮軍事に関する郵便，電信その他通信に関する事件，と広範囲にわたった。

以上の掲載禁止事項は，法律上は戦時でないにもかかわらず，戦時と同一状態とみなした上で，将来実施の動員内容等を詳細に見通して計画的に策定されたと考えられる。しかし，新聞雑誌社側は同掲載禁止事項を遵守すれば，軍事情報上の新聞雑誌記事掲載はほぼ不可能であった。ただし，同時点で，掲載禁止事項が新聞雑誌社側に公開・公示されたか否かは不明である。なお「交戦ニ関シ民情ヲ害スルガ如キ記事」も掲載禁止内容として提示した。同内容は「軍隊ノ進退」と「軍機軍略事項」に関係がなく，「戦意高揚」を煽るものである。

そういう点では，陸軍省令第9号は軍による情報操作や世論操作の意図を含み，マスコミの論評等を自粛させた。さらに，新聞雑誌検閲係（以下，「新聞検閲係」と表記）として，大臣官房秘書官1名・副官1名，法官部理事1名，他3名の計6名が従事することになった。ただし，この時点ではその業務分担体制等は明確化されていない。

軍務局長の内訓按は決裁され，6月7日に陸軍大臣内訓を電報により発した。また，同日に陸軍大臣は警視庁と内務省警保局宛に，陸軍大臣内訓を各府県知事に発したことを通知した。他方，海軍省は，6月8日に海軍次官が陸軍大臣内訓と同様な「軍機軍略事項」の新聞紙雑誌掲載禁止事項を各地方長官宛に電報で通知した[12]。それによれば，陸軍大臣内訓とほぼ同様であり（全20項目），陸軍省令第9号と海軍省令第3号の起案段階で，事前に陸軍省と海軍省が新聞紙雑誌掲載禁止事項に関して綿密に打ち合わせたと考えられる。ただし，海軍独自のものとして，水路測量と標識，海軍所属諸倉庫，学校艦団隊教練の状況に関することがあり，さらに「直接間接ニ軍機軍略ニ関係スルト思料スルモノ」を規定した。同規定の内容は海軍省により一方的に軍機軍略事項として認定されるが，果して，当該内容が「軍機軍略事項」に該当するか否かを含めて，認定主体の資格などに関連して議論の対象になりえた。

②陸軍省令第10号と「軍機軍略事項」掲載の事前許可制

新聞検閲係はただちに軍事情報統制活動を開始し，6月7日に北海道庁長官府県知事宛の電報按を起案し，朝鮮国への軍隊派遣と清国政府宛の同軍隊派遣通告の記事を6月9日以降の新聞記事に掲載することの許可を通知したい，と陸軍次官に上申した。同上申は決裁され6月8日に電報を発した[13]。これは，同7日に朝鮮国への軍隊派遣を報道した新聞社があり，秘密の意味がなくなり，軍が軍事情報を一方的に提供するという措置に至ったものである。しかし，新聞検閲係は新聞紙条例第22条による陸軍省令第9号の「軍機軍略事項」の無条件的な掲載禁止措置を反省し，同措置を緩和した。

第一に，6月11日に陸軍省令第10号を発し，陸軍省令第9号に「但予メ陸軍大臣ノ認可ヲ経タルモノハ此限ニ在ラス」という追加を施し，「軍機軍略事項」掲載の事前認可制をとった。この省令追加について，新聞検閲係は次のように上申した[14]。すなわち，陸軍省令等の法令上の「軍機軍略」の文字の意義は

「汎博」で「定解」を与えることが非常に困難であるが，陸海軍人等の当事者こそが最も了解できるとした。その理由は，裁判における法令の意義解釈において，裁判官が「鑑定人ノ智識ヲ参考シ」て自己の知識の及ばない所を補う必要があるのと同様であるとした。つまり，陸海軍人こそが「軍機軍略」の「鑑定人」になりうる資格を持つとした。その上で，「相当官憲ノ査閲ヲ経テ本令ノ違犯者タラサラムコトヲ欲スルモノノ為ニ方便ヲ与ヘ」ることにし，かつ，「軍機軍略ノ如何ヲ詳悉スル検閲ヲ備フル陸軍大臣ノ，事ニ害ナシト認メラレタルモノニ限リ其必スシモ多少軍機軍略ニ関スル事項タルト否トヲ問ハス本令所謂軍機軍略ニ関スルノ事項トシテ新聞紙ニ掲載ヲ禁シタルモノニ非サル旨ヲ公示スルノ甚可ナルヲ覚ユ」と強調した。つまり「軍機軍略事項」掲載に関して「ガス抜き」をした。

しかし，新聞検閲係の上申は「軍機軍略事項」掲載の事前認可制という掲載手続きの「有効性」を議論し，陸軍大臣を「軍機軍略」の専門的な「鑑定人」に相当させたとしても，「鑑定人」よりも上位の総合的判断をする比喩上想定の「裁判官」は誰であるかを示さず，「軍機軍略」の特定とその根拠には触れず，その後もあいまいさを残した。なお，海軍省も同様に6月11日に海軍省令第4号を発し「軍機軍略事項」掲載の事前認可制をとった。

③「軍機軍略事項」の内容緩和（陸軍省送甲第699号）

第二は，6月7日の陸軍大臣内訓に関する「軍機軍略事項」の内容緩和がある。すなわち，新聞検閲係は6月13日に，警視総監と北海道庁長官及び府県知事への陸軍大臣内訓案を起案し，軍機軍略は事態・事情とともに変遷し，過去の事柄に属し又は瑣末なもので表示しても「将来我軍機軍略ノ如何ヲ揣摩〔しま〕スルニ足ラサルモノハ自今之ヲ記載スルモ不問ニ附スル儀ト心得ヘシ」と指摘し，若干の事例を示した[15]。その事例とは，軍用船舶の員数と運航に関しても総数・トン数や就航先・目的を推測できないもの，軍用汽車に関しても積載人馬貨物の員数を知ることができないもの，軍需諸品買い上げ高に関しても一小局部にとどまり又は物品数量を記載しないもので兵員多寡を揣摩できないもの，軍事機関設置でも軍機軍略に直接関係ないもの，上船上陸の既往に属し現在将来に関係ないもの，軍事官衙の景況や武官の動静等でも某団某隊の出征等をうらなう価値のないもの，軍事通信に関しても一般の状況のみであって通信事項を明記せず，又は軍用電信新設等に関係しないもの，の事例である。新聞検閲係起案の陸軍大臣内訓案は決裁され，同日に電報により発された（陸軍省送甲第699号，以下，「送甲第699号」と略）。また，同日に陸軍次官は内務，海軍，司法の3次官宛に，同内訓を警視総監と地方長官宛に発したことを通知した。

かくして，日清開戦前において陸軍省の新聞検閲体制が成立したが，「戦時下」と見立てつつ動員内容等を詳細に見通した軍機軍略事項の新聞紙雑誌掲載禁止措置はやや試行的措置にとどまったといえる。それは，軍による軍事情報統制が，軍事の秘機密維持管理にとって有効なのか，あるいは国民の「戦意高揚」に向けた世論組織化にとって有効なのか，等が明確ではなかったからである。

(2) 日清戦争下緊急勅令第134号による検閲体制と軍事情報統制構造の成立

①勅令第134号と検閲範囲の拡大

8月1日に日本は清国に開戦を宣告し日清戦争が開始された。同時に同日に勅令第134号が制定され，外交又は軍事に関する事件を新聞紙，雑誌及び他の出版物に掲載する時は行政庁（内務省が指定）に当該原稿を提出して許可を受けるという原稿検閲を規定した。同勅令違犯者には罰則が処された。同勅令制定により，陸軍省令第9号と海軍省令第3号は8月3日に廃止された。また，内務省は8月2日に内務省令第7号を発し，許可を受けるべき原稿の提出先を，東京府下は内務省，地方では北海道庁と府県庁（長官が遠隔地と認めた地方は，当該地方の警察署），島庁所在地は島庁に指定した。

勅令第134号は検閲範囲を外交関係にも広げ，軍事関係の検閲を含めて，主管事務は内務省になった。しかし，軍事関係の検閲は陸軍省からすべて離れたのではない。たとえば，内務次官は8月1日付で陸軍次官宛に，内務省の勅令第134号による検閲事務を取扱うために陸軍省から高等官を委員として派遣してほしいと照会した。陸軍次官は翌日に了承し新聞検閲係を派遣した[16]。また，陸軍省側は8月2日に，各師団と屯田兵の参謀長及び憲兵司令官宛に，各地方長官や警察署長等が勅令第134号による検閲事務を取扱う場合，軍事に関する事項の掲載許否にかかわって軍機軍略に関する質疑等がありうるので彼等に懇切に垂示することを（憲兵司令官は各地の憲兵隊長等に訓示すること），先日各地方長官に提示したとされる軍機軍略に関する重要事項（上記の6月13日の

「送甲第699号」添付の事例を意味し，「検査標準」と文書名が付く）を添付して通知した[17]。

②陸軍省令第20号による検閲体制強化と陸軍大臣内達（陸軍省送甲第1225号）

その後，9月12日に緊急勅令第167号は勅令第134号を廃止し，翌13日に内務省令第7号を廃止した。すなわち，検閲は「軍機軍略事項」に集中し，陸軍省は同13日に陸軍省令第20号（海軍省は海軍省令第13号）を発し，6月7日の陸軍省令第9号と6月11日の陸軍省令第10号とほぼ同じ内容の陸軍大臣又は海軍大臣による軍機軍略事項掲載の事前認可制を復活した。

しかし，これはたんなる復活でなく，特に同年9月以降，第一軍等の編成・動員・出征に対応し，勅令第134号による検閲体制のもとで，軍による検閲体制を質的にも強化した。同省令は陸軍省の大臣官房で起案されたと考えられるが，同時に9月12日に，①「陸海軍大臣ヨリ北海道庁長官各府県知事へ電報御達案　東京府除ク」（東京府には海軍省から発する），②「大臣ヨリ警視総監へ御達案」，③「北海道庁長官各府県知事へ御内達案　東京府除ク」を起案した[18]。

ここで，第一に，①と②は，地方長官と警視総監に対して，「一　一個ノ推測ニ出ルト若クハ風説ニ係ルトヲ論セス又ハ事実ノ有無ヲ問ハス未タ実行セラレス若クハ未タ発表セサル軍事上ノ計画軍隊軍艦御用船及将校ノ進退所在ニ関スル記事ハ之ヲ掲載スルヲ禁ス　二　前項ノ外特ニ掲載ヲ禁スルモノハ時々之ヲ達スヘシ　三　禁止ヲ犯シタルモノハ司法上若クハ行政上厳重ノ処分ヲ受クヘシ」という禁止項目を管内新聞社・通信社に厳達し，違反文書の徴収を求めた。これをうけて警視庁は同13日に各新聞社と通信社に対して，さらに，条約に関する事柄や条約国の挙動を非難してその感触を傷つけ，人心を激動し，治安を妨害するような記事を掲載すべきでないことを加えて通達した[19]。第二に，③は地方長官に対して，「軍機軍略事項」の取締りは，6月13日の「送甲第699号」添付の事例にもとづくことを命令した。この場合，同事例（「綱目」と称される）にはさらに「本書ハ之ヲ公ニスルコトヲ許サス」という公開・公示の禁止を付けるとともに，新聞社・通信社から「軍機軍略事項」の掲載禁止の標準に対する質問が出た場合には，同事例を「一見セシムルハ妨ケナシト雖トモ之ヲ新聞紙雑誌ニ掲載スル等公ニセシムヘカラス」と新聞紙・雑誌等への掲載禁止を強調した。大臣官房起案の3件の陸軍大臣等の内達案は決裁され，9

月13日にそれぞれ発された（陸軍省送甲第1225号）。なお，同日に陸軍次官は内務次官宛に同3件の内達を通知した。

かくして，新聞社・通信社側等からみれば，「軍機軍略事項」の内実が「不明確化」「非特定化」された状態の中で「軍機軍略事項」の掲載禁止の処分がなされるという，軍事情報統制構造が成立した。

(3) 大本営と軍事情報統制構造――「大本営発表」体制の原型成立

①陸軍省の世論誘導重視の方針

ただし，以上の軍事情報統制構造は戦時下の陸軍省という一政府機関が検閲を管理するものであって，大本営から発される軍事情報の扱いや管理には明確な基準はなかった。つまり，陸軍省は大本営の新聞紙報道監督における「軍機軍略事項」に関する掲載許否は法令上でほとんど効力なしとみていた。そのため，大臣官房は大本営に対して，「自今大本営所在地ニハ必定新聞記者通信員等モ輻湊［ママ］可致随テ某々ノ事項ハ之ヲ公ニスルモ妨ケ無キヤ等伺出候向モ少カラスト存候処大本営ノ教示セラルル所ト陸軍省ノ許否スル所ト彼此矛楯スルモノアルカ如キハ陸軍ノ威信ニモ関スヘク」として，現在そうした患いはないが，将来，陸軍大臣と大本営とが隔離して双方の事情が通じないことが発生しないように，陸軍省と大本営との間の軍事情報の扱いや管理に関する「別紙」の取扱手続きを了解し合うことがよいことを通知すると起案した[20]。

これは，9月15日に大本営が広島に移転し，陸軍省と大本営との地理的距離が遠隔になり，戦地・戦場のニュースがまず大本営に集中するという事態を考慮した起案であった。さて，「別紙」に示した取扱手続きは，

「一　陸軍ニ関スル事項ニシテ特ニ新聞紙ニ記載セシムルヲ利益トスルモノハ総テ陸軍省其材料ヲ付与ス

二　若シ必要アルニ際シ大本営ニ於テ之ヲ付与シタルトキハ直ニ電報ヲ以テ其旨及其付与シタル材料ノ要旨ヲ陸軍省ニ通知ス但検閲標準書数項ノ明文ト全ク相関セサルモノハ此限ニ在［ママ］ラス

三　新聞社員通信社員等ニ於テ大本営ノ認可ヲ経タルノ事項ナリト唱フルモノト雖トモ陸軍省ニ於テハ標準書ノ明文ニ觸ルルモノト認ムルトキハ必スシモ大本営ニ照会往復等ノ事ヲ為サス之カ掲載ヲ禁スル

コトアルヘシ」

と起案された。ここで，「検閲標準書」は「送甲第699号」添付の事例である。ただし，陸軍省と大本営との間の新聞紙掲載に関する軍事情報の取扱手続きは「送甲第699号」が発された時点とは若干趣旨が異なる。本取扱手続きは新聞検閲における陸軍省権限を確認・強化し，第一項目のように新聞紙掲載による「利益」発生を積極的に判断し，同省による同記事材料の提供措置を規定した。本措置により国民の「戦意高揚」に向けた世論誘導が有効になった。大臣官房起案の通知案は決裁され9月15日付で参謀総長に発された。

②大本営による「新聞材料公示手続」の作成

他方，大本営は，既に新聞社向けの記事材料提供手続きを起案し，陸軍省との打ち合わせにとりかかろうとしていた[21]。その起案内容は，

「一　戦地ノ景況等ヲ新聞記者ニ告示スルハ必ス陸海軍両省ニ電報シタル後ナル事

二　陸海軍両省ハ大本営ヨリ得タル戦地ノ景況等ニシテ世ニ公ニシ妨ナシト認ムルモノヲ従前ノ手続ニ沿リ新聞記者ニ告示アルヘキ事

三　大本営ニ請願シテ告示ヲ受クル新聞社名ハ予メ之ヲ通知シ置ク事

四　前項ノ新聞社ノ新聞ニ謄載シ在ル戦地ノ景況等ニシテ大本営ヨリノ電報ト齟齬スルモノアルトキハ陸海軍両省ハ直チニ該社ニ詰問シ或ハ大本営ニ報告アルヘキ事　但在韓従軍記者ヨリノ通信ニ係ルモノハ自ラ本文ノ外ニ属ス」

である。大本営の起案は新聞社側の記事材料提供要請を組入れたが，大本営による戦地の情報・状況の発表を前面に据えたことを除き，9月15日付の陸軍省の参謀総長宛ての取扱手続きと大差はない。そして，大本営は同起案文書を陸軍省と打ち合わせたいとして，9月17日付で大本営の海軍参謀と陸軍参謀の連署で陸軍次官宛に発した。さらに，大本営は翌18日付で，起案文書の第一項目に「但事項ノ重要ニ属セサルモノハ郵便ヲ以テ電報ニ代ユルコト」という但し書きを加え，第三項目の新聞社名（「材料告示請願ノ新聞社等」9月18日分）を陸軍次官に伝えた。この中で，大本営から記事材料が提供される新聞社名は，時事新報社，大阪毎日新聞社，東京日日新聞社，読売新聞社他20社であった。ほとんどが中央紙であるが，地方紙では山陽新聞社，中国新聞社など，西日本

所在の新聞社である。ともあれ，戦時下の新聞紙向けの軍事情報掲載に関する陸軍省・大本営間の取扱手続きが双方から起案されたが，参謀総長は9月18日に，陸軍次官は9月20日にそれぞれ了承回答を発した。

かくして，その後，陸軍省と大本営の打ち合わせが進み，大本営は下記の「新聞材料公示手続」を作成した[22]。

「一　大本営ニ於テ世ニ公ニスヘキ事項アルトキハ之ヲ広島県警察部ニ掲示ス

二　前項ノ掲示ヲ謄写セムコトヲ希望スル新聞記者ハ予メ大本営副官部ニ請願シ各社連合シテ大本営員旅館ノ近傍ニ当直所ヲ設ケ届ケ置クヘシ然ルトキハ新ニ掲示スル毎ニ之ヲ通報スヘシ

三　此掲示ノ謄本ハ即チ本月ノ省令（陸軍省令第二十号海軍省令第十三号）ニ所謂ル陸海軍大臣ノ認可ヲ経タルモノト同一ナルカ故ニ直チニ新聞紙ニ謄載スルヲ得

四　掲示ニハ必ス番号ヲ附ス故ニ新聞紙ニ謄載ノ時之ヲ例定ハ（三）（十五）等ノ如ク符号ト為シテ標証スルヲ得

五　此掲示ノ事項ヲ謄載スル新聞紙ハ常ニ一通ヲ副官部ニ寄送シ参考ニ供スヘシ

六　掲示ノ事項ニ関シ疑義アルトキハ副官部主任者ノ旅館ニ就キ質問スルコトヲ得

七　掲示ノ事項ヲ新聞紙ニ謄載スルニハ必シモ原文ノ儘ナルヲ要セスト雖モ敷衍ニ過キ事実ヲ誤ルニ至ラシム可カラス」

「新聞材料公示手続」は，「公示」という行政的措置による新聞記事材料提供というサービスをにおわせているが，陸軍省と大本営との間で新聞記事材料に対する一定の加工・操作を施した上で公表するという官製情報化体制をつくったことを意味する。すなわち，いわゆる「大本営発表」体制の原型が成立した。そうした加工・操作はしだいに大本営の主導的立場のもとに行われ，下記のように戦地・戦場からの軍事情報の発信と扱い方に顕著にみられた。

(4)　戦地・戦場からの軍事情報の発信と扱い方

戦地・戦場からの軍事情報はどのように国内に報道されただろうか。

①軍事情報統制における大本営と陸軍省との業務分担体制

第一に，日清戦争開戦後，多くの従軍記者が戦地・戦場に赴いたが，8月30日に「内国新聞記者従軍心得」を規定した[23]。これは，従軍先での新聞記者活動心得を10項目にわたって規定したが，第9項目は「新聞記者ノ発送セントスル信書ハ必ス監視将校ノ指示スル時刻ニ於テ之ヲ該将校ニ呈シ查閲ヲ受クヘシ」と規定し，従軍記者の通信活動は監視将校（出征軍高等司令部の将校で，従軍記者を監視し，諸々の指示をする）から査閲をうけた。また，第10項目は通信文内容に対して，「勉メテ忠勇義烈ノ事実ヲ録シ敵愾ノ気ヲ奨励スヘシ　凡ソ軍隊ノ運動ヲ記スルハ必ス過去ニ限ル決シテ未来ニ渉ルヘカラス　通信文ニハ必ス発信ノ場所及時日ヲ掲ク可カラス其社主或ハ之ヲ推測シ得ルモ決シテ新聞紙ニ掲載スヘカラス　我軍ノ兵力若クハ隊号ヲ明記スルヲ慎ミ以テ之ニ因リ我兵力若クハ軍隊区分ノ敵軍ニ漏洩スルヲ戒ムヘシ」と規定し，敵愾心煽動の通信活動と軍機漏洩防止を呼びかけた。さらに，9月14日には「外国新聞記者従軍心得」を規定し，国内記者の従軍心得と同様の心得（敵愾心煽動の通信活動を除く）を規定した。なお，日清戦争における従軍記者の総数は，66社，114名に達した。

第二に，11月に至り，大本営は，9月時点で陸軍省と大本営がとりきめた戦地から到着の諸情報や諸報告を『官報』や新聞紙に掲載する場合の手続き等が実際的には錯雑し不都合も生じていると判断し，改めて新たな手続きを起案し，11月7日付で参謀本部副官部と陸軍省副官に協議した[24]。大本営起案の手続きは，①大本営到着の情報・報告の中で最も必要なものはただちに陸軍省と参謀本部に電報する，ただし，緊急でないものは筆搨版摺（ひっとうはんしょう）に付して郵送する，②陸軍省と参謀本部は到着の情報・報告を各必要先に通報する，特に参謀本部は皇后・皇太子と在京各大臣に通報する，③情報・報告の中で要用と認識した箇所は『官報』・新聞紙に掲載する，ただし，暗号による電報と電文頭に「X」の符号を付したものはその全文のカッコ内文章（「X」……）を大本営として公示禁止するので，『官報』・新聞紙への掲載を禁止する，④情報・報告の中で緊急でないもの等は大本営による新聞社員宛の筆搨版摺の通報にとどめ，電報しない場合があり，この場合，新聞社員の通報が陸軍省・参謀本部到着よりも早くなることがあるが，大本営掲示番号により大本営で公示したものとして承知してほしい，⑤たんに筆搨版摺の送付でも前諸項により取扱ってほしい，⑥大本営は場合によっては，陸軍省と参謀本部から情報・報告を各々の通知必要先に対して直接に電報することがありえるが，これは一時の必要による変例であるので，陸軍省と参謀本部は常に所定通り通報してほしい，である。陸軍省は同副官と参謀本部副官との連署により11月10日付で異存なしの回答を発した。ただし，④については，新聞社員に必ず大本営掲示番号明示を厳達してほしいことを伝えた。

かくして，11月以降，軍事情報統制において，戦地・戦場からの情報・報告の公表・公開に関する管理は大本営が主導的に担当し，新聞紙等がそうした情報・報告を公表・公開した段階での法令違反等をめぐる処分や対応は陸軍省が担当するという業務分担体制が明確化した。

②「禁掲載」の指定文字の掲載化問題

ところで，陸軍省は，9月13日陸軍省送甲第1225号による新聞紙掲載記事への対応においては，地方長官が明確な処分を求めてこない場合は，当該地方新聞紙記事に問題があったとしても，特に処分等の指示をしなかった[25]。しかし，陸軍省が対処に苦慮したのは，陸軍関係者外から明らかにされた戦地・戦場の情報・報告に関する新聞記事であった。

たとえば，11月18日に第三師団下の歩兵第五旅団が岫巌を占領した時，11月20日に大本営は陸軍省に同戦況通報の電報（禁掲載符号付き）を発したが，陸軍省の公表以前に『東京日日新聞』は「禁掲載符号」を略記した戦況電報全文を号外として発行したことがあった[26]。これについて，陸軍省高級副官は同日に大本営副官宛にいかなる事情でそうした事態が発生したかを照会した。大本営は11月25日付で調査結果を陸軍省に回答し，『東京日日新聞』だけでなく，『国民新聞』と『東京朝日新聞』も公示以前に記事を発信したことを指摘した。すなわち，『東京日日新聞』と『東京朝日新聞』は某氏（姓名は明言されず）より伝え聞き，『国民新聞』は『東京日日新聞』からの転載を通信員の発信として装うたとした。大本営副官回答はこれらの新聞社に対して将来を戒め，取締りを一層厳重にしたいと述べた。

また，11月21日の旅順陥落時に大本営は11月24日通報の電報中の「隊号」を掲載禁止にして符号を明示し，あれこれ文章を繕って公示することにしていたが，『東京日日新聞』はすべて「禁掲載」の指定文字明記の号外で同電報を公表し，25日の諸新聞紙は「禁掲載」の指定文字を明記しなかったものはほとんどなかったとされている[27]。つまり，大本営が11月7日に参謀本部と陸軍省に協議した戦地から到着の諸情報や諸報告の公表手続きがほとんど無視された。同省調査によれば，広島所在の通信社の社員が，24日夕の某集会席で榎本武揚農商務大臣らより同電報のさらに詳しい内容を聞取ったものに「禁掲載」の指定文字を加えて発行したものに依拠したとされている。

そのため，陸軍省高級副官は25日に，岫巌占領新聞記事掲載問題に加えて旅順陥落新聞記事掲載問題の発生は「陸軍ノ威厳」にかかわり，「元来徳義上ノ約束ヲ以テ検束スルニ足ラサルノ徒ニ対シテハ言ハシメサルノ最良手段ハ聞カシメサルニ在ル儀ト存候源ヲ防カスシテ末ヲ止メント欲スルハ無益ノ労ニ可有之単ニ大本営ト本省トノ結約ヲ確守スルノミニテハ決シテ秘密ヲ維持スルニ足ラスト存候」と，新聞紙監督強化のために，大本営に対して新聞社の掲載記事収集手段等の調査を促す照会案を起案した。そこでは，特に，①広島所在の『東京日日新聞』の社員等はいかなる手段によって常に迅速に通信ができ，かつ，「禁掲載」にかかわる事実までも詳密に探ることができるのか，②大本営は陸軍省と参謀本部以外にも直接通報している「向キ」もあるようだが，この場合はいかなる方法により公表事項と秘密事項を区別して示しているか，を検討し回答してほしいことを照会することにした。高級副官起案は大本営に対してやや不信感や抗議を内包したが，参謀本部副官との打ち合わせを経た上で11月27日に大本営副官に発した。

これについて，大本営副官は12月2日付で下記のように回答した。すなわち，①旅順陥落に関する秘密扱いの電報の電文箇所が全国各新聞紙上に暴露されたことは，大本営においても「最モ怪訝ニ堪ヘサル処」であるとした。すなわち，大本営では旅順陥落情報には極めて慎重に秘密を維持しようとしてきたにもかかわらず，電報の「全文ノ翻訳終ラサル間既ニ東京横浜等ヨリ旅順陥落之祝電ハ続々到着セリ時事［新聞］及芸備日々［新聞］ハ号外ヲ発シテ旅順ノ戦捷ヲ報シ来レリ」と，いわば苦慮していると指摘した。そして，これらの新聞記事出処を調査した結果，新聞社（間）で巧妙に操作・作為しているので深く詮鑿するとした。②陸軍省の「言ハシメサルハ聞カシメサルニ在ル」という指摘は同感であり，大本営においても新聞社員の事務所・宿舎への出入り禁止など可能な限り秘密漏泄を予防してきたが，旅順陥落情報の取締りの良策は新聞紙条例に照らして処分し将来を戒めることしかできないと考えられ，大本営は一切公示を廃止し公示と新聞紙報道監督を一途にすることなどもありえるが，これについては考慮すべき点もあり，現在では従来の手順・手続きにもとづき一層注意し，「禁掲載」の記事を掲載した場合は大本営を顧慮せず相当の処分をしてほしいとした。③大本営から陸軍省・参謀本部以外に発する電報は秘密箇所を除き，あるいは同文の電報を発しているが，受信者が秘密維持の徳義を守る以上は漏泄の患はないとした[28)]。ただし，下僚の取扱いにおいて漏れることがないか等を正したいとした。

つまり，大本営・陸軍省ともに，戦地・戦場からの軍事情報の統制や秘密維持について有効な対策を立てることはできなかったのである。

(5) 日清戦争と軍事情報統制体制――新聞紙報道対策の強化

日清戦争における軍事情報統制体制下の特に新聞紙報道監督については，陸軍側としては不本意的なものとしてうけとめつつ対応しなければならなかったものが目立った。

①新聞紙報道監督をめぐる陸軍省と内務省

第一に，他省庁との関係がある。新聞紙報道監督において最も重い処分は発行禁止又は停止であるが，これは新聞紙条例の主管機関の内務省が管轄していた。すなわち，1887年新聞紙条例第19条は，内務大臣は「治安ヲ妨害シ又ハ風俗ヲ壊乱スルモノト認ムル新聞紙」に対しては発行禁止又は停止処分をすることができると規定していた。この場合，種々の軍事・戦争関係の記事が「治安妨害」に相当するか否かは内務省の判断により処理されていた。陸軍省は内務省管轄の新聞紙条例を越えた対応はできなかった。

たとえば，大本営副官は12月19日に陸軍省高級副官へ電報を発し，当日発行の『郵便報知新聞』は「治安ニ妨害アリト認ム」として速やかな発行停止を求めたことがある[29)]。同記事は，大本営の「軍議決定」として，御用舩が漸次宇品に集合したことや，第二師団の仙台兵と第六師団の熊本兵は「大ニ得色アリ」等と述べ，さらに山東省の気候を論じ，近い将来に某方面で「驚クヘキ活劇ヲ演スルナラン」などと記述したという。大本営は，『郵便報知新聞』は新聞紙条例第19条にもとづき，内務大臣による発行停止処分ができると考えた。大本営の申し越しを受けた高級副官は，同記事は大本営があたかも仙台兵・熊本兵を山東省に送ることの決定をしたかのようにうけとめられるので，事実の如何を問わず発行停止処分の価値があるとして，さらに同日に電報により陸軍次官に指揮を求めた。

これにより，陸軍次官は翌20日に内務次官宛に，同記事は甚だ「不都合」であるので発行停止処分にしてもらいたいとを照会した。しかし，内務次官は同20日付で，同新聞記事を検討した結果，新聞紙条例第22条（軍機軍略事項の新聞記載禁止）により制裁を受けるべきであるが，「治安妨害トシテ停止スヘキモノニアラスト被認候」と回答した。この結果，陸軍省としては致し方なく，内務省回答に従わざるをえず，同回答を同日に電報で大本営に伝えた。さらに高級副官は大本営副官宛に12月21日付で内務省回答をめぐる顛末を通知した[30]。同通知は，同記事に対して「徒ラニ人心ヲ鼓動スルカ如キハ之ヲ治安妨害ナリトスルモ不可ナキモノト存シ」と記述し，戦時において「勇ましい」センセーショナルな表記は逆に好ましくないという判断を示した。ただし，その「人心鼓動」をもって「治安妨害」とするには論理的に無理があった。同通知によれば，新聞紙条例第19条はこれまで「懲戒的処分」として拡大適用されてきた事例もあるとして，陸軍省は内務省に再度の議論を請求したが，内務省側では，帝国議会の同新聞紙条例改正をめぐる議論・議題があり，特に発行停止処分濫用を非難するものが多いとうけとめ，できるだけ同非難を避けたいという構えがあると説明した。

大本営と陸軍省は，注13）の6月7日付の『東京日日新聞』（第6778号付録）のように内務大臣に発行停止処分をさせたかったが，新聞紙条例にかかわって帝国議会の議員を刺激したくないというのが内務省方針であった。これは，帝国議会衆議院では，既に第1回帝国議会から，新聞紙条例改正案・新聞紙法案等が衆議院議員から毎回提出され，可決等もされていた事情を考慮していたのであろう。

②「軍機軍略事項」の認定と新聞記事取消処分問題

第二に，陸軍省は検閲を含む新聞紙報道監督の諸手続きを規定してきたが，省内の一部には，当該の新聞記事内容を「軍機軍略事項」として認定する場合，同「認定」の行政的（司法的）行為の効力を疑う議論が流れていた。その議論の典型は1895年1月に，かねて陸軍省が大本営と打ち合わせて作成した新聞紙報道監督の「規約」（1月14日施行，詳細は不明）にかかわって，大本営が1月16日付で約束漏れとして陸軍省高級副官宛の照会に対する陸軍省回答に現れている[31]。すなわち，大本営副官と陸軍省副官は同規約において，新聞記事内容の「事実無根」や「相違」記載に対する取消しや正誤訂正を命じることも監督内容に含ませることを求めていた。

これに対して，陸軍省高級副官山内長人は1月21日付で，「元来新聞紙記事取消ナルモノハ其効力概シテ甚タ薄弱ノモノニ有之例ハ軍機ニ関スル事項ノ如キ一旦之ヲ掲ケタル以上ハ之ヲ取消スノ効能ハ他ノ新聞社ヲシテ為メニ多少注意セシムル等外其効能ハ殆ント無之却テ取消ノ為メニ世人ノ注目ヲ引クノ類尠カラス」と，同命令は逆にマイナス効果を発生させるとした。また，取消し命令は，既に「反抗心」のある新聞記者をして「倍々激昂セシメ意外ノ結果ヲ見ルモノ其例少シトセス」として，そのまま放置できない類の記事を除いて行わず，なるべく説諭を加えているとした。なお，正誤名目の取消しも事実立証の覚悟を必要とし，簡単な電文のみに依拠して処理できず，かつ迅速処理が求められるとした。そのため，大本営の諸機関の関係記事で顕著な錯誤などは当機関から直接に新聞社に正誤訂正を請求してもらいたい，と回答した。つまり，陸軍省の一部は取消し処分という「表沙汰」にするよりも忍従するしかないとうけとめ，新聞報道機関に対しては説諭等手段により最初から自主規制させることで対応しようとした。

③新聞社等に対する翼賛体制的報道推進の要請

第三に，上記の説諭であるが，たとえば，陸軍次官児玉源太郎個人名による新聞社・通信社の主筆宛の書簡がある（1895年1月20日付）[32]。児玉は，「凡ソ戦争ニ於テ謀略ヲ施スノ時期ハ彼我相見サルノ間ニ存スルモノニシテ其一旦銃砲相接シテ互ニ兵力ヲ暴露シタル後ハ実力ニ依頼シテ勝敗ヲ決スル迄ニ有之而シテ謀略妙用ハ一ニ秘密ニ依頼セサルモノ無之」として，戦争における謀略の重要性と秘密性を強調した。

その上で，まず，児玉は日清戦争初発時に新聞記者たちに語った自分の言葉を紹介した。それは「諸君カ筆ヲ勤マサルノ余其記事ニシテ万一ニモ敵ノ方略ニ利スルカ如キモノアリトセハ諸君ハ敵国ノ為メ公然間諜ヲ働ラカルルモノナリ是固ヨリ余カ一時ノ戯言ニ過キス候ヘ共余ハ尚切ニ希望ス余カ言ノ全ク一時ノ戯言ニ止マランコトヲ」とされている。つまり，児玉は，秘密を考慮しない新聞記事は結果的には敵国の「間諜」（スパイ）の役割を果たしてしまう，と冗談風に紹介したことになっているが，むしろ，新聞記者を恫喝し自主規制を求めた。

次に，児玉は，日清戦争は「国民一致ノ運動タルコトハ諸君カ毎度新聞紙ニ於テ称道セラルル所ニシテ余等曽テ其然ルコトヲ疑ハス然ルニ其往々諸君等カ余等ト意見ヲ異ニセラルルカ如キ観アルハ要スルニ双方ノ意思相徹底セサルノ致ス所ト存候」「願クハ諸君ニ於テモ当局者意見之存スル所篤ト御洞察相成候様致度例ハ軍事ニ関スルノ一事項ニシテ或ハ軍機ニ関シ敵ヲ利スルノ恐アルノ類ハ諸君ハ務メテ之ヲ避クルノ方針ヲ取ラルルニ於テハ余等ノ最モ満足スル所ニ有之候」として，「国民一致」の戦争遂行のために戦争指導当局者と新聞記者は意思一致を徹底させ，軍機情報に接近しないことを求めた。児玉の書簡は末尾で「愚礼」を呈したなどと記載し，いかにも低姿勢を示したが，いわば翼賛体制的な報道推進を求めた。

④戦地・戦場の情報源の管理統制

第四に，戦地・戦場からの軍事情報通信の統制として，戦地・戦場からの情報源統制問題がある。1895年3月下旬に清国との講和交渉が開始されつつも，日本軍は台湾海峡南方の澎湖島を攻略し3月26日に占領した。そして，3月31日に休戦条約が成立した。ところで，4月3日発行の『日本新聞』や『国民新聞』などは，澎湖島上陸・占領に関連して，混成支隊の隊号や輸送用御用船の総数・名称を記載し，かつ，軍需品搭載，兵員・人夫乗船等の内訳を記載したとされている。これについて，陸軍省は混成支隊の兵力概数を推測させることができるとして，まず，4月3日付で内務省警保局宛に同種記事の新聞紙等への掲載を認めないように配慮してもらいたいことを照会した[33]。さらに，陸軍省は同掲載記事の出所を調査したところ，大部分は従軍記者の通信によるが，『日本新聞』は通信前に艦内で「査閲」を経たことが判明したとされている。

この結果，陸軍省は4月4日付で大本営に対して，同掲載記事の全部が許可されたか否かは信頼できないが，「記者ヲシテ戦地ノ通信ヲ公ニスルニ方リ時機ヲ按シ戦況ヲ察シ適宜之ニ取捨ヲ加ヘシムル等ノ事ハ殆ント其望無キノミナラス一旦得タル所ノ通信ハ仮例其中二三之ヲ公ニスルノ不可ヲ認ムルモ之ヲ割愛シ得サルノ類多分ニ有之［中略］［記者において］慢ニ憶断速量シ軍事ノ秘密ニ較々重キヲ置カサルノ傾ムキアルモ自然ノ勢ニ可有之」と，新聞記者の通信活動・掲載記事作成活動の細部規制は容易でないことを強調した[34]。その上で，陸軍省は国内の掲載段階で勿論注意するが，戦地における情報源統制がさらに効力があるとして，そこでの通信検閲に対する配慮強化を大本営に求めた。

すなわち，戦地・戦場からの軍事情報通信の統制は，1894年段階では主に大本営の公示・発表や新聞記事掲載手続きの効果に関するものであったが，1895年段階では戦地・戦場の情報源の厳格な管理に進んだ。

⑤台湾鎮圧後の陸軍省令第20号廃止

なお，1895年5月の講和条約の批准・交換後にも，すなわち，戦時の軍機軍略の秘密化云々の必要がなくなった時点においても，陸軍大臣による新聞紙検閲を始めとする軍事情報統制体制の基盤になった陸軍省令第20号は当面引き続き存置された。陸軍省令第20号の存置に対しては，同省内においてはやや意見が分かれた。まず，陸軍省高級副官は5月15日付の陸軍省参事官宛の申進書において，陸軍省令第20号の存置は復員関係の秘密化保持の必要と，新聞紙条例第22条において「戦時事変」の文言がないことを根拠にして可能であると述べた[35]。つまり，高級副官の判断は，陸軍大臣と海軍大臣は戦時・事変と平時を問わず新聞紙条例第22条の「軍機軍略事項」の新聞掲載禁止の命令（省令）を発する権限があるという解釈を明確にした。他方，陸軍次官は5月31日付で，講和条約の批准・交換後に至った段階では陸軍省令第20号を依然として有効ならしめることは「穏カナラサルヲ覚ユ」として，同省令を廃止し，新聞紙の取締りは内務省にまかせたいことを参謀次長に協議した[36]。また，同省令廃止は海軍省も同様の見解であることを申し添えた。そして，参謀次長も6月3日付で異存なしの回答を発した。

ところが，陸軍省の新聞検閲係は6月12日付で，海軍省の新聞検閲係に対して，台湾鎮圧問題や大本営設置中の非公開議決があるので，同省令を廃止すれば，新聞紙条例第18条の「公ニセサル官ノ文書」等は当該官庁の許可を得なければ記載できないという規定によるものを除き，まったく制裁がないことになり，新聞検閲係の説諭効力もますます薄弱になるので，陸軍省は台湾鎮圧問題が決着するまで同省令廃止を暫く見合せたいと通報した[37]。結局，陸軍省令第20号の廃止は台湾鎮圧が確実になった1895年11月下旬であり，同省が海軍大臣と参謀総長の協議を経て制定した11月29日の陸軍省令第29号であった[38]。また，同日に海軍省令第13号も廃止された。

新聞紙条例第22条の陸軍大臣・海軍大臣の「軍機軍略事項」の禁止命令権限は大筋には戦時を基本にした。しかし，日清戦争における新聞紙条例施行と実際的適用を経て，平時における「軍機軍略事項」の報道等に対する管理権限関係の構築が軍隊側の課題になったとみてよい。

4　1899年軍機保護法の成立

(1) 軍機保護法案起案の契機と背景

日清戦争を経て，平時を含む軍事情報統制強化の転換になったのが，1899年軍機保護法の成立であった。

まず，軍機保護法案起案の契機と背景はどこにあるだろうか。一般的な契機としては日清戦争後の軍備拡張に伴う秘密文書増大や諸官衙・施設等増設への対応にあることはいうまでもない。特に，要塞建設と防禦にかかわる近隣地域の管理統制としての要塞地帯法の陸軍省起案は1897年4月であり，参謀本部の陸軍省への軍機保護法案起案要請協議は同年6月であり，陸軍省の陸軍秘密図書取扱規則案起案は同年8月であった。これらをみると，1897年前半に，陸軍内部において軍事情報の取扱いや統制策の準備が一挙に進められたことがわかる。これらの背景として，同年3月17日に帝国議会貴族院において，政府提出・衆議院修正（新聞紙発行停止制度の全廃）送付の新聞紙条例改正案が採決され，3月19日に制定されたことがある（法律第9号）。1897年新聞紙条例改正の経緯・概略は美土路昌一著『明治大正史』第1巻（言論編，1930年）等において詳述されているので[39]，ここでは，主に軍事情報関係の扱い方を考察しておく。

①1897年新聞紙条例改正と新聞紙発行停止処分の全廃

1896年9月に成立した第二次松方内閣は言論・出版・集会等の自由の保障を政綱に掲げていた。他方，1887年新聞紙条例第19条は，内務大臣は「治安ヲ妨害シ又ハ風俗ヲ壊乱スルモノト認ムル新聞紙」に対する発行禁止・停止処分の権限を持つことを規定していた。

これに対して，法制局は内閣の指示により，1896年12月21日に新聞紙条例中改正法律案を起案し閣議に上申した。同改正案内容は，①第22条で「外務大臣陸軍大臣海軍大臣ハ特ニ命令ヲ発シテ外交又ハ軍事ニ関スル事項ノ記載ヲ禁スルコトヲ得」と起案し，掲載禁止事項として外交を加えたが，「軍機軍略ニ関スル事項」等の用語を改め，②刑罰対象の記載事項としては「皇室ノ尊厳ヲ冒シ政体ヲ変壊シ又ハ朝憲ヲ紊乱セントスルノ論説」(第32条)，「社会ノ秩序又ハ風俗ヲ壊乱スル事項」(第33条)を起案し，③第22，32，33条の告発時には，内務大臣又は拓殖務大臣は「仮ニ一週間以内ノ期間ヲ以テ其ノ新聞紙ノ発行ヲ停止スルコトヲ得」と起案し，さらに裁判官は「犯罪ノ情状」によっては同第22，32，33条該当新聞紙の発行を禁止できると起案した(第23条)[40]。内閣の改正案は政治上の言論活動の一定の自由・保障を意味したが，新聞紙発行の停止・禁止処分を行政処分ではなく，停止処分(1週間の期間限定)のみを行政処分とし，禁止処分を司法処分にした上で双方とも存置させるとした。内閣の改正案は行政上の停止処分の全廃に至らず，姑息なものであったが，行政上の停止処分は告発と裁判所判断までの手続きを前提にしているので，第22，32，33条の掲載禁止事項の最終決定を司法処分にゆだねることになった。

松方内閣は法制局上申の新聞紙条例中改正法律案を閣議決定し衆議院に提出した。衆議院では，同改正案に対して，与党の進歩党議員の箕浦勝人が発行停止の削除・廃止を基本にした「新聞紙条例改正法律案」を提出した。衆議院の特別委員会は箕浦勝人案等を否決した上で政府原案第23条に修正を加え，「第二十二条第三十二条及第三十三条ニ関シ告発ヲ為ストキハ内務大臣又ハ拓殖務大臣ハ其新聞紙ノ発売頒布ヲ停止シ仮ニ之ヲ差押ヘ其告発ニ係ル論説又ハ事項ト同一趣旨ノ論説又ハ事項ノ記載ヲ停止スルコトヲ得　裁判所ハ犯罪ノ情状ニ依リ第二十二条ノ禁令ヲ犯シ又ハ第三十二条及第三十三条ヲ犯シタル新聞紙ノ発行ヲ禁止スルコトヲ得」等の修正案を可決した。つまり，新聞紙自体の発行停止でなく，第22，32，33条にかかわる論説・事項の記載停止処分に修正した。同修正案を含む新聞紙条例中改正法律案は2月27日に衆議院で可決され，強固な抵抗・反対が予想された貴族院では小差で可決された[41]。これによって，行政処分としての新聞紙発行停止処分は全廃された。

②新聞紙条例第22条と軍部大臣による掲載記事禁止内容範囲の拡大

1897年3月の新聞紙条例改正において，新聞自体の発行停止処分全廃だけでなく，陸軍大臣と海軍大臣が禁止する軍事関係事項記載さえも，内務大臣又は拓殖務大臣の告発と裁判所判断という司法手続きをふまなければ最終的に禁令違反にならない構造が成立したことは，陸海軍においては大きな痛手になったに違いない。

しかし，同改正の第22条において，「軍隊軍艦ノ進退又ハ軍機軍略ニ関スル事項」を漠然と「軍事ニ関スル事項」に改めたことに関して，政府委員として衆議院特別委員会に出席した法制局長官神鞭知常が「軍機軍略ト云フ事柄ガさっぱり［ママ］漠トシタ事柄デアッテ，ソレハ軍機ト云ヘルカ，軍略ト云ヘルカ云フ矢張疑問モアルコトデアルシ，此場合ノコトニナルト，即御承知ノ通リ特ニ軍機或ハ軍略ト云フ程ノコトデナイ様ナコトデアッテ，敵国ニソレガ広ク知レルト云フコトニナルト，余程差支ニナル様ナコトモアルサウデゴザリマス，アルノデゴザイマス，デ，サウ云フ場合ニハ特ニ命令ヲ発シテ，外務大臣，陸海軍大臣ガ責任ヲ負フテ之ヲ禁ズル場合デアルカラ，特ニ此狭クシテ置カズトモ，若シ濫リニ禁ズル様ナ場合ニハ，即チ世間ノ所謂議論ノ攻撃ヲ受ケルコトデアルカラ，責任ヲ持タシテ斯ウシテ宜イト云フ積リデアリマス」と説明したことは[42]，一面では陸軍大臣と海軍大臣禁止の従来の「軍機軍略事項」のあいまいさを批判しつつも，いわば禁令内容の無限な範囲拡大権限に法的根拠を与えることを意味した。それは，従来の「軍機軍略事項」を戦時だけでなく，法的には平時も禁止対象にできることを含んでいた。同特別委員会でも，両大臣のそうした禁令内容の無限な範囲拡大権限は「大変専横ナコトモ出来ヤウト恵ヒマス」という批判的発言（谷沢龍蔵）が出たが[43]，無視された。

かくして，陸軍大臣と海軍大臣の禁止内容範囲が拡大し，軍事に関する事項・情報等で「秘密」なるものの報道等による公表に対して，新聞紙条例依拠の司法的処分以前に最大限に抑制・統制し，その接近や収集・知得・漏泄に対して新たな処罰・処刑処分を加え，軍による威圧的な抑制・統制を国民一般自らが日常的に受忍すべき軍事負担として措置したのが軍機保護法起案の背景であった。以下，さらに，軍事に関する事項・情報等の新たな「機密」内容の出現・増加に対する軍隊側の保護対策の意味を検討する。

(2) 1899年軍機保護法の制定過程

①参謀本部の軍機保護法の起案要請

参謀本部は軍機保護法の起案を陸軍省に要請した。また，その「軍機保護」は新聞紙発行や図書出版等のジャーナリズム関係機関だけでなく，日常的に一般国民を対象にした。まず，小松宮彰仁参謀総長は1897年6月2日付で高島鞆之助陸軍大臣に軍機保護法案の制定要請を協議した44)。

参謀総長の協議書は，第一に，「軍国ノ事ヲ処スルニ機密ヲ厳守スルノ尤モ大切ナル可キハ今更特ニ陳弁スルノ必要モ無之次第ニシテ其緊要ナルノ理由ニ至リテハ国トシテ之ヲ認メサル者固ヨリ之レ無カル可キナリ」と一般的に軍事機密厳守を当然化し，その緊要性の程度は「国交際ノ状態益々重大ナルニ従ヒ愈々増大スルヲ免カレサル者トス」と述べ，いわゆる国際化の拡大に応じて増大するとした。そして，列国（特にドイツ，イタリア）においても軍事機密漏洩防止に努めていると強調した。

第二に，日清戦争の結果，日本の国際的位置が一変し，列国は日本の実力を認識するとともにその「新興ノ国運ヲ猜視スルノ傾向」を生じ，特に「其国利国権ノ我ト相容レサルノ観念ヲ有スル諸邦国ノ如キ其我レヲ慮カリ其我レニ備フ［中略］其我国情殊ニ我機密ヲ偵知セント欲スルニ熱中シ来レリ」と述べ，いわば敵対的関係として想定される諸国が日本の「国家機密」の探索を求めるようになったと強調した。同強調は，参謀本部が日清戦争後のいわゆる「三国干渉」等に現れた東アジア・極東世界をめぐる国際勢力関係を推測し，やや，日本の国際的位置を一方的な被害者的立場に置いた。

その上で，第三に，「我帝国ノ機密漏洩ニ対スル法律ハ之ヲ欧州各国ノモノニ比スレハ未タ其不備ナルモノ尠シトセス今日ニ於テ之ヲ補フ可キ法律ノ制定ヲナスニ非サレハ蟻穴舌諺或ハ我カ不詳ノ識ヲ為シ大事去テ復タ追フ可カラサルニ至ラン故ニ機密漏洩者ニ対スル厳重ナル法律ヲ補足シ以テ禍根ヲ未然ニ断タンコトヲ切望ス蓋シ我臣民ノ忠良ナル甘シテ彼等対手ノ用ヲ為スカ如キ者ハ万々之無カル可シト雖トモ彼等ノ用間ノ術ニ於ケル其巧妙老練ナル亦タ決シテ軽視ス可カラサル者アリ是ヲ以テ此種厳密ノ取締法ヲ設ケ平生人心ヲ警醒シ置クニ非サレハ或ハ当事者ノ疎慮怠慢等ヨリ万一ノ漏洩ナキヲ確保スル能ハス況ンヤ一般臣民ノ如何ニ忠良ナルモ千百万中時ニ或ハ喪心者之現出ス可キハ亦決シテ其必無ヲ期シ難キニ於テオヤ」と制定理由を強調した。つまり，非常に希少な機密漏洩者発生や「用間」(間者〈忍びの者，スパイ〉を用いること) 策動を拡大・誇張し，その未然防止を口実にして，一般人民等が政府・軍隊・戦争等の政策内容・情報に接近しないことを義務づけるようにした。ここで,「平生人心ヲ警醒シ置ク」とは同法に厳罰を伴わせて威圧することであり，一般人民に威圧法制に日常的に忍従することを求めた。そのため，参謀本部は，同省に，同法条項適用の処罰対象者として，①軍事秘密の探知者・漏洩者及びそれらの未遂者，②職務上等の関係により軍事秘密を知りえた者が漏洩した場合 (未遂者も含む)，を特に要求した。

参謀本部の陸軍省への軍機保護法案制定要請の協議書は，日清戦争後の軍備拡張をふまえたやや一般的な理由等を示したが，当時の陸軍内部の動員計画業務をより緊密な軍事機密構築体制のもとに遂行する意図があった。陸軍の動員計画業務は後述の1898年4月26日の陸軍大臣による軍機保護法案の閣議請議書にも触れられたが，小松宮彰仁参謀総長は同法案制定要請の協議書送付後の6月9日には戦時編制改正案の協議書を陸軍大臣宛に送付した。小松宮彰仁参謀総長の協議書は日清戦争前の戦時編制を日清戦争後の軍備拡張 (6個師団増設等) の計画・実施に対応させた。すなわち，参謀本部は統帥業務・動員 (計画・準備) 業務の先行とその日常的な機密厳守化を目ざし，戦時だけでなく，平時において戦時態勢の細部を想定・計画・準備し，あるいは，戦時態勢の細部を想定・計画・準備する目標のもとに日常的な機密厳守化を求めた。

②陸軍省の軍機保護法案の起案過程

次に，参謀本部の要請をうけた陸軍省の軍機保護法案の起案過程の詳細は不明だが，1897年11月当初は調査中であった[45]。その後，桂太郎陸軍大臣は翌1898年3月8日付で川上操六参謀総長宛に軍機保護法案の起案を通知し，異存なければ海軍大臣と司法大臣に協議した上で帝国議会に提出する，と協議した。陸軍大臣協議の軍機保護法案は下記のように起案された (全7条，本章では「3月案」と表記)[46]。

第一条　出師国防其ノ他軍事ニ関シ秘密ヲ要スル事項若クハ図書物件ヲ探

知シ又ハ収集シタル者ハ懲役又ハ軽懲役ニ処ス

第二条　職務ニ因リ秘密ニ属スルモノタルコトヲ知テ前条ノ事項ヲ漏洩シ又ハ図書物件ヲ他人ニ交付シタル者ハ有期徒刑又ハ重懲役ニ処ス

前項ノ漏洩交付又ハ其ノ他ノ原由ニ因リ知得領有シタル秘密ノ事項図書物件ヲ他人ニ伝説交付シタル者ハ亦前条ノ刑ニ同シ

第三条　許可ヲ得スシテ堡塁砲台其ノ他国防ノ為建設シタル諸般ノ防禦営造物内ニ入リ又ハ之ヲ測量模写撮影シ又ハ其ノ兵備ノ状況ヲ録取シタル者ハ一月以上三年以下ノ重禁固ニ処シ又ハ二円以上三百円以下ノ罰金ニ処ス

第四条　本法ノ罪ヲ犯スニ因リ財物ヲ得タルトキ其ノ財物現存スルトキハ之ヲ没収シ費消シタルモノハ価額ヲ追徴ス

第五条　第一条第二条ニ掲クル所ノ罪ヲ犯サントシテ未タ遂ケサル者及其ノ予備ヲ為シタル者ハ各本条ニ照シ一等若クハ二等ヲ減ス

第六条　第三条ノ罪ヲ犯サントシテ未タ遂ケサル者ハ未遂犯罪ノ例ニ照シテ処断ス

第七条　本法ノ規定ハ刑法第二編第二章外患ニ関スル罪陸軍刑法第二編第一章反乱ノ罪海軍刑法第二編第一章反乱ノ罪ニ関スル規定ノ効力ヲ妨ケス

「3月案」は陸軍の軍機保護を中心に起案し，未遂行為も「未遂犯罪」として処分し，犯罪構成を厳格に規定した。「3月案」に対して参謀本部や海軍省が意見を述べたと考えられるが，桂太郎陸軍大臣は同年4月26日付で軍機保護法案の閣議請議書を閣議に提出した[47]。同請議書は「日清戦役後列国ノ我軍機ヲ偵知セント欲スルノ情漸ク切ニシテ而シテ我国防ノ計画ハ著々竣成ニ赴キ動員ノ準備ハ年ヲ進ミテ整頓スル等愈軍事ノ秘密ヲ厳守スルノ必要有之候」と述べ，参謀本部の軍機保護法案制定理由とほぼ同一理由を強調した。

陸軍大臣の軍機保護法案（全8条，本章では「4月案」と表記）は「3月案」に対して，①第1条を，「動員出師国防其他軍事上秘密ヲ要スル事項又ハ図書物件ヲ探知収集シタル者ハ重懲役ニ処シ其情軽キ者ハ一等ヲ減ス」とし，陸軍の1893年からの公式用語の「動員」の用語を加え，②第2条第2項の「他ノ原由ニ因リ」云々の行為を「偶然ノ原由ニ因リ」と起案し，新たに第3条として組立て，

③第3条を「許可ヲ得スシテ軍港要港防禦港又ハ堡塁砲台水雷衛所其他国防ノ為建設シタル諸般ノ防禦営造物ヲ測量模写撮影シ又ハ其状況ヲ録取シタル者ハ一月以上三年以下ノ重禁固ニ処シ又ハ二円以上三百円以下ノ罰金ニ処ス　因テ第一条ノ罪ヲ犯シタル者ハ一ノ重キニ従テ処断ス」と起案し，海軍関係の防禦営造物を加え，第1条の行為を重ねた場合の加重罪を規定し，第4条として移し，④第3条規定の防禦営造物内に入ること自体の行為に対しては，「許可ヲ得ス又ハ詐偽ノ所為ニ因リ許可ヲ得テ堡塁砲台水雷衛所其他国防ノ為建設シタル諸般ノ防禦営造物内ニ入リタル者亦前条ノ例ニ同シ」と起案し，同行為の犯罪性を明確に規定し，第5条として組立て，⑤第5条を第6条に未遂犯罪等として統合した。

③軍機保護法案の第12回帝国議会での審議未了

法制局は「4月案」に字句等の一部修正を施した。そして，閣議決定を経て，内閣総理大臣・海軍大臣・陸軍大臣・司法大臣の連署により5月30日に第12回帝国議会の貴族院に提出した（全8条，本章では「5月政府案」と表記）。「5月政府案」は6月1日に貴族院で審議された（第一読会）。政府委員の中村雄次郎陸軍次官は，法案提出理由として，軍備拡張整頓の今日において，「軍事ノ秘密ノ保護」に関しては，陸軍刑法・海軍刑法の漏洩罪が軽罪であり，未遂犯の処罰規定もなく，「平時ノ取締ニ於テハ今日ノ規定ハ甚ダ不十分ト言ハナケレバナラヌ」として，平時の取締りの厳格化を強調した。

これに対して，貴族院の軍機保護法案特別委員会（6月4日開催）を含めて質問が集中したのは，第一に，軍事上の秘密に関して，同「秘密」なることを知らずして探知収集した場合には罪になりうるか，という問題であった（曾我祐準など）。これに関しては，中村雄次郎陸軍次官は「秘密ナルモノヲ知ラズシテ集メタルモノハ罪トナラヌ」と答え，政府委員横田国臣は「何モシラヌコトデアリマスレバ夫ハ意思ガゴザイマセヌカラ罰スルコトハ出来マイト私ハ一般ノ法律ノ眼カラサウ思フノデアリマス」と答え，説明員井上義行（陸軍省理事）は「知ラズシテ現ニシタノハ是ハ罰シヤウガナイノデアリマス」と答えた。しかし，そのような「無意犯」発生の場合の無罪扱いがあるならば（「有意犯」の場合は有罪扱い），本法案を「書直シテ貰ハネバ法律ニナラヌ」「[そうした扱い方は] 政府委員ニハ読メテモ天下ノ人ニハ読メヌ」（曾我祐準）という質問に対しては，中村雄次郎や井上義行は，「無意犯」「有意犯」の場合の扱い方は一般に法理論・普通刑罰法として確定してあるが故にことさらに同法案明記の必要がないという趣旨を答えた[48]。第二は，「秘密ヲ要スル事項」と「秘密ヲ要シナイ事項」との境界をどのように決定するか，という質問であった（曾我祐準，小沢武雄，高島信茂）。中村雄次郎は図書には「秘密」の印を押すなどと述べたが，明瞭な説明ではなかった。そのため，「軍事上ニ秘密ヲ要スル事項ト云フコトガドウモ定メテ置キヤウハナイコトハ，私モ知ッテ居ルガ定メテ置カナイト云フト甚タ危イモノト思フ」として，同「秘密事項」の明確化を求める発言も出た（小沢武雄）。第三は，動員を事例にして質問した高島信茂の発言が注目される。高島信茂は，同法案は「動モシタラバ殆ド陥穽ニ落ルガ如キノ趣キモアラウカト迄ニモ考ヘル」と指摘し，次のように動員と「国家ヲ愛スルノ精神」との関係で，軍事上の秘密への深入り問題を強調した。

「所謂動員ハ国ノ震動トモ云フヘキモノト信シテ私ハ疑ハヌ，夫ガ為ニハ先ツ小学校ノ生徒ヲ初トシテ此動員ハ貴重ナルモノデアルカラ動員令ガ発シタトキニハ旗ヲ立テテナリト鐘ヲ撞イテナリト若クハ鍋ヲ敲イテナリト金盥ヲ叩イテ何ンデモ動員ト云フコトヲ速ニ知ラセル如キノ動作，助ケヲシナクテハナラヌト云フコトハ誠ニ国家人民ヲ教育スルニ付テ極メテ必要ナルコトデアラウト思フ，然ルニ是等ノ貴重ナルコトヲ教ヘルニ付テハ唯一通リノ動員ト云フコトノミヲ申シタ所デ何ニモナラヌコトデアル，動員ノ性質国家ヲ愛スル精神ヲ随分私共説キタクゴザイマシテモ，ソコニ至ッテ若シ一歩深入リヲシタ時ニハ機密ヲ漏ラシタトカ何トカ言ハレルヤウニナルト大ニ教育上ニ一ノ弊害ヲ為スコトデアラウト思フ」

高島信茂の発言は「国家ヲ愛スル」のあまりに「機密」の部分に深入りすることが十分にありえることを述べた。これは，曾我祐準の「国家ヲ憂フルカラノ点カラシテ［秘密を要する事項を］探知スルト云フコトモ或ハ有リ得ルダラウト思ヒマス」という発言と同様に，当時の高級司令官経歴者等からみれば一つの「陥穽」に陥るととらえたのである。真に「愛国」「憂国」の精神に至れば，国民一般は軍事上の秘密を要する事項に接近し探知・収集することは当然ありえるが，政府委員は特に回答しなかった。すなわち，軍機保護法案の起案は，「愛国」「憂国」の精神には軍事上の秘密を要する事項に接近しないことを含意していた。逆にいえば，「愛国」「憂国」の精神は軍事の核心的内容の理解・情報に対して没主体的にあり続けることによって形成されるという抑圧と統制の構造が成立した。

しかし，貴族院は停会になり，軍機保護法案（「5月政府案」）は審議未了という扱いになった。

④第13回帝国議会における軍機保護法案の可決と法律公布の引き伸し

その後，司法大臣と陸軍大臣及び海軍大臣は10月10日付で連署による「軍機保護法法律案」の閣議請議書を提出した。これは「5月政府案」とほぼ同一内容であり，法制局は若干の字句等を修正した審査報告書を閣議に提出した。法制局修正の「軍機保護法案」は閣議決定され，第13回帝国議会提出の上奏（11月29日）と裁可を経て，12月3日付で貴族院に提出された（本章では「11月政府案」と表記）[49]。

貴族院では，第一読会後に，12月7日に軍機保護法案特別委員会が開催された。そこでは，曾我祐準が，①「秘密」であることを知らない「無意犯」者に対しては処罰ができないことを立法上明瞭に示すために，第1条を「軍事上秘密ノ事項又ハ図書物件タルコトヲ知テ之ヲ探知収集シタル者」云々と修正し，第2条を「其ノ秘密タルコトヲ知テ之ヲ他人ニ漏洩交付シ」云々と修正し，第3条を「其ノ秘密タルコトヲ知テ之ヲ他人ニ伝説交付シ」云々と修正し，②第1条，第2条，第3条の「秘密ヲ要スル事項」を「秘密ノ事項」に修正する趣旨意見を述べた[50]。曾我祐準の修正意見は政府も同意した。そして，同特別委員会は，「11月政府案」は曾我祐準の修正意見を組入れて可決した。また，12月9日開催の貴族院は同特別委員会の修正案を可決し，衆議院に送付した。

衆議院の第一読会では，花井卓蔵が，①軍機保護法案の第2条は，陸軍刑法第105条（「軍人秘密ヲ要スル図書兵器弾薬ノ製法其他軍事ニ関スル機密ヲ漏洩スル者ハ三月以上三年以下ノ軽禁固ニ処シ将校ハ剝官ヲ付加ス」）の全文とほぼ異なることはなく，同一事件に対して二つの法律から解釈することになれば，立法上衝突が生ずることになるので，陸軍刑法第105条を改める趣旨があるか否か，②「11月政府案」の「秘密ヲ要スル事項」の「要スル事項」に関して，法律明文上に「要スル事項」と規定した場合には，さらに秘密を要する事項はこれこれであることを法律上に規定し確定しておかなければならないが，政府は当該の秘密に属する事項を法律でもって新たに確定する趣意であるか，③「11月政府案」の「秘密ヲ要スル事項」は厳格な文言ではなく，たんに秘密に属する事項であるという単純意味の場合には，同事項が秘密に属するか否かの認定は裁判官が行うのか，その場合の裁判における認定は，軍事上の知識と法律上の知識を兼ね備えた人があたらなければ，実際的には困難が想定されるが，どのように対処するのか，④軍機保護法はほぼ陸軍刑法・海軍刑法の一種であるにもかかわらず，単行法律として出る場合には，「総則」及びその運用に関する「助法」を必要とするが，どのように考えているか，と質問した。花井卓蔵の質問は主に立法技術に関するものであり，政府委員司法省参事官石渡敏一が回答した。石渡敏一は，花井卓蔵質問の①は，陸軍刑法と海軍刑法の当該の関係条項は消滅すると述べ，②③は既に（貴族院での修正により）「秘密ノ事項」の条文になっており，意味も「秘密ヲ要スル事項」と異ならないが，秘密が確定されていることをふまえて，裁判所が「裁判ヲ下ス外ニ仕方ハナイ」と述べ，④は軍人以外は刑事訴訟法で，陸軍では陸軍治罪法で，海軍では海軍治罪法によって処分する，と述べた51)。

その後，衆議院では軍機保護法案委員会等でもさしたる質問はなく，12月20日に可決された。そして，12月23日開催の閣議は衆議院議長上奏の通り両院可決の軍機保護法案の裁可を請うことを決定したが，軍機保護法案は公布手続きが引き延ばされ，翌1899年7月14日に要塞地帯法案とともに上奏を経て裁可され，法律第104号として制定された。これは，条約改正実施を控え，陸軍内で同時に準備されていた要塞地帯法関係の諸施行手続きの調査完了をまったものと考えられる。つまり，軍機保護法は要塞地帯法と一体になって要塞を含む防禦営造物や軍事・軍制関係の秘密保持の抑圧・統制効果を高めようとした。

⑤軍機保護法下の陸軍機密図書取扱規則の制定

陸軍省は，貴族院での2回にわたる軍機保護法案審議の際に質問が集中していた軍事上の秘密事項の内容に関して，特に機密図書範囲を確定しその取扱い方を規定しようとした。すなわち，軍機保護法案の衆議院可決の約半年後の翌1899年5月20日に，陸軍省軍務局長は陸軍機密図書取扱規則を起案し，参謀本部との協議のために省議に提出した。軍務局長起案の主要部分は，1897年陸軍秘密図書取扱規則との異同との関係では下記の通りである。

すなわち，①陸軍秘密図書取扱規則における秘密図書の区分（第一種，第二種）を廃止し，1葉・1冊毎に「軍事機密，発行庁名，年月日，一連番号（符号）保管者ノ職氏名」を明記し，軍事機密図書発行の庁長は予め陸軍大臣の承認又は認可をうける，②機密図書は当該発行庁長が同取扱いと出納を監督し，機密図書の配布を受けた長官は自らその保管者になる，③各長官は毎年4月末日調の保管機密図書目録を作成し，5月20日までに発行庁長に報告する，④軍事に関する機密文書も本規則に準じて扱い，草案段階の機密図書も本規則に準じて取扱うことにした。つまり，機密図書の発行と保管は各官衙の長官に責任を持たせることにした。しかし，陸軍秘密図書取扱規則記載の特定秘密図書事例を示す「編制書」「動員計画」を記載しなかった。同不記載は，編制や動員の関係図書・文書が機密図書として作成・保管されていること自体を陸軍省達により一般公表することは，編制や動員の内容・あり方が積極的に一般国民の思考・話題・研究の対象になりやすいので防止するという理由にもとづくものであろう。

軍務局長起案の陸軍機密図書取扱規則案は6月6日付で参謀総長との協議に付された。これに対して，参謀総長は6月28日付で，同規則の機密図書は実際にはいかなる図書類（細目）を指示するか，と陸軍大臣に照会した。陸軍大臣は7月3日付で回答し，機密図書の包含予定図書を記載した陸軍大臣内訓案を送付した。内訓案は軍機保護法の制定公布経過を述べ，「法律ニ規定スル軍事上秘密ノ図書トハ専ラ国防及作戦ノ利害ニ重大ナル関係ヲ有スル図書ノ謂ニシテ秘密ヲ要スル総テノ図書ノ謂ニ非サレハ取扱上ニ於テモ亦之カ区別ヲ為ササルヘカラス」と法律上の秘密図書の区別を強調し，「其他戦時諸勤務令平時編制等ノ如キ亦固ヨリ秘密ヲ要シ之ヲ漏洩スル者ハ官吏服務規律ノ違犯ノ責ヲ免レス」と述べ，別扱いの秘密事項として取扱うと説明し，下記のように「陸軍機密図書」を示した[52]。

「一　作戦計画要領書，作戦計画訓令，某年度守勢作戦計画訓令

二　大本営動員計画令，動員計画令，動員計画訓令，要塞防禦計画書，要塞動員計画訓令，某年度陸軍各部団隊動員計画概見表

三　国防用防禦営造物ニ係ル図書及要塞近傍一万分一以上ノ梯尺図

四　戦時大本営編制，戦時編制，戦時編制理由書，陸軍々備拡張理由書

五　戦時軍用通信書（電信暗号，信号書ノ類）

六　諜報（最モ秘密ヲ要スルモノ）及秘密ヲ要スル外国地図

七　其他前諸項ト同一程度ノ秘密ヲ要スルモノ」

また，内訓案は上記の「陸軍機密図書」を示した後に，末尾に「右ノ外戦時諸勤務令，動員計画調査報告規則，動員用兵器被服糧食材料［ママ］器具貯蔵区分表等ノ如キハ本配列ノ取扱ニ属セズト雖モ其漏洩ハ官吏服務規律ノ違犯ニ該当スルモノトス」という注意書きを加えた。「陸軍機密図書」は1897年陸軍秘密図書取扱規則制定時の秘密図書に，要塞防禦関係や大本営の動員・編制関係図書等を加えたことに特徴がある。

陸軍大臣回答の「陸軍機密図書」細目指定に対して，参謀総長は7月11日付で修正意見を述べ，さらに協議した。参謀総長の修正意見は，①「動員計画調査報告規則，動員用兵器被服糧食器具材料貯蔵区分表」，「動員計画並ニ作戦計画ニ伴フ鉄道，船舶輸送計画ニ関スル図書及ヒ電信暗号図書」は動員計画令と密接に関係するので「陸軍機密図書」に含め，②陸軍平時編制は，平時の各部隊の編制の推究はおのずから戦時の当該部隊の編制を判定できるが故に，戦時編制の機密事項に準じさせ，官吏服務規律としての秘密保持責任の秘密図書に含め，行政処分上やむをえなければ，甲（団隊の編制）と乙（官衙の編制）に区分し，甲を秘密扱いにしてほしいと述べた[53]。

これに対して，陸軍大臣は7月13日付で参謀総長の修正意見を了承し，参謀本部が示した図書を「陸軍機密図書」に加えた。そして，7月18日に陸達第70号の陸軍機密図書取扱規則を制定し，1897年陸軍秘密図書取扱規則を廃止した。また，同日に陸軍一般に対して，陸軍大臣内訓を発した（陸軍省送乙第2078号）。ただし，7月26日に「陸軍機密図書」に「要塞弾薬備付規則」と「兵器表」を加えた。さらに，陸軍次官は7月26日付で司法次官宛に，軍機保護法の「軍事上秘密ノ文字」は「専ラ国防及作戦ノ利害ニ重大ナル関係ヲ有スルモノ」であり，「秘密ヲ要スル総テノモノニ就テノ謂ニ非サルコト」は既に立案当時に協議したが，秘密の中で「有形」としての図書にかかわるものは予定することができるとして，参考として上記の「陸軍機密図書」を通報した[54]。これは，軍機保護法違反が司法判断に至ったときの対策指針として，陸軍省が予め通報したものである。

その後，陸軍省高級副官は7月29日付で参謀本部総務部長に対して，「陸軍機密図書」は軍機保護法の制裁を受けるべき図書として世間に広く告知することが適当であるので新聞紙掲載することを内協議した[55]。同省が内協議に準備した「新聞記事見本」は，陸軍省送乙第2078号の陸軍大臣内訓をほぼ圧縮したものであった。これについて，参謀本部総務部長は8月2日付で，そうした一部の図書のみを告知する必要がないだけでなく，同図書の陸軍部内現存を世人に示すことは得策ではないので同意できないと回答した。この結果，陸軍省は新聞紙記事提供による告知等をしないことにした。つまり，「陸軍機密図書」の存在自体に関する国民の関心・思考活動を遮断・統制し，軍事に関する国民全体の教養共有の劣化が開始された。

5　日露戦争と軍事情報統制体制

(1) 1904年1月陸軍省令第1号制定と新聞紙検閲体制の強化

日露戦争をめぐる主戦論・対外硬言論あるいは非戦論等のジャーナリズムや日露講和条約反対言論等に関しては既に多くの研究・著作があり，言論・報道活動に対する統制強化も解明されている。本章では陸軍における軍事情報統制体制を検討しておく。

まず，日露開戦前に，内務省は1903年10月16日に東京の各新聞社の責任者を召集し，各新聞紙中には日露関係に関してややもすれば「虚報」を伝え，いたずらに「人心ヲ騒擾」するものがあるとして，児玉源太郎内務大臣が訓示し，外交・陸海軍に関する主要事項記載は主務省承認を受けさせることを述べた。これより先，陸軍省高級副官は10月12日に，事実相違記事は事の軽易なものであっても取消しを命ずる方針であることを各師団参謀長及び参謀本部総務部長に通報した[56]。

その後，1904年に至り，日露開戦切迫下の新聞紙等の報道規制のために同省は海軍省と内協議し，1月5日に両省同時に省令を制定し（陸軍省令第1号），新聞紙・雑誌における「軍機軍略事項」掲載を禁止した。同省令は「新聞紙条例第二十二条ニ拠リ当分ノ内軍隊ノ進退其他軍機軍略ニ関スル事項ヲ新聞紙及雑誌ニ記載スルコトヲ禁ス但予メ陸軍大臣（海軍大臣）ノ許可ヲ得タルモノハ此限リニアラス」とし，1894年6月に「軍機軍略事項」記載の事前許可制を定めた陸軍省令第10号とほぼ同じである。同省令はただちに施行され，台湾総督と各師団長及び府県知事宛に訓令を発した。また，同日に陸軍次官は新聞紙と雑誌の記載禁止事項標準として11項目を示し，台湾総督，各師団長，参謀次長，司法次官，内務省警保局長，府県知事，北海道庁長官及び憲兵司令官に内報した[57]。同11項目は，日清戦争開始前の新聞紙雑誌掲載禁止事項に関する1894年6月7日の陸軍大臣内訓とほぼ同一内容であった。

以上の省令公布・施行の翌6日に新聞紙検閲委員が命じられた。同委員長は陸軍次官の石本新六であり，委員は法務局理事4名と他3名から構成された[58]。日清戦争時の新聞検閲係構成からみると，理事が多いが，1897年新聞紙条例改正に対応して司法関係者を増やし検閲体制を強化した。また，6日に，陸軍次官は外務次官宛に，清国・韓国内発行の日本の新聞紙雑誌に対して，陸軍省令第1号の取締りに関する注意をしてもらいたいことを照会した[59]。これについて，外務次官は関係公使館から通達を出すことを回答した。他方，国内の各地域で発行の新聞紙は軍隊の動静・運動等や関連事項の報道が多くなった。これらの新聞紙報道に関して，陸軍省の新聞紙検閲委員は北海道庁長官と各府県知事宛の照会案を起案し，同種の記事は軍隊の行動を記載しても，現在のところはこの種の記事を「一々告発ヲナスニモ及ハサル儀」であるが，将来は類似記事を掲載しないように警告することが必要であり，各新聞社に対して最寄り警察署から警告訓諭を出すように取りはからいしてもらいたいと起案した[60]。新聞紙検閲委員の起案は決裁され，陸軍次官名により1月12日に発された（陸軍省送甲第31号）。

さらに，日露開戦後は陸軍省令第1号及び海軍省令第1号の取締り強化のために，陸軍省主任官と司法省主任官が協議し，「新聞記事取締ニ関スル陸海軍省令違犯事件ニ付キ協議事項」を決定した。本協議事項は，①陸海軍省で定めた新聞記事取締りの標準を司法省に通知し，司法省より各裁判所検事局に通告する，②陸海軍省が各新聞社に警告した事項やその他裁判材料になるべき一切の事項を司法省に通知し，司法省より各裁判所検事局に通告する，③陸海軍省が検閲する新聞紙を両省より司法省に通知し，司法省より各裁判所検事局に通告する，④陸海軍省は前項③の検閲により，又は内務省地方長官等の報告により，処罰必要を認めた事項を，告発と他の便宜の方法により両省から当該検事に通告し，又は両省は地方長官等をして検事に通告させる，ただし，地方長官等をして陸海軍省指示を待たずに通告することがないようにする，⑤前項④の検事に通告し，又は通告させた事件は，両省から司法省に通知する，⑥検事は④の通告による事件を起訴すべきと思量する時はただちに同旨を司法省に具申し，その指揮を待って処分する，⑦検事は「其管轄内ノ新聞記事中第四項［④］ノ通告ヲ受ケサル事件ニ付起訴スルヲ相当ト思量スルトキ」は，同旨を司法省に具申し，その指揮を待って処分する，⑧司法省は⑥と⑦の指揮を発する時は，陸海軍省と協議する，⑨裁判の結果は当該検事局から司法省に報告し，同省は陸海軍省に報告する，⑩裁判所の処分はできるだけ速やかに着手完了する，である[61]。

以上の協議事項は，陸軍省主導のもとに内務省・地方長官と司法省が一体になって陸軍省令第1号及び海軍省令第1号違犯者に関する司法処分手続き強化体制をつくったことを意味する。特に⑦のように，検事による起訴処分を規定したことは，司法権力が直接に「軍機軍略事項」の取締りに乗り出し，軍事情報統制体制強化の抑圧画期をつくった。同協議事項は，司法次官が1904年3月8日付で陸軍次官宛に了承を通報しているので，ただちに実施されたとみてよい。かくして，行政機関・司法権力を動員した抑圧的な検閲体制を強化した軍事情報統制体制が発足した。

(2) 陸軍省告示第3号陸軍従軍新聞記者心得等の制定

新聞紙検閲を中心にした軍事情報統制体制のもとで，特に戦地・戦場からの戦況・戦報等の報道に対する統制を進めた。

①従軍新聞記者統制と外国新聞の検閲批判

第一は，戦地・戦場に最も近接する従軍新聞記者に対する報道統制がある。陸軍省は日露開戦前に陸軍従軍新聞記者心得の制定を起案し，2月上旬に参謀本部と協議した。日露戦争に向けた陸軍従軍新聞記者心得は外国人新聞記者を含み，従軍記者の資格や検閲を厳しく統制した。

すなわち，①出願の際には履歴書を添付し（1年以上の新聞社員としての実務従事者に制限（第1条，第2条）），②従軍記者の通信書は高等司令部指示の将校の「検閲」を経た後でなければ発送できない（第11条），③従軍記者が刑法・

陸軍刑法・軍機保護法等の罪を犯した場合には陸軍治罪法の規定により軍法会議で処分することがあるとした（第13条）。参謀総長は2月7日付で回答し，第1条に「社主ノ身元保証書」の添付を求め，第11条には「暗号電信等ニ関スル規定」の加設等を求めた[62]。陸軍省は参謀本部の意見をとりいれ，宣戦布告日の2月10日に陸軍省告示第3号の陸軍従軍新聞記者心得を制定した。また，海軍省も同様に2月12日に海軍省告示第8号の従軍新聞記者心得を制定した。なお，従軍新聞記者の出願数は，2月21日現在で，東京では18社18名，地方では37社37名，外国新聞記者は34社44名であった。その後，2月17日に大本営陸軍幕僚は陸軍省高級副官宛に従軍新聞記者向けの「従軍新聞記者諸君ニ諭[つ]ク」という告示を送付した。同告示は特に「厳ニ軍事ノ機密ヲ守リ敢テ片言隻辞ヲモ苟モセス勉メテ内地ノ士気民心ヲ興奮セシメンコトヲ図ルヘシ」と強調し，戦意高揚を図る新聞紙報道を求めた。同省は3月1日に各新聞社員を召集し，陸軍次官は同告示を通知した[63]。

なお，従軍新聞記者ではないが，国内で外字新聞を発行している神戸・横浜・長崎の外字新聞社所属の外国人新聞記者6名（『神戸クロニカル』他6社）は連名で外務大臣に対して，新聞検閲は「立法者ノ精神ニ悖リ毫モ日本ノ利益ヲ危険ナラシメザル報道」さえも掲載を禁ずる傾向があるとして，改善要望書を提出した（提出日付は不明）。それによれば，①敵国了知と断定できる報道や既に一般公衆の間での周知報道に関しては検閲を免ずる（a.『陸海軍須知』［市販］又は同様著述中に記載されているもの，b. 攻撃艦隊の艦数，戦闘のために艦隊のとった方向，艦隊の編成，船艦の種類，武装とその特色，c. 攻撃使用の砲数，敵に加えた［敵から加えられた］損害死傷数，d. 外国の既出版の戦評で日本で掲載しても利益を害しないもの），②記載禁止事項を将来の予定行動にとどめ，既に実施の行動と事実に関する批評で予定行動の成功を害しないものは自由に掲載させる，③政府制定の諸規則には翻訳文を付ける，④上記③の規則により地方警察の口頭や無署名訓示にかえる，を要望した。

外務大臣は6月6日付で参謀総長宛に同要望書の回答を照会したが，参謀総長は翌7日付で，この種の要望書により現在施行の検閲方法を変えることはないと回答した。その後，外務大臣は6月17日付で外国人新聞記者への回答書を起草し参謀総長に照会した。同省起草の回答書は，要望事項の③と④には誤解があるとして，陸軍省令第1号及び海軍省令第1号には英訳文（添付）がある，同省令の「軍機軍略事項」等の意義・範囲等は既に陸軍省と海軍省の担当者や所管地方官庁等が新聞発行業者・新聞社に対して説明・通知しているはずである，いかなる情報が上記省令の禁止事項範囲に属するかは陸海軍当局者の判断に一任せざるをえない，等を強調した[64]。外務省起草の回答書は高圧的であったが，翌18日に参謀本部も了承し，外国人新聞記者に発された。

②軍人・兵士の私信・談話等統制

第二は，軍人・兵士の私信や談話等の統制がある。陸軍省は1904年3月29日に陸軍大臣名により「軍人ノ私信ニシテ軍機ニ渉ルノ嫌ヒアルモノ往々新聞紙記事中ニ散見スルコトアリ」として，戦地・国内を問わず，私信は軍事上秘密を要する事項にわたらないことの内訓を発した[65]。

しかし，私信の取締りは容易でなく，大本営陸軍参謀井口省吾は5月9日に留守師団参謀長に対して，出役諸部隊が留守師旅団司令部等に通報する戦況や出役者の私信記載の戦闘状況等が新聞紙等に公表されることは将来の作戦において「意外ノ不覚」をとることの恐れもあり，また，「可成戦地ノ情況ヲ公示シ公衆ト共ニ喜憂ヲ同フシ度要スルニ作戦ノ大局面ヨリ打算シテ秘密ニ付スベキモノト否ラサルモノトヲ甄別[けんべつ]スルコトヲ要ス」等の注意を上申した[66]。戦地の戦況は「軍人ノ私信」のみでなく，送還された傷病者等によっても国内・各地域に伝えられ，これらの取締りが課題になった。留守第五師団参謀長は6月7日付で大本営陸軍参謀井口省吾宛に，①傷病者収容の予備病院に命じて，傷病者到着毎に軍機漏洩を慎むべき談話を慰問者に対して懇諭し，戦況中の談話禁止事項を説示させる，②当地の新聞記者に記載禁止の諸件を示す，③当地の赤十字社支部には，還送病者員数等を新聞記者に示さないことを要求する，④戦地から留守各部隊に到着した書翰中で軍事諸件を訪問者に示すことを禁止する，⑤出役者が留守宅に軍事に関する書簡（私信）発送を禁止することを野戦師団に対して依頼する，と上申した[67]。ただし，還送患者談話により伝えられた戦況・戦報の多くは，病院船の下関到着時点で，新聞記者が同船訪問時に取材されていたようである。

③旅順要塞攻撃戦闘の報道統制と戦争美化体制の成立

第三は，特に旅順要塞攻撃戦闘（第1回総攻撃開始は1904年8月19日，12月

5日に203高地占領）の戦況等に関する報道統制がある。既に攻撃前から，陸軍省高級副官は7月15日発行の『毎日新聞』，8月18日発行の『東京日日新聞』を新聞紙条例第22，31条違反として東京地方裁判所検事正に告発した。また，新聞紙検閲委員は8月17日に旅順要塞背面攻囲行動の公示まで秘密にすることを急告し，8月25日と28日に各新聞社に旅順要塞背面戦況の掲載禁止（その後も含めて）を急告した[68]。

しかるに，その後，旅順要塞攻撃の第三軍の参謀長は9月29日の電報で大本営陸軍参謀部の長岡外史参謀次長宛に，旅順戦況の秘密は得策でなく（既に，ロシア軍のステッセル将軍は日本軍死傷者数を誇大発表し，戦地到着の日本の新補充兵は戦況不利を誤信している），当方攻撃の進捗を一般に知らしめて過度な疑念を生じさせないほうが有利であると申し入れた[69]。長岡参謀次長は翌30日に旅順の戦況公表は諸種の関係から考慮しなければならないと返電し[70]，さらに10月2日に第三軍参謀長に対して，公表すべきものと公表すべきでないものとの区分及びその検閲（地方新聞紙を含む）は容易でなく，むしろ，「新聞記者ヲシテ細大詳略ヲ問ハス掲載スルヲ得ストノ観念ヲ抱カシムルヲ得策トシ一切公表セサルコトニ決シタ」と回答した[71]。

他方，旅順要塞攻撃の第三軍の攻囲状況は既にロシア軍に把握されるに至った。そのため，大本営陸軍参謀部は旅順要塞背面攻囲行動の新聞紙掲載を下記の条件のもとに許可し，高級参謀から10月8日に留守各師団参謀長に通知した[72]。すなわち，7月31日までの攻囲行動は，①双台溝・案子嶺を経て老坐山に至るロシア軍前進陣地を陥落させて長嶺子の谷地に出た時までの行動に限る，②日本軍の部隊号・砲種・砲数等の兵力関係事項及び部隊配置等の明示・暗示は不可であり（公報に記載済のものを除く），師団を示す場合は第一第二縦隊又は左右翼隊と記載することは可とする，③死傷者に関して，「何官何等卒等」の官名等級記載は可であるが，「何部隊長参謀副官等」の職名記載を不可とする，とした。また，8月1日以降の日本軍の兵力・行動，彼我対陣の位置・光景，日本軍の損耗・衛生・給養の状態，日本軍の行動が推測できる敵情記事を不可とした。同時に大本営陸軍参謀部は参謀次長から第三軍参謀長宛に，旅順要塞背面攻囲行動の新聞紙掲載許可条件を通報した[73]。兵力や職名の明示は戦闘の規模・作戦・戦術等が予測可能とされ，公表を厳格に禁じた。

日本軍は旅順攻撃に約13万の兵員（後方部隊を含む）を投入した。翌1905年1月2日に旅順は開城したが，日本軍の死傷者は約5万9千名に達し大損害の戦闘結果を伴った。しかし，そうした大損害の戦況は，新聞紙検閲等の軍事情報統制体制のもとに正確に報道されず，秘密・秘匿のベールに覆われた。したがって，5月9日の大本営陸軍参謀井口省吾の「可成戦地ノ情況ヲ公示シ公衆ト共ニ喜憂ヲ同フシ度」という上申も，厳しく統制された情報操作の媒介による「喜憂」の「共有」になり，戦争や戦闘の分析・研究に虚構や神秘的要素を挿入・増幅させることになった。

軍事負担としての軍機保護法は，国民に対して平時を含めて「軍事機密」なるものを含めた軍事情報一般に関する冷静・真摯な思考活動を停止・劣化させた。一国における戦争・軍事はその情報等を国民間等で共有した上で，公開的な議論・研究を媒介にして遂行されねばならなかったにもかかわらず，近代日本ではそうした戦争遂行体制構築が閉ざされた。つまり，戦争・軍事は政府・軍隊のものであって，一般国民のものではなかった。この結果，国民と政府・軍隊との間には本質的に遊離又は離反する関係が生まれるとともに，戦争・軍事に関する冷静な批判的分析・研究（特に戦闘行動の失敗等とその責任に対する軍隊側自身の厳しい批判・自己批判）がなされず，失敗・敗北の隠蔽報道操作と抑圧的な軍事情報統制政策を伴いつつ，政府・軍隊側により戦争・軍事の神秘主義的な美化体制がつくられた。近代日本の戦争美化体制は特に日露戦争において顕著に成立した。

注

1）2）『公文録』1872年2月-4月陸軍省，第17件。軍機保護法は由井正臣・藤原彰・吉田裕編『日本近代思想大系4　軍隊　兵士』付録・月報9（1989年4月，岩波書店）所収の拙稿「軍機保護法の周辺」という小論で主要論点を簡単に概略したことがあるが，その後，軍機保護法の成立過程はほとんど考察されていない。

3）　大山梓編『山県有朋意見書』収録（44頁）の山県兵部大輔等「軍備意見書」（1871年12月24日）は「当今郡県ノ真治ニ帰シ天下ノ藩兵ヲ解キ天下ノ兵器ヲ収メ海内ノ形勢始メテ一変ス」と，「郡県ノ真治」の用語により廃藩置県による兵部省への兵力集中を強調した。

4）　読法律條附は当初1871年12月に「読法」（全8条）として起案され，翌1872年1月兵部大輔により陸軍部内各局・三兵本部と御親兵・東京鎮台に布達された。3月20日に「読法律條附」として活版印刷された時に（陸軍省達として頒布），当該条文の解説文と海陸軍刑律該当条文が㊀㊁……と付せられ（片仮名ルビ付き，〈陸軍省大日記〉中『本省布告 明治五年正月』，同『規則条例 明治四年ヨリ六年ニ至ル』，所収），同年9月28日に陸軍一般に布達された。読法は1882年3月に改正された。

5） 1882年朝鮮国壬午事件時の軍事情報統制は本書第2部第4章参照。

［**補注1**］佐賀事件では，西郷従道陸軍卿は2月15日付で太政大臣宛に「軍事関係之事件新聞紙ニ掲載差止之儀伺」を提出し，すべての諸官庁における現在の出征関係軍事関係諸件掲載禁止措置を要請した。太政官はただちに同17日に院省使府県に軍事関係諸件掲載禁止措置を指令した（太政官達第22号，『公文録』1874年2月，陸軍省，第23件）。同禁止措置の要請は，1876年10月の熊本県下士族反乱事件に際しても，山県有朋陸軍卿は同30日付で太政官宛に提出し，太政官は同31日に院省使府県に指令した（太政官達第107号，『公文録』1876年10月陸軍省，第20件）。また，西南戦争に際して，太政官布告第21号は「無根ノ伝説等妄ニ新聞紙ニ掲載不相成候」と布告した。なお，佐賀事件では，陸軍省は2月17日に政府軍の兵事機密にかかわる電信は「隠語用法」（横欄の漢数字［一～七］と縦欄の漢数字［一～七］の組み合わせにより計49の漢数字組み合わせを作り，各漢数字組み合わせにイロハ47文字と2記号をあてる）により行うことにした（〈陸軍省大日記〉中『明治七年 密事日記 卿官房』）。陸軍省は同「隠語用法」の電信を台湾出兵時にも踏襲し，さらに10月30日に山県陸軍卿は各鎮台に変換の改正（11月7日より施行）を指令した（〈陸軍省大日記〉中『明治七年 台湾蕃地処分事件 密事日記 卿官房』）。また，台湾出兵時には，既に3月の大隈重信参議らの「四者協議書」は台湾蕃地事務都督と特命全権公使は電信暗号の牒合を含み，台湾蕃地事務局は「暗号電報」を使用した。これは佐賀事件の電信の「隠語用法」に近いが，その後，改正を重ね，また，頻出する特定キーワードを暗号化した。

［**補注2**］台湾出兵時には，出兵諸件は基本的には台湾蕃地事務局が管理し，情報通信等も同事務局が管轄した。台湾出兵時の情報通信活動に対する統制と管理は二つがあった。第一は，新聞社等の記事掲載等に関する統制である。当初，日報社の新聞編集者・岸田吟香が大倉組手代として雇用された上で「従軍記者」として，「台湾信報」という記事を『東京日日新聞』に寄稿した。他方，さらに，5月下旬以降に，日報社，郵便報知新聞社，公文社，日新堂の新聞社は台湾蕃地事務局宛に台湾出兵に関する諸原稿の下付・謄写を願い出て許可され，掲載した。しかるに，外務省は6月19日付で同事務局宛に，『郵便報知新聞』第368号（6月9日発行）は台湾出兵に対する清国政府の来翰趣旨として「我朝ニ対遇懇厚ニシテ毫末モ猜忌ヲ抱カス

云々」と記述し，かつ，同紙の台湾に関する景況記事は「御局之許可ヲ蒙リ」云々と記述したが，果たして，許可を与えたか否かを承知したいと照会した（〈単行書〉中『処蕃始末　甲戌六月之五』第21冊，第7件）。台湾蕃地事務局は6月19日付で外務省に，①台湾出兵に関しては「近来紛紜之物議有之人々疑団相抱訛伝百出内外多説為之各種新聞概ネ虚設[ママ]ニ相渉外ハ交際之道ニ相響キ可申内ハ衆庶之視聴ヲ相動シ可申」云々の不都合が少なくないので，「一層其確実ニシテ支障無之分」は当局より「相洩」すことにより逆に「右等之弊害不相招義」になると考え，同新聞社の願い出を許可したと述べ，②同第368号の記事は「府下雑報之分類」であり，当局からの漏洩ではない，と回答した。これについて，外務省はさらに6月23日付で同事務局宛に，特に②の回答は，同新聞社が「御局之許可ヲ蒙リ」と記述した以上は，「府下雑報之分類」としても「衆庶必ス本文之事理ヲ確実ト認メ可申」結果，訛伝防止趣旨に悖戻するので厳密に調査すべきであると申し入れた（〈単行書〉中『処蕃始末　甲戌六月之五』第21冊，第7件）。台湾蕃地事務局は郵便報知新聞社を調査し，当局関渉外の記事であることを同社に弁解・公表させたことを7月4日に同省に回答した。同事務局の外務省宛回答は外交関係であったが，7月8日の閣議の開戦準備を基本にした対清国方針決定に至り，「軍機関渉」にもかかわって，政府部内への要請を含む新聞紙統制を強化した。すなわち，台湾蕃地事務局は7月15日に各新聞社宛に「軍機等関渉の儀は以来新聞紙に記載致すまじく候事」と指令した（『明治ニュース事典　I』445頁所収の7月20日付『新聞雑誌』参照）。その後，大久保全権弁理大臣の渡清により，日清関係は外国新聞にも報道されるに至った。そのため，同事務局は9月19日に太政官宛に，今後は「曲直判然理非明瞭分ニ限リ戦事方略ニ妨無之事実」は各種新聞が閲することができるようにしたいと伺い出て，了承された（〈単行書〉中『処蕃始末　甲戌九月之九』第49冊，第11件）。第二には，政府部内への漏洩防止の要請である。台湾出兵の新聞記事掲載は，内務省も注目し，内務大少丞は6月3日付で台湾蕃地事務局宛に「往々浮説流言等モ有之且頃日新聞紙上ニモ種々ノ事端相見候」と述べ，同省としても台湾の実際形状を心得ておかなければ不都合が生ずるので，電報・緊要書類等を時々通知してほしいと照会した（〈単行書〉中『処蕃始末　甲戌六月之一』第17冊，第23件）。同事務局は既に長官が内務卿宛に封書送付済の旨を4日付で回答したが，政府部内でも情報の流通・共有は制限されていた。その場合，各省が情報を得ても，各種情報の軽重判断は容易でなく，また，当該情報の漏洩等の可能性を完全に封ずることも容易でなく，同事務局は絶えず懸念を持たなければならなかった。そのため，7月8日の閣議の対清国方針決定をうけ，同事務局は7月12日付で内務省・陸軍省・太政官史官・海軍省宛に，国内各種の新聞紙に「軍機関渉」や外交上で差響く記事掲載は不都合であるので，十分に含み置かれることを要請した〈単行書〉中『処蕃始末　甲戌七月之四』第27冊，第6件)。これについて，山県陸軍卿は13日付で同省は軍機関渉を一切新聞紙等へ示したことはないと回答した。その後，大久保全権弁理大臣の対清国談判が大詰めを迎えた11月2日に，太政大臣は山県陸軍卿宛に，大久保からの文書・電報類を慎重に取扱い，新聞紙掲載にはさらに注意を加えるべきことを指令した(〈陸軍省大日記〉中『明治七年　台湾蕃地処分密事日記　卿官房』)。

6）『公文録』1881年12月陸軍省2，第4件。陸軍省の太政官宛の古籍兵書の同省引渡し上申は同年6月29日付の参謀本部長の陸軍卿宛の照会・要請をふまえ，実際は参謀本部の図書編纂の便益を図った(〈陸軍省大日記〉中『明治十四年七月　大日記　局部』総水参第431号)。

7）戦前においては「大日記」の文書名称及びその存在すら一般に知られることはなかった。僅かに『法規分類大全』第45巻，兵制門(1)，陸軍省編『明治軍事史』等において「大日記」の文書名称による陸軍省の公文書作成と保管手続きを知ることができるが，後者の文献は編纂関係者のみに知られていた。

8）〈陸軍省大日記〉中『弐大日記』乾，1888年3月，総総第157号。

9）〈陸軍省大日記〉中『明治十六年従五月至八月　総務局』第44号。

10）〈陸軍省大日記〉中『弐大日記』乾，1897年10月，軍第19号。

11）12）〈陸軍省大日記〉中『明治二十七八年戦役日記　明治二十七年六月　完』第23，31号。

13）〈陸軍省大日記〉中『明治二十七八年戦役日記　明治二十七年六月　完』第32号。朝鮮国への軍隊派遣等を掲載した6月7日付『東京日日新聞』第6788号付録に対して，陸軍省は内務大臣に発行停止処分(「治安妨害」という理由)をさせた(『明治ニュース事典　V』622頁，〈陸軍省大日記〉中『二十七八年戦役日記　明治二十七年六月　完』第24号)。

14）15）〈陸軍省大日記〉中『二十七八年戦役日記　明治二十七年六月　完』第50号，63号。なお，海軍次官は6月13日に北海道庁長官と府県知事宛に海軍省告示第3号で軍機軍略の如何を推測するに足らないものの記載(例，船舶の総数噸数・使用目的を明記しないもの，某日某船は某地を通過・発着等の記事に止まるもの，等)を不問にすると内牒し，大本営は10月4日に連合艦隊司令長官宛に艦隊戦時実況で機密に拘わらないものを国民に報せるために新聞記者若干名に乗船許可を与えることにしたが，艦隊各船では機密事項(戦機に関する命令訓令と報告，交戦時の我陣形，偵察方法と敵艦との出会いの原因，我艦隊兵器及び機具破壊の撮影，弾薬消費高)の取締りを適宜規定すべきことを訓令した(〈海軍省公文備考類〉中［戦役等　日清］『旗密書類綴』所収の「常備艦隊司令長官命令類」，同［戦役等　日清］『明治二十七八年戦史編纂準備書類 巻一』所収の「大本営ノ命令，訓令，情報」)。連合艦隊司令長官は同訓令をうけて11月10日に「乗艦新聞通信員取締規定」(全9条) を規定した。

16) 17) 〈陸軍省大日記〉中『二十七八年戦役日記 明治二十七年八月 完』第14，15号。

18) 〈陸軍省大日記〉中『二十七八年戦役日記 明治二十七年九月 秘』第198号。

19) 『明治ニュース事典 V』624頁。

20) 21) 22) 〈陸軍省大日記〉中『二十七八年戦役日記 明治二十七年九月 乙』第111号。

23) 〈陸軍省大日記〉中『二十七年六月ヨリ 緊要事項集』第11件。

24) 〈陸軍省大日記〉中『二十七八年戦役日記 明治二十七年十一月 甲』第128号。

25) たとえば，宮城県知事は9月26日に陸軍省軍務局長宛に，同日発行の『奥羽日々新聞』が9月25日の第二師団の第一充員召集と近衛充員召集下令を掲載したことを電文発送したが，同省は同電文をそのままにした (〈陸軍省大日記〉中『二十七八年戦役諸報告』1894年6月，等)。しかし，同第二師団の第一充員召集や近衛充員召集を掲載した9月26日発行の『平等新聞』第248号 (編集人青柳辰二，新潟県長岡町で発行) に対しては，起訴経緯は不明だが，新潟県長岡区裁判所は10月12日に新聞紙条例第22条，31条を適用し，罰金20円の判決を下した (〈陸軍省大日記〉中『二十七八年戦役日記 明治二十七年十月 乙』第34号)。なお，陸軍省は新聞紙検閲の一定の総括を行い，10月12日に「新聞紙検閲係心得」を決定した。第一に，発行後の発行停止告発等による懲戒よりは，事前に注意説諭を加えるほうがよい (第1項)，軍機事項に関しては「記者ノ口ヲ箝セシムルノ法一ニ法令ノミニ依頼シテ専ラ消極的ニ之ヲ制限スルハ軍機ニ妨ケ無キ限リ記事ノ材料等ヲ附与シテ彼等ヲシテ多少益スル所アラシメ自然当路者ノ意ヲ体認スルノ慣習ヲ養成スルノ愈レルニ如カサル也」(第2項)，「軍機軍略ハ事態事情ト相伴フモノナルヲ以テ之ヲ秘スルノ必要亦常ニ同一ノモノニアラス故ニ二三縄墨ヲ株守スヘカラサルハ勿論トス時期ノ如何状況ノ如何ニ従ヒ適宜斟酌スル所無クンハアラス」(第4項) などと，「軍機軍略事項」の「秘密性」に対する柔軟な開放的姿勢で臨む方針を示したが，第二に，既掲載記事の取消し命令と発行停止請求・告発の場合に，そのまま放置した時の次刊以後に「一層有害ノ記事ヲ掲クルノ恐アル等予メ注意ヲ加フルノ必要アルトキ」はなるべく迅速に同処分の着手を示し (第3項)，第三に，「軍機軍略事項」で主に注意すべきものは同省省務に関するもので (諸般の施政に関する批評や当局者の参考になるもの)，たとえば「軍需物品ノ購入ニ関シ係官員私曲アリトノ記事ノ如キ御用商人ノ奸計ヲ論スル社説ノ如キ」とし (第6項)，第四に，新聞検閲係において，掲載許否や新聞社処分に関して意見が分かれるもの，重要事項に属するものの判断に関しては，高級副官や陸軍次官の決裁を仰ぐことを示し (第7項)，第五に，新聞検閲係の内部業務分担として，高等官は記事や原稿の検査その他の説諭告発及び内外往復文書の起草と外字新聞の翻訳等に従事し（第5項），判任官は高等官の指揮により記録謄写及び諸般雑務に服し新聞紙を分担閲読するなど（第8項），を示し，新聞紙検閲業務体制を明確化した（〈陸軍省大日記〉中『明治二十八年編冊 陸軍本省』）。

26) 27) 28)〈陸軍省大日記〉中『二十七八年戦役日記 明治二十七年十二月 甲』第64号。

29) 30)〈陸軍省大日記〉中『明治二十七八年戦役日記 明治二十七年十二月 乙』第281号。

31)〈陸軍省大日記〉中『明治二十七八年戦役日記 明治二十八年一月 乙』第106号，同『明治二十七八年戦役日記 明治二十八年三月 甲』第244号。

32)〈陸軍省大日記〉中『明治二十八年日清事件綴込 雑 陸軍省』。この他，高級副官山内長人は2月2日付で内務省警保局長宛に，新聞紙上に「軍機軍略事項」に関する記事で「有害」と認められるものがあるので，各新聞社に対して時々注意・訓誨を加えてほしいことを照会した（特に門司，下関，広島，大阪や他衛戍地で発行する新聞）。これについて，内務省警保局長は2月2日付で，各県知事宛に同陸軍省文書を添付して注意喚起を通知したと回答した（〈陸軍省大日記〉中『明治二十七八年戦役日記 明治二十八年二月 甲』第109号）。

33) 34) 35)〈陸軍省大日記〉中『明治二十八年日清事件綴込 陸軍省』2分冊の1。

36) 37)〈陸軍省大日記〉中『明治二十九年一月日清事件綴込 陸軍省』2分冊の1，第61号。

38)〈陸軍省大日記〉中『明治二十七八年戦役日記 明治二十八年十一月 乙』第325号。

39)『大隈侯八十五年史』第2巻，242-250頁。

40)『公文類聚』第21編巻26，警察門行政警察，第10件。

41)『明治ニュース事典 V』35，303頁。

42) 43)『第十回帝国議会衆議院新聞紙条例中改正法律案審査特別委員会速記録』第1号，1-2，5頁，1897年1月28日。

44)『参謀本部歴史草案』〈資料，二十～二一〉1897年6月2日の条。

45) 内閣書記官は1897年10月30日付で陸軍省宛に第11回帝国議会への提出法律案に関して照会した。これについて，陸軍省副官は同11月1日付で，①要塞地帯法（「砲台砲塁等建造物ノ保護法案」）は現在海軍省と交渉中である，②「軍事上ノ秘密ヲ保護スル法案」は「未タ省議決定セサレ共成案ノ上ハ時宜ニ依リ提出セラルルコト可有之」と回答した（〈陸軍省大日記〉中『明治三十年 編冊 官壱 閣省院庁民政』）。

46)『参謀本部歴史草案』〈資料，二十～二一〉1898年3月8日の条。

47)『公文雑纂』巻18，1898年，陸軍省，第13件。

48)『第十二回帝国議会貴族院議事速記録』第10号，126-128頁，1898年6月1日，『第十二回帝国議会貴族院軍機保護法案特別委員会速記録』第1号，1-6頁，1898年6月4日。

49）『公文類聚』第23編巻27，軍事門陸軍，第1件。

50）『帝国議会貴族院委員会会議録11 第13回議会 明治31・2年〔一〕』353-354頁，1995年，臨川書店復刻。

51）『官報号外 第十三回帝国議会衆議院議事速記録』第6号，69頁，1898年12月12日。

52）53）54）〈陸軍省大日記〉中『弐大日記』乾，1899年8月，軍第11号。〈陸軍省大日記〉中『軍事機密大日記』と『軍事機密受領編冊』は「陸軍機密図書」の区分方針によって編綴された。

55）〈陸軍省大日記〉中『明治三十二年自十月至十二月 弐号編冊』。

56）57）陸軍省編『明治三十七八年戦役 陸軍政史』第1巻，27-28，47-50頁。なお，児玉源太郎内務大臣は1903年10月8日付で府県道知事宛に，日露関係の交渉談判にかかわる新聞紙等報道には「誤謬」「危激ノ論議」等によるところの「社会ニ及ホスノ危険」が少なくないとして，同新聞紙・雑誌に対して予め相当の注意を与え，既載記事に対してはさらに訂正記事を掲載させ，将来に向って厳戒を加えるなどして厳重に取締まることを訓令した（富山県文書館所蔵『各省訓令内訓通牒等』第115件）。同時に内務省警保局長は同日付で府県道知事宛に，知事自身が内務大臣内訓を新聞記者の有力者に対して口頭で懇談してほしいことなどを通知した。

58）他方，陸軍省は参謀本部と協議し，大本営と同省との間で2月17日に「戦報情報ノ公示竝通報ニ関スル規約」を協定し，5月21日に「新聞ニ関スル事項取扱内規」を規定し，陸軍省令第1号の取締りと検閲・告発の手続き等の細部を明確化した（陸軍省編『明治三十七八年戦役 陸軍政史』第8巻，553-554，570-572頁）。特に，2月17日の同協定は，「戦報情報ヲ　皇后陛下　皇太子殿下ヘ奏聞シ且ツ必要ナル諸部諸官ヘ通報スルノ手続ハ大本営ニ於テ之ヲ為ス」「大本営ヨリ直接通報セサル諸部諸官ヘノ通報ハ陸軍省ニ於テ之ヲ為ス但前項及本項ノ諸部諸官ハ大本営及陸軍省協議ノ上之ヲ定ム」と規定し，大本営到着の情報・報告の通報先に関して，厳格な選別・指定をすることにした。

59）〈陸軍省大日記〉中『明治三十七年一月 満密大日記』雑第2号。

60）〈陸軍省大日記〉中『明治三十七年一月 満大日記』坤，官房第6号。陸軍省送甲第31号の前後の『小樽毎日新聞』（1月10日，1月12日），『中津新報』（1月13日），『讃岐実業新聞』（1月15日）の軍隊関係記事に関して，各管轄地方長官は陸軍省に通報したが，陸軍省は最寄りの警察署から訓戒や警告をしてもらいたいと回答した（〈陸軍省大日記〉中『明治三十七年一月 満大日記』乾，府県第4，5，6，7号）。ただし，福井県知事は検事と打ち合わせの上，1月15日付で，『福井新聞』（第1305号，敦賀港に関連した記事で「馬丁の送別会」を記載したとされる）を告発したことを陸軍次官に通報した。

61) 62)　〈陸軍省大日記〉中『明治三十七年三月　満密大日記』雑第11号，同編制条例第5号。なお，東京控訴院検事局は10月4日付で陸軍省副官宛に，陸軍省令第1号の新聞紙雑誌検閲に関連して，「[陸軍大臣は] 出征部隊ヘ右検閲ノ権限ヲ付与」しているのか，と照会した。陸軍省高級副官は同4日に「新聞雑誌原稿ノ検閲権限ヲ出征部隊ヘハ勿論何レヘモ付与委任等致候事無之」と回答した。しかし，陸軍省は陸軍省告示第3号陸軍従軍新聞記者心得第11条規定の戦地の高等司令部が指示した将校の「検閲」については，その権限関係を説明していない (〈陸軍省大日記〉中『明治三十七年十月自一日至十五日　満大日記』第89号。

63)　〈陸軍省大日記〉中『明治三十七年自二月八日至二月二十六日　副臨号書類綴』第275号。内外国の従軍新聞記者は陸軍省と参謀本部との協議により配属先の師団が決定された。3月3日に大本営陸軍幕僚から従軍配属記者数は第1回には約20人 (『時事新報』『東京日日新聞』他)，第2回には約25人 (『二六新報』『都新聞』他) と示達された (地方新聞通信員の配属を除く)。以上，陸軍省編『明治三十七八年戦役陸軍政史』第8巻，554-557頁，参照。

64)　〈陸軍省大日記〉中『明治三十七年自四月二十三日至六月十二日　副臨号書類綴』第1211号。新聞紙検閲は外国特派通信員の不評を買っていた。特に3月11日発行の『南清朝報（サウス，チャイナー，モーニングポスト）』の社説「日本政府ノ新聞検閲法ニ就テ」は「渠等（かれら）[英米の特派通信員の] 電報通信ガ各自担当ノ新聞社ニ到達スルヤ恰モ堕胎児ノ如ク見ル影モナキ迄縮少セラレ実ニ驚嚇スヘキ程度迄検閲セラツツアルナリ斯カル厳格ナル新聞検閲法ハ政府ガ公報トシテ布告シタルモノノ外漏洩ヲ許サザルモノノ如シ是レ吾人ヲシテ日本ハ吉報ハ之ヲ公表スルモ凶報ハ之ヲ隠蔽スルモノナリト容易ニ信憑セシムルニ至ラシムモノニシテ政策トシテハ不良ノ政策ト謂ハサルヲ得ス何トナレハ之カ為メニ反動ヲ来シ反動ハ災害ヲ招クニ至レバナリ」等々と痛烈に批判した (〈外務省記録〉第5門第2類第18項中『日露戦役ニ関スル外字新聞雑誌関係雑纂』所収)。

65)　〈陸軍省大日記〉中『明治三十七年自三月十七日至四月二十三日　副臨号書類綴』第723号。

66) 67)　注64) の〈陸軍省大日記〉の第1026号，1230号。

68)　〈陸軍省大日記〉中『明治三十七年九月自一日至十五日　満大日記』第453号。

69) 70)　〈陸軍省大日記〉中『明治三十七年九月　参通綴　大本営陸軍参謀部』。ただし，長岡は30日の返電で，補充兵の志気振作のために留守各部隊に対しては，第三軍の有利な戦況を通報すると述べた。

71) 72)　〈陸軍省大日記〉中『明治三十七年十月十一月　謀臨綴　大本営陸軍参謀』。

73)　注69) に同じ。

第3章　要塞地帯法の成立と治安体制強化

1　近代日本における要塞建設事業体制の成立

(1) 国土防禦体制の第一次的転換と1889年土地収用法──「全国防禦線」の画定から「主権線」守護と「利益線」保護へ

①砲台建築・防禦政策の転換──海岸要塞建設の重点化

1880年代の軍備拡張期の1884年5月の「七軍管兵備表」の制定や1885年5月の鎮台条例改正においては，常備軍の戦列隊として要塞砲兵の配備欄は空白とされ，備考において「要塞砲兵ハ編制未タ確定セサルヲ以テ姑ク之ヲ闕ク」と注記された。ここで，要塞砲兵にかかわる要塞概念は確定されていなかったが，海岸防禦の調査は進められた。

第一に，当時，海岸防禦を調査していたのがオランダから雇い入れた同国工兵大尉のワン・スケルムベークであった。ワン・スケルムベークは1883年7月から1886年7月まで東京湾陸軍臨時建築署に勤務した。ワン・スケルムベークの日本列島防禦論は敵国の軍略意図を分析し，特に，某海浜地方に上陸又は占拠しても，上陸・占拠自体が目的でなく，占拠地域をベースにして陸上でのさらなる運動戦展開があることを想定した[1)]。したがって，陸上某地域が主戦場・決戦場になり，同主戦場・決戦場への兵力の迅速な集中的移動を重視し，その構築課題を陸軍に提起した。ワン・スケルムベークの防禦論は当時の陸軍の帝国全軍構想化路線に沿うものであり，あるいは，陸軍の全国防禦線画定と重なりあった。

第二に，1882年の軍備拡張方針のもとに海岸防禦にかかわる陸軍の防禦政策を調査していたのは，1882年1月参謀本部条例中改正で設置された海防局であった。海防局は海岸防禦方法の調査を担当し，海岸守備は「内地ノ防禦」と彼是画一にして「内地要塞衛戍ノ配置」との連絡を保つべきことを規定し，同規定は1885年参謀本部条例の海防局の職任としても継承された。その後，

1886年3月参謀本部条例で海防局の職任継承の延長上に新設された参謀本部陸軍部第三局は「海岸要塞」「海岸砲台」とともに陸地防禦としての「内地要塞」(陸地要塞) の配置調査の職任を規定した。また，同第三局は要塞砲兵隊編制も調査した。

同第三局の調査で注目されるのは，既に1887年5月の監軍部発足と同年9月の下関要塞建築着工をうけて調査した「要塞兵設置順序並経費予算案」「要塞砲兵編制案」「要塞工兵編制案」「要塞司令部設置案」「要塞砲兵配置及ヒ編轄法草案」の報告である[2]。

本報告は「我国海防ノ事業漸ク緒ニ就キ砲台ノ或ハ既ニ竣工シ或ハ現ニ着手中ニ係ル者若干アリト雖国防策ノ大本未タ確定セス従テ防禦ノ首点枢軸タル内地及沿海要塞ノ位置未タ確定セサルノミナラス海岸砲台ノ位置員数ニ至リテモ未決ニ属スル」としつつも，「単ニ海岸及内地要塞ノ防禦上ヨリ論スレハ要塞砲兵平時ノ編制ハ即チ其戦時編制ノ基本タルヲ要シ其平時ノ屯在地ハ即チ防禦ノ大群区内ニ在リ」と述べ，「防禦ノ大群区」を東京，観音崎，大阪，紀淡海峡，芸予海峡，下関，長崎又は佐世保に仮定するとした。

「防禦ノ大群区」とは要塞を核にした兵備配置地域である。すなわち，具体的には，要塞建設順序を未定とした上で (したがって要塞守兵配置の予定は立たない)，当時に最大限想定されうる全国8箇所の要塞砲兵連隊設置・編成の原則や視点を説明した。それによれば，特に，①要塞砲兵は全国で96個中隊を編成し，全国8個の要塞砲兵連隊を設置・編成する場合には1個連隊は12個中隊になる，②戦時には要塞砲兵を電信・電燈勤務と水陸防禦工事や道路修築作業を兼務させることはできず，かつ，野戦軍隊を臨時に同勤務や作業に従事させることは混乱が生ずるので，工兵専務の特種の一隊として「要塞工兵」1個中隊を編成する (平時人員計143名，戦時人員計221名)，③「戦時要塞砲兵一連隊編制表草案」を起草し，同1個連隊人員 (12個中隊) は2,464名 (内，兵卒2,208，看護卒12) とし，平時の1個連隊 (12個中隊) は1,306名 (内，兵卒1,080) とし，要塞砲兵連隊は計8個 (上記の東京他の「防禦ノ大群区」) の編成・設置を目ざし，1個連隊の戦時人員を設置着手後7年目にして完備し，8個の要塞砲兵連隊を12年後に完成する，④一群の砲台を区画して一要塞となし，守兵を設備し，要塞防禦方法審究と不時の事変の対応計画を立てるために要塞司令官１名を含む要塞司令部を設置し，要塞司令官は平時に鎮台司令官に属し，戦時は大元帥又は作戦軍司令官に隷して守兵を率いて要塞防禦の専任者とする，⑤要塞砲兵の教育訓練等を画一化し，要塞砲兵科の全業務（要塞射的学校の管理等を含む）を管轄するために要塞砲兵監１名を置き，要塞砲兵監は監軍に直隷する，と報告した。

参謀本部陸軍部第三局の報告で特に重要なのは，第一に，③のように東京と大阪を「向来単純ナル要塞トナルヤ否ヤトヲ問ハス防禦ノ大群区タルハ疑ヒナカルヘシ」と報告し，大都市の要塞化を含めて防禦要点地として位置づけたことである。第二に，陸地防禦を目的にした内地要塞・陸地要塞の編成・設置方向にも視点を注いだことである。つまり，国内の交戦地域化を想定した上での要塞砲兵配備計画志向をもち，全国防禦線画定の方針と方向性をやや継承したといえる。その一部は1893年戦時編制に連なるものがあった。

ただし，海岸要塞の建設さえ予算財源制約事業であり（1887年３月に天皇は「防海費」30万円支出，その後，９月末日までに「防海費」の献金者を募る，ただし，一個人１千円以上に限る）[3]，内地要塞・陸地要塞の編成・設置方向はしだいに無視され，海岸要塞中心の建設が重点化された[4]。

②1889年土地収用法と砲台建築――国防上用地の秘密化要求

他方，軍備の拡大・整備において，特に，陸海軍の用地確保にとって一定の規制がかけられた法制度が成立した。すなわち，1889年７月制定の土地収用法である。当初，山県有朋内務大臣は1888年５月８日付で，明治８年７月制定の公用土地買上規則を廃止し，土地収用令案（全53条）を閣議に提出した。土地収用令案は，第一章の「綱領」において，①公共の工事において土地の収用や使用制限を要する場合には，損失補償して収用又は制限することができる（第１条），②「公共ノ工事ニシテ本令ヲ適用スルモノハ勅令ヲ以テ之ヲ定ム」と規定し，ただし，道路堤防の新設・改修，河川の新鑿・改修，水道下水用水路の新設・改修，鉄道布設，電線架設の事業で政府又は府県郡区町村の起工は，内務大臣が勅裁を経て省令により本令を適用できる（第２条），と起案した。つまり，土地収用令の基本は公共の工事事業者には民間人・私人も想定し，それらの公共用の私設事業立ち上げに対して，一つ一つの勅令により本令適用を定めるとした[5]。ここで，土地収用令案が陸海軍兵備用土地に関して一字も言及していない理由は，同兵備用土地は「収用法令」とは異なるカテゴリーにより認識・確保され，工事着手されるとしたことに他ならない。

これに対して，法制局は，第一に，土地収用法には，①収用の事案毎に法律・勅令を制定する，②予め法律により収用執行すべき工事種類を規定しその範囲内のものは行政上の審査を経て行う，の二様があり，内務省起案は前者の①に相当し，正当であるが手続き上の煩雑があり，私設の工事は勅令により，政府・府県郡区町村の工事は省令により適用されることになり，勅令をして「軽カラシムルノ感ナキニアラス」に至らせ，さらに，収用許否が内閣の決議を経ることによって「濫リニ人民ノ所有地ヲ奪フカ如キ」になると審査し，後者の②を採用するとした。第二に，土地収用令案を簡潔に整備・修正し，①土地の収用・使用の必要の場合は，起業者は工事計画書・図面を調製して地方長官に提出し，地方長官は同計画を審査し内務大臣に具申し，内務大臣はこれを閣議に提出する（ただし，同計画の認定に関して「法律」に別に規定されているものは当該条規にもとづく（第3条）），②起業者は工事の仕様書・図面・損失補償金額見積書を土地所有者・関係人に示して協議し（第8条），同協議不調時には，起業者は各市町村別に書類（収用・使用される土地の番号・地目・反別・建物建坪数・木石作物数量，隣接土地の番号・地目，土地台帳登記簿により知りうる所有者・関係人の氏名，収用・使用時期，土地台帳上の地価，損失補償金額並びに内訳等を調製記載）を土地収用審査委員会（会長は地方長官）に提出して裁決を申請する（政府が起業にかかわる場合は主務大臣が仕様書等の書類を地方長官に送付し土地収用審査委員会の裁決を求める（第8条）），③収用・使用される土地に対する所有者・関係人の意見を申し立てる（第10条），④土地収用審査委員会（会長は地方長官）の工事仕様に関する裁決の不服者は7日以内に内務大臣に訴願でき，また補償金額の裁決の不服者は3箇月以内に裁判所に出訴できる（第15条），等と起案し，翌1889年3月に修正案として「土地収用法案」（全41条）を閣議に提出した。

法制局の土地収用法案は内務省の土地収用令案よりも簡潔であり，土地収用の目的として「公共ノ利益ノ為メノ工事」（第1条）と明記し，内閣が当該工事に要する土地が公共の利益のために必要であると認定した後に本法律を適用できるものとして，同省起案の工事種類にさらに加えて計6項目を修正起案した

(第2条)。同修正起案第2条の工事種類で注目されるのは，特に，第1項目への「砲台城砦其他兵事ニ要スル土地」の加設である。また，第27条で「砲台城砦道路堤防鉄道及埠頭ノ工事」に供する土石砂礫で宅地外にあって所有者の不使用物は本法律により収用できると起案し，第38条で「戦時若クハ事変ニ際シ其他兵事上工事ノ急施ヲ要スル場合ニ於テ土地ヲ収用又ハ使用スルハ特ニ定メタル法律ノ条規ニ依ル」と，戦時等を含めて砲台・兵事用工事における土地収用を積極的に認識し法制化しようとした。

閣議は法制局修正起案の土地収用法を決定し(ただし，第38条中の「戦時若クハ事変ニ際シ其他」の12字を削除)，4月27日に元老院に下付した。元老院は第一読会(5月15日)において，渡辺清が第2条第1項目中の「砲台城砦」を「国防」に改める意見を述べ，本案の全部付託調査委員を選出し，5月27日に第二読会が開かれた[6]。第二読会では，山口尚芳が第8条に対して，「砲台城砦其他兵事ニ要スル土地」の工事の仕様書・図面・損失補償金額見積書を土地所有者・関係人に示して協議することに関して，陸軍大臣・参謀本部長の職務等と対比して疑義を述べた。これについて，内閣委員の平田東助(法制局参事官)は，砲台建築等は兵備上の緊要土地を収用せざるをえないとしても「其計画ノ如何ヲ人民ニ知ラシメスシテ之ヲ収用スルコト能ハサル可シ[中略]其収用セラルル土地ノ人民ハ将来其処ニ住居スルヲ得ルヤ否ヤヲ知ル能ハサレハナリ[中略]此ニ其工事ノ計画書ヲ差出ス可シト云フハ決シテ軍事ノ秘密ヲ顕ス可シト云フニハ非ラス何程位ノ土地ヲ収用スルカ又ハ其処ハ砲台ト為ルカ若クハ城砦ト為ルカ政府ニ於テ之ヲ人民ニ知ラシメテ宜シキ限リハ之ヲ知ラシムルモ可ナルヘシ」と述べ，山口の疑念・危惧を払拭しようとした。しかし，山口はさらに第38条に関して，内閣は本法律案起案に際して陸軍省と協議したのかと質問したが，平田内閣委員は陸軍省・参謀本部宛照会の有無を明言せず，また内務省の陸軍省宛照会の有無についても別段に内務省宛に照会しなかったが，本法律案の精神は軍事上の秘密に立ち入るものではないと強調した。その後，山口尚芳の第8条に関する支障有無の対陸軍省宛照会発議は賛成者(三浦安，石井忠亮，柳楢悦等)を得て採決された。

これにより，全部付託調査委員が調査した結果，砲台等建築に際しては内閣の認可を受けず，主務大臣より上奏・裁可を経て即時に地方長官に指令して着手する手続きであることが判明したとされ（陸海軍両省の見落とし），また陸軍省・海軍省の職員と熟議したとされる。その結果，全部付託調査委員の再調査報告案は6月12日の第二読会で，議題として報告することを決定し，①第2条の第1項目の「砲台城砦」を「国防」と修正し，②第3条の但し書きの「法律」の下に「勅令」を加え，国防上に関するものの手続きは陸海軍主務長官よりただちに「勅裁」を得ることを包含するとして，第2条に移し，③第4条（「工事認定ノ後内閣ハ官報ヲ以テ起業者及起業地竝工事ノ種類ヲ公告スヘシ」）の第2項として，陸軍省の要求にもとづき「国防上ノ用地ニ在テハ前項公告ノ例ニ依ラス主務大臣ヨリ地方長官ニ通知シ地方長官ハ其土地所有者及関係人ニ通知スヘシ」を増設し，④国防上の秘密漏泄を防ぐために，第8条に「但国防上ノ用地ニ関シテハ其区域及損失補償金額見積書ヲ示シ仕様書及図面ヲ添フルヲ要セス」と増設した。第二読会では平田内閣委員は国防上の土地でも土地収用法に従わなければならないことを発言し，再調査報告案は第二読会の議案になった[7]。そこでは，第2条但し書きを「国防上ノ工事ニ関スル認定ハ此限ニアラス」と修正した。なお，第8条の増設削除の発議と賛成発言が出たが（森山茂，中村正直，柳楢悦），少数意見により消滅した。ただし，第38条に関して，平田内閣委員は特に定めたる法律とは戒厳令・徴発令等であるが，同令には土地収用は存在しないので「収用」を加えたと発言した。その後，土地収用法案は第三読会を経て議定され，7月1日に元老院副議長は上奏し，7月30日に法律第19号として制定された。国防上用地の秘密化が貫かれた。

③要塞建設と国土防禦体制の第一次的転換――国土開発との一体化と陸軍省の土地管理政策の転換

1889年土地収用法制定により陸軍省の土地管理政策が転換した。第一に，全国海岸旧砲台地所の開墾・開発差止めの1875年1月の太政官達第15号（本書第2部第3章参照）は不要になった。そのため，1889年10月25日付の陸軍大臣の同達廃止の閣議請議により11月7日閣令第27号で廃止した[8]。この結果，1875年太政官達第15号が示した「全国防禦線」画定化の構え以降の内地要塞・陸地要塞配置思想は内閣レベルではほぼ消えた。そして，防禦政策の基本は1890年12月6日の第1回帝国議会衆議院における山県有朋内閣総理大臣の「施政方針演説」に象徴的に言及された「主権線」の守護と「利益線」の保護にほぼ変容した。この結果，陸軍軍備と防禦政策は「主権線」の防禦としての海岸要塞の増設・整備に焦点化されるとともに，「利益線」の保護を名目とした外交紛糾問題の武力解決をになう野戦軍の拡大・整備に進んだ。

第二に，陸軍省所轄地所中の不用地所等の売却化がある。同省は全国旧城郭・旧砲台地等を管轄してきた。これらは全国防禦線未画定のために存廃・再利用・売却等が未決のままに置かれ，あるいは荒廃化のままの状態にあった。これについて，大山巖陸軍大臣は1889年4月16日付で，軍備拡張による隊数増加と軍隊教育の改良（射撃場・練兵場等，特に村田銃完備を目標した遠距離射撃場の用地確保）の施設設置を通常経費により賄うことはできないので，同省所轄地所で存置不要見込み分を選定し，また，各所散在の不用土地・家屋を売却し（金額は一旦大蔵省に還納した後に同省へ下付――大蔵省と協議済），射撃場・練兵場増地買収資金に充当したいと閣議を請議した[9]。同省所轄地所中の不用地所等の売却化方針確定は，今後は全国防禦線画定化はありえないという防禦政策上の認識・判断が含まれたとみてよい。4月23日の閣議は同省請議の通りに承認し5月14日に指令した。なお，陸軍大臣は9月26日付で内閣宛に国防上不用の旧城郭で旧城主が永世持続の目的により払下げを願うならば相当代価をもって払い下げると稟申し，10月1日に了承された。

第三に，土地管理政策で重要なのは土地形状の正確な測量とそれにもとづく地図作成である。これについて，既に陸軍省は1884年2月7日に「全国地図調製帰一之儀」を太政官に上申し，同6月に内務省管轄の測量事務を参謀本部管轄に移した（1884年9月の測量局設置，1888年5月の陸地測量部設置）。その後，陸軍省は1887年11月に内閣宛に，三角測量事務を拡張し三角測量と水準測量実施の計測点に測量諸標の設置と保存にかかわる測量標規則の制定を上申し，翌1888年5月の閣議決定と同7月の元老院議定を経て同年7月23日勅令第58号として制定された。しかし，明治憲法制定と1889年土地収用法制定等により，土地収用は寸土といえども同法によらざるをえなくなった。つまり，測量標設置のための一小地の収用も土地収用法を適用せざるをえなくなった。その中で，熾仁親王参謀総長は1889年10月5日付で陸軍大臣宛に，1888年の測量標規則の改正を照会した[10]。陸軍大臣は同照会を了承し，1889年12月10日付で，測量標設置のために多数の一小地を所要に応じて即時収用するには支障が出てきたとして，測量標規則改正案を起案し，陸地測量標条例として法律により制定したい，と閣議を請議した。

陸地測量標条例案（全14条）は，特に第2条で陸地測量部において一時の測量標（仮杭）を設置するために所有者との示談を不要とすることなどを規定した[11)]。これらは国民側に相当の負担を強いるが，陸軍省は国内地図作成を国家経営の「要具」であるとし，①軍衙においては，国防の計画，出師の準備，城塞砲台の位置選定，「国防軍」の配備あるいは動員集中法の規定，軍須諸品運輸の道路，防禦線又は交通線になるべき地形・道路の明確化，作戦方法の講究等の平戦両時ともに万般の計画を完全ならしめると否とは大いに地図の精良如何による，②行政庁においても，土地に関する行政区域と立法範囲を規定し，鉄道布設計画，河海溝渠の処理，道路開設，沼沢の排決，電線橋梁の架設，山林鉱業の理法，開墾移民地の判断等はすべて精良の地図を必要とするとした。すなわち，「地図ハ強兵要具富国ノ利器」であり，「国民ハ自己ノ小不利ヲ問ハス益々本事業上ニ便益ヲ与フヘキハ徴兵法ニ由リ兵役ニ服スルト一般国民タルモノノ義務ニシテ又辞スヘカラサルノ関係アラン」と述べ，富国強兵の目的のためには測量事業を支える負担義務があることを強調し美化した。陸軍省の陸地測量標条例案は閣議決定と元老院議定を経て，1890年3月26日法律第23号として制定された。

鎮台体制下の陸軍省の土地管理政策は全国防禦線確定化のもとに組立てられ，幕藩体制下の旧城郭地所管理等を基本にして全国武装解除を目ざす行政的処分を本質にしていた。つまり，軍備や軍事のカテゴリーは，基本的には行政主導のもとに組立てられた。しかるに，全国防禦線画定化が不要視又は無視・軽視されるに至り，陸地測量事業に対する住民負担義務に象徴されるように，軍備・軍事には国土開発主導（富国化推進）の視点が付加され，あるいは一体化されて認識されるべきとする土地管理政策のバージョンアップが進められた。近代日本の1890年代からの要塞建設は同バージョンアップを含む国土防禦体制の第一次的転換を意味した。そこでの海岸要塞の増設には住民負担義務の遂行・忍従が美化されるに至り，陰画的な軍事奨励が成立することになった。

(2) 日清戦争以前の要塞建設

1880年代初頭から日清戦争までの要塞建設は，1880年5月着工の東京湾の観音崎第一砲台（1884年6月竣工）以下23の砲台，1887年4月着工の対馬要塞の温江（ぬくえ）台砲台以下3砲台，1887年9月着工の下関要塞の田ノ首砲台以下12の堡塁・砲台，1889年3月着工の由良要塞の生石山第三砲台以下12の堡塁・砲台が完成した（すべて海岸要塞）。その場合，陸軍は，要塞兵備の実用（質）化とは，砲台建築・備砲製造・要塞砲兵隊設立の「三者」が「相伴ヒ整頓」することであると考えていた[12]。それで，砲台建築・備砲据付けとともに要塞砲兵隊の編成・設置が課題になった。

ただし，各地砲台が欧州国の近代要塞のように編成されるには，各種附属施設や設備の設置整備を含めて，なお，数年を要した。他方，1889年度以降の海岸砲台建築費は毎年予算書に分轄交付された。臨時砲台建築部の砲台建築工事と物件買収はしだいに秘密化と随意契約を基本にするに至った。要塞地帯法制定前には陸軍全体に要塞の建設地域自体の秘密保持政策があり，かつ，建築工事における要塞構造法の秘密化が基本にされた。

①臨時砲台建築部の砲台建築工事管理と工兵方面による要塞建設事業体制への転換

まず，1886年11月30日勅令第76号臨時砲台建築部官制が制定された。臨時砲台建築部は陸軍省に属して全国枢要の地の砲台建築を管掌し，内務大臣山県有朋が同部長を兼任した。臨時砲台建築部長は砲台の位置・制式・兵備要領等を陸軍大臣・参謀本部長と協議・決定した後，建築工事事務を総理し，工兵方面を指揮して砲台建築工事に従事させることにした。そして，翌1887年3月23日に同部長は陸軍大臣宛に「砲台建築事業ニ係ル工兵方面事務取扱ノ順序」（全14条）を申進し規定された[13]。工事施設関係は，同部長が工事施設要領を工兵方面提理に下付し，同提理はこれにもとづき建築図式・仕法を定め，材料の買収・運輸の便否や職工役夫の多寡等を調査し，計算按を調製して，同部長に上申し，指揮を待って着手するとされた。この場合の工事は太政官時代の砲台建築手続きを踏襲し，主務大臣からの上奏・裁可を経て着手された。

その後，臨時砲台建築部の砲台建築事業が進展・拡張した。そのため，陸軍省工兵局長は工兵方面条例改正案（全13条）を起案し，①各地防禦の完備を迎えて各砲台を「欧州各国ニ於ケル要塞ノ組織ニ準シ」て，築城の監視・修理・改築と附属営造物等の建設他工兵勤務を所管する特別官署設置が必要である，②同特別官署は，各地に工兵方面の「支署」を置き，同官職・官等・人員は当該砲台地の軽重に応じて定める，③築城事業及び同事業に属する工兵勤務をすべて工兵方面提理に統轄させるならば，経理上他諸般の便益が少なくないと強調し，1889年5月2日付で陸軍大臣官房に提出した[14)]。工兵方面条例改正起案は砲台の防禦営造物上の認識を高め，防禦上の附属諸施設・設備の維持・管理を組織的に組み合わせた近代要塞として編成・設置することを目ざした。

つまり，工兵方面の官制改正を含めて砲台建築事業体制から要塞建設事業体制に転換させた。工兵方面条例改正案は，①工兵方面は要塞の堡塁・砲台及び附属営造物の建築修繕監視他とこれらに関する工兵事業を管掌し，歩兵工兵の工具材料を調弁し，工兵所属地を管轄する（第1条），②工兵方面を二つに分け，第一方面は本署を東京に置き第一第二第三師管と北海道を管轄し，第二方面は本署を大阪に置き第四第五第六師管を管轄し，各管内要塞及び重要砲台には支署を置く，③工兵方面の職員は，本署には提理（工兵大中佐1）・副提理・署員・軍吏，支署には支署長（工兵少佐又は工兵大中尉1）・署員・軍吏を置き，さらに本署・支署に工兵上等監護・工兵監護技手・軍吏部書紀若干人を置く，④提理は陸軍大臣に隷して工兵方面事務を総理し，支署長は戦時及び事変に際しては要塞又は「砲台司令官」の指揮をうけて工兵諸般の勤務に従事する（第9条），⑤要塞堡塁砲台の改築増築と防禦上必要事項の施行時は，提理は要塞又は「砲台司令官」と熟議した後に陸軍大臣の決裁を請わなければならない（第10条），等と起案した。

工兵局長起案の④⑤の「砲台司令官」はほぼ要塞司令官に近いものを想定したとみてよい。同省省議は工兵方面条例改正案を了承し，参謀本部との協議により第10条を「陸軍大臣ニ上申スルコトヲ得」と修正し，陸軍大臣は6月19日付で工兵方面条例改正案を閣議に提出した。同改正案は法制局の審査により若干の字句が加除され7月2日に閣議決定され，7月12日に制定された（勅令第94号）。かくして，近代日本における欧州的な近代要塞の概念が名実ともに成立するに至った。

②1892年伍第691号砲台建築工事及物件買収契約手続と随意契約推進

ところで，小沢武雄臨時砲台建築部長は1890年5月15日付で陸軍大臣宛に，堡塁・砲台の構造法は欧州各国においても漏泄しないように注意するところであり，同部担当の建築工事中で必用部分は会計法第24条第2項に該当することを心得て施行することがしかるべきであると伺い出た[15]。会計法第24条第2項は，「政府ノ所為ヲ秘密ニスヘキ場合ニ於テ命スル工事又ハ物品ノ売買貸借ヲ為ストキ」は随意契約によることができるという規定であり，5月30日に了承された。さらに，小沢同部長は7月18日付で陸軍大臣宛に，砲台建築工事及び材料買収契約は会計法と会計規則にもとづき施行しなければならないが，工兵第一方面と工兵第二方面において同法令解釈が多岐にわたって取扱い方が区々になれば不都合であると述べ，砲台建築工事及物件買収契約手続を認可してほしいと伺い出た[16]。同部伺いの手続本文正文は不明であるが，下記の1892年9月伍第691号砲台建築工事及物件買収契約手続（全9条）とほぼ同一とみられ，8月4日に認可された。かくして，要塞建設工事の秘密化と随意契約推進の下地がつくられた。

その後，臨時砲台建築部は1891年3月末に廃止された。砲台建築事業実施の管理を継承したのは工兵方面であった。これは，砲台建築事業実施は工兵方面が充分に管理できる体制に至ったという理由と判断にもとづいていた[17]。また，砲台建築事業拡大に対応するために，工兵第三方面を下関（未設置）に置き，第五師管と第六師官を所管させ，工兵第一方面（東京）は第一師管と第二師管及び北海道，工兵第二方面（大阪）は第三師管と第四師管を管轄した。そのため，工兵第一方面提理と同第二方面提理は連署により1892年8月18日付で陸軍大臣宛に，砲台建築工事と物件買収契約手続に関する従前の臨時砲台建築部長の令達を加除修正して引き続き実行したいと伺い出た。そして，陸軍省は9月29日に了承指令を発し（伍第691号），さらに，かねて，照会があった会計検査院にも同手続を通知した[18]。

さて，1892年伍第691号による了承指令の砲台建築工事及物件買収契約手続は，主に，①砲台建築工事で秘密を要する部分は直接工事により実施し，会計法第24条第2項の随意契約により工事を命ずることができる（第1条），②秘密に付すべき部分は，土中の構造物，弾薬本庫，胸墻，横墻，翼墻，背墻，司令所の構造物等とする（第2条），③競争入札・随意契約ともに工事や物品買収の契約者は，同工事又は物件供給の2箇年以上の従事者で市町村長の証明書を要する（5百円未満の随意契約は必ずしも証明書を必要としない（第3～4条）），④入札競争者には入札当日前に契約書案・工事図面仕法・物件標本を示し，諸件を説明し，入札事項・契約趣旨を充分に了解させる（第5条），⑤工事の便宜と起工地状況によって一工事を数区に区分し，又は所要物件全数を数部に分けて各別に競争入札させることはできるが，理由なく5百円未満の見積代価に区分して随意契約に付することはできない（第6条），等と規定した[19]。

他方，砲台建築工事では会計法第24条の随意契約等の恣意的解釈により買収契約と予算支出が執行された事例がないわけではない。たとえば，1890年度と1891年度の決算の検査報告において，会計検査院は歳出臨時部・陸軍省所管の臨時砲台建築部費に属する「東京湾砲台建築費」に対して法律違背を指摘した。それによれば，①建設費により，浅野セメント会社からセメント128樽・代価582円余と横浜市田口豊吉より栗石12,775切・代価868円余の購入に際して，競争入札でなく随意契約に付した，②会計検査院の審理結果，当初，「ベトン」（コンクリート）工事を再度競争に付して予定価格に達するものがなく，直轄工事に際して当該工事は「国防上速成ヲ要スルモノニシテ竣工期日切迫スルヲ以テ会計法第二十四条第三項ニ準拠セシ旨」を弁明した，③しかるに，砲台建築は10数年にわたる継続事業であり，その一部分の工事竣工期日切迫をもって会計法第24条第3項（「非常急遽ノ際工事又ハ物品ノ買入借入ヲ為スニ競争ニ付スル暇ナキトキ」に随意契約できる）を適用することは理由なく，会計法に違背した，と非難した[20]。

当時，臨時砲台建築部と工兵方面により実施された要塞建設事業は巨大費用投下の公共事業であった。しかし，その適正施行と鄭重な執行には（後に判明され，会計検査院の非難をうけたものも含む），疑念・疑惑を抱かせるものがあった。そのため，陸軍省軍務局長は1893年2月3日付で砲台建築事業監視内則案（全9条）を起案し，主務官吏を時々砲台建築現場と既成砲台に派出させて実地視察させるために陸軍次官から工兵方面提理宛に訓示してもらいたいと陸軍大臣に提出した[21]。軍務局長の内則案は，①砲台建築事業は会計法・会計規則及び1892年の砲台建築工事及物件買収契約手続の範囲内で施行されているか，②堡塁・砲台・軍道等は設計図面にもとづき建築実施されているか，かつ，所用建築材料の良否等はどうか，③諸堡塁・砲台は予定期日内竣成の計画であるか，建築費用は予算額を超過していないか，既成部分の支出費用と比較して当を得ているか，④用地買収は正当な手続きにもとづき，かつ，買収時の人民との交渉は当を得ているか，⑤建築現場管轄の主任官・属僚の選択及び諸係官の勤惰と事務執行はよろしいか，⑥既成砲台は常に防禦力を完備するように保存されているか，破損部分修理の緩急の順序はよろしいか，破損部分は免れない事変に起因しているか，又は構造法不良や所用材料の粗悪に原由しているか，⑦砲台監守はその職務に堪えているか，⑧砲台建築事業視察の派遣者は視察終了後に，以上の全般事項に関する自己の意見を付して軍務局長を経て陸軍大臣に復命すること，と起案した。同内則案は了承され同年2月14日に工兵方面提理に内報された（陸軍省送乙第191号）。

1893年2月砲台建築事業監視内則の実地視察内容は当然の内容であった。かつ，そこには従前の砲台建築事業の適正施行は不十分であるとする総括的評価が含まれた。問題は，この種の内則を通知しなければならないほどに，砲台建築事業は多くの問われるべき課題・難題を抱えて施行されたことである。

③1890年の工兵方面要塞勤務規則と砲台出入規則等の制定

砲台建築の進展と要塞砲兵隊編制の成立にともない，要塞の諸施設・設備の維持・管理及び砲台への出入管理や機密保持のための規則を詳細に規定した。

第一に，1889年7月の工兵方面条例改正により，翌1890年4月から工兵方面支署を設置した。また，砲台建築竣工を迎えるものが多くなり，要塞司令部の設置が課題になった。そのため，陸軍省工兵局長は，工兵方面本署・支署と要塞司令部との間の勤務関係を予め確定しておかなければ不都合が生ずるとして工兵方面要塞勤務規則案（全19条）を起案し，1890年3月25日に陸軍大臣に提出した[22]。本規則案は省議で決定され，1890年4月25日に陸達第79号工兵方面要塞勤務規則を制定した。本規則は，砲台建築業務の主管機関たる工兵方面が同時に防禦力完備のために既成要塞・砲台の維持・管理も担当するという勤務体制を詳細に規定したが，防禦担任の要塞司令官との間で防禦関係事項を協議し，また，防禦調査に関しては要塞司令官の指揮をうけると規定した。ただし，要塞司令官の官制・官職は未制定であり，将来設置を含む規定であり，要塞司令官関係の規定条項は堡塁・砲台を設けた島嶼の警備隊司令官に適用するとした。

その上で，主に，①工兵方面支署の工兵事業として，要塞・堡塁・砲台及び同附属営造物の建築修繕工事，戦時増設すべき臨時築城の設計，守城工兵器材の準備・貯存，通信器・電気灯の設置・貯存，防禦上に要する地形偵察とその作図があり，②工兵方面支署長は工兵方面提理又は要塞司令官より建築修繕工事他工兵勤務の事業概計調査を命じられた時は経費予算書と所要図面を調製し（砲兵関係事項は砲兵方面支署長と協議して調査図書に連署する），精密調査書調製の命令をうけた時は工事の仕法経費案及び細図を調製して提出し，戦時には訓令をうけ砲兵方面支署長と協議して建築すべき臨時築城の図案を調製し，同建築に要する器具材料と人員・時間等を計算する，③工兵方面支署所管の要塞・堡塁・砲台及び同附属営造物その他防禦用器具材料を常に完全保存し，同員数を明瞭化し，特に電気灯・通信器を要塞司令官に通報して毎年数回実地に使用して戦時使用に堪えるか否かを検定し，修理すべきものは修理して利害・便否を考究し，改良又は変更を要する場合は工兵方面提理に理由を申告して指揮をうける，④工兵方面支署に備える所管要塞関係図書類は，要塞・堡塁・砲台の平面断面及び高図面並びに営造物の図面，要塞・堡塁・砲台の周囲10kmの地図（梯尺は1万分の1又は2万分の1），戦時増設の臨時築城の平面図及び断面図と同建築に要する物件器具と人員・時間等の計算書，必要な海図とする，⑤すべての平面図には付近地形を示し，地図作成は道路鉄道溝渠や戦闘の得失に関する地物をすべて精密に記載し，また，各堡塁の位置及び射線界，電気灯の射光界並びに戦時増設の臨時築城地点等を記載し，図書類は厳密に支署内に備え置き，工兵方面提理又は要塞司令官の許可を得た者のみに閲覧させる，⑥工兵方面支署長は工兵方面提理の訓令を遵守し署員以下に事業を分担させ，自ら同事業を統督して担保の責に任じ，工事分担の署員は経費予算額と実費との間に差異を生ずべき景況を発見した場合には速やかに工兵方面支署長に報告する，⑦砲台監守は常に堡塁・砲台の内部又は付近に居住して堡塁・砲台の取締りに従事し，倉庫等の鍵鑰（けんやく）を管守し，砲兵方面支署長の命をうけて堡塁・砲台内の砲兵材料を監守する，と規定した。特に，④の地図や⑤の地形・地物の調製・記載は要塞地帯法の調査・起草にもかかわり，本規則は日清戦争後に要塞建設事業担当の築城部職務規定の前身にもなった。

工兵方面要塞勤務規則制定により砲台監守が官職として置かれることになった。そのため，1890年8月15日に勅令第174号陸軍砲台監守補充条例を制定し，12月27日に陸達第223号陸軍砲台監守補充手続を制定した。砲台監守の服務規則は特に日清戦争後に詳細に規定された。

第二に，海軍省との協議を経て1890年9月2日に陸達第176号砲台出入規則を制定した。それによれば，①砲台所轄者を除き，また，特定の指定官職者（参謀総長・監軍・軍務局長・臨時砲台建築部長等，海軍参謀部長・鎮守府司令長官等，砲兵方面・工兵方面官職者）が職務として砲台出入の場合を除き，砲台出入を請う者は陸軍大臣に出願し，その許可を得る，②師団長は部下将校に限り所管内の砲台への出入を許可することができる，③要塞司令官・衛戍司令官・要塞砲兵隊長・警備隊司令官は所属砲台に部下将校下士卒を出入させることができる，④建築中の砲台への出入もほぼ①の手続をとる，とした[23)]。本規則は1892年6月13日陸達第54号砲台出入規則改正によりさらに指定官職者の区分が細かく規定された。

第三に，同年6月13日に陸達第55号要塞堡塁砲台図籍取扱規則を制定した。これは，要塞・堡塁・砲台の図籍は「国防ノ機務ニ渉リ取扱上最モ厳密ヲ要スヘキ」であるとして，同図籍の貯蔵・保管の方法を規定した。すなわち，まず，全国内の要塞・堡塁・砲台に関する図籍を貯蔵できる官衙は陸軍省軍務局砲兵事務課，同工兵事務課，砲兵会議，工兵会議，参謀本部第二局，海軍参謀部第二課（海防に関するものに限定）とされた。次に，師団司令部，屯田兵司令部，警備隊司令部，砲兵方面本署及び要塞地の同支署，工兵方面本署及び同支署，海軍の鎮守府は自己の管内の要塞・堡塁・砲台に関する図籍に限って貯蔵できるとした。

ここで，砲兵方面は1890年8月勅令第71号砲兵方面条例により（本書第3部第2章注68）），特に要塞の備砲の管理に関する規定を加え，要塞所要の兵器弾薬の購買貯蔵保存修理と支給分配に関する重要機関であった。全国三つの砲兵方面の各本署には長官として提理（砲兵大中佐1名）を置き，陸軍大臣に隷し管内要塞の防務に参与するとした。師団司令部・要塞司令部所在の地に置かれた砲兵方面支署には責任者として支署長（砲兵少佐又は砲兵大尉1名）を置き，提理に属し，要塞所在地では要塞司令官の命を受けてその防務に参与するとした。

以上の官衙を除く他はいかなる名目を立てても当該図籍を貯蔵できず，貯蔵必要事件が出たときは陸軍大臣に申請し，陸軍大臣は参謀総長と協議の上許否決定するとした。当該図籍の保管は各官衙長官の責任とされ，部下将校中に適当な出納主任者を定め，他人にいい加減に出納等を取扱わせてはならないとした。また，各官衙長官は，①職務上必要がある将校と高等官には当該図籍閲覧を許可できる，②自己の官衙にとって必要な場合のみ当該図籍を謄写できるが，その他は何人に対しても謄写を許可してはならないと規定した。

第四に，砲台への出入管理や兵器弾薬等の管理にかかわって，兵器・弾薬の取扱いや整備に関する規則を制定した。すなわち，1891年3月陸達第43号兵器弾薬取扱規則である（本書第3部第2章参照）。本規則は平時の兵器・弾薬を整備し，戦時の供用を完全ならしめる方法を規定した。本規則上の兵器は銃・砲・刀・槍・車両・馬具・砲兵工具等及び軍楽器を総称し，軍楽隊等の楽器（ラッパ等）も兵器に位置づけた。要塞の兵器の取扱いの基本も本規則にもとづくが，1892年4月に陸達第30号平時要塞備砲使用仮規則を制定した。そこでは，各地要塞の備砲は当該砲兵方面提理が管理し，当該支署長が保管責任者になった。そして，要塞内に特別の一群の砲台を指定し，要塞砲兵隊の演習用に演習砲台として供した（借用の砲兵隊は備砲の修理・手入れの責任をもつ）。また演習砲台でない砲台の備砲は通常使用しないことにした。ただし，射撃演習の必要の場合に演習砲台外の備砲の使用時は，砲兵隊長は砲台の名称・砲種・砲数及び使用目的等を詳記し，予め砲兵方面提理の承諾を得て当該「砲熕履歴表」（1891年10月陸達第146号海岸砲台砲熕履歴編纂規則により使用後に必要事項を記載し返納）とともに砲兵方面支署からの借用を規定した。本仮規則の内容は翌1893年3月陸達第21号兵器弾薬取扱規則改正にほぼ組込まれ，借用の砲兵隊の備砲の修理・手入れ費用の当該砲兵隊の管理費用からの支出を明記した。なお，1894年7月陸達第67号兵器弾薬取扱規則改正により演習砲台の名称を「常用砲台」と変更した。また，兵器・弾薬の管理・取扱いに毀損・忘失の扱いを増設した。

(3) 要塞砲兵隊の編成計画

①要塞砲兵の幹部人員養成

かくして，逐年，砲台建築工事が着手され要塞砲兵隊編成も計画・準備された。要塞砲兵隊を設置し守備にあたらせる計画は，1887年9月14日の軍事参議官の審議可決を経て参謀本部長熾仁親王が允裁を仰ぐ文書に規定された[24)]。同文書はさらに要塞砲兵に要する幹部人員の養成準備の必要性も強調した。

そして，1889年3月勅令第42号要塞砲兵幹部練習所条例により要塞砲兵幹部練習所を新設した。同練習所は当時の千葉県国府台に設置されていた陸軍教導団の構内に設立された（その後，浦賀に移転）。所長は中佐（1名）で監軍部の砲兵監に属し，本部と教官部と生徒中隊からなる官職員定員を38名とした。同条例によると，第一に，砲兵科将校の中で要塞職務従事者を選んで練習員として任命し教育するコースがあり，練習員の練習期間を約1年間とした。第二に，一般国民から要塞砲兵下士志願者を検査し，生徒として採用し教育するコースがある。生徒の教育コースの修業期間は12月から始まり翌々年9月までとされた。また，同年5月陸軍省告示第11号要塞砲兵幹部練習所生徒入学検査格例により生徒召募要項が規定され，検査は年齢（11月現在19歳から23歳まで），体格（身長5尺3寸以上で，体質強壮の者），学科（読書・作文・数学）とされた。数学の検査は開平開立までの内容程度で，当時の陸軍教導団の生徒入学検査格例の数学の検査内容程度（比例まで）よりも高い。なお，生徒召募人員は40名であり，卒業後は下士に任用された。

要塞砲兵幹部練習所条例は1894年4月に改正された（勅令第38号）。そこでは，第一に，学生の教育においては（要塞砲兵隊の将校～大・中尉，下士～一二等軍曹を分遣），「射撃術観測術及戦術ヲ訓練シ其演習ニ関スル教則ヲ一定ナラシメ常ニ射撃術観測術及戦術ヲ研究シ教育一般ノ改良ヲ圖リ」と，要塞砲兵隊の将校・下士の分遣を明確化し，その専門性の全隊共通化を目標とした。また，学生の学期を9月初旬から12月下旬までの第一期と2月初旬から5月下旬までの第二期に区分した。第二に，一般国民から採用する生徒の修業期限は4月から始まり翌年11月に終了するとされ，修業期間を2箇月短縮した。

②要塞砲兵隊の編制・配備――土地収用法適用による要塞砲兵隊兵営地所取得

要塞砲兵隊の編制が成立し配備されるのは1890年代からである。

第一に，1890年3月陸達第59号の平時要塞砲兵一連隊編制表を制定し，さらに同年11月陸軍定員令は，要塞1個連隊は本部と3個大隊により編成し，同1個大隊は本部と4個中隊から編成されるとした。ただし，要塞の砲数に応じて大隊と中隊の数を増減できるとした。陸軍定員令の平時要塞砲兵一連隊編制表は，連隊長は大（中）佐，大隊長は少佐で，1個中隊の兵卒定員は117人で，1個連隊（3個大隊12個中隊）の人員合計は1,686人（馬匹10）とした。その後，1894年7月陸軍武官官等表中改正による特務曹長の新設（各兵科少尉の次位）に対応した同年7月勅令第101号陸軍定員令中改正により，平時要塞砲兵一連隊編制表に特務曹長を新設した。そこでは，1個連隊（計12個中隊）における曹長13名の編制体制を（連隊本部附曹長1名，中隊附曹長計12名――1個中隊1名），中隊附曹長計12名と中隊附特務曹長計12名（1個中隊1名）の編制体制に編成替えした。また，1個中隊の上等兵を2名減じて14名とし，二等卒を2名増員して69名にするなど，総じて1個連隊の人員は1,698人と増加した。

第二に，同年5月勅令第79号の要塞砲兵配備表を制定し，東京湾を防禦管区とする第一連隊（営戍地，横須賀），紀淡海峡を防禦管区とする第二連隊（営戍地，由良），下関海峡を防禦管区とする第四連隊（営戍地，赤間関），及び防禦管区と営戍地が未定の第三連隊（第五師管）の配備を示した。これは要塞砲兵隊のいわば配備計画であり，具体的な設置は同5月陸達第99号要塞砲兵連隊設置表で示した。これによると，①1890年度新設は，第一連隊の1大隊本部及び3個中隊と，第四連隊の1大隊本部及び3個中隊である。いずれも，1890年度は1大隊内1個中隊を欠くとされ，将校同相当官並びに下士同相当官は同年5月より附属させ，兵卒は同年12月より入隊させるとした。②1891年度増設は，第一連隊の連隊本部・1大隊本部及び3個中隊と，第四連隊の1個中隊である。いずれも，将校同相当官並びに下士は1891年4月より附属させ，兵卒は1891年12月より入隊させるとした。さらに，同年12月陸達第227号要塞砲兵連隊増設表は第一連隊における1892年度の2個中隊増設を示した。

ところで，要塞砲兵連隊の兵営等の地所をどのように取得したか。当初，要塞砲兵第一連隊の兵営設置は，熾仁親王参謀総長の1890年2月3日付の大山巌陸軍大臣宛の協議によれば，神奈川県三浦郡深田村の西方1kmの位置が適当であるとした。これに対して，陸軍省は2月24日付で，同地点は海軍の横須賀鎮守府と近距離にあるので海軍省交渉を必要とすると予測しつつも，参謀本部の協議を了承した[25]。しかるに，陸軍省は同地点の土地買収調査を進めたところ，「即今地価大ニ騰貴シ到底本年度予算金額ニテ兵営要地ノ全部買収ハ難整」とされ，仮に土地所有者と熟議の上に，又は土地収用法により価格を低減させて兵営要地を全部買収しても，一旦同地点に兵営を置く場合には近傍地価も大いに騰貴することは免れないので，他日要塞司令部等の関係地所買収に際しては莫大な金額を要するに至り，同省の経理上において「不可謂困難」を生ずるとして，参謀本部宛に6月12日付で他地所の選定替えを検討したいと協議に及んだ。また，陸軍省は同年12月入営の要塞砲兵は兵営新築落成の見込みがなくなったので浦賀の要塞砲兵幹部練習所に仮入営させると協議した。その後，結局，大山陸軍大臣は同地点の地価騰貴景況の中で最初の予定価格では兵営要地の買収見込みは立たなくなったとして，10月25日付で参謀総長宛に2月24日付の協議取消しを通知した。参謀本部は同取消しと最初の要塞砲兵の仮入営の取扱いを了承した。

陸軍省は深田村の地価騰貴景況により同地点の買収を断念したが，同年8月以降に新選定地として買収準備を進めたのが神奈川県三浦郡豊島村大字不入斗であった[26]。しかし，豊島村の土地買収も容易ではなかった。同地点の土地買収の管理責任者は工兵第一方面堤理佐々木直前であった。佐々木堤理の1890年9月17日付の陸軍大臣宛の「要塞砲兵営敷地買収価格取調之儀ニ付伺」によれば，同地点の宅地田畑家屋移転料等代償を調査して提示したが，同地点の各所有者は「一同不相当ノ価格」を請求してきたので，工兵第一方面横須賀支署長に命じて「懇々説諭為相加」え，総員35名中の32名は承服したとされる。しかし，残りの3名は不承服で「爾来百方説諭為相加」えても「依然不相当ノ価格請求主張」し，かつ，所有地等は兵営敷地区域内に散在しているのですべてを取得しなければ兵営敷地の用途が立たず，不承服者3名の所有地の土地収用法による至急買収を検討してほしいと上申した。そのため，陸軍大臣は内務大臣との協議・了承を経て10月21日付で工兵第一方面宛に土地収用法の手続きに入ることを指令し，また，神奈川県知事宛に土地収用法による土地買収を通知した。12月8日開催の土地収用協議会では川島吉兵衛の田地・宅地と樹木伐採料に限り協議が不調に終わった。そのため，土地収用審査会の裁決を求める手続きに入り，翌1891年1月20日開催の土地収用審査会は陸軍省見積書の補償金額は相当なりと認める裁決に至った。

なお，下関要塞は下関海峡をはさんで第五師管下の山口県側（赤間関市，豊浦郡）と第六師管下の福岡県側に砲台が建築された。他方，第五師管には芸予海峡の要塞設置予定があり，下関要塞が第五師管所属ならば，第五師団長は第六師管下の福岡県側砲台も管轄しなければならなかった。しかし，下関要塞の場合は福岡県側砲台と連繋しなければならず，また，要塞は1人の師団長による管轄が重要であるとされ，第五師管下の山口県側要塞を第六師管に所属させることになり，要塞砲兵隊入営の兵卒徴集区域にかかわる陸軍管区も改正した。すなわち，1890年5月19日勅令第82号陸軍管区表中改正により山口県の赤間関市と豊浦郡は小倉大隊区に編入された。そして，6月4日陸軍省訓令乙第22号により第一師団司令部及び第六師団司令部宛に訓令を発し，要塞砲兵第一連隊に要する新兵は東京湾の最寄り徴募区から，要塞砲兵第四連隊に要する新兵は下関海峡の最寄り徴募区から適当者をあてることを指令した[27]。

③要塞砲兵隊の教育

第三に，1890年10月陸達第196号軍隊教育順次教令改正追加により要塞砲兵隊の軍隊教育の1年間の「教育順次概表」（付表5，教育年の期間区分・内容・方法等を示す）が制定された。これによれば，要塞砲兵隊の軍隊教育は他兵科と同様に，「術科」（実地的な演習・教練の教育）と「学科」（講義的な教育）から構成された。また，各教育期間の末に連隊長等の検閲を規定した。

まず，初年兵の術科は，第一期（12月上旬から翌年3月下旬まで）の科目は柔軟体操，生兵教練，小銃射撃予行演習，狭窄射撃，砲操法，照準法，小隊及び半隊教練である。第二期（6月下旬まで）は第一期の科目に中隊教練，器械体操，小銃射撃，観測法，銃剣術が，第三期（8月下旬まで）は第二期までの科目に大隊教練，遊泳，砲台勤務，海岸軽砲操法，漕艇術が，第四期（10月下旬まで）は第三期までの科目に連隊教練，砲台演習が，第五期（11月中旬まで）は第四期までの科目に土工作業・射撃がそれぞれ加わる。ここで生兵教練から連隊教練までは歩兵操典にもとづき実施した。砲台勤務は砲台守備に関する諸勤務であり，砲台演習は砲台の戦闘及び守備の諸演習である。二年兵・三年兵の術科の科目は初年兵の科目とほぼ同様であり，特に新たに学ぶものはなく初年兵の科目の反復・習熟を目標にした[28]。

次に，初年兵の学科は，第一期の科目は読法・勅諭（1882年「軍人勅諭」），部隊の識別，上官の官姓名，武官の階級及び服制，勲章の等級種類及び起因，軍隊内務書の摘要，陸軍礼式の摘要，陸軍刑法及び懲罰令の摘要，火砲材料及び携帯兵器装具の名称及び手入法である。第二期は第一期の科目に衛兵勤務，観測教範摘要，火砲弾丸の種類及び効能の大意が，第三期は第二期までの科目に砲台要部の名称，砲台勤務摘要がそれぞれ加わる。第四期以降の二年兵・三年兵の学科は初年兵第三期までの科目の反復的な履修である。なお，教育用の要塞砲は24センチ加農砲と28センチ榴弾砲を基準砲とした。また，各教育期間の最後に連隊長等の検閲がある。軍隊教育順次教令は翌1891年10月に陸達第141号により改正され，要塞砲兵の教育年を四期に区分し，生兵教練を「各個教練」と改称（他兵科も改称）し，初年兵第三期の学科に艦船の種類及び要部の名称を加えた。また，1892年には要塞内の演習用砲台の使用規則を規定した。

④1893年戦時編制と要塞砲兵隊――「自力防禦」を含む島嶼防禦の守備隊編成思想の成立

1893年戦時編制における陸軍の戦時編成の諸隊区分の野戦隊・守備隊・補充隊・国民軍の中で，まず，守備隊の編成目的を「主トシテ要塞及辺疆ノ首要点並ニ兵站線路ヲ守備ス又要スルトキハ野戦隊ヲ増加ス然レトモ屯田兵及警備隊ハ特ニ其島嶼ノ守備ニ任シ他ノ援助ヲ藉ラス自衛ノ力ヲ尽シ以テ独立防御ヲ為スモノトス但島嶼ニ他ノ軍隊在ルトキハ此限ニ在ラス」（第10）と規定した。ここで，警備隊（島嶼に配備）の編成は，当時は対馬警備隊（1886年11月設置）のみであったが，配備当時から島民出身兵を基礎とした警備隊編成による「自力防禦」の趣旨を強調した。

すなわち，1886年11月30日勅令第75号警備隊条例制定に向けた6月21日付の陸軍大臣大山巌の閣議請議書の「対馬警備ノ概旨」は，平時は現役在営期間を減じて1年間にして負担を少なくするが，「戦時ハ急ニ［島民の，予備役・後備役］兵ヲ増加シ以テ郷土ヲ護ルニ足ルヘシ夫レ護郷ノ念ハ人情自然ナルヲ以テ島中ノ士民皆喜テ事ニ従フヘシ其死生ヲ以テ島ノ存亡ト共ニスルハ固ヨリ島民ノ本分ナリ」と強調した。つまり，警備隊による島嶼の「自力防禦」の趣旨は，全島民の防禦参与を含む戦闘とした[29]。対馬警備隊は1890年陸軍定員令により常備軍隊の編制としては島嶼警備隊として位置づけられた。なお，沖縄にも警備隊配備構想が日清戦争直後まであったが，むしろ，警備隊配備などの兵力編成を抜きにした「自力防禦」を強調した[30]。

したがって，1893年戦時編制は「辺彊」等の島嶼防禦における「自力防禦」を含む守備隊編成思想を成立させたことになる。次に，守備隊は師団後備隊・屯田兵団・要塞砲兵隊・警備隊からなるとされた。ただし，1893年戦時編制は師団後備隊・屯田兵団・警備隊の戦時編制表等を規定したが，要塞砲兵隊（第24章）は「追テ規定ス」として規定しなかった。これは，当時，要塞司令部及び要塞砲兵隊の平時（未完成）・戦時の編成（要員充足の不備）や指揮・司令権限関係等が未定であったからである。

かくして，野戦隊編成先行の戦時編制の成立により，日清戦争における守備隊編成は必然的に応急的な臨時的措置になった。たとえば，『明治二十七八年日清戦史』第1巻は特に要塞守備隊関係の編成・動員について，「[要員充足の不備を] 補足シ急需ニ応スルノ計画ヲ定メ」と記述した[31]。この結果，大本営は守備隊の編制を規定し，東京湾防禦は第一師団長を編成担任者にして，臨時東京湾守備隊司令部，臨時東京湾守備砲兵隊を編成し，要塞砲兵第一連隊を動員した。また，第六師団長を編成担任者にして臨時下関守備隊司令部，臨時下関守備砲兵隊等を編成し，要塞砲兵第四連隊第1大隊を動員した。

(4)　要塞秘密管理体制の端緒――「国防用防禦営造物保護法案」の起案と断念

①工兵方面等の統合化と要塞建設事業

1890年代に入り工兵方面の要塞建設事業がさらに拡大し，陸軍省軍務局長は1893年10月（日付欠）に工兵方面条例及び工兵方面要塞勤務規則の改正案を陸軍大臣宛に提出し，参謀総長と協議してほしいと上申した[32]。工兵方面条例改正案の理由書によれば，現在では，「国防事業」の計画は参謀本部が管轄し，工事の設計・施行は工兵方面が管轄し，工事の設計・施行の利害得失は工兵会議が審査する体制の中で，今後の「海防事業」は益々旺盛に至りかつ改善することが急務であるので，現在三つの工兵方面（工兵第三方面は未設置）を一つにして百般の事務を統一し，全国の支署と本支廠を総括し，同施行を一途にならしめ整頓することは多くの利便と敏達を来たすと述べた。つまり，工兵及び砲兵にかかわる技術審査機関のあり方を含む組織改革の必要を強調した[33]。工兵方面条例改正案は工兵方面自体の官署設置目的はほぼ従前と同じであるが，①工兵方面には，本署（東京に置く）・支署（要塞所在地に置き，等位は三等に区分し，築城を担任）及び本廠（東京及び大阪に置き，器具材料を保管）・支廠（各工兵隊所在地に置く），②工兵方面の職員は，本署に本署長（工兵大中佐）・署員（工兵少佐大中尉）・軍吏，支署に支署長（工兵中少佐）・署員（工兵大中尉）・軍吏，本廠に本廠長（工兵大中尉），支廠に支廠長（工兵大中尉）を，さらに本支署・本廠に工兵上等監護・工兵監護と技手及び軍吏部書記を，支廠に工兵監護と軍吏部書記を，支署には砲台監守をそれぞれ置く，等と起案した。

他方，軍務局長は砲兵方面条例改正案も起案した。同起案によれば，全国三つの砲兵方面を第一砲兵方面（東京に置く，第一～第三師管を管轄）と砲兵第二方面（大阪に置く，第四～六師管を管轄）の二つに減らした。また，砲兵方面所管の兵器弾薬庫守衛のために衛兵を置くことができるとし，その他職員等は工兵方面条例に沿ったものを起案した[34]。両条例改正案は了承され，参謀本部との協議前に，陸軍次官が参謀次長と内議した。同内議では，参謀次長は11月11日付で陸軍次官宛に，①両方面本支署長は「防務ニ参与スル」云々の文言を削除するか，又は「要塞［司令部］条例」制定に至るまでは本支署長は「時トシテ防務ニ参与スルコトアリ」として附則中に加える，②工兵方面要塞勤務規則は要塞と密着関係があるので，将来「要塞［司令部］条例」も制定されることもあるので暫くは改正しない，等と回答した。工兵方面と砲兵方面はともに要塞建設事業機関であり，要塞の防禦・防務の指揮・司令機関ではなかった。したがって，参謀本部の指摘は当然であった。その結果，軍務局長は参謀本部の内議回答をふまえて両条例改正案を修正し，同11月（日付欠）に陸軍大臣宛に両条例案を上奏してほしいと上申し，両条例案は軍事参議官の審議を経て陸軍大臣が上奏し，12月16日に勅令第240号として工兵方面条例，勅令第239号として砲兵方面条例が改正された。

②砲台監守体制の強化

工兵方面による要塞建設以降，要塞・砲台の管理・監守の最大の課題・難題になったのが要塞の秘密管理体制であった。

第一に，陸軍省軍務局長は1893年8月24日付で「砲台監守上ニ関スル件」を起案し，陸軍次官から工兵方面提理へ内牒してほしいと陸軍大臣官房に提出した[35]。すなわち，堡塁・砲台の取締りは砲台監守に託して監視させ粗略はないが，監視の隙に乗じて侵入し，又は砲台近傍から同形状を模写しようとする者もあり，砲台監守のみでは充分な取締りが行届きかねているので，今後の砲台監視の充分な実施のための取締法の意見を至急開陳すべきであると起案した。軍務局長起案は了承され，翌25日に工兵方面提理に通知した（陸軍省送乙1290号）。しかし，工兵方面提理の意見等は提出されず，本事案の文書管理上の扱いは「未決」になった。

第二に，参謀総長は1893年9月1日付で陸軍大臣宛に，要塞の諸建設物で特に堡塁・砲台は最も秘密を要し，内外人の接近出入を遮止めしなければならないことは勿論であるが，最近は英国汽船乗組員が下関要塞の古城山砲台付近に徘徊することもあり，堡塁・砲台の警戒を砲台監守のみに一任することは不十分の嫌いがあるので要塞内の衛戍服務方法と取締法を規定してほしいと協議した[36]。参謀本部起案の「取締法」によれば，①天然・人造の障碍物により内外人の接近を防げない堡塁・砲台の周囲には木柵その他の遮障を設ける，②建築中であっても工事に妨げない限りは①に準ずる，③接近しやすい主要な既成砲台で既に兵備があるものは，砲台監守の他に当該地屯在の要塞砲兵連隊（対馬では警備隊）より分遣隊又は衛兵を出して監視させる，④その他の兵備がある既成砲台では近接の分遣隊又は衛兵より時々斥候を出して監視させる，⑤分遣隊や衛兵服務の方法は衛戍服務規則にもとづく，と提案した。ここで，衛戍服務規則は1891年11月30日陸達第167号衛戍服務規則改正（全47条）の規定によるものであった（後述）。

これについて，陸軍省は12月15日付で，堡塁・砲台で砲台監守者のよく監視できない箇所に対しては適宜兵員を派出して監視し，かつ，各地砲台の周辺には当該地勢に応じて木柵・鉄条網や生垣等を植設して取締ると回答した（陸軍省送乙第1852号）。また，同省は同日に工兵方面宛に参謀総長への回答内容と同様の取締法を通知し，さらに兵員派出の砲台を示した（陸軍省送乙第1853号）。兵員派出砲台は，東京湾要塞では観音崎砲台と箱崎砲台に分遣隊（軍曹又は上等兵を司令，兵卒は12名又は5名）を派出し，下関要塞では古城山砲台に分遣隊を派出し，火ノ山・金毘羅山・筋山・武蔵山・老ノ山の砲台には兵員を日々交代勤務させる（軍曹又は上等兵を司令とし，他に兵卒4名），とした。

③陸軍省の「国防用防禦営造物保護法案」の調査・起案と引き戻し

他方，さらに陸軍省は刑罰を含めた要塞・砲台の秘密保持体制を調査・起草した。すなわち，軍務局長は同年12月15日付で「国防用防禦営造物保護法案」（全5条，以下「保護法案」と表記）と「国防用防禦営造物保護法施行細則案」（全5条，以下「細則案」と表記）を起草し，参謀総長と協議してほしいと陸軍大臣宛に提出した[37]。それによれば，「保護法案」の制定理由として，国防用防禦営造物は特に「機密ノ漏泄ヲ防止」することを強調し，①堡塁，砲台，水雷衛所，海岸望楼，その他国防のための諸般建設防禦営造物は，所轄大臣の許可なくして入構・測量・撮影・模写又は覰察（しよさつ）することはできない（第1条），②何人（所轄大臣の許可を得た者と軍人軍属で職務上必要の場合を除く）も国防用諸般の防禦営造物関係事項を他に表示できない（第2条），③以上の禁止事項違反者を2箇月以上2年以下の重禁錮又は10円以上100円以下の罰金に処し，当該の写真・図画と犯罪に供した器械を没収する（第3条），④本法未遂者も未遂罪として処断する（第4条），と起草した。また，陸海軍大臣が定める「細則案」は，①「保護法案」第1条第2条の許可を受ける者で，軍人軍属は所轄長官を経て，その他の者は管轄庁長官の許可を経て当該防禦営造物所轄大臣に出願する（第1条），②第1条の許可を得て測量等をする時には，「願書」と「指令書」を砲台監守又は哨兵に示し，すべてその指導に従わねばならず（第2条），従わない者は逐斥し又は測量・撮影・模写等を禁ずる（第3条），③第2条の許可者は当該の写真・図画等を所轄部署に提出し，主務官の検閲を経る（第4条），④陸海軍の軍人軍属で職務上本細則の手続不要者の規則は別に定める（第5条），と起草した。軍務局長の起草は1890年9月陸達第176号砲台出入規則（1895年改正）の延長であり，測量・撮影・模写等を含む砲台出入者管理を強化し，違反者の刑罰処分の立法化を目ざした。

陸軍大臣は軍務局長の起草を了承し翌1894年4月7日付で参謀総長と協議し，

参謀総長は4月26日付で了承した。これにもとづき軍務局長は「保護法案」を起案し，国防用防禦営造物の構築形状等の機密保護取締りの必要を強調し，省議で決定された。そして，陸軍大臣は6月23日付で海軍大臣宛に「保護法案」を連署で閣議に提出したいと協議した。海軍大臣は7月5日付で第1条中の「海岸望楼」は性質が異なるので削除する他は異存なしを回答し，さらに海軍省も本法律の施行細則を起案すると述べた。海軍省の水雷衛所等の国防用防禦営造物保護の施行細則案は全4条にまとめられた。

これにより，陸軍大臣は7月7日付で海軍大臣と連署で「保護法案」を閣議に提出した。ただし，閣議提出に際しては，「保護法案」第3条は1箇月以上3年以下の重禁錮又は10円以上300円以下の罰金に修正起案し，刑罰を強化した。また，「細則案」は，①「細則」の主旨を第1条に増設し（第2条以下繰り下げ，全6条），特に，測量等実施時には，まず，要塞司令部又は警備隊司令部に「願書」と「指令書」を提出して出入券を受領する（第3条），②許可者は当該の写真・図画・筆記等を要塞司令部又は警備隊司令部に提出し検閲を経る（第4条），③要塞司令部の設置なき地は工兵方面支署が第3条第4条を取り扱う（付則，第6条），と修正起案した。つまり，国防用防禦営造物の管理機関として要塞司令部（未設置）と警備隊司令部を明記したことが特質である。

法制局は「保護法案」を審査し字句を修正加除した。その後，日清戦争に入り，「保護法案」は1894年12月の閣議では外務大臣宛に照会すべき内容があると決定された。外務大臣宛照会は「保護法案」の外国人への適用適否に関するものであり，主務省は同法案を外国人に適用できなければ「寧ロ撤回スルノ決心ナルヲ以テ本［外務］大臣ニ於テ一応各国公使ト協議シ其同意ヲ得タル上帝国議会へ提出可然」という趣旨であった[38]。閣議の照会（12月22日）に対して，陸奥宗光外務大臣は翌1895年2月7日付で伊藤首相宛に鄭重に取扱うべきと回答した[39]。それによれば，①外国領事裁判権現存中で，外国公使の同意を得て「保護法案」を外国人に適用することは肝要であるが，現在，外国公使に対して同適用を協議する場合は「必ラス種々ノ口実ヲ設ケ修正等ヲ提出シ時日ノ遷延ヲ来タシ急ニ各公使一般ノ同意ヲ得ルコト難カルベキ」であるが故に，「陸軍大臣ガ陳述セラルル通リ目下提出スルコトヲ見合セラレ姑ク之ヲ他日ニ譲ルヲ可トス」る，②「保護法案」を今日施行せざるをえない必要があるというやむをえない義があるので，まず，公布し，その後に外国人関渉の件が起こる場合には，その都度談判し，その性質の急否によっては帝国議会に提出するか否かを決定されるようにしてほしい，と回答した。

内閣は陸奥外務大臣回答を翌8日付で陸軍省宛に送付し，外務大臣回答への何らかの意見・回答の提出を求めた。これに対して，同省は2月21日になお陸軍内で詮議すべきことがあると判断し，「保護法案」の文書を引き戻した。閣議の外務大臣宛照会決定は外国人への適用と外国人の同法違反者の扱い方は，外国領事裁判権現存に対する根底的対策がなければならないことを含んでいた。しかし，同省としては俄かに意見・回答の提出はできなかった。この結果，陸軍省は，「国防用防禦営造物保護法案」の法制化を断念した。

2　日清戦争後の軍備拡張と要塞建設

(1) 要塞司令部の成立と衛戍・防禦勤務体制

日清戦争後の要塞建築は要塞防禦体制の司令部としての要塞司令部の成立を基盤にして進められた。まず，要塞司令部がどのようにして成立したかを検討しておく。

①1895年の防務条例制定

日清戦争の陸軍の応急的な守備隊編成を含めて，当時，そもそも国土全体の守備や海岸防禦をめぐる陸軍と海軍の任務関係等は明確ではなかった。そのため，参謀総長熾仁親王は1894年9月7日付で防務条例制定を大山巌陸軍大臣と協議した。参謀総長の協議書は，今回の事件で「各地要塞守備隊ノ為メ臨時守備隊司令部ヲモ置レ」たが，この際「陸海防務之職域」の規定が必要であるので，異存なければ海軍大臣と協議していただきたいと述べた[40]。

参謀本部の防務条例案は首府及び永久目的のもとに建設した海岸防禦地点における陸海軍の協同作戦の指揮及び任務と両軍の専任事項を規定したものである。そこでの陸軍の専任事項は陸地警戒勤務，陸地防禦工事，諸砲台の勤務，堡塁通信勤務とした。次に，作戦上の司令権は，①東京防禦は，東京防禦総督が要塞司令官・師団長（又は野戦隊指揮官）・横須賀鎮守府司令長官を統轄し，②呉と佐世保の防禦は，鎮守府司令長官が要塞司令官及び海軍各部を統轄し，

③紀淡，鳴門，芸予，下関の各海峡の防禦は，要塞司令官が海上防禦司令官及び守備諸兵を統轄し，④対馬防禦は，警備隊司令官及び要港司令官中高級古参者が対馬防禦司令官を兼任する，とした。また，東京防禦総督部条例案は東京防禦総督部を東京に置き，東京防禦総督は陸軍大（中）将の補職で天皇直隷になり，東京の衛戍勤務を統轄するとした（師団長に命じて実行させる）。

陸軍大臣は同協議に同意し（海軍大臣も同意），同年12月に陸軍大臣と海軍大臣は防務条例案と東京防禦総督部条例案を上奏し，裁可された[41]。そして，翌1895年1月15日に勅令第8号の防務条例と勅令第9号の東京防禦総督部条例はともに制定された。ただし，日清戦争期の応急的・臨時的な守備体制に乗じて防務条例を制定し，特に陸軍「優位」の東京防禦司令権限関係を規定したことはその後に海軍と陸軍との間に論争を生じさせた。

②1895年要塞司令部条例の制定

ところで，1895年防務条例が要塞司令官・要塞司令部の作戦上の司令権限関係を規定したことは要塞司令部設置の必要性を求めた。すなわち，山県有朋陸軍大臣は1895年3月23日付で参謀総長宛に，要塞司令部条例案と要塞司令部服務規則案及び陸軍定員令中追加案（要塞司令部の設置，要塞司令部編制表の追加）を添付し，異存なければ允裁を仰ぐと協議した[42]。陸軍省と参謀本部は同協議以前に既に内議をしていたので，参謀総長はそのまま同意したと考えられる。そして，山県陸軍大臣は同3月（日付欠）に防務条例の主旨により要塞司令部の職域や服務の大綱を規定するとして要塞司令部条例の制定を上奏し，3月28日に裁可され，3月30日に勅令第39号として制定された[43]。

それによれば，第一に，要塞の定義として，永久防禦工事により守備する地を「要塞」と称し，各要塞には同地名をかぶせ，「某要塞」と称することにした。この場合，永久防禦工事による守備地であっても，旧城郭や旧砲台等の存在地は要塞の範囲外とした。要塞を大小に従って三つの等級に区分し，各要塞には一つの要塞司令部を置くとした。なお，警備隊配置の要塞には要塞司令部を置かないとした（ただし，本条例の諸規定は警備隊司令官にも適用）。一等要塞の要塞司令官は中（少）将で，二等要塞の要塞司令官は少将（大佐）とし（同年3月勅令第40号陸軍定員令中改正で追加），4月には東京湾要塞を一等，下関要塞を二等と規定した。要塞勤務を「衛戍勤務」（衛戍条例と衛戍服務規則による）と「防禦勤務」の2種に区分した。要塞司令官は通常は要塞所在地所管の師団長に隷し，平時は主に要塞防禦の計画と防禦用諸材料建築物及び兵器その他軍需品整備の責任をもった。また，要塞司令官は「防禦方案」を策定し，毎年4月に所管長を経て参謀総長及び海軍軍令部長に進達し，各要塞には防禦方案策定のための「防禦諮詢会議」を設置することになった（常設で議長は要塞司令官で，議員は要塞砲兵隊長と砲兵方面支署長及び工兵方面支署長）。

第二に，各要塞は平戦両時の兵器その他軍需諸品の貯蔵保存及び補給法に関して「軍需品調査委員」を設けるとした。本委員組織は常置であり，首座は要塞司令官，委員は要塞参謀・砲兵方面支署長・工兵方面支署長・師団監督部長・師団軍医部長等とされ，必要の場合には郡市長又は町村長に所要の調査をさせることができるとした。この場合，軍需諸品調査は軍用諸品のみに限らず「地方ノ物品ヲ戦時ニ於テ利用スルノ方法」を研究し，郡市長・町村長への調査命令は「地方ノ財源富力戦時応用品ノ調査等」の必要があるという理由にもとづくとした[44)]。

さらに，要塞司令官は平時に予め地方官と協議し，戒厳令規定の臨戦又は合囲の日に際して，軍隊の宿営給与及び住民公共の保安に関する必要諸件の実行方法の計画を規定した。また，要塞司令部には「秘密文庫」を備え，要塞司令官が保管・貯蔵する図書として，「要塞防禦計画書」「要塞動員計画書」「兵器弾薬一覧表」他7件の図書を指定した。

③要塞司令部の服務体制

要塞司令官の職務は同年4月陸達第25号要塞司令部服務規則においてさらに具体的に規定された。まず，要塞司令官は平時に防禦計画に専念し，要塞内各堡塁・砲台の効力を知悉し，かつ，予め下記諸件に通暁しなければならないとした（第1条）。それは，①要塞内外の地形，特に第一攻囲線になるべき地域の形状，②軍用建築物の現況，③貯蔵弾薬と糧食の数量，④要塞内の人口及び諸職工と諸雑役に堪える人員，⑤要塞内及び同付近の食料品と徴発物件の員数，⑥海岸要塞では付近海岸の形状土質，気候，潮流，海底の深浅，航路の景況難易等，である。次に，要塞司令官は戦時に実行すべき下記諸件について予め同方法を規画すべきとした（第2条）。すなわち，①堡塁図及び堡塁・砲台の戦時編制，②動員前衛戍兵のみによる要塞の警急配備，③要塞の警戒及び守備諸兵の服務法，④守備兵の宿営及び給与衛生の設備，⑤堡塁・砲台の修築と臨時に必要と認めた防禦工事の設計，⑥要塞内部の所要交通路の開設，また，外部における敵軍の攻城動作帮助の諸物排除方法，⑦海岸要塞では沿岸配置の監視哨所の位置及び同哨所と望楼哨所との連絡法，⑧防禦工事に必要な職工・材料と食料品の要塞内への収集方法，⑨公共の保安に必要な衛生，警察，消防勤務等の編組，⑩外国人及び要塞保安に妨害ありと認める者を防禦線外に退去させる方法，⑪要塞合囲時に同地域を公告し，地方行政を統括する処置法，⑫その他防禦上必要と認める件，である。

要塞司令部が管掌・関知し，情報の収集・管理の対象は軍事的建造物のみならず，地理的・地質学的な自然環境を含む交通・衛生・経済・地方行政全般にまたがった。これらの要塞の設置・存在が住民生活に大きな影響を及ぼし，その生活基盤が軍事的基準（特に戦時）から規定されるに至ったことは明確である。特に重要なのは第1条の徴発と職工・雑役要員確保などの地域自治体等に対する軍事負担であり，第2条の⑨⑩の治安体制の組立てである。

これに関して，1895年7月勅令第95号憲兵条例改正は[45]，各師管の衛戍地・要塞地・鎮守府・北海道庁・各府県庁所在地などに漸次憲兵分隊を置き，軍事警察力を要塞地などの主要地域にまで配置した。さらに，1896年5月勅令第231号憲兵条例改正は，憲兵隊長・憲兵分隊長に管区内の情勢や非常又は緊要の事件発生に対して，必要の場合はただちに衛戍司令官や要塞司令官への申報を義務づけ，憲兵隊と要塞司令部との治安連携体制強化に至った。かくして，要塞自体が網の目のように連携される軍事警察体制の組立てを土台にして，住民生活に対する統制・管理強化の軍事施設になった。

④1895年衛戍条例改正と要塞等の衛戍勤務体制

1895年要塞司令部条例は要塞勤務を「衛戍勤務」と「防禦勤務」に区分した。「防禦勤務」はおよそ戦時の勤務を基準にし，「衛戍勤務」は概ね平時の勤務であるが，軍隊としての治安勤務である。ここで，まず，衛戍勤務の意味を考察する。

日本陸軍が衛戍勤務を導入したのは1876年4月陸軍省達号外東京衛戍部署及び東京衛戍服務概則の制定である。東京衛戍部署は同年7月に，東京衛戍服務概則は同年12月に改正された。この間，仙台・大阪・熊本・名古屋の衛戍部署や衛戍服務概則の制定・改正があったが，他日，要塞部設置時には同衛戍服務概則を全廃するとされていた。その後，1883年5月陸軍省達乙第48号衛戍規則制定により各衛戍に共通の衛戍勤務を規定した。

以上の建軍期の衛戍の意味は「衛戍ハ各鎮台及各営所ニ設置シ其地屯在ノ諸隊ヲ以テ之ニ充テ常ニ各兵種中ヨリ若干ノ隊伍ヲ編成シ服務セシムルモノトス」(1883年衛戍規則第1条）とされ，当該地配備の諸軍隊から若干兵員を特別に隊伍に編成して設けた市中警備のための特設混成機関であった。すなわち，厳密には団隊編制上の隊でなく，軍隊の特設隊というべき治安機関である。そこでは，同治安機関統轄の独自人員をもつ衛戍司令本部を各鎮台と各営所に設置した。東京鎮台の場合，衛戍司令本部は衛戍司令官（佐官1），副官（大・中尉1），下副官（曹長1），書記（曹長1，軍曹・伍長3）の人員を配置した（1883年衛戍規則)。また，1883年衛戍規則の「東京衛戍諸兵隊部署及人員表」によれば，人員合計は507名（内控兵〈各隊に屯営し，次の日に上番に当たる士官・下士及び兵卒により編成し，緩急に応じて守地に発遣し又は臨時の分遣隊あるいは邏哨等にあてる〉兵卒204名）であった。衛戍司令官は単独特設であるが，鎮台司令官又は営所司令官に隷すると規定した。なお，1883年衛戍規則はフランスの1863年の要塞及び衛戍市街服務軌典にもとづき編集されたが[46]，衛戍司令官の単独特設の性格は，当時，フランスの要塞司令官の性格に等しいと説明された。なぜなら，フランスでは軍隊配備の当該地の最高級古参の団隊長が衛戍司令官に就任した。つまり，フランスでは衛戍司令官は団隊長の兼任制であった。

そもそも「衛戍」の原語はフランス語のガルニゾン（garnison；守備隊，駐屯，駐屯地）であり，その服務の中にガルド（garder；ポスト――を占守し，市街を守衛・警備）があった。これに対して，当時の日本陸軍の衛戍は市街守衛・警備を意味するガルドの意味は薄く，鎮台所在地の旧城郭内の守衛と特定行政機関（大蔵省内金庫など）や軍事的造営物（青山火薬庫など）の分遣守衛・警備を慣用的に意味した。かつ，鎮台自体がフランスの要塞に擬せられていた側面があり，地方軍政長官としての鎮台司令官とは別に，要塞司令官のような現場対応の衛戍司令官を独自に特設したのである。ただし，これらの衛戍体制は，陸軍部内から，各隊からの兵員派出は当該隊の勤務や教育・演習に支障を生じているとか，大蔵省内金庫の守衛・警備などは当該行政機関の巡視などで可能であり，不要である，という批判もあった。

これに対して，1888年5月勅令第30号衛戍条例は同年の鎮台制度廃止と師団編制新設に対応し，フランスの衛戍の考え方にもとづき，城郭の有無にかかわらず，軍隊の永久配備駐屯を「衛戍」と称し，同地を「衛戍地」と称した。つまり，衛戍とは軍隊の単独の治安機関を意味せず，配備された軍隊の軍事的営みを意味した。そして，全国共通の服務規則を設け，当該地配備駐屯団隊の最高級の団隊長が衛戍司令官に自動的に就任した。

この服務規則は1891年11月陸軍省達第167号衛戍服務規則により制定された。陸軍大臣高島鞆之助の同規則制定前文は衛戍服務の目的を平時の「衛戍地ノ治安ヲ維持シ且事変ニ際シ人民ヲ保護スル」としたが，治安維持勤務が重点であった。ちなみに，衛戍服務の種類は，第一種が分遣隊及び護送兵（数日間服務），第二種が衛兵（枢要の場所・官衙・武庫・火薬庫等の守備）・伝令兵・控兵・儀仗衛兵・使役等（24時間毎に交替），第三種が巡察（衛兵の勤惰を督し市街の動静を視察）及び総代（慶賀葬祭等の際軍人の一部分を代表して当該式場に臨む），であり，特に衛兵服務は「戦時警備勤務ノ予習」と位置づけることを強調した。さらに，衛戍勤務における兵器使用を初めて規定した（第47条）。つまり，地域社会では地方鎮圧制度としての鎮台制度が廃止されても，1888年衛戍条例後の衛戍地軍隊の本質的な最重要軍事的営みである治安維持勤務により新たな鎮圧・抑圧体制が組立てられた。本書第1部第4章末の桂太郎の軍部自治論による自治体と軍隊との「良好的関係」樹立の言及も，本質的には地域社会を1888年衛戍条例等による衛戍地軍隊の新たな鎮圧・抑圧体制に馴致・順応させるものであった。

その後，1895年10月勅令第138号衛戍条例改正は，各要塞では要塞司令官が衛戍司令官になり，衛戍勤務上でも自己の所属長官の区処を受けることを規定した。衛戍司令官は衛戍地の警備責任者であり，衛戍勤務に関して当該地駐屯の軍隊を指揮し衛兵の部署や人員を定めた。衛戍司令官は警備上必要と認めた時は衛戍上の非管轄軍隊（衛戍地駐屯者）に対して援助を請求することができ，また，憲兵に地方の情勢を報告させ，火急の場合にはただちに憲兵に命令できるとした。さらに衛戍司令官は「有事ノ日ニ方リ住民公共ノ保安ニ関スル処置」を当該地方官と協議するとされ，衛戍線内の騒擾時に地方官が請求するときは兵力をもって便宜事に従うことができると規定した。つまり，衛戍司令官＝要塞司令官は1895年要塞司令部条例ともに，治安に関する憲兵配備体制や地方自治体との連携強化の役割を持つことになった。

⑤1896年要塞司令部条例中改正と防禦勤務体制――「要塞防禦計画書」の策定

要塞司令部の職務は，その後，1896年8月18日勅令第291号要塞司令部条例中改正により一部改正された。ただし，この一部改正は参謀総長が4月29日に陸軍大臣宛に協議し，陸軍大臣はさらに海軍大臣及び監軍と協議を経て上奏し，裁可を経た後の8月12日に内閣に送付し，改めて勅令として公布された[47]。参謀本部の一部改正の起案は1895年防務条例上の要塞動員計画書の管理にかかわっていた。

そこでは，第一に，要塞司令官は当該要塞砲兵隊の教育訓練を監視し，意見があればこれを師団長に具申し，かつ，要塞砲兵監に告知できると規定した。これは，要塞砲兵隊の教育訓練を周到ならしめ，要塞司令部と要塞砲兵隊との相互関係を密接ならしめるとされた。ここで，要塞砲兵監は，監軍部に置かれた要塞砲兵隊教育の斉一進歩や要塞砲兵関係事項に関する調査・研究・審議・立案等を管掌する官職である。

第二に，要塞司令官は「要塞防禦計画書並ニ要塞動員計画訓令ニ基キ要塞動員計画書」を作り，所轄の東京防禦総督又は該地鎮守府司令長官や当該師団長を経て参謀総長及び海軍軍令部長に進達すること等を規定した。この「要塞動員計画書」は従前の「防禦方案」を改称したものである。これについて，参謀本部は「防禦方案ニテハ意義狭隘ニシテ全体ノ計画ヲ表示スルニ足ラサレハナリ蓋シ要塞動員計画書トハ要塞防禦計画書並ニ要塞動員計画訓令ニ基キ策定シタル要塞防禦ノ方案其他要塞ノ戦闘ニ関スル細件ヲ規画シ其実務ノ順序方法ヲ定メタル書類ヲ総称スルモノナリ」と説明し，戦時を想定した要塞の動員計画全体の計画・策定を積極的に位置づけた。

ここで，「要塞防禦計画書」は当該要塞司令部が年度毎に策定する当該要塞の防禦計画書である[48]。また，「要塞動員計画訓令」は1896年度に「○○要塞動員計画訓令」（「○○」は要塞名）と称されたが[49]，要塞の兵力を平時から戦時の態勢に移す年度毎の基本計画を上奏・允裁を経て令達したものである（1902年度からは「要塞防禦計画訓令」と改称）。すなわち，当該要塞の「要塞動員計画書」は当該要塞の要塞防禦計画書と年度毎の要塞動員計画訓令にもとづき策定した要塞防禦の方案等を含む策定書類の総称である[50]。

以上の各年度の参謀本部から起案・協議された要塞動員計画訓令・要塞防禦計画訓令（案，草案）は，陸軍大臣の同意回答を経て，参謀総長が上奏し，允裁を得れば，陸軍大臣に裁可を通知し，同大臣は陸軍部内に裁可を令達する手続きをとった。なお，1901年度からは，要塞動員計画訓令の細部規定の要塞動員計画訓令附録が参謀本部により起案され，陸軍大臣との協議を経た後，同大臣は陸軍部内に令達した。

(2) 参謀本部の「陸軍々備拡張案」と要塞建設計画

①帝国主義的軍備拡張政策と国土防禦体制の第二次的転換——帝国全軍構想化路線の第三次的変容

日清戦争後，要塞建設は軍備拡張方針のもとに拍車がかけられた。まず，1895年8月31日に参謀本部は「陸軍拡張ノ理由」（活版，本文全9丁）を起草した[51]。

そこでは，まず，軍備拡張の理由として帝国主義的な兵力行使の認識を示した。すなわち，日清戦争後は国際間における日本の位置は一変し，列国の日本を見る眼には日清戦争前とは異なり，日本の備えにとって非常に厳しいものが加えられたとした。そして，欧州列国は東洋に力を用いる方針に移り，いわゆる「東洋問題ナルモノノ破裂」の傾向が到来したが，日本としては「朝鮮半島ニ対スル責任ヲ完フシ若シクハ某国カ清ニ迫テ新タニ地ヲ得ントスルノ野心ヲ防遏スヘキ等積極的ノ考案ハ暫ク舎［お］キ単ニ消極ノ主義ヲ取ルモノトスルモ他日東洋ノ波濤洶湧スルノ秋ニ当リ我国権国利ヲ確実ニ保護シ得ンカ為メニハ従来ノ兵力ヲ以テ足レリト為ス能ハサル」云々と，東アジア国際秩序関係を兵力行使で解決する帝国主義的政策としての軍備拡張を強調した。この場合，注目すべきは，今後の国土防禦体制の転換を示したことである。すなわち，「従来ノ兵力ハ内国ニ侵入スル敵ヲ撃攘スルヲ主トシタルモノニシテ僅ニ其一部ヲ海外ニ輸送シ戦闘スルノ余力アルニ過キス抑々内地ニ敵ヲ待チ之ヲ撃攘スルカ如キハ所謂活気ナキ守勢的防禦ニシテ終ニ全勝ヲ収ムルコト能ハス是レ豈国権ヲ皇張スルモノト謂フ可ケンヤ加フルニ内地ニ敵ヲ待チテ戦フトキハ国民ヲシテ戦争ノ惨禍ニ罹ラシメサル可ラス」(下線は遠藤) と，国内での国土・国民に依拠した戦争の「惨禍」の回避名目のもとに「守勢的防禦」から「攻勢的防禦」への転換を推奨し，そのための軍備拡張の程度は敵兵力を挫折させる手段に出て「海外ニ派遣シテ決戦スヘキ兵力ヲ定ムルノ標準」にもとづくと結論づけた。

参謀本部による「守勢的防禦」の否定・忌避と「攻勢的防禦」の推進は防禦に関するあらゆる可能性と計画想定を断念したことに等しく，全国防禦線画定化からのほぼ全面的撤退を意味した。逆にみれば，参謀本部は国内での防禦戦闘 (国内の交戦地域化，内地要塞や防禦拠点等を構築) への自信・確信の喪失を表明し，全国民の理性的な共同・団結の力と英知への信頼に依拠した真摯な国土防禦計画策定を否定したようなものである。特に，下線部の「国民ヲシテ戦争ノ惨禍ニ罹ラシメ」云々は当時の陸戦・交戦に対する国際公法の合意水準を無視又は隠蔽し，たとえば，1880年9月の英国開催の万国公法会議決の第4条 (「戦法ハ敵ヲ損害スル方法ニ関シテ交戦国ニ無限ノ自由アルコトヲ認メス　交戦国ハ苛酷及ヒ不法不正若クハ暴逆ノ所為ヲ為スヘカラス」) や第7条 (「無害ノ人民ヲ虐待スルコトヲ禁ス」) の条項及び非戦闘員・負傷者・傷病者・中立者の保護，占領者の規制，占領地公有物件の使用制限等に関する注目・言及はない[52]。

他方，参謀本部の上記文書で，「守勢的防禦」を排除しタブー視した下線部文言自体は特に公表されたことはないだけでなく，その後も参謀本部と陸軍省内の諸計画策定文書に記述されることはなかったとみてよい。この結果，「守勢的防禦」が理性的に考案・構築されず，かつ，政府全体及び国民間に共有されないことが国土防禦体制の神秘化の温床になった。国土防禦体制の第二次的転換が図られたとみてよい。国土防禦体制の第二次的転換は，当然に，国内某地を主戦場・決戦場とすることを前提にした帝国全軍構想化路線の第三次的変容であるが，その路線主張の迫力を欠いたことはいうまでもない。ただし，陸軍内部では全面的に「攻勢的防禦」に移ったのではなく，日露戦争前には作戦上での「守勢作戦計画」の策定等を進めた。海岸要塞建設の継続も作戦上での「守勢作戦計画」の策定にもとづいた。

②軍備拡張の兵力決定の標準

次に，海外での決戦すべき兵力決定の標準としては，清国・英国・仏国よりも露国を最大限焦点化し，特に日本向け露国兵力を15,6万と想定した。そして，日本は同兵力に対抗し優勢になるために17万の兵力を必要とし，さらに，国内の諸海岸要塞の兵力を4万とした場合には，戦時には後方勤務者を除く約20万余の野戦軍を確保しなければならないとした。戦時20万の野戦軍確保は平時に少なくとも14個師団（経費制限上でやむをえなければ，暫くは13個師団）の設置が必要であり，今回の軍備拡張の標準になると強調した。そして，軍備拡張の手段としては，①従来の師団内部の改良，②改良した師団と同様の師団の6個新設，③国内海岸必要地点への要塞砲兵隊新設，また，従来の要塞砲兵連隊の改良，④師団諸隊の他に必要な部隊の編成，⑤北海道に1個師団を置き，その他必要な島嶼に警備隊の設置，の方針を示し，その着手は，シベリア鉄道全通を考慮すれば，なしうる限り迅速にしなければならないとした。国際関係認識において外交的認識を越えた軍備的認識を優先させ，帝国主義的軍隊への転化を内包した。

その後，参謀本部（第一局）は同年9月に最初の「陸軍々備拡張案」（活版，本文全3丁，本章では「9月案」と表記）と「陸軍々備拡張案ノ理由書」（活版，本文全15丁）を作成した[53]。参謀総長は9月6日付で陸軍大臣に対して「御上奏案　軍備拡張ノ件」を添え，連署により上奏したいと協議した。なお，「平戦両時団隊編制」と軍備拡張にかかわる諸官衙の創設・改正の細部はさらに調査し協議するとした。参謀本部は「軍備拡張」を「新設」，「増設」，「改正」の3種に区分した。つまり，軍備拡張とは新規拡大事業だけでなく，既存事業の変更的継続も含む概念である。新設の師団7個（内1個は北海道）とした。本書では要塞に関する軍備拡張案を検討しておく[54]。

③要塞の軍備拡張計画

第一に，要塞砲兵隊の新設と編制改正における柔軟性の強調がある。まず，新設の要塞砲兵隊を芸予海峡，呉，佐世保及び長崎港，舞鶴港，函館港，大湊に置くとした。増設は従来計画の要塞砲兵隊で未着手のものをすべて完備するとした。改正は要塞砲兵隊編制の改正と対馬警備隊編制の改正があるとした。これにより，要塞砲兵隊は計6個連隊と独立2個大隊になる。その中で，要塞砲兵隊編制（対馬警備隊を含む）の改正理由を「各地要塞ノ防禦法ハ局地ノ形勢ニ従ヒ守備ノ景況，備砲ノ種類，員数等変化窮リナシ又之レカ守備ニ任スヘキ要塞砲兵隊ハ平時ヨリ必ス其守備ニ任スヘキ防禦地附近ニ駐屯シテ局地ノ形勢ヲ知悉シ在ルヲ要ス若シ夫レ現制ニ於ケルカ如ク要塞砲兵隊ノ為メニ一定不変ノ編制ヲ定メ之ヲ各地ニ適用セントスルトキハ必ス人員ニ過不足ヲ生シ其剰レルモノハ国家経済ヲ損シ其足ラサルハ防禦上支牾アルヲ免レス」と記述した。これは，1890年陸軍定員令等による統一的基準の要塞砲兵隊編制は柔軟性を欠くと批判した。そして，平時は要塞砲兵隊を防禦地に駐屯させず，「其一地ニ纏メ置キ戦時ニ到リ始メテ之ヲ要塞地ニ配布スルノ方法ニ由ラサルヲ得ス［中略］各要塞ニ配布スヘキ中隊ハ中隊ノ定員ヲ規定スルコトヲ除クノ外局地防禦ノ景況ニ応シテ各地各様ノ編制ヲ設ケ其局地ノ戦時ニ要スル人員ノ多少ニ因リ其部隊ノ多少ヲ定ムルヲ適当ノ方法ト為ス是レ部隊ノ編制ヲ改メントスル理由ナリ」と，各地の態様に応じた柔軟な編成を強調し，平時における要塞砲兵隊の砲台地勤務と兵営地駐屯との分離を原則とした。

第二に，要塞砲兵隊の柔軟な編成方針にもとづく参謀本部の「団隊平時編制改正理由書」（1896年1月作成，1896年4月修正）は，要塞砲兵隊は，①連隊は2個大隊乃至5個大隊より編成し，各大隊は3個中隊より編成する（独立大隊は2個中隊），②中隊兵卒定員は，連隊編制下では104名（上等兵12，一等卒36，二等卒56），独立大隊編制下では130名（上等兵16，一等卒48，二等卒66），とし，③中隊幹部人員は全国同一にするが，連隊・大隊幹部人員は隊毎に異ならせる（芸予・下関の砲兵連隊附少佐は各2，舞鶴独立大隊長は中佐で大隊附少佐1を置き，函館独立大隊長は少佐），④由良，芸予，下関，佐世保の各要塞砲兵連隊編制中に特に某大隊増員に関する規定を掲げる（同連隊には各1個大隊又は2個大隊の分屯必要のため，由良は鳴門と深山，芸予は忠海，佐世保は長崎），⑤各中隊は経費節減のため，当面，中隊現員3名を欠員にする，⑥対馬警備隊の司令部は警備隊の歩砲兵隊を統括するのみならず，要塞司令部の性質を兼ねるが故に，副官として砲兵科将校1名を増加し，警備隊区司令部を廃止し，同事務を警備隊司令部に兼掌させる，とした。

第三に，参謀本部の「新設兼増設着手順序要領書」（1895年10月改正，1896年4月修正）は要塞砲兵隊に関連して，東京湾，紀淡，下関を除く諸砲台は1896年度に着手して1901年度に竣工予定とした。そして，要塞砲兵隊の規模を，連隊計6個（1個中隊兵卒104——東京湾15個中隊，由良12個中隊，下関12個中隊，芸予9個中隊，呉6個中隊，佐世保6個中隊），大隊計2個（1個中隊兵卒130——舞鶴3個中隊，函館2個中隊）と計画した。

参謀本部の軍備拡張計画は，その後，さらに陸軍部内で検討され予算編成に組入れられた。具体的には，1896年度と1897年度予算案は砲台建築費として（1901年度まで），鳴門海峡・呉・芸予海峡・佐世保・対馬・長崎・舞鶴・函館の各地の砲台建築，各砲台用兵器弾薬の充実を計上し，ほぼ帝国議会で承認された。かくして，日清戦争後，1890年代末から要塞建設とその営みの基本的原型が形成された。

④陸軍省兵器課新設及び築城部設置と兵器管理行政の統一化

日清戦争後の軍備拡張に対応して要塞の建設・維持及び兵器の管理・製作等の諸機関を整備した。

第一は，1897年9月3日勅令第303号陸軍省官制中改正は同省軍務局内に兵器課を設け，①主に馬政課・砲兵課・工兵課の各兵器・器具・材料の事務を統合し，②新設の兵器廠や砲兵工廠を含む兵器（蹄鉄と馬匹用具を除く）全般を管掌し，兵器管理行政の統一化を進めた。すなわち，1897年9月9日勅令第304号陸軍兵器廠条例制定は兵器廠を置き砲兵方面と輜重廠を廃止した。兵器廠は兵器本廠（東京，大阪，門司，台北に置き，本廠長は砲兵大中佐），兵器支廠（師団司令部や要塞所在地に置き，支廠長は砲兵中少佐大尉），兵器分廠（枢要な衛戍地に置き，分廠附下士を置く）より構成された。

第二に，同年9月9日勅令第306号築城部条例制定は「国防用防禦営造物ノ建築修繕保管」とこれに関する砲兵事業調査及び工兵事業の管掌の築城部を設置し，当該所属地を管轄するとした。築城部は，築城本部（東京に置く，本部長は陸軍少将又は工兵大佐）と築城支部（支部長は工兵中少佐大尉）から構成された。築城支部は要塞所在地に置き，築城事業と守城器具材料保管の機関である。また，支部長は防禦営造物と守城器具材料保管に関しては要塞司令官の区処をうけた。築城部設置により工兵方面を廃止し，器具材料の調弁・保管業務は兵器廠が管掌した。さらに，1897年9月9日勅令第305号砲兵工廠条例改正は，①従来，民間で調製・製造した兵器器具材料をなるべく砲兵工廠で製作し，

②戦時の供給に欠乏しないようにするため，兵器費支弁の物品の他に，これと類似のすべての器具材料を砲兵工廠で製作し，同製作の「斉一精良」と製作代価の均一を目ざすした[55]。

第三に，1898年12月26日陸達第121号兵器取扱規則制定は兵器取扱いの方法・管理等を広範囲に規定した。まず，同規則における兵器は武器，弾薬，器具（工兵器具，輜重兵器具，蹄鉄器具等），材料（工兵材料，輜重兵材料等）を総称した。また，取扱い上は，弾薬を除く兵器を，第一類（刀剣，槍，銃，砲，砲架，架匡，匡床，砲兵車両，機関車，客車，普通鉄道用貨車，緩急車，土運車，鉄転車盤，切落旋盤，鉄桁大，大抵抗権衡器，電信機，反射電流計，繋留気球，軽気球用写真機械，回光通信器，野戦電灯，海岸砲用測遠器，）第二類（刀帯，剣帯，帯革，挿革剣差，負革，弾薬蓋，馬具），第三類（第一類と第二類を除く他のもの）に区分した。第一類の兵器は一般社会使用のものを含み，広範囲なものを兵器に位置づけた。次に，兵器の管理・保管は，①要塞備付兵器は要塞司令官又は警備隊司令官が管理し，兵器支廠長が保管責任者になり，②要塞砲兵隊の保管にかかわる兵器の取扱いは，要塞砲兵隊の場合は兵器支廠が行うとした。従前は，軍隊では兵器委員を設置し，兵器の整理や修理品等を検査してきたが，同規則はさらに「検査」の章を増加し，兵器検査を定期検査と臨時検査に分けて実施した。すなわち，定期検査（検査官は各管理者，毎年1回実施）は兵器の数量及び手入れの良否を検査し，臨時検査（検査官は陸軍大臣が任命）は兵器の整理及び保存の如何を検査した。そして，検査終了後に，各検査官は同成績に意見を添えて所轄長官を経て陸軍大臣に報告した。兵器修理は要塞所在地支廠で執行し，同支廠の兵器新調時はその修理所で製造した。すなわち，要塞備付兵器を含めて，兵器の製作・貯蔵・支給・保管・取扱い・検査の全般的過程の管理統一化を進めた。

第四に，要塞砲兵隊の幹部養成機関を整備し要塞砲兵隊の教育も整備した。まず，1896年5月に要塞砲兵幹部練習所を廃止し，勅令第220号陸軍要塞砲兵射撃学校条例制定により要塞砲兵射撃学校を新設し，学生と生徒の教育体制を整備した。特に，学生（要塞砲兵隊より分遣の砲兵大中尉及び下士）の訓練に供し，諸研究にあてるために教導中隊を置いた。教導中隊は要塞砲兵隊より兵卒を分遣させて編成した。また，生徒中隊の教育・管理体制を整備し，生徒隊長（少佐），生徒隊中隊長（大尉），生徒隊附（中尉）を置いた。次に，1896年12月陸達第187号軍隊教育順次教令改正は要塞砲兵隊の教育を整備した。これは，日清戦争の他兵種の戦闘の教訓も組入れつつ改正された。術科では第二期に通信法，火工術，第三期に力作演習，工作演習を加え，学科では第一期に各種兵の識別及び性能，団隊編制の概要，第二期に築城術語の摘要，野外勤務の大意，赤十字条約の大意，救急法の摘要，連隊歴史の大要を加えた。増加の科目内容は他兵種の学科の科目内容と共通しているものが多い。なお，1898年4月に軍隊教育順次教令中改正により函館要塞砲兵大隊は第一期と第二期を合わせて教育し，その第一期検閲を4月に実施することができるとした。北海道の冬季事情を考慮し各期の教育科目の配当に柔軟性を持たせた。

⑤砲台等出入管理の厳格化と治安体制の強化

軍備拡張に対応した要塞建設の中で砲台等出入管理の厳格化と治安体制を強化した。

まず，1896年陸達第130号砲台出入規則改正は建築中と備砲工事施行中の砲台等の防禦営造物への出入に対しても同規則を適用した（要塞司令官は砲兵方面と工兵方面の支署長の意見を聞き，職務上の出入者を除く出入出願者に許可を与える）。さらに陸軍官衙長官が軍人軍属をして堡塁・砲台等を測量し，又は同形状を撮影・模写させる時は，陸軍大臣の許可を申請することにした。この場合，出入券又は測量券を陸軍省や要塞司令官等から受領し，所要終了後はただちに受領官衙に返納させた。なお，①砲兵会議議長（砲兵会議は砲兵監に隷し，武器弾薬装具材料器械とその用法を調査議定し，かつ，常に外国砲兵の事項を研究する，議長は砲兵大佐）と工兵会議議長（工兵会議は工兵監に隷し，工具装具材料器械とその用法並びに築城を調査議定し，かつ，常に外国工兵の事項を研究する，議長は工兵大佐）は，試験その他の技術上の実査に関して所要人員を出入させ，測量・撮影・模写させることができ，②砲兵工廠の提理は試験又は備砲にかかわる所要人員を出入させることができ，③砲兵方面本署長・工兵方面本署長，要塞所在地砲兵方面支署長等，要塞砲兵隊長等（管内堡塁・砲台等に限定）は職務上の必要に関して，部下や所要人員を出入させ測量・撮影・模写させることができるとした。さらに，1898年4月陸達第47号砲台出入規則中改正は，陸海軍官衙長官が公務のために軍人軍属を堡塁・砲台等に出入させるときは，当該要塞司令官の承認をうけることにした。

次に，1898年11月勅令第337号憲兵条例改正は憲兵の軍事警察と行政警察・司法警察の治安機能や体制を強化し，1896年憲兵条例の憲兵隊管区と憲兵警察区の配置をさらに整備・具体化した。すなわち，憲兵司令部（東京）の他に，台湾を含む全国を15の憲兵隊管区（憲兵隊本部を各師団司令部所在地〈第一から第十二憲兵隊〉と台湾守備混成旅団司令部所在地〈第十三から第十五憲兵隊〉に置く）に区分し，各憲兵隊管区を数個の憲兵警察区（1個の憲兵分隊を置き，その分隊本部は衛戍地と枢要の地に置く）に区分した。第一から第十二憲兵隊本部の憲兵隊長は憲兵中・少佐，大尉で，憲兵分隊本部の憲兵分隊長は憲兵大・中尉とした。また，憲兵下士，上等兵4名乃至8名をもって一伍とし，数伍をもって1分隊とし，数分隊をもって一隊とした。そして，同年12月陸軍省令第16号憲兵分隊配置及憲兵警察区域の制定により，全国の憲兵隊管区と憲兵警察区及び憲兵分隊管轄下の憲兵屯所と憲兵分屯所の位置を規定した。

要塞所在地関係では，第一憲兵隊管区下の横須賀に憲兵分隊本部と憲兵屯所，神奈川県浦郷村と千葉県富津町に憲兵分屯所を置いた。第四憲兵隊管区下では由良に憲兵分隊本部と憲兵屯所，兵庫県福良町と和歌山県加太町に憲兵分屯所を置いた。第五第憲兵隊管区下では呉に憲兵分隊本部，広島県和庄町に憲兵屯所，同県吉浦村に憲兵分屯所を置いた。第七憲兵隊管区下の北海道では函館に憲兵分隊本部と憲兵屯所を置き，函館の憲兵警察区域を渡島・後志・胆振・日高とした[56]。

(3) 日清戦争後の砲台建築事業

①1898年砲台建築事業施行手続と1902年要塞建設実施規程及び1903年要塞建設実施細則の制定

日清戦争直後の砲台建築事業施行の基本になったものが，陸軍次官が1898年2月16日付で砲兵会議及び工兵会議の両議長，築城部本部長，東京等の兵器本廠長宛に令達した砲台建築事業施行手続である（全17項目，密発第18号）[57]。

そこでは，①要塞建設のための「要地守備」の工事を起こす時には参謀総長が創議の任につき，同兵備の必用理由と防禦目的を規定し，帷幄に上奏して裁可を請う，②裁可を経た場合は，参謀総長は防禦目的と守備の大要及び貯備弾薬糧食数額の大要を策定して陸軍大臣に通知し，工事実施を促し，陸軍大臣は築城部本部長をして堡塁・砲台及び弾薬糧食本支庫等の位置や兵備の種類・員数と要塞内諸交通通信方法並びに補助物件を調査させ，砲兵工兵合同会議に下して審議させる，③陸軍大臣は砲兵工兵合同会議の復申を裁決してさらに参謀総長に協議し，決定すれば「要領書」を築城部本部長に下付して概略予算を調査させ，築城部本部長は同「要領書」にもとづき「説明図」（通常，梯尺二万分の一）と「砲台建築費概算書」（〈i〉砲台・堡塁建築費，糧食・弾薬本庫建築費，軍道建設費，兵舎建築費，他建築費，某購買費の概算，〈ii〉備砲諸費明細概算――備砲代価，運搬費，組立費，試験費，砲床築設費）を副申する，④陸軍大臣は堡塁・砲台の建築着手順序を定め，総費額と年割額を築城部本部長と当該兵器本廠長に下付し，築城部本部長は「精密図案」中で「応地平面図」（梯尺千分の一乃至五百分の一）と「応地断面図」（梯尺五百分の一乃至二百分の一）を調製して竣工期を定め建築実施許可を申請し，許可を得れば，「精密図案」中の「水平戴面図」（梯尺五百分の一乃至二百分の一）と「局部図」（梯尺百分の一乃至二十分の一）を調製して「建築特別仕法」及び「精密予算書」（建設費，地所及び建物買収費，家屋とその移転料）を添付して陸軍大臣に進達する，また，当該の兵器本廠長は年割額に照らして毎年度の「精密予算書」（備付される兵器弾薬の予算書，砲床築設費の予算書――諸傭給・材料・器具器械費・運搬費）を調製し，竣工期を定め，陸軍省所管歳出科目表により前々年度1月20日までに陸軍省軍務局兵器課に送付する，⑤堡塁・砲台その他諸営造物の敷地は「精密図案」に照らして買収手続きに入ることを原則とするが，価格関係又は工事の急を要する等の場合は築城部本部長の見込みをもって区域を定めて予め買収することができ，土地の受領・返付の取扱い方は築城部本部長が陸軍営繕事務規程第6条により処分し，工事竣工毎に「竣工図書仕法」と「実費精算書」を陸軍大臣に報告し，当該兵器本廠長は火砲弾薬配備又は砲床工事終了毎に「砲床築設（火砲据付）報告」（位置，種類・員数，工事の着手・落成期日，職工人夫延日数，費用〈予算・実費，差引〉）を陸軍大臣に報告する，という詳細な手続きを規定した。なお，陸軍営繕事務規程は1891年9月陸達第133号陸軍営繕事務規程を改正した1898年1月26日陸達第5号陸軍営繕事務規程である。その第6条は，土地の受領・買収・譲与・交換・貸借を要する場合は，陸軍大臣の令達に出るものを除く他は，管轄官衙は当該地所の管轄地方庁に照会して支障の有無を調査し，同趣旨を陸軍大臣に伺い出ることを規定した。

ここで，②のように，要塞建設をめぐって，参謀本部側は主に防禦の目的・趣旨の調査研究と備付弾薬糧食類の算出等を担当し，築城部側は堡塁・砲台と弾薬糧食本支庫等の工事計画調査を担当することになった。また，築城部本部長は⑤のように土地買収に関する判断権限がゆだねられたことが特質である。さらに，築城部本部長の調製・報告の「竣工図書仕法」は工事期間・建築予算・実費の他に，特に，建築現場の現況・発生事件等（就業諸職工人夫を自宅出勤者と人夫小屋居住者〈出身の県・郡・村を記述〉に区分し，就業時間，悪疫流行の有無，工事中事故による死傷者発生，工程と落成期日，建築工事使用材料の産出地・納入者と工事請負人，工事着手後の仕法等の改正・変更，要塞建設地の風土環境（最高・最低気温，風土病，水質，風向き，雨量）を記載することになった。

その後，1900年4月24日勅令第158号の陸軍兵器監部条例制定は陸軍大臣管轄に属して兵器の経理と検査を管掌し，特に砲兵工廠及び陸軍兵器廠を統轄する兵器監を置いた。そのため，1898年砲台建築事業施行手続において，兵器廠本廠長の職務は兵器監が担当すること等に一部改正した[58]。さらに，砲台建築事業施行手続は1902年4月4日に参謀本部との協議を経て一部改正された（陸軍省送乙第781号）。そこでは，特に，参謀総長の職務として，防禦目的，兵備の種類・員数，備付弾薬糧秣の種類，補助建設物の位置及び要塞内交通法等を策定して陸軍大臣に通知し，同大臣は築城部本部長をしてこれら諸件の詳細調査を実施させ，同結果を砲兵工兵合同会議に下すことを規定した。つまり，参謀本部は築城本部担当の要塞補助建設物等の工事計画調査を含む要塞建設全体の基本を策定することになった。

他方，大山巌参謀総長は要塞建設と既成要塞の重大な防備変更を要する場合に準拠すべき確固たる手続規程が従来なかったとして，1902年6月3日付で寺内正毅陸軍大臣宛に要塞建設実施規程の制定を照会し，異存なければ允裁を仰ぐと協議した[59]。参謀本部の要塞建設実施規程案は，①新たな要塞建設と既成要塞の防備の重要変更においては，参謀総長が陸軍大臣と協議し，その目的と防禦法大要と理由を具して連署により帷幄に上奏し，裁可を請う，②，1902

年4月一部改正の砲台建築事業施行手続の第二項目規定の参謀総長の職務をほぼそのまま踏襲し，③陸軍大臣は参謀総長起案の堡塁・砲台の位置，兵備及び構築上顧慮すべき要件並びに補助建設物，交通設備等を詳細に調査して参謀総長と協議決定し，建設実施に入り，実施の細則を定める，と起案した。参謀総長の協議は陸軍大臣の7月15日付の同意回答を経て上奏され，9月3日に裁可された。

これにより，参謀本部側の要塞建設の基本計画策定と陸軍省側の建設実施上の細則規定の職務分担が明確化された。この結果，翌1903年5月1日に要塞建設実施細則を規定し，1898年砲台建築事業施行手続を廃止した。これは，日清戦争後の砲台建築が一段落し，1903年4月14日陸軍技術審査部条例制定により，砲兵工兵の技術と兵器材料の研究調査の向上のために新設された陸軍技術審査部に対応したものである。すなわち，1903年要塞建設実施細則によれば，陸軍大臣は，要塞建設の計画図書に関して築城部本部長に下付して詳細を調査させた上で，さらに要塞建設の技術上の審査は技術審査部長に諮詢し審議させることにした。その他は1898年砲台建築事業施行手続の規定をほぼ踏襲した。なお，従来，砲台建築事業にも関与してきた砲兵会議と工兵会議を廃止した。

②政府直営事業従事職工人夫雇傭請負の随意契約推進と1901年勅令第8号制定

日清戦争後には砲台建築工事における随意契約がさらに推進された。

石本新六築城部本部長は1897年12月4日付で陸軍大臣宛に，砲台建築事業において職工人夫材料等を随意契約により雇用かつ買収できることを特別に詮議してほしいと上申した[60]。石本築城部本部長の上申は従前の砲台建築工事における契約手続きのあり方を総括し，特に，①近年の土木事業勃興により所要の職工人夫材料等の供給不足が出ており，砲台建築事業においては競争入札施行前に「竊[ひそ]カニ連合同盟シ不当ノ価格ヲ入札スルノ風有之再入札ニ及フモ同様ノ事ニシテ終ニ当日ノ入札ヲ無効ト為シ二十三年勅令第百九拾三号ニ依リ予定価格ヲ以テ随意契約ヲ締結セシメントスルニアルカ如シ」であるが，地方では予定価格による随意契約を締結しようとしても応ずる者はなく，さらに時日を費やして公告した結果，「入札当日彼輩又来テ前回ト同様不当ノ価格ヲ投シ其結果前回ノ手続ヲ繰返スニ過キスシテ其効無之事畢竟彼輩ノ期スル所ハ官ヲシテ予定価格ヲ変更セシメントスルニアルカ如シ」とされ，かつ，競争入札の場合には「善良ノ供給者モ彼輩同業者間ノ交誼ヨリ已ムヲ得ス右ノ所為ニ及フ」に至るので，むしろ，当初から随意契約による契約手続は時日・経費上で大いに益するが「法規上已ムヲ得ス競争入札ニ附シ来ル」結果，ついには工事竣工の遅延等も計りがたく憂慮に堪えない，②それ故，1896年勅令第260号と1897年勅令第229号による臨時広島軍用水道布設部と北海道庁における随意契約の事例があるので，砲台建築工事所要物件中で最多を要するセメント・レンガ及び石材に限り随意契約により購入できることにしたい，また，今後は地方によっては同物件の競争入札や随意契約に応ずる者がない場合にはレンガ製造・石材切出し等を直営事業にせざるをえないこともあるので，同雇用職工人夫とその他の砲台建築工事直接従事の職工人夫は1896年勅令第208号同第280号第2項の鉄道工事に要する職工人夫と同様に随意契約により雇傭できるように併せて定めてほしい，と強調した。築城部の随意契約必要の強調は，直接的には砲台建築工事の「秘密」保持を名目としたのではなく，土木工事隆盛下での材料物件と労役供給源の確保にあったとみてよい。

これについて，陸軍省は，築城部における直接従事の砲台建築工事に要する職工人夫雇傭の請負は随意契約ができることの勅令案を起案し，12月28日に閣議に提出した。ただし，内閣では特に調査・審査されなかった。そのため，陸軍省工兵課は本件についてさらに大蔵大臣と連署により改めて閣議に提出しようとして勅令案を起案し（「要塞ニ於ケル直営工事ニ使役スル職工人夫雇傭ノ請負ハ随意契約ニ依ルコトヲ得」），1901年1月17日に大蔵大臣宛に照会した[61]。その場合，工兵課の勅令案の理由書は，①要塞の秘密工事で競争入札に付すべき部分において，予定価格超過等のため請負者なしのものは直営工事を例としているが，職工人夫の使役は随意契約によることを有利とするも，法規に牽制されて競争入札又は直傭の方法によらざるをえないことがある，②これらの直傭は監督と整理上で煩雑であり官吏にとって困難があり，要塞の多くは「都市ヨリ懸隔ノ僻陬[へきすう]ノ地ナルヲ以テ職工人夫ノ集散常ナク加フルニ予定価格超過ノ為直営工事トナスモノノ如キハ前入札者ノ妨害ヲ加フル等之カ収集ニ至大ノ困難ヲ生スル等取扱上ノ困難ハ従テ時日ヲ要シ為ニ工事ノ進行ヲ阻碍シ」

云々と強調した。

陸軍省の勅令案照会に対して，大蔵大臣は同年2月1日付で陸軍大臣宛に同省勅令案を吸収した新勅令案を閣議に提出することがしかるべきであると回答した。大蔵省起案の新勅令案は「政府ニ於テ直接ニ従事スル事業ニ要スル職工人夫雇傭ノ請負ハ随意契約ニ依ルコトヲ得」と起案した。新勅令案は，従来，政府直営の工事・事業はその必要ある毎に勅令を制定して随意契約の途を開いてきたが，各官庁の直営工事その他の事業と種類が増加するに応じてその都度の勅令制定は繁文になるだけでなく，会計法規の統一上穏当ではないので単一勅令による概括的規定の必要があるという理由にもとづいていた。新勅令案は閣議に提出され，2月28日に勅令第8号として制定された。陸軍省にとっては砲台建築工事の随意契約推進の法令的基盤が成立したことになる。

③砲台建築工事職工人夫雇傭請負随意契約における契約保証金免除政策

日清戦争後，陸軍省は砲台建築工事の秘密保持にかかわって，工事雇傭の職工人夫についても身元等の掌握・監視を重視し，雇傭請負契約における保証金免除策をとるに至った。

すなわち，石本新六築城部本部長は1901年4月16日付で陸軍大臣宛に，①砲台建築工事は最も秘密を要するとして，「使用スル職工人夫之儀ハ工場附近ニ於テ忠良ノ者ヲ選択シ一ニ其身元性行ヲ調査スル次第ニシテ其供給ヲ請負ハシムル者ノ資格モ亦其地方ニ於テ最モ名望資財アリ信用ヲ置クニ足ルベキモノヲ採用セザルベカラズ」であるが，②しかるに，地方の名望資財家は土地所有者であっても「遊動資財」(動産) を有する者は少なく，普通の土木請負業者と大いに趣を異にする事情があり，特に呉砲台建築の地方では，その「繁栄等」により日々の現場勤務出場者数は常に変動するために正確な契約保証金を定めがたく，多額の保証金徴収は請負者に困難を生じさせ，自然に賃金高騰をもたらし不経済の嫌いもある，③それ故，砲台建築工事に要する職工人夫雇傭に関して，1901年2月勅令第8号により随意契約する場合は会計規則第83条により保証金免除にしてほしいと伺い出た[62]。石本築城部本部長の伺いは砲台建築工事の秘密保持目的のもとに，在地地主が地元住民を掌握・監視しつつ労役供給請負事業に参入することを期待した。

当時の呉港地方は「繁栄」を極めたとされ，軍備拡張に沸く呉鎮守府下工廠の労役供給地であった。呉港における1900年10月の海軍造船廠の職工定員は造船工場の2千1百人と機械場1千4百人を含めて合計6千人に至った。さらに製鋼所設置により必要職工数の倍加が見込まれていた。この結果，全国的な不景気の中で呉港は別天地とされ，同地方にもたされた全職工賃金は1箇月総計50万円とされた。さらに海軍官職者等の俸給手当が加わり，これらの巨額が「この地に落ちるに加へては，造兵廠増構，製鋼所設置に従来の各種需品の購買の他建築材料，諸工事支払の多額も亦撒布され，全国稀にみる官金撒布地をなし，これに伴ふては民間諸種の事業逐年勃興し，諸商人の手元豊かになれば，他より入込み来る者亦多く」とされ，人口急増し，その増加分は寄留者であった[63]。その中で，石本築城部本部長の伺いは労役供給地の労働者に対する警戒・注意を喚起したのである。

これについて，同省は5月1日付で了承を指令した。その後，築城部本部は1901年6月7日付で下関砲台建築工事，10月30日付で対馬砲台建築工事，さらに，6月21日付で台湾の基隆砲台建築工事，10月8日付で台湾の澎湖島砲台建築工事について，それぞれ雇傭請負契約保証金免除を同様に伺い出た。その結果，6月18日（下関），11月9日（対馬），7月9日（基隆），10月15日（澎湖島）にそれぞれ免除が了承された[64]。かくして，日清戦争後は砲台建築工事の秘密保持を名目にして，労役供給請負事業に監視と警戒を加え，随意契約を推進し，地元の名望家層との密着関係を固めつつ要塞建設事業が進められた。

3　1899年要塞地帯法の成立と治安体制強化

日清戦争後の軍備拡張期の要塞の建設・増設と維持とのかかわりによる治安体制強化は，要塞という防禦営造物施設の守備・防禦自体の目的・管理から着手された。しかるに，しだいに，軍隊自体の自己組織管理（機密保護など）が自己目的化し，要塞所在地の管理を名目にして所在地周囲の一般住民を統制するに至った。要塞所在地にかかわって，これらの一般住民の管理統制を強化したのが要塞地帯法であった。

(1) 要塞地帯法の成立前史――火薬庫等近接周囲地域地所使用等の管理をめぐる陸軍省と内務省との攻防

①長崎砲隊近傍の蒸気器械精米所設置をめぐって

近代日本の防禦営造物所在地（旧来砲台地）の周辺地所の管理にかかわって開墾等禁止を布達したものとして，本書第2部第3章既述の1875年1月太政官布達第15号がある。その後，防禦営造物周辺地域の建物建築・土地形状改作等の禁止・制限政策化の議論・契機になったのが，長崎砲隊管理の火薬庫近接地所における近傍民間業者の蒸気器械精米所設置であった[65]。つまり，陸軍所管の火薬庫等周辺に建築・設置された蒸気器械（火薬庫からの設置距離は20間）が火気を飛散させる恐れがあるとして，長崎砲隊が差し止めを求めたのである。しかし，本件は火薬庫等の近接周囲地域地所の使用・利用に関する禁止・制限措置をめぐる陸軍省と内務省との攻防の端緒になった。

長崎県第一大区大黒町所在の正木治三郎は1873年2月に蒸気（燃料は石炭）器械による精米所営業が許可された。その後，1874年11月初旬に自己私有地に蒸気8馬力の精米所を新規建築設置したいとして長崎県に願い出てただちに許可された。しかるに，12月中頃に建築工事の半分が完成したところ，長崎砲隊は同新規建築場所が砲台火薬庫に接近しているので設置差し止めすること，さらに従来営業分の蒸気3馬力精米器械のさらなる馬力等増加はあってはならないと長崎県宛に照会した。これに対して，同県は長崎砲隊宛に，当該砲台は旧佐賀藩邸に置かれて人家稠密地に築設され，特に火薬庫は堅固に建てられており，対向地には既に同業者や湯屋・鍛冶職等もあり，本人の予防策でも煙突等を高く築設するので火気飛散等の弊害等はありえないと申し立てた。しかし，長崎砲隊は12月21日付で同県宛に「仮令如何様予防ノ方法相立候共火薬職ノ場所ヲ火薬庫ト対向候儀ハ甚以テ不都合」云々と述べ，熟議・再考を求めた。

ところで当時，陸軍管轄の砲台・火薬庫にはその近傍周辺四方地所の利用・使用にかかわる距離上の制限・禁止の規則はなかった。長崎県は長崎砲隊に対して，将来には類業の願い出もありえるので，陸軍管轄の砲台火薬庫には近傍四方周辺距離の制限・禁止に関する規則・成規のしだいを承知したいと照会したが，長崎砲隊側では承知しておらず，同布達類もないことが明らかになった。その後，翌1875年に至り，工兵第六方面の実地検分等があり，かつ，熊本鎮台から陸軍省宛の報告もあり，工兵第六方面提理は7月7日付で宮川房之長崎県令宛に，「[長崎砲台内には] 平常貯蔵ノ火薬有之危険ノ恐不少仍テ精米所取設候儀差留候」という同省から工兵第六方面宛の指令があったことを通知した66)。

陸軍省の長崎砲隊宛指令に対して，同県知事代理長崎県参事渡辺徹はもはや同省への申し立ての道もなくなったとして，それまでの長崎県と長崎砲隊等との間の往復文書（写し）を添付し，同7月24日付で内務卿宛に長大な伺い書を提出した67)。それによれば，①「凡ソ官ニハ本務アリ該件 [蒸気器械の精米所設置] ノ如キ利用厚生ニ属スル者ハ乃チ地方ノ本務ニシテ殊ニ其比ハ外事紛紜軍糧ノ急ヲ要スルニ際シ右等ノ器械ハ必用ノ一具ト存」じられ，かつ，砲台は極めて堅牢であり，同町内には同業者もあるので，長崎砲隊には別段に照会には及ばないとして許可した，②他方，「考ルニ砲台等ノ本務ニ在ルヤ火薬庫ノ如キ危険ノ恐レアル者ヲ如此キ人家調［ママ］密ノ場所ニ置ヘキ者ニ非ス該台ノ如ク弁［ママ］宜之レヲ置クハ固ヨリ堅牢ニシテ防禦ノ証ヲ認ルニアラン否ラサレハ近傍ニアル人民ノ私有地ハ悉皆之ヲ買上ケ一団ノ境界ヲ立ルカ若クハ買上ニ不至共火薬庫近傍四方何拾間以内ハ火薬体ノ職業ハ一切為ス可ラス等予テ制定ノ上照会ヲモ可有之」であるが，かつてそのような措置はなかった，③陸軍省と工兵第六方面は「唯危険ノ恐レアル」ことのみをもって差し止めすべきことを申し越しているだけでは「事理分明ナラス [中略] 起業以来若干ノ金額ヲモ費候儀ニ付尋常之レヲ差留候迚容易ニ承服ハ致間敷又官庁ニ於テモ一旦許可セシ事ニシテ現在多少ノ損失アルヲ其儘不問ニ属シ候様ニテハ行政上人民ニ対シ信義ヲ失シ終ニ官庁ヲモ頼ミ難キ様相成百般ニ関渉不容易儀ト存」じられる，と批判し，内務省指令を伺い出た。ただし，長崎県側の主張には火薬庫近傍周辺地所における制限・禁止等の規制措置があってしかるべきという認識が含まれていた。なお，同県は5月18日付で内務省宛に同件の発生・経過を届け出ていたので，同省は本件を承知していた。

その上で，大久保利通内務卿は同年8月（日付欠）に太政官宛に，①砲台四方の火薬の制限禁止の法がない限りは，人民私有地の営業上で理由なくこれを抑制し「其権利ヲ害スヘカラザルハ勿論ニテ県務此ニ出ルモノ又当然ノ儀」であり，「砲台ノ故ヲ以テ空シク其事業ヲシテ中止セシムベキノ条理無之儀ト存候」と述べ，②「[陸軍省も] 今将他ヘ火薬庫ヲ移ス可ラサルモノトナシ永ク保存ノ見込ニ候ハハ地所家作トモ相当代価ヲ以テ買上候儀当然ニ有之雖然人民其地ニ離ルルヲ不欲ルトキハ之ヲ強ユルノ理無之ニ付起業以来ノ損失ヲ弁償シテ転業ヲ諭スノ外有之間敷左スレハ人民私有ノ権利ヲ不妨シテ保護ノ御趣意モ相立穏当之御処分ト被存候」と指摘し，「各地砲台四境防禦ノ方法火業ノ制定」について速やかに一定化してほしいと上申した68)。

太政官は9月12日と同20日の閣議で損失弁償により決着するという指令案を決定し，同22日に内務省宛に指令した。また，陸軍省の意見を提出させ，各地砲台と火薬庫近傍の蒸気器械所等の建設距離制限については追って布達すると決定した。この結果，太政官は9月22日付で陸海軍両省宛に指令し，各地の砲台と火薬貯蔵所の近傍において蒸気器械及び鍛冶職・鋳物師等の営業者があれば「不測ノ危険ナキヲ保チ難ク候条」として，当該火薬貯蔵所四方の営業距離制限等を規定するので，両省協議し取締り方法等を調査報告すべきことを指令した69)。かくして，長崎砲隊近傍の蒸気器械精米所設置に関する内務省上申は下記の陸軍省・海軍省の「城塞火薬庫等之周囲圏線区域」起案と上申の契機になった。

②陸軍省の「城塞火薬庫等之周囲圏線区域」の上申と1876年火薬庫圏線規則の制定

山県有朋陸軍卿と川村純義海軍大輔は同1875年11月27日付で太政大臣宛に砲台と火薬貯蔵所等にかかわる周囲区域の規制範囲を拡大し，旧城郭周囲区域の規制を重点化した「城塞火薬庫等之周囲圏線区域」を起案し，各種の耕作・植樹・築造施設工事・地形変形等に関する詳細な禁止制限案を上申した70)。そこでは，①陸海軍にとって要塞は軍務の最重要地点であり，平戦両時ともに要塞軍務の利害に関渉するものは必ず軍衙が処分し，制限を定めなければならず，制限にかかわる許可申請で陸軍部内のものは陸軍省に，海軍部内のものは海軍省に申請する，②各地の「城砦ノ周囲防禦線」を三つの圏とし（第一圏は城砦の「最外濠ノ外岸上」より起算して直線距離138間，第二圏は同直線距離260間，第三圏は同直線距離536間），これらの三圏内の作業施行における禁止・不許可事項を定める，③第一圏内では耕作を除く諸種諸般の築造・作業を禁止し植樹・草類繁茂を不許可とする，第二圏内では耕作及び木造建物建築（ただし，戦時には軍衙の命令があれば即時に破毀し，破毀諸物をさらに他所に運送し，同破毀・運送費用は所有主負担）を除く石造レンガ土蔵等の堅牢建物と諸般作業を不許可とする，第三圏内では道路新設・地形変形・土塁築造・坑孔穿鑿及び地下築造を不許可とする他は諸種の建築や植樹を禁止しないが，諸物堆積は必ず軍衙の許可を得た地所でなければ許可しない，④三圏内の諸作業で人民便利のために須要なるものは「軍衙防禦会議」に下して適宜の規則を定める，また，軍衙の許可を得なければ検地測量を許さず，道路用水等は軍衙の規定の工事法に服さなければない，ただし，城砦の近傍市街村落及び土地景況のために防禦線の遠近を変更して諸作業制限を寛免すべき時は特例により「軍衙防禦会議」を開いて決定することがある，⑤火薬庫は軍務至要の建物であり防火警備を厳重にしなければならないが故に城砦と同様に制限を定めなければならず，火薬庫周囲の牆壁外から直線14間距離までの地所では諸種の築造並びにガス燈伝送管・木柵・枯枝・木材・飼馬干草と燃質物の蓄積所設置を許さず，かつ，喬木植樹を禁止する，同上直線28間距離以内の地所では火を扱う建物及び製作物の設置を許さない，と起案した。

陸軍省上申の「城塞火薬庫等之周囲圏線区域」における防禦線と三圏の距離設定は，もちろん，「外濠」の文言のように当時の旧城郭を基準にし，要塞・城塞・城砦の文言もほぼ鎮台・営所等が置かれた旧城郭を意味しあるいは想定していた。つまり，同省は火薬庫設置にかかわる管理規則の調査起案よりも，旧城郭を要塞とみなした上で，その要塞防禦政策視点から「城塞火薬庫等之周囲圏線区域」を起案し，その結果，③の第二圏のように戦時における木造建物の撤去（後述の「射界ノ清掃」参照）の要塞防禦方法を示した。そこでは，要塞防禦が本体になり，火薬庫設置の管理規則の調査・起案はいわば附属的なものとして位置づけたが，その理由は同年9月の江華島事件への対応と防禦警戒にあったとみてよい。ちなみに，陸軍省と海軍省の調査によれば，陸軍省所轄の火薬庫は砲兵第一方面管轄6箇所（東京府3，石川県3）・砲兵第二方面管轄9箇所（京都府1，和歌山県3，滋賀県1，鹿児島県4），海軍省所轄の火薬庫は5箇所（東京府2，長崎県1，鹿児島県2），開拓使所轄の火薬庫は2箇所（札幌1，渡島亀田1）とされた。しかし，いうまでもなく，陸軍省の「城塞火薬庫等之周囲圏線区域」の規制内容は，土地所有制度に関する近代法体系が未整備の中で，人民の私有地所の使用利用権に対する明確な制限を根本的に加え，注74)

[補注1]のフランスとドイツの防禦営造物所在地周囲の土地所有制限規則のような圏内建築物の強制撤去に関する賠償等の考え方も含まれていなかった。また，これらの規制は要塞防禦政策視点のみから採用されるべきではなかった。そのため，翌1876年に至っても太政官内では審査が進まず評定が遅れた。

その後，陸軍卿代理鳥尾小弥太陸軍大輔は1876年2月27日付で太政官宛に，「城塞火薬庫等之周囲圏線区域」の制定時に地方官に布達すべき陸軍必用の城砦（旧城郭）と火薬庫の全国所在地（兵の屯在等の有無の区分）を添付し，併せて制定してほしいと伺い出た。しかし，太政官の審査等は遅れた。そのため，陸軍省と海軍省は5月16日付で「城塞火薬庫等之周囲圏線区域」の制定を催促し，特に火薬庫規則を早々決定してほしいと伺い出た。この結果，太政官は同年8月21日と23日の閣議で火薬庫近傍地の防火警備を厳重にする目的により火薬庫圏線規則（全2条）を決定し，9月18日に太政官布告第120号として布告した[71]。そこでは，陸軍省提出の「城塞火薬庫等之周囲圏線区域」の⑤にそって若干の字句を修正し，火薬庫周囲近接地を第一圏（14間）と第二圏（28間）に分けて火災を予防すると規定した。また，本規則該当の全国の火薬庫所在地を表示した（陸軍省，海軍省，開拓使の所轄合計22箇所）。しかし，「城塞火薬庫等之周囲圏線区域」の本体部分には何らの指令も出さず，西南戦争勃発により審査評定されなかった。

③太政官の「城塞火薬庫等之周囲圏線区域」の防禦線内の工事・工作制限策の不許可

西南戦争後，小沢武雄陸軍大佐は1878年1月17日付と2月8日付の二度にわたって太政官書記官宛に「城塞火薬庫等之周囲圏線区域」の防禦線内の工事・工作制限の指令を催促した。そのため，太政官の本局と法制局は3月6日に，「城塞火薬庫等之周囲圏線区域」の防禦線内の工事・工作制限策に対する内務省と大蔵省の意見を求めた[72]。

これについて，当時の内務卿かつ大蔵卿の伊藤博文は11月1日付で太政大臣宛に，主に，①陸軍省所管の城砦は概ね「旧諸侯三百年来之城地ニテ国ノ東西地ノ都鄙ニ論ナク其土地相応ニ戸口稠密致居候」として，軍政上において「変時之便宜ヲ以テ目下一時ニ制限ヲ被立候テハ直ニ民情ニ乖戻候」のみならず，制限は行政上実際に行われるべきものでなく，また行うべきものではない，②

そもそも，「軍政ハ非常事変之処分ニシテ其急迫ナルニ臨ンテハ人家ヲ火シ墳墓ヲ発[あば]キ数万戸ヲ挙ケ一炬焦土タラシムルモ臨機不得已之処分ニテ復タ行政ノ便否民庶ノ疾苦ヲ顧ルニ遑アラス然レトモ常時ニ在テハ之ニ反シ専ラ行政ノ便宜ヲ主トシ苟モ地方之栄枯民庶ノ休戚如何ニ関スル事業ノ如キハ全ク行政常時ノ便宜ヲ以テ処分ス可キモノニシテ決テ軍政変時ノ便宜ヲ計リ之ヲ左右スルヲ得ス」とし，③「今ヤ起業殖産之途ヲ開キ民庶ヲシテ各就産ノ業ヲ得セシムルハ行政上ノ急務ニシテ第二第一圏内ノ如キハ多クハ濠渠河流等アリテ自然ニ水利運輸ノ便ヲ備ヘ工商ノ諸業ヲ富ムニ適スル地往々尠カラス而テ其営業ノ種類ニヨリテハ石造煉化石造等ノ建物ヲ必要トスルモノ可有之候」として，「城塞火薬庫等之周囲圏線区域」の防禦線内の工事・工作制限は「発令不相方可然」の意見を回答した[73]。伊藤内務卿・大蔵卿は，戦時の便宜重点化・戦時優先策により平時行政を左右してはならず，陸軍省上申の制限策は在来城郭とともに形成された城下町等の都市形成・産業発展を阻害すると反対した。

この結果，法制局は11月22日に伊藤内務卿・大蔵卿の意見を採用して「[陸軍省上申を] 御聴許不相成方可然」という指令案を起案した。そして，同11月25日に閣議決定され，上奏を経て裁可（「聞」）され，太政官は12月5日に陸軍省宛に「難聞届候事」と指令した。陸軍省上申の「城塞火薬庫等之周囲圏線区域」の防禦線内の工事・工作制限策は不許可になった。

その後，明治憲法制定時に陸軍省は「帝国陸軍将来必要ト認ムル要件」を内閣に提出し，兵力維持のための要件を「軍法」「軍制」「軍令」「軍政」に区分し，「軍法」（軍の立法，議院の議により制定される法律）の種類として兵役令・戒厳令・徴発令等と並ぶ「要塞圏区法」を示した[74]。ここでの「要塞圏区法」はほぼ要塞地帯法に近いものとみてよい。

④要塞近傍の水陸測量等の管理強化

日清戦争後は要塞の建設・増設とともにその所在地周囲地域に対する統制・管理を強化した。

まず，要塞近傍における一般住民の水陸測量等に対する管理強化がある。陸軍大臣桂太郎は，1898年5月26日付で閣議請議書を提出した[75]。それによれば，「帝国々防ノ秘密」を保つことの一手段として要塞近傍の地形図の民間発売を停止し，特に同地形図は「軍衙ノ需要ノミヲ充タス」ことにするとした。

また，近来，要塞近傍において測量等をなすものがあるが，同目的の内容を問わず，今日，同行為に制裁を加えなければ，地形図が自然に民間に流布し，その結果，防禦営造物の安全を害するに至ると指摘した。これらの制裁は他日に処理しようとしてもその効果が及ばない恐れがあると強調し，次の勅令案を起案した。すなわち，「要塞ニ於ケル各防禦営造物ノ周囲ヨリ外方五千七百五十間以内ノ水陸ノ形状ヲ測量，模写，撮影，筆記セムトスル者ハ予メ当該要塞司令官ノ許可ヲ受クヘシ」(第1条) である。この場合，同区域内を1889年土地収用法により測量・検査する者や1890年鉱業条例により測量する者は予め当該要塞司令官に届け出させることにした。また，測量，模写，撮影，筆記の方法・区域は当該要塞司令官の指示に従わせることにした。次に，官庁が第1条実施時には予め当該要塞司令官の承認をうけることにした (第2条)。以上の条項は要塞設置決定箇所にも適用し，第1条の区域と合わせて陸軍大臣が告示するとした。なお，第1条違反者は，11日以上1年以下の重禁固又は2円以上50円以下の罰金に処するとした。

陸軍大臣の勅令案は閣議決定と枢密院の諮詢・上奏の手続きを経て裁可され，同年7月27日に勅令第176号「要塞近傍ニ於ケル水陸測量等ノ取締ニ関スル件」として制定された。そして，同年8月31日陸軍省告示第9号により東京湾，下関，由良の各要塞及び対馬防備地における測量撮影等制限区域を規定した。さらに，同年9月陸軍省告示第11号により鳴門他6箇所の要塞地と要塞地決定箇所の防禦営造物周囲外方5,750間以内の区域を規定した。

なお，海軍管轄の軍港要港内は要塞近傍水陸測量等取締りの対象外として規定したが (第9条)，要塞と軍港要港の両地域にまたがるような測量等の出願者が出た場合等は，陸軍省は海軍省への照会・合意を経て，要塞司令官 (警備隊司令官，衛戍司令官，築城部支部長) と海軍の鎮守府司令長官等が同一方針により取扱うべきことにした (1898年10月5日陸軍省送乙第2940号)[76]。

(2) 1899年要塞地帯法の成立過程

要塞地帯法の起案は日清戦争後の参謀本部の1996年「陸軍々備拡張案」のまとめから約1年後に陸軍省において開始された。

①軍務局の要塞地帯法案（「陸軍省協議案Ⅰ」の成立――「損失補償」の起案）

陸軍省軍務局長は1897年4月20日付で要塞地帯法案（全31条）と同施行細則案（全12条）を起案し，参謀総長と協議してほしいと大臣官房に上申した[77]。軍務局は要塞地帯法案の制定理由として，「要塞ノ設備年ヲ逐フテ竣工シ国防ノ機関漸ク備ハラントス此際陸軍要塞周隣ノ地ニ制限ヲ置キ禁止ノ条件ヲ設ケテ国防ノ秘密ヲ保チ併セテ将来要塞所在地戸口繁殖ノ時住民ノ権利ヲ侵害セズ又大ニ国帑ヲ費スコトナカランヲ期シ」云々と指摘した（下線は遠藤）。ここで，下線部の住民の権利云々の文言は，本質は市街地人口拡大に対応して，前もって権利制限地域の設定を意味した。なお，本制定理由は後の閣議請議の段階までほぼ貫かれた。さて，軍務局の要塞地帯法案は，禁止・制限事項を中心にしたが，その後の修正・削除・増加の箇所も含む主要条項は注77）の通りである。なお，本書では，軍務局が参謀総長との協議に付した要塞地帯法案及び要塞地帯法施行細則案を「陸軍省協議案Ⅰ」と表記する。

「陸軍省協議案Ⅰ」は，第一に，第4条の要塞地帯各区の幅員は基線より，第一区は250間以内，第二区は750間以内，第三区は2,250間以内と起案した。この幅員は法律正文まで修正等はない。第二に，第9条から第17条までの違反者に対する罰則を起案した（第20～24条，違反に応じて重禁固から罰金・科料）。第三に，第25条は「損失保障」を規定し，保障審査委員会の組織（委員長は地方長官，委員は府県会常置委員2名，陸軍官憲2名，特に指定した鑑定人2名，で構成），保障金額不服の際の陸軍大臣への訴願，等を起案した（第26～28条）。要塞地帯法施行細則案でも，補償金請求者の請求手続きや保障審査委員会の審査手続き等を起案した（第9～11条）。第四に，第5条の軍港は各海軍区に置かれ，鎮守府（鎮守府司令官が管掌）の管理に属し，要港は特に警備を要する警備区に置かれ，要港部（要港部司令官が管掌）の管理に属した海軍管轄の港である。そこでは，海軍所属艦船以外の船舶出入や漁撈採藻等禁止等の区域設定を起案した。第五に，本法が要塞司令官のために規定した条項は，要塞の設置なしの島嶼の警備隊司令官にも適用するとした（第29条）。警備隊司令官への適用規定は，閣議段階において議論・調査の対象になった。第六に，要塞地帯法施行細則案は要塞地帯各区の境界確定手続きや表示方法・地帯図作成，標石の形状・規格などに重点を置き（第1条～7条），①境界確定のために地方吏員立ち会いの上で標石を建て表示する，②地帯測量のために要塞司令部官僚が民有地に入る時はまず所有者に告知し当事者であることを証明する，③要塞司令官は各区境界の表示終了後に，第一区・第二区では地帯図及び地帯明細表，第三区では地帯図を調製し，陸軍大臣に進達する，等を起案し，第8条は要塞地帯法案第12〜16条により「許可」を受ける者はその願書に市町村長の証明を要する，などと起案した。

いずれにせよ，要塞地帯内の家屋構造や施設・建築物・土地利用・地形改作等に対する細部の禁止・制限を加えたことが特徴である。ただし，「損失保障」や要塞地帯法施行細則案における要塞地帯各区の境界確定の手続きなどには，やや一部に，自治体や住民感情などを考慮した起案の構えがある。「陸軍省協議案I」はほぼ省内で了承された。そして，高島鞆之陸軍大臣は同年5月17日付で参謀総長との協議に入った。

②参謀総長の回答と修正案

参謀総長彰仁親王は6月14日付で陸軍大臣に協議趣旨を了承しつつも，いくつかの条項の修正を求めた（本書では「参謀本部修正案」と表記）。「参謀本部修正案」の主要修正箇所は次の通りである[78]。

まず，要塞地帯法案に関しては，第一に，「陸軍省協議案I」が，要塞地帯画定のために要塞司令官は部下官僚をして「何レノ場所ヲ問ハズ出入セシムルコトヲ得」（第7条）と起案したのに対して，「必要ノ場所ニ」と修正し，出入場所の指定・限定の構えを強調した。第二に，第10条の次に第11条として「要塞地帯内ヲ徘徊シ其地形等ヲ視察スル者ト認ムルトキハ要塞司令官之ヲ其地帯外ニ退去セシムルコトヲ得」と退去命令の増設を求めた。この場合，退去命令に従わない者は11日以上1年以下の重禁固又は2円以上50円以下の罰金に処する条項（第22条）の増設を求めた。第三に，第10条の「測量」の2字を削除し，禁止行為から除外したが，第11条の「高サ三尺」を「高サ二尺」に改め，第13条の「高サ六尺五寸」を「高サ三尺」にするなど，新設禁止対象の不燃質物の諸構築物の高さを低め，その取締りを強めようとした。その後，さらに，参謀総長は1898年3月29日付で陸軍大臣宛に，第9条中に「[要塞地帯内] ハ勿論地帯外ト雖トモ第三区ノ境界線ヨリ三千五百間以内」を挿入する意見を提出した[79]。

次に，要塞地帯法施行細則案に関しては，第一に，「陸軍省協議案I」が，要塞地帯創設又は在来地帯に幅員増減を要する時の履行手続きとして，要塞司令官は同地帯図及び明細表を地方長官に通知し，地方長官はこれを土地所有者に告知すべきである（第4条）と起案したのに対して，「参謀本部修正案」は地帯図の下にカッコで（「基線ヲ表示スルコトナシ」）と加えることを求めた。第二に，「陸軍省協議案Ⅰ」が要塞地帯図調製条件として，①図面の梯尺を第一区第二区内は五千分の一，第三区内は一万分の一とし，②防禦営造物の各突出部の連接線を太い黒線とし，各区境界を太い紅線で画す（第5条）と起案したのに対して，「参謀本部修正案」は地帯図を平面図に限定することの明記を求めた。第三に，「陸軍省協議案Ⅰ」第5条が家屋構築物を要塞地帯制定前後に区別して彩色して識別し（第5項），①各区内の土地は，官・私有地を問わず土地台帳記載番号により限界を区分して指定する（第3項），②各区内の市町村地名称を記入し，各種の彩色によって指示し，交通路や水流には名称を記入する（第4項）と起案したのに対して，「参謀本部修正案」は特に第3項・第4項は繁雑すぎる嫌いがあるとした。第四に，「陸軍省協議案Ⅰ」の第6条が要塞地帯明細表の記載内容として，家屋構築物の種類，圬堵製家屋構築物の碎部，建築年月，「基線ヨリノ距離」，建築物の模様換え及び増築，所有主及び所有主変換等，その他一般に必要と認められる諸件を起案したのに対して，「参謀本部修正案」は「基線ヨリノ距離」の削除を求めた。この削除要求は，基線内の防禦営造物自体の位置関係を外部に知らせないことを考えたためであろう。

③陸軍省の海軍省への協議（「陸軍省協議案Ⅱ」の成立――「損失補償」の削除）

陸軍省は参謀本部の回答と修正案の受領後，内部でさらに調査し，同年9月28日付で海軍大臣との協議に入った[80]。この海軍省との協議のために起案したものを本書では「陸軍省協議案Ⅱ」（全29条）と表記し，主な修正点等を検討しておく。

「陸軍省協議案Ⅱ」は，第一に，「参謀本部修正案」を採用し，かつ第6条と合体した形で，第7条を「要塞司令官ハ要塞地帯ヲ画スルタメ其他必要ト認ムル場合ニ於テハ部下官僚ヲシテ要塞地帯内何レノ場所ヲ問ハス出入セシムルコトヲ得」と修正した。第二に，第9条の「地形」を「水陸ノ形状」と修正し，陸地だけでなく，海上・海面の区域も禁止対象に加えた。さらに，第9条に，第

2項として「要塞地帯外ト雖モ第三区ノ境界線ヨリ外方参千五百間以内ノ地域ハ前項ニ依ル」と加えた。つまり，参謀総長の1898年3月29日付の意見を採用し，要塞地帯外約6,300メートルの地域を禁止区域に位置づけ，全体として，基線から約12,000メートル余地域が要塞地帯の禁止・制限区域になった。同禁止・制限区域は，海上部分を除けば，1898年の「要塞近傍ニ於ケル水陸測量等ノ取締ニ関スル件」の取締り区域に該当している。また，第9条は法律正文(第7条)になった。第三に，「参謀本部修正案」の第10条の退去命令の増設要求を組入れた形で「要塞司令官ハ要塞地帯内ニ入リ要塞兵備ノ状況其他地形等ヲ視察スルモノト認メタルトキハ場合ニ依リ之ヲ要塞地帯外ニ退去セシムルコトヲ得」という条文を起案した(第10条)。さらに，退去を命じられた者で同命令に従わない者の罰則規定を加えた(第22条)。ただし，「陸軍省協議案II」は，「参謀本部修正案」に対して，「場合ニ依リ」と挿入し，全面的・無条件的な退去命令を想定していない。第四に，「本章ノ禁止制限ニ違背シ新築改築増築変更シタル家屋倉庫其他ノ築造物又ハ累積物等ハ違背者ヲシテ期限ヲ定メテ之ヲ除去セシメ地形ノ変更ニ係ルモノハ之ヲ復旧セシメ期限内ニ除去復旧セサルトキ若クハ其期限内ニ終了スルノ見込ナキトキ又ハ其方法宜シキヲ得サルトキハ官ニ於テ自ラ之ヲ執行シ又ハ第三者ヲシテ之ヲ執行セシメ其費用ヲ義務者ヨリ徴収スルコトヲ得」と，禁止制限違背物の除去復旧義務を増設した。第五に，第25条起案の「損失保障」を削除した。削除過程と削除理由は不明だが，おそらく，軍事負担法規で損失保障の立法化は，損失保障の権利概念を浮上強化させることになり，究極的には天皇制軍隊の本質に合わないと判断し，削除したのであろう。あるいは，陸軍省としては地価の低下・上昇は関知できないと判断したためであろう。

④海軍大臣の回答

海軍省との協議で，海軍大臣西郷従道は10月11日付で異存なしを回答したが，特に，「陸軍省協議案II」の海軍管轄関係箇所に修正を求めた[81]。すなわち，①要塞地帯各区の幅員を定める際に「要塞地帯軍港又ハ要港境域内ニ亘ルトキ若ハ要塞地帯ニシテ軍港要港境域又ハ海軍用地ニ亘ルニ当リ該境域内又ハ用地内ニ関スル総テノ事項ニ付テハ陸軍大臣海軍大臣ニ協議シテ之ヲ定ム」と海軍管轄関係の境域や事項のすべてにわたって協議する，②第7条に対して，

「但シ海軍用地内ニ出入セシメントスルトキハ先ツ所管鎮守府司令長官ノ承認ヲ経ヘシ」の但し書きを増設する，③第21条の次に，禁止・制限条項として，海軍用地及び軍港要港防禦港等の既設・未設の海軍造営物等に効力を及ぼさないことを増設する，④本法は軍港規則と要港規則の施行を妨げないことを31条として加える，とした。海軍は，既に1890年1月法律第2号「軍港要港ニ関スル件」により，軍港要港の管理（境域内の海上・陸上における詳細な禁止・制限行為等の取締り）を実施してきた経緯があった。そのため，陸軍管轄の要塞地帯の設定と管理に対して，軍港要港や海軍管轄用地にかかわる全関係事項に積極的に対処する姿勢を主張したかったと考えられる。

⑤陸軍大臣の閣議請議と内閣の「陸軍省案」の修正

陸軍省は海軍大臣回答受領後，その約1年後の1898年11月10日付で，陸軍大臣桂太郎と海軍大臣山本権兵衛の連署の要塞地帯法案を内閣に提出した。本書はこれを「陸軍省案」（全37条）と表記する[82]。

「陸軍省案」は閣議提出直前に海軍省への訂正照会と了承を経たが，①要塞地帯内の禁止行為として，水陸形状の「録取」を加え（第9条），②海軍省の修正要求（要塞地帯各区の幅員規定が海軍用地にかかわる場合の陸海両大臣の協議の増設――第5条，要塞地帯内の海軍用地に出入する場合の鎮守府司令長官の承認の増設――第7条）を組入れ，③さらに，要塞を置かない警備隊の要塞司令官の職務指定（「陸軍省協議案I」第29条）に加えて，本法律で要塞司令官が置かれていない箇所では同地の衛戍司令官（あるいは築城部支部長）が要塞司令官の職務を施行し，要塞地帯内の海軍防禦営造物などに関しては海軍大臣が陸軍大臣の職務を，鎮守府司令官（要港では要港部司令官）が要塞司令官の職務を執行すると起案した（第30条）。

法制局の審査は「陸軍省案」の特に第30条の起案には反対しなかったが，第30条を第5条に移し，条文を整えた（陸軍省と協議済，本書は「法制局修正案」と表記）。また，「陸軍省案」第10条の要塞地帯外への退去命令規定における「場合ニ依リ」を削除し，第10条を第8条に移した。さらに，「陸軍省案」第9条は「法制局修正案」第7条になった。翌1899年1月13日の閣議では，特に「法制局修正案」の第5条が議論の対象になり，同第5条の第1項の要塞を置かない警備隊等（陸軍管轄箇所）の要塞司令官の職務指定の規定を削除した。同削除は，要塞司令官の職務指定という官制にかかわることは，官制大権上，法律では規定できないという理由にもとづいた。同日の閣議は，「法制局修正案」を内閣原案の法律案として決定し，1月23日に帝国議会（貴族院）に提出した。

⑥帝国議会の要塞地帯法案の修正と法律公布

内閣原案の要塞地帯法案は貴族院で先議された。1月26日の貴族院の第一読会では[83]，中村雄次郎政府委員（陸軍次官）は質問に答えて，要塞地帯を三つに区分したのは，要塞攻城の戦闘動作に三つの区分があり，防禦も同動作に対応して三つに区分する必要があるという理由を説明した。また，小沢武雄や曾我祐準が，要塞地帯内の第一区の建造物の新設禁止や第二区などの建造物等の新築・改築・増築と土地利用の変更等にかかわる制限に対して，地価廉価を招き，所有者が迷惑を受けるので，賠償策や租税軽減をするのか，と質問した。これについて，中村雄次郎は，土地の所有権は「絶対無限」ではないと強調し，賠償については規定しないと答えた。貴族院では要塞地帯法案特別委員を指名・選定し，28日から要塞地帯法案特別委員会（委員長曾我祐準）が開催された。

貴族院の要塞地帯法案特別委員会では[84]，中村政府委員が法案提出理由として，「国防ノ秘密維持」の他に，特に，将来，要塞所在地の人口増加時点で当該地域に特定の禁止制限事項を設定した場合，住民に損害を与え，その利益救済の「立退料」支給に至れば莫大な費用を必要とするので，そうした時点に至らない現時点で予め本法案の制定が求められていると説明した。また，諸質問への回答の中で，中村政府委員は，①本案実施の結果，要塞地帯内の家屋買い上げを要する物件はない，②従来，水雷衞所の所在は秘密であったが，本案施行により結果的に公衆に周知されることはやむをえない，③要塞地帯内の取締りは憲兵と巡査を配置して行う，と説明した。また，斉藤実政府委員（海軍次官）は，要塞地帯第一区の水面における要塞司令官の許可を要する事項としての「艦船ノ繫泊」（第9条）における「艦船」には，外国の軍艦を含むが，治外法権上，処罰対象にすることはできないと説明した。その後，逐条審議に入り，特に，①要塞地帯の定義明確化のために，第1条を，「要塞地帯トハ国防ノ為建設シタル諸般ノ防禦営造物ノ周囲ノ区域ヲ云フ」と修正し，②要塞地帯の区域区分としての第一区を「基線ヨリ測リ二百五十間以内及基線ト防禦営造物間ノ区域」と修正し（第3条），③第9条の「艦船」を「船舶」に修正し（ただし，中村政府委員は内閣原案存置を要求)，④要塞司令官の許可を要する要塞地帯内の土地利用の新設・変更(第15条第3号)の事項として，「森林」を竹，木，林に修正し，「桑茶畑」を増設し，⑤その他，条文整備の諸修正を施した。

2月14日開催の貴族院の第一読会の続きにおいては[85]，内閣原案第9条の「艦船」と特別委員会修正案の「船舶」の定義が議論された。すなわち，「船舶」は軍艦を包含せず(斉藤実)や，「艦船」とすることにより外国軍艦も規制対象とし，外交手段を通して規制実施を申し入れること(曾我祐準)，等が議論された。第二読会では逐条審議され，第9条は政府原案が採決されたが，その他は特別委員会修正案が採決された。ただし，渡辺洪基は第9条の「艦船」の復活・維持にかかわって，第一読会の続きの曾我祐準のような議論は，第9条が外国軍艦への規制自体をあたかも第一義的に必要とすると理解しているとすれば，外交上穏当でないことを強調し，中村政府委員も第9条の「艦船」の主意は内外国のすべての船を一般的に含むだけで，特に外国軍艦を意味しないと説明した。貴族院可決の要塞地帯法案は衆議院に回付され，2月18日に第一読会が開かれ，議長指名により特別委員が選定された。衆議院の要塞地帯法案特別委員会(委員長山内吉郎兵衛，理事花井卓蔵を選出)の審議内容は不明だが，2月24日の衆議院で，委員長山内吉郎兵衛が貴族院回付の通りに可決すべきことを報告し，緊急を要するとして，議事日程変更の緊急動議を提出した。山内吉郎兵衛の緊急動議は支持され，議事としてとりあげられ，第二読会・第三読会ではさしたる議論がなく，貴族院回付の内閣原案がそのまま可決された[86]。

3月2日の閣議は両院可決の要塞地帯法案のそのまま上奏を決定した。他方，同日に，陸軍省副官は内閣書記官宛に要塞地帯法に伴う諸手続きを検討中なので，それが終わるまで内閣で要塞地帯法の公布手続きを留置きしてほしいと照会した。本照会には，既に両院可決の軍機保護法も内閣で公布手続きが留置きされているので，要塞を含む軍制関係の秘密・機密保持を最重点的に進める構えがみられる。陸軍省副官の公布留置照会は了承され，同省での諸手続き検討が終わったと考えられる7月14日に軍機保護法と要塞地帯法はともに上奏を経て裁可された。そして，同日に陸軍省副官は内閣書記官宛に翌日の『官報』掲載と発布手続きを求め，軍機保護法は法律第104号として，要塞地帯法は法律第105号として，それぞれ公布された[87]。

かくして，要塞地帯法は軍機保護法と一体になって要塞を含む軍事や軍制関係の秘密・機密保持の効果を高め，「国防ノ秘密」保持（制定理由）を名目にして住民に対する統制・抑圧を強化した。

(3) 要塞地帯法施行上の諸規則制定と取締り強化

①要塞司令官の職務指定の勅令制定

陸軍省は，3月2日の要塞地帯法案の上奏申請の閣議決定に対応して，同法施行等にかかわる諸手続きを調査・起案した。その一つが，1月13日の閣議で削除された要塞司令官の職務指定の件であった。

まず，3月上旬に軍務局長は「要塞地帯法制定ニ付要塞司令官在ラサル地ニ於テ該司令官ノ職務ヲ行フヘキ官吏ヲ指定スルノ必要アリ」云々という閣議請議案を起案し，勅令案として「要塞地帯法ニ規定スル要塞司令官ノ職務ハ警備隊ヲ置キタル箇所ニ在リテハ警備隊司令官其ノ他要塞司令官在ラサル箇所ニ在リテハ其ノ地ノ衛戍司令官衛戍司令官在ラサルトキハ築城部支部長之ヲ行フ」と起案した。これは，前年11月10日付けの陸軍大臣の閣議提出の要塞地帯法の「陸軍省案」第30条とほぼ同一であるが，同省内で検討され，閣議請議案を「要塞地帯法ニ規定スル要塞司令官ノ職務ノ件」と簡潔に表記した[88]。陸軍大臣は4月18日付で「要塞地帯法ニ規定スル要塞司令官ノ職務ノ件」を閣議に提出したが，内閣書記官が審査し，同省起案の勅令案を「要塞地帯法ニ規定スル要塞司令官ノ職務ハ要塞司令部ヲ設ケサル地ニ在リテハ警備隊司令官，衛戍司令官若クハ築城部支部長之ヲ行フ」と簡潔に修正した。7月26日の閣議は「官制ヲ定ムルハ大権ニ由ル勅令ノ範囲ニ属シ法律ヲ以テ之ヲ定ムルハ例外トス要塞地帯法ハ官制ニ除外例ヲ設クルノ主旨ニ非ス官制ニ依リ定マル行政官庁ノ職司ヲ援引シテ規定セルモノナルカ故ニ勅令ヲ以テ要塞司令官ト同一ノ職務ヲ警備隊司令官等ニ便宜行ハシムルモ蓋立法ノ主旨ニ反セスト思惟ス」という内閣書記官の審査意見と修正案を決定した。これは，要塞司令部非設置箇所の警備隊司令官等に対する要塞司令官の職務指定は官制事項であることを確認し，明治憲法第10条の官制大権にもとづく勅令による規定化を強調したのである[89]。なお，当時は，要塞司令官を置いた要塞地域は東京湾，由良，下関であった。

②要塞地帯法施行規則等の制定

他方，要塞地帯法の内閣での上奏手続きの留置きの間，陸軍省は同法施行の諸調査や準備を進めた。

第一に，要塞地帯法第３条の各区の幅員調査と告示準備がある。これは，海軍省との協議必要箇所もあり，陸軍省軍務局長は3月上旬に海軍大臣宛の調査担当者の照会を起案した。陸軍省は同調査協議者には，東京湾，下関，由良は当該要塞司令官，対馬は警備隊司令官，舞鶴，函館は衛戍司令官，呉は呉要塞砲兵大隊長，佐世保，長崎，芸予，鳴門は築城部支部長に命じたいとした。同起案は陸軍省内で了承され，3月８日付で海軍大臣宛に照会した。これについて，海軍大臣は3月22日付で，対馬は竹敷要港部司令官，舞鶴は臨時海軍建築部支部長，その他は所管鎮守府司令長官をもって調査協議者に命じることを回答した[90]。

その後，陸軍省（工兵課起案）は各区幅員調査にもとづき，同表示の告示を準備し，参謀総長宛に４月20日付で，①要塞地帯法第３条の各区幅員告示は「国防上ノ秘密」を顧慮すべきであるが，その概略を表示する（三十万分の一の図），②同第７条第２項の区域は四十万分の一の図にする，③実地の標識設置，を協議した。本協議は1897年４月における「陸軍省協議案Ｉ」の要塞地帯法施行細則案の特に要塞地帯図調製に対する「参謀本部修正案」をふまえて起案した。しかし，工兵課起案作成の要塞地帯法第３条の区域の区分図は，要塞所在地の砲台などの各防禦営造物を中心にしてそれぞれ距離を正確に測定し，第一地帯，第二地帯，第三地帯と細かく区分し，各区域がやや錯綜し，わかりにくいものであった。そのため，参謀総長は５月20日付で，①努めて大体の告示にとどめる，②第３条の第三区の外界と第７条第２項の区域のみを図示し，要塞地帯第３条の各区と第７条第２項の区域の境界は実地に標示することを告示すればよい，と回答した。同省は参謀本部の意見を採用し，第3条の第三区の外方境界線（実線）と第７条第２項の外方境界線（破線）により図示した簡潔な略地図（四十万分の一）を作成し，７月３日付で海軍大臣に協議した。海軍大臣は異存なしを回答し，8月11日に陸軍省海軍省告示（東京湾，呉，佐世保，舞鶴，対馬，長崎）と陸軍省告示第7号（下関，函館，由良，鳴門，芸予）を公布し，要塞地帯法上の各区域の概略を示し，各区域は実地上に標識を設けて表示するとした[91]。

第二に，要塞地帯法施行に関して工兵課が3月に起案した二つの省令案がある[92]。

その一つは，要塞地帯法施行規則案である。これは，「陸軍省協議案Ⅰ」の要塞地帯法施行細則案に示した要塞地帯の区域区分画定や表示等に関する手続き等は告示として公布されるので，告示分を除いて起案した（全15条）。すなわち，①要塞地帯法第7，9，11～16条の要塞司令官又は陸軍大臣の許可事項（要塞地帯内の水陸形状の測量等，漁撈等，土地・建造物等の新設・変更・新築・改築・増築，累積，等）に関する出願者の諸手続き（所轄の市・町・村長を経て要塞司令官に出願する（第1条），地方長官の証明を受ける（第2条），他の法律命令の規定により主務官庁許可を要する場合は同許可を受け主務官庁の許可書謄本を添付する（第3条）），②陸軍大臣又は要塞司令官が許可した場合の許可証交付と作業時の携帯・標札掲示等の手続き（罰則規定を含む（第7～9条）），③政府の工事・作業に属するものは，同工事・作業の管轄長官が本法規定にもとづき直接に当該陸軍官憲の承認を受ける（第5条），④本法と附属命令が規定する要塞司令官の職務を行う官憲は別に告示する（第13条），等を起案した。陸軍省軍務局は特に出願者の手続きにおいて，①の所轄の市・町・村長を経た出願の規定を「所轄市町村長ノ奥書ヲ得テ」等の文言修正を施した。

その二つは，8月11日の陸軍省海軍省告示と陸軍省告示第7号規定の要塞地帯法の各区域の概略と表示による要塞地帯各区内の新設・変更の届け出手続きに関する省令案である。これは，要塞地帯創設告示当時の家屋・倉庫・建築物等の新設・変更・改築・増築中にかかわるものは，要塞地帯法の禁止・制限事項として適用されないという規定（要塞地帯法第27条）により起案した。すなわち，申請者は所轄市町村長の証明を受けて，土地・建造物等の位置・設計・建築物の材料及び落成期日を明記して，当該要塞司令官に届け出するとした。軍務局は工兵課起案に対して若干の文言修正や期日記載等を施した。そして，陸軍省は3月27日付で以上の二つの省令案を参謀総長と内務大臣及び海軍大臣宛に照会した。

これについて，参謀総長は3月31日付で同意し，海軍大臣も4月5日付で同意し，海軍省としても施行規則に関する同様省令を発布すると回答した（8月

11日に海軍省令第20号の要塞地帯法施行規則を制定)。他方，内務大臣は4月26日付で特に要塞地帯法施行規則案について，①第1条の「所轄市町村長ノ奥書ヲ得テ」という規定は，出願者が府県郡市町村と水利組合や公共団体である場合や，第3条により主務官庁の許可書謄本が添付されている場合には，さらに一私人や私法人において第3条適用を受けないものは極めて軽微な事件であるので，不要である，②それ故，「所轄市町村長ノ奥書ヲ得テ」を削除するか，あるいは，府県郡市町村と水利組合や公共団体からの出願の場合と，第3条により主務官庁の許可書謄本添付の場合には除外してほしい，③政府の工事・作業にかかわる第5条の起案は主務大臣を拘束する場合も含まれるので，本施行規則を勅令として規定するか，あるいは関係条項（第5～7条）の陸軍大臣や要塞司令官の「承認」の文言を削除し，陸軍省が政府の工事・作業にかかわる特別通牒を出すことに止めてほしい，と回答した。

陸軍省は内務大臣回答を受け入れる形で検討し，5月10日付で，要塞地帯法施行規則案については，①第1条において，出願者が府県郡市町村と水利組合や公共団体である場合や，第3条にもとづき主務官庁の許可書謄本が添付されている場合には，「所轄市町村長ノ奥書ヲ要セス」という但し書きを加える，②第5条を削除する，③第5～7条の「承認」の文言を削除し，政府の工事・作業に関する取扱いは本規則に規定せず，陸軍省から通牒を出す，と内務大臣と海軍大臣に通報した。これにより，同年8月11日に陸軍省令第22号要塞地帯法施行規則が制定された。既に当時，要塞地帯内の禁止制限解除については，石川島造船所（神奈川県三浦郡浦賀町字川間に分工場を設置・創業中）の専務取締役梅浦精一は浦賀町長の奥書記載を得て1899年8月に陸軍大臣宛に願い出た。梅浦の解除願い書は「本分工場ノ目的タル官民ノ利便ヲ相謀国家有事ノ際ニ応分ノ義務相尽度心意ヲ以テ経営仕候」云々と述べ，要塞地帯法の禁止制限を受ければ建築の自由を失い，営業目的が成立しないと強調した[93]。これについて，同省は11月9日陸軍省告示第16号により東京湾要塞地に浦賀町川間他を含めて禁止制限事項の解除区域を指定した。また，要塞地帯各区内における新設・変更の届け出手続きに関する省令案は届け出期日などを確定し，同年8月11日に陸軍省令第12号として公布し，8月20日（第7条は公布日から）から施行した。

第三に，陸軍省は，①8月11日の陸達第78号で，要塞地帯法施行に関して要塞司令官は当該築城部支部長に命令を下すことができること，ただし，要塞司令官の職務を行う衛戍司令官は当該築城部支部長と協議することを規定し，②8月11日陸軍省告示第8号で要塞地帯法第19条の各要塞地帯における禁止・制限の解除事項とその区域を指定し，さらに11月9日の陸軍省告示第16号は同禁止・制限の解除事項とその区域を追加し，③8月11日陸軍省告示第9号で，要塞地帯法及び同附属命令規定の要塞司令官の職務執行者として，対馬は警備隊司令官，舞鶴・函館・呉は当該衛戍司令官，佐世保・長崎・鳴門は当該築城部支部長，芸予は築城部忠海支部長を指定した。

第四に，要塞地帯法の禁止・制限事項の外国人（条約国民）に対する適用の検討がある。すなわち，要塞地帯法制定の1899年7月は条約改正の実施が迫っていた時期であった。内閣に諸法令案条約実施準備委員会を設置し（委員長は陸軍次官中村雄次郎），中村委員長は7月4日付で陸軍大臣宛に同委員会の議決事項を上申した[94]。本議決事項中には，「条約国民ノ取扱ニ関スル事項」があり，そこでは「要塞地帯法ノ禁止及制限ニ関スル件」が検討された。それによれば，要塞地帯法の禁止・制限は積極的に個人の所有物件を徴用するのではなく，たんに消極的な禁止制限を加えるにすぎないので，条約国民といえども同禁止・制限を免れることはできないとした。それ故，出願と許否の手続きは内外人を区別する必要はないとした。なぜなら，条約国民で日本国内に在留し諸般の築造物等を建設しようとする者は，相当の日本人雇使が想定されるし，同禁止・制限事項は徴発のように国家意思により対処するのでなく，当事者の出願をまって許否すべきことにより，許可を得ようとする者の必要準備の負担は至当であると強調した。諸法令案条約実施準備委員会から上申された議決事項は7月6日付で陸軍大臣から内閣総理大臣に報告された。

③要塞地帯法実施内規等の規定――戦時事変時の要塞地帯内建造物撤去の負担受忍義務

陸軍省は1900年12月17日に要塞地帯法実施内規と要塞地帯図及要塞地帯明細帳整理規程を規定し令達した（陸軍省送乙第3537号）[95]。

まず，要塞地帯法実施内規は，主に，①国防用防禦営造物としての地帯を有するものは堡塁・砲台・框舎・電気燈・弾薬庫であり，要塞地帯及び同区域の創設は要塞司令官が実地調査し，「地帯概見草図」を調製し（一万分の一乃至五万分の一の縮尺図では郡市町村名及び大字を記入，要塞地帯法による禁止制限の一部・全部の解除箇所を図上に指定し解除事項を欄外に付記），陸軍大臣に進達する，②陸軍大臣は「地帯概見草図」を承認すれば告示し，要塞司令官は同告示当日より50日以内に各区及び区域の標石・標木・標札の設置を終了し，「地帯概見図」を調製して陸軍大臣に報告する（縮尺は「地帯概見草図」と同じ，標識設置箇所を記入），③各区及び区域の標示の標石・標木は区画線の外面に向けて設置し，同標石・標木には，前面に「某要塞第一（二）（三）地帯標（某要塞又ハ某防備地区域標）」（要塞地帯標の前面上方には，S. M. 1^{st}z（2^{nd}z）（3^{rd}z）の符号を記入），後面に「陸軍省」，右側に「第何号」，左側に「年月日」を記入し，さらに要塞地帯法第7条第2項の区域に限り標石・標木の他に，枢要地点に標札（第一雛形「此ヨリ内許可ナクシテ水陸ノ形状ヲ測量，模写，撮影，録取スヘカラス　犯シタル者ハ法律ニ依リ処分セラルヘシ　陸軍省」の文言を英文とともに記載），海面にかかわる区及び区域に標札（第二雛形「此ヨリ内何間外何間許可ナクシテ水陸ノ形状ヲ測量，模写，撮影，録取スヘカラス[以下，第一雛形と同文]」），各区及び区域内並びに同付近の停車場埠頭等の人民集合地に標札を設置する（第三表札「許可ナクシテ要塞地帯内及其外方三千五百間以内ニ於テ水陸ノ形状ヲ測量，模写，撮影，録取スルコトヲ禁ス[以下，第一雛形と同文]」），④要塞司令官は地帯内の建築物建設（新・改・増築）を許可した場合は，出願人に「請書」を提出させる（「[出願人は]戦時事変ニ際シ新設（改築）（増築）ノ一部若クハ全部ニ対シ取払ノ命令ニ接スルトキハ何時タリトモ自費ヲ以テ指定ノ期限内ニ取払ヒ且之ニ対シ損害ノ賠償ヲ求ムルコトヲ得ス」），⑤埋葬地では墓標に限り制限を加えず，工事等の一時的目的で布設する軽便鉄道で撤収後に原状復旧するものは出願を要せず，要塞司令官は防禦営造物付近における狩猟禁止の必要の場合は狩猟法（1895年法律第20号）により地方長官に照会し必要箇所に禁猟制札を設置する，と規定した。特に，④の戦時事変時の建造物撤去命令を受忍すべきとする「請書」提出は，要塞防禦計画における陸正面の防禦としての「射界ノ清掃」等に対応した建造物所有者側の負担受忍義務を含み，戦時を想定した強圧的な軍事負担の趣旨を象徴的に示した。

次に，要塞地帯図及要塞地帯明細帳整理規程は，①要塞司令官の要塞地帯図

の調製要領を規定し，特に各区内の土地は官有民有を問わず土地台帳の記入番号により同限界を区分して示し，②要塞司令官調製の要塞地帯明細帳には，土地は土地台帳の番号毎に坪数・地目（林，田，家屋），建築物は土地台帳にもとづき所有主・建築物の説明（建設年月日，許可証番号，建築物の種類・物件，建築物に関する新設・改築・増築他の諸件，他）を記入する，と規定した。しかし，要塞地帯明細帳の調製は，地目類の変更や土地の分割・売買による所有主の変更などが生じた場合の通報・届出の手続きを含めれば，容易ではなく，また，実効性がなかったとみてよい[96]。

④要塞地帯内の政府管轄の工事・作業

要塞地帯では政府管轄の工事や作業が行われることもあった。これについて，陸軍省は8月11日の送甲第1309号で，同管轄長官は要塞地帯法施行規則に準拠して直接に当該陸軍官憲の承認を求めていただきたいことを各省大臣（海軍省を除く），宮内大臣，会計検査院長，内閣書記官，行政裁判所長官宛に通知した[97]。他方，海軍省管轄との関係では，要塞地帯法の禁止制限は陸海軍の行動や陸海軍官庁の施設には適用せずと規定し（第20条），双方の当該行動や施設に対して相互通知もなかった。ただし，陸軍防禦営造物の地帯と海軍防禦営造物の地帯（あるいは軍港要港や海軍用地）とが相関連する場合には，陸軍省と海軍省との間で1899年8月2日に，陸軍官庁と海軍官庁の協議は相重複する事項のみ（当該の地帯と区域内の許可の決定，禁止制限の解除決定）に限るという取扱い方を決めたのみであった[98]。

こうした状況に対して，塩屋方国東京湾要塞司令官は1899年11月2日付で陸軍大臣宛に，海軍官庁が土地変形や家屋建築排毀等を施した場合には，要塞司令官は何も知悉することができず，その時々の要塞地帯明細帳や要塞地帯図に修正を加えることもできかねず，実地と照応しないことになるので，陸海軍相互に詳細を通知し合う手続きを立ててほしいと稟申した[99]。東京湾要塞地帯内は海軍関係の施設等も多数存在していたので，塩屋要塞司令官の稟申は当然の申し出であった。しかるに，同省は塩屋要塞司令官稟申の扱いに苦慮し，取扱い方を立てることができず，稟申留置きを決め，翌1900年3月の要塞司令官会議開催時に，工兵課は同留置きを塩屋要塞司令官に内議することで決着した。陸軍海軍は要塞地帯内の各々の施設等内部を互いに報知しないことを是とした。

要塞地帯内の陸軍と海軍の両施設・土地は互いに「外国」のエリアのようになっていた。

⑤要塞地帯法公布にかかわる取締り強化

陸軍省等は，要塞地帯法施行に関する諸施行規則等を規定した後，同法公布にかかわって軍内外部にわたる取締りを強化した。

第一に，地方長官等に対して取締りを求める内訓案等の起案がある。陸軍省軍務局長は8月30日付で「要塞地帯法発布ニ付キ取締方ノ件」を起案し，①警視総監，北海道庁長官，大阪府と京都府及び神奈川・和歌山・兵庫・徳島・千葉・山口・福岡・長崎・広島・愛媛・佐賀・福井の各県知事宛に，それぞれ相当の取締り方法設定の内訓を出してほしい，②内務大臣宛に取締りの内訓を出してほしい，③憲兵司令官宛に，相当の取締り方法を立て，当該要塞司令官と要塞砲兵隊長及び築城部支部長の協議に応じてほしい，④要塞所在地の関係師団長と築城部本部長宛に，憲兵司令官宛の③の内訓を心得ること，と上申した。軍務局長上申は陸軍省で了承され翌31日付にそれぞれ通知した[100]。ただし，要塞所在地の警察官等は要塞地帯法による取締りが適正に行われなかったとされている。これについて，桂太郎陸軍大臣は1900年4月23日付で西郷従道内務大臣宛に，要塞所在地での実地による同法施行景況調査や要塞司令官を招集して諮問した結果，警察官等が同司令官との連繫と打ち合わせが十分でないことがあるとして，同司令官に従うべき訓示を出していただきたいと照会した[101]。これについて，内務大臣は5月15日訓第517号を発し，要塞地帯法の取締りの疑義等がある場合は要塞司令官に打ち合わせて従うべきことを訓示した。

第二に，要塞及び要塞地帯に関する図書等の機密保持の取扱い規則として，同年9月1日陸達第85号の陸軍国防用防禦営造物図書取扱規則の制定がある。これは，軍機保護法制定に伴い，同年7月18日陸達第70号の陸軍機密図書取扱規則により，特に国防用防禦営造物に関する図書の取扱いを規定した。すなわち，①陸軍国防用防禦営造物図書は要塞防禦計画図書，要塞地帯内の陸軍防禦営造物に関する図書，要塞近傍の一万分以上の梯尺図（地形図）を称し，同図書には「軍事機密」の4字，番号，保管者職氏名を標記する，②当該の陸軍国防用防禦営造物図書を責任もって貯蔵保管する陸軍等の各機関の長官の規定，③閲覧・謄写，目録作成，損傷した図書などの焼却手続き，④学校等で教官が軍事機密図書中事項を教授する場合は，同事項が機密であることを告知した後に口授し，筆記を許さない，⑤陸軍国防用防禦営造物図書の紛失・焼失の場合は迅速に陸軍大臣に報告し，さらに同顛末と処分を詳報する，等を規定した。これにより，1892年の要塞堡塁砲台図籍取扱規則を廃止し要塞及び要塞地帯に関する図書等の厳格な機密保持を強化した。

第三に，同年9月4日陸達第86号の国防用防禦営造物出入規則の制定がある。これは要塞地帯法に国防用防禦営造物の名称を規定したことにより，同名称にそって1896年の砲台出入規則を廃止して制定した。特に，①陸軍官衙長官が公務のために軍人軍属をして防禦営造物の測量と形状の撮影・模写をさせる時には陸軍大臣の許可を受け，同大臣は高級副官をして当該要塞司令官又は築城部支部長に通報させる，②要塞砲兵隊長は当該防禦営造物に本規則の手続きを経ずに部下将校下士卒を出入させることができるが（測量や撮影模写の出入を除く），演習等の場合に傭役者・馬匹の出入必要の場合は要塞司令官の許可を経なければならない，と出入手続きを細部にわたって規定した。

第四に，1901年4月16日陸軍省送乙第1073号の砲台監守服務規則の制定がある。砲台監守は防禦営造物内又はその付近の衛舎に居住し，要塞司令部将校の監督を受け，堡塁・砲台と附属営造物及び要塞備付武器弾薬器具材料を監守すると規定された。特に，①国防用防禦営造物出入規則による防禦営造物出入者の出入券の照合，地形測量・撮影模写等の取締り，②兵備状況と防禦営造物付近の地形等を「視察スル如キモノト認メラルル怪シキモノ」がある場合や，外国艦船が防禦営造物付近に停泊した時には憲兵又は警察官吏に通知し，速やかに要塞司令官に報告する，③日々堡塁・砲台及び附属営造物の内外を巡視し，構造物の内部乾湿景況を知悉し天候による窓戸開閉に注意し，監守物件の破損崩壊酸化等の徴候を認めた時はその原因景況を速やかに築城部支部や兵器支廠に報告し，演習時には現地に出場し物件の損否に注意する，④平戦両時には要塞の通信に従事するので同技術に熟達しなければならない，⑤職務執行上のために着任後約4箇月間に，土木学中の防禦営造物建築に関する必要事項の大要，簡単な平面測量・水準測量，通信術，各種火砲・砲床と附属品の名称及び取扱法・手入法，弾薬火具の名称・手入保存法，救急法，各国艦船の旗章・信号，等の科目を修得しなければならない（第12条），と規定した[102]。その後，陸軍省は1910年6月23日付で築城部本部長宛に，砲台監守規則第12条の修得科目が要塞毎に異なることは防禦営造物の保存上に影響が少なくないので，砲台監守の執務上修得すべき諸科目の共通修習のために「砲台監守執務提要」（工兵業務の部）の編纂依頼を照会した。これについて，築城部本部長は翌1911年8月21日付で砲台監守執務提要草案（第1巻，工兵業務及び土地管理の部）を起案・脱稿したことを回答し，同省は砲台監守執務提要草案を決定・印刷して同12月25日に関係官衙と師団に送付した（陸普第4334号）。砲台監守執務提要草案にはさらに砲兵業務の部（第2巻）を加え，砲台監守の執務事項を詳細に記載・編集した[103]。

第五に，1900年5月30日勅令第250号の憲兵条例中改正がある。1898年11月憲兵条例改正は，憲兵は台湾における軍事警察に関しては，台湾守備混成旅団長と要塞司令官及び守備隊長の「指示ヲ承ク」と規定した。当時の台湾では要塞砲台工事自体は未着工であったが，同条例改正は要塞司令官に憲兵使用の権能付与規定を増設した。その上で，1900年の憲兵条例中改正は1898年憲兵条例改正の台湾軍事警察における要塞司令官の官職の文言を削除し，一般的に憲兵は「要塞地帯法ノ施行ニ付テハ要塞司令官又ハ要塞司令官ノ職務ヲ行フ官庁，軍港要港規則ノ施行ニ付テハ鎮守府司令長官若ハ要港部司令官又ハ鎮守府司令長官若ハ要港部司令官ノ職務ヲ行フ官庁ノ指示ヲ承ク」と規定し，要塞地帯法と軍港要港規則の施行にかかわって，要塞司令官等の当該官庁に憲兵使用の権能を付与することになった[104]。これは，貴族院の要塞地帯法案特別委員会における中村雄次郎政府委員発言に対応し，要塞地帯法施行にかかわる諸取締りは憲兵という軍事警察が特別に重視する管掌として法令上に位置づけることになった。

4　要塞地帯法の施行

(1)　要塞地帯における禁止制限事項の緩和・解除

①1900年要塞司令官会議の決議

要塞地帯法はどのように施行されたか。1899年8月の要塞地帯法施行の約半年後の1900年3月に要塞司令官会議が開催され，主に要塞地帯法の施行をめぐって議論され，決議がまとめられた[105]。それによれば，要塞地帯における禁止・制限事項の緩和や許可願い出等の手続きの簡略化等が強調されたが，各地の要塞地帯の地方自治体などから相当の要望・苦情が要塞司令部に寄せられたものと考えられる。

第一は，要塞地帯法施行規則に関するものである。すなわち，①許可願い出者は「所轄市町村長」の奥書を得ることの規定（第1条）に対して，「所轄市町村長」を「其ノ作業ヲ為サントスル土地ヲ管轄スル市町村長」に改め，写真，測量，模写，録取には同奥書を不要とする，②作業の許可証返納規定（第6，8条）を廃止する，③新たな規定を追加し，許可証の遺失又は不可抗力による滅失時には速やかに許可証下付を要塞司令官に願い出る（この場合，最寄りの警察官署又は憲兵所に同旨を申し出る，その間の作業継続はできる），工事完成・中止又は施行しない時は同旨を速やかに工事土地の管轄市町村長に届け出る（市町村長は毎月末にまとめて要塞司令官に報告），④港湾出入艦船の航路測量に限り要塞司令官の「許可ヲ受クルヲ要セス」（第9条）とあるが，その他に許可不要事項として，地目地類の変換・土地分合・境界査定・家屋倉庫建築及び道路橋梁の復旧工事に要する土地の丈量（ただし，税務署の丈量は要塞司令官の承認不要を陸軍大臣から大蔵大臣に通知），不燃物でない建坪30坪を越えない平屋2階建の家屋倉庫の築造，長さ100間を越えない生籬及び木造の囲墻，高低1尺面積100坪を越えない堆土開鑿，天災地変により変更した土地物件の原状回復作業，深さ2尺幅3尺を越えない溝渠及び排水灌水の新設変更，面積100坪を越えない育種場・菓園・桑茶畑及びその他耕作地の新設変更，竹木林の伐採，宅地内の築山・泉水池の類，を追加する，⑤陸軍大臣許可を要する道路橋梁の新設変更の規定（第11条）を，国道・県道及び道幅3間以上の「公共道路及之ニ架設スル橋梁」に改める，である。ここで，①は許可願い出者の住所管轄の市町村長でなく，作業対象の土地を管轄する市町村長であることを明確にし，⑤は私道を対象外にしたことである。その他は，禁止・制限事項の緩和や許可願い出等の手続きの簡略化を求めた。

第二は，1899年陸軍省告示第8号等指定の要塞地帯法第19条による各要塞地の禁止制限の解除事項と区域拡大に関するものである。すなわち，さらに実地を調査し支障なき限り解除区域を拡大し，解除事項増加を求めた。たとえば，漁撈，採藻，艦船の繋泊，生籬・木造の囲墻，不燃物でない家屋倉庫の築造はなるべく解除することを求め，各要塞司令官は上記方針にもとづき，調査の上，詳細の意見を6月末までに陸軍大臣に上申することを決議した。

第三は，要塞地帯の必要箇所への標識増設である。すなわち，①要塞地帯の第三区の外方3,500間以内の区域又は同位置における波止場・停車場には測量撮影等禁止標札を従前の成規外に設置し，公衆に容易に周知させる，②市町村の大字の一部解除場所に関しては，境界図を当該市町村役場に交付して備え置き，他に標識を設けない，③標木標札には白色のペンキを塗布する，である。その他，要塞地帯図は官衙公署の請求に応じて謄写させること，要塞地帯法第20条の陸軍官庁と海軍官庁との協議はなるべく概括的な協議にとどめること，を決議した。

以上の決議は各地の要塞司令官が実際の実務経験にもとづきまとめられたが，その他に特に要塞地帯法第7条（「陸軍省案」第9条，「法制局修正案」第7条に該当）の「何人ト雖要塞司令官ノ許可ヲ得ルニ非サレハ要塞地帯内水陸ノ形状ヲ測量，撮影，模写，録取スルコトヲ得ス」における「要塞地帯内水陸ノ形状」とは何かということが質問・議論の対象になったと考えられる。陸軍省は，これについて，「[要塞] 地帯法ニ云フ所ノ水陸ノ形状トハ地表ノ表面ノ高低即山岳渓谷其他地物ノ実況ヲ描画シ敵ガ之ヲ知リテ以テ策術上ノ利益トスルモノヲ指シタル義ニシテ神社仏閣等ヲ撮影模写センカタメニ其背后若クハ付近一部分ニ於ケル実景ノ現ハルルモノヲ指シタルノ意ニアラス」と説明した[106]。それ故，法律明文上も実際上も神社仏閣の撮影等によって同背後等の実景が現れることを禁止するのではないとした。ただし，それらの撮影等を名目にして同位置の防禦営造物や水際の形状を竊写する恐れがあるが，当局者は同取締りを厳格にして，防遏することを至当とした。そして，神社仏閣自体の撮影模写者は，同場所や時日を予め要塞司令官に打ち合わせることを求めた。陸軍省は「水陸ノ形状」を限定的に定義したが，その後，実際的には限定的な定義が拡張され，後述の裁判判決においても拡張された。

②1900年要塞地帯法施行規則改正等

陸軍省は1900年の要塞司令官会議の決議をもとに要塞地帯法施行規則等の見直しを進めた。その第一が，要塞地帯法施行規則の改正である。これは，同要塞司令官会議の決議事項の中で，第一点をほぼ全面的に採用し，要塞地帯における禁止・制限事項の緩和や許可願い出等の手続きを簡略化し，1900年6月16日陸軍省令第15号により要塞地帯法施行規則を改正した。第二は，同要塞司令官会議の決議事項の第三点にもとづく措置である。すなわち，庶務課長は同年6月26日付で，第一，四，五，六，七，十，十二師団の参謀長宛に，要塞地帯と同区域等の標識増設を要するものは，その建設方と標識ペンキ塗布について，要塞司令官より築城部本部長に協議して実施してもらいたいと通知した（陸軍省送乙第1950号の1）[107]。第三は，要塞司令官会議の決議事項の第二点にもとづき，要塞地帯法第19条による各要塞地帯の禁止制限の解除事項と区域を拡大し，1901年10月14日陸軍省告示第9号を公布した。これは，従前の禁止制限の解除事項と区域がほぼ2倍以上に増加した。特に，陸軍大臣の許可を得なければ新設・変更できない建設物の中で（第16条），道路・橋梁・永久桟橋を全11要塞地帯の特定区域における禁止制限解除として新規指定した。

(2) 要塞地帯法と外国人

①外国人の要塞地帯法違反事件

要塞地帯として規定・公布した区域範囲が実際にどこに位置するかを熟知・知了することはむずかしい。特に，当該地域に長年にわたって居住していない人や他地域から当該地域に突然訪問した場合にはその熟知・知了はむずかしい。日本居住の外国人は特に熟知・知了はむずかしいといわなければならない。

ところで，要塞地帯法が施行されてまもなく，外国人による要塞地帯法違反事件が往々発生した。本章でとりあげるのは，後に判例になった芸予要塞の要塞地帯における外国人の写真撮影の刑事事件である（第一審は松山地方裁判所，第二審は広島控訴院）。

大審院判決要旨等（1902年1月27日宣告）により要塞地帯法固有の犯意関係をまとめると，被告人シドニー・ギュリック（国籍はアメリカ合衆国で松山市寄留，キリスト教の宣教師）は，1901年9月7日と9月9日に，愛媛県越智郡近見村大字大浜（当時）において，要塞司令官の許可を得ることなく，要塞地帯内の灯台付近の海浜や桃山の形状及び石風呂と同付近の海浜形状を写真撮影したという。しかし，この場合，被告人は当該地点で家族の舟遊びや海水浴を撮影したのであって，周囲背景の水陸形状は偶然に撮影され，犯意はないと主張した。また，撮影自体は未完成・不完全であり，警察官において写真師により現像されたが故に，未完成撮影を完成したものとして，既遂犯として処断したのは不当であると主張した。原判決は被告人撮影の各場所が要塞地帯内に属する事実の認定証拠として警察官（巡査）の告発書を掲げたが，某地点が要塞地帯内に属するか否かは要塞地帯法第3条にもとづく陸軍省告示により決定すべき法律上の問題であり，証拠をもって認定すべき事実上の問題ではなく，仮に警察官が某地点を要塞地帯内と認めたとしても，法律解釈上で地帯外である時は被告人行為を犯罪構成とすることにはならず，まして，警察官にはこれを認定する職権を有していないので判決の理由を欠くと主張した。さらに，芸予要塞地を示した1899年8月陸軍省告示第7号は『官報』に公示しているが故に被告人がこれを知らなかったという申し立てはいわれなき主張たることを免れないとした原院判決（1901年11月15日）に対して，「陸軍省告示ハ一片ノ通知ニシテ法律規則ニ非サルコト論ヲ待タス固ヨリ要塞地帯法第三条ハ地帯区域ノ極度ヲ規定シタル者ナルカ故ニ其区域ハ陸軍省告示ニ由テ始メテ確定シ地帯法ト告示ト相俟テ運用ヲ成スハ明白ナリト雖モ是唯運用ノ論ニシテ告示其物ノ性質ハ結果タル運用ノ為ニ左右セラルルノ理ナシ従テ陸軍省告示ハ是ヲ知了スル者ニ対シテノミ効力ヲ生スヘキカ故ニ被告人ノ行為カ犯罪ヲ構成センニハ先其告示ヲ被告人ニ於テ熟知シタリトノ理由ヲ掲ケサルヘカラス然ルヲ原院カ告示ヲ以テ法律規則ト見做シタルハ不法ナリ」と主張した[108]。つまり，被告人は「陸軍省告示」自体の法的有効性や法的拘束力に対して異議を提出した。

以上の被告の上告に対して，大審院は悉くその主張を退かせ棄却した。特に，被告人が，原院判決が陸軍省告示第7号は法律規則と同一の効力を持つとしたことを不法と主張したことに対して，大審院は「要塞地帯法ト其地帯ノ区域ヲ定メタル陸軍省告示トハ相俟テ運用ヲ為スモノトス従テ官報ヲ以テ正式ニ公布シタル告示ハ該法ト同一ノ効力ヲ有ス」という判旨を示し，本判旨は判例になった。ただし，「陸軍省告示」には単独としての法的有効性があるのでなく，あくまで，要塞地帯法の特定条項を運用・執行するための下位規定として（要塞地帯法と一体化して），法的有効性があることを示したと考えられる。

②外国人・船舶に対する要塞地帯法の周知

外国人が要塞地帯法に違反する場合，要塞地帯法自体及び同地帯区域を熟知していないことが多かった。この問題に関して，外務大臣加藤高明は1901年2月1日付で陸軍大臣児玉源太郎宛に，①外国人の中で要塞地帯なることを知らずに当該地帯において撮影等を行い，同法令違反者になる者がいるが，要塞地帯の境域内を示す標石・標木等を現地に設置しているか否かを知りたい，要塞地帯内の標示として，実際の現地の見やすい場所に明瞭に標石・標木等を設置すれば，違反者防止効果があるので，同表示がない要塞地帯にはなるべく設置してほしい，②撮影は船舶上で行われることがあるので，国内汽船会社に対しては逓信省により，外国汽船会社代理店に対しては各地方長官から当該領事を経由して，それぞれ，要塞地帯区域及び同禁止事項掲示の通達を処置してほしい，③外国人が撮影支障の有無を警察官吏に質問する場合，往々，警察官吏は撮影禁止の有無を知らず，確答しないことがあるので，警察官吏に対して要塞地帯の区域等を詳知させ，相当の戒告を与えるならば，違反者防止効果があると考えられる，と照会した[109]。他方，外務大臣加藤高明は同日付で陸軍大臣宛照会と同様の照会を海軍大臣山本権兵衛にも照会した。これに対して，海軍大臣山本権兵衛は2月7日付で陸軍大臣児玉源太郎宛に両省で取組む対策を照会した。

この結果，陸軍省は外務大臣照会を検討し2月13日付で参謀本部宛に，海軍大臣のように外務大臣照会を受理するが，一応，意見を聞きたいとして協議したが，参謀本部は同意した。そして，同省は2月25日付で海軍大臣宛に照会趣旨了承と陸海軍両大臣の連署により関係長官に照会したと伝えた。陸海軍両大臣連署の関係長官宛照会は，①逓信大臣宛に，要塞地帯法第7条の禁止事項は海上の船舶においても適用するので，内外の各船舶船内に要塞地帯区域と同禁止事項を掲示するか，その他の適当の方法により予め誤解防止することを内外の各船舶所有者や代理店に対して訓示してほしい，②内務大臣宛に，要塞地帯区域の地方においては，外国人が撮影等の有無を警察官吏に質問しても，当該官吏は確答しないことがあるので，当該地方の警察官吏は同禁止事項等について十分に注意することを訓示してほしい，という内容であり，2月25日付で発された。なお，外務大臣に対しては，同日付で，要塞地帯の境域表示のために実地に標石・標木等を設置していること，船舶上における取締りや警察官吏への注意については各関係長官に照会したと回答した。

これについて，逓信大臣は3月8日付で，既に1900年11月9日に同省管船局長から北海道庁長官と沿海府県知事宛に本件に関する通達を発したことを回答した。管船局長の通達は，①1900年4月30日海軍省令第7号軍港要港規則と要塞地帯法・軍機保護法等の法令に通じないために，知らず知らずのうちに犯則に至り，処罰を受ける者がいる，②そのため，管下の船舶所有者・回漕業者その他必要な者にそれぞれ訓告してほしい，③特に旅客船には旅客の見やすいところに当該法規の要旨と，撮影の場合には船長に協議させる等の心得条項を掲示する，④外国船舶への周知も必要であるので，外国海運会社の支店代理店等にも訓示してほしい，という内容であった。また，内務大臣は3月9日付で，照会の事実は遺憾であるので厳密に注意するように訓示することを回答した。以上の回答を得て，陸軍総務長官は3月14日付で関係師団長宛に，要塞地帯付近の撮影等の件を内務大臣・逓信大臣と交渉したので，要塞司令官に対して，当該警察署長及び憲兵と打ち合わせ，懇切に戒告を与えるように訓示を発してほしいと通報した。また，陸軍総務長官は同様の趣旨を憲兵司令官に通報し，当該の憲兵隊に訓示を発することを通知した。

つまり，要塞地帯法は一般行政官庁の取締り強化を伴いつつ施行された。ただし，外務大臣照会のように，外国人の場合，要塞地帯内の撮影・模写の許可手続き等に関して熟知していないことが続いた。その後も，要塞地帯内の名勝・古跡等撮影・模写の許可を直接的又は公使・領事を経て陸軍省に出願する外国人が往々いるとされた。これに関して，1903年4月の参謀長会議において，同省工兵課長は，同手続きに不案内の外国人に対する同出願却下は不親切であり，また，時日切迫の場合もあるので，陸軍大臣において支障なき限りにおいて承認・許可したことを要塞司令官に通報するので詳知してほしい，と述べた[110)]。

(3) 1901年防務条例改正下の要塞司令部体制の整備・強化

①1901年防務条例改正と要塞司令部

1896年5月31日勅令第205号師団司令部条例改正は，要塞砲兵隊は同年3月制定の陸軍常備団隊配備表の当該所在地管轄の師団長の統率に属することを規定し，陸軍一般に通知した（陸軍省送乙第2230号）[111)]。これにより師団長の当該師管内の軍隊統率と軍事諸件統轄の拡大強化が明確化された。

ところで，1899年1月に海軍省は国防上の陸軍と海軍の任務対等の理由を強調し，防務条例に対して，東京防禦総督部の任務から東京湾口方面や横須賀の防禦任務を独立させ，横須賀鎮守府司令長官をして東京湾口方面や横須賀の防禦任務を計画指揮させ，東京防禦総督の指揮命令から脱させることを起案し，陸軍省に協議した。しかし，陸軍省は海軍省協議に反対し，両省のきびしい論争が発生した[112]。

この結果，1901年1月勅令第1号防務条例改正は東京防禦を除く永久目的のもとに設置された海岸防禦地点の防禦に関する陸海軍の協同作戦の任務分担と計画指揮を規定することになった（東京防禦総督部条例を廃止）。すなわち，①海岸防禦地点の防禦任務は，陸軍は陸地警戒勤務，陣地防禦工事，諸砲台勤務，保塁通信勤務を担任し，海軍は海上警戒勤務，海中防禦勤務とこれに関する諸勤務，船艦による諸勤務，海上通信勤務を担任する（第2条），②東京湾，呉，佐世保，舞鶴の防禦は鎮守府司令長官及び要塞司令官，由良，鳴門，芸予，下関，長崎，函館，対馬等の防禦は要塞司令官・要港部司令官・警備隊司令官等が上記第2条の各担任事項を計画する（第4条），③第4条の各防禦地点の戦時指揮官（新設）は，毎年，陸軍大臣と海軍大臣が協議し，天皇裁可を経て定める（第8条），等と規定した。

ここで，第4条にかかわって，旧防務条例第3条との関係で重要なのは，①呉と佐世保の防禦は鎮守府司令長官をして要塞司令長官及び海軍各部を統括させて軍港防禦全般を計画指揮させていたものを，呉と佐世保（東京湾，舞鶴も同じ）の防禦においては，鎮守府司令長官と要塞司令官は各々個別に担任事項を計画させ，②紀淡，鳴門，芸予，下関の海峡防禦は要塞司令官をして海軍の海上防禦司令官と守備諸兵を統括させて海峡防禦全般を計画指揮させたものを，要塞司令官と要港部司令官が各々個別に担任事項を計画させたことであり，さらに，要塞司令官の幕僚として海軍参謀を兼務させる規定を削除したことである。つまり，協同作戦と称しつつも，防禦計画における陸軍と海軍の各々の独立的な担任業務が官職関係においても貫かれた。

②1901年要塞司令部条例改正等

1901年防務条例改正が陸軍と海軍の防禦任務分担を明確化して要塞司令官の権限を強めた結果，要塞司令部条例も1901年3月31日に勅令第27号として改正された。同条例改正の「理由」によると，主な改正事項は，①要塞の設置と等級区分は重要事項であり，陸軍大臣の意思により決定すべきでなく，今後は編制表に記載して允裁を仰ぐとして，同大臣による要塞設置とその等級区分の決定を削除し，②衛戍勤務は衛戍条例に規定があるので削除し，③要塞防禦計画策定の調査を命ずる権能を要塞司令官に与えることは有利であるので，防禦諮詢会議を廃止し，④要塞司令部服務規則を廃止し，その中の必要事項を本条例に移す，とした[113]。さらに，⑤軍需品調査委員の設置の削除は，③の「理由」に準じたものであろう。⑥要塞司令部の「秘密文庫」の所蔵図書計10件の指定を削除したが，「秘密」図書記載自体が「秘密」図書の調製・存在の公表化を意味し，軍機保護法や要塞地帯法からみて穏当でないと判断したことによろう。同様に，要塞司令部服務規則の廃止も，同服務規則の細部の規定自体が要塞内外部の戦時と戦闘現場を想定した細部の服務内容の公表化を意味するので，軍機保護法や要塞地帯法からみて穏当でないと判断したためであろう。

その後，要塞司令部条例は1903年4月14日に勅令第79号として改正された。本改正は同年4月勅令第77号築城部条例改正と同第78号陸軍兵器廠条例改正に対応した[114]。すなわち，築城部条例改正は下関，対馬，長崎，芸予，鳴門，函館の各要塞砲台建築事業が同年度に竣工予定のために，当該築城部支部の存置理由がなくなったとした。その結果，当該築城部支部の業務は要塞司令部や対馬警備隊司令部に相当の職員を増員して実施させることにした。また，陸軍兵器廠条例改正は兵器行政の統一化の目的のもとに要塞所在地の兵器支廠の業務執行要員を要塞司令部や対馬警備隊司令部に置き，要塞所在地の兵器支廠をすべて廃止した。この結果，1903年要塞司令部条例改正は要塞司令部に砲兵科将校（要塞砲兵事業の調査に従事し，要塞備付の兵器器具材料を保管）と工兵科将校（要塞工兵事業の調査に従事し，防禦営造物と守城工兵器具材料を保管）を増員した。つまり，1901年と1903年の要塞司令部条例改正は要塞司令官の権限強化と要塞事業・業務の指揮系統の一元化を推進した。

かくして，常に戦時と戦闘現場を想定しつつ，要塞地帯の管理統制機関としての要塞司令部を整備強化した。しかし，問題はこの先にあり，要塞はいかなる防禦戦闘計画と要塞防禦勤務体制を策定していたかの解明が重要である。これは補論において1910年要塞防禦教令の成立過程を基本にして解明する。

注

1）ワン・スケルムベークは1885年6月14日付で陸軍卿宛に「日本国南海海岸防禦ニ就テノ復命書 第二篇」という長大な調査報告書を提出した（〈陸軍省大日記〉中『雑書綴 児島益謙大佐取扱ニ係ルモノ』所収，9月5日付で東京湾陸軍臨時建築署長は本調査報告書を陸軍卿に進呈）。それによれば，第一に，敵国が日本を攻撃する場合，①戦時にたんに市街陥落目的をもち，あるいは当該住民より金円（軍資）強奪目的のもとに市街を砲撃するか否かは一定の説はない，②兵備不要市街に至るまですべてを敵艦砲撃の受ける恐れがあるとして防禦の備えを設けようとしても，際限がなく実施できない，③しかし，軍略上で重要海浜地方（陸軍武庫，弾薬庫，造船所，船渠又は工作所の所在市街——東京・横浜・大阪・神戸）は必ず海岸砲台を設備し砲撃を防遮しなければならない，④小島嶼の防禦では長崎の高島（炭鉱）の特別の守衛があるとした。第二に，敵国の攻撃兵力は海路による上陸兵員として3万人を越えず，敵は攻取した土地等の防禦（堡砦，砲台の設備）を固めた後に運動戦に入るので，敵の上陸地点や運動戦適地の海岸地方に日本が守衛地点を設けるのは得策でなく，敵の上陸に対して「日本兵ノ主要トスル所ハ勇憤決死以テ迅速ニ其地ヲ進撃スルニ在リ」という理由にもとづき，防禦手段としては，①日本本土の鉄道主線を北部（青森）から南西部（下関）までを連続的に通し，東京・大阪・京都・仙台・広島等を陸軍須要地として鎮台を位置づけ，同鉄道は海岸から遠隔地の中央部がよく，諸湾口への連結は枝線で連続させる，②兵を各地に散在させるのでなく，敵上陸の島嶼への日本軍の総兵力集中が最も重要であり，大島嶼配置の微少の兵は敵と戦わせることではなく，敵の動静を注目させ，鉄道連結も含めて各島嶼間通行を安全ならしめることにある，③南海海岸の防禦位置は，淡路と和泉間の和泉灘の南の海峡，鳴門海峡，今治北方の備後灘と三島灘との間の防禦線，下関海峡とし（弾薬庫・造船所・工作所の他に運送船・商船のために遁避所を設備），堡砦を設けて防護すれば，日本艦隊は海洋に出ることも又は内海に入る航路の安全が確保されるとした。第三に，南海海岸の4防禦位置の砲台の詳細な備砲と津軽海峡及び広島・長崎・敦賀の防禦方法を示した。

2）〈中央 軍事行政 編制〉中『明治十七年～三十二年 砲兵編制ニ関スル書類 其ノ二』。1888年5月鎮台条例廃止前の1887年末の報告とみてよい。熾仁親王参謀本部長は1887年8月20日付で監軍部参謀長近衛参謀長及び六鎮台の各参謀長宛に「国土防禦策按」を提出させた時期のものである。

3）宮内大臣の1888年2月3日付の内閣総理大臣宛の通知によれば（陸軍大臣の「防海費」の取扱い），献金総額は213万8千円余とされ，内，士民献金分は169万2千円余，華族献金分は34万円，官吏献金分は10万4千円余とされた（『公文類聚』第

13編巻23，兵制門13軍資，第44件)。当時，陸軍大臣が1889年2月14日付で内閣総理大臣宛に報告した「防海費」他献金による砲台建築費製砲費支消報告によれば，1887年度は製砲費34万6千円余(内，兵器費30万円余，弾薬費3万6千円余)，1888年度は製砲費45万7千円余(内，兵器費38万8千円余，弾薬費1万1千円余，試験費1万8千円余，運搬並据付費3万9千円余)とされた(『公文類聚』第13編巻25，兵制門16軍資，第47，48件)。その後，1889年度は製砲費76万1千円余(全部大砲鋳造費)とされた(『公文類聚』第15編巻21，軍事門1陸軍1，第1件所収の1891年1月12日付の陸軍大臣の内閣総理大臣宛報告書参照)。その中で，海岸砲制式審査委員(委員長は陸軍少将大築尚志)は1887年4月20日付で「海岸砲制式審査意見」を陸軍大臣に提出した。本審査意見は海岸砲台の備砲採用の詳細な報告書であるが，平射砲と擲射砲との効力・利害を比較検討し，「委員ハ擲射ニ依ルノ海防策ヲ採リ皇国製二十四珊米綫臼砲及ヒ二十八珊米榴弾砲ノ二種ヲ以テ本邦海防ノ主砲ニ選定セリ」と擲射砲を主砲とした。その場合，平射砲(加農砲)を主砲として退けた理由の一つとして，当時の最大の平射砲の35珊米口径40珊米砲の価格は1門29万円(口径35珊米砲の価格は1門15万円)と示し，これらの巨額捻出を「如何セン」と苦慮していた(〈陸軍省大日記〉中『弐大日記』乾，1887年5月，総砲局第81号)。

4）　海岸要塞であっても背後の陸地からの攻撃に対する防禦計画(陸正面の防禦)が考案されなければならなかった。そのため，参謀総長は1890年8月23日付で陸軍大臣宛に，横須賀及び観音崎付近における陸正面防禦として最小口径砲の12cm加農砲を使用しても「横須賀観音崎付近ノミニ於テモ此種砲熕数十門ヲ要ス全国ノ所要ヲ積算スレハ無量数百門ニ至ヘシ経済ノ大計上ヨリ論スルモ砲台建築，製砲，弾薬及使用ノ兵員等其損益ノ差誠ニ莫大ナルヘシ」として，①9～10cmの陣地砲，②堡塁・砲台内を自由に運搬できる12～15cmの綫臼砲，③堡外に遊動できる8～9cmの軽臼砲，を制定採用してほしいと協議した(〈陸軍省大日記〉中『弐大日記』坤，1890年11月，参第174号)。これについて，同省は大阪砲兵工廠の意見書(「軽臼砲創設ニ関スル意見」は，陸地防禦用の2人で運搬できる軽臼砲は「児童ノ玩具ニ類シ実際ノ効力微々タルヘキ」ではあるが，威力のある綫臼砲の設計提出については躊躇しない)を添えて監軍部と協議した結果，監軍部は砲兵会議に諮り11月に制定採用の意見を回答した。これにより，同省は同選定を11月20日付で参謀本部に通知したが，海岸要塞の陸正面防禦における兵備・備砲でさえ膨大な経費を必要とすることはいうまでもなく，まして，陸地要塞・内地要塞の築造になれば，さらなる巨額の兵備・備砲の経費を必要とした。

［**補注**］日清戦争前までの陸軍部内では，第一期の要塞建設地は東京湾・紀淡海

峡・下関海峡・芸予海峡・佐世保軍港・呉軍港・鳴門海峡及び対馬浅海湾を予定し，第二期の要塞建設地として舞鶴・室蘭・函館・敦賀・小樽・長崎・七尾・鳥羽・和歌山・女川・清水・宇和島・鹿児島等を予定していた（〈陸軍省大日記〉中『自明治二十六年至同二十七年　密事簿』所収の陸軍次官児玉源太郎発の1893年3月30日付の参謀次長川上操六宛の「国土防禦計画」の照会参照，他に同『明治二十四年　大日記　参謀本部』参天第273号所収の参謀総長の1891年7月25日付の陸軍大臣宛の「戦時要塞砲兵隊編制表追加」参照）。児玉陸軍次官によれば，第一期の防禦工事費用は計約1,298万円余，第二期の防禦工事費用は計約1,202万円余とされた。さらに各要塞配置の砲兵隊と砲兵方面・工兵方面の両支署等の経常費概算は第一期の要塞は計約54万円余とされ，第二期の要塞は計約76万円余とされ，膨大な維持管理費用を想定した。その場合，第一期・第二期の予定要塞完成の場合には，川上個人としては「全国緊要地点」に配置すべき守備兵を，およそ，第一師団下は沼津1個中隊・鎌倉付近1個中隊・館山1個大隊・水戸1個中隊，第二師団下は石巻1個中隊・青森半大隊・新潟1個中隊，第三師団下は半田1個中隊・四日市1個中隊，第四師団下は和歌山1個中隊，第五師団下は徳島1個中隊，高知半大隊，第六師団下は中津1個中隊，唐津1個中隊，と考えていると回答した。その後，第二期の要塞建設地は舞鶴・函館・長崎にとどまり，日清戦争後は野戦隊の兵備拡張を重点化した。その際，要塞所在地の法令上の公表・公示はなく，海岸要塞地点は允裁により裁定されたが公布必要がない限りは秘密として公布されなかった。ただし，海岸要塞地点は海岸要塞の建設（砲台建築）に関する毎年の帝国議会提出の予算計上で明言され，いわば公然の秘密とされていた。

5）『公文類聚』第13編巻50，土地門1，第12件。

6）7）『元老院会議筆記』後期第35巻，第632号議案。

8）9）『公文類聚』第13編巻13，兵制門4庁衙及兵営，第38，37件。陸軍省が自省所轄地所売却化方針を立てたのは，1888年5月に鎮台体制の兵備を転換して師団体制を成立させた時期とみてよい。それは，内務省が土地収用令案を閣議に提出した時期であった。当初は陸軍省の当面の兵舎新築等の財源確保が目的であり，売却対象地所は陸軍の現用地であり，全体的な売却政策を方針化したのではなかった。当時，大山陸軍大臣は1888年12月に内閣総理大臣宛に丸の内の地所と建物を一括公売し（近衛騎兵営，歩兵第三連隊他），同売却金額により兵営移転費用にあてたいと閣議を請議した（三菱地所株式会社編『三菱地所社史』上巻，83-87頁，1993年）。同省の閣議請議は翌1889年1月18日付で特別に許可された。ただし，丸の内地所の売却に対しては三菱会社と渋沢栄一らの駆け引きが不調に終わり，売却には至らなかった。他方，陸軍省の自省所轄地所売却化方針は旧城郭地を借用していた文部省にも知られていた（[補注] 参照）。当時，陸軍省総務局調製の1889年4月19日付の内閣書記官宛提出の現用地でない土地等は下記のように報告された。すなわち，①近衛各師団下所轄地の中で現用地でない土地は，東京府内の牛込・麹町・神田・小石川・本郷の計5区計12箇所，神奈川・山梨・千葉・福島・京都・滋賀・兵庫・岡山・鳥取・広島・高知の府県は各1箇所，茨城・青森・秋田・愛知・長野・三重・石川・山口・島根・熊本の府県は各2箇所，栃木・新潟・大阪・和歌山・徳島・福岡の府県は各3箇所，宮城県は4箇所，愛媛県は8箇所，鹿児島県は10箇所とされ，福島県北会津郡八幡村所在の元練兵場は9万8千余坪，長野県東筑摩郡桐村所在の旧兵営地は6万2千余坪，宮城県名取郡長田村所在の元火薬庫地は4万余坪，埼玉県入間郡古市場村所在の火薬庫敷地は4万坪，東京府神田区神田三崎町所在の練兵場は3万余坪とされ，②現用地でない旧城郭は，第一師管は小田原城・宇都宮城，第二師管は白河城・若松城・盛岡城・山形城・秋田城・高田城，第三師管は静岡城・福井城・津城，第四師管は和歌山城・鳥取城・岡山城，第五師管は松江城・浜田城・高松城・徳島城・宇和島城，第六師管は飫肥城とされ，③陸軍所轄砲台で現用地でない箇所は，宮城・鳥取・山口・高知の県は各1，三重・大阪・愛媛・徳島の府県は各2，鹿児島県は4，岡山・鳥取県は各5，宮崎県は7，福岡県は11，兵庫県は13，とされ，鹿児島県鹿児島郡荒田村所在の旧砲台地は3万9千余坪，山口県稜地村所在の旧砲台地は3万余坪，とされた。なお，②の旧城郭は日清戦争後の軍備拡張期において歩兵連隊の兵営に充当されたものがある（注51）参照）。

[**補注**] 当時の文部省調査によれば（詳細を欠くが），同省直轄学校のために陸軍省から借用していた土地は岡山城（第三高等学校医学部敷地）と鹿児島城（鹿児島高等中学造士館敷地）があり，府県立の尋常師範学校と尋常中学校のために借用中の陸軍省用地には水戸城・宇都宮城・静岡城・甲府城・津城・和歌山城・福井城・松江城・佐賀城があった（借用目的は校舎敷地，体操場，農業実験場が主）。陸軍省所轄地所売却化方針を知った森有礼文部大臣は1889年1月19日付で内閣総理大臣宛に，①旧城趾は本邦古今の軍事上・歴史上に重要な関係を有するのみならず，「帝国ノ観光」にとっても重要な関係を有するので「一個人ノ私有ニ期セシムヘカラス」として，永久保存と最大の用にあてなければならない，②旧城趾の永久保存方法としては文部省所轄に移し師範学校・中学校の保持の資にあてれば，生徒教育において「歴史上ノ感覚ヲ一層深キヲ致シ」とされ，また「万一国家非常ノ事変ニ遭遇スルトモ軍隊屯営等ノ急需ニ供シ又天災地変等ニ際会スルトモ亦公衆避難ノ用ニ充ツルノ便アル」とされ，一挙両全の策であるとして閣議を請議した（『公文類聚』第13編巻13，兵制門4庁衙及兵営，第37件）。森文部大臣が旧城趾の永世保存を「観光」等の視点から言及したことは本書第1部第1章の注21）の田口卯吉の議論と

は異なり，当時の見識の高さを示している。内閣総理大臣は文部大臣の閣議請議を1月25日付で陸軍大臣宛に照会した。これについて，陸軍省は改めて所轄地所売却化方針を作成したのが4月16日付の閣議請議であった。同時に陸軍省は同18日付で内閣総理大臣宛に，4月16日の閣議請議のように不用旧城趾は売却するので文部省所轄に移さないと回答した。この結果，内閣は4月23日に文部大臣の閣議請議は詮議に及びがたしと指令した。

10)　〈陸軍省大日記〉中『弐大日記』坤，1890年4月，参第95号。

11)　『公文類聚』第14編巻70，土地門5測量，第37件，〈陸軍省大日記〉中『弐大日記』坤，1890年4月，参第95号。参謀本部の陸軍省宛照会によれば，1888年測量標規則は海軍水路部と通用することになっていたが，海軍水路部は河海の測量を主とし稀に瀕海陸上の測量もあるが，陸地測量部のように夥多の官民有地には関係がないので陸地測量のみを起草したとされている。

12)　大山巌陸軍大臣の1889年1月29日付の「要塞兵備ニ関スル費用支弁方」の閣議請議参照（『公文類聚』第13編巻12，財政門7，第34件）。

13)　〈陸軍省大日記〉中『明治二十年 編冊 参謀本部近衛臨時砲台建築部』。臨時砲台建築部が制定した「砲台建築工事請負規則」（全42条）がある（〈陸軍省大日記〉中『雑書綴 児島益謙大佐取扱ニ係ルモノ』）。これは砲台建築工事の競争入札と請負人との契約事項を規定し，1889年会計法と1890年陸軍省訓令乙第28号陸軍工事受負及物品購買手続以前の1887年に制定されたとみてよいが，陸軍省訓令乙第28号との比較では，①入札に加われない者を「婦女若シクハ自ラ工事ノ施設ヲ担当シ能ハサルモノ」とし，②請負人（予定代理人）は工事落成までは工事の事務官や工役長（以下，事務官等）の指定地に居住する（24時間以上の不在は事務官に出願し許可を得る），③数箇所に散在する工事において，事務官等が某工事現場に支配人を置く必要を認めた場合には同指定場所に相当の支配人を配置居住させる，④工事の使用諸職工の世話役は当該業に熟練し職工指揮の才能があり，請負人を助けて工事を善良に完成しなければならず，請負人は事務官等の許諾を得ずして交替させてはならず，事務官等が世話役の任に堪えないと認める場合は請負人に命じて交替させる，⑤工事現場の職工・人夫等の取締りは同現場の監督官吏が監視し，品行不正又は怠惰の場合は請負人に命じてただちに放逐する，⑥工事用諸材料は，事務官等立会いの上，工事主任官の仕法書に照らして品質員数重目等を検査し，合格品を指定場所に貯蔵させ，不合格品は工事現場外に送致させる，⑦工事施工中の寒暑風雨に対する建築物の保護はすべて請負人負担とする，⑧工事落成後満3箇年間に，請負人が契約の仕法や指定材料によらないことを原因とする破損発生の場合は，請負人の自費により改築させる，⑨請負人は日々使用の職工・人夫に名札を与え，毎朝の入場時に工事主任官の詰所で記帳・検印を受ける，⑩衛生と警察上の法令履行に要する諸費用で工事現場にかかわるものは請負人負担とする，⑪工事施行による死傷職工・人夫に対する賑恤等の義務はすべて請負人負担にするが，死傷原因によっては政府が救助することがある，⑫建築工事施設のために請負人に授けた図面は落成後にすべて返納しなければならず，同図面は建築にかかわる職工世話役等の他には示してはならず，また謄写して他人に与えることを厳禁とする，という条項が注目される。なお，⑪の請負人の雇用者ではないが，政府雇用者の死傷者の政府救助には，1887年7月12日発生の対馬の温江砲台建築現場（右翼弾薬庫掘開部）の崩落事故による死亡女性（年齢18歳，工兵第二方面派出所雇婦）に対する官役人夫死傷手当規則による埋葬料10円の支給がある（〈陸軍省大日記〉中『弐大日記』乾，1887年8月，総建第20号，同『弐大日記』乾，1887年9月，総建第23号）。本埋葬料は［補注］の1887年度の対馬砲台建築費定額の「恵与」の費目から支出された。なお，対馬の芋崎砲台建築現場で7月19日と8月22日及び同27日に石塊崩落や岩石爆破による飛散砕石落下等の事故が発生し，死亡者1名・重軽傷者4名が出た。

［**補注**］対馬での砲台建築事業は東京湾防禦砲台建築に次いで2番目の着手であった。1887年6月10日に対馬砲台建築所派出監督部に指令された1887年度の対馬砲台建築費定額は46,537円余とされ（内訳，対馬砲台建築費44,226円余，建築部費2,311円余），内訳の対馬砲台建築費は材料費3,800円，諸傭料40,426円余であり，86.8%は雇用費であった（〈陸軍省大日記〉中『弐大日記』乾，1887年6月，総会第205号，その後，さらに増減の指令）。また，内訳の建築部費に「恵与」として267円が費目化された。ところで，同建築事業に対して，長崎県知事代理長崎県書記官池田徳潤は1886年12月14日付で陸軍大臣宛に「副申書」を提出した（〈陸軍省大日記〉中『壱大日記』1888年5月，府第170号）。それによれば，対馬の浅見湾の砲台建築を「伝承」したとされる同郡下の多田剛次郎並びに吉田八助は建築請負と御用達を願い出ているが，両人は相応の資産を有する屈指の商人であり，対馬の同志者を団結させて資金集めの準備等を進めており「不都合ノ義万ニ有之間敷信認致候」であるが故に，起工に際しては両人に命じられていただきたく，しかる時は対馬の「商業漸ク振ヒ財貨ノ流通ヲ滑ニシ貧富共ニ其宜ヲ得随テ施政上益スル処少ナカラサル義」があるとして，特別の詮議を要請すると述べた。同省は翌1887年1月19日付で同県からの「副申書」を砲台建築工事管理の工兵第二方面に送付した。しかるに，工兵第二方面は入札施行の上建築工事事業の一部を多田剛次郎に請負わせたところ，着工後数日を経ずして辞去したために事業進歩を妨げて不都合が生じ，爾後一切の申し出を「採用不致候」として処置し，また，吉田八助等も「特ニ請負ヲ命スヘキ事故モ無之候」として処置した（1887年9月26日付工兵第二方面提理発陸軍

省総務局次長宛の回答書)。長崎県側では対馬砲台建築工事事業を「地元発展」として位置づけた。

14) 〈陸軍省大日記〉中『弐大日記』乾，1889年7月，総工局第23号。

15) 〈陸軍省大日記〉中『弐大日記』乾，1890年5月，建第26号。

16) 〈陸軍省大日記〉中『弐大日記』乾，1890年8月，建第33号。なお，工兵第一方面は砲台建築工事における既設砲台の修繕工事で構造法の秘密を要する部分も随意契約にすることを陸軍省に伺い出て，9月26日に了承された(〈陸軍省大日記〉中『弐大日記』乾，1890年9月，工第82号)。さらに，臨時砲台建築部は11月に陸軍省宛に，砲台建築工事中の秘密を要する部分は随意契約による請負に付しており，1887年11月陸達第139号陸軍報告例の第110表「砲台建築使用材料員数表」(材料の種類・員数・金額)と第111表「砲台建築使役職工人員表」(職工の類別人員・賃銭)の内容は請負人において買弁・使用しているので精細に調査しがたく，また，会計法・会計規則にもとづく工事請負である以上は，同報告はさほど必要ないので両表を廃止し，かつ，同第109表「砲台建築工業表」中の材料費以下4科目(傭給費・運搬費・機械費・部費)をたんに建設費とし，同部費を派出所費と分遣所費と改めて調製したいと伺い出た(〈陸軍省大日記〉中『弐大日記』乾，1890年11月，建第53号)。これについては，同省は改めて指令すると述べ，ただちには対応しなかった。ただし，1892年2月陸達第6号陸軍報告例改正は，砲台建築事業では「某地砲台建築経費表」(季報，第23表)のみの調製を規定し，内訳として建設費，地所建物買収費，建物とその移転費，家屋とその移転費の記載にとどめた。

17) 〈陸軍省大日記〉中『弐大日記』乾，1891年3月，軍第97号。

18) 〈陸軍省大日記〉中『伍大日記』1892年9月，工第115号。ただし，伍第691号は工兵方面への指令であり陸軍一般への令達ではなかった。そもそも，1890年9月陸軍省訓令乙第28号陸軍工事請負及物品購買手続第5条は砲台建築工事については別に定めるところによると規定していたので，砲台建築工事請負と物件買収契約手続は同時に陸軍省訓令レベルで規定されるべきだった。しかるに，その後に訓令レベルの手続きが制定されない中で，砲兵第一方面は1893年9月28日付で陸軍大臣宛に砲兵方面が担当すべき諸砲台の砲床建築や備砲据付等の工事は秘密を要するので会計法第24条第2項による随意契約により工事を命じてもよいかを伺い出た(〈陸軍省大日記〉中『伍大日記』1893年12月，砲第178号)。同省は伍第691号にもとづくことを指令し，かつ，秘密に付すべき構造部分を規定した同伍第691号の第2条に「砲床築設其解崩並ニ備砲据付其移転」の追加を指令した。これらの指令と追加は工兵方面及び砲兵第二方面他当該師団監督部にも発された。

19) 〈陸軍省大日記〉中『伍大日記』1893年12月，砲第178号。

20）〈陸軍省大日記〉中『壱大日記』1894年2月，省第26号所収の大蔵大臣の1893年12月28日付の陸軍大臣宛の会計検査院決算検査報告に関する弁明書調製照会添付参照。その後も，1898年度歳入歳出決算に対する会計検査院の検査報告書は陸軍省所管の下関砲台建築費に対して，①第十二師団監督部支出にかかわる5,499円（下関海峡高蔵山堡塁建築材料のセメント2,350樽の代価で，随意契約により小野田セメント会社より購入）の事由を陸軍大臣に質問したところ，堡塁・砲台等の兵備・構造は「国防上ノ機密ニ属スルヲ以テ最モ秘密ヲ厳守セサルヘカラス［中略］供給請負者ヨリ直ニ工場若クハ其附近ニ於テ授受スルヲ要スルトキ及材料ノ数量種類等ニ依リ防禦営造物ノ構造堅脆ヲ推測セラルル如キ秘密ノ漏洩スル虞アル場合」であるので会計法第24条第2項により処弁したと弁明した，②しかるに，セメントは各種の建築工事に使用され，堡塁のみに使用されるのではないが故に競争入札に付しても堡塁建築上の秘密保持に何らの影響を及ぼさず，また，現品授受の場所は適当の方法が講じられるべきであるが故に同授受場所をもって競争入札に付さない理由としては認めることはできず，会計法第24条に違背している，と非難した（〈陸軍省大日記〉中『壱大日記』1902年1月，省第25号）。そして，下関砲台建築費に対して，1899年度歳入歳出決算に対する会計検査院の検査報告書は第十二師団監督部の随意契約によるセメントの購入と支出（1,730樽，5,435円）は会計法第24条第2項に違背していると報告した（〈陸軍省大日記〉中『壱大日記』1901年12月，省第26号）。会計検査院は同監督部支払命令官に推問したところ，同砲台建築の1898年度にかかわる①の陸軍大臣の弁明とほぼ同様の答弁をしたが，①堡塁建築は秘密を要するが故にこれに要する材料購入も同様に秘密にしなければならないという理由はない，②同一の堡塁工事に使用した煉瓦やコールタールなどは競争入札により購入しているが故に，セメントのように各種建築工事に使用されているものを競争入札に付しても堡塁建築上の秘密保持に何等影響を与えるものではないと非難した。他方，砲台建築工事での秘密を名目とした物品購入の随意契約の恣意的な横行に対して，陸軍省工兵課は1892年伍第691号の砲台建築工事及物件買収契約手続の第2条改正を起案し，軍務局長と経理局長の連署により1898年9月（日付欠）に陸軍大臣に提出した（〈陸軍省大日記〉中『密大日記』1898年7月-12月第2冊，第95号）。それによれば，「秘密ニ附スヘキ工事ハ堡塁，砲台，框舎，司令所，電燈，弾薬庫，監守衛舎及其附近ノ工事トシ之ニ要スル物品モ亦之ニ準ス」と起案し，陸軍大臣が決裁した。そして，10月5日に築城部本部長及び兵器本廠長に内達し，また，同日に会計検査院に通知した（密発第130号）。1898年の砲台建築工事及物件買収契約手続の第2条改正は，会計検査院の会計検査の非難を免れるために秘密的に起案決定されたことは明らかである。

21)　〈陸軍省大日記〉中『弐大日記』乾，1893年2月，軍第24号。

22)　〈陸軍省大日記〉中『弐大日記』乾，1890年4月，軍第43号。

23)　工兵第二方面提理は1890年砲台出入規則第3条に関連して同年9月13日付で陸軍省副官宛に，師団長は部下将校に砲台諸図面の閲覧も許可できるかと質問した。陸軍省副官は9月18日に砲台諸図面は「最モ厳重秘密ニ格納シ置クヘキモノ」であり，工兵方面要塞勤務規則第12条にもとづき，師団長には閲覧許可権限はないという精神であることを回答し，また，同回答を工兵第一方面にも通知した（〈陸軍省大日記〉中『伍大日記』1890年9月，工第77号）。

24)　陸軍省編『明治軍事史』上巻，761頁。

25)　〈陸軍省大日記〉中『明治二十三年自一月至六月　大日記　参天　参謀本部』参天第59号。

26)　〈陸軍省大日記〉中『伍大日記』1891年2月，工第20号。承諾者32名の補償金額は計14,364円余，不承諾者3名の補償見積金額は4,017円余とされた。

27)　〈陸軍省大日記〉中『弐大日記』乾，1890年6月，軍第92号。ただし，下関要塞建設工事管理の工兵第二方面下関支署の事務所家屋新築において，会計検査院により法律不合規が検定された。工兵第二方面は1890年5月16日付で陸軍大臣宛に下関支署建築を伺い出ていた（附属の馬繋，井戸他を含む，金額902円，〈陸軍省大日記〉中『伍大日記』1890年5月，工第40号）。陸軍省は5月27日に伺い通りに建築してよいことを工兵第二方面に指令した（伍第659号）。しかるに，会計検査院は1890年度陸軍省所管支出計算を検査した結果，渡辺昇会計検査院長は1892年8月23日付で陸軍大臣宛に，工兵第二方面下関支署新築工事の901円余は競争契約によらず随意契約に付したのは会計法第24条に違背し，第五師団監督部長柴直言の支払命令は不正当と検定すると通知した（〈陸軍省大日記〉中『壱大日記』1894年5月，省第120号）。本件については，1890年当時，第五師団監督部は工兵第二方面下関支署長渡辺英興に理由書を提出させ，同年12月に25日付で会計検査院に下検査書を提出していた。渡辺支署長の理由書によれば，同支署は下関市内の貸家を借受けて支署の家屋にしていたが，家屋構造の不都合により諸般事務（予算なしの借家料支出〈他費目から流用措置〉を含む）に不便と支障が出るのでただちに起工・竣成を要するとした。しかし，競争入札に付する暇がなく，会計法第24条第3項の「急遽ノ際」云々の明文により随意契約により同工事を経営したと記述した。これについて，第五師団監督部の下検査書は「不得止」と認定したが，会計検査院は審理の結果，第五師団監督部に対して，渡辺支署長の理由書の当該理由により会計法第24条第3項の適用は当をえないと認めると垂問した。第五師団監督部は同垂問に対してさらに渡辺支署長に質疑した結果，下関地方では競争入札加入資格のある請負者はなくかつ他府県より出張の請負希望者もないという見込みと，競争入札の公告その他手順の日数を費やすことになり，借家料支出方途もない中でやむをえず会計法第24条第3項により随意契約に付したと陳述したとされる。その場合，渡辺支署長は同第3項の「非常急遽ノ際」を「非常」と「急遽」の各個に解釈したことは穏当ではないけれどもやむをえないと認定すると答弁した。これに対して，陸軍省は9月2日付で第五師団監督部宛に決算の監督につき理由等を具申すべきことを通知し，柴直言第五師団監督部長は9月23日付で陸軍次官に回答した。同回答は，①下関要塞にかかわる同要塞砲兵隊の兵営建築は数千円の工事であるがすべて随意契約により執行してきたので，同支署の家屋新築も同様に随意契約により起工・落成した，②1口5百円以上の工事の随意契約は許可を得なければ執行できないが，理由が判然しないので代金請求書類を渡辺支署長に返却したところ，再度請求があり，かつ，工事落成により請負人から支払引延しへの苦情があり，なお遷延の時には民事訴訟提訴の動きが伝わり，同訴訟の時には支払遅延の損失等請求にも応じなければならない場合にも至ると懸念し，会計法第24条第3項を「非常」と「急遽」に区分した解釈は穏当ではないがまったくの誤解であるとは断定できがたいとして，工事急成の必要事実があることにより支出命令を執行した，と具申した。第五師団監督部の具申・回答に対して同省は翌1894年5月11日に渡辺英興下関支署長と柴直言第五師団監督部長を1881年陸軍懲罰令により相当の処罰を課すべきであると判定しつつも，現在では柴直言は後備役になり，渡辺英興は予備役に入ったために処罰の途がないので，そのまま差し置かれることがしかるべきという審案を下した。結局，陸軍省により責任所在と処分はあいまいにされ，決算不合規は見逃された形になった。

28)　軍隊教育順次教令については拙著『近代日本軍隊教育史研究』第1部参照。

29)　『公文類聚』第10編巻13，兵制門2陸海軍官制2，第6件。

30)　沖縄県の軍事的位置づけに関しては拙稿「陸軍六週間現役兵制度と沖縄県への徴兵制施行」北海道教育大学紀要第一部B，第33巻第2号，1983年，参照。

31)　『明治二十七八年 日清戦史』第1巻，103頁。

32)　〈陸軍省大日記〉『弐大日記』乾，1893年12月，軍第315号。

33)　1891年6月陸軍砲兵会議条例改正により砲兵会議議長は監軍部の野戦砲兵監と要塞砲兵監の古参者が兼補し，同陸軍工兵会議条例により工兵会議議長は監軍部の工兵監が兼補すると規定した。これについて，陸軍省軍務局長は11月（日付欠）で，同兼補体制では今後の国防に関する多繁・枢要な砲兵事業・工兵事業の審議を容易に処理できないとして，砲兵会議条例と工兵会議条例を改正し，両条例を合体させた「陸軍砲工兵技術会議条例」の制定を起案し，かつ，同議長を専任制にすると起案して陸軍大臣に上申した（〈陸軍省大日記〉『弐大日記』乾，1893年12月，軍第

316号，軍第317号）。しかし，両条例の合体には同省内から異論が起こり，従前の両会議条例をそれぞれ踏襲して改正することになり，両会議の議長は各専任になった（1893年12月16日勅令第241号陸軍砲兵会議条例改正と同勅令第242号陸軍工兵会議条例の制定）。ただし，参謀本部は従前の両会議条例は現在の日本陸軍に最も適していると述べ，両会議の議長専任制に反対した。

34）〈陸軍省大日記〉『弐大日記』乾，1893年12月，軍第318号。

35）〈陸軍省大日記〉『明治二十六年 編冊補遺 壱弐参肆伍』第30号。

36）〈陸軍省大日記〉中『弐大日記』坤，1893年12月，参第97号。

37）〈陸軍省大日記〉中『弐大日記』乾，1895年2月，軍第10号。

38）39）『公文雑纂』巻19，1894年，陸軍省海軍省，第1件。

40）〈陸軍省大日記〉中『明治二十九年 日清事件綴込 秘密』第5号。

41）『公文類聚』第19編巻6，官職門1官制1陸軍省，第30件。

42）〈陸軍省大日記〉中『明治二十八年自一月二十二日至四月九日 臨着書類綴 大本営陸軍部』。

43）44）『公文類聚』第19編巻6，官職門1官制1陸軍省，第34件。

45）当時，憲兵隊は各府県に配置予定であったが，日清戦争開始前には2府（東京，大阪）と4県（宮城，愛知，広島，熊本）にのみ置いた。これに対して，憲兵司令官春田景義は1894年5月11日付で陸軍大臣宛に，憲兵隊の全国各府県漸次配置方針をとりつつも，さしあたり，衛戍地・要塞地等への設置を求め，憲兵条例中改正を上申した。これにより，陸軍省は「憲兵ハ陸軍兵ノ一ニシテ陸軍大臣ノ管轄ニ属シ軍事警察行政警察司法警察並高等警察ヲ掌ル」（第1条），「憲兵ノ職掌軍事警察ニ係ル事ハ陸海軍大臣ニ隷シ行政警察並高等警察ニ係ル事ハ内務大臣ニ隷シ司法警察ニ係ル事ハ司法大臣ニ隷ス」（第2条）と起案し，翌1895年3月8日付で内務大臣と協議した。しかし，内務大臣野村靖は4月27日付で第1条と第2条の「高等警察」の名称に難色を示す回答を発した。そのため，陸軍省は，内務省回答は「高等警察」の明文を掲げなくとも従来通り高等警察事務を執行させる主旨であるか，それとも今後は憲兵に高等警察事務を執行させないとする主旨であるか，が判然しないとした。そして，今後，高等警察事務を執行させない主旨ならば，陸軍省としては従来の経験に照らして支障があるので，内務省において再度詮議願いたいと照会した。この過程で，内務大臣はさらに難色を示したが，陸軍大臣大山巌は6月8日付で憲兵条例改正の閣議を請議した。しかし，内閣法制局の審査により「高等警察」を削除し，閣議決定された（〈陸軍省大日記〉中『密大日記』1895年，第28号，『公文類聚』第19編巻6，官職門1官制1陸軍省，第41件）。

46）陸軍省「衛戍条例ノ解説」『偕行社記事』第2号，155-156頁，1888年8月。

47)　〈陸軍省大日記〉中『弐大日記』坤，1896年8月，参第3号，『公文類聚』第20編巻7，官職門3官制3陸軍省2止，第9件。

48)　〈陸軍省大日記〉中『明治三十五年度 東京湾要塞防禦計画書』，同『明治三十五年度 下ノ関要塞防禦計画書』参照，科研費報告書『近代日本の要塞築造と防衛体制構築の研究』参照。

49)　原剛『明治期国土防衛史』432頁。

50)　各要塞の防禦計画と動員の基本的な方針は，①当該要塞所在地域に関する防禦計画（要領）書（「○○防禦計画要領」として上奏・允裁を経る。「○○」は当該要塞所在地域の関係地名等で，同地域の防禦目的を規定し，防禦計画策定の最重要基本文書になる），②要塞動員計画訓令，要塞防禦計画訓令（年度毎に上奏・允裁を経る），③戦時編制（上奏・允裁を経る），④陸軍動員計画令（上奏・允裁を経る），⑤陸軍動員計画訓令（年度毎に上奏・允裁を経る），によって策定される。これらの中で，②に関して，1897年度から1904年度までの要塞動員計画訓令，要塞防禦計画訓令の協議・上奏・允裁・令達日付等（＊は日付が不明）は**表24**の通りである。

表24　要塞動員計画訓令の制定過程（1897年度～1904年度）

年度	協議	上奏	允裁	令達
1897年度　要塞動員計画訓令	＊	1896.12（日付欠）	＊	＊
（東京防禦総督，第四，第六師団長に対して個別に訓令）				
1898年度　要塞動員計画訓令	1897.12.7	＊	＊	1897.12.18（個別に伝宣）
（東京防禦総督，第四，第六師団長に対して個別に訓令）				
1899年度　要塞動員計画訓令	＊	1898.12（日付欠）	＊	＊
（東京防禦総督，第四，第六，第十，第十二師団長に対して個別に訓令）				
1900年度　要塞動員計画訓令	1899.12.19	1899.12（日付欠）	＊	1899.12.19（裁可済通知）
（東京防禦総督，第四，第五，第六，第七，第十，第十二師団長に対して個別に訓令）				
1901年度　要塞動員計画訓令	1899.11.10	＊	1900.11.22	1900.11.26 送丙第278号
（1901年度　要塞動員計画訓令附録	1899.11.10	――	――	1900.11.26 送丙第279号）
1902年度　要塞防禦計画訓令	1901.9.9	＊	1901.10.10	1901.10.26 送丙第301号
（1902年度　要塞防禦計画訓令附録	1901.9.9	――	――	1901.10.26 送丙第302号）
1903年度　要塞防禦計画訓令	1902.10.14	＊	1902.10.28	1902.11.1 送丙第164号
（1903年度　要塞防禦計画訓令附録	1901.9.9	――	――	1902.11.1 送丙第165号）
1904年度　要塞防禦計画訓令	1903.9.23	＊	1903.10.6	1903.10.13 送丙第115号
（1904年度　要塞防御計画訓令附録	1903.9.23	――	――	1903.10.13 送丙第116号）

注：〈文庫 千代田史料〉中『明治二十九年十二月～三十四年度要塞動員計画』，〈陸軍省大日記〉中『密大日記』1898年1月-6月，第45号，同『軍事機密受領編冊』1900年7月-12月（3/3），第128号，同『軍事機密受領編冊』1902年7月-12月（2/4），第5号，同『軍事機密受領編冊』1903年7月-12月（2/2），第4号，同『軍事機密大日記』1904年1月-12月（2/4），第2号，から作成。

51)　〈陸軍省大日記〉中『密大日記』1896年7月-12月，第5号。その後，参謀本部は

「陸軍々備拡張案ノ理由書」(1895年10月起案，1896年4月修正，活版，本文全13丁)，「都督部編制理由書」(1896年3月印刷，本文全1丁)，「団隊平時編制改正理由書」(1896年1月起案，同4月修正，本文全23丁)，「新設並増設着手順序要領書」(1895年10月3日改正，1896年4月修正，本文全10丁)，「兵備拡張ニ関スル師管新分画ノ考案及之ニ応スル動員計画ノ意見」(1895年10月中旬修正，1896年4月中旬修正，本文全11丁，附表・附地図)，「既設旅団司令部及歩兵連隊移転順序」(活版，1葉)，を起案し陸軍省と協議した。そして，1896年7月4日に上記文書を一括して同省に送付し(「陸軍拡張ノ理由」及び注54)の「10月案」を含む，計20部)，各師団参謀長に参考として配布するように陸軍大臣に通知した。ここで，新設の師団・旅団の司令部や諸隊兵営の設置地が重要になるが，新設・移転の歩兵連隊の新兵営地はおよそ下記のように選定された。まず，陸軍省は参謀本部の1895年11月29日付の軍備拡張にかかわる陸軍管区表と陸軍常備団隊配備表の改正の協議をうけ12月11日に上奏し，翌1896年3月14日に勅令第24号として陸軍管区表，同16日に勅令第25号として陸軍常備団隊配備表が改正され(9月18日陸軍省送乙第3470号令達参照，新設・移転の歩兵連隊等の新衛戍地規定)，3月23日に勅令第31号臨時陸軍建築部官制が制定された。同省は2月14日に兵営地撰定方針(なるべく市外地で各兵営を連結構成しえる広大な地所で官有地，運輸交通と給養の便利地，等)・建設地積(歩兵連隊兵営は4万坪，等)・新設隊練兵場他面積(歩兵1連隊の練兵場は200間・200間の4万坪，等)を規定し，参謀本部の同意を経て，将校派遣による新衛戍地域の兵営地撰定の秘密的な実地偵察(新衛戍地の府県知事に対しては土地偵察の便宜供与を依頼)を実施した(〈陸軍省大日記〉中『弐大日記』乾，1896年2月，軍第48号，他)。この結果，7月2日から9月1日にかけて第七師団を除く新衛戍地の歩兵営敷地(約坪数，買収価格は家屋等移転料を含む1坪当たりの平均)は，①弘前(37,680坪，献納)，②山形(旧山形城，63,090坪，献納)，③村松(36,810坪，内20,940坪は献納)，④静岡(旧静岡城，42,000坪，献納)，⑤名古屋(春日井郡二条村，37,219坪，買収価格45銭余)，⑥金沢(石川郡野田村，142,000坪，献納地あり)，⑦鯖江(131,850坪，内31,260坪は献納，一部土地収用法適用)，⑧敦賀(43,265坪，買収価格21銭余，一部官有地あり)，⑨福知山(31,771坪，内4,082坪は献納)，⑩姫路(200,790坪*，献納地あり)，⑪鳥取(40,000坪，旧鳥取藩主池田侯爵家献納)，⑫浜田(30,750坪，他に献納地あり)**，⑬山口(38,734坪，献納地あり)，⑭善通寺(161,000坪，買収価格67銭余)，⑮小倉(140,663坪，買収価格50銭)，⑯大村(39,788坪，買収価格29銭)，⑰久留米(36,394坪，献納)，と概況が報告されている(〈陸軍省大日記〉中『編冊　特設部隊』1896年，所収の陸軍監督長野田豁通，臨時陸軍建築部事務官山田保永の報告書，*は騎兵・砲兵・輜重兵営と練兵場を含む，**は同『参大日記』1897年4月，臨第21号，参照)。なお，戦前から周知のように各地で兵営用地や練兵場造成等人夫の献納請願等を含む「誘致」「招致」運動が起こった。特に秋田市は兵営敷地献納のために市公債を起こして土地買収財源を確保し，1897年度市税収入予算は家屋税割増加（市税は前年比1.7倍増）により同償還費を組立てた。しかし，一部市民は兵営敷地献納目的の市公債の償還のための家屋税割増加を不当として1898年2月に秋田市に対して行政裁判を起こした。同行政裁判所（裁判長は周布公平）は10月7日に「兵営ノ建設ハ帝国ノ防備ニ属シ自治団体ノ利益ト直接ノ関係ヲ有スルモノニアラス，之カ為ニ寄附ヲ為スカ如キハ市制第二条ノ範囲ヲ超逸スルモノニシテ，其費用ハ市制第八十八条ノ必要ナル費用ニアラサルカ故ニ市ノ負担ニ期ス可キモノニアラス，従ツテ之ヲ市税トシテ原告等ニ賦課セシハ違法ナリ」と判決し，秋田市の全面敗訴になった（秋田市編集発行『秋田市史』第11巻，近代史料編上，487頁，2000年，同第4巻，近現代I通史編，2004年)。他方，秋田市と「招致」を競った六郷町（横手盆地東寄り，現在の美郷町）は1896年5月に住民有志が土地と人夫1万人献納を参謀本部・陸軍省宛に上申し，上京して参謀本部の伊地知幸介砲兵中佐に面談した際，「[同中佐は] 一国の利害に関係することは一介の県知事や有志者によって左右されるようなことはなく，これ以上決して運動しないよう注意があった。」とされている（六郷町史編纂委員会編『六郷町史』上巻・通史編，608頁，1991年，六郷町発行)。行政裁判判決と伊地知中佐発言も客観的には自治体の住民課税負担による兵営地等献納（請願による「招致」等）は国家統治上では想定されえないとする認識を示した。秋田市役所編『秋田市史』（下巻，489頁，1975年，歴史図書社復刻，原本は1951年）は同判決資料等を詳細に紹介しつつ「秋田市人が感情的で法理に暗い事と鹿を追ふもの，山を見ずの感が事を誤つたのである」と記述したのも当然であった。その上で，陸軍側が危惧していたのは，兵営や関連官衙・施設等建設は各種軍需の営みを随伴し，特に特定業者により該当（候補）地・隣接地が事前に買い占められ「地価暴騰」等が惹起され，土地購入に支障が生ずること等であった。他方，既に同年3月上旬の時点で福井県敦賀地域の住民一部は陸軍省に対して，「[新衛戍地の兵営敷地買収にかかわり] 設置適当地ノ所有者ハ不当ノ利益ヲ得ント欲シ非常ノ地代ヲ要求スル通弊有之候哉ニ聞知仕候然ルニ [中略] 万一地方ノ輿望ヲ顧ミス自個ノ利得ヲ貪リ不当ノ代償ヲ求ル如キ事有之候ハバ私儀等充分斡旋シ時価ヲ以テ上地候様尽力可仕候」云々と陳情する動きも出ていた（〈陸軍省大日記〉中『明治二十九年分 編冊補遺』第2号，所収)。陸軍省は地価騰貴を懸念して1896年10月15日に大阪府他17県知事宛に「各地主ヲシテ能ク国事ヲ思ヒ猥リニ [「奸商」] ノ扇動ニ左右セラレ一時ノ私欲ニ迷眩セサル様管下其向ヘ懇篤諭示セラルベシ」と内訓を発した（〈陸軍省大日記〉中『参大日記』1896年10月，臨第26号）。軍備拡張による歩兵連隊等の新設・移転地の選定・取得過程には秋田市のように当該地域内部の抗争等を随伴させた地域があり，土地買収価格等に関する当該地域の郡町村長等の斡旋尽力が報告されているが，いずれも軍隊への地域社会の馴致・順応化政策の一定の浸透結果を反映している。

52）『原敬全集 上』286-310頁所収の「陸戦公法」。

53）〈陸軍省大日記〉中『明治二十七八年 戦役日記 明治二十八年九月 秘』第8号。参謀本部第一局により起案された。

54）『秘書類纂 財政資料 中』所収の「陸軍々備拡張案 明治二十八年九月参謀本部起案」及び「陸軍々備拡張ノ理由書 明治二十八年九月参謀本部起案」とほぼ同一。本案は特に沖縄への警備隊新設を起案したことが特色である。沖縄警備隊は従来からの警備隊設置計画の延長による新設起案であった。陸軍省軍務局長は同年8月31日付で軍備拡張の予算調査のために「新設」「増設」「改正」にかかわる平時の諸団隊司令部編制表や諸隊編制表の印刷を陸軍大臣官房に上申した。同上申の諸編制表には「沖縄警備隊編制表」「平時沖縄警備隊司令部編制表」「平時沖縄警備隊騎兵中隊編制表」「平時沖縄警備隊砲兵大隊編制表」（各100部印刷）があり，騎兵中隊及び砲兵大隊も新設する計画であった（〈陸軍省大日記〉中『弐大日記』乾，1895年9月，軍第3号）。また，要塞砲兵隊として，「平時大湊要塞砲兵連隊編制表」と「宇和島要塞砲兵大隊編制表」を印刷することになったが（各100部印刷），青森県大湊には函館要塞砲兵大隊よりも大規模の要塞砲兵大隊設置を起案し，「宇和島要塞砲兵大隊」の設置も調査したことは注目される。しかし，同10月参謀本部第一局起案の「陸軍々備拡張案」（活版，本文全3丁，本章では「10月案」と表記）では，新設師団を5個とし，第七師団常備隊を新設した（常備隊及び屯田兵隊からなる第七師団を置き，屯田兵司令部を第七師団司令部と改称，同常備隊と屯田兵隊を兼轄）。ただし，沖縄警備隊の新設は注51）の1896年陸軍常備団隊配備表改正（陸軍省送乙第3470号，警備隊は他に小笠原・佐渡・隠岐・大島・五島・対馬）に規定されたが，1899年9月7日陸達第87号の陸軍常備団隊配備表改正では規定されず，沖縄全島の事実上の非武装化が確定された。

55）『公文類聚』第21編巻8，官職門2官制2陸軍省，第23件。

56）田崎治久編著『日本之憲兵』346-347頁，1971年，原書房復刻，原本は1913年。

57）〈陸軍省大日記〉中『密大日記』1898年，第48号。日清戦争後の要塞建設の中で函館要塞の建設については（建築工事の労役供給と事故発生，要塞敷地の収用・管理替えと植生・樹木伐採売却等），拙著『函館要塞について』（函館学ブックレット No. 17，2011年，キャンパス・コンソーシアム函館発行）参照。

58)〈陸軍省大日記〉中『明治三十三年自一月至六月 密受受領編冊』第94号。

59)〈陸軍省大日記〉中『明治三十五年自七月至十二月 密受々領編冊』第19号。

60)〈陸軍省大日記〉中『明治三十年 編冊補遺 壱弐参肆伍』。

61)〈陸軍省大日記〉中『弐大日記』乾，1901年4月，軍第27号。

62)〈陸軍省大日記〉中『伍大日記』1901年5月，築第1号。会計規則第83条は「随意契約ノ場合ニ於テハ各省大臣の見込ニヨリ請負人ノ保証金ヲ免除スルコトヲ得」と規定していた。

63)「大呉市民史」刊行委員会編『大呉市民史』(明治編)，38-39，269-275，290-293頁，1977年，原本は呉新興日報社編著，1943年。呉市史編纂室編『呉市史』第3巻，259頁，1964年。ちなみに，1900年の呉港(1900年当時の和庄町・荘山田村・宮原村・二川町〈吉浦村から両城，川原石地区が分離〉の4町村の合計戸数は10,513戸，合計人口は46,971人)での諸営業は，旅館80，下宿屋46，木賃宿49，雇人宿13，湯屋59(1900年末現在)とされた。他方，翌1902年7月には同造船廠職工が作業材料管理や通勤日常服と作業服(鉄錆・ペンキで汚れたものを職場に置く)の区分管理等を要求して総罷業に突入し，呉地方の最初の労働運動が発生した。

64)〈陸軍省大日記〉中『伍大日記』1901年7月，築第7号，同『伍大日記』1901年11月，築第1号，同『伍大日記』1901年7月，築第4号，同『伍大日記』1901年10月，築第7号。築城部本部は同年6月21日付で台湾の基隆砲台建築工事においては「[基隆は]台湾唯一ノ良港トシテ百貨ノ輻輳スル所ナルヲ以テ是等ノ労働者ハ悉ク港内ノ民業ニ従事シ高価ノ賃金ヲ得且多クハ無頼者ニ有之砲台建築等ニハ殆ト応スル者無之故ニ工場附近ニ於ケル部落ニ就キ其庄長等ノ如キ土地名望家ニ熟議ヲナシ良民ヲシテ出役セシムル者ニシテ其供給ヲ請負ハシムル者モ亦内地人及土人中最モ信用ヲ置クニ足ル者ヲ採用セサル可ラス」と指摘し，雇傭契約保証金を理解させることは容易でないとした。

65)　長崎砲隊は1872年5月に長崎振遠隊中の祝砲の兵員を鎮西鎮台管轄長崎砲隊と改称して編成され，1873年に熊本鎮台管轄下に入り，1876年6月に熊本鎮台に予備砲兵第3大隊(1個小隊)が置かれることによって解隊された。

66) 67) 68) 69)『公文録』1875年9月内務省3，第44件下。

70)『公文録』1876年9月陸軍省，第8件。

71)　1876年火薬庫圏線規則は国土防禦・軍備等の政策視点から制定されたのでなく，一般民政の視点から制定された。したがって，本規則は1884年12月太政官布告第31号火薬取締規則(火薬の製造・売買・貯蔵・運搬等にかかわる管理規則)の制定により消滅した。その後，内閣法制局法制部は鉱業条例案を起案し，1890年4月12日付で陸軍省軍務局宛に「宮城離宮皇陵陸海軍所轄城堡及火薬庫ノ周囲三百間以内ノ場所ハ鉱区内ニ加フルコトヲ得ス」という条文設定に関する支障等の有無を照会した（〈陸軍省大日記〉中『壱大日記』1890年4月，総閣第111号）。陸軍省は4月16日付で「火薬庫」を「火薬製造所火薬庫弾薬庫」と修正されたいことを回答した。この結果，内閣法制局は海軍省や宮内省の照会・回答も含めて条文を整備・決定し，さらに，元老院会議での加筆修正を経て，1890年9月25日法律第87号鉱業条例が制定され，その第24条において「宮城，離宮，神宮，皇陵，陸海軍所轄城堡，軍港，要港，火薬製造所，火薬庫及弾薬庫ノ周囲三百間以内ノ場所ハ試掘又ハ採掘若ハ鉱業上使用スルコトヲ得ス但シ軍港，要港ハ其ノ鎮守府司令長官ノ許可ヲ得タル場合ニ於テハ此ノ限ニアラス」と規定された（下線部は元老院第一読会全部付託調査委員の1890年8月29日付修正報告における加筆，〈単行書〉中『明治二十三年修正報告［元老院］会議部 坤 第一課記録掛』）。

72) 73) 『公文録』1878年12月陸軍省，第4件。

74) 『秘書類纂 兵政関係資料』30頁。なお，周布公平内閣書記官長は1890年4月25日付で桂太郎陸軍次官宛に，帝国議会開設前に公布を要する案件と同年議会の協賛を経て制定公布されるべき案件を整理区分して5月中に閣議に提出すべきという閣議決定を既に3月4日付で通知したが，まず同閣議提出の案件を区別して各目録を至急回付してほしいことを照会した。桂陸軍次官は5月5日付で新たに「提議スヘキ分」の法律として「防禦地帯令（新設）」他の目録を送付した（〈陸軍省大日記〉中『弐大日記』乾，1890年5月，官第15号）。ここでの「防禦地帯令」は，要塞を含む戦闘地域や防禦地帯の設定と同地帯での戦闘活動による建物等の損害発生の処分方法を考案したと考えられる。

［**補注1**］当時の日本に紹介されたフランスとドイツの防禦営造物所在地周囲の土地所有制限の概要は次の通りである。第一に，フランスでは城砦等の防禦営造物地域の土地管理法令として，「戦所」を規定した1791年7月10日の法令，さらに防禦営造物地域を「戦所」と「衛所」に区分した1851年7月10日の勅令が制定された（1853年8月10日の勅令等により増補，婆督備氏『仏国政法論』第1帙・上巻，489-494頁，岩野新平訳，1882年，司法省蔵版）。ここで，「戦所」は攻囲戦闘地域，「衛所」は衛戍地である。同法令により，「戦所周囲防禦線」を三地帯に区分し，各地帯内土地所有者に対して負担義務を課した。およその義務は，①第一地帯（城砦より250m）では枯木又は孔のある板の囲いでなければ建築を禁止し，大小樹木の植樹を禁止する，②第二地帯（城砦より487m）では石・煉瓦を使用せず，土・木の建築又は囲いでなければ建築できない，ただし衛所がある場合はすべての建築を禁止し，建築物は補償金なしに破壊できる，③第三地帯（城砦より974m）では建築物の位置・整理区画につき工兵士官と協議しなければ道路開設・土堤築設・資材貯蔵

所設置を禁止する，とした。ただし，第一地帯内存在の建築物で防禦線制定以前の建築物は存置でき，補償金なしには破壊できず，建築物全部の再築は新築とみなされ（禁止），長年にわたる頽落防止の修繕は再建とみなされた。なお，新たな戦所設置の場合，同地帯内の負担義務を負う土地所有者の建築物等撤去等の補償金請求は上記法令の規定に限られ，その他は一般の法令にもとづくとされた。第二に，ドイツでは1871年12月21日の布告により，守城防戦時において敵兵潜伏に便宜を与える城砦周囲建物の除去を目的にして，城砦周囲土地所有権の制限を規定した三地帯の防禦線規則を制定した（ドイツ警視総監ヒュー・デ・グレー著『独孛政典』202-204頁）。これらの三地帯内の地所の変形・築造は城砦司令官の特別認可を必要とし，さらに禁止制限としては，およそ，①第一地帯（城砦より600m）ではすべての住宅と燃焼場及び破壊が容易でない建物の設置を禁止する，②第二地帯（第一地帯より375m）では堅質物による建物をすべて禁止する，③第三地帯（第二地帯より1,275m）では高低にかかわらず永年保存地所造成や塔に類する建物を禁止する，とした。ドイツでは，防禦線地帯内の大規模の建物・土地の築造や変更に関するすべての訴願は，「帝国城砦防禦地事務委員」（皇帝の勅任，財務官吏管轄）により裁決され，防禦線規則による不動産価値低下時は，従前の制限による下落よりも甚だしき場合に限って賠償を得る権利があり，不動産価値が従前の相当代価の3分の1よりもさらに下落した時には下落高にかつての年毎の収益分（地代・家賃等）に利子を加えて下付するとした。他方，城砦下での開戦時には，命令により防禦線内の建築物・保管貯蔵品・木石土砂等はすべて除去しなければならず，第一地帯と第二地帯の防禦線内の建物で防禦線画定以前に設置されたものは除去に対して相当の賠償がなされるとした。なお，同開戦時に軍用に供した地所で戦後に返却されたものは公用土地買上規則により相当の賠償をするとした。

［**補注2**］「要塞地帯」の用語により欧州の要塞地帯法を紹介したものに江藤鏞陸軍砲兵少佐「セルビー国要塞地帯令」『偕行社記事』第148号，87-88頁，1896年6月，という抄訳・評論がある。江藤砲兵少佐は1896年3月フランス刊行の『外国兵事新誌』を抄訳・評論し，セルビア国の1895年12月発布の要塞地帯令は（要塞の堡塁・砲台付近地域が陸軍に対して遵守すべき義務と陸軍官憲が要塞内又は堡塁・砲台付近住民に対して行使できる権利を規定），要塞地帯を三地帯の境界に区分したことを指摘した。すなわち，①第一地帯（直接地帯）は堡塁・砲台から300m以内で，すべて官有地とし，陸軍官憲の許可がなければすべての立入りを禁止する，②第二地帯（近接地帯）は堡塁・砲台から1,200m以内で，本区域内では森林・果樹園・囲墻その他すべての建築物を設置できない，③第三地帯（遠隔地帯）は堡塁・砲台から4,000m以内で，本区域内では森林・果樹園・囲墻及び軽易な建築物の設置を妨

げない，と規定した。ここで，第二地帯内と第三地帯内においては，地主は所有証明書を要塞司令官に提出し，随意に本区域内に出入できるが，予め同人名を要塞司令官に届けることを必要とした。また，第二地帯内と第三地帯内は非常時・臨戦時には地主であっても出入禁止があるとした。ただし，第二地帯内と第三地帯内の住宅はこれらの義務に服する限りではないとした。なお，要塞内居住の陸軍外の人民は，要塞の安寧秩序に関してはすべて陸軍官憲命令に服従しなければならず，そこでの犯罪は要塞外犯行でも軍衙の裁判を受けるとした。江藤砲兵少佐によれば，当時の欧州各国の中でセルビア国（人口約2百万人）の要塞地帯令は最新のものとされ，特に，各地帯の区域範囲が最も拡大されたことを指摘している。その上で，江藤砲兵少佐は日本も「速カラス要塞地帯令ヲ発布セラルルヘト［ママ］信ス」と述べ，さらに「兵器ノ進歩ヲ考察シ又国防ノ為メニハ一局地ノ便益ヲ犠牲ニ供スルノ点ニ於テ決シテ南欧ノ一小国［中略］ニ恥チサランコトヲ切望ニ堪ヘサル所ナリ」と指摘し，セルビア国の要塞地帯令よりもさらなる負担義務が課せられる要塞地帯法が制定されることを望んだ（二重傍線・圏点を削除）。

75）『公文類聚』第22編巻23，軍事門2陸軍，第7件。

76）〈陸軍省大日記〉中『弐大日記』乾，1898年10月，軍第9号。

77）78）〈陸軍省大日記〉中『弐大日記』乾，1899年7月，軍第38号。「陸軍省協議案Ⅰ」の主要条項は下記の通り。

第一条　要塞ノ本部，堡塁，砲台，水雷衞所其他国防ノ為メ建設シタル諸般ノ防禦営造物ヲ総称シテ国防用防禦営造物ト謂ヒ其周囲ノ地区ヲ要塞地帯ト名ク

第二条　要塞地帯ハ之ヲ三区ニ分チ国防用防禦営造物ニ最モ近辺スル地区ヲ第一区トシ第一区ニ次クモノヲ第二区トシ第二区ニ次クモノヲ第三区トス

第三条　要塞地帯ノ幅員ヲ定ムルニハ防禦営造物ノ各突出部ヲ連接スル線ヲ基線トシ此線ヨリ各定ムル所ノ幅員ヲ保タシム但凹角アル場合ニ於テハ基線ト防禦営造物間ノ地ハ第一区ニ属ス

第四条　要塞地帯各区ノ幅員ハ左ノ範囲内ニ於テ陸軍大臣之ヲ定ム

第一区　基線ヨリ測リ弐百五拾間以内

第二区　同七百五拾間以内

第三区　同弐千弐百五拾間以内

第五条　前条ノ幅員ヲ定ムルニ当リ軍港又ハ要港境域内ニ亘ルトキハ陸軍大臣，海軍大臣ト協議シテ之ヲ定ム

第六条　地帯各区ノ境界ハ陸軍大臣，要塞司令官ヲシテ之ヲ画セシム

第七条　前条執行中要塞司令官ハ部下官僚ヲシテ地帯各区及何レノ場所ヲ問ハ

［ママ］ズ出入セシムルコトヲ得

第八条　要塞地帯ヲ定メタルトキハ陸軍大臣之ヲ告示ス地帯ノ制限ハ此告示ノ日ヨリ効力ヲ有シ要塞司令官ノ監視ニ属ス

第九条　何人ト雖モ所轄要塞司令官ノ許可ヲ経ルニ非サレハ要塞地帯内ニ於ケル地形ノ測量撮影及模写等ヲ為スコトヲ禁ス

第十条　要塞地帯ノ第一区ニ属スル水面ニ在テハ所轄要塞司令官ノ許可ヲ経ルニ非サレハ漁撈，採藻，艦船ノ繋泊，土砂ノ掘鑿又ハ測量ヲ為スコトヲ禁ス但此水面軍港又ハ要港ノ境域内ニ在ルトキハ各港則ノ禁スル所ニ従フ

第十一条　第一区ニ於テ新設ヲ禁スルモノ左ノ如シ

一　不燃質物ノ家屋及倉庫　二　窖室及固定竈炉　三　高サ三尺以上ニシテ不燃質物ノ諸構築物

第十二条　第一区内ニ於テ要塞司令官ノ許可ヲ経ルニ非サレハ新設スルコトヲ得サルモノ左ノ如シ

一　埋葬地　二　水車及風車　三　井戸　四　容易ニ移動カヘカラサル機関ヲ具フル諸家屋　五　生垣及木造ノ囲牆　六　第九条第一項ニ於テ禁セサル諸家屋及倉庫

第十三条　第二区内ニ於テ要塞司令官ノ許可ヲ経ルニ非サレハ新設スルコトヲ得サルモノ左ノ如シ

一　全部圬堵製ノ家屋及倉庫　二　埋葬地　三　高サ六尺五寸以上ニシテ不燃質物ノ諸構築物

第十四条　第一区第二区内ニ於テ要塞司令官ノ許可ヲ経ルニ非サレハ屋外若クハ屋内ニ累積スルコトヲ得サルモノ左ノ如シ

一　第一区内ニ於テハ高サ五尺，第二区内ニ於テハ高サ八尺以上ニ累積スル不燃質物及石炭類

二　第一区内ニ於テハ高サ一丈三尺，第二区内ニ於テハ高サ一丈七尺以上ニ累積スル薪炭，竹木材

第十五条　第一区第二区内ニ於テ要塞司令官ノ許可ヲ経ルニ非サレハ在来ノ家屋倉庫及諸構築物ノ改築ヲナスコトヲ得ス但シ改築ハ本法新設ニ関スル制限ニ従フヘキモノトス

第十六条　各区内ニ於テ要塞司令官ノ許可ヲ経ルニ非サレハ新設若クハ変更スルコトヲ得サルモノ左ノ如シ

一　地上ノ高低ヲ永久ニ変更スル土工即チ堆土，開鑿業　二　溝渠，塩田，排水及灌水　三　公園，育樹場，森林及菓園　四　耕作地

第十七条　各区内ニ於テ陸軍大臣ノ許可ヲ経ルニ非サレハ新設若クハ変更スルコトヲ得サルモノ左ノ如シ

堤塘，運河，道路，橋梁，鉄道，隧道，永久桟橋

第十八条　地帯ノ制限ニ関シ要塞司令官ノ指令又ハ命令ニ服セサル者ハ其指令又ハ命令ヲ受タル日ヨリ三十日以内ニ陸軍大臣ニ訴願スルコトヲ得但シ陸軍大臣ノ裁決ハ之ヲ終審トス此訴願中指令又ハ命令ノ執行ヲ停止スルコトナシ

［中略］

第二十五条　要塞地帯創設ノ為メ地所ノ価格，地帯告示ノ日ノ価格ヨリ減スルトキハ補償金ヲ下付ス

［中略］

第二十九条　本法ニ於テ要塞司令官ノ為ニ規定シタル条項ハ要塞ノ設ケサル島嶼ノ警備隊司令官ニモ適用ス

［以下略］

79）〈陸軍省大日記〉中『明治三十一年　官房編冊　本省，臨時軍用水道布設部，参謀本部』。

80）81）〈陸軍省大日記〉中『弐大日記』乾，1899年7月，軍第38号。

82）『公文類聚』第23編巻27，軍事門1陸軍，第2件。ところで，なぜ，要塞地帯法案の閣議請議が1年後になったのか。これは，法案内容上では同時期の起案・調査の軍機保護法案との調整などがあったことも考えられる。桂太郎陸軍大臣は1898年3月8日付で参謀総長川上操六と軍機保護法案の協議に入った。その中で第3条中に違反行為の「録取」が起案されていた。軍機保護法案は同年10月10日に閣議請議されるが，陸軍省起案の第3条（1899年7月法律第104号軍機保護法では，第4条）の中で，違反行為の「録取」の文言は，11月10日付の要塞地帯法案の「陸軍省案」の第9条にも起案されていた。つまり，陸軍省内は要塞地帯法案と軍機保護法案を一体的に調査し双方同時公布・施行の意図が意味される。

83）『第13回帝国議会貴族院議事速記録』第16号，1899年1月26日，4-6頁。

84）『帝国議会貴族院委員会会議録11第13回議会　明治31・2年〔一〕』733-757頁，1995年，臨川書店複刻。

85）『第13回帝国議会貴族院議事速記録』第25号，1899年2月15日，1-11頁。

86）『官報号外　第13回帝国議会衆議院議事速記録』第37号，1899年2月25日，17頁。

87）『公文類聚』第23編巻27，軍事門1陸軍，第1件，第2件。

88）〈陸軍省大日記〉中『弐大日記』乾，1899年7月，軍第39号。

89）『公文類聚』第23編巻10，官職門3官制3陸軍省，第14件。

90）〈陸軍省大日記〉中『弐大日記』乾，1899年7月，軍第40号。

91）92）〈陸軍省大日記〉中『弐大日記』乾，1899年8月，軍第45号，軍第40号。

93）〈陸軍省大日記〉中『壱大日記』1899年11月，府第9号。要塞地帯内では鉱業権との関係における禁止制限とその解除問題があった。第一に，佐世保要塞地帯のように多数の石炭鉱区を抱えていた伊瀬知好成第六師団長は1902年2月18日付で陸軍大臣宛に，1890年鉱業条例第24条（注71）参照）においては石炭採掘者はたんに鎮守府司令長官に願い出て許可を得ることになっているが，むしろ要塞地帯法第10条等にかかわるものが重大であるが故に，要塞地帯での採掘許否の権能は鎮守府司令長官よりも要塞司令官に移す必要があり，同第24条を「但軍港，要港ニ在テハ鎮守府司令長官要塞地ニ在テハ要塞司令官ノ許可ヲ得タル場合ハ此ノ限リニアラス」と改正すべきことを希望すると稟申した（〈陸軍省大日記〉中『肆大日記』1902年3月，六第7号）。これについて，陸軍省は，①要塞地帯内の採掘は要塞地帯法のみにより取締ることは可能であり，鉱業条例が禁止しないことを要塞地帯法で禁止することはできないことではない，②しかるに，第六師団長の稟申のように鉱業条例第24条を改正するならば，要塞地帯内での鉱業を「許否スルコトヲ得ルノ意」になり，そのことはできないので，同稟申は益するものがなく改正の必要がないと判断した。この結果，陸軍省庶務課長は3月20日に第六師団長宛に，農商務省により鉱業法案が第16回帝国議会に提出されているので（未決になったが），さらに次回帝国議会での提出の際に稟申趣旨が貫かれるようにしていきたいと通知した。その後，1905年3月7日法律第45号鉱業法が制定され，同第10条は「宮城，離宮，神宮及皇陵ノ周囲三百間以内竝要塞地帯第一区内ノ場所ハ之ヲ鉱区ト為スコトヲ得ス　陸海軍所轄ノ軍港，要港，火薬製造所，火薬庫及弾薬庫ノ周囲三百間以内竝要塞地帯第二区及第三区内ノ場所ハ所轄官庁ノ許可ヲ受クルニ非サレハ之ヲ鉱区ト為スコトヲ得ス　前二項ニ掲ケタル場所ハ所轄官庁ノ許可ヲ受クルニ非サレハ鉱業ノ為之ヲ使用スルコトヲ得ス」と規定した。ここで，特に要塞地帯第一区内場所の鉱区化が禁止されたが，1902年3月からの鉱業法原案主管の農商務省と陸軍省との協議過程において，陸軍省が1902年7月23日付で参謀本部宛に同原案に対する意見を照会した際に，田村怡与造参謀次長の同8月1日付の陸軍総務長官宛回答（原案第9条の次に「要塞地帯ノ第一区ニ属スル地域ハ之ヲ鉱区ト為スコトヲ得ス　鉱業ノ為メ要塞地帯内ノ地域ヲ使用セントスル時ハ要塞地帯法ニ従フモノトス」を追加）にもとづき陸軍省意見が形成され，両省間交渉と内閣法制局了解を経て成案化されたのである（〈陸軍省大日記〉中『弐大日記』乾，1902年12月，軍第15号）。第二に，陸軍省宛に提出された1908年11月4日付の長崎県佐世保村所在の高橋勝太郎の同県北松浦郡中里村地内石炭鉱区（22,075坪）での石炭採掘の鉱業権保障（要塞地帯法第10

条と第16条の禁止制限の解除）と同鉱業権取消し処分中の補償金下付等の嘆願がある（〈陸軍省大日記〉中『壱大日記』1908年12月，県第16号）。それによれば，①高橋の鉱業権は，長崎県佐世保村所在瀬尾曽根吉（1892年12月に炭鉱採掘の特許を受けた）所有の特許を同人死亡により相続人から嘆願人高橋に譲渡され，1896年11月に農商務大臣から名義書がえの許可を受け，1902年9月に鉱区図修正許可を受けて採掘に従事してきた，②嘆願人の鉱業は突然1904年6月に農商務大臣から「公益ニ害アリ」として鉱業権取消しの処分命令が下されたが，1896年操業開始から鉱業税を完全納入してきたこともあるので行政裁判所に出訴した結果，1907年7月に農商務大臣の特許取消し処分の取消しの判決があり（嘆願人の勝訴），同年8月に農商務大臣は特許取消し処分の取消しを嘆願人に指令した，③ところが，1904年6月の鉱業権取消し処分当時以降，「憲兵警官等ノ官吏ハ右鉱業ノ場所ノ坑口ヲ人夫ヲ使役セラレ坑口ヲ破壊シ土壌ヲ坑口内ニ運ヒ入レ鉱業ノ容易ニ実施スルコトヲ得サルマテノ程度ニ埋メラレタル」結果，原状復活のための修理営繕には多数の日数と至大の費用を投入せざるをえない状態であり，かつ，今後の同鉱区での鉱業の際には「国防建設物ニ危害ヲ及ホスノ恐レアリ且ツ軍事上ノ機密ノ妨害トモナルヘキノ故ヲ以テ更ニ憲兵卒又ハ警官ノ御派出トナリ嘆願人等ノ鉱業ヲ停止セラルルヤノ恐レアリテ」，鉱業継続の困難のしだいもありえるので，陸軍省は嘆願人等の鉱業の安全保障をしてほしい，④もっとも，嘆願人等は「佐世保要塞司令部ノ意ニ反シ国家ノ公益ヲ害スルカ如キコトハ国民ノ本分トシテ敢テ為ササル所ニ付充分ノ注意ニヨリ謹慎ニ稼行可仕ハ勿論ノ事」であり，鉱区が要塞地帯内に存在することをもって「軍事上ノ必要上御差支ナリトノ厳達ニ接シ候ハハ嘆願人ハ軍事上ノ必要ヲ無視スルノ不忠ノ国民ニモアラスト信シ居リ候」の故，相当金額による補償が下付されればいつでも廃業手続きをとる存念である，と記述した。ちなみに，嘆願人の「固定資金及鉱区価格」は合計365,076円余とされた（坑道水抜開鑿費・建物及び道敷費・鉱区譲受費等が48,844円余，鉱区内石炭数量が316,233円）。これに対して，陸軍省は嘆願人高橋の願い書を受け入れ，1908年12月17日に陸軍省告示第27号を公示し，佐世保要塞地帯において，要塞地帯法第10条第16条中事項で鉱業に関する禁止制限の解除区域を追加した（長崎県北松浦郡中里村・大野村他村各一部の区域）。また，同省は同日に淡中孝八郎（嘆願人の代理人）宛に石炭採掘の便宜を図るために陸軍省告示第27号の公示を通知し，さらに，佐世保要塞司令官宛に嘆願人の鉱業権保護のために陸軍省告示第27号の公示を通知した。なお，ここで，嘆願人が④のように，要塞地帯法による軍事負担をたんに経済的負担義務としてではなく，「不忠ノ国民」にならないように（あるいは「不忠ノ国民」と称せられないように）するためのいわば思想的負担義務としてうけとめたことは，注101）の［補注］の長崎地方裁判所の意見と同様に思想統制的側面をもって施行されたことが意味される。

94）〈陸軍省大日記〉中『弐大日記』乾，1899年7月，官第4号。

95）〈陸軍省大日記〉中『弐大日記』乾，1900年12月，軍第13号，1901年3月の誤字正誤により修正。③の標石（直方体の石柱，現存を含む）の設置事例は，拙稿「函館山要塞の地図について」函館市史編さん室編『地域史研究 はこだて』第35号，2002年9月，参照。

96）陸軍省は1899年2月の貴族院・衆議院での要塞地帯法案可決後に同法実施の諸準備に入った。第一は，3月から同法案第3条規定の要塞地帯幅員の画定準備であった。これは，東京湾・下関・由良他の要塞司令官等と海軍省当局者との間で必要な協議を経て調査を進めた（〈陸軍省大日記〉中『弐大日記』乾，1899年7月，軍第40号）。第二は，同3月に要塞地帯法実施準備規程と要塞地帯図及要塞地帯明細帳整理規程を規定し（内達），要塞地帯各区域の標識仮設や，要塞地帯図と要塞地帯明細帳調製等の準備に入った。しかし，特に土地台帳登載の各区の土地の要塞地帯図と要塞地帯明細帳の正確な調製は容易でなかった。たとえば，築城部長崎支部長は1899年4月22日付で同省宛に要塞地帯図調製に関して，縮尺二千五百分の一の図は当所官署又は公署に備付されたものはなく，税務署には土地台帳の附属字図があるけれども，「梯尺ニ拠リタルモノハ殆ント稀ニシテ甚シキモノニ至リテハ丸キ団地ヲ四角ニ現シ或ハ一反歩ノ山林ハ一町歩ノモノヨリ大ナル等到底此等ノモノニ依リ一部落ノ図面ヲ編製シ得ルノ望ナシ」と指摘し，漸次「実測ノ上」で調製すべきかと質問した（〈陸軍省大日記〉中『伍大日記』1899年4月，築第11号）。同省高級副官は4月27日付で意見の通りと回答したが，その後，実測による調製は指示されなかった。他方，舞鶴要塞司令官は1900年10月23日付で陸軍大臣宛に同規程関連の要塞地帯明細帳の整理に関して，地方裁判所や税務署等より地目類や所有主の変更を要塞司令部に通報させることを詮議してほしいと稟申したが，検討されなかった（〈陸軍省大日記〉中『弐大日記』乾，1900年12月，軍第13号）。なお，海軍省も1899年4月29日に要塞地帯法実施準備規程を規定し（官房第2045号），鎮守府長官他に指令して要塞地帯の各区域の仮境界を定め，標識設置準備等を進めた（海軍省編『海軍制度沿革』巻15，202-203頁，1972年，原書房復刻，原本は1942年）。

97）〈陸軍省大日記〉中『弐大日記』乾，1899年8月，軍第12号。

98）海軍省編『海軍制度沿革』巻15，204頁。

99）〈陸軍省大日記〉中『明治三十三年自四月至六月 肆号編冊』。

100）〈陸軍省大日記〉中『弐大日記』乾，1899年8月，軍第39号。

101）〈内務省〉中『内務省警保局 明治三十年 内務大臣決裁書類』。

［**補注**］日露戦争後に司法当局は要塞地帯法違反の予防方策強化を主張した。す

なわち，司法省刑事局長平沼騏一郎は1911年3月17日付で長崎地方裁判所宛に，近来佐世保区裁判所管内において要塞地帯法違反事件が多数増加しているとして，その原因探査報告と予防方策の意見提出を指示した。これについて，長崎地方裁判所検事正佐藤春樹は1911年4月10日付で回答書を発したが，その概要は下記の通りである（〈内務省〉中『警保局決裁書類』1911年，内務省警保局）。違反事件の件数推移と原因等は**表25**の通りであるが，佐藤検事正は，第一に，違反原因として，①違反内容は現地住民の山林開墾や田畑の開拓・宅地化によるものが大半で，出願手続きを厭い又は出願・許可の手続きを知らなかったことが原因であり，②2年2箇月間余に総数28件が発生しているが（検挙件数は総計28件），1911年の検挙件数計22件に対して違反件数は2件になっているので，「犯罪激増ノ傾向アルニアラスシテ従来ノ検挙緩慢ナリシ処」ではあるが，憲兵隊における要塞地帯内の「巡廻線路」なるものは，従来は同線路の視線内犯罪の有無のみを視察しかつ現地住民に注意を喚起させることにとどまっていたが，近来では視線外の地区の巡視・調査により続々と犯罪を発見し，告発せざるをえなくなった状況を反映している，③要塞地帯内の土地建物に対する開墾や形状変更は市町村長経由で地方長官の許可を得た後に改めて要塞司令官の認可を必要とする手続きであるが，「無知ノ農民等」は同手続きを聞き，煩雑であると考え，労を厭いて出願しない事情がある，④出願手続きに入る者も「無筆又ハ手続ヲ知ラサルヨリ代書人ニ依頼セハ代書人ハ言巧ミニ出願手続ノ容易ナラサルヲ説キ自己ニ一切ヲ委任セハ万事処理シ遣ハスヘシトテ五円乃至十円ノ報酬ヲ求ムル者アリテ出願者ハ失費ノ多額ナルニ驚キ依頼ヲ躊躇シ他ノ無許可開墾者ノ検挙セラレサルヲ見テ其ノ嚬[ひそみ]ニ倣フ者アリ」と指摘した。第二に，犯罪予防方策として，①憲兵の巡廻は常に巡廻線路を異にして視察し，巡視の際には現地住民に対して犯罪行為がないように諭示し，出願手続きを教示する，②要塞地帯法違反のような軍事犯は主に憲兵隊が担当しているが，普通警察官も協力注意する，③市町村長に対しては，管内住民へ，「要塞地帯法ハ国防上ノ必要ヨリシテ制定セラレタル重要法律ナルカ故ニ之ニ違反スルカ如キハ国家ニ不忠ナルモノニ付キ」，必ず許可を受ける手続きをする，区長等は同手続きを知らない者等にすべて手続きすべき旨を懇諭するように諭告する，④犯罪の情状が重いものは従来に比して科刑を重くする，と回答した。ここで，特に③のように長崎地方裁判所が要塞地帯法違反者を「国家ニ不忠ナルモノ」と認識したことは，要塞地帯法等の軍事負担法律がいわば思想統制的側面も含みつつ施行されたことが意味される。その後，平沼刑事局長は同4月24日付で内務省警保局長宛に長崎地方裁判所の回答書（写し）を参考として送付し，内務省警保局長はさらに5月4日付で憲兵司令官及び要塞所在地の北海道庁と神奈川県他12府県に同回答書を送付した。

表25　佐世保区裁判所管内要塞地帯法違反件数（1909年～1911年3月）

1909年中	犯罪数計6件
犯罪原因	要塞司令官へ出願の労を厭う（2件），許可を受けるべきことを知らない（4件）
罪　種	山林を開墾して畑にする（5件），田を宅地にする（1件）
犯罪行為着手月	4，5，6月各1件，9月2件，11月1件
1910年1月～6月	**犯罪数計9件**
犯罪原因	要塞司令官へ出願の労を厭う（3件），許可を受けるべきことを知らない（6件）
罪　種	山林を開墾して畑にする（8件），宅地の傾斜を掘鑿して平面地にする（1件）
犯罪行為着手月	1，2，3月各1件，4月4件，6月2件
1910年7月～12月	**犯罪数計11件**
犯罪原因	要塞司令官へ出願の労を厭う（6件），許可を受けるべきことを知らない（3件），出願するが許可前実行（2件）
罪　種	山林を開墾して畑にする（5件），田畑を宅地にする（2件），傾斜ノ畑ヲ掘鑿平面トス（4件）
犯罪行為着手月	8月4件，10月4件，11月1件，12月2件
1911年1月～3月20日	**犯罪数計2件**
犯罪原因	要塞司令官へ出願の労を厭う（2件）
罪　種	山林を開墾して畑にする（1件），溜池を拡張する（1件）
犯罪行為着手月	1月2件

102）〈陸軍省大日記〉中『弐大日記』乾，1901年4月，軍第33号。

103）〈陸軍省大日記〉中『明治四十五年大正元年　甲輯』第3・4類，第2号。

104）『公文類聚』第24編巻7，官職門3官制3陸軍省，第24件。

105）106）107）〈陸軍省大日記〉中『明治三十三年分　貳ノ大日記　編冊補遺』第24号。熊谷喜一郎述『要塞地帯法講義』（陸軍省参事官熊谷喜一郎が憲兵練習所での1900年5月から7月にかけての講義内容を印刷，1900年，憲兵練習所発行）。熊谷は，要塞地帯法公布当時，各要塞司令部において要塞地帯内の禁止制限事項を広く解釈し，たとえば，「竹木林ノ変更」に関しては薪炭材の伐採も「変更」の処分手続きの中に広く含めて解釈していたと述べている（38頁）。

108）『大審院刑事判決録』第八輯，56-63頁，1912年，中央大学。『法律新聞』第70号，15頁，1902年1月20日発行，法律新聞社，1983年，不二出版復刻，参照。外国人の要塞立入り事件は，注95）の拙稿「函館山要塞の地図について」函館市史編さん室編『地域史研究　はこだて』第35号，注57）の拙著『函館要塞について』（函館学ブックレットNo. 17），参照。

109）〈陸軍省大日記〉中『壱大日記』1901年3月，省院第19号。

110）〈陸軍省大日記〉中『明治三十六年自一月至六月　秘密日記　参謀本部』庶秘第85号の1。

111）〈陸軍省大日記〉中『弐大日記』乾，1896年5月，軍第92号。

112)　陸軍省編『明治軍事史』下巻，1052-1068頁。

113)　『公文類聚』第25編巻4，官職門2官制2陸軍省，第9件。

114)　『公文類聚』第27編巻3，官職門2官制2陸軍省，第12件。

補論　近代日本の要塞防禦戦闘計画の策定
――1910年要塞防禦教令の成立過程を中心に――

1　近代における要塞防禦体制の課題
――フランスの1883年要塞軌典を中心に――

日本陸軍の要塞防禦教令の調査・起草・起案・編集は日清戦争後の1902年要塞防禦教令草案に始まり，日露戦争後の1910年要塞防禦教令制定により最初の要塞防禦戦闘計画が策定された[1]。本補論は近代の要塞防禦体制のあり方と課題等を考察するために，まず，1880年代末に邦訳されたフランスの要塞軌典(『仏国要塞軌典』)を中心にして[2]，フランスの要塞防禦体制の要点を検討する。

1883年10月23日付の陸軍大臣の大統領宛裁可申請書によれば，1863年10月13日公布の要塞軌典は最近の要塞防禦の状態に適さなくなったとして，陸軍の将官会議に対して新たな編集を命じ，編集完了後に参事院の討議採択を経たとされている。大統領は陸軍大臣の裁可申請の要塞軌典(全353条)を同10月23日に裁可・公布した。『仏国要塞軌典』は同1883年要塞軌典等を邦訳・収録した。1883年要塞軌典は要塞の勤務と経理事務，警察・憲兵の活動，文武官に対する礼式，陸軍律・海軍律，等を規定した諸法令を基準にして編集された。

(1) フランス要塞防禦体制の要点

①要塞の定義と勤務体制

フランスでは囲郭・城郭や堡塁等の防禦施設をもった自治体・都市又は単独の城郭や堡塁を総称したものが要塞とされる。そして，これらの要塞の司令・勤務及び警察は，平時地境，臨戦地境，合囲地境により区別され，要塞の勤務は「衛戍勤務」と「防禦勤務」の2種類に区別された。衛戍勤務は軍隊が配備・派遣された自治体・都市における兵力使用を基礎にした警戒・警備や治安維持等の勤務である。衛戍司令官には同地の高級古参将校が任じられ，軍事行政管区機関の「連隊区司令部」(第14条) に属し，地方官吏と協議して諸隊に関する告示等を指令し，住民と軍人に関する警察方法を規定するとされた。他方，防禦勤務は戦時及び戦闘準備を前提にした要塞防禦の勤務である。要塞防禦の司令官は，大統領により任命され (陸海軍の将官，陸海軍在職将校，退職5年未満の退職将校から選任)，同将校は動員の時点に至るまでは「帯命総督」(第5条) と称され，動員時に「要塞総督」の官職名の要塞防禦の司令官になった。

平時の要塞は数監区にグルーピングされ (要塞監区)，将官又は上長官 (佐官) により統轄された。同将校は「連合要塞防禦監」と称され，動員令が発されれば，各個別の要塞の要塞総督に命じ，その職務をとらせ，責任を負わせるとした (第9条)。各要塞又は独立堡の防禦準備は「防禦委員」と称される委員に任じられた (第11条)。防禦委員は，帯命総督，砲兵長，工兵長，後備軍勤務に任じられた監督部の職員から構成され，要塞軍医部管理下にある常備軍の軍医を委員附属として位置づけ (欠く場合は，軍管司令官任命の常備軍の軍医)，さらに，地方軍官吏の紹介にもとづき，「邑長」(自治体の首長) を「諮問員」の名義をもって会議に列席させることができた。防禦委員は要塞において会議を毎年開き，「動員ノ方策」を討議し，また，陸軍大臣指示の特別事項の研究討議のために臨時に招集された。要塞監区に編入の要塞では，連合要塞防禦監が防禦委員を招集した (独立要塞では，軍団司令官が招集)。

②動員と戦時における要塞勤務体制

動員方策は「陸軍大臣ノ下付スル特別ノ教令ニ因リ作為スル」とされ，「防禦ノ方策ハ動員方策中ニ在リ」とされ，要塞動員の方策を基礎にして要塞防禦の基本方策が決定されるという関係にあった。この場合，陸軍大臣下付の「特別ノ教令」は日本の年度毎の要塞動員計画訓令及び同附録に相当したとみてよい。各要塞は法令・布告により「出師準備ノ令」という動員令を当該要塞に宣告する時に，当該要塞を臨戦地境と規定した (第190条)。動員令発令時点で帯命総督は要塞総督になり，要塞総督は「防禦会議」と「軍需監察会議」を開くとした。臨戦地境の勤務や警察は平時地境と同一の一般規則にもとづくが，地方官吏は要塞総督と協議せずして警察令を発することはできず，要塞総督が要塞警戒上必要と判断した布達実施を拒絶することはできないとした。要塞総督の主な職務には，①水陸諸門や鉄道停車場の守衛の厳格化と（時機により）衛兵配置，②軍使・逃亡人・車輛・外国人の管理・視察等，③衛戍境界地の掲示・表示の執行，④日々，連隊区司令官や要塞近傍の軍団司令官との通信，⑤火災対策，⑥まさに合囲を受けようとする時は要塞総督の家族や防禦会議員の家族を要塞から退去させること，があった。

要塞や営所の合囲地境は，第一に，合囲地境に関する1878年4月3日の法令にもとづき，法令又は布告により宣告し，第二に，1791年7月10日の法令と1811年12月24日の布告により，「陸軍司令官（コマンダン，ミリテール）」が宣告できるとした（第201条）。第二の場合の宣告は，①敵兵が要塞又は営所を攻囲し，内外交通が梗塞した場合，②強硬な攻撃や襲撃を受けた場合，③要塞の安寧を害すべき内乱発生の場合，④群民が官吏許可を得ることなく兵器を提携し，10kmの地区内に集合した場合，とされ，合囲地境宣告の陸軍司令官はただちに同旨を陸軍大臣に具申すべきとした。

合囲地境における要塞総督等の職務と権限関係は，第一に，諸地の有害物の破壊を命じ，要塞維持強化のために必要な防禦諸方略を実施し，第二に，合囲地境宣告後には，①秩序維持と警察に関する地方官吏の施行権限はすべて陸軍官憲に移るが，地方官吏は陸軍官憲の委任によりこれらの権限の一部を施行することがあり，②合囲地境の要塞総督の権限行使地域は「監察地区ノ界境」（1874年3月3日の布告により，最前方の築設堡塁から10kmまでの距離）又は合囲地境宣告により規定される境界までとされ（第203条），③要塞総督が普通裁判所に移すことができないと判断した犯罪はすべて陸軍裁判所で審判することの旨を公布し，第三に，隊内の経理・諸勤務をすべて指揮し，衛戍の一部を分け臨時又は常設の出戦隊として編成することである。他に要塞総督等の勤務者は日誌（合囲地境宣告日から日次に従って記載し，行間余白を残さず，文章の削除・増加をしない）や帳簿等を作成するとされた。

③合囲地境時の要塞防禦勤務体制

合囲地境時の要塞防禦勤務体制は日本の要塞防禦教令を考察する上で参考になり，要塞軌典第208条は要塞総督の要塞防禦責任を「要塞総督ハ凡ソ要塞ハ本国ノ一部，軍ノ一拠点ニシテ一個ノ要塞ノ降陥僅カニ一日ノ遅速アルモ大ニ国ノ安危ニ関スルコトヲ服膺シ且不平党ノ流言スル風説及ヒ敵ノ飛語ニハ毫モ顧慮スルコトナク諸般ノ詭言ヲ斥ケ事変ニ因テ自ラ勇気ヲ屈撓セス又其指揮スル衛戍ノ鋭気ヲモ挫折スヘカラス」と規定した。ここで，要塞総督の精神的な構えには「不平党ノ流言」云々のいわば反政府勢力等の行動も想定した要塞防禦勤務体制構築責任の意味も含まれた。そして，要塞総督は要塞防禦主旨のもとに「陸軍大臣ノ裁可シタル要塞ノ防禦策ニ関スル教令並ニ其領受スル特別ノ教令ニ準拠シ違フ可ラス」とされたが，これらの教令が日本の要塞防禦教令に相当したとみてよい。さらに，要塞総督は防禦に関する百般の手段を尽くさねばならず，「職分及ヒ名誉上為ササル可ラサルヲ為サスシテ敵ニ降リタリト認定セラルルトキ」は軍律にもとづき奪官死刑に処せられることを寸時も忘れてはならないと規定した。その際，注目されるのは要塞軌典第209条の「降約（カピチユラシヨン）」に至るまでの細部の手続きである[3]。

④降約と開城等の手続き

降約とは降伏し敵との間に開城等の条約を結ぶことである。

降約に至るまでの手続きは重要であり，要塞総督は，①防禦戦闘の限界を判断した場合は，「防禦会議」を開き（防禦会議の議員は，要塞総督，砲兵長，工兵長，会計監督又は最古参の副監督，衛戍諸隊の最古参の大佐2名，衛戍の兵が1個連隊のみの場合には同連隊長は予め将校2名を指定し自己の代理にする），さらに防禦戦闘を支える方法を討議させ，同議員中最下級者より発言させ，同姓名とともに議事録に登載し（各議員は議事筆記書に署名），②同議員の意見開陳後に会議を解散し，「其職務及ヒ責任ニ背カサル様自カラ決断ヲ為スヘシ」と最終決断し，どのような場合でも「自カラ開城ノ期及ヒ条約ヲ決定スヘシ」と開城等の決定権を有し，③開城期日に至るまでは敵との交通を避け，降約協議時にも要塞を出てはならず，また，他人をして敵と交通することを許可してはならず，「資性剛直沈毅ニシテ且忠亮ナリト信認スル将校」をして降約協議の職務を奉じさせ，④降約締結後も「其将校及ヒ兵卒ト別居セス其艱苦ヲ共ニスルコト合囲中ニ於ケルカ如クスヘシ且兵卒ノ艱難ヲ減スルコトニ注意シ傷者患者ノ為ニハ其力ノ及フ丈ケ特別寛裕ノ条欵ヲ結約セサルヘカラス」云々の構えを維持し，⑤「軍旗ヲ毀［こぼ］ツノ後」でなければ要塞を敵に明け渡してはならず，堡塁や独立堡になお抵抗する兵力がある場合には降約条欵に記載してはならない，としたが[4]，特に④は要塞内の動揺や不穏情勢等を抑える役割が求められたのであろう。なお，防禦会議の議員は審議事項を深く守秘する義務があり，同議事録は会計監督が表記署名し，要塞総督自ら監守するとされた。

⑤特別査問会議の設置

さらに，要塞軌典第218〜221条は「特別査問会議」の編成・職務と審議手続き等を規定した。特別査問会議は，要塞司令権を委任された将校が要塞降陥により要塞を失った時に，要塞降陥原因と同司令権にかかわる責任関係を査問し解明する機関である。同会議は，要塞司令将校の官級の如何にかかわらず，陸軍大将1名（議長），将官4名（内2名は，砲兵1名，工兵1名）により組織された。この場合，①要塞降陥原因が陸軍会計管轄に属する糧食の不十分さや濫費にあることの証明が得た時は，同会議は陸軍大臣に請求して会計監督長又は会計監督を列席させることを必要とし，会計監督長又は会計監督は諮問に答える権利のみがあり，②要塞降陥関係の軍所属将官，要塞のある軍管の将官，要塞衛戍に属する将官又は某官職名による要塞籠居の将官は同会議に列席できず，③同会議は査問対象者を申告する申告者を議員中から選出し，④陸軍大臣は防禦会議の議事録，合囲軍需監察会議の議事録，要塞総督の日記，砲兵長・工兵長・会計監督又は会計副監督の日記，同会議が必要と判断して請求する陸軍大臣保管の諸報告・文書，を同会議議長に送付し，⑤同会議の審議の中心は要塞防禦の諸訓令・規則の遵守や糧食の準備・消費のあり方をめぐる責任関係の解明・検証にあり，⑥同会議議長は査問対象者の尋問に必要とする要塞内勤務者をすべて召喚し，⑦上記の申告者は開会後に調書を作成し，各議員は署名し，⑧同会議は自ら判決を下さず，要塞防禦における賞罰対象者を指定し，要塞降陥事由を記載した意見書を作成し（多数決による，各議員は署名する，少数意見も付記できる），同会議議長から諸書類・簿冊とともに陸軍大臣に提出し，⑨陸軍大臣は「決ヲ国長ニ仰ク」としたように，大統領は同会議に付せられた将校をさらに陸軍裁判に付すべきか否かを決定し，陸軍裁判に付すべき場合は陸軍刑法の条規に準じて処分すべきである，とした。

以上の合囲地境の要塞防禦勤務体制の規定部分には，特に，要塞の降陥と降約締結及び責任の解明・検証までの勤務・実務のあり方を隠蔽することなく冷静に淡々と記録化する構えがあることは明確である。当該の戦争・戦闘が私戦・私闘でない限り，戦争・戦闘の敗戦・敗北の責任の明確化と教訓化を積極的に導き出すことは軍部当局者の当然の責務である。また，戦争・戦闘には膨大な国費・戦費が投下され，戦死傷等の多大な犠牲者も発生させるが故に，敗戦・敗北をタブー視することなく検証され，国民の間でその教訓化が共有されることが最も重要ととらえられたのであろう。

(2) まとめ――フランスの1883年要塞軌典と近代要塞防禦の課題

第一に，1883年要塞軌典に想定されたフランス要塞の基本は，城郭都市・築城都市の性格を濃厚にもった要塞である。

ところで，クラウゼヴィッツは，近代要塞の目的は大常備軍建設の時代までは同地住民を自然的に保護することにあったと述べている。ただし，その後に築城された都市・地点の要塞は国土の略取・固守に関する戦略的意義をもつようになり，一時には極めて重要視され，戦役計画の根本方針を規定するほどにもなり（当時の戦役計画は敵戦闘力の撃滅よりは，1個又は数個の要塞の略取が主眼），やがて，同築城地点の戦略的関係自体が高度に抽象化され，元来の自然的な住民保護の目的がほとんど忘れ去られ，「ついに都市や住民を含まない要塞という観念に到達したのである」と述べた[5)]。クラウゼヴィッツは周囲が城壁等で囲まれた城郭都市を在来の要塞とした上で，都市防禦の兵備と住民生活が一体化された都市や地点としての在来要塞が，しだいに純軍事技術的視点にもとづく堡塁・砲台の単独建設としての要塞に移ったことを述べた。そうだとすれば，要塞の防禦目的は，もはや，純軍事的戦略地点及び同地点配備の軍隊と兵備自体を防禦することになる。逆に，当該地点が重要戦略地点とされるならば，たとえば，地質学・建築学や土木工学的条件と自然環境的立地条件等を無視しても堡塁・砲台を建築するという，戦闘力行使のみを基準にした要塞の単独建設が行われる。

とはいえ，重要戦略地点が仮にそうした都市・港湾などから無縁な隔絶地域に設定されて要塞所在地になったとしても，歴史の経過とともに同地点の背後・周囲に都市などの形成可能性は濃厚である。したがって，要塞の「自然的な住民保護の目的」は近代においては本質的には忘失させられたが，要塞防禦における周囲の都市や自治体・地域住民との関係をどのように維持・構築するかという課題は潜在化してきた。これらの課題が顕在化した場合には，たとえば，要塞地帯法などによる要塞周囲地域住民の民業・生業に対する管理統制の関係発生がある。

なお，フランスの1883年要塞軌典はクラウゼヴィッツの『戦争論』刊行後から約半世紀を経ているが，元来の築城都市としての要塞が含んだ住民保護や住民との関係維持を部分的にも残している。ただし，1890年代に入り，フランス要塞の防禦戦闘は住民保護については厳しい統制・管理をひいた[6)]。

第二に，1883年要塞軌典は要塞防禦勤務にかかわって，動員をはじめとして，要塞地帯統制・戒厳・徴発・軍刑法・軍裁判等の諸側面から規定した。つまり，要塞防禦勤務は軍行政方面を含めて，要塞の陥落・降伏までの勤務と実務を想定して詳細かつ統一的に規定したことが特質である。特に，降約に至るまでの手続きと特別査問会議の細部を冷静・粛々と規定したことである。これは，要塞防禦戦闘の継続又は断念の原因・理由を要塞司令官の個人的な責任観念の側面から追及・解明するにとどまらず，糧食の準備・消費や諸訓令・規則の執行等の実務面から客観的に解明・検証する意図を含む。フランスは国際法上の降伏規約の議論が国際間でまとまる以前に，既に国内法令として独自に降約手続きを規定していた。陸軍刑法上の規定を除き[7)]，フランス以外の近代欧米諸国で，国際法における降伏規約の考え方等にもとづき，国内法令等でどのように降伏・敗北（の認識・判断等）の手続きを独自に明文化していたかについてはさらに解明すべき課題は残る。

ただし，降伏や敗北（の認識・判断等）の手続きを国内法令等で独自に明文化することは，戦争・戦闘に関する権利・義務関係を明確化し，自国民・自国軍隊が特に感情や情緒的議論を超えて，戦争で負けることの意味や敗戦の責任関係追求の意味を冷静かつ客観的・理性的に高い水準で共有化することになる。特に自国民・自国軍隊が戦争・戦闘で負けることも想定し，敗北の意味（開城，陣地の明け渡し，領土の被占領化や俘虜化等を含めて）を冷静かつ客観的・理性的に共有化できるか否かは，当該国の市民社会の成熟度にかかわる問題であり，近代の要塞防禦勤務はこの種の問題を潜在的に内包していた。

2　日清戦争後の戦時編制と要塞防禦勤務体制

1910年要塞防禦教令はどのようにして編集・策定されたか。要塞防禦教令の前身は1898年1月（日付欠）制定の戦時要塞勤務令である。ただし，これは，要塞司令部を中心とする諸防禦機関の勤務体制・職責等を規定したが，要塞防禦教令の全面的な前身ではない。

1898年戦時要塞勤務令は，参謀総長が前年の1897年12月16日付で陸軍大臣に協議し，同大臣の翌1898年1月25日付の異存なしの回答を経て制定された[8]。すなわち，戒厳令における戒厳（合囲地境宣告）時の軍衙の裁判権規定や1883年陸軍治罪法における戦時の軍法会議設置規定を含めて，1895年1月防務条例の東京防禦や永久海岸防禦地点に関する諸機関設置と陸海軍担任事項の規定，特に同年3月要塞司令部条例の戦時要塞の防禦勤務規定や同年4月要塞司令部服務規則の戦時実行の諸件調査規定，また，1897年9月陸軍兵器工廠条例の兵器管理や築城部条例の要塞築造事業・守城器具材料管理の規定，さらに1897年10月の戦時編制改正や陸軍動員計画令の要塞の戦時編制と要塞動員計画の規定をふまえて具体化した。それで，本補論では，まず，1898年戦時要塞勤務令制定にかかわって，その前後の戦時編制改正等を含めて日清戦争後の要塞防禦勤務体制を考察する。

(1)　1897年戦時編制と戦時要塞砲兵隊編成要領

1897年戦時編制は，第一に，戦時に編成の諸隊区分として，野戦隊・特種兵隊・守備隊・補充隊・国民兵隊を規定した。そして，①特種兵隊は野戦隊とともに出戦し，もしくは「内地ノ守備ニ任スルモノトス」の目的をもち，屯田兵隊・要塞砲兵隊・鉄道隊・徒歩砲兵隊を総称し，②守備隊は「内外要地ノ守備ニ任シ又要スレハ野戦隊ヲ増加ス」とし，各師団後備隊・第七師団後備隊・警備隊を総称した。ここで，要塞砲兵隊を守備隊ではなく特種兵隊に区分したことはその戦闘機能面の重視を意味する。つまり，要塞砲兵隊は「内地海岸ノ要点ニ固着シ決シテ移動ノ性質ヲ備ヘス」（「戦時編制改正理由書」）とされ[9]，徒歩砲兵隊の臨時編成の場合には要塞砲兵隊の内から編成することになった。この他に1897年戦時編制は，防禦諸隊編成関係では，東京防禦軍の編制（東京防禦総督部，第8篇）と，要塞の編制（要塞司令部，第9篇）を新たに規定した。要塞を「要塞ノ戍兵ハ要塞砲兵隊其ノ他要塞ニ附属セラルタル諸部隊ヨリ成リ要塞司令官ノ指揮下ニ属ス」と規定し，戦時には諸部隊混成による防禦隊編成をとることにした。この場合，要塞に属する各部各隊の運搬に要する人馬材料は野戦隊及び守備隊に属するものを除き，徴発物件をあてると規定した。これは要塞戍兵を固定防禦に任じさせ，野戦軍のように活動するのではなく，防禦区域は国内にあるので行李他の材料運搬のために特に固有の人馬を備えず，臨時に必要数のみに限り人馬材料を徴発するという方針をとったからである。

第二に，1893年戦時編制は要塞砲兵隊の戦時編制を「追テ規定ス」として規定しなかったが，1897年戦時編制の「戦時編制改正理由書」は戦時要塞砲兵隊編成要領を記述した。これは，戦時編制における戦時要塞砲兵隊の編成の規定・記述に関する基本的な考え方を示している。

「凡テ団隊戦時ノ編制ハ戦術ノ要旨ニ照ラシ部伍ヲ分チ号令指揮ヲ確実ニシ以テ弾雨ノ間之カ操縦ヲ自由ナラシメ且衛生，経理ヲ容易ナラシムルヲ以テ目的トス独リ要塞砲兵ニ至リテハ然ル能ハス抑要塞砲兵ノ戦フヤ概ネ塁壁ノ中ニアリテ火砲ヲ使用ス火砲ニ大小アリ堡塁ニ広狭アリ一堡塁内亦各種ノ火砲ヲ備ヘ其ノ数各堡塁各異ナリ故ニ要塞砲兵ノ戦術ニ照ラシ一ノ単位ヲ編成シ之ヲ以テ各堡塁ノ守備ニ充テントスルカ如キハ為シ能ハサル所ナリ況ンヤ予メ方面ヲ定メ堡塁団ヲ編合シ司令官以下ノ人員ヲ定メントスルニ於テオヤ蓋シ要塞防備ハ専ラ要塞司令官ノ画策ニ成リ堡塁団編合ノ如キハ敵ノ攻撃法と我配備ニヨリ一ニ之ヲ要塞司令官ノ手中ニ委シ決シテ戦時編制ヲ以テ其ノ施設ヲ掣肘スヘキモノニアラサレハナリ故ニ要塞砲兵ニハ戦時編制ヲ制定セス只定員表ヲ以テ単ニ戦時ノ定員ヲ示シ隊長ヲシテ戦時ニ際シ予メ策定セル方法ニヨリ適宜ニ部伍ヲ編成シ其ノ大小ニ応シ衛生経理ノ機関ヲ配属セシムルヲ可トス」

すなわち，要塞防備を各要塞司令官の「画策」「手中」にゆだねようとする考え方を示し，各要塞司令部と要塞司令官の要塞防備・堡塁団編合・部伍編成の柔軟な取組みを尊重・推進する方針を説明したが，反面では要塞防禦の基本方針を立てることの困難さ，また，その基本方針を戦時編制に規定・記述することの困難さを示している。この結果，野戦隊重点規定の戦時編制が成立したが，日本と互角あるいは互角以上の対戦国との戦争における要塞防禦戦闘を想定することに躊躇はなかったかが問われるべきだろう。

なお，「戦時編制改正理由書」は要塞砲兵隊の戦時の部隊編合の一例を示している。それによれば，①要塞砲兵隊長は，各堡塁・砲台の火砲員数に応じて必要な「単位」を配属し（1火砲使用に要する人員をもって部伍編成の最小単位とし，1火砲の兵卒要員は，21cm以上の大口径火砲では22名，15cm以下の火砲では11名，小口径速射砲・機関砲では4名），各堡塁・砲台及び若干の堡塁・砲台を合わせた堡塁団にはその長を置き，動員下令に際しては応召員到着を待つことなく，在営兵のみによって，警急配備の必要時には同隊の平時の編制を解き，部下の幹部に堡塁団長以下の職務を命じ，応召員到着に応じて警急配備用編成の人員を若干逐次交代させ，要塞砲兵が守地につけば要塞砲兵司令官になり，砲兵指揮に関して各堡塁団長や各独立の堡塁砲台長を統轄する，②戦時要塞砲兵隊編成の将校及び下士の配備要員としては，要塞砲兵司令部要員（要塞砲兵司令官，同副官，書記），各堡塁団本部要員（堡塁団長，同副官，書記），各堡塁〈砲台〉要員（司令所には堡塁〈砲台〉長と助手，観測所には観測長と助手，砲側には砲群長と砲車長，補給庫には補給班長，弾薬調製所には弾薬調製所長，機関砲砲側には砲群長，予備員），要塞戦砲の要員（通常火砲6門を射撃1単位とし，射撃1単位には長・助手・砲群長・砲車長・火工下士を配置し，火砲1門の砲手には兵卒11名を配置），特別要員（衛生部員として軍医・看護長・看護手，軍吏部員として軍吏・軍吏部下士，通信員として要塞通信長・助手・通信手，電燈使用員として電燈所長・技手・兵卒，鍛工〈下〉長を配置），を規定した。ただし，以上の要塞砲兵隊の戦時の部隊編合の一例の説明は動員計画の説明に近く，戦時編制の中に動員計画令として規定・説明すべき考え方が部分的に混在した。そのため，1899年戦時編制改正（「陸軍戦時編制」と改称）は，戦時編制の規定から動員計画の規定を削除した。

(2) 1898年戦時要塞勤務令における要塞防禦勤務規定

1898年戦時要塞勤務令の特質は下記の通りである。

第一に，要塞司令部諸官の職責規定においては，要塞司令官は「大元帥ニ直隷（防務条例ニ於テ特ニ規定セルモノヲ除ク）シ要塞ノ戍兵ヲ指揮シ専ラ要塞ノ防禦ニ任シ且其補充，経理及衛生事務ヲ統督ス」と天皇直隷等を明記した。要塞司令官の天皇直隷は要塞司令部条例には規定されていないが，1895年1月制定の東京防禦総督部条例の東京防禦総督（陸軍大・中将）が天皇直隷とされたのと同様に，戦時の要塞司令官（中・少将又は少将・大佐）の職責の重要性を明確化した（特に戦時の戍兵指揮にかかわる隷属・指揮権限関係）。

戦時の要塞司令官の軍隊及び諸官衙に対する統轄権限範囲は大きくなった（要塞がある島嶼の警備隊司令官の職責にも適用）。すなわち，①動員発令又は戒厳公布の日から，要塞所在地の陸軍兵器支廠，築城部支部，要塞病院，要塞砲兵補充隊を統轄し，防禦営造物保護の責任をもち，交通梗塞の場合は要塞所在地の他陸軍諸官衙を統轄し，②戒厳時の合囲地境の場合には要塞に属さない軍隊や軍人を要塞勤務に参与させる特権を有し，③要塞内の軍紀及び静謐を維持し，合囲地境宣告日より軍法会議を管轄し，特に要塞監獄を設置し，④陸軍大臣命令の場合に限り，要塞防禦用貯蔵定数の兵器・弾薬・糧食・材料を野戦隊に供給できると規定した。ここで，③の合囲地境内は外部との交通がすべて断絶されるために，軍人・軍属の犯罪者を師管軍法会議に送付できない場合が多いので要塞内に軍法会議を組織し，軍人・軍属の犯罪を始めとして，地方裁判所がない要塞では「民事，刑事ノ別ナク総テ之ニ依テ裁判スルノ必要」のために要塞内軍法会議を規定し，特に場合により通常の衛戍監獄を設置できないことを考慮して要塞監獄を設置すると説明した。また，④の要塞防禦用貯蔵定数の兵器・弾薬・糧食・材料は「要塞ノ任務ニ基ツキ算定」し，要塞司令官が自己の意思により要塞防禦の範囲外に「使用スルノ権ナキコト」の明示必要のために規定したと説明した[10]。

第二に，1895年要塞司令部服務規則と重複しない要塞司令部の業務を規定し，たとえば，作戦関係事項（機密作戦日誌等の調製，命令伝達，敵軍に関する諸情報の収集・通報等），要塞防禦に妨害ありと認める船舶の放逐・抑留，新聞記者の監視・同通信記事の点検（以上，要塞参謀部の業務），戦時名簿・馬匹名簿の保管，人馬・物品の補充，鹵獲・罪人に関する事項，郵便事項，埋葬事項，軍吏保管の金銭や出納事務の監督，等（以上，要塞副官部の管掌），を設けた。

第三に，戦時の要塞司令部に編成される諸官職の職責は，①要塞砲兵部の砲兵部長は要塞司令官に隷属して要塞防禦に参与し，堡塁・砲台の兵備と兵器弾薬の補充・運搬・交換・修理の責任があり，弾薬本庫と修理所の業務を指揮監督し，絶えず陸軍兵器本廠に通報し，要塞所在地の陸軍兵器支廠業務に関しては要塞司令官及び陸軍兵器本廠長に両属する，②要塞工兵部の工兵部長は要塞司令官に隷属して要塞防禦に参与し，堡塁・砲台の築設・補修・変形，交通路の開鑿・阻絶，通信の設置，他防禦営造物の設計・築造の責任があり，通信所・電燈所業務を指揮監督し，絶えず陸軍兵器本廠に通報し，当該築城支部業務に関しては要塞司令官及び築城部本部長に両属する，③要塞法官部の法官部長は要塞司令官に隷属し軍法会議の事務に服し，要塞司令官が行政・司法の事務を兼掌する場合には同命令・規則の起案を担当し，司法事務実施の支障を生じさせないために常に司法官衙や地方監獄と交渉し，要塞司令官の命令により同業務を監督する，④要塞監督部の監督部長は要塞司令官に隷属して要塞の会計経理を監督し，防禦営造物でない経営事業を担当し，特に糧秣・軍需品の調達・貯蔵・運搬・分配等の事務責任があり，糧秣・用水・他軍需品の補充・供給を確実容易にするために絶えず陸軍省経理局・師団監督部と地方官衙に通報し，要塞司令官の命令により徴発区内の徴発事務を指揮監督し，人馬・車輌・船舶等の備入・解傭の事務を担当し，合囲時に処するために「要塞内住民ノ給養ヲ顧慮シ其準備及供給ノ方法ヲ規定ス」とし，⑤金櫃部長は要塞監督部長に隷属して金櫃を管理し，要塞司令部及び諸部隊の金銭収支出納を管掌し，糧餉部長は要塞監督部長に隷属して糧秣・用水・他軍需品の調達・貯蔵・運搬・分配を管掌し，糧食本庫及び同支庫を監守し常に各倉庫・諸隊の策定量を充実する，⑥要塞軍医部の軍医部長は要塞司令官に隷属して要塞の衛生勤務を指揮監督し，衛生材料の補充・供給を担当し，絶えず陸軍省医務局に通報し，要塞監督部長と協議して患者に要する材料の調弁及び患者収容に支障ないようにし，重症や慢性の患者の陸軍予備病院送付手続きを定め，時機により要塞司令官の命令により地方病院を徴用することがあるので常に師団軍医部長及び地方病院と交渉し，地方の衛生確保のために戒厳宣告日より要塞司令官の命令により地方衛生吏員を指揮して公衆の衛生事務を監督する，とした。

第四に，要塞防禦機関の職責は，①要塞砲兵司令部の砲兵司令官（要塞砲兵連（大）隊長が任じられる）は要塞司令官に直隷して要塞防禦に参与し，戦術上において砲兵の総指揮に任じ要塞砲兵の人事・補充事項を管掌し，臨時砲台築設や火砲射撃設備の責任をもつ，②扇区司令部の扇区司令官は要塞司令官に隷属して当該扇区（要塞の情況のために要塞司令官が直接的に防禦指揮をとることができない方面に向かって編成された臨時の防禦区域）の防禦指揮を担当し，扇区砲兵司令官は扇区司令官に隷属するが，砲兵戦に関しては砲兵司令官の指揮をうける，③堡塁団長は要塞司令官に隷属して当該堡塁団を指揮するが，堡塁・砲台の砲兵戦に関しては砲兵司令官又は扇区砲兵司令官の指揮監督をうけ，当該堡塁団の経理・衛生・人事及び諸般の補充事務を管掌する，④堡塁砲台長は堡塁団長に隷属して堡塁・砲台の戦闘に任じ，当該堡塁・砲台の経理・衛生及び諸般の補充事務を管掌する，⑤要塞通信員の通信長は要塞司令官に隷属して要塞内外の通信勤務に任じ，業務上は要塞工兵部長の指揮監督のもとに通信用器具材料の整備・保存と補充を担当し，各通信所長は通信長に隷属して通信勤務を担当し，各電燈所長は通信長に隷属し，電燈使用に関しては要塞司令官の命により扇区司令官・堡塁団長又は堡塁砲台長の指揮をうける，⑥要塞修理所の大修理所長は要塞砲兵部長に隷属して兵器・器具・材料の修理（小修理所長は小修理）の責任をもち，小修理所長は各堡塁・砲台の工卒作業を監視する，⑦要塞病院の病院長は要塞司令官に隷属し，同業務に関しては要塞軍医部長の指揮監督をうける，要塞病院は要塞所在地の衛戍病院をあて，徴発家屋と臨時増築の廠舎により補い，⑧要塞監獄の監獄長は要塞司令官に隷属して監獄事務を管掌する，とした。なお，堡塁団は要塞防禦上において戦術・給養・衛生等の単位として位置づけられ，堡塁・砲台は堡塁団編成に対する小単位として位置づけられた。

第五に，要塞弾薬は，①要塞弾薬の区分と主管者は，携行弾薬（主管者は各隊長），補給庫弾薬（主管者は堡塁砲台長），支庫弾薬（主管者は堡塁団長），本庫弾薬（主管者は要塞砲兵部長）とし，②弾薬補充の系統は，携行弾薬と補給庫弾薬は本庫又は支庫弾薬から補充し，支庫弾薬は本庫から補充する，本庫弾薬は陸軍兵器廠から補充する，③本庫弾薬の補充を要する場合には，要塞砲兵部長は要塞司令官に申告し，要塞司令官は直ちに陸軍大臣に請求する，とした。

第六に，要塞糧秣は，①通則として陸軍大臣が要塞の策定糧秣を要塞内に送付して要塞司令官に管理させ，同策定糧秣は常に定数を備えることが必要であり，要塞監督部長は必要時にただちに補充方法を規画し，野戦隊は要塞徴発区内の糧秣を徴発できない（ただし，要塞付近で作戦の野戦隊の糧秣が欠乏して補充方法がほとんど断絶した場合には，要塞司令官の承諾を得て徴発できる），②要塞糧秣の区分と主管者は，携行糧秣（主管者は各隊長），部隊糧秣（主管者は堡塁団，各隊附軍吏），倉庫糧秣（主管者は要塞糧餉部長）とし，携行糧秣の数額は1891年野外要務令の規定にもとづくとし（要塞監視哨又は派遣支隊の携行糧秣の数量は要塞司令官が臨時に規定する），部隊糧秣は各炊飯場において貯蔵すべき糧秣であり，数量は当該部隊全員の3～10日分とし，倉庫糧秣は本庫及び支庫に貯蔵する糧秣とし，③糧秣補充の系統は，携行糧秣と部隊糧秣は倉庫糧秣から補充し，倉庫糧秣は要塞監督部長の調弁により補充し，倉庫糧秣の補充必要時に調弁できない場合には要塞監督部長はただちに陸軍省に請求し，陸軍省との交通が確実でない場合には要塞付近の徴発糧秣により倉庫糧秣を補充することができる（徴発順序は遠隔の町村から始める），とした。

1898年戦時要塞勤務令は要塞防禦の作戦や戦闘を支える要塞司令部を中心とする諸防禦機関の勤務体制・職責等を規定し，「要塞ノ防禦及自活上最大緊要ノ素質」（「戦時要塞勤務令制定理由」）とされる弾薬と糧食に関する貯蔵・管理の業務を規定した。特に，要塞防禦と治安対策，要塞病院の設置と地方病院の徴用，軍需品・糧秣の徴発等の規定は地方行政機関・地域住民に大きな軍事負担を求めた。

(3) 1898年守城射撃教令の制定と要塞防禦射撃設備

寺内正毅教育総監は1898年7月27日付で陸軍大臣宛に守城射撃編制教令制定を申進した。教育総監の申進書添付の「守城射撃編制教令制定理由」は，「我邦要塞ノ事業漸次緒ニ就キ陸正面堡塁砲台ノ築設火砲材料ノ備付亦着々其歩ヲ進ム則チ其射撃編制法ヲ規定シ」と述べ[11]，要塞の陸正面防禦のための射撃方法や設備を規定した。陸軍大臣は守城射撃編制教令（案）を砲兵会議の審査にかけ，砲兵会議は同案を可決し，陸軍大臣はさらに参謀総長と協議した。参謀総長は10月11日に異存なしを回答し（ただし，「編制」の削除を求める），陸軍大臣は11月19日に守城射撃教令を令達した（陸軍省送乙第3527号，全20条）。

守城射撃教令は，①射撃図の調製（要塞の射撃全地域を包含する射撃総図〈梯尺は二万分の一，堡塁団又は砲台の前地・比隣の地域を包含する堡塁団射撃図及び砲台射撃図〉梯尺は一万分の一），②射撃簡明表の調製（射撃総図及び堡塁団射撃図の附表で，図上の各地区を射撃できる砲台及び砲数を指示する），③射撃指揮及び観測用電線の設備（射撃指揮用電線は要塞砲兵司令官・堡塁団長・砲台長等の位置を連絡し，観測用電線は堡塁団本部と堡塁団観測所間並びに砲台及び外部の観測所とを連絡する），④観測所の設備（堡塁団観測所は目標位置を確知し所轄各砲台射撃の全般を観測するために一個堡塁団に数個設置し，各観測所には覰定器（しょていき）・地図・望遠鏡・電話機等を備え，観測所において目標位置を発見できない時は目標偵察者を前地に派遣し，砲台観測所は砲台射撃の成果を観測する），⑤目標の決定と指示（堡塁団観測所は敵が現出した時に覰定器により覘視（てんし）して同方向を報告し，目標位置の指示は射撃図により矩形の符号・番号とその両辺に関する縦横量とにより行う），⑥射撃板の調製（射撃板は砲台射撃図・弾道規尺・高度尺・分画鈑からなる），⑦準板の設置（初照準元を火砲に賦与するには象限儀と伸縮尺にもとづき，伸縮尺の準板は予め表示した仮標線に準じて一砲台内に互いに平行に設置する），を規定した。

守城射撃教令は陸正面の堡塁・砲台における射撃の諸設備を規定した。陸正面への射撃は敵の上陸と要塞攻撃を想定し，要塞動員上からは本戦備の体制をとった。ただし，日露戦争までは，要塞動員において本戦備の体制をとる要塞は若干の要塞にとどまった[12)]。

(4) 1899年陸軍戦時編制と要塞諸部隊の編成

1897年戦時編制は1899年10月に改正された。この場合，「戦時編制」の呼称はやや「茫漠」の嫌いがあるとして，また，平時の陸軍諸部団隊の編制を規定した「陸軍平時編制」という名称があることに対応して，「陸軍戦時編制」と改称した。1899年陸軍戦時編制は戦時に編成の陸軍の諸部隊を，野戦部隊・守備部隊・特種部隊・留守部隊・国民兵隊に区分にした。そして，守備部隊として区分される官署や部隊等には東京防禦総督部・要塞諸部隊・後備隊・警備部隊・海岸監視哨を含めるが，東京防禦軍の名称及び編制を削除した（防務条例にもとづく東京防禦総督の職務・指揮権を明確化する）。

この結果，第一に，1897年戦時編制では特種兵隊に含まれた要塞砲兵隊は守備部隊中の要塞諸部隊として一括規定された。すなわち，要塞諸部隊は要塞司令部・要塞砲兵隊・要塞通信員・要塞兵器修理所・要塞病院から編成され，要塞所在地の兵器支廠及び築城部支部は平時定員（必要に応じて増員できる）をもって当該の要塞諸部隊とともに要塞司令官の指揮下に属し，要塞防禦にあたると規定した。平時の兵器支廠及び築城部支部の関係事項を戦時の要塞諸部隊に加え，戦時に要塞砲兵部と要塞工兵部の特設（名称の特記も含む）の必要はなくなり，削除された。要塞司令部は要塞の大小に応じて種々編成されることは従前通りであり，戦時の全要塞司令部に憲兵尉官1名を置き，東京湾要塞司令部と由良・呉・下関・佐世保・舞鶴の要塞司令部にはさらに憲兵下士と兵卒を増員した。

第二に，対馬兵備の拡張（堡塁・砲台の増設）にもとづき，対馬要塞砲兵大隊を規定した（新設）。これは，従来の対馬警備隊は歩兵と砲兵で編成していたが，警備隊を歩兵のみで編成し（対馬警備歩兵大隊への改編），対馬警備隊司令部（他要塞司令部とほぼ同一の要領で編成）・警備歩兵大隊・警備隊通信員・警備隊兵器修理所・警備隊病院からなり，対馬要塞砲兵大隊とともに対馬要塞の防禦にあたると規定した。この場合，対馬要塞砲兵大隊の兵卒要員は「対馬島外ノ地方」から採用すると説明した[13]。

第三に，要塞病院の要員配置がある。要塞病院の衛生部員は当該要塞の防禦に任ずる諸部隊人員の24分の1の相当患者収容に適応する人員（定員）を配置し，必要に応じて定員外に増加することができると規定した。同要員配置の根拠は次のように説明された。すなわち，欧州各国では要塞戍兵の病院設備は，戍兵全員の8分の1に相当する患者を収容できることを目途にしているとし，日本でも同基準を標準にして諸設備をつくることを至当とする意見もあるとしている。しかるに，同基準と日本との比較であるが，「彼ノ八分ノ一ノ患者ハ四面全ク攻囲セラレ守城数旬ノ久シキニ亘ル場合ニ応スヘキモノナルヲ以テ我ガ国ノ如キ海岸要塞ニ於テハ景況彼ト多少ノ相異ナルモノアリ且衛生部員不足ノ今日ニ於テ到底彼ト同一ノ比例ヲ以テ衛生部員ノ全部ヲ備フルコト能ハス」とし，衛生部員配置の基準値は8分の1のさらに3分の1として，当該要塞の防禦に任ずる諸部隊人員の24分の1に抑えたと説明した[14]。そして，同配置人員よりも多数の患者発生の場合には，①一部は戍兵の隊附軍医を兼務させ，②他の一部は民間の医師・薬剤師と所要人員を徴用し，衛生勤務に充用すると強調した。以上の説明・強調は，欧州軍隊・要塞の攻守戦闘の相違もさることながら，日本軍隊の要塞防禦勤務における人命・傷病対策軽視思想があることは明白であり，かつ，兵員自体や民間社会に過重な負担を課すものであった。

(5) 1899年要塞弾薬備付規則の制定

要塞という防禦営造物及び附属施設の代表は，堡塁，砲台，火薬所，観測所(砲台指揮官が指揮・観測・通信連絡する施設)，電灯所(探照灯用の発電所)，水雷衛所である。その他に戦時や戦闘状況の想定と準備のもとに，日清戦争後にはさらなる関連補助建設物等を設置・整備しなければならなかった。これらの設置・整備にかかわる規定として1899年8月要塞弾薬備付規則の制定がある。

①砲兵会議における要塞弾薬備付規則等の建議

まず，陸軍砲兵会議議長桜井重壽は1899年1月11日付で陸軍大臣宛に要塞弾薬備付規則の制定を建議した[15]。同建議は，現行の要塞弾薬備付法案は兵器の進歩や築城操式改良との対応で不備があるので改正し，かつ，要塞補助建設物の規定に改正を加えるという趣旨であった。すなわち，同建議の「要塞弾薬備付規則制定ノ理由」によれば，現行の要塞弾薬備付法案は長文の説明書を付し，欧州古今の戦闘実例，堡塁・砲台の種類と任務を詳説し，立案者意見と弾薬数量規定の準拠理由を明らかにしているが，一部当局者の参考書としての利益はあるものの，同説明書との意見が異なる場合には論議の種子を胚胎し，弾薬備付法案の精神を誤るなどの妥当性を欠くだけでなく，複雑さの嫌いを招くとした。それ故，説明を省略し，「法案」を改めて「規則」とし，一見して同綱領を知了し，容易に実行できる規則規定書を制定すると強調した。

その結果，砲兵会議は要塞弾薬備付の簡略的規定化を目ざし，要塞弾薬備付規則本文は，主に，①備砲の主務を「海防」と「陸防」に大別し，各々の弾薬配布を簡明にし，要塞の位置・地形により補給困難な備砲(甲号の弾薬数)とその他の備砲(乙号の弾薬数)に区分して弾薬を備付する，②備砲の任務は，海防砲は第一班(砲戦)，第二班(縦横射)，第三班(要撃)，第四班(上陸及び要塞の防禦)に区分し，陸防砲は第一班(砲戦)，第二班(側防)，第三班(壕底側防）に区分し，それぞれ規定の弾薬数を備付し，かつ分蓄法をとる，③加農砲及び擲射砲の装薬量算出，火薬（装薬及び炸薬）の分蓄法，信管・門管・装薬嚢・炸薬嚢の分蓄法等，塁壁守兵の小銃弾薬数，要塞戍兵の小銃弾薬数（歩兵は350発，要塞歩兵は300発）の本庫貯蔵等，④警備弾薬（15cm以上の火砲には10発以内の弾薬，15cm未満の火砲には20発〈速射加農は40発〉以内の弾薬を警備用として平時より完成しておく）は，弾丸を弾室に，装薬を砲側庫に貯蔵する，要塞司令官は警備弾薬の備付を不必要と認める場合は置かないことができる，と起案した。

砲兵会議は同規則の起案理由について，第一に，現行の要塞弾薬備付法案では陸防・海防の堡塁・砲台の任務が精細に区分され，各々の備付弾薬数量を規定しているが，その区別が細かすぎて逆に煩雑になっているので，備砲任務を大別化し，弾薬配布を簡明化したと説明した。これによって，「経済上ヲ顧慮シ戦闘ニ支障ナキ範囲ニ於テ可及的弾薬ノ数量ヲ減少シ」「貯蔵ノ困難ヲ避クル為メ」に弾薬の分蓄法を確定したと強調した。ここで，弾薬の備付・貯蔵の分蓄法とは戦時と平時の区分の明確化にもとづき，戦時基準数量を基準にして，平時に一定数量を分割して貯蔵することである。第二に，要塞の海陸正面に速射加農砲を採用するに至ったために（現行の要塞弾薬備付法案には同規定なし），①海軍艦船積載の弾薬数と海岸戦闘の状況とを顧慮して，海正面用速射加農砲の備付弾薬数を規定し，②要塞の陸正面に現出すべき攻城廠を想定し，かつ，野戦砲隊の携行弾薬数と陸地の堡塁・砲台の戦闘状況を斟酌して，陸正面用速射加農砲の備付弾薬数を規定した，と強調した。つまり，要塞とその維持関連補助施設は他の歩兵連隊の兵営や衛戍地とは異なり，平時も積極的に戦時と同戦闘状況を想定・認識した陸軍の営造物であり，その内部では常に戦時・戦闘状況を基準にして弾薬備付を含む業務を計画・実施した。要塞は平時において積極的凝縮的に戦場化を想定した地理的・物理的環境を含む存在になった。

次に，砲兵会議は，要塞弾薬備付規則起案に伴う要塞補助建設物の規定中改正を起案した。すなわち，弾薬分蓄法の確定により，①弾丸庫を，本庫（各要塞内で運搬最便益地点に構築し，数個の堡塁・砲台又は全要塞の使用に供する），弾廠（一個又は数個に分割し，堡塁又は砲台のためにその内部又は外部において，砲床との交通便利かつ安全な地点に簡易な方法で築設し弾丸を貯蔵)，砲側庫(現行の「補給庫」の名称改称，火砲の側傍に設ける小掩蔽部であり，火薬貯蔵のために構築するものを併用)，弾室(砲床面上胸墻の内斜面又は横墻の脇側付近に置く)に区分し，各々の規定弾丸を貯蔵する，②火薬庫を，本庫(設置要領は弾丸庫本庫と同じ)，支庫(堡塁・砲台の内部又は外部において，努めて火薬火具保存の安全を顧慮し，かつ掩護確実交通便利な地点に築設し，一個又は数個の堡塁・砲台の用に供する)，砲側庫(横墻下その他火砲から遠隔しない地下に設置)，③修理所を2種類にし，小修理所(堡塁団及び独立した堡塁・砲台に設置し，堡塁・砲台で修理できない小修理を行う)，大修理所(要塞毎に一個を設置し，通常は兵器支廠の平時の修理所をあて，小修理所で修理できないものを修理し，あるいは各小修理所の作業を幇助)，に判然・分別するとした。その中で，①の弾室は新設であり，その理由は，弾丸又は弾薬を貯蔵し，合わせて警備弾又は警備弾薬の保管用に供し，緩急ただちに使用できるようにして，他の倉庫面積を減少させることにあった。①と②の砲側庫(現行の「補給庫」)は，面積をできるだけ減少させて貯蔵弾薬数も減じ，地下倉庫において免れにくい湿気害の及ぶ範囲を務めて小さくするとした。なお，貯蔵の点では地下倉庫の結構を避けることもありえるが，掩護の必要上において地下構築物を全廃できないが故に面積を最小限にするとした。

②陸軍省と参謀本部における建議の検討と決定

陸軍省は砲兵会議の要塞弾薬備付規則制定(要塞補助建設物の規定中改正を含む)の建議を検討し，要塞弾薬備付規則をほぼそのまま了承したが，要塞補助建設物の規定中改正については改正項目を新たに加えた。

第一は，糧食庫に関する規定である。すなわち，糧食庫は糧食本庫と糧食支庫に区分した。糧食本庫は，①要塞の大小・位置及び形状に応じて一個又は数個を設置し，その容積は戦時戍兵の全員に対して「策定食量」を収容できることを基準にする，②「策定食量」は糧食の数量区分の策定であり，要塞の位置にもとづき，戦時調弁の便否と交通の難易とを計り，甲額(6箇月分)，乙額(4箇月分)，丙月(2箇月分)の中から策定する，とした。他方，糧食支庫は，①離隔した堡塁団又は堡塁，砲台，海堡のために設置し，糧食本庫から分支する，②糧食数量は補給の便否により，「い額」(2箇月分)，「ろ額」(1箇月分)，

「は額」(2週間分) の中から策定する，とした。第二は，営舎に関する規定である。営舎は兵営と兵舎に区分した。兵営は平時要塞戍兵の屯在所であり，戦時も同付近の堡塁・砲台に配当した戍兵の休憩所にあて，要塞の大小・位置及び形状にもとづき，1箇所又は数箇所に設置するとした。第三は，要塞内軍用道路に関する規定である。すなわち，要塞内の軍用道路を，一等道路，二等道路，三等道路の三つに区分した。

砲兵会議の要塞弾薬備付規則の建議と要塞補助建設物の規定中改正は，陸軍大臣から同年2月25日付で参謀総長に照会された[16]。これについて，参謀総長は4月26日付で同大臣に下記のような修正案を添付して回答した。第一に，要塞弾薬備付規則に対しては，要塞戍兵の小銃弾薬数の規定を削除及び修正し(機関砲の弾薬数を増設)，要塞司令官は必要と認める場合は本規則の分蓄法を変更できると修正した。第二に，要塞補助建設物の規定中改正に対しては，①糧食庫では，糧食本庫は時変に臨み咄嗟に充足できない要塞においては平時には策定食量の半額以上を貯蓄しておく，充足確実な要塞及び糧食支庫は指定場所以外には，事変に臨み機を失わないように充足する，と修正し，②営舎では，兵舎は，兵営から多少離隔した堡塁団及び堡塁・砲台・海堡のために，戍兵の棲宿所にあてることを主とし，通常，平時準備の材料により，戦時に構築するとした。ただし，海岸堡塁・砲台で掩蔽部の設備がないものや，平時に材料を準備できない地方では，平時から同戍兵の約3分の1を収容すべき兵舎を構築する，と修正し，③軍用道路では，一等道路は野戦砲以上の予備砲運搬に必要な路線であり，道幅を3m以上に，傾斜の最大限を8分の1に，曲折半径の最小限を18mに，二等道路はたんに荷車及び送弾車を通過させる路線であり，道幅を2m以上に，傾斜の最大限を6分の1に，曲折半径の最小限を4mに，三等道路はたんに駄馬と徒歩者を通過させる路線であり，道幅を1m以上に，傾斜及び曲折半径は適宜とするという基準を詳細に述べた。なお，以上の基準により築設できない場所では道幅のために若干の距離に待避所を設け，同曲折部には若干の幅員の水平部を設け，隧道・橋梁の幅員は当該所在地道路の幅員に準ずるとした。

参謀本部の要塞弾薬備付規則制定及び要塞補助建設物の規定中改正に対する修正意見は詳細にわたっているが，陸軍省は同修正意見を全部採用して決定した。そして，8月24日に要塞弾薬備付規則制定と要塞補助建設物の規定中改正を砲兵会議議長及び東京他兵器本廠長，築城本部長，第一，四，五，六，七，十二の各師団長，台湾総督，教育総監に内達した（陸軍省送丙第1号）。

(6) 要塞諸部隊用炊具の制式・員数の制定

要塞諸部隊用炊具の制式及び員数の制定が重要である。これは，1899年10月の陸軍動員計画令付録第133条第2項では，要塞諸部隊に要する戦用炊具の定数は別に規定されることになっていた。その後，1901年7月12日付の要塞戦用器材調査委員長黒瀬義門発陸軍大臣宛の建議「要塞諸部隊用炊具ノ制式及員数ノ決定」にもとづき制定された。すなわち，同建議は10月21日に陸軍大臣において陸軍動員計画令付録改正案とともに決裁された[17]。本建議で注目すべきことは炊具の制式及び員数をたんに兵員食事を賄うために位置づけたのでなく，要塞防禦戦闘の特質・変化を基準にして規定したことである。すなわち，要塞防禦戦闘は要塞内に閉じ籠った籠城的戦闘に終始するのでなく，遊動戦になることを想定した炊具の制式及び員数の規定である。そういう点で，まず，同建議を検討しておく。

本建議は，第一に，要塞諸部隊用炊具は野戦部隊乙号炊具定数を採用するとした。ただし，各部隊炊具の約半数は両覆，釣瓶を省き，かつ，下記の戦用品に限って平時屯営と同様のものによって換用するとした。その戦用品とは，米揚笊，二つ組米洗桶（棕梠綱），飯運嚢，大柄杓，提灯（袋共），水漉（小絨製）である。この場合，乙号炊具定数は1組が人員約200名を基準にした定数であり（1食2回焚き），甲号炊具定数よりも組数が多いとされた。甲号炊具定数の部隊は軍司令部，軍兵站監部，師団司令部（以上，各1組）などであった。乙号炊具定数の部隊は大本営（2組），歩兵大隊（5組），騎兵中隊（1組）などであり，該当部隊数としては甲号該当部隊数よりも多い。第二に，炊具の定数は約200人に対して1組とし，要塞砲兵隊の人員に対して算定するとした。この場合，要塞司令部，要塞砲兵補充隊，要塞通信員，同兵器修理所，同病院，築城部支部及び兵器支廠のための特別な専用の炊具を備えず，平時要塞砲兵屯営内のものを応用するとした。ただし，佐世保と対馬に限って，同諸部隊用としての炊具1組を要塞砲兵隊の定数中に加えるとした。この結果，1899年陸軍動員計画令付録第133条第2項は，要塞司令部，要塞通信員，要塞兵器修理所，要塞病院には特に炊具を備えず，平時要塞砲兵屯営用のものを応用すると規定改正した。

ところで，要塞は糧秣を集積していたが，それによって支えられる戦闘日数期間はどのようなものであったか。1899年陸軍動員計画令付録の「戦用糧秣準備区分表（乙）」よると（付表第四十其二），東京から遠距離の函館要塞の要塞糧食庫は携帯口糧2日分と常食3箇月分（他要塞は常食2箇月分）とし，対馬要塞・対馬警備部隊は携帯口糧2日分と常食6箇月分と規定した。その後，第七師団長が1901年12月4日付で陸軍大臣宛に進達した1902年度要塞防禦計画訓令附録による要塞防禦用として準備すべき糧秣と通信器具材料等の過不足表には，「明治三十五年度函館要塞糧秣全量取調表」を添付した[18]。それによれば，糧秣は携帯と通常に区分し，携帯区分の玄米と大麦は各3日分まで，通常区分の塩肉類と干肉類，野菜類と干物類，漬物類と梅干は各3箇月分まで集積しているとされた。すなわち，それぞれを1組のセットにすれば，6日間（携帯）もしくは6箇月間（通常）を支えることができると想定した。

(7) 1900年要塞記録編纂要領の制定と要塞防禦計画調製思想

参謀総長大山巌は1900年4月16日付で陸軍大臣宛に，要塞防禦計画を策定する上で各要塞の状態を知悉する必要があるとして，「要塞記録編纂要領」の制定を協議した[19]。要塞記録編纂要領によれば，要塞記録は要塞防禦計画の策定資料として供するために要塞毎に編纂するとし，記入事項の成立・廃止にもとづき逐次増補・改訂を加え，動員年度末期の状態と翌動員年度間に変化を生ずる件とを顧慮し，新年度の防禦計画策定のための資料として提出させるとした。要塞記録編纂要領は要塞防禦計画の策定にあたり，何に注目して要塞防禦計画を立てるかという要塞防禦計画のための調製や勤務の思想を含んだ。

そこでは，記入事項として，①「要塞ノ位置」は要塞の地理学上の位置，付近の衛戍地，比隣要塞，各軍港・要港並びに商港，作戦上重要な都府との関係・位置を示し，特に要塞の作戦に直接的に関係を及ぼすべき港湾・海岸では「［敵の］根拠地仮泊地若クハ上陸地ト推定セラルヘキ地区」がある場合には，たとえ要塞の作戦区域外でも要塞との関係位置を記入し，②「地形ノ略説」は本防禦線の内方及びその外方少なくとも20kmの地域にわたる一般の地勢とその細部を略説し，河川・山脈等で攻防作戦に直接的影響を及ぼすものは戦術的説明を加え，海岸の形状・土質・風向き・潮流・海底の深浅・航路の景況難易等の海事事項の大要を記入し，③「要塞ノ編成」は堡塁・砲台の位置と首線の方向（線長は備砲の最大射程に同じ）を記入し，その他の軍用建築物の位置と種類等（幅員容積を含む）を図示し（二万分の一の地図），堡塁・砲台の地形的弱点及び側防設備の完否を付記し（その付近の特に危険点があれば付記する），要塞付近の海岸望楼・海岸監視哨・要塞監視哨及び警備のために臨時配置する守備隊の位置と連絡法等を通常二十万分の一の地図で指示し，④「兵備ノ状況」は砲兵の戦闘力予測のために主として火砲弾薬の貯蔵・補充の状況を詳記し（堡塁・砲台の永久備砲及び臨時配属の予備砲の種類・口径・員数等と備付弾薬等），堡塁・砲台の共有射界は射界一般図で示し（一万分の一地図），射界内火砲の効力死界地区は堡塁・砲台毎に記入し，弾薬庫・火砲格納庫・予備砲兵の集合場等は射界一般図に付記し，⑤「守備隊ノ兵力」は警急配備や艦隊攻撃（敵の陸兵の一部は海兵とともに乗艦し，陸戦隊とともにこの攻撃に参与することがあるので）及び敵の本攻を受ける時期においていかなる防禦力を有するかを予測するために知りうる限り平時と戦時の兵力を示し，戦時要塞に属する兵力の戦闘序列・守備隊区分を列記し，⑥「道路及通信網ノ状況」は道路網を四等に区分し（一等道路は大部隊の運用に適し攻守城砲兵の材料運搬を妨げないもの，二等道路は一等道路に次ぐもので野戦砲兵の行進を妨げないもの，三等道路は道幅1m以上で騎兵の行進を妨げないもの，四等道路は山径又は傾斜急峻の道路で単独の歩兵でなければ通過できないもの），②の地域内の道路の全状況を詳細に記述し，鉄道・河川（舟運に利用するもの）については線路・停車場・繋船場等を記述し，通信網はなるべく電信電話や各種通信法を区分し通信所の位置・電線経路及びその現況等を詳記し，作戦上の主要地方や①の各地点から要塞内に通ずる道路等は直接・間接に要塞の攻防に影響を与えるものはその全線にわたって上記の四区分に準じて記述し，すべての道路網・通信網には各付図上に明記し（通常二万分の一），⑦「市町村ノ資力」は②の地域内にある市町村の徴発力が推定できることを目的にして，攻守城に要する器具材料，宿営・給養力，給水の状況，衛生勤務上で応用できる地方病院，医師・

獣医・諸職工・雑役に堪える人員を調査し，「住民中自食シ得ルモノト寄食セサルヲ得サルモノ」を区分して全人口に対する比較数を指示し，全材料の調査はその物の如何を問わず住民日用需要に供給すべき数量を除外する，と起案した。また，詳細な「要塞符号表」を起案した（略字，隊標，工事，営舎，交通，攻城廠，海軍，港湾）。

陸軍大臣は4月27日付で異存なしを回答し，同日付で要塞管轄の師団長等に対して，要塞司令官をして要塞記録編纂要領にもとづき要塞記録を編纂させ，9月尽日までに参謀総長に報告すべきことを令達した。要塞記録編纂要領の記入・調査事項は下記の各要塞の要塞防禦計画書の策定にも含まれたとみてよい。

3　各要塞における要塞防禦計画書の策定と評価

1901年の防務条例と要塞司令部条例の改正により，従前から令達された各年度の要塞動員計画訓令にも改正を加えた。すなわち，各年度の要塞動員計画訓令を1902年度からは「要塞防禦計画訓令」と改称し，防務条例第7条に関しては「第七　要塞司令官及警備隊司令官ハ防務条例第七条ニ依リ要塞防禦計画ヲ策定シ明治三十五年三月十五日迄ニ参謀総長ニ報告スヘシ」と規定した[20]。この要塞防禦計画が，要塞司令官と警備隊司令官が策定する「要塞防禦計画書」である。

ところで，要塞防禦計画書は具体的にはどのようなものであったか。要塞防禦計画書としては『明治三十五年度 東京湾要塞防禦計画書』と『明治三十五年度 下ノ関要塞防禦計画書』がある[21]。この二つの要塞防禦計画書の策定・送付関係等については傍証できる。すなわち，参謀総長は1902年3月28日付で海軍軍令部長宛に東京湾，由良，鳴門，呉，芸予，佐世保，長崎，対馬，函館，舞鶴，下関，基隆，澎湖島の各要塞の「要塞防禦計画書」（各1通）の送付を通知したからである[22]。同「要塞防禦計画書」は1902年度の要塞防禦計画訓令にもとづき各要塞司令官及び対馬警備隊司令官が策定を報告し，そこには東京湾要塞と下関要塞のものも含まれた。東京湾要塞と下関要塞のものは各地の要塞防禦計画書の見本にもなり，また，同年5月の参謀長会議でとりあげられ，コメントもあるので，細部にもわたるが，東京湾要塞司令部策定の『明治三十五

年度　東京湾要塞防禦計画書』(3月10日)を中心にして検討する[23]。

(1)『明治三十五年度 東京湾要塞防禦計画書』の特質

本防禦計画書の「緒言」は東京湾要塞防禦計画のために予め各主任官に必要な訓令を与え，各主任事項に関する確実精細な調査報告書を提出させ，同報告にもとづき本防禦計画書を策定したとされる。さらに，本防禦計画書により各主任官に対して各自の「防禦配備実施規定書」を規定させたとした。しかし，同規定は本防禦計画書に掲載しないとした。これによれば，他要塞司令部も「○○年度☆☆要塞防禦計画書」の他にさらに要塞防禦計画の細件や詳細実施法を規定していたことが推定できる。

①要塞防禦の目的と守備隊の編成

まず，「第一章　防禦ノ目的」は，「本年度東京湾口防禦ノ目的ハ敵艦ノ航通ヲ此ニ杜絶シ併セテ浦賀造船所ヲ掩護スルニ在リ[後略]」と記述した。これについて，参謀本部は「東京湾口防禦ノ目的ハ東京湾防禦計画ニ示セルガ如シ任意ニ他ノ目的ヲ加フヘキモノニアラス」というコメントを付箋上に記述した。つまり，本コメントの「東京湾防禦計画」とは前章注50)で述べた要塞所在地の関係地名等を付して同地防禦目的を規定した最重要文書としての「○○防禦計画要領」(上奏・允裁を経る)である。同計画は「浦賀造船所」の掩護目的の記載はないので，「併セテ浦賀造船所ヲ掩護」という防禦目的文言を勝手に加えたことは正しくないと指摘した。それは重大なコメントであった。参謀本部の同コメントが東京湾要塞司令部に伝えられた経緯は不明であるが，参謀本部で開催された1902年の参謀長会議(各師団参謀長と各要塞参謀長が出席，要塞防禦計画も扱う)の終了後の6月13日に，東京湾要塞司令官鮫島重雄は参謀総長宛に『明治三十五年度 東京湾要塞防禦計画書』中の正誤を報告し，「併セテ浦賀造船所ヲ掩護」の文言削除を申し出た[24]。これによれば，東京湾要塞を含む各要塞の防禦計画書が厳密に策定されていたことがわかる。

次に，防禦計画の具体的内容において注目されるのが，「第二章　防禦力」である。

「守備隊人馬一覧表」(附表第1)は，「甲戦備」(陸正面からの敵の本攻段階に対する戦備)を基準にした戦時配属の守備隊人馬数として，要塞司令部(72

人）・横須賀陸軍兵器支廠（17人）・築城部横須賀支部（13人）・後備歩兵第一連隊（2中隊欠，1,458人）・後備歩兵第二連隊（1,902人）・後備歩兵第四連隊（1中隊欠，1,680人）・後備歩兵第十五連隊（1,902人）・後備歩兵第十六連隊（1中隊欠，1,680人）・後備歩兵第十七連隊（2中隊欠，1,458人）・第二師団後備騎兵第1中隊（1小隊欠，135人）・東京湾要塞砲兵連隊（4,314人）・第一師団後備工兵第1中隊（262人）・第二師団後備工兵第1中隊（1小隊欠，188人）・東京湾要塞通信員（75人）・東京湾要塞兵器修理所（100人）・東京湾要塞補助輸卒隊（1,366人）・東京湾要塞病院（223人），の総計人員16,845人を規定した（憲兵科・輜重兵科・経理部・衛生部の将校及び同相当官・下士・兵卒等の配属の部隊もある。ただし，総計人員数字を訂正）。なお，馬匹総計は834である。

以上の規定は，1899年陸軍戦時編制中の要塞諸部隊編成の規定と「明治三十五年度要塞防禦計画訓令」における「明治三十五年度各要塞守備隊一覧表」（附表第2）[25]等にもとづき記載された。1899年10月陸軍省送乙第2945号令達の陸軍平時編制改正の「東京湾要塞砲兵連隊編制表」（附表第13号）によれば，東京湾要塞砲兵連隊（5大隊15中隊）の人員は1,967人で，馬匹は15であった[26]。それが，甲戦備では要塞砲兵連隊のみで平時人員の約2倍を越え，守備隊全体では要塞砲兵連隊の平時人員の約8倍を越える膨大な人員を三浦半島地域やその周辺等に配置することになる。同配置は，たとえば，「東京湾要塞砲兵連隊編成表（甲戦備）」（附表第6甲）では，砲兵司令部（担任部隊は連隊本部）と観音崎地区・走水地区・海堡地区・横須賀地区・武山地区・大楠山地区・二子山地区・鷹取山地区の各地区に砲兵隊を置き（担任部隊は同連隊の各大隊），さらに総予備砲兵隊（第1大隊から第3大隊）を規定した（総人員4,296人，他18名は要塞監視哨等）。なお，「乙戦備」（敵艦隊の攻撃に対する戦備，陸戦隊並びに軍艦搭載の小部隊陸兵の攻撃参与の場合も含む）は，後備歩兵第一，第二，第十五連隊を除く人馬数に等しいと規定した。また，警急配備（警備の緊急強化段階の部隊配属）では，歩兵第三連隊の1大隊，騎兵第一連隊の1小隊，東京湾要塞砲兵連隊，工兵第1大隊の2小隊を配属するとした（いずれも兵力は平時編成，他に横須賀陸軍兵器支廠・築城部横須賀支部を使用）。

②守備隊の宿営法と給養

平時と比較して膨大な守備隊の人員・馬匹の配置を支える宿営法等を規定し

た。すなわち，①甲戦備・乙戦備・警急配備ともに永久砲台の守兵は主として同掩蔽部を使用し，不足部分は周辺廠舎に宿営させ，その他各地の守備部隊を廠舎に宿営させ，分遣小部隊のみは「其ノ付近ノ民家ヲ徴用ス」とした。「宿営区分表」（附表第45）は，海堡地区に警急配備時配置の歩兵第三連隊の1小隊（人員47）は千葉県富津村の民家を宿営とし，武山地区で甲戦備時配置の後備歩兵第十六連隊の1小隊（人員74）と乙戦備時配置の後備歩兵第四連隊の2小隊（人員148）は神奈川県長沢村の民家を宿営とすると記載した。なお，戦備完成後に解散するものは特に宿営法として計画せず，主として付近民家を応用し，又は私宅に帰宅させ，又は臨時の仮廠舎に宿営させるとした。②兵舎・廠舎の補修・新築，病院・患者集合所・兵器修理所・倉庫・炊事場の新設・増築は，建築作業班を臨時編成して担任するとした（6個の班編成，計342名）。すなわち，第1～3班は請負工事の監督で各班には軍吏・計手（最寄りの部隊附者が兼務）・技手（雇員，一部は大工で技術優等者を採用）の計3～4名から編成し，第4～6班は直営工事で軍吏・計手・技手の他に補助輸卒（大工・屋根工・石工・雑役）・傭人（大工・屋根工・石工）の計90～131名から編成した。そして，「建築作業区分表」（附表第46）は，班毎に作業担任区域・関係部隊の工事種類（事務室，兵舎又は作業場，糧食庫，糧秣庫，炊焚所，浴室，圊厠，厩舎の坪数）と竣工期限（週間）を規定した。ただし，以上の建築作業区分表の建物建築に対しては，参謀本部は，たとえば，箱崎には歩兵1小隊の事務室（9坪）の建築（第4班担任）を記載しているにもかかわらず，武村の歩兵1大隊（第5班担任）や鴨居村北方各地の歩兵1中隊（第1班担任）のための事務室の建築記載がないことを指摘し，「事務室ノ要否ハ何ニ依テ定メタルカ」とコメントした。

宿営法と同様に戦時の膨大な人員・馬匹の配置を支えるものが給養である。

第一に，「糧秣数額表」（附表第5）は1人1日の定量として，携帯口糧は糒3合〈パン180匁〉，副食物の缶詰肉40匁・食塩3匁，通常糧食は精米6合，副食物の鳥獣肉40匁・野菜類40匁・醤油4夕・漬物類15匁とした。そして，携帯口糧は4日分，通常糧食は2箇月分を算定し，傭人で非常用者には弁当を携帯させ，常用者には当使用部隊において給養する，と規定した。この場合，傭人で常用者の給養のために（定員外のために策定糧秣の支給を受けない），糧秣調弁の計画を立てるとした。傭人は，建築作業班の他に弾薬庫に置いた（計80名，内32名は兵器支廠の平時傭人）。なお，警急配備においても，築城部支部長編成の工兵作業班と兵器支廠長指揮の砲兵作業には傭人を編成・使用するとした。

第二に，糧秣の管理・貯蔵・送付・補充の計画がある。策定糧秣及び日々消費糧秣は中央糧餉部から汽車路（横須賀停車場に来着）・海路（小川町桟橋に来着）により横須賀町米ヶ浜の糧食本庫に送付・貯蔵し（要塞経理部長が管理，軍吏・計手合計5名には中央糧餉部員をあてる，常食は要塞全戍兵の1箇月半分を貯蔵），そこから糧食支庫（5箇所に設置，地区砲兵長等が各支庫を管理，常食は各地区・付近の諸部隊の半箇月分を分蓄）及び部隊炊事倉庫（4箇所に設置，各部隊長が管理，常食は7日分を分蓄）に運搬するとした。糧食本庫・糧食支庫の出納人員は，軍吏・計手・補助輸卒・人夫（43名）の合計116名とした。糧秣運搬には糧秣補充班を臨時編成するとした（計7班，人員合計206名，運搬材料として駄馬〈牛〉385，荷車80等）。なお，給水給養に関しては，一地区の各部隊は努めて共同の炊事場をもたせ，地区外の分遣隊は付近の糧食支庫から支給し，時宜により当該地方から購買させ，又は請負賄いさせると規定した。

第三に，糧秣の調弁計画がある。これは，「第十一章　雑件」において，被服等の購買を含めて「本要塞防禦上必要ニシテ購買スヘキ被服，糧秣，器具材料ハ各部隊長ヲシテ各自所要ノモノヲ平時ヨリ予メ受負人ト契約ヲナサシメ其徴発スヘキ人馬車輌船舶等ハ要塞司令部ニ於テ其使用ノ場所員数ヲ顧慮シ本要塞徴発区域タル三浦郡及君津郡ノ町村ニ区分シテ徴発ノ計画ヲナシ予メ之ヲ各郡長ニ通知シ徴発実施ニ支障ナカラシム」と調弁方針を記載した。そして，「糧秣調弁一覧表」（附表第47）は傭人で常用者の給養のための糧秣調弁計画（2箇月分）として，品目（重量）・調弁法（購買）・収容庫・運搬法と調弁先自治体を記載した。すなわち，精米は神奈川県三浦郡豊島村（300石）・浦賀町（420石），缶詰肉は浦賀町（2,400貫），塩肉は千葉県君津郡木更津町・富津村・港村（各200貫），乾肉は木更津町・富津村・港村（各300貫），野菜は浦賀町（900貫）・木更津町（900貫）・富津村（600貫），漬物は三浦郡南下浦村（900貫），薪は豊島村（40,000貫）・浦賀町（33,800貫），大麦は三浦郡中西浦村（1,422石）・浦賀町（300石），藁は君津郡港村（34,440貫）を予定した。この場合，千葉県の3町村からの購買品はすべて当該町村をして海岸にまで運搬させ，横須賀町米ヶ浜の糧食本庫までは糧食本庫の小汽船により運搬し，同糧食本庫に収容するとした。つまり，守備隊のほとんどを配備する三浦半島対岸の千葉県君津郡地域からも多数品目を調弁することにした。以上の「糧秣調弁一覧表」に対して，参謀本部は「此時期ヨリシテ要塞付近ノ物資ヲ涸渇セシムルハ一考スヘキコトナリ」というコメントを付した。すなわち，警急配備期からの傭人使用とともに，動員の初期段階から（物資涸渇という前提により）要塞遠方依存の調弁計画を立てることの問題を指摘した。

③要塞戦備の想定地域

「第四章　甲乙両戦備間防禦編成」にみられる戦備想定地域の特質がある。これは，東京湾要塞に対する敵の攻撃方略の判断と守備軍隊配備や防禦地区配備を示した。まず，乙戦備時期では，「敵ハ強大ナル艦隊ヲ有スルモ未タ上陸軍ヲ輸送スルヲ得サルトキハ専ラ艦隊ノ優勢ヲ恃ミ単ニ之ヲ以テ戦闘ノ目的ヲ達セントスルカ或ハ向来上陸軍ノ大企図ヲ容易ナラシメン為其艦隊ト陸戦隊トヲ以テ本要塞ノ湾口防禦ヲ壌[ママ]乱シ国都ノ関門ヲ開キ又ハ少クモ其一部ヲ擾乱シテ強行通過シ或ハ横須賀軍港ヲ衝キ或ハ直ニ東京ヲ脅威スルコトアラン」と，上陸軍をもたない段階の敵大艦隊の東京湾への直接的侵入を想定した。次に，甲戦備時期では，敵が大艦隊と上陸軍をもった段階の海陸連合の攻撃方略として，およそ三通りがあるとした。すなわち，第一方略は「敵ノ本軍房総半島ニ上陸セハ本要塞ノ左翼タル富津元州砲台ヲ攻囲シ或ハ海陸連合攻撃シテ之ヲ攻略シ次テ第一海堡ニ及ホシ順次ニ湾口防備ヲ擾乱シテ艦隊ノ侵入ヲ容易ナラシムルナラン蓋シ此事タル稀有ニ属セン」と想定した。第二方略は「敵軍三崎付近ニ上陸シ海陸連合シテ陸正面ノ防備ヲ撃破シ走水，観音崎地区ヲ陥落シテ此湾口ヲ開キ或ハ横須賀軍港ヲ侵略シ遂ニ三浦半島ヲ占領シ東京ノ咽喉ヲ扼センコトハ本要塞目下ノ防禦程度ニ在テハ敢テ無稽ノ事ニ非スト雖トモ頗ル冒険ノ動作ナルヲ以テ単ニ此方略ニ出ルコトハ稀ナルヘシ蓋シ第一項又ハ第三項ノ方略ト関連シテ此働作ヲ決行スルコトアラン」と想定した。さらに，第三方略は「駿，豆，相沿岸某点ヨリ上陸シ東京侵略ノ大企図ヲ有スル敵軍ハ其一部ヲ以テ本要塞ヲ北方ヨリ攻囲シ或ハ特ニ攻城軍ヲ以テ海陸連合シテ藤沢方面ヨリ本要塞ヲ侵略センコトヲ試ムルコトアラン」と想定した。そして，敵のいかなる方略にも対応できるような要塞防禦配備計画の策定の必要を記載した。ただし，参謀本部は「各方面ニ於ケル地形ノ判断ヲナスヲ要ス」というコメントを加えた。

ここで，第三方略の中で「駿，豆，相」の某地点からの敵上陸云々があるが，第一方略と同様に議論が出てくる。たとえば，1899年1月からの防務条例改正をめぐる海軍省と陸軍省との「論争」で，同年10月に海軍省が同条例の「東京防禦」から「東京湾口及び横須賀の防禦」を区分・分離させるための根拠として，横須賀鎮守府司令長官の麾下のもとに東京湾外への「移動防禦」（湾外での海戦）の必要性を主張したことがある。これに対して，同年11月に陸軍省は「移動防禦」は「変則ノ場合」に属するものと批判し，変則を主とするならば，「敵艦湾口ニ向ヒ来ラス遠ク駿豆地方ヨリ上陸シ来リ横須賀ノ背後ヲ襲ハハ則チ如何ン」として広域の防禦体制を組まざるをえなくなり，その責任を持てるか？ と反論した[27]。つまり，陸軍省は「駿，豆，相」の沿岸某地点からの敵上陸は例外的な想定とみていたからである。しかし，参謀本部は1901年5月の参謀長会議での「守勢作戦計画ニ関スル所見」（5月2日，第一部長口述）の中で，第一師団の計画に対して「相模湾ニ上陸スル敵ニ対シテ師団ハ上溝，下鶴間，国分，用田及ヒ其附近ニ全部集合シ得ルヤ」と，敵の相模湾上陸も想定していたので[28]，一貫性がない。

④守備軍隊の配備と「射界ノ清掃」

守備軍隊の配備として要塞監視哨編成表（附表第9，山口，諸磯崎，千駄ケ崎，鋸山に配備，人員は士官以下計39名），歩騎工兵隊配備表（附表第27，甲乙戦備，海正面防禦区守備隊，陸正面防禦区守備隊，総予備隊），火砲・配備砲兵隊の配備（前出の附表第6甲乙）を規定し，防禦地区の配備として陸正面の防禦地区配備（甲戦備）は第二方略と第三方略に対応した三崎方面と鎌倉方面を重視し，さらに，第二線堡塁配備表（附表第28，堡塁は10地点，備砲は4～6，守備兵は2小隊～1中隊）と城外枝隊の編成を示した（甲戦備では歩兵4大隊，騎兵2大隊，出撃砲隊，工兵2小隊，三崎・藤沢方面における攻勢防禦の任務）。

その際，注目されるのは，「此他甲戦備中戦況ニ依リ必要ナルトキハ総予備隊ヨリ選抜セル勇敢軽捷ナル歩兵ヲ以テ狙撃隊数隊ヲ編成ス此狙撃隊ハ最モ軽装シ多数ノ弾薬ヲ携帯シ其宿営給養ハ附近ノ部隊又ハ村落ニ於テシ以テ深山幽谷ヲ跋渉シテ出没自在ノ運動ヲ為サシム」の記述である。この総予備隊（要塞砲兵連隊営を駐屯地とする隊数は歩兵2大隊及び騎兵2小隊，大津村を駐屯地とする隊数は歩兵1大隊と3中隊及び工兵1中隊，要塞砲兵射撃学校を駐屯地とする隊数は歩兵2大隊）から選抜・編成される「狙撃隊」の戦闘行動イメージの形成詳細は不明である。ただし，伏兵・奇襲等混合のいわゆるゲリラ戦・民兵戦のイメージに近いだろう。東京湾と横須賀軍港の陸正面の防禦計画の整備は日清戦争後の1896年4月以降である[29]。当時，彰仁親王参謀総長は1896年4月に「東京湾及横須賀軍港陸正面防禦計画之件」を上奏し，「東京湾及横須賀軍港海正面防禦ハ略ホ緒ニ就キ日ニ其威力ヲ増進シ来リ候折柄独リ陸正面防禦ハ未タ整ハサルハ要塞ノ防禦上彼是権衡ヲ得サル義ニ付今般観音崎及走水方面直接背後防禦ノ為」に2地点への堡塁築設等を述べ允裁を仰いだ。参謀総長上奏の裁可は不明であるが，おそらく，日清戦争後の東京湾要塞の陸正面防禦計画の整備の中で，本防禦計画書記述の歩兵の「狙撃隊」の戦闘行動イメージがつくられたのであろう。その際，甲戦備の歩兵の「狙撃隊」編成は参謀本部・要塞司令部等において大きな議論を発生させうるものであったが，おそらくそうした議論自体は塞がれ，あるいはタブー視されたとみてよい[30]。

ところで，以上の防禦編成に対応する砲兵戦備は，①砲兵工作作業で，射撃指揮の通信諸設備，観測所の完備新設，その他工兵戦備中で砲兵担任のものは同地区の砲兵隊が実施し，砲兵隊実施至難なものは工兵作業班が援助するとした。この場合，砲兵工作作業の地区毎の工事場所の工事種類・要領として，たとえば，観音崎地区の千代ヶ崎では「地区備砲ノ急造肩墻，急造銃架，小隊砲台長小隊長ノ位置ノ設備，視射界ノ清掃，通信設備，遮蔽物ノ設置」（日数第7日）を示した。他地区・場所の工事種類・要領も千代ヶ崎にほぼ同じで間道の開設・増設などを加えた。なお，砲兵工作作業用器具不足時は付近民家から徴用すると規定した。②兵備作業は，火砲の振付及び射撃準備は関係砲兵隊が担任し，臨時編成の兵備作業班が火砲弾薬器具材料の運搬を担任し，弾薬調製は各砲台の弾薬調製所と弾薬本庫の調製所が実施し，各地区の弾薬補充は臨時編成の弾薬補充班が実施するとした。

同様に，工兵戦備（甲戦備・乙戦備）を下記の四期に分けて計画した（なお，乙戦備は第一期までである）。すなわち，「第一期（防禦配備ハ第七日迄）海正面諸堡塁砲台ヲ完備ス」「第二期（同　第十四日迄）陸正面堡塁中地区砲ヲ備フヘキ堡塁ノ砲座ヲシテ少クモ射撃シ得ル如クシ且ツ其観測所及交通路ヲ設備ス」「第三期（同　第二十一日迄）同上ヲ完備シ及通信網ヲ完備ス」「第四期（同第二十八日迄）防禦陣地ノ完備即チ歩兵堡塁，框舎，弾薬本支庫，交通路，副防禦ノ設備，射界ノ清掃等」，である。以上で，注目されるのは砲兵工作作業の「視射界ノ清掃」と工兵戦備の「射界ノ清掃」である（以下「射界ノ清掃」）。

「射界ノ清掃」は，陸地要塞への敵の攻囲意図を明確に想定・判断できる戦闘段階で，又は海岸要塞の陸正面に対する敵（要塞背後から上陸）の攻撃意図を明確に想定・判断できる戦闘段階で，敵の攻撃行動に利用されうる遮蔽物・隠蔽物（特に要塞の周囲・前方の建物・森林等）を撤去・移設・消却し，要塞からの射撃の視界を明瞭化し，射撃効果を高めるための戦備作業である。「射界ノ清掃」の用語は，ヨーロッパの要塞防禦思想から出てきた用語であるが[31]，本戦備作業の実施判断は非常に困難とされた。

他方，日本では，日清戦争の開戦直前に東京湾要塞の戦備着手・配兵を指揮した第一師団長山地元治は1894年7月31日付で参謀総長宛に，東京湾要塞の戦備で緊急検討すべきものとして，①東京湾要塞の戦備に関する師団長と鎮守府司令長官との協議，海軍の速やかな戦備着手，②東京湾要塞の防禦計画中の所要工事等の着手見通し等を述べ，さらに，副申として，「追テ隠蔽部不足スル砲台ニシテ近傍ニ兵ヲ容ルヘキ屋舎ナキ位置ニ急増舎ノ設備砲台内水槽ノ補設糧食仮倉庫ノ設備射界ノ清掃ノ為樹木土地ノ除却電信通信要員ノ派遣等」を陸軍大臣にも申請したが，さらに詮議してほしい，と申請していたことがある[32]。この副申は「射界ノ清掃」を記述したが，非常な焦燥感の反映であろう。そもそも，東京湾要塞は「射界ノ清掃」の戦備作業の基本・前提になる陸正面の防禦計画自体を策定していなかった。第一師団長の副申中の「射界ノ清掃」の戦備作業の申請は，焦燥感の中で「射界ノ清掃」という用語のみが先行したと考えられる[33]。

なお，1899年戦時要塞勤務令等はもちろん「射界ノ清掃」の戦備作業計画を規定していない。各要塞の要塞防禦計画（書）における「射界ノ清掃」の実施計画は，日清戦争後の各地の新設要塞が1900年以降しだいに砲台建築竣工や備砲完了を迎え，そして，陸正面の防禦計画全体の策定の中で検討・記載するに至ったと考えられる。しかし，同記載には慎重かつ綿密な検討が求められ，東京湾要塞司令部は工兵戦備の最終的段階の作業として計画・記述したとみてよい。

⑤衛生と民政――住民避難

「第八章　衛生」がある。まず，要塞病院（全戍兵を収療，収療人員は約500名，薬物は全戍兵2箇月分）には衛戍病院（湘南病院）をあて，各地区要点には患者集合所（10箇所，各収療人員は10～86名，計374名）を設け要塞病院に順次輸送し，重症患者を東京予備病院に逐次輸送するとした。また，患者輸送には臨時編成の患者輸送班を特設するとした（計7班，担架97，輸送車36，人力車13，荷車10，等）。この場合，収療人員（約500名，甲戦備を基準）は戍兵全員の24分の1として算出したと記載したが（附表第51），算出基準自体は1899年陸軍戦時編制の規定にもとづき，「守備隊人馬一覧表」（附表第1）規定の甲戦備の守備隊総計人員16,845名からみると，約200名少ない。次に，要塞病院と患者集合所には「昼間国旗ト赤十字標旗ヲ植［た］テ夜間ハ赤色燈ヲ掲ク」（附表第51，52の備考）と，「国旗」（日の丸の旗）と「赤十字標旗」（白地に赤色十字の徽章旗）を立てることを記載した。ここで，要塞病院と患者集合所に「国旗」と「赤十字標旗」を立てる記載は赤十字条約遵守に対応したものである。

「第十章　民政」がある。ここでは，まず，①戒厳時の地方警察事務に関しては，地方警察官をして軍事警察の監督指揮をうけさせ，軍事警察は要塞司令部の憲兵長を主任者とし，同部下の憲兵と地方憲兵・管区附属の騎兵に任じさせ，各地分遣守備隊に軍事警察を補助させる，②戒厳における地方経理は要塞経理部長を主任者とし，三浦半島内の地方官・住民に糧食貯蔵に注意させ，「婦女老幼ヲ他ノ地方ニ退去セシメンコトヲ慫慂シ」，毎月1～2回にわたって地方官に半島内の糧食現在数を報告させ，時宜によっては半島内からの糧食送出を禁止し，他地方からの送入を奨励し，交通断絶状況に至れば各自に2箇月以上の糧食を準備させ，日々の消費量を制限し，又は鎮守府司令長官と協議して防禦用舩舶により房総半島の糧食を三浦半島に運送する，③地方衛生は要塞軍医部長を主任者にして，地方衛生員を監督指揮し，特に地方病院の設備や伝染病の予防・患者処置等に厳密に関渉させる，とした。この場合，②と③の実施詳細は「予定セス」とされ，特に，実施詳細の想定には至らなかったのであろう。次に，要塞防禦と地方自治体及び地域住民との関係が問われるのは，特に砲撃に至った段階の住民の防護や退去・退避の問題である。これについては，当時，東京湾要塞司令部が想定したものとして注目されるので，全文を引用しておく。

第一，一般ニ堡塁砲台付近ノ人民ニハ砲撃ノ危険ナルヲ諭示シ勉メテ安全ノ地ニ退去セシム

第二，警急配備及乙戦備時期ニ在テハ専ラ海上ヨリノ砲撃ナルヲ以テ海正面堡塁砲台付近ノ住民殊ニ浦賀町，鴨居，走水両村人民ニハ勉メテ海岸ヨリ遠隔セル地ニ移転セシメ或ハ砲撃開始スルヤ直ニ避難スヘキ谷地ヲ指定シ民家ニハ勉メテ貴重品可燃物殊ニ爆発物ヲ貯蔵セシメス火災予防ノ準備ヲナサシメ尚ホ防禦上最モ必要ナルトキハ其若干家屋ヲ破壊又ハ焼失セシム

第三，甲戦備時期ニ在テハ武山以南ノ人民ヲ大楠山以北ニ又逗子付近ノ人民ヲ横須賀以南ニ移ラシメ或ハ全ク三浦半島ニ退去セシメ海正面ハ第一項ノ如クス

第四，地方消防組ヲシテ軍事警察ノ指揮ヲ受ケシメ砲撃ノ際其他火災アルヤ直ニ鎮火スルノ準備ヲ為サシム

ここで，特に第一項目の「諭示」は地方自治体・地域住民に対する東京湾要塞司令部側の戦闘状況や砲撃段階の説明行為を記載したが，退去・退避先としての「安全ノ地」の具体的な指定は明確ではなかった。そもそも，要塞の設置・配備は同設置・配備地域の戦場化・戦闘地域化の可能性を積極的に想定・認識しなければならないが，本要塞防禦計画書は要塞自体の防禦のみに終始し，戦闘地域下の地域住民を（退去・退避させる措置を除き）積極的に防護する視点はない。また，第三項の住民の退去・退避においても乙戦備時期と甲戦備時期とを機械的に区分し，特に逗子付近の住民を「横須賀以南」（海岸要塞であっても地形的には敵の上陸可能性を否定できない海正面側・東京湾口側）に移動させる措置や想定は，東京湾要塞地域の海正面攻防（乙戦備時期）後には横須賀以南の海正面からの上陸可能性を無視したものである。

なお，「戦備費予算表」（附表第50）は戦備予算として傭給（37,481円），兵器費（72,700円），被服費（13,832円），糧秣費（662円），需品費（55,484円），築造費（742,932円），郵便電信費（225円），運搬費（1,901円），雑費（56,806円），

合計982,026円を計上し，警急配備予算は同費目合計36,189円を計上した。

以上，東京湾要塞の要塞防禦計画書を検討したが，他要塞も同様な章構成・内容で策定した。その中で，今後，主に陸正面からの攻撃に対応した甲戦備段階において，対地域住民との関係規定に関して（射界の清掃，住民の退避・退去等），特に日清戦争後に台湾に築造された基隆要塞と澎湖島要塞，日露戦争時に韓国に築造された鎮海湾要塞と永興湾要塞の要塞防禦計画書の検討が重要な課題として残されている。

(2) 1902年参謀長会議における要塞防禦計画のコメント

1902年5月21日から24日に参謀本部で各師団参謀長と各要塞参謀長（函館・鳴門・芸予・長崎の三等要塞からは要塞司令官が出席）等を招集した参謀長会議が開催された。参謀長会議は各師団提出の動員計画や「守勢作戦計画」及び要塞防禦計画等をとりあげた。ここでの要塞防禦計画は1902年度の要塞防禦計画訓令にもとづき，同年3月15日までに各要塞司令官と対馬警備隊司令官に提出させた要塞防禦計画書である。当時の要塞司令部を管轄していた師団の「守勢作戦計画」は要塞防禦との関係にも一部言及していることは窺うことはできるが，日露戦争前の「守勢作戦計画」自体の検討は参謀長会議（及び師団長会議）の性格・意義を含む動員計画策定全体の考察との関係で改めて用意されなければならない。

要塞防禦計画は参謀長会議の日程上では5月24日午後にとりあげられる予定であったが，まず，5月19日に参謀本部は「要塞防禦計画ニ関スル件」というコメント要旨を作成した[34]。

それによれば，第一に，地形等の判断・記述や防禦地域の配備問題を提出した。まず，一般に要塞防禦計画書は職員移動があっても一覧してただちに内容会得できるように記載しなければならないが，「簡ニ失シ繁ニ過」ぎて，明瞭を欠くものがあるのは遺憾とした。同事例としては，①地形判断が「単簡」になり明瞭を欠き，攻撃方面のみを判断し各方面の地形利害を判断したものは少ない，②附図中の地名記入が不十分であり，本文規定や諸表等との対照関係の閲覧に不便であり，附図の記入符号は規定のものを使用し，符号の注記を丁寧にして閲覧に便ならしめること，等とした。①のコメントは東京湾要塞等に向けたものだろう。また，②は1900年4月令達の要塞記録編纂要領の詳細な要塞符号表等の正確な使用がないことを示した。次に，防禦地区の分界は「天然ニ成形セラレタル境界線」により規定することがよいとし，「海ヲ挟ミタル地域」を一地区とするには大きな研究を必要とするとした。すなわち，交通設備等の準備が完全であって地区予備隊の赴援が容易でなければ，海を挟む地域を一地区とすることは得策ではないとした。

第二に，戦備作業の問題を提出した。まず，各戦備作業は緩急の度合いを深く査覈して着手と完成の順序を計画すべきとした。しかるに，陸正面の戦備において急いで実施しなくともよい工事を海正面の補修工事に先立ち完成するようなことは，戦備作業計画の要領を理解していないと批判した。次に，野戦築城教範規定の要領・形式は野戦だけでなく要塞戦でも適用されるべきにもかかわらず，諸計画の防禦設備要領をみると同教範準拠のものはほとんどないと指摘した。そのため，将来は同教範に準拠した防禦設備の計画を求めた。また，要塞防禦設備では，野戦の防禦陣地と異なる趣旨の要点は掩体の堅弱ではなく，「掩蔽部ノ構設」と「障碍物ノ設置」及び「射界ノ清掃」が完全であるか否かにあるとした。特に，これらの作業は戦闘間に設備することが容易でないだけでなく，多くの時間と人力と必要とするとした。したがって，戦備作業において第一に完成を図るべきものは以上の三つの作業であるとした。掩体はその後に堅固の度合いを増加できる形式を選べば時間に応じて戦闘間でも容易に同完備工事ができるとした。しかるに，諸計画では掩体の工事を重点化し，上記三つの作業が等閑に付せられていると批判した。この場合，さらに，①掩蔽部は多少構築したものがあっても散在し，かつ「敵ニ認視セラレサル地」に設備するという顧慮一般に乏しく，②障碍物設置は概して「過少ニ失スルカ如キ」であり，③「射界ノ清掃」の多くは「其範囲狭小ナルノミナラス甚シキハ殆ント此要件ニ顧慮シタルノ形跡ヲ認メ難キモノアルカ如キ」である，と指摘した。さらに，計画書の各作業完成日記載の必要は戦闘目的に使用できる程度にまで完成できる時日を示すことにあるが，各計画書の同使用可能程度までの完成時日は「区々ニシテ一定ノ標準アラサル」ようであると指摘した。

第三に，その他，①各計画書の多くは要塞砲兵操典規定の「砲兵指揮官及地区砲兵長」の司令所（特に海正面に設置）の設置計画が脱漏している，②海上と沿岸の警戒連絡として海陸の通信所設置は必要であり，そのため，鎮守府・要港部がある要塞は海軍と協議し，同設置計画を立てる便宜があるにもかかわらず，同計画を立ててないものがある，③要塞糧秣の性質は外部との交通遮断後に始めて使用すべきであり，要塞糧秣充実後から全交通遮断に至るまでの日々の給養・補充品は別に調達法を計画すべきだが，同調達法を計画しているものは少ない，④警急配備の計画は「別ニ一纏」とすることが適切である，と指摘した。

参謀長会議は以上の「要塞防禦計画ニ関スル件」のコメントを勿論提出したことはいうまでもない。その上で，参謀本部は下記の10数件の「研究事項」を提出した[35]。すなわち，「要塞地区ノ区分法」「内部ニ重要ナル軍用建築物アル要塞ニ於テ内部地区ヲ設クルノ要否」「地区ノ境界ヲ現示スル方法」「警急配備ニ際シ守備スヘキ堡塁砲台決定ノ要領」「通信網設備所要時間ノ標準」「廠舎建築所要坪数ノ標準」「弾薬調製所要人員時間ノ標準及其完成ヲ速ニスル方法」「警急配備及戦備ニ当リ先調製スヘキ弾薬数」「要塞監視哨ハ国用電信線ト電話ニ依テ連絡スルモ別ニ電話線ヲ架スル必要アリヤ」「人民ノ準備スヘキ糧食数」「守城器具材料等ノ不足品ノ調達法」「鎮守府若ハ要港部アル要塞ニ於テ民政ニ関シ要塞司令官ノ計画スヘキ範囲」である。これによれば，参謀本部も要塞防禦計画に関する未確定・未整備的部分を抱えていたとみてよい。なお，参謀長会議の冒頭第一日目の5月21日の参謀総長の「訓示」は，「要塞防禦計画ノ大体ニ就テハ概シテ可ナルヲ認ムト雖モ尚ホ未タ所望ノ域ニ達セサルモノ有リ将来益々研究アランコトヲ望ム」と述べた[36]。

次に，参謀長会議は各師団参謀長及び要塞参謀長提出の陸軍動員計画令等への意見等の扱い方として「協議」「決議」をとることにした。つまり，各参謀長に予め意見等を提出させ，参謀本部は「明治三十五年各師団参謀長及要塞参謀長呈出事項」という一つの文書としてまとめて報告した。その中には，要塞参謀長等が提出した意見・要望事項がある[37]。すなわち，①三等要塞副官を「大中尉」にし，下士1名を増加する（長崎要塞），②警急配備には電燈使用人員を配属する（呉要塞），③兵器支廠と築城支部を要塞諸部隊と同時に動員し，そのための条項を陸軍動員計画令に明示する（舞鶴要塞），④「守勢作戦計画訓令」を要塞司令部に配賦してほしい（東京湾要塞），である。

これについて，参謀長会議の決議は，①の士官の件は不同意であるが，下士の増加を検討する，②は検討するが，要塞通信員の教育法決定とともに同希望を満たすことができるだろう，③兵器支廠と築城支部は動員すべき性質のものではない，④は「配賦セス」とした。ただし，今後の命令・訓令中に引用する款項は全文掲載して示すとした（「明治三十五年参謀長会議ノ決議事項」）[38]。これによれば，特に④に関連するが，当時，「守勢作戦計画訓令」を要塞司令部に配賦しない状況にあり，同状況の中で要塞防禦計画が策定されたのであろう。逆にいえば，参謀総長は「守勢作戦計画訓令」を3都督（東部，中部，西部）と各師団長に令達するが，各師団長は「守勢作戦計画訓令」の範囲内（本質的には要塞防禦計画との関係を考慮せずに）で「守勢作戦計画」を作成していたのであろう[39]。

なお，参謀長会議で「詮議スヘキモノ」として扱った事項がある。同事項に関してさらに参謀本部で検討した結果，参謀本部は（その後），要塞関係では，①火薬缶の定数増加（各要塞）は，砲側庫に分蓄の装薬を収容するには現在定数で十分であるという理由により不採用とし，②対馬要塞砲兵大隊の譜号制定（対馬要塞），小蒸気船管理を要塞司令部に移す（各要塞），守城工兵器具の増加（舞鶴要塞），佐世保要塞砲兵連隊内に砲廠建設（佐世保要塞），舞鶴要塞に砲台監守1名増加（舞鶴要塞）の要望は既に改正・実行されているとし，③要塞衛戍勤務の改正（舞鶴要塞），伝書鳩に要する器具等の制定（下関要塞）はなお詮議中である，と回答した（「明治三十五年ノ参謀長会議ニ関スル回答」）[40]。

参謀長会議は要塞防禦に関しては各地要塞の細部にわたっても協議・検討したが，全体的には相当の未確定・未整備的部分や研究課題を残した。

4　1902年要塞防禦教令草案の制定

(1)　要塞防禦教令草案の制定過程

1910年要塞防禦教令は草案段階の1902年11月27日陸軍省送乙第2678号令達の要塞防禦教令草案を含め数年間にわたる検討を経て制定された。この場合，「草案」としたのは1889年野外要務令草案と同様に試案・仮案の意味を含めたからである。

1902年要塞防禦教令草案の起草・編集の背景は，日清戦争後の新建設予定要塞のほぼ完成，1899年要塞地帯法制定，1901年防務条例改正における戦時指揮官設定体制の成立等の中で，戦時の要塞防禦勤務体制の整備の課題があったと考えられる。そして，1902年要塞防禦教令草案が1898年戦時要塞勤務令と異なるのは，「教令」という命令格式名称を付け，教育活動・教育精神の趣旨を含みつつ戦時の要塞防禦勤務体制を策定するに至ったことである。本補論は，まず，1902年要塞防禦教令草案の制定過程を検討し，また，同草案自体の正文書の確定検討を含めて同草案の特質を考察する。

①参謀本部起草の要塞防禦教令草案（「7月調査案」「9月協議案」「教育総監宛協議案」）に対する陸軍省と教育総監部の対応

まず，田村怡与造参謀本部次長は1902年7月12日付で陸軍省総務長官石本新六宛に「要塞防禦教令草案」（本補論では「7月調査案」と表記）の起案に対する意見を7月末までに回答してほしいと照会した。「7月調査案」は「編冊草案第二種」とみてよい[41]。その後，参謀総長大山巌は同年9月1日付で陸軍大臣寺内正毅宛に「要塞防禦教令草案」（本補論では「9月協議案」と表記）を起案したので異存なければ允裁を仰ぐために協議したいという協議書を発した[42]。そして，1903年度要塞防禦計画上の必要により9月10日までの意見回答と同別冊の用済みの上の返却を要請した。この場合，「9月協議案」は「7月調査案」に対する同省内関係局課の意見等を調査した上で起案されたことは明確である。また，参謀総長は同9月1日付で教育総監野津道貫宛に陸軍大臣宛のものと同様の協議文書を発した（本補論では「教育総監宛協議案」と表記）。野津教育総監は9月10日付で別紙修正意見を添付し（修正意見が認められれば），異存なしを回答した[43]。参謀本部が教育総監部宛に協議したのは教育活動・教育精神の趣旨を含みつつ起案・編集したことにあろう。その際，教育総監部の修正意見は全37款項にわたって記載された。その中で，「教育総監宛協議案」の第19の款項に向けた修正意見は陸軍大臣の回答（第20の款項）の趣旨にほぼ一致している。なお，この後，9月16日に参謀本部において，「要塞防務［ママ］教令ニ就キ本部，陸軍省，教育総監部諸官本部ニ会議ス」とされたように[44]，参謀本部主任者と陸軍省及び教育総監部の主任者が協議し調整した。

さて，陸軍大臣は10月11日付で参謀総長に，「9月協議案」は大体において異存ないが，2点を修正した上で允裁を仰ぐべきで，「草案トシテ発布」すると回答した[45]。ここで，2点の修正は，第20と第22の款項を対象にしたものである。この場合，「9月協議案」の第20と第22の款項は，陸軍大臣回答への参謀本部第五部の見解を「参照」して記述（手書き）されているので[46]，予め引用しておこう。

第20「要塞司令官ハ当該師団長ニ隷属シ同師団長其ノ師管ヲ去リシトキハ大本営ヨリ特ニ命令アル外ハ当該留守師団長ニ隷属スルモノトス　前項ノ師団長ト雖状況切迫セル場合ノ外大本営ノ認可ナク其守備隊ノ兵力及編組ヲ変更シ或ハ其ノ武器弾薬器具材料及糧秣ヲ他ニ使用スルコトヲ得ス」

第22「要塞ニ属セスシテ要塞司令官ノ命令地域内ニ碇泊スル艦隊若ハ艦船等ハ単ニ陸上トノ交通及港内ノ水上警察ニ関シ要塞司令官ノ区処ヲ受クヘキモノトス　前掲ノ艦隊若ハ艦船等ノ一時要塞ノ防禦勤務（偵察，警戒等）ニ協力スルト否トハ其ノ本来ノ任務如何ニ関ス但シ当該艦隊司令官若ハ艦長ハ任務上ニ支障ナキ限リ要塞司令官ノ請求ニ応スヘキモノトス　然レトモ要塞内ニ封鎖セラレタル艦隊若ハ艦船等ハ各其ノ本来ノ任務ヲ顧慮シ為シ得ル限［ママ］司令官ノ意図ニ応シ要塞ノ直接防禦ニ参与スヘキモノトス」

陸軍大臣回答は，①第20は，要塞司令官が師団長に隷属する関係は要塞防禦に関することを除く他の事項に限られることを本体とし，その要塞防禦に干渉することは特別の場合に制限しなければ防務条例における要塞司令官の指揮権に抵触する，②第22は，海軍大臣と協議せずして陸軍だけで決定することは穏当ではないので，全部を削除するか，あるいは本款項を残すならば要塞司令官をして艦隊等の協力を求めさせるという趣旨に修正すべき，と述べた。つまり，要塞司令官の指揮権をめぐる師団長及び海軍（艦隊・艦船等）との関係に関する記述の修正を求めたのである[47]。

②要塞防禦教令草案（「上奏案」）の成立と制定・頒布

陸軍大臣回答は10月13日に参謀本部で受領された。同第五部は陸軍大臣回答に同意し，①「第二十第二項『状況切迫セル場合ノ外』ノ下ニ『要塞防禦ノ指揮ニ干渉シ又』ノ十二字ヲ挿入ス」，②「第二十二ノ全文ヲ削除ス」，③「本教令ハ元来草案発布ノ筈」，という意見を示した[48]。そして，同第五部の意見がそのまま参謀総長の意見になり，参謀総長は10月16日付で陸軍大臣宛に以上の①②③を取入れた上で允裁を仰ぐと通知した。したがって，ここで，「9月協議案」の第20と第22の款項は陸軍大臣回答にもとづき修正・削除され，上奏案として成立したことは明確である。つまり，以上の起案→協議→上奏過程からみれば，「9月協議案」の第20の款項に「要塞防禦ノ指揮ニ干渉シ又」の12字が挿入され，第22の款項が削除されたものが上奏されるべき別冊の要塞防禦教令草案として成立したことはいうまでもない。

また，参謀総長は上奏に際して，上奏書に「勅語案」を付し，要塞防禦教令草案の裁可後に巻首に掲載してほしいことを仰いだ。参謀総長起草の「勅語案」は，「朕ハ帝国国防ノ為要塞防禦教令制定ノ必要ヲ認メ茲ニ此ノ令ノ草案ヲ頒布セシム其ノ職責ヲ有スル各官自今本令ノ規定ニ準拠シ益々防禦ヲ鞏固ニセヨ　本令ノ細目ニ至テハ実施上或ハ尚ホ取捨修補ヲ要スルモノナキヲ保セス是レ草案ヲ以テ之ヲ実際ニ嘗試セシムル所以ナリ宜ク斯意ヲ体シ其ノ利害得失ヲ討究実験シ他日ノ大成ヲ期スヘシ」とされ[49]，要塞防禦教令草案は「勅語案」を含めて裁可された。それ故，正確には，上奏・裁可された別冊の要塞防禦教令草案（巻首に勅語掲載）こそが1902年要塞防禦教令草案の正文書（あるいは正文書の要件――第20の款項に加筆等――を備えた文書）になる。

その後，参謀総長は10月25日付で陸軍大臣宛に要塞防禦教令草案が本日裁可されたことを通知した。なお，裁可書（上奏書に「可」と記載）と同草案を用済みしだい返却してほしいと伝えた[50]。また，参謀本部総務部長井口省吾は同10月25日付で陸軍省庶務課長宛に別冊の要塞防禦教令草案を印刷の原稿・見本として送付し，受領書に「記名捺印」し「返戻」してほしいと述べた。陸軍内部では要塞防禦教令草案は高度の機密文書として扱った。この結果，参謀次長は10月31日付で陸軍省総務長官宛に，同草案を秘密図書扱いすることと表紙の一部に職務上又は研究上必要ある者は閲覧することができる旨を記載願いたいと申進した。以上により，陸軍大臣は11月27日に要塞防禦教令草案（勅語，全313款と附表，活字印刷）が別冊として制定されたことを令達した（陸軍省送乙第2678号）[51]。その際，頒布の全冊子表紙に（頒布先指定），参謀次長の申進趣旨（職務上・研究上の閲覧許可）を朱記することにした[52]。

(2) 1902年要塞防禦教令草案の特質

1902年要塞防禦教令草案の目次は注51) の通りであるが，1898年戦時要塞勤務令と異なり，要塞防禦の目的・趣旨を含め，新たに，戦備，海正面及び陸正面の防禦，軍事警察，民政等を加えた。

①要塞司令部の要塞防禦勤務体制

第一に，「第一篇　総則」は，本令は要塞防禦一般要領及び各機関の勤務上において準拠すべき規定の大要を示すとした (第1)。この場合の要塞防禦は戦時におけるものであるが，起案過程で，特に，第1の款項から1901年防務条例改正で新設の戦時指揮官になる (又は戦時指揮官にならない) 要塞司令官の指揮権限関係を独立させて規定するために，同内容を第2の款項とした。すなわち，「本令ハ戦時指揮官タル要塞司令官ニ関シ主トシテ陸上防禦ノ事ヲ規定ス然レトモ防務条例ニ拠リ戦時某指揮官ノ指揮ヲ受クヘキ要塞司令官ニ在テモ亦本令ヲ適用スト雖衛戍勤務竝戒厳令ニ基ク地方行政及司法事務ノ執行ニ関シテハ本令ニ依ラス該指揮官ノ区処ヲ受クルヲ異ナリトス但シ此ノ場合ニ於テモ要塞ノ交通全ク梗塞セサル間ハ人事，経理，衛生及武器弾薬其ノ他物品ノ補給ニ関シテハ陸軍各関係官衙ノ区処ヲ受クルモノトス」と規定した。ここで，教育総監は，本令は要塞司令官でない戦時指揮官にも適用できるのか，という疑問を出したが[53]，要塞防禦を基準にしているために適用されないと考えられていたとみてよい。なお，本令規定は大なる要塞を基礎にしているので小なる要塞は適宜本令に準拠し，要塞所在島嶼の警備隊司令官は特に規定する他はすべて本令を適用すべきことを記述した。

第二に，要塞の戦備と防禦の一般要領に関して，特に要塞防禦の最終的段階に関する構えを記述したことが重要な特質である。まず，各要塞は「守勢作戦計画訓令」の規定に従って，要塞動員下令に際してただちに「本戦備」(敵の本攻を受ける恐れがある場合) 又は「準戦備」(敵の艦隊の攻撃に対する場合) に着手し，準戦備間に別命がなければ陸正面の戦備中で長時間を要するものから着手し，本戦備の命令が出た場合に速やかに完成できる準備をする，と記述した。そして，要塞防禦の一般要領においては，①「凡テ要塞ノ任務ヲ完全ニ儘サンニハ成ルヘク久シク艦隊及野戦軍トノ連絡ヲ維持スルコト緊要ナリ然レトモ要塞防禦ハ成ルヘク艦隊及野戦軍ノ協力ニ依頼セス其ノ戦備ヲ完全ナラシムルヲ原則ニス」(第9)とか，②「永ク抵抗ヲ継続シ得ルト否トハ要塞ノ堅弱ニ在［ママ］ラスシテ守備隊ノ志気如何ニ存スルコト多シ故ニ要塞司令官及各級指揮官ハ部下ノ名誉心ヲ鼓舞シ軍紀ヲ厳粛ニシ全隊一致身ヲ犠牲ニ供シ要塞ト存亡ヲ共ニセシムルニ非サレハ未タ其ノ本分ヲ儘シタリト云フヲ得ス」(第16)，と記述した。各要塞は「守勢作戦計画訓令」の規定に従う云々の文言には，参謀本部の守勢作戦計画と要塞防禦計画との一致の必要自覚が込められているが，①の規定には守勢作戦計画における野戦軍等との協力連携のもとに要塞防禦を完備するという構えは強くない。つまり，要塞の単独自力防禦体制構築を基本にした防禦思想が現れているとみてよい。あるいは，そもそも，各師団及び都督の作成の守勢作戦計画と要塞司令部作成の要塞防禦計画とを総合した防禦計画(日本全体の防禦計画)が作成・策定されなかったとみてよい。この結果，1886年警備隊条例や1893年戦時編制の対馬警備隊の編成に現れた島嶼等の「自力防禦」の防禦思想が，②の要塞一般の防禦思想にまで拡大された。これにより，フランスの要塞軌典などとは異なり[54)]，降伏規約などの手続き規定は無視・脱落され，前近代までの「城を枕に討ち死に」(要塞と運命・死生をともにする)の思想が内包化されるのは当然であった。

第三に，「第二篇　指揮権ノ関係」は，要塞司令官の指揮権範囲等を同命令地域の内外にわたって具体的に記述したことが重要な特質である。すなわち，①要塞司令官の命令地域は通常は要塞地帯法第7条第2項の区域を境界とするが，たとえ一部分であっても同境界内市町村を命令地域内に包含させ，さらに状況により命令地域拡張の必要がある場合には臨時に勅令により規定する(第17)，②要塞司令官は戒厳の布告・宣告日から同命令地域内住民に対して地方行政及び司法事務の管掌権限をもち，さらに命令地域外の地方が臨戦地境になり所管師団司令部との連絡遮断時に，要塞と当該地方が直接的連絡を有する場合には要塞司令官は当該地方に対して師団長職権を執行することができる(第19)，③要塞司令官は当該師団長に隷属して同師団長が当該師管を去った時は大本営命令がある他は当該留守師団長に隷属し，同師団長は「状況切迫セル場合ノ外要塞防禦ノ指揮ニ干渉シ又大本営ノ認可ナク其ノ守備隊ノ兵力及編組ヲ変更シ或ハ其ノ武器弾薬器具材料及糧秣ヲ他ニ使用スルコトヲ得ス」とし，軍司令官は大本営命令がない場合でも同任務遂行のために作戦地域内要塞の守備隊を軍の作戦に協同させる権限をもち（同守備隊を他の戦場に招致する時は大本営の認可が必要），要塞司令官よりも高級古参の将校が軍隊を率いて要塞司令官の命令地域内にある時には，要塞司令官は大本営命令がある場合に限り同将校の指揮をうける（第20），④団隊長が軍隊を率いて要塞司令官の命令地域内にある時は宿営・衛生上の規定は要塞司令官の区処をうけ，要塞が敵攻囲を受けて団隊が同命令地域を去ることができない時は，要塞司令官は同団隊を使用する権限をもつ（第21），⑤台湾における要塞司令官は台湾総督に隷属するが，第19項規定の要塞司令官命令地域外の地方が臨戦地境になって所管師団司令部との連絡遮断時には，台湾総督の職権を執行することができる（第23），と規定した。

第四に，「第三篇　要塞司令官及其ノ機関」は，要塞司令官の職務・責任として，守備隊の編成・軍紀維持，戦備執行，警戒勤務実施，経理・衛生事務の統轄，要塞衛生隊の臨時編成，人員・馬匹等の補充請求，車馬・船舶等の徴発等（第24〜35）を示し，特に，①「戦備間補助輸卒隊ノ不足ヲ補ヒ諸般ノ作業ニ使用スル為軍夫ヲ徴集シ之ヲ職業別ニ区分シ建制的ニ編組シ要塞経理部長ニ隷属ス」（第29），②「合囲地境ノ布告若ハ宣告ノ後ニ在テハ要塞司令官自ラ責ニ任シ軍政及民政ヲ処理シ其ノ職務執行上萬止ムヲ得サレハ必スシモ条例規則ニ依拠スルコトヲ要セス臨機適当ノ処分ヲ為スコトヲ得又此場合ニ於テハ命令地域内ニ対シ在郷軍人及国民兵役者ノ召集竝徴兵ニ関シ師団長ト同一ノ権ヲ有ス」（第32）と規定した。ここで，特に②の「一時条例規則」の変更が民政部門の条例規則も対象にしているかは文脈上明確でないが，民政部門のそれらも含めていることは十分に窺われる[55]。なお，この「軍夫」は従前の軍夫呼称の名残である。

第五に，要塞参謀部の業務として注目されるのは，作戦の諸計画とそれに関する報告等や機密作戦日誌・陣中日誌・戦闘詳報・作戦一覧図（陸正面の脅威に対する作戦，陣地，防禦工事等）の調製，作戦命令の伝達，敵軍の兵力・位置・編成等の諸情報の収集・査覈，大本営・所属師団司令部や比隣の鎮守府・要港部等との作戦に関する通報や海軍堡塁望楼・海岸監視哨等との連絡，戦備作業等における補助兵等の分配，水上警察・軍事警察に関する事務，諜報事項，等の具体的項目の記述である。なお，「編冊草案第二種」の調査・起草では

1898年戦時要塞勤務令規定の「新聞記者ノ監視及其ノ通信記事ノ点検」(第38の第7項) を踏襲記述したが，削除された。また，要塞副官部の業務は作戦に直接的関係を持たなない庶務事項を記載するとした。そこでは戦時の名簿保管や軍人・軍属の人事の他に，鹵獲・犯罪人，戒厳地境内の行政・司法事務関係等を記述した (第41)。ここで，「編冊草案第二種」の調査・起案過程では「人民ノ請願」を記述したが，人民の要望・要求の記述は穏当でないとして削除したのであろう。なお，「編冊草案第二種」の調査・起案過程では，郵便，要塞防禦線内の人民の出入と軍需物件の出入，「要塞公共ノ保安」と警察・消防を記載したが，民政部門直結業務であるので，要塞副官部業務事項としては削除したのであろう。その他，要塞経理部長 (糧秣その他軍需品の補充・供給を確実容易ならしめるために絶えず陸軍省及び地方官衙と連絡し，かつ，攻囲時の住民の給養を顧慮し，その準備と供給の方法を規定しておく)，要塞軍医部長 (守備隊の衛生部員を要塞病院とその他衛生諸勤務に配属し，要塞衛生委員並びに各地区の衛生勤務を総理し，地方医員と看護者の徴集を計り，かつ，地方衛生委員と事務上の交渉を行う)，他，築城部支部や兵器支廠等の業務を規定した。

②守備隊と戦備及び陸正面の防禦戦闘

第一に，「第四篇　守備隊」「第五篇　戦備」は，戦時に各要塞配布の守備部隊は毎年の要塞防禦計画訓令により定める，戦況により準戦備から本戦備に移る時は大本営が本戦備を命令し守備隊を増加する，要塞の防禦線は通常は「地区」に区分し，「地区」は地形に応じてなるべく天然の境界による，軍隊区分はなるべく建制部隊を分割しない，要塞の守備隊は通常，地区 (独立堡塁) 守備隊，総予備隊，砲兵予備隊及び工兵予備隊に区分する，要塞砲兵は陸正面の遠戦砲に2倍の要員を配布する (その他の火砲には正規の要員配布)，等と規定した。なお，地区司令官や堡塁長は，地区又は堡塁の交通遮断後に部下の軍人・軍属に犯罪者ある場合には検察処分し陸軍治罪法により処理し，また，総予備隊は，①直接に要塞司令官の指揮に属して城外支隊になって，要塞外の主要任務に服し，また，地区守備隊を増援し主として戦闘方面の戦闘に参与する，②通常，歩兵・騎兵・野戦砲兵及び工兵で編成する，③要塞内部の軍用建築物や市街等に対する直接の警戒・防禦に任じ，「要塞内部ノ安寧秩序ヲ維持スル」ために所要の部隊を出す (第97)，④宿営のために特別の準備 (兵舎・天幕等)

を要し，露営は努めて避ける，と規定した。

第二に，戦備は，①要塞動員の下令により実施するが，事情切迫の場合には師団長が自己の責任で戦備を命令し，速やかに陸軍大臣及び参謀総長に報告し，また，合囲地境宣告の場合には要塞司令官が自己の責任により戦備を実施できる，②要塞司令官は戦備の進行に関して大本営及び師団長に「旬報」を提出し，同戦時旬報は要塞防禦計画書と同一の区分法に従う（第104），③戦備は要塞防禦計画書にもとづき実施し，重要事項変更の時は大本営認可を受け，要塞交通が梗塞されれば要塞司令官は自己の責任により独断で変更する，④戦備作業の完成を速やかに進めるために軍夫を使用し（ただし，軍事上の特種作業で軍隊でなければ実施困難作業は，戦備の当初は要塞砲兵が行う），軍夫は各々の職業に区分し，適当の人員を補助輸卒隊に増加して使用することがよい，と規定した（第104～105）。

第三に，「第六篇　警戒勤務」と「第七篇　海正面ノ防禦」及び「第九篇　弾薬補充」は省略し，「第八篇　陸正面ノ防禦」は最も重要なのでやや詳しく引用しつつ検討しよう。陸正面の防禦には，まず，「脅威ノ時期」があるとした。そこでは，野戦軍との連絡や諜報勤務・捜索勤務及び城外支隊差遣等の対応を規定したが，下記の款項が注目される。

「一旦敵ト触接ヲ得ルニ至レハ守備隊ノ志気ハ振起スルモノナリ然レトモ此ノ時ニ当リ要塞司令官及各級指揮官ハ要塞ニ在テハ通常損傷ノ補充困難ナルコト及外部ノ戦闘ニ於テ失敗スルトキハ守備隊ハ不利ノ感情ヲ惹起セシムルモノナルコトヲ忘ルヘカラス」（第169）

「城外支隊ハ其ノ占領セル地方ニ糧食及其ノ他ノ物資存在スルトキハ之ヲ要塞ニ運搬スルコトヲ務ムヘシ　若シ状況切迫スルトキハ之ヲ破壊若ハ消失シ以テ敵ニ奪ハシメサル如クスヘシ」（第172）

「要塞敵ノ脅威スル所トナルニ先チ鉄道，水路，橋梁，隧道，電線ノ如キ交通設備ヲ中絶或ハ破壊スヘキヤ否ヤ又如何ナル程度ニ之ヲ行フヘキヤハ戦況ノ如何ニ関シ要塞司令官之ヲ決定スルモノトス但シ要塞尚当該師団司令部又ハ大本営トノ連絡ヲ有スルトキニ在リテハ此等ノ破壊ヲ行フニハ其ノ認可ヲ受クヘシ」（第173）

ここで，第169は，戦闘において失敗しないことは重要であることはいうまでもないが，失敗自体が「不利ノ感情」をもたらすという記述は，戦闘に対する冷静な記載ではない。また，第172，173は敵の「利」になるものを破壊するもので，ヨーロッパの要塞戦闘でも記述された[56]。なお，『明治三十五年度東京湾要塞防禦計画書』が示したような「狙撃隊」の編成等は記載されていない。

次に，攻囲の時期は，城外支隊は優勢の兵力に対しては漸次に退却し，通常は地区守備隊に収容され，堡塁線が最前方の防禦線になるとした。同時期において，敵の攻者を遠方で扼止することが防禦上有利である時は，状況に応じて堡塁線前方の適当陣地の固守があるが，その利益と損害を常に熟考しなければならないとした。また，堡塁線の兵備は通常，堡塁，附属砲台及び補備砲台であり，状況に応じて中間砲台を設け，敵の攻囲線や攻城砲兵を扼止し，攻囲地帯を騒擾するとされた。

陸正面の最終的戦闘段階が「本攻ノ時期」（第3章）の規定である。ここで，①通則として，砲戦の優勢を占める唯一手段としては火砲展開による先制の利を得ることにあり，そのために敵の目的・処置を早く識別し予備火砲展開準備を完全にし，諜報勤務が重要であり，また，堡塁線の各堡塁は堡塁間の歩兵・砲兵陣地が敵に略取された後にも「尚其ノ抵抗ヲ持続セサルヘカラス」（第188）とか，敵が堡塁線を撃破しさらに前進続行していることに対しては，要塞司令官は「内部ニ於ケル防禦線ニ拠リテ逐次之ニ抵抗スルコトヲ計ルヘシ」（第189）の規定にとどめたことが特質である。つまり，堡塁線の攻防を陸正面の最終的戦闘段階として想定しているが，守者の「抵抗」の内容が明確でないだけでなく，要塞持久の目標・内容を規定していないことが最大の特質である。②戦闘方面の指揮関係は，戦闘方面は要塞司令官自らの指揮を原則にし，戦闘方面が一方面だけでない時は，要塞司令官は同方面の指揮官を置き，また，戦闘方面の歩兵にはなるべく建制部隊をあて，戦闘方面各地区の守備隊には歩兵の他になるべく工兵を附属させ，同地区守備隊の前哨は対壕衛兵（歩兵陣地内又はその前方に配置）と対壕中隊（歩兵陣地の近傍にある掩蔽部に配置）及び前哨本隊（歩兵陣地と敵陣地までの距離よりも短い地点に配置）に区分するとした。その場合，対壕衛兵と対壕中隊の兵力を合わせて歩兵陣地5m毎に約2名の比例をもとにして守備することを標準にし，通常24時間毎に交代すると規定した（第198）。さらに，戦闘方面の砲兵に対しては，堡塁の中間地に中間砲台を設け(歩兵陣地より200m後方に築設)，予備火砲を堡塁線兵備に増加し，砲戦続行任務をもつ砲台守備兵は24時間毎に交代するとした(第214)。③堡塁線上の堡塁防禦には，味方砲兵の火力減衰に応じて歩兵守備隊はなるべく火線2m毎に3～4の銃数を配置できるように増加する(第219)，敵が「若シ堡塁ニ肉薄スルニ方テハ堡塁守備隊ハ火力ト白兵ヲ以テ之ヲ撃退セントシ」(第223)と規定した。ここで，堡塁守備隊の火力と白兵の併用を記載したが，白兵戦のイメージを明確化していない。ただし，1898年歩兵操典は「歩兵戦闘ハ火力ヲ以テ決戦スルヲ常トス」(第232，傍点略)と規定しているので，1902年要塞防禦教令草案は歩兵戦闘に限れば1898年歩兵操典を事実上修正したことになる。なお，堡塁長は，堡塁陥落が免れない時にはその一部を爆裂させるために工兵をして準備させるとした。

第四に，「陸正面」の最終的戦闘段階での「内部ニ於ケル防禦」の節は消極的規定にとどまったことが最大の特質である[57]。ここで，「内部」とは「編冊草案第二種」の「中間陣地」の内部ではなく，要塞内のいわば「本郭」という要塞司令官等の戦闘現場中枢機関所在の地域・場所を意味するとみてよい。すなわち，「内部ニ於ケル防禦線ハ堡塁線中攻撃ヲ受ケタル部分ノ陥落セサル以前ニ其ノ防備ヲ完成スル如ク作業ヲ開始スルヲ要ス　然レトモ要塞司令官ハ如何ナル場合ニ於テモ最前方ノ防禦線ニ於テ尚抵抗シ得ヘキ手段ノ未タ尽キサルニ方リ該線ノ戦闘材料及兵力ヲ割クヘカラス」(第225)，「内部ニ於ケル防禦線ニ於テモ亦歩兵ノ火力(殊ニ夜間モ亦)，此隣正面ヨリスル対壕，敵ノ対壕ノ両翼ニ対スル出撃ニ依リ攻者ヲシテ歩々前進スルノ止ムヲ得サルニ至ラシムヘシ」(第226)，という補足的な規定にとどまり，最終的段階での重点的兵力配置等の発想はみられない。

③要塞防禦戦闘の条件整備

要塞防禦戦闘の条件整備として，「第十篇　兵器修理」と「第十一篇　衛生」「第十二篇　給養」「第十三篇　宿営」があるが，特に，地域社会との関係において注目されるものとしては下記のものがある。①要塞の交通遮断の恐れがある場合には，要塞司令官は要塞内の官立又は民有の工場，職員，機械・材料を利用し，兵器修理工場を拡張し同設備を完全にし，戦闘方面と兵器支廠との距離遠大・交通不便の時には戦闘方面地方の官立又は民有の工場をなるべく修理所として利用することを規定した（第249，252）。②要塞軍医部長は衛戍病院等の病室容積を少なくとも守備隊戦時定員の8分の1を収容できるように準備を進め，また，さらに多数患者の療養方法の規定化が緊要であり（第259），要塞司令官は市街地を含めて伝染病予防の措置等を規定した（第257）。③要塞には戦時守備隊総員に対する要塞予備糧秣を貯蔵し，住民で軍務使用の人員及び攻囲後の要塞内在留の軍衙人員に対する給養にも顧慮するとした。また，食塩・薪炭・酒類・煙草等の貯蔵，飲用水確保のための貯水所・水道の給水所設備，搗精装置や生獣類飼養を含む糧秣等の貯蔵・運搬・分配等の手続き関係を詳細に規定し（第271〜281，遠隔地・交通不便地での給養を含む），合囲地境では要塞司令官は通常規定の配合・数量を変更し，糧秣寡少で要塞防禦の維持不可能と判断した時には「住民ノ食料消費ニ制限ヲ加ヘ之ヲ以テ守備隊ノ給養ヲ補足スルコトヲ得」（第282）と規定し，要塞内搬入の家畜には獣医に健康診断させ，耕地の五穀・蔬菜はできるだけ保護して成熟をまって収穫させ，要塞地内の漁業をなるべく継続させて守備隊の給養を助けるべきであると規定した（第283）。④敵火が要塞に達すれば，村落での宿営の各人に要する面積を1.5m²に減ずることができ（第284），陸正面の堡塁・砲台は守備隊全部を掩蔽部内に宿営させ（不足時は仮設する），戦闘方面での交戦部隊用の掩蔽部不足時は歩兵陣地・中間砲台の後方各所に敵弾に対する安全な掩蔽部を増設する（第287），と規定した。

④要塞内の治安対策と民政

最後に，「第十四篇　水上警察　軍事警察」と「第十五篇　要塞内ノ民政」が地域社会対策で重要である。

第一に，水上警察では，要塞司令官は予め関係官衙と交渉して艦船の出入・碇泊等に関して当該地港湾の諸規定を補足し，かつ艦船の遵守すべき軍事上の諸規定を定め（第289），「編冊草案第二種」起草の第294をそのまま規定した（第290）[58]。軍事警察では，「編冊草案第二種」の第299中の「軍人軍属ノ家族ヲ退去セシムルニ要スル費用ハ軍費ヲ以テ支弁スルモノトス」の文言削除の他は「編冊草案第二種」の第298を存置した（第292，293）。本文言は，戒厳布告時における露骨な「身内優遇」を表していた[59]。

第二に，要塞内の民政対策では戒厳令下の治安対策と住民生活統制を冒頭に記載したことが注目される。すなわち，①要塞司令官は在来の地方官庁・市町村役場の諸機関を使用し，なるべく事務上の慣例を襲用するが，「状況止ムヲ得サルトキハ啻ニ改革スルノミナラス要スレハ吏員ノ職務執行ヲ停止スヘシ」（第295）とし[60]，②攻囲間においては「特ニ民間ノ安寧秩序ヲ維持スル」ことが緊要であるとして，「不穏ノ場合」には守備隊は独断でこれを「鎮圧シ要スレハ兵器ヲ使用スルコトヲ得ヘシ」とか，住民中で「首魁教唆者トナリ或ハ敵ニ利スルノ嫌疑アル者其ノ他苟モ要塞内ノ安寧秩序ヲ危殆ナラシムルト認ムル者ハ之ヲ追放又ハ捕縛シ之ニ反シ要塞内ニ留置セシムルヲ有利トシ又ハ之ヲ退去セシメハ住民ノ志気ヲ沮喪セシムル恐アル者ハ成ルヘク滞留セシメンコトニ勉ムヘシ　若シ住民ノ挙動疑ハシキ場合ニハ一切ノ私有兵器ヲ押収スヘシ」（第296，297）とし，③住民の集会になるべく制限を加え，「公益，慈善等」の目的範囲内で許可し，住民に「不穏ノ兆候」があれば同集会をまったく禁止する（第298），④要塞内で発行の新聞雑誌等の監督を厳重にし，同記事が要塞司令官の職務執行を妨げるなどの「有害」と認める場合には発行停止し，要塞外より送付の新聞雑誌等の監督を厳重にし「有害」と認めるものを閲覧禁止し（第299），⑤要塞外部との文書・電信等の往復はすべて取締りを厳重にし，特に要塞外発送のものは検閲してその主旨が害なきもののみを許可し，状況により「外部トノ私信ノ往復ヲ全ク禁止スヘシ」（第300）とし，⑥敵との「秘密通信」の予防のために，高所からの燈光・焚火や他の記号により敵との交通者がいるか否かに注意し，「平時伝書鳩ヲ飼養スル者アルトキハ監督ヲ厳密ニシ其ノ鳩舎ニ在ルモノハ儘ク之ヲ放チ飛来スルモノハ直ニ捕フヘシ」（第301）とか，外国人との交通は「事ノ如何ニ拘ラス」取締りを厳重にする（第302），等の厳格な治安対策方針を規定した。これらの規定は東京湾要塞と下関要塞の要塞防禦計画書には記述されていない。特に，「反政府的人物」とみなされる人物の放逐・拘束の第297の規定は，注6）の1899年フランス攻守城教令の第二編第四章よりもさらに具体的な権力行使の記述として注目してよい。

第三に，要塞内外における住民避難に関しては，①攻囲間においても要塞内に居留する住民には，軍務使用者以外はすべて各自給養品（数箇月分，要塞予備糧秣定数に準ずる，薪・炭・油や患者看護用物品を含む）を準備させ，各自が準備できない場合には予め市町村役場に命じて調達させる（第303），②住民中で老幼婦女子等は攻囲前に時機を失せずに要塞外に退去させ，要塞司令官は

「自ラ給養品ヲ準備スルノ資力ナキ者ヲ退去セシムルノ権ヲ有ス」するが，大都会では同措置励行が困難で，市町村役場に予め貧困者の給養を顧慮し，その準備をさせることが必要である（第304），③要塞付近の住民で「要塞内ニ避難セントスル者アルトキハ要塞司令官ハ給養ニ関シ防禦線内ノ住民ト同一ノ義務ヲ負担スヘキ旨ヲ誓約セシムヘシ」（第305）とし，④砲撃間の住民避難のために適当の地に地形を利用して避難所を指定し，必要各所に隠蔽部を築設させる（第309），と規定した。また，要塞内存在の「将来得難キ美術品又ハ書籍，記録等」を砲撃前に安全な場所に移すことを規定した（第307）。⑤要塞内の市街への砲撃予想時には，住民有志者を採用して消防隊を増加し，「各戸ニ消防具，水桶等ヲ準備セシメ火災ヲ報告スヘキ場所ヲ各処ニ広告シ且適当ノ位置ニ見張番ヲ配置スル等消防ノ設備ヲ完全ナラシムルヲ要ス」（第308）と規定した。⑥なお，民間の給養については，「民間ノ有力者ヲ挙ケテ委員ニ任シ各人実際ニ貯蓄セル給養品ノ数量ヲ調査セシメ以テ常ニ民間現在ノ給養品総額ヲ確認シ若シ欠乏ヲ来スヘキ虞アルトキハ消費額ヲ制限スヘシ之カ為各戸ニ所有スル給養品全部ヲ押収シ現在ノ総額ニ応シ各人ノ日々消費スヘキ口糧ヲ定ムヘシ」（第306）と，消費額制限のために給養品全部押収等による再分配の考え方を示した。その他，要塞衛生委員による住民の衛生監視と医療用諸薬剤準備や衛生管理を規定した（第310〜313，死者の火葬又は埋葬と消毒法，汚物・死獣等の焼却・埋没）。以上の住民避難の規定によれば，特に①④等において，議論的にはクラウゼヴィッが指摘する要塞の「自然的な住民保護の目的」が僅かに潜在的に継続化していたことは窺うことができる。

(3) 1903年参謀長会議における要塞防禦計画の評価

各師団・要塞等の参謀長等を招集した参謀長会議が1903年4月29日から5月1日まで参謀本部で開催された。参謀長会議では当然1902年頒布の要塞防禦教令草案にもとづく要塞防禦計画が議題になったが，参謀総長大山巌の訓示は，同頒布の日が浅いために「要塞防禦教令草案ノ精神未タ徹底セス」と述べた[61]。ここでは，同会議で配布された「明治三十六年度要塞防禦計画ニ対スル意見」（同年4月　参謀本部第五部作成，以下「第五部意見」と記載）をとりあげ，1902年要塞防禦教令草案にもとづく要塞防禦計画に対する参謀本部の評価を検討しよう[62]。

「第五部意見」は，まず，1902年の参謀長会議で指示した欠点事項が本年度の要塞防禦計画にも往々あるとした。たとえば，要塞防禦線の地区の分界が要領を得ないとか，各戦備作業における実施の緩急が未だ不適当なものがあること等である。次に，1902年要塞防禦教令草案の「精神ニ反スルモノ」があり，次年度以後は同教令の一層綿密な研究が重要であるとして，下記の諸点を示した。すなわち，①戦備間の各時期の各種戦備作業実施の各作業力は一定不変でないので，兵備作業班・砲兵工作作業班・工兵作業班等のような特設機関編成は正しくなく，各作業の指揮者を規定するだけでよい，②糧秣を倉庫に充実し分配するには必要時期・場所に必要人員・材料を分遣すればよいので，糧食庫編成表なるものを規定して特に人員・材料を常置する必要はない，③武器・器具・材料の整備，兵器修理・弾薬調製・弾薬補充等の各分課事務のための所要人員材料の編成は必要であるが，各地区の弾薬庫等は戦備完成後には地区司令官の管轄に属するので，弾薬補充班のようなものの編成の必要はない，④要塞衛生隊の編成があるにもかかわらず，患者輸送班・患者集合所の編成があるが，これらの編成は不要である，⑤準戦備は敵艦隊の攻撃に対する場合にとり，艦隊の攻撃とは「艦隊固有ノ力ニ依リ実行シ得ヘキ攻撃法」であるのに対して，準戦備において「敵ノ上陸十数吉米[キロ]ヲ行進スルニ非サレハ来リ得ヘカラサル陸正面ノ防禦線ニ比較的過大ノ兵力ヲ配備シアルカ如キハ此情況ニ対シテ杞憂ニ過クルモノ」であるといわなければならない，⑥要塞動員下令時には，一方では要塞砲兵隊による警急配備の動員業務を進め，他方では漸次守備隊や軍夫等の到着に従った日時を追った作業があり，非常に混雑を免れないが，各要塞の要塞防禦計画にはこれらを考慮したものはない，⑦準戦備間と本戦備間との作業を二段階に分けた計画は正しくなく（各々の下令毎に，各戦備作業のみを実施・着手する），要塞動員下令に際して準戦備をとるべき要塞はまず使用できる作業力をもって準戦備の態勢をとるに必要な作業を実施し，その完成日を明示し，その有する作業力によりさらに引きつづき本戦備に要する作業を実施し，これらの全部の完結時日を予定しなければならない，⑧要塞経理部長が糧秣の調達・輸送計画の場合には，必ず師団長から調弁すべき地方の指定を受けることが必要であり，随意に地方において調弁することは師団全般の糧秣調達上に違算を生ずる恐れがある，等と指摘した。

以上の指摘で，特に，①～④は，1902年度の東京湾要塞と下関要塞の要塞防禦計画書に臨時の特設機関として記載されていたが，その種の臨時の特設機関編成の考え方を否定したのである。また，⑤～⑧の指摘は，各要塞では要塞防禦のイメージやマニュアルが理解できなかったことが反映されている。

5　1910年要塞防禦教令の制定

1902年要塞防禦教令草案は，その後，1903年11月18日に一部改正が令達された（陸軍省送乙第2635号）。1902年要塞防禦教令草案が日露戦争時の要塞防禦に対してどのような意味をもったかは，要塞動員下において，最も厳しい戦備執行段階の砲台・堡塁を有した函館要塞の工兵戦備工事（海正面，陸正面，戦備補足工事）や戒厳令下の函館市民生活に対する統制（警察業務，衛生・風俗の取締り，民政・生業等）等を中心にして既に考察したことがある[63)]。そこでは，部分的ではあるが，特に戦備工事や警察業務等は1902年要塞防禦教令草案の規定事項に沿って進められたということができる。

(1) 1910年要塞防禦教令の制定過程

さて，1910年要塞防禦教令はどのように制定されたか。

まず，参謀本部次長福島安正は1908年12月26日付で陸軍次官石本新六宛に，要塞防禦教令草案を数年間にわたって討究実験した結果，別冊の通り改正案を起案したので翌1909年2月末日までに意見を提出してほしいことを照会し，別冊13部を送付した[64)]。

その約1年後に，参謀総長奥保鞏は1910年5月3日付で陸軍大臣寺内正毅宛に要塞防禦教令の制定を協議した[65)]。同大臣は5月20日付で異存なしを回答した。そして，参謀総長は5月26日付で陸軍大臣宛に要塞防禦教令制定の裁可を通知し，その施行手続きをとってほしいことと裁可書及び別冊（上奏案）の返却を要請した。これについて，陸軍大臣は6月7日に要塞防禦教令施行を上奏し，6月8日に裁可され，同日に軍令陸乙第8号として令達した。したがって，陸軍省には要塞防禦教令の上奏案等の正文書は保管されていないことになり，1910年要塞防禦教令の制定過程及びその正文書の詳細はまったく不明である。

ただし，要塞防禦教令施行の陸軍大臣の上奏文（「今般制定相成候要塞防禦教令施行ヲ命セラレ度　謹テ奏ス　明治四十三年六月　陸軍大臣寺内正毅」）が記述・添付された『要塞防禦教令施行ノ件』の文書が，防衛研究所図書館に〈文庫 千代田史料〉として所蔵されている[66]。本文書に編綴・収録の「要塞防禦教令」を1910年要塞防禦教令の正文書と考えてよいので（活字本文全96頁，款項は第1から第289，附表・附図あり），以下，本補論では本文書収録の「要塞防禦教令」にもとづき考察する。

(2) 1910年要塞防禦教令の特質

①要塞防禦の一般原則

第一に，本教令における要塞防禦の一般的原則をみよう。

まず，「第一篇　総則」において，「本令ハ戦備令受領ノ日ヨリ戦備解除完結ノ日迄準拠スヘキ事項ヲ定ムルモノトス」（第2）と規定した。これは，要塞防禦体制の組立てにおける戦備段階の業務を基本に規定したことを示し，戦時の要塞戦備を基準にした対応とあり方を1902年要塞防禦教令草案よりもさらに明確化した。たとえば，第五篇で戦備実施を先行規定し，第六篇で同戦備実施対応の要塞守備隊配置を規定するという構成にした。また，1902年要塞防禦教令草案では必ずしも明確でなかった戦備の命令と執行関係を規定し，「戦備令」という天皇の命令を明記したことが特質である。すなわち，「天皇ハ必要ニ方リ要塞ニ取ラシムヘキ戦備ノ種類ヲ令ス之ヲ戦備令ト云フ，戦備令ハ陸軍大臣之ヲ奉行ス」（第5）とした。ここで，要塞の戦備は要塞のとるべき戦闘準備を意味し，その戦備の種類は「警急戦備」（敵襲に対する応急の戦闘準備），「準戦備」（主として敵艦隊の攻撃に対する戦闘準備），「本戦備」（陸海連合の敵の攻撃に対する戦闘準備）に区分すると規定した（第3）。なお，戦備の種類，要塞守備部隊，警急戦備のための要塞配備部隊は毎年の要塞防禦計画訓令により予定するとした。

次に，「第二篇　要塞防禦一般ノ要領」において，「要塞ノ防禦上最モ緊要トスルハ一刻モ長ク抵抗ヲ持続シテ敵ニ成ルヘク多クノ損害ヲ与ヘ要塞ノ戦闘力全滅スルニ至ルマテ之ヲ防守スルニアリ」（第8），「長ク抵抗ヲ持続シ得ルト否トハ要塞ノ物質的成否ニ関スルヨリハ寧ロ守兵ノ志気如何ニ存スルコト大ナリトス［中略］是故ニ要塞司令官以下各級ノ指揮官ハ軍紀ヲ厳粛ニシ名誉心ヲ鼓舞シ志気ヲ振作シ各人ヲシテ要塞ト存亡ヲ共ニスルノ覚悟アラシムルヲ要ス」（第9）と規定した。この第8は，特に1902年要塞防禦教令草案の第15の「城を枕に討ち死に」の思想をさらに明確化し，要塞が「全滅」するまでの要塞死守思想を明記したものとして注目される。また，第9は物質力と「志気」という精神力とを調和・総合させるのでなく，逆に二者択一的に後者の精神力のみを重視する発想にもとづき，1909年歩兵操典改正の思想に対応した67)。勿論，降伏規約の手続き等は規定していない。なお，本教令は1902年要塞防禦教令草案よりも，陸正面からの攻撃に対する警戒・防備・戦備の一般要領に関する規定を多くした（第10～14）。また，「第三篇　指揮権ノ関係」においては，1902年要塞防禦教令草案の要塞司令官の指揮権関係の考え方をほぼ踏襲した（所管師団長・戦時指揮官等との隷属関係，命令地域における指揮権など）。

②要塞司令部の要塞防禦勤務体制

第二に，「第四篇　要塞司令部ノ勤務」をみよう。要塞司令官の職責では，要塞守備隊の統率と経理・衛生の統監及び命令地域内の軍法会議の管轄，防禦上必要な諸機関の臨時編成，輸送材料廠の編成を簡潔に規定し（第20～22），1902年要塞防禦教令草案の第32に記載の軍政・民政処理の記述はない。民政交渉関係は「参謀長ハ常ニ地方諸官衙公署ト連絡シテ地方人民ノ状態ヲ詳ニシ適宜之ヲ要塞司令官ニ具申スヘシ」（第26）と参謀長の職務に位置づけた。要塞の参謀の業務は1902年要塞防禦教令草案規定の諸事項を整理し，さらに，戦備実施（解除）詳報の調製，気球の事項，編成・兵器・材料・給養・衛生・弾薬の補充事項，官衙公署との交渉と戒厳実施及び新聞記事に関する事項を明記した（第27）。つまり，戒厳実施を統帥系列に位置づけた。なお，副官の管掌事項は1902年要塞防禦教令草案の規定事項をほぼ踏襲した。

③戦備実施と防禦線編成

第三に，「第五篇　戦備実施」をみよう。戦備実施の通則として「戦備実施ハ要塞戦備計画ノ実施ナリ」とし，重要事項変更を要する場合には大本営認可を受けることの規定は1902年要塞防禦教令草案をほぼ踏襲した（第56）。本戦備は野戦重砲兵を有する敵の強襲と正攻への対抗を前提にして，陸正面の諸設備の実施・完備を目ざし（第78），防禦線編成の考え方を具体的に明記したことが特質である。すなわち，陸正面の本戦備実施は「本防禦線」を主とし，通常はその内方に「内部防禦線」を設け，必要な場合にはその外方の適当な地点に陣地を構成するとした。

まず，本防禦線は，①「支撐点［しとうてん］」（主な支撐点は堡塁と集団工事からなり，比隣支撐点前や「中間地」を側防し，背後に対する十分な射界を持ち，突撃防止設備を完全にし，砲撃に対する守兵・材料を掩護する掩蔽部を持ち，敵兵が「中間地」に侵入しても独立して防禦するだけなく，支撐点の一部が失われてもさらに抵抗持続できるようにする，支撐点の設備上注意すべき要件は，「射界ノ清掃」，前地における距離の標識，胸墻の内斜面を削り歩兵銃及び機関銃の踏垜を設け，銃眼・掩蓋・弾薬置場を設置し，前地・斜堤・壕内の障碍物の設置，監視所の設置，警報装置の設備，入り口の閉鎖，内外部の照明，後方及び比隣陣地に至るまでの遮蔽通路の設置，必要な工兵器具材料及び爆薬の準備），②「中間地」の歩兵陣地（堅固な散兵壕からなり，地形に応じて区々断続又は集団し，通常は支撐点の線よりやや後退し，側防できるように設備する，歩兵陣地後方に必要に応じて掩壕・掩蔽部を設け，安全な交通壕により第一線と連絡する），③「中間地」の砲兵陣地（遠戦及び近戦における砲兵の威力を発揚できるように構成し，遠戦の砲種は大中口径で擲射砲とし，近戦時の砲兵は敵の近接を妨害し，支撐点と中間地を側防し，障碍物を掩護し，砲種は平射用中小口径とする）からなり，「中間地」では主戦闘方面未決定間は，攻撃諸動作に対するための所要火砲を配備し（第一次砲台），また，若干の予備砲台を築設し，火砲の移動・増加に供するとした（第79～85）。

次に，内部防禦線は本防禦線の一部が敵に占領された場合でもなお要塞の抵抗持続のために設けるとされ，「多クハ敵ノ主攻撃方面ヲ察知シタル後之カ編成ニ著手シ而シテ本防禦線ノ抵抗力ヲ失ハサルニ先チ之ヲ完成スヘキモノトス時トシテハ戦備下令ニ際シ若干ノ支撐点ヲ構成シ置クヲ有利トスルコトアリ」（第86）と規定した。また，なしえれば，内部防禦線の砲兵は本防禦線の直接前地を射撃できるようにし，内部防禦線の両翼は本防禦線中で長時間抵抗できる支撐点に依託し，時として，内部防禦線の後方にさらに防禦線を設け，又は囲郭を編成することがあるとした。さらに，本防禦線の前方に緊要地点がある時は堅固な工事により占領し，敵を遠くから扼止し，もしくは攻撃砲兵の展開を妨害することの利があるとした。

なお,「射界ノ清掃」は重要であり，なしえれば,「陣地前小銃有効射程内ニアル総テノ遮蔽物ヲ除去シ又予想スル敵ノ砲兵陣地及重要ナル地点例へハ渡河点,道路ノ輻輳点,隘路等ヲ射撃シ得ル如ク清掃スルヲ要ス射界ノ清掃ヲナスニ方リテ我カ陣地ヲ隠蔽シ又ハ前哨ノ為利用スヘキ地物ヲ存置スルコトニ注意スルヲ要ス」(第88）と具体的に規定した。さらに，要塞戦では敵の外方・上方（気球による）からの偵察を困難にさせるために，遮蔽に注意し，巧妙な偽工事を設けることも緊要とした。また，要塞の本防禦線並びにその内外の地域は地形に応じて扇形の地区に区分するとした。

④要塞守備隊と陸正面防禦

第四に,「第六篇　要塞守備隊」と「第八篇　防禦」の「第二章　陸正面ノ防禦」をみよう。まず，要塞守備隊は軍隊区分により，通常,「地区守備隊」と「総予備隊」に区分するとした。地区守備隊と総予備隊は，通常，歩兵・重砲兵・工兵及び所要の機関からなり，必要に応じて騎兵・野戦砲兵を編入するとした。陸正面の地区守備隊は，通常，①前哨，②支撐点守備隊（歩兵は通常，衛兵・控兵・予備隊に区分し，逐次交代勤務し，重砲兵は砲戦に関しては地区砲兵長の指揮をうける)，③中間地砲兵隊（第一次砲台の守備にあたり，地区司令官は中間地砲兵隊中の高級古参者を地区砲兵長に任じ，地区の重砲兵は通常二交代をもって砲台勤務に服する)，④地区控兵（本防禦線後方に位置し，敵の攻撃を受ける時に前哨と協力して本防禦線防禦に任じ，また，地区の作業勤務に服す)，⑤地区予備隊（地区の後方に位置し，所要時期まで休憩の姿勢をとる）に区分するとした。また，総予備隊は1902年要塞防禦教令草案の記載と同様に城外支隊になり，あるいは地区守備隊を増援し，地区に属さない作業勤務に服し，その他の重要軍用建築物を防護し，要塞内部の警備と安寧秩序の維持に任ずるとした。

次に，攻囲前にとるべき措置は，要塞司令官は，①敵兵が要塞に向かって前進する場合には敵に利用されうる鉄道・水路・電線等の交通設備破壊に努める(大本営と連絡できる時には，重大な破壊は認可を受ける)，②敵の前進を遅滞させるために，通常，城外支隊を派遣する，③城外支隊はなるべく遠くにおいて敵との触接を求め，その前進を遅滞させ，要塞前方に縷々敵に抵抗できるように地形を利用して陣地を構成する，④城外支隊が要塞に向かって退却する際には，地方にある物資を収集して要塞内に運搬し，あるいは焼棄して敵に利用させない，と規定し（第170～173），1902年要塞防禦教令草案の規定をほぼ踏襲した。

また，攻囲に対する防禦では，①城外支隊は優勢な敵の圧迫を受ければ退却し，地区守備隊の収容を受ける，②本防禦線の砲兵は敵の攻囲線・攻城廠をなるべく遠隔させ，敵の攻囲地帯を騒擾させ，味方歩兵の戦闘・出撃を援助し，③攻囲実施が未だ不十分な時には大なる出撃の好機会になるが，出撃隊は任務実行後に通常は速やかに要塞内に退却する，④敵が攻囲完了すれば，絶えず，これを騒擾させることに努めると規定し（第174～177），1902年要塞防禦教令草案の規定をより具体化した。

さらに，敵攻撃の本格的段階対応の防禦としての「真面目ノ攻撃ニ対スル防禦」においては，①主戦闘方面の指揮は通常は要塞司令官が自ら任ずることを原則にし，主戦闘方面が数方面にわたる時の要塞司令官不在の方面には別に指揮官を置き，本防禦線の歩兵・重砲兵・工兵は通常は背嚢を携行しない，②防禦砲兵は攻城砲兵の展開を妨害し，要塞司令官は敵砲兵の展開方面を判断した場合には同方面に対して予備砲兵を展開させ，砲戦において敵砲兵が優勢で味方砲兵が対抗できない時は適宜砲戦を中止して人員・材料の損害を避け，弾薬を節約し，敵が近接作業を開始した場合には砲兵は歩兵と協力してその進捗を妨げる，③味方砲兵が敵に制圧され防禦工事も若干破壊されるに至った時には，敵歩兵が前進を起こす際には味方歩兵は時機を失せずに火線に就いて撃退し，敵兵が近接すれば縷々出撃を試みて騒擾し，敵兵が対壕作業を実施する際には火力を集中するなどして妨害し，出撃隊が任務を尽くしあるいは遂行できないことを察知した場合には躊躇することなく通常は退却し，敵の対壕作業が本防禦線に近迫した時は迫撃砲又は手榴弾で同工事を妨害する，④本防禦線上の支撐点は近傍の中間地が仮に敵手に帰した後も抵抗持続して恢復攻撃を容易ならしめ，敵の対壕作業が漸次進捗するに応じて守兵は一層警戒度を高めて敵突撃に備え，その強襲的動作を断念させ，守者は敵突撃に対して全力をもってこれにあたり突撃隊及び突撃器具携帯者を射撃し，さらに手榴弾及び白兵により撃退し，支撐点の一部が敵に占領されてもその内部において抵抗を持続し，支撐点陥落時にはただちにこれを爆発させて敵に損害を与えるとともに敵に利用されないようにする，⑤内部防禦線の防禦要領は上記の④の本防禦線の防禦に準じ，要塞司令官は本防禦線においてなお抵抗できる望みがある際には過早に本防禦線の戦闘材料及び兵力を内部防禦線に割いてはならない，等と規定した（第178～201）。以上の規定は1902年要塞防禦教令草案の第八篇第3章をさらに明確化したものである。

⑤防禦戦闘の条件整備と民政対策

第五に，「第九篇　弾薬ノ整備及補充」と「第十二篇　馬匹衛生」「第十三篇　給養」「第十四篇　宿営」「第十五篇　要塞内ノ民政竝軍事警察」にもとづき，防禦戦闘の条件整備をみよう。

まず，戦備下令に際して各堡塁・砲台・弾廠・火薬支庫に分蓄すべき弾薬定数と調製すべき弾薬員数及び調製順序は要塞司令官が定めるとした。その場合，弾薬定数を定めるには概ね**表26**の数量を標準にすると規定した（第206）。

表26　1910年要塞防禦教令における弾薬定数

砲　種		砲側庫及弾室ニ整備スヘキ数	弾廠及火薬支庫ニ整備スヘキ数
海正面大口径砲	砲戦砲	60発	60発
	要撃砲	20発	20発
海正面中口径砲		160発	240発
海正面小口径砲		200発	300発
陸正面大口径砲		120発	180発
陸正面中口径砲		160発	240発
陸正面小口径砲		200発	300発

以上の「砲側庫及弾室ニ整備スヘキ数」を1902年要塞防禦教令草案の第235規定の堡塁・砲台における弾薬整備と比較すると，海正面の大・中・小口径砲においては同第235の中間員数をとった。しかし，陸正面では，1902年要塞防禦教令草案（堡塁・砲台において，大口径砲は40～80発，中口径砲は60～120発，小口径砲は80～160発）の規定と比較すると最小限でも40発多い。ただし，本弾薬定数の標準をもって，陸正面対応を重視したということはできない。陸正面対応は，陸正面からの攻撃を想定した各堡塁・砲台の備砲の砲種・砲数等を検討しなければならないからである。

次に，①馬匹衛生を新設し，要塞司令官は戦備下令に際して，所要に応じて地方獣医及び蹄鉄工を雇傭し馬匹衛生に服させるとした。もし，要塞守備隊に獣医が居る場合には当該獣医は要塞司令官の命令をうけて雇傭した地方獣医及び蹄鉄工を指揮し，一般の馬匹衛生に任ずるとした。②給養は，戦備下令後の要塞日常の給養にあてる糧秣は要塞命令地域内で調達し，飲料水欠乏の恐れある時は井戸を掘り貯水所を設けて浄水諸装置を装置し，搗精米装置や家畜飼養設備等も緊要とした。遠隔又は交通不便で糧秣補給の困難地に派遣する部隊は，要塞全体の糧秣調弁を妨害しない限り，当該部隊長に糧秣の全部・一部を調弁させることは利があるとした。また，1902年要塞防禦教令草案の規定をほぼ継承し，地方農耕の継続，蔬菜培養の奨励，住民中の糧食品製造従事者の営業保護，要塞内の漁業の継続，要塞司令官は合囲地境で糧秣寡少になり要塞防禦の維持が不可能であると判断した場合には，住民の食糧消費に制限を加えて守備部隊の給養として補足することができ，攻囲や交通遮断時には軍務使用の住民の給養は守備部隊に準ずる，と規定した（第258～260）。③宿営は，敵兵が要塞に近接しない間は「状況之ヲ許セハ陣地ノ前方ニ在ル部落ヲ利用スル」ことができ，同一地点での駐留が長期間になる場合に兵営・兵舎・寺院等を利用できない時はなるべく民家を避け，軍紀維持や勤務・教育の不便という理由で廠舎を構築することが有利である，と規定した（第261）。

なお，民政対策においては，1902年要塞防禦教令草案の第300で規定した「外部トノ私信ノ往復ヲ全ク禁止スヘシ」（第306）は削除したが，伝書鳩飼養者の鳩は「没収スヘシ」（第271）と厳しい統制を規定した。その他は1902年要塞防禦教令草案をほぼ踏襲した。

(3) 1910年要塞防禦教令の意義

1910年要塞防禦教令制定の意義は，第一に，その頒布（限定部数，閲覧者制限等）と保管自体を厳格な機密保護体制のもとに管理し，参謀本部及び要塞司令部等の限定された職務従事者のみが閲覧・調査・審議等の対象にすることができただけである。これによって，近代日本では陸軍部内においても要塞防禦の意味等の公開的な議論・研究はほぼ完全に閉ざされたということができる。戦後も，1902年要塞防禦教令草案と1910年要塞防禦教令は僅かに浄法寺朝美

『日本築城史』と原剛『明治期国土防衛史』などに同制定の事実等が紹介されるに止まり，その款項等の意味内容は今日までに考察されずに至っている。第二に，日露戦争前の1902年要塞防禦教令草案の特に「編冊草案第二種」の記述事項と比較するならば，戦備を基準にして，戦備実施，要塞守備隊配置，防禦戦闘等に関して整理・整備した規定を示したことである。第三に，要塞内の民政対策・警察事項等では，1882年の戒厳令制定時には特に合囲地境内の具体的な戒厳業務が必ずしも明確でなかったのに対して，軍隊側の戒厳業務内容（地方行政機関との関係，治安維持対策，住民避難，給養・衛生，住民の軍務従事等）の具体的な考え方を示したことである。戒厳宣告は軍事行政であることはいうまでもない。しかるに，本教令は戒厳現場の戒厳実施業務を統帥系列の要塞参謀の業務に位置づけたことになるが，その意味は非常に大きいといわなければならないだろう。

総じて，1910年要塞防禦教令は要塞防禦を基本としたが，その戦闘諸制式はその後の国内戦場化の防禦戦闘の基準的な思想として踏襲され，深く潜行したとみてよい。

注

1）　要塞防禦は戦時の防禦を基準にした兵力・戦闘力行使にかかわる営みである。したがって，要塞防禦の考察は，第一に，戦時の要塞の兵備・兵力を含む軍隊全体の兵力・戦闘力行使の管理・運営を検討しなければならない。これらの管理・運営の基本に関する法令上の規定は，最重要の機密文書として令達されたが，日清戦争後は，①1897年10月戦時編制，1899年10月陸軍戦時編制，1897年10月陸軍動員計画令，1899年11月陸軍動員計画令，1901年10月陸軍動員計画令及び各年度の陸軍動員計画訓令と同附録，②戦時の兵力の基本になる人員・馬匹・武器・器具・材料・被服・装具等の補充法を規定した1903年7月陸軍省送乙第1515号戦時補充令，等の検討が重要である。さらに，日清戦争後の「守勢作戦計画」等がある（原剛『明治期国土防衛史』202-208，425-430頁）。第二に，上記と同様に最重要の機密文書として令達された当該要塞所在地域の防禦要領の目的・趣旨を規定した防禦計画（要領）書，各年度の要塞の防禦・動員計画作成の基本を令達した要塞動員計画訓令・要塞防禦計画訓令及び同附録（第3章の注50）表24参照）があり，第三に，要塞砲兵の射撃の制式とマニュアル等を規定した要塞砲兵操典等の検討が重要である。要塞防禦教令は戦闘力行使の管理・運営にかかわる特に第一と第二の諸令達に基礎を置きつつも，要塞防禦の固有の戦闘活動と業務等の基本や原則を規定したものである。

2）　川流堂発行『仏国要塞軌典』，小林又七訳，1888年。

3）　フランスには「降約」に関する1812年5月1日の布告があった。注2）の2頁参照。国際法における降約の考え方は，日本では1874年にブリュッセルで開催された「万国交戦公議ノ会」の概要が紹介された。すなわち，日本外務省が同年12月14日付で太政官宛に当時の在露全権公使榎本武揚が送付した「魯国公議交戦条規按文」（榎本武揚・花房義質訳述，全70章）を上申し，「降伏ノ条款ハ戦者双方ノ相議決定スル所ノ約ニヨルヘシ約一度ヒ定ラハ双方正シク之ヲ遵守スヘシ」（第60章）と邦訳された（『太政類典』第2編242巻，兵制41止雑，第4件）。その後，1880年9月開催の「万国公法会」の決議の「陸戦公法」がある（『原敬全集 上』291頁）。第5条が「戦争中交戦国ノ間ニ取結ヒタル休戦及ヒ降服ノ如キ軍事条約ハ厳重ニ注意シ及ヒ遵守スヘシ」と邦訳された。

4）　注2）の第210条（182-183頁）参照。

5）　クラウゼヴィッツ『戦争論』中巻，340-341頁，篠田英雄訳，1971年，岩波文庫。近代における要塞の住民保護の考え方はヨーロッパ軍隊でも議論されてきた。たとえば，第一に，ベルギーの陸軍中将ブリアルモンは「余輩ハ司令官其職トシテ徒食ノ輩ヲ要塞外ニ退去セシメサル可カラサルコトヲ主張セリ殊ニMetz及巴里ノ司令官ノ為セシ如ク要塞内ニ郭外ノ居民ヲ入ラシムル如キハ余輩ノ採ラサル所ナリ然ルニ将官Von Sauerハ此説ヲ排シ且ツ曰ク《諸市街ヲ防護スルノ目的ハ敵ニ対シテ其居民ヲ保護スルニ非スヤ》ト然リ其保護ヲ与フルハ城塞ナキ市街ニシテ敵手ニ落レハ償金ヲ課セラレ又ハ奪掠ヲ蒙リシ等ノ昔日ニ在テハ須要ナリシト雖トモ非戦者万国公法ノ保護ヲ受ル今日ニ在テハ然ルヲ要セサルナリ思フニ将官Von Sauerト雖トモ方今ノ要塞ニシテ全ク居民ノ安全ヲノミ之レ図リ築設シタル者ハ一モ得サルヘシ」と述べた（ブリアルモン「築城新論」『偕行社記事』第97号附録，30-31頁，1892年11月）。つまり，住民は要塞内ではなく国際法により保護されるべきと述べたが，当該政府と軍隊自体が国際法をどのように認識しているかの解明が必要である。第二に，ドイツのスターベンハーゲン著『基本要塞戦術』（47-48頁，1906年，参謀本部訳・陸軍砲兵少佐高橋綏次郎校正，原著は1900年，〈中央 軍隊教育 兵術〉）は，「[要塞] 司令官ハ攻者ニ駆逐セラレツツ要塞内ニ退避セントスル住民ヲ収容スルハ人道上止ムヲ得サル事ナルヘシ但シ此事タル要塞ノ防禦上ニ著シキ不利ナキ限リニ於テ為ササルヘカラサルモノニシテ一ニ之ニ依リ決定スヘシ」と，条件付きの要塞内の住民保護を述べた。ただし，攻囲時には「警戒勤務ヲ周到ニシ警急法ヲ適当ニシ之ヲ監視（民間及旅店ニ於ケル）ヲ厳密ニシ又住民ノ疑ハシキ者ハ警察ニ依リ之ヲ無害ナラシメ［中略］又間諜勤務ヲ完全ニシ土民中敵ニ左袒スルノ嫌疑アルモノハ要塞付近ヨリ放逐スルト同時ニ要塞外ニ居住シ確実ニシテ才気アルモノト約束シテ凡テ重要ナル敵ノ動作ヲ察知スルコト必要ナリ」と，「反政府的人物」とみなされる人物の放逐等を述べたことは，注6）のフランスの1899年攻守城教令と共通している。つまり，クラウゼヴィッツによる要塞の「自然的な住民保護の目的」は近代では本質的には忘失させられたという言及は，正確には，19世紀の労働者階級等の台頭のもとに，国内での階級対立等を抱えた国家の政府・軍隊の意思において住民保護を本質的に放棄したと修正されなければならないだろう。

6）　フランス陸軍省は1899年2月4日に要塞攻守城戦法の教令を制定した。これは日本の陸軍工兵大尉平瀬太平によって翻訳され（陸軍砲兵中佐江藤鋪と同佐藤忠義が校正），1901年7月に『仏国攻守城教令』の書名で要塞砲兵監部から刊行された（〈中央 軍隊教育 典範その他〉，本補論では「1899年フランス攻守城教令」と表記）。1899年フランス攻守城教令は1883年要塞軌典で明記されなかった宣戦布告後の地域社会対策・住民保護を明確化した（64-120頁）。第一に，要塞司令官の防禦準備として，①平時に計画した動員と防禦計画にもとづき堡塁防禦線の編成に必要な諸作業に着手し軍需品を整理するが，「市民及工場等ヲ使用シ戍兵ヲシテ時機ニ先チ疲労減耗セサルヲ努メ又其作業実施ニ関シ市民ノ私有セル物件ニ損害ヲ与フルノ止ムヲ得サルトキハ必地方官ト協議ヲ遂ケ市民権利ノ保護ヲ務ムルモノトス」とし，②合囲布告時は「不必要ナル人員就中老幼，婦女，病者，貧民ヲ要塞外ニ退去セシム又外国人，嫌疑者，危険ナリト認ムル者ヲ攻囲線外ニ放逐ス」るが「職工，駄馬，家畜，器具材料，作業器具，繃帯，薬剤，消毒剤其他諸種ノ食物ヲ要塞内ニ入レ其退去ヲ禁ス」と住民・物件等を選別・確保し，さらに「特種ノ技能ヲ有シ其防禦ニ有利ナル者例ヘハ医師，薬剤師工師，建築家，機械師等ハ之ヲ要塞内ニ引入ルルヲ要ス」とか，要塞の防禦戍兵として諸種の勤務・砲兵工兵作業の補助勤務にあてるために「地方人民ヲ徴集シ成シ得ル限リ規正ノ編制ニ従ヒ仮団隊ヲ組織センコトヲ努ムヘシ」と規定した（第二編第四章，六章）。ここで，職工の要塞内引き入れと使役は戦闘部隊の「疲労軽減」のためであり，「有志ノ職工」をもって要員確保できない時は，要塞司令官は法律規定により「徴発スヘシ」と規定した。要塞防禦は住民の援助・協力を求めているが，住民保護の構えは1883年要塞軌典よりも後退し，「反政府的人物」とみなされる人物の放逐を規定した。第二に，要塞司令官は市街地の要塞分派堡が囲繞され（囲郭），市街防禦線内での防禦戦闘に入る時は，①消防勤務を編成し各家屋に水・砂を貯蔵し，火災監視哨を適当な位置に配置し，囲郭内現存の燃焼しやすい物品を破壊し，又は数箇所に分置し，住民に命令して「窖室［こうしつ］又ハ安全ナル天然掩蔽部内ニ逃避セシ」め，弾丸破裂に対する通路掩護のために遁避所を所々に設け，各家屋の門を開かせる，②砲撃間は「人民ノ秩序ヲ保持スルニ全力ヲ尽シ市民ノ諸種ノ強請ヲ拒絶スルヲ要ス」とか，「攻者ハ攻城ノ某時機ニ於テ砲撃ヲナシ市民ヲシテ降伏ヲ要塞司令官ニ強請セシメンコトヲ試ムルナラン」と規定した。ここで，特に，要塞防禦の最終防禦線・市街防禦線の戦闘では，敵の攻囲砲撃が住民に開城を催促・誘起させることを想定した上で，要塞側が住民の要求・要望にどのように応えるかが課題になっているが，基本的には秩序保持を名目にして峻拒する構えを貫徹させることにした。

［**補注**］1899年フランス攻守城教令が日本陸軍の要塞防禦教令と異なるのは，その編纂委員の官職・氏名（途中交代者を含む）を冒頭に明記したことである。委員長は第一軍団長（陸軍高等会議議員），委員は第十軍団長（騎兵技術会議議長），第三軍団長（歩兵技術会議議長），工兵技術議長，砲兵技術会議議長，陸軍大学長，監督技術会議議長，衛生技術会議議長（軍医総監），憲兵技術会議議長の8名がメンバーであった。すなわち，編纂責任者公表に等しく，本攻守城教令自体はフランス国内では秘密扱いされていなかったとみてよい。他方，1899年フランス攻守城教令は，さらに陸軍要塞砲兵射撃学校（校長は江藤鋪陸軍砲兵中佐）で再邦訳され，1902年12月に同校の要塞戦術研究の参考書として『攻守城戦法』の書名が付されて印刷・刊行された（「要射教第拾壱号」，〈中央 軍隊教育 教程 各種学校〉)。陸軍要塞砲兵射撃学校長の江藤鋪砲兵中佐は砲兵少佐時の1899年1月に教育総監部からフランス国駐在員として派遣された（期間は1年半年間）。派遣時に与えられた訓令は，砲兵の発達進歩を図るために「［主として］海岸［要塞］砲兵ノ兵器材料教育訓練攻守城ニ関スル諸勤務及射撃並ニ戦術ヲ研究調査ス可シ」とされた（〈陸軍省大日記〉中『明治三十二年一月ヨリ三月マテ 弐号編冊 陸軍省』)。江藤砲兵少佐はフランス国派遣中に最新の1899年フランス攻守城教令を入手・調査したことはいうまでもなく，帰国後，本教令の翻訳に着手し，かつ，ただちに陸軍要塞砲兵射撃学校の参考書として採用した。『攻守城戦法』はほぼ1899年フランス攻守城教令の邦訳に沿って編集し，合囲布告時には「［上略］外国人及保安ニ害アリト認ムルモノ其他身上疑ハシキモノハ之ヲ放逐スヘシ」（40頁）と記述した。本記述にみられる「身上疑ハシキモノ」等の放逐は陸軍砲工学校の『明治四十二年築城学教程要塞編成第九版』は，「不良の人民は要塞防禦上，危険となることがあり何となれば彼等は自己の困苦を免れんがため往々要塞司令官に迫りて開城を促すことあるのみならず又此等の住民と軍隊と相接近するときは動もすれば軍隊の士気を沮喪するに至り堅忍不抜の精神を有する要塞司令官にあらざれは抵抗の時日を短縮せしむるに至るべければなり」（6丁）と記述した。

7）　拙稿「1881年陸軍刑法の成立に関する軍制史的考察」北海道教育大学紀要（人文

科学・社会科学編）第54巻第1号，参照。

8）〈陸軍省大日記〉中『密大日記』1898年7月-12月，第175号。1897年6月1日の参謀長会議における参謀総長訓示は「要塞ニ関スル勤務書ノ如キ目下鋭意調査ヲ進メツツアルモ未タ之ヲ発布スルニ至ラス」と述べているので，戦時要塞勤務令は1897年には起草されたと考えてよい（『参謀本部歴史草案』〈二十～二一〉所収）。なお，1898年戦時要塞勤務令は，第一篇　要塞司令部（要塞司令官，要塞参謀部，要塞副官部，要塞砲兵部，要塞工兵堡部，要塞法官部，要塞監督部，要塞軍医部），第二篇　要塞防禦機関（要塞砲兵司令部，扇区司令部，堡塁団，堡塁・砲台長，要塞通信員，要塞修理所，要塞病院，要塞監獄），第三篇　要塞弾薬（弾薬区分，弾薬の主管・補充），第四篇　要塞糧秣（通則，糧秣区分，糧秣の主管・補充），附録（第一篇　要塞特設機関の編制，第二篇　要塞特設機関の動員及び動員実施），から構成された。

9）〈陸軍省大日記〉中『密大日記』1897年7月-12月，第83号。

10）11）〈陸軍省大日記〉中『密大日記』1898年7月-12月，第175，136号。

12）〈文庫　千代田史料〉中『明治三十二～四十年　函館要塞防禦工事工程表』所収「要塞砲兵射撃学校ヘ各要塞砲兵隊長ヲ召集訓練シタル実況ニ関シ上奏ノ覚書」（1899年の教育総監の上奏用メモ）は，1899年3月末日より6週間にわたって各要塞砲兵隊長を要塞砲兵射撃学校に召集し，「守城射撃教令ノ趣旨ヲ闡明ニシ以テ陸正面攻守戦法ヲ知ラシメ堡塁団射撃ノ指揮法ヲ実施研究シテ数砲台協働ノ要領ヲ了得セシムルハ目下ノ急務ナリトス」として，その16日間は静岡県駿東郡大野ヶ原で攻守城射撃を，20日間は東京湾要塞観音崎砲台で海岸射撃を実施したと記載した。

13）14）〈陸軍省大日記〉中『軍事機密大日記』1899年9月起（2/4），第63号所収の「陸軍戦時編制改正理由書」。

15）〈陸軍省大日記〉中『軍事機密大日記』1899年9月起（1/4），第1号。他方，工兵会議は1896年以降に堡塁・砲台の構造の新たな様式の調査を進めた。そして，工兵会議議長古川宣誉は1898年10月9日付で陸軍大臣宛に「堡塁砲台構造上ニ必要ナル様式撰定ニ係ハル建議」を提出した（〈陸軍省大日記〉中『軍事機密大日記』1899年9月起（1/4），第3号）。それによれば，第一に堡塁・砲台の断面は，①胸墻の厚さは，陸正面の堡塁・砲台は通常尋常土は10～12m，コンクリートは3～4m，海正面の堡塁・砲台は通常尋常土は12～15m，コンクリートは6～8mとする，②障碍（外壕，壕内に鉄柵・鉄条網を設置），第二に横墻における弾室，砲側庫，弾廠，火薬支庫，弾薬本庫，第三に砲座（24cm以上の可農砲は1門，他は2門）等の設置，第四に側防には，穹窖(きゅうこう)砲座（幅・奥行・高さともに通常2.5m），穹窖内の適当な場所に弾薬格納所・携帯口糧置場・飲料水置場と戍兵の3分の2を休憩させる装置及び便所を設備し，通信用電話器を設置する，等と詳細に示した。これについて，陸軍省は翌1899年9月2日に築城本部宛に，堡塁・砲台の構造様式は工兵会議の建議趣旨にもとづき経費の許す限り準拠するように心得ることを指令した（陸軍省密発第109号）。

16）陸軍大臣発1899年2月25日付参謀総長宛の照会文は現行の要塞弾薬備付法案を「明治二十三年ノ制定」と記述したが，正しくない。要塞弾薬備付法案の制定過程は次の通りである。参謀総長は1890年12月9日付で陸軍大臣宛に要塞弾薬備付法案（全25条，各堡塁・砲台に備付すべき各種砲弾薬員数等を規定）を協議した（〈陸軍省大日記〉中『弐大日記』坤，1891年9月，参第79号，同『明治二十四年自一月至十二月　大日記　参謀本部　参天』）。同大臣は監軍の意見をとりつつ，参謀本部と協議した。その後，参謀総長は1891年4月21日付で同大臣宛に要塞補助建設物（弾薬庫，糧食庫，営舎，修理所，軍用道路）を起案し，既成及び将来の建設物を同規定に照らして漸次修補するように協議した。同大臣は字句等の修正意見を出し，特に本法案規定の小銃弾薬数は陸防・海防ともに守備歩兵のもののみであって携帯弾薬を包含しないと増設・修正し（第26条），参謀本部との協議を調え，1891年9月4日に要塞弾薬備付法案（全26条）と「要塞補助建設物ノ規定」の制定を参謀総長と砲兵会議に通知した（陸軍省送乙第1820号，〈陸軍省大日記〉中『弐大日記』坤，1891年9月，参第79号）。さらに1892年4月29日に要塞弾薬備付法案と「要塞補助建設物ノ規定」を砲兵方面・工兵方面及び工兵会議に送付した（陸軍省送乙第799号，〈陸軍省大日記〉中『弐大日記』乾，1892年5月，軍第142号）。なお，1896年1月17日に要塞弾薬取扱仮規則を制定し砲兵会議等に令達した（陸軍省送乙第114〜117号，〈陸軍省大日記〉中『参大日記』1896年1月，議第1号）。その後，1902年4月1日に要塞弾薬取扱仮規則を廃止し，要塞内弾薬取扱規則を制定し，地下倉庫の開閉，弾丸貯蔵，火薬貯蔵，火具貯蔵，炸薬塡実，信管装着，装薬調整法を詳細に規定した（〈陸軍省大日記〉中『明治三十五年　送乙日記』）。

17）〈陸軍省大日記〉中『軍事機密受領編冊』1901年7月-12月（2/4），第73号。

18）〈陸軍省大日記〉中『軍事機密受領編冊』1902年1月-6月（1/2），第58号。東京から遠隔地の函館要塞の糧秣補給の問題がある。1901年3月14日の陸軍省経理局起案「各要塞策定糧秣補給規画ノ件」は「要塞策定糧秣ノ補給ハ別命ナキトキハ当該要塞動員発令当日ヨリ実行ニ着手スルモノトス」とし，「函館要塞ハ総テ中央糧秣厰ニ於テ調弁スルモノトス」と規定した（〈陸軍省大日記〉中『軍事機密受領編冊』1901年1月-6月（2/4），第82号）。函館要塞の場合，陸軍中央糧秣厰調弁の糧秣は，白米，鳥獣魚肉類，梅干，醤油，味噌，大麦，糒，携帯用缶詰肉，携帯用食塩などがある。また，鉄道輸送搭載計画として，東京（新宿搭載停車場）を発進地にし，青森までの鉄道輸送と青森から函館までの船舶輸送（北雄，五洋，錦旗，計1,345トン）を計画し，動員日数を13日とした。

19）〈陸軍省大日記〉中『密受々領編冊』1900年1月-6月，第66号。

20）〈陸軍省大日記〉中『軍事機密大日記』1904年1月-12月（2/4），第2号。

21） 原剛『明治期国土防衛史』（433頁）は史料として現在「残存」しているのはこの2冊であると記述し，『明治三十五年度 東京湾要塞防禦計画書』（全23丁，53種の附表と付図あり）の「緒言」を除く目次を紹介した。ところで，各要塞における要塞防禦計画書策定の開始時期は1892年前後とみてよい。たとえば，第十二師団長は1900年5月31日付で「明治二十五年四月訂 下ノ関要塞防禦計画書」（1冊）と「下ノ関要塞防禦計画一般図」（1葉）を陸軍大臣に返却している（〈陸軍省大日記〉中『密受々領編冊』1900年1月-6月，第85号）。ただし，「明治二十五年四月訂 下ノ関要塞防禦計画書」（1冊）と「下ノ関要塞防禦計画一般図」（1葉）自体は編綴されていない。これは参謀本部が当時の下関要塞管轄の第六師団長に送付したが，その後，下関要塞は第十二師団長の管轄下になり，第六師団長から第十二師団長に移管され，第十二師団長は陸軍省に返納し，同省は受領したものを1900年6月4日に参謀本部に返却したという経緯になっている。また，第一師団長山地元治の1894年7月29日付の参謀総長宛稟申書は「東京湾要塞防禦計画書」を参謀総長に進達したと述べた（〈陸軍省大日記〉中『明治二十七年自七月二十七日至九月二十五日 臨着書類綴共七冊之一 大本営陸軍部』第18号）。それ故，1895年要塞司令部条例制定前の1892年前後において，要塞砲兵第四連隊（未完成）の配備段階で下関要塞の要塞防禦計画書を策定したことがわかる。東京要塞の要塞防禦計画書も同様に既に要塞砲兵第一連隊が配備された段階で策定したと考えるべきである。

22）〈陸軍省大日記〉中『明治三十五年 軍事機密文書編冊』。したがって，現存の『明治三十五年度 東京湾要塞防禦計画書』と『明治三十五年度 下ノ関要塞防禦計画書』は，参謀本部から海軍軍令部宛の送付扱いを含めて数部作成された各要塞の要塞防禦計画書の中で，その後，参謀本部内に保管されたものであろう。そして，参謀本部は各要塞司令部進達の要塞防禦計画書に対して誤字等の訂正を含むコメントを加えた。東京湾要塞と下関要塞の1902年度の要塞防禦計画書には参謀本部のコメントの付箋上記述等もあるので，両要塞司令部が数部作成した1902年度の要塞防禦計画書の中の「正本」であることはいうまでもない。

23）『明治三十五年度 東京湾要塞防禦計画書』の本文目次は，緒言，第一章　防禦ノ目的，第二章　防禦力（附表は守備隊人馬一覧表，火砲一覧表，東京湾要塞砲兵連隊編制表（甲戦備），東京湾要塞砲兵連隊編制表（乙戦備）他15種），第三章　警急配備（附表は警急配備東京湾要塞砲兵連隊編制表他6種），第四章　甲乙両戦備間防

禦編成（附表は歩騎工兵配備表（甲戦備），歩騎工兵配備表（乙戦備），陸正面弾薬火具配備表（甲戦備）他7種），第五章　砲兵戦備（附表は砲兵工作作業区分表，兵備作業区分表（甲戦備），要塞火砲配備一覧表（甲戦備）他4種），第六章　工兵戦備（附表は工兵作業区分表他1種），第七章　経理（附表は宿営区分表，建築作業区分表，糧秣調弁一覧表，戦備費予算表他2種），第八章　衛生（附表は東京湾要塞病院設備一覧表，患者集合所設備一覧表他1種），第九章　軍法会議及要塞監獄，第十章　民政，第十一章　雑件，から構成された。なお，『明治三十五年度 下ノ関要塞防禦計画書』の概要は科研費報告書『近代日本の要塞築造と防衛体制構築の研究』参照。「警急配備」を独立編として編集したが（「第二編　警急配備」，第128～162），「第一編　防禦計画」（第1～127）は東京湾要塞とほぼ同じ章構成である。

24）〈陸軍省大日記〉中『明治三十五年 軍事機密文書編冊』。『明治三十五年度 東京湾要塞防禦計画書』には「シ併セテ浦賀造船所ヲ掩護」の12字に削除線が引かれている（参謀本部は6月13日の東京湾要塞司令官の正誤申し出により，削除のために引いた）。要塞防禦計画書の記載事項は，1897年6月1日の参謀長会議での参謀総長の「訓示」が要塞の「動員計画書又ハ防禦計画書」の記載事項で特に注意すべきものとして，①動員に際して臨時特設の諸機関の編制及び動員の方法を記載する，②防禦工事に要する人員・器具・材料の員数及び所在地と所要日数を明らかにし，その緩急に応じた各時期工事の進捗と兵備の程度を示す，③守兵の配備は少なくとも「警急及完成ノ二期」に区別する，④計算書は精密周到の他に簡明の趣旨を失わないようにして，なるべく附図・附表をつけ，本文を冗長・繁雑にさせない，ことを示した（『参謀本部歴史草案』〈二十～二一〉所収）。これによれば，要塞防禦計画書の記載事項は徐々に整備されてきたことがわかる。ただし，上記の①の臨時特設の諸機関の編制・動員の記載内容は後述の1903年の参謀長会議では，戦備実施にみあう作業力の変化に対応していないものがあるとして批判した。

25）〈陸軍省大日記〉中『軍事機密大日記』1904年1月-12月（2/4），第2号。

26）〈陸軍省大日記〉中『明治三十二年 送乙号』。

27）陸軍省編『明治軍事史』下巻，1067頁。ただし，陸軍は「駿，豆，相」の沿岸某地点からの敵上陸を一般的には想定していた。たとえば，1902年の参謀長会議における「明治三十五年度師団ノ守勢作戦計画ニ対スル意見」（参謀本部第一部）は第三師団に対して，「敵兵沼津附近ニ上陸スル場合ニ於ケル作戦ニハ静岡附近ヨリ沼津方向ニ前進スル方法ヲ充分講究セラレタシ」というコメントを出した（〈陸軍省大日記〉中『明治三十五年 参謀長会議ニ関スル書類 佐官副官管』）。

28）〈陸軍省大日記〉中『明治三十四年六月 参謀長会議書類 参謀本部副官管』。

29）〈文庫 千代田史料〉中『明治二十八年八月～四十三年四月 要塞防禦計画』編綴の

「東京湾及横須賀軍港陸正面防禦計画之件」。

30)　1898年歩兵操典はこの種の「狙撃隊」の戦闘行動を規定していないが（拙著『近代日本軍隊教育史研究』第1部参照），メッケル著『戦時帥兵術』（巻1，94-98頁）は「支戦（別働隊）」の小見出しで「支戦ノ目的ハ寡兵ヲ以テ数多ノ小功ヲ集メ遂ニ大功ヲ収ムルニ在リ支戦ハ孤軍独立シテ之ヲ為シ或ハ大軍ノ運動ニ応シ且其隣地ニ於テ戦フ者トス　大軍運動ヲ為ス能ハスシテ独リ小謀略殊ニ奇襲兵ノ分遣ヲナスヘキ土地［山国，通路無き大林，沼沢地］ニ於テノミ久シク支戦ヲ用フルトキハ其功ヲ奏スルヲ得ヘシ［中略］支戦ハ一揆戦及敵ノ攻入ヲ拒支スル為メ俄ニ蜂起セシ国民戦ノ類トス［中略］内国ニ於テ別働隊ヲ用ルハ敵国ニ於テ之ヲ用ルニ比スレハ易シトス内国ニ於テハ報道ニ就テ人民ノ援助ヲ得ル特ニ便ナレハナリ侵入兵ノ連絡線延伸シ且薄弱トナルカ故ニ別働隊ヲ用フレハ大功ヲ奏スルコトアリトス」と指摘した。さらに「敵我内国ニ侵入スルニ際シ人民兵器ヲ執リ戦ニ与ル時ハ本戦ノ隣傍ニ有志者ノ戦争起ル而シテ此兵山国及森林ニ拠ル時ハ久ク戦争スルコトヲ得ヘシ斯ノ如キ用兵法ヲ以テ敵ノ野戦軍ノ兵力ヲ減殺シ彼ヲ苦メ狐疑逡巡セシムルヲ得ハ則遂ニ目的ヲ達スヘシ然トモ自由壮兵ノ戦ハ宛モ両刃ノ劔ノ如シ即此戦争ニ於テハ惨闘至ラサル所ナク情欲ヲ恣ニシ国土ヲ掠乱シ人民ヲ擾乱セシムルカ如キコトアレハナリ」と記述した（下線は遠藤）。メッケル著をベースにした歩兵大佐大島貞恭（陸軍大学校兵学教官）編述の『帥兵術　第二版』（第1巻，73-75頁，1893年，陸軍大学校用本）はメッケルの記述を崩していないが，特に下線部の記述は人民有志者の戦闘に随伴して非戦闘員への殺戮・暴虐等に至ることもありえることを意味した。日清戦争前後には支戦・別働隊の延長先の「自由壮兵」（大島貞恭編述書は「民兵ノ戦」）等の言及もありえたが，近代日本では本書第2部第2章の注50）の『仏国歩兵陣中軌典』の「別働隊（パルチザン）」を含めて評価が定まらず，あるいは言及・議論がタブー視されたとみてよい。

31)　ゲルヴィン著『要塞戦』64-66頁，教育総監部訳，1899年，原著は1897年，偕行社，等参照。

32)　〈陸軍省大日記〉中『明治二十七年自七月二十七日至九月二十五日　臨着書類綴　共七冊之一　大本営陸軍部』第28号。

33)　西南戦争では，熊本鎮台は住民に立ち退きを命じ，「橋梁を撤し柴柵を結び通路を塞ぎ要処に地雷を埋め障礙の家屋を毀ち以て展望を便にす」（『谷干城遺稿　三』72頁）とか，「城外障碍アル所ノ家屋ニ放火シ下馬橋ヲ撤シ倍々守備ヲ厳ニス」（『熊本鎮台戦闘日記　一』16頁）とした。つまり，「射界ノ清掃」である。また，熊本鎮台の将校等の夫人等を鎮台本営の熊本城内に入れ，「籠城」させた。

34) 35) 36) 37) 38)　〈陸軍省大日記〉中『明治三十五年　参謀長会議ニ関スル書類　佐官

副官管』。

39) 井口省吾文書研究会編『日露戦争と井口省吾』(1994年, 原書房) 収録の井口省吾の「備忘録」(1902年9月10日) は,「守勢作戦計画改正ノ件」を記述し,「要塞防禦計画ト一致セシムルコト」とメモ書きした (457頁)。

40) 〈陸軍省大日記〉中『明治三十五年　参謀長会議ニ関スル書類　佐官副官管』。

41) 〈陸軍省大日記〉中『密受々領編冊』1902年7月-12月, 第3号には,「要塞防禦教令草案」として別冊の見せ消ち文書1件が編綴されている (本文全58丁)。本文書は, ①活字款項文による「第一」から「第三百十三」までの起草文 (本補論では「編冊草案第一種」と表記), ②「編冊草案第一種」に対して浄書手書きによる修正・加除等を施した見せ消ち款項文による「第一」から「第三百十九」までの修正起草文 (本補論では「編冊草案第二種」と表記), が記述されている。ここで,「編冊草案第二種」は1902年要塞防禦教令草案として令達された正文書ではない。つまり,「編冊草案第一種」は参謀本部内での調査・検討用として活字印刷され, 同調査・検討と修正を経て「編冊草案第二種」が起草され, 陸軍省との内協議としての「7月調査案」に至ったとみてよい。また, 参謀本部次長の同照会文書は同草案文書別冊10部送付するが, 意見回答時の返却を要請した。ここで, 7月12日付の参謀本部次長の総務長官宛照会は調査のための内協議である。なお, 参謀本部は同日付で対馬警備隊司令官と佐世保・東京湾・呉・由良・下関・舞鶴の各要塞司令官宛に同草案文書を配布し, 7月末までに意見を求めた (〈陸軍省大日記〉中『明治三十五年 軍事機密文書編冊』)。他方, 陸軍省は7月14日に同草案文書別冊10部を省内関係局課に配布した (〈陸軍省大日記〉中『密受々領編冊』1902年7月-12月, 第3号所収の「陸軍省受領密受第百九十号ノ属」)。その後, 総務長官は7月29日付で参謀本部次長宛に, 審議上の都合のために8月15日までに意見回答を延期させてほしいと照会し, また, 同草案文書をさらに3部送付してほしいと依頼した。これについて, 参謀本部次長は7月30日付で,「調査上急ヲ要シ」ているために8月5日までの意見回答を要請した。なお, 参謀本部次長は前日の7月29日付で総務長官宛に同草案文書別冊3部を追加送付し, 用済みの上は返却し, 同別冊3部は「当部調査用ノモノニ有之候間書入等ハ無之様」と申し添えた。これをうけて, 同省は至急のために各局課の意見をそのまま参謀本部に送付することにした。そのため, 総務長官は8月6日付で参謀本部次長宛に「要塞防禦教令草案ニ対スル意見別冊ノ付箋之通ニ有之候」と述べ, 各局課の意見そのままの送付を予め承知してほしいと回答した。同時に, 同草案文書別冊計13部の内12部のみを返却すると付け加えた。すなわち, 陸軍省に残された同草案文書別冊は, 参謀本部が7月29日付で追加送付した3部の内の1部であり, 7月12日付送付の同草案文書別冊10部は省内各関係局課の意見記載付箋を付してすべて返却された。そして，残された同草案文書別冊は「陸軍大臣ノ許ニ残シアリ」とされ，同省は8月12日に「受領証」を参謀本部に出した（「陸軍省受領密受第百九十号ノ属」）。以上によれば，陸軍省に残された「要塞防禦教令草案」（別冊）は7月29日付追加送付のものと同一であり，参謀本部側の調査段階のものとして起草・編集されたことは明確である。そういう意味では，同省に残された「要塞防禦教令草案」（別冊）は，正確には「要塞防禦教令草案」（別冊調査案）と称することが適切である。

［**補注**］参謀本部は防務条例改正（1901年1月）を見越し，1900年9月に要塞司令部条例改正の必要を認識していた。そのため，参謀本部第五部は同年9月21日付で参謀本部総務部長宛に要塞司令部条例改正案（全14条）を起案したとして参考のために送付した（〈陸軍省大日記〉中『明治三十三年　秘密日記　参秘号』）。それによれば，「要塞司令部ハ要塞ノ衛戍及防禦勤務ヲ管掌スル所トス但衛戍勤務ハ衛戍条例ニ防禦勤務ハ要塞防禦教令ニ拠ル」（第2条）と起案された。本記述の「要塞防禦教令」の文書が1902年要塞防禦教令草案の前段階的な内実等に相当することはいうまでもないが，参謀本部は要塞防禦勤務体制整備の必要を認識していたことを意味する。ただし，1901年3月の要塞司令部条例改正で参謀本部が意図する「要塞防禦教令」云々は記述しなかった。それは，「要塞防禦教令」の文書の条例規定化自体が当該文書の作成・保管を公表することになり，軍機保護法や機密文書保管上からも適切でないと判断されたことに他ならない。

42)　〈陸軍省大日記〉中『密受々領編冊』1902年7月-12月，第3号。「9月協議案」の所在は不明。

43)　〈陸軍省大日記〉中『明治三十五年　軍事機密文書編冊』。

44)　注39）の185頁。

45)　〈陸軍省大日記〉中『密受々領編冊』1902年7月-12月，第3号。

46)　〈陸軍省大日記〉中『明治三十五年　軍事機密文書編冊』。

47)　ここで，「9月協議案」の第20と第22の款項を，「編冊草案」の該当款項と，「教育総監宛協議案」への教育総監修正意見の該当款項と対応させ比較すると，下記のようになる。

「9月協議案」	「編冊草案第一種」「編冊草案第二種」	「教育総監宛協議案」への教育総監修正意見
「9月協議案」第20	「編冊草案第一種」第18	―――
	「編冊草案第二種」第19	*第19に対する修正意見
「9月協議案」第22	「編冊草案第一種」第20	―――
	「編冊草案第二種」第21	―――

つまり，「9月協議案」と「編冊草案第一種」及び「編冊草案第二種」との間の款項の加減により，当該款項が移動したことは明確である。また，「9月協議案」と「編冊草案第二種」はそれぞれ異なる時期に起案された文書であり，陸軍大臣回答は少なくとも「編冊草案第一種」と「編冊草案第二種」の起草文書を協議対象にした上での回答でないことも明確であり，「9月協議案」への回答という対応関係も明確である。しかし，「教育総監宛協議案」への教育総監修正意見は該当款項の「ズレ」があり，「9月協議案」への回答・修正意見とみなすことは非常に困難であり，無理がある。教育総監の修正意見になぜ該当款項のズレがあるのかは不明であるが，修正意見自体は9月10日付回答後に参謀本部との間で調整されたのであろう。

48）〈陸軍省大日記〉中『明治三十五年 軍事機密文書編冊』。

49）50）〈陸軍省大日記〉中『密受々領編冊』1902年7月-12月，第3号。

51）〈陸軍省大日記〉中『明治三十五年 送乙日記』。1902年要塞防禦教令草案の本文目次は次の通りである。第一篇　総則　第二篇　指揮権ノ関係　第三篇　要塞司令官及其ノ機関　第1章　要塞司令官　第2章　幕僚　第3章　要塞砲兵隊長　第4章　兵器支廠　第5章　築城部支部，第6章　要塞経理部　第7章　要塞軍医部　第四篇　守備隊　第1章　守備隊ノ配布　第2章　地区守備隊　第3章　堡塁守備隊　第4章　総予備隊　第5章　砲兵予備隊　第6章　工兵予備隊　第五篇　戦備　第六篇　警戒勤務　第1章　通則　第2章　海正面ノ警戒勤務　第3章　陸正面ノ警戒勤務　第七篇　海正面ノ防禦　第1章　脅威ノ時期　第2章　本攻ノ時期　第八篇　陸正面ノ防禦　第1章　脅威ノ時期　第2章　攻囲ノ時期　第3章　本攻ノ時期　第九篇　弾薬補充　第1章　通則　第2章　弾薬ノ整備　第3章　携行弾薬ノ補充　第4章　重砲弾薬ノ補充　第5章　軽砲及機関砲弾薬ノ補充　第十篇　兵器修理　第十一篇　衛生　第十二編　給養　第十三篇　宿営　第十四編　水上警察軍事警察　第1章　水上警察　第2章　軍事警察　第十五篇　要塞内ノ民政　附表第1　人馬現員表　第2　弾薬伝票及修理伝票ノ例式　第3　倉庫伝票ノ例式（章はアラビア数字に変えた）。

52）〈陸軍省大日記〉中『密受々領編冊』1902年7月-12月，第3号。陸軍省は裁可書・「勅語案」の「写し」の作成を含む1902年要塞防禦教令草案の頒布手続き終了後，12月17日付で裁可書と要塞防禦教令草案を参謀本部に返戻した。したがって，陸軍省には注51）の1902年要塞防禦教令草案を除き，1902年要塞防禦教令草案の正文書及び正文書要件を備えた文書は残らなかった。これに対して，注1）の原剛『明治期国土防衛史』は〈陸軍省大日記〉中『密受々領編冊』1902年7月-12月，第3号所収の「編冊草案第一種」を1902年要塞防禦教令草案の正文書と記述しているが（400-401頁），誤解である。

53)　〈陸軍省大日記〉中『明治三十五年 軍事機密文書編冊』。

54)　有賀長雄「戦時公法講演（第八回）」『偕行社記事』第251号，1900年10月，は「降伏規約」を述べ，1870年の普仏戦争時の仏軍のファールスブルグの開城（無条件降伏）はフランスでは賞賛され，「防戦四箇月ニ亘リ糧食悉ク尽キテ是ニ於テ到底任務ハ尽スダケハ尽シタカラト云フニ付テ尚ホ多少ノ弾丸弾薬等ノ残ツテ居ルモノハ悉ク破裂サセテシマイ大砲モ発射シテシマツテサウシテ悉ク降ツテシマツタ無条件降伏デアルケレトモ仏蘭西ノ軍法会議ニ於キマシテモ是ハ立派ナ降リ方デアルト云フノデ降ツタ所ノ将官ハ褒メラレテコソ居レ決シテ叱ラレテハ居ラヌノデアリマス」と述べた（51-52頁）。

55)　なぜなら，「編冊草案第二種」の調査・起案過程で削除された款項で，②の第32に該当する款項には下記のものがある（〈 〉内は加筆）。「合囲地境布告若ハ宣告ノ後ニ在テハ要塞司令官自カラ責ニ任シ軍政ヲ処理シ時宜ニ依リ〈要スレハ一時〉条例規則ヲ変更スルコトヲ得」（第26），「要塞攻囲セラルルヤ要塞司令官ハ直ニ其ノ命令地域内ニ対シ予，後備役ノ将校，同相当官及下士兵卒ノ召集竝徴兵ニ関シ師団長ト同一ノ権ヲ有ス又要塞司令官ハ情況之ヲ要スレハ〈一時〉制規ノ手続ヲ変更スルコトヲ得」（第27），「合囲地境ニ在テハ要塞司令官ハ人員ヲ補充シ又ハ部隊ヲ新設スル為命令地域内ニ於ケル現役適齢者，予備役及国民役[ママ]兵ヲ使用スルコトヲ得」（第28）。これによれば，削除の第26は軍政のみの条例規則の変更権限を記述したが，1902年要塞防禦教令草案の第32は「民政」を限定・条件なしに加えたことは明確である。なお，削除の第27と第28に命令地域内における制規の手続変更権限や部隊新設のための現役適齢者等の使用権限を記載したが，要塞司令官に独自の強大な職務執行権限を与えることにブレーキをかけ，①と②のように修正したのであろう。

56)　注31）は敵の推定攻囲陣地後方や攻城廠附近の「村落ハ力ノ及フ限リ敵ノ宿舎ニ用フヘカラサルニ至ラシムヘシ」（57-58頁）と記述した。

57)　「編冊草案第二種」は「中間陣地及内部ニ於ケル防禦」の節で，「中間陣地ノ構成ハ堡塁線中攻撃ヲ受ケタル部分ノ陥落セラルル以前ニ其ノ防備ヲ完成スル如ク作業ヲ開始スルヲ要ス　然レトモ要塞司令官ハ如何ナル場合ニ在リテモ最前方ノ防禦線ニ於テ尚久シク抵抗シ得ヘキ手段ノ未タ尽キサルニ方リ中間陣地設備ノ為該線ノ戦闘材料及兵力ヲ割クヘカラス」（第226），「守者若シ内部ニ於ケル防禦線ニ退却セサルヲ得サルトキハ攻者ハ軍用建築物及市街ヲ益々砲撃シ以テ爾後ノ処置ヲ一層有利ナラシムルコトヲ怠ラサルヘシ故ニ市民ヲシテ市街ノ特ニ脅威セラレタル部分ヨリ撤去シ他ニ転住セシムヘキ準備ヲ適当ノ時期ニ整フヘキコト必要ナリ又市内ニ於テハ特ニ兵燹ノ際秩序ヲ維持シ且敵火ニ対シ軍隊及糧食ヲ為シ得ル限リ安全ナラシムルコトニ注意スルヲ要ス」（第227）と起草した。ここで，「中間陣地」の意味が不明確であり，1902年要塞防禦教令草案は第226と第227を削除した。他方，「編冊草案第一種」が調査・起草した「使用ニ供シ得ル限リノ火砲ハ戦闘方面及其ノ比隣正面竝堡塁及其ノ後方ナル砲台ニ兵備スヘシ」（第223）は「編冊草案第二種」で削除されたことの意味は大きい。「編冊草案第一種」の第223は当然というべき記述であるが，本記述を残すことによって，比隣正面等堡塁や砲台で同火砲を頼る構えや雰囲気が出てくることを避けるために削除したのであろう。つまり，要塞防禦では各防禦線・陣地でのいわば自力単独防禦の構えを高めようとする方針の潜在化を意図したとみてよい。

58）「編冊草案第二種」は水上警察に関して，①開戦の際に要塞司令官は要塞内碇泊の外国艦船に直ちに出港を命じ，応じない場合には乗組員や乗客に防禦上の秘密を観察させないように適当に処置し，同処分には師団長の指揮を請い，さらに要塞司令官は艦船の出入・碇泊等に関する港湾諸規定を補足規定し，艦船の遵守すべき軍事上の諸規定を定める（第293），②戒厳の布告又は宣告後は，要塞司令官は要塞内港湾で軍港と同一の水上警察を励行し，港務官・検疫官と水上警察官を指揮し，必要な場合は憲兵及び軍隊を附属させる（第294），③戒厳の布告又は宣告後は，外国艦船はたとえ中立国に属しても要塞内入港を許さず，中立国艦船で特別の事情により入港させるものは，要塞司令官は順序を経て大本営の指揮を仰ぎ（第295），開港場の中立国艦船の出入・碇泊等にかかわる第293と第295の規定適用は予め大本営より指示し，同盟国艦船に対して特に規定があるものの他は第293と第295を適用しない（第296），と起草した。1902年要塞防禦教令草案は第294の規定を存置し，①③の規定を削除した。①③は外交関係に発展する事案であり，外務省との協議を必要とする款項であった。

59）「編冊草案第二種」の軍事警察は，①戒厳の布告又は宣告後は憲兵と地方警察及び消防隊等の諸機関をもって「軍事警察部」を編成し，適任の将校を部長とし，部長は要塞内の「安寧秩序ヲ警保シ地方行政ニ関シ要塞司令官ノ下ス諸命令ノ実行ニ任シ特ニ敵トノ秘密連絡ヲ予防ス」る（第298），②「軍事警察部長ハ軍人軍属ノ家族其ノ他住民中軍務ニ使用セサルモノ竝囚徒及捕虜等ヲ攻囲前要塞外ニ退去セシムル為予メ之カ諸準備ヲ整フヘシ　軍人軍属ノ家族ヲ退去セシムルニ要スル費用ハ軍費ヲ以テ支弁スルモノトス」とし（第299），③軍事警察部長は要塞内の市街村落等が「兵燹ニ罹ル」（戦闘によって火が発生する）際には警察を励行し，窃盗・搶奪を防止し，軍用諸建築物及び燃焼・危険物格納所の火災予防や電線等の悪意の破壊に注意する，と起草した。ここで，特に②のように軍人軍属の家族の優先的避難やその避難措置の優遇思想が現れているが，1902年要塞防禦教令草案は本規定文言を修正した。なお，ロシアの1887年4月の要塞司令部及び参謀部の組織に関する条例

(1892年8月改正) は，軍人の家族の要塞退去を規定し，臨戦布告時には，およそ，「衛戍隊軍人ノ家族ヲシテ其撰定シタル新住地ニ於テ定則ノ給与ヲ受クルノ権利ヲ生セシムルカ為メニ必要ナル証明書類ヲ帯ハシメ早々要塞ヲ去ラシム可シ」とし，「要塞ヲ退去スル家族ノ出発ヲ容易ナラシムル為メニ種々ノ手筈ヲ定ム可シ」と規定した (「露国要塞及要塞隊」『偕行社記事』第120号，19-20頁，1893年11月所収，1893年4月『仏国外国兵事新聞』の日本国陸軍省軍務局第一軍事課による抄訳)。ロシアでは将校等の軍人家族の要塞退去には厚い手当がなされていた。

60) 「編冊草案第二種」の「要塞内ノ民政」は市町村役場の政務にかかわって「状況止ムヲ得サルトキハ啻ニ改革スルノミナラス要スレハ吏員ノ更迭ヲ断行スヘシ」(第301) と権力的な人事更迭断行策を起草した。

61) 62) 〈陸軍省大日記〉中『明治三十六年五月　参謀長会議書類　副官管』。

63) 拙稿「要塞地帯法の成立と治安体制 (IV) ――要塞動員・戒厳令下の函館を中心に――」北海道教育大学紀要 (人文科学・社会科学編) 第52巻第2号，参照。

64) 〈陸軍省大日記〉中『密大日記』1909年4月-6月，雑第8号。また，参謀次長は別冊回覧後の返却を要請した (以下，本補論では「要塞防禦教令改正案」と表記)。これに対して，陸軍省は同別冊13部の配布内訳を参謀本部に照会し，参謀本部庶務課は1909年1月22日に，陸軍省10部，陸軍兵器本廠1部，築城本部1部，陸軍技術審査部1部の内訳を回答した。さらに，参謀本部庶務課は1909年1月25日付で6部 (内訳は，技術審査部長2部，築城部本部長2部，兵器本廠長2部) を陸軍省副官に送付した。この結果，同省受領の「要塞防禦教令改正案」の別冊は合計19部になった。同省は「要塞防禦教令改正案」を各課の意見記載付箋を付けたまま参謀本部に送付した (9部返却と考えられる)。その後，参謀本部庶務課長は4月29日付で同省副官に「要塞防禦教令改正案」10部の返却を要請した (19部送付の内9部は返却済)。これに対して，大臣官房は軍事課に「要塞防禦教令改正案」をすべて返却するように指示し，5月7日に同省副官は参謀本部庶務課長宛に同別冊10部を全部返却するので査収願いたいと回答した。したがって，参謀本部の1908年12月起案の「要塞防禦教令改正案」の正文書は陸軍省内には保管されていないことになる。

65) 〈陸軍省大日記〉中『密大日記』1910年，3冊中，要塞第6号。

66) 〈文庫　千代田史料〉中『要塞防禦教令施行ノ件』。

67) 拙著『近代日本軍隊教育史研究』第1部参照。

結論　まとめと課題

本書は近代日本の戦争計画の成立を解明するために，編制概念の成熟・成立と戦時編制概念の成立・転換を基本視点にして日本陸軍の動員計画策定に関する歴史的考察を進めてきた。特に1880年代後半からの戦時編制概念の転換は日清戦争前後までの動員計画策定における重要な枠組みをもたらしたことを解明した。その一つが，鎮台体制下の兵力行使の統轄と統帥権及び参謀職務体制に関する枠組みであり，特に統帥権の復古的集中化と古典的な中央集権的特質をもった帝国全軍構想化路線の成立・展開として考察した。その二つが，師団体制成立下の出師準備管理体制に関する枠組みであり，平時の軍隊の管理・統轄として，特に人事・官職的基盤と会計経理的基盤背景を基本とする軍部成立の基盤形成の特質を考察した。その三つが，軍事負担体制の枠組みであり，特に戦時・戦場・戦闘地域を積極的に認識・想定する防禦造営物としての要塞の建設と要塞防禦戦闘計画の策定に関して考察した。以下，上記3点について，さらに補足や研究課題を含めてまとめる。

1　近代日本の戦争計画と帝国全軍構想化路線の特質

常備軍結集期の1873年徴兵令制定前後から日清戦争前後までの陸軍動員計画策定において重要な画期になったのは，1888年の鎮台体制廃止と師団体制成立であり，新たな戦時編制概念の成立であった。その中で，近代日本の戦争計画の成立の考察に欠かせないのは，まず，鎮台の意味と鎮台体制のもとに成立した参謀本部体制の特質の解明である。

(1) 鎮台体制成立の特質――官制概念の変種としての編制概念の成熟・成立

鎮台体制は平時を基本にした兵力統轄体制である。当時は，戦時に関する法令上の認識と規定は戦時の会計経理を基本にした認識と規則類であり，編制は平時編制が基本であった。狭義の戦時編制は砲兵隊を除き成立せず，平時編制の延長かつ数量的拡大として，臨時に戦時の編制を組立てていた。さらに，鎮台体制を成立させた1873年鎮台条例は官制を基本にしつつも，編制の概念を混載した法令として制定された。さらに1879年鎮台条例が鎮台司令官を平時の官職とし，戦時には旅団長に就任させると規定した職制体制は平時の官制上のトップが戦時の編制上のトップに就任する法令構造のもとに営まれた。すなわち，常備軍結集とその兵力統轄体制としての鎮台体制という新様相の中に，江戸時代的な二重の混成的職制がやや弱められて取込まれたことを意味する。この場合，鎮台体制のトップ官職の二重の混成的職制が違和感なく導入・理解され，その後も維持されたのは，当時の将校及び政府文官系官僚はほぼ旧武家・士族出身者であったからである。

したがって，およそ，江戸時代的な兵力統轄官職体制が明治憲法制定前まで続き，全体としては旧武士団の兵力統轄官職思想は薄められたが，鎮台体制のもとに一部変形して踏襲された。換言すれば，鎮台体制下では軍制上の平戦両時の未分化及び鎮台条例における法令上の官制と編制の未分化構造が続いたとみることができる。国家論的には，特に官制と編制の未分化的法令構造から出発したことに天皇制官僚機構の一変種としての常備軍の結集と成立の本質解明の最重要な鍵があるとみるべきだろう。

そこでは，①1871年兵部省職員令における高級文官職の武官任用指定職化（武官上位の文武官兼任体制）による官職任用の変形を経て，②常備軍結集期の1873年「六管鎮台表」における広義の平時編制の第一次的成立は，1872年歩兵内務書を法令起源とした兵営の内部管理統制概念を含む狭義の平時編制を成熟させ，③1880年代の常備軍の維持管理に関する鎮台条例改正等の法令整備総過程において（特に1881年戦時編制概則による戦時編制概念の転換準備促進と翌1882年の軍備拡張方針決定後の軍隊編制改編を経て），編制が官制の変種として成熟・成立し，特に1887年戦時歩兵一連隊編制表制定による戦時編制概念の転換を核にして（戦時編制の正格化と平時編制の変格化），さらに官制概念を越え，距離を置きつつ展開されたと考察されるべきだろう。

すなわち，広義の平時編制は鎮台条例の官制から成熟・成立し，狭義の平時編制は歩兵内務書の兵営内部管理統制概念を取込みつつ成熟した。かくして，編制概念が官制概念の変種として成熟・成立し，特に内閣制度発足後は官制における一般官衙としての官職観念を一部削ぎ落としつつ成熟・成立したことは重視されるべきだろう。

したがって，近代日本の常備軍としての軍隊はたんなる官僚機構として成立したのでなく，さらに補足すれば，1872年海陸軍刑律・1881年陸軍刑法と1883年陸軍治罪法の制定による特別刑法と特別裁判所の軍司法制度，1880年代末からの将校団成立の官製化推進を含めて，特殊な特権的な官僚機構として成立した。かくして，近代日本の戦争計画の成立の第一の特質は，国家論的には，天皇制官僚機構の一変種としてその包括的な上位性の官制から特殊的に編制が成熟・成立し，特別な軍司法制度と連隊中枢幹部団結を伴いつつ常備軍を結集・成立させ，旧幕府官職別称遺制継承としての鎮台の呼称採用を含め，江戸時代的な兵力統轄官職体制を基盤にして動員計画策定が進められたことにある。さらに，1873年徴兵令には兵役制度の王政復古的思想が導入され，総じて常備軍結集過程は兵力統轄の古典的な中央集権化過程に包まれた。

(2)　1878年参謀本部条例下の参謀職務体制の特質——帝国全軍構想化路線と帷幕・帷幄の概念の成立

その上で，1878年制定の参謀本部条例における参謀職務体制は平時と戦時に関してどのような認識と判断を加えたか。そもそも，平時と戦時に関する明確な区別と関連の認識・判断を加えた形跡はなかった。参謀本部は自己の平時の参謀職務体制が即時に戦時の参謀職務体制に延長し，戦時大本営的機関に即転化するという平時戦時混然一体化（未分化）の参謀職務体制を内包して成立した。つまり，参謀本部は官制上及び実際的には平時常設機関として成立したが（又は平時常設機関を意図したが），法令上は戦時の不明瞭部分の未確定的体制としての帷幕を引き寄せつつ戦時特設機関への転化を含み成立したことが最大の特質である。参謀本部体制は，鎮台体制下の兵力統轄体制のもとに平時と戦時に関する一貫的な認識・判断を欠落させたままに成立したことになる。したがって，1878年参謀本部設置に対しては，従来流布されてきた「兵政分離」「統帥権の独立」等の言及の未熟・限界と無効又は法令的な不安定を確認しなければならないだろう。

それでは，1878年参謀本部条例が規定したところの戦時の参謀職務を想定した帷幕はいかなるものであり，当時の帷幕構想の到達点はいかなるものであったか。また，帷幄の概念とはどのように異なるか。

明治新政府下の帷幕は戊辰戦争と対外戦争を契機にして，あるいは対外戦争への対応的場面に直面・直結して構想されたことに最大の特質がある。

すなわち，帷幕の構想には，第一に，文言上の初出は台湾出兵事件時の1874年9月の陸軍省調査起案の陸軍海漕運輸局概則における「天皇帷幕」があり，戦時における天皇直結や天皇臨席のもとでの天皇本人統率による統帥機関の特設構想がある（現場対応としての帷幕の概念の成熟）。「天皇帷幕」はもちろん大久保利通の軍国政府体制確立構想によって包み込まれた。「天皇帷幕」構想の特質は，同10月の大本営特設構想開始につながり，さらに，「皇軍」の称揚を生み出した[1]。つまり，大本営を頂点とする統帥権の復古的集中化と軍制全体の古典的な中央集権的特質を含む帝国全軍構想化路線形成の起源と端緒になった。この場合，戦争遂行体制構築としての大本営編制構想の源流として，戊辰戦争期の1868年閏4月10日の新政府参与の大久保利通建白書の戦争遂行体制構築の趣旨と論理は帝国全軍構想化路線のほぼ基層になった。また，大久保建白書をベースにした戦争遂行体制構築の最初の成果としての上野戦争勝利により，征東大総督府司令下軍隊が「皇軍」として称揚されたことも皇軍称揚の源流として特記されるべきである。近代日本の戦争は皇軍の戦争に始まり皇軍の戦争に終わった点では終始一貫した。

第二に，江華島事件に対応すべく1876年1月に陸軍省が編成構想した「朝鮮征討軍」の「元帥ノ帷幕」に属する文官系臨時官職（「参戎大臣」）の特設，すなわち陸海軍一体化の「朝鮮征討軍」の帷幕は武官文官混成の機関を意味した。この場合，武官文官混成の帷幕の機関特設が参謀職務と兵力統轄体制構築に重要な支障を発生させるという議論はなかったとみてよい。その後，山県有朋陸軍卿と鳥尾小弥太陸軍大輔は太政大臣宛に天皇親征・天皇統率のための征討軍本営の大阪設置構想を提言した。陸軍省の「朝鮮征討軍」の編成と帷幕特設の構想も太政大臣に伝えられたことはいうまでもない。

第三に，1878年の参謀本部設置に向けた西郷従道陸軍卿上申の「日本帝国ノ参謀局」の文言の意味は大きく，同参謀本部条例において現場対応としての帷幕の概念が成立し，さらに，1879年陸軍職制改訂により高度な統治対応としての帷幄の概念が成立した。また，1881年戦時編制概則における帷幕体制の多用化が生まれた。当時の太政官体制下の法令制定の歴史的経過において帷幕と帷幄は丁寧かつ厳密に区別され始めたことを意味する。

明治憲法の解説に際して，伊藤博文『憲法義解』は同第11条（「天皇ハ陸海軍ヲ統帥ス」）について，「今上中興親征ノ詔ヲ発シ大権ヲ総攬シ爾来兵制ヲ釐革シ積弊ヲ洗除シ帷幕ノ本部ヲ設ケ自ラ陸海軍ヲ総ヘタマフ」云々と記述した（以下の下線・太字は遠藤）。ここでの「帷幕ノ本部」は1878年設置の参謀本部を指す。特に参謀本部は天皇自身が戦闘現場を想定して陸海軍を統帥するために，戦闘現場レベルの種々の軍令等の起案・策定機関であったことを政府憲法公式解説上で遡及的に含意・認知されたことを意味する（現場対応としての帷幕概念の確定）。なお，帷幕の本部云々の記述は，帷幕の「支部」等のブランチ現場を想定していることはいうまでもなく，下方設置志向をいだき，同ブランチ現場は既に1881年戦時編制概則の帷幕体制の多用化として明瞭に示された。

さらに，『憲法義解』が同第11条を「本条ハ兵馬ノ統一ハ至尊ノ大権ニシテ専ラ帷幄ノ大令ニ属スルコトヲ示スナリ」と，兵馬の大権（軍事に関する全権能）が「帷幄ノ大令」に属すると解説したことは，帷幄と帷幕の概念が丁寧かつ厳密に区別されるべきことを示した上で，軍隊統帥は高度な統治対応としての帷幄から発される天皇命令に属することを意味する（高度な統治対応としての帷幄概念の確定）。第11条解説の帷幄は同第4条（「天皇ハ国ノ元首ニシテ統治権ヲ総攬シ此ノ憲法ノ条規ニ依リ之ヲ行フ」）を妨げ，あるいはその破壊を前提にしていないことは当然であり，特に，同第4条解説の「統治ノ大権」「大政ノ統一」に沿うべきことはいうまでもない。さらに，帷幄の機関やメンバーは常設・固定的なものではない。

ただし，帷幕における現場対応と帷幄における高度な統治対応の概念の区別は，特に戦時の究極的事態には双方の現場対応と高度な統治対応の距離としての区別は相対的なものになり，さらに実際的な機関等の設置では帷幕も帷幄も同一視されるだろう。さらに，帷幕がその後に法令上の用語・概念として消えたことは，帷幕概念が帷幄概念に吸収されたことを意味し，逆に帷幕概念にもとづき帷幄のありかたや職務権限根拠等を安易に（あるいは権力的に）類推解釈・忖度する志向・傾向を発生させたとみてよい。

かくして，統帥に関する調査・研究の停滞・衰退が開始され，同停滞・衰退は1945年敗戦時まで続き，その後の軍制史研究等においても克服することはできなかった。総じて，近代日本陸軍の帷幕又は帷幄の構想を軍制技術上の軍政・軍令の対置を根拠にした陸軍内の閉じられた職務分担構想として理解することは，無理と誤解及び未熟な認識を意味し，美濃部達吉等によって流布されてきた「統帥権の独立」論等は迫力と有効性を欠くのは必至である。

他方，近代日本の常備軍結集と平時編制の成立過程には統帥権の復古的集中化と軍制全体の古典的な中央集権化が貫かれ，地方行政機関等の非常時自主的兵備化の禁止方針（軍事奨励策の第一次消失化）及び新政府の銃器類接収等と買い上げ政策（軍事奨励策の第二次消失化開始）を随伴した。近代司法下の内乱等に対する刑法的禁制と兵器技術改良等の政府独占化とともに，新政府による兵備・兵力編成の強力な専有化過程を随伴し，新政府権力に対する武力的抵抗への抑（防）止開始に至ったことはいうまでもない。

(3) 師団体制下の戦時大本営編制構想と帝国全軍構想化路線の典型的展開と終焉

1880年代末からの戦時編制概念の明確な転換とともに師団体制が成立し，出師準備管理体制の第二次的成立を迎えつつ体系的な戦時編制が調査・起草されるに至った。これは常備軍の維持管理における編制概念が官制概念を越えて（あるいは官制概念からのさらなる距離と固有性を増し）明確化されたことを意味し，常備軍の本格的成立を意味する。その際，1893年戦時編制の成立過程において，特に，1891年戦時編制草案が大本営職員組織に武官部と文官部を置き，かつ，文官部のメンバーに宮内省官吏と内閣総理大臣や内閣書記官長等を加えたことの意味は大きい。そこでの大本営編制構想には，全面的かつ厳密ではないが，「戦時ノ帷幄」を想定し含意する1889年内閣官制のあたかも一大変種としての大本営編制が出現した様相がみられる。

ここに，戦時編制策定の基本において，すなわち，近代日本の戦争計画の成立の第二の特質として，1891年戦時編制草案が象徴的に示すように，官制の一大変種の最大特質として，古典的な中央集権制的特質をもつ帝国全軍構想化路線による大本営編制構想が典型的に展開された。換言すれば，1891年戦時編制草案策定は近代日本陸軍動員計画策定の頂点に位置づけられ，近代日本の戦争計画の歴史的成立の完成と称しても過言ではない。

ただし，大本営職員組織に文官部を起草したことは「シビリアン・コントロール」や「軍政優位」等を意味しない。同起草は専制的な軍国政府体制樹立を目ざすとともに復古的・古典的な戦争指導観の反映を含意した。なお，「シビリアン・コントロール」は，文民・文官を無条件的に「非好戦性」なるものとして主観的に把握する恣意的想像を含む言説であり，同起草はその恣意的想像による安易・無邪気な憶測と信諾への警告を意味した。同様に，帝国全軍構想化路線による大本営編制構想は，近代日本の軍隊・軍制の基本について，欧州軍隊との類比・類推のもとに「近代的・民主的」なものと解釈するすべての楽観的美化志向を峻拒し，あるいは一蹴するものであった。

帝国全軍構想化路線は，繰り返すが，1874年台湾出兵事件における「天皇帷幕」とその護衛施設中心の大本営特設構想を端緒にして，直接的には1878年参謀本部条例による平時戦時混然一体化の参謀本部体制を淵源とし，戦時に国内陸上を交戦地域とすることを含めて，陸海両軍の統帥系統を陸軍主導のもとに一つにまとめて立ち上げられる帝国全軍を構想化していく陸軍側と参謀本部の軍事統轄路線である。その後，帝国全軍構想化路線は1893年の戦時大本営条例制定と参謀本部条例改正において変容し，同構想・主張はやや薄弱化した。しかし，その余韻的な思想は日清戦争での大本営の前進構想と1893年戦時大本営条例称賛にあらわれた2)。ただし，日清戦争後の軍備拡張政策の中で，国内某地域を交戦地域とすることが否定・忌避されるに至り，帝国全軍構想化路線自体は迫力を欠くことになった。

総じて，帝国全軍構想化路線は特に大本営を文字通りの軍備施設としての機関・官衙の側面を基本にして構想し，野戦軍・作戦軍への随伴を構想したことを含めて，古典的な戦争指導観や軍事統轄思想を有した。それ故，電信・電話体制等が発達・整備されれば，戦闘地域に接近すべき大本営の国内移動や野戦軍・作戦軍への随伴の必要はなくなり，また，文官メンバー構成も実務上は不要になり，帝国全軍構想化路線の軍制技術上の根拠消失は必至になった3)。そして，帝国全軍構想化路線は日露戦争直前に終焉した4)。

しかし，帝国全軍構想化路線の終焉は統帥権の復古的集中化の終焉を意味しない。日露戦争後は天皇への統帥権の復古的集中化を強化し，日本帝国軍隊の本領として「皇室ノ藩屏」たることが規定された（1908年12月制定の軍令陸第17号の軍隊内務書の「綱領」）[5]。それは皇軍を称揚し軍隊の全権力を天皇に集中させることであり，後に海軍も含む皇軍称揚路線が成立した。

2　戦時編制と出師準備管理体制の成立・進展の特質
――会計経理体制の整備と軍部成立の基盤形成――

(1) 出師準備管理体制の歴史的な成立画期と軍部成立の基盤形成

帝国全軍構想化路線の成立・展開のもとに，動員計画策定に関する諸管理の体制としての出師準備管理体制は，序論で示した4基準の明確化の進展のもとに成立・整備され，歴史的な四つの成立画期としてそれぞれ確定される。すなわち，1884年鎮台出師準備書の制定を中心にした出師準備管理体制の成立萌芽を経て，①1886年度鎮台出師準備書仮制定を中心にして出師準備管理体制の第一次的成立に進み，②1887年戦時歩兵一連隊編制表制定による戦時編制概念の第一次的転換をふまえつつ，1888年の師団体制下の師団戦時整備表・戦時諸部隊編制表制定による戦時編制の成立萌芽のもとに出師準備管理体制の第二次的成立を迎え，③1890年度師団出師準備書の仮制定と1891年野外要務令制定を中心にした出師準備管理体制の第三次的成立に至り，④戦時編制概念の第二次的転換を含む1893年の戦時編制と1894年の戦時大本営編制の制定により出師準備管理体制の完成・頂点（陸軍動員計画管理体制の第一次的成立）に達するという，四つの成立画期として確定できる。そして，出師準備管理体制の成立・進展は武官カテゴリーの本格的成立と軍部成立の基盤形成を伴いつつ，会計経理体制の整備・強化を促した。

武官カテゴリーの本格的成立は1885年鎮台条例改正による諸隊人員の官職定員表示から編制定員表示への転換，1888年軍隊内務書の連隊将校団成立の規定，1889年の陸軍武官進級令等の特権的な将校団による下級士官の自己完結的な進級制度の規定，さらに，1887年の現役士官補充制度と陸軍士官学校改革による将校団の後継者養成体制としての士官候補生制度の導入，1887年陸軍省官制改正の人事課新設による人事事務管理の集権化，1888年の陸海軍将校分限令及び1890年陸軍省官制改正の俘虜に対する禁忌観の端緒的潜入，により明確に指摘できる。特に，将校団成立は1887年の文官試験試補及見習規則にもとづく明治政府の文官任用による官僚集団の育成・確立に対置され，特権的な官僚機構の変種育成の温床になり，連隊中枢幹部団結の淵源になった。かくして，天皇任命下の終身官を保有し，さらに「不純分子」「異分子」等の補充・混入・出現を防止・抑制し，対下士・兵卒との間に一線を画すことを明確化し，将校団の組織・特権の防衛のために軍部成立の第一次的基盤形成としての人事・官職的基盤が整備された[6]。これにより，近代日本の常備軍は軍隊自体の維持・存続を自己目的化しつつ，本格的に成立した。

さらに，平時編制を支える1889年徴兵令改正は地方自治制度を基軸にした地域支配関係と整合する形で成立した。軍隊は地域社会との密着関係を強めつつ中央集権的な兵員供給政策を成立させた。1889年徴兵令改正は桂太郎の軍部自治論が象徴するように，軍部成立の第一次的基盤形成としての兵役制度的基盤を整備し，軍隊に対する地域社会の馴致・順応化政策を強化した。ただし，軍部成立の基盤形成は人事・官職的基盤や兵役制度的基盤の整備のみならず，特例的・特権的な自主経理体制の成立が大きな役割を果たした。以下，陸軍の自主経理体制の成立・整備に関する補足を含めてさらに考察する。

(2) 会計法下の陸軍自主経理体制の庇護と権益の肥大化——軍部成立の基盤形成と会計経理的基盤の整備・強化

第一に，1889年会計法のもとに法律第27号の「陸軍給与ニ関スル委任経理ノ件」が制定されたことの意味は大きい。糧秣・被服等の現品給与を中心にした陸軍給与の委任経理体制の成立である。陸軍給与の委任経理は建軍期以降の各兵種の内務書と給与規則の規定を踏襲しつつ，1881年会計法下で同素地が形成された。そして，師団体制下の出師準備管理体制の成立・進展のもとで，軍部成立の第一次的基盤形成としての会計経理的基盤が整備され，1889年会計法は陸軍の自主経理体制を特別に庇護した。これにより，軍隊内に積立金を蓄積し，その後は同預金利子も加算した。さらに，1890年の法律第70号の「陸海軍出師準備ニ属スル物品検査ノ件」の制定強行等は会計法・会計検査院法体制を崩し，また，巨大公共事業的な要塞建設・砲台建築等工事における随意契約推進と入札者契約保証金免除政策等は陸軍の権益を肥大化させ，軍隊配備所在地の周囲地域の利権業者を吸引させた。これにより，軍隊配備所在地の周囲地域は軍備を基軸にして重点的に国家予算が投下され，中小資本等が回転し始めた。

ただし，日清戦争前後までは1890年近衛師団監督部条例にもとづく陸軍大臣直属の近衛と師団の両監督部の監督体制により，軍隊現場の会計経理に対する一定の独立的な閲検・検査を実施し，また，競争入札による不適正契約等に対する軍隊現場側の契約主任官と師団監督部側の支払命令官との間の疎遠的関係が生まれた。陸軍部内の会計経理体制が「一枚岩」になるにはやや隙間があったとみてよい。

第二に，隙間を埋めたのは1902年の陸軍会計経理制度改編であるが，若干，補足しておく。1902年1月29日制定の勅令第18号の師団経理部条例は師団監督部長による会計経理の監督体制を廃止し，師団長の司令系統のもとに会計経理事務を吸収した。すなわち，1902年師団経理部条例は，師団経理部は師団にかかわる会計経理の全事項を管掌し，師団経理部の部長は「師団長ニ隷シ部務整理ノ責ニ任シ会計経理上ノ行務ニ関シテハ陸軍省経理局長ノ区処ヲ受ク」と規定した。つまり，師団監督部を廃止し，師団司令部の経理機関として師団経理部を置いた（部長は大佐相当官又は中佐相当官）。師団司令部内に師団経理部を置く理由は「現制監督部ノ如ク之ヲ師団司令部以外ニ置クトキハ動モスレハ軍隊トノ間ニ隔墻ヲ生スルノ傾キアリテ其ノ実況ヲ知ルニ難ク随テ満足ナル成果ヲ収メ難シ」とされ，経理機関の司令機関への従属は明確になった[7)]。

第三に，特権的な自主経理体制を強化したのが1902年3月24日陸達第28号の陸軍予算事務順序中改正等である。すなわち，①支払予算令達科目において，従来の「目別」の金額示達に対して，「項」による示達を本旨とし，「目別」を廃止し，②いわゆる「経済団」を設け[8)]，各官衙長官は当該所管下各部局予算令達金の彼此流用増減を可能にした。①で「目・節」の金額を示すものは，流用禁止あるいは申請認可を経て流用すべきもの又は「目別」の金額を示す必要のものに止められ，制限された特別の若干の「目・節」の他を示さず，「目」以下の流用範囲を拡大した[9)]。②の「経済団」は，たとえば，参謀本部は同本部と陸地測量部及び陸軍大学校，教育総監部は管轄諸学校，各師団は師団長統率団隊並びに連隊区司令部と病院・監獄，台湾総督は幕僚参謀部・経理部・軍医部・獣医部と各守備隊を各々まとめて「経済団」として括ったことである。これにより，当該官衙長官は所管予算を注9）の流用制限・禁止科目を除き，自己の「経済団」内での融通が可能になった。陸軍省行政からみれば従来の予算執行のいわば集権主義が弱められたが，各官衙長官の予算執行の融通範囲を拡大した。

第四に，軍隊・官衙の現場レベルでの自主経理体制を拡大したものとして，工事及び物件売買貸借の手続きを規定した1902年4月1日陸達第41号の陸軍工事請負及物件購買規程（以下，「陸工」と表記）及び同4月1日陸達第45号軍隊経理規程（以下，「軍経」と表記）の制定がある。すなわち，①師団及び台湾の軍隊官衙の所要物件の購買等にかかわる契約は当該経理部長が担任するが，会計法第24条第7号の場合には工事・糧秣・馬糧を除き，当該の軍隊・官衙の長官が契約を担任し（陸工第1条），さらに，同第1条規定以外の所要物件の購買・修理・製作等に関する契約は当該長官が担任する（陸工第2条），②師団及び台湾の軍隊官衙は所要の糧秣・馬糧を概算して予め当該の経理部に請求し，経理部長は購買し，当該軍隊官衙に所要額を受領させるが，演習行軍等の出張地では当該軍隊官衙は所要の糧秣・馬糧を直接購買できる（陸工第6条），③軍隊（連隊や独立隊）毎に経理委員を置き（金櫃委員，糧食委員，被服委員及び同首座），同委員の任命をすべて当該隊長に委任し，連隊長は物件の売買・貸借及び請負等の契約を当該委員の首座に委任して担任させることができ（軍経第9条），同委任の場合には売買・貸借及び請負等にかかわる物件の数量・品質・価格・供給者選定・納品検査方法は当該委員商議の上首座が決定し連隊長の認可を受ける（軍経第10条，ただし日常所要物件の場合には連隊長は概括して認可），と規定した。連隊等の軍隊現場レベルでの特権的な自主経理体制は1880年代末からの軍部成立の第一次的基盤形成の人事・官職的基盤整備としての将校団成立の官製化推進と適合した。軍隊現場の特権的な自主経理体制は積立金の蓄積による「自主財源」を抱え込み，日清戦争後の軍備拡張のもとに下級将校を含む軍隊の指揮・統率のいわば自由自在的な雰囲気醸成の基盤になった。

(3) 日清戦争後の工事請負と物件購入における随意契約推進 ——競争入札をめぐる談合・妨害等

日清戦争後に特に競争入札に対する談合・妨害等が指摘されるに至った。他方，臨時広島軍用水道布施部が同水道工事のセメント購入は随意契約によることができるという勅令案を起草し，1896年6月22日付で陸軍大臣宛に閣議提出要請を稟申した際の「[セメント全数量の一部を] 競争入札ニ付セシニ各製造者同盟団結ヲ為シ其結果予定価格ヲ超過シ」「予算額ニ不足ヲ来タスノミナラス事業ノ進行ヲ妨クルコト尠ナカラス」の指摘は注目される[10]。当時の談合は「同盟団結」とか「連合団結」等と称されていた。同布設部の稟申は，広島地方では目下の世上の需用が多いということで，セメント製造業者は「同盟団結」して「不当価格」を投札し，再入札も予定価格超過になるとした。その「同盟団結」の内情は「互ニ金数千円ヲ醵出シ同盟担保金ノ如キモノト為シ若シ違約者アレハ之ヲ没収シテ他ニ平分スル等ノ盟アル由」のことではあるが，「同盟」を脱して予定価格内で随意契約に応ずる者がいる可能性があるので，セメント購入に限り随意契約を締結し，「奸商ノ悪弊ヲ矯正」するとした。陸軍大臣はただちに了承し勅令案を起案して翌23日付で閣議を請議し，同29日制定の勅令第260号により同布設部のセメント購入の随意契約を許可した。

①1900年6月勅令第280号制定による指名競争導入と陸軍省訓令乙第9号 ——談合の温存

競争入札への談合・妨害等は他省庁管轄案件にも発生し随意契約を推進した[11]。特に，軍隊配備地の軍備を基軸にした重点的な国家予算の投下は正常・正当な競争入札の手続きによらなかった。随意契約推進を含めて，当該地域の利権業者間の談合等発生と同居・併存しつつ国家予算が投下され，中小資本等が回転し始めた。他方，競争入札が正常に実施されないことに対して，政府はどのように対処しただろうか。

当初，大蔵大臣は国内産業の発達奨励と国民事業の改善企図の主意にもとづき，1899年2月に「政府ノ工事又ハ物品買入ニシテ無制限ノ競争ニ付スルヲ不利トスルトキ又ハ工事ノ発達上必要アルトキハ指名競争ヲ以テ契約ヲ為スコトヲ得」という法律案を起案して閣議に提出した。これについて，法制局は，同法律案は会計法原則の効力を失わせ「大弊害ヲ百出スヘキハ予想シ得ラルル所ニシテ会計法制定ノ趣旨ニ戻ルモノト謂ハサルヘカラス」という審査報告を閣議に提出し，同審査報告は同3月3日に閣議決定された[12]。ただし，法制局は勅令による規定化を否定しなかった。そのため，大蔵大臣は翌1900年5月26日に，重大工事の施行，巨額物品の購入，国内品と外国品との競争の場合には請負人の資力と物産奨励のために競争を制限し，又は随意契約にする必要があるとして，「政府ノ工事又ハ物件購入ニシテ無制限ノ競争ニ付スルヲ不利トスルトキハ指名競争ニ付シ又ハ随意契約ヲ為スコトヲ得　前項ニ依リ契約ヲ為シタルトキハ事由ヲ詳具シ直チニ各省大臣ヨリ会計検査院ニ通知スヘシ」という勅令案を起案して閣議に提出した。

さらに，同大臣は6月1日に同勅令案の解釈が各省庁で異なる場合は弊害が生ずるとして，①工事請負業者や物品売込商が「連合団結シテ不当ノ価格ニ競落セントスル」の恐れがある時，②無資無産の者が競争に加わり正当の請負業者や売込商人の競争を妨害する恐れがある時，③請負業者や売込商人が不当価格をもって競争に加入して国内産業を圧倒する恐れがある時，という解釈に一定化するとして閣議を請議した。

大蔵大臣の二つの閣議請議は法制局の審査を経て（ただし，随意契約を削除），6月19日に閣議決定され，6月28日に勅令第280号の「政府ノ工事又ハ物件ノ購入ニ関スル指名競争ノ件」が制定され，また，本勅令の解釈も閣議決定された（上記の①②③，内閣送第56号）[13]。本勅令は指名競争導入を法制化し談合や妨害行為等に対して政府の公式の判断や認識を加えた。

この結果，陸軍省は7月25日に1890年陸軍省訓令第28号の陸軍工事請負及物品購買手続の第9条を改正し，勅令第280号により指名競争に付した場合には「其ノ事由ヲ詳具シ」，順序を経て速やかに陸軍大臣に報告することを規定し，陸軍一般に訓令を発した（陸軍省訓令乙第9号）[14]。しかし，勅令第280号と陸軍省訓令乙第9号により競争入札及び指名競争での名義的入札による談合と利益配分等が消えたわけではない。談合は国内の師団管下でも行われ，温存された[15]。

②1902年8月勅令第200号会計規則中改正と入札加入者規制

競争入札等における談合や妨害行為に対して，政府は特に防止・是正等の対策を立てなかったが，曾禰荒助大蔵大臣は1901年8月1日付で会計規則中改正の閣議を請議した[16]。曾禰大蔵大臣は「近来政府ノ工事又ハ物品供給ノ競争入札ヲ行フ場合及其契約履行ノ場合ニ於テ当業者並ニ其使用人ニ就キ種々ノ弊害アルヲ見ル又ハ物品供給ノ競争入札公告期間ハ要急ノ場合ニ於テハ之ヲ短縮スルヲ事実ニ適切ナルモノト認ム」という理由のもとに，会計規則第69条中に，各省大臣が下記の該当者として認めた者（その代理人・支配人・番頭又は手代として使用した者も同じ）はその後2箇年間は工事又は物品売買の競争入札に加われないことの加設条文を起案したことは，競争入札・随意契約等における不適正・弊害が絶えなかったことの反映とみてよい。

ここで，下記の該当者とは，①工事又は物品供給の契約履行に際して，故意に工事又は物品を粗雑にした者，②競争入札に際してみだりに価格を競上げ又は競下げる目的をもって「連合」した者，③競争入札加入を妨害し又は落札者の契約履行を妨害した者，④工事又は物品の検査監督に際して掛員の職務執行を妨げた者，⑤以上の①～④の該当者で2箇年間を経過しない者を工事請負又は物品売買に際して代理人・支配人・番頭又は手代として使用する者，を起案した（第2項）。さらに同条第3項を増設し，同第69条第2項該当者を入札代理人として使用する者は競争入札に加われないと起案し，第73条には要急の場合の入札公告期間の短縮（7日まで）の但し書きの加設を起案した。つまり，「連合」を含めて競争入札加入妨害等が法令上の規制対象として始めて起案されるに至った。法制局は大蔵大臣の閣議請議の若干の字句等に修正を施したが，「支障無之」という審査報告を同年11月14日に閣議に提出した。

しかし，同11月14日の閣議では決定されなかった。その理由は東京商業会議所の「会計法及会計規則改正ノ義ニ付建議（請願）」（1901年12月25日に同会頭渋沢栄一が内閣総理大臣他各省大臣及び貴族院議長と衆議院議長宛に建議）のような会計法と会計規則の全体的な見直し世論があり[17]，政府も会計規則全体の見直しの必要性に迫られたのであろう。すなわち，その後，会計法中改正の公布に合わせるために，曾禰大蔵大臣は1902年6月26日付で会計規則中改正の閣議を請議し，前年8月1日付閣議請議の件も合わせて詮議してほしいと述べた[18]。曾禰大蔵大臣の閣議請議は，予算・決算，収入・支出にかかわる金庫整理期限・支払命令発行期限・主計簿締切期限等の規定改正を含み，特に，競争入札については前年8月1日付閣議請議での起案の第69条中への入札加入者規制の加設（上記①〜⑤）等を改めて起案した。ただし，入札の開札条項には「入札人又ハ其代理人若シ開札ノ場所ニ出席セサルトキハ其入札ハ無効トス」の規定があったが（第76条），この結果，「入札人ハ一旦入札ヲ為シナカラ故意ニ欠席シテ其入札ヲ無効トシ若クハ他ノ入札人ノ出席ヲ妨害シテ其落札ヲ妨ケントスルノ弊害アリ」という理由のもとに，「但入札人出席セサルカ又ハ出席セサル者アルトキハ入札ニ関係ナキ官吏ヲシテ開札ニ立会ハシムヘシ」という但し書き加設を起案した。入札会場外での妨害等を受けた故意欠席入札人の行動は見逃されることになった。大蔵大臣の閣議請議は8月2日に閣議決定され，8月19日に勅令第200号の会計規則中改正がなされた。

当時は，談合や競争入札加入妨害等は明確な刑法上の罪犯対象としては成立していなかった[19]。また，政府・陸軍省と入札者との間には下命権・処罰権を有する権力服従関係はなかった。談合罪が競売入札妨害罪とともに成立したのは，統制経済体制下の1941年3月法律第61号の刑法中改正が同第96条の3に「偽計若クハ威力ヲ用ヒ競売又ハ入札ノ公正ヲ害スヘキ行為ヲ為シタル者ハ二年以下ノ懲役又ハ五千円以下ノ罰金ニ処ス　公正ナル価格ヲ害シ又ハ不正ノ利益ヲ得ル目的ヲ以テ談合シタル者亦同シ」と規定したことによる[20]。談合罪がない中で，軍隊配備地の周囲地域に対する重点的な国家予算の投入は，利権業者・企業の談合等のいわば生理的体質を背景にして進められたことを意味する。

③1902年の陸軍会計経理制度改編と軍部の会計経理的基盤形成の強化

総じて，1902年の陸軍会計経理制度改編は，たとえば，本書第1部第3章注6）の1872年の近衛局・近衛兵側の会計経理独立化志向の雰囲気をいわば引き込み，あるいは，1889年会計法制定に対する陸軍省の「陸軍ニ限リ」「特別会計法」の設定要求の構えをほぼ許容したものに近いといえる。軍部成立の第二次的基盤形成としての会計経理的基盤を強化した。特に，西南戦争後から日清戦争後までの出師準備管理体制・動員計画管理体制の成立は高級武官を頂点にして特権的な組織と権益を守ろうとする軍部の第二次的基盤形成に至らせ，国家支配機構としての軍隊を内部から変容させるものであった。E・ハーバート・ノーマンの「[1878年の薩摩暴動・西南戦争後は] 日本の極端な侵略的・軍国主義的分子は，海外への侵略および国内における重苦しい軍国的反動といふ自己の目的を達成し勝利するために，むしろ政府の内部において活動することを好んだのである。」[21]という指摘が象徴的に現れたとみてよい。ただし，軍部は特権的な会計経理体制のもとに絶えず政府の規制の「外部」に出ようとする志向をもった。

すなわち，大本営編制構想を典型とした古典的な中央集権制を特質とする帝国全軍構想化路線の変容・終焉とともに，外見的には古典的な中央集権制にとってかわるように，軍隊現場レベルでの特権的な自主経理体制を強化し，軍部の第二次的基盤形成としての会計経理的基盤（財政的基盤背景）を成立させ，随意契約を推進し，周囲地域の利権業者・企業を対軍隊との関係で利益共同体的なものとして併存させたことである。

ここに，近代日本の戦争計画の成立の第三の特質として，軍隊は軍隊自体の利権・権益体制の防衛組織として現れることの起源が開始された。特に，日露戦争後は1908年3月法律第39号の「陸軍給与ニ関スル委任経理ノ件」中改正により委任経理体制を拡張・強化し[22]，委任経理積立金の費目毎の使用制限を撤廃し，各費目を一費目に合体した。かくして，1909年度末現在の陸軍全体の積立金総額は580万円余に達し[23]，軍部成立の第三次的基盤形成の法令的基盤（1907年9月の軍令第1号「軍令ニ関スル件」）の成立と1910年9月の帝国在郷軍人会設立による軍部の政治的手脚の獲得及び社会的基盤成立とともに，高級武官を頂点とする軍部の政治勢力化の会計経理的基盤背景が確立するに至った。以上の基盤形成により軍部が確立した。

(4) 軍人従軍中俸給所得非課税化の既得権確立

軍隊が会計経理等にかかわって自己の特典に関する既得権を確立させたものとして，日露戦争中の戦時給与にかかわる俸給所得の非課税化措置がある。

戦時給与にかかわる俸給所得の非課税化要望は当初は海軍が準備し，陸軍も同調し一旦は閣議請議に進んだ。海軍大臣は1904年3月28日付で，日露戦役中の在職軍人（現役，召集中の予備役・後備役の海軍軍人）は出征機関又は内地機関においても同軍務に偏重偏軽の理由はなく，すべての軍務在職軍人を所得税法第5条の従軍軍人とみなして同所得を非課税にするように決定してほしい，と述べて閣議を請議した[24]。同時に海軍次官は海軍大臣の閣議請議に対する陸軍の見解を照会し，陸軍省も同意した。かくして，4月2日付で改めて陸海軍両大臣からの閣議請議に至った。

これについて，内閣の一木喜徳郎法制局長官は大蔵省見解（5月16日）を取り入れつつ，5月19日に同閣議請議の審査報告案を起草した[25]。すなわち，法制局長官は主に，所得税法（「軍人従軍中ニ係ル俸給」）が「戦時ニ於ケル軍人ノ俸給ト云ハスシテ殊更ニ従軍中ト云ヘルハ之軍務ニ従事スルト同意義ニ非スシテ軍務ノ一態様ヲ指示スルコトヲ知ルニ足ルナリ」と強調し，また，1899年所得税法改正により大蔵省は従来の「従軍中」の拡大解釈を変更したことを重視し，「所得税法第五条第一号ノ従軍トハ出征又ハ臨戦地合囲地勤務ニ限ルコトニ閣議決定相成可然ト認ム」という審査報告案を起草した。法制局長官の審査報告案起草内容と大蔵省見解に対しては，陸海軍両省は勿論反発した。特に，①法制局長官の起草内容に対しては，所得税法第5条が「従軍」にかわって「出征」の文字を規定しなかった理由は，比較的広獏した字義を用いることによって出征以外の特殊態様に対応するための「余地ヲ存シタルヤ疑ヲ容レス」と述べ，②大蔵大臣の4月27日付の指令（注25）参照）にかかわっては，戒厳令施行地勤務の大本営附軍人に対する俸給所得はいかなる態様・事由により非課税になるか等々の判定は「軍務当局者ノ意見ヲ徴セサル限リハ縦令ヒ税務行政ヲ専管スル大蔵大臣ト雖トモ決シテ其判断ヲ為ス能ハサルモノナルニ拘ラス専断以テ指令ヲ為シ而カモ之ヲ以テ直ニ税法解釈変更ノ一新ノ証ト為スカ如キハ失当ノ措置ナリト言ハサルヲ得ス」と述べ，③さらに，「今ヤ振古未曽有ノ国難ニ際シ皇軍ノ向フ処毎戦必ス勝ツ所以ノモノ畢竟出征者ノ忠勇ニ是倚ルト雖トモ而カモ後ニ内地機関ノ按排其ノ宜キヲ得ルニアラスンバ安ソ能ク斯クノ如キヲ致サンヤ」と強調し，陸海軍両大臣は連署で軍人従軍中俸給の所得非課税解釈に対してさらなる閣議請議書を起草した[26]。

しかし，その後，大蔵省は8月4日に主税局長名により，陸軍戦時給与規則（第6，16条）と海軍戦時給与規則（第2，6，20条）の増俸を受ける軍人はすべて所得税法第5条の従軍者とみなして所得税免除にしたという省議決定を各税務監督長宛に通知した。また，大蔵省は同主税局長通知を同8日付で陸軍省に送付した。陸軍省は同主税局長通知を添えて陸軍一般に対して，従軍者範囲内の者については同所属庁の証明を受けて関係税務署に届け出させることを通知した[27]。この結果，陸軍省は8月24日に海軍省宛に4月2日付の陸海軍両大臣連署の閣議請議の撤回を通知した。

元来，所得税法規定の「従軍」の字義は対象者範囲が拡大解釈される余地を内包していた。そのことは，政府全体が軍人従軍中俸給所得非課税化の特典確保を後押したとみてよい。さらに，陸海軍両大臣連署の軍人従軍中俸給の所得非課税解釈の閣議請議書で注目すべきは下線部のように「皇軍」を称揚し，皇軍は陸海軍を一つにまとめる際の公称用語として海軍も認知したことである。これは，皇軍の用語は日露開戦直前に終焉した帝国全軍構想化路線の「帝国全軍」の用語にとって替わるような陸海軍共通用語として使用・成立したとみてよい。それは日露戦争とともにいわば陸海軍がともに自己を皇軍として称揚する共通路線の成立を意味する（皇軍称揚路線の成立）。

すなわち，戦時の軍人の服役・服務の代価としての俸給所得には皇軍の称揚のもとに税制上から優遇される非課税特典措置が貫かれ，陸海軍高級軍人を頂点にして自己の既得権の確保に至った。かくして，本書のやや考察範囲外ではあるが，帝国全軍構想化路線の終焉とともに皇軍称揚路線が成立し，やがて，1940年代には皇軍称揚路線が確立・完成するに至る（注1）の［補注］参照）。

3　近代日本の要塞建設の意味と要塞防禦戦闘計画策定の特質

(1) 近代日本の要塞建設と要塞地帯法の意味

近代日本の要塞建設と要塞防禦戦闘計画策定の考察は多くの研究課題を残した。

まず，要塞建設と要塞地帯法の制定施行により，要塞設置地の地域社会と住民は土地所有権・財産（不動産）自由処分権等の禁止制限が課せられた。また，要塞建設の砲台等建築事業・労役供給政策における秘密保持や，軍機保護法により要塞防禦体制等に関する情報アクセス（砲台出入も含む）は陸軍省・参謀本部・築城部・要塞司令部等の長官等と一部高級将校等を除き杜絶されるに至った。それは，当該要塞所在地域社会と住民等に対しては，他の普通の地域社会との比較で比喩的に言えば，一種の国内「治外法権」的制約状況に近い禁止制限の負担が課せられたことを意味する。そして，自国軍隊（要塞砲兵隊）が当該要塞地域に配備されたことは，要塞設置地の地域社会と住民からみれば，民法上の権利の一部が及びがたいが故に，当該要塞地域にはいわば異国軍隊の

「駐留地」的部分のような地理的空間や雰囲気が形成されたことを意味する。

他方，要塞地帯法は軍事負担の法律であり，戦前では「経済上の負担」[28]の特質が指摘されてきた。ただし，当該要塞地帯内での生活営為・営業・操業等の制限禁止はたんなる「経済上の負担」ではなかった。要塞地帯法は，特に日露戦争後は第4部第3章の注101）［補注］のように，司法機関・長崎地方裁判所から住民に対して「国家ニ不忠ナルモノ」にならないための思想統制的側面を含みつつ厳格に施行すべきことの認識を示したことも見逃すことはできない。それは，同注93）のように，既に当時の佐世保要塞地帯内にあった長崎県北松浦郡下での石炭採掘操業者が「不忠ノ国民」のレッテルを貼られることを怖れていたように，要塞地帯法は他の軍事負担以上に思想的負担義務を上乗せして課したことを意味する。

(2)　1910年要塞防禦教令と戦争計画成立上の特質

次に，要塞は平時においても戦時と戦場化を積極的に想定・認識した陸軍管轄の防禦営造物であった。本来，要塞設置地の戦時と戦場化の想定・認識や要塞防禦勤務と戦闘計画の策定は，周辺自治体や地域住民に共有されてしかるべきだった[29]。

しかるに，近代日本においては，陸軍内においても要塞防禦勤務や戦闘計画に対する公開的な議論・研究は閉ざされ，要塞設置地の地域社会は要塞防禦体制から情報アクセス的にも隔離させられた。他方，クラウゼヴィッツの指摘のように常備軍建設以降には要塞の自然的な住民保護の目的は忘れ去られた。その後は，国内での階級対立等を抱えた国家の政府・軍隊の意思においては住民保護を積極的・本質的に放棄するに至ったが，1910年要塞防禦教令の成立過程をみると，日露戦争後直後までは部分的には要塞の自然的な住民保護の議論は潜在化していたものと考えてよい。他方，帝国全軍構想化路線は国内陸上某地域を交戦地域として想定・構想していたが，同路線の変容・終焉は本質的には要塞の自然的な住民保護とその議論のみでなく，国内陸上某地域の交戦地域化の想定・構想自体を含めて忘れ去り，無視・放棄するに至ったとみてよい。特にアジア・太平洋戦争期を除く近代日本において戦時・戦地・戦場・戦闘活動が語られる際の戦地・戦闘活動等は，およそ「遠い外国」での出来事として終始したことの因由の起源が開始された。

その上で，1910年要塞防禦教令は，要塞という防禦営造物を核にした都市・地域社会の防禦・守備隊編成の考え方やマニュアルが初めて全般的に制定されたことの意義を改めて考察する必要がある。

第一に，1910年要塞防禦教令はフランス1883年要塞軌典とは勿論同一ではなく，要塞防禦勤務の軍行政的方面を含む要塞の陥落・降伏までの職務と業務の想定・規定は欠落している。そうだとすれば，近代日本の戦争計画の策定において，要塞の陥落・降伏までの職務と業務の想定・規定はどこでどのように補われたか。これらの想定・規定の補いは不要視・不問視され，又はタブー視・断念され，思考が停止させられたとみてよいだろう。仮に，想定・規定の欠落責任を問われることがあったとすれば，陸軍と参謀本部の構えとしては自己の担当職務の範囲外という名目において相互に責任を免れることができた。要塞の陥落・降伏までの職務と業務の想定・規定に責任を負う主体・機関等は存在しなかった。陸軍は要塞防禦勤務の策定を軍制技術上の防禦戦闘計画のみに一面化させることで職務を果たせたということであろう。ここに，近代日本の戦争計画の成立の第四の特質として，要塞防禦戦闘計画策定を基本にする国土防禦体制構築計画の閉塞化と無責任化が必然的に生み出されたことを重視すべきである。

第二に，1910年要塞防禦教令の考え方やマニュアルの成立に貫かれた要塞防禦勤務体制（特にその防禦戦闘計画）の思想は，果たして，日本陸軍の要塞防禦戦闘のみに含まれたか否かに関する新たな解明・考察の課題等が出てくる。つまり，近代日本の戦争計画において，たとえば，特に，民政・地域社会対策との関係からみれば，植民地に配備・派遣されたアジア・太平洋戦争末期の敗北濃厚・必至の軍隊・守備隊と住民との関係（あるいは占領地行政等），沖縄戦，本土空襲に対する防空・避難対策[30]，等に関して，冷静に分析・解明することが必要だろう。特に，1910年要塞防禦教令は降伏規約や開城の手続きを規定しなかったが，日本陸軍の国際人道法（戦時国際法）の位置づけや認識をさらに解明する課題がある。総じて，換言すれば，「高度国防国家」が標榜されたアジア・太平洋戦争期の特に戦時・戦地・戦場・戦闘活動と民政・地域社会・住民との関係はそれ以前の近代日本の戦争計画においてまったく想定されえなかったか否か，また，近代日本の政府と軍隊は戦争する品格や戦争計画を立てる資格を有していたか否か，等々がさらに解明されなければならないだろう。

注

1）皇軍の用語はその後，1893年2月7日の第4回帝国議会の衆議院の内閣弾劾上奏案の決議に表記・称揚された（「政費民力相伴ヒ上下一途ノ方針ニ拠リ内ハ以テ益皇軍ヲ興隆シ外ハ以テ愈々国威ヲ宣揚スルハ方今ノ急務ニシテ」云々）。さらに日清戦争期の特に大本営の広島移転以降に称揚され使用された。本書では「皇軍称揚III」（皇軍称揚の展開）と表記する。すなわち，第一に，①日本銀行総裁川田小一郎の1894年11月15日付の大蔵大臣宛意見書（兌換制度の基礎を維持し，正貨流出を抑えるために，占領地での軍資補充等の経費支払いの貨幣使用として「一種ノ軍事手形」なるものを発行・使用），②渡辺国武大蔵大臣の1894年11月17日付の閣議請議書（既に第二軍使用の「第二軍徴発證票」〈1894年10月29日の「第二軍徴発心得」の告達における「徴発證票」の使用規定〉を拡張し，「軍用切符」を発行し，巨額物品の調達に用立てる）において，「外征事件ハ皇軍ノ連捷勝ニ従ヒ」「皇軍次第ニ敵地ニ深入スル」「皇軍今既ニ敵地ヲ占領シテ」とか「皇軍日常ノ費用ヲ弁シ」と記述し，外征や敵地侵入の称揚として使用された（『公文類聚』第18編巻28，財政門14止貨幣，第28件）。第二に，①日本赤十字社長佐野常民の1894年11月16日付の陸軍大臣宛の「戦地患者慰問及救護視察委員渡韓之儀願」の「討清之我皇軍出征已来向フ所必勝必略実ニ無人ノ境ヲ行クニ異ナラス」（〈陸軍省大日記〉中『明治二十七八年戦役日記 明治二十七年十一月』第91号，願い出は許可），②埼玉県知事の1895年3月9日付の陸軍大臣宛の「戦利品借用儀之儀上申」における同県下の「皇軍祝捷会」での戦利品縦覧用の戦利品借用上申書（〈陸軍省大日記〉中『明治二十七八年戦役日記 明治二十八年三月』第198号，一週間に限り許可），③大阪商業会議所会頭浮田桂造（会員総代）の10月12日の「天機伺書」（大本営で宮内大臣宛に捧呈）は「我　叡聖文武天皇陛下仁義ノ御心ヲ以テ征清ノ軍ヲ起サセ給ヒ辱クモ　大元帥ノ御資格ヲ以テ　親征ノ途ニ上ラセラレ既ニ大本営ヲ広島ノ地ニ進メサセラレ而シテ　皇軍ノ嚮フ所海ニ陸ニ連戦連勝宛モ敵ナキカ如シ」云々と記述し（大阪商工会議所編『大阪商工会議所史』67頁，1941年），④靖国神社は自社を「殉国ノ御神霊」を祭る別格神社とした上で，「幸魂和魂ハ神殿ニ止リ国家ヲ守護シ玉フモ其奇魂荒魂ハ天翔国翔テ戦地ニ照臨マシマシ我皇軍ヲ日夜擁護シ玉フ」と述べ，祭神者霊を皇軍の守護神にまで格上げした（〈陸軍省大日記〉中『弐大日記』乾，1894年10月，官第3号所収の1894年10月10日付の靖国神社宮司賀茂水穂発陸軍省副官宛の大祭執行伺書)。ただし，③の「大元帥ノ御資格」云々は，既に石黒忠悳野戦衛生長官の同9月9日付の兵站総監宛の天皇の健康に関する職務管轄心得の伺い書中に記述されていたが（「今般大本営ヲ広島へ被為移候御内定ニ付テハ此度ノ儀ハ平素ノ　行幸トハ御旨意不同全ク軍事ニヨリ　大元帥陛下ノ御資格ニテ外征軍ニ臨御相成候儀ニ候」，〈陸軍省大日記〉中『明治二十七八年戦役日記 明治二十七年九月 甲』第160号），あたかも資格充備の審査・評価等の想起を付随させるような誤解語法であった。かくして，日清戦争前後には，皇軍は議会・政府・自治体等の軍備強化・国威宣揚の象徴的称揚用語になった。

［**補注**］戦前において，皇軍と明治天皇との関係を説明した代表的著作として，渡辺幾治郎『明治天皇と軍事』（1936年）がある。同書の本文冒頭の「明治天皇と国軍」は「明治天皇は，我が陸海軍建設に当つて，その形式を欧州に学ばれた。けれどもそれは，あくまで形態組織上の形式であつた。その内容，その精神は，厳として我が建国の精神に基かれたのである。これこそ，我陸海軍の生命であり，誇りであつて，皇軍の称も実に茲に存するのである」と記述し，国軍の本質として，1882年軍人勅諭に言及し，明治維新により「徳川幕府の政権を収むると共に，その兵権をも収め，ここに古制を復興して，国軍の本質を確立し」たと指摘した（3-6頁，ルビ略は遠藤）。帝室編修官を退いた渡辺幾治郎は1941年7月に『明治天皇と軍事』の大幅な改訂版の『明治天皇の聖徳軍事』を刊行した。同書の本文冒頭は「明治天皇と皇軍の建設」の題目のもとに「国軍」呼称を「皇軍」に変え，「皇軍建設の明治天皇は，また皇軍の本務，本質を明確にし，国民に皇軍組織の権利と義務とを頒ちたまうた。皇軍の本務，本質とは，皇祖天照大神が皇孫瓊々杵尊に供奉した臣下の代表者天児屋命・太玉命に下したまうた神勅に宣はせられた　惟はくは爾二神，亦同じく殿の内に侍ひて善く防ぎ護ることを為せ　といふ御語に基いたもので，殿中に侍して皇孫即ち　天皇を守護し奉ることである。これが我が皇軍の起源であり，そこに皇軍の本質，本務がある。従つてその任命も一に　天皇の大権に属するのである。」云々と記述した（3-6頁）。渡辺幾治郎はその後も『基礎資料皇軍建設史』（1944年）を刊行した。それ故，日本軍隊は皇軍の建設に始まり，1930年代に一部将校の政治的画策や内紛・抗争・反乱事件（2・26事件等）等があったが，皇軍に統一され，政府も皇軍を公称として採用し称揚するに至った。皇軍称揚路線の確立・完成とみてよい。たとえば，1941年1月8日の陸軍大臣通達の「戦陣訓」は「夫れ戦陣は，大命に基き，皇軍の神髄を発揮し，攻むれば必ず取り，戦へば必ず勝ち，遍く皇道を宣布し，敵をして仰いで御稜威の尊厳を感銘せしむる処なり。されば戦陣に臨む者は，深く皇国の使命を体し，堅く皇軍の道義を持し，皇国の威徳を四海に宣揚せんことを期せざるべからず。」と称揚した（ルビ略は遠藤）。また，東郷茂徳外務大臣

は1941年11月19日に「紀元二千六百年宮崎県奉祝会長」(会長は宮崎県知事) 宛に「神武天皇御宮居ノ跡，宮崎市皇宮屋［こぐや］前ノ聖地ニ『皇軍発祥之地』記念碑ヲ建設セラルルハ寔ニ意義深キ記念事業ニシテ本日起工ノ式典ヲ挙ゲラルルニ当リ茲ニ深厚ナル慶祝ノ意ヲ表ス」の祝電を発した (〈外務省記録〉第I門第1類第7項中『本邦記念物関係雑件』第28件所収)。皇宮屋は現在の宮崎市下北方町に所在し，神武天皇の「東征出発」までの宮居跡とされる。さらに，1945年6月23日の沖縄戦終結後の同26日に閣議決定の上に鈴木貫太郎首相が発した「内閣告諭」の冒頭の「皇軍陸海空一体ノ実ニ感激スベキ善戦健闘ト官民不屈ノ敢闘トニ拘ラズ沖縄本島ノ守備遂ニ成ラズ。恐懼何物カ之ニ加ヘン。」(『公文類聚』第69編巻6，政綱門6地方自治・朝鮮・関州・雑載，第5件) の皇軍公称文言のように，軍隊の想定・呼称等で一貫していたのは皇軍の呼称・称揚であった。なお，1932年に陸軍省・海軍省製作の「[1882年軍人勅諭の] 勅諭下賜五十年記念作歌 皇軍の歌」が発表された (徳富猪一郎・佐々木信綱作歌，東京音楽学校作曲，陸軍省・海軍省『勅諭下賜五十年祝賀講演集』51-55頁所収，1932年4月23日，於日比谷公会堂)。したがって，近代日本ではそもそも「国民軍」なるものは存在・想定されえず (徴兵制度の兵役階梯区分を示す国民軍の服役呼称を除く)，たとえば，原田敬一『国民軍の神話』(2001年，吉川弘文館) の書名想定の「国民軍」と称される神話や幻想も本質的にはありえなかった。軍隊や政府が一貫して称揚したのは皇軍 (の呼称) であり，美化されたのは皇軍の神話であった。

2）日清戦争での大本営の前進構想は，第一に，1894年7月23日の「清国ト談判之決裂セントスルニ当リ左ノ順序ニ着手スヘシ」という山県有朋の建議書 (『大山巖関係文書』中48-(1) 所収，下線は遠藤) に示された。そこでは，「一　大本営ヲ宮中ニ移ス事　二　海軍使用法ヲ改ムル事　三　清国ト開戦スルニ当リ海軍ノ雌雄ヲ決スルト否サルニ拘ハラス海軍ノ戦略ヲ一変シ釜山ヲ根拠ノ地ト定メ此ノ点ニ集合進行スル事　四　第五師団出兵之後ハ第三師団ヲ出兵シ其次ハ近衛師団ヲ出兵セシムル事　但参謀本部ノ計画ハ如何　一　時機ニ依リ大本営ヲ馬関ニ移ス事　但戦闘ノ情況ニ依リ釜山ニ進行スル事　一　釜山ノ電線ヲ京城ニ架設スル事　但平戦ニ拘ハラス神速ニ着手スヘシ　一　釜山ニ仮ノ防禦ヲ為ス事　一　対州警備ヲ厳重ニスル事　一　運送船ヲ購スル事　一　宣戦布告之事　右ハ目下談判ノ情況ニ依リ着手ノ概要ヲ建議ス　二十三日　有朋」と建議し，大本営の馬関や釜山への移動・前進を構想した。第二に，1895年2月に大本営陸軍参謀起案の「大本営ヲ前進セシメザル可カラザル理由」がある (『秘書類纂雑纂IV』623-624頁)。そこでは，大本営を広島から金州半島に移転させ，さらに直隷に進入させなければならないとして，「大本営タル者必ズヤ作戦軍ノ直背ニ占位セザル可ラズ」「大元帥陛下萬已ムヲ得ザルノ御支障ニ困［ママ］リ御親征アラセラレザルノ場合ニ在テハ参謀総長ヲ以テ帝国全軍ノ総指揮官ニ任ジ，委スルニ指揮ノ全権ヲ以テシ，之ヲシテ代テ出征セシメラルルコトハ実ニ已ムヲ得ザルノ手段ナルベシ。要スルニ愈々本戦ヲ決戦セントスルノ場合ニ在テハ帝国全軍ノ総指揮者ハ如何ナル手段ヲ以テスルモ必ズヤ作戦軍主力ト相接近シアラザル可ラズ」と記述した。他方，1899年10月の山本権兵衛海軍大臣の戦時大本営条例改正（第2条の「参謀総長」を「特命ヲ受ケタル将官」に改める）の上奏に対する桂太郎陸軍大臣の反論上奏は，日清戦争勝利の基礎は1893年戦時大本営条例による帷幄構築にあったとして，「故ニ戦時大本営ノ幕僚長ト為リ帷幄ノ画策ニ参与スヘキ人ヲ定メ之ヲシテ平時ヨリ帝国全軍即チ陸海両軍協同一致ノ大作戦ヲ国防上ヨリ打算シ」云々と述べ，現行戦時大本営条例維持の立場から参謀総長による帝国全軍の大作戦画策を賞賛した（陸軍省編『明治軍事史』下巻，1065頁）。

3） 電話交換事業は1890年度段階で東京と横浜の両市に，1892年度段階では大阪と神戸の両市に開設されていた。日清戦争後は京都他35箇所に電話開設を計画し，1896年度以降1902年度に至るまでの継続事業予算として総額1,280万2千余円をあてた。さらに1897～98年度に電信線増加用の70万円の予算が付けられた（東洋経済新報社編『明治財政史綱』236-237頁，1911年）。1903年3月現在では，国内電話交換局は29局（支局共）・電話所151箇所，電話可入者は全国29,941名とされた（大隈重信撰『開国五十年史』上巻，565頁収録の田健次郎「逓信事業」参照）。

4） 帝国全軍構想化路線の終焉は日露戦争直前の1903年12月26日勅令第293号戦時大本営条例改正及び同勅令第294号軍事参議院条例制定による。1899年以降，戦時大本営条例における陸軍の主導・優位（帝国陸海軍の大作戦の計画は参謀総長の任務）をめぐる海軍と陸軍との論争の「和解」と，中国東北部地域を陸上戦場と見立てた日露開戦対処のための両軍「融和」のもとに，海軍の強い要求により戦時大本営における参謀総長と海軍軍令部長の同等位置を規定した戦時大本営条例改正が成立したことによる。その際，同年12月（日付欠）の元帥山県有朋と元帥大山巌の「大本営条例ノ改正及軍事参議院条例制定ニ関スル奏議」は，従来「曩ニ参軍ヲ置キ陸海両軍ノ統一ヲ図ラシメ尋テ参謀総長ヲシテ其職責ヲ襲ヒ帝国全軍ノ大作戦ニ参画セシメ両軍ノ協同一致ヲ全フスルノ制度ヲ布」いてきたが，陸海両軍の間では円満実行完全成功をなしえなくなっているので，「既往ニ於ケル陸海用兵部主客ノ関係ヲ撤シ国防用兵上参謀総長ハ専ラ陸軍ヲ，軍令部長ハ海軍ヲ以テスル計画ニ任シ全ク両軍駢立　陛下ノ股肱タル面目ヲ保ツノ事実ヲ明ニシ以テ従来両者ノ間ニ纏綿セル意見ノ阻隔ヲ疎通シ其感情ヲ調和スルハ目下ノ急務ナリトス」云々と述べた（〈陸軍省大日記〉中『明治三十六年自七月至十二月 秘密日記 庶秘号』）。この結果，陸海両軍並立の戦時大本営編制の第二次的構想が成立した。その後，アジア・太平洋戦争末期に陸海軍の「統合」「統帥一元化」が特に陸軍により構想・研究された(木戸幸一『木戸幸一日記』下巻，1966年，東京大学出版会，稲葉正夫編『現代史資料第37巻 大本営』)。すなわち，1945年3月3日の陸軍省と参謀本部の主務者の研究により「陸海軍ノ統合ニ関スル件」(「作戦ノ一元性，兵備ノ綜合性確立，物動配分ノ対立解消，資材整備，技術研究ノ適正能率化等」のために，①陸海軍を全面的に解消し「国防軍」とする，②陸海軍の武官官等表を改正し陸海軍の呼称を廃止する，③陸海軍両省を解消し「国防省」を設ける，④参謀本部と軍令部を解消し「国防参謀本部」を設ける，等) を策定し，同3月10日に陸軍省と参謀本部は「大東亜戦争完遂ノ為緊急重要懸案事項解決ニ関スル件」(戦争中の特例措置として，①大本営の改組――陸軍部と海軍部相互の兼任補職制にする，②陸海軍両省の一体化――両省相互の兼任補職制にする，③大本営と陸海軍両省及び参謀本部軍令部の位置を同一所にする，④戦争指導強化に関して，大本営に陸海軍大臣の他に特旨により首相を列させ［1月中旬に特旨が出る］政戦略の大綱を策定し現最高戦争指導会議を廃止し，「強力政治実行」に関して内閣官制を改正し首相の政治力強化を図る，⑤本施策を3月末までに徹底具現する，等) を決定した (〈文庫 宮崎〉中『大本営陸海軍部陸海軍省合同に関する資料綴』第1，2件)。陸軍側の陸海軍統合の構想・提案は，既に艦隊戦力等の大多数を失い極秘的に戦争終結の研究・工作を開始していた海軍側から拒否され4月には消滅したが，帷幕・帷幄・大本営・明治憲法第11条・内閣官制等の基本的な調査・研究不足は明確であった。

5） 拙著『近代日本軍隊教育史研究』第1部第5章参照。軍隊内務書はその後1921年と1934年に改正され，1943年8月に軍令陸第16号の軍隊内務令を制定した。1943年軍隊内務令は上記の注1）と本書第1部第1章注6）の皇軍の呼称・称揚にかかわるが，その「綱領」は「軍ハ天皇親率ノ下ニ皇基ヲ恢弘シ国威ヲ宣揚スルヲ本義トス」と規定し，「身命ヲ君国ニ献ゲテ水火尚辞セザルモノ実ニ軍人精神ノ精華ナリ」「服従ハ至誠尽忠ノ精神ヨリ出デ弾丸雨注ノ間尚克ク身命ヲ君国ニ献ゲ一意上官ノ指揮ニ従フニ至ルベキモノ」云々と記述した。1943年軍隊内務令の綱領の「軍」又は「国軍」の用語はともに「皇軍」と同一用語であった。すなわち，陸軍省の「軍隊内務令制定理由書」は「皇軍ノ軍紀ハ軍ノ本義ニ根源スベキモノナルコト」「作戦部隊ハ皇基恢弘，国威宣揚ノ第一線トシテ愈々皇軍ノ真姿ヲ顕現セザルベカラズ」「皇軍ノ服従ハ　天皇親率ニ根源シ畏クモ　大元帥陛下ニ対シ絶対随順ノ崇高ナル精神ニシテ」云々と記述し，皇軍の称揚と天皇への絶対随順を説明した (『偕行社記事』特号第829号第1号附録，1-4頁，1943年10月)。

6） 軍部の第二次的形成の人事・官職的基盤は1900年5月の勅令第193号の陸軍省官制中改正の陸軍大臣現役武官専任制の規定である (海軍大臣の現役武官専任制の規

定は同勅令第194号の海軍省官制中改正)。また，日清戦争後に国民の教育と形成に果たすべき軍隊の役割強化に関する世論が形成され，在郷(予備・後備)将校の団体結集を含めて，帝国主義時代を迎える軍隊の対社会的存在の確認がある(拙著『近代日本軍隊教育史研究』第3部第1章)。

7) 〈陸軍省大日記〉中『弐大日記』乾，1902年2月，軍第11号。1890年近衛師団監督部条例は1896年の陸軍定員令廃止と平時編制制定により廃止され，1896年6月8日に勅令第246号の師団監督部条例を制定した。本条例は従前の監督部体制の基本を踏襲したが，管轄区域内の軍隊に対する会計上の閲検はその実施前に師団長の承認を得るとした。また，同年10月15日陸達第148号の師団監督部服務規則も1891年の陸達第131号近衛師団及屯田兵監督部服務規則をほぼ踏襲した。ただし，本服務規則の第1条(監督部長は監督部内の事務細則を規定)が規定した各師団の事務細則は詳細な規定であったとみてよい。たとえば，近衛師団監督部長は1897年3月8日付で陸軍大臣宛に「近衛師団監督部事務細則」と「委任経理ニ属スル出納検査証明手続」及び「会計上閲検施行手続」を制定したと報告したが，「近衛師団監督部事務細則」は入札施行の細部の手続きや，会計経理の諸般事項を議するために管区内各部隊附軍吏を招集して開催する会議を「毎月一回第一月曜日」と規定するなど，詳細にわたっていた(〈陸軍省大日記〉中『明治三十年 編冊 五 各監督部』)。この種の事務細則等による監督・監視が軍隊の会計現場との間に「隔墻」発生の雰囲気をもたらした一面をもっていたとみてよい。

[**補注**] 斉藤文賢編著『陸軍会計経理学』は1902年の陸軍会計経理制度改正による陸軍会計経理体制を詳述した。第一に，1902年前の陸軍会計経理に対する師団監督部体制の雰囲気等について「陸軍監督務ノ本義[は軍事的要求と国法的要求との間に介在し専門的技能により調和させる任務であるが]啻ニ法的監督ノミヲ以テ其本領トシ只管事蹟ノ摘発ニ勉メ濫リニ職権ヲ被テ其違法背規ヲ詰責スルアラハ軍隊ヲシテ徒ラニ信頼ノ念ヲ去ラシムルノミナラス遂ニハ反目嫉視シテ以テ其事蹟ヲ隠蔽セシムルニ至ランコトハ固ヨリ明デアル若シ軍隊ヲシテ斯クノ如キノ情弊ニ陥ラシムルトキハ害ノ及ス所啻ニ軍需ノ不整備ニ止マラス遂ニ其実力ヲ失ハシムルニ至ラン故ニ一方ニハ国法的監督ヲ励行スルト同時ニ他ノ一方ニハ軍事的監督ノ貫徹ヲ期シ軍隊ヲシテ其要求ニ満足セシムルノ手段ヲ講セヌケレハナラナイ而シテ此手段ヲ達スルノ最近邇ナル方法ハ軍隊ヲ以テ自家内ノモノトナシ偏ニ他家視スルノ観念ヲ排除スルノガ緊要デアル」と記述し，軍隊は軍事的要求を名目にして組織防衛すべきことを強調した(416-417頁)。第二に，経理機関と司令官との配置関係について，①経理機関を司令官に隷属させる(立憲政治では不適当)，②経理機関を司令官に対して独立させる(英仏国等，軋轢を生じやすく，軍事動作の一途を妨げる弊

があり不適当)，③経理機関を常に独立させ，必要に応じて司令官に隷属させる(独澳，平時の経理はほぼ経理機関に専掌させ，戦時は司令官の配下になる)，があると紹介し，従前の日本では③の制度であったが「国法的監督ヲ励行スル為ニハ最適当ナリシモ其司令官衙ト軋轢ヲ生シ為ニ事務ノ渋滞ヲ致シタルハ既ニ実験セシ所デアル特ニ此平時ノ感情ハ延テ戦時其隷属タル場合ニ及ホシ動モスレハ経理機関ヲ疎外スルコトナキヲ保サレナカツタ」と記述し，1902年の陸軍会計経理制度改正の背景・理由を説明した(418-419頁)。なお，柴田隆一・中村賢治『陸軍経理部』(22-23頁，1981年，芙蓉書房)中の日本陸軍の経理制度は1902年以降に「ドイツ式に改正したものと思われる」という記述は誤解であり，ドイツ式の1890年近衛師団監督部条例による会計経理体制を改めて1902年師団経理部条例と1902年陸軍監督部条例を制定した。第三に，陸軍統一の経理事務を処弁するために，①陸軍省の経理諸科，②各地方陸軍経理官(師団司令部等)，③「団隊各自ノ自政」の機関があるとして，特に③の機関を「陸軍ノ自政体ト称スルノデ即チ陸軍ノ下級経理ヲ掌ル機関ニシテ各軍隊ノ経理委員[1902年軍隊経理規定第1条]ハ則チ此機関デアル」(9-10頁)と自主経理機関であると説明した。その上で，下級経理の「自政体」と委任経理との関係を，「連隊ノ自政ニ於テハ経済ニ係ルモノ及経済ヲ以テ供給セシモノニ対シテ連隊自ラ其責ニ任スヘキコトヲ了解スルノミナラス尚其隊ノ経済ヲ維持スルヲ以テ全体ノ栄誉トナシ益其経理ノ完全ニシテ確実ナランコトヲ欲スルコトニナル[中略]委任経理ハ一定ノ資材ヲ国庫ニ受ケ之ヲ以テ自己ノ経済トナシ自営自活以テ其損益ヲ国庫ニ通セサルヲ本旨トスルノデアル即チ国庫ニ対シテ全ク別経済ヲナスモノデアル[中略]委任経理ト称スルモ元来国家経理ノ一部ニシテ其行務ト経済トヲ挙ケテ之ヲ当局者ニ一任スルニ拘ハラス其財産ハ尚国家ノモノタルヲ失ハナイ[中略]従テ委任経理ノ損益ハ取リモ直サス国家ノ損益デアルト見ナケレハナラナイ唯直接ト間接トノ別アルノミデアル即チ委任経理ノ本旨トスル所ハ成ヘク丈独立ノ経済ヲ維持シ勉メテ其煩累ヲ国庫ニ及サナイ様ニスルノデアル之ヲ換言スレハ其損益ヲ直接ニ及サナイノデアル」(226-227頁)と述べた。つまり，委任経理による損益は直接には国庫に及ばないと想定したが故に，連隊等の軍隊現場では委任経理により蓄積された積立金を含む財政全体をあたかも連隊等の独立固有の自由処分財産とみなす傾向や雰囲気が生まれたことは否めない。

8)　斉藤文賢編著『陸軍会計経理学』75頁。

9)　流用禁止又は大臣認可を要する指定科目は，①各補充科目(他目に流用できないが他目より補充するは妨げなし)，②公使館附武官在勤俸，③庁費の内試験及び模範費，射撃褒費部局をもって定めた庁費，④修繕費の各目各所修繕を除く，⑤内国旅費の内赴任及び帰郷旅費，出張旅費，入学復帰旅費，転地療養旅費，召集旅費(復習旅費，補充兵教育旅費)，⑥輸送費の内築造費，軽便鉄道費，⑦営繕費の各目，⑧営繕及び初度調弁費の各目，である(〈陸軍省大日記〉中『弐大日記』乾，1902年3月，経第2号所収の「予算事項中改正綱領細目」，斉藤文賢編著『陸軍会計経理学』74-75頁）。なお，④の「各所」は陸軍大臣に直隷しない官衙であり，参謀本部の陸軍大学校や陸地測量部，教育総監部の諸学校等をさす。⑤の「復習旅費」はすべて流用禁止とされ，④の修繕費の他は，流用増減は陸軍大臣の認可を要するとされた。

10）〈陸軍省大日記〉中『参大日記』1896年6月，臨第59号。

11） 競争入札が正常に実施されなかった地域には本書第3部第2章注107）の北海道と同様に台湾がある。台湾総督府の会計は1896年勅令第160号により会計法が施行された。同年9月21日勅令第310号は台湾総督府における営繕土木と物件の買入れ・借入れ等の工事金額1千5百円未満のものは随意契約によるが，1千5百円以上の金高のものはすべて競争入札によると規定した。しかるに，1898年5月2日の内務大臣と大蔵大臣は連署で，①台湾の商工業全体の秩序は未整備であり，同地に渡航して「一獲千金ノ奇利」を得ようとする者が多く，特に営繕土木の工事請負の競争入札には概ね無経験・無資力あるいは狡猾無頼等の者が「相結托［ママ］シテ種々ノ奸計ヲ運ラシ悪弊常ニ絶ヘス」という状況にあり，当初予定日に竣工せず，設計に反したものが出るなどの支障が多い，②そのため，信用のある正当の業者は競争入札加入を避ける実況があり，台湾諸般の経営が阻害されるので，当分の間は台湾総督府の営繕土木工事に限り特例的に随意契約できるという勅令案を起案して閣議を請議した（『公文類聚』第22編巻17，財政門1会計1会計法，第4件）。内務・大蔵両大臣の閣議請議は6月20日に閣議決定され（「営繕」の2字を削除），6月27日に勅令第129号として公布された。なお，その後，内務大臣と大蔵大臣は連署で1901年5月1日に台湾総督府管内の台湾総督府以外の官庁の1千5百円未満物件買入れと借入れは随意契約によることができるという勅令案を起案して閣議を請議した。本閣議請議での物件買入れは，同添付の「千五百円ヲ超ヘサル物件随意契約買収セントスルノ理由」中の「当部基隆，澎湖島ノ両支部ニ於テモ［中略］砲台工事ハ全部請負ニ付スルモノニアラス其要部ハ悉ク素品ヲ買収シ直営トナスモノニシテ其素品中木材石灰砂利其他雑材料等此々五百円ヲ超過シ一々競争ノ手続ヲ為サザルヘカラス徒ニ時日ヲ費シ延テ竣工期日ニ影響ヲ及シ支障尠トセス」云々のように，主に台湾の築城部の砲台建築用物件購入を事案対象にしていた（『公文類聚』第25編巻9，財政門1会計1会計法，第3件）。法制局の審査は台湾における政府の工事及び1千5百円未満物件買入れと借入れは随意契約できると修正し，17日に閣議決定され5月24日に勅令第120号として公布された（1896年勅令第310号と1898年勅令第129号は廃止）。

［**補注**］陸軍大臣は1896年7月1日に，軍備拡張による兵営等建築を同年12月徴兵入営期までに竣工させるためには建築事業（敷地買収代価の地主交渉，関係官庁との往復等）の進捗を敏活にする必要があるが，時日切迫のために競争入札公告期

間（15日）を7日に短縮し，かつ，競争落札者が請負や売買の契約を締結しない場合はさらなる競争入札をせずに随意契約できるという勅令案を起案して閣議を請議した。しかし，法制局は公告期間を短縮して竣工を急いだとしても本年11月中には落成させることはできず，「世論ノ囂々ヲ犯シ会計ノ定規ヲ破リ如此ノ変則ヲ設クルハ頗ル大体ヲ誤ルノ感ナキ能ハス」と指摘し，採用されるべきものではないという審査報告を閣議に提出し，7月9日の閣議は不採用を決定した（『公文類聚』第20編巻14，財政門会計1会計法，第19件）。時日切迫を理由とする兵営建築等の随意契約推進は阻まれたが当然であった。

12）『公文雑纂』1899年，第17巻，大蔵省陸軍省，第6件。

13）『公文類聚』第24編巻15，財政門1会計1会計法，第3件。

14）〈陸軍省大日記〉中『弐大日記』乾，1900年7月，経第40号。1900年の勅令第280号と陸軍省訓令乙第9号の実施に関して，当時の指名競争の雰囲気を示したものに台湾総督府陸軍幕僚執行の指名競争の報告がある。台湾総督府幕僚は1897年10月勅令第362号台湾総督府官制により置かれた台湾内の陸軍の統轄機関である。台湾総督府幕僚は1901年1月の台湾駐箚各隊用鉄製寝台購入の際に（3,504個で予定価格は3万171円余，及び追加分684個の予定価格6千6百円余），一般競争に付する場合は「無資無産ノ徒多数競争ニ加ハリ為ニ正当売込商ノ競争ニ妨害ヲ加フルノ虞アル」として指名競争に付したことを1901年1月6日付で陸軍大臣宛に報告した（〈陸軍省大日記〉中『弐大日記』坤，1901年4月，台第5号）。陸軍省は同報告を会計検査院に通知したが，会計検査院は2月27日付で陸軍大臣宛に，台湾総督府陸軍幕僚執行の指名競争に対して，正当営業者への妨害の恐れの既往の事実，指名競争者選定方法，指名競争者の資力と営業場所等の詳細を承知したいと照会した。そのため，同省は3月7日付で台湾総督府陸軍幕僚宛に会計検査院の照会内容の詳細を調査して回答すべきことを指令した。また，翌3月8日には陸軍一般宛に，1900年陸軍省訓令乙第9号中の指名競争に付した場合の陸軍大臣宛報告における「其ノ事由ヲ詳具シ」とは会計検査院が示した正当営業者への妨害の既往の事実等であることを通知した（陸軍省送乙第642号）。これにもとづき，台湾総督府陸軍幕僚参謀長中村覚の同3月20日付での陸軍省総務局庶務課長宛提出の同指名競争理由書は正当営業者が妨害をうける恐れが認められた既往事実として，台湾陸軍経営部が前年1900年2月5日に築城部澎湖島支部並びに澎湖島陸軍兵器支廠事務室及び同附属家屋新築工事を指名競争に付した時の状況を示した。すなわち，①指名者中に「団結ヲ企タルモノト然ラサル者」があり，両者の交渉は調停に至らず，「入札時限前ニ至リ大紛争ヲ惹起シ或ハ路ニ要シテ非団結派ノ出場ヲ妨害シ又ハ暴行ヲ加フル等不穏ノ行為アリ」とされ，そのため，当日の競争は「甚タ不良ノ結果ヲ見ルニ至レリ」

になった，②僅か数名にすぎない指名競争の場合でも妨害行為があったので，無制限の競争に付した場合はさらに正当営業者が妨害される恐れがある，③特に台湾では「無資力ノ輩多ク競争入札ノ際真ニ入札ヲナシテ請負ヲ為サントスルノ意ナク単ニ此社会ニ行ハルル団〔ママ〕合取ヲ為サントスルモノ多シ此法ハ正当営業者ニ協議若クハ強制シテ若干ノ金員ヲ得ルニアリ此ノ如キ悪弊ノ熾ンニ行ハルル台湾ニ在テ一般競争法ニ拠ルトキハ政府ノ不利益之レヨリ大ナルハナシ」と指摘した。そのため，鉄製寝台購入には指名競争者選定方法として，①資産信用確実者，②鉄製寝台製作の実験者，③鋼材に関する器具製作の経験者，④大阪在住者1人を加えて供給地大阪の時価と対比する，という基準を立て，現地の三井物産合名会社台湾支店，賀田組（20万円以上の資産があると認められる，陸軍の用達業），合名会社大倉組台湾支店（陸軍の用達業），台湾商工公司（30万円の会社組織）に，合名会社大矢組（大阪所在，10万円の会社組織）を加えて指名競争に付するとした。

15） 談合は国内の師団管下でも行われていた。たとえば，山口素臣第五師団長は1902年2月の師団長会議において，委任経理による軍需品購買はすべて競争契約によらないことの意見を提出した。それによれば，「従来競争契約ノ実況ヲ探究スルニ其弊害頗ル多々ナリ仮令ハ茲ニ一ノ物件ヲ購買スルニ当リ競争ニ附スルトキハ入札者タラン者ハ孰レモ脈絡ヲ通シ実際其物件ヲ調査上納シ終ル迄ノ費額ヲ見積テ之カ引受人ヲ定メ而シテ予定価格以内ニテ落札スルトキハ引受人ハ見積価格ト落札価格トノ差額ヲ入札人員ニ分割スルヲ以テ入札利益配当ト称スルカ如クニシテ其類挙テ数フヘカラス是レ畢竟最初指定スル標本ニ差違ナキニ於テハ官ニ於テ毫モ利害ヲ感セサル如クナルモ若シ之ニ反シ確実ナル当事者ニ指名スルトセハ配当スル差額ノ全部ナラストモ其幾分又ハ地質ナリ製作品ナリノ品質ヲシテ充分良好ナラシムルヲ利益ナリトス入札者多ケレハ納品ハ益々粗悪ナルモノヲ択ハントスルハ彼等ノ常態ナレハナリ」と，入札業者間における一種の談合と「入札配当利益」なるものの配当を指摘した（〈陸軍省大日記〉中『明治三十五年二月 師団長会議書類』所収の「各師団長提出事項」）。第五師団長提出意見は，1902年1月の勅令第18号師団経理部条例により置かれた各師団の経理部の経理部長会議に廻付されることになったが，この種の談合等は他師団下でも横行していたとみてよい。

16） 『公文類聚』第26編巻9，財政門1会計法1，第3件。ただし，大蔵大臣は1901年8月16日に1900年の内閣送第56号は今日では存置必要がなくなったとして廃止の閣議を請議した。同閣議請議は9月30日に決定され，内閣書記官長は1901年10月1日付で各省の総務長官と会計検査院長宛に内閣送第56号廃止の閣議決定を通知した（『公文類聚』第25編巻9，財政門1会計1会計法，第4件）。そもそも，内閣送第56号は競争入札における談合等への根本的な規制や防止・禁止策を設定していない中で，「連合団結」「妨害」がありうることの認識を内包していた。本来的には政府としてその種の認識をもつこと自体はありえない論理であった。したがって，競争入札における談合等への規制や防止・禁止の法制化が見通しされた結果，内閣送第56号廃止が閣議決定されたとみてよい。

17）国立国会図書館憲政資料室所蔵『曽禰家文書 二』所収。東京商業会議所の建議は特に工事と物件売買賃借に関する条項の法文の不備や窮屈のために当事者間の不便を醸し相互の不利益を来たすことが甚だしく，「国家経済上ノ損失実ニ至大」であるとした。特に，会計法については，①国務大臣が主任の官吏に委任して現金支払いするために現金前渡しの支払い命令を発することができる経費に関して（第15条第2項），第6号の庁中常用雑費の1年間総費額5百円を1千円にする，第8号の各庁が直接に従事する工事の経費を一主任官につき3千円までを6千円にする，②一年度内に納付すべき物件で避けることができない事故のために納付できない時や，工事製造と物件検査上で不合格になってさらに改造せしめ又は代品追納せしめるために当該年度内に完済できない時は，経費支出の翌年度繰越使用の規定（第21条）を準用する，等の改正を建議した。東京商業会議所の建議は第16回帝国議会貴族院宛に「意見書案」として提出され，1902年2月17日開催の同院の請願会議で採択された（『第十六回帝国議会貴族院議事速記録』第13号，194頁，1902年2月17日）。また，東京商業会議所の建議とほぼ同一の建議書は富山商業会議所からも貴族院に提出され，3月4日に採択された。他方，曾禰大蔵大臣は同年2月17日付で会計法中改正案を起案し閣議に提出した（『公文類聚』第26編巻9，財政門1会計法1，第2件）。それによれば，東京商業会議所の建議関係では，現金前渡しの支払命令により発しうる従来の金高及び随意契約中の工事又は物品買入れと借入れの価格もしくは動産売払いの従来の見積価格は実際状況に照らして小額に失している，会計法中の第15条第2項の第6号中の5百円を1千円に，同第8号中の3千円を6千円に，第24条の第7号中の5百円を1千円に，同第8号中の2百円を4百円に改める，とした。曾禰大蔵大臣提出の会計法中改正案は閣議決定と帝国議会での決議及び3月12日の閣議決定と上奏を経て，8月19日に法律第48号として裁可公布された。東京商業会議所の建議に関してはほぼ①のみが取入れられた。なお，会計法中改正案の裁可公布が8月に至った理由は注18）の会計規則中改正の裁可公布日程に合わせたためである。

18）『公文類聚』第26編巻9，財政門1会計法，第3件。なお，大蔵総務長官阪谷芳郎は同年10月5日付で内閣書記官長宛に1902年8月勅令第200号会計規則中改正の第69条第2項中の各号該当者は一定期間競争入札に加入できないことになったので，取締りのために当該氏名・住所及び事実の各省間相互通知の必要性を照会した。内閣書記官長は10月13日に内閣総理大臣の了承を得て10月14日に各省総務長官宛に同該当者氏名等の相互通知をとりはからってほしいことを通牒した。他方，1902年8月勅令第200号会計規則中改正について，一等副監督高山嵩著の『改訂三版陸軍経理実務講話』(82-83頁) は，「競争［入札による］契約ハ広ク供給者ヲ求メ充分価格ノ競争ヲ為サシメ最モ低廉ナル価格ニ依テ供給セシムルト又一ニハ役人ノ公明正大ヲ保ツト云フガ主義ナリ思フニ役人ノ公明ヲ保ツト云フ点丈ケハ慥［たし］カニ宜ヒガ其外ノ点ニ於テハ利益ノ裏面ニ於テ仲々弊害アリ夫レハ入札者カ種々ナル悪手段ヲ用ヒ連合シテ高ク入札シタリ或ハ何回モ入札ヲ無効ニシテ官ヲ困ラセタリ又一般入札ニハ取引上ノ信用ト云フコトハ毫モ眼中ニ置カヌ故粗悪ノ品ヲ納メタリ近来実ニ弊害百出甚ダ困難ヲ極メタリ［その結果，会計規則第69条第2項等が改正されたが］矢張リ其弊害ヲ全ク除去スルニ至ラザルガ如シ之ニ反シ随意契約ハ信用ニ重キヲ置ク故官民共ニ誠実善良ナル精神ヲ以テ行ヘバ実際ニ於テハ甚ダ好結果ヲ得ベシト雖モ若シ不誠実ナル供給者ニ遇フトキハ大ヒニ貧ラルルノ恐レアリ加之往々ニシテ役人商人ト結託シテ云々ト云フ様ナ弊害アリ易キ故到底之ヲ原則トハ為シ難カルベシ」(35-36頁) と記述したが，「官民」の結託も含めたいいわば生理的ともいうべき体質のもとで国家予算が支出・消費されたとみてよい。

［**補注**］競争入札における「連合」はフランスでもみられた。フランス陸軍では「請負法ハ公私ノ間ニ於テ互ニ利ヲ競フノ弊ニ陥ラサルヲ得ス則チ投票買収［競争入札］ニ際シ各商賈等党ヲ結ヒ価格ヲシテ非常ニ騰貴セシムルモノナリ又一方ヨリ之ヲ考フレハ競争ニ基ヒシ価格ヲシテ非常ニ低落セシムルヲ以テ実際ノ事業ヲ妨害シ請負人ヲシテ卒［にわか］ニ零落困迫セシメ或ハ不正ノ所業ニ趨［はし］ラシムルノ恐レアリ」(陸軍文庫訳『仏国陸軍制度教程書』第3冊第2編巻2，87-88丁，1888年) と指摘した。

19) 1880年7月太政官布告第36号の刑法第268条は「偽計又ハ威力ヲ以テ糶［ちょうばい］売又ハ入札ヲ妨害シタル者ハ十五日以上三月以下ノ重禁錮ニ処シ二円以上二十円以下ノ罰金ヲ附加ス」と規定したが，談合を犯罪として規定しなかった。1907年法律第4号の刑法には1880年刑法第268条の入札妨害罪は規定されなかった。入札妨害等は1908年9月内務省令第16号の警察犯処罰令第2条第4項において「入札ノ妨害ヲ為シ又ハ共同入札ヲ強請シ若ハ落札人ニ対シ其ノ事業又ハ利益ノ分配若ハ金品ヲ強請シタル者」を30日未満の拘留又は20円未満の科料に処すると規定した。本条項の「共同入札」はいわば談合行為に近いが，同行為が入札人本人の意思に反しないならば (非強請)，犯罪構成要件としての共同入札の強請は成立しなかった。戦前では談合は業界・業者団体の「共存共栄」という想定的利益を確保するとか，談合自体を注20) の帝国議会での発言者のように一般的に不正・不法とみなさない見解があった。なお，戦前の談合は，安沢喜一郎『官庁契約規定論』(1938年)，小野清一

郎『法学評論』(上巻，1939年)，等参照。

20) 1941年3月の刑法中改正は，全体的には同年1月28日の司法大臣・海軍大臣・外務大臣・陸軍大臣・拓務大臣連帯の閣議請議書添付の「刑法中改正法律案理由書」中の「非常時局下ニ於ケル人心ノ動向，犯罪ノ趨勢其ノ他内外ノ情勢ニ鑑ミ治安維持ノ国内体制ヲ整備スル為」云々のように戦時対応の国内外の治安体制を強化した。司法大臣他4大臣連帯の刑法中改正案は第96条の3として「偽計若クハ威力ヲ用ヒ又ハ談合ニ依リ公ノ競売又ハ入札ノ公正ヲ害スヘキ行為ヲ為シタル者ハ二年以下ノ懲役又ハ五千円罰金ニ処ス」と起案し，1月28日に帝国議会への提出を閣議決定した(『公文類聚』第65編巻136，司法門4刑事刑法，第1件)。これに対して，帝国議会では，①貴族院で織田萬が「談合ト云フコトハ業者其ノ間ニ於テモ，又請負ヲ為サシムル官公庁等ニ取ッテモ，必要ト云フコトハアリマスマイガ，至ッテ便利ナコトシライ〔ママ〕ノデアル，之ニ依ッテマア妥当ノ競落，入札ト云フヤウナコトモ出来ルコトガ多イラシイノデアリマス，従ッテ談合其ノモノガ不法デアル，或ハ不正デアルト云フヤウナコトハ，一般ニ見ラレテ居ナイノダラウト思ヒマス」(『第76回帝国議会貴族院刑法中改正法律案特別委員会議事速記録』第2号，8頁，1941年2月14日)と発言し，②衆議院で牧野良三が「談合自身ニハ許サルベキ談合ト，許サルベカラザル談合トアルモノト思ヒマス」「此処デ談合ト云フノハ許サルベカラザルモノヲ談合ト謂ヒ，私ノ質問スル言葉デ言ヒマスル正シイ談合ト云フノハ，協定行為ト仰セラレルノカモ知レマセヌ」(『第76回帝国議会衆議院借地法中改正法律案外一件委員会議録(速記)第四回』22頁，1941年2月24日)云々と発言し，③特に27日の衆議院の同委員会は第96条の3の政府原案中の「又ハ談合ニ依リ」を削除し，「公正ナル価格ヲ害スル目的ヲ以テ談合シタル者又同シ」という第2項目増設の修正決議により，さらに翌28日の両院協議会で同第2項目に「又ハ不正ノ利益ヲ得ル」の10字挿入の修正協議を経て法律公布正文が成立した。これは，物資欠乏・統制経済・価格協定化(公定)の産業界情勢下で自由競争と競争入札自体が機能困難になり，業界・同業組合内の価格・物資供給等の「協定行為」の容認化を随伴させつつ成立したことになる。

21) E・ハーバート・ノーマン『日本における兵士と農民』98-99頁，陸井三郎訳，1947年，白日書院。

22) 〈陸軍省大日記〉中『弐大日記』乾，1908年4月，経第4，5号。陸軍省主計課は1907年12月2日に1890年法律第27号の「陸軍給与ニ関スル委任経理ノ件」中改正案と陸軍営繕資金特別会計法案を起案し，大蔵大臣と協議してほしいとして大臣官房に提出した。第一に，前者の委任経理法中改正案は，①「陸軍部隊ノ被服，糧秣，馬匹，需品ニ係ル給与竝之ニ要スル諸費及兵器修理費，庁中費，雑給雑費ハ定額ヲ交付シ部隊長ニ経理ヲ委任スルコトヲ得」，②「前項ノ委任経理ト為スヘキ部隊長及費目等ハ勅令ヲ以テ之ヲ定ム」，③「委任経理ニ属スル定額ノ剰余，物品売却代竝損壊遺失等ノ補償金ハ積立金ト為シ委任経理ニ係ル費途ニ使用スルコトヲ得」と起案した。主計課は委任経理法中改正案の起案理由について，過去10数年来の委任経理法は「頗ル良好」であり，同範囲を拡張し，現行委任事項と密接に関係し，又は同性質の陸軍被服廠と糧秣廠の被服糧秣の調弁製作，軍馬補充部（1896年設置）の馬匹の購買育成等を加え，かつ，委任経理積立金を「一費目」にすると述べた。また，委任経理法中改正案の②に関する勅令案要領は陸軍被服廠と糧秣廠の各廠長や軍馬補充部長にも当該物品調弁製造対価・馬匹購買育成対価の定額を交付した上で経理を委任し，①の庁中費・雑給雑費の委任経理として，官衙・学校に要する備品・図書・消耗品・褒賞徽章・製本印刷・通信運搬や学校用需品と儀式用諸費，官衙・学校の雇員傭人嘱託者等の諸給与，翻訳・謄写・広告・接待・贈与・謝儀・慰労と傭賃関係の雑費を予定した。主計課の委任経理法中改正案は省議決定され，12月19日付で大蔵大臣に照会したが，同大臣は翌1908年3月5日付で「尚ホ研究ヲ要スル点」があるとして同意しなかった。そのため，主計課は同日に急遽③を基本にして積立金単一化措置の改正案を修正起案し（「第三条　委任経理ニ属スル給与ノ残金，廃物売却代金及補償金ハ之ヲ積立金ト為シ委任経理ニ係ル費途ニ使用スルコトヲ得」，他），②の委任経理施行官衙拡大等の勅令案起案を断念した。主計課の修正起案は翌6日に省議決定され，同日の閣議提出と帝国議会での決定を経て3月30日に公布され，1908年度から施行された。帝国議会（貴族院陸軍営繕費補充資金特別会計法案外一件特別委員会）での政府委員外松孫太郎（陸軍省経理局長）の積立金の説明によれば，当時，歩兵1個連隊の平均は，糧食積立金3,000円（1人あたり2円8銭7厘），被服積立金24,000円（1人あたり12円89銭），陣営具積立金687円，消耗品積立金1,759円，馬匹積立金2円とされた（『第24回帝国議会貴族院陸軍営繕費補充資金特別会計法案外一件特別委員会議事速記録』第1号，5頁，1908年3月20日）。そして，新たな委任経理体制に対応して，9月15日に陸軍次官は軍隊における経費支出区分等に関する通知を発し（陸普第4307号），①従来の兵器費から支弁の下士以下支給用兵器手入消耗品費用を軍隊需品費消耗品料から支弁する，②従来の師団庁費から支弁の各隊所用の郵便電信料，兵籍と戦時名簿の用紙，事務用書籍，官報，窓口覆い等費用，電話料を各隊委任経理積立金の支弁とする，③軍隊での炊爨・点灯等に要する蒸気・ガス・電気力利用に伴って必要な諸機関と同附属品の初度備付並びに維持にかかわる新調修理・据付等費用を委任経理積立金の支弁とする（ただし，兵舎等の新設増設における諸機関の初度設備は営繕・初度調弁費の支弁とする），等を示した（〈陸軍省大日記〉中『弐大日記』乾，1908年10月，経第4

号)。本通知は会計検査院にも発した。日露戦争後の委任経理体制は軍隊内務に波及した。その中で，1908年改正の軍隊内務書は「夕食時限マテ外出スル下士以下ニシテ已ムヲ得ス兵営ニ帰リ昼食スルコト能ハサル者ハ前日夕食マテニ内務班長ニ届出テ弁当ヲ請求スヘシ若シ弁当ヲ断ル者アルモ不食料ヲ給セサルモノトス」(第22章第5) と規定し，通常の外出日外出者の不食者には「計算頗ル煩雑」等の理由により不食料を給与しないことにした (陸軍省「軍隊内務書改正理由書」『偕行社記事』第387号附録，25頁，1909年1月)。同不食料は積立金として積み立てられた。その後，委任経理積立金支出区分は1923年5月陸普第1896号，1926年3月陸普第701号により総合整理されたが，1940年7月30日陸普第5232号は軍隊の被服・消耗品及び陣営具の委任経理は当分の間は停止すると通知し，これらの該当費額は実費経理により処理されると規定した (「被服，消耗品及陣営具実費経理実施要領」の規定)。そして，従前の同該当積立金を当該部隊が適宜区分して合計額を別途保管することを規定し，同年8月1日以後に当該積立金から支弁すべきものがある時は同積立金から支出できるとした。第二に，後者の陸軍営繕資金特別会計法案 (全5条) は，物価騰貴や建造物の年次経過的な老朽化進行の中で，土地建造物の経常営繕用の営繕資金として一般会計と区分した特別の会計を置き，同営繕資金は土地建造物から生ずる収入と建物払下代金及び「一般会計組入金」をもって歳入とすると起案した。つまり，営繕のための特別な財源確保を企図し，土地建造物からの収益金と一般会計組入金も合わせた営繕資金を立てるならば，当局者は土地建造物にかかわる収益増加の「生産ノ途」を講ずるという意図があった。しかし，主計課起案は一般会計を取込みつつ営繕資金財源の自由自在的な確保・使用の意図は明白であった。その結果，大蔵省は資金会計の性質に違反する嫌いがあるとして，一般会計組入金を削除した「陸軍営繕費補充資金特別会計法案」(全7条) を修正起案し，さらに，同補充資金の使用時には当該金額を一般歳入に組入れ，一般歳出として支払いすべきことを加えた。陸軍省は大蔵省の修正起案に同意し，3月6日の閣議提出と帝国議会での採決を経て1908年3月30日に法律第40号として制定された。なお，政府委員外松孫太郎と衆議院陸軍営繕資金特別会計法案委員会での政府委員石本新六 (陸軍次官) の説明によれば，①陸軍管轄の建造物 (兵営，倉庫，官衙等，植民地内等も含む) の総面積は160万坪余，土地 (練兵場580万坪余，射的場7,300万坪余，演習地2,200万坪余，作業場130万坪余，牧場2億8,480万坪余，他建造物等の面積を含む) の総面積は3億8,760万4千坪余，②射的場で危険でない土地を一時耕作用として貸し付けるなどを含めて同土地総面積 (建造物を含む) の約50分の1が利用見込み，③毎年の収益は約40万円が見込まれる，とした (『第24回帝国議会衆議院陸軍営繕費補充資金特別会計法案委員会議録 (筆記速記)』第1号，2-4頁，1908年3

月25日）。

23) 日露戦争後は委任経理体制による積立金の蓄積自体が自己目的化された。その結果，委任経理法改正等を含む陸海軍政整理論を主張した沢来太郎著『陸海軍政整理論』（279-293頁，1912年）によれば，1912年度歳出総予算5億7,289万円余中に陸軍省所管経常部歳出が7,679万円余にして，内3,247万円余（糧秣費2,125万円余，被服費749万円余，馬匹費183万円余，軍隊需用品費189万円余）が委任経理に属する歳出で占められ（陸軍省所管経常部歳出中の約42%を占め，同年度歳出総予算中の5.6%を占める），さらに，積立金総額は1909年度末には陸軍全体で580余万円の「巨額」に達したとされている。その場合，各隊長は委任経理の完全・正確を期すよりも「其遣繰の巧妙に誇らんと欲するに傾き易く，且つ其隊の経済は漫に積立金の多きを以て栄とするが故に，其極や各被給与者の不便不利は敢て之を意とせざるに至るの弊なき能はず。」と評されるような状況が醸成された。沢来は委任経理法改正案として，①委任経理に対する委託検査を廃止し，会計検査院の直轄検査にする，②各隊その他の委任経理により蓄積される積立金保管を陸軍大臣の下に移す，③積立金の予算決算を帝国議会に提出する，ことを主張した。しかし，沢来のような主張は採用されなかった。その後，1940年陸普第5232号は委任経理の当分の間の停止を通知したが，停止直前の1939年度の陸軍委任経理金の決算統計（会計検査院長官官房調査科編『帝国決算統計』480-481頁，1942年）によれば，積立金残高（繰越）は992万6,171円余とされている。本積立金決算額は同年度の委任経理金決算額（需品費，糧食費，被服費，馬匹費，積立金，作業費，作業積立金，演習場諸費）の残高（繰越）合計1,006万3,364円余の98.6%を占め，同年度の陸軍費中経常費決算額の「軍事費」18,491万7,599円余の対比では約5.4%の比率関係にあった。なお，柴田隆一・中村賢治『陸軍経理部』には委任経理体制下の積立金への言及はない。

24) 〈陸軍省大日記〉中『満密大日記』1904年8月9月，第36号。所得税法は1899年2月10日法律第17号により改正され，非課税所得の条項は第5条に移り，同条第1号に従前の「軍人従軍中ニ係ル俸給」をそのまま規定した。ここで，大蔵次官は1904年2月22日付で海軍次官宛に所轄税務署の海軍軍人の所得金額決定時期に関して，①所得金額決定日以前に従軍して同決定日までに帰還しない者は，当該年は引き続き従軍する者とみなし，従軍の日以後の当該年分俸給をすべて従軍中俸給として非課税にする，②所得金額決定後の従軍者は当該年だけは従軍中俸給を予算しないはずであり，なお，4月中の本人届出の場合も上記に準じて既往事実で計算できるものは実際により計算して推定する外はない，と通知し，さらに，所属部隊・留守部隊の当該官が届書のとりまとめをお願いしたいと照会した（〈海軍省公文備考類〉中『公文備考』1904年，巻37，会計4，所得税）。海軍次官は同27日付で所得金額決定時期を了承したが，所属部隊・留守部隊の当該官の届書とりまとめは頗る困難であり，各自が届けざるをえないと回答した。

25) 26) 〈海軍省公文備考類〉中『公文備考』1904年，巻37，会計4，所得税。阪谷芳郎大蔵次官の5月16日付法制局長官宛の意見書は，①税法の解釈は大蔵大臣の専管事務にもかかわらず，同大臣以外の国務大臣から税法解釈の閣議請議されることは「当省ニ於テハ頗ル異様ノ感ヲ懐ク次第」であり，②日清戦役期の当初は「従軍中」を出征軍の派遣出発日より帰朝日までとするように指令したが（本書第3部第4章の注29）参照），9月13日の主税局長通知のように戦時給与規則により増俸を受ける期間を「従軍ノ標徴」とした，③しかるに，戦時給与規則による増俸期間を従軍中とすることは機械的解釈の弊になるとして，第11回帝国議会（1898年）に際して，所得税法改正の閣議請議を準備した時に，「軍人従軍中ノ俸給ニ所得税ヲ免スルノ規定ハ之ヲ掲ケサルコト」となったが，当時の大蔵大臣の「従来ノ濫用ナルモノハ法規ノ弊ニアラスシテ適用ノ弊ニ過キサル」ものという意見にもとづき，従来規定を存置して法案化し，その適用上において適正化するに至った，④第11回帝国議会は解散になり第12回帝国議会で現行所得税法が成立し，1899年3月13日に主税局長は各税務管理局長宛に，旧所得税法は廃止になり，同法にもとづく訓令・通知等は自然消滅したことを通知した（1894年9月13日の主税局長通知も消滅），⑤日露戦争では東京税務管理局長から4月5日付で，戒厳令施行地外の大本営附軍人と留守師団在勤軍人に対しては臨戦合囲地境内に服役するものではない等により所得税を賦課すべきとする請訓があり，大蔵大臣は4月27日付で請訓通りの指令を発した，⑥「従軍」の文字は戦役従事を示し，所得税法で軍人俸給で所得税を免除するのは「戦時ナルノ故ニアラスシテ其ノ従軍者ナルノ故ニ因ルモノトス随テ従軍セサル者ノ俸給ニ付免税スルコトハ法律ノ許ササル所」であり，「所得税法カ従軍々人ノ俸給ヲ免除シタルハ戦役ニ従事スル軍人ヲ優遇スルノ意ニ出テタルモノトス是レ戦時ニ於テ繁劇過度ノ労務ヲ為スハ独リ軍人ニ限ラサルニ拘ハラス免税ノ特典ハ独リ之ヲ軍人ニ限リタルヲ以テ之ヲ知ルヘシ」「所得税第五条ハ例外規定ナリ例外規定ハ敷演シテ適用スルコトヲ許サス」，と述べた。ただし，③の趣旨は，第11，12回の両帝国議会等で積極的に言明・説明されたとはいえず，大蔵省内部の見解・方針にとどまっていた。

［補注1］陸海軍両省は戦時の文官（軍属）の増俸所得の非課税化を求めていた。1894年陸軍戦時給与規則第16条は戦時もしくは事変のために繁劇の事務に従事する官衙にある者で文官は俸給5分の1の増給を規定していた（海軍戦時給与規則は第20条）。同文官の増俸は日清戦争と北清事変及び日露戦争の1904年には所得税を課せられなかった。しかるに，1905年の所得税決定を調査した場合，同増俸分に

所得税が加算されあるいは加算されないものがあるとされた。そのため，陸軍次官と海軍次官は連署で8月18日付で大蔵次官宛に，文官の増俸分は，疾病他事故による休務（7日間を超過）による増俸停止や増俸給与を受ける者が非指定官衙への転勤時に同増俸給与を止められることなどにより「個人トシテ其ノ収入所得ヲ予算スルヲ得ス」の理由のもとに「[所得税法第5条第5号の] 一定ノ所得ト認メ難キモノト存候」として，所得金額中に加算しないことに決定してほしいと照会した（〈陸軍省大日記〉中『満大日記』1905年9月，第223号）。大蔵次官は9月6日付で陸海軍文官の増俸給は所得税法第5条に該当しないと回答した。これに対して陸海軍両省はともに反発し，陸海軍両大臣は9月16日付で大蔵大臣宛に特に陸海軍軍人の平時の諸加俸にも影響するとして，所得税法の「一時ノ所得」として非課税にすることの再議をさらに要請した。しかし，大蔵大臣は9月26日付で，①所得税法第5条第5号の「一時ノ所得」は「所謂偶然ニ収入シタル不時ノ所得」である，②増俸を勤務奨励の「賞与金」と同様なものとする説があるが，戦時給与規則の増俸は所得税法上の一時所得ではないので課税され，したがって，平時の諸加俸も元来一時所得でなく課税すべきである，③増俸は陸海軍大臣の認定により給与・停止し個人として同収入を予算できないという説があるが，所得の予算は申告調査や決定時の現況によるのであり，当該時点で現に増俸を受けた以上は予算できることは当然である，と回答した。大蔵大臣回答のように，戦時・平時の給与規則上での増俸・加俸を偶然・偶発的又は随時的な一時所得とみなされないことは当然であった。陸海軍両省も一定の政策・方針等のもとに各々増俸総額等の概算を立てて支給したのである。しかるに，海軍省内ではさらに陸海軍文官の戦時又は平時の増俸加俸所得課税の解釈を閣議請議しようとして，同理由を10月15日に起案した。起案理由は主として従前見解を反復したが，海軍大臣は同意せず，ボツになった（〈海軍省公文備考類〉中『公文備考』1905年，巻48，会計5，第20件）。従軍中の軍属の俸給等は1940年3月の所得税法改正により非課税になった。

[**補注2**] 所得税法は1920年7月31日に改正された（法律第11号）。すなわち，法人の所得税や銀行預金利子他を除く個人の所得（第三種所得，第18条）で所得税を課さないものとして，従前の第1号の規定の「軍人従軍中ノ俸給」に「手当」を加え，さらに第7号として「乗馬ヲ有スル義務アル軍人カ政府ヨリ受クル馬糧，繋畜料及馬匹保続料」を新設した。本号の乗馬は官馬を意味し任意飼養のいわゆる自馬ではないが，非課税対象所得を拡大した。

27) 〈陸軍省大日記〉中『満大日記』1904年8月1日～15日，第228号。

28) 田上穣治「軍事行政法」（新法学全集第6巻『行政法 VI』43頁）。

29) オーストリア国の工兵監部附大尉フォン・タルナウ著『築城問題研究ノ補助』

(32-33頁，築城本部訳，1907年，原著は1906年刊行）は日露戦争の旅順要塞の日露攻守戦闘をふまえて著述し，攻囲要塞内部における軍隊と一般市民との関係について，「総テ要塞内ニアル人々ニハ一般市民タルト軍人タルトヲ問ハス又男子ト女子トヲ論セス皆各之ニ適スル有益ナル職務ヲ発見シテ之ニ服セシム可シ例ハ義勇兵，労役，看護，洗濯及繃帯製造，炊爨等ノ如キハ内部ノ静謐，秩序ヲ維持シ有為，協同，防守及献身ノ精神ヲ鼓舞シ且不穏，不満ノ人民ヲシテ其ノ不安ナル憎悪スヘキ煽動ノ根本ヲ失ハシムルカ為与ツテ大ニ力アルヘシ此ノ如クナレハ則チ防禦ヲ能ク其ノ極度ニ達セシメ何事ノ襲来スルアルニ拘ハラス一人タリトモ又使用シ得ヘキ材料ノ一片タリトモ決シテ之ヲ甘ンシテ敵手ニ委セサルカ如クナラシムルコト益々容易ニシテ且人民モ皆之ヲ当然ノ事ト認ムルニ至ルヘシ〔危急存亡ノ情況ヲ秘密ニスルコトハ此ノ如キ場合ニ於テ採リ得ヘキ処置ノ最モ拙ナルモノナリ蓋シ此ノ如クスレハ市民ハ唯人ノ噂ヲ信スルニ至リ殆ト全ク信スヘカラサル状態ニテ起レル流言モ遂ニ広ク流布スルニ至ルヘク之カ為偶然起レル小動機モ其ノ結果トシテ遂ニ予想外ノ大悲劇ヲ演出スルニ至ルヘケレハナリ之ニ反シ若実際ノ危険ヲ失セス一般ニ知ラシムレハ反テ唯防禦ヲ決然確固タラシムルニ至ルヘシ〕」と，要塞内に住民を分け隔てなく入れつつ，正確な情報の流通・共有の重要性を記述した。

30)　防空対策の研究としては，土田宏成『近代日本の「国民防空」体制』(2010年，神田外国語大学出版局）がある。

付録　近代日本陸軍動員計画策定史関係年表（1868～1912年）

○軍制他関係　◎戦時編制と帝国全軍構想化路線関係　●出師準備管理体制関係
（ボールド数字は主要頁）

1868年（明元）閏4月　◎大久保利通建白書（大本営構築構想の源流）　**54，1122**

5月　戊辰戦争（上野戦争）新政府軍勝利の称揚（皇軍称揚I，統帥権の復古的集中・皇軍称揚の源流）　**55，116，1122**

○江戸鎮台設置（旧幕府官職別称遺制継承～7月）　**52，111**

8月　○1868年府県宛布告（府県兵禁止政策，将来の「府県兵」の統一的規則制定方針内包）　**56，116**

1869年7月　○二官六省職員令により，兵部省を設置し，陸海軍に大将・中将・少将の官位相当を置く　**62**

1870年4月　◎駒場野合併操練（大本営特設の演習的起源）　**313，356**

5～7月　○兵部省「海軍創立陸軍整備」の諸建議等（皇威宣布と万国並立の軍備拡張政策認識形成）　**62，318**

9月　○陸海軍大佐以下官位相当表等布告　**62**

10月　○兵制を海軍は英式，陸軍は仏式に定む　**64，318，448**

1871年2月　○二鎮台設置（兵備・兵権と行政権との分離化開始）　**60**

○御親兵設置　**203，230**

7月　廃藩置県　**34，61，886**

○四鎮台配置（警備線画定化から全国防禦線画定化への転換，常備軍結集開始）　**61，119，151，163**

○兵部省職員令（武官任用指定職化等＝武官上位の文武官兼任体制＝常備軍幹部結集担保）　**61，1120**

8月　○海陸軍刑律裁可（1872年2月制定，3月頒布）　**386，395，887，1121**

○旧城郭の兵部省管轄　**76，141**

12月　○山県有朋兵部大輔等の「軍備意見書」　**66，153**

1872年1月　◎東京鎮台条例制定（帝国全軍構想化路線の端緒的萌芽）　**63，356，402，854**

○銃砲取締規則制定　**68，127，129**

2月　○兵部省廃止，陸軍省と海軍省の分置　**67，125**

○兵器還納政策開始（第一次武装解除）　**76**

3月　○近衛条例制定　**202，231**　○読法律條附制定（9月一般布達）　**220，383，887**

○陸軍省・海軍省による兵書出版管理　**887**

6月　○歩兵内務書第一版頒布（連隊兵員定員の算定基準，編制用語の先行的規定）　**28，85，142，1120**

7月　○柳原前光閩浙総督上奏文とメットホルス対話書を西郷隆盛に送付（琉球藩新置方向加速）　**327**

9月　○琉球王国廃止・琉球藩新置　328

11月　○徴兵の詔，太政官徴兵告諭（統帥権の復古的集中化Ⅰ）　154

1873年1月　○陸軍省・大蔵省の全国城郭地所管轄条約書（全国六軍管区画定化方針の基盤成立）　82，154，319

○六管鎮台表制定（平時編制の第一次的成立）　28，84，142，154

○徴兵令制定（常備軍の本格的結集，徴兵入費政策の第一次攻防）　34，153，164，181，265，271，1121

2月　○近衛諸隊の解隊・免役（賞典米下付）　205

3月　○陸軍省条例制定（横断的参謀官職体制の成立Ⅰ）　314，356，855

6月　○歩兵隊編制の歩兵内務書準拠指令　88

7月　○鎮台条例改正（鎮台体制の成立，官制と編制の混載法令）　88，143，144，1120

8月　○県庁の兵備化・兵隊編成禁止（軍事奨励志向の第一次消失化）　80

○在外会計部大綱条例制定（戦時の陸軍会計経理制度の開始）　321

1874年2月　佐賀事件　95，324，930

◎参謀局設置と征討総督体制の立ち上げ（大本営的機関の誇示的構築の端緒化）　324，856

3月　○第二次武装解除〈懲罰的銃砲類接収〉　94

4月　○台湾蕃地事務局設置と台湾蕃地事務都督任命　331

5月　台湾出兵　326，336，930，1125

○徴兵入費概則の仮規則規定（配賦徴員送り届け業務構造の成立）　168

6月　○台湾蕃地事務支局祭文他（皇軍称揚Ⅱ）　348

7月　○「海外出師之議」と「宣戦発令順序条目」の閣議決定　337，339

9月　◎陸軍海漕運輸局概則起案（天皇帷幕の特設構想開始＝帝国全軍構想化路線の端緒化開始，現場対応としての帷幕概念の成熟）　342，345，1122

11月　◎陸軍省の大本営特設構想開始　347

○陸軍省費用区分概則制定（俘虜政策の第一次的成立）　357

○工兵方面条例制定（砲台・屯営・官廨等の建築修繕と地所の管理）　83，716

1875年1月　○太政官布達第15号（旧来砲台地周辺地所開墾等禁止）　494，942

2月　○壮兵諸隊の漸次解隊（賞典米下付）　210

9月　江華島事件　36，351

10月　◎海防局設置の太政官稟定　349，394

11月　○共武政表編纂　857

◎陸軍職制及事務章程制定（出師業務独占化志向の端緒化）　355，402

1876年1月　◎江華島事件・征討軍編成構想（武官文官混成の帷幕特設構想の端緒化継承）　351，353，402，1122

3月　◎海外出師会計事務概則制定（兵站概念の端緒的形成）　361

9月　○火薬庫圏線規則制定　986

1877年（明10）2月　西南戦争　97，211，225，1111

◎戦時費用区分概則の制定指令と出征会計事務概則の制定　358，362，365，503

4月　○壮兵の新規募集と編成　211，243

	○征討総督本営銃器借り上げ指令（第二次武装解除〈武装化防止的銃器類接収〉）**98**
1878年2月	○山県有朋の軍用銃買い求め建議（軍事奨励志向の第二次消失化開始）**106, 881**
10月	◎参謀局拡張上申（帝国全軍構想化路線の端緒化踏襲と軍令概念の拡張）**401, 1122**
12月	◎参謀本部条例制定（平時戦時混然一体化体制と現場対応としての帷幕概念の成立，横断的参謀官職統轄体制の成立II）**36, 412, 436, 454, 549, 558, 609, 728, 1121, 1123, 1125**
	◎監軍本部条例制定 **415, 420**
1879年4月	琉球処分（日清間の琉球問題懸案未決着潜行）**491, 527**
9月	◎鎮台条例制定 **420, 1120**
10月	◎陸軍職制改訂（帝国全軍構想化路線の法令的担保，高度な統治対応としての帷幄概念の成立）**425, 458, 1123**
	○陸軍会計部条例制定 **476, 511**
11月	○徴兵事務条例（徴兵入費政策の第二次攻防）**175, 177, 424**
1880年2月	◎軍用電信隊概則制定（大本営の法令規定開始）**418, 429**
5月	○観音崎砲台建築工事開始 **479**
11月	○内務省達乙第42号制定（徴兵下検査諸経費の地方税による支出指令，徴集候補人員寡少化構造の成立）**178**
	○山県有朋参謀本部長の『隣邦兵備略』上奏（東京湾防禦の世論強化）**481**
1881年5月	◎戦時編制概則制定（戦時編制の用語採用開始＝戦時編制概念の転換準備促進，官制概念からの編制概念の成熟（1），軍令・帷幕概念の多用化的成立）**36, 427, 438, 1120, 1123**
6月	◎シェルレンドルフ著『独逸参謀要務』邦訳刊行（山県有朋の叙「日本帝国参謀要務書」，出師（モビリザション），大本営（ハウプトクアルチール）の訳出）**438**
	○壮兵従軍者への慰労金下付政策（軍事奨励策の第三次消失化開始）**227**
12月	○陸軍刑法制定 **40, 386, 512, 1121**
1882年1月	○軍人勅諭（統帥権の復古的集中化II）**26, 44, 451, 1140**
2月	○1881年会計法下の準備金積立ての認知と庇護（陸軍給与の委任経理体制の素地形成）**475**
3月	○読法改正 **930**
7月	○陸軍臨時建築署条例制定（東京湾防禦砲台の増設・強化）**485**
	◎朝鮮国壬午事件（動員・予備軍召集，準戦時大本営的体制構築＝帝国全軍構想化路線の端緒化踏襲）**36, 499, 547, 767**
8月	○戒厳令制定 **40, 754, 776, 1103**
	○太政官布告第37号（戦時始期月日布告手続制定）**753, 775**
	○徴発令制定 **40, 274, 534, 863**
11月	○軍備拡張の勅諭 **36, 259, 528, 1120**
1883年1月	○府県に兵事課設置（陸海軍の恒常的出先機関の成立）**274, 280**

8月　○陸軍治罪法制定（軍法会議と「長官主義」による司令権の独自貫徹）　**1121**

12月　○徴兵令改正　**531, 533**

1884年5月　○七軍管兵備表・諸兵配備表制定（官制概念からの編制概念の成熟（2），平時編制の第二次的成立）　**36, 530, 535, 937**

○歩兵一連隊編制表改正（下士の地位低下傾向招来と上等兵養成主導の軍隊教育の成立）　**530, 536, 538**

7月　○諸隊兵器弾薬表制定　**538**

8月　●鎮台出師準備書制定（出師準備管理体制の成立萌芽）　**541, 544, 1126**

9月　●陸軍会計部条例改正（出師準備を含む陸軍会計経理体制の成立）　**36, 542, 613**

11月　○内務省達乙第41号制定（徴兵入費の官費化＝軍隊への地域社会の馴致・順応化I，府県段階の徴兵援護・兵事奨励事業の成立条件開始）　**277**

12月　朝鮮国甲申事変　**38, 596, 767**

1885年1月　●戦時諸規則等制定（出師準備管理体制の成立拍車）　**596**

3月　●陸軍省に輜重局設置　**602**

4月　◎国防会議条例制定（帷幄用語の積極的明記）　**459**　　○天津条約　**748, 768**

5月　○鎮台条例改正（平時編制の第三次的成立，鎮台体制の完成，官制概念からの編制概念の成熟（3））　**38, 590, 930, 1126**

6月　○鎮台及営所職官定員表制定（武官カテゴリーの本格的成立の萌芽）　**593**

7月　●参謀本部条例改正（出師主管局設置）　**38, 595, 607, 937**

12月　○内閣職権制定（参謀本部長の「分家」的機関認知）　**566, 569**

1886年1月　●出師年度の新設定（毎年4月20日から翌年4月19日）　**603**

2月　●1886年度鎮台出師準備書の仮制定（出師準備管理体制の第一次的成立）　**604, 614, 617**

3月　◎参謀本部条例改正（海軍参謀職務機能の包摂・吸収）　**453, 561, 569, 734, 938**

○近衛鎮台監督部条例等制定（陸軍会計経理体制の第一次的整備）　**38, 611, 614, 619**

10月　●陸軍召集条例制定　**274, 610, 614**

11月　○臨時砲台建築部官制制定　**945**

○警備隊条例制定（対馬全島民の防禦参与による「対馬自力防禦」政策）　**957, 1085**

1887年（明20）2月　○平時歩兵一連隊編制表制定　**29, 622**

●戦時歩兵一連隊編制表制定（戦時編制概念の第一次的転換）　**29, 622, 764, 1120, 1126**

●担架術教育規則制定（戦時衛生業務整備）　**625, 627**

3月　●所得税法による出役軍人の俸給所得の非課税化　**613**

○「砲台建築事業ニ係ル工兵方面事務取扱ノ順序」規定　**945**

4月　●『赤十字条約解釈』頒布　**628**

5月　○陸軍省官制改正による人事課設置（人事事務管理体系の集権化・一元化推進）　**633, 636, 1126**

○監軍部条例制定　**632**

6月　○陸軍各兵科現役士官補充条例制定・陸軍士官学校条例改正（将校団成立の官製化推進Ⅰ＝軍部成立の第一次的基盤形成としての人事・官職的基盤整備開始）　**630, 684, 1126**

1888年　〜○◎●常備軍の本格的成立〜　**643, 658, 1124**

5月　◎参軍官制制定（「帝国全軍」の法令条文明記，平時戦時混然一体化体制の典型的継承）　**636, 728**

○師団司令部条例制定と鎮台条例廃止（師団体制の成立）　**144, 638, 1126**

○衛戍条例制定　**638, 968**

○勅令第31号「陸軍団隊配備ノ件」制定（陸軍常備団隊配備表制定，平時編制の第四次的成立）　**28, 639**

○勅令第32号陸軍管区制定（陸軍管区表制定）　**728**

7月　●師団戦時整備表・戦時諸部隊編制表制定（戦時編制の成立萌芽＝出師準備管理体制の第二次的成立）　**639, 764**

10月　○軍隊内務書第一版の編集・頒布（連隊将校団の成立規定）　**620, 630, 1126**

12月　○陸海軍将校分限令制定（俘虜政策の第二次的成立）　**634, 687, 1127**

○陸軍給与概則中改正（俘虜帰還者規定削除）　**635**

1889年1月　○徴兵令改正（兵役制度の中央集権化，軍部成立の第一次的基盤形成としての兵役制度的基盤整備）　**34, 280, 1127**

2月　明治憲法発布　**26, 557, 656, 660, 733**

◎伊藤博文編『憲法義解』（現場対応としての帷幕概念及び高度な統治対応としての帷幄概念の確定）　**26, 30, 45, 557, 1123**

会計法制定　**38, 660, 720, 798, 1127, 1133**

3月　◎参謀本部条例制定（参謀総長＝帝国全軍の参謀総長）　**454, 569, 728, 736**

4月　○桂太郎の軍部自治論（〜94年1月，軍隊への地域社会の馴致・順応化Ⅱ，郷土部隊論の原型像成立）　**290, 968, 1127**

○勅令第60号会計規則制定　**660**

5月　○陸軍武官進級令と将校団教育令の制定（将校団成立の官製化推進Ⅱ）　**630, 685, 1126**

○会計検査院法制定　**660, 663**

○土地収用法制定（要塞建設と国土防禦体制の第一次的転換）　**866, 939**

9月　●野外要務令草案頒布　**648**

12月　◎内閣官制制定（軍機軍令事項上奏資格者拡大と「戦時ノ帷幄」の想定）　**36, 557, 569, 727, 1124**

●1890年度師団出師準備書仮制定（出師準備管理体制の第三次的成立の起点）　**644**

1890年2月　○金鵄勲章創設　**689**

3月　○陸軍の規則条例等での天皇尊称を「天皇陛下」と内定　**725**

○法律「陸軍給与ニ関スル委任経理ノ件」，陸軍給与令制定（軍部成立の第一次的基盤形成としての会計経理的基盤成立）　**662, 720, 1127**

	○近衛師団監督部条例制定（陸軍会計経理体制の第二次的整備） **38, 667, 1127, 1144**
	◎陸海軍連合大演習（大本営の公式設置） **279, 652, 727**
4月	○工兵方面要塞勤務規則制定 **949**
5月	○要塞砲兵配備表と要塞砲兵連隊設置表の制定 **954**
8月	●法律「陸海軍出師準備ニ属スル物品検査ノ件」制定 **665, 1127**
9月	●徴発事務条例中改正（馬匹徴発体制整備） **646**
	○陸軍工事受負及物品購買手続制定 **674, 846, 1022**
11月	○陸軍定員令制定（平時編制の第一次的完成） **28, 657, 679, 711**
1891年2月	○兵器弾薬表制定 **659**
8月	●兵站勤務令案の成立 **782**
10月	◎●戦時編制草案（戦時大本営編制の第一次的構想，帝国全軍構想化路線の典型的展開） **39, 575, 709, 711, 723, 774, 781, 1124**
11月	○衛戍服務規則改正 **960, 968**
12月	●野外要務令制定 **38, 655, 680, 1126**
1892年3月	○軍隊経理条例制定 **664, 714**
9月	○伍第691号砲台建築工事及物件買収契約手続規定（要塞建設工事の秘密化と随意契約推進） **947**
11月	●陸軍糧餉部条例制定（戦時用糧秣品原初的貯蔵開始） **669**
1893年4月	●「出師準備」を「動員」に改称 **739**
	○日本海軍の朝鮮国主要港・沿岸の警備巡航強化（～94年5月） **747, 769**
5月	◎戦時大本営条例制定（帝国全軍構想化路線の第一次的変容） **454, 732, 1125, 1142**
10月	◎参謀本部条例改正（帝国全軍構想化路線の第二次的変容） **454, 735, 761, 1125**
11月	●動員年度改正（毎年4月1日より翌年3月31日まで，1896年度より実施） **742**
12月	◎●戦時編制制定（戦時編制概念の第二次的転換，令達文書・冊子体の体裁化，秘密文書管理体制強化着手，出師準備管理体制の完成，動員計画管理体制の第一次的成立，「自力防禦」を含む島嶼防禦の守備隊編成思想の成立） **29, 37, 39, 40, 42, 680, 738, 957, 1085, 1124, 1126**
	●出師準備書を出師準備訓令と改称 **741**
1894年3月	○陸軍給与令中改正（委任経理体制下の戦時用糧秣品原初的貯蔵の政府認知） **672**
4月	●出師準備品品目数量一覧表調製 **793**
5月	○「5.31総理官邸会議」（対清国開戦想定の出兵方針内定先行） **746, 779**
	○陸軍工事請負及入札心得規定 **679**
6月	○朝鮮国への兵力派遣の閣議決定 **747, 895**
	◎●戦時大本営編制制定（大本営を参謀本部に置く） **37, 39, 743, 751, 1126**
	●兵站勤務令制定 **39, 784**
	●戦時衛生勤務令制定 **828** ●野戦軍糧秣調達及補給仮規則制定 **809**

●朝鮮事件諸費予算表調製　**796, 798**

7月　●臨時費支出及整理規定制定　**796, 834**　●野戦糧餉部務令制定　**816**

朝鮮王宮囲襲戦闘（大院君政府擁立）　**778**　豊島沖海戦　**752**　成歓戦闘　**752**

8月　清国に対する宣戦詔勅　**752, 898**

○大蔵省による軍人従軍中俸給所得非課税化基準制定　**795**

9月　○大本営「新聞材料公示手続」作成（「大本営発表」体制の原形成立）　**900**

○内閣による日清戦争戦時始期（7月25日豊島沖海戦）指令　**757**

◎広島に大本営移転　**774, 900**

○金鵄勲章年金令制定　**690**

10月　○戦時給与規則中改正（俘虜政策の第三次的成立）　**795**

11月　○金鵄勲章叙賜条例制定　**690**

○日本銀行と日本赤十字社の皇軍称揚（皇軍称揚III）　**1139**

1895年1月　○防務条例と東京防禦総督部条例の制定　**963**

3月　○要塞司令部条例制定　**964**

5月　日清講和条約　**910**

9月　◎「陸軍々備拡張案」策定（国土防禦体制の第二次的転換，帝国全軍構想化路線の第三次的変容）　**970**

10月　○衛戍条例改正　**966, 968**

1896年2月　○軍備拡張・新衛戍地域の兵営地撰定方針策定　**1028**

3月　○勅令第24号陸軍管区表改正　**1028**　○勅令第25号陸軍常備団隊配備表改正（9月陸軍省送乙第3470号令達，新設・移転の歩兵連隊等の新衛戍地規定）　**42, 1028**

1897年（明30）9月　○築城部条例制定（要塞建築事業拡大）　**974**

10月　○陸軍秘密図書取扱規則制定　**893**　◎戦時編制改正　**30, 43, 1050, 1103**

1898年1月　◎戦時要塞勤務令制定　**1050**

2月　○砲台建築事業施行手続規定　**977**

7月　○勅令第176号「要塞近傍ニ於ケル水陸測量等ノ取締ニ関スル件」制定　**990**

1899年7月　○軍機保護法制定　**911, 919, 1036**　○要塞地帯法制定　**41, 990**

○陸軍機密図書取扱規則制定　**920**

8月　○要塞弾薬備付規則制定　**1059**

9月　○陸達第87号陸軍常備団隊配備表改正（1896年陸軍省送乙第3470号令達廃止，「沖縄警備隊」規定されず，沖縄全島非武装化・非兵備化確定）　**1030**

10月　◎陸軍戦時編制改正　**43, 1057, 1103**

1900年5月　○陸軍省官制中改正（軍部大臣現役武官制の成立）　**558, 1143**

6月　○勅令第280号「政府ノ工事又ハ物件ノ購入ニ関スル指名競争ノ件」制定　**1130, 1147**

1901年1月　○防務条例改正　**1013, 1066, 1084**

2月　○勅令第8号制定（政府直営工事事業の職工人夫雇傭請負随意契約化）　**980**

3月　○要塞司令部条例改正　**1014**

4月　○砲台監守服務規則制定　**1006**

1902年１～４月　○陸軍会計経理制度改編（軍部成立の第二次的基盤形成としての会計経理的基盤成立＝軍隊・官衙の自主経理体制拡大，師団経理部条例制定・陸軍予算事務順序中改正・陸軍工事請負及物件購買規程制定・軍隊経理規程制定）　**1128，1133，1144**

５月　○1902年度参謀長会議（要塞防禦計画のコメント）　**1067，1077，1110**

８月　○勅令第200号会計規則中改正（入札加入者規制）　**1131，1149**

９月　○要塞建設実施規定制定　**979**

11月　◎要塞防禦教令草案令達　**1080**

1903年12月　◎戦時大本営条例改正（戦時大本営編制の第二次的構想，帝国全軍構想化路線の終焉）　**1142**

1904年１月　○陸軍省令第１号制定（新聞紙検閲体制強化）　**923**

２月　ロシアに対する宣戦詔勅　**926**

８月　○軍人従軍中俸給所得非課税化の既得権確立（皇軍称揚路線の成立）　**1134**

1905年９月　日露講和条約

1907年(明40)９月　○軍令第１号「軍令ニ関スル件」制定（軍部成立の第三次的基盤形成としての法令的基盤成立）　**1134**

1908年３月　○法律「陸軍給与ニ関スル委任経理ノ件」中改正（軍部成立の第三次的基盤形成としての会計経理的基盤確立）　**1134**

12月　○軍隊内務書改正　**1126，1143，1153**

1909年３月　○委任経理体制下の積立金が総額580万円余に達する　**1154**

11月　○歩兵操典改正　**1097**

1910年６月　○要塞防禦教令制定　**41，1095，1137**

11月　○帝国在郷軍人会設立（軍部成立の第三次的基盤形成としての社会的基盤成立）　**1134**

1912年　○1912年度の委任経理に属する歳出が陸軍省所管経常部歳出中の約42％を占める　**1154**

あとがき

本書は，凡例記述のように，2012年3月に一橋大学に博士学位申請のために提出した「近代日本陸軍動員計画策定史研究――近代日本の戦争計画の成立――」という題目の論文に加筆・字句修正等を施したものである。同申請論文は吉田裕教授，坂上康博教授，石居人也准教授の三先生により審査されたが，三先生にはここに改めて深謝する。同論文により翌2013年1月に博士（社会学）の学位が授与されたが，本書刊行に際しては論文副題の表記がわかりやすいと考え，本書の書名にした。また，「近代日本陸軍動員計画策定史関係年表（1868～1912年）」を付録として収録し，年表事項に主要索引頁を付した。

1　近代日本陸軍動員計画策定史の研究経緯

本書は私にとって二つ目の博士学位申請論文の公刊になり，自己の近代日本軍制史研究開始からはようやく折り返し地点に至ったという思いもあるが，研究テーマを近代日本陸軍動員計画策定史研究としてまとめるに至った研究課題の自覚や経緯は四つある。

第一は，大学院博士課程在学中に〈陸軍省大日記〉を調査・閲覧していた時に，同簿冊群に編綴されていた多数の「出師準備書」関係文書群等に妙に気が引かれ（日清戦争後は「動員計画書」の文書群），同文書群等の検討・分析を無視・脱落させては近代日本軍制史研究の水準を引き上げることはできないだろうと考えていたことがある。ただし，当時の私は教育学という枠組みで博士学位申請論文をまとめることに専念・集中していたために，同文書群等の検討・分析には特に踏み込む余裕はなかった。また，誰かが本格的に研究してくれるだろうという思いもあった。その後，函館の地での研究職を得ることができ，最初の博士学位申請論文を1994年に『近代日本軍隊教育史研究』の書名で公刊して気持ちにやや余裕もできた頃に，函館要塞に関する言及や研究の機会があった。その時に要塞動員計画書等を検討・分析したが，やはり改めて陸軍の動員計画全体の本格的解明の必要があるという気持ちに至った。しかし，当時は，研究の分析視点や方法は明確ではなかった。

第二に，動員計画策定の解明に対する私自身の分析視点をつくることができたのは，教育学研究の重(おも)しのようなものからしだいに解放された気分のもとに，2003年以降に勤務先大学の研究紀要等に粗雑であったが，戦時と戦時編制等の概念はどのように明確化されたか，鎮台と参謀本部及び帷幕・帷幄と大本営等の基本的性格（太政官体制・内閣制度との関係を含む）はいかなるものであったか，等を執筆する過程においてである。これらの執筆過程で生前の大江志乃夫から研究をまとめることをすすめられたが，まとめるには不十分であり，安易な表層的研究にとどまるべきでないと考えていた。ただし，上記の「出師準備書」や動員計画書等の文書群は今日までのワンパターン化された概略的・啓蒙的な軍事・軍制史や戦争史等で言及・推定されたものをはるかに超えた深い議論や認識・判断等を含んでいたので，それらに依拠して，明治維新から少なくとも日清戦争前後までの戦争実施計画の基本を一貫した研究視点で分析・解明しなければ，近代日本軍制史研究のレベルアップを導くことはできないという決意をしだいに固めた。その後，防衛研究所図書館で1893年制定の戦時編制を調査・確認し，さらに国立国会図書館憲政資料室所蔵の『樺山資紀関係文書〈第二次受入分〉』に含まれた1891年戦時編制草案を調査・確認できたことの意味は非常に大きかった。特に後者には武官部と文官部から構成される戦時大本営編制が起草されていたことに注目し，自己の研究を改めて近代日本陸軍動員計画策定史研究としてまとめる時に，帝国全軍構想化路線の成立と展開を基本にして構成できると確信し，また，戦前から今日まで流布されてきた「統帥権の独立」論等の問い直しと原理的批判が必要と思った。それは，近年までの軍事・軍隊史や戦争史あるいは政治史・政軍関係（史）等の記述・言及の基調は，憶測と研究不足により組立てられて流布された美濃部達吉等の憲法学説における「統帥権の独立」論等の安易な追随・反復に終始し，史料批判に欠け，衰退・劣化さえみられると考えたからである。同時に，流布された「統帥権の独立」論自体等を無視しあるいは脱落させ，そこからあたかも撤退したかのような近年の研究状況にも危惧をもったからである。

その上で，新次元の体系的な考察視点を立て，戦時編制概念等の形成と転換の分析により，近代日本の戦争実施計画の推進基軸というべき出師準備管理体制を浮上させることができたことの意味も大きかった。また，鎮台体制等の解明において，近代常備軍の結集・成立の特質を前近代から断絶させて把握するのでなく，幕末・前近代との接続・継承をふまえて考察できたことの意味も大きい。なお，近代日本陸軍動員計画策定史研究は出師準備管理体制を体系的に真正面から解明しなければならず，本書は同体制の成立画期確定のための「4基準」を記述した（序論）。これらについては，私の造語の「帝国全軍構想化路線」，さらに常備軍を官僚機構の一変種として把握する場合に，国家論にも関連する「官制（概念）からの編制（概念）の成熟・成立」等を含めて，付録の「近代日本陸軍動員計画策定史関係年表」と合わせて批判を特に期待したい。

第三に，動員計画策定史の解明においては陸軍会計経理体制に踏み込み，かつ，徴発体制を含めて兵站体制を組み入れて考察できるようになったことも大きい。戦前からの軍事史・軍制史研究においては，軍備の維持・拡張のための国家予算膨張に関してはほぼ概説的な言及にとどまっていた。これに対して，本書は新たに陸軍末端現場の官衙・部・隊における陸軍省所管予算の執行・消費（工事発注と物品購入）のレベルと戦闘現場及び兵站勤務との関係で解明し，陸軍会計経理体制をめぐる特別な法令的庇護と支配及び権益等の発生・確保・貫徹にかかわる研究分野の新機軸を提示できたことである。なお，本書は動員計画策定関係の隠れていた諸法令・規則類の発掘に努めるとともにその調査・起案・制定・令達等の月日をできるだけ正確に確定しようとした。それは同法令・規則類の制定過程等の検証とともに動員計画策定史研究の基礎的な共有事項として浮上させ，近代日本軍制史研究の推進に寄与したいと考えたからである。

第四に，動員計画策定の解明において重複するが，軍隊の兵力行使基盤を支える軍事負担体制を徴発令・軍機保護法・要塞地帯法から解明し，併せて要塞防禦教令を考察できたことも大きい。特に，私が函館要塞を研究し始めた頃，40数年来の恩師であった故・千葉大学名誉教授城丸章夫は「要塞の戦闘は天下一品面白い」と話してくれたことがあった。日露戦争までの函館地域の要塞と函館湾・津軽海峡防備は（本書第4部第3，4章にかかわる日露戦争・戒厳令下の唯一的な函館要塞の戦備執行等），定年退職に際して友人等への深謝贈呈用として作成予定の自家製冊子『近代函館地域の軍制史的研究——港湾防禦要塞都市の成立——』として詳細にまとめ，城丸の指摘に応えたいと思う。また，これによって，軍事負担体制の中で言及できなかった戒厳令実施の詳細解明の一助にしたい。

なお，城丸が近代日本の軍隊の研究方法で一貫して重視したのは，軍隊側が著作・言及した基本的な文献・文書の読み込みと分析である。これにより，戦争と軍隊の体験等現場に貫かれた国家による支配・被支配の権力的隷属関係等の秘密構造や深部・基層を解明し，逆に戦争と軍隊の現場・実態等を想定・想像かつ総括できる力（軍事的教養力）を形成し，戦争・軍隊を批判的に教訓化することの重視であった。城丸が軍隊内務書と典範令の分析から戦争・軍隊の本格的な研究を開始したのも以上の研究方法の構えにもとづいていた。その上で，常に軍隊・軍制の基礎・基本に戻り，さらに戦争・戦闘の敗戦・敗北責任の軍制的所在を解明しようとしていた。私も微力ながら前書と本書でも城丸の研究方法の構えを踏襲したつもりであり，「研究（書）」を名乗る以上は軍隊・軍制に関する基礎・基本の解明を避けてはならないと考えてきた。特に，常備軍の結集過程において，狭義の平時編制が軍隊内務書（歩兵内務書）の兵営内部管理統制概念を取込みつつ成熟したことをあらためて考察したが，編制概念成立上の一つの特質を解明できたと思う。

さらにもう一つ，城丸は軍隊の研究方法に関して外国の軍隊・軍制も含めて比較し解明する必要性を語っていたことがある。城丸の指摘は近代日本軍制史研究をいわゆる「一国主義史観」のもとに閉鎖的に進めてならないことを強調し，一国を超えて生み出された帝国主義軍隊の支配の秘密や特質を浮上させることの重要性を語ったのである。これに対して，本書はプロイセンの参謀本部体制，フランスとドイツの野外演習と陣中勤務体制，ドイツ陸軍の会計経理体制，フランスの徴発体制と要塞防禦勤務体制，等に言及し，城丸の指摘に幾分かは応えることができたと思っている。

2　今後の研究分野の拡大と深化等について

さて，今回の博士学位申請論文の執筆時（その後も）に絶えず気にかかっていたことがある。

第一は，第1部第1章で明治新政府による全国武装解除方針のもとに強行された銃砲管理統制政策を考察したが，現在までアメリカでの銃乱射等事件による多数の死傷者が発生した数回の痛ましいニュースに接してきたことである。アメリカでは2012年12月にコネティカット州の小学校での銃乱射による子どもら26名が犠牲になり，同州では翌年4月に銃規制法が成立したが，合衆国全体の銃規制法は未だに成立していない。近代日本では銃砲取締規則や鳥獣猟規則が制定され，山県有朋らの銃器買い求め建議と地方反乱時の陸軍省等による銃砲類の接収や買い上げ等処分もあったが（その細部には不明・疑問もあり，また，女性の銃砲発射による職猟・遊猟・除害猟への1885年の禁止政策には異議があるが），およそ，一応の銃規制社会に至ったとみてよい。ただし，本書の考察範囲外であるが，その後から今日までの軍用銃を含む武器・兵器の世界的な際限なき「改良・開発」により殺傷力効果が「誇られる」というおぞましい政治社会が続くならば，残念至極という他はなく，また，銃依存社会・銃病理社会を決して招来させてはならない。

第二は，本書は微力であり，かつ全面的ではないが，天皇制政府・陸海軍作成の未公刊公文書群を基本にして，近代日本において軍隊・常備軍が成立した（する）時の権力支配の重さを明らかにしたものである。しかるに，近年の日本において軍隊と戦争・武力行使が安易に語られる場面を見聞するが，軍隊・常備軍の戦闘と権力支配の重さが軽く認識されている（あるいは隠されている）と危惧せざるをえない。軍隊・常備軍の美化にはある種の無邪気さを伴うが，その権力支配の社会的な重さが歴史的に総括されていないのかもしれない。

第三は，前書『近代日本軍隊教育史研究』の「あとがき」で，近代日本軍制史研究として深められるべき分野・テーマに関して，1．統帥権問題，2．兵役制度，3．軍制と経済との関係（特に軍需工業動員法や国家総動員法を中心に），4．軍制と治安関係（軍刑法・軍裁判法，軍機保護法，要塞地帯法等を中心に），5．戦時国際法（占領地政策等を含む），6．軍隊教育関係を示したが，その後から約20年を経て，自己宣言をどれだけクリアして研究水準を高めることができたかを反省しなければならない。この中で，統帥権問題，兵役制度，軍機保護法，要塞地帯法等の解明は本書の言及通りであるが，軍制と経済との関係は近年の山崎志郎著作の『戦時経済総動員体制の研究』（2011年）と『物資総動員計画と共栄圏構想の形成』（2012年）の緻密かつ本格的な研究書によって補ってもらうしかない。その上で，本書では展開できなかった分野・テーマとして，

①日清戦争後からおよそ1920年代までの陸軍動員計画管理体制（特に，陸軍補充令，戦時衛生勤務令，等），②近代日本における国際人道法（戦時国際法）の受容・離反過程，③近代日韓軍事関係史，④近代の沖縄全島非武装化・非兵備化と対馬全島要塞化の意味，等がある。これらは本書の今後の後継的な研究課題として高い研究水準のもとに本格的に解明されなければならないと考える。

第四は，本書は近代日本軍制史研究の先達者（特に故人）の諸研究成果や各地の文書館・図書館の所蔵文書・図書類の閲覧・調査等に多くを負っていることはいうまでもない。改めてお礼を述べなければならない。今日，近代日本軍制史研究はほぼ皆無になっている中で，既に故人になられた先達者の近代日本軍制の基礎的・基本的な研究は当時の史料の収集・発掘等の制約・限界があったが，いわば自動車等のエンジン構造に相当する軍制に真正面から向き合った構えや成果は貴重であることはいうまでもない。他方，今日ではアジア歴史資料センターや国立国会図書館（近代デジタルライブラリー）等において膨大な公文書群・図書類が公開・デジタル化され，自宅のパソコンで容易に検索・閲覧できる研究環境が整備されてきたことは大きな福音であり，20余年前とは隔世の感慨がある。今後も近代日本軍制史研究関係の多くの新たな史料類が現れる可能性が多大であり，研究環境の充実化のもとに，高い志をもって研究に取りくまなければならないと思う。

なお，本書は注記にさらに補注を付けるなどして，本文言及にかかわる周辺的なものとみられる事柄も紹介した。これらは煩わしいともみられるが，外国軍隊との比較を含めた精緻かつ本格的な研究がさらに展開されるならば，近代日本軍制史研究のさらなる豊富化と高水準化が進むだろう。

最後に，本書は，桜井書店の桜井香氏のご厚意と労を再び賜り，日本学術振興会の科学研究費補助金（平成27年度研究成果公開促進費・学術図書，採択課題番号15HP5079）の助成を得て刊行に至ることができたものである。桜井氏には改めて深謝するものである。

2015年5月26日　東京・中野にて，「戦後70年」の年にあらためて恒久平和の使命を胸に刻む

遠藤芳信

遠藤芳信（えんどうよしのぶ）

1947年　福島県生まれ
1978年　東京大学大学院教育学研究科博士課程単位取得退学，
北海道教育大学函館校の講師・助教授・教授（1979～2013年）を経て，
現　在　北海道教育大学名誉教授
博士（教育学，東京大学，1992年）
博士（社会学，一橋大学，2013年）
専　攻　近代日本軍制史，教育方法学
著　書『近代日本軍隊教育史研究』（1994年，青木書店）
『海を超える司馬遼太郎――東アジア世界に生きる「在日日本人――」』（1998年，フォーラム・A）
『函館要塞について』（2011年，キャンパス・コンソーシアム函館）
『集団づくりと教師の指導性』（1983年，明治図書）
『生徒会に君の力を』（1987年，明治図書）

近代日本の戦争計画の成立
――近代日本陸軍動員計画策定史研究――

2015年11月20日　初　版

著　者　遠藤芳信
装幀者　加藤昌子
発行者　桜井　香
発行所　株式会社 桜井書店
東京都文京区本郷1丁目5-17 三洋ビル16
〒113-0033
電話 (03)5803-7353
FAX (03)5803-7356
http://www.sakurai-shoten.com/
印刷・製本　株式会社 三陽社

ISBN978-4-905261-26-1 Printed in Japan